화재감식평가
기사·산업기사

필기 한권으로 끝내기

시대에듀

2026 시대에듀 화재감식평가기사 · 산업기사 필기 한권으로 끝내기

Always with you

사람의 인연은 길에서 우연하게 만나거나 함께 살아가는 것만을 의미하지는 않습니다.
책을 펴내는 출판사와 그 책을 읽는 독자의 만남도 소중한 인연입니다.
시대에듀는 항상 독자의 마음을 헤아리기 위해 노력하고 있습니다. 늘 독자와 함께하겠습니다.

화재감식평가기사 · 산업기사, 소방승진(위험물안전관리법, 소방전술, 소방기본법, 소방공무원법)시험과 관련된 도서문의, 자료 및 최신 개정법령, 추록, 정오표는 저자가 운영하는 진격의 소방카페를 통해 확인하실 수 있습니다.

진격의 소방(cafe.naver.com/sogonghak)

머리말 PREFACE

전국에서 2019년도에 40,103건의 화재가 발생하여 인명피해 2,515명(사망 285명, 부상 2,230명), 재산피해 8,585억 원의 막대한 피해가 발생하였다. 매년 화재는 건축물의 고층화·지하연계화 및 사회구조의 급속한 변화 등을 수반하여 이천냉동창고 화재와 같은 대형화재가 급증하고 있으며 화재원인도 복잡·다양화되어 화재 전문가에 의한 감식·감정 등 과학적인 화재조사기법과 지식·경험이 더욱 요구되고 있다. 그럼에도 불구하고 화재조사는 본래 특성상 3D업종으로 치부되어 오랫동안 소수의 현업 종사자들에 의해서만 연구되었던 것이 현실이었다. 그러나 2002년 제조물책임법의 제정으로 제조물의 결함에 의한 화재피해 소송이 증가되고 다중이용업소의 안전관리에 관한 특별법에 따른 화재배상책임보험 의무가입과 보험요율 적용이 시행되면서 조금씩 관심을 갖게 되었다. 더불어 실화책임에 관한 법률의 개정으로 경과실에 의한 화재피해도 배상받을 수 있게 되었다.

한편 한미 FTA가 2년간의 유예기간 종료 후 고객정보에 대한 공유 및 처리가 자유로워지는 시점부터 미국 보험사들의 본격적인 국내시장 진출이 예상되고, 국민들의 안전에 대한 의식수준이 높아짐에 따라 화재사고 발생 시 전문지식을 갖춘 화재조사관의 수요가 많아질 것으로 분석되어 관련 시험으로 2013년 9월 화재감식평가기사·산업기사 국가기술자격시험이 첫 시행되었다. 첫 시험에 소방공무원, 경찰공무원, 보험회사 등 각종 화재조사 또는 감식업무에 종사하는 많은 분들이 전문성을 갖추기 위해 시험에 응시하였으나 최종 합격률은 그리 높지 않았다.

첫 시험 이후 현재까지 2019년 최종 합격률 81.4%를 제외하고 2021년부터는 40%대의 합격률을 보이고 있으며 응시인원이 해마다 늘어나는 만큼 화재감식평가기사·산업기사에 대한 관심은 앞으로도 더 커질 것으로 예측해본다.

본 교재가 수험생들에게 도움이 될 수 있길 바라며 다음과 같이 준비해 보았다.

---

❶ 빨리보는 간단한 키워드(빨간키)를 통해 수험생이 자투리 시간 또는 시험장에서 간단히 필답할 수 있게 하였다.
❷ 시험에 반드시 출제되는 핵심이론을 수록하였고 특히 이론과 관련이 있는 사진과 그림 등을 함께 첨부함으로써 수험생들의 이해를 돕도록 구성하였다.
❸ 각 과목별로 출제예상문제를 수록해 수험생들이 해당 과목을 학습하고 자신의 실력을 점검할 수 있도록 하였다. 아울러 이론 중간중간에 해당 이론과 관련된 기출문제를 따로 수록하였다.
❹ 꼼꼼한 해설을 포함한 과년도 기출변형문제를 수록하여 수험생들이 출제경향을 파악할 수 있도록 구성하였다.
❺ 핵심이론 중 이미 시험에 출제된 이론에는 출제연도 및 중요도 표시를 하여 수험생들이 자신만의 학습계획을 세울 수 있도록 구성하였다.

이 책이 완성되기까지 도움을 주신 전국의 화재조사관과 인천소방본부 화재조사팀께 깊은 감사를 드린다. 본 저자는 여러 전문가들의 고견과 지속적인 연구를 통해 계속 수정·보완하여 좋은 수험서가 되도록 꾸준히 노력할 것을 약속드리며, 수험생 여러분의 합격을 진심으로 기원하는 바이다.

문옥섭, 박정주 씀

시험안내 INFORMATION

개요
화재감식평가기사·산업기사는 화재현장에서 화재원인조사, 피해조사, 화재분석 및 평가를 통해 과학적인 방법으로 원인 및 발생 메커니즘을 규명하는 기술자격입니다.

수행직무
화재원인의 판정을 위하여 전문적인 지식, 기술 및 경험을 활용하여 주로 시각에 의한 종합적인 판단으로 구체적인 사실관계를 명확하게 규명하는 업무를 수행합니다.

시험요강

❶ **시행처** : 한국산업인력공단

❷ **관련부처** : 소방청

❸ **시험과목**

필기	• 기사 : 화재조사론, 화재감식론, 증거물관리 및 법과학, 화재조사 보고 및 피해평가, 화재조사 관계법규 • 산업기사 : 화재조사론, 화재감식론, 증거물관리 및 법과학, 화재조사 관계법규 및 피해평가
실기	화재감식 실무

❹ **검정방법**

필기	객관식 4지선다 택일형, 과목당 20문항 (기사 : 100문항, 2시간 30분/산업기사 : 80문항, 2시간)
실기	필답형(기사 : 2시간 30분/산업기사 : 2시간)

❺ **합격기준**

필기	100점을 만점으로 하여 과목당 40점 이상, 전과목 평균 60점 이상
실기	100점을 만점으로 하여 60점 이상

※ 다음 사항은 시행처인 한국산업인력공단에 게시된 국가자격 종목별 상세정보를 바탕으로 작성되었습니다. 시험 전 최신 공고사항을 반드시 확인하시기 바랍니다.

시험일정(2025년 기준)

구 분	필기시험접수	필기시험	합격(예정)자 발표	실기시험접수	실기시험	최종 합격자 발표
제1회	01.13~01.16	02.07~03.04	03.12	03.24~03.27	04.19~05.09	06.13
제2회	04.14~04.17	05.10~05.30	06.11	06.23~06.26	07.19~08.06	09.12
제3회	07.21~07.24	08.09~09.01	09.10	09.22~09.25	11.01~11.21	12.24

검정현황

화재감식평가기사

연 도	필기시험			실기시험		
	응시(명)	합격(명)	합격률(%)	응시(명)	합격(명)	합격률(%)
2024	4,147	2,841	68.5	4,859	1,958	40.3
2023	4,711	3,821	81.1	5,162	2,309	44.7
2022	4,142	3,539	85.4	4,960	2,114	42.6
2021	4,083	3,441	84.3	4,111	1,879	45.7
2020	1,750	1,555	88.9	2,131	450	21.1

화재감식평가산업기사

연 도	필기시험			실기시험		
	응시(명)	합격(명)	합격률(%)	응시(명)	합격(명)	합격률(%)
2024	2,613	1,851	70.8	2,483	886	35.7
2023	2,718	2,222	81.8	2,706	1,751	64.7
2022	2,964	2,511	84.7	2,626	1,323	50.4
2021	1,919	1,652	86.1	1,411	860	60.9
2020	971	796	82	993	331	33.3

이 책의 구성과 특징 STRUCTURES

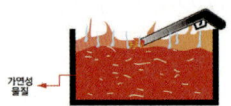

핵심이론

필수적으로 학습해야 하는 핵심이론들을 출제기준에 맞춰 수록하였습니다. 이론의 중요도에 따라 별표로 표시하였고, 실제 시험에 출제되었던 이론에는 기출현황을 표시하였습니다. 기출현황 표시를 통해 시험의 경향을 파악하고 중요 이론을 중점적으로 공부할 수 있습니다.

출제예상문제

기존 화재조사관의 시험 유형분석을 바탕으로 합격에 이를 수 있는 많은 문제를 수록하였습니다. 더불어 상세한 해설을 통해서 이론을 한 번 더 복습할 수 있습니다.

과년도 기출변형문제

과거에 출제된 기출문제를 변형하여 기사·산업기사 총 4회분의 기출변형 문제를 수록하였습니다. 각 문제에는 상세하고 전문적인 해설이 추가되어 핵심이론만으로는 부족한 내용을 보충 학습하고 출제경향을 파악할 수 있습니다.

시험과 관련된 정보를 파악할 수 있는 카페

화재감식평가기사·산업기사 저자가 운영하는 진격의 소방(cafe.naver. com/sogonghak) 카페에서 시험과 관련된 도서문의, 자료 및 추록, 개정법령, 정오표를 확인하실 수 있습니다.

이 책의 차례 CONTENTS

핵심이론정리 | 빨리보는 간단한 키워드

제1과목 | 화재조사론

1장 화재조사개론
제1절 화재조사의 목적 및 특징 · **3**
제2절 화재조사의 실시 및 유의사항 · · · · · · · · · · · · · · · · · · **7**

2장 연소론
제1절 연소의 개념 · **9**
제2절 연소의 특성 · **17**
제3절 기체, 액체, 고체의 발화 및 점화원 · · · · · · · · · · · · · · · **23**

3장 화재론
제1절 화재개론 · **26**
제2절 화재의 양상 · **31**
제3절 화재의 현상 · **38**
제4절 화염확산 · **47**
제5절 구획실(건물 내의 폐쇄된 공간)에서의 화재확산 · · · · · **49**
제6절 구획실 화재발달 · **50**
제7절 구획실 간 화재확산 · **54**
제8절 화재거동(화재 진행단계) · **54**

4장 폭발론
제1절 폭발의 조건 및 원인 · **56**
제2절 폭발의 분류 · **56**

5장 발화지역 판정
제1절 발화위치 결정을 위한 데이터 수집 · · · · · · · · · · · · · · **65**
제2절 자료분석 · **66**
제3절 발화지점 가설의 검증 · **72**

※ 도서의 내용 및 오류 관련 문의는 진격의 소방(cafe.naver.com/sogonghak) 카페에서 하실 수 있습니다.

6장 발화개소 판정의견
- 제1절 건물구조재의 연소특성 및 방향의 파악 · · · · · · · · **74**
- 제2절 발화건물의 판정 · · · · · · · · **90**
- 제3절 화재패턴 · · · · · · · · **91**
- 제4절 화재패턴의 분석요소 · · · · · · · · **104**
- 제5절 패턴에 의한 화재진행 과정 추적 · · · · · · · · **110**
- 제6절 발굴 및 복원 · · · · · · · · **112**

7장 화재상황의 상황파악 및 현장보존
- 제1절 화재상황 · · · · · · · · **114**
- 제2절 현장보존 · · · · · · · · **117**

제1과목 출제예상문제 · · · · · · · · **120**

제2과목 화재감식론

1장 전기 화재감식
- 제1절 기초전기 · · · · · · · · **147**
- 제2절 전기화재 발생현상 · · · · · · · · **154**
- 제3절 전기적 점화원 · · · · · · · · **160**
- 제4절 전기화재조사장비 활용법 · · · · · · · · **161**
- 제5절 전기화재 감식요령 · · · · · · · · **166**

2장 가스 화재감식
- 제1절 가스의 이해 · · · · · · · · **193**
- 제2절 가스설비의 기초 · · · · · · · · **204**
- 제3절 가스화재조사 · · · · · · · · **214**

3장 화학물질 화재감식
- 제1절 기초화학 · · · · · · · · **216**
- 제2절 화학물질의 개요 · · · · · · · · **221**
- 제3절 화학물질 화재조사감식 방법 · · · · · · · · **223**
- 제4절 화학물질 폭발조사감식 방법 · · · · · · · · **229**
- 제5절 석유화학 제품의 특성 및 화재감식 · · · · · · · · **231**

이 책의 차례 CONTENTS

4장 미소화원 화재감식
- 제1절 미소화원의 이해 · 236
- 제2절 무염화원 · 238
- 제3절 유염화원 · 245

5장 방화 화재감식
- 제1절 방화의 이론적 배경 · · · · · · · · · · · · · · · · · 248
- 제2절 방화원인의 감식실무 · · · · · · · · · · · · · · · · 252
- 제3절 방화의 실행과 수행 · · · · · · · · · · · · · · · · · 257
- 제4절 방화의 판정을 위한 10대 요건 · · · · · · · · · 261

6장 차량 화재감식
- 제1절 차량화재 조사 방법 · · · · · · · · · · · · · · · · · 264

7장 임야 · 항공기 · 선박 화재감식
- 제1절 일반사항 · 273

제2과목 출제예상문제 · 303

제3과목 증거물관리 및 법과학

1장 증거의 종류
- 제1절 물적증거의 형태 · · · · · · · · · · · · · · · · · · · 339
- 제2절 정 보 · 349

2장 증거물 수집 · 운송 · 저장 · 보관 · 검사
- 제1절 화재현장 및 물적증거의 보존 · · · · · · · · · · 354
- 제2절 물적증거의 오염 · · · · · · · · · · · · · · · · · · · 359
- 제3절 증거물 수집 방법 · · · · · · · · · · · · · · · · · · 360
- 제4절 증거보관용기 · 365
- 제5절 물적증거물의 수송 및 보관 · · · · · · · · · · · 368
- 제6절 기타사항 · 373
- 제7절 물적증거의 검사 및 실험 · · · · · · · · · · · · · 375
- 제8절 화재현장의 증거물 분석 및 재구성 · · · · · · 380

3장 사진촬영 · 비디오 녹화 및 녹음

- 제1절 사진촬영 · 386
- 제2절 각종 카메라의 이용 · 388
- 제3절 촬영 시 주의사항 · 391
- 제4절 주요 촬영대상 · 398
- 제5절 화재감식현장 촬영 표식 · · · · · · · · · · · · · · · · · · · 401
- 제6절 서식류 · 402
- 제7절 질문의 녹음 · 404

4장 화재와 법과학

- 제1절 생활반응(Vital Reaction) · · · · · · · · · · · · · · · · · 405
- 제2절 화상사(火傷死) · 407
- 제3절 화재사(火災死) · 411
- 제4절 연소가스에 의한 중독 · 416

제3과목 출제예상문제 · 421

제4과목 화재조사 보고 및 피해평가

1장 화재조사서류 작성(화재조사 및 보고규정)

- 제1절 총 론 · 461
- 제2절 화재발생종합보고서 · 462
- 제3절 화재현장조사서 · 483
- 제4절 기타서류 작성 · 491

2장 화재피해액 산정 메뉴얼

- 제1절 화재피해액 산정 총론 · 499
- 제2절 화재피해액 산정 대상 · 499
- 제3절 대상별 화재피해액 산정기준 · · · · · · · · · · · · · · · 505
- 제4절 핵심요약 · 517

제4과목 출제예상문제 · 519

이 책의 차례 CONTENTS

제5과목 화재조사 관계법규

1장 소방의 화재조사에 관한 법률 · · · · · 537

2장 관련규정
제1절 화재조사 및 보고규정 · · · · · 550
제2절 화재증거물수집관리규칙 · · · · · 563

3장 기타법률
제1절 형 법 · · · · · 567
제2절 민 법 · · · · · 569
제3절 제조물책임법 · · · · · 571
제4절 실화책임에 관한 법률 · · · · · 573

4장 화재수사 실무관련 규정
제1절 화재범죄 · · · · · 576
제2절 소방범죄 · · · · · 581
제3절 범죄의 수사절차 · · · · · 582

5장 화재로 인한 민사분쟁 관련법규
제1절 일반불법행위 책임 · · · · · 590
제2절 특수불법행위 책임 · · · · · 594

6장 화재분쟁의 소송외적 해결 관련법규
제1절 화재로 인한 재해보상과 보험가입에 관한 법률 · · · · · 600

제5과목 출제예상문제 · · · · · 615

부록 과년도 기출변형문제

과년도 기사 기출변형문제 1회 · · · · · 671
과년도 기사 기출변형문제 2회 · · · · · 697
과년도 산업기사 기출변형문제 1회 · · · · · 723
과년도 산업기사 기출변형문제 2회 · · · · · 742

빨간키

빨리보는 간단한 키워드

합격의 공식 시대에듀 www.sdedu.co.kr

시험장에서 보라

시험 전에 보는 핵심요약 키워드

시험공부시 교과서나 노트필기, 참고서 등에 흩어져 있는 정보를 하나로 압축해 공부하는 것이 효과적이므로, 열 권의 참고서가 부럽지 않은 나만의 핵심키워드 노트를 만드는 것은 합격으로 가는 지름길입니다. 빨·간·키만은 꼭 점검하고 시험에 응하세요!

01 화재조사 관련 계산식

■ 용단전류

- 용단(溶斷, Fusion)이란 전선·케이블·퓨즈 등에 과전류가 흘렀을 때 전선이나 퓨즈의 가용체가 녹아 절단되는 현상을 말한다.
- 전선의 용단특성은 플리스(W.H Preece)의 실험식에 의해 산정한다.

$$I_s = ad^{\frac{3}{2}} [A]$$

d : 선의 직경(mm) a : 재료 정수

(a값 : 동(銅) 80, 알루미늄(Al) 59.3, 철 24.6, 주석 12.8, 납 11.8)

예 비닐코드($0.75mm^2$/30本) 0.18mm 한 가닥 용단전류

$I_s = ad^{\frac{3}{2}} [A] = 80 \times 0.18^{\frac{3}{2}} = 6.11A$

■ 구리의 저항값

$$R_2 = R_1[1 + a(t_2 - t_1)]$$

a : 계수(0.004) t_1 : 처음온도 t_2 : 상승온도

예 20℃에서 45Ω의 저항값 R_1을 갖는 구리선이 있다. 온도가 150℃ 상승했을 때 구리의 저항값

$R_2 = R_1[1 + a(t_2 - t_1)] = 45[1 + 0.004(150 - 20)] = 68.4Ω$

■ 탄화수소계 연소반응 방정식

- $C_mH_n + (m + \frac{n}{4})O_2 \rightarrow mCO_2 + \frac{n}{2}H_2O$
- $C_mH_nO_L + (m + \frac{n}{4} - \frac{L}{2})O_2 \rightarrow mCO_2 + \frac{n}{2}H_2O$

- 메탄 : $CH_4 + (1 + \frac{4}{4})O_2 \rightarrow CO_2 + \frac{4}{2}2H_2O = CH_4 + 2O_2 \rightarrow CO_2 + 2H_2O$
- 에탄 : $2C_2H_6 + (4 + \frac{12}{4})O_2 \rightarrow 4CO_2 + \frac{12}{2}H_2O = 2C_2H_6 + 7O_2 \rightarrow 4CO_2 + 6H_2O$
- 프로판 : $C_3H_8 + (3 + \frac{8}{4})O_2 \rightarrow 3CO_2 + \frac{8}{2}H_2O = C_3H_8 + 5O_2 \rightarrow 3CO_2 + 4H_2O$
- 부탄 : $C_4H_{10} + 6.5O_2 \rightarrow 4CO_2 + 5H_2O$

- 밀도(Density)와 비중(Specific Gravity)
  - 밀도 : 단위부피당 질량

$$\text{밀도} = \frac{\text{질량}}{\text{부피}} \text{ 또는 } D = \frac{M}{V}$$

  - 비중 : 한 물질의 밀도와 기준 물질의 밀도 사이의 비

$$\text{비중} = \frac{\text{어떤 물질의 밀도}}{\text{기준 물질의 밀도}} = \frac{\text{어떤 물질의 중량}}{\text{기준 물질의 중량}}$$

  - 고체와 액체의 기준이 되는 물질은 4℃의 물(밀도 = 0.997g/cm³)이고, 기체의 기준이 되는 물질은 공기(밀도 = 1.29g/L)이다.

    예 부탄가스(C_4H_{10}) 비중 $= \frac{\text{부탄가스의 밀도}}{\text{공기의 밀도}} = \frac{\text{부탄가스의 중량}}{\text{공기의 중량}}$

    따라서 부탄가스 비중 $= \frac{2.59(58g/22.4L/\text{몰})}{1.29g/L} = \frac{58}{29} = 2$

    이산화탄소(CO_2)의 기체 비중 $= \frac{1.96(44g/22.4L/\text{몰})}{1.29g/L} = \frac{44}{29} = 1.51$

- 전기불꽃에너지

$$E = \frac{1}{2}CV^2 = \frac{1}{2}QV$$

  E : 전기불꽃에너지 C : 전기용량
  Q : 전하량 V : 전압

- 전열기구에서 소비하는 전력(kW)

$$R = \frac{V^2}{P} = \frac{V}{I}$$

$$P = I^2R = VI \text{ 또는 } R = \frac{P}{I^2}$$

  P : 전력(W) I : 전류(A)
  E : 전압(V) R : 저항(Ω)

  예 전자레인지 950W, 전기밥솥 1,200W, 다리미 1,500W, 커피포트 750W를 4구형 멀티탭(220V, 15A)에 꽂아 사용하였을 때 초과전류

  위 식에서 유도하면 $I = \frac{P}{V} = \frac{(950 + 1,200 + 1,500 + 750)}{220} = 20A$ 이므로 5A 초과

빨리보는 간단한 키워드

■ 공진주파수

$$F = \frac{1}{2\pi\sqrt{LC}}$$

F : 공진주파수 $L(H)$: 인덕턴스 $C(F)$: 정전용량

예) 220V RLC 직렬회로가 있다. 저항은 500Ω, 인덕턴스는 0.6H, 커패시턴스는 0.08μF 일 때 공진주파수

$$F = \frac{1}{2\pi\sqrt{LC}} = \frac{1}{2\pi\sqrt{0.6 \times 0.08 \times 10^{-6}}} = 726.44\,\text{Hz}$$

■ 옴의 법칙(Ohm's Law)
- 정의 : 도체 내의 2점 간을 흐르는 전류의 세기는 2점 간의 전위차(電位差)에 비례하고, 그 사이의 전기저항에 반비례한다. 즉, 저항이 일정하면 전류는 전압에 비례하고, 또한 전압이 일정하면 전류는 저항에 반비례한다는 법칙이다.

$$I = \frac{V}{R}[\text{A}],\quad V = I \cdot R[\text{V}],\quad R = \frac{V}{I}[\Omega]$$

V : 전압(V) I : 전류(A) R : 저항(Ω)

- 전기저항 : 균일한 크기의 물질에서 R은 길이 l에 비례하고 단면적 S에 반비례한다.

$$R = \rho\frac{l}{S}[\Omega]$$

ρ는 물질고유의 상수이며 고유저항이다.

■ 줄의 법칙(Joule's Heat)
전류가 흐르면 도선에 열이 발생하는데, 이것은 전기에너지가 열로 바뀌는 현상이다. 전류 1A, 전압 1V인 전기에너지가 저항 1Ω에 1초 동안 발생하는 열을 줄열이라 하며, 도선에 전류가 흐를 때 단위시간 동안 도선에 발생한 열량 Q는 전류의 세기 $I[\text{A}]$의 제곱과 도체의 저항 R과 전류를 통한 시간 t에 비례한다.

$Q = I^2 \times R \times t[\text{J}]$ 즉, 1J = 1/4.2 cal = 0.24 cal의 관계가 있으므로
$Q = 0.24 I^2 \times R \times t[\text{cal}]$ 여기에 $R = \frac{V}{I}$ 관계식을 대입하면 $Q = 0.24 V \times I \times t[\text{cal}]$

Q : 열량(cal), V : 전압(V), I : 전류(A), R : 저항(Ω), t : 전류를 통한 시간

전력을 줄의 법칙에 적용하면 $P = E \cdot I = \frac{E^2}{R} = I^2 \cdot R[\text{W} = \text{J/s}]$

예 저항 R에 220V의 전압을 인가하였더니 5A의 전류가 흘렀다. 이때 전류가 2분간 저항 R에 흘렀을 때 발생한 열량

$$R = \frac{V}{I} = \frac{220\,[\text{V}]}{5\,[\text{A}]} = 44\,[\Omega]$$

$$H = 0.24 I^2 R t = 0.24 \times 5^2 \times 44 \times (2 \times 60) = 31{,}680\,[\text{cal}]$$

■ 소비전력

$$\text{소비전력 } P(\text{W}) = I^2 R$$

I : 전류 R : 저항

■ 연소범위
- 연료가스와 공기의 혼합비율이 가연 범위일 때 혼합가스는 연소한다.
- 이 범위보다 공기가 많거나 또는 연료가스가 많아도 연소하지 않는다.
- 이 범위를 연소범위(Flammable Range) 또는 폭발범위라 하며, 그 한계를 연소한계(Limits of Inflammability) 또는 폭발한계라 한다.
- 이 한계는 일반적으로 공기와 혼합되어 있는 가스량 %로 표시하며 가스의 최고농도를 상한, 최저농도를 하한이라 한다.

기체 또는 증기	연소범위(vol%)	기체 또는 증기	연소범위(vol%)
수소(H_2)	4~75	에틸렌(C_2H_4)	3.0~33.5
일산화탄소(CO)	12.5~75	시안화수소(HCN)	12.8~27
프로판(C_3H_8)	2.1~9.5	암모니아(NH_3)	15.7~27.4
아세틸렌(C_2H_2)	2.5~82	메틸알코올(CH_3OH)	7~37
메탄(CH_4)	5.0~15	에틸알코올(C_2H_5OH)	3.5~20
에탄(C_2H_6)	3.0~12.5	아세톤(CH_3COCH_3)	2~13

예 메탄, 수소, 일산화탄소 중 연소의 위험성이 큰 순서 : 수소 → 일산화탄소 → 메탄

■ 연소범위에 미치는 인자

영향인자	연소한계 또는 폭발범위
온 도	• 연소범위는 온도상승에 의해 넓어진다. • 공기 중 온도가 100℃ 증가하면 연소하한계는 약 8% 감소하고 상한계는 8% 증가한다.
압 력	압력이 상승되면 연소하한계는 약간 낮아지나 연소상한계는 크게 증가한다.
산 소	연소하한계는 공기 중이나 산소 중에서 같고, 연소상한계는 산소량이 증가할수록 크게 증가한다.

빨리보는 간단한 키워드

■ 르-샤틀리에 법칙

- 연소하한계

$$\frac{100}{L} = \frac{V_1}{L_1} + \frac{V_2}{L_2} \text{에서 } L = \frac{100}{\frac{V_1}{L_1} + \frac{V_2}{L_2}}$$

L : 혼합가스 연소하한계
V_1, V_2, V_3 : 혼합가스 중에서 각 가연성 가스의 부피 %($V_1 + V_2 + \cdots + V_n = 100\%$)
L_1, L_2, L_n : 혼합가스 중에서 각 가연성 가스의 연소하한계

- 연소상한계

$$\frac{100}{U} = \frac{V_1}{U_1} + \frac{V_2}{U_2} \text{에서 } U = \frac{100}{\frac{V_1}{U_1} + \frac{V_2}{U_2}}$$

U : 혼합가스 연소상한계
V_1, V_2, V_n : 혼합가스 중에서 각 가연성 가스의 부피 %($V_1 + V_2 + \cdots + V_n = 100\%$)
U_1, U_2, U_n : 혼합가스 중에서 각 가연성 가스의 연소상한계

- 혼합가스 연소한계, 즉 2개 이상의 가연성 가스의 혼합물의 연소한계는 르-샤틀리에의 공식으로 구해진다.

  예 르-샤틀리의 법칙으로부터 C_3H_8 20%, CH_4 80%의 혼합가스의 연소한계(여기서, 프로판의 연소범위는 2.2~9.5%, 메탄은 5~14%)

  $$\text{하한} = \frac{100}{\frac{\text{프로판의 혼합률}}{\text{프로판의 하한}} + \frac{\text{메탄의 혼합률}}{\text{메탄의 하한}}} = \frac{100}{\frac{20}{2.2} + \frac{80}{5}} = 4.0\%$$

  $$\text{상한} = \frac{100}{\frac{\text{프로판의 혼합률}}{\text{프로판의 상한}} + \frac{\text{메탄의 혼합률}}{\text{메탄의 상한}}} = \frac{100}{\frac{20}{9.5} + \frac{80}{14}} = 12.8\%$$

■ 물 1g 20℃가 끓어서 증발할 때 뺏을 수 있는 열량

$1g \times (100℃ - 20℃) \times 1cal/g(비열) + 1g \times 539cal/g(잠열) = 619cal/g$

■ 폭발위험도

위험도가 클수록 위험하며, 하한계가 낮고 상한과 하한의 차이(연소범위)가 클수록 커진다.

$$H(위험도) = \frac{U(연소상한계) - L(연소하한계)}{L(연소하한계)}$$

H : 위험도　　　　U : 폭발한계 상한　　　　L : 폭발한계 하한

예) 수소의 위험도(수소 연소범위 : 4~75%)

$$H(위험도) = \frac{U(연소상한계) - L(연소하한계)}{L(연소하한계)}$$

$$위험도 = \frac{75-4}{4} = 17.75$$

■ 화재가혹도 = 최고온도 × 지속시간

■ 푸리에의 법칙에 의해 전도되는 열전달량

$$\dot{q} = kA\frac{T_1 - T_2}{L}$$

$\dot{q}$: 열전달량　　　　k : 열전달계수　　　　A : 면적
L : 두께　　　　T_1 : 내부온도　　　　T_2 : 나중온도

■ 복사열유속 계산에 대한 Modak의 단순식

$$\dot{q}_R'' = \frac{\chi_r \dot{Q}}{4\pi R_o^2}$$

$\dot{q}_R''$: 복사열유속　　　　$\dot{Q}$: 화재의 발열량(kW)
R_o : 화염의 중심으로부터 표면까지의 거리(m)
χ_r : 복사분율(화원에서 방출되는 전체 에너지 가운데 복사열의 형태로 방출되는 분율을 의미)

예) 휘발유를 연료로 사용하는 자동차에서 화재가 발생하여 발열량이 5MW까지 상승한 경우 화원에서 10m 떨어진 위치에서 화재진압 중인 소방관이 받는 복사열유속
Modak의 단순식을 적용하면

$$\dot{q}_R'' = \frac{\chi_r \dot{Q}}{4\pi R_o^2} = \frac{0.4 \times 5{,}000}{4\pi \times 10^2} = 1.6\,\text{kW/m}^2$$

빨리보는 간단한 키워드

■ 스테판-볼츠만법칙(Stefan-boltzmann's Law)

물질의 표면에서 방사되는 복사에너지는 다음과 같이 계산된다.

$$\dot{q}''_R = \varepsilon\sigma(T_w^4 - T_\infty^4)$$

σ : 스테판-볼츠만 상수($\sigma = 5.67 \times 10^{-8}[W/m^2K^4]$)
ε : 방사율(표면특성에 따라 0에서 1 사이의 방사율을 가지며 흑체 복사에서는 방사율이 1)
T : 화염의 온도[반드시 절대온도(Absolute Temperature)를 사용해야 함]

■ 금속의 발열량

$$Q = hA(T_w - T_\infty)$$

Q : 열전달률(kcal/hr) h : 열전달계수(kcal/m² · hr · ℃)
A : 고체표면적(m²) T_w : 고체의 표면온도(℃) T_∞ : 유체의 온도(℃)

■ 연소와 공기

가연물질을 연소시키기 위해서 사용되는 공기의 양에는 실제공기량, 이론공기량, 과잉공기량, 이론산소량, 공기비 등이 있다.

- 실제공기량 : 가연물질을 실제로 연소시키기 위해서 사용되는 공기량으로서 이론공기량보다 크다.
- 이론공기량 : 가연물질을 연소시키기 위해서 이론적으로 계산하여 산출한 공기량이다.

$$이론공기량 = \frac{이론산소량}{0.21}$$

- 과잉공기량 : 실제공기량에서 이론공기량을 차감하여 얻은 공기량이다.

$$과잉공기량 = 실제공기량 - 이론공기량$$

- 이론산소량 : 가연물질을 연소시키기 위해서 필요한 최소의 산소량이다.

$$이론산소량 = 이론공기량 \times 0.21$$

- 공기비(m) : 실제공기량에서 이론공기량을 나눈 값이다.

$$공기비 = \frac{실제공기량}{이론공기량} = \frac{실제공기량}{실제공기량 - 과잉공기량}$$

※ 일반적으로 공기비는 기체가연물질은 1.1~1.3, 액체가연물질은 1.2~1.4, 고체가연물질은 1.4~2.0이 된다.

■ 화재하중(Fuel Load)

화재실의 예상 최대가연물질의 양으로서 단위바닥면적(m^2)에 대한 등가가연물의 중량(kg)

$$화재하중\ Q(kg/m^2) = \frac{\Sigma GH_1}{HA} = \frac{\Sigma Q_1}{4,500A}$$

Q : 화재하중(kg/m^2) A : 바닥면적(m^2) G : 모든 가연물의 양(kg)
H : 목재의 단위발열량(4,500kcal/kg)
H_1 : 가연물의 단위발열량(kcal/kg)
Q_1 : 모든 가연물의 발열량(kcal)

■ 섭씨온도와 화씨온도의 교환식

$$℃ = \frac{5℃}{9°F}(T°F - 32°F),\ °F = \left(\frac{9°F}{5℃}\right)T℃ + 32°F$$

■ 가스 용기 저장량

• 액화가스 용기의 저장량 : 최대저장능력(충전량)은 용기 내의 가스온도가 48℃가 되었을 때에도 용기 내부가 액체가스로 가득 차지 않도록 안전공간을 고려해야 한다. 즉, 온도가 올라가면 액화가스의 부피가 늘어나 용기가 파열되는 것을 방지하기 위한 것이다.

$$W = \frac{V_2}{C}$$

W : 저장능력(kg) V_2 : 용기의 내용적(L)
C : 가스의 충전정수(액화프로판 2.35, 액화부탄 2.05, 액화암모니아 1.86)

• 압축가스 용기의 저장량

$$Q = (P+1)V_1$$

Q : 저장능력(m^3) V_1 : 내용적(m^3)
P : 35℃(아세틸렌의 경우에는 15℃)에서의 최고충전압력(kg/cm^2)

■ pH 농도 계산

pH = 3인 수용액의 [H^+]와 pH = 5인 수용액의 [H^+]의 비
pH = $-\log[H^+]$
3 = $-\log[H^+]$에서 [H^+] = 10^{-3}
5 = $-\log[H^+]$에서 [H^+] = 10^{-5}
∴ $10^{-3-(-5)} = 10^2$ = 100배

빨리보는 간단한 키워드

■ **이상기체 상태방정식**

이상기체란 계를 구성하는 입자의 부피가 거의 0이고 입자 간 상호작용이 거의 없어 분자 간 위치에너지가 중요하지 않으며, 분자 간 충돌이 완전탄성충돌인 가상의 기체를 의미한다. 이상기체 상태방정식이란 이러한 기체의 상태량들 간의 상관관계를 기술하는 방정식이다.

$$PV = nRT$$

P : 압력 V : 부피 T : 온도
n : 몰수(m/M) R : 기체 상수(0.082L·atm/mol·K)

■ **유도성 리액턴스**

$$X_L = 2\pi f L$$

f : 주파수 L : 코일의 인덕턴스

예) 60Hz, 20H 코일의 유도성 리액턴스
유도성 리액턴스 $X_L = 2\pi f L = 2\pi \times 60 \times 20 = 7,539.82\,\Omega$

02 화재상황

■ **화재조사의 과학적 방법**

필요성 인식 → 문제의 정의 → 자료 수집 → 자료 분석 → 가설 수립 → 가설 검증 → 최종가설 선택

■ **화재조사 순서**

현장관찰 → 관계자 질문 → 발굴 → 감정 → 발화원인 판정

■ **연소의 4요소** : 가연물, 점화원, 산소공급원, 연쇄반응

■ 열전달 : 열은 뜨거운 곳에서 차가운 곳으로 이동

대류	유체의 실질적인 흐름에 의해 열에너지가 전달되는 현상이다. 유체의 특정부분에 온도가 높을 경우 이 부분의 유체는 열에 의해 팽창되어 밀도가 낮아지므로 가벼워져서 상승하게 되고 주위의 낮은 온도의 유체가 그 구역으로 흘러 들어오는 순환과정이 연속된다.
전도	물체 내의 온도차로 인해 온도차가 높은 분자와 인접한 온도가 낮은 분자 간에 직접적인 충돌로 열에너지가 전달되는 것이다.
복사	전자파의 형태로 열이 옮겨지는 것이다.

■ 기체연소의 종류

확산연소	가연물이 고체든 액체든 증발이나 분해를 통해 가연성 가스를 발생하고, 결국 기체상태의 가연물이 연소하는 것
예혼합연소	가연물이 산소와 혼합된 상태에서 연소되는 것으로 화염의 길이가 매우 짧으며 강력함(예 내연기관의 기화기, 가스레인지, 가스용접기)
폭발연소	혼합가스가 밀폐용기 내에서 점화(예 아세틸렌용기 내의 연소)

■ 고체연소의 형태와 대표적인 물질

표면연소	목탄, 코크스, 금속분
분해연소	종이, 목재, 석탄, 섬유, 플라스틱, 합성수지, 고무류
증발연소	황, 나프탈렌, 피리딘, **아이오딘**, 왁스, 고형알코올
자기연소	**나이트로셀룰로오스, 트리나이트로톨루엔**

■ 액체연소의 형태와 종류

증발(액면)연소	인화성 액체
분해연소	중유
액적연소	분무연소
등심연소	석유스토브

■ 연소의 확산속도

수평 1m, 아래 0.3m, 위 20m(위로는 수평방향의 20배의 연소속도)

■ 열기둥(Plume)
- 어떠한 가연물에 화염이 발생하면 열기에 의해 화염주변의 뜨거워진 공기는 분자활동이 활발해져 체적이 팽창하게 되므로 밀도는 낮아지게 되고, 따라서 주변 공기에 비하여 부력이 발생
- 부력에 의해 화염과 고온가스는 상승하게 되므로 상부에는 고온가스, 하단에는 화염이 있는 기둥 형태를 나타냄
- 모래시계 모양의 형태/화염부(Flame Zone)와 고온가스부(Hot Gas Zone)
- 화염의 각도는 약 12~15°

■ 화염(불꽃)의 온도

불꽃색상	휘백색	백적색	황적색	휘적색	적 색	암적색	담암적색
온도(°C)	1,500	1,300	1,100	950	850	700	522

■ 완전연소와 불완전연소
- 완전연소 : 산소를 충분히 공급하고 적정한 온도를 유지시켜 반응물질이 더 이상 산화되지 않는 물질로 변화하도록 하는 연소
- 불완전연소 : 물질이 연소할 때 산소의 공급이 불충분하거나 온도가 낮으면 그을음이나 일산화탄소가 생성되면서 연료가 완전히 연소되지 못하는 현상

■ 불완전연소의 원인
- 가스의 조성이 균일하지 못할 때
- 공기 공급량이 부족할 때
- 주위의 온도가 너무 낮을 때
- 환기 또는 배기가 잘 되지 않을 때

■ 구획실 화재의 성장단계
자유연소 단계 → 플래시오버 단계 → 최성기 → 감쇄기

■ 플래시오버(Flash Over) 발생시기에 미치는 인자
- 구획실 크기
- 층고의 높이
- 가연물의 높이
- 환기조건
- 내장재의 불연성 및 난연 정도에 따라 차이가 있음

■ 백드래프트(Back Draft)
- 외부로부터 신선한 공기가 유입되면 내부의 가연성 증기와 혼합되면서 급격한 화염이 발생하고 계속해서 공기의 유입방향으로 화염이 솟구쳐 나가는 현상
- 소방진압대원들에게 매우 위험한 현상으로 '소방관살인 현상'으로 불림

■ 롤오버(Roll over)
화재로 인한 뜨거운 가연성 가스가 천장 부근에 축적되어 실내공기압의 차이로 화재가 발생되지 않은 곳으로 천장을 굴러가듯 빠르게 연소하는 현상으로 플래시오버 전초단계에 나타남

■ 중질유탱크 화재의 연소현상

구 분	내 용
보일오버 (Boil Over)	• 저장탱크 하부에 고인물이 격심한 증발을 일으키면서 불붙은 석유를 분출시키는 현상 • 중질유에서 비휘발분이 유면에 남아서 열류층을 형성, 특히 고온층(Hot Zone)이 형성되면 발생할 수 있다.
슬롭오버 (Slop Over)	• 소화를 목적으로 투입된 물이 고온의 석유에 닿자마자 격한 증발을 하면서 불붙은 석유와 함께 분출되는 현상 • 중질유에서 잘 발생하고, 고온층(Hot Zone)이 형성되면 발생할 수 있다.
프로스오버 (Froth Over)	• 비점이 높아 액체 상태에서도 100℃가 넘는 고온으로 존재할 수 있는 석유류와 접촉한 물이 격한 증발을 일으키면서 석유류와 함께 거품 상태로 넘쳐나는 현상 • 화염과 관계없이 발생한다는 점에서 보일 오버, 슬롭 오버와 다르다.

■ 훈소(Smoldering)
- 유염착화에 이르기에는 온도가 낮거나 산소가 부족한 상황에서 연소가 소극적으로 지속되는 현상으로 화염이 없이 주로 백열과 연기를 내며, 화재심부에서 가연물의 표면을 따라 서서히 화학반응이 지속되는 연소
- 연소가 가연물의 안쪽에서 천천히 전파되고 오랜시간 동안 발견되지 않을 수 있다.
- 갑자기 충분한 산소가 공급되거나, 온도가 상승하게 되면 유염연소로 진행될 수 있다.

■ 목재의 연소특성
- 수분이 15% 이상이면 고온에 장시간 접촉해도 착화하기 어렵다.
- 목재의 저온착화가 가능한 온도는 120℃ 전후이다.
- 목재가 불꽃 없이 연소하는 무염연소는 국부적으로 탄화심도가 깊다.

■ 환기지배형 화재
- 구획실 화재에서는 가연물이 충분하다고 하더라도 화재가 진행됨에 따라 내부의 산소가 소진되어 원활한 연소가 이루어지지 못하게 될 수 있다.
- 유입되는 산소의 양에 따라 연소속도 및 열방출속도가 결정되는데, 이와 같이 공기의 유입량에 의해 제어되는 화재를 환기지배형 화재라 한다.

■ 중성대
- 중성대란 실의 안과 밖의 압력차가 0인 면으로, 실의 안과 밖의 압력차가 없기 때문에 공기의 유동이 없는 지대를 말한다.
- 실내에서 화재가 발생하면 연소열에 의해 온도가 높아지면 공기의 밀도가 작아져 부력이 발생하며, 실의 천장쪽으로 상승하는 공기의 흐름이 발생한다.
- 중성대의 위쪽은 실내정압이 실외정압보다 높아 실내에서 실외로 공기가 유출되고 중성대 아래쪽에는 실외에서 실내로 공기가 유입된다.
- 중성대는 넓게는 건물전체에서의 중성대 높이를 의미하며, 좁게는 구획된 실 안에서의 중성대 높이를 의미한다.

■ 가연물(연료)지배형 화재
성장기 화재와 같이 주위 공기 중에 산소량이 충분한 상태에서 가연물의 열분해속도가 연소속도보다 낮은 상태의 화재

■ 코안다 효과(Coanda Effect)
화재로 화염이 외부로 누출되면 벽면을 따라 상층으로 확대된다. 유출된 화염은 초기에는 벽에 부착되지 않고 떨어져서 상승하지만, 시간이 지나면서 벽과 외기의 압력차에 의해 화염은 벽쪽으로 기울어지면서 재부착이 일어나는 현상이다.

■ 폭 열
콘크리트는 압축에는 매우 강하나 팽창에는 약하기 때문에 화재열에 의해 다공성 구조에 갇힌 수분이 팽창하게 되면 콘크리트가 부서지거나 갈라지면서 파괴되는 현상

■ 독립된 화재로써 다중발화 할 수 있는 화재의 특징
  • 전도, 대류, 복사에 의한 연소 확산
  • 직접적인 화염충돌에 의한 확산
  • 개구부를 통한 화재확산
  • 드롭다운 등 가연물의 낙하에 의한 확산
  • 불티에 의한 확산
  • 공기조화덕트 등 샤프트를 통한 확산

■ 연소상황 파악을 위한 사진촬영 요령
  • 높은 곳에서 화재현장 전체를 촬영
  • 건물을 4방향에서 촬영
  • 연소확산경로를 묘사하기 위해 외부에서 내부로 촬영
  • 한 장의 사진으로 표현이 어려울 경우 현장을 중첩하여 파노라마식으로 촬영
  • 의심나거나 중요한 증거물에 대하여는 여러 방향에서 촬영
  • 화재패턴이 나타날 수 있도록 촬영

■ 화재등급의 분류

화재분류	국 내		미국방화협회 (NFPA 10)	국제표준화기구 (ISO 7165)	표시색상
	검정기준	KS B 6259			
일반화재	A급	A급	A급	A급	백색
유류화재	B급	B급	B급	B급	황색
전기화재	C급	C급	C급	E급	청색
금속화재	–	D급	D급	D급	무색
가스화재	–	–	E급	C급	황색
식용유화재	K급	–	K급	F급	–

■ 특수가연물
- 정의 : 화재예방 및 안전관리에 관한 법률 시행령 제19조에 따른 [별표 3]의 가연물로 화재가 발생하는 경우 불길이 빠르게 번지는 고무류·면화류·석탄 및 목탄 등으로 소화가 곤란한 특징을 가진 것들을 말한다.
- 공통성질(고체 또는 반고체)
  - 인화점이 낮은 것
  - 인화성 증기를 발생하는 것
  - 연소 시 용융하여 위험물 연소와 다를 바 없는 것
  - 연소 시 화세가 너무 강해 소화가 곤란한 것
- 종류 : 면화류, 나무껍질 및 대팻밥, 넝마 및 종이부스러기, 사류, 볏짚류, 가연성 고체류, 석탄 및 목탄류, 가연성 액체류, 목재가공품 및 나무부스러기, 합성수지류

■ 금속가연물 화재(D급 화재)의 공통적 성질
- 자연발화성 또는 금수성 물질
- 공기 또는 물기와 접촉하면 발열, 발화
- 황린(자연발화온도 : 30℃)을 제외한 모든 물질이 물에 대해 위험한 반응
- 소화방법은 건조사, 팽창진주암 및 질석, 금속화재소화분말로 질식소화
  ※ 물, CO_2, 할론소화 일체금지

■ 위험물안전관리법에 따른 자연발화성 및 금수성 물질의 종류
칼륨(K), 나트륨(Na), 알킬알루미늄(RAl 또는 RAlX : C1~C4), 알킬리튬(RLi), 황린(P4, 보호액은 물), 알칼리금속(K 및 Na 제외) 및 알칼리토금속류, 유기금속화합물류(알킬알루미늄 및 알킬리튬 제외), 금속의 수소화물, 금속의 인화물, 칼슘 또는 알루미늄의 탄화물류, 그 밖에 행정안전부령이 정하는 것
  ※ 칼나가 3알(알킬알루미늄, 알킬리튬, 알칼리금속)의 타율을 유지하여 황금금칼을 받았다(지정수량은 순차적으로)

빨리보는 간단한 키워드

- **전기화재의 특성**
  - 전기에너지를 사용하는 기계·기구에서 발생한 화재
  - 주로 사용상 부주의로 발생
  - 전체 화재발생비율이 가장 높은 화재
  - 소화방법은 전기적인 절연성을 가진 탄산가스소화기, 분말소화기로 소화
  - ※ 기기, 부주의, 가장 높다, 소화

- **화재출동 중 조사해야 하는 이상현상**
  - 화재현장으로 출동 중 멀리서 보이는 연기의 색깔과 양
  - 화염의 높이 및 크기
  - 이상한 소리와 냄새
  - 가스, 위험물 등 폭발현상 등 관찰조사

- **화재현장 도착 시 연소상황 관찰사항**
  - 발화건물과 주변 건물의 화염의 발생상황, 출화상황
  - 지붕의 파괴 등 연소의 진행방향 및 확대속도 등 화재진행상황
  - 화재건물과 인접한 주변건물 연소상황 및 연소확대경로상황
  - 화재 사상자 유무 및 대피상황
  - 폭발음, 이상한 냄새 또는 소리 등 이상현상 유무 및 관찰 시 위치
  - 출입구·창문 등 개구부의 개폐상황
  - 전기의 통전상태, 가스밸브 개폐 여부, 위험물 취급사항
  - ※ 키워드 : 출화, 진행, 확대, 사상자, 이상현상, 개구부, 통전, 가스밸브, 위험물

- **화재현장에 도착하여 피해 상황조사를 위한 효과적인 화재 관계자 확보 요령**
  - 의류가 물에 젖었거나 불에 탄 흔적 등 더럽혀져 있는 사람
  - 불에 탄 흔적이나 물 또는 이물질에 젖어 있는 사람
  - 잠옷·속옷·벌거벗은 차림 또는 맨발로 있는 사람
  - 당황하거나 울고 있는 사람
  - 가재도구를 껴안고 있거나 물건을 반출하고 있는 사람
  - 화상을 입거나 머리카락이 그을리거나 코에 검게 그을음이 묻은 사람
  - ※ 키워드 : 자다가, 불끄려고(화상, 옷젖음), 놀람, 귀중품 반출

- **화재현장에 도착하여 관계자에 대한 질문 시 유의사항**
  - 자극적인 언행 삼가
  - 허위진술배제
  - 일문일답 형식의 계통적 질문
  - 대체관계인 질문
  - 제한되고 안정된 질문장소 선택
  - 신속한 질문 및 기록
  ※ 허신자가 대장일 대

- **화재현장 관찰요령**
  - 높은 곳에서 현장 전체를 객관적으로 관찰
  - 화재외곽에서 중심부로 관찰
  - 전체적인 연소상황을 상하, 전후, 좌우측으로 입체적 관찰
  - 소손 정도가 약한 부분에서 강한 쪽으로 관찰
  - 국부적인 소실이 강한 장소는 도괴방향, 연소방향 관찰
  - 탄화물의 변색, 박리, 용융 및 특이한 냄새
  - 건물 구조재 수용품 등의 소실상황을 통하여 연소의 방향을 고찰
  - 발화원인이 될 수 있는 가연물을 관찰
  - 소실 붕괴된 부분에서는 복원적인 관점에서 관찰

03 예비조사

- **인명피해 상황 파악 시 조사범위**
  - 소방활동 중 발생한 사망자 및 부상자
  - 그 밖에 화재로 인한 사망자 및 부상자
  - 사상자 정보 및 사상 발생원인

- **화재가 직접적 원인인 사망자 유형**
  소사, 화상사, 질식사, 쇼크사, 일산화탄소 중독사

빨리보는 간단한 키워드

- **화재현장 보존을 위한 유의사항**
  - 진화작업 시 불필요한 방수, 물건의 파괴 및 이동을 가능한 피해야 한다.
  - 불가피하게 현장에 있는 물건을 파괴 또는 이동을 필요로 하는 경우에는 파괴·이동 전의 위치를 기록하거나 사진 촬영하여 원상태를 명확하게 하여 둔다.
  - 인명검색 또는 잔화정리 시에도 증거물의 비산·파손·유실 등 휘젓기로 파괴되면 사실상 조사가 불가능해지므로 발화범위와 그 부근의 파괴를 최소한도로 하여야 한다.
  - 초기조사단계에서 발화부위 부근과 추정되는 장소가 판명될 때까지 발화부위 부근에 대한 과잉주수, 파괴, 밟음, 휘젓거림의 행동 등을 하지 않도록 화재현장 지휘관에게 조치를 강구한다.
  - 눈이나 비로 인하여 현장이 훼손될 우려가 있으므로 중요 증거물은 천막 등으로 가려놓는다.

- **금속 단락흔 조직검사를 위하여 단락흔 채취, 마운팅, 연마, 관찰을 위하여 화재조사 전담부서에 갖추어야 할 장비**
  - 시편절단기
  - 시편성형기
  - 시편연마기
  - 금속현미경

- **금속 단락흔 조직검사 체계도**

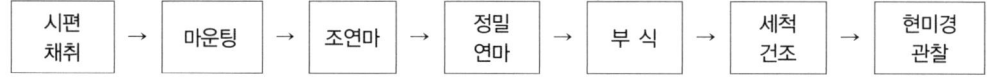

시편채취 → 마운팅 → 조연마 → 정밀연마 → 부식 → 세척건조 → 현미경관찰

- **가스크로마토그래피(Gas Chromatography)**
  - 용도 : 두 가지 이상의 성분으로 된 물질을 단일 성분으로 분리시켜 무기물질과 유기물질의 정성, 정량분석에 사용하는 분석기기
  - 장치의 구성 : 압력조정기(Pressure Control)와 운반기체(Carrier Gas)의 고압실린더, 시료주입장치(Injector), 분석칼럼(Column), 검출기(Detector), 전위계와 기록기(Data System), 항온장치
  - 운반기체의 종류 : H_2, He, N_2, Ar 등

- **가스(유증)검지기**
  - 용도 : 화재현장의 잔류가스 및 유증기 등의 시료를 채취하여 액체촉진제 사용 및 유종확인
    ※ 가스검지기, 가스검지관, 유류검지기, 유류검지관 등으로도 불림
  - 장치의 구성 : 연결구(팁), 팁커터, 손잡이, 흡입표기기, 흡입본체, 피스톤, 실린더
  - 분석원리 : 가는 유리관 속에 가스검지제를 충전한 것으로 관의 한쪽으로부터 관의 내부로 가스가 빨아 들여지면 가스제의 성분이 검지제와 반응하여 색이 변하는데, 이러한 현상을 이용하여 가스 중의 유해성분을 검출한다. 유해성분의 농도는 변색된 길이로 인지하는 경우와 변색의 정도에 따라 인지하는 경우가 있다. 정량 정도는 높지 않으나 간편하므로 현장에서 많이 사용한다.

• 사용법

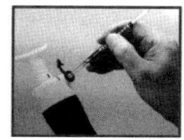 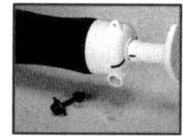 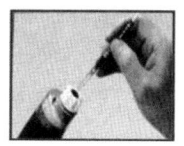

① 글래스 양단을 자른다.　② 자른 글래스를 저장한다.　③ 접속고무관에 결합한다.

 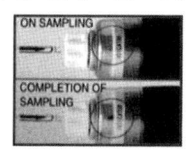 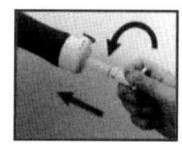

④ 피스톤 손잡이를 당긴다.　⑤ 흡입표시기가 들어간다.　⑥ 손잡이를 원위치시킨다.

■ 가스(유증)검지기의 특징
- 석유류에 의한 방화 여부를 현장에서 쉽고 빠르게 감식
- 유증 자료 확보에 용이하며 간단하고 신속한 측정 방법
- 가솔린은 가스 입구로부터 황색, 갈색 및 옅은 갈색으로 변색
- 등유는 가스 입구로부터 옅은 갈색, 갈색으로 변색

■ X선 촬영장치
과전류 차단기와 같이 내부의 동작 여부를 볼 수 없거나 플라스틱 케이스가 용융되어 내부 스위치의 동작 여부를 볼 때 사용하는 장비

■ 열화상 비파괴검사
피사체의 실물이 아닌 피사체 표면의 복사에너지를 적외선 형태로 검출하여 그 온도 차이 분포를 영상으로 재현하는 비파괴검사 방법

■ 적외선(Infrared ; IR) 분광분석법의 특징
- 화학분자의 작용기에 대한 특성적인 스펙트럼을 쉽게 얻을 수 있다.
- 광학이성질체를 제외한 모든 물질의 스펙트럼이 달라 분자의 구조를 확인하는 데 많은 정보를 제공한다.
- 어떤 분자에 적외선을 주사하면 X-선이나 자외선-가시광선보다 에너지가 낮기 때문에 원자 내 전이현상을 일으키지 못하고, 분자의 진동, 회전 및 병진 등과 같은 여러 가지 분자운동을 일으킨다.

■ 발화범위가 명확하지 않은 경우 현장보존 범위 확대설정 사유
- 발화지점 부근의 목격상황에 대한 진술이 제각기 달라 발화부위가 불명확한 때
- 화재를 일찍 발견한 사람의 상황과 건물 등의 소손상황으로부터 판단한 발화위치가 상당한 차이가 있어 상호연관성이 불명확한 때
- 건물전체가 같은 정도로 소손된 상황으로 특이한 연소방향의 정도가 확인(관찰)되지 않을 때
- 건물의 지붕 및 지지 구조물 등이 광범위하게 연소하여 바닥에 연소낙하물이나 도괴물이 많이 퇴적되어 있는 때
- 진화 후에도 행방불명자의 존재나 거취가 확인되지 않을 때
- 발화원으로 추정되는 물건이 기계설비로서 전기적·물리적으로 함께 시스템화 되어 있는 기구인 경우에는 추정되는 발화물과 계통적으로 하나가 되어 연결된 설비 전체를 포함한 범위를 출입금지 구역으로 설정

■ 화재 등 위기상황에서 인간의 피난특성
- 귀소본능 : 원래 왔던 길을 되돌아가서 대피하려는 특성
- 좌회본능 : 오른손이나 오른발을 이용하여 왼쪽으로 회전하려는 특성
- 지광본능(향광성) : 밝고 열린 공간처럼 보이는 방향으로 대피하려는 특성
- 추종본능(부화뇌동성) : 대부분의 사람이 도망가는 방향을 쫓아가는 특성
  ※ 여러 개의 출구가 있어도 한 개의 출구로 수많은 사람이 몰리는 현상이 증명한다.
- 퇴피본능(본능적 위험회피성) : 화재지역 등 자신이 발견한 위험상황을 회피하려는 특성
※ 귀좌지 추퇴

04 발화지역 판정

■ 발화부 판단의 간섭요소
일반적으로 최초 발화지점은 화재가 발생한 곳으로 다른 곳에 비하여 상대적으로 열을 가장 많이 받았고, 가장 많이 탔다는 가정하에서 출발한다.
- 환기 지배형 화재
- 가연물 지배형 화재
- 액자나 벽걸이형 시계, 벽과 천장의 마감재 등이 소락되어 2차적으로 발화하는 경우
- 덕트나 배관용 파이프 홀을 통해 다른 층이나 다른 방실로 화재가 확산되는 경우
- 화재 중 발생되는 단락에 의해 전기배선이나, 접속부의 과전류에 의해 발화하는 경우
- 기류를 따라 이동하는 비화에 의해 2차 발화하는 경우

- **스팬드럴**
  건물 외벽 등 외주부를 통한 화염의 상층으로의 수직확산을 방지하기 위해 창문 등의 개구부와 개구부 사이의 내화구조 등으로 된 벽체 등의 구조

- **콘크리트 등 박리(Spalling)의 원인**
  박리란 고온 또는 가열속도에 의하여 물질 내부의 기계적인 힘이 작용하여 콘크리트, 석재 등의 표면이 부서지는 현상이다.
  - 열을 직접적으로 받은 표면과 그렇지 않은 주변 또는 내부와의 서로 다른 열팽창률
  - 철근 등 보강재와 콘크리트의 서로 다른 열팽창률
  - 콘크리트 등의 내부에 생성되었던 공기방울 또는 수분의 부피팽창
  - 콘크리트 혼합물과 골재 간의 서로 다른 열팽창률
  - 화재에 노출된 표면과 슬래브 내장재 간의 불균일한 팽창

- **물질의 용융흔(Melting of Materials)**
  - 외열에 의한 용융(알루미늄 660℃, 구리선 1,083℃, 유리 593~1,417℃)
  - 전기적 발열에 의한 금속의 용융(1차흔, 2차흔, 3차흔)
  - 저융점금속의 합금화에 의한 용융
    예) 구리, 아연, 알루미늄, 철, 납(특정 금속이 저융점금속과 합금화되면서 금속의 고유한 융점보다 낮은 온도에서 용융된다)

    > 주석(231℃), 납(327℃), 마그네슘(650℃), 알루미늄(660℃), 동(1,083℃), 스테인리스(1,520℃), 철(1,530℃), 텅스텐(3,400℃)

- **철골조의 만곡 및 구조물의 도괴**
  원칙적으로 단일 철기둥의 경우 열을 받는 반대방향으로 기울어진다. 하지만, 구조물의 종류와 화염의 종류에 따라서 도괴되는 것이 상이하다(중력을 고려).

빨리보는 간단한 키워드

■ 금속의 부식 및 변색흔

수열온도(℃)	변 색	수열온도(℃)	변 색
230	황 색	760	아주 진한 홍색
290	홍갈색	870	분홍색
320	청 색	980	연한 황색
480	연한 홍색	1,200	백 색
590	진한 홍색	1,320	아주 밝은 백색

■ 백화연소흔(Clean Burn)
- 부착된 그을음은 탄소 등 가연성 물질로, 직접적으로 화염과 접하거나 강력한 복사열에 노출되게 되면 대부분 연소되어 비가연성 표면(벽면이나 금속 등)이 그대로 노출되는데, 이때 이러한 흔적을 백화연소흔적이라고 한다.
- 백화연소흔적은 그을음이 부착되어 있는 부위에 비하여 더 오래, 더 강한 열기에 연소되었다는 것을 상대적으로 구분할 수 있는 패턴이다.
  ※ 백화연소흔적이 발화부를 지목하는 것은 아니다.

■ 화재현장 발굴 전 조사의 주요순서와 방법
- 소실건물과 주변건물의 대략적 조사
- 소실건물과 주변건물의 전체적 조사
- 연소확대경로 조사
- 도괴방향에 따른 연소경로 조사
- 탄화현상에 따른 연소경로 조사
- 연소강약 조사
  ※ 대전연 도탄연

■ 화재현장 발굴 방법
- 출화부와 발화부 결정(관계자 진술, 소방관 진술 연소특성으로 판단)
- 발굴범위 선택
- 각 단계별 사진촬영하면서 퇴적물 위에서부터 아래로 차례로 진행
- 기둥, 가구 등 고정물로 확인 용이한 곳은 옮기지 않음
- 초기연소와 관련한 낙하된 물증은 고정물에 준한 방법으로 발굴
- 발화부에 근접할수록 섬세한 기자재를 사용하여 발굴

- **화재현장 발굴, 복원 시 유의사항**
  - 발굴 시 중요한 부분, 의문이 가는 부분을 중점 실시한다.
  - 발굴은 발화장소를 중심으로 외곽부에서 중심으로 서서히 진행한다.
  - 복원의 필요성이 있는 물건은 번호 또는 표시를 하여 존재 위치를 명확히 해둔다.
  - 발화점에서 발굴한 탄화물은 세심한 식별을 한다.
  - 대용재료를 쓰는 경우에는 잔존물과 유사한 물건을 쓰지 않는다.
  - 발굴과정에서 불명확한 물건의 위치나 복원 시 물건의 위치 등은 관계자에게 확인시킨다.

- **화재패턴의 정의(NFPA921)**
  - 화재 이후 남아 있는 눈으로 보고 측정할 수 있는 물리적인 효과(NFPA921)
  - 화재로 인한 화염, 열기, 가스, 그을음 등에 의해 탄화, 소실, 변색, 용융 등의 형태로 물질이 손상된 형상
  - 화재가 진행되면서 현장에 기록한 것으로 즉, '화재가 지나간 길'

- **화재패턴의 발생원인**
  - 복사열의 차등원리 : 열원으로부터 가까울수록 강해지고 멀어질수록 약해지는 원리
  - 탄화·변색·침착 : 연기의 응축물 또는 탄화물의 침착
  - 화염 및 고온가스의 상승원리
  - 연기나 화염이 물체에 의해 차단되는 원리
  - 가연물의 연소

- **Fire Plume(= 화재플럼 = 화염기둥) 지배패턴의 종류**
  - 수직표면에서의 V 패턴(V Patterns on Vertical Surfaces)
  - 역원뿔 패턴(Inverted Cone Patterns, 역 V 패턴)
  - 모래시계 패턴(Hourglass Patterns)
  - U자형 패턴(U-shaped Patterns)
  - 지시계 및 화살형 패턴(Pointer and Arrow Patterns)
  - 원형 패턴(Circular-shaped Pattern)

빨리보는 간단한 키워드

■ 화재패턴의 종류

화재패턴	연소특성
V 패턴	• 발화지점에서 화염이 위로 올라가면서 밑면은 뾰족하고 위로 갈수록 수평면으로 넓어지는 연소 형태 • 외부의 특이한 영향이 없을 경우 상측에 20, 좌우 1, 하방 0.3의 속도비율로 연소가 확대 • V자의 뾰족한 부분이 국부적 출화점이 될 수 있음 → V 패턴으로 발화지점 판단
모래시계 패턴	• 화염의 하단은 삼각형태가 나타나고 고온의 가스 영역이 수직표면의 중간에 있을 때 전형적인 V 패턴이 상단부에 생성됨 • 화재가 수직면에 매우 가깝거나 접해있을 때 이로 인해 거꾸로 된 V 패턴과 고온구역에 V 패턴이 나타나 모래시계 연소형태가 됨 • V 패턴으로의 진행 이전이나, 연소물이 넓게 퍼져있는 경우에 발생
전소화재 패턴	층으로 연결된 모든 통로를 포함한 구획실 전역의 모든 연소물 표면에 나타남
U 패턴	• V 패턴과 유사하지만 밑면이 완만한 곡선을 유지하는 형태 • V 패턴은 밑면 꼭짓점이 열원과 가깝다면 U형태는 V 패턴의 꼭짓점보다 높은 위치에 식별됨 • V형태가 나타나는 표면보다 열원에서 더 먼 위치의 수직면에 복사열의 영향으로 형성됨
열그림자 패턴	• 장애물에 의해 가연물까지 열이동이 차단될 때 발생하는 그림자 형태 • 보호구역이 형성되어 물건의 크기, 위치 또는 이동을 알 수 있어 화재현장 복원에 도움이 됨
폴다운 패턴	• 연소잔해가 상부(층)에서 하부(층)로 떨어져 그 지점에서 위로 타 올라간 형태 • 복사열 등에 의해 벽에 걸린 옷, 커튼, 수건걸이 등 발화지점과 먼 곳의 가연물에 착화되어 연소물이 바닥에 떨어져 그 지점에서 위로 타 올라간 형태 • 발화지점과 혼돈의 우려가 있음에 주의
고온 가스층에 의해 생성된 패턴	• 고온 가스층이 유동하는 공간에 조성되며 고온가스층의 열에너지에 의해 생김 • 플래시오버 바로 직전에 복사열에 의해 가연물의 표면이 손상을 받았을 때 나타나는 패턴 • 완전히 화재로 뒤덮이면 바닥도 복사열로 인해 손상되지만 소파, 책상 등 물체에 가려진 하단부는 보호구역으로 남음 • 이 패턴은 가스층의 높이와 이동방향을 나타내며 복사열의 영향을 받지 않는 지역을 제외하면 손상 정도는 일반적으로 균일하게 나타남
수평면의 화재확산 패턴	• 목재마루 또는 테이블 상부에 구멍이 있어 나타나는 탄화형태 • 수평면 탄화형태로 연소의 방향성을 판단할 수 있음
환기에 의해 생성된 패턴	• 문이 닫힌 구획실에서 고온의 이동의 결과로 출입문 안쪽 상단에 집중적으로 나타나는 탄화형태 • 바깥문 상단은 적은 탄화 또는 그을음이 나타나 화염의 이동이 내부에서 외부로 확산됨
대각선연소 패턴	뜨거운 열기는 부력과 팽창에 천장을 통해 연소 확산되면서 벽면에 나타나는 형태
화살표 또는 포인터 패턴	• 목재나 알루미늄 등 타거나 녹았을 때 화살표처럼 뾰족하게 남겨진 연소형태 • 화살표 모양이 더 짧고 더 심하게 탄화된 곳일수록 발화지점에 더 가깝게 표현되는 형태
완전연소 패턴	불연성 물품과 직접적인 화염의 접촉에 의해 검댕과 연기 응축물이 완전연소 되면서 백화 연소의 형태
끝이 잘린 원추형태 패턴	• 다른 형태와는 달리 수직면과 수평면에 의해 화염이 잘릴 때 나타나는 3차원의 화재형태 • 천장 등 수평면의 원 형태와 벽 등 수직면에 나타나는 V 패턴과 같은 2차원 형태가 합쳐진 결과로 3차원 연소패턴이 생성됨

※ VHF, UHF로 고수환과 대화(포)는 씨크(C끝)함

- V 패턴의 각도 결정에 영향을 미치는 인자(변수)
  - 연료의 열 방출률
  - 가연물의 구조
  - 환기효과
  - 수직표면의 발화성과 연소성
  - 천장, 선반, 테이블 윗면 등과 같이 수평표면의 존재

- U 패턴 하단부가 V 패턴 하단부보다 높은 원인
  발화지점에서 발생한 복사열이 수직벽면에 열원으로 작용하기 때문

- 화재패턴의 형성

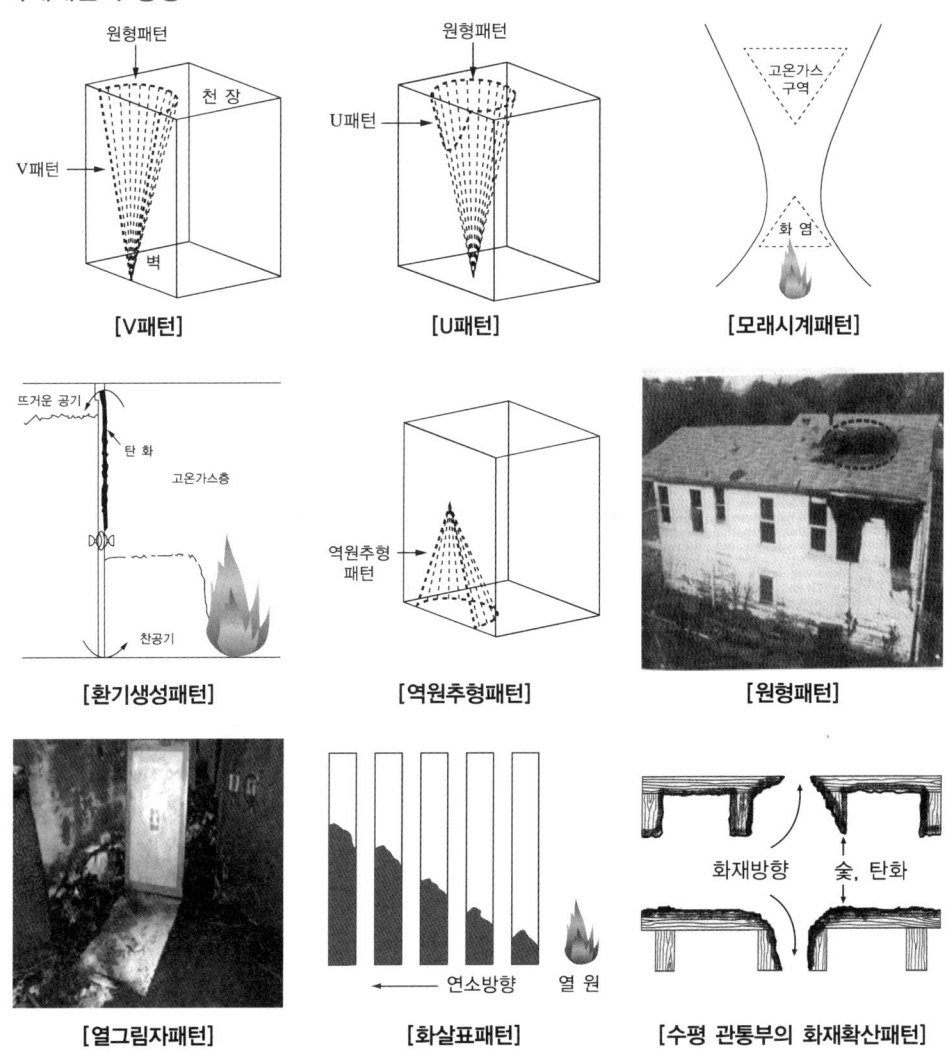

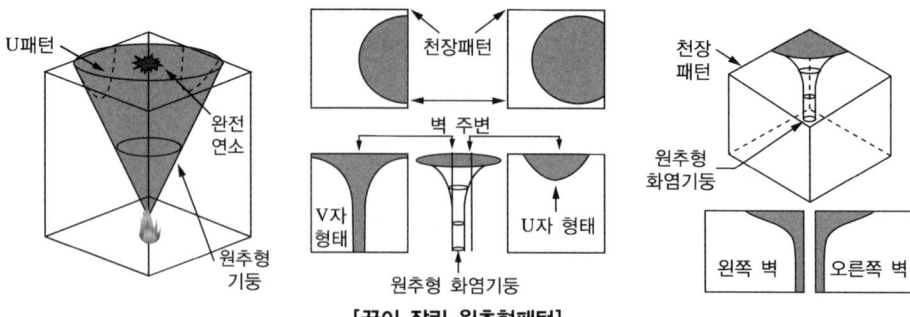

[끝이 잘린 원추형패턴]

■ 가연성 액체 화재에 나타나는 연소패턴

화재패턴	연소특성
고스트 마크(Ghost Mark)	뿌려진 인화성 액체가 바닥재에 스며들어 바닥면과 타일 사이의 연소로 인한 흔적
스플래시 패턴 (Splash Patterns)	쏟아진 가연성 액체가 연소하면서 열에 의해 스스로 가열되어 액면이 끓으면서 주변으로 튄 액체가 국부적으로 점처럼 연소된 흔적
틈새연소 패턴 (Leakage Fire Patterns)	고스트 마크와 유사하나 벽과 바닥의 틈새 또는 목재마루 바닥면 사이의 틈새 등에 가연성 액체가 뿌려진 경우 틈새를 따라 액체가 고임으로써 다른 곳보다 강하게 오래 연소하여 나타나는 연소패턴
낮은연소 패턴 (Low Burn Patterns)	• 건물의 상부보다 하부가 전체적으로 연소된 형태 • 화염은 부양성으로 일반적으로 상부가 손상이 크게 나타내는데, 하단이 연소가 심하고 상단이 미약할 경우 인화성 촉진제를 사용한 방화로 추정할 수 있음
포어 패턴 (Pour Patterns)	인화성 액체 가연물이 바닥에 뿌려졌을 때 쏟아진 부분과 쏟아지지 않은 부분의 탄화경계 흔적
도넛 패턴 (Doughnut Patterns)	• 고리모양으로 연소된 부분이 덜 연소된 부분을 둘러싸고 있는 도넛모양 형태로 가연성 액체가 웅덩이처럼 고여 있을 경우 발생 • 주변부나 얕은 곳에서는 화염이 바닥이나 바닥재를 탄화시키는 반면에 깊은 중심부는 액체가 증발하면서 증발잠열에 의해 웅덩이 중심부를 냉각시키는 현상 때문임
트레일러 패턴 (Trailer Patterns)	• 의도적으로 불을 지르기 위해 수평면에 길고 직선적인 형태로 좁은 연소패턴 • 두루마리 화장지 등에 인화성 액체를 뿌려 놓고 한 지점에서 다른 지점으로 연소확대시키기 위한 수단으로 쓰임
역원추형 패턴 (Inverted Cone Pattern)	역원추형태(삼각형)는 인화성 액체의 증거로 해석됨

■ 방화와 관련된 화재패턴
 • 트레일러 패턴
 • 낮은연소 패턴
 • 독립연소 패턴

- **무지개효과(Rainbow Effect)**
  - 소화수 위로 뜨는 기름띠가 광택을 나타내며 무지개처럼 보이는 현상이다.
  - 화재현장에 가연성 액체를 사용하였음을 유추할 수 있는 근거가 된다.
  - 일상생활용품 중에 플라스틱, 아스팔트 등 석유화학제품이 연소되면서 발생할 수 있기 때문에 유증 샘플의 감정 없이 인화성 액체가 사용되었다고 단정해서는 안 된다.

- **가연성 액체의 화재패턴 간섭요소**
  - 플래시오버(Flash Over) 발생단계에서 복사열에 의해 바닥의 광범위한 연소 → 포어 패턴으로 오인
  - 벽지 등 낙하물에 의한 부분적 연소 → 트레일러 패턴으로 오인
  - 물체에 의해 보호된 부위의 미연소형태 → 틈새연소 패턴으로 오인
  - 지속적으로 연소가 진행될 수 있는 바닥재의 가연성 → 고스트 마크로 오인
  - 융점이 낮은 가연성 물질(스티로폼, 플라스틱 등)이 용융되어 흐르며 연소한 경우 위 요소들은 가연성 액체가 사용되지 않은 화재현장에서 다양하게 나타나므로 화재조사관은 발화원인 결정에 오류를 범할 수 있으므로 주의한다.

- **열 및 화염 확산 벡터도면에서 벡터로 표시할 수 있는 사항**
  - 열 또는 화염크기와 진행방향
  - 화재패턴
  - 발화지점
  - 온도나 가열시간, 열 유속(Heat Flux) 또는 화재강도 등

- **탄화심도 측정방법**
  - 동일 포인트를 동일한 압력으로 여러 번 측정하여 평균치를 구함
  - 계침은 기둥 중심선을 직각으로 찔러 측정 (그림 A + B)
  - 평판 계침으로 측정할 때는 수직재에 평판면을 수평, 수평재는 평판면을 수직으로 찔러 측정
  - 계침을 삽입할 때는 탄화 균열 부분의 철(凸)각을 택함
  - 중심부까지 탄화된 것은 원형이 남아 있더라도 완전연소된 것으로 간주
  - 가늘어서 측정이 불가능한 것은 절단 후 목질부 잔존경 측정에 준하여 비교
  - 측정범위나 측정점은 발화부로 추정되는 범위 내에서 중심부를 선택
  - 중심부를 향한 부분과 이면부를 면별로 동일 방향에서 측정하고 칸마다 비교
  - 수직재와 수평재를 구별하고 재질이나 굵기에 따라 차별 측정

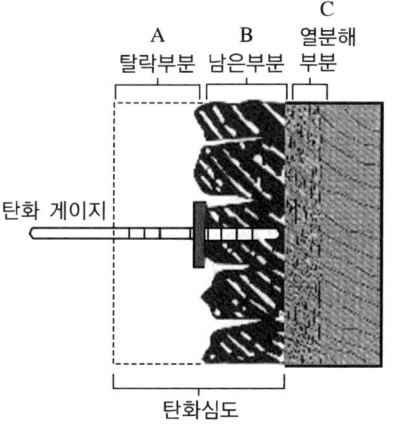

- 동일소재, 동일 높이, 동일 위치마다 측정
- 수직재의 경우 50cm, 100cm, 150cm 등으로 구분하여 각 지점을 측정

■ 탄화(하소)심도 측정에 사용할 수 있는 장비 : 다이얼캘리퍼스, 탐촉자

■ 탄화심도 분석 및 판정
- 목재표면의 균열흔은 발화부에 가까울수록 가늘어지는 경향
- 고온의 화염을 받아 연소 시 : 비교적 굵은 균열흔이 나타남
- 저온에서 장시간 연소 시 : 목재 내부 수분이나 가연성 가스가 표면으로 서서히 분출되어 가는 균열흔이 나타남
- 완소흔 : 700~800℃의 수열흔, 균열흔은 홈이 얕고 삼각 또는 사각형태
- 강소흔 : 약 900℃의 수열흔, 홈이 깊은 요철이 형성됨
- 열소흔 : 1,100℃의 수열흔, 홈이 아주 깊고 대형 목조건물 화재 시 나타남
- 훈소흔 : 발열체가 목재면에 밀착되어 무염연소 시 발생, 발열체 표면의 목재면에 남는 것

■ 목재의 탄화심도에 영향을 주는 인자
- 화열의 진행속도와 진행경로
- 공기조절 효과나 대류여건
- 목재의 표면적이나 부피
- 나무종류와 함습 상태
- 표면처리 형태
※ 대류, 화열, 함습, 표면, 부피

■ 전기적 아크조사의 목적과 절차
- 전기적 아크로 손상된 곳을 추적하여 발화부위 판단
- 전기적 아크가 발생한 지점을 순차적으로 확인함으로써 연소진행과정을 추론할 수 있음
- 절차 : 조사지역 결정 → 지역도면작성 → 조사영역 구분 → 전기장치 확인 → 아크 위치표시

■ 위험물의 정의
인화성 또는 발화성 등의 성질을 가지는 것으로서 대통령령이 정하는 물품

■ 위험물의 유별 성질
- 제1류 위험물 : 산화성 고체
- 제2류 위험물 : 가연성 고체
- 제3류 위험물 : 자연발화성 및 금수성 물질
- 제4류 위험물 : 인화성 액체
- 제5류 위험물 : 자기반응성 물질
- 제6류 위험물 : 산화성 액체

■ 물과 반응에 따른 생성가스
- 탄화칼슘 : $CaC_2 + 2H_2O \rightarrow Ca(OH)_2 + C_2H_2$(아세틸렌)
- 칼륨 : $2K + 2H_2O \rightarrow 2KOH + H_2$(보호액 : 석유)
- 인화알루미늄 : $AlP + 3H_2O \rightarrow Al(OH)_3 + PH_3$(포스핀 = 수소화인)
- 인화칼슘 : $Ca_3P_2 + 6H_2O \rightarrow 3Ca(OH)_2 + 2PH_3$(포스핀 = 수소화인)
- 나트륨 : $2Na + 2H_2O \rightarrow 2NaOH + H_2 \uparrow$ (보호액 : 석유)
- 리튬 : $2Li + 2H_2O \rightarrow 2LiOH + H_2$
- 알루미늄분
  - $2Al + 3H_2O \rightarrow Al_2O_3 + 3H_2$
  - $2Al + 6H_2O \rightarrow 2Al(OH)_3 + 3H_2$
- 탄화나트륨 : $Na_2C_2 + 2H_2O \rightarrow Na(OH)_2 + C_2H_2$(아세틸렌가스)
- 탄화알루미늄 : $Al_4C_3 + 12H_2O \rightarrow 4Al(OH)_3 + 3CH_4$

■ 물질 자신이 발열하고 접촉가연물을 발화시키는 물질
- 생석회 : $CaO + H_2O \rightarrow Ca(OH)_2 + 15.2 kcal/mol$
- 표백분 : $Ca(ClO)_2 \rightarrow CaCl_2 + O_2$
- 과산화나트륨 : $2Na_2O_2 + 2H_2O \rightarrow 4NaOH + O_2$
- 수산화나트륨 : $NaOH + H_2O \rightarrow Na^+ + OH^-$
- 클로술폰산 : $HClSO_3 + H_2O \rightarrow HCl + H_2SO_4$로 분해되며, 다량의 흰연기와 발열한다.
- 마그네슘
  - $Mg + 2H_2O \rightarrow Mg(OH)_2 + H_2$
  - $2Mg + O_2 \rightarrow 2MgO$
  - $Mg + 2HCl \rightarrow MgCl_2 + H_2$
- 철분과 산 접촉 시 : $2Fe + 6HCl \rightarrow 2FeCl_3 + 3H_2$
- 황린 : $P_4 + 5O_2 \rightarrow 2P_2O_5$
- 트리에틸알루미늄(TEA) : $2(C_2H_5)_3Al + 21O_2 \rightarrow 12CO_2 + Al_2O_3 + 15H_2O$

05 발화개소 판정

■ 열 영향에 의한 유리의 파손 형태 감식

유리의 수열영향 형태	감식내용
낙하방향	유리는 수열측이 보다 많이 낙하한다.
표면의 조개껍질모양 박리	조개껍질모양 박리는 고온일수록 많고 깊다.
금이 가는 상태	유리는 수열 정도가 클수록 작게 금이 간다.
용융상태	수열 정도가 클수록 용융범위가 많아진다.
깨진 모양	약간 둥글고 매끄럽다(폭발은 날카롭다).

■ 충격에 의한 깨진 유리 파손형태 및 감식(鑑識)

구 분	내 용
원 인	유리가 물리적 충격에 의해 깨질 경우 발생하는 형태
특 징	• 방사상(放射狀, Radial)과 동심원(同心圓, Concentric) 형태 • 파손면에 리플마크, 월러라인, 헥클라인 생성
화재감식	• 리플마크는 충격방향을 나타내므로 창문의 파괴형태 관찰로 탈출을 위한 내부에서의 충격에 의한 파손인지, 소방관에 의한 외부에서의 파손인지 혹은 오염상태로 보아 화재 전·후인지를 파악할 수 있음 • 유리 균열흔은 외부압력의 방향을 감식하여 화재진행 경로의 지표로 활용할 수 있음

- 방사상으로 깨지는 원인 : 충격 시 앞면은 압축응력이 뒷면은 인장응력이 작용하기 때문이다(압축강도 > 인장강도).
- 동심원 형태로 깨지는 원인 : 유리로 전달되는 운동에너지가 방사상 균열로 충족될 수 없을 때 동심원 균열이 일어나기 때문이다.
- 리플마크(Ripple Mark) : 유리의 동심원 파단면 및 방사형 파단면에는 물결 같은 일련의 곡선이 연속해서 만들어지는 것을 말하며, 패각상 파손흔이라고도 한다.
- Waller Line : 리플마크 일련의 곡선이 연속해서 만들어지는 무늬로 다음 그림의 점선부분이다.
- 헥클라인(Hackle Line) : 월러라인의 가장자리에 형성되는 또 다른 거친 균열흔이다.

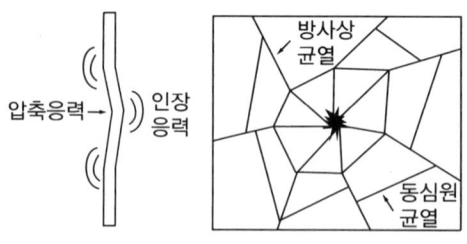
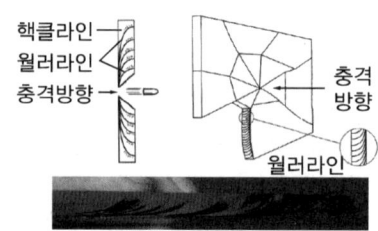

- 유리의 파편은 열을 받는 쪽으로 낙하하기 쉽다.
- 화재로 파괴된 유리의 각은 약간 둥글고 매끄러운 반면 폭발로 파괴된 조각은 날카롭다.
- 충격으로 파손될 경우에는 표면에 월러라인(Wallner Lines)이 생성된다.

- 강화유리는 화재나 폭발로 깨지면 작은 입방체 모양으로 부서지며 유리의 잔금보다 통일된 모양이다.
- 유리와 바닥면의 사이에 천장재 등이 낙하되어 있으면 이는 천장이 탄 후에 유리가 깨진 것을 의미하고 있으며, 전혀 아무것도 없으면 내벽이나 천장 등의 소실보다도 유리가 빨리 깨진 것을 의미하고 있다. 후자인 경우 유리는 발화개소에 아주 가까운 위치에 있었음을 알 수 있다.

■ 열에 의해 유리가 깨지는 메커니즘
- 창틀에 고정되어 있을 경우 유리와 창틀의 서로 다른 열팽창률
- 직접적으로 열을 받은 내측과 그렇지 않은 외측의 서로 다른 열팽창률
- 화염이 미친 부분과 미치지 않은 주변의 서로 다른 열팽창률

■ 크래이즈 글라스(Crazed Glass)
- 급격한 냉각에 의해 만들어지는 것으로 확인
- 화재현장에서는 소화수 등에 의해 한쪽 면이 급격히 냉각되면서 대부분 발생

■ 유리파편의 그을음 부착
- 유리파편에 의해 보호된 구역을 살펴 화재 이후 유리가 깨진 것인지, 유리가 깨지고 나서 화재가 발생한 것인지의 지표가 된다.
- 화재 전 외부인의 침입 여부나 물리적인 손괴 여부를 판단하는 데 있어서도 유용하게 사용될 수 있다.

■ 압력(폭발)에 의한 유리의 파손형태 및 감식

구 분	내 용
원 인	백 드래프트, 가스폭발, 분진폭발 등 같은 급격한 충격파로 파손된 형태
파손형태	평행선 모양의 파편형태(4각 창문 모서리 부분을 중심으로 4개의 기점이 존재)
화재감식	• 두꺼운 그을음이 있는 경우 : 폭발 전에 화재가 활발했음을 나타냄 • 그을음이 매우 희미한 경우 : 화재 초기에 폭발이 있었음을 나타냄 • 그을음이 전혀 없는 경우 : 폭발 후에 화재가 발생했음을 나타냄

■ 자파현상(自破現想)
- 강화유리의 생성과정에서 포함된 불순물에 의해 외부 충격이나 열이 없는 상태에서 스스로 파괴되는 현상
- 자파현상은 불순물(황화니켈)에 의한 파괴가 가장 많은 경우이며, 그외 유리 내부가 불균등하게 강화되거나, 판유리를 자르는 과정에서 미세한 흠집이 생긴 경우에도 자연파괴가 일어날 수 있으며, 시공할 때 강화유리 설치가 불안정하면 저절로 파괴될 수도 있다.
- 특징으로는 파괴가 시작된 중심부에 나비모양이 관찰된다.

■ 전구의 변형
- 25W 이상의 백열전구는 점등 시 필라멘트의 산화를 막기 위해 질소나 아르곤 등의 비활성가스로 충전되어 있다. 이 때문에 전구의 일부분이 연화되기 시작하면 내부의 압력에 의해 해당 부위가 부풀어 오르거나 외부로 터져 나가는 형태를 갖게 된다.
- 25W 이하의 전구는 진공상태로 일부가 연화되기 시작하면 외부의 압력 때문에 쭈그러들어 내부로 함몰되는 형태를 갖게 된다.
- 부풀어 오르거나 함몰된 형태보다는 해당 방향에서 전구의 변형이 시작되었다는 점이 중요하며, 이것을 통하여 화염의 진행방향을 알 수 있다.
- 고정된 소켓에 견고하게 삽입된 전구에 대해서는 신뢰할 수 있으나, 단지 전선줄에 매달려 있는 경우에는 화재 당시의 방향에 대하여 신뢰할 수 없으므로 화재진행방향 판단의 지표로 사용하는 것을 피해야 한다.

■ 가구 스프링의 변형
- 침대 스프링 복원력의 상실 정도를 비교해서 어느 곳이 더 많은 화재열기에 노출되었는지를 알 수 있으며, 이를 통해 화재의 확산방향을 추정할 수 있다.
- 침대 스프링의 내려앉은 정도는 최초 발화지점이나 초기의 연소방향을 나타내는 것이 아니며, 단지 그렇지 않은 주변에 비하여 열을 많이 받았다는 사실을 증명하는 것이다.

■ 전기적 특이점을 통한 발화부의 추적(통전입증이 가장 우선)
- 일반적으로 전기적 특이점을 통한 발화부의 추적은 배선에서 합선이 발생하게 되면 합선부위가 녹아 끊어지게 되어 합선부위의 부하측으로는 전류가 흐르지 않는 상태가 된다는 전제하에 이루어진다.
- 전류가 흐르지 않는 배선에서는 피복이 손상된다 하더라도 합선의 여지가 없고, 여타 전기적인 특이점이 발생할 수 없다.
- 차단기가 없거나 혹은 차단기가 작동하지 않았다면 화염의 진행에 따라서 최초 발생한 합선흔적은 부하측에서 전원측으로 순차적으로 발생한다.
- 합선흔적에 의한 발화부의 추적은 직렬회로 상에서 전원측과 부하측의 구분을 통해 가능하며, 병렬회로 상호간 전원측 혹은 부하측에 대한 구분이 없으므로 합선흔적의 위치를 통한 선후 관계를 증명할 수는 없다.

■ 전기적인 발화원인
- 절연이 파괴 : 트래킹, 누전, 합선
- 저항증가 : 접촉불량, 반단선, 불완전접촉

- **트래킹의 3단계 과정**
  - 1단계 : 유기절연재료 표면으로 먼지, 습기 등에 의한 오염으로 도전로가 형성될 것
  - 2단계 : 도전로의 분단과 미소한 불꽃방전이 발생할 것
  - 3단계 : 방전에 의해 표면의 탄화가 진행될 것

- **보이드현상(Void Phenomenon)**
  전압이 인가되는 도체의 절연물 내부에 생기는 미세한 구멍이나 틈새가 생기는 절연파괴의 현상

- **트래킹과 보이드 현상과의 차이점**
  트래킹은 유기절연물에서 발화하고 보이드 현상은 절연물의 내부에서 발화하는 차이가 있다.

- **권선의 과부하 원인**
  - 구속운전 : 전동기가 과중한 부하로 인해 회전하지 못하고 정지된 상태
  - 기계적 과부하 : 전동기와 연결된 기계에 과중한 부하가 가해지는 경우

- **접촉불량(불완전접촉)**
  접속단자나 콘센트가 삽입되는 플러그 등 접속부위에서 접촉면적이 감소되거나 접촉압력이 저하되어 저항증가에 따른 줄열이나 아크가 발생하는 현상
  - 접속기구에서의 접촉불량 : 콘센트와 같은 접속기구는 반복적으로 오랜 시간 사용하다보면 탄성을 상실하고 복원력이 약해져 플러그를 삽입하였을 때 헐거워지게 되어 불완전 접촉에 의해 화재가 발생
  - 회로기판에서의 접촉불량 : 기판에 부착된 소자의 납땜부위가 불완전하게 되었을 때는 이곳에서 접촉불량에 의해 발화

- **배터리에 의한 화재**
  대부분의 배터리는 소형인 경우에도 새 것일 때는 1A까지 전류를 흐르게 할 수 있다. 이러한 배터리는 셀룰로오스가 함유된 가연물(종이, 목재, 식물섬유로 제작된 의류 등)이 바로 접해 있을 때 충분히 착화시킬 수 있을 만한 전류를 흐르게 할 수 있다.

- **PTC 서미스터**
  PTC Thermistor에 일정 이상의 전류가 흐르면 줄열에 상당하는 자기 발열에 의하여 소정의 시간이 경과한 후 Switching 온도에 도달하여 저항이 급격히 증가하고 전류를 제한하는 작용이 일어남
  예 모기약 훈증기, PTC 서미스터 화재

■ 바이메탈식 자동온도조절장치
열팽창계수가 다른 두 개의 금속을 서로 붙여 놓은 것으로 열을 받게 되면 상대적으로 열팽창계수가 높은 금속의 반대방향으로 휘어지게 되는 원리를 이용한 장치로 일정온도 이상이 되면 휘어진 바이메탈이 가동접점을 밀어내는 역할을 해 전류를 제어하는 장치

■ 마찰열에 의한 화재
마찰열은 접촉한 물체 상호 간의 마찰속도, 접촉압력에 점화 가능한 가연물이 존재한다면 그 가연물에 착화되어 확산될 수 있다(예 자동차, 열차 브레이크).

■ 미소화원
미소화원이란 작은 불씨를 말하는 것으로 담배꽁초, 향불, 용접 및 절단작업에서 발생하는 스파크, 기계적 충격에 의한 스파크, 그라인더 등 절삭기에 의한 스파크 등을 말한다.

■ 태양의 복사선에 의한 화재(수렴화재)
- 비닐하우스에 물이 고여 볼록하게 처진 부분
- 곡면을 갖는 PET 또는 유리병
- 스테인리스 재질의 움푹한 냉면그릇이나 냄비뚜껑
- 히터의 방열판
- 스프레이 캔의 움푹한 바닥

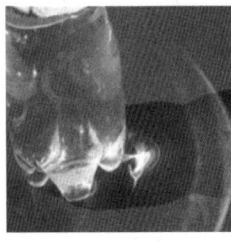  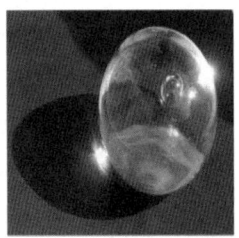

■ 고온물체에 의한 발화
- 접촉발화 : 핫플레이트 위 종이상자
- 축열발화 : 백열전구의 가연물 접촉
- 저온발화 : 목재와 라텍스 폼
- 복사열에 의한 발화 : 히터를 이용한 방화

■ 물리적 폭발

공간 내부의 압력이 상승하여 공간을 유지하고 있는 탱크와 같은 구조의 내압한계를 초과하면서 파열되는 것
- 압력밥솥이 폭발하는 것
- 보일러의 온수탱크 및 열교환기가 폭발하는 것
- 가스용기가 가열되어 폭발하는 것

■ 로카도의 교환법칙

그 누구라도 어떠한 사물을 변형시키지 않거나 외부에서 다른 물질을 묻혀 들이지 않고 현장에 진입할 수 없다.

■ 타임라인

사건들을 각 순서에 맞게 배열하고, 시간의 흐름에 맞게 배열하는 작업을 말하며, 대부분 증거의 시간적 역할을 통해 구분되고 이루어진다.
- 절대적 시간 : 어떠한 사건들이 일어난 시점이 확인되었을 경우
- 상대적 시간 : A 이후에 B까지의 시간은 약 10분 정도 걸린다.

■ PERT 차트

PERT(The Program Evaluation and Review Technique) 차트는 원래 사업계획을 일정기간 내에 완성하기 위해 진행 상태를 평가해서 기간을 단축시키고자 개발한 것으로 사건의 재구성에 있어서도 매우 유용하게 이해할 수 있으며, 재구성에 있어서도 증거들의 조합으로 이루어진 이벤트들을 타임라인 위에 나열한 것을 말한다.
※ 모든 재구성의 기본은 증거의 수집에서부터 시작되며, 보다 많은 증거는 보다 정확한 가설을 도출해내는 밑거름

■ 산화열 축적으로 발화하는 물질
- 불포화유지가 포함된 천, 휴지, 탈지면찌꺼기
- 불포화유지(동식물 유지류)

빨리보는 간단한 키워드

```
                    ┌─ 식물유 ─── • 건성유(아이오딘화 값이 130 이상) : 아마유, 에노유, 오동유, 대두유 등
                    │             • 반건성유(아이오딘화 값이 100~130) : 참기름, 유채기름, 옥수수기름, 간장
                    │               기름 등
                    │             • 불건성유(아이오딘화 값이 100 이하) : 코코넛유, 올리브유, 참죽나무유
         유지류 ────┤
                    │
                    └─ 동물유 ─── • 수산동물유 : 각종 어유, 고래기름 등
                                  • 육산동물유 : 소기름, 돼지기름, 양기름, 말기름 등
```

- 금속분류 : 철, 알루미늄, 아연, 마그네슘 등
- 탄소분류 : 활성탄, 소탄, 목탄, 유연탄 등
- 기타 : 고무, 에보나이트, 석탄

■ 훈소될 수 있는 물질 : 황마섬유, 휴지, 톱밥, 가정용 먼지 등

■ 열의 반응속도에 영향을 미치는 인자 : 온도, 발열량, 수준 표면적 및 촉매

■ 자동차 화재 중 역화와 후연을 비교
  - 역화 : 자동차 연료계통이 타들어 가는 것
  - 후연 : 자동차 배기계통(배기매니홀더-촉매장치-머플러-머플러커터)을 통해 타들어 가는 것

■ 화재실의 온도에 영향을 주는 요소
  - 건축물의 단열성 또는 밀폐성
  - 가연성 증기와 산소의 분압차
  - 가연물의 종류

■ 허용농도
  - 정의 : 건강한 성인 남자가 그 환경에서 하루 8시간 작업을 하여도 건강상 지장이 없는 독성가스의 농도
  - 독성가스 농도

생성물질	화학식	허용농도(ppm)	생성물질	화학식	허용농도(ppm)
아크롤레인	CH_3CHCHO	0.1	염화수소	HCl	5
삼염화인	PCl_3	0.1	시안화수소	HCN	10
포스겐	$COCl_4$	0.1	황화수소	H_2S	10
염소	Cl	1	암모니아	NH_3	25
플루오린화수소	HF	3	일산화탄소	CO	50
아황산가스	SO_2	5	이산화탄소	CO_2	5,000

- 공업 및 산업용으로 가장 많이 사용되는 3대 방향족 탄화수소
    - 벤젠(Benzene)
    - 톨루엔(Toluene)
    - 크실렌(Xylene)

- 가연물의 구비조건(5가지만)
    - 활성화 에너지가 작을 것
    - 열전도도가 작을 것
    - 산화되기 쉽고 발열량이 클 것
    - 산소와 친화력이 좋고 표면적이 클 것
    - 연쇄반응이 일어나는 물질일 것

- 인화점 : 가연성 기체나 고체를 가열하면서 작은 불꽃을 대었을 때 연소될 수 있는 최저온도

- 전기 감전사고의 형태
    - 전격에 의한 감전
    - 절연파괴로 인한 아크 감전
    - 정전기에 의한 감전
    - 낙뢰에 의한 감전
    - 단락 아크에 의한 화상

- 고층 건물에서의 연기유동
    고층 건물에서 연기를 이동시키는 주요 추진력은 굴뚝효과이며, 부력, 팽창, 바람, 그리고 공기조화 시스템의 영향을 받는다.

- 과부하를 발화원인으로 판단하기 위한 요건
    - 구체적 연소형태 확인
    - 선간 또는 층간단락흔 식별
    - 착화, 발화, 연소확대에 이른 상황을 증거를 들어 입증
    - 여타 화재원인 배제 과정을 거쳐야 함

- 층간단락의 정의 및 발생과정
    - 정의 : 전동기의 회전이 방해되거나(기계적 과부하) 권선에 정격을 넘는 전류가 흘러 전기적으로 과부하 상태가 되어 권선의 일부가 단락되는 현상
    - 발생과정 : 핀홀 또는 경년열화 → 선간접촉 → 링회로 → 국부발열 → 층간단락

■ 금속의 만곡 용융흔 식별
- 철(Fe) : 보통의 경우 용융 전에 수열을 받은 부분의 철 분자 간 활동의 증가로 부피가 증가하는 특성으로 600℃ 주변에서 인성 변화가 있고, 1,200℃ 부분에서 용융되기 시작한다.
  - 수직으로 서있는 철기둥의 경우 수열을 받는 반대방향으로 휜다.
  - 수평으로 잇는 철파이프 등의 경우 수열을 받는 부분이 중력방향(아래로)으로 휜다.
- 알루미늄(Al) : 알루미늄은 용융점이 약 500~600℃ 사이로 다른 금속에 비하여 용융점이 낮기 때문에 화재 초기에 수열을 받는 방향으로 경사각을 이루며 용융된다.
- 금속(도색재)의 열변화
  도료의 색 → 흑색 → 발포 → 백색 → 가지색(금속의 바탕금속)

■ 파노라마 촬영기법
- 화재현장에서 연소상태의 흐름을 좁은 화각에 표현하지 못하여 답답함을 느낄 때 여러 컷의 사진을 촬영하여 하나에 병합하는 촬영기법
- 촬영 시 유의사항
  - 동일한 화각 및 포커스를 고정한다.
  - 삼각대를 사용한다.
  - 노출을 고정한다.

■ 미소화원에 대한 화재입증 기본조건 3가지
- 화재현장에 있어서 발화장소의 소손 확인
- 관계자의 진술확보
- 발화 전의 환경조건 파악

■ 화재조사 현장 감식에서 발화부를 추정하는 방법
- 탄화심도
- 도괴방향
- 수직면에서 연소의 상승성
- 목재의 표면에서 나타나는 균열흔
- 벽면 마감재에 나타나는 박리흔
- 불연성 집기류 가전제품 등의 변색흔
- 화재 시 발생하는 주연흔
- 일반화재에서 나타나는 주염흔
※ 박변균 주연(염) '탄도수'를 보면 발화부 추정 가능

- Convergence Cluster

  화재 시 피난 도중 다른 집단이나 사람을 만나면 탈출을 멈추고 한군데 모여서 죽음을 맞이하는 현상

- 비파괴촬영기

  배선용 차단기가 탄화된 채 발견된 경우 물리적 손상 없이 내부구조를 확인할 수 있는 장비

- 백열전구의 유리관 속에 소량의 질소, 아르곤을 주입하는 이유

  텅스텐 필라멘트와 화학반응하지 않는 불활성 가스를 넣어 고온에서 발광하는 필라멘트의 증발·비산을 제어하여 수명을 길게 하기 위해서이다.

- 복원 시의 유의사항 3가지
  - 구조재는 확실한 것만 복원한다.
  - 대용재료를 사용한 경우 타고 남은 잔존물과 유사한 것을 사용하지 않는다.
  - 불명확한 것은 복원하지 않는다.

- 분진폭발의 조건
  - 가연물질의 미세한 분말 존재(0.5mm 이하)
  - 미세한 분진이 일정한 농도 이상 분산(입도 0.1mm 이하 공기 중 부유 에어졸 상태)
  - 밀폐된 공간(압력 존재)
  - 점화원 및 공기 존재

- 분진폭발의 특징
  - 파괴력이 크고 그을음이 많다.
  - 심한 탄화흔적이 발생한다.
  - 피해범위가 확산된다.
  - 가스중독의 우려가 있다.

- 폭발상태에 따른 분류
  - 기상폭발 : 가스폭발, 분해폭발, 분진폭발, 분무폭발
  - 응상폭발 : 수증기폭발, 증기폭발, 폭발성 화합물의 폭발, 혼합위험성 물질의 폭발

■ 폭연과 폭굉

구 분	폭연(Deflagration)	폭굉(Detonation)
전파속도	음속 미만(0.1~10m/s)	음속 이상(1,000~3,500m/s)
전파에 필요한 에너지	전도, 대류, 복사	충격에너지
폭발압력	초기 압력의 10배 이하	초기 압력의 10배 이상
화재파급효과	크 다	작 다
충격파 발생여부	미발생	발 생
전파 메커니즘	반응면이 열의 분자확산 이동과 반응물 및 연소생성물의 난류혼합에 의해 전파	반응면이 혼합물을 자연발화온도 이상으로 압축시키는 강한 충격파에 의해 전파

■ 유류의 공통적인 성질
- 인화하기 쉽다.
- 증기는 대부분 공기보다 무겁다.
- 증기는 공기와 혼합되어 연소 폭발한다.
- 착화온도가 낮은 것은 위험하다.
- 물보다 가볍고 물에 녹지 않는다.

■ 아세틸렌이 구리와 접촉하여 폭발성 금속인 아세틸라이드가 만들어지는 화학반응식
$C_2H_2 + 2Cu \rightarrow Cu_2C_2 + H_2$

■ 연소점 : 점화원을 제거하여도 연소가 지속되는 온도로 인화점에 비하여 5~10℃ 정도 높은 것

■ 발화점 : 점화원을 부여하지 않고 가열된 열만으로 연소가 시작되는 최저온도

■ 액체탄화수소의 가연물이 정전기에 의하여 화재로 발전할 수 있는 조건
- 정전기의 발생이 용이할 것
- 정전기의 축적이 용이할 것
- 축적된 정전기가 일시에 방출될 수 있도록 전극과 같은 것이 존재할 것
- 방전 시 에너지가 충분히 클 것

■ 액체탄화수소의 정전기 대전이 용이한 조건
- 유속이 높을 때
- 필터 등을 통과할 때
- 비전도성 부유물질이 많을 때
- 와류가 생길 때
- 낙차가 클 때
    ※ 정전기의 발생은 유속의 제곱에 비례 → 휘발유, 제트연료 등(1m/sec 이하로 수송)

■ 정전기 화재가 발생할 수 있는 3가지 조건
- 정전기 대전이 발생할 것
- 가연성 물질이 연소농도 범위 안에 있을 것
- 최소 점화에너지를 갖는 불꽃방전이 발생할 것

■ 정전기 대전의 종류

구 분	특 징
마찰대전	고체, 액체, 분체류에서 접촉과 분리과정에 발생
박리대전	밀착된 물체가 떨어질 때 발생
분출대전	작은 분출구와 분출하는 물질의 마찰로 발생

■ 정전기를 방지할 수 있는 예방법
- 접지를 한다.
- 실내공기를 이온화한다.
- 공기 중의 상대습도를 70% 이상 유지한다.
- 대전물체에 차폐조치를 한다.
- 배관에 흐르는 유체의 유속을 제한한다.
- 비전도성 물질에 대전방지제를 첨가한다.

■ 화재조사 장비 중 검전기의 용도
- 물체의 대전 유무
- 대전체의 전하량 측정
- 대전된 전하의 종류 식별

빨리보는 간단한 키워드

■ **줄열에 기인한 국부적 저항증가로 발화하는 현상**
  - 아산화동 증식
  - 접촉저항 증가
  - 반단선

■ **통전입증 방법(부하측에서 전원측으로)**
  - 퓨즈의 용단형태
  - 커버나이프 스위치 용단형태
  - 배선용 차단기 작동상태(트립)
  - 누전차단기 작동상태

■ **통전입증, 도전화, 접촉저항, 부품정수 측정, 절연재료의 그래파이트 현상을 측정하는 감식장비**
  멀티테스터기, 클램프미터

■ **통전 중인 플러그와 콘센트가 접속된 상태로 출화하였을 때 나타날 수 있는 소손흔적**
  - 플러그핀이 용융되어 패여 나가거나 잘려나간 흔적이 남는다.
  - 불꽃방전현상에 따라 플러그핀에 푸른색의 변색흔이 착상되는 경우가 많고 닦아내더라도 지워지지 않는다.
  - 플러그핀 및 콘센트 금속받이가 괴상형태로 용융되거나 플라스틱 외함이 함몰된 형태로 남는다.
  - 콘센트의 금속받이가 열린상태로 남아있고 복구되지 않으며, 부분적으로 용융되는 경우가 많다.

■ **전기화재 감식요령에서 퓨즈류의 형태에 따른 원인**
  - 단락 : 퓨즈 부분이 넓게 용융 또는 전체가 비산되어 커버 등에 부착한다.
  - 과부하에 의한 퓨즈 용단상태 : 퓨즈 중앙부분 용융
  - 접촉 불량으로 용융되었을 경우 : 퓨즈 양단 또는 접합부에서 용융 또는 끝부분에 검게 탄화된 흔적이 나타난다.
  - 외부 화염에 의한 퓨즈의 용융상태 : 대부분이 용융되어 흘러내린 형태로 나타난다.

■ **트립(Trip)현상**
  누전, 지락, 단락, 과부하 등 회로 고장에 의한 순간적인 전기차단으로 누전차단기 회로의 경우 스위치가 완전히 내려가지 않고 중간에서 멈추는 것

■ 폭발의 형태
- 기계적 폭발 : 진공용기의 파손에 의한 폭발
- 화학적 폭발 : 주로 가연성 가스, 증기, 분진, 미스트 등이 공기와의 혼합물, 산화성, 환원성 고체 및 액체혼합물 혹은 화합물의 반응에 의하여 발생
- 분해폭발 : 산화에틸렌, 아세틸렌, 히드라진 같은 분해성 가스와 디아조화합물 같은 자기분해성 고체류는 단독으로 가스가 분해하여 발생
- 중합폭발 : 중합에서 발생하는 반응열을 이용해서 폭발하는 것
- 촉매폭발 : 수소와 산소가 반응 시 빛을 쪼일 때 발생

■ 플래시오버에 영향을 주는 인자
- 개구율
- 내장재료
- 화원의 크기

■ 열화상 비파괴검사
피사체의 실물이 아닌 피사체 표면의 복사에너지를 적외선 형태로 검출하여 그 온도 차이 분포를 영상으로 재현하는 비파괴검사 방법

■ 하소의 정의 및 연소과정
- 하소란 석고벽면 등이 열에 의해 탈수됨으로써 수축 및 균열이 발생하고 부서지기 쉬운 상태에 이르러 회화되는 현상이다.
- 연소과정 : 석고표면연소 → 탈경화제 열분해 → 변색 → 탈수 및 균열
- 특 징
  - 조밀성이 떨어져 결정성을 잃는다.
  - 열이 강할수록 백색으로 변한다.
  - 밀도가 감소되어 하소된 부분에 경계선이 형성된다.

■ 화재조사 순서
- 현장보존 및 사전조사
- 화재현장의 주변 건축물 등 전체상황 관찰
- 화재관계자 질문
- 발화장소 및 발화부위 한정(추정)
- 발 굴
- 복원 및 증거수집
- 발화지점 결정
- 증거물 감정
- 화재원인 판정

전기화재 조사기법

■ 전기화재의 용어
- **과부하** : 허용전류 및 정격전압, 전류, 시간 등의 값을 초과해서 사용한 경우
- **반단선** : 전선이 절연피복 내에서 단선되어 그 부분에서 단선과 이어짐을 되풀이하는 상태로, 완전히 단선되지 않을 정도로 심선의 일부가 남아 있는 상태
- **트래킹** : 전압이 인가된 이극 도체 간의 절연물 표면에 수분, 먼지, 금속분 등이 부착되면 오염된 곳의 표면을 따라 전류가 흘러 소규모 불꽃방전이 일어나고 이것이 지속적으로 반복되면 절연물 표면 일부가 탄화되어 도전성 통로가 형성되는 현상
- **흑연화 현상** : 유기절연물이 전기불꽃에 장시간 노출되면 절연체 표면에 탄화도전로가 생성되어 그 부분을 통해서 전류가 흘러 줄열이 발생하여 고온이 되고 인접 부분을 열로 새롭게 흑연화시켜 전류를 통과, 이것이 서서히 확대되어 전류가 증가하여 발열 발화하는 현상
- **접촉불량** : 도체의 접속부의 접촉상태가 불량하면 전류가 흐를 때에 발열하여 접촉부 근처 전선의 절연피복이 발화하는 것
- **누전** : 절연이 불량하여 전기의 일부가 전선 밖으로 누설되어 주변의 도체에 접촉하여 흐르는 현상

■ 반단선
- 정 의
  - 여러 개의 소선으로 구성된 전선이나 코드의 심선이 10% 이상 끊어지거나 전체가 완전히 단선된 후에 일부가 접촉과 단선이 반복되면서 열과 빛을 발생하는 상태이다.
  - 반단선은 통전 중인 단면적의 감소를 의미하며, 이는 곧 과부하 상태를 의미한다.
- 반단선과 단락의 차이점
  - 단락단선에는 단선 개소의 각 선단에 심선이 융착하여 한 덩어리의 큰 용융흔이 발생한다.
  - 반단선 코드에는 단선측선의 부하측 선단에 반드시 단락흔이 생긴다고 할 수 없으며, 생기더라도 용융흔은 작다.

■ 도체의 저항
- 도체의 길이가 길수록 증가한다.
- 단면적이 작을수록 증가한다.
- 온도가 올라가면 커진다.

■ 전기의 3가지 작용
- **발열작용** : 전기에너지가 열에너지로 변환하는 것(백열등, 다리미, 전기장판, 전기난로 등)
- **자기작용** : 도선을 감아서 만든 코일에 전류가 흐르면 그 속에 자계가 발생하는 것
- **화학작용** : 전기에너지를 이용하여 물의 전기분해, 전기도금 등에 사용되는 원리

■ 전기화재 감식요령에서 퓨즈류의 용융형태에 따른 원인
- 단락 : 퓨즈 부분이 넓게 용융 또는 전체가 비산되어 커버 등에 부착한다.
- 과부하에 의한 퓨즈 용단상태 : 퓨즈 중앙부분이 용융된다.
- 접촉 불량으로 용융되었을 경우 : 퓨즈 양단 또는 접합부에서 용융 또는 끝부분에 검게 탄화된 흔적이 나타난다.
- 외부 화염에 의한 퓨즈의 용융상태 : 대부분이 용융되어 흘러내린 형태로 나타난다.

■ 전기화재의 통전입증 조사요령
- 전기계통의 배선도 및 기기의 결선도에 따라 부하측에서 전원측으로 조사
- 플러그의 칼날 : 광택상태, 그을음의 부착, 패임, 푸른 변색흔, 꽂혀 있었는가 등
- 콘센트의 칼날받이 : 칼날의 열림과 닫힘, 금속받이의 부분적 용융흔
- 중간스위치, 기기스위치
  - 타서 없어진 경우 : 손잡이 등의 정지위치, "ON", "OFF" 표시로 판단
  - 용융된 수지 등으로 덮인 경우 : 건조 → 도통시험 또는 X선 촬영 → 분해하여 접점면 확인
- 배 선
  코드나 전선 등에 못 또는 스테이플로 지지하거나, 직각으로 심하게 굽은 부분 등 압력에 눌려 있는 부분 등 면밀히 조사(지속적인 스파크나 아크에 의한 화재 발생 가능성 조사)

■ 전기화재의 발화원인
- 줄 열

전기적 조건의 변화	국부적인 저항치 증가	• 아산화동 증식 반응 • 접촉저항의 증가 • 반단선
	부하의 증가	• 모터, 코드류의 과부하 • 고조파에 의한 과전류
	임피던스의 감소	• 코일의 층간단락 • 콘덴서의 절연열화 • 반도체 등의 전기적 파괴
	배선의 1선단선	• 3상3선식 배선의 1선단선 • 단상3선식 배선의 중성선단선
회로 외로의 누설 (충전부에 도체접촉)	지락, 누전	비접지측 충전부에 도체접촉
	단 락	양극 충전부에서의 도체접촉

- 절연파괴

절연물의 도체로의 변질, 절연물 표면에 도체 부착	트래킹 현상	각종 스위치류 양극 간
	보이드에 의한 절연파괴	고압전기설비 단자판, 고압부품
	은 마이그레이션	직류기기의 단자 간
전기기기의 고압부로부터의 누설방전, 정전기 방전, 낙뢰(雷)	–	–

- 고장 : 스위치류, 서모스탯, 릴레이 등
- 사용방법 부적절 : 개악(改惡), 기구의 사용방법 부적절, 가연물과의 위치관리 부적절, 이물혼입

■ 전기화재 단락흔의 정의 및 구분
- 정의 : 두 개의 이극 도체가 접촉하여 순간적으로 대전류가 흘러 발화하는 것으로 단선된 각 선단은 용융되어 큰 용융흔이 발생하는 것
- 단락흔의 종류
  - 1차흔 : 화재의 원인이 된 단락흔
  - 2차흔 : 화재의 열로 전기기기 코드 등이 타서 2차적으로 생긴 단락흔
  - 열흔 : 화재열로 용융된 것으로 눈물 모양으로 쳐져있고 광택이 없음

■ 전기화재 용융흔의 비교

구 분	1차 용융흔(발화의 원인)	2차 용융흔(화재로 피복손실로 합선)
표면 형태 (육안)	형상이 구형이고 광택이 있으며 매끄러움	형상이 구형이 아니거나 광택이 없고 매끄럽지 않은 경우가 많음
탄화물 (XMA분석)	일반적으로 탄소는 검출되지 않음	탄소가 검출되는 경우가 많음
금속조직 (금속현미경)	용융흔 전체가 구리와 산화제1구리의 공유결합조직으로 점유하고 있고 구리의 초기결정 성상은 없음	구리의 초기결정 성장이 보이지만 구리의 초기결정 이외의 매트릭스가 금속결정으로 변형됨
보이드 분포 (금속현미경)	일반적으로 미세한 보이드가 많이 생김	커다랗고 둥근 보이드가 용융흔의 중앙에 생기는 경우가 많음
EDX분석	OK, CuL 라인이 용융된 부분에서 거의 검출되지 않으나 정상 부분에서는 검출	CuL 라인이 용융된 부분에서 검출되지만 정상 부분에서는 소량검출

■ 전기단락흔의 의미
- 전기가 통전상태에서 전선이 연소하였다는 의미
- 단락흔 발견지점은 적어도 전기가 차단되기 이전에 화염이 존재
- 단락흔 주변에 발화원이 존재하거나 합선 자체가 발화로 이어짐
- 초기화재 발화지점과 연소(延燒)의 진행방향 판단에 단서를 제공

■ 전기단락흔의 감식요점
- 전기의 사용상황과 배선경로를 확인한다.
- 단락흔 주변에 착화물의 연소성을 확인한다.
- 단락흔의 형태확인 및 다른 화재원인을 배제한다.

- ■ 전선피복 손상에 의한 단락출화 요인
    - 무거운 물건을 배선 위에 올려놓아 하중에 의한 짓눌림
    - 배선상에 스테이플이나 못을 이용하여 고정
    - 배선 자체의 열화촉진으로 선 간 접촉
    - 꺾어지거나 굽어진 굴곡부에 배선 설치
    - 자동차의 진동이나 헐겁게 조여진 배선 방치
    - 금속관의 가장자리나 금속케이스 등에 도체 접촉
    - 쥐나 고양이 등 설치류에 의한 배선의 접촉 등

- ■ 전기 용융흔에 대한 연구결과에 관심을 가져야 하는 이유
    - 전기 용융흔은 출화 원인 규명의 단서가 될 수 있다.
    - 증가 경향에 있는 화재, 전기화재의 비율이 턱없이 높다.
    - 제조물 책임법 시행에 따른 용융흔의 정량적인 판별법이 필요하다.
    - 증가 일로에 있는 차량 화재

- ■ 아산화동 증식 발열현상

    동(銅)으로 된 도체가 스파크 등 고온을 받았을 때 동의 일부가 산화되어 아산화동(Cu_2O)이 되며, 그 부분이 이상 발열하면서 서서히 발화하는 현상

- ■ 접속부 과열로 인한 화재의 경우
    - 소손개소에 접속부가 포함되고, 그 부분을 기점으로 하여 확대된 소손상황을 나타내고 있다.
    - 부하회로는 ON상태로 통전되고 있다.
    - 부하회로는 대전류가 흐르는 큰 부하를 갖고 있는 기기 등에 연결되어 있는 경우가 있다.
    - 접속부의 용융개소는 한 쪽이 강하고, 다른 쪽은 명백히 약한 경우가 많다. 또한 용융개소는 충전부 측이며, 1차 측인 경우가 많다.

- ■ 과부하 조사의 요점(과부하 요인의 유무 조사)
    - 전선의 허용전류와 부하의 크기
    - 배선의 상황
    - 회로 중의 트러블의 유무
    - 코드류의 사용상황

- ■ 코일의 층간 단락, 모터의 과부하운전으로 인한 출화 시 화재조사 포인트
    - 코일전체 또는 일부가 강하게 소손됨과 동시에 절연도료나 절연지가 탄화된 흔적이 나타나는 경우
    - 거의 소손되지 않는 것처럼 보이는 경우도 있음
    - 테스터로 권선의 저항치를 측정하여 정상치와 비교
    - 층간단락을 발생시키는 요인 등에 대해서 조사

■ 콘덴서의 절연열화 시 화재조사 포인트
- 밀폐용기가 내부 발열에 의해 팽창하거나 소손되어 있으므로 이를 관찰
- 소자가 표면에서부터가 아니고 내부로부터 강하게 소손
- 테스터로 그래파이트화 여부 확인
- 콘덴서 스스로의 원인 외에 낙뢰 등의 영향을 조사

■ 누전화재의 3요소
누전이란 절연이 불량하여 전류의 일부가 전류의 통로로 설계된 이외의 곳으로 흐르는 현상
- **누전점** : 전류가 흘러들어오는 곳(빗물받이)
- **출화점(발화점)** : 과열개소(함석판)
- **접지점** : 접지물로 전기가 흘러들어 오는 점

■ 영상변류기
누전차단기에서 누설전류를 감지하는 장치

■ 누전차단기
누전차단기는 정상적인 경우 영상변류기를 통과하는 배선의 입력과 출력의 합이 0이 된다. 그러나 회로에 투입된 전류 일부가 외부로 누설되고 되돌아오는 전류에서 차이가 발생하면 누설전류를 감지하고 전자석을 통해 트립시키는 장치이다.

■ 누전차단기 종류 및 정격감도 전류

구 분		정격감도전류[mA]	동작시간
고감도형	고속형	5, 10, 15, 30	• 정격감도전류에서 0.1초 이내 • 인체감전보호형은 0.03초 이내
	시연형		정격감도전류에서 0.1초를 초과하고 2초 이내
	반한시형		• 정격감도전류에서 0.2초를 초과하고 1초 이내 • 정격감도전류 1.4배의 전류에서 0.1초를 초과하고 0.5초 이내 • 정격감도전류 4.4배의 전류에서 0.05초 이내
중감도형	고속형	50, 100, 200, 500, 1,000	정격감도전류에서 0.1초 이내
	시연형		정격감도전류에서 0.1초를 초과하고 2초 이내
저감도형	고속형	3,000, 5,000, 10,000, 20,000	정격감도전류에서 0.1초 이내
	시연형		정격감도전류에서 0.1초를 초과하고 2초 이내

- ■ 누전차단기의 사용목적
  - 접지전류차단
  - 과부하차단
  - 단락차단

- ■ 누전화재의 조사요점
  - 보통의 전로에서 전류가 누설되어 건물 및 부대설비 또는 공작물에 유입된 누전점
  - 누설전류의 전로에 있어서 발열 발화한 발화점
  - 누설전류가 대지로 흘러든 접지점
  - 상기 세 가지 요소를 확인, 누전의 사실과 출화의 인과관계 규명

- ■ 은 이동(마이그레이션)
  직류전압이 인가되어있는 은으로 된 이극도체 간에 절연물이 있을 때 그 절연표면에 수분이 부착하면 은의 양이온이 절연물 표면을 음극측으로 이동(마이그레이션)하여 발열하는 현상

- ■ 전기의 3가지 특징
  - 발열작용
  - 자기작용
  - 화학작용

- ■ 전기가열의 종류
  저항가열, 아크가열, 유도가열, 유전가열, 전자빔가열, 적외선가열, 초음파가열

- ■ 냉장고화재의 원인
  - 기동기의 트래킹으로 인한 발화
  - 서미스터(Thermistor : PTC) 기동릴레이의 스파크
  - 전원코드와 배선커넥터의 접속부 과열
  - 안전장치 제거에 의한 모터 과열
  - 컴프레서 코일의 층간단락
  - 콘덴서의 절연파괴
  - 진동에 의한 내부 배선의 절연손상

- ■ 세탁기화재의 원인
  - 배수밸브의 이상
  - 배수 마그네트로부터의 출화
  - 콘덴서의 절연열화
  - 회로기판의 트래킹

빨리보는 간단한 키워드

■ 국가화재 분류체계 매뉴얼에 따른 전기화재의 발생원인
- 누전 / 지락
- 절연열화에 의한 단락
- 압착 / 손상에 의한 단락
- 트래킹에 의한 단락
- 미확인단락
- 접촉불량에 의한 단락
- 과부하 / 과전류
- 층간단락
- 반단선
- 기 타

※ 과압층으로 인하여 반절(접)은 기절했다고 하자 누가 미투(트)요라고 했다.

가스화재 조사기법

■ 고압가스 분류 및 종류

고압가스 분류		종 류
연소성	가연성 가스	수소, 암모니아, 액화석유가스, 아세틸렌
	조연성 가스	산소, 공기, 염소 등
	불연성 가스	질소, 이산화탄소, 아르곤, 헬륨 등
상 태	압축가스	산소, 수소, 질소, 아르곤, 메탄 등
	액화가스	액화석유가스(LPG), 암모니아, 이산화탄소, 액화산소, 액화질소 등
	용해가스	아세틸렌
독 성	독성가스	염소, 일산화탄소, 아황산가스, 암모니아, 산화에틸렌, 포스겐 등 규정값 : 허용농도가 200ppm 이하인 가스

■ 가연성가스를 분류하는 법적인 규정
- 폭발한계(연소범위)의 하한이 10% 이하인 것
- 폭발한계의 상한과 하한의 차가 20% 이상의 것

■ 독성가스의 허용한계농도(Threshold Limit Values)
- 화학물질의 허용농도로 작업자들이 평상 시 작업할 때에 공기 중의 농도가 작업자에게 큰 영향을 미치지 않는 정도를 나타낸다.
- 작업자가 하루에 8시간, 일주일에 5일 근무하는 것을 기준으로 하여 만든 값이다.

독성가스의 허용한계농도(Threshold Limit Values) 3가지 종류

TLV의 종류		내 용
TLV-TWA (Time Weighted Average)	시간 가중 허용농도	유독가스 등이 공기 중에 존재하는 작업장에서 1일 8시간의 작업을 매일 계속하여도 건강에 이상이 없는 정도의 농도
TLV-STEL (Short Term Exposure Limit)	단시간 노출 허용농도	짧은 시간에 노출될 수 있는 최고 허용농도로 근로자가 15분 노출되어도 증상이 나타나지 않는 허용농도
TLV-C (Ceiling Value)	최고 허용농도	단 한순간이라도 초과하지 않아야 하는 농도

가스화재 용어

구 분		내 용
압 력		• 용기나 관등의 벽에 수직으로 작용하고 있는 힘 = $\dfrac{\text{힘(무게)}}{\text{면적}}$ • 단위 : 1kg/cm² = 98.0665kPa = 0.0980665MPa ≒ 100kPa ≒ 0.1MPa
온 도		• 섭씨온도(℃) : 물의 끓는 점과 어는 점을 100등분하여 끓는 점을 100℃ 어는 점을 0℃로 정해 사용하는 온도 • 화씨온도(°F) : 물의 끓는 점과 어는 점을 180등분하여 끓는 점을 212°F 어는 점을 32°F로 정해 사용하는 온도 • 온도의 관계 $℃=\dfrac{5}{9}(°F -32)$ $°F=\dfrac{9}{5}(℃ + 32)$
비 중	가스 비중	• 가스의 무게와 공기의 무게(29g)를 비교한 값 • 비중 = $\dfrac{\text{물질의 무게}}{\text{공기의 무게}}$ • 1 미만인 경우 공기보다 가볍고 1 초과한 경우 공기보다 무겁다.
	액비중	액체의 비중으로 4℃의 물 1cm³ 는 질량이 1g으로 밀도의 단위를 g/cm³ 또는 kg/ℓ 로 할 경우 밀도의 값과 비중의 값이 같게 된다.
	고체 비중	비중 = $\dfrac{\text{물질의 밀도(g/cm}^3\text{)}}{\text{물의 밀도(g/cm}^3\text{)}}$
증기압		일정한 온도에서 액체 또는 고체와 평형한 증기상의 압력을 말하며, 일반적으로 포화 증기압을 말하는 경우가 많다.
증발잠열		액체에서 기체로 변화하는 데 필요한 열
보일·샤를의 법칙		• 일정량의 기체의 부피는 압력에 반비례하고 절대온도에 비례한다. • 수식 : $\dfrac{PV}{T} = K(\text{일정})$

빨리보는 간단한 키워드

■ **LNG와 LPG의 성질**

LNG(주성분 메탄 : 연소범위 5~15%)	LPG(프로판, 부탄이 주성분)
• 기상의 가스로서 연료 외 냉동시설에 사용한다. • 비점이 약 -162℃이고 무색투명한 액체이다. • 비점 이하 저온에서는 단열 용기에 저장한다. • 액화천연가스로부터 기화한 가스는 무색무취이다. • 메탄이 주성분으로 공기보다 가볍다(분자량 16). • 누출 시 냄새를 위해 부취제를 첨가한다. • 액화하면 부피가 작아진다(1/600).	• 기화 및 액화가 쉽다. • 공기보다 무겁고 물보다 가볍다. • 액화하면 부피가 작아진다. → 1/250 • 연소 시 다량의 공기가 필요하다. • 발열량 및 청정성이 우수하다. • 고무, 페인트, 테이프, 천연고무를 녹인다. • 무색무취하므로 부취제를 첨가한다. • 액화하면 부피가 작아진다(1/250).

■ **가스공급시설**
정압기실 및 정압기, 밸브박스, 가스계량기

■ **정압기**
정압기(靜壓幾)란 도시가스의 공급압력이 제한된 영역에서 고압에서 중압으로, 중압에서 저압으로 적당한 압력으로 감압하여 소비처에 필요한 압력으로 공급하기 위하여 사용되는 것

■ **정압기의 구조**
다이아프램, 스프링, 메인밸브

■ **정압기의 종류**

구 분	내 용
직동식 정압기	• 작동에 필요한 3요소(감지부, 부하부, 제어부)가 정압기 본체 내에 들어가 있음 • 구조가 간단하고 경제적이며, 유지관리가 용이하여 많이 사용 • 일반적으로 가스 사용량이 적은 단독주택 등에 주로 사용
파리롯트식 정압기	• 직동식정압기와는 달리 2차측의 미소한 압력을 감지하여 다이어프램에 구동압력을 증폭시켜 보내주는 파이롯트를 감압장치에 설치한 것 • 출구압력이 비교적 안정된 형태로 공급이 됨 • 대량수요처 및 도시가스사업자용 정압기에 주로 사용된다.

■ **가연성 가스의 발화점에 영향을 주는 요소**
- 공기(산소)의 혼합비율
- 반응속도, 반응열
- 용기재질(정전기 발생이 쉬운 재질 등), 형상, 크기

■ 리프팅(Lifting)
- 정의 : 염공에서의 가스유출 속도가 연소속도보다 빠르게 되어, 가스가 염공에 붙어서 연소하지 않고 염공을 이탈하여 연소하는 현상
- 원 인
  - 버너의 염공에 먼지 등이 부착하여 염공이 작아졌을 때
  - 가스의 공급압력이 지나치게 높은 경우
  - 노즐구경이 지나치게 클 경우
  - 가스의 공급량이 버너에 비해 과대할 경우
  - 연소폐가스의 배출이 불충분하거나 환기가 불충분함에 따라 2차 공기 중의 산소가 부족한 경우
  - 공기조절기를 지나치게 열었을 경우

■ 역화(Flash Back)
- 정의 : 가스의 연소속도가 염공에서의 가스 유출속도보다 빠르게 되거나 연소속도는 일정하여도 가스의 유출속도가 느리게 되었을 때 불꽃이 버너 내부로 들어가 노즐의 선단에서 연소하는 현상
- 원 인
  - 부식으로 염공이 커진 경우
  - 가스 압력이 낮을 때
  - 노즐구경이 너무 적을 때
  - 노즐구경이나 연소기 코크의 구멍에 먼지가 묻었을 때
  - 코크가 충분히 열리지 않았을 때
  - 가스레인지 위에 큰 냄비 등을 올려놓고 장시간 사용하는 경우

■ 리프팅(Lifting)과 역화(Flash Back)의 비교

구 분	리프팅(Lifting)	역화(Flash Back)
염 공	작아졌다(먼지)	커졌다(부식)
가스유출 속도	빠르다	느리다
가스 압력	높 다	낮 다
노즐구경	크 다	작 다
가스공급량	과대(버너에 비해)	-

■ 가스시설에 있는 퓨즈콕(Fuse Cock)
- 역할 : 가스사용 중 호스가 빠지거나 절단되었을 때 또는 화재 시 등 규정량 이상의 가스가 흐르면, 코크에 내장된 볼이 떠올라 가스통로를 자동으로 차단하는 기능을 한다.
- 종류 : 콘센트형, 박스형, 호스엔드형

빨리보는 간단한 키워드

- **압력조정기의 역할**
  1차측 가스를 적당한 압력으로 감압시켜 2차측으로 안정하게 공급해주는 기능

- **황염(Yellow Tip)**
  연소기기에서 LP가스 연소 시 버너에서 공기량이 부족하면 황적색의 불꽃이 발생하는 현상

- **연소기기에서 LP가스의 불완전연소 원인**
  - 공기와의 접촉, 혼합 불충분
  - 과대한 가스량, 필요한 공기 부족
  - 불꽃이 저온물체에 접촉 온도가 내려갈 때 등

- **블로 오프(Blow Off)**
  불꽃의 주위(특히 기저부)에 대한 공기의 움직임이 세게 되어 불꽃이 꺼지는 현상

- **안전장치**
  - LPG 용기 : 스프링식 안전밸브
  - 염소, 아세틸렌, 산화에틸렌 용기 : 가용전(가용합금식) 안전밸브
  - 산소, 수소, 질소, 아르곤 등 압축가스 용기 : 파열판식 안전밸브
  - 초저온 용기 : 스프링식과 파열판식의 2중 안전밸브
  - CNG 용기 : 가용전(액체튜브) 안전밸브

- **가스 누출사고 시 중화제**
  - 암모니아 → 물
  - 염소 → 가성소다수 용액, 분말
  - 포스겐가스 → 가성소다수 용액, 분말
  - 이산화황 → 탄산소다

- **휴대용 가스레인지 접합용기 파열사고 조사**
  - 점화 불량
  - 장착 불량
  - 과대조리기구

- **자동절체식 일체형 저압조정기 레버 원인조사**
  - 절체기 레버 위치
  - 가스 잔량
  - 측도관 연결 상태

- 고압가스 용기 파열 원인
    - 내부압력
    - 재질 불량
    - 용접 불량 등 결함

- 고압가스 용기의 색깔

LPG	수소	아세틸렌	액화암모니아	액화염소	의료용 산소	기타
밝은 회색	주황색	황색	백색	갈색	백색	회색

- 기화장치 폭발 시 원인조사
    - 물 수위(수위조절 센서)
    - 전원공급 상태
    - 온도센서(온도제어장치, 과열방지장치)
    - 스프링식 안전밸브
    - 액 유출 방지장치(체크밸브형태 : 기화장치 고장 시 조정기로 액상의 가스공급사고를 방지)

미소화원화재 조사기법

- 미소화원의 종류
    담배 불씨, 용접의 불티, 굴뚝의 불티, 절단기·그라인더의 기계적인 불티, 오목렌즈 초점부근의 열, 모기향, 향불

- 미소화원(무염화원)에 의한 연소현상의 특징
    - 담뱃불, 스파크, 불티 등 극히 작은 불씨가 화재원인이 되는 것을 뜻한다.
    - 미소화원은 고온이지만 가연성 고체를 유염연소시킬 수 있을 만큼 에너지가 적어 무염연소의 발화형태를 취한다.
    - 열량이 적고 연소시간이 길며 국부적으로 연소확대된다.
    - 소훼물이 깊게 탄화된 연소현상이 식별된다.
    - 장시간 걸쳐 훈소하여 타는 냄새를 내는 특징이 있다.
    - 발화원이 소실되거나 진압과정에서 남는 일이 없어 물증 추적이 곤란하다.

- 유염화원의 특징
    - 무염화원에 비하여 훨씬 에너지량이 많고, 가연물이 닿을 경우 바로 착화우려
    - 짧은 시간에 연소확대
    - 연소흔적으로는 깊게 탄 것은 보이지 않으나 표면으로 연소가 확대되는 경우가 많음

■ 훈소될 수 있는 물질
  • 황마섬유, 면, 휴지 등 식물성 물질과 열경화성 물질
  • 열가소성은 훈소하기 힘듦

■ 훈소연소(무염연소)의 특징
  • 통상 연기가 발생하고 발광하는 불꽃이 없는 연소
  • 고체가연물과 산소 사이에 반응이 상대적으로 느린 표면연소 현상
  • 불완전연소 반응으로 일산화탄소 수치가 높음
  • 열량이 적고 연소시간이 길고 국부적 심부화재로 연소

■ 무염화원의 일반적인 연소현상
  • 발화부에 소훼물이 깊게 탄화흔적이 남는다.
  • 훈소 과정 사이에 타는 냄새가 난다.
  • 심부화재로 나무판자에 구멍이 발견된 경우가 있다.
  • 물증 추적이 곤란하다(어렵다).

■ 훈소를 불꽃연소로 만들 조건
  • 온도를 높인다.
  • 산소를 공급하면 유염화염으로 바뀔 수 있다.

■ 구획 부분에서 유염화재 과정
  • 시작 단계(점화와 자유연소)
  • 성장 단계
  • 플래시오버 단계
  • 훈소 단계

■ 담뱃불 화재 발화 메커니즘 및 특성
  • 메커니즘 : 무염연소 → 열축적 → 발화온도 도달 → 유염발화
  • 점화원으로서 특징
    – 대표적 무염화원으로 이동이 가능하다.
    – 필터(합성섬유, 펄프)와 몸체(종이, 연초)로 구성된 가연물이다.
    – 흡연자는 화인을 제공할 수 있는 개연성이 존재한다.
    – 자기자신은 유염발화하지 않는다.

- 미소화원 화재감식 중 전기용접 가스절단의 불꽃에 의한 화재감식요령
    - 용접부위의 금속재료에 가연물이 접촉되어 있는가 관찰한다.
    - 용접부위와 소손부위의 위치관계를 확인한다.
    - 발화지점 주위에 용융입자가 있으므로 자석 등으로 채취한다.
    - 용접불꽃으로 착화된 가연물이 낙화위치에 존재했는가 관찰한다.
    - 점화 시의 행위자로부터 밸브의 개폐순서, 압력조정 등에 관한 진술을 청취한다.
    - 화구와 본체의 연결부 느슨함 등을 확인한다.
    - 호스가 소손되어 불에 타서 끊어져 있는지 관찰한다.
    - 용접지점 부근에 가연물이 존재하는가 관찰한다.

- 양초불에 의한 화재의 발생과정 3가지 및 중심부 온도
    - 화원의 전도
    - 접 염
    - 화원의 낙하
    - 중심부 온도 : 1,400℃

화학물질화재 조사기법

- 화학화재의 분류
    화학화재란 가연성 액체의 온도가 상승하여 유증기가 발생, 확산되어 공기와 혼합된 상태에서 스파크나 불꽃 등의 발화열원에 의해 연소가 일어나는 현상이다.
    - 자연발화 : 물과 습기 혹은 공기 중에서 물질이 발화온도보다 낮은 온도에서 화학변화에 의해 자연발열하고, 그 물질 자신 또는 발생한 가연성 가스가 연소하는 현상
    - 화합발화 : 두 종 혹은 그 이상의 물질이 서로 혼합 또는 접촉해서 연소하는 현상
    - 인화 : 물질 자신으로부터 발화하는 것이 아니라 전기적 스파크, 불꽃 등의 화원에 의해 착화하여서 연소하는 현상
    - 폭발 : 정지상태인 물질이 급격히 팽창하는 현상으로 빛과 소리 혹은 충격적 압력을 수반하고, 순간적으로 연소를 완료하는 현상

빨리보는 간단한 키워드

■ **증기비중**
- 해당 물질의 분자량을 공기의 분자량으로 나눈 값
- 단위는 없음
- 보통 1 이상이면 공기보다 무겁고 1 미만이면 공기보다 가볍다.

■ **유기용매**
용해력과 탈지 세정력이 높아 화학제품 제조업, 도장관련산업, 전자산업 등 여러 업종에서 광범위하게 사용되는 용제류로서 일반적으로 비점이 낮고 휘발성이며 가연성의 특성을 갖는다.

■ **비 점**
액체의 포화증기압이 대기압과 같아지는 온도를 말한다.

■ **자연발화 물질의 반응을 일으키는 원인 및 분류**
- 분해열 : 나이트로셀룰로스, 셀룰로이드, 나이트로글리세린 등의 질산에스터제품
- 산화열 : 불포화유가 포함된 천·휴지, 원면, 석탄, 건성유 등
- 흡착열 : 목탄, 활성탄, 탄소분말
- 중합열 : 액화시안화수소, 산화에틸렌 등
- 발효열 : 퇴비, 먼지, 건초더미류, 볏단
- 발열을 일으키는 물질 자신이 발화하는 물질(자연발화성 물질)
  금속나트륨(Na), 금속칼륨(K), 리튬(Li), 금속분, 황린(P_4), 적린, 알킬알루미늄, 실란, 수소화인
  ※ 위험물안전관리법의 제2류 산화성 고체 및 제3류 자연발화성 및 금수성 물질
- 물질 자신이 발열하고 접촉가연물을 발화시키는 물질
  생석회(CaO), 표백분($Ca(ClO)_2 \cdot CaCl_2 \cdot H_2O$), 황산($H_2SO_4$), 초산($CH_3COOH$), 클로로술폰산
- 반응결과 가연성 가스가 발생하여 발화하는 물질
  인화알루미늄(AlP), 카바이드류(CaC_2)

■ **가연물 자연발화의 4가지 조건(촉진요소)**
- 열 축적이 용이할 것(퇴적방법 적당, 공기유통 적당)
- 열 발생 속도가 클 것
- 열전도가 작을 것
- 주변 온도가 높을 것

- **빗물이 침투되어 일어난 생석회(산화칼슘) 저장 비닐하우스 화재의 반응식과 감식요령**
  - 생석회(산화칼슘)와 빗물과의 화학반응식
    $CaO + H_2O \rightarrow Ca(OH)_2 + 15.2 kcal/mol$, 즉 물과 반응해서 수산화칼슘이 되며 발열한다.
  - 감식요령
    생석회는 물과 반응한 후에 백색의 분말이고 물을 포함하면 고체상태 수산화칼슘(소석회)이 남으며 강알칼리성이기 때문에 리트머스시험지 등으로 pH를 측정하여 확인한다.

- **침수로 인한 탄화칼슘(CaC_2) 제조공장화재의 화학반응식과 화재의 위험성**
  - 화학반응식
    $CaC_2 + 2H_2O \rightarrow Ca(OH)_2 + C_2H_2 \uparrow + 27.8 kcal/mol$
  - 위험성
    - 물과 반응해서 발열하고 아세틸렌가스가 발생하고, 반응열에 의해 아세틸렌가스가 폭발을 일으킬 수 있다.
    - 탄화칼슘에 불순물로서 인을 포함하는 경우가 있고 아세틸렌이 발생하여 착화 폭발하는 수가 있다.
    - 탄화칼슘이 물과 반응하는 경우 최고 644℃까지 온도가 상승될 수 있고 아세틸렌가스가 320℃ 이상이면 발화할 수 있다.

- **화학공장 폭발화재의 원인조사 단계별 방법**
  자료의 수집 → 가치부여 → 체계부여 → 타당성을 밝힘 → 화재원인의 결정

- **아이오딘화 값 및 분류**
  - 아이오딘화 값 : 유지 100g당 첨가되는 아이오딘의 g수
  - 아이오딘화 값에 따른 분류
    - 건성유 : 아이오딘화 값이 130 이상(오동나무기름, 대부분의 어유)
    - 반건성유 : 아이오딘화 값이 100 이상 130 미만(대두유, 옥수수유 등)
    - 불건성유 : 아이오딘화 값이 100 미만(피마자유, 우지 등)

- **유류화재 특징**
  - 석유유도체 중 탄소수가 같다고 해도 화재양상은 같지 않다(화학구조영향).
  - 유류화재현장 수집시료 습득물 기기분석법으로 GC, IR(적외선 분광 분석법)가 있다.
  - C/H비가 크면 그을음이 많다.
  - C/H비가 작으면 그을음이 적다.
  - 산소가 적을 때는 C/H비를 이용한 그을음의 영향 판단이 어렵다.

빨리보는 간단한 키워드

- **5대 범용 플라스틱의 종류**
    - PE(폴리에틸렌)
    - PP(폴리프로필렌)
    - PS(폴리스티렌)
    - PVC(폴리염화비닐)
    - ABS수지

- **합성수지(플라스틱)의 종류**

구 분	열가소성 플라스틱	열경화성 플라스틱
정 의	가열하면 액상으로 변해 원형이 변형되고 다시 굳어지는 성질이 있어 재사용이 가능하다.	연소 후 재차 열을 가하더라도 원형이 변형되지 않으며, 재사용이 불가능하다.
종 류	폴리에틸렌, 폴리염화비닐, 폴리스티렌, 폴리프로필렌, ABS수지	페놀수지, 에폭시수지, 멜라민 수지, 요소수지, 폴리에스터

- **플라스틱 발화메커니즘**

    흡열과정 → 분해과정 → 혼합과정 → 발화·연소과정 → 배출과정

- **물리적 폭발과 화학적 폭발의 종류**
    - 물리적 폭발 : 진공용기에 의한 폭발, 과열액체의 급격한 비등에 의한 증기폭발, 고압용기의 과압 또는 과충진에 의한 파열 등의 급격한 압력개방에 의한 폭발
    - 화학적 폭발 : 산화폭발(LPG-공기), 분해폭발(아세틸렌), 중합폭발(시안화수소)

- **백드래프트와 가스폭발의 감식법**
    - 유리창 등에 그을음 생성 여부로 판단
        - 백드래프트는 화재가 발생한 후 생성된 것으로 그을음이 있다.
        - 가스폭발은 화재초기로 그을음이 없다.
    - 유리창의 파손형태로 판단
        - 폭발 후 화재 : 파손된 단면에 월러라인(Wallner Lines)이 생기나 그을음은 나타나지 않는다.
        - 화재 후 폭발 : 유리창 파손형태가 일정한 방향성이 없이 심한 곡선 형태이며 그을음이 나타난다.

구 분	백드래프트	가스폭발
유리창 파손형태	일정한 방향성이 없이 심한 곡선형태	월러라인(Wallner Lines)
그을음 존부	있 음	없 음
폭발시기	화재 후 폭발	폭발 후 화재

방화화재 조사기법

■ 섬광화재(Flash Fire)
압력파에 의한 손상(폭발)이 없이 분진, 가스, 가연성 액체의 유증과 같이 퍼져있는 가연물을 통해 신속히 확산되는 화재(가스, 분진 등은 항상 폭발을 동반하는 것은 아니다)

■ 방화판정을 할 수 있는 10대 전제 요건
- 여러 곳에서 발화(Multiple Fires)
- 화재현장에 타 범죄 발생증거(Evidence of Other Crimes)
- 화재발생 위치(Location of The Fire)
- 연소촉진물질의 존재(Presence of Flammable Accelerant)
- 화재 이전에 건물의 손상(Structural Damage Prior to Fire)
- 사고 화재원인 부존재(Absence of All Accidental Fire Causes)
- 귀중품 반출 등(Contents Out of Place or Contents Not Assemble)
- 수선 중의 화재(Fires During Renovations)
- 동일 건물에서의 재차화재(Second Fire in Structure)
- 휴일 또는 주말화재(Fire Occuring on Holidays or Weekend)

■ 방화판정 3대 조건
- 연소경로가 자연스럽지 않고 여러 곳인 경우
- 이상연소 잔해 또는 가연성 물질을 사용한 흔적이 발견된 경우
- 다른 발화원이 배제된 경우

■ 방화의 상황판단의 증거
- 휘발유, 시너 등 연소촉진제를 사용한 흔적이 발견된 경우
- 2개소 이상 독립된 발화지점이 발견된 경우
- 인위적인 발화 또는 점화장치가 발견된 경우
- 유리파편 등 외부인의 침입흔적이 있는 경우
- 유류용기가 화재현장 또는 그 주변에서 발견된 경우
- 발화지점에서 발화원을 특정하기 어렵고 발견되지 않는 경우
- 연쇄적으로 화재가 발생한 경우
- 가연물을 모아놓거나 트레일러 흔적 등 인위적인 조작이 발견된 경우
- 다른 범죄의 증거가 발견된 경우
- 연소시간에 비해 넓게 연소되었고, 관계자의 진술이 번복되거나 횡설수설하는 경우

■ 방화화재 간섭요소
- 덕트나 전선용 배관의 파이프 홀을 통한 화재의 확산
- 과전류에 의한 배선 및 접속기구 등에서 발화하는 경우
- 섬광화재에 의한 독립된 연소
- 소락물에 의한 경우
- 압력에 의해 불씨가 이동되는 경우

■ 지연착화의 발화장치
- 양 초
- 전구의 필라멘트를 이용한 발화장치
- 담배와 성냥을 이용한 발화장치
- 히터를 이용한 발화장치
- 가전기기를 이용한 발화장치
- 조리기구를 이용한 방화
- 전기, 전자회로를 이용한 발화장치
- 천장 배선을 이용한 발화장치

■ 방화 형태
- 단일방화 : 부부간 또는 친자 간의 다툼, 방화자살 등 인간관계에서 발생한다.
- 연속방화 : 범행횟수는 단 한 번이지만 3곳 이상 다발성으로 방화한 것으로 냉각기가 없다.
  ※ 연쇄방화 : 동일인이 범행횟수와 장소가 각각 다르게 3회 이상 방화하는 것으로 냉각기가 있다.
- 계획적인 방화 : 이익목적에 의한 경우, 정치적 목적에 의한 경우, 원한에 의한 경우
- 우발적인 방화

■ 방화범의 유형
- 손괴형 : 타인의 재물을 손상시키기 위해 불을 지르는 유형
- 분노, 보복형 : 과거에 일어났던 불쾌한 일에 대한 분노감 표출 유형
- 범죄은닉 목적형 : 범죄의 증거를 감추거나 수사의 방향 전환을 위한 유형
- 금전적 이득형 : 방화로 인하여 보험 등 금전적 이익을 얻기 위한 유형
- 정신병(망상, 환각) : 정신분열적 증상 등 망상이나 환각에 의하여 불을 지르는 유형
- 방화광 : 방화 이전에 긴장이나 정서적인 흥분을 느끼는 유형

- **방화원인의 동기유형**
  - 경제적 이익
  - 범죄은폐
  - 선동적 목적
  - 갈 등
  - 보험사기
  - 범죄수단 목적
  - 보 복
  - 정신이상 등

- **연쇄방화 조사항목**
  - 연고감 조사 : 행위자가 피해자나 피해건물에 대해 잘 알고 있는지 확인
  - 지리감 조사 : 행위자의 이동경로, 교통수단 등 탐문
  - 행적 조사 : 발생시간, 목격자 발견, 음향조사, 행동 수상자
  - 방화행위자 조사 : 행위자 동태파악과 확인
  - 알리바이 : 범행시간, 이동시간 측정, 계획범행의 함정
  ※ 알리바이 행방 지연

- **자살방화 특징**
  - 유류(휘발유, 시너, 등유 등)와 사용한 용기가 존재한다.
  - 일회용 라이터, 성냥 등이 주변에 존재한다.
  - 흐트러진 옷가지 및 이불 등이 존재한다.
  - 소주병 등 음주한 흔적이 존재한다.
  - 급격한 연소확대로 연소의 방향성 식별이 곤란하다.
  - 연소면적이 넓고 탄화심도가 깊지 않다.
  - 사상자가 발견되고 피난흔적이 없는 편이며, 유서가 발견되는 경우도 있다.
  - 방화 실행 전 자신의 신세한탄 등 주변인과의 전화통화 사례가 많다.
  - 자살에 실패하였을 경우 실행동기 및 방법에 대하여 구체적으로 진술한다.
  - 우발적이기보다는 계획적으로 실행한다.

차량화재 조사기법

- **차량화재의 특수성**
  - 차량 보유대수 급증, 기구의 복잡성(배기계통 등), 구조적 특수성
  - 화재하중이 높고, 외기에 개방된 상태인 연료지배형 화재
  - 운행 중 상시 진동이 발생하며, 대전력 기기의 사용이 빈번
  - 발화지점 및 발화원인의 검사가 불가능한 경우가 많음

빨리보는 간단한 키워드

- **차대번호(VIN ; Vehicle Identification Number)**
  - 목적 : 차량도난방지 및 차량결함추적(차량화재 시 전소되거나 기타의 사유로 차량번호판, 자동차 등록증을 통해 정보를 파악할 수 없을 경우 제작사, 모델, 생산연도, 기타 특징을 파악 가능)
  - 구성 : 차대번호는 총 17자리로 구분(전 세계 모든 차량이 동일)

  > 1. WMI(World Manufacturer Identifier, 국제제작사군, 1~3자리) : ① 제조국, ② 제조사, ③ 용도구분
  > 2. VDS(Vehicle Descriptor Section, 자동차특성군, 4~11자리) : ④ 차종, ⑤ 사양, ⑥ 차량형태, ⑦ 안전장치, ⑧ 배기량, ⑨ 보안코드, ⑩ 연식, ⑪ 생산공장
  > 3. VIS(Vehicle Indicator Section, 제작일련번호군, 12~17자리) : 제작일련번호
  > ※ 자릿수 중 3~9번째까지는 제작사 자체적으로 설정된 부호

- **차량용 축전지의 종류**
  - 납축전지 : 양극에는 과산화납(PbO_2)을, 음극에는 납(Pb)을 사용하고 황산(H_2SO_4)을 넣은 축전지
  - 알칼리축전지 : 전해액은 수산화나트륨을 사용하고 주로 선박용으로 사용되는 축전지로 수명이 긴 축전지
  - MF축전지 : 극판이 납 칼슘으로 되어 있고 가스발생이 적으며 전해액이 불필요해 자기방전이 적은 축전지

- **차량화재 주요 발화원**
  - 전기적 계통 : 배터리 전원, 배선 절연피복 손상, 부품결함 및 고장, 추가 설치된 액세서리(카오디오 등)
  - 엔진계통 : 엔진과열로 인접가연물 발화, 이상연소, 조기점화 등으로 미연소가스 배기계통 재연소
  - 연료, 오일계통 : 교통사고로 연료 및 오일 누유로 착화
  - 배기계통 : 지속적 엔진과열 머플러 주변의 축열로 인접 가연물 발화
  - 기타 담배꽁초, 라이터 방치, 구동 축 또는 베어링 등 기계적 스파크

- **차량엔진과열의 원인**
  - 수온조절기 고장
  - 냉각수 부족
  - 라디에이터 등 냉각장치 작동 불량
  - 엔진오일 부족
  - 팬벨트 헐거움

- **가솔린차량의 연료장치** : 연료탱크 - 연료필터 - 연료펌프 - 기화기

- **자동차의 주요 부품**
  - 엔진의 본체 : 실린더블록, 실린더헤드, 피스톤, 커넥팅로드, 플라이휠, 크랭크축
  - 연료장치 : 파이프(Pipe), 고압 필터, 딜리버리(Delivery) 파이프, 압력조절기
  - 윤활, 냉각, 흡·배기장치
  - 전기장치 : 축전지, 시동모터, 발전기, 점화장치(점화스위치, 점화코일, 점화플러그, 배전기, 고압케이블), 조명장치
  - 현가장치
  - 자동차 섀시(차체)

- **차량의 내부 방화 시 화재조사 고려사항**
  - 도어 또는 창문의 잠금 상태 확인
  - 지붕이 안쪽으로 움푹 들어갔는지 여부
  - 전기배선 담뱃불 등 미소화원을 제외한 발화원이 없는 개소에서의 발화 여부
  - 미소화원의 경우도 무염연소를 계속시킬 착화물이나 아래쪽으로 타들어가는 특징 조사

- **차량의 외부 방화 고려사항**
  - 쾌락이나 충동적 차량방화는 외부에 발화원이 존재함
  - 범퍼나 흙받이 등 수지제품은 라이터와 조연재(종이, 휴지 등)를 이용하여 착화가능
  - 연소방향이 아래쪽에서 상부쪽으로 인지 확인

- **자동차에서 가장 큰 전류가 사용되는 스타트 모터에서의 발화 시 발견될 수 있는 증거물**
  - 마그네틱스위치에 접촉 불량으로 인한 아산화동 증식이 발견될 수 있다.
  - 모터의 층간단락이 발견될 수 있다.
  - 항상 전원이 인가되어 있는 B단자에서 너트가 이완되어 아산화동 증식이 발견될 수 있다.
  - 모터의 베어링 파손으로 인하여 전류가 증가하여 배선에 과전류가 발생할 수 있다.

- **자동차 점화장치의 전류의 흐름 순서**

  점화스위치 → 배터리 → 시동모터 → 점화코일 → 배전기 → 고압케이블 → 스파크플러그

- **자동차 전기장치의 화재원인**
  - 배터리 플러그가 보닛 금속부와 접촉
  - 정격용량 이상의 퓨즈를 사용
  - 사고 시 배선 합선으로 발화하는 경우
  - 앰프, 원격시동장치 등 추가 전기장치 장착
  - 시동모터 리턴 불량

빨리보는 간단한 키워드

■ **LPG차량 충전용기의 구성장치**
- 충전밸브 : 액상의 LPG를 충전할 때 사용하는 밸브로 용기 내의 가스압력을 일정하게 유지시켜 주고 내압력이 24kg/cm² 이상 되면 안전밸브가 작동하여 위험을 방지하는 기능을 한다.
- 송출밸브 : 용기에 충전된 가스를 연소실로 공급하는 밸브로 과류방지밸브가 설치되어 유출로 인한 사고를 방지한다.
- 액면표시장치 : LPG의 과충전을 방지하기 위하여 용기 안에 충전된 가스의 양을 확인하기 위한 장치이다.

■ **LPG 연료탱크의 밸브 구성**

LPG용기	충전밸브	기체송출밸브	액체송출밸브
회 색	녹 색	황 색	적 색

■ **LPG차량의 기화기(베이퍼라이저) 역할**
액상의 LPG를 기상의 LPG로 상변화시키는 장치

■ **LPG차량 기화기의 기능**
감압기능, 증발기능, 조합기능

■ **LPG차량 엔진의 작동기본원리**
흡입 → 압축 → 폭발 → 배기

■ **차량의 연료 및 배기계통에서 발화하는 유형**
- 역화 : 연소기에서 혼합가스가 폭발하여 생긴 화염이 다시 기화기쪽으로 전파되는 현상(Back Fire)
- 후화 : 실린더 안에서 불완전연소된 혼합가스가 배기파이프나 소음기 내에 들어가서 고온의 배기가스와 혼합, 착화하는 현상(After Fire)
- 과레이싱 : 차량이 정지된 상태로 가속페달을 계속 밟아 회전력을 높이면 고속공회전이 일어나고 엔진의 회전수가 높아져 엔진오일이나 라디에이터의 온도가 급격히 상승하여 과열, 발열하는 현상
- 미스파이어 : 차량 엔진 점화플러그 불량으로 유효한 불꽃을 발생시키지 못해 실린더에서 연소되지 않은 생가스가 고온의 촉매장치에 모여서 연소하는 현상(Mis Fire)
- 런온현상 : 아이들링 조정의 불량 등에 의하여 엔진의 스위치를 꺼도 엔진이 계속 회전하는 현상

- 역화(Back Fire)의 원인
    - 엔진의 온도가 낮은 경우
    - 혼합가스의 혼합비가 희박할 경우
    - 흡기밸브의 폐쇄가 불량한 경우
    - 연료 중 수분이 혼합된 경우
    - 실린더 개스킷이 파손된 경우
    - 점화시기가 적절하지 않은 경우 등

임야화재 조사기법

- 연소상태 및 연소부위(위치)에 따른 임야화재 종류
    - 지표화 : 지표에 쌓여 있는 낙엽과 지피류, 지상 관목층, 건초 등이 연소
    - 수관화 : 나무의 윗부분에 불이 붙어서 연속해서 수관에서 수관으로 태워나가는 화재
    - 수간화 : 나무의 줄기가 연소하는 화재
    - 지중화 : 낙엽층 밑의 유기질층 또는 이탄(泥炭, Peat)층이 연소하는 화재
    ※ 임야에서 관(강)간 중(증)표

- 임야화재 조사요령
    - 산불화재조사관은 산불현장 도착 시 주변 사람들의 의견을 듣는 즉시 기록한다.
    - 산불의 크기를 추정한다.
    - 개략적 발화지점 표시 및 보호를 실시한다.
    - 증거확보와 물증을 보존한다.
    - 목격자 및 참고인 조사를 실시한다.

- 임야화재 연소진행방향에 따른 특징

구 분	전진 산불	후진 산불	횡진 산불
확산속도	빠르다	느리다	전·후진 형태의 중간 정도
연소방향	바람방향으로 진행, 경사면 아래에서 위로	바람 반대방향, 경사면 반대로	수평으로 진행
이명(異名)	화두(Head) 불머리	화미(Heel) 불꼬리	횡면(Flank) 불허리
피해 정도	크 다	적 다	중간 정도
지표구분	거시지표	미시지표	-

빨리보는 간단한 키워드

■ 임야화재 감식지표
- 수평면 V자 연소형태("V"-Shaped Patterns)
- 화재 피해 정도
- 커핑(Cupping) : 흡인지표(Cupping Indicator)
- 불에 탄 나무의 각도 지표 : 불탄 흔적의 각도 지표
  ※ 래핑(Wrapping) : 화재 시 와류현상으로 화재 진행방향의 반대방향 줄기에서 탄화현상이 나타남
- 수관(樹冠)의 화재피해 지표
- 노출된 가연물과 보호된 가연물 지표 : 보호된 연료지표
- 얼룩과 그을음
- 낙 뢰
- 얼리게이터링(Alligatoring)
- 잔디 및 풀줄기 : 초본류 줄기지표
- 지상에 쓰러진 나무
- 잎의 수축지표(Freezing) : 줄기의 굳어짐 지표

※ 보각줄을 초흡수 했더니 V형 얼굴에 쓰얼(벌) 피낙(나)

■ 임야화재 3가지 지표의 구분

구 분	거시지표	미시지표	집단군락(여러 지표)
특 징	• 표시가 크다. • 쉽게 관찰된다. • 불의 강도가 크다. • 산불진행지역을 나타낸다. • 수관, 줄기 등	• 표시가 작다. • 쉽게 관찰되지 않는다. • 발화지점 부근에서 중요성이 증대된다. • 암석, 깡통 등	• 여러 형태의 지표군이다. • 산불 진행방향과 일치한다. • 여러 지표의 수는 일치한다.

※ 단일지표에 의존하기보다는 여러 지표들을 종합할 때 신뢰성이 높음

■ 화재거동에 영향을 주는 바람의 종류
- 기상풍 : 대기의 압력차에 의해 발생
- 일주풍 : 야간의 냉각에 의해 형성
- 화재풍 : 화재자체에 의해 만들어지는 바람으로 세기에 따라 화재확산 양상이 달라진다.

■ 임야화재 발화장소 조사기법
- 지역 분할 기법 : 지역이 넓다면 지역을 분할해서 체계적으로 조사
- 올가미 기법(Loop Technique) : 작은 지역조사에 유용한 나선형 방법(Spiral Method)
- 격자 기법(Grid Technique) : 넓은 지역을 한 명 이상의 화재조사관이 조사할 때 가장 유용한 방법
- 통로 기법(Lane Technique) : 조사해야 할 지역이 넓고 개방적일 때에 유용한 일명 활주로 기법(Strip Method)

※ 격 올 통 지

■ 임야화재 증거 표시
- 임야화재조사를 진행하는 과정에 화재원인과 관련된 물적 증거가 될 만한 것들은 쇠말뚝이나 라벨 등을 붙인 깃발 등을 사용하여 표시를 해 놓아야 한다.
- 깃발은 산불의 진행방향을 표시하여 정확한 산불 발화지점을 조사하는 데 활용한다.

구 분	전진 산불	후진 산불	횡진 산불	발화지점, 증거물
깃발색깔	적 색	청 색	황 색	흰 색

■ 자연적 원인에 의한 임야화재가 시작되는 2가지 원인
- 번 개
- 자연발화

■ 낙뢰 감식 포인트
- 뇌격시간과 위치를 알 수 있는 기상청 낙뢰 정보를 활용
- 낙뢰가 피격된 지점에는 높은 열로 인해 유리질의 반짝거리는 섬전암(閃電岩) 또는 이와 유사하게 흙이나 바위가 용융된 흔적을 발견

■ 섬전암(閃電岩)
낙뢰가 나무, 전선, 바위에 떨어져 뇌전으로 생긴 유리 덩어리 형태의 암석

■ 임야화재조사 장비
항공기, 방한대책 장비, 나침반과 GPS, 깃발, 카메라, 줄자, 채, 자석, 금속탐지기

■ 임야화재의 가연물의 종류(NFPA 921)
- 지중가연물
- 지표가연물
- 공중가연물

■ 수관(樹冠)
많은 가지와 잎들로 이루어져 있는 줄기(수간)의 윗부분을 뜻하며, 수관의 크기를 재는 단위는 넓이를 뜻하는 '수관폭'을 사용

항공기화재 조사기법

항공기화재의 특성
- 화재의 급격한 확대성
- 화재의 광범위성
- 인적 위험성
- 폭발의 위험성
- 재난의 돌발성

※ 항공기 광폭돌 확인

항공기 주요구성부
- 동체(Fuselge)
- 꼬리날개
- 이·착륙장치(Under Carriage)
- 주날개(Mainplanes)
- 엔진실(Engine Nacelle)
- 방향타(Tail Fin)

항공기 조사활동 시 현장 안전
- 유도로와 사용 활주로를 횡단할 때 절차 준수
- 프로펠러, 로터, 제트분사 가스에 주의
- 연료 누출과 증기운을 주의 및 잠재적 폭발에 대비
- 항공기화재 접근 시 머리 부분, 풍상, 측면순으로 접근
- 항공기 엔진화재 시 고온의 배기가스가 분출되므로 주의하여 접근
- 항공기 머리 부분에서 대략 7~8m 거리를 유지

선박화재 조사기법

선박화재의 특성
- 수상에 떠 있는 특수 시설 화재
- 석유, 경유, LNG 등 가연물질 및 출화원 존재(기관실)
- 화재 발생 시 신속한 진압활동 곤란
- 피난이 어려워 대량 인명피해 발생 우려
- 항해 중 화재가 다수 발생
- 모든 부류의 육상화재가 가지고 있는 취약점의 종합적 집합체
    - 기관실화재의 경우 : 지하실화재
    - 위험물 운반선의 경우 : 위험물화재
    - 갑판이 높은 선박의 경우 : 고층건축물화재

06 증거물관리 및 검사

■ 금속의 용융점의 높은 순서

금속명칭	용융점(℃)	금속명칭	용융점(℃)
수 은	38.8	금	1,063
주 석	231.9	구 리	1,083
납	327.4	니 켈	1,455
아 연	419.5	스테인리스	1,520
마그네슘	650	철	1,530
알루미늄	659.8	티 탄	1,800
은	960.5	몰리브덴	2,620
황 동	900~1,000	텅스텐	3,400

■ 화재현장에서 목재증거물의 탄화흔 식별
- 목재는 화염에 근접한 부분에서부터 연소되고, 발화부와 가까운 부분의 탄화형태가 균열이 크고, 균열 사이의 골이 깊어지는 특징이 있다.
- 탄화면이 거친 상태로 될수록 연소가 강하다.
- 탄화된 홈의 폭이 넓게 될수록 연소가 강하다.
- 탄화된 홈의 깊이가 깊을수록 연소가 강하다.

■ 탄화된 목재표면의 균열흔 분류
- 완소흔 : 700~800℃ 정도의 삼각 또는 사각형태의 수열흔
- 강소흔 : 900℃ 정도의 홈이 깊은 요철이 형성된 수열흔
- 열소흔 : 홈이 아주 깊은 1,000℃ 정도의 대형 목조건물 화재 시 나타나는 현상
- 훈소흔 : 발열체가 목재면에 밀착되어 무염연소 시 발생, 그 부분이 발화부로 추정 가능

■ 금속의 만곡
- 화재열을 받은 금속은 용융하기 전에 자중 등으로 인해 좌굴한다.
- 화재현장에서는 만곡이라는 형상으로 남아 있다.
- 일반적으로 금속의 만곡 정도가 수열 정도와 비례하여 연소의 강약을 알 수 있다.

■ 합성수지류의 화재열 영향에 따른 외관의 변화

| 연 화 | → | 변 형 | → | 용 융 | → | 소 실 |

빨리보는 간단한 키워드

■ 9의 법칙(Rule of Nines)
- 신체의 표면적을 100% 기준으로 그림과 같이 9% 단위로 나누고 외음부를 1%로 하여 계산하는 방법
- 두부 9%, 전흉복부 9%×2, 배부 9%×2, 양팔 9%×2, 대퇴부 9%×2, 하퇴부 9%×2, 외음부 1%를 합하면 100%

손상부위	성 인	어린이	영 아
머 리	9%	18%	18%
흉 부	9%×2	18%	18%
하복부			
배(상)부	9%×2	18%	18%
배(하)부			
양 팔	9%×2	9%×2	18%
대퇴부 (전, 후)	9%×2	13.5%	13.5%
하퇴부 (전, 후)	9%×2	13.5%	13.5%
외음부	1%	1%	1%
관련사진	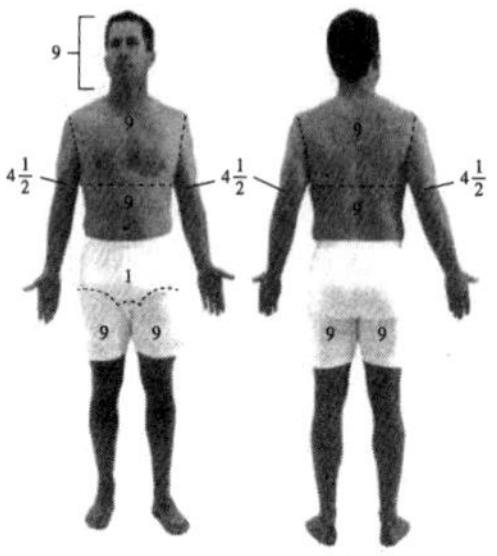	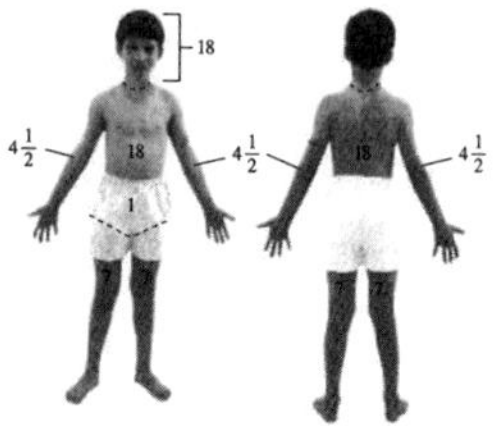	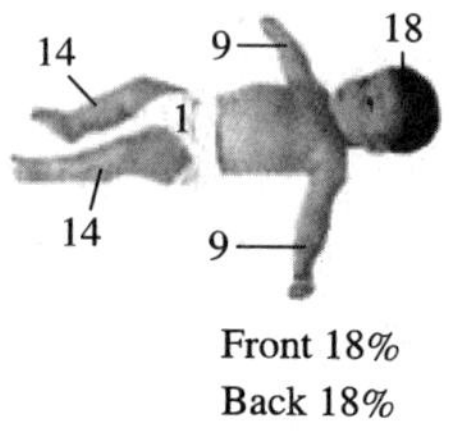 Front 18% Back 18%

■ 화상의 깊이

구 분	1도 화상 (홍반성)	2도 화상 (수포성)	3도 화상 (괴사성, 가피성)	4도 화상 (탄화성, 회화성)
증 상	• 붉은색 피부 • 통증 호소	• 수 포 • 심한 통증 • 붉으며 흰 피부 • 축축하고 얼룩덜룩한 피부	• 검은색 또는 흰색 • 딱딱한 피부 감촉 • 거의 없는 통증 • 화상주위의 통증	• 심부조직, 뼈까지 손상 • 피부가 탄화된 경우가 많음

- **화상사의 사망기전**
  - 원발성 쇼크 : 고열이 광범위하게 작용하여 일어나는 격렬한 자극에 의하여 반사적으로 심정지가 초래되는 것
  - 속발성 쇼크 : 화상성 쇼크라고도 하며 화상을 입고 나서 상당시간이 경과한 후에 증상이 발현되어 2~3일 후에 사망한 것
  - 합병증 : 쇼크 시기를 넘긴 후에는 독성물질에 의한 응혈, 성인호흡장애증후군, 급성신부전, 소화관위궤양의 출혈, 폐렴 및 폐혈증 등 합병증으로 사망할 수 있음

- **화재사의 사망기전**
  - 화상 : 화염, 고온의 공기, 고온의 물체에 의한 화상
  - 유독가스 중독 : 일산화탄소, 화학섬유·도료류 등에서 발생하는 각종 유독가스 중독
  - 산소결핍에 의한 질식 : 공기의 유통이 좋지 않은 밀폐공간에서 산소의 소진으로 질식
  - 기도화상 : 화염이 호흡기에 직접 작용하여 기도에 부종이 발생하여 곧바로 사망
  - 원발성 쇼크 : 반사적 심정지로 사망한 경우로 분신자살 시 흔히 보임
  - 급·만성호흡부전 : 기도화상으로 급성호흡부전 또는 감염으로 만성호흡부전으로 사망

- **화재사체의 법의학적 특징**
  - 화재 당시 생존해 있을 경우 화염을 보면 눈을 감기 때문에 눈가 주변 또는 호흡기 주변으로 짧은 주름이 생기고 주름 사이에는 그을음이 없다.
  - 일산화탄소에 중독된 경우 시반은 선홍빛을 띤다.
  - 기도 안에서 그을음이 발견된다.
  - 전신에 1~3도 화상 흔적이 식별된다.
  - 권투선수 자세이다.

- **화재사체의 사후변화**
  - 탄 화
  - 장갑상 탈락
  - 동시체
  - 피부균열(기포)
  - 투사형자세
  - 두개골 골절

- **사람의 눈과 카메라의 기능 비교**

기 능	눈	카메라
빛의 굴절/초점 조절	수정체	렌 즈
빛의 양 조절	홍 채	조리개
상이 맺힘	망 막	필름(이미지센서)
암실 기능	맥락막	어둠상자
빛의 차단	눈꺼풀	셔 터

■ 화재증거물수집관리규칙에 따른 용어의 정의

용 어	정 의
증거물	화재와 관련 있는 물건 및 개연성이 있는 모든 개체
증거물 수집	화재증거물을 획득하고 해당 물건을 분석하여 사건과 관련된 화재증거를 추출하는 과정
현장기록	화재조사현장과 관련된 사람, 물건, 기타 주변상황, 증거물 등을 촬영한 사진, 영상물 및 녹음자료, 현장에서 작성된 정보
현장사진	화재조사현장과 관련된 사람, 물건, 기타 상황, 증거물 등을 촬영한 사진
현장비디오	화재현장에서 화재조사현장과 관련된 사람, 물건, 그 밖의 주변 상황, 증거물을 촬영하거나 조사의 과정을 촬영한 것

■ 화재증거물 수집원칙
- 원본 영치를 원칙
- 화재물증의 증거능력 유지·보존 원칙
- 전용 증거물 수집장비(도구 및 용기) 이용 원칙

■ 증거물 수집방법
- 현장 수거(채취)물은 그 목록을 작성한다.
- 증거물의 종류 및 형태에 따라, 적절한 수집장비를 사용하여 수집한다.
- 휘발성이 높은 것에서 낮은 순서로 진행해야 한다.
- 증거물의 일부분 또는 전체가 유실될 우려가 있는 경우는 증거물을 밀봉하여야 한다.
- 증거물이 파손될 우려가 있는 경우에 주의사항을 포장 외측에 적절하게 표기하여야 한다.
- 인화성 액체 성분 분석인 경우에는 인화성 액체 성분의 증발을 막기 위한 조치를 해야 한다.
- 기록을 남겨야 하며, 기록은 법과학자용 표지 또는 태그를 사용하는 것을 원칙으로 한다.
- 관계장소를 통제구역으로 설정하고 화재현장 보존에 필요한 조치를 할 수 있다.

■ 휘발성 화재증거물 보관방법
- 냉암소에 보관할 것
- 휘발성 물질은 냉장보관할 것
- 열과 습도가 없는 장소에 보관할 것

- **화재증거물수집관리규칙에 규정되어 있는 증거물에 대한 유의사항**
  - 관련법규 및 지침에 규정된 일반적인 원칙과 절차를 준수한다.
  - 화재피해자의 피해를 최소화하도록 하여야 한다.
  - 기술적, 절차적인 수단을 통해 진정성, 무결성이 보존되어야 한다.
  - 증거물이 오염, 훼손, 변형되지 않도록 적절한 도구를 사용하여야 한다.
  - 최종적으로 법정에 제출되는 화재증거물의 원본성이 보장되어야 한다.

- **화재증거물수집관리규칙의 촬영 시 유의사항**
  현장사진 및 비디오 촬영 및 현장기록물 확보 시 다음에 유의하여야 한다.
  - 최초 도착하였을 때의 원상태를 그대로 촬영하고, 화재조사의 진행순서에 따라 촬영
  - 증거물을 촬영할 때는 그 소재와 상태가 명백히 나타나도록 하며, 필요에 따라 구분이 용이하게 번호표 등을 넣어 촬영
  - 화재현장의 특정한 증거물 등을 촬영함에 있어서는 그 길이, 폭 등을 명백히 하기 위하여 측정용자 또는 대조도구를 사용하여 촬영
  - 화재상황을 추정할 수 있는 다음의 대상물의 형상은 면밀히 관찰 후 자세히 촬영
    - 사람, 물건, 장소에 부착되어 있는 연소흔적 및 혈흔
    - 화재와 연관성이 크다고 판단되는 증거물, 피해물품, 유류
  - 현장사진 및 비디오 촬영과 현장기록물 확보 시에는 연소확대 경로 및 증거물 기록에 대한 번호표와 화살표 등을 활용하여 작성

- **액체 또는 고체 촉진제 수집용기 3가지**
  금속캔, 유리병, 특수증거물 수집가방

- **증거물 시료용기의 오염원인**
  - 용기의 세척불량 또는 재사용
  - 시료채취 후 밀봉조치 미흡
  - 취급부주의로 인한 용기의 파손, 변형

- **화재증거물수집관리규칙에서 규정한 증거물 시료용기**
  유리병, 주석도금캔, 양철캔

- **화재조사전담부서의 증거수집장비**
  증거물수집기구 세트, 증거물 보관 세트, 증거물 표지, 증거물 태그, 접자, 라텍스장갑

빨리보는 간단한 키워드

■ 증거물 시료용기 기준

구 분	용기 내용
공통사항	• 장비와 용기를 포함한 모든 장치는 원래의 목적과 채취할 시료에 적합하여야 한다. • 시료용기는 시료의 저장과 이동에 사용되는 용기로 적당한 마개를 가지고 있어야 한다. • 시료용기는 취급할 제품에 의한 용매의 작용에 투과성이 없고 내성을 갖는 재질로 되어 있어야 하며, 정상적인 내부압력에 견딜 수 있고 시료채취에 필요한 충분한 강도를 가져야 한다.
유리병	• 유리병은 유리 또는 폴리테트라플루오로에틸렌(PTFE)으로 된 마개나 내유성의 내부판이 부착된 플라스틱이나 금속의 스크루마개를 가지고 있어야 한다. • 코르크마개는 휘발성 액체에 사용하여서는 안 된다. 만일 제품이 빛에 민감하다면 짙은 색깔의 시료병을 사용한다. • 세척방법은 병의 상태나 이전의 내용물, 시료의 특성 및 시험하고자 하는 방법에 따라 달라진다.
주석도금 캔(CAN)	• 캔은 사용 직전에 검사하여야 하고 새거나 녹슨 경우 폐기한다. • 주석도금캔(CAN)은 1회 사용 후 반드시 폐기한다.
양철캔 (CAN)	• 양철캔은 적합한 양철판으로 만들어야 하며, 프레스를 한 이음매 또는 외부표면에 용매로 송진 용제를 사용하여 납땜을 한 이음매가 있어야 한다. • 양철캔은 기름에 견딜 수 있는 디스크를 가진 스크루마개 또는 누르는 금속마개로 밀폐될 수 있으며, 이러한 마개는 한번 사용한 후에는 폐기되어야 한다. • 양철캔과 그 마개는 청결하고 건조해야 한다. • 사용하기 전에 캔의 상태를 조사해야 하며 누설이나 녹이 발견될 때에는 사용할 수 없다.
시료 용기의 마개	• 코르크마개, 고무(클로로프렌 고무는 제외), 마분지, 합성 코르크마개 또는 플라스틱 물질(PTFE는 제외)은 시료와 직접 접촉되어서는 안 된다. • 만일 이런 물질들을 시료용기의 밀폐에 사용할 때에는 알루미늄이나 주석 호일로 감싸야 한다. • 양철용기는 돌려 막는 스크루뚜껑만 아니라 밀어 막는 금속마개를 갖추어야 한다. • 유리마개는 병의 목 부분에 공기가 새지 않도록 단단히 막아야 한다.

■ 증거물 인식표지에 기재하여야 할 사항
  • 화재조사자(수집자)의 이름
  • 증거물 수집일자, 시간
  • 증거물의 이름 또는 번호
  • 증거물에 대한 설명 및 발견된 위치
  • 봉인자, 봉인일시

■ 화재증거물 발송 관련 우편금지물품
  • 인화성 물질
  • 폭발성 물질
  • 발화성 물질

- **증거물 정밀조사 및 분석장비**
  - 가스크로마토그래프(Gas Chromatography) : 유기・무기화합물에 대한 정성(定性) 및 정량(定量)분석에 사용하는 기기
  - 질량분석기 : GC와 함께 사용하여 개별성분을 정성・정량적으로 분석하는 기기
  - 적외선 분광광도계 : 특정 파장영역에서 적외선을 흡수하는 성질을 이용하여 화학종을 확인하는 기기
  - 원광흡광분석기 : 여러 방법으로 시료를 원자화 한 후 흡광분석법을 통해 금속원소, 반금속원소 및 일부 비금속원소를 정량적으로 분석하는 기기
  - X-레이 형광분석기 : 시료를 분해하거나 파괴하지 않고 원상태 그대로 X-레이를 이용하여 분리하는 기기
  - 금속현미경 : 전기배선의 시료를 채취하여 성형하여 연마한 후 금속에 나타나는 결정립을 렌즈를 통해서 분석하는 감식기기

07 발화원인 판정 및 피해평가

- **화재피해조사 및 피해액 산정순서**

  화재현장 조사 → 기본현황 조사 → 피해 정도 조사 → 재구입비 산정 → 피해액 산정

- **화재피해액 산정하는 방법**

산정방법	산정요령
복성식평가법	• 사고로 인한 피해액을 산정하는 원칙적 방법 • 재건축 또는 재취득하는 데 소요되는 비용에서 사용기간의 감가수정액을 공제하는 방법으로 대부분의 물적피해액 산정에 널리 사용
매매사례비교법	당해 피해물의 시중매매사례가 충분하여 유사매매사례를 비교하여 산정하는 방법으로서 차량, 예술품, 귀중품, 귀금속 등의 피해액산정에 사용
수익환원법	• 피해물로 인해 장래에 얻을 수익액에서 당해 수익을 얻기 위해 지출되는 제반비용을 공제하는 방법에 의하는 방법 • 유실수 등에 있어 수확기간에 있는 경우에 사용 : 육성기간에는 복성식평가법을 사용

■ 화재피해액 산정 관련 용어의 정의

용 어	정 의
현재가 (시가)	• 피해물과 같거나 비슷한 물품을 재구입하는 데 소요되는 금액에서 사용기간 손모 및 경과기간으로 인한 감가공제를 한 금액(현재가(시가) = 재구입비 − 감가수정액) • 동일하거나 유사한 물품의 시중거래 가격의 현재 가액을 말한다.
재구입비	화재 당시의 피해물과 같거나 비슷한 것을 재건축(설계 감리비를 포함한다) 또는 재취득하는 데 필요한 금액
잔가율	화재 당시에 피해물의 재구입비에 대한 현재가의 비율 • 현재가(시가) = 재구입비 × 잔가율 • 잔가율 = $\dfrac{재구입비 - 감가수정액}{재구입비}$ • 잔가율 = 100% − 감가수정율 • 잔가율 = 1 − (1 − 최종잔가율) × $\dfrac{경과연수}{내용연수}$
내용연수	고정자산을 경제적으로 사용할 수 있는 연수
경과연수	피해물의 사고일 현재까지 경과기간
최종잔가율	피해물의 경제적 내용연수가 다한 경우 잔존하는 가치의 재구입비에 대한 비율 • 건물, 부대설비, 구축물, 가재도구의 경우 : 20% • 기타의 경우 : 10%
손해율	피해물의 종류, 손상상태 및 정도에 따라 피해액을 적정화시키는 일정한 비율
신축단가	화재피해건물과 같거나 비슷한 규모, 구조, 용도, 재료, 시공방법 및 시공상태 등에 의해 새로운 건물을 신축했을 경우의 m^2당 단가
소실면적	건물의 소실면적 산정은 소실 바닥면적으로 산정한다.

■ 화재피해액 산정대상별 현재시가를 정하는 방법

구입 시 가격	재고자산, 즉 원재료, 부재료, 제품, 반제품, 저장품, 부산물 등
구입 시 가격 − 감가액	항공기 및 선박 등
재구입 가격	상품 등
재구입 가격 − 감가액	건물, 구축물, 영업시설, 기계장치, 공구·기구, 차량 및 운반구, 집기비품, 가재도구 등

현재시가 산정은 재구입(재건축 및 재취득) 가액에서 사용기간의 감가액을 공제하는 방식을 원칙으로 하되, 이 방법이 불합리하거나 다른 방법이 오히려 합리적이고 타당한 경우에는 예외적으로 구입 시 가격 또는 재구입 가격을 현재시가로 인정하기로 한다.

화재피해액 산정기준(화재조사 및 보고규정 별표2)

산정대상	산정기준
건 물	「신축단가(㎡당)×소실면적×[1−(0.8×경과연수/내용연수)]×손해율」의 공식에 의한다. 다만, 신축단가는 한국감정원이 최근 발표한 '건물신축단가표'에 의한다.
부대설비	「건물신축단가×소실면적×설비종류별 재설비 비율×[1−(0.8×경과연수/내용연수)]×손해율」의 공식에 의한다. 다만, 부대설비 피해액을 실질적·구체적 방식에 의할 경우「단위(면적·개소 등)당 표준단가×피해단위×[1−(0.8×경과연수/내용연수)]×손해율」의 공식에 의하되, 건물표준단가 및 부대설비 단위당 표준단가는 한국감정원이 최근 발표한 '건물신축단가표'에 의한다.
구축물	「소실단위의 회계장부상 구축물가액×손해율」의 공식에 의하거나「소실단위의 원시건축비×물가상승률×[1−(0.8×경과연수/내용연수)]×손해율」의 공식에 의한다. 다만, 회계장부상 구축물가액 또는 원시건축비의 가액이 확인되지 않는 경우에는「단위(m, ㎡, ㎥)당 표준 단가×소실단위×[1−(0.8×경과연수/내용연수)]×손해율」의 공식에 의하되, 구축물의 단위당 표준단가는 매뉴얼이 정하는 바에 의한다.
영업 시설	「㎡당 표준단가×소실면적×[1−(0.9×경과연수/내용연수)]×손해율」의 공식에 의하되, 업종별 ㎡당 표준단가는 매뉴얼이 정하는 바에 의한다.
기계장치 및 선박·항공기	「감정평가서 또는 회계장부상 현재가액×손해율」의 공식에 의한다. 다만 감정평가서 또는 회계장부상 현재가액이 확인되지 않아 실질적·구체적 방법에 의해 피해액을 산정하는 경우에는「재구입비×[1−(0.9×경과연수/내용연수)]×손해율」의 공식에 의하되, 실질적·구체적 방법에 의한 재구입비는 조사자가 확인·조사한 가격에 의한다.
공구 및 기구	「회계장부상 현재가액×손해율」의 공식에 의한다. 다만, 회계장부상 현재가액이 확인되지 않아 실질적·구체적 방법에 의해 피해액을 산정하는 경우에는「재구입비×[1−(0.9×경과연수/내용연수)]×손해율」의 공식에 의하되, 실질적·구체적 방법에 의한 재구입비는 물가정보지의 가격에 의한다.
집기비품	「회계장부상 현재가액×손해율」의 공식에 의한다. 다만, 회계장부상 현재가액이 확인되지 않는 경우에는「㎡당 표준단가×소실면적×[1−(0.9×경과연수/내용연수)]×손해율」의 공식에 의하거나 실질적·구체적 방법에 의해 피해액을 산정하는 경우에는「재구입비×[1−(0.9×경과연수/내용연수)]×손해율」의 공식에 의하되, 집기비품의 ㎡당 표준단가는 매뉴얼이 정하는 바에 의하며, 실질적·구체적 방법에 의한 재구입비는 물가정보지의 가격에 의한다.
가재도구	「(주택종류별·상태별 기준액×가중치)+(주택면적별 기준액×가중치)+(거주인원별 기준액×가중치)+(주택가격(㎡당)별 기준액×가중치)」의 공식에 의한다. 다만, 실질적·구체적 방법에 의해 피해액을 가재도구 개별품목별로 산정하는 경우에는「재구입비×[1−(0.8×경과연수/내용연수)]×손해율」의 공식에 의하되, 가재도구의 항목별 기준액 및 가중치는 매뉴얼이 정하는 바에 의하며, 실질적·구체적 방법에 의한 재구입비는 물가정보지의 가격에 의한다.
차량, 동물, 식물	전부손해의 경우 시중매매가격으로 하며, 전부손해가 아닌 경우 수리비 및 치료비로 한다.
재고자산	「회계장부상 현재가액×손해율」의 공식에 의한다. 다만, 회계장부상 현재가액이 확인되지 않는 경우에는「연간매출액÷재고자산회전율×손해율」의 공식에 의하되, 재고자산회전율은 한국은행이 최근 발표한 '기업경영분석' 내용에 의한다.
회화(그림), 골동품, 미술공예품, 귀금속 및 보석류	전부손해의 경우 감정가격으로 하며, 전부손해가 아닌 경우 원상복구에 소요되는 비용으로 한다.
임야의 입목	소실 전의 입목가격에서 소실한 입목의 잔존가격을 뺀 가격으로 한다. 다만, 피해산정이 곤란할 경우 소실면적 등 피해 규모만 산정할 수 있다.
기 타	피해 당시의 현재가를 재구입비로 하여 피해액을 산정한다.

철거건물	철거건물의 피해액=재건축비×[0.2+(0.8×잔여내용연수/내용연수)]
모델하우스	신축단가×소실면적×[1−(0.8×경과연수/내용연수)]×손해율
잔존물제거	「화재피해액×10%」의 공식에 의한다.

■ 화재피해 대상별 손해율 총정리

피해 정도 및 손해율 피해 대상	화재로 인한 피해 정도				
	손해율				
건물/구축물	주요 구조부 재사용 불가능(기초불가)	주요 구조부 재사용 가능하나 기타부분 불가능	내부 마감재	외부 마감재	수손 또는 그을음
	90(100)	60	40	20	10
부대설비	주요 구조체의 재사용이 거의 불가능하게 된 경우	손해 정도가 상당히 심한 경우	손해 정도가 다소 심한 경우	손해 정도가 보통	손해 정도가 경미
	100	60	40	20	10
영업시설	그을음과 수침 정도가 심한 경우	상당부분 교체 수리	일부 교체 수리, 도장 도배	부분적인 소손 및 오염	세척 · 청소
	100	60	40	20	10
공구 및 기구, 집기비품, 가재도구	50% 이상 소손 또는 심한 수침오염	손해 정도가 다소 심한 경우	손해 정도가 보통	오염 · 수침손	
	100	50	30	10	
기계장치	수리불가	수리하여 재사용 가능, 소손 정도가 심한 경우	전반적인 Overhaul	일부 부품 교체, 분해조립	피해 정도가 경미한 경우
	100	50~60	30~40	10~20	5
예술품 · 귀중품, 동 · 식물	손해율을 정하지 않는다.				
재고자산	다소 경미한 오염(연기 또는 냄새 등이 포장지 안으로 스며든 경우 등)이나 소손 등에 대해서도 100%의 손해율을 적용해야 하는 경우가 있다.				

■ 화재피해액 산정 시 잔존물제거비 피해액 산입

- 잔존물제거비를 산입하는 이유
  화재로 인하여 소손되거나 훼손되어 그 잔존물(잔해 등) 또는 유해물이나 폐기물이 발생된 경우, 이를 제거하는 비용은 재건축비 내지 재취득비용에 포함되지 않았기 때문에 별도로 피해액을 산정한다.
- 산정공식 : 화재피해액×10% 범위 내

▌화재조사서류 구성 및 양식

■ 화재조사서류 작성상의 유의사항
- 간결·명료한 문장으로 작성할 것
- 오자·탈자 등이 없을 것
- 누구나 알 수 있는 문장을 사용할 것
- 필요한 서류를 첨부할 것
- 각 서류양식 작성목적을 이해하고 작성할 것

■ 화재발생종합보고서 중 모든 화재 시 공통으로 작성하는 서식
  화재현황조사서, 화재현장조사서

■ 종합상황실장이 상급 종합상황실에 지체 없이 보고해야 할 화재 및 일반화재 보고서류
- 화재·구조·구급상황보고서
- 화재현장출동보고서
- 화재발생종합보고서
- 화재현황조사서 : 모든 화재에 공통적으로 작성
- 화재현장조사서 : 임야화재, 기타화재 이외의 모든 화재에 공통적으로 작성
- 화재현장조사서 : 임야화재, 기타화재
- 화재유형별조사서 : 화재유형에 따라 해당 화재 선택
    - 건물·구조물화재
    - 자동차·철도차량화재
    - 위험물·가스제조소등 화재
    - 선박·항공기화재
    - 임야화재
- 화재피해(인명·재산)조사서 : 화재피해(인명,재산) 발생 시
- 방화·방화의심조사서 : 방화(의심)에 해당되는 경우
- **소방시설등 활용조사서 : 소방·방화시설이 설치된 건축물화재**
- 질문기록서

※ 화재 현황 파악 및 유형별 조사와 방화, 소방시설 작동, 피해조사 등 화재현장조사는 질문과 출동보고서 등으로 종합하여 보고하면 된다.

■ 화재현장 조사서에 작성되는 도면
- 현장의 위치도
- 발화건물을 중심으로 한 건물배치도
- 실 배치를 중심으로 소손건물의 각층 평면도
- 수용물의 개요를 중심으로 발화실의 평면도

- 증거물건의 위치 등, 실측거리 기재한 발화지점의 평면도
- 발화지점의 입면도
- 사진촬영 위치도

■ 화재현장조사서의 도면의 작성할 때 유의사항
- 도면을 쉽게 이해하기 위하여 「북」을 위쪽으로 작성한다.
- 현장조사에 기초하여 정확한 축척으로 작성하고 기억에 의한 작도는 금지한다.
- 표준화된 기호을 사용하여 누가 보아도 이해가 되도록 작성한다.
- 치수, 간격 등은 아라비아 숫자를 사용하며 도면마다 방위, 축척, 범례를 표기한다.
- 거리측정은 기둥의 중심에서 다른 기둥의 중심까지로 기준점을 통일한다.
- 방 배치가 복잡한 건물은 한 점을 기준점을 정하고 사방으로 넓히면서 측정한다.
- 사용금지용어는 표제로 사용하지 않는다.

■ 화재현장 조사서 작성상의 유의사항
- 내용이 누락되지 않도록 작성할 것
- 관찰·확인된 객관적 사실을 있는 그대로 기재할 것
- 확정적 단어 및 문장창조를 위하여 불필요한 형용사를 사용하지 않을 것
- 반드시 관계자의 입회와 입회인 진술내용을 구분하여 기재할 것
- 발굴·복원단계에서 조사내용을 기재할 것
- 간단명료하고 계통적으로 기재할 것
- 원인판정에 이르는 논리구성과 각 조사서에 기재한 사실 등을 취급할 것
- 각 조사서에 기재한 사실 등의 인용방법과 인용개소를 언급할 것

■ 화재현장 조사서에 첨부할 사진촬영 포인트
- 소손현장의 전경
- 소손건물 내부
- 복원 후 상황
- 연소경로
- 기타 화재원인에 필요한 사항
- 소손건물의 전경
- 발굴 전의 발화지점 부근
- 발굴범위 화원
- 화재에 의한 사망자

■ 화재현장 출동보고서의 3가지 주요 기재사항
- 출동 도중의 관찰·확인 상황
- 현장도착 시의 관찰·확인 상황
- 소화활동 중의 관찰·확인사항

■ 화재현장 출동보고서 작성 시 유의사항
  • 문장형태는 현재형으로 할 것
  • 관찰·확인한 위치를 명시할 것
  • 도면·사진을 활용할 것
  • 기재대상을 기호화·간략화하여 작성할 것

■ 질문기록서 작성 시 질문청취대상자
  • 발화행위자
  • 발화관계자
  • 발견·신고·초기소화자
  • 기타 관계자

■ 질문기록서 작성상 유의사항
  • 작성절차
    – 관계자의 진술이 임의로 행하는 것이어야 한다.
    – 녹취 후 녹취내용을 확인시키고 오류가 없음을 인정한다면 서명을 하게 한다.
    – 18세 미만의 청소년, 정신장애자 등에 대한 질문을 하는 경우는 친권자 등의 입회인을 입회시켜야 하며, 진술자는 물론 입회자에게도 서명시켜야 한다.
  • 질문방법 : 진술자의 기본적인 인권을 존중하고 유도하는 질문을 피하고 진술의 임의성을 확보한다.
  • 질문장소
    – 화재현장 : 가능하면 제3자를 의식하지 않는 장소에서 질문을 청취한다.
    – 소방서관서 : 이목을 의식하지 않고 긴장감도 줄일 수 있는 공간에서 청취한다.
  • 질문의 실시 시기
    시간이 경과함에 따라 법률지식이나 주변의 사람들에게서 들은 정보로 사실의 의도적인 조작 가능성이 높아지게 된다. 관계자에게 질문은 이러한 사실의 왜곡이 생기기 전에 기억이 선명한 화재발생 직후에 가능한 조기에 행하는 것이 좋다.
  • 질문의 기록
    – 무의미한 말은 생략하고 요점이 진술자의 말로서 기록되면 좋다.
    – 사투리나 어린아이 특유의 표현, 노인의 말 등은 본 조사서를 작성하는 직원이 표준어나 상식적으로 바꾸어 있는 그대로 기록할 필요가 있다.
    – 관계자밖에 알지 못하는 사실을 관계자의 인간성이나 생활환경을 나타내는 본인의 말로 기록하는 편이 보다 증거가치를 높이는 자료가 된다.

■ 소방시설등 활용조사서 기재사항
  • 소화시설 : 소화기구, 옥내소화전, 스프링클러, 간이스프링클러설비, 물분부등소화설비, 옥외소화전 사용여부 및 효과성

- 경보설비 : 비상경보설비, 비상방송설비, 누전경보기, 자동화재탐지설비, 단독경보형감지기, 가스누설경보기 경보 및 미경보의 경우 사유를 체크
- 피난설비 : 피난기구 사용 및 미사용 사유, 유도등 및 비상조명등 작동 및 미작동 사유
- 소화용수설비 : 소화전, 소화수조/저수조, 급수탑 사용여부
- 소화활동설비 : 제연설비 작동여부 및 효과, 연결송수관설비, 연결살수설비, 연소방지설비, 비상콘센트무선통신보조설비 사용 및 미사용 시 사유
- 초기소화활동 : 소화기, 옥내/옥외소화전, 양동이/모래, 피난방송 및 대피유도 활동 유무
- 방화설비 : 방화셔터 작동여부, 방화문 닫힘 여부, 방화구획 여부

■ 국가화재분류체계메뉴얼에서 정하는 발화요인 7가지
- 전기적 요인
- 기계적 요인
- 가스 누출(폭발)
- 화학적 요인
- 교통사고
- 부주의
- 자연적 요인

08 화재조사 관계법규

소방의 화재조사에 관한 법률

■ 목 적
화재예방 및 소방정책에 활용하기 위하여 화재원인, 화재성장 및 확산, 피해현황 등에 관한 과학적·전문적인 조사에 필요한 사항을 규정함을 목적으로 한다.

■ 용어의 정의(법 제2조)

화 재	사람의 의도에 반하거나 고의 또는 과실에 의하여 발생하는 연소 현상으로서 소화할 필요가 있는 현상 또는 사람의 의도에 반하여 발생하거나 확대된 화학적 폭발현상
화재조사	소방청장, 소방본부장 또는 소방서장이 화재원인, 피해상황, 대응활동 등을 파악하기 위하여 자료의 수집, 관계인 등에 대한 질문, 현장 확인, 감식, 감정 및 실험 등을 하는 일련의 행위
화재조사관	화재조사에 전문성을 인정받아 화재조사를 수행하는 소방공무원
관계인등	화재가 발생한 소방대상물의 소유자·관리자 또는 점유자(이하 "관계인"이라 한다) 및 다음의 사람 • 화재 현장을 발견하고 신고한 사람 • 화재 현장을 목격한 사람 • 소화활동을 행하거나 인명구조활동(유도대피 포함)에 관계된 사람 • 화재를 발생시키거나 화재발생과 관계된 사람

■ 화재조사실시 시기(법 제5조)
  • 화재발생 사실을 알게 된 때에는 지체 없이 화재조사를 하여야 한다.
  • 이 경우 수사기관의 범죄수사에 지장을 주어서는 아니 된다.

■ 소방관서장이 실시해야 할 화재조사의 사항(법 제5조 제2항)
  • 화재원인에 관한 사항
  • 화재로 인한 인명·재산피해상황
  • 대응활동에 관한 사항
  • 소방시설 등의 설치·관리 및 작동 여부에 관한 사항
  • 화재발생건축물과 구조물, 화재유형별 화재위험성 등에 관한 사항
  • 화재안전조사의 실시 결과에 관한 사항

■ 화재조사 대상(영 제2조)
  • 소방대상물 : 건축물, 차량, 선박으로서 항구에 매어둔 선박에 한함, 선박 건조 구조물, 산림, 그 밖의 인공 구조물 또는 물건을 말함
  • 그 밖에 소방관서장이 화재조사가 필요하다고 인정하는 화재

■ 화재조사의 내용·절차(영 제3조)
  • 현장출동 중 조사 : 화재발생 접수, 출동 중 화재상황 파악 등
  • 화재현장 조사 : 화재의 발화(發火)원인, 연소상황 및 피해상황 조사 등
  • 정밀조사 : 감식·감정, 화재원인 판정 등
  • 화재조사 결과 보고

■ 화재조사 전담부서의 설치·운영 등(법 제6조 및 영 제4조, 제5조)

구 분	규정 내용
운영권자	• 소방청장, 소방본부장 또는 소방서장
전담부서의 업무	• 화재조사의 실시 및 조사결과 분석·관리 • 화재조사 관련 기술개발과 화재조사관의 역량증진 • 화재조사에 필요한 시설·장비의 관리·운영 • 그 밖의 화재조사에 관하여 필요한 업무
조사자	화재조사관으로 하여금 화재조사 업무를 수행하게 하여야 한다.
화재조사관	소방청장이 실시하는 화재조사에 관한 시험에 합격한 소방공무원 등 화재조사에 관한 전문적인 자격을 가진 소방공무원으로 한다.
화재조사관의 자격	• 소방청장이 실시하는 화재조사에 관한 시험에 합격한 소방공무원 • 「국가기술자격법」에 따른 국가기술자격의 직무분야 중 화재감식평가 분야의 기사 또는 산업기사 자격을 취득한 소방공무원

배치기준	인력	화재조사관을 2명 이상 배치해야 한다.
	장비	행정안전부령으로 정하는 장비와 시설을 갖추어 두어야 한다.
화재조사 결과보고		• 화재조사를 완료한 경우에는 화재조사 결과를 소방관서장에게 보고해야 한다. • 보고는 소방청장이 정하는 화재발생종합보고서에 따른다.

■ 화재조사관에 대한 교육 훈련 구분(영 제6조)
- 화재조사관 양성을 위한 전문교육
- 화재조사관의 전문능력 향상을 위한 전문교육
- 전담부서에 배치된 화재조사관을 위한 의무 보수교육

■ 화재조사관 양성을 위한 전문교육의 내용(시행규칙 제5조)
- 화재조사 이론과 실습
- 화재조사 시설 및 장비의 사용에 관한 사항
- 주요·특이 화재조사, 감식·감정에 관한 사항
- 화재조사 관련 정책 및 법령에 관한 사항
- 그 밖에 소방청장이 화재조사 관련 전문능력의 배양을 위해 필요하다고 인정하는 사항

■ 전담부서에서 갖추어야 할 장비와 시설(시행규칙 제3조)

구 분	기자재명 및 시설규모
발굴용구 (8종)	공구세트, 전동 드릴, 전동 그라인더(절삭·연마기), 전동 드라이버, 이동용 진공청소기, 휴대용 열풍기, 에어컴프레서(공기압축기), 전동 절단기
기록용 기기 (13종)	디지털카메라(DSLR)세트, 비디오카메라세트, TV, 적외선거리측정기, 디지털온도·습도측정시스템, 디지털풍향풍속기록계, 정밀저울, 버니어캘리퍼스(아들자가 달려 두께나 지름을 재는 기구), 웨어러블캠, 3D스캐너, 3D카메라(AR), 3D캐드시스템, 드론
감식기기 (16종)	절연저항계, 멀티테스터기, 클램프미터, 정전기측정장치, 누설전류계, 검전기, 복합가스측정기, 가스(유증)검지기, 확대경, 산업용실체현미경, 적외선열상카메라, 접지저항계, 휴대용디지털현미경, 디지털탄화심도계, 슈미트해머(콘크리트 반발 경도 측정기구), 내시경현미경
감정용 기기 (21종)	가스크로마토그래피, 고속카메라세트, 화재시뮬레이션시스템, X선 촬영기, 금속현미경, 시편(試片)절단기, 시편성형기, 시편연마기, 접점저항계, 직류전압전류계, 교류전압전류계, 오실로스코프(변화가 심한 전기 현상의 파형을 눈으로 관찰하는 장치), 주사전자현미경, 인화점측정기, 발화점측정기, 미량융점측정기, 온도기록계, 폭발압력측정기세트, 전압조정기(직류, 교류), 적외선 분광광도계, 전기단락흔실험장치(1차 용융흔, 2차 용융흔, 3차 용융흔 측정 가능)
조명기기 (5종)	이동용 발전기, 이동용 조명기, 휴대용 랜턴, 헤드랜턴, 전원공급장치(500A 이상)
안전장비 (8종)	보호용 작업복, 보호용 장갑, 안전화, 안전모(무전송수신기 내장), 마스크(방진마스크, 방독마스크), 보안경, 안전고리, 화재조사 조끼
증거 수집 장비 (6종)	증거물수집기구세트(핀셋류, 가위류 등), 증거물보관세트(상자, 봉투, 밀폐용기, 증거수집용 캔 등), 증거물 표지세트(번호, 스티커, 삼각형 표지 등), 증거물 태그 세트(대, 중, 소), 증거물보관장치, 디지털증거물저장장치

화재조사 차량 (2종)	화재조사 전용차량, 화재조사 첨단 분석차량(비파괴 검사기, 산업용 실체현미경 등 탑재)
보조장비 (6종)	노트북컴퓨터, 전선 릴, 이동용 에어컴프레서, 접이식 사다리, 화재조사 전용 의복(활동복, 방한복), 화재조사용 가방
화재조사 분석실	화재조사 분석실의 구성장비를 유효하게 보존·사용할 수 있고, 환기 시설 및 수도·배관시설이 있는 30제곱미터(m²) 이상의 실
화재조사 분석실 구성장비 (10종)	증거물보관함, 시료보관함, 실험작업대, 바이스(가공물 고정을 위한 기구), 개수대, 초음파세척기, 실험용 기구류(비커, 피펫, 유리병 등), 건조기, 항온항습기, 오토 데시케이터(물질 건조, 흡습성 시료 보존을 위한 유리 보존기)

■ 화재합동조사단의 구성·운영(영 제7조)

구 분		규정 내용
운영대상		• 사망자가 5명 이상 발생한 화재 • 화재로 인한 사회적·경제적 영향이 광범위하다고 소방관서장이 인정하는 화재
구성·운영권자		소방관서장(소방청장, 소방본부장, 소방서장)
임명 또는 위촉	단 장	단원 중에서 소방관서장이 지명하거나 위촉
	단 원	소방청장, 소방본부장 또는 소방서장 임명 또는 위촉
단원의 자격		• 화재조사관 • 화재조사 업무에 관한 경력이 3년 이상인 소방공무원 • 「고등교육법」 제2조에 따른 학교 또는 이에 준하는 교육기관에서 화재조사, 소방 또는 안전관리 등 관련 분야 조교수 이상의 직에 3년 이상 재직한 사람 • 국가기술자격의 직무분야 중 안전관리 분야에서 산업기사 이상의 자격을 취득한 사람 • 그 밖에 건축·안전 분야 또는 화재조사에 관한 학식과 경험이 풍부한 사람
의 무	결과 보고	화재조사를 완료하면 소방관서장에게 다음 각 호의 사항이 포함된 화재조사 결과를 보고해야 함
	보고 포함 사항	• 화재합동조사단 운영 개요 • 화재조사 개요 • 화재조사에 관한 법 제5조 제2항 각 호의 사항 • 다수의 인명피해가 발생한 경우 그 원인 • 현행 제도의 문제점 및 개선 방안 • 그 밖에 소방관서장이 필요하다고 인정하는 사항
수당, 여비		화재합동조사단의 단장 또는 단원에게 예산의 범위에서 수당·여비와 그 밖에 필요한 경비를 지급할 수 있다. 다만, 공무원이 소관 업무와 직접적으로 관련되어 참여하는 경우에는 지급하지 않는다.

■ 화재현장통제구역 설치시 표시 내용(영 제8조)
• 화재현장 보존조치나 통제구역 설정의 이유 및 주체
• 화재현장 보존조치나 통제구역 설정의 범위
• 화재현장 보존조치나 통제구역 설정의 기간

빨리보는 간단한 키워드

■ 화재현장 보존조치의 해제
  • 화재조사가 완료된 경우
  • 화재현장 보존조치나 통제구역의 설정이 해당 화재조사와 관련이 없다고 인정되는 경우

■ 출입·조사 시 화재조사관의 의무(법 제9조)
  • 권한을 표시하는 증표의 제시
  • 관계인의 정당한 업무 방해금지
  • 화재조사를 수행하면서 알게 된 비밀을 다른 용도 및 누설금지

■ 소방공무원과 경찰공무원의 협력사항(법 제12조)
  • 화재현장의 출입·보존 및 통제에 관한 사항
  • 화재조사에 필요한 증거물의 수집 및 보존에 관한 사항
  • 관계인 등에 대한 진술 확보에 관한 사항
  • 그 밖에 화재조사에 필요한 사항

■ 화재조사 결과를 공표할 수 있는 경우(시행규칙 제8조)
  • 국민이 유사한 화재로부터 피해를 입지 않도록 하기 위해 필요한 경우
  • 사회적 관심이 집중되어 국민의 알 권리 충족 등 공공의 이익을 위해 필요한 경우

■ 화재조사 결과를 공표할 때 포함할 사항(시행규칙 제8조)
  • 화재원인에 관한 사항
  • 화재로 인한 인명·재산피해에 관한 사항
  • 화재발생 건축물과 구조물에 관한 사항
  • 그 밖에 화재예방을 위해 공표할 필요가 있다고 소방관서장이 인정하는 사항

■ 화재감정기관 지정기준(영 제12조)

시설	화재조사를 수행할 수 있는 다음의 시설을 모두 갖출 것 • 증거물, 화재조사 장비 등을 안전하게 보호할 수 있는 설비를 갖춘 시설 • 증거물 등을 장기간 보존·보관할 수 있는 시설 • 증거물의 감식·감정을 수행하는 과정 등을 촬영하고 이를 디지털파일의 형태로 처리·보관할 수 있는 시설

전문인력	화재조사에 필요한 다음의 구분에 따른 전문인력을 각각 보유할 것
	• 주된 기술인력 : 다음의 어느 하나에 해당하는 사람을 2명 이상 보유할 것
	  - 「국가기술자격법」에 따른 국가기술자격의 직무분야 중 화재감식평가 분야의 기사 자격 취득 후 화재조사 관련 분야에서 5년 이상 근무한 사람
	  - 화재조사관 자격 취득 후 화재조사 관련 분야에서 5년 이상 근무한 사람
	  - 이공계 분야의 박사학위 취득 후 화재조사 관련 분야에서 2년 이상 근무한 사람

전문인력	• 보조 기술인력 : 다음의 어느 하나에 해당하는 사람을 3명 이상 보유할 것 - 「국가기술자격법」에 따른 국가기술자격의 직무분야 중 화재감식평가 분야의 기사 또는 산업기사 자격을 취득한 사람 - 화재조사관 자격을 취득한 사람 - 소방청장이 인정하는 화재조사 관련 국제자격증 소지자 - 이공계 분야의 석사 이상 학위 취득 후 화재조사 관련 분야에서 1년 이상 근무한 사람
장 비	화재조사를 수행할 수 있는 감식·감정 장비, 증거물 수집 장비 등을 갖출 것

■ 화재조사 관련 소방범죄

행정처분	위반법규
300만원 이하의 벌금	• 화재현장 보존조치를 하거나 통제구역을 설정한 경우 소방관서장 또는 경찰서장의 허가 없이 화재현장에 있는 물건 등을 이동시키거나 변경·훼손한 사람 • 정당한 사유 없이 화재조사관의 출입 또는 조사를 거부·방해 또는 기피한 사람 • 정당한 사유 없이 소방관서장은 화재조사를 위하여 필요한 증거물 수집을 거부·방해 또는 기피한 사람 • 화재조사를 하는 화재조사관이 관계인의 정당한 업무를 방해하거나 화재조사를 수행하면서 알게 된 비밀을 다른 용도로 사용하거나 다른 사람에게 누설한 사람
200만원 이하의 과태료	• 소방관서장 또는 경찰서장이 화재조사를 위하여 설정한 통제구역을 허가 없이 출입한 사람 • 소방관서장이 화재조사를 위하여 필요하여 관계인에게 보고 또는 자료 제출을 명하였으나 명령을 위반하여 보고 또는 자료 제출을 하지 아니하거나 거짓으로 보고 또는 자료를 제출한 사람 • 정당한 사유 없이 화재조사를 위하여 소방관서장의 출석요구를 거부하거나 질문에 대하여 거짓으로 진술한 사람 ※ 위 차수별 위반 시 : 1회 100만원, 2회 150만원, 3회 200만원

소방기본법

■ 소방활동구역 설정(소방기본법 제23조)

구 분	관련 조문 내용
소방활동 구역 설정권자	• 소방대장은 화재, 재난·재해, 그 밖의 위급한 상황이 발생한 현장에 소방활동구역을 정하여 소방활동에 필요한 사람으로서 대통령령으로 정하는 사람 외에는 그 구역에 출입하는 것을 제한할 수 있다. • 경찰공무원은 소방대가 소방활동구역에 있지 아니하거나 소방대장의 요청이 있을 때에는 소방활동구역을 설치할 수 있다.
소방활동 구역출입 가능한 사람 (시행령 8조)	• 소방활동구역 안에 있는 소방대상물의 소유자·관리자 또는 점유자 • 전기·가스·수도·통신·교통의 업무에 종사하는 사람으로서 원활한 소방활동을 위하여 필요한 사람 • 의사·간호사 그 밖의 구조·구급업무에 종사하는 사람 • 취재인력 등 보도업무에 종사하는 사람 • 수사업무에 종사하는 사람 • 그 밖에 소방대장이 소방활동을 위하여 출입을 허가한 사람

■ 「소방기본법」 위반

위반행위	벌 칙

• 다음의 어느 하나에 해당하는 행위를 한 사람
  – 위력을 사용하여 출동한 소방대의 화재진압·인명구조 또는 구급활동을 방해하는 행위
  – 소방대가 화재진압·인명구조 또는 구급활동을 위하여 현장에 출동하거나 현장에 출입하는 것을 고의로 방해하는 행위
  – 출동한 소방대원에게 폭행 또는 협박을 행사하여 화재진압·인명구조 또는 구급활동을 방해하는 행위
  – 출동한 소방대의 소방장비를 파손하거나 그 효용을 해하여 화재진압·인명구조 또는 구급활동을 방해하는 행위
• 소방자동차의 출동을 방해한 사람
• 사람을 구출하는 일 또는 불을 끄거나 불이 번지지 아니하도록 하는 일을 방해한 사람
• 정당한 사유 없이 소방용수시설 또는 비상소화장치를 사용하거나 소방용수시설 또는 비상소화장치의 효용을 해치거나 그 정당한 사용을 방해한 사람
	5년 이하의 징역 또는 5천만원 이하의 벌금

화재가 발생하거나 불이 번질 우려가 있는 소방대상물 및 토지를 일시적으로 사용하거나, 그 사용의 제한 또는 소방활동에 필요한 처분을 방해한 자 또는 정당한 사유 없이 그 처분에 따르지 아니한 자	3년 이하의 징역 또는 3천만원 이하의 벌금
사람을 구출하거나 불이 번지는 것을 막기 위하여 긴급하다고 인정하는 때에는 소방대상물 또는 토지 외의 소방대상물과 토지에 대해 일시적으로 사용하거나, 그 사용의 제한 또는 소방활동에 필요한 처분을 방해한 자 또는 정당한 사유 없이 그 처분에 따르지 아니한 자	300만원 이하의 벌금

화재조사 및 보고규정

■ 용어의 정의(제2조)

용 어	정 의
감 식	화재원인의 판정을 위하여 전문적인 지식, 기술 및 경험을 활용하여 주로 시각에 의한 종합적인 판단으로 구체적 사실관계를 명확하게 규명하는 것
감 정	화재와 관계되는 물건의 형상, 구조, 재질, 성분, 성질 등 이와 관련된 모든 현상에 대하여 과학적 방법에 의한 필요한 실험을 행하고 그 결과를 근거로 화재원인을 밝히는 자료를 얻는 것
발 화	열원에 의하여 가연물질에 지속적으로 불이 붙는 현상
발화열원	발화의 최초원인이 된 불꽃 또는 열
발화지점	열원과 가연물이 상호작용하여 화재가 시작된 지점
발화장소	화재가 발생한 장소
최초착화물	발화열원에 의해 불이 붙고 이 물질을 통해 제어하기 힘든 화세로 발전한 가연물
발화요인	발화열원에 의하여 발화로 이어진 연소현상에 영향을 준 인적·물적·자연적 요인
발화 관련 기기	발화에 관련된 불꽃 또는 열을 발생시킨 기기 또는 장치나 제품
동력원	발화 관련 기기나 제품을 작동 또는 연소시킬 때 사용된 연료 또는 에너지
연소확대물	연소가 확대되는 데 있어 결정적 영향을 미친 가연물
재구입비	화재 당시의 피해물과 같거나 비슷한 것을 재건축(설계 감리비를 포함한다) 또는 재취득하는데 필요한 금액

내용연수	고정자산을 경제적으로 사용할 수 있는 연수	
손해율	피해물의 종류, 손상 상태 및 정도에 따라 피해금액을 적정화시키는 일정한 비율	
잔가율	화재 당시에 피해물의 재구입비에 대한 현재가의 비율	
최종잔가율	피해물의 내용연수가 다한 경우 잔존하는 가치의 재구입비에 대한 비율	
화재현장	화재가 발생하여 소방대 및 관계인등에 의해 소화활동이 행하여지고 있거나 행하여진 장소	
접 수	유·무선 전화 또는 다매체를 통하여 화재 등의 신고를 받는 것	
출 동	화재를 접수하고 119상황실로부터 출동지령을 받아 소방대가 소방서 차고 등에서 출발하는 것	
도 착	출동지령을 받고 출동한 소방대가 현장에 도착하는 것	
선착대	화재현장에 가장 먼저 도착한 소방대	
초 진	소방대의 소화활동으로 화재확대의 위험이 현저하게 줄어들거나 없어진 상태	
잔불정리	화재를 초진 후 잔불을 점검하고 처리하는 것. 이 단계에서는 열에 의한 수증기나 화염 없이 연기만 발생하는 연소현상이 포함될 수 있음	
완 진	소방대에 의한 소화활동의 필요성이 사라진 것	
철 수	진화가 끝난 후 소방대가 현장에서 복귀하는 것	
재발화 감시	화재를 진화한 후 화재가 재발되지 않도록 감시조를 편성하여 일정 시간 동안 감시하는 것	

■ 화재조사의 개시 및 원칙(제3조)
- 화재조사관은 화재발생 사실을 인지하는 즉시 화재조사를 시작해야 한다.
- 소방관서장은 화재조사관을 근무 교대조별로 2인 이상 배치하고, 화재조사 장비·시설을 기준 이상으로 확보하여 조사업무를 수행하도록 하여야 한다.
- 조사는 물적 증거를 바탕으로 과학적인 방법을 통해 합리적인 사실의 규명을 원칙으로 한다.

■ 화재조사관의 책무 및 협조

화재조사관의 책무 (제4조)	• 조사관은 조사에 필요한 전문적 지식과 기술의 습득에 노력하여 조사업무를 능률적이고 효율적으로 수행해야 한다. • 조사관은 그 직무를 이용하여 관계인등의 민사분쟁에 개입해서는 아니 된다.
화재출동대원 협조 (제5조)	• 화재현장에 출동하는 소방대원은 조사에 도움이 되는 사항을 확인하고, 화재현장에서도 소방활동 중에 파악한 정보를 조사관에게 알려주어야 한다. • 화재현장의 선착대 선임자는 철수 후 지체 없이 국가화재정보시스템에 화재현장출동보고서를 작성·입력해야 한다.
관계인등 협조 (제6조)	• 화재현장과 기타 관계있는 장소에 출입할 때에는 관계인등의 입회 하에 실시하는 것을 원칙으로 한다. • 조사관은 조사에 필요한 자료 등을 관계인등에게 요구할 수 있으며, 관계인등이 반환을 요구할 때는 조사의 목적을 달성한 후 관계인등에게 반환해야 한다.

- **관계인등 진술(제7조)**
  - 관계인등에게 질문을 할 때에는 시기, 장소 등을 고려하여 진술하는 사람으로부터 임의진술을 얻도록 해야 하며 진술의 자유 또는 신체의 자유를 침해하여 임의성을 의심할 만한 방법을 취해서는 아니 된다.
  - 관계인등에게 질문을 할 때에는 희망하는 진술내용을 얻기 위하여 상대방에게 암시하는 등의 방법으로 유도해서는 아니 된다.
  - 획득한 진술이 소문 등에 의한 사항인 경우 그 사실을 직접 경험한 관계인등의 진술을 얻도록 해야 한다.
  - 관계인등에 대한 질문 사항은 질문기록서에 작성하여 그 증거를 확보한다.

- **감식 및 감정(제8조)**
  - 소방관서장은 조사 시 전문지식과 기술이 필요하다고 인정되는 경우 국립소방연구원 또는 화재감정기관 등에 감정을 의뢰할 수 있다.
  - 소방관서장은 과학적이고 합리적인 화재원인 규명을 위하여 화재현장에서 수거한 물품에 대하여 감정을 실시하고 화재원인 입증을 위한 재현실험 등을 할 수 있다.

- **화재의 유형(제9조 제1항)**

화재유형	소손내용
건축·구조물 화재	건축물, 구조물 또는 그 수용물이 소손된 것
자동차·철도차량 화재	자동차, 철도차량 및 피견인 차량 또는 그 적재물이 소손된 것
위험물·가스제조소 등 화재	위험물제조소 등, 가스제조·저장·취급시설 등이 소손된 것
선박·항공기 화재	선박, 항공기 또는 그 적재물이 소손된 것
임야 화재	산림, 야산, 들판의 수목, 잡초, 경작물 등이 소손된 것
기타 화재	위의 각 호에 해당하지 않는 화재

- **화재유형이 복합되어 발생한 경우 화재유형 구분(제9조 제2항)**
  - 화재가 복합되어 발생한 경우에는 화재의 구분을 화재피해금액이 큰 것으로 한다.
  - 다만, 화재피해금액으로 구분하는 것이 사회관념상 적당하지 않을 경우에는 발화장소로 화재를 구분한다.

- **화재건수 결정(제10조)** 13 15 17 18 19
  - 1건의 화재란 1개의 발화지점에서 확대된 것으로 발화부터 진화까지를 말한다.
  - 다만 다음의 경우 다음과 같이 화재건수를 결정한다.
    - 동일범이 아닌 각기 다른 사람에 의한 방화, 불장난의 경우 동일 대상물에서 발화했더라도 각각 **별건**의 화재로 한다.
    - 동일 소방대상물의 발화점이 2개소 이상 있는 다음의 화재는 1건의 화재로 한다.
      a 누전점이 동일한 누전에 의한 화재
      b 지진, 낙뢰 등 자연현상에 의한 다발화재
  - 화재건수 관할
    - 발화지점이 한 곳인 화재현장이 둘 이상의 관할구역에 걸친 화재는 **발화지점이 속한 소방서**에서 1건의 화재로 산정한다.
    - 다만, 발화지점 확인이 어려운 경우에는 **화재피해금액이 큰** 관할구역 소방서의 화재 건수로 산정한다.

- **발화일시 결정(제11조)**
  - 발화일시의 결정은 관계인등의 화재발견 상황통보(인지)시간 및 화재발생 건물의 구조, 재질 상태와 화기취급 등의 상황을 종합적으로 검토하여 결정한다.
  - 다만, 자체진화 등 사후인지 화재로 그 결정이 곤란한 경우에는 발화시간을 추정할 수 있다.

- **화재의 분류(제12조)**
  화재원인 및 장소 등 화재의 분류는 소방청장이 정하는 국가화재분류체계에 의한 분류표에 의하여 분류한다.

- **사상자(제13조)**
  - 사상자는 화재현장에서 **사망**한 사람과 **부상**당한 사람을 말한다.
  - 다만, 화재현장에서 부상을 당한 후 **72시간 이내**에 사망한 경우에는 당해 화재로 인한 사망으로 본다.

- **부상자 분류(제14조)**
  부상의 정도는 의사의 진단을 기초로 하여 다음 각 호와 같이 분류한다.
  - 중상 : **3주 이상의 입원치료**를 필요로 하는 부상을 말한다.
  - 경상 : 중상 이외의 부상(입원치료를 필요로 하지 않는 것도 포함한다)을 말한다. 다만, 병원치료를 필요로 하지 않고 단순하게 연기를 흡입한 사람은 제외한다.

빨리보는 간단한 키워드

■ 건물동수 산정방법(제15조)

같은 동	다른 동
• 주요구조부가 하나로 연결되어 있는 것은 같은 동으로 한다. • 건물의 외벽을 이용하여 실을 만들어 헛간, 목욕탕, 작업실, 사무실 및 기타 건물 용도로 사용하고 있는 것은 주건물과 같은 동으로 본다. • 구조에 관계 없이 지붕 및 실이 하나로 연결되어 있는 것 • 목조 또는 내화조 건물의 경우 격벽으로 방화구획이 되어 있는 경우	• 건널복도 등으로 2 이상의 동에 연결되어 있는 것은 그 부분을 절반으로 분리하여 다른 동으로 본다. • 독립된 건물과 건물 사이에 차광막, 비막이 등의 덮개를 설치하고 그 밑을 통로 등으로 사용하는 경우 • 내화조 건물의 외벽을 이용하여 목조 또는 방화구조건물이 별도 설치되어 있고 건물 내부와 구획되어 있는 경우 • 내화조 건물의 옥상에 목조 또는 방화구조 건물이 별도 설치되어 있는 경우

■ 소실 정도(제16조)
- 건축·구조물 화재의 소실 정도는 다음 각 호에 따른다.

구 분	소실률
전 소	• 건물의 70% 이상(입체면적에 대한 비율)이 소실된 화재 • 그 미만이라도 잔존부분이 보수를 하여도 재사용 불가능한 것
반 소	건물의 30% 이상 70% 미만이 소실된 화재
부분소	전소·반소 이외의 화재

- 자동차·철도차량, 선박·항공기 등의 소실정도 → 위 규정을 준용한다.

■ 소실면적 산정(제17조)
- 건물의 소실면적 산정은 소실 바닥면적으로 산정한다.
- 수손 및 기타 파손의 경우에도 위의 규정을 준용한다.

■ 화재피해금액 산정(제18조)
- 화재피해금액은 화재 당시의 피해물과 동일한 구조, 용도, 질, 규모를 재건축 또는 재구입하는데 소요되는 가액에서 경과연수 등에 따른 감가공제를 하고 현재가액을 산정하는 실질적·구체적 방식에 따른다. 다만, 회계장부상 현재가액이 입증된 경우에는 그에 따른다.
- 위의 규정에도 불구하고 정확한 피해물품을 확인하기 곤란한 경우에는 소방청장이 정하는 「화재피해금액 산정매뉴얼」(이하 "매뉴얼"이라 한다)의 간이평가방식으로 산정할 수 있다.
- 건물 등 자산에 대한 최종잔가율은 건물·부대설비·구축물·가재도구는 20%로 하며, 그 이외의 자산은 10%로 정한다.
- 건물 등 자산에 대한 내용연수는 매뉴얼에서 정한 바에 따른다.
- 대상별 화재피해금액 산정기준은 별표 2의 화재피해금액 산정기준에 따른다.
- 관계인은 화재피해금액 산정에 이의가 있는 경우 재산피해신고서에 따라 관할 소방관서장에게 재산피해신고를 할 수 있다.
- 재산피해신고서를 접수한 관할 소방관서장은 화재피해금액을 재산정해야 한다.

■ 세대수 산정(제19조)
　세대수는 거주와 생계를 함께 하고 있는 사람들의 집단 또는 하나의 가구를 구성하여 살고 있는 독신자로서 자신의 주거에 사용되는 건물에 대하여 재산권을 행사할 수 있는 사람을 1세대로 산정한다.

■ 화재합동조사단 운영(제20조 제1항)
　소방관서장은 화재가 발생한 경우 다음 각 호에 따라 화재합동조사단을 구성하여 운영하는 것을 원칙으로 한다.

운영 관서장	운영기준
소방청장	사상자가 30명 이상이거나 2개 시·도 이상에 걸쳐 발생한 화재(임야화재는 제외한다. 이하 같다)
소방본부장	사상자가 20명 이상이거나 2개 시·군·구 이상에 발생한 화재
소방서장	사망자가 5명 이상이거나 사상자가 10명 이상 또는 재산피해액이 100억원 이상 발생한 화재

■ 위 원칙에도 불구하고 화재합동조사단을 구성 및 운영할 수 있는 경우(제20조 제2항)
　① 소방관서장은 화재로 인한 사회적·경제적 영향이 광범위하다고 소방관서장이 인정하는 화재
　② 「소방기본법 시행규칙」 제3조 제2항 제1호에 해당하는 화재
　　㉠ 사망자가 5인 이상 발생하거나 사상자가 10인 이상 발생한 화재
　　㉡ 이재민이 100인 이상 발생한 화재
　　㉢ 재산피해액이 50억원 이상 발생한 화재
　　㉣ 관공서·학교·정부미도정공장·문화재·지하철 또는 지하구의 화재
　　㉤ 관광호텔, 층수가 11층 이상인 건축물, 지하상가, 시장, 백화점, 지정수량의 3천배 이상의 위험물의 제조소·저장소·취급소, 층수가 5층 이상이거나 객실이 30실 이상인 숙박시설, 층수가 5층 이상이거나 병상이 30개 이상인 종합병원·정신병원·한방병원·요양소, 연면적 1만5천 제곱미터 이상인 공장 또는 화재예방강화지구에서 발생한 화재
　　㉥ 철도차량, 항구에 매어둔 총 톤수가 1천톤 이상인 선박, 항공기, 발전소 또는 변전소에서 발생한 화재
　　㉦ 가스 및 화약류의 폭발에 의한 화재
　　㉧ 다중이용업소의 화재
　　㉨ 긴급구조통제단장의 현장지휘가 필요한 재난상황
　　㉩ 언론에 보도된 재난상황
　　㉪ 그 밖에 소방청장이 정하는 재난상황

■ 화재조사 보고(제22조)

화재규모	보고기한
• 사망자가 5인 이상 발생하거나 사상자가 10인 이상 발생한 화재 • 이재민이 100인 이상 발생한 화재 • 재산피해액이 50억원 이상 발생한 화재 • 관공서·학교·정부미도정공장·문화재·지하철 또는 지하구의 화재 • 관광호텔, 층수가 11층 이상인 건축물, 지하상가, 시장, 백화점, 지정수량의 3천배 이상의 위험물의 제조소·저장소·취급소, 층수가 5층 이상이거나 객실이 30실 이상인 숙박시설, 층수가 5층 이상이거나 병상이 30개 이상인 종합병원·정신병원·한방병원·요양소, 연면적 1만5천 제곱미터 이상인 공장 또는 화재예방강화지구에서 발생한 화재 • 철도차량, 항구에 매어둔 총 톤수가 1천톤 이상인 선박, 항공기, 발전소 또는 변전소에서 발생한 화재 • 가스 및 화약류의 폭발에 의한 화재 • 다중이용업소의 화재 • 긴급구조통제단장의 현장지휘가 필요한 재난상황 • 언론에 보도된 재난상황 • 그 밖에 소방청장이 정하는 재난상황	30일 이내
위 이외의 화재	15일 이내

■ 화재조사 결과보고기간을 연장할 수 있는 사유(제22조 제3항)

다음 각 호의 정당한 사유가 있는 경우에는 소방관서장에게 사전 보고를 한 후 필요한 기간만큼 조사 보고일을 연장할 수 있다.
- 수사기관의 범죄수사가 진행 중인 경우
- 화재감정기관 등에 감정을 의뢰한 경우
- 추가 화재현장조사 등이 필요한 경우

■ 화재조사 보고기간을 연장한 경우 보고기일(제22조 제4항)

조사 보고일을 연장한 경우 그 사유가 해소된 날부터 **10일 이내**에 소방관서장에게 조사결과를 보고해야 한다.

■ 치외법권지역의 화재조사 방법(제22조 제5항)

치외법권지역 등 조사권을 행사할 수 없는 경우는 **조사 가능한 내용**만 조사하여 화재조사 서식 중 해당 서류를 작성·보고한다.

■ 화재조사 결과보고 서류의 보존(제22조 제6항)

소방본부장 및 소방서장은 제2항에 따른 조사결과 서류를 영 제14조에 따라 국가화재정보시스템에 입력·관리해야 하며 **영구보존방법**에 따라 보존해야 한다.

형 법

■ 형법에 따른 방화죄

조문제목	구체적 범죄내용		형 량
현주건조물 등 방화 (제164조)	불을 놓아 사람이 주거로 사용하거나 사람이 현존하는 건조물, 기차, 전차, 자동차, 선박, 항공기 또는 지하채굴시설을 불태운 자		무기 또는 3년 이상의 징역
	불을 놓아 사람이 주거로 사용하거나 사람이 현존하는 건조물, 기차, 전차, 자동차, 선박, 항공기 또는 지하채굴시설을 불태워	상해에 이르게 한 자	무기 또는 5년 이상의 징역
		사망에 이르게 한 자	사형, 무기 또는 7년 이상의 징역
공용건조물 등 방화 (제165조)	불을 놓아 공용 또는 공익에 공하는 건조물, 기차, 전차, 자동차, 선박, 항공기 또는 지하채굴시설을 불태운 자		무기 또는 3년 이상의 징역
일반건조물 등 방화 (제166조)	불을 놓아 현주건조물 등·공용건조물 등에 기재한 이외의 건조물, 기차, 전차, 자동차, 선박, 항공기 또는 지하채굴시설을 불태운 자		2년 이상의 유기징역
	자기소유의 건조물에 속한 물건을 불태워 공공의 위험을 발생하게 한 자		7년 이하의 징역 또는 1천만 원 이하의 벌금
일반물건 방화 (제167조)	불을 놓아 현주건조물 등, 공용건조물 등, 일반건조물 등에 기재한 이외의 물건을 불태워 공공의 위험을 발생하게 한 자		1년 이상 10년 이하의 징역
	위의 물건이 자기소유인 경우		3년 이하의 징역 또는 700만원 이하의 벌금
방화예비, 음모죄 (제175조)	제164조 제1항, 제165조, 제166조 제1항의 죄를 범할 목적으로 예비 또는 음모한 자(단 그 목적한 죄의 실행에 이르기 전에 자수한 때에는 형을 감경 또는 면제한다)		5년 이하의 징역

■ 형법에 따른 실화죄

조문제목	구체적 범죄내용	형 량
실화 (제170조)	과실로 현주건조물 등 또는 공용건조물 등에 기재한 물건 또는 타인의 소유인 일반건조물 등에 기재한 물건을 불태운 자	1천 500만원 이하의 벌금
	과실로 자기의 소유인 일반건조물 등 또는 일반물건에 기재한 물건을 불태워 공공의 위험을 발생하게 한 자	
업무상실화, 중실화 (제171조)	업무상과실 또는 중대한 과실로 인하여 위 실화죄를 범한 자	3년 이하의 금고 또는 2천만원 이하의 벌금

기타 방화와 실화 관련 형법규정

조문제목	구체적 범죄내용		형량
연소 (제168조)	자기소유 일반건조물 등 방화 또는 자기소유 일반물건방화의 죄를 범하여 현주·공용건조물 또는 현주·공용건조물 이외의 건조물, 기차, 전차, 자동차, 선박, 항공기 또는 지하채굴시설에 기재한 물건에 연소한 때		1년 이상 10년 이하의 징역
	자기소유일반물건방화의 죄를 범하여 전조 제1항에 기재한 물건에 연소한 때		5년 이하의 징역
진화방해죄 (제169조)	진화용의 시설 또는 물건을 은닉 또는 손괴한 자, 기타 방법으로 진화를 방해한 자		10년 이하의 징역
폭발성 물건파열 (제172조)	보일러, 고압가스 기타 폭발성 있는 물건을 파열시켜 사람의 생명, 신체 또는 재산에	위험을 발생시킨 자	1년 이상의 유기징역
		상해에 이르게 한 때	무기 또는 3년 이상의 징역
		사망에 이르게 한 때	무기 또는 5년 이상의 징역
가스·전기 등 방류 (제172조의2)	가스, 전기, 증기 또는 방사선이나 방사성 물질을 방출, 유출 또는 살포시켜 사람의 생명, 신체 또는 재산에 대하여	위험을 발생시킨 자	1년 이상 10년 이하의 징역
		상해에 이르게 한 때	무기 또는 3년 이상의 징역
		사망에 이르게 한 때	무기 또는 5년 이상의 징역
가스·전기 등 공급방해 (제173조)	가스, 전기 또는 증기의 공작물을 손괴 또는 제거하거나 기타 방법으로 가스, 전기 또는 증기의 공급이나 사용을 방해하여	공공위험을 발생하게 한 자 또는 방해한 자	1년 이상 10년 이하의 징역
		상해에 이르게 한 때	2년 이상의 유기징역
		사망에 이르게 한 때	무기 또는 3년 이상의 징역
과실폭발성 물건파열등 (제173조의2)	과실로 제172조 제1항(폭발성물건을 파열하여 위험을 발생시킨 자), 제172조의2 제1항(가스·전기 등 방류로 위험을 발생시킨 자), 제173조 제1항과 제2항(가스·전기 등 공급방해하여 공공위험을 발생시킨 자 또는 방해한 자)의 죄를 범한 자		5년 이하의 금고 또는 1천 500만원 이하의 벌금
	업무상과실 또는 중대한 과실로 위의 죄를 범한 자		7년 이하의 금고 또는 2천만원 이하의 벌금
방화예비, 음모죄 (제175조)	제172조 제1항, 제172조의2 제1항, 제173조 제1항과 제2항의 죄를 범할 목적으로 예비 또는 음모한 자(단 그 목적한 죄의 실행에 이르기 전에 자수한 때에는 형을 감경 또는 면제한다)		5년 이하의 징역

민 법

■ 민법상 불법행위

조문제목	조문내용
불법행위의 내용 (제750조)	고의 또는 과실로 인한 위법행위로 타인에게 손해를 가한 자는 그 손해를 배상할 책임이 있다.

■ 민법에 따른 불법행위의 성립요건
- 가해자에게 고의 또는 과실이 있을 것
- 행위자에게 책임 능력이 있을 것
- 위법성이 있을 것
- 손해가 발생할 것
- 가해행위와 손해 발생 사이에 상당한 인과관계가 있을 것

■ 민법에 따른 특수불법행위 배상책임

조문제목	조문내용
재산 이외의 손해의 배상 (제751조)	① 타인의 신체, 자유 또는 명예를 해하거나 기타 정신상 고통을 가한 자는 재산 이외의 손해에 대하여도 배상할 책임이 있다. ② 법원은 ①의 손해배상을 정기금채무로 지급할 것을 명할 수 있고 그 이행을 확보하기 위하여 상당한 담보의 제공을 명할 수 있다.
감독자의 책임 (제755조)	① 다른 자에게 손해를 가한 사람이 제753조 또는 제754조에 따라 책임이 없는 경우에는 그를 감독할 법정의무가 있는 자가 그 손해를 배상할 책임이 있다. 다만, 감독 의무를 게을리 하지 아니한 경우에는 그러하지 아니하다. ② 감독의무자를 갈음하여 제753조 또는 제754조에 따라 책임이 없는 사람을 감독하는 자도 ①의 책임이 있다.
사용자의 배상책임 (제756조)	① 타인을 사용하여 어느 사무에 종사하게 한 자는 피용자가 그 사무집행에 관하여 제삼자에게 가한 손해를 배상할 책임이 있다. 그러나 사용자가 피용자의 선임 및 그 사무감독에 상당한 주의를 한 때 또는 상당한 주의를 하여도 손해가 있을 경우에는 그러하지 아니하다. ② 사용자에 가름하여 그 사무를 감독하는 자도 ①의 책임이 있다. ③ ①, ②의 경우에 사용자 또는 감독자는 피용자에 대하여 구상권을 행사할 수 있다.
공작물 등의 점유자, 소유자의 책임 (제758조)	① 공작물의 설치 또는 보존의 하자로 인하여 타인에게 손해를 가한 때에는 공작물점유자가 손해를 배상할 책임이 있다. 그러나 점유자가 손해의 방지에 필요한 주의를 해태하지 아니한 때에는 그 소유자가 손해를 배상할 책임이 있다. ② ①의 규정은 수목의 재식 또는 보존에 하자가 있는 경우에 준용한다. ③ ①, ②의 경우에 점유자 또는 소유자는 그 손해의 원인에 대한 책임 있는 자에 대하여 구상권을 행사할 수 있다.
공동불법행위자의 책임 (제760조)	① 수인이 공동의 불법행위로 타인에게 손해를 가한 때에는 연대하여 그 손해를 배상할 책임이 있다. ② 공동 아닌 수인의 행위 중 어느 자의 행위가 그 손해를 가한 것인지를 알 수 없는 때에도 ①과 같다. ③ 교사자나 방조자는 공동행위자로 본다.

빨리보는 간단한 키워드

■ 민법상 배상액의 감경청구 및 소멸시효

조문제목	조문내용
배상액의 경감청구 (제765조)	• 배상의무자는 그 손해가 고의 또는 중대한 과실에 의한 것이 아니고 그 배상으로 인하여 배상자의 생계에 중대한 영향을 미치게 될 경우에는 법원에 그 배상액의 경감을 청구할 수 있다. • 법원은 전항의 청구가 있는 때에는 채권자 및 채무자의 경제상태와 손해의 원인 등을 참작하여 배상액을 경감할 수 있다.
손해배상청구권의 소멸시효 (제766조)	• 불법행위로 인한 손해배상의 청구권은 피해자나 그 법정대리인이 그 손해 및 가해자를 안 날로부터 3년간 이를 행사하지 아니하면 시효로 인하여 소멸한다. • 불법행위를 한 날로부터 10년을 경과한 때에도 시효로 인하여 소멸한다. • 미성년자가 성폭력, 성추행, 성희롱, 그 밖의 성적 침해를 당한 경우에 이로 인한 손해배상청구권의 소멸시효는 그가 성년이 될 때까지는 진행되지 아니한다.

제조물책임법

■ 제조물책임법에 따른 결함의 종류

구 분	내 용
제조상의 결함	제조업자의 제조물에 대한 제조상·가공상의 주의의무를 이행하였는지와 관계없이 제조물이 원래 의도한 설계와 다르게 제조·가공됨으로써 안전하지 못하게 된 경우
설계상의 결함	제조업자가 합리적인 대체설계를 채용하였더라면 피해나 위험을 줄이거나 피할 수 있었음에도 대체설계를 채용하지 아니하여 해당 제조물이 안전하지 못하게 된 경우
표시상의 결함	제조업자가 합리적인 설명·지시·경고 또는 그 밖의 표시를 하였더라면 해당 제조물에 의하여 발생할 수 있는 피해나 위험을 줄이거나 피할 수 있었음에도 이를 하지 아니한 경우

■ 제조물책임법에 따른 제조물의 제조업자
- 제조물의 제조·가공 또는 수입을 업(業)으로 하는 자
- 제조물에 성명·상호·상표 또는 그 밖에 식별(識別) 가능한 기호 등을 사용하여 자신을 제조·가공·수입업자로 표시한 자 또는 자신을 제조·가공·수입업자로 오인(誤認)하게 할 수 있는 표시를 한 자

■ 제조물책임법상 손해배상책임의무자의 사실 입증 시 면책사유
- 제조업자가 해당 제조물을 공급하지 아니하였다는 사실
- 제조업자가 해당 제조물을 공급한 당시의 과학·기술 수준으로는 결함의 존재를 발견할 수 없었다는 사실
- 제조물의 결함이 제조업자가 해당 제조물을 공급한 당시의 법령에서 정하는 기준을 준수함으로써 발생하였다는 사실
- 원재료나 부품의 경우에는 그 원재료나 부품을 사용한 제조물 제조업자의 설계 또는 제작에 관한 지시로 인하여 결함이 발생하였다는 사실

- **제조물책임법에 따른 소멸시효**
  - 손해배상의 청구권은 피해자 또는 그 법정대리인이 손해 또는 손해배상책임을 지는 자를 모두 안 날부터 3년 이내 행사하여야 함
  - 손해배상의 청구권은 제조업자가 손해를 발생시킨 제조물을 공급한 날부터 10년 이내에 행사하여야 함
    ※ 신체에 누적되어 사람의 건강을 해치는 물질에 의하여 발생한 손해 또는 일정한 잠복기간이 지난 후에 증상이 나타나는 손해에 대하여는 그 손해가 발생한 날부터 기산함

기타 화재조사관련법

- **실화책임에 관한 법률에서 실화가 중대한 과실로 인한 경우가 아닌 경우 손해배상액의 경감을 청구할 시 법원이 사정 고려할 사항**
  - 화재의 원인과 규모
  - 피해의 대상과 정도
  - 연소 및 피해 확대의 원인
  - 피해 확대를 방지하기 위한 실화자의 노력
  - 배상의무자 및 피해자의 경제상태
  - 그 밖에 손해배상액을 결정할 때 고려할 사정

- **화재로 인한 재해보상 및 보험가입에 관한 법률의 법적 성격**
  - 화재로 인한 인명 및 재산상의 손실을 예방
  - 화재발생 시 신속한 재해복구
  - 인명 및 재산피해에 대한 적정한 보상
  - 국민생활의 안정에 이바지

- **특약부화재보험 가입**
  - 가입의무자 : 특수건물 소유자
  - 가입의무보험 : 특약부화재보험
  - 의무가입 목적 : 다른 사람이 사망하거나 부상을 입었을 때 또는 다른 사람의 재물에 손해가 발생한 때에는 과실이 없는 경우에도 보험금액의 범위에서 그 손해를 배상할 책임이 있다.
  - 보험가입시기 : 특수건물의 소유자는 건축법에 따른 건축물의 사용승인, 주택법에 따른 사용검사 또는 관계 법령에 따른 준공인가·준공확인 등을 받은 날 또는 그 건물의 소유권을 취득한 날부터 30일 내에 특약부화재보험에 가입하여야 한다.
  - 보험의 갱신 : 특수건물의 소유자는 특약부화재보험계약을 매년 갱신하여야 한다.
  - 보험의 미가입자 : 500만원 이하의 벌금

■ 특약부화재보험에 가입하여야 할 특수건물

연면적이 1,000m² 이상	바닥면적의 합계가 2,000m² 이상	바닥면적의 합계가 3,000m² 이상	연면적이 3,000m² 이상	16층 이상	11층 이상, 실내사격장
국·공유 재산 중 건물 및 부속건물	• 다중이용업소(학원, 목욕 장업, 영화 상영관, 게임제 공업, 인터넷게임시설제 공업, 노래연습장업, 일반·휴게음식 점업, 단란주점영업, 유흥주점 영업, 공유주방 운영업으로 사용하는 건물) • 실내사격장 : 면적제한 없이 의무가입 대상	숙박업, 대규모 점포로 사용하는 건물, 도시철도시설 중 역사 및 역무시설로 사용하는 건물	종합병원 및 병원, 관광숙박업, 공연장, 방송사업 목적 건물, 농수산물도매시장 및 민영농수산물도매시장, 학교, 공장	아파트 및 부속 건물	모든 건물

- 옥상부분으로서 그 용도가 명백한 계단실 또는 물탱크실인 경우에는 층수로 산입하지 아니하며, 지하층은 이를 층으로 보지 아니함
- 16층 이상의 아파트 단지 내에 관리주체에 의하여 관리되는 동일한 아파트 단지 안에 있는 15층 이하의 아파트를 포함
- 11층 이상의 건물 중 아파트, 창고, 모든 층을 주차용도로 사용하는 건물, 공제에 가입한 지방자치단체 건물 및 지방공기업 소유 건물 제외

아이들이 답이 있는 질문을 하기 시작하면
그들이 성장하고 있음을 알 수 있다.

— 존 J. 플롬프 —

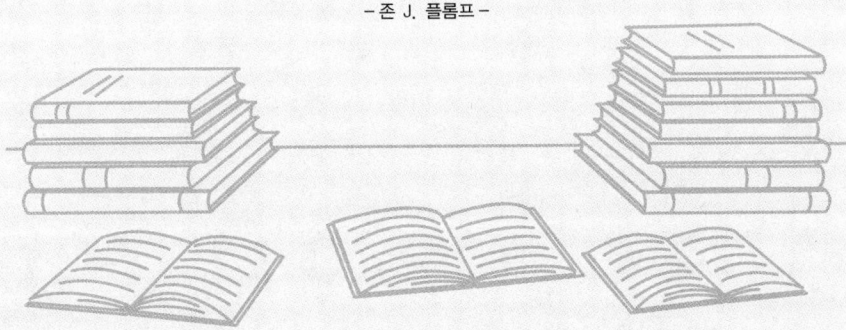

교육은 우리 자신의 무지를 점차 발견해 가는 과정이다.

— 월 듀란트 —

제1과목

화재조사론

- Chapter 01 화재조사개론
- Chapter 02 연소론
- Chapter 03 화재론
- Chapter 04 폭발론
- Chapter 05 발화지역 판정
- Chapter 06 발화개소 판정의견
- Chapter 07 화재현장의 상황파악 및 현장보존
- 출제예상문제

지식에 대한 투자가 가장 이윤이 많이 남는 법이다.

– 벤자민 프랭클린 –

CHAPTER 01 화재조사개론

제1절 화재조사의 목적 및 특징

1 화재조사의 목적

본질적 목적		• 화재에 대한 경계와 방어활동의 소방행정을 효율적으로 추진하기 위한 행정조사 • 방재 및 제조물 위험정보와 통계에 필요한 자료조사
부가적 목적		사법기관에서 방실화 범죄수사를 하고 피해자에 대한 경제적 구제와 예방대책 자료로 활용
부문별	소 방	• 화재에 의한 피해를 알리고 유사화재의 방지와 피해의 경감 • 발화원인을 규명하고 예방행정의 자료로 활용 • 화재확대 및 연소원인을 규명하여 예방 및 진압대책상의 자료로 활용 • 사상자의 발생원인과 방화관리상황 등을 규명하여 인명구조 및 안전대책의 자료로 활용 • 화재의 발생상황, 원인, 피해상황 등을 통계화하여 소방정보를 수집, 소방행정에 활용 • 사법기관이 행하는 방화, 실화의 범죄수사에 대한 협력을 위해 통보, 필요한 증거의 보전
	사 법	방화 및 실화(중·경과실)등 범죄와의 관련성을 수사하여 사회안녕 추구
	분쟁조정기관	화재사고 발생 시 개인과 개인, 기업과 기업, 기업과 개인간의 분쟁이 있을 때 화재조사의 결과를 통해 적절한 분쟁조정과 구제에 활용

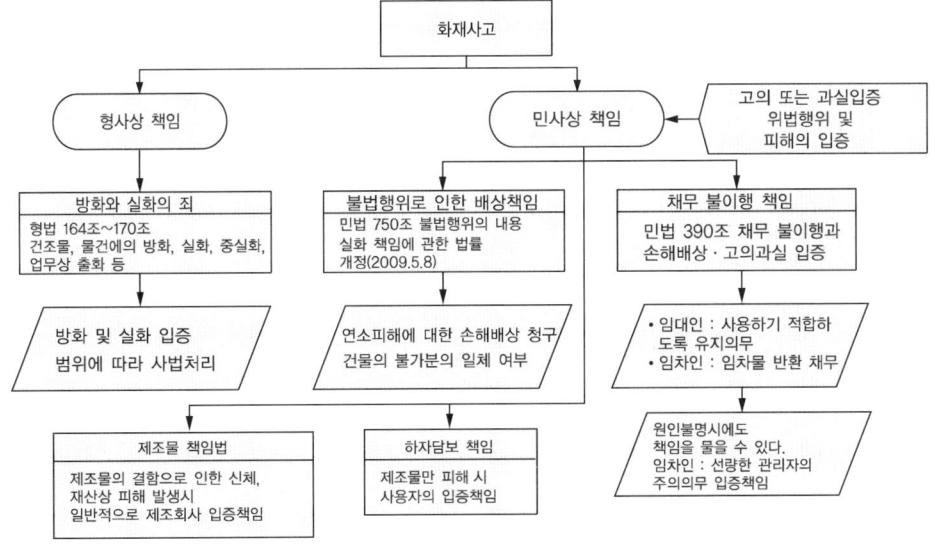

[화재사고의 형·민사상 책임관계]

2 화재현장의 특징 ★★★

현장성	감식·감정에 필요한 증거물 수집은 화재현장에서 이루어지고, 정보들도 주로 현장에서 얻어진다.
신속성	• 최초 발견자, 신고자, 목격자, 방화 또는 실화 혐의자로 추정되는 자 : 시간이 경과하면 거짓으로 진술할 수 있고 추후 법정에 소환되는 것을 두려워하거나 귀찮게 생각해서 도주할 우려가 있다. • 화재 피해자 : 시간이 경과함에 따라 처음과 다른 심경변화를 가져올 수 있고, 보상을 좀 더 많이 받기 위해 범행을 숨기거나 피해액을 훨씬 높게 올리려고 할 수 있다. • 시간이 흐를수록 현장보존과 증거물 확보가 어렵거나 불가능해질 수 있다.
정밀과학성	화재나 폭발의 형태 등에 관한 지식과 경험을 바탕으로 필요한 첨단기자재와 기법을 가지고 실시하는 화재의 감식과 감정 등이 체계적이고 전문적이다.
보존성	화재조사에서 가장 핵심인 증거물은 상태 그대로 보존되어야 한다.
돌발성	화재현장은 흥분과 공포, 폐허, 패닉현상을 수반한다.
강제성	관계인의 협조가 불가능할 경우, 필요한 보고 또는 자료의 제출을 명하거나 질문하는 등 강제조사권을 발동한다.
다변성/다각성	조사관이나 관계인들의 시각과 주장이 각각 달라, 마치 번갈아 가면서 prism을 들여다보는 식이다.

3 화재조사관에게 미치는 영향 ★★

난해성	화재조사 관련 모든 법적인 책무, 의무, 요건, 기준에 관해 숙지해야 한다. 예 민법, 형법, 소방법, 제조물책임법, 각종 판례 등
위험성	화재현장은 대부분 전기의 차단과 실내의 그을음으로 어두워 바닥의 못, 상부의 낙하물에 의한 외상, 미끄러지고 넘어지거나, 낙상 등 물리적 위험요소가 크게 존재한다.
불결성	화재현장은 악취, 불과 그을음에 의한 오염 등으로 매우 지저분하고 불결하다.

4 화재조사의 기본절차 및 방법 13

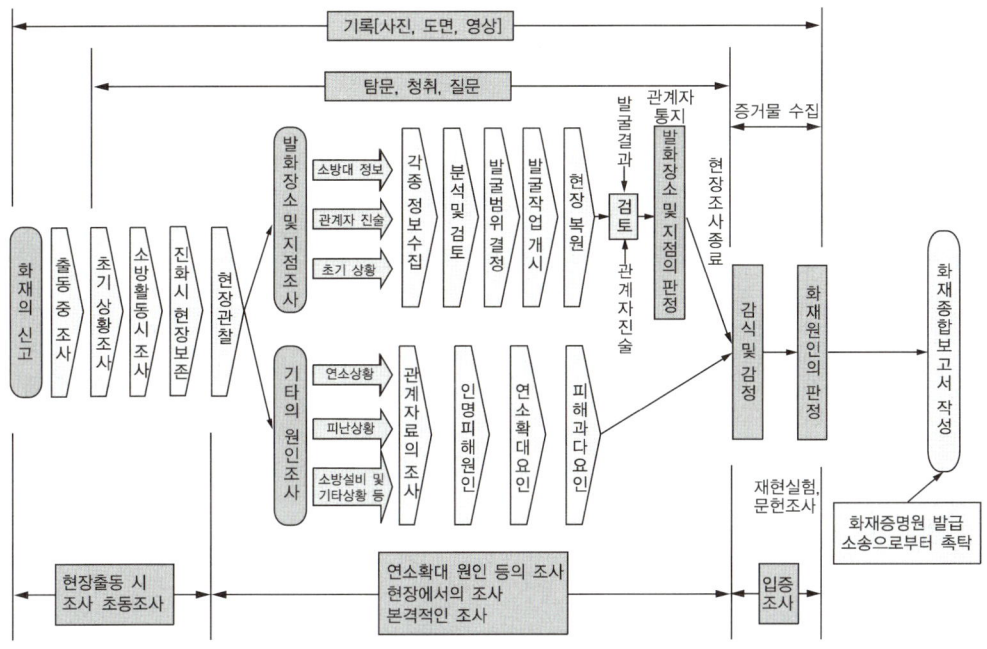

[화재조사 진행 순서도]

5 과학적 화재조사의 기본원칙 15 21 22

문제확인 (필요성 인식)	사건이 통보되고 발화지점과 원인을 판별해 줄 것을 요청받을 때 인식된다.
문제정의	발화지점과 원인을 판정하기 위해서 문제가 있는가?
자료수집	문제정의에 대한 해답을 찾을 필요가 있는 현장정보를 수집한다.
자료분석 (귀납적 추리)	• 수집된 자료나 증거물을 검토할 때 - 귀납법 활용 • 증거물의 의미와 가능한 가설을 판명하기 위해 최대한 객관적으로 접근
가설설정	• 문제 해결을 위해 자료분석과 실제자료들에 근거하여 가설설정 • 가설은 과학적인 방법에 있어 문제정의에 대한 해답을 찾으려는 시도 - 발화지점, 발화원인, 화재확산, 책임관계, 이들의 상호관계를 확인하는 것 • 단지 하나의 가설이 아니라 두 개 이상을 설정 가능
가설검증 (연역적 추리)	• 개발된 가설의 시험을 위해 연역법 활용 • 연역법을 통해서 최종적인 결론이 논리적인 근거를 주거나 줄 수 없을 수도 있고 증거나 자료에 의해서 반박할 논리가 개발됨

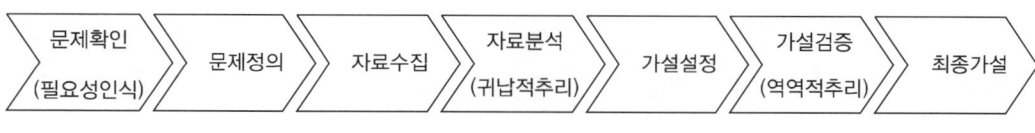

[과학적 방법론]

예제문제

다수의 사실로부터 일반적인 사항을 도출해 내는 추론방법은?   15 22
① 합리적 추론   ② 귀납적 추론
③ 연역적 추론   ④ 형식적 추론

정답 ②

6 화재원인조사 기본 방법

과제의 할당 → 조사준비 → 조사수행 → 증거수집과 보존 → 사고분석 → 결론

과제의 할당	발화원, 화재원인, 책임 관계 규명, 형·민사에 대한 준비 등 과제별 임무를 부여한다.
조사준비	예비계획은 필요한 도구, 장비, 인력을 예측하게 함으로써 초기의 현장조사를 하는데 효율성을 증가시킨다.
조사수행	현장조사를 실시하고, 현장검증과 원인분석을 위한 자료를 수집하여야 한다.
증거수집과 보존	중요한 물리적 증거는 향후 심화 검증, 평가 및 법적 증거능력으로 사용될 수 있으므로 잘 보존해야 한다.
사고분석	수집된 모든 자료는 과학적 방식에 의하여 분석되어야 한다.
결 론	설정된 가설들을 검증함으로써 최종적인 결론을 확정한다.

제2절 화재조사의 실시 및 유의사항

1 화재조사의 실시(법 제5조)

(1) 화재조사 사항
① 화재원인에 관한 사항
② 화재로 인한 인명·재산 피해상황
③ 대응활동에 관한 사항
④ 소방시설 등의 설치·관리 및 작동 여부에 관한 사항
⑤ 화재발생건축물과 구조물, 화재유형별 화재위험성 등에 관한 사항
⑥ 소방특별조사의 실시 결과에 관한 사항

(2) 화재조사의 내용·절차
① 현장출동 중 조사 : 화재발생 접수, 출동 중 화재상황 파악 등
② 화재현장 조사 : 화재의 발화(發火)원인, 연소상황 및 피해상황 조사 등
③ 정밀조사 : 감식·감정, 화재원인 판정 등
④ 화재조사 결과 보고

2 화재현장조사 시 일반적 유의사항 [20] [21] ★★★

- 선입견을 버리고 상황증거에 입각한 **사실 확인**에 주력한다.
- 현장상황을 관찰하고 그 부근에 대한 필요한 정보와 자료를 수집한다.
- 관계자에게 질문을 통한 상황파악 및 사실확인은 **임의진술**케 노력한다.
- 피질문자가 직접 보았거나, 들은 내용 등 **본인의 직접 진술**을 확보하도록 한다.
- 신분을 명확히 밝히고 **관계자의 입회하**에 현장 및 물건에 대해 상세하게 조사한다.
- 개인의 권리를 침해하거나 업무를 방해하지 않도록 한다.
- 취득한 비밀을 누설하거나 명예 훼손에 유의하고 언론에의 발표는 신중히 한다.
- 과학적인 근거에 의한 조사에 중점을 두고 관계자 또는 목격자 등에 대한 질문조사는 보조적인 방법으로 실시한다.

예제문제

다음 중 화재현장 조사 시 일반적 유의사항으로 옳지 않은 것은? 〔15〕

① 피질문자가 전해 들었다는 진술내용이 신뢰성이 인정되는 것은 그 사실을 직접 경험한 자에게 청취할 필요는 없다.
② 선입견을 버리고 상황증거에 입각한 사실 확인에 주력한다.
③ 관계자에게 질문을 통해서 화재상황을 파악하고 상황에 따라 필요한 사실에 대해 임의진술을 얻도록 노력한다.
④ 신분을 명확히 밝히고 관계자의 입회하에 현장 및 물건에 대해 상세하게 조사한다.

해설 피질문자가 직접 보았거나, 들은 내용 등 본인의 직접 진술을 확보하도록 한다.

정답 ①

화재현장 조사를 할 때 유의해야 할 사항 중 틀린 것은? 〔21〕

① 보도기관 등 대외발표를 신중하게 할 것
② 화재현장 출입 시 신분을 명확히 밝힐 것
③ 화재조사 시 피해자 또는 관계자를 정중하게 대할 것
④ 화재관계자의 민사상 다툼에 대해 직무와 관련하여 적극적으로 개입할 것

해설 조사관의 책무
조사관은 그 직무를 이용하여 관계자의 민사분쟁에 개입하여서는 아니 된다.

정답 ④

3 화재조사관의 자세 〔15〕〔21〕〔22〕

- 화재조사의 시작부터 끝까지 물적 증거를 객체로 하여 과학적이고 합리적 방법으로 원인을 밝히고 재산피해를 산정하여야 한다.
- 관련법에 부여된 권리와 의무를 초과하여 조사를 실시해서는 안 된다.
- 부당하게 개인의 권리를 침해하고 자유를 제한하지 않아야 한다.
- 그 직무를 이용하여 관계인등의 민사분쟁에 개입해서는 아니 된다.
- 편파적인 선입견은 절대 피해야 한다.
- 화재조사에 필요한 전문적 지식과 기술의 습득에 노력하여 조사업무를 능률적이고 효율적으로 수행해야 한다.

CHAPTER 02 연소론

제1절 연소의 개념

1 연소의 정의

(1) 연소
가연물이 공기 중의 산소 또는 산화제와 반응하여 열과 빛을 발생하면서 산화하는 현상

(2) 최소점화에너지
① 연소범위 안에 있는 혼합 기체를 발화시키는 데 필요한 에너지
② 약 $10^{-6} \sim 10^{-4}[J]$의 에너지
③ 가연물질의 활성화를 위해 필요한 에너지는 충격·마찰·자연발화·전기불꽃·정전기·고온표면·단열압축·자외선·충격파·낙뢰·나화·화학열 등이 있다.

2 산화와 환원 14 22

(1) 산화반응
① 산소와 결합하는 현상
② 수소를 잃는 현상
③ 전자를 잃는 현상
④ 산화수가 증가되는 현상
⑤ 금속이 화합물이 되는 현상

(2) 환원반응
① 어떤 물질이 산소와 분해되는 현상
② 수소를 얻는 현상
③ 전자를 얻는 현상
④ 산화수가 감소되는 현상

구 분	산 소	수 소	전 자	산화수
산 화	(+)결합	(−)잃음	(−)잃음	(+)증가
환 원	(−)분해	(+)얻음	(+)얻음	(−)감소

(3) 산화제와 환원제
① 산화제 : 자신은 **환원**되면서 다른 물질은 산화시키는 물질
㉠ 진한 황산(H_2SO_4), 질산(HNO_3)
㉡ 할로겐 원소 물질 : 플루오르(F_2), 염소(Cl_2), 브롬(Br_2), 요오드(I_2)
㉢ 산화수가 큰 금속화합물 : 염화철(Ⅲ)($FeCl_3$), 염화주석(Ⅳ)($SnCl_4$)
㉣ 비금속원자를 가진 화합물 : 과망간산칼륨($KMnO_4$), 중크롬산칼륨($K_2Cr_2O_7$)
② 환원제 : 자신은 **산화**되면서 다른 물질을 환원시키는 물질
㉠ 산소와 반응을 잘하는 물질 : 이산화황(SO_2), 요오드화수소(HI), 황화수소(H_2S)
㉡ 금속성이 강한 물질 : 나트륨(Na), 칼륨(K), 칼슘(Ca)

예제문제

다음 화학물질 중 환원제에 속하는 것은?
① 질 산
② 과산화수소
③ 과염소산칼륨
④ 수 소

정답 ④

3 연소의 조건

- 연소의 3요소 : 가연물·산소공급원·점화원
- 연소의 4요소 : 가연물·산소공급원·점화원, 화학적 연쇄반응

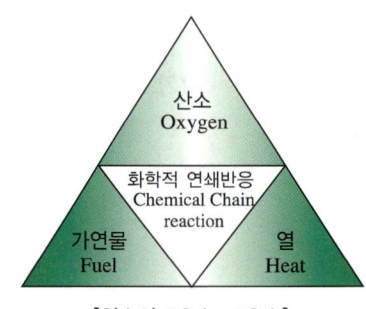

[연소의 3요소·4요소]

(1) 가연물
① 가연물의 구비조건
㉠ **활성화에너지가 작을 것** : 화학반응을 일으킬 때 필요한 최소에너지(활성화에너지)의 값이 작아야 한다.

ⓛ **열전도도가 작을 것** : 열의 축적이 용이하도록 열전도의 값이 작아야 한다.
   (열전도율 : 기체<액체<고체 순서로 커지므로 연소순서는 반대이다)
ⓒ 발열량이 클 것 : 산화되기 쉬운 물질로서 산소와 결합할 때 발열량이 커야 한다.
ⓔ 친화력이 클 것 : 지연성(조연성) 가스인 산소·염소와의 친화력이 강해야 한다.
ⓜ 표면적이 클 것 : 산소와 접촉할 수 있는 표면적이 커야 한다(기체>액체>고체).
ⓗ 연쇄반응 클 것 : 연쇄반응을 일으킬 수 있는 물질이어야 한다.
ⓢ 건조도 클 것 : 잘 건조된 물질이어야 한다.
ⓞ 발열반응을 할 것 : 산소와 반응하여 발열반응을 일으켜야 한다.

② 가연물이 될 수 없는 것
  ㉠ 불활성기체 : 주기율표 0족의 원소로서 결합력이 없어 산소와 결합하지 못 한다.
    ⑩ 헬륨(He), 네온(Ne), 아르곤(Ar), 크립톤(Kr), 크세논(Xe) 등
  ㉡ 이미 산화반응이 완료된 물질
    ⑩ 물(H_2O), 이산화탄소(CO_2), 산화알루미늄(Al_2O_3), 산화규소(SiO_2), 오산화인(P_2O_5), 삼산화황(SO_3), 삼산화크롬(CrO_3), 산화안티몬(Sb_2O_3) 등
  ㉢ 흡열 반응하는 물질 : 산소와 화합하여 산화물을 생성하지만 발열반응 하지 않는 물질
    ⑩ 질소 또는 질소 산화물 N_2, NO 등
  ㉣ 자체가 연소하지 않는 물질 : 돌, 흙 등

(2) 산소 공급원 18

① 공 기

공기 중에 함유되어 있는 산소(O_2)의 양은 전체 공기의 양에 대하여 21용량%, 중량으로 계산하면 23중량%로 존재하고 있다.

[공기의 조성범위]

조성비 \ 성분	산 소	질 소	이산화탄소	기 타
용량(vol%)	20.99	78.03	0.03	0.95
중량(wt%)	23.15	75.51	0.04	1.30

② 산화제 : 제1류·제6류 위험물로서 가열·충격·마찰에 의해 산소를 발생한다.
  ㉠ 과산화칼륨(K_2O_2) : 물과 접촉하거나 가열하면 산소를 발생시킨다.
  ㉡ 과산화나트륨(Na_2O_2) : 수용액은 30~40℃의 열을 가하면 산소를 발생시킨다.
  ㉢ 질산나트륨($NaNO_3$) : 조해성이 있어 열을 가하면 아질산나트륨과 산소가 발생한다.

③ 자기반응성 물질 : 제5류 위험물

분자 내에 가연물과 산소를 충분히 함유하고 있어 연소 속도가 빠르고 폭발을 일으킬 수 있는 물질이며, 니트로글리세린(NG), 셀룰로이드, 트리니트로톨루엔(TNT) 등이 있다.

예제문제

다음 중 산소공급원의 역할을 하는 물질은?　13

① 과산화나트륨　② 디에틸에테르
③ 황 린　④ 칼 륨

정답 ①

(3) 점화원

가연물과 산소공급원이 적절한 조화를 이루어 연소범위를 만들었을 때 연소반응이 일어나게 하는 최소의 활성화 에너지이다.

① 전기적 요인 : 저항열, 유도열, 유전열, 아크열, 정전기

> **⊕ Plus one**
>
> **정전기 예방대책은?**　21
> - 정전기의 발생이 우려되는 장소에 접지시설을 한다.
> - 실내의 공기를 이온화하여 정전기의 발생을 예방한다.
> - 정전기는 습도가 낮거나 압력이 높을 때 많이 발생하므로 상대습도를 70% 이상으로 한다.
> - 전기의 저항이 큰 물질은 대전이 용이하므로 전도체 물질을 사용한다.

$$E = \frac{1}{2}CV^2 = \frac{1}{2}QV$$

E : 전기불꽃에너지(최소착화에너지*)　　C : 전기용량
Q : 전기량　　V : 전압

* 최소착화에너지 : 폭발성 혼합기체가 불꽃에 의해 발화하기 위한 최소에너지(온도와 압력이 상승할수록, 농도가 높아질수록 최소착화에너지는 작아진다)　22

예제문제

가연물의 최소착화에너지에 영향을 미치는 요인에 대한 설명으로 옳은 것은?　22

① 압력이 높을수록 최소착화에너지는 높아진다.
② 온도가 높을수록 최소착화에너지는 낮아진다.
③ 가연물의 종류에 관계없이 최소착화에너지는 일정하다.
④ 혼합된 공기의 산소농도에 관계없이 최소착화에너지는 일정하다.

[해설] 온도와 압력이 상승할수록, 농도가 높아질수록 최소착화에너지는 작아진다.

정답 ②

예제문제

혼합가연물의 최소착화에너지에 영향을 미치는 요인에 대한 설명으로 옳은 것은?

① 온도가 높을수록 최소착화에너지는 높아진다.
② 연소범위에 따라서 최소착화에너지는 변한다.
③ 가연물의 종류에 따라서 최소착화에너지는 일정하다.
④ 혼합된 공기의 산소농도에 따라서 최소착화에너지는 일정하다.

정답 ②

② 기계적 요인 : 충격·마찰, 단열압축, 나화, 고온표면
③ 화학적 요인 : 연소열, 분해열, 용해열, 자연발화

⊕ Plus one

자연발화를 일으키는 원인에는? 15 17 18
- 분해열 : 셀룰로이드, 니트로셀룰로오스
- 산화열 : 석탄, 건성유
- 발효열 : 퇴비, 먼지
- 흡착열 : 목탄, 활성탄
- 중합열 : HCN, 산화에틸렌 등

⊕ Plus one

자연발화를 방지할 수 있는 방법으로는? 16
- 통풍 구조를 양호하게 하여 공기유통을 잘 시킨다.
- 저장실 주위의 온도를 낮춘다.
- 습도 상승을 피한다.
- 열이 쌓이지 않도록 퇴적한다.

> **예제문제**
>
> 정전기를 방지하기 위한 대책으로 틀린 것은? 13
> ① 땅속으로 정전기를 흘려보내는 접지 조치
> ② 공기 중의 상대습도를 70% 이상으로 유지
> ③ 비전도성 물질에 탄소, 금속분 등의 대전방지제를 첨가
> ④ 위험물 등이 배관 내를 흐를 때 빠른 유속 유지
>
> 정답 ④
>
> 자연발화의 위험성이 가장 낮은 것은? 16
> ① 나트륨　　　　　　　　　　② 가솔린
> ③ 황 린　　　　　　　　　　 ④ 셀룰로이드
>
> 정답 ②

④ 화학적 연쇄반응(Self Sustained Chemical Reaction)

일단 불꽃연소나 화재가 발생하면, 충분한 열에너지가 가연성증기나 가스를 지속적으로 생성시킬 수 있도록 공급될 때에 연소는 지속될 수 있다. 이러한 연쇄반응은 연소의 3요소에 의해 일어난 반응들이 결합된 것으로 연소의 4요소라 한다.

4 연소의 형태

(1) 기본 형태 15

고 체	• 표면연소 : 목탄, 코크스, 금속(분·박·리본 포함) 등 • 증발연소 : 황(S), 나프탈렌($C_{10}H_8$), 파라핀(양초) 등 • 분해연소 : 목재·석탄·종이·섬유·플라스틱·합성수지·고무류 • 자기연소 : 제5류 위험물인 니트로셀룰로오스(NC), 트리니트로톨루엔(TNT), 니트로글리세린(NG), 트리니트로페놀(TNP) 등
액 체	• 증발연소 : 에테르, 이황화탄소, 알코올류, 아세톤, 석유류 등 • 분해연소 : 중유, 벙커C유
기 체	• 확산연소 : LPG − 공기, 수소 − 산소 • 예혼합연소 : 가솔린엔진의 연소, 가스렌지의 연소, 가스용접 • 폭발연소 : 메틸에틸 또는 아세틸렌의 용기 내 연소

> **예제문제**
>
> 가연물의 연소형태 중 분해연소인 것은?　　　　　　　　　　　　　　16
> ① 숯　　　　　　　　　　　　　　　② 목재
> ③ 코크스　　　　　　　　　　　　　④ 파라핀
>
> 　　　　　　　　　　　　　　　　　　　　　　　　　　　　　정답 ②

(2) 기체의 연소

가연성 기체는 공기와 적당한 부피비율로 섞여 연소범위에 들어가면 연소가 일어나는데 기체의 연소가 액체나 고체의 연소에 비해 가장 큰 특징은 연소시의 이상 현상인 폭굉이나 폭발을 수반하기도 한다.

① **확산연소(발염연소)** : 연소버너 주변에 가연성 가스를 확산시켜 산소와 접촉, 연소범위의 혼합가스를 생성하여 연소하는 현상으로 기체의 일반적 연소 형태이다.

② **예혼합연소** : 연소시키기 전에 이미 연소 가능한 혼합가스를 만들어 연소시키는 것으로 혼합기로의 역화를 일으킬 위험성이 크다.

③ **폭발연소** : 가연성 기체와 공기의 혼합가스가 밀폐용기 안에 있을 때 점화되면 연소가 폭발적으로 일어나는데 예혼합연소의 경우에 밀폐된 용기로의 역화가 일어나면 폭발할 위험성이 크다. 이것은 많은 양의 가연성 기체와 산소가 혼합되어 일시에 폭발적인 연소현상을 일으키는 비정상연소이기도 하다.

(3) 액체의 연소

액체 자체가 연소하는 것이 아니라 "증발"이라는 변화 과정을 거쳐 발생된 기체가 타는 것이다.

① **증발연소(액면연소)** : 액체 가연물질이 액체 표면에 발생한 가연성 증기와 공기가 혼합된 상태에서 연소가 되는 형태로 액체의 가장 일반적인 연소형태이다.

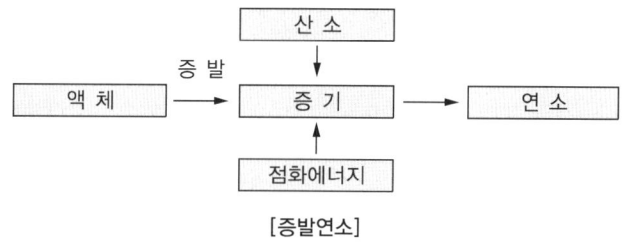

[증발연소]

② **분해연소** : 점도가 높고 비휘발성이거나 비중이 큰 액체 가연물이 열분해하여 증기를 발생케 함으로써 연소가 이루어지는 형태이다.

　※ 액적연소 : 점도가 높고 비휘발성인 액체의 점도를 낮추어 버너를 이용하여 액체의 입자를 안개상태로 분출하여 표면적을 넓게 함으로써 공기와의 접촉면을 많게 하여 연소

(4) 고체의 연소
① **표면연소**(직접연소, Surface Combustion) : 고체 가연물이 열분해나 증발하지 않고 표면에서 산소와 급격히 산화 반응하여 연소하는 현상 즉, 목탄 등이 열분해에 의해서 가연성 가스를 발생하지 않고 그 물질 자체가 연소하는 현상으로 불꽃이 없는 것(무염연소)이 특징이다.

> ⊕ **Plus one**
>
> **표면화재와 심부화재**
> - 표면화재 : 가연물 자체로부터 발생된 증기나 가스가 공기 중의 산소와 혼합기를 형성하여 연소하며, 연소속도가 매우 빠르고 불꽃과 열을 내며 연소하므로 일명 불꽃연소라 한다.
> - 심부화재 : 표면화재와 달리 순조로운 연쇄반응이 아닌 가연물·열·공기 등의 화재의 요소만 가지고 가연물이 연소하는 것으로서 연소속도가 느리고 불꽃 없이 연소

② **증발연소** : 고체 가연물이 열분해를 일으키지 않고 증발하여 증기가 연소되거나 먼저 융해된 액체가 기화하여 증기가 된 다음 연소하는 현상으로 액체 가연물질의 증발연소 형태와 같다.

③ **분해연소** : 고체 가연물질을 가열하면 열분해를 일으켜 나온 분해가스 등이 연소하는 형태를 말한다. 열분해에 의해 생기는 물질에는 일산화탄소(CO), 이산화탄소(CO_2), 수소(H_2), 메탄(CH_4) 등이 있다.

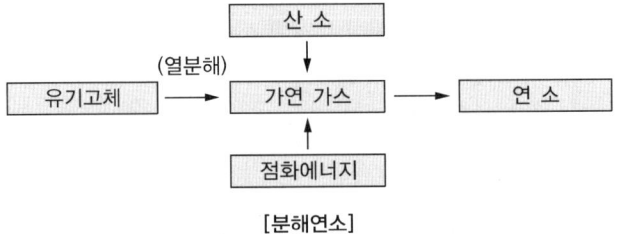

[분해연소]

④ **자기연소(내부연소)** : 가연물이 물질의 분자 내에 산소를 함유하고 있어 열분해에 의해서 가연성 가스와 산소를 동시에 발생시키므로 공기 중의 산소 없이 연소할 수 있는 것을 말한다.

제2절 연소의 특성 13 16 17 18

1 인화와 발화

- 인화 : 물질조건을 구비한 계가 외부로부터 에너지를 받아 착화
- (자연)발화 : 외부로부터 에너지 유입 없이 내부의 열만으로 착화

(1) 인화점

연소범위에서 **외부의 직접적인 점화원**에 의하여 인화될 수 있는 최저 온도 즉, 공기 중에서 가연물 가까이 점화원을 투여하였을 때 불붙는 최저의 온도이다.

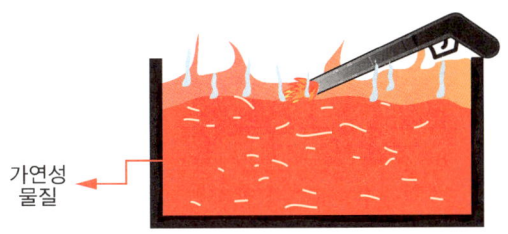

인화점 : 가연성 액체 → 표면증발 → 연소범위 혼합물
→ 점화원에 의해 인화될 수 있는 가장 낮은 온도
즉, 불이 붙을 수 있는 가장 낮은 온도

[인화점]

[액체가연물질의 인화점]

액체가연물질	인화점(℃)	액체가연물질	인화점(℃)
디에틸에테르	-45	클레오소트유	74
이황화탄소	-30	니트로벤젠	87.8
아세트알데히드	-37.7	글리세린	160
아세톤	-18	방청유	200
휘발유	-20 ~ -43	메틸알콜	11
톨루엔	4.5	에틸알콜	13
등 유	30~60	시안화수소	-18
중 유	60~150	초산에틸	-4

[액체와 고체의 인화현상의 차이점]

구 분	액 체	고 체
가연성 가스 공급	증발과정	열분해과정
인화에 필요한 에너지	작 다	크 다

(2) 발화점(착화점, 발화온도)

① **외부의 직접적인 점화원 없이** 가열된 열의 축적으로 발화되고 연소되는 최저온도이다.
② 점화원이 없는 상태에서 가연성 물질을 공기 중에서 가열하여 발화되는 최저온도이다.
③ 일반적으로 산소와의 친화력이 큰 물질일수록 발화점이 낮고 발화하기 쉽다.
④ 고체 가연물의 발화점은 가열공기의 유량, 가열속도, 가연물의 시료나 크기, 모양에 따라 달라진다.
⑤ 발화점은 보통 인화점보다 수 백도가 높은 온도이다.
⑥ 화재 진압 후 잔화정리를 할 때 계속 물을 뿌려 가열된 건축물을 냉각시키는 것은 발화점(착화점) 이상으로 가열된 건축물이 열로 인하여 다시 연소되는 것을 방지하기 위한 것이다.

발화점이 낮아지는 이유	발화점이 달라지는 요인
• 분자의 구조가 복잡할수록 • 발열량이 높을수록 • 압력, 화학적 활성도가 클수록 • 산소와 친화력이 클수록 • 금속의 열전도율과 습도가 낮을수록	• 가연성 가스와 공기의 조성비 • 발화를 일으키는 공간의 형태와 크기 • 가열속도와 가열시간 • 발화원의 재질과 가열방식

[가연물질의 발화점]

물 질	발화점(℃)	물 질	발화점(℃)
황 린	34	셀룰로이드	180
이황화탄소	100	무연탄	440~500
적 린	260	목 탄	320~400
에틸알코올	363	고 무	400~450
탄 소	800	프로판	423
목 재	400~450	일산화탄소	609
메 탄	650	헥 산	223
휘발유	257	암모니아	351
부 탄	365	산화에틸렌	429

예제문제

다음 중 발화온도가 가장 높은 것은?

① 메 탄
② 이소부탄
③ 프로판
④ 노르말헥산

해설 ① 메탄 650℃
② 이소부탄 365℃
③ 프로판 423℃
④ 노르말헥산 234℃

정답 ①

(3) 연소점 [18]
    ① 연소상태가 계속될 수 있는 온도이다.
    ② 인화점보다 대략 10℃ 정도 높은 온도로서 연소상태가 5초 이상 유지될 수 있는 온도이다.
    ③ 가연성 증기 발생 속도가 연소 속도보다 빠를 때 이루어진다.
    ④ 한번 발화된 후 연소를 지속시킬 수 있는 충분한 증기를 발생시킬 수 있는 최저온도이다.
    ⑤ 인화점 < 연소점 < 발화점

2 화염속도와 연소속도

(1) 화염속도
    ① 가연성 혼합기 중에서 화염이 발생하여 화염면이 이동하는 화염의 전파속도
    ② 화염면의 전방에 존재하고 있는 미연소의 가연성 혼합기는 연소가스의 열팽창 때문에 전방으로 밀려나므로 화염은 이동하고 있는 미연소의 가연성 혼합기 속을 전파
    ③ 화염속도 = 연소속도 + 미연소가스의 이동속도

(2) 연소속도 [15] [16]
    ① 가연물질에 산소가 공급되어 연소생성물을 생성할 때의 반응속도
    ② 연소속도에 영향을 미치는 요인
        ㉠ 가연물의 온도
        ㉡ 산소의 농도에 따라 가연물질과 접촉하는 속도
        ㉢ 산화반응을 일으키는 속도
        ㉣ 촉매(정촉매-반응속도 빠름, 부촉매-반응속도 느림)
        ㉤ 압력
    ③ 온도가 높아질수록 반응속도가 상승하며, 압력을 증가시키면 단위부피 중의 입자 수가 증가하므로 결국 기체의 농도가 증가하고 반응속도도 상승한다.
    ④ 연소속도 = 화염속도 - 미연소가스의 이동속도

예제문제

연소의 특성에 대한 설명으로 옳지 않은 것은? [15]
① 연소속도는 재료의 질량유속으로 정의되며 g/m^2s로 나타낸다.
② 일반적으로 표면에서의 질량유속은 $5\sim50g/m^2s$ 범위에 있으며, 그 값이 5 이하인 것은 소화된다.
③ 화염속도는 물적조건과 에너지조건인 농도, 압력, 온도보다 난류의 영향으로 가속된다.
④ 연소속도는 화학양론비 부근에서 최소가 되고 연소상한계, 연소하한계로 갈수록 연소속도는 증가한다.

정답 ④

3 완전연소와 불완전연소 13 15 21

(1) 완전연소
산소를 충분히 공급하고 적정한 온도를 유지시켜 반응물질이 더 이상 산화되지 않는 물질로 변화하도록 하는 연소이다.

$$C_mH_n + (m+\frac{n}{4})O_2 \rightarrow mCO_2 + \frac{n}{2}H_2O$$

예) 메탄 : $CH_4 + 2O_2 \rightarrow CO_2 + 2H_2O$ 에탄 : $2C_2H_6 + 7O_2 \rightarrow 4CO_2 + 6H_2O$
　　프로판 : $C_3H_8 + 5O_2 \rightarrow 3CO_2 + 4H_2O$ 부탄 : $C_4H_{10} + 6.5O_2 \rightarrow 4CO_2 + 5H_2O$

(2) 불완전연소
물질이 연소할 때 산소의 공급이 불충분하거나 온도가 낮으면 그을음이나 일산화탄소가 생성되면서 연료가 완전히 연소되지 못하는 현상이다.

예) 수소에 비해 탄소의 수가 많은 물질인 휘발유(C_8H_{18}), 경유(C_{16}~C_{18}) 등은 연소할 때 필요한 산소의 수가 상대적으로 많아 불완전연소하여 그을음이나 일산화탄소를 배출하기 쉽다. 즉, 포화탄화수소 (C_nH_{2n+2}) 화합물의 탄소수가 많아질수록 완전연소하기 어렵다.

예제문제

연소현상 중 완전연소에 대한 설명으로 옳은 것은? 15
① 산소의 공급이 불충분한 상태에서의 연소현상이다.
② 연소 시 다량의 가연성 가스의 공급이 완전연소의 원인이 된다.
③ 탄화수소가 완전연소하면 이산화탄소와 수증기가 생성된다.
④ 환기구가 제대로 되어 있지 않은 상태에서 실내에 가스 기구를 사용하는 경우에 발생한다.

정답 ③

---

4 연소범위(= 폭발범위 = 연소한계 = 폭발한계) 13 15 16 17 18 21 22

- 가연성 증기와 공기와의 혼합 상태에서의 증기의 부피
- 연소가 일어나는데 필요한 혼합가스의 **농도범위**(농도 및 압력의 상한과 하한의 사이)
- 연소범위는 온도와 압력이 상승함에 따라 확대되어 위험성이 증가
- 하한이 낮고 상한이 높을수록 위험성이 증가

[가연성 증기의 연소범위]

기체 또는 증기	연소범위(vol%)	기체 또는 증기	연소범위(vol%)
수 소	4~75	에틸렌	3.0~33.5
메 탄	5.0~15	에틸에테르	1.7~48
에 탄	3.0~12.5	암모니아	15.7~27.4
프로판	2.1~9.5	메틸알코올	7~37
부 탄	1.8~8.4	에틸알코올	3.5~20
일산화탄소	12.5~75	아세톤	2~13
아세틸렌	2.5~82	휘발유	1.4~7.6

예제문제

점화원에 대한 설명으로 옳은 것은?
① 온도가 높을수록 최소점화에너지는 높아진다.
② 가스와 공기의 혼합비율이 연소하한계에 가까울수록 점화에너지는 작아진다.
③ 가스와 공기의 혼합비율이 연소상한계에 가까울수록 점화에너지는 작아진다.
④ 연소범위 내에 있는 가연성 가스는 정전기 등의 약한 에너지로도 점화될 수 있다.

정답 ④

5 위험도

연소(폭발) 상한과 연소(폭발) 하한의 차이를 연소(폭발) 하한으로 나눈 값

$$H = \frac{U-L}{L}$$

H : 위험도, U : 연소(폭발)범위 상한, L : 연소(폭발)범위 하한

- 가연성 가스의 폭발위험성을 나타내는 척도
- 하한이 낮을수록, 상한이 높을수록 위험도는 크다.
- 상한과 하한의 차이가 클수록 위험도는 크다.

예제문제

다음 가연물 중 위험성이 가장 큰 것은?
① 수 소
② 아세틸렌
③ 부 탄
④ 일산화탄소

해설 ① $H = \dfrac{75-4}{4.1} = 17.75$

② $H = \dfrac{81-2.5}{2.5} = 31.4$

③ $H = \dfrac{8.4-1.8}{1.8} = 3.67$

④ $H = \dfrac{75-12.5}{12.5} = 5$

정답 ②

6 르샤틀리에 법칙(Le Chatelier's law) 13 15 16 21 22

두 종류 이상 가연성 가스의 혼합물이 있을 때 연소한계를 구하는 법칙

$$L = \dfrac{100}{\left[\left(\dfrac{V_1}{L_1}\right) + \left(\dfrac{V_2}{L_2}\right) + \left(\dfrac{V_3}{L_3}\right)\cdots\right]}$$

L : 혼합가스의 연소한계(%), $V_1 \sim V_n$: 각 가연성 가스의 용량(%), $L_1 \sim L_n$: 각 가연성 가스의 폭발한계(%)

예제문제

메탄 40vol%, 에탄 30vol%, 프로판 30vol%가 혼합되어 있는 혼합성기체의 공기 중 폭발하한계는 약 몇 vol%인가?(단, 각 물질의 폭발범위 메탄 : 5~15vol%, 에탄 : 3~12.4vol%, 프로판 : 2.1~9.5vol%)

15

① 2.5
② 3.1
③ 4.3
④ 5.7

해설 $L = \dfrac{100}{\dfrac{40}{5} + \dfrac{30}{3} + \dfrac{30}{2.1}} ≒ 3.1$

정답 ②

7 증기비중

$$증기비중 = \frac{증기분자량}{공기분자량} = \frac{증기분자량}{29}$$

- 어떤 온도와 압력에서 같은 부피의 공기무게와 비교한 것이다.
- 1보다 크면 공기보다 무겁고, 작으면 공기보다 가볍다.

> **예** 가솔린(C_5H_{12})의 유증기는 공기보다 무거울까? 가벼울까?
>
> **해설** $\dfrac{12 \times 5 + 1 \times 12}{29} = 2.49$
>
> **정답** 공기보다 무거워 바닥에 체류하게 된다.

제3절 기체, 액체, 고체의 발화 및 점화원

1 인화성 기체의 발화

가스 상태에서 가연성 물질은 매우 낮은 질량을 가지며 발화를 위해서는 최소량의 에너지를 필요로 한다. 인화성 기체는 가연성 증기와 공기의 혼합에 의해 연소하는 것으로 연소 전 단계에서 증기를 발생시켜 공기와의 혼합조성이 연소범위에 있을 때 발화된다.

2 액체의 발화

액체의 증기가 발화성 혼합기를 형성하기 위해서는 액체가 인화점 이상이어야 한다. 분무된 액체 또는 미스트(표면적 대 질량비가 높은 것)는 부피가 큰 형태에 있는 같은 액체보다 쉽게 발화될 수 있다. 분무의 경우에 액체를 인화점 및 열원에서의 발화온도 이상으로 가열하는 경우 발포된 다량의 액체 인화점 미만의 주변온도에서 발화될 수 있다.

3 고체의 발화

- 불꽃을 내면서 타는 고체 연료는 녹아서 증발하거나, 열가소성 플라스틱처럼 가스나 증기로 발생되거나, 목재나 열경화성 수지처럼 열분해하여야 한다. 이런 경우에는 증기를 발생하기 위해 연료에 에너지를 공급하여야 한다.

- 같은 종류의 고밀도 물질(목재, 플라스틱)은 저밀도 물질보다 더 빨리 발화원으로부터 에너지를 전도시킨다. 저밀도 물질은 절연체 역할을 하고, 에너지를 표면에 잔류하게 한다.
  예) 동일한 발화원이 주어질 때 참나무는 부드러운 소나무보다 착화하는데 더 오래 걸린다. 반면에 저밀도 발포 플라스틱은 고밀도 플라스틱보다 훨씬 더 빠르게 발화된다.
- 주어진 질량에 대한 표면적의 양(표면적 대 질량비)은 발화에 필요한 에너지의 양에도 영향을 준다. 표면적 대 질량비가 더 높기 때문에, 가연성 물질의 모서리는 평면보다 더 쉽게 연소한다.

4 소화이론(Fire Extinguishment Theory) ★★★★★

화재는 연소과정의 필수요소(화재의 4요소)들 중에 하나 또는 그 이상의 요소들을 제거할 때에 소화(消火)된다. 즉, 온도를 낮추거나 이용 가능한 가연물이나 산소를 제거하거나, 화학적 연쇄반응을 중지시킴으로써 화재는 소화될 수 있다.

[소화의 4가지 방법]

(1) 연소의 조건에 따른 제어 분류
  ① 온도 감소 : 냉각소화
      ㉠ 가장 보편적인 소화방법 중 하나는 물로 냉각시키는 것이다.
      ㉡ 냉각에 의한 소화과정은 가연물의 온도를 연소하기에 충분한 증기를 생성하지 못하는 온도까지 감소시키는 것이다.
      ㉢ 높은 발화점의 고체 가연물과 액체 가연물은 냉각으로 소화할 수 있다.
      ㉣ 물을 이용한 냉각방법으로는 낮은 인화점을 가진 액체나 가연성 가스와 관련된 화재를 소화시킬 만큼 증기생성을 충분히 감소시킬 수는 없다.
      ㉤ 냉각소화를 위한 물의 사용은 훈소 화재의 소화에 가장 효과적인 방법이다.
      ㉥ 온도감소로 소화하기 위해서는, 연소에 의해 생성되는 열을 흡수해야 하기 때문에 충분한 물을 가연물에 사용해야 한다.

② 가연물 제거 : **제거소화**
　㉠ 어떤 화재는 가연물을 제거함으로써 효과적으로 소화된다.
　㉡ 가연물은 액체나 기체가연물의 흐름을 차단하거나 화재전파의 고체가연물을 옮김으로써 제거될 수 있다.
　㉢ 가연물 제거의 또다른 방법은 모든 가연물이 소모될 때까지 불이 타도록 하는 것이다.
③ 산소 배제 : **질식소화**
　㉠ 연소과정에 이용 가능한 산소를 감소시키면, 불의 성장을 억제시켜 소화할 수 있다.
　㉡ 이산화탄소(CO_2)와 같은 비활성 가스를 사용하여 산소량을 감소 시 연소과정을 와해시킨다.
　㉢ 거품으로 가연물을 감싸 산소를 가연물로부터 분리하여 소화할 수 있다.
　㉣ 이런 방법들은 자체적으로 산화하는 소수의 가연물에는 적용되지 않는다.
④ 화학적 연쇄반응 억제 : **부촉매효과** 18
　㉠ 이 소화방법은 화염을 발생시켜야 하는 기체와 액체가연물에 효과적이다.
　㉡ 이 소화방법은 비교적 많은 시간과 높은 농도의 소화 약제를 필요로 하므로 훈소 화재에 비실용적이다.
　㉢ 물속에 있는 액체가연물의 용해성(물과 혼합하려는 물질의 성향) 또한 소화에 있어서 중요한 한 요인이다.
　㉣ 증기밀도는 발화성 액체 및 기체가연물의 소화에 영향을 미친다. 공기보다 낮은 밀도를 가진 기체(1보다 작은 증기밀도)는 상승하는 경향이 있고, 방출되었을 때에 흩어져 사라진다. 1보다 큰 밀도를 가진 증기나 기체는 땅에 가라앉아 지형이나 바람에 따라 이동한다.

$$증기밀도 = \frac{1mol당\ 분자량}{부피(22.4l)}$$

예제문제

유류화재와 관련된 용어의 설명으로 틀린 것은?　　13　21
① 인화점은 외부로부터 에너지를 받아서 착화 가능한 최저 온도
② 발화점은 외부로부터 점화에너지 공급 없이 물질 스스로 착화되는 최저 온도
③ 증기밀도는 공기의 분자량을 가연성 물질의 분자량으로 나눈 값
④ 연소점은 화염이 꺼지지 않고 지속되는 최저 온도

정답 ③

03 화재론

제1절 화재개론

1 화재의 정의 ★★★★★

(1) 「소방의 화재조사에 관한 법률」(약칭 : 화재조사법)
"사람의 의도에 반하거나 고의에 의해 발생하는 연소현상으로서 소화시설 등을 사용하여 소화할 필요가 있거나 또는 화학적인 폭발현상"을 말한다.

(2) 화재의 성립요건
① 인간의 의도에 반하거나 방화로 발생한 것이다.
② 사회공익을 해치거나 인명 및 경제적 손실을 수반하기 때문에 이를 방지하기 위하여 소화할 필요성이 있는 연소현상이어야 한다.
③ 소화시설 또는 이와 같은 효과가 있는 것을 이용할 필요가 있어야 한다.

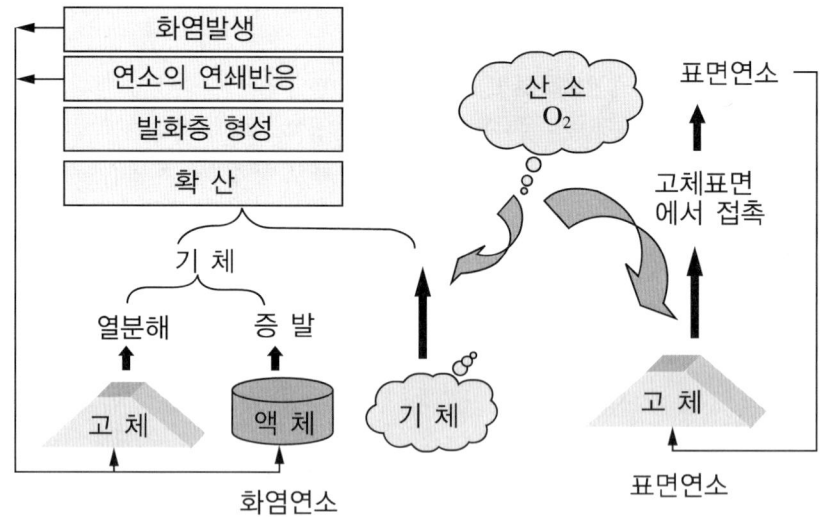

[가연물별 연소현상]

(3) 화재의 개념
    ① 과학상 : 가연물이 공기 중의 산소와 화합하여 열과 빛을 발하는 급속한 산화반응 현상
    ② 형법상 : 불을 놓아 매개물(가연물)이 연소되는 것
    ③ 민법상 : 고의 또는 중과실로 타인에게 손실을 입히는 화재로 불법행위의 요건에 해당하는 화재

2 화재의 분류 14 17 20 21

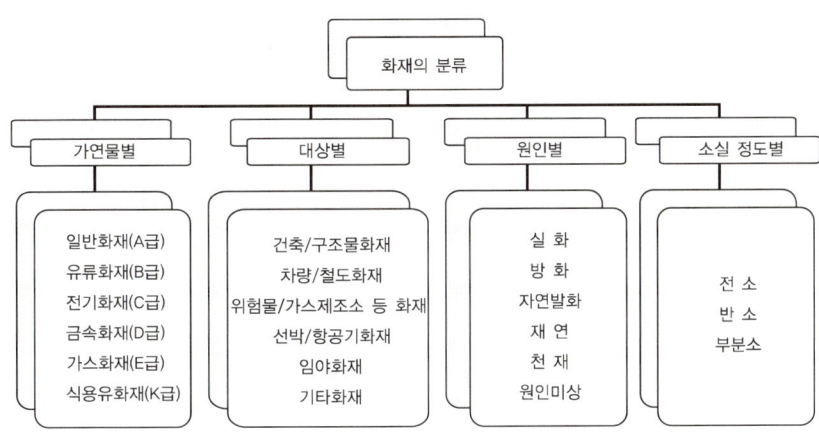

[화재의 분류]

(1) 가연물별 분류 18
    ① 일반화재(A급) : **백색**
        ㉠ 이러한 가연물은 우리 주변에 널리 산재되어 있어 다른 화재보다 발생건수가 많다.
        ㉡ 연소 후 재를 남기며, 보통화재라고도 불린다.
        ㉢ 화재를 소화할 때 냉각효과가 가장 효율적이므로 다량의 물 또는 수용액으로 소화한다.
            예 나무, 옷, 종이, 고무, 플라스틱 등 일반적인 가연성 물질
    ② 유류 화재(B급) : **황색**
        ㉠ 상온에서 액체 상태로 존재하는 유류(油類)가 가연물이 되는 화재
        ㉡ 연소 후 재를 남기지 않으며, 연소열이 크고 연소성이 좋기 때문에 일반화재보다 위험하다.
        ㉢ 소화를 위해서는 포 등을 이용한 질식소화가 적응성이 있다.
            예 가솔린, 오일, 라커, 페인트, 미네랄 스피리트 및 알코올 등
    ③ 전기화재(C급) : **청색**
        전기화재는 할로겐화합물 소화약제, 분말 소화약제 또는 이산화탄소와 같은 비전도성 소화 약제를 사용하여 소화할 수 있다.

㉠ 전기 기기가 설치되어 있는 장소에서의 화재
㉡ 소화 시 물 등의 전기전도성을 가진 약제를 사용하면 감전사고의 위험이 있다.
　㉰ 가전용품, 컴퓨터, 변압기 및 송전선 등

[유류 및 가스(B형) 가연물]

[전기(C형) 가연물]

④ 금속화재(D급) : **무색**
㉠ 가연성 금속류가 가연물이 되는 화재
㉡ 칼륨, 나트륨, 마그네슘, 알루미늄 등은 괴상보다는 분말상일 때 가연성 증가
㉢ 대부분 물과 반응하여 수소 발생 → 폭발위험 증가 : 수계(水系) 소화약제를 사용엄금
　㉰ 칼륨, 나트륨, 마그네슘, 알루미늄 등 – 괴상보다는 분말일 때 가연성 증가

예제문제

금속화재 시 불꽃의 색을 보고 가연물의 종류를 예측할 수 있다. 금속과 불꽃색이 잘못 연결된 것은?

14

① 칼륨 – 보라색
② 나트륨 – 노란색
③ 구리 – 빨간색
④ 알루미늄 – 은백색

해설 K – 보라색, Na – 노란색, Cu – 청록색, Al – 은백색, Li – 빨간색, Ca – 주황색

정답 ③

⑤ 가스화재(E급) : **황색**
㉠ 상온, 상압에서 기체로 존재하는 물질이 가연물이 되는 화재
　※ 국내에서는 가스에 의한 화재를 따로 분류하지 않고 B급 화재에 포함시키고 있으나, E급 화재로 분류하는 국가도 있다.
㉡ 비정상연소 형태인 폭발의 위험이 있으므로 주의해야 한다.
　㉰ 도시가스, 천연가스, LPG, 부탄, 가연성 가스, 액화가스, 압축가스, 용해가스

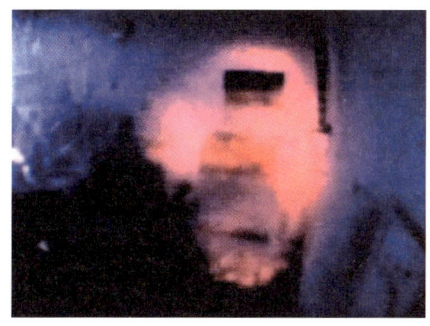 

[도시가스누출 화재]   [탱크로리 화재]

⑥ 식용유화재(K급) 18
  ㉠ 식용유의 특수한 화재형태로 인해 소화방법이 특이하기 때문에 최근 K급 화재로 분류
  ㉡ 식용유는 인화점과 발화점의 온도차가 적고 발화점이 비점 이하
  ㉢ 화재가 되면 유온이 상승, 바로 발화점 이상이 되며, 유면상의 화염을 제거하여도 유온이 발화점 이상이기 때문에 곧 재발화
  ㉣ 가스레인지의 불을 끄고, 야채, 상온의 식용유 등, 물 이외의 것으로 냉각한다거나, 뚜껑을 덮어 질식시키는 것이 효과적

	국 내		미국방화협회 NFPA 10		국제표준화기구 ISO7165
A	일반가연물 나무, 옷, 종이 등	A	좌 동	A	연소 시 불꽃을 발생하는 유기물질화재
B	인화성 액체, 가스등 유류화재	B	좌 동	B	액체 또는 액화하는 고체로 인한 화재
C	전기화재	C	전기화재	C	가스로 인한 화재
D	금속화재	D	Mg, Na, K 등의 금속화재	D	금속화재
K	튀김기름을 포함한 조리로 인한 화재	K	튀김기름을 포함한 조리로 인한 화재	F	튀김기름을 포함한 조리로 인한 화재

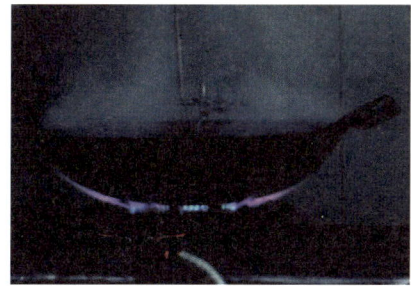 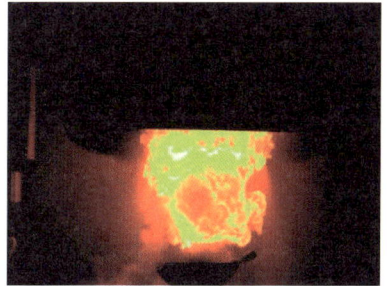

[식용유 화재]

> **예제문제**
>
> 메틸에틸케톤(MEK) 화재의 분류로 적합한 것은? 13 21
> ① A급 화재　　　　　　　　② B급 화재
> ③ C급 화재　　　　　　　　④ D급 화재
>
> 　　　　　　　　　　　　　　　　　　　　　　　　　　　정답 ②
>
> 항공기 화재에서 가연성 금속화재의 분류(Class)로 옳은 것은? 13
> ① Class A　　　　　　　　② Class B
> ③ Class C　　　　　　　　④ Class D
>
> 　　　　　　　　　　　　　　　　　　　　　　　　　　　정답 ④

(2) 유형(대상물)별 분류 ★★★★

① 건축·구조물화재 : 건축물 및 그 수용물이 소손된 화재
② 자동차·철도차량화재 : 자동차·철도차량 및 피견인차량 또는 그 적재물이 소손된 화재
③ 선박·항공기화재 : 선박·항공기 또는 그 적재물이 소손된 화재
④ 위험물·가스제조소 등 화재 : 위험물제조소 등, 가스제조·저장소, 원자력발전소, 지하철, 터널, 지하가 등의 화재
⑤ 임야화재 : 산림, 야산, 들판의 수목·잡초·경작물 등이 소손된 화재
⑥ 기타화재 : 위의 분류에 해당되지 않는 화재

(3) 발화원인별 분류

① 실화 : 과실에 의해 발생한 화재
② 방화 : 작위적으로 발생시킨 화재
③ 자연발화 : 산화(酸化), 약품혼합, 마찰 등으로 발생한 열로 발화된 화재
④ 재연(再燃) : 화재진압 후 다시 발생한 화재
⑤ 천재 : 지진, 해일, 분화 등에 의해 발생한 화재
⑥ 원인미상 : 원인이 밝혀지지 않은 화재

(4) 소손 정도에 따른 분류 22 ★★★★★

소실 정도	내용
전 소	대상물의 입체면적 70% 이상이 소손된 화재 또는 이것 미만일지라도 잔존부분을 보수하여도 재사용이 불가능한 화재
반 소	대상물이 30% 이상, 70% 미만 소실된 화재
부분소	전소 및 반소에 해당하지 않는 화재

예제문제

화재피해조사 중 건물의 소실 정도를 나타내는 것으로 옳은 것은?　15

① 전소 : 건물의 입체면적의 70% 이상 소실
② 반소 : 건물의 입체면적의 50% 이상 소실
③ 즉소 : 건물의 입체면적의 30% 미만 소실
④ 부분소 : 건물의 입체면적의 50% 미만 30% 이상 소실

정답 ①

제2절 화재의 양상

1 건물화재

(1) 실내화재의 양상　15

건물화재는 건물 내의 일부분으로부터 발화하여 출화를 거쳐 최성기에 이르며, 인접건물 등 외부로 연소가 확대된다.

> ⊕ Plus one
>
> **출 화**
> 화염이 바닥재, 입상재(수직으로 된 벽이나 칸막이)를 거쳐 천장으로 확산되는 단계로서 화재진압의 성패를 가름하는 시점으로서의 중요한 기준이 된다. 그 이유는 천장으로 화염이 확산되면 열이 천장 직하에 집적되므로 화염이 천장 전면으로 확산되는 속도가 매우 빠르며 곧이어 플래시오버에 이르기 때문이다.

① 초 기
  ㉠ 외관 : 창 등의 개구부에서 백색 연기가 나온다.
  ㉡ 연소상황 : 실내 가구 등의 일부가 독립적으로 연소한다.
② 중 기
  ㉠ 외관 : 개구부에서 세력이 강한 검은 연기가 분출한다.
  ㉡ 연소상황 : 가구 등에서 천장면까지 화재가 확대되며, 실내 전체에 화염이 확산되는 최성기의 전초 단계이다.
  ㉢ 연소위험 : 근접한 동으로 연소가 확산될 수 있다.
③ 최성기
  ㉠ 외관 : 연기의 양은 적어지고 화염의 분출이 강해지며 유리가 파손된다.
  ㉡ 연소상황 : 실내 전체에 화염이 충만하며 연소가 최고조에 달한다.
  ㉢ 연소위험 : 강렬한 복사열로 인해 인접 건물로 연소가 확산한다.
  ㉣ 활동위험 : 구조물이 낙하할 수 있다.
④ 감쇠기(감퇴기)
  ㉠ 외관 : 지붕이나 벽체가 타서 떨어지고 이윽고 대들보나 기둥도 무너져 떨어진다. 연기는 흑색에서 백색으로 변한다.
  ㉡ 연소상황 : 화세가 쇠퇴한다.
  ㉢ 연소위험 : 연소확산의 위험은 없다.
  ㉣ 활동위험 : 바닥이 무너지거나 벽체 낙하 등의 위험이 있다.

초기(발화)

중기(성장기)

최성기

감쇠기

[실내화재의 양상]

(2) 실내화재의 현상 14 16 17 21

① **플래시오버(flash over)**
  ㉠ 실내에서 화재가 발생하였을 때 발화로부터 출화를 거쳐 화염이 천장 전면으로 확산되면 화염에서 발생한 복사열에 의해 내장재나 가구 등이 일시에 인화점에 이르러 가연성 가스가 축적되면서 일순간에 폭발적으로 전체가 화염에 휩싸이는 현상
  ㉡ 플래시오버 = 전실화재 = 순발연소
  ㉢ 통상 내화건축물인 경우 출화 후 5~10분 후에 발생
  ㉣ 연기농도가 낮을 때 복사열 때문에 잘 일어남
  ㉤ **발생에 영향을 미치는 요인**
    ⓐ 개구부의 크기
    ⓑ 내장재료
    ⓒ 화원의 크기
    ⓓ 화재실의 온도
    ⓔ 실의 넓이와 모양
    ⓕ 가연물의 양 및 성질
  ㉥ 발생조건 22
    ⓐ 열유속 $20kW/m^2$
    ⓑ 실내온도 500~600℃
    ⓒ 질량감소속도 $40[g/m^2 \cdot sec]$

[플래시 오버 현상]

② **백드래프트(back draft)** 17 21
  ㉠ 화재실의 문을 개방할 때 공기가 유입되어 실내에 축적되었던 가연성 가스가 단시간에 폭발적으로 연소함으로써 화염이 폭풍을 동반하여 실외로 분출되는 현상
  ㉡ 농연의 분출, 파이어볼(fire ball)의 형성, 건물 벽체의 도괴 등의 현상을 수반
  ㉢ 예방법 : 화재실의 출입문을 개방하기 전에 천장 중앙 부분을 개방하여 고온의 가스를 건물 외부로 방출하여 환기시킴으로써 백 드래프트의 폭발력을 억제할 수 있음

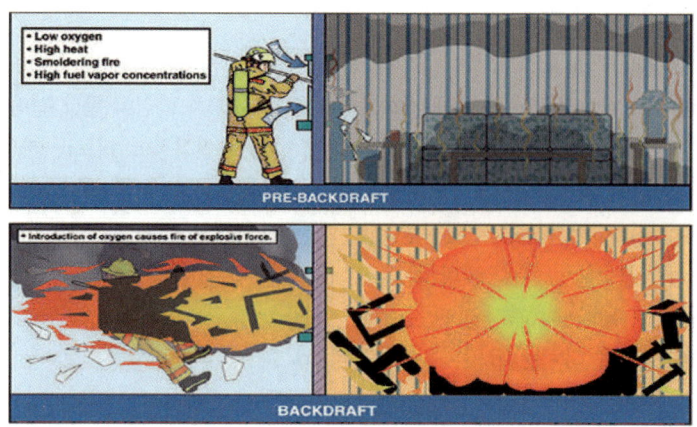

[백 드래프트 현상]

③ **롤오버(roll over)** 18 20 22
  ㉠ 화염이 연소되지 않은 가연성 가스를 통해 전파되는 현상 = 플레임 오버(flame over)
  ㉡ 미연소가스를 통해서 일어난다는 점에서 가연물의 표면에서 일어나는 플래시오버와는 구별
  ㉢ 화재가 완전히 성장하지 않은 단계에서 발생한 가연성 증기가 화재구획에서 빠져나갈 때 발생
  ㉣ 화재현장에서 화재가 발생한 구획의 천장에 실내 가연물의 열분해 등에 의한 가연성 증기층이 형성되면 천장면을 따라 마치 파도같이 빠른 속도로 화염의 확산이 이루어지는 현상

예제문제

구획실의 화재 성장단계에 대한 설명으로 옳은 것은? 14 20
① 초기 → 플래시오버 → 쇠퇴기 → 최성기 → 자유연소 순으로 진행된다.
② 자유연소단계는 환기지배형 연소이며 복사열에 의해 확산된다.
③ 플래시오버 현상은 최성기 전에 주로 발생한다.
④ 최성기는 연료지배형 연소단계이며, 접염방식으로 확산된다.

정답 ③

다음 중 A급화재에서 발생할 수 있는 위험현상으로 옳은 것은?
① 보일오버
② 슬롭오버
③ 플레임오버
④ 프로스오버

정답 ③

(3) 실내화재의 환기량에 따른 분류 14 15 17 18 20
   ① 환기지배형 화재 : 일반적인 내화구조건물의 실내에서 화재가 발생하면 가연성 가스의 발생량에 비해 공기공급이 충분하지 않으므로 불완전연소가 심하며, 개구부를 통해 공급되는 공기량, 즉 환기량이 연소속도를 좌우하는 화재

   ⊕ **Plus one**

   연소속도

   $$R = K \cdot A\sqrt{H}$$

   R : 연소속도(kg/min) K : 계수(콘크리트조 건물의 경우 5.5~6.0)
   A : 개구부 면적(m²) H : 개구부 높이(m)

   ② 연료지배형 화재 : 개구부가 충분히 커서 공기공급이 환기여부에 관계없이 충분하여 연소속도가 가연물의 특성에 의하여 지배되는 화재

(4) 건축물의 종류에 따른 화재양상
   ① 목조건축물 화재 18
      ㉠ 순식간에 플래시오버에 도달하며 온도도 급하게 상승
      ㉡ 격렬히 연소하고 특히 벽체 상부와 지붕의 일부가 불타 내려앉으면 연소는 최성기에 달하며 온도도 1,100℃를 넘게 됨
      ㉢ 최성기 이후 오히려 공기의 유통이 좋아져 온도는 급속히 저하
      ㉣ 보통의 목조주택 화재는 출화부터 최성기까지가 약 10분, 최성기부터 감쇠기까지가 약 20분으로 진행

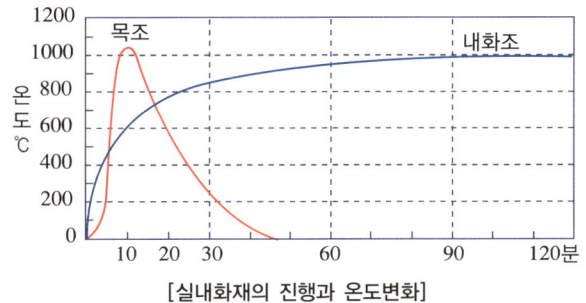

[실내화재의 진행과 온도변화]

   ② 내화조건축물 화재
      ㉠ 주요 구조부가 연소해서 붕괴되지 않기 때문에 연소에 영향을 주는 공기의 유통조건이 거의 일정한 상태를 유지
      ㉡ 화재지속시간은 목조화재가 30분 정도인데 비해 2~3시간, 때에 따라서는 수 시간 이상 지속되는 경우도 있음
      ㉢ 최고온도는 800~900℃의 경우가 많은데 고온이 오래 유지되며 최성기의 최고온도는 실내의 가연물량, 창 등의 개구부 크기 및 그 열적 성질에 의해 정해짐
      ㉣ 발연량도 목조에 비해 많은 것이 특징

(5) 화재 변수

① **화재 온도** : 일반적으로 연소열의 실내 축적율은 최성기에서 60~80% 정도

$$Q_H = Q_W + Q_B + Q_L + Q_K$$

Q_H : 실내에서의 총발열량 $\qquad Q_W$: 주 벽의 흡열량
Q_B : 창을 통한 옥외로의 복사열량 $\qquad Q_L$: 분출 화염이 가지고 간 열량
Q_K : 실내가스를 화재 온도로 높이는 열량
Q_K는 극히 작기 때문에 생략하면, $Q_H = Q_W + Q_B + Q_L$

② **화재 지속시간** : 화재 최성기의 연소속도[R(kg/min)]가 일정하다면

$$T(\min) = \frac{W(\text{kg})}{R(\text{kg/min})}$$

T : 화재 지속시간(min) $\qquad R = (5.5 \sim 6.0) \cdot A\sqrt{H}$
W : 실내 가연물의 양(kg)

③ **화재하중**(fire load) : 화재실 혹은 화재구획의 단위바닥면적에 대한 등가목재중량 [14] [17] [18]

$$Q = \frac{\sum G_i H_i}{H_o A} = \frac{\sum Q_i}{4,500 A}$$

Q : 화재하중 $\qquad G_i$: 여러 가지 가연물의 양[kg]
H_i : 그 가연물의 단위 중량당 발열량[kcal/kg] $\qquad H_o$: 목재의 단위 중량당 발열량으로 4,500kcal/kg
A : 화재구획의 바닥면적[m²] $\qquad \sum Q_i$: 화재구획 내의 가연물의 전발열량[kcal]

2 유류화재

(1) 액면상의 연소확대

① 액온이 인화점보다 높은 경우
 ㉠ 액면상의 증기는 연소범위에 들어있는 농도영역이 존재하여 착화되면 화염은 그 증기층을 통해 전파해 간다. → 예혼합형전파
 ㉡ 전파속도는 액체 종류에 따른 일정한 값을 가지면서 액체온도와 함께 증가한다.

② 액온이 인화점보다 낮은 경우
 ㉠ 에너지를 지속적으로 공급하면 부분적으로 승온되어 착화되고, 자체 화염에 의해 미연소면이 예열 되므로 타면서 번지기 시작한다. → 예열형전파
 ㉡ 연소확대는 뜨거운 표면류에 의하여 차가운 미연액체가 가열되어 인화점에 도달되면, 화염은 그 위치까지 이동하는 형식을 취한다.

(2) 유류화재의 현상 14 17

① **보일오버**(Boil over)
  ㉠ 저장소 하부에 고인물이 격심한 증발을 일으키면서 불붙은 석유를 분출시키는 현상이다.
  ㉡ 중질유에서 비 휘발분이 유면에 남아서 열류층을 형성, 특히 고온층(hot zone)이 형성되면 발생할 수 있다.

> **⊕ Plus one**
>
> **보일오버 발생조건**
> - 저장탱크 꼭대기에 뚜껑이나 지붕이 없는 열린 탱크일 것
> - 한 종류가 아닌 여러 개의 비점을 가진 불균일한 유류 저장탱크일 것
> - 탱크 밑 부분에 물 또는 습도를 함유한 찌꺼기 등이 있을 것
> - 거품을 형성하는 고점도의 성질을 가진 유류일 것
> - 오랫동안 화재가 계속될 것

② **슬롭오버**(Slop over)
  ㉠ 소화를 목적으로 투입된 물이 고온의 석유에 닿자마자 격한 증발을 하면서 불붙은 석유와 함께 분출되는 현상이다.
  ㉡ 중질유에서 잘 발생하고, 고온층(hot zone)이 형성되면 발생할 수 있다.

③ **프로스오버**(Froth over)
  ㉠ 비점이 높아 액체 상태에서도 100℃가 넘는 고온으로 존재할 수 있는 석유류와 접촉한 물이 격한 증발을 일으키면서 석유류와 함께 거품 상태로 넘쳐나는 현상이다.
  ㉡ 화염과 관계없이 발생한다는 점에서 보일오버, 슬롭오버와 다르다.

④ **화염의 특성**
  ㉠ 방향족계 탄화수소는 공기의 부족과 연료의 탄소수 증가로 검은연기를 심하게 발생한다.
  ㉡ 연료증기의 발생량은 액면적에 비례하고 공기유입량은 용기 직경에 비례하므로 용기 직경이 커질수록 불완전연소에 따른 검은연기 발생이 증가한다.
  ㉢ 석유저장소 화재가 발생하면 화염 위에는 검은 연기를 포함한 큰 열기류가 생기는데 이는 연소가스와 유입공기가 부력에 의하여 상승하는 현상으로서 화재 플럼(Fire Plume)이라 하며, 저장소 직경이 30m 정도인 경우 그 높이는 1km를 넘는다.

⊕ Plus one

Pool fire와 Jet fire(항공유 누출 시의 화재유형)

Pool fire
- 인화성 액체가 저장탱크나 배관으로부터 누설될 때 Pool(연못)이 형성되어 인화성 액체가 증발됨으로써 가연성 가스에 착화하여 화재가 발생하는 현상
- 화염이 높이에 영향을 주는 인자 : 증발된 가스가 부력의 힘에 의하여 상승하면서 산소와 반응하여 연소하고 이 휘발분이 다 소모하는 곳까지가 화염의 높이라고 할 수 있다.
  - 화염 높이에 관한 식 : 화염의 높이는 방출속도 $Q^{\frac{2}{5}}$에 비례하고 직경이 커짐에 따라서 화염의 크기는 작아진다는 것을 알 수 있다.

$$L_f = 0.23 Q^{\frac{2}{5}} - 1.02 D$$

  - Q(에너지 방출속도)
    ⓐ 에너지 방출속도가 증가할수록 화염높이 증가
    ⓑ 연소속도가 증가할수록 화염높이 증가
    ⓒ 연소열이 클수록 화염높이 증가
  - D(Pool 직경) : 직경이 클수록 화염높이 감소
  - 바람의 영향 : 바람에 따라 화염의 기울기가 달라지고 이것은 목표물(주변 건축물) 등에 열복사량에 의해 수열되는 양이 달라지기 때문에 중요하다(즉 화염의 기울기).

Jet fire(Torch fire)
- 가압상태의 가스나 액체가 누출될 때 누출구멍으로 새어나온 물질이 주변 공기와 혼합, 산소 토치와 같은 현상을 띄면서 착화한다(분출화염 형성).
- 피해 결과는 복사열이다.

제3절 화재의 현상

1 열 및 화염의 전달 13 14 20 21

온도가 서로 다른 두 계가 서로 접촉하고 있을 경우 온도가 높은 곳에서 낮은 곳으로 열이 흐르게 된다. 즉 에너지가 높은 곳에서 낮은 곳으로 전달되게 된다.

(1) 전도(Conduction)
① 물질의 이동 없이 열이 물질의 고온부에서 저온부로 이동하는 현상이다.
② 고체 내에서 잘 일어나고 정지하고 있는 유체에서도 열이 전달되는 경우가 있다.
③ 전도에 의해 전달되는 열의 양은 열전도도, 열전달면적, 고온부와 저온부의 온도 차이에 비례하고 열이 전달되는 거리에는 반비례한다.

④ 열전도율 : 고체 > 액체 > 기체 순으로 전도도가 높다.

[물질의 열전도도(kcal/m·hr·℃)]

물 질	구 리	선 철	나이크로뮴	콘크리트	물	공 기
열전도도	0.92	0.15	0.03	0.002	0.0014	0.00006

⑤ 열전도도가 낮을수록 인화되기 쉽다.

⊕ Plus one

Fourier 법칙

$$Q = -KA\frac{T_2 - T_1}{x_2 - x_1}, \quad \dot{q} = kA\frac{T_x}{L} \quad \boxed{22}$$

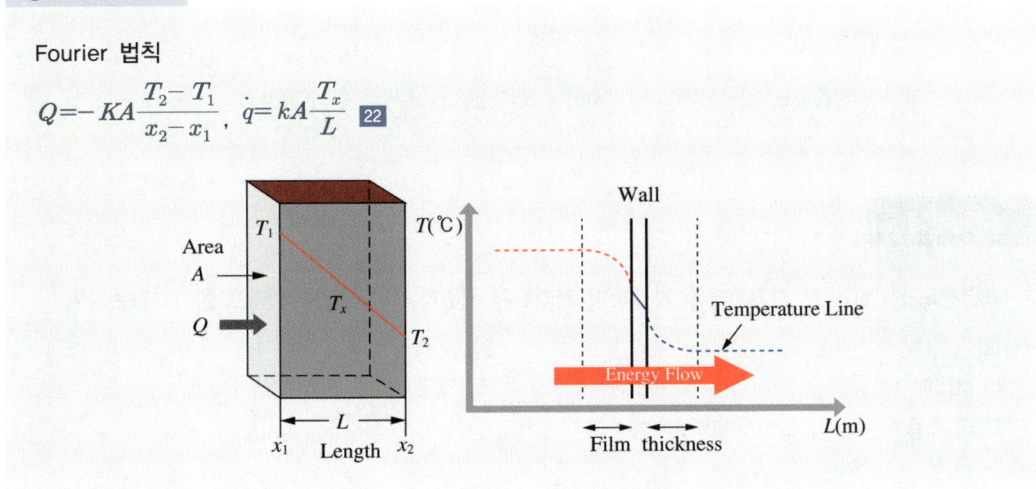

(2) 대류(Convection)

① 유체의 실질적인 흐름에 의해 열이 전달되는 현상이다.
② 증기를 포함한 기체류, 액체류에 있어서 고온의 분자(또는 응축입자)들이 한 장소에서 다른 장소로 움직임으로써 열을 이동시키는 것이다.
③ 화염의 확산 요인으로서 대류에 의한 열 이동이 차지하는 비중은 대단히 크다(특히 구조물 내의 한정된 공간에서 큼).
④ 대류연소 : 실내화재에서 바닥부분의 가연물이 착화하여 화염이 발생하고 그 열기류가 천장 부위의 가연물을 가열함으로써 착화에 이르게 하는 현상이다.
⑤ 대류연소로 화염이 확산됨으로써 플래시오버에 이르게 된다.

(3) 복사(Radiation) ★★★★★

① 열에너지가 전자파의 한 형태로 이동되는 에너지 전달의 유형이다.
② **열복사** : 그 물체의 온도 때문에 열에너지를 파장의 형태로 계속 에너지를 방사하는 것이다.
③ 전도와 대류에 의한 열전달에 있어서는 반드시 물질이 열전달 매체로 작용이다.
   ※ 절대진공에서 전도와 대류에 의한 열전달은 없다.
④ 연소하고 있는 물질이나 고열원에 직접 접촉하지 않고 서로 다른 공간에 분리되어 존재하고 있는 가연성 물질이 그 공간에서의 열전도 또는 대류효과는 극히 미미한 경우에도 발화하는 현상은 복사에 의한 열전달 때문이다.
⑤ 복사에 의한 열전달은 복사선에 의해서 이루어지므로 중간에 차단물이 있으면 이루어지지 않으며 입자로 구성된 연기 등으로부터 방해를 받을 수 있다.

⊕ Plus one

스테판-볼츠만(Stefan-Boltzman)의 법칙 18 21

$$Q = \varepsilon \sigma T^4$$

Q : 복사열(W/cm²)
ε : 복사율
σ : 스테판-볼츠만 상수(5.67×10⁻¹² W/cm² · K⁴)
T : 절대온도(K)

단위시간에 방출하는 열복사에너지는 표면의 **절대온도의 4제곱에 비례한다.**

예제문제

표면온도가 350℃인 전기히터를 가열하여 750℃가 되었다. 복사열은 몇 배로 증가하였는가?

① 1.64배 ② 2배
③ 4.5배 ④ 7.27배

해설 복사열은 절대온도의 4승에 비례한다.

$$\frac{Q_2}{Q_1} = \frac{(750+273)^4}{(250+273)^4} = 7.27$$

정답 ④

복사체로부터 열전달률은 해당물질의 절대온도의 몇 제곱에 비례하는가? 15

① 5 ② 4
③ 3 ④ 2

정답 ②

---

(4) 접염(接炎)연소
① 화염이 물체에 접촉하여 연소가 확산되는 현상
② 화염의 온도가 높을수록 잘 이루어짐

(5) 비화(飛火)
① 불티가 바람에 날리거나 튀어서 멀리 떨어진 곳에 있는 가연물에 착화되는 현상
② 비화에 의해 연소가 확산되면 화원에서 상당한 거리에 있는 장소에 다수의 발화가 발생할 수 있다는 것이 특징
③ 불티는 클수록 발화의 위험이 높지만 작은 불티라도 바람, 습도 등의 영향에 따라 화재로 발전될 수 있다.
④ 불티의 비화거리와 범위는 연소물질의 종류, 발화부의 화세, 풍력 등에 따라서 달라진다.

예제문제

열전달 방식 중 복사에 의한 열전달 사례인 것은?
① 화재현장에서 창문을 파괴하니까 뜨거운 연기가 분출되었다.
② 대규모 산불현장에서 너무 뜨거워 소방관이 멀리 떨어져 소화활동을 하였다.
③ 방바닥이 너무 뜨거워서 발에 화상을 입었다.
④ 가마솥에 밥을 다하고 나서 밥 위에 고구마를 넣었더니 20분 만에 익었다.

정답 ②

열에너지가 전자기파의 형태로 이동하는 열전달 현상은?
① 화염접촉
② 대 류
③ 전 도
④ 복 사

정답 ④

2 연 기

- 공기 중에 부유하고 있는 고체 또는 액체의 미립자
- 크기는 0.01~10㎛로 안개입자(10~50㎛)보다 작음
- 연소의 결과로 발생하는 가스성분이 포함된 것
- 가연물의 열분해로 방출되는 증기, 탄소입자, 그을음(매연), 미연소증기가 응축된 액적 등이 화재로 발생하는 열에 의해 대기 중에 확산·부유하고 있는 상태
- 화재에서 발생하는 연기란 연기미립자만을 구분해 다루는 것이 아니라 연기입자를 포함한 열기류 전체를 의미

(1) 연기의 영향

건물화재 시 인명손실은 인체에 유독한 가스를 포함한 연기의 흡입이 주된 원인일 뿐만 아니라 연기는 소방대의 활동에 가장 장해가 되는 요소이다.
① **시각적 영향** : 연기는 시야를 감퇴시켜 피난행동 및 소화활동을 저해한다.
② **생리적 영향** : 고온 및 일산화탄소 등의 유독가스를 다량 포함하고 있어 의식불명이나 질식, 연기입자에 의한 호흡장애 현상 등을 일으킬 수 있다.
③ **심리적 영향** : 인간의 정신적인 긴장 및 패닉(panic)현상을 유발하여 2차 피해 발생한다.

(2) 연기의 농도

① 연기에 의한 시각장해는 농도에 의해 좌우되며, 연기의 농도와 가시거리는 반비례한다.
② 불완전연소생성물로 온도가 낮을수록 응축에 의한 액적이 많아져 검은색이 된다.

(3) 연기의 유동과 확산
  ① 연기의 실내 확산모델 : 연기는 위쪽으로 확산되어 천장면에 닿아 수평방향으로 퍼지며 벽면으로 하강한다. 이 연기층은 벽면에 가까운 곳부터 하강하여 가는 것이 특징이다.
  ② 연기의 확산 속도
    ㉠ 수평방향으로는 약 0.5m/sec 정도로 인간의 보행속도(1.0~1.2m/sec)보다 늦다.
    ㉡ 수직방향으로는 화재초기 1.5m/sec, 농연에서는 3~5m/sec로 빨라진다.
  ③ 연기의 유동
    ㉠ 건물 내에서의 연기유동 : 건물 내에서 연기의 유동 및 확산은 연기를 포함한 공기의 온도 차이 때문이다. 연기의 비중은 공기와 그다지 차이가 없지만 연기를 포함한 공기의 온도가 높기 때문에 부력에 의하여 공기가 유동하고 그 공기에 포함되어 있는 연기도 확산되는 것이다.
    ㉡ 복도에서의 연기유동
      • 연기의 수평유속은 플래시오버 전에는 0.5m/sec, 플래시오버 이후에는 0.75m/sec이다.
      • 복도에서는 연기가 아래쪽으로 내려가지 않고 천정면의 가까이 안정된 형태로 멀리까지 유동하여 가고, 복도의 위쪽에는 연기가 화점실로부터 주위로 확산되어 가는 것에 비례하며 아래쪽에는 주위에서 화점실로 향하여 공기가 유입된다.
    ㉢ 내화건물에서의 연기유동
      • 건물 내의 공기흐름, 즉 압력이 어떻게 움직이고 있는가에 따라 결정되므로 중성대의 위치에 따라 달라진다.
      • 중성대는 상하층 개구부의 크기, 냉난방에 의해서도 그 위치가 달라진다.
      • 일반적으로 건축물의 연기확산은 화점층이 먼저 수평적으로 오염되고 상층으로 상승한 후 계단 등의 공간을 통해 상층으로부터 강하한다.
    ㉣ 지하터널 등에서의 연기유동 : 지하가 등에서 연기의 이동속도는 약 1.0m/sec 정도지만 제트펜이 설치된 긴 터널은 3~5m/sec에 달한다.

(4) 고층건물에서의 연기유동 ★★★★
  고층건물에서 연기를 이동시키는 주요 추진력은 굴뚝효과(stack effect)이며, 부력, 팽창, 바람, 그리고 공기조화시스템의 영향을 받는다.

① 굴뚝(연돌)효과(Stack effect, Draft effect) 17 21

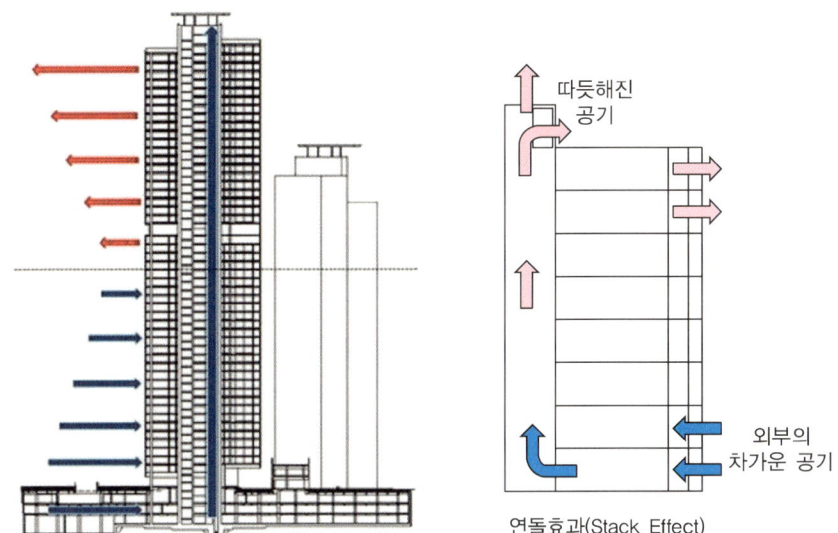

연돌효과(Stack Effect)

㉠ 빌딩 내부의 온도가 외기보다 더 따뜻하고 밀도가 낮을 때 빌딩 내의 공기는 부력을 받아 계단, 벽, 승강기 등을 통해 상향 이동하는 효과이며 연돌효과라고도 한다.
㉡ 외기가 빌딩 내의 공기보다 따뜻할 때는 건물 내에서 하향으로 공기가 이동하며 이러한 하향 공기흐름을 역굴뚝효과라 한다.
㉢ 굴뚝효과나 역굴뚝효과는 밀도나 온도 차이에 의한 압력차로 발생
㉣ **굴뚝효과에 영향을 미치는 인자**
- 건물의 높이
- 외벽의 기밀성
- 건물의 층간 공기누설
- 건물 안팎의 온도차

② **부력** : 화재로 인한 높은 온도는 연기밀도의 감소에 따른 부력을 발생시키며, 이 부력에 의해 연기가 이동하게 된다. 화재 구역의 천장에 누출 통로가 있는 경우 부력은 연기를 화재가 발생한 층으로부터 그 위층까지 이동시킬 수 있다. 화염으로부터 연기가 이동할 때 온도 강하는 열전달과 희석작용에 기인하므로 부력효과는 화염으로부터 거리가 증가할수록 감소한다.

③ **팽창** : 구획된 공간에서 화재로 인해 온도가 높아지면 그에 비례하여 압력이 높아진다. 이 압력은 화재실의 연기를 주변으로 이동시키는 역할을 한다.

④ **바람** : 창문이 화재구역에서 바람 부는 반대쪽에 위치하면 바람에 의한 부압에 의해 연기는 화재 구역으로부터 배출되므로 빌딩 내의 연기 이동을 크게 감소시킬 수 있다. 그러나 깨어진 창문이 바람 부는 방향에 있다면 바람은 연기를 화재가 발생한 층으로부터 다른 층으로 빠르게 확산시키면서 이동시킨다. 바람에 의한 압력은 상대적으로 커서 빌딩 내의 공기흐름을 쉽게 주도할 수 있다.

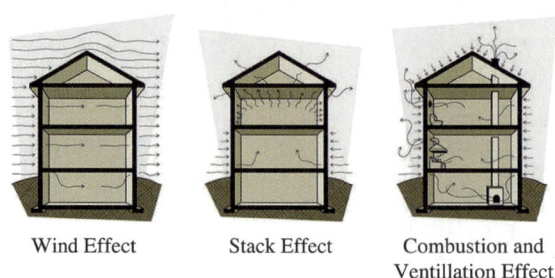

Wind Effect　　Stack Effect　　Combustion and Ventilation Effect

⑤ **HVAC**(Heating, Ventilation, Air Conditioning : 공기조화)시스템

HVAC시스템은 빌딩화재 시 연기를 전달하므로 화재 초기단계에서는 화재 검출에 도움을 줄 수 있다. 그러나 화재가 진행되면 화재구역으로 공기를 제공하여 연소를 돕게 되고, 이 연기를 다른 지역으로 전달하여 빌딩 내 모든 사람을 위험하게 한다. 그러므로 화재발생 시 HVAC시스템은 정지되도록 되어 있어야 한다.

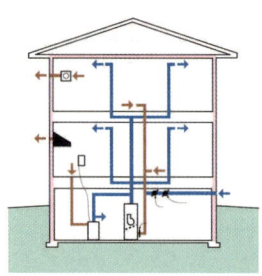

3 연소생성가스

(1) 가연물별 연소생성가스

① **목재계 재료** : 목재, 합판, 종이 등이 연소할 경우에 발생되는 가스는 대부분 이산화탄소(CO_2), 일산화탄소(CO)이고 소량의 알데하이드와 산이 발생한다.

② **염소계 재료** : PVC 등 염소(Cl)를 포함한 재료가 연소될 경우에는 독성이 강한 염화수소(HCl), 염소가스(Cl_2), 포스겐가스($COCl_2$)가 발생한다.

③ **불소계 재료** : 테트론(합성수지) 등 불소(F)를 포함한 재료는 연소하면서 자극성과 부식성 강한 불화수소가스(HF)를 발생시킨다.

④ **질소계 재료** : 명주와 양모 등의 동물성 천연섬유와 아크릴섬유, 나일론, 폴리우레탄수지, 우레아수지, 멜라민수지 등 질소를 포함한 재료는 연소에 의하여 일산화탄소(CO), 이산화탄소(CO_2), 시안화수소(HCN), 암모니아(NH_3) 등의 가스를 발생시킨다.

⑤ **황계 재료** : 고무류, 아스팔트 등 황을 포함한 재료는 연소 시 황화수소(H_2S), 이산화황(SO_2) 등의 유독가스를 발생시킨다.

(2) 연소생성가스의 특성
　① 일산화탄소(CO) 13 15 16 17 18 20
　　㉠ 무색・무취・무미의 가스로서 모든 종류의 유기화합물이 연소할 때 발생한다. 특히 산소공급이 원활하지 못할 때 불완전연소에 의해 다량으로 발생한다.
　　㉡ 화재에 가장 많은 영향을 미치는 환원성・가연성 가스로, 허용농도는 50ppm이다.
　　㉢ 혈액 내의 헤모글로빈(Hb)과 결합하여 일산화헤모글로빈(CO-Hb)을 생성함으로써 산소의 운반기능을 차단해 질식(화학적 질식)을 유발한다.
　　㉣ 헤모글로빈과의 친화력은 산소보다 250배나 크므로 질식위험이 높다.
　　㉤ 상온에서 염소와 작용하여 유독성 가스인 포스겐($COCl_2$)을 생성하기도 한다.

[일산화탄소의 인체반응]

공기 중의 농도(%)	경과시간	인체반응
0.07	1시간	중독증세 나타남
0.2	1시간	위 험
0.4	1시간	사 망
1.0	1분	사 망

⊕ **Plus one**

질 식
- 호흡에 장해가 생겨 인체에 산소가 공급되지 못하는 것
- 단순질식 : 공기 중의 산소농도가 낮아서 발생하는 질식
- 화학질식 : 일산화탄소 등의 화학적 작용에 의해 발생하는 질식

　② 이산화탄소(CO_2)
　　㉠ 무색・무취・무미의 가스로서 모든 종류의 유기화합물이 연소할 때 발생한다.
　　㉡ 독성은 거의 없으나 다량으로 존재하면 사람의 호흡속도를 증가시켜 유해가스의 흡입을 증가시킨다.
　　㉢ 이산화탄소의 농도가 2%가 되면 호흡심도는 50% 증가하고, 농도가 3%가 되면 호흡심도는 100% 증가한다.
　　㉣ 허용농도는 5,000ppm이다.

[이산화탄소의 인체반응]

공기 중의 농도(%)	인체반응
3	호흡 빨라짐
4	복부 압박감
9	구토, 의식불명
20	질식, 사망

③ **황화수소(H_2S)**
  ㉠ 계란 썩은 냄새가 나며 0.2% 이상의 농도에서 후각을 마비시킨다.
  ㉡ 0.4%~0.7% 농도에서 1시간 이상 노출되면 현기증, 장기혼란의 증상과 호흡기의 통증이 일어나며, 농도가 0.7%를 넘으면 독성이 강해져서 신경계통에 영향을 미치고 호흡기가 무력해진다.

④ **아황산가스(SO_2)**
  ㉠ 황이 함유된 물질인 동물의 털, 고무 등이 연소할 때에 발생하는 아황산가스는 무색의 자극성 냄새를 가진 유독성 기체로서 눈 및 호흡기 등의 점막을 상하게 하고 질식을 유발한다.
  ㉡ 0.05%의 농도에 단시간 노출되어도 위험하다.

⑤ **암모니아(NH_3)**
  ㉠ 나일론, 나무, 실크, 아크릴 플라스틱, 멜라민수지 등의 질소 함유물이 연소할 때 발생하며 독성과 강한 자극성을 가진 무색의 가연성 가스이다.
  ㉡ 특유의 자극적인 냄새로 피부나 점막의 자극 및 부식성이 강하고 눈에 접촉되면 점막을 심하게 자극하여 결막부종 등 시력장해 일으키고, 흡입하면 폐수종을 일으키거나 호흡 정지를 유발한다.
  ㉢ 주로 냉동시설의 냉매로 많이 쓰이고 있으므로 냉동창고 화재 시 누출가능성이 크다.

⑥ **시안화수소(HCN)**
  ㉠ 시안화수소는 질소성분을 가지고 있는 합성수지, 동물의 털, 모직물, 인조견 등의 섬유가 불완전연소 할 때 발생하는 맹독성 가스로서 0.3%의 농도에 사람이 노출되면 즉시 사망한다.
  ㉡ 공기보다 약간 가볍고 무색의 특이한 냄새를 가진 가연성 가스로 일명 청산가스라고도 하며, 중독증상은 가슴이 조이는 듯한 통증과 함께 호흡곤란에 빠지게 되어 사망한다.

⑦ **포스겐($COCl_2$)**
  ㉠ PVC 등 염소(Cl)를 함유하고 있는 수지류 등이 연소할 때 생성되고, 허용농도는 0.1ppm(mg/m^3)인 맹독성 가스다.
  ㉡ 소화약제인 사염화탄소(CCl_4)가 화염에 접촉할 때도 발생한다.

⑧ **염화수소(HCl)** : PVC 등 염소(Cl)를 함유하고 있는 수지류 등이 연소할 때 생성되고, 허용농도는 5ppm(mg/m^3)이며 향료, 염료, 의약, 농약 등의 제조에 이용된다.

⑨ **불화수소(HF)** : 불소를 함유한 수지가 연소할 때 발생되는 연소생성물로서 무색의 자극성 기체이다. 허용농도는 3ppm으로서 맹독성이다.

⑩ **아크롤레인(CH_2CHCHO)** : 석유제품, 유지류, 나무, 종이 등이 탈 때 생성될 수 있으며, 연소생성물 중 가장 독성이 강한 맹독성 가스이다.

[각종 연소생성가스의 허용농도]

가 스	허용농도	가 스	허용농도
이산화탄소	5,000ppm	이산화황	10ppm
일산화탄소	50ppm	염화수소	5ppm
황화수소	10ppm	포스겐	0.1ppm
시안화수소	10ppm	아크롤레인	0.5ppm

제4절 화염확산 [21]

1 일반사항

(1) 정방향 화염확산(= 순풍 화염확산)
   ① 화염확산 방향이 가스 흐름이나 바람의 방향과 동일할 때 발생
   ② 벽에서 위로 향한 화염확산
   ③ 화염 전면에 있는 가연물과 화염이 직접 면하고 있기 때문에 매우 빠르게 진행

(2) 역방향 화염확산(= 반대방향 흐름 화염확산)
   ① 화염확산 방향이 가스 흐름과 반대인 경우에 발생
   ② 수평적 표면 위에서 옆으로 확산되는 경우
   ③ 수직 표면 위에서 아래로 화염이 확산되는 경우
   ④ 역방향 화염확산은 화염이 화염 전면에 있는 가연물을 가열할 수 없을 때 느려짐

(3) 경사면 화염확산

(4) 코안다효과

(5) 도랑효과

2 액체에서의 화염확산

(1) 액체 가연물에서의 화염확산
   인화점 이하에서의 화염확산은 액체의 흐름에 따라 진행되고, 인화점 이상의 화염확산은 기체 상태 확산 메커니즘에 의한다.

(2) 액체 상태 화염확산
   ① 액체 상태 화염확산은 역방향 화염확산으로, 저장탱크 내에서 표면장력에 의한 액체의 흐름의 영향을 받고, 화염 전면의 가열된 가연물의 화염을 가속화한다.
   ② 매우 얇은 가연물의 두께에서는 표면장력으로 인한 흐름이 느려진다.
   ③ 가연물 두께가 2mm 이하인 경우에는 액체 상태 화염확산이 발생하지 않는다.
   ④ 수평면에 가연물이 흐르는 것은 보통 1mm 두께이다.
   ⑤ 액체로 인한 화염확산 속도는 1~10cm/s이다.

3 고체에서의 화염확산

(1) 고체 가연물에서의 화재확산
    ① 지속적인 발화과정이다.
    ② 발화하고 연소될 수 있는 조건으로 가열되어야 한다.
    ③ 고체 가연물의 발화에 영향을 주는 모든 요인들은 화염확산 속도에 영향을 준다.
    ④ 고체에서의 화염확산 속도는 가연물의 두께와 열적 특성, 화염확산 메커니즘에 따라 달라진다.

(2) 얇은 가연물에서의 화염확산 22

정방향	• 화염확산은 위로 올라가는 화염확산에서 발생한다. • 화염확산 속도가 역방향 화염확산보다 빨라 가연물이 활발하게 타는 범위가 더 길다. • 커튼 또는 종이 위로 올라타는 화염이 예이다. • 화염확산 속도는 가장 얇은 가연물일 때 최고 수십 cm/s 범위 내에 있다. • 얇은 가연물은 빨리 발화되고 연소되기 때문에 화염 길이가 짧다.
역방향	• 역방향 화염확산은 아래로 향하게 하는 화염확산에서 발생한다. • 화염이 양쪽 가연물 표면에 닿고 활발하게 타는 부분은 짧은 편이다. • 성냥개비나 종이를 따라 내려가는 화염확산이 전형적인 예이다. • 화염확산 속도는 가장 얇은 가연물에서 최고 속도가 0.2~2mm/s이다.

(3) 두꺼운 가연물에서의 화염확산

정방향	• 화염확산은 벽에서 위로 향하거나 가연성 천장의 아래쪽으로 발생한다. • 가연물이 두껍기 때문에 연소지점 전면에 있는 물질을 가열하는 화염 길이가 길어진다. • 화염확산속도가 무제한적으로 가속될 수 있다. • 모든 물질과 노출된 화염에서 화염확산 속도가 증가하는 것은 아니다. 벽에 노출된 화염이 충분히 크지 않으면 위로 향한 화염확산이 전혀 일어나지 않거나 한정된 높이에 이르러 확산이 멈추기도 한다.
역방향	• 역방향 화염확산은 벽에서 아래로 향하는 화염확산이나 위로 향해있는 수평면에서 화염이 수평적으로 확산할 때 발생한다. • 가열 속도는 열전달 면적이 매우 작아서 제한적이다. • 열은 두꺼운 물질 안으로 손실된다. • 많은 두꺼운 물질들에서는 외부 가열이 있지 않는 한 역방향 화염확산은 발생하기 어렵다. • 외부 열에 의한 두꺼운 고체 가연물에서의 화염확산 속도는 액체 가연물의 가스 형태 화염확산 속도와 비슷하다.

제5절 구획실(건물 내의 폐쇄된 공간)에서의 화재확산 15

1 화염 충돌에 의한 화재확산

- 화염확산은 구획실 안에서 상승하는 고온가스의 흐름에 의해 더욱 커질 수 있다.
- 구획실 중심의 풀 파이어 화염은 주변공기가 출입구를 통해 유입되어 한쪽으로 치우칠 수 있다.
- 하나의 원료로부터 편향된 화염은 첫 번째 가연물과 두 번째 가연물로 침해할 수 있다.
- 화재 플럼(Fire Plume)으로 공기의 균형이 깨져 벽이나 구석에 있는 가연물로부터의 화염은 수직면에 생길 수 있고 이 표면이 가연성일 경우에는 직접 화염 접촉으로 발화될 수 있다.

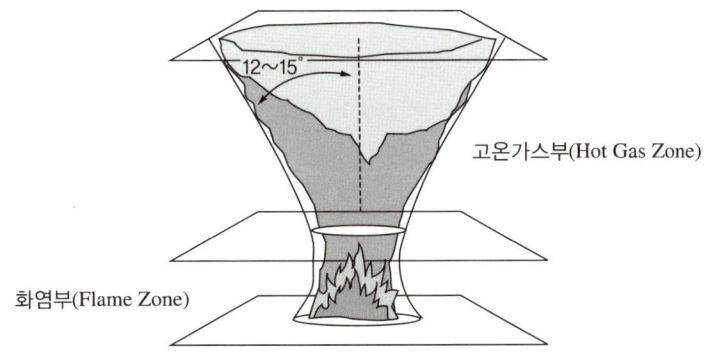

2 원격 발화에 의한 화재확산 17

(1) 전 도

천장과 벽을 통해 열전달되어 원격 발화 가능

(2) 복 사

화염 또는 고온 연기층 복사열로 주변 가연물로 확대 가능

① 복사열에 영향을 미치는 요인 → 화재의 크기
   ㉠ 복사되는 에너지의 양
   ㉡ 두 가연물 물체 사이의 형상
   ㉢ 두 물체 사이의 거리
② 드롭다운 : 화염이 휩싸인 상층부의 가연물이 떨어져서 바닥이나 주변에 있는 가연물로 확대 가능
   ㉠ 화염이 경사진 구조에서나 구획실 안에 있는 물질에서 연소될 때
   ㉡ 구획실 상부에 위치한 열가소성 물질, 커튼, 천막, 기타 가연물이 연소될 때

제6절 구획실 화재발달 13 22

1 구획실 화재 현상

(1) 화재 플럼(Fire Plume)이 구획실에 닿을 때
연기와 고온가스의 흐름 및 화재발달에 영향

(2) 연기충전
고온 연기의 지속적인 공급은 상층부를 두텁게 하고 연기층은 화염이 닿거나 환기구의 윗부분까지 충전된다.

(3) 고온 연기층이 출입문의 최상부에 닿을 때
출입문이 개방되었을 경우 구획실 바깥으로 이동하고 고온 연기층의 흐름이 공급되는 속도와 같아질 때 연기층의 하강은 멈춘다.

(4) 화재가 더 성장할 때
고온 연기와 가스의 온도가 상승하고 발생된 복사열이 가연물을 가열하기 시작한다. 상층부의 연기층과 아랫부분으로 유입되는 차가운 공기에 의해 환기구에서 뚜렷한 흐름 패턴이 형성된다.

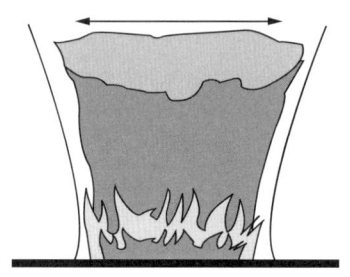
[가연물이 너비를 넓히면서 연소]

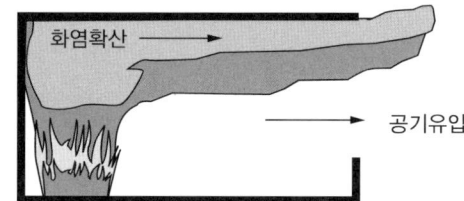
[개구부 방향으로 연소확산]

(5) 화재초기
연료지배형 화재로 열분해 되는 가연물을 태우는데 충분한 공기가 있다.

(6) 화재성장기
① 화재가 발달하면서 대류 및 복사 열선속은 증가하지만, 복사가 전체의 열전달을 담당한다.
② 가연물의 표면온도가 상승하면서 열분해 가스가 생성되고 상층부 온도가 약 590℃에 이르면 플래시오버가 발생한다.
③ 플레임오버나 롤오버는 일반적으로 플래시오버보다 먼저 발생하지만, 항상 플래시오버가 일어나는 것은 아니다.

예제문제

일반 주택건물 화재에서 플래시오버(Flash over)가 발생하기 위한 천장층의 온도에 가장 가까운 것은?

① 100~200℃   ② 200~300℃
③ 300~400℃   ④ 500~600℃

정답 ④

(7) 환기지배형 화재

구획실 공기의 흐름이 모든 가연물을 태우기에 충분하지 않은 화재는 가연물지배형(화재의 열방출률이 연관된 가연물의 양에 지배)에서 환기지배형(모든 가연물이 연소되고 열방출률이 가용 산소의 양에 지배)으로 변환되어 고온가스층에 타지 않은 열분해 물질과 일산화탄소가 다량 포함되어 있는 것이 특징이다.

예제문제

환기지배형 화재에 대한 설명으로 옳은 것은?
① 대부분 화재 초기에 발생한다.
② 연료공급에 좌우된다.
③ 환기량이 크다.
④ 불완전연소에 가깝다.

정답 ④

2 구획실 환기 유동

(1) 구획실 화재에 필요한 공기흐름
구획실 화재에 필요한 공기흐름은 인공적 환기나 개구부를 통한 자연 환기에 의해 공급될 수 있다. 보통 자연적 환기가 인공적 환기보다 우세하다.

(2) 개방된 문과 창문으로의 자연 통풍
개방된 문이나 창문으로의 자연 통풍은 화재로 인한 부력과 화재 구획실 안의 고온가스층으로 인해 발생한다. 고온가스는 주변 공기보다 농도가 낮아서 열린 문의 위쪽으로 나가고 아래쪽으로는 차가운 공기가 유입된다. 흐름의 방향이 바뀌는 높이인 "중성대"는 화재현장의 문틀에서 패턴을 감식할 수 있다.

> ⊕ **Plus one**
>
> **중성대(neutral zone)**
> 일반적으로 건물 내의 화재 시 실내 공기는 밀도가 작고 부력으로 상승하므로 상층부는 실내의 공기압이 실외보다 크고 하층부는 그 반대이다. 그 중간지점이 '0'의 지대가 형성된다. 즉, 실내정압과 실외정압이 같아지는 면을 말한다.
> - 화재 시 실온이 높아질수록 낮아진다.
> - 중성대가 낮아지면 외부로부터 공기유입이 적어진다.
> - 건물의 상부에 큰 개구부가 있다면 중성대는 올라간다.
> - 건물의 하부에 큰 개구부가 있다면 중성대는 내려간다.
> - 중성대의 위쪽은 실내 정압이 실외보다 높아 실내에서 기체가 외부로 유출된다.
>
>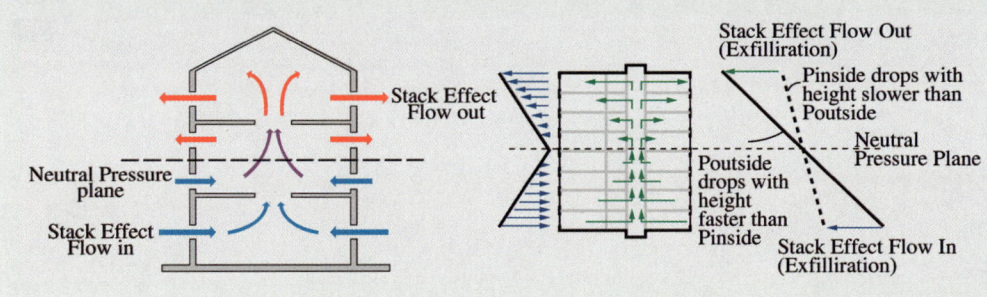

> **예제문제**
>
> **다음 중 중성대에 관한 설명으로 옳지 않은 것은?**
> ① 실내의 내압과 외압이 일치하는 지점을 말한다.
> ② 건물 위쪽에 큰 개구부가 있다면 중성대는 낮아진다.
> ③ 이론적으로 틈새나 다른 개구부가 수직적으로 균일하게 분포되어 있다면 중성대는 정확하게 건물의 중간 높이가 된다.
> ④ 중성대의 아래쪽이 시야확보가 용이하다.
>
> **정답** ②

(3) 단일 환기구 흐름 13
① 고온 상층부 경계면이 개구부의 상단에 있을 때, 개구부를 통한 가스의 배출이 경계면 높이보다 높은 곳에서 발생한다. 이 조건에서는 가스층 경계면과 중성대의 높이가 같다.
② 구획실에서 고온 상부 가스층이 개구부 아래쪽으로 내려가면 중성대는 개구부 높이의 $1/3 \sim 1/2$에 위치한다.
③ 공기흐름은 $A\sqrt{H}$ 에 비례한다(A : 개구부의 면적, H : 개구부의 높이).

(4) 다중 환기구 흐름
① 화재 구획실 안에 서로 다른 높이의 개구부가 여러 개 있는 경우에도 중성대 높이는 하나이다. 중성대 위로는 기류가 구획실 밖으로 나가고, 아래로는 기류가 구획실 안으로 들어온다.
② 중성대 위로 개구부가 여러 개 있을 수 있기 때문에 이러한 환기구는 유출 배기구로서만 작용하게 된다.

제7절 구획실 간 화재확산

1 개구부를 통한 화재확산
- 화염이 직접 전달되는 경우 : 인접한 다른 대상 구획실의 창문이나 출입문으로 직접 화염이 전달되어 화재확산
- 화염이 복사열에 의해 다른 대상 구획실에 있는 가연물이 복사 발화
- 다른 대상 구획실의 개구부로 불티가 유입되어 발화되는 경우

2 방화벽을 통한 화재확산
- 화재 구획실이 장시간 열에 노출되면 착화점 이상으로 온도가 상승하여 방화벽을 통해 전도되어 화재확산
- 화재에 의해 방화벽이 물리적으로 관통되어 화재가 발생한 구획실 사이에 개구부가 만들어진 경우
- 화재로 벽이 무너지거나 주요구조부의 붕괴로 방화벽에 손상되어 화재확산

제8절 화재거동(화재 진행단계)

1 개방공간에서의 화재거동
개방공간 내에서의 화재의 확산은 근본적으로 열에너지가 뜨거운 가스로부터 근처의 가연물로 전달되는데 기인한다. 개방된 지역에서의 연소 확대는 바람이나 지형의 기울기에 따라 증가될 수 있는데 이는 노출된 가연물들이 미리 뜨거운 가스에 의해 가열될 수 있기 때문이다.

2 구획실에서의 화재거동
- 구획실의 화재거동은 개방공간보다 훨씬 복잡하다.
- 구획실 화재의 성장과 진행은 일반적으로 가연물과 산소의 이용가능성에 의해 통제된다.
- 통제된 가연물 : 연소에 이용할 수 있는 가연물의 양이 한정된 상태
- 통제된 배연 : 연소에 이용할 수 있는 산소의 양이 한정된 상태

3 화재거동에 영향을 미치는 요인

- 배연구(환기구)의 크기, 수 및 위치
- 구획실의 크기
- 구획실을 둘러싸고 있는 물질들의 열 특성
- 구획실의 천장 높이
- 최초 발화되는 가연물의 크기, 합성물 및 위치
- 추가적 가연물의 이용가능성 및 위치

4 구획실 화재거동 시 발생하는 현상 및 단계 ★★★★★

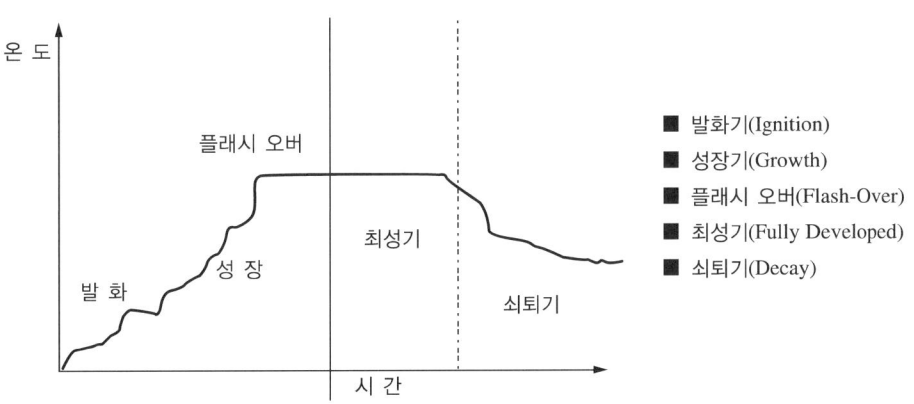

- 발화기(Ignition)
- 성장기(Growth)
- 플래시 오버(Flash-Over)
- 최성기(Fully Developed)
- 쇠퇴기(Decay)

[구획실 내의 화재진행단계]

- 시간과 온도와 관련하여 구획실 화재의 진행단계로 이는 화재진압활동을 하지 않은 상태에서 어떤 한 공간 내에서 화재가 진행할 때에 일어나는 복잡한 반응이다.
- 구획실 화재의 발화와 진행은 매우 복잡하고 많은 변수에 영향을 받는다.
- 결론적으로 개별화재는 위 화재의 각 단계를 거치지 않고 진행될 수도 있다.

CHAPTER 04 폭발론

제1절 폭발의 조건 및 원인

1 폭발의 정의
- 압력의 급격한 발생 또는 해방의 결과로서 굉음을 발생하며 파괴·팽창하는 것이다.
- 화학변화에 동반해 일어나는 압력의 급격한 상승현상으로 파괴 작용을 수반하는 현상이다.

2 폭발의 성립 조건
- **밀폐된 공간이 존재**하여야 된다.
- 가연성 가스, 증기 또는 분진이 **폭발범위 내**에 있어야 한다.
- **점화원**(Energy)이 있어야 한다.
  ※ 간략하게 정리하면 연소의 3요소 + 밀폐된 공간

3 폭발반응의 원인 [18]
- 발열화학 반응 시 발생
- 강력한 에너지에 의한 급속가열(예 부탄가스통의 가열 시 폭발)
- 응축상태에서 기상으로 변화(상변화) 시 발생

제2절 폭발의 분류 [13] [15] [16] [18] [21]

- 원인에 따른 분류

구 분	종 류
물리적 폭발	BLEVE, 보일러폭발
화학적 폭발	산화폭발, 분해폭발, 중합폭발

■ 물질상태에 따른 분류

구 분	종 류
기상폭발	가스폭발, 분해폭발, 분진폭발, 분무폭발, 증기운폭발
응상폭발	수증기폭발, 증기폭발, 전선폭발

■ 반응전파속도에 따른 분류

구 분	종 류
폭 연	충격파의 반응전파속도가 음속보다 느린 것
폭 굉	충격파의 반응전파속도가 음속보다 빠른 것

예제문제

메탄가스가 밀폐공간의 완전연소 조건에서 폭발할 경우에 대한 설명으로 틀린 것은? 16
① 반응물과 생성물의 몰수가 같다. ② 충격파가 초음속인 폭연이다.
③ 에너지가 생성된다. ④ 압력이 증가한다.

정답 ②

폭발현상에 대한 설명으로 틀린 것은? 14 21
① 기체나 액체의 팽창, 상변화 등의 물리적 현상이 압력 발생의 원인이 되어 발생하는 폭발을 물리적 폭발이라 한다.
② 물질의 분해, 축중합 등으로 압력이 상승하는 것이 원인이 되어 발생하는 폭발을 화학적 폭발이라 한다.
③ 석탄의 분진이 공기 중에 부유된 상태에서 일어나는 폭발은 화학적 폭발에 해당한다.
④ 폭연은 화염전파속도가 미반응 매질 속에서 음속보다 큰 속도로 이동하는 폭발현상이다.

정답 ④

1 원인에 따른 분류

(1) 물리적 폭발 17

① 진공용기의 파손에 의한 폭발현상
② 과열액체의 급격한 비등에 의한 증기폭발
③ 고압용기에서 가스의 과압과 과충전 등에 의한 용기의 파열에 의한 급격한 압력개방 등
④ 미세한 금속선에 큰 용량의 전류가 흘러 급격히 온도상승 되면서 전선이 용해되어 갑작스런 기체 팽창이 짧은 시간 내에 발생되는 폭발현상 → 전선폭발

(2) 화학적 폭발

① **산화 폭발(연소폭발)**
  ㉠ 연소의 한 형태로 비정상상태로 연소되어 폭발이 일어나는 형태
  ㉡ 주로 가연성 가스, 증기, 분진, 미스트 등이 공기와의 혼합물, 산화성, 환원성 고체 및 액체혼합물 혹은 화합물의 반응에 의하여 발생
  ㉢ 대부분 가연성 가스가 공기 중에 누설되거나 인화성 액체 저장탱크에 공기가 혼합되어 폭발성 혼합가스가 형성되어 점화원이 가해지면 폭발하는 현상
  ㉣ 건물 내에 다량의 가연성 가스가 채워져 있을 때 큰 파괴력으로 폭발하게 되어 구조물이 파괴되며, 이때 폭풍과 충격파로 멀리 있는 구조물까지도 피해 발생
    예 LPG-공기, LNG-공기 등이며 가연성 가스의 혼합가스 점화에 의한 폭발

② **분해폭발** : 산화에틸렌(C_2H_4O), 아세틸렌(C_2H_2), 하이드라진(N_2H_4) 같은 분해성 가스와 다이아조화합물 같은 자기분해성 고체류는 단독으로 가스가 분해하여 폭발한다.
    예 아세틸렌 : $C_2H_2 \rightarrow 2C + H_2 + 54.19[kcal]$

③ **중합폭발** 14 18
  ㉠ 중합해서 발생하는 반응열을 이용해서 폭발
  ㉡ 초산비닐, 염화비닐 등의 원료인 모노머가 폭발적으로 중합되면 격렬하게 발열하여 압력이 급상승되고 용기가 파괴되어 폭발
  ㉢ 중합반응은 고분자 물질의 원료인 단량제(모노머)에 촉매를 넣어 일정온도, 압력하에서 반응시키면 분자량이 큰 고분자를 생성하는 반응
    예 시안화수소(HCN), 산화에틸렌(C_2H_4O) 등

④ **촉매폭발** : 촉매에 의해서 폭발
    예 수소(H_2)+산소(O_2), 수소(H_2)+염소(Cl_2)에 빛을 쪼일 때 발생

2 물질의 상태에 따른 분류(기상폭발과 응상폭발)

응상이란 고상 및 액상의 것을 말하고, 기상에 비하여 밀도가 $10^2 \sim 10^3$배로 폭발양상이 다르다.

(1) 기상폭발

① **혼합가스폭발**
  ㉠ 가연성 가스와 조연성 가스가 일정비율로 혼합된 가연성 혼합기는 발화원에 의해 착화되면 가스폭발을 일으킨다.
  ㉡ 가연성 가스에는 수소, 천연가스, 아세틸렌가스, LPG 외에 휘발유, 벤젠, 톨루엔, 알코올, 에터 등의 가연성 액체로부터 나오는 증기도 포함된다.
  ㉢ 조연성(지연성) 가스에는 공기, 산소 외에 아산화질소, 산화질소, 이산화질소, 염소, 불소 등도 포함된다.
  ㉣ 보통 밀폐용기에서의 폭발 생성가스의 압력은 초기압력의 7~10배에 달한다.

② **분해폭발**
  ㉠ 기체 분자가 분해할 때 발열하는 가스는 단일성분의 가스라고 해도 발화원에 의해 착화되면 혼합가스와 같이 가스폭발을 일으킨다. 이것을 가스의 분해폭발이라고 하며 산소가 없어도 폭발한다.

ⓒ 분해 폭발성 가스는 아세틸렌, 산화에틸렌, 에틸렌, 프로파디엔, 메틸아세틸렌, 모노비닐아세틸렌, 이산화염소, 하이드라진 등이 있다.
③ 분무폭발
　　㉠ 공기 중에 분출된 가연성 액체가 미세한 액적이 되어 무상으로 공기 중에 부유하고 있을 때 착화에너지가 주어지면 발생한다.
　　㉡ 분출한 가연성 액체의 온도가 인화점 이하로 존재하여도 무상으로 분출된 경우에는 폭발한다.
　　㉢ 고압의 유압설비로부터 기계유의 분출 후에 공기 중에서 미세한 액적이 되어 발생한다.
④ 분진폭발 18 21
　　㉠ 분진폭발의 의의
　　　• 가연성 고체의 미분 또는 가연성 액체의 미스트(mist)가 일정 농도 이상 공기와 같은 조연성 가스 등에 분산되어 있을 때 발화원에 의하여 착화됨으로써 일어나는 현상이다.
　　　• 금속, 플라스틱, 농산물, 석탄, 황, 섬유질 등의 가연성 고체가 미세한 분말상태로 공기 중에 부유하여 폭발 하한계 농도 이상으로 유지될 때 착화원에 의해 폭발하는 현상이다.
　　　• 탄광의 갱도, 황 분쇄기, 합금 분쇄 공장 등에서 발생한다.
　　㉡ 분진의 발화폭발 조건
　　　• 가연성 : 금속, 플라스틱, 밀가루, 설탕, 전분, 석탄 등
　　　• 미분상태 : 200mesh(76μm) 이하
　　　• 지연성 가스(공기) 중에서의 교반과 운동
　　　• 점화원의 존재
　　㉢ 가연성 분진의 폭발과정
　　　• 입자표면에 열에너지가 주어져서 표면온도가 상승한다(1).
　　　• 입자표면의 분자가 열분해 또는 건류작용을 일으켜서 기체 상태로 입자 주위에 방출한다(2).
　　　• 방출된 기체가 공기와 혼합하여 폭발성 혼합기가 생성된 후 발화되어 화염 발생한다(3).
　　　• 이 화염에 의해 생성된 열은 다시 다른 분말의 분해를 촉진시켜 공기와 혼합하여 발화한다(4).

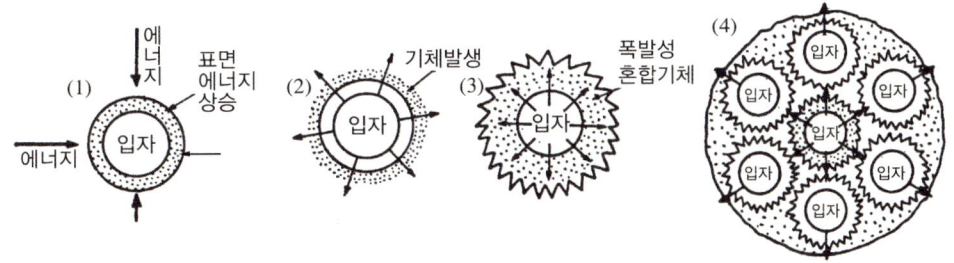

[가연성 분진의 폭발과정]

　　㉣ 분진폭발의 특성
　　　• 연소속도나 폭발압력은 가스폭발에 비교하여 작다.
　　　• 연소시간이 길고 에너지가 크기 때문에 파괴력과 타는 정도가 크다. 즉, 단위 체적당의 탄화수소의 양이 많아 발생에너지는 가스폭발의 수백 배이고 온도는 2,000~3,000℃까지 상승한다.
　　　• 최초의 부분적인 폭발에 의해 폭풍이 주위의 분진을 날리게 하여 2차, 3차의 폭발로 이어져 피해가 크게 발생한다.

- 가스에 비해 불완전한 연소이므로 연소 후 가스상에 일산화탄소가 다량으로 존재하여 가스에 의한 중독의 위험성이 있다.
- 폭발의 입자가 연소되면서 비산하여 접촉되는 가연물은 국부적으로 심한 탄화를 일으키므로 인체에 닿으면 심한 화상을 입는다.

ⓜ 폭발성 분진
- 탄소제품 : 석탄, 목탄, 코크스, 활성탄
- 비료 : 생선가루, 혈분 등
- 식료품 : 전분, 설탕, 밀가루, 분유, 곡분, 건조효모 등
- 금속류 : Al, Mg, Zn, Fe, Ni, Si, Ti, Zr(지르코늄)
- 목질류 : 목분, 콜크분, 리그닌분, 종이가루 등
- 합성 약품류 : 염료중간체, 각종 플라스틱, 합성세제, 고무류 등
- 농산가공품류 : 후추가루, 제충분, 담배가루 등

예제문제

다음 중 분진폭발의 위험성이 가장 낮은 것은?
① 알루미늄 ② 적 린
③ 황 ④ 생석회

정답 ④

분진폭발을 가스폭발과 비교할 때 분진폭발의 특징으로 옳은 것은?
① 최소발화에너지가 크다. ② 연소속도가 빠르다.
③ 불완전 연소가 적다. ④ 연소시간이 짧다.

정답 ①

ⓑ 분진의 폭발성에 영향을 미치는 인자
- 분진의 화학적 성질과 조성
  - 분진의 발열량이 클수록 폭발성이 크며 휘발성분의 함유량이 많을수록 폭발하기 쉽다.
  - 탄진에서는 휘발분이 11% 이상이면 폭발하기 쉽고, 폭발의 전파가 용이하여 폭발성 탄진이라고 한다.
- 입도와 입도분포
  - 분진의 표면적이 입자체적에 비하여 커지면 열의 발생속도가 방열 속도보다 커져서 폭발이 용이해진다.
  - 평균 입자경이 작고 밀도가 작을수록 비표면적은 크게 되고 표면 에너지도 크게 되어 폭발이 용이해진다.

- 입자의 형성과 표면의 상태
  - 평균입경이 동일한 경우 : 분진의 형상에 따라 폭발성(구상 < 침상 < 평편상)이 달라진다.
  - 입자표면이 공기(산소)에 대하여 활성이 있는 경우 : 폭로시간이 길어질수록 폭발성이 낮아진다. 따라서 분해공정에서 발생되는 분진은 활성이 높고 위험성도 크다.
- 수 분
  - 분진의 부유성을 억제하게 하고 대전성을 감소시켜 폭발성을 둔감하게 한다.
  - 마그네슘, 알루미늄 등은 물과 반응하여 수소를 발생하여 위험성이 더 높아진다.

ⓢ 폭발 방지
- 2차 폭발을 방지 : 옥외에 분체를 다루는 장치 설치
- 분체를 취급하는 곳 : 접지하여 정전기 발생을 방지
- 진공청소기를 사용할 때 : 모든 금속부분이 접지된 방폭용을 사용
- 이동속도를 20m/sec 이상 유지 : 배관 속에 분진이 누적되는 것을 방지하기 위해
- 불필요한 금속조각이 분쇄기에 들어가지 않도록 유의
- 스프레이를 이용한 분체도장 : 스프레이건으로부터 분체의 배출속도는 최대로 하되, 최소폭발농도 이하가 되도록 공기량을 조절
- 작업장의 모든 금속표는 1MΩ 이하의 저항을 지닌 바닥에 접지하고 폭발 배출용 닥트는 가능한 한 짧게 옥외로 배출

(2) 응상폭발

① 수증기폭발
㉠ 용융금속의 슬러그(slug)와 같은 고온물질이 물속에 투입되었을 때 순간적으로 급격하게 비등하여 상변화에 따른 폭발현상
㉡ 수증기폭발의 예방대책 : 물과 고온 물질과의 접촉기회 차단
- 노 내로의 물의 침입방지
- 작업바닥의 건조
- 건조한 장소에서 고운 폐기물 처리
- 주수 분쇄설비의 안전설계

② 증기폭발
㉠ 극저온 액화가스의 증기폭발 : 극저온액화가스(LPG, LNG)의 분출로 액상에서 기상으로 급격한 상변화 시 폭발하는 현상
㉡ 보일러 폭발(고압 포화액의 급속액화) : 보일러와 같이 고압의 포화수를 저장하고 있는 용기가 파손되면 용기 내압이 떨어져 액체가 급속히 기화되어 증기압이 급상승하여 폭발하는 현상

③ 전선폭발
㉠ 고체 상태에서 급속하게 액상을 거쳐 기상으로 전이할 때 일어나는 폭발
㉡ 알루미늄제 전선에 한도 이상의 대전류가 흘러 순식간에 전선이 가열되고 용융과 기화가 급속하게 진행되어 폭발

⊕ Plus one

UVCE(증기운폭발)와 BLEVE 16 17 21 22 ★★★★★

가스 저장탱크의 대표적 중대재해로 둘 다 가열된 풍부한 증운이 자체의 상승력에 의하여 위로 올라가 버섯구름 모양의 불기둥(Fire Ball)을 발생시키며 그 위력은 수 km까지 미치는 것으로 알려져 있다.

- **UVCE(Unconfined Vapor Cloud Explosion)** : 저장탱크에서 유출된 가스가 대기 중의 공기와 혼합하여 구름을 형성하고 떠다니다가 점화원(점화스파크, 고온표면 등)을 만나면 발생할 수 있는 격렬한 폭발사고이며, 심한 위험성은 폭발압이다.
- **BLEVE(Boiling Liquid Expanding Vapor Explosion)**
  - 정의 : 탱크화재 시 탱크상부가 가열되어 압력상승으로 탱크상부의 약한 부분이 파열되어 고열의 유류가 탱크 밖으로 나오며 급격한 폭발현상
  - 발생과정 : 화재 → 액온상승 → 압력증가 → 연성파괴 → 액격현상 → 취성파괴 → Fire Ball

3 반응전파속도에 따른 분류

(1) 폭연과 폭굉

[폭연과 폭굉의 차이]

구 분	폭연(Deflagration)	폭굉(Detonation)
충격파 전파속도	<u>음속보다 느림</u> (일반적으로 0.1~10m/s 범위)	<u>음속보다 빠름</u> (1,000~3,500m/s 정도로 빠르며, 이때의 압력은 약 1,000kgf/cm^2)
특 징	• 폭굉으로 전이될 수 있다. • 충격파의 압력은 수 기압(atm) 정도이다. • 반응 또는 화염면의 전파가 분자량이나 난류확산에 영향을 받는다. • 에너지 방출속도가 물질전달속도에 영향을 받는다.	• 압력상승이 폭연의 경우보다 10배, 또는 그 이상이다. • 온도의 상승은 열에 의한 전파보다 충격파의 압력에 기인한다. • 심각한 초기압력이나 충격파를 형성하기 위해서는 아주 짧은 시간 내에 에너지가 방출되어야 한다. • 파면에서 온도, 압력, 밀도가 불연속적으로 나타난다.
화재로의 파급효과	크다.	적다.

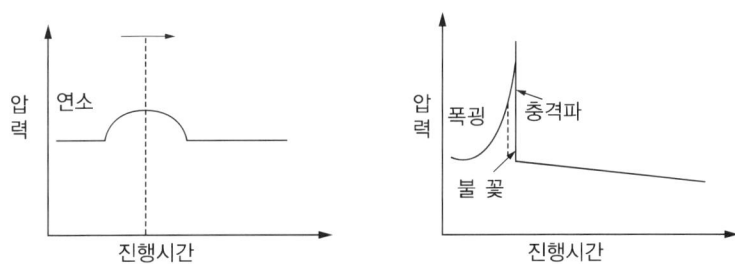

[폭연과 폭굉의 진행시간별 충격파]

(2) 폭굉 유도거리(DID ; Detonation Inducement Distance)
폭발성 가스의 존재 하에 최초의 완만한 연소가 결렬한 폭굉으로 발전할 때까지의 거리

(3) 폭굉 유도거리가 짧아지는 조건
① 정상연소속도가 큰 혼합가스일수록
② 관경이 작거나 관속에 방해물이 있을 경우
③ 압력이 높고 연소 열량이 클 경우
④ 화원의 에너지가 클 경우

※ 폭굉유도거리가 짧을수록 가연성 가스의 위험성이 크다.

예제문제

폭굉유도거리에 관한 설명으로 틀린 것은?

① 압력이 낮을수록 폭굉유도거리는 짧아진다.
② 정상연소속도가 큰 혼합가스일수록 폭굉유도거리는 짧아진다.
③ 관지름이 작을수록 폭굉유도거리는 짧아진다.
④ 점화원의 에너지가 클수록 폭굉유도거리는 짧아진다.

[해설] 폭굉유도거리가 짧아지는 조건
- 정상연소속도가 큰 혼합가스일수록
- 관경이 작거나 관속에 방해물이 있을 경우
- 압력이 높고 연소 열량이 클 경우
- 점화원의 에너지가 클 경우

[정답] ①

CHAPTER 05 발화지역 판정

제1절 발화위치 결정을 위한 데이터 수집

1 초기 현장 평가 [20]

- 조사의 범위·순서 결정
- 바깥의 주변부터 중심부로
- 높은 곳에서 전체를
- 탄화가 약한 쪽부터 강한 쪽으로
- 도괴의 방향성
- 국부적인 강한 탄화(연소)
- 탄화물의 변색, 박리, 용융
- 특이한 냄새
- 건물구조를 고려하여 불꽃흐름을 추적, 관찰

2 발굴 및 복원

- 관계자 입회 : 사고 시의 보상
- 상부 낙하물의 제거 : 안전관리
- 외측에서 발화지점 방향으로
- 수작업으로
- 발화전 상황을 알 수 있도록 복원
- 사진, 도면 등 기록

3 추가 데이터 수집

- 화재 이전 상황
- 발화일시, 장소, 상호명
- 피해상황
- 발견, 통보, 초기소화
- 건물 및 차량구조(건축물대장, 차량등록증 등)
- 건축물 내 각종설비의 작동상황(소방설비, 전기설비, 환기설비 등)
- 연소·피난상황
- CCTV 및 보안업체 경보 시스템 작동상황

 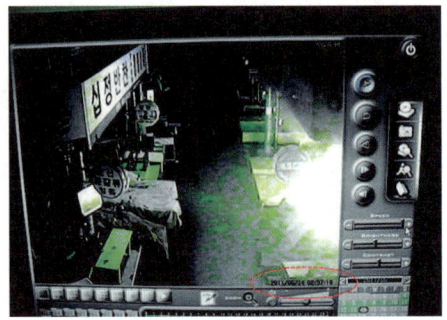

- 관계자 진술
- 기상상황(날씨, 습도, 풍향, 풍속 등)

제2절 자료분석

1 화재패턴분석

연기의 확산 흐름으로 화염의 유동패턴을 분석·역추적하여 발화부를 좁혀감으로써 최종 결론을 짓는 데 자료로 활용한다.

2 열 및 화염 벡터 분석

(1) 열 및 화염 벡터도면(Heat and Flame vector diagrams)
① 조사관은 벡터의 방향이 도면 전체에 일관성을 유지할 때 화살표를 이용하여 다음 사항을 기록한다.
㉠ 열 또는 화염의 진행방향
㉡ 열원으로부터 화재의 이동경로 지점
㉢ 열원으로 거꾸로 거슬러가는 지점
㉣ 온도나 가열시간, heat flux 또는 화재강도 등

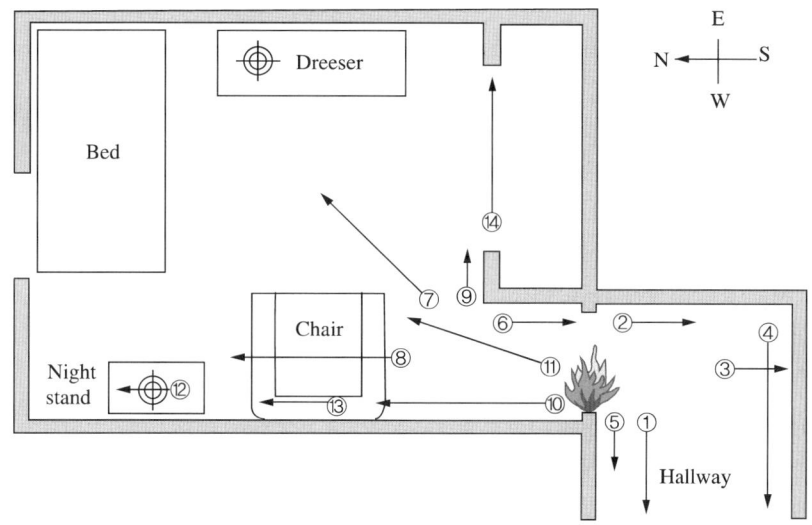

[화재 패턴의 열 크기와 방향의 벡터를 보여주는 열 및 벡터 분석도표]

② 보조벡터
㉠ 실제 화재형태와 열 유동(heat flow)을 나타내는 벡터를 명확하게 밝혀야 한다.
㉡ 실제 및 화염확산 방향 모두를 표시하여 서로 상반된 패턴을 확인하는데 이용가능하다.
③ 열원 : 최초의 가연물에 의해 발생될 수도 있고 그렇지 않을 수도 있다.
㉮ 화재가 차고로 확산되어 그곳에 저장된 인화성액체에 착화되는 경우 인화성 액체는 새로운 열원이 되어 차고의 표면에 화재형태를 형성시킨다.

3 탄화심도 분석 17 18 21

(1) 탄화심도
① 기둥이나 보 등의 목재 표면의 탄화된 깊이를 뜻한다.
② 수열이 심할수록 그 심도가 깊어지기 때문에 각 자료별로 측정비교하여 연소경로를 판단할 수 있다(동일 물질에 대한 동일한 도구, 기법으로 측정한 값만 비교 가능).
③ 화재에 작용한 열원의 개수를 확인하는 데 도움이 된다.

(2) 측정방법
① 동일 포인트를 동일한 압력으로 여러 번 측정하여 평균치를 구한다.
② 계침은 기둥 중심선을 직각으로 찔러 측정한다.
③ 평판 계침으로 측정할 때는 수직재에 평판면을 수평, 수평재는 평판면을 수직으로 찔러 측정한다.
④ 계침을 삽입할 때는 탄화 균열 부분의 요철(凸)을 택한다.
⑤ 중심부까지 탄화된 것은 원형이 남아있더라도 완전연소된 것으로 간주한다.
⑥ 가늘어서 측정이 불가능한 것은 절단 후 목질부 잔존경 측정에 준하여 비교한다.
⑦ 측정범위나 측정점은 발화부로 추정되는 범위 내에서 중심부를 선택한다.
⑧ 중심부를 향한 부분과 이면부를 면별로 동일 방향에서 측정하고 칸마다 비교한다.
⑨ 수직재와 수평재를 구별하고 재질이나 굵기에 따라 차별 측정한다.
⑩ 동일소재, 동일 높이, 동일 위치마다 측정한다.
⑪ 수직재의 경우 50 · 100 · 150cm 등으로 구분하여 각 지점을 측정한다.

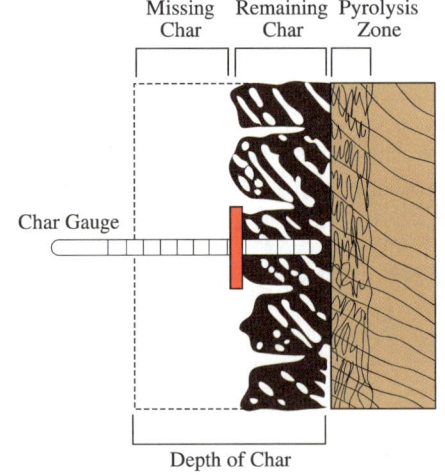

(3) 분석 및 판정
① 목재표면의 균열흔은 발화부에 가까울수록 작고 가늘어지는 경향이 있다.
② 고온의 화염을 받아 연소 시 : 비교적 굵은 균열흔이 나타난다.
③ 저온에서 장시간 연소 시 : 목재 내부 수분이나 가연성 가스가 표면으로 서서히 분출되어 가는 균열흔이 나타난다.
④ 완소흔 : 700~800℃의 수열흔. 균열흔은 홈이 얕고 삼각 또는 사각형태이다.
⑤ 강소흔 : 약 900℃의 수열흔. 홈이 깊은 요철(凹凸)이 형성된다.
⑥ 열소흔 : 1,100℃의 수열흔. 홈이 아주 깊고 대형 목조건물 화재 시 나타난다.
⑦ 훈소흔 : 발열체가 목재면에 밀착되어 무염연소 시 발생한다.

예제문제

목재의 탄화심도를 측정 시 유의사항으로 적합하지 않은 것은? 13 18
① 게이지로 측정된 깊이 외에 소실된 부분의 깊이를 더하여 비교하여야 한다.
② 탄화되지 않는 곳까지 삽입될 수 있으므로 송곳과 같은 날카로운 측정기구를 사용한다.
③ 측정기구는 목재와 직각으로 삽입하여 측정한다.
④ 탄화된 요철 부위 중 철(凸) 부위를 택하여 측정한다.

정답 ②

발화부 주변의 일반적 연소현상에 대한 설명으로 틀린 것은? 15 22
① 발화부 주변으로 소락되거나 도괴된다.
② 발화부와 가까울수록 탄화심도가 깊다.
③ 목재표면에 발생하는 균열은 발화부와 멀수록 골이 넓어진다.
④ 발화부는 일반적으로 밝은 색을 띠며, 발화부와 멀어질수록 어두운 빛을 나타낸다.

해설 목재표면에 발생하는 균열은 발화부와 가까울수록 작고 가늘어진다.

정답 ③

4 하소심도 측정

(1) 하소(Calcination)
① 하소란 화재로 석고보드가 화학적 변화를 일으켜 재로 되는 것이다.
② 열에 노출되어 하소된 석고판 재료는 원상태에 비해 저밀도의 상태로 된다.
③ 석고판의 하소심도가 깊다. → 화열에 노출되어 받게 된 총열량(열속 및 지속시간)이 크다.
④ 석고판 재료의 열 반응 특성은 측정이 가능
　㉠ 표면의 벽지가 까맣게 탄화되면서 타들어 간다.
　㉡ 화열에 노출되면 유기화합물의 열분해로 색상이 변화됨. 표면의 탄소가 연소되어 더 하얗게 변화된다.
　㉢ 수열을 더 받으면 벽 전체를 관통하여 반대 벽면의 벽지까지 탄화된다.
　㉣ 석고판의 두께 전체가 희끄무레하게 변색되면, 양 벽면에는 종이벽지가 남지 않는다.
　㉤ 석고는 화학적으로 탈수되어 푸석푸석한 저밀도의 고체상태로 변환된다.
⑤ 화재조사 시 색상 그 자체는 특별한 의미는 없으나 색깔이 변화된 부분과 그렇지 않은 부분 사이에서 경계선을 관찰할 수 있다는 점에서 매우 중요하다.
⑥ 하소된 부분과 그렇지 않은 부분과의 관계는 석고벽면의 표면상에서도 가시적인 경계선으로 나타날 수 있다.
⑦ 하소심도를 측정함으로써 벽면의 외면상태만 보아서는 알 수 없는 연소패턴을 관찰 가능한 형태로 재구성할 수 있다.
⑧ 하소는 재료가 반응한 열 노출량을 나타내는 지표
　㉠ 강한 열에 노출된 부분들은 선명한 외양과 하소심도 두 측면에서 뚜렷이 표시된다.
　㉡ 하소된 깊이와 색상의 상대적인 차이는 열적 노출 정도의 강약에 따라 각각의 영역, 발화부분, 환기영역, 가연성 연료가 있는 부분 등으로 구분하여 확정하는 지표로써 사용될 수 있다.
⑨ 하소심도의 상대적인 비교를 통해 화재에 노출된 석고판 재료에 가해진 총열량의 차이를 표시할 수 있다.
⑩ 깊은 하소심도는 그 벽판재료의 하소된 부분에 화재지속 시간 동안 방사된 더 길고 강렬한 열복사와 고온상태의 지속정도를 표시하는 지표로서 읽힐 수 있다.
⑪ 하소심도 분석의 타당성에 영향을 미치는 가변적인 요소
　㉠ 복합적인 열원이나 가연물과 대비하여 단일 열원이나 가연물은 정연한 하소 패턴을 만들어 내는 점을 고려하여야 한다.
　㉡ 하소심도의 패턴은 복합적인 열원이나 화인을 규명하는 데 활용한다.
　㉢ 하소심도 측정치의 비교는 동일 물질에 한해서 이루어져야 한다.
　㉣ 석고 벽판의 마감재료(예 페인트, 벽지, 회칠 등)에 대해 반드시 고려한다.
　㉤ 측정은 데이터 수집상의 오류를 제거하기 위해 일관된 방법으로 실시한다.
　㉥ 석고 벽판재료는 화재진화과정에서 방수된 물줄기나 고인 물에 의해 분해되어 손상을 입을 수 있다. 물에 젖으면 측정이 불가능할 정도까지 석고가 연하게 될 수 있다.

(2) 하소심도의 측정 및 분석 방법
하소심도 측정방법은 벽면이나 천장부위의 벽판재료가 설치된 곳을 적용할 수 있다.
① 횡단면을 관찰하는 시각적 측정법 : 하소된 석고 층의 두께를 관찰하고 측정하기 위해 벽이나 천장의 작은 부분(최소한 50mm 정도)을 벽면 두께 전체에 걸쳐 주의 깊게 떼어낸다.

② 탐침조사법
　㉠ 작은 탐침을 벽면의 횡단면을 가로질러 삽입하여 하소된 석고재료의 저항의 상대적인 차이를 감지, 그 심도를 측정 기록한다.
　㉡ 대상 석고벽면의 표면 위를 횡 방향 및 종 방향으로 대략 0.3m 이하의 일정한 간격으로 탐침을 찔러가며 조사한다.
　㉢ 매 측정마다 탐침의 삽입압력이 근사적으로 동일하게 유지되도록 한다.

5 아크조사 또는 아크매핑 [21]

- 전기배선, 전원코드, 전기장치에서 발견되는 전기적 아크의 증거를 확인하는 작업이다.
- 아크가 발생한 지점을 확인하여 회로가 고장났을 때 전원이 공급되었거나, 화재로 작동하지 못한 회로를 물증으로 확보한다.
- 회로의 보호장치 부분이 있는지, 왜 이러한 부분에 아크흔적이 없는지를 설명할 수 있도록 구성요소들을 확인해야 한다.
- 화재에 의한 차단기의 변형이나 주 배전반 또는 분전반에서의 퓨즈제거 등은 아크조사를 불가능하게 하는 요인이다.
- 건물붕괴, 과도한 시설보수나 사전조사는 배선으로부터 주배전반까지 조사를 불가능하게 한다.
- 만일 전도체가 녹았다면 아크지점을 확인하는 것은 더욱 불가능해질 수 있다.
- 열에 의해 용융된 것인지 아크에 의한 용융인지 구분하기 위한 분석이 필요할 수도 있다.
- 알루미늄 전도체보다는 구리 전도체에서 아크가 발견될 가능성이 높다.

6 순차적 사건의 분석

- 화재 목격자들의 진술을 시간적 순서로 분석하면 발화원을 확인하는 데 도움이 된다.
- 이 분석으로 정보의 모순 또는 부족한 정보를 확인할 수 있고 화재 재구성에도 도움이 된다.

제3절 발화지점 가설의 검증

화재진행에 대한 가설을 수립하고 연역적 방법을 통해 검증할 수 있어야 한다. 또한, 기술적으로 유효한 발화요인 확인은 이용할 수 있는 데이터와 일관성이 있어야 한다.

1 가설검증의 방법

(1) 추정된 발화지점에 발화요인이 존재하는가?

발화지점을 특정부분으로 한정할 만한 신빙성이 있는 증거가 있지 않으면 발화 구획실에 있는 모든 잠재적인 발화원들에 가능성을 열어놓고 조사해야 한다.

(2) 추정된 발화지점에서 시작한 화재의 성장과 발달이 수집된 데이터와 일치하는가?

2 분석기법 및 도구

이러한 분석을 통해 수집된 데이터 간의 격차나 모순을 밝혀 발화원 가설을 검증하는 데 사용할 수 있다.

(1) 타임라인 분석

화재는 시간의 흐름에 영향을 많이 받기 때문에 화재 단계별 순서는 발화지점 가설검증에 사용할 수 있다. 화재는 일반적으로 최초발화, 추가 가연물 출화, 환기의 변화, 감지기 등 소방시설 작동, 개구부파열 및 인접 구획실로 연소확대 되므로 목격자나 화재진압대원들로부터 정보를 얻을 수 있다.

(2) 화재 모델링(시뮬레이션)

화재 시뮬레이션을 통해 수집된 데이터를 입력하여 화재환경을 예측할 수 있다. 그 결과는 발화지점 가설의 검증을 위해 물리적 증거물과 목격자 증거와 비교할 수도 있다.

(3) 실 험

실험을 통해 가설을 검증할 수도 있다. 실험 결과가 화재현장의 연소상황과 일치되면 가설을 뒷받침하게 되고, 다른 결과가 나오면 실험과 실제 화재조건과의 차이를 고려하여 가설을 수정하거나 추가적인 데이터를 수집 적용해야 한다.

예제문제

화재조사 시 발화지점의 가설에 대해 사고실험을 통해 분석적으로 검증하는 방법은?   16

① 연역적 추론   ② 귀납적 추론
③ 주관적 추론   ④ 객관적 추론

정답 ①

타임라인과 마인드매핑에 대한 설명으로 틀린 것은?   13 19
① 상대적 시간은 추정을 근거로 한다.
② 타임라인은 증거와 정보의 조합이고 마인드매핑은 사건이 일어난 시간의 재구성이다.
③ 타임라인의 정확성은 가설의 신뢰도를 높여준다.
④ 마인드매핑은 수집된 정보를 바탕으로 객관적 사실을 조합하는 과정이다.

해설 타임라인은 사건이 일어난 시간의 조합이고 마인드매핑은 증거와 정보의 재구성이다.

정답 ②

CHAPTER 06 발화개소 판정의견

제1과목. 화재조사론

제1절 건물구조재의 연소특성 및 방향의 파악

- 연소강약의 전제 : 발화개소에 가까울수록 화염의 영향이 크다.
- 연소방향 : 화재현장 전체로 불이 번져나간 방향이다.

1 목재류 16 22

(1) 연소강약

① 목재의 수열에 의한 상태와 형상 변화 17 22

온도(℃)	상태 및 형상
100 미만	세포의 틈새에 들어 있는 수분이 서서히 증발하여 건조함
100	수분증발이 계속됨
160	• 분해가스가 갈색이 되며, 휘발성의 에스터가 나오기 시작함(낡은 판자나 마디 등은 화원이 있으면 착화하는 상태) • 목재의 표면이 갈색으로 변함
220	표면이 흑갈색이 되며 껍질이나 나무결의 가시처럼 얇게 터져 일어나는 부분은 작은 불로 착화됨
260	• 분해가 급격하며 다량의 가스가 발생함 • 다른 화원이 있으면 확실하게 착화됨(목재의 착화온도)
300~350	탄화 완료
420~470	다른 화원이 없어도 타기 시작함(목재의 발화온도)

목재는 타기 시작한 후에는 표면에서 중심을 향해 탄화가 진행하며, 탄화모양과 형상이 다음과 같이 변화해 간다.
- 표면은 요철(凸)이 많고 거칠어짐
- 탄화모양의 골은 폭이 넓고 깊어짐
- 표면이 박리와 완전히 태워서 재로 만드는 걸 반복
- 연소가 계속되면 타서 가늘게 된 후에 떨어져 나가 소실됨

② 목재는 화재열의 영향을 외관에 남기므로 화재현장에서는 건물에 남아있는 이런 흔적에서 연소방향을 파악한다.

(2) 탄 화 22

① 탄화모양 : 탄화된 목재표면은 **물고기비늘**이나 **거북등껍질**(alligator, 귀갑모양) 형태
② 골의 깊이 등은 연소강약을 판단하는 기준

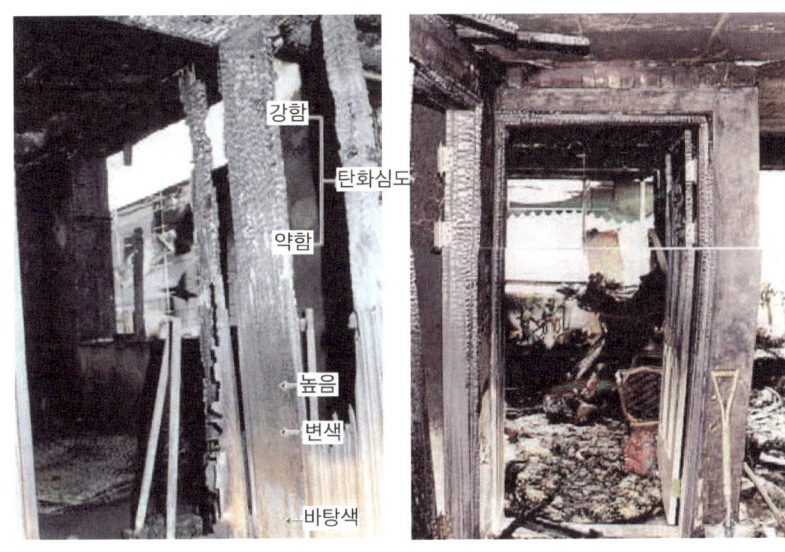

[탄화정도의 예시 – 기둥의 소손은 탄화모양을 볼 때 위쪽일수록 강함]

(3) 박 리 17

① 탄화모양이 낙하되는 것. 연소가 강할수록 박리부분이 깊고 크며 많아짐
② 소화 시 방수압으로 발생되기도 함
③ 박리상태로부터 연소강약을 판정할 때 아래표 참조

[연소열과 소화수에 의한 탄화물 박리상태의 차이점]

항 목 \ 차 이	연소 박리	소화수 박리
박리면적	소	대
표면의 거칠기	대	소
박리의 분포	산 재	집중적
박리면	거칠다	평탄하며 윤기가 난다

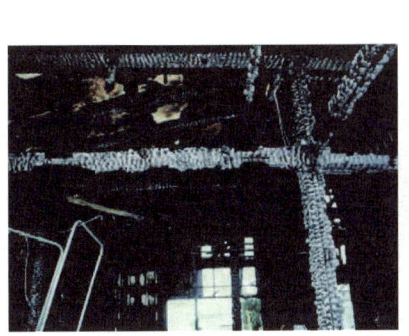

[목재 건축물의 연소흔]

(4) 소 실
① 부분소실(타서 가늘어짐)
㉠ 판재·각재의 면·각의 일부가 부분적으로 타서 가늘어질수록 소손 정도가 강하다.
㉡ 타서 가늘어지기 전의 굵기 등 상태를 판단할 수 있으므로 같은 재료와의 비교가 용이하다.

② 부분소실(타서 뚫림)
㉠ 천장판자나 바닥판이 부분적으로 소실된 상태를 말하고 타서 뚫린 면적의 차가 연소강약을 나타낸다. 그러나 물리적인 외력(천장재의 낙하 등)으로 면적이 확대되거나 발화개소가 아닌 부분도 2차적으로 타서 뚫리는 경우와 소방대원 등에 의한 밟힘에 의한 뚫림이 있으므로 혼동하지 않도록 주의해야 한다.
㉡ 밟힘에 의한 뚫림은 파손된 면에 나무의 맨살이 남아있으므로 판별할 수 있다.

③ 대반소실
㉠ 건물 구조재 등의 대부분이 소실된 상태이다.
㉡ 소실범위가 많은 쪽이 소손 정도가 강하다.

④ 완전소실
    ㉠ 건물구조재의 일부가 완전히 소실된 상태이다.
    ㉡ 구조재가 타서 없어졌는지 처음부터 없었는지에 따라 연소강약 판단은 크게 다르다.
        • 잔존하는 못 등을 통해 화재 시 존재했는지를 판단한다.
        • 사이 기둥 등은 소실되어도 함석 벽이나 콘크리트 벽에 검은 변색을 남긴다.

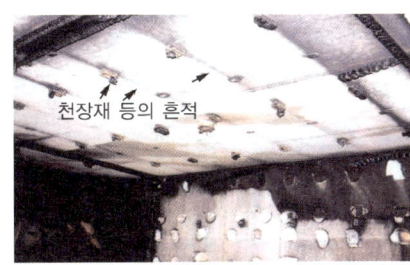
천장재 등의 흔적

⑤ 목재의 탄화흔 식별 17
    ㉠ 탄화면이 거친 상태일수록 연소가 강하다.
    ㉡ 탄화모양을 형성하고 있는 홈의 폭이 넓게 될수록 연소가 강하다.
    ㉢ 탄화모양을 형성하고 있는 홈의 깊이가 깊을수록 연소가 강하다.

(5) 일반적 화재 발화부 추정 원칙
    ① 발화건물의 기둥·벽·건자재는 발화부방향으로 도괴되는 경향
    ② 화염은 서 있는 가연물을 따라 상승하고 옆쪽과 밑으로는 연소속도가 완만
    ③ 탄화심도는 발화부에 가까울수록 깊어지는 경향
    ④ 목재표면의 균열흔은 발화부에 가까울수록 작고 가늘어지는 경향
    ⑤ 발열체가 목재면에 밀착되었을 경우 목재면에 훈소흔이 남음
    ⑥ 발화부는 비교적 밝은색을 띠며, 발화부와 멀어질수록 어두운 빛을 나타냄

(6) 목재표면의 균열흔 20
    ① **완소흔** : 700~800℃ 정도의 삼각 또는 사각형태의 수열흔
    ② **강소흔** : 900℃ 정도의 홈이 깊은 요철(凹凸)이 형성된 수열흔
    ③ **열소흔** : 홈이 아주 깊은 1,000℃ 정도의 대형 목조건물 화재 시 나타나는 현상
    ④ **훈소흔** : 발열체가 목재면에 밀착되어 무염 연소 시 발생, 그 부분이 발화부로 추정가능

예제문제

화재현장 조사 시 화재효과에 대한 설명으로 가장 거리가 먼 것은?
① 화재 이후 산화의 정도는 주변습도와 노출시간에 좌우된다.
② 목재 균열흔의 반짝거림은 액체촉진제가 있었음을 의미한다.
③ 구리전선은 열에 노출되면 어두운 적색이나 흑색 산화물을 만든다.
④ 녹는점이 높은 금속은 낮은 금속과의 합금을 이루면 융점이 낮아진다.

정답 ②

2 금속류

(1) 변 색

열에 의한 색상변화를 활용하여 현장에 남은 금속류의 연소방향을 판단할 수 있다.

가열온도(℃)	스테인리스강	냉연강판
300	아주 조금 엷은 갈색	엷은 황갈색
400	조금 엷은 갈색	조금 진한 황갈색
500	엷은 적자색	엷은 자색
600	적자색	암자색
700	진한 적자색	회색에 가까운 암자색
800	자 색	흑자색
900	암청색	회 색
1000	회 색	회 색

(2) 만 곡

① 화재열을 받은 금속은 용융하기 전에 자중 등으로 인해 좌굴한다.
② 화재현장에서는 만곡이라는 형상으로 남아있다.
③ 일반적으로 금속의 만곡정도가 수열정도와 비례한다. 그러나 좌굴은 수용물 중량, 화재하중에 좌우되므로 신중하게 검토해야 한다.

(3) 용 융

① 금속에 따라 용융온도 등이 다르므로 화재현장에서 금속의 종류를 파악할 수 있으면 대략적인 온도를 알 수 있다.
② 같은 재질이면 용융이 많은 쪽이 보다 많은 열을 받은 것이므로 용용상태를 파악함으로써 연소방향을 판단할 수 있다.

[금속의 용융점]

금속명칭	수 은	주 석	납	아 연	마그네슘	알루미늄	은	황 동
용융점(°C)	-38.8	231.9	327.4	419.5	650	659.8	960.5	900~1,000

금속명칭	금	구 리	니 켈	스테인리스	철	티 탄	몰리브텐	텅스텐
용융점(°C)	1,063	1,083	1,455	1,520	1,530	1,800	2,620	3,400

예제문제

물질의 융점으로 옳은 것은? [15]

① 납 : 327℃
② 구리 : 1,540℃
③ 파라핀 : 660℃
④ 알루미늄 : 54℃

정답 ①

다음 금속의 용융점이 낮은 순서대로 배열하시오. [16]

> 아연, 니켈, 구리, 마그네슘, 텅스텐

해설 아연 - 419.5°C, 마그네슘 - 650°C, 구리 - 1,083°C, 니켈 - 1,455°C, 텅스텐 - 3,400°C

정답 아연, 마그네슘, 구리, 니켈, 텅스텐

(4) 금속의 만곡 용융흔 식별

① 철(Fe) : 보통의 경우 용융 전에 수열을 받은 부분의 철 분자 간의 활동의 증가로 부피가 증가하는 특성으로 600℃ 주변에서 인성 변화가 있고, 1,200℃ 부분에서 용융되기 시작한다.
  ㉠ 수직으로 서 있는 철기둥의 경우 수열을 받는 반대 방향으로 휜다.
  ㉡ 수평으로 잇는 철파이프 등의 경우 수열을 받는 부분이 중력방향(아래)으로 휜다.
② 알루미늄(Al) : 알루미늄은 용융점이 약 500~600℃ 사이로 다른 금속에 비하여 용융점이 낮기 때문에 화재 초기에 수열을 받는 방향으로 경사각을 이루며 용융된다.

③ 금속(도색재)의 열변화

도료의 색 → 흑색 → (발포) → 백색 → 가지색(금속의 바탕금속)

변색 ┬ 표면도료가 타서 그을음이 부착
　　 ├ 그을음이 소실되고 도료가 회화(灰化)
　　 └ 도료안쪽 금속재의 표면이 변색

↓
변형
↓
용융

※ 철재는 시일이 경과하면 소손 정도가 강한 부분일수록 녹이 더 많이 슬어 눈에 잘 띄게 된다.

예제문제

화재현장에 남겨진 금속이 수열에 의하여 나타나는 현상이 아닌 것은?　16
① 분 해　　　　　　　　　　　② 변 색
③ 만 곡　　　　　　　　　　　④ 용 융

정답 ①

3 콘크리트·몰탈·타일류

(1) 연소강약

콘크리트도 수열의 정도를 남기고, 수열의 영향은 외관과 물성변화로 나타난다. 콘크리트의 온도이력에 의한 외관관찰 결과는 표와 같고, 콘크리트가 소손되면 외관은 대략 그림과 같이 변화한다.

[콘크리트의 온도이력에 의한 외관관찰 결과]

가열온도(℃)	금이 간 곳의 개수(개/10mm)	금이 간 폭(mm)	외 관
450	25~27	0.03	회색 그을음
650	16~19	0.05	검은 그을음
850	10~12	0.10	그을음 없음

소손 없음 → 그을음이 부착 → 그을음이 연소하여 하얗게 됨 → 표면 마무리재(몰탈 등)가 박리 → 콘크리트 표면이 박리(폭열)

(2) 박리흔 발생조건　13　20

① 콘크리트에 포함된 수분의 증발 및 팽창
② 철근, 철망과 콘크리트의 열팽창 차
③ 콘크리트 혼합 정도 차
④ 수열면과 이면의 온도 차

[콘크리트의 열 영향에 따른 형상변화]

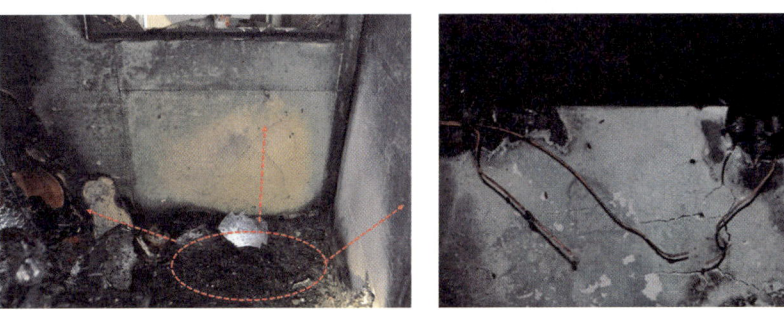

[석고보드의 열 영향에 따른 형상변화]

예제문제

각종 재료별 화재 이후에 나타나는 흔적에 대한 설명으로 틀린 것은?

① 콘크리트, 몰탈 재료는 열을 받아도 흔적을 남기지 않는다.
② 금속류는 화재로 열을 받으면 변색, 용융 등의 흔적이 남는다.
③ 합성수지류는 열을 받아 변색, 변형, 용융 등의 흔적이 남는다.
④ 재료표면에 도포된 도료는 변색, 발포, 회화와 같은 흔적이 남는다.

정답 ①

다음 중 박리흔(Spalling)이 발생할 수 있는 조건으로 거리가 먼 것은? 13

① 습기가 적은 노후 콘크리트
② 철근, 철망과 콘크리트의 열팽창 차
③ 콘크리트 혼합 정도 차
④ 수열면과 이면의 온도 차

해설 습기를 머금은 노후 콘크리트는 박리가 잘 일어난다.

정답 ①

4 유 리 15 17 18

(1) 연소강약

유리도 화재로 받은 열의 정도를 남긴다.

[유리의 열 영향에 의한 형태]

유리의 수열영향 형태	내 용
낙하방향 표면의 조개껍질모양 박리 금이 가는 상태 용융상태	유리는 수열측이 보다 많이 낙하한다. 조개껍질모양 박리는 고온일수록 많고 깊다. 유리는 수열 정도가 클수록 작게 금이 간다. 수열 정도가 클수록 용융범위가 많아진다.

① 화재 열을 받은 유리는 점성변화를 나타내어 방수에 의한 급격한 냉각으로 열 수축을 일으켜서 미세한 금이 가거나 유리표면의 박리를 일으킨다.
② 이 상태를 상세히 관찰하면 유리의 수열영향의 정도를 판단할 수 있다.

[열 영향에 의한 유리의 상태]

유리의 상태		대략적인 온도(℃)
조개껍질모양 박리	박리가 적고 얕음 박리가 많고 깊음	150 전후 250 이상
금이 감	직경 1cm 이상의 금이 감 직경 1cm 미만의 금이 감	400 600
용 융	자중으로 변형되며 일부가 융착됨 깨진 모서리면이 융융하여 둥글게 됨 용융하여 덩어리 모양이 됨	800 1,000 1,600

[잔금 상태로 연소방향 판단]

[뜨거운 상태에서 방수로 파손된 유리]

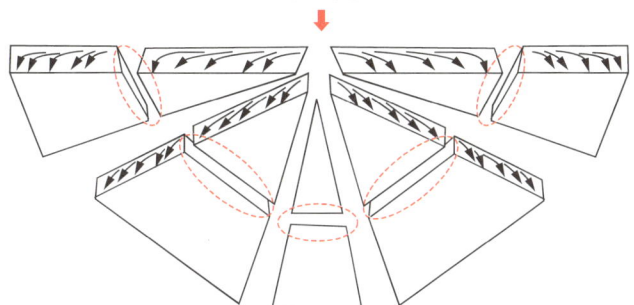

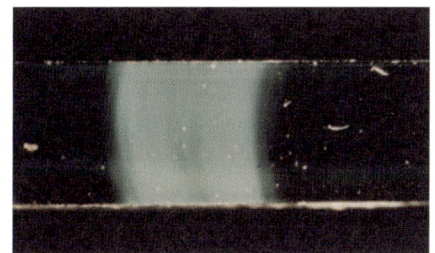
[수열에 의한 파단면]

[충격에 의한 파단면 – 월러라인(Wallner Lines)]

(2) 연소방향

① 유리는 수열방향을 나타내는 1면이 있음과 동시에 유리와 바닥면 사이 소손물건의 유무나 종류에 따라 연소과정을 나타내는 경우도 있다.

② 유리와 바닥면의 사이에 천장재 등이 낙하되어 있으면 이는 천장이 탄 후에 유리가 깨진 것을 의미하고 있으며, 전혀 아무것도 없으면 내벽이나 천장 등이 소실되기 쉬운 베니어판 등 보다도 유리가 빨리 깨진 것을 의미하고 있다. 후자인 경우 유리는 발화개소에 아주 가까운 위치에 있었음을 알 수 있다.

③ 유리는 이와 같이 발화원인을 규명하는데 중요한 단서를 남기고 있는데, 신중하게 발굴 작업을 하지 않으면 이러한 상태를 파괴해버리므로 주의를 요한다.

(3) 유리의 식별
① 유리의 파편은 열을 받는 쪽으로 낙하하기 쉽다.
② 화재로 파괴된 유리의 각은 약간 둥글고 매끄러운 불규칙한 곡선 형태인 반면 폭발로 파괴된 각은 날카롭다.
③ 충격으로 파손될 경우에는 표면에 리플마크(패각상 = 방사형 = 거미줄형태) 무늬가 생성된다.

⊕ Plus one

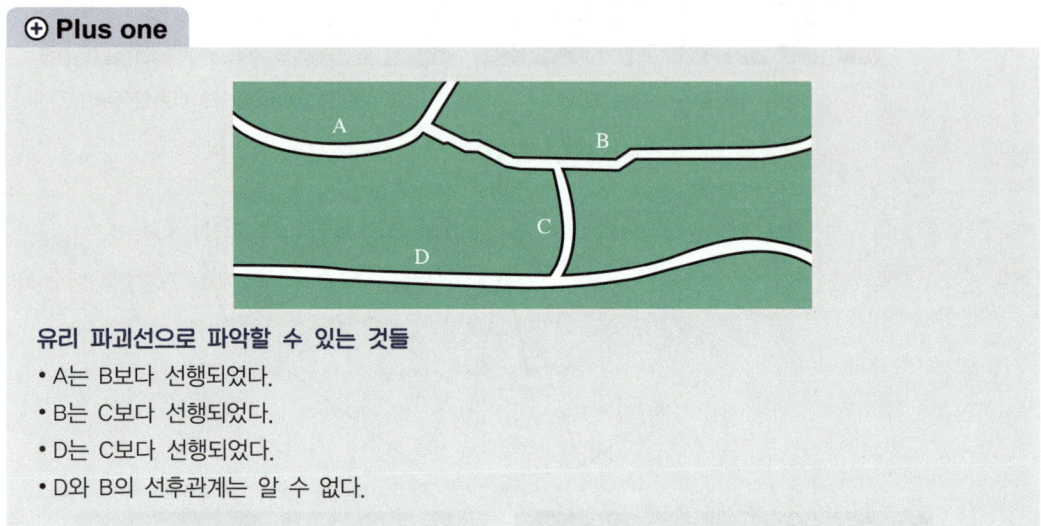

유리 파괴선으로 파악할 수 있는 것들
- A는 B보다 선행되었다.
- B는 C보다 선행되었다.
- D는 C보다 선행되었다.
- D와 B의 선후관계는 알 수 없다.

5 합성수지류 [13]

합성수지류는 일단 연소가 시작되면 외부로부터의 열 공급이 없어도 스스로 화염에 의해 열이 보급되므로 연소가 계속된다. 그러나 이 중 일부는 스스로의 화염으로부터의 열전도량이 불충분하여 충분히 열분해를 일으키지 않아 열원을 제거하면 연소가 정지하는 것이 있다.

(1) 연소강약

합성수지류도 화재열의 영향을 남기고 그 외관은 대략 다음과 같다.

연화 → 변형 → 용융 → 소실

① **변형** : 수열에 의해 연화되기 시작하면 하중이 있으면 급속히 그 형태가 붕괴되든지 뚫려 떨어진다. 연소강약은 자중에 의한 변형 정도로 비교한다.

[주요 합성 수지류의 변형점]

재료명	변형점(℃)	융점(℃)	열 변형 온도(℃)
폴리에틸렌	123	220	41~83
폴리프로필렌	157	214	85~110
염화비닐수지	219	-	55~75
나일론6	209	228	55~58
폴리우레탄	121	155	-
폴리카보네이트	213	305	132
ABS수지	202	313	-
불포화폴리에스텔	327	-	60~200
에폭시수지	298	-	-

② 용융 : 연화되는 합성수지류를 더욱 가열하면 점차 녹아떨어져 내려 결국 본체에서 이탈한다.

③ 소실 : 난연처리가 되지 않은 합성수지류는 가연성이고 착화온도는 낮다. 열분해온도는 200~400℃이며, 이 온도가 되면 쉽게 착화하여 연소가 개시되면서 소실된다.

6 도료류

화재현장에는 수많은 도료의 소실 흔적을 볼 수 있다. 도료류는 금속 등 표면에 막모양으로 도포되어 있으며, 차량의 보닛, 건물 함석지붕 등 연소강약의 단서가 되는 경우가 많다. 도료류의 외관은 수열에 따라 대략 다음과 같이 변한다.

변색 → 발포 → 회화(완전히 태워서 재로 만듦) → 소실

(1) 종 류
   ① 페인트 : 아마인유, 대두유, 오동유 등의 건성유를 90~100℃에서 5~10시간 공기를 불어 넣으면서 가열하여 색과 점도를 준 것으로 아이오딘가가 145 이상인 보일유에 안료와 전색제 등을 혼합한 착색도료
   ② 에나멜 : 일명 바니시페인트로 수지바니시, 유성바니시 등과 각종 안료류와 혼합해서 붓도장, 스프레이도장 등에 적용하도록 제조된 도료
   ③ 바니시 : 천연 또는 합성수지를 건성유와 함께 가열·융합시키고 건조제 등을 첨가한 것으로 용제로 희석시킨 유성니스의 총칭
   ④ 락카 : 나이트로셀룰로오스를 주성분으로 하는 도료(질화면도료)로 나이트로셀룰로오스, 수지, 가소제를 배합해서 용제에 녹인 것을 투명락카, 이것에 안료를 혼합해서 유색불투명하게 한 것이 락카에나멜
   ⑤ 플라이머 : 도장하려는 금속면 등에 최초로 바르는 도막으로 접착성을 좋게 하고 금속재료에 녹방지 효과를 좋게 하는 도료로 초벌도료라고도 함
   ⑥ 시너 : 도료를 묽게 해서 점도를 낮추는 데 이용하는 혼합용제로 협의로는 락카시너를 말함(초산에스터류, 알코올류, 에터류, 아세톤 등)
   ⑦ 테레빈유 : 소나무과에 속하는 나무줄기에 상처를 내어 침출하는 색소수지를 채취하고 이것을 수증기로 유출시킨 휘발성분으로 증유기 중에 잔유물로써 진을 얻음

(2) 변 색
도포되어 있는 도료의 수열 전 색깔을 파악하여 연소강약을 판단한다.

(3) 발 포
발포는 열을 받아 거품 모양이 생기는 상태를 가리키며, 발포 개개의 크기나 수의 차가 연소강약을 나타낸다.

(4) 회 화
발포과정보다 더 많은 열을 받게 되면 탄화되어 도료류가 재로 변한다.

(5) 소 실
금속 등의 표면에 도포되어 있는 도료류는 비교적 탈락되거나 소실되기 쉬우므로 연소강약은 잔존부분의 상태로부터 판단한다.

예제문제

아마인유, 대두유, 오동유 등의 건성유를 90~100℃에서 5~10시간 공기를 불어 넣으면서 가열하여 색과 점도를 준 것으로 아이오딘가가 145 이상인 보일유에 안료와 전색제 등을 혼합한 착색도료를 무엇이라 하는가?

① 페인트 ② 락 카
③ 시 너 ④ 에나멜

정답 ①

7 내화보드

내벽 등에 사용되는 내화보드도 변색·낙하·강도 등 다른 물질과 같은 변화를 외관에 남긴다. 특히, 열 영향을 받아 강도가 약해지면 모래처럼 허물어지는 경우가 있다. 또한 소화활동 등에 의해 파괴되는 경우도 있으므로 단순하게 낙하 정도가 연소강약 판단으로 이어지지 않는 경우가 있으므로 주의한다. 이 경우, 내화보드 안쪽 재료 소손상황의 비교, 파단면의 상황 등에 관찰하여 판단하면 된다.

예제문제

구획된 건축물 내 화재 발생 시 나타나는 화재패턴에 대한 설명으로 옳은 것은?

① 금속재의 만곡부는 지상을 향해 휘거나 뒤틀린 형태를 나타낸다.
② 열을 많이 받은 부분일수록 박리현상이 발생할 가능성이 낮다.
③ 벽지에 나타나는 연소형태를 통하여 화염의 이동경로를 추정하는 것은 불가능하다.
④ 천장 내부에서 착화된 경우 화재의 발견이 늦기 때문에 천장 아래쪽보다 위쪽의 소실 정도가 약하게 나타난다.

정답 ①

8 전기 용융흔에 의한 연소방향 14 18

(1) 전기 용융흔(= 단락흔)

① 전기기구 코드류는 통전상태(전압이 인가된 상태)에서 단락되면 그 부분에는 구리가 구슬모양의 용융흔적
② 1차 용융흔 : 화재를 일으킨 직접적인 단락
③ 2차 용융흔 : 저압이 인가되어 있는 전기 코드류의 피복이 화재의 화염으로 발생한 2차적 단락
④ 열흔 : 단순히 화재열로 녹은 전선
⑤ 1차·2차 용융흔의 식별은 제쳐두고 이 용융흔의 발생개소, 그 자체가 연소방향을 나타냄
⑥ 전기 계통(콘센트회로, 조명회로 등)의 배선 여러 개소에 단락흔이 있는 경우에는 이론적 모순이 없도록 연소방향을 판정해야 함
⑦ 하나의 배선에서 2개 이상의 용융흔이 발견된 경우 부하(선풍기, TV 등 전기를 소비하고 있는 쪽)측에 가까운 쪽이 발화지점일 가능성이 큼

(부하측인 3번이 발화지점)

이 전선류의 단락흔과 열흔은 외관상 특징과 차이가 있어 식별이 가능하다.

[단락흔과 열흔의 특징]

구 분	전 압	내 용	외관의 특징
1차흔	통 전	화재의 원인이 된 단락흔	• 구슬모양으로 광택이 있다. • 단락흔은 화재열로 가열되면 이 특징이 없어지는 경우가 있다.
2차흔		화재의 열로 전기기기코드 등이 타서 2차적으로 생긴 단락흔	
열 흔	비통전	화재열로 용융된 것	눈물모양으로 쳐져있고 광택이 없다

[단락흔(1·2차흔)의 특징 비교]

구 분	1차흔	2차흔
표면형태 (육안관찰)	형상이 구형이고 광택이 있으며 매끄러움	형상이 구형이 아니거나 광택이 없고 매끄럽지 않음
탄화물	일반적으로 탄소는 검출되지 않음	탄소가 검출되는 경우가 많음
금속조직	용융흔 전체가 구리와 산화제1구리의 공유결합조직으로 점유하고 있고 구리의 초기결정 성상은 없음	구리의 초기결정 성장이 보이지만 구리의 초기결정 이외의 매트릭스가 금속결정으로 변형됨
보이드분포	일반적으로 미세한 보이드가 많이 생김	커다랗고 둥근 보이드가 용융흔의 중앙에 생기는 경우가 많음

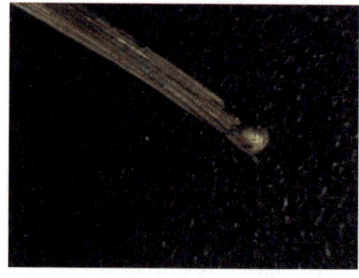 

9 변형 또는 도괴방향에 의한 연소방향 판정

(1) 빔(Beam) 또는 철재 구조물

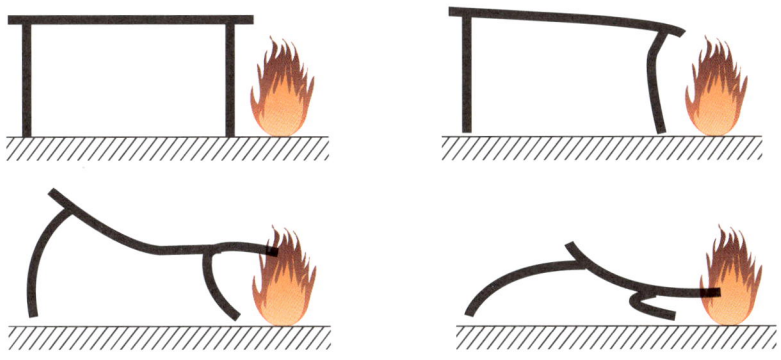

[구조물의 외부 한 쪽 방향에서 화염이 미칠 경우]

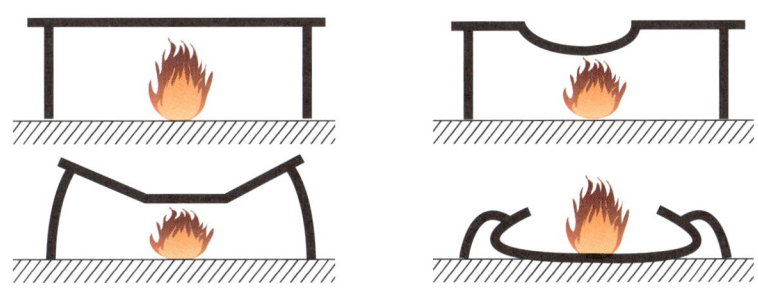

[구조물의 중앙에 화염이 있는 경우]

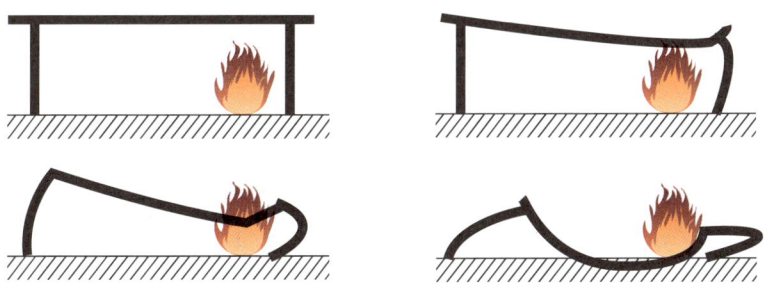

[구조물의 내부에서 한쪽 기둥과 접한 부분에 화염이 있을 경우]

제2절 발화건물의 판정

> **⊕ Plus one**
>
> **발화원인 규명 순서**
> 발화건물의 판정 → 발화실의 판정 → 발화범위 지정 → 지정된 발화범위의 발굴·복원 → 발화개소의 판정 → 발화원의 판정 → 발화원인의 판정

1 연소방향 관찰방법

화재현장 전체의 연소방향을 파악 → 각 건물별 연소방향 파악 → 인접 건물 간의 연소방향 파악 → 발화건물의 판정

(1) **화재현장 전체의 연소방향은 높은 곳에서 파악한다.**
  ① 지붕재 및 잔존상황, 도괴방향과 건물 간의 연소방향을 파악할 수 있다.
  ② 인근에 높은 곳이 없으면 고가사다리차, 헬리콥터 등을 이용한다.

(2) **각 건물별 연소방향을 파악한다.**
  ① **연소진행이 멈춘 부분** : 경계선이 형성되므로 발화건물 판정의 유효한 단서
  ② 연소강약이 명확한 부분
  ③ 상승연소 - 역삼각형(▽), 하강연소의 경우(-)

[상승연소]

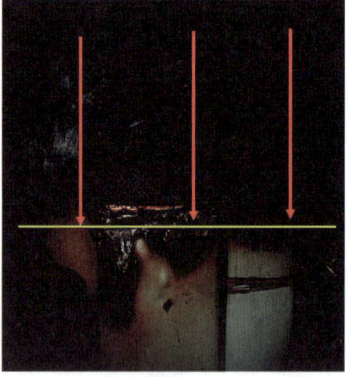
[하강연소]

(3) **여러 건물이 소손되어 있을 경우 인접 건물 간의 연소방향은 다음을 고려하여 파악한다.**
  ① 동과 동 사이의 거리
  ② 외벽의 구조
  ③ 면하고 있는 개구부의 위치

2 개구부를 통한 연소 확산 특성

개구부가 개방되어 있으면 산소공급이 양호하여 그 방향으로 소손이 강하게 나타나게 되고 구획실 내 압력이 낮아지기 때문에 연소속도는 느려지는 환기지배형 화재인 것이 특징이다. 반면, 개구부가 닫혀있으면 구획실 내 반응속도가 커지게 되고 압력도 높아지게 된다.

3 상층과 하층으로의 연소특성

화염은 보통 상층으로 성장하기 때문에 소손이 있는 가장 하층부가 발화층일 경우가 많다. 그러나, 낙하물 또는 배수구를 통해 연소물이 하층으로 연소 확대될 수 있으므로 층별 소손규모를 비교하는 것만으로 판별할 수 없는 경우도 있다.

제3절 화재패턴

1 화재패턴분석

(1) 정 의
 ① 화재 이후 남아있는 눈으로 보고 측정할 수 있는 물리적인 효과이다.
 ② 화재로 인한 화염, 열기, 가스, 그을음 등에 의해 탄화, 소실, 변색, 용융 등의 형태로 물질이 손상된 형상이다.
 ③ 화재가 진행되면서 현장에 기록한 것이다. 즉, 『화재가 지나간 길』

(2) 화재패턴의 형성
 ① 어떤 형태로든 물질이 연소하면 가연물의 양과 시간에 의존하여 반응물질을 생성시킨다.
 ② 발화부와 가까운 곳일수록 그을음은 옅은 색을 띠고 먼 지점일수록 불완전연소에 의한 짙은 색깔의 그을음이 부착됨으로써 경계선을 형성하게 된다.
 ③ 연기의 확산 흐름과 화염의 유동패턴을 분석하여 화재가 지나간 경로를 역추적하여 발화지역 > 발화장소 > 발화지점 > 발화부위 > 발화원 순으로 좁혀나가 최종적으로 발화원인을 결정한다.

(3) 화재역학에 의한 물질의 형상 특성
 ① 해당물질의 성질에 따라서 소실되면서 탄화·용융·변색의 차이를 나타낸다.
 ② 불태워지지 않은 부분과 부분 손상된 곳을 구분할 수 있는 경계선이 형성된다.
 ③ 열원으로부터의 거리 또는 상하 위치에 따라 손상 정도의 차이가 나타난다. 이러한 구분이 없다면 어떠한 물체의 화재패턴을 역 추적하여 발화원을 분석하는 것은 불가능하다.

(4) 화재패턴의 원인
   ① 복사열의 차등 원리 : 열원으로부터 가까울수록 강해지고 멀어질수록 약해지는 원리
   ② 탄화·변색·침착 : 연기의 응축물 또는 탄화물의 침착
   ③ 화염 및 고온가스의 상승 원리
   ④ 연기나 화염이 물체에 의해 차단되는 원리

(5) 화재패턴의 종류
   ① 수직 표면에서 V 패턴
      ㉠ "V"자 형태는 벽, 문 및 가구의 측면 및 기구시설의 측면 같은 수직면에 나타난다.
      ㉡ 형태면의 측면 확산은 위에서 복사된 열에너지와 천장, 처마, 테이블 상부 또는 선반 같은 수평면과 만나는 고온가스와 화염의 위쪽과 바깥쪽으로의 이동에 의해 발생한다.
      ㉢ "V"의 정상점이나 낮은 점은 종종 발화지점을 나타내고, "V"의 각이 더 둔각이거나 예각일수록 연소된 물질은 가연성 벽이 포함된 곳을 더 오랫동안 가열하기 쉽다.
      ㉣ 가연성 수직면의 "V"의 각은 연소시간과 열원을 비교해 보면 불연성 표면보다 더 넓다.
      ㉤ 외부의 특이한 영향이 없을 경우 : 상측 20, 좌우 1, 하방 0.3의 속도비율로 연소확대된다.
      ㉥ 인입공기가 혼합되면서 상승하는 열기둥이 옆으로 퍼져 "V"자 형태가 되며 화염에 대한 제한성이 없는 경우 그 각도는 약 30° 정도가 된다.

[V자 패턴의 형성]   [가구 위의 V자 패턴]   [건물외벽의 V자 패턴]

⊕ Plus one

V자 패턴의 각도 결정요소 21
- 연료의 열 방출률
- 가연물의 기하학적 구조(형상)
- 환기 효과
- 수직표면의 발화성과 연소성
- 천장, 선반, 테이블 윗면 등과 같이 수평표면의 존재

> **예제문제**
>
> 화재가 나타내는 V 패턴의 설명으로 가장 거리가 먼 것은?
> ① 불꽃과 대류 또는 복사열에 의해 형성된다.
> ② 연소가 진행될 때 수직으로 된 벽면이 나타난다.
> ③ 패턴이 나타나는 각도가 넓으면 연소의 속도가 느리다.
> ④ 발화지점이 아닌 곳에서도 생성될 수 있다.
>
> [해설] 패턴이 나타내는 각도는 연소속도에 의해 영향을 받지는 않는다.
>
> [정답] ③

② **모래시계(허리가 잘록한) 패턴**
  ㉠ 화재 위에 생성된 "V" 형태의 고온 가스 구역과 그 밑바닥에 존재하는 화염 구역으로 구성된다.
  ㉡ 화염의 하단부는 역 "V" 형태를 나타내고, 고온 가스 구역이 수직 표면의 중간에 위치할 때 전형적인 "V" 형태가 만들어지는 형태를 "모래시계"라 한다.

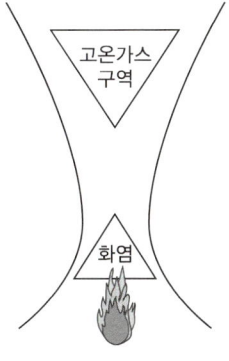  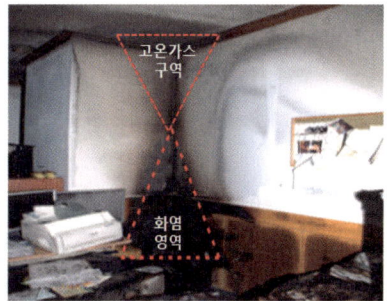

[모래시계 패턴의 형성]

③ **전소화재 패턴**

건물 내 각 층으로 연결된 모든 통로를 포함한 구획실 전역의 모든 연소물 표면에 나타나며 초기 V 패턴의 분석이 어렵다. 이 경우 구획실 내 가연물 하중 총량이 화재 손실의 범위를 결정하게 된다.

④ **U 패턴**
  ㉠ "U" 형태는 훨씬 날카롭게 각이진 "V" 형태와 유사하지만 완만하게 굽은 경계선과 곡선 형태로 나타난다.
  ㉡ "U"자 형태는 "V" 형태에서 보여주던 표면보다 동일 열원에서 더 먼 수직면의 복사열 에너지의 영향으로 발생한다.
  ㉢ "U" 형태의 가장 낮은 경계선은 일반적으로 발화원에 더 가까운 "V" 형태에 상응하는 가장 낮은 경계선보다 높게 위치한다.

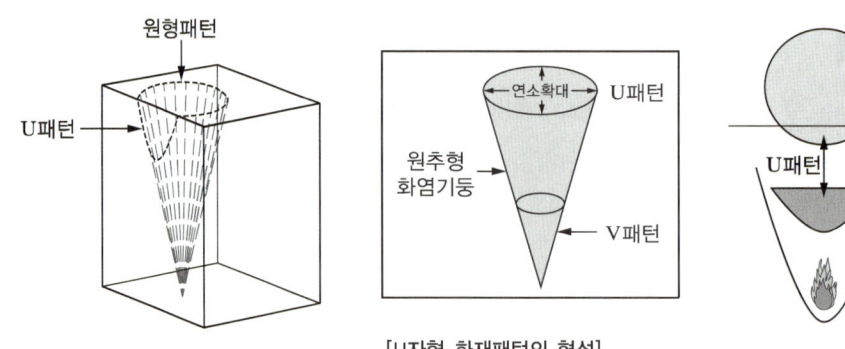

[U자형 화재패턴의 형성]

➕ Plus one

U 패턴 하단부가 V 패턴 하단부보다 높은 원인
위 그림에서와 같이 구획된 실에 화재가 발생하면 연소확대되면서 V 패턴의 꼭지점보다 높은 위치에 U 패턴이 형성되는 것은 발화지점에서 발생한 복사열이 수직벽면에 열원으로 작용하기 때문이다.

⑤ **열 그림자 패턴**
  ㉠ 테이블, 의자, 유리 등 장애물에 의해 열이나 그을음이 차단될 때 발생한다.
  ㉡ 보호구역을 형성하고 이를 통하여 물건의 이동 또는 제거를 알 수 있다.
  ㉢ 화재 이전의 물건 위치를 확인할 수 있어 화재현장 복구 과정에 도움을 준다.

⑥ **폴 또는 드롭다운 패턴** 18
  ㉠ 화재가 진행하는 동안 연소 잔해물이 저층으로 떨어져 그 지점에서 다시 위로 타올라가는 형상을 "폴다운" 또는 "드롭다운"이라 한다.
  ㉡ 복사열 등에 의해 벽에 걸린 옷, 커튼, 수건걸이 등 발화지점과 먼 곳의 가연물에 착화되어 연소물이 바닥에 떨어져 그 지점에서 위로 타 올라간 형태로 발화지점과 혼돈하기 쉽다.

⑦ **포인터 또는 화살패턴** 17
  ㉠ 화재로 표면 피복이 파괴되었거나 피복이 없는 벽의 뼈대선 또는 수직 목재벽 샛기둥에 나타난다. 벽을 따라 화재확산의 진행과 방향은 상대적인 높이를 확인하고 발화장소를 향해 역추적한다.
  ㉡ 더 짧고 더 격렬하게 탄화된 샛기둥은 긴 샛기둥보다 발화지점에 더 가깝다. 발화지점으로부터의 거리가 멀어질수록 남겨진 샛기둥이 높다. 탄화심도와 높이의 차이는 샛기둥의 측면에서 관찰할 수 있다.

ⓒ 샛기둥 교차점의 형태는 열원의 일반적인 영역을 향하여 거꾸로 지시하는 "화살"을 생성하는 경향이 있다. 이는 날카로운 각을 가진 샛기둥의 가장자리를 만드는 열원의 향하여 측면에서 그것을 태우기 때문에 나타난다.

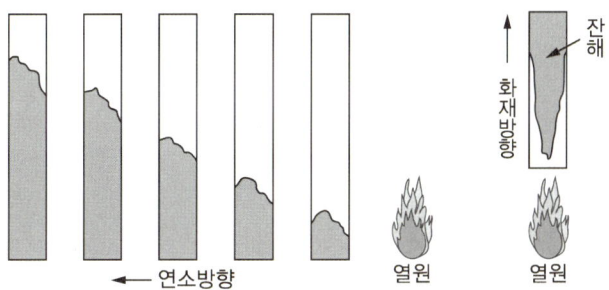

[타버린 목재구조재의 횡단면에 나타나는 화재형태]

⑧ **대각선(↖↗) 연소 패턴**
   ㉠ 뜨거운 열기는 부력과 팽창에 천장을 통해 연소확산한다.
   ㉡ 벽면에 진행 형태가 나타난다.
   ㉢ 열기가 강하고 열 층이 낮은 쪽에서 확산되면서 대각선 형태가 나타난다.

⑨ **고온가스층 지배 패턴**
   ㉠ 과열된 고온층이 유동하는 공간으로부터 발생한 복사선은 구조물의 표면과 바닥재에 탄화, 연소 불연성 표면에 변색·변형이 발생한다. 이 과정은 상온부터 플래시오버 조건 사이에서 시작된다.
   ㉡ 복사열을 받아 바닥표면이 손상된 것과 유사한 손상이 화재에 완전히 노출된 인접 외벽 표면에도 나타난다. 최성기가 되면 복도, 현관, 베란다에 동일한 손상이 일례이다.
   ㉢ 화재가 완전히 실내화재로 진행되지 않는다면 부풀음, 탄화 및 용융 정도의 손상만 일으킬 것이다. 보호된 표면은 손상을 받지 않을 것이다.
   ㉣ 화재가 성장하고 있을 때, 고온층의 하한계를 나타내는 표시는 수직벽면의 표면에 나타난다.

⑩ **수평관통부의 화재확산 패턴** 13 16
　㉠ 국한된 지역에서 훈소에 의해 발생한다.
　㉡ 아래 방향으로의 관통부 생성 원인
　　• 폴리우레탄 매트리스, 소파, 의자 등 가구의 격렬한 연소로 생길 수 있음
　　• 붕괴된 바닥이나 지붕 아래서 생기는 화염으로 바닥 관통부를 만들 수 있음

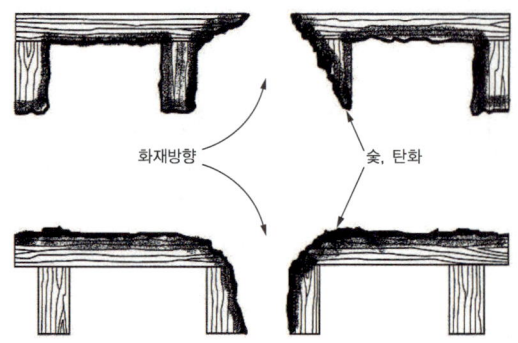
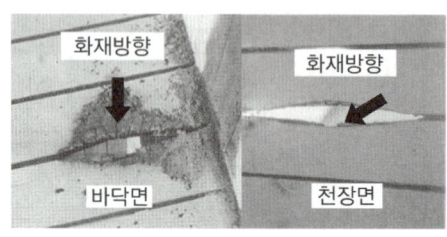

⑪ **환기생성 패턴**(Ventilation-generated patterns)
　㉠ 불이 붙은 숯덩이에 공기를 불어 넣으면 온도가 상승하여 금속을 녹일 수 있을 정도의 충분한 열을 낼 것이다.
　㉡ 문이 잠긴 구획실에서 화재 발생 시 고온가스는 닫힌 문의 상부 틈으로 빠져나가고 차가운 공기는 빠져나간 공기만큼 문의 바닥을 통하여 유입되면서 출입문 안쪽의 상부에 탄화가 일어난다.
　㉢ 출입문 상단 바깥쪽은 문틈으로 유출된 연기나 고온의 가스로 탄화되거나 그을음으로 오염된 형태가 나타나므로 실내에서 실외로 확산되었음을 알 수 있다.

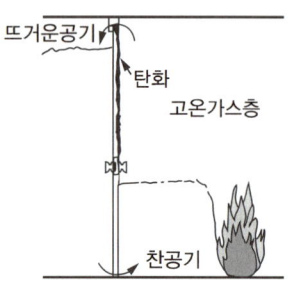
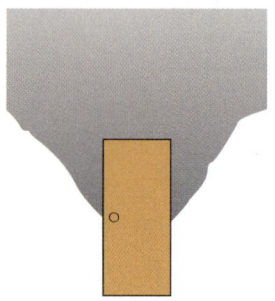

[환기에 의한 출입문 안쪽의 공기의 흐름]

　㉣ 구획실에서 화재가 더욱 성장하면 고온가스는 문의 바닥 쪽으로 이동하여 전체적으로 탄화된다.

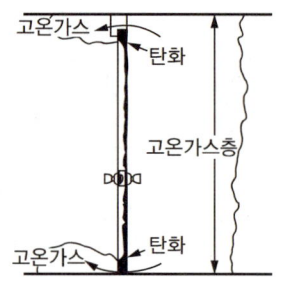

[출입문 안쪽의 고온가스의 흐름]

ⓜ 천장이나 출입문 상단의 불붙은 탄화물이 떨어져 바닥에서 연소되면 출입문 상단부와 하단부에 국부적인 탄화형태가 나타난다.

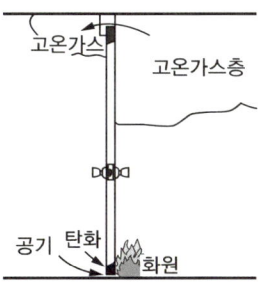

[출입문 안쪽에 떨어진 화원의 성장]

⑫ **완전연소 패턴**

㉠ 완전연소는 표면에 달라붙어서 발견되는 검댕과 연기 응축물이 다 타버릴 때 불연성 표면에 나타나는 현상이다.

㉡ 생성물로 까맣게 된 지역 근처에 깨끗한 지역을 생성한다. 완전연소는 강렬히 복사된 열이나 화염과 직접적인 접촉에 의해서 발생한다.

㉢ 완전연소 지역만으로 화재발생지역을 표시할 수는 없고, 완전연소 지역과 검댕이 생긴 지역 사이의 경계선은 조사자가 화재확산의 방향이나 연소시간이나 강도의 차이를 결정하는 데 이용가능하다.

㉣ 폭열지역과 완전연소 지역을 혼동하지 않도록 한다.

[가스레인지 위 완전연소]   [블록벽의 완전연소 및 폭열]   [블록벽의 완전연소]

⑬ **끝이 잘린 원추형태**

수직면과 수평면 양쪽에서 보여주는 3차원의 화재형태

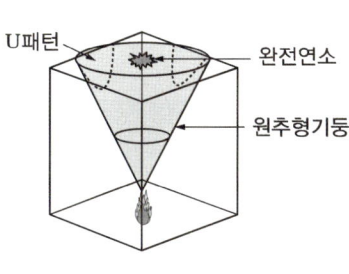
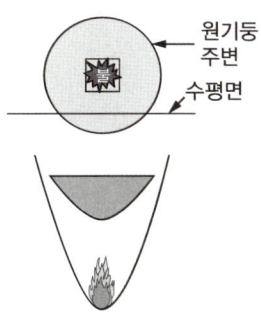

[끝이 잘린 원추형 패턴의 형성]   [U자 패턴의 형성]   [끝이 잘린 원추형 패턴]

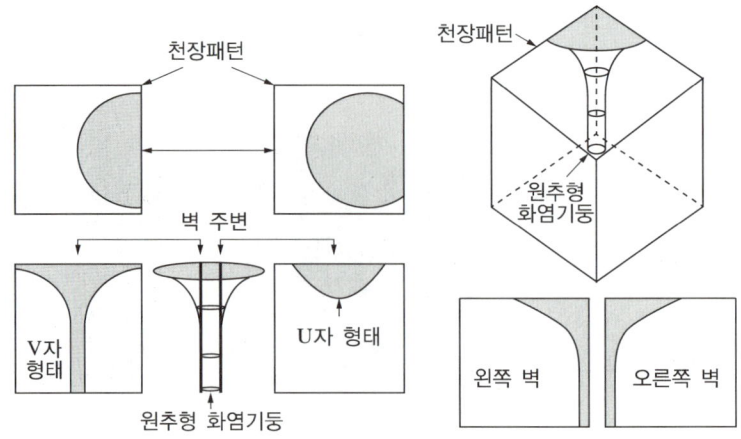

[끝이 잘린 원추형 패턴의 형성]

⑭ **원형패턴**
㉠ 천장, 테이블 상부 및 선반 등의 수평면의 아랫면에 매끄럽지 않은 원형 모양으로 표면의 가장자리가 완전한 원을 나타낼 수 있을 만큼 팽창하지 않을 때나 벽에 근접해 있을 때 발생한다.
㉡ 원형의 중심부는 많은 열원에 노출되어 깊게 탄화된 형태를 보인다. 이는 원형 형태의 중심부 하단에 강한 열원이 존재하였음을 입증하는 중요한 단서가 된다.
㉢ 바닥에는 휴지통, 가구 같은 원형물건이 타서 생기는 형태를 말한다.

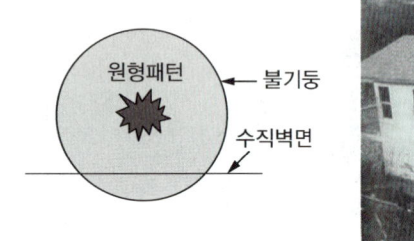

[원형패턴의 형성]　　[지붕 원형패턴]　　

[플라스틱 쓰레기통 용융]

⑮ **안장형 패턴**
㉠ 바닥 접합부의 상부 가장자리에서 발견되는 안장 모양의 형태이거나 독특한 "U" 형태이다.
㉡ 접합부 위의 바닥을 통하여 아래 방향으로 타들어 가면서 생기며, 깊고 심한 탄화를 나타내고 화재 형태는 매우 제한되어 있고 완만하게 굽어 있다.

⊕ **Plus one**

`20` `22`

화재패턴의 종류	화염기둥(화재플럼, Fire Plume) 지배패턴의 종류
• V 패턴 • 모래시계 패턴 • 전소화재 패턴 • U 패턴 • 열 그림자 패턴 • 폴 또는 드롭다운 패턴 • 대각선(↘↗) 연소 패턴 • 포인터 또는 화살 패턴 • 고온 가스층에 의해 생성된 패턴 • 수평면의 화재확산 패턴 • 환기에 의해 생성된 패턴 • 완전연소 패턴 • 끝이 잘린 원추형태 : 3차원 화재패턴	• V 패턴 • 모래시계 패턴 • 역원뿔 패턴 • U 패턴 • 포인터 또는 화살 패턴 • 원형 패턴

(6) 가연성 액체에 의한 화재패턴 `13` `16` `18` `21` `22`

① **고스트 마크**(Ghost mark)
   ㉠ 콘크리트, 시멘트 바닥에 비닐타일 등이 접착제로 부착되어 있을 때 그 위로 액체가연물이 쏟아지면 타일 사이로 스며들어 접착제를 용해 및 연소하면서 변색되거나 박리된 형태가 나타난다.
   ㉡ 특징 : 플래시오버 직전과 같은 강력한 화재열기 속에서 발생한다.

② **스플래시 패턴**(Splash patterns)
   ㉠ 쏟아진 가연성 액체가 연소하면서 발생하는 열에 의해 스스로 가열되어 액면에서 끓으면서 주변으로 튄 액체가 미연소 부분에서 국부적으로 점처럼 연소된 흔적이다.
   ㉡ 가연성 액체 방울은 바람에 의한 영향을 받지만 바람 부는 방향으로는 잘 생기지 않고 반대 방향으로 비교적 멀리까지 발생한다.

③ 틈새 연소패턴(Leakage Fire Patterns)
  ㉠ 가연성 액체가 뿌려진 경우 바닥마감재 표면이나 틈새에서 나타나는 연소형태이다.
  ㉡ 고스트 마크와는 화재초기에 나타나는 점, 단순히 가연성 액체만 연소한다는 점이 다르다.
  ㉢ 방화현장에서 많이 볼 수 있는 형태로 틈새에 고인 가연성 액체는 다른 부분에 비하여 더 강한 연소흔이 나타난다.

④ 낮은 연소패턴(Low burn patterns)
  실의 바닥이나 건물의 하층부가 전체적으로 연소된 형태로 액체촉진제를 사용했거나 사용했을 가능성이 높은 증거로 추정할 수 있는 연소패턴이다.

⑤ 불규칙 패턴(Irregular patterns)
  ㉠ 고온 가스, 화염과 훈소의 잔재, 용융된 플라스틱 또는 인화성 액체의 영향으로 바닥표면이 불규칙적·굴곡·웅덩이 모양의 화재패턴이 나타난다.
  ㉡ 플래시오버 이후 조건, 긴 소화시간 또는 건물붕괴의 상황에서 나타난다.
  ㉢ 불규칙적인 손상지역과 손상되지 않은 지역 사이의 경계선은 열 노출의 강도와 물질의 특성과 연관된다.
  ㉣ 용융 플라스틱뿐만 아니라 바닥 피복재나 바닥에 스며든 인화성 액체는 불규칙적인 형태를 만들 수 있다. 이런 형태는 플래시오버 후의 국한된 가열이나 떨어진 화재 잔류물에 의해 만들어질 수도 있다.

⑥ 퍼붓기 패턴 - 포어패턴(Pour patterns)
  ㉠ 인화성 액체가연물이 바닥에 쏟아졌을 때 쏟아진 부분과 쏟아지지 않은 부분의 탄화경계 흔적을 말한다.
  ㉡ 액체가 자연스럽게 낮은 곳으로 흐른 부드러운 곡선 형태를 나타내기도 하고, 쏟아진 모양 그대로 불규칙한 형태를 나태기도 하지만 연소된 부분과 연소되지 않은 부분에서 뚜렷한 경계 형성한다.
  ㉢ 가연성 액체가 있는 곳은 다른 곳보다 연소가 강하기 때문에 탄화정도의 차이로 구분한다.

⑦ **도넛 패턴**(Doughnut patterns) 17 22
  ㉠ 가연성 액체가 웅덩이처럼 고여 있을 경우 증발잠열에 의해 발생하는 도넛 형태를 말한다.
  ㉡ 도넛처럼 보이는 주변이나 얕은 곳에서는 화염이 바닥이나 바닥재를 연소시키는 반면, 비교적 깊은 중심부는 가연성 액체가 증발하면서 기화열에 의해 냉각되는 현상 때문에 발생한다.
  ㉢ 가연성 액체를 뿌린 방화현장에서 가장자리가 내측에 비하여 더 많이 연소되면서 경계부분을 형성하는 화재패턴이다.

 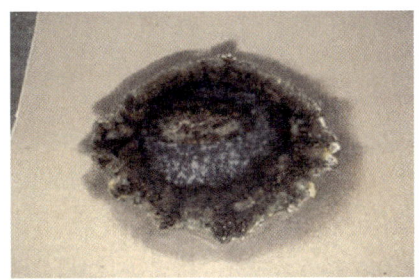

⑧ **트레일러**(Trailer)**에 의한 패턴** 17
  ㉠ 고의로 불을 지르기 위한 수단으로, 수평바닥에 길고 좁게 형성된 연소패턴이다.
  ㉡ 반드시 액체가연물만의 흔적이 아니고 두루마리 화장지, 신문지, 옷 등을 길게 연장한 후 인화성 액체를 뿌려 한 장소에서 다른 장소로 연소를 확대시키는 수단으로 쓰이며 방화현장에서 흔히 볼 수 있다.

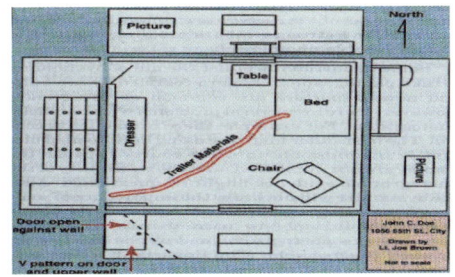 

⑨ **역원추형**(Inverted Cone Pattern) **패턴**
  ㉠ 역원추 형태는 상부보다는 밑바닥이 넓은 삼각형 형태이다.
  ㉡ 바닥 면에서 발산하는 수직벽 위의 온도와 열의 경계선으로 형성된다.
  ㉢ 고온 인화성 또는 가연성 액체나 천연가스 등의 휘발성 연료와 관련된다.
  ㉣ 천장에 닿지 않는 휘발성 연료가 연소하는 수직 플룸으로 생기고, 실의 기하학적 형태와 조합된 연료원의 종류가 중요한 요소로 작용한다.

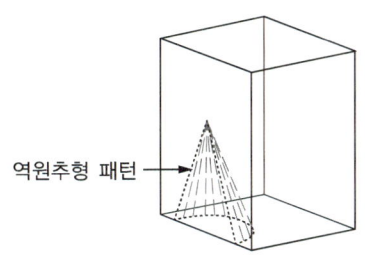  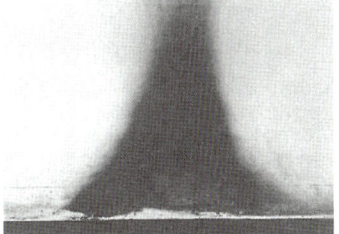

[역원추형 패턴의 형성]　　　　　[수직벽의 삼각형 패턴]

⊕ Plus one

가연성 액체 화재패턴
- 고스트 마크(Ghost mark)
- 스플래시 패턴(Splash patterns)
- 틈새 연소패턴(Leakage Fire Patterns)
- 낮은 연소패턴(Low burn patterns)
- 불규칙 패턴(Irregular patterns)
- 퍼붓기 패턴 – 포어패턴(Pour patterns)
- 도넛 패턴(Doughnut patterns)
- 트레일러(Trailer)에 의한 패턴
- 역원추형(Inverted Cone Pattern) 패턴 – 삼각형태

※ 암기Tip : 고스톱(틈)은 낮고 불규칙하게 퍼야 DTI(빚, 총부채상환비율)없다 또는 Gs Llip DTI

방화와 관련된 연소패턴
- 트레일러(Trailer)에 의한 패턴
- 낮은 연소패턴(Low burn patterns)
- 독립연소패턴

⑩ **무지개효과**(Rainbow effect)
  ㉠ 물보다 비중이 작은 인화성 액체가 소화수 위로 뜨면 기름띠가 무지개처럼 광택을 내며 보이는 현상이다.
  ㉡ 화재현장에 가연성 액체의 사용을 유추할 수 있는 근거도 가능하나 유증의 성분분석 등 감정 없이 안 된다.
  ㉢ 플라스틱, 아스팔트 등 석유화학제품이 연소되면서 발생할 수 있으며, 목재가 분해 연소되면서 식물성 기름이 생성되어 나타날 수도 있다.

⊕ Plus one

가연성 액체의 화재패턴 간섭요소
- 플래쉬오버(Flash Over) 발생단계에서 복사열에 의해 바닥의 광범위한 연소 → 포어패턴으로 오인
- 벽지 등 낙하물에 의한 부분적 연소 → 트레일러 패턴으로 오인
- 물체에 의해 보호된 부위의 미연소 형태 → 틈새 연소패턴으로 오인
- 지속적으로 연소진행될 수 있는 바닥재의 가연성 → 고스트 마크로 오인

위 요소들은 가연성 액체가 사용되지 않은 화재현장에서 다양하게 나타나므로 조사관은 발화원인 결정에 오류를 범하지 않게 주의한다.

방화화재의 전형적 패턴
- 트레일러 패턴(Trailers pattern)
- 퍼붓기 패턴 – 포어패턴(Pour patterns)
- 스플래시패턴(Splash patterns)
- 고스트 마크(Ghost mark)
- 틈새연소패턴
- 불규칙패턴(Irregular patterns)
- 독립한 2개소 이상의 발화지점 : 외견상 다수 발화지점은 다음의 확산 결과일 수 있으므로 반드시 주의한다.
  - 전도, 대류, 복사
  - 불 티
  - 직접적인 화염 충돌
  - 커튼과 같은 낙하된 가연물
  - 파이프 홈 또는 덕트 등 샤프트를 통한 확산
  - 벌룬 구조 내 바닥 공동 또는 벽의 내부 확산
  - 과부화된 전기배선
  - 유틸리티 설비의 고장

예제문제

인화성 및 발화성의 가연물이 연소할 때 중심부의 가연성 액체를 기화시키면서 나타나는 화재패턴은? 〔15〕
① 포어 패턴(Pour pattern)
② 레인보우 패턴(Rainbow pattern)
③ 스플래시 패턴(Splash pattern)
④ 도넛 패턴(Doughnut pattern)

정답 ④

불기둥(화재플럼, Fire Plume)에 의해 수직벽면에 형성되는 패턴으로 옳지 않은 것은? 〔13〕
① V 패턴
② 모래시계 패턴
③ 도넛형태의 패턴
④ U 패턴

정답 ③

액체가연물이 연소되면서 발생되는 열에 의해 가열되어 주변으로 튀거나, 액체를 뿌릴 때 바닥면에 액체 방울이 튄 것처럼 연소하는 패턴은? 〔13〕
① 고스트 마크(Ghost Mark)
② 스플래시 패턴(Splash Pattern)
③ 포어 패턴(Pour Pattern)
④ 도넛 패턴(Doughnut Pattern)

정답 ②

제4절 화재패턴의 분석요소

1 물질의 질량손실

- 목재로 된 벽 샛기둥이 위로부터 아래쪽으로 점진적으로 연소된다는 사실은 화재확산을 "포인터 및 화살" 화재형태 분석으로 사용한다.
- 물질의 질량 감소는 화재 기간과 강도의 지표로도 사용한다.
- 질량 감소율은 물질 표면에 대한 열선속, 화재 성장속도, 물질자체의 열방출률 등에 따라 달라진다. 화재의 크기가 성장하면 질량 감소율도 증가한다.

2 탄화물 [14]

(1) 탄화물 표면 효과

표면은 화재 열에 의해 분해되므로 변색과 탄화 정도를 인접지역과 비교하여 가장 많이 연소된 장소를 찾는다.

(2) 목재 탄화물

고온에 노출될 때 목재는 가스, 수증기 및 연기 등 여러 가지 열분해 생성물을 분출하는 화학분해가 일어나고 탄화물이 만들어질 때 수축되고 갈라짐과 부풀림이 생긴다. 고체 잔류물은 탄소이다.

① 탄화 속도
  ㉠ 연소 지속기간 결정은 탄화물에 대한 측정 깊이에 의존해서는 안 된다.
  ㉡ 이런 모양은 나무의 종류, 나무결의 방향, 함수량 및 다른 변수에 따라 변할 것이다.
  ㉢ 탄화 속도는 고온가스의 속도와 환기조건의 함수다. 가스가 빠르게 유동하거나 환기는 탄화를 빠르게 한다.
  ㉣ 나무의 연소 및 탄화속도는 일단 목재가 건조된 후에는 나무의 나이와는 관계가 없다.
  ㉤ 화재와 관련된 탄화물의 특성을 이용할 경우, 연소속도와 심도에 영향을 미치는 모든 가능한 변수를 주의 깊게 고려한다.

② 탄화물 다이어그램 깊이 : 명백하게 보여지지 않는 경계선은 가끔 그리드 다이어그램에서 탄화물 깊이를 측정하고 도표화하는 과정으로 분석을 위한 검증이 될 수 있다. 그리드 다이어그램에서 동일한 탄화물 깊이 지점을 연결하는 선(탄화물 등심선)을 그림으로써 경계선을 확인할 수 있다.

③ 탄화물 깊이 분석 : 어떤 중요한 변수는 탄화물 깊이 형태 분석의 유효성에 영향을 미친다. 다음과 같은 요소를 포함한다.
  ㉠ 측정된 탄화물 형태를 만드는 단일 열 또는 연료원 대 다중 열 또는 연료원, 탄화물 깊이의 측정은 2개 이상의 화재 또는 열원을 결정하는 데 유용하다.
  ㉡ 탄화물 측정치는 동일한 물질로 비교한다. 2인치(5.08cm)와 4인치(10.16cm) 크기의 샛기둥의 탄화물 깊이와 목재로 된 인접 벽 패널의 탄화물 깊이를 비교하는 것은 부적합하다.
  ㉢ 연소속도에 영향을 주는 환기 계수, 목재는 고온 연소가스가 나갈 수 있는 개구부나 환기구에 인접해 있으면 훨씬 더 깊게 탄화된다.

    ㉣ 측정 기술과 방법의 일관성, 각각 비교할 수 있는 탄화물 깊이의 측정은 동일한 기구와 동일한 기술로 이루어져야 한다.
④ 탄화물 깊이 측정
    ㉠ 탄화물 깊이를 측정하는 방법의 일관성이 정확하게 서술하는게 핵심이다. 주머니칼 등의 끝이 날카로운 기구는 정확한 측정에 부적합하다. 칼의 날카로운 끝은 탄화되지 않은 목재 밑을 자르는 경향이 있다.
    ㉡ 캘리퍼스 일종인, 타이어 홈 깊이 게이지 또는 특별히 개조된 금속자와 같이 가늘고 끝이 무딘 탐침이 좋다.
    ㉢ 비교할 측정의 모든 세트에 대해서 동일한 측정기구를 사용한다. 또한 측정기구를 삽입하는 동안 각각의 측정 시 거의 동일한 압력이 정확한 결과를 얻는 데 필요하다.
    ㉣ 탄화물 깊이 측정은 부풀림 사이의 갈라진 틈새 근처나 탄화물 부풀림의 중심에서 한다.
    ㉤ 탄화 깊이를 결정할 때 남아있는 요철(凸)에 목재가 타서 없어진 깊이를 더한다(**탄화심도 = 목재의 요철+목재가 타서 없어진 부분**).

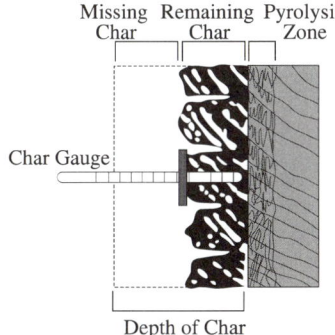

⊕ Plus one

목재의 탄화 속도(연소속도)에 영향을 미치는 인자 18
- 가열속도와 가열시간
- 환기 효과
- 표면적과 질량 비율
- 나무결의 방향, 위치, 크기
- 목재의 종류(소나무, 참나무, 전나무 등)
- 수분함량
- 코팅 표면 특성
- 목재의 밀도
- 고온가스의 산소농도

⑤ 탄화물 오인 : 반짝거리는 부풀림(기포)의 존재는 화재동안 액체촉진제가 존재한다는 오인이다. 이러한 부풀림의 종류는 많은 다른 종류의 화재에서도 발견할 수 있다. 큰 곡선모양의 부풀림이 있다고 해서 촉진제에 의한 화재를 나타낸다고 유추해서는 안 된다. 조사관은 화재가 발생한 시간을 단지 탄화물 깊이에 근거하여 판정해서는 안 된다.

3 폭 열 17 18

- 콘크리트는 모래와 자갈이 물과 함께 결정체로 만들어진 것으로 열에 의해 폭발하면 물이 방출되고 결정체는 결합력을 잃어 부스러진다.
- 콘크리트는 압축에는 매우 강하나 팽창에는 약하기 때문에 열에 의해 다공성 구조에 갇힌 수분이 팽창하게 되면 콘크리트를 파괴한다.

(1) 폭 열
물질 내부에서 기계적인 힘을 초래하는 가열속도와 고온에의 노출로 기인한 콘크리트, 조적, 벽돌의 표면장력 강도의 붕괴로 발생
① 굳지 않았거나 양생되지 않은 콘크리트 안에 존재하는 수분
② 철근 또는 철망 및 주변 콘크리트 사이의 불균일한 팽창
③ 콘크리트 제조용 자갈과 혼합물 사이의 불균일한 팽창(규소콘크리트 제조용 자갈)
④ 잘 연마된 표면 마감층과 거칠거칠한 내부층 사이의 불균일한 팽창
⑤ 슬라브의 내부와 화재에 노출된 표면 사이의 불균일한 팽창

(2) 폭열의 영향에 미치는 요소
① 가연물량
② 골재의 종류
③ 콘크리트의 연수
④ 강철선을 넣어 응력을 준 패널이나 강화된 슬라브와 같이 사용한 기계적 강화제의 양
⑤ 온도와 온도 상승 속도
⑥ 차가운 물로 달구어진 콘크리트를 급냉각

(3) 폭열의 메커니즘
표면의 팽창과 수축이 다른 부위마다 다른 속도로 발생한다.

(4) 폭열된 부분
깨끗한 표면 아래 물질의 노출 때문에 인접지역보다 더 밝은색이다. 인접지역은 그을려서 더 어두운색이 된다.

(5) 하중과 응력
높은 하중과 응력은 화재 위치와 관련이 없으므로, 천장이나 빔 아래에서의 콘크리트 폭열은 발화지점 직상부에서 일어나지 않을 수도 있다.

(6) 폭열 오인
① 고체, 액체, 기체 어느 연료든지 그 연료로부터 나오는 높은 가열속도에 노출되면 폭열을 일으킬 수 있다.
② 가열된 콘크리트, 벽돌, 조적 등을 소화수로 급속히 냉각시키면 폭열을 일으킬 수 있다.

4 하 소

- 석고보드의 표면종이는 탄화되고 또한 완전연소될 수 있다.
- 화염에 노출된 면에 있는 석고는 유기 접합제의 탄화와 그 안의 탈경화제의 열분해로 회색이 된다. 좀 더 가열하면 회색은 전체적으로 나타나고 뒷면의 표면종이는 탄화된다.
- 화재에 노출된 면은 탄소가 완전연소하여 없어지므로 더 하얗게 될 것이다.
- 벽판의 모든 두께가 전체적으로 하얗게 되면 양면에 남겨진 종이는 남아있지 않고, 석고는 탈수되어 부서지기 쉬운 고체로 변한다. 이런 석고벽판은 수직 벽 상태로 있다가 소화수를 많이 흡수한 경우에는 바닥으로 떨어진다.
- 화재 노출 시에 석고벽판의 강도를 유지하기 위해 광물섬유나 질석입자가 들어 있어 완전히 하소된 후에도 석고벽판의 강도를 유지한다.
- 석고 벽표면이 열에 노출된 후에 회색과는 다른 색 변화가 발생할 수도 있으나 화재원인조사에서 색깔 그 자체가 중요한 것은 아니다. 하지만 색깔의 차이가 경계선을 나타낸다.
- 석고벽판이나 회벽판에서 하소된 지역과 하소되지 않은 지역 사이의 관계도 또한 경계선을 나타낸다. 하소된 부분의 두께를 측정하여 표면에 드러나지 않은 패턴을 유추할 수 있다.

⊕ Plus one

석고보드의 하소 요약
석고보드 벽은 두꺼운 종이 사이에 석고를 채워 만든 것으로 100~180℃의 열에 노출되면 물의 결정성을 잃어 회색에서 흰색으로 탈수현상을 확인할 수 있다.
- 흰색과 회색 간의 변화는 탈수 또는 응축된 열분해의 화학적 결과
- 단면의 매우 뚜렷한 두 층간 – 급속한 화재현상
- 핑크, 블루, 그린색은 화재와 관련이 없고 석고의 불순함을 의미

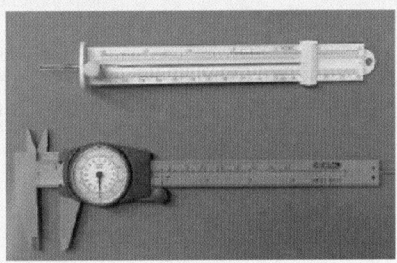
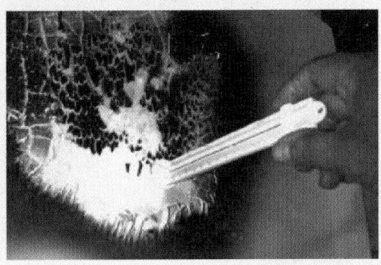

5 유리창 17 18

(1) 유리 파손
 ① 유리판을 창틀에 끼워놓아 화재의 복사열에 노출되지 않은 유리창 모서리 부분과 노출된 유리판 중심부분 사이에서 60℃(140°F) 이상의 온도차가 발생하면 창유리의 중심에서 틀의 가장자리까지 사방으로 방사하는 길고 부드러운 파도와 같은 균열이 발생할 수 있으며, 이 균열이 서로 연결되어 유리 전체가 파손될 수 있다. 균열된 유리는 틀에서 떨어질 수도 있고 그렇지 않을 수도 있다.
 ② 건물화재 시 유리창 바깥쪽은 상대적으로 온도가 더 낮을 때 안쪽면이 갑자기 화염과 접촉하면 유리판 양면 사이에 응력이 발생하여 깨진다.
 ③ 잔금은 유리판에 생긴 복잡한 패턴의 짧은 금으로 이론적으로는 창의 한쪽 면은 상대적으로 차가운 상태에서 다른 쪽이 매우 빠르게 가열된 결과 발생한다.
 ④ 균열은 직선이나 곡선 형태이며 유리 두께 방향으로 번질 수는 없다.

(2) 강화유리
 화재나 폭발로 깨지면 작은 입방체 모양으로 부서지며 유리의 잔금보다 통일된 모양이다.

(3) 유리 얼룩
 ① 그을음 없는 유리파편은 다음과 같은 경우에 발생한다.
  ㉠ 급격히 가열된 경우
  ㉡ 화재초기 화염에 접촉하기 전에 파손된 경우
 ② 유리얼룩 정도에 영향을 주는 요소
  ㉠ 열원과 근접 정도
  ㉡ 발화지점과 근접 정도
  ㉢ 환기구와 근접 정도
 ③ 유리에 탄화수소 잔류물(두껍고 기름기가 있는 그을음)이 존재하는 것을 액체촉진제를 사용했다고 오인해서는 절대 안 된다. 그런 그을음은 나무나 다른 셀룰로오스 물질의 불완전연소로도 생길 수 있기 때문이다.

> **⊕ Plus one**
>
> **유리창 요약**
> • 기계적 파손 – 직선, 방사상, 동심원 균열, 부서진 단면에는 곡면 또는 조가비 모양의 선
> • 화염에 의한 균열 – 곡선, 매우 부드러움
> • 깨진 모서리에 남아있는 그을음으로 균열이 화재 전후관계 규명 가능
> • 화재실의 유리가 깨지는 현상 – 플래시오버 상태가 있었음을 유추 가능
> • 가늘게 찢어지거나 평행한 두께의 파손 – 가연성 액체의 폭발 유추
> • 금이 가거나 작은 크랙이 생긴 유리 – 물로 인한 냉각소화 시 발생

6 붕괴된 가구 스프링

- 강철선 스프링은 풀림 온도(600~650℃)에 이르면 기질을 잃어 자체 무게로도 붕괴된다.
- 스프링의 붕괴는 "화염 촉진제"나 "훈소 연소" 등의 특별한 열원에 대한 노출을 표시하는 것으로 이용될 수 없다.
- 고온에서 단시간 가열과 약 400℃(750°F) 근처의 중온에서 장시간 가열은 가구 스프링을 달굴 수 있고, 탄력성을 잃게 하는 원인이 된다.
- 가열되는 동안 스프링 위에 무거운 하중이 있으면 스프링 인장강도의 손실을 증가시킨다.

> **⊕ Plus one**
>
> 다음 연소패턴은 화재현장의 온도와 연소방향을 알 수 있게 해준다.
> - 일반적으로 스프링은 화재가 발생한 쪽이 심하게 붕괴
> - 화재실 내 플래시오버 현상이 있었다면 전체적으로 붕괴

7 뒤틀린 전구 17

- 백열전구(매우 낮은 와트의 램프는 제외)는 질소 등의 비활성 가스를 채운다. 백열전구가 가열되면 팽창된 가스는 전구를 바깥쪽으로 부풀어 올라 부드러워져서 파열된다.
- 화재를 소화한 후에도 그대로 남아있어 연소방향을 확인하는 데 사용할 수 있다.

8 희생자 상해

- 인간이 화재나 열에 노출되면 피부, 지방, 근육, 뼈가 차례로 반응을 나타낸다. 때문에 화재현장에서 희생자의 위치 및 상태와 열원으로부터의 방향, 화상패턴 등을 주의 깊게 관찰해야 한다.
- 부검 결과 및 사진과 같은 연소 손상에 관한 정보와 화재현장의 연소패턴을 관련지어 조사한다.

제5절 패턴에 의한 화재진행 과정 추적

여러 건물이 소손되어 있는 화재현장에서는 [발화건물 → 발화실의 판정 → 발화범위(보통은 실 단위) 한정 → 한정된 발화범위의 발굴·복원 → 발화개소의 판정 → 발화원의 판정 → 발화원인의 판정]이라는 순서로 발화원인을 규명하고 있다. 특히, 발화범위 한정의 조사는 화재현장에서 발굴·복원하는 범위, 즉 발화되었다고 추정되는 범위를 결정하는 것이다. 이 조사를 그르치면 발화원이 된 제품 등을 발견할 수 없게 되어 발화원인을 그르치게 된다.

1 발화건물의 판정

발화건물의 판정순서는 [화재현장 전체의 연소방향의 파악 → 각 건물별 연소방향 파악 → 인접건물 간의 연소방향 파악 → 발화건물의 판정]으로 하고 있다.

예를 들면 아래 그림과 같은 연소방향을 나타내고 있는 경우 화재현장 전체의 연소방향으로부터 최초에 발화한 것은 왼쪽 사진에서는 A씨 주택, 오른쪽 사진에서는 표시된 창고 건물로 귀납적으로 판정할 수 있다.

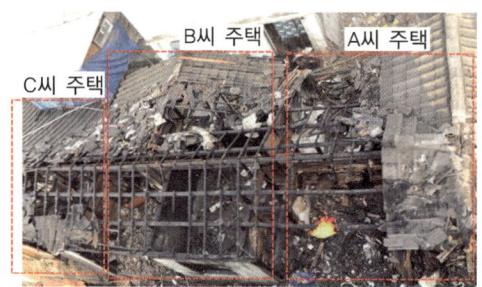

> ⊕ **Plus one**
>
> **화재현장 전체의 연소방향의 파악**
> 화재현장 전체의 연소방향은 가능한 높은 곳에서 파악한다. 높은 장소에서 화재현장을 보면 전체적인 연소방향의 파악이 비교적 용이하기 때문이다. 지붕재, 기타의 구조재 등의 잔존상황, 타서 무너진 방향에 물건 간의 연소방향이 나타난다. 높은 장소가 없는 경우에는 사다리차, 헬리콥터 등을 활용한다.
> - 각 건물별 연소방향의 파악
>   - 각 건물의 연소방향은 타다 멈춘 부분 또는 연소강약이 명확한 부분으로부터 파악한다.
>   - 타다 멈춘 부분은 연소방향이 명확하므로 발화건물 판정의 유효한 단서가 된다.
>   - 연소방향은 타서 허물어진 경우에도 나타난다. 발화개소 측으로 타서 허물어지는 경우가 많다.
> - 인접건물 간의 연소방향의 파악
>   복수의 건물이 소손되어 있으면 인접동 간격, 외벽의 구조, 대면하는 개구부의 상황 등으로부터 건물 간의 연소방향, 즉 연소경로를 명확히 하여 둔다.

2 발화층의 판정

화재에서 보통 화염은 위쪽으로 향한다. 이 때문에 화재층은 보통은 소손이 있는 가장 아래층이 되는 경우가 많다. 그러나 아래층으로 연소 확대된 화재나 소손한 층끼리의 소손규모를 비교하는 것만으로는 판별할 수 없는 화재도 있으므로 주의해야 한다.

3 발화범위의 한정(발굴·복원 前)

- 발화원인규명 과정에서 발화했다고 추정되는 개소(보통은 부엌, 거실 등의 실 단위)를 발굴
- 발굴범위(발화개소)를 그르치는 것은 발화원인을 그르치는 것 → 신중한 발굴범위의 판정
- 발화범위를 한정하는 순서(발화건물의 판정과 유사)
    ※ 각 실별 연소강약 파악 → 건물 전체의 연소방향 파악 → 발화범위(실)의 판정

4 발화개소의 판정(발굴·복원 後)

- 명확한 화염이 올라간 흔적이 보이는 경우를 제외
- 발굴 전 발화범위의 한정은 실 단위의 넓은 범위
- 이에 비해 발굴·복원 후에는 그 범위를 좁혀 아주 한정적인 부분(침대 주위, TV 주위 등)으로 압축하여 발화개소를 판정
- 발화개소 한정 순서
- 실내의 각 가구재·건물 구조재 개개의 연소강약 파악 → 이들 연소강약이 나타내는 실내 전체의 연소방향 파악 → 발화개소의 판정
- 발화개소에서 나타나는 특징
    • 상대적으로 주변보다 심한 연소흔
    • V 패턴의 연소흔
    • 벽면 또는 천장부의 박리
    • 목재의 부분소실
    • 전기 단락흔

제6절 발굴 및 복원 14

1 발굴 전 관찰사항

- 화재현장은 발굴 등으로 한번 훼손되면 복원할 수 없는 특징이 있으므로 발굴 전에 모든 연소상황을 사진촬영하고 기록해야 한다.
- 각 실별 연소강약을 관찰한다.
- 건물 전체의 연소방향을 관찰한다.
- 발화범위(실)를 한정하여 발굴대상 지점을 정한다.

2 발굴 및 복원의 방법

발굴은 화재현장에서 연소, 낙하, 퇴적, 소화작업 등에 의해 묻히거나 훼손된 초기 연소상황을 얻는 것으로 발화원인을 규명하고 연소경로를 파악할 수 있으므로 매우 중요하다.

(1) 발굴방법

① 목격자 진술, 연소패턴, 전기적 특이점, 기타(CCTV, 차량용 블랙박스) 등을 분석하여 예상 발화지점을 결정하고 그에 필요한 범위를 설정한다. 예상발화지점이 다수일 경우 나누어 실시하는 것이 효과적이다.
② 전기 및 천장으로부터의 낙하물과 같은 위험을 제거하고 바닥에 남은 소화수를 퍼낸다.
③ 발굴 단계별 모든 상황을 사진촬영하면서 맨 위의 낙하물부터 차례로 걷어내면서 연소상황과 일치하는지 확인한다.
④ 발굴 중 정밀감식·감정이 필요한 물건, 복원해야 할 물건은 잘 보관한다.
⑤ 화재 초기에 낙하된 물건은 가능한 이동하지 않고 현장보존 하도록 한다.
⑥ 발화지점에 가까이 갈수록 대형공구보다는 섬세한 공구나 수작업으로 발굴한다.
⑦ 발화원인으로 추정되는 증거물(유류흔, 콘센트, 스위치, 밸브류, 전기배선의 단락흔)이 발견되면 손상되지 않도록 증거물 수집규칙에 의거 채집한다.
⑧ 낙하물이 제거된 바닥면은 빗자루로 쓸고 깨끗한 물로 씻어낸 후 물기를 제거하고 연소상황을 관찰한다.

(2) 복원방법 17 20

① 복원은 발굴된 낙하물이나 도괴된 부분을 화재발생 전 상태로 재구성하는 것이다.
② 화재 특성상 유실물이 많아 100% 복원은 불가능하므로 식별이 확실한 것만 복원시킨다.
③ 발굴된 물건의 위치를 명확히 한다.
④ 복원에 필요 시 동일한 대용재료를 사용하되 대용물임을 표시한다.
⑤ 수직·수평관통부의 부재인 목재나 알루미늄 등은 타거나 녹아서 남은 것, 가늘어진 것 등을 관찰하여 일치되는 곳을 맞춘다.
⑥ 관계인을 입회시켜 복원상황을 확인한다.

예제문제

화재현장 복원 요령으로 가장 옳은 것은?
① 형체가 소실되어 배치가 불가능한 것은 끈이나 로프 또는 대용품을 사용하되 대용품이라는 것이 인식되도록 한다.
② 복원은 현장식별이 가능하지 않는 것도 복원한다.
③ 불확실하지 않아도 예측에 의존하여 복원한다.
④ 관계인은 복원현장에 입회시키지 않는다.

정답 ①

3 주요 관찰 및 주의사항

- 발굴과 복원을 통해 취득된 것 중 화재의 직접 증거로 추정되는 물건과 감정이 필요한 물건은 채취하여 분류하고 목록에 기입, 채취위치와 이유, 감정의뢰 사유 등을 기록한다.
- 증거물 중 인화성 액체와 같이 기밀을 유지해야 하는 물품은 필히 밀봉한다.
- 증거물 채취 과정에서 조사관의 잘못된 취급으로 오염되지 않도록 각별히 주의한다.

CHAPTER 07 화재상황의 상황파악 및 현장보존

제1과목. 화재조사론

제1절 화재상황

1 기상상황(날씨, 온도, 습도, 풍향, 풍속, 기상특보)

(1) 화재발생지역(발화지점)의 직접적인 기상상황은 다음과 같은 이유로 필히 조사하여 기록해야 한다.
① 자연발화나 건조상태, 가연물 연소 특성과 관계된다.
② 기상특보는 낙뢰, 자연발화 등과 밀접한 관계가 있다.
③ 날씨 및 온도는 화재진압사항과 수렴화재, 자연발화에 관계된다.
④ 풍향 및 풍속은 건물에 나타난 연소패턴, 연소확대 경로와 밀접한 관련이 있다.

2 가연물질의 종류 및 특징

(1) 목재 등의 가연물
① 목재는 연소 시작 후 표면에서 중심으로 탄화가 진행된다.
② 표면은 거북등처럼 거칠어진다.
③ 탄화모양은 폭이 넓고 깊다.
④ 목재표면은 박리와 탄화를 반복한다.
⑤ 계속된 연소로 가늘게 되어 소실된다.

(2) 위험물(유류, 가스 등)
① 유류화재 시 먼 거리에서도 검은 연기가 발견되고 다른 화재에 비해 피해규모가 크다.
② 가스화재의 가장 큰 특징은 산소와 접촉상황에 따라 폭발을 일으킬 수 있다.

(3) 합성화합물(플라스틱 등)
① 수열로 연화되면 자체하중으로도 그 형태가 붕괴되거나 구멍이 뚫린다.
② 수열에 따라 변색 → 변형 → 용융 → 소실 순으로 진행된다.
③ 다소 차이가 있으나 40~60℃에서 열변형이 시작되고 200~400℃에서 열분해 된다.

3 화염의 상황 18

(1) 화세의 강약 21
① 불꽃연소 : 단위시간당 방출하는 열량이 많아 연소속도가 매우 빠르다. 연소 시 발생하는 열량의 절반은 가연물을 가열하여 연소가스 방출에 소모되고 나머지 절반은 복사열로 방출된다. 정상상태에서는 발생하는 열량과 방출되는 열량이 시간적으로 같으나 열량이 더 많아지면 화세가 강하게 된다.
② 표면연소 : 금속분, 숯, 코크스와 같이 쉽게 산화될 수 있는 금속물질 등에서 일어나며 불꽃은 없지만 고온발열한다.

(2) 화염의 높이
수평방향을 1로 할 경우 수직방향 20, 하방향 0.3의 비율로 확대된다.

(3) 화염의 온도와 색 13 21

색 상	담암적색	암적색	적 색	휘적색	황적색	백적색	휘백색
온도(℃)	520	700	850	950	1,100	1,300	1,500 이상

(4) 비 화
최초 발화장소에서 불티가 바람의 영향으로 공중으로 날아 떨어진 곳의 가연물에 착화하는 것이다.

예제문제

화염의 색이 백적색일 때 불꽃의 온도는?   13 21
① 350℃ 정도   ② 800℃ 정도
③ 1,300℃ 정도   ④ 1,500℃ 정도

정답 ③

---

4 연기의 상황

(1) 연기확대 경로
① 연기의 흐름
　㉠ 연기는 화재발생 약 10분 후면 약 100m까지 확산된다.
　㉡ 연기는 천장으로 상승하여 체류하면서 벽을 따라 하강하고 바닥에 체류한다.
　㉢ 건물내부온도 < 건물외부온도 : 연기는 아래로 이동한다.
　㉣ 건물내부온도 > 건물외부온도 : 연기는 위로 이동한다.

② 연기의 이동속도

방 향	수 평	수 직	실내계단
이동속도	0.5~1.0[m/s]	2.0~3.0[m/s]	3.0~5.0[m/s]

㉠ 연기층의 두께는 연소의 강하에 따라 달라진다.
㉡ 연소에 필요한 신선한 공기는 연기의 유동방향과 같다.
㉢ 화재실에서 분출된 연기는 공기보다 가벼워 통로의 상부를 따라 유동한다.
㉣ 연기는 발화층부터 위층으로 확산된다.

(2) 연기의 농도

① 연기에 의한 시각장해는 연기의 농도에 의해 좌우되며 연기의 농도와 가시거리는 반비례한다.
② 연기는 일종의 불완전한 연소생성물로 온도가 낮을수록 응축에 의한 액적이 많아져 검은색 연기로 된다.
③ 연기의 농도 표시
  ㉠ 중량농도 : 단위용적 당 연기입자의 중량(mg/m^3)
  ㉡ 입자농도 : 단위용적 당 연기입자의 개수(개/m^3)
  ㉢ 감광계수 : 연기 속을 투과하는 빛의 양(투과율)

연기 농도(감광계수)	가시거리(m)	상 황
0.1	20~30	연기감지기가 작동할 정도
0.3	5	건물 내부에 익숙한 사람이 피난에 지장을 느낄 정도
0.5	3	어두침침함을 느낄 정도
1	1~2	거의 앞이 보이지 않을 정도
10	0.2~0.5	화재 최성기 때의 정도
30	-	출화실에서 연기가 분출될 때의 연기농도

(3) 연기의 색

가연성 물질이 불완전연소 시 탄소성분의 미립자(그을음)가 연기에 섞이게 되어 검은색을 띠게 되고 연소 시 각종 미립자들과 수증기가 섞이게 되면 흰색 또는 회색으로 보이게 된다.

예제문제

연기에 대한 설명으로 옳지 않은 것은? 15 21
① 연기는 공기 중에 부유하고 있는 고체 또는 액체의 미립자이다.
② 건물 내에서 연기의 확산속도는 수평으로 0.5m/s이다.
③ 알코올이 연소될 경우 연기의 색이 진한 검정색을 띤다.
④ 고층건축물에서 연기를 이동시키는 주요 추진력은 굴뚝효과이다.
해설 알코올이 연소될 경우 연기의 색은 무색투명하거나 옅은 흰색을 띤다.

정답 ③

5 연소 확대 상황

(1) 연소의 범위
 ① 연소되지 않은 부분과 소실되거나 탄화된 부분의 경계선으로 구분한다.
 ② 그을음의 경계선으로 범위를 설정한다.

(2) 연소 진행방향
 발화지점에 근접할수록 화염의 영향을 오래 받아 소손흔이 깊다.

(3) 연소확대 속도
 ① 연소속도 = 화염속도 − 미연소 가연성 혼합기의 이동속도
 ② 화염 속에 화학반응의 속도로 정해지는 수치이며 온도와 압력이 상승하면 증가한다.

제2절 현장보존

1 화재방어 시 현장보존과 통제

- 발화범위 부근의 과잉주수, 파괴, 밟음, 휘적거림 등을 하지 않도록 한다.
- 불가피하게 물건을 파괴 또는 이동할 경우에는 파괴·이동 전의 위치를 기록하거나 사진 촬영하여 원상태를 명확하게 한다. 또한, 사진촬영은 피사체가 있는 그대로의 상태로 기둥 등의 건물 구조체를 기점으로 하여 위치관계를 알 수 있도록 하고, 도괴된 건물외벽, 가옥 등의 뼈대, 기타 물건도 촬영한다.
- 인명검색, 재발화방지를 위한 잔화정리는 발화범위 내에 있어서 최소한으로 한다.

2 구조 및 진압대원의 주의사항

- 수압에 의한 변형 − 소화 시 고압살수 지양, 분무소화로 증거물 훼손을 최소화한다.
- 잔불정리 과정에서의 변형 − 증거물 파괴 및 이동을 최소화한다.
- 개구부 발생에 의한 변형 − 현장진입 후 개방한 개구부는 조사관에게 필히 알린다.
- 구조활동에 의한 변형 − 변사자의 자세 및 위치, 주변의 유류품을 보존한다.
- 동력장비 사용에 따른 오염 − 방화현장이 동력장비의 연료로 오염되면 증거능력이 배제된다.

예제문제

화재조사 측면에서의 화재진압 및 구조대원의 역할이라고 볼 수 없는 것은? [13]
① 구조대원은 피해자들의 화상 부위와 정도를 확인하고, 이를 화재조사자에게 통보한다.
② 진압을 위하여 출입문을 강제로 개방할 때 다른 강제적 흔적이 발견된다면 이 흔적이 겹쳐지지 않도록 다른 곳을 파괴한다.
③ 잔불정리 과정에서 과도하게 변형시키지 않으며, 변경되었을 경우에는 화재조사자에게 통보한다.
④ 진압 시 자가발전설비가 부착된 기구를 재급유를 할 때 화재현장에서 신속하게 진행한다.
해설 장비에 연료를 급유해야 할 경우 화재현장 경계 바깥에서 해야만 한다.

정답 ④

3 출입금지구역의 통제 [20]

(1) 출입금지구역의 통보
출입금지구역을 설정한 후에는 조사관계자 이외의 출입을 금지함과 동시에 반드시 관계자의 협력을 얻을 수 있도록 구두로 통지한다.

(2) 출화금지구역의 범위 확대
발화범위가 명확하지 않은 경우에는 관계자의 입장을 충분하게 고려하여 출입금지 구역의 범위를 넓게 설정한다.

① 발화범위가 명확하지 않은 경우
　㉠ 발화지점 부근의 목격상황에 대한 진술이 달라 발화장소가 불명확한 때
　㉡ 화재를 일찍 발견한 사람의 상황과 건물 등의 소손상황으로부터 판단한 발화위치가 상당한 차이가 있어 상호연관성이 불명확한 때
　㉢ 건물 전체가 같은 정도로 소손된 상황으로 특이한 연소방향의 정도가 확인되지 않을 때
　㉣ 건물의 지붕 및 지지 구조물 등이 광범위하게 연소하여 바닥에 연소낙하물이나 도괴물이 많이 퇴적되어 있을 때
　㉤ 진화 후에도 행방불명자의 존재나 거취가 확인되지 않을 때
　㉥ 발화원으로 추정되는 물건이 전기적·물리적으로 함께 시스템화되어 있는 기계설비인 경우에는 연결된 설비 전체를 출입금지구역으로 설정
　㉦ 폭발사고 등은 멀리 비산하므로 비산거리의 영향권에 드는 범위를 설정

(3) 관련기관과의 협조사항 결정
① 화재조사일시 : 낮에 실시하는 것을 원칙 – 화재진화시각과 조사종사가능인원, 현장확인 조사가 가능한 기상환경조건, 사진촬영의 용이성 등을 고려하여 결정
② 화재조사현장에서는 경찰, 국립과학수사연구소, 소방과학연구소, 전기안전공사, 가스안전공사 등의 관계자와 함께 조사하는 경우도 있다. 또 공장 등에서는 근로감독관, 해상에서는 해양경찰 등이 사법경찰관으로서 조사할 수 있다.

4 현장안전에 영향을 주는 요소

(1) 진압 상황
① 화재조사관이 건물의 일부로 들어가려는 경우에는 화재현장 지휘관에게 허가
② 화재진압장소의 화재조사는 현장지휘관의 철저한 통제하에 실시
③ 화재조사관은 적절한 훈련을 받지 않았거나, 소방대원의 동행 없이 진압 중인 현장에 들어가지 않음
④ 재발화를 경계해야 하고, 가장 빠르거나 안전한 피난로를 숙지

(2) 구조적 안정성
① 지붕, 천장, 파티션, 내력벽 및 바닥은 화재나 폭발로 약화
② 건물에 들어가거나 잔해 제거 전에 건물의 구조적 안전성과 안전에 대해 평가
③ 구조전문가와 함께 위험하고 부서지기 쉬운 구조물의 이동이나 내력벽, 바닥, 천장, 지붕 운반에 필요한 것에 대한 평가
④ 바닥에 있는 숨어있는 구멍들에 대해서 유의
⑤ 고여 있는 물 또는 헐겁게 쌓인 잔해 속의 다른 위험물에 대해서도 유의

(3) 시 설
① 조사예정인 건축물 안의 모든 설비(전기, 가스 및 수도)의 상태를 확인
② 조사 전에 통전상태(주전원, 2차 전원, 임시 전원) 확인
③ 연료가스관에 가스가 차 있는지 확인
④ 수도 배관에 물이 남아있거나 흐르고 있는지 확인

(4) 전기적 위험
① 조사관들도 화재조사를 수행하는 중에 전기의 위험으로부터 자신을 보호하는 방법을 학습
② 조사관은 건물이나 해당 영역의 전원이 차단되었는지 확인
③ 화재조사관이 건물 전원을 차단시켜야 하는 것은 아니지만 공인기관(한전, 전기안전공사 등)에서 전원을 차단했는지 여부 확인

PART 01 출제예상문제

01 다음 화재의 개념 중 소방의 화재조사에 관한 법률에서 정의하고 있는 화재의 개념은?

① 사람의 의도에 반하거나 고의에 의해 발생하는 연소현상으로서 소화시설 등을 사용하여 소화할 필요가 있거나 또는 화학적인 폭발현상
② 빛과 열을 발생하는 산화현상
③ 불을 놓아 매개물이 독립하여 연소되는 것
④ 불을 소화하기 위하여 소화시설 또는 이와 동등한 효과가 있는 물건을 이용할 필요가 있는 불

02 직접적 화재피해 중 소화피해를 정의한 것으로 바른 것은?

① 화재 시 발생한 폭발로 인한 피해
② 화재의 연소현상에 의해 연소되거나 열로 인하여 입은 피해
③ 연소현상에 대한 화재진압 시 소화활동으로 발생한 수손, 오손 피해
④ 화재로 발생한 부상, 사망 등의 피해

해설
- 소손피해 : 화재의 연소현상에 의하여 연소되거나 열로 인하여 입은 피해
- 인적피해 : 화재로 발생한 부상, 사망 등의 피해
- 기타피해 : 연기로 인한 피해, 화재 연기로 인한 식료품 등의 피해, 피난 또는 물품의 반출에 수반한 피해, 화재 시 발생한 폭발로 인한 피해

03 화재의 피해분류상 직접적 피해가 아닌 것은?

① 복구에 수반하는 피해
② 소손 피해
③ 인적 피해
④ 소화 피해

04 다음 화재의 피해분류에서 간접적 피해가 아닌 것은?

① 연기로 인한 피해
② 복구에 수반하는 피해
③ 휴업으로 인한 피해
④ 정리비

해설
간접적 화재피해에는 정리비, 휴업으로 인한 피해, 복구에 수반하는 피해, 기타 피해 등이 있다.

05 다음 화재의 종류에서 소실 정도에 의한 화재의 분류 중 부분소 화재는?

① 건물의 70% 이상 소실되었거나 또는 그 미만이라도 잔존부분을 보수하여 재사용이 가능한 것
② 건물의 30% 미만으로 전소 및 반소화재에 해당되지 아니하는 것
③ 건물의 30% 이상 70% 미만이 소실된 것
④ 건물의 70% 이상 소실되었거나 또는 그 미만이라도 잔존부분을 보수를 하여도 재사용이 불가능한 것

해설
① 전소, ③ 반소

06 다음 발화 원인별 분류 중 실화 화재는?

① 고의적으로 불을 지르거나 또는 그로 인한 것이라고 의심되는 화재
② 산화작용에 의한 반응열의 축적, 약품이나 위험물의 혼촉, 물체의 마찰 등에 의한 발열현상으로 자연발화 된 것
③ 과실에 의해 화재를 발생시키고 물질을 훼손시키는 것으로 부주의한 행위에 의해 화재에 이른 것
④ 화재진압 후 같은 장소에서 다시 발생한 화재

해설
① 방화·방화의심, ② 자연발화, ④ 재연

07 다음 열과 온도에 대한 설명으로 틀린 것은?

① 열은 물체의 온도가 서로 다를 때 한 물체로부터 다른 물체로 전달되는 에너지이다.
② 온도는 열을 표시하는 지표이며, 어떤 기준에 근거한 대상물의 따뜻함이나 차가움에 대한 측정치이다.
③ 1칼로리는 물 1그램의 온도를 섭씨단위로 1도 올리는 데 요구되는 열의 양이다.
④ 열을 포함한 모든 형태의 에너지의 공인된 표준방식 단위는 "칼로리"이다.

해설
열을 포함한 모든 형태의 에너지의 공인된 표준방식 단위는 "Joule(줄)"이다.

08 다음 열의 전달에 대한 설명 중 틀린 것은?

① 최초 가연물로부터 화재발생지역 내 또는 이 지역 밖의 다른 가연물로의 열전달은 화재의 성장을 결정한다.
② 열은 따뜻한 물체에서 상대적으로 차가운 물체로 이동한다.
③ 물체들 간에 온도차가 크면 클수록, 전달률은 작다.
④ 열이 전달되는 비율은 물체들 간의 온도의 차이와 관련 있다.

해설
물체들 간에 온도의 격차가 크면 클수록, 전달률은 더욱 커지게 된다.

09 다음 열의 전달 방식 중 대류에 속하는 것은?

① 모든 화재의 초기단계에서 전적으로 기인하고 직접적 접촉으로 대상물체로 전달된다.
② 가열된 액체나 가스의 운동에 의한 열에너지의 전달로 유동체는 한 장소에서 다른 장소로 순환한다.
③ 중간 매개체의 도움 없이 발생하는 전자파에 의한 에너지의 전달이다.
④ 대부분의 노출화재의 원인이 되고 화재가 더 커지면 열의 형태로 더 많은 에너지를 발산한다.

해설
① 전도, ③ 복사, ④ 복사

10 화재의 4요소 중 에너지 요소는?

① 산소(산화제)
② 가연물
③ 화학적 연쇄반응
④ 열

정답 6 ③ 7 ④ 8 ③ 9 ② 10 ④

해설
① 산화제 : 일련의 화학반응과정을 통해 산소나 산화가스를 생성하는 물질을 말한다. 산화제는 그 자체가 가연성은 아니지만 가연물과 결합할 때 연소를 돕는다.
② 가연물 : 연소과정을 통하여 산화하거나 연소하는 재료 또는 물질이다. 연소반응에 있어서 가연물은 과학용어로 감소제이다.
③ 화학적 연쇄반응 : 연소는 가연물, 산화제 및 열에너지 등이 매우 특별하게 서로 결합해야 하는 복잡한 반응이다.

11 다음 화재의 진행단계에 대한 설명으로 틀린 것은?

① 개방된 지역에서의 연소 확대는 바람이나 지형의 기울기에 따라 증가될 수 있는데 이는 노출된 가연물들이 미리 뜨거운 가스에 의해 가열될 수 있도록 하기 때문이다.
② 화재의 초기단계에서 공기는 비교적 뜨겁기 때문에 화염 위의 가스층을 가열시키는 작용을 한다.
③ 연소에 이용할 수 있는 가연물의 양이 한정되어 있으면, 이러한 화재를 "통제된 가연물"이라 한다.
④ 연소에 이용할 수 있는 산소의 양이 한정되어 있으면, 이러한 상태를 "통제된 배연"이라 한다.

해설
화재의 초기단계에서 열은 상승하고 뜨거운 가스덩어리를 형성한다. 만일 화재가 개방된 공간에서 발생하면, 그 화염은 자유로이 상승하고 공기는 이 속으로 흡수된다. 이때 공기는 비교적 차갑기 때문에 화염 위의 가스층을 냉각시키는 작용을 한다.

12 다음 중 화재의 성장기(중기) 때의 현상이 아닌 것은?

① 열 유속이 증가한다.
② 불완전연소가 일어난다.
③ 연소속도가 증가한다.
④ 플래시오버 현상이 일어난다.

해설
화재초기에는 연소속도가 완만하고 공기유입이 적어 불완전연소가 일어난다.

13 다음 중 화재의 성장기(중기)의 현상으로 구획실의 화염이 공간 내의 벽과 천장에 의해 영향을 받는 사항 중 틀린 것은?

① 공기는 화재에 의해 생성된 뜨거운 가스보다 차갑기 때문에 화염이 갖고 있는 온도에 대해 냉각효과를 가진다.
② 벽 근처에 있는 가연물들은 비교적 적은 공기를 흡수하고, 보다 높은 화염온도를 지닌다.
③ 구석에 있는 가연물들은 더욱 더 적은 공기를 흡수하고, 가장 높은 화염온도를 지닌다.
④ 성장기에 있는 구획실 화재는 일반적으로 '통제된 배연' 상황이다.

해설
성장기에 있는 구획실 화재는 일반적으로 '통제된 가연물'이다.

14 다음 중 플래시오버 현상 단계가 아닌 것은?

① 성장기와 최성기간의 과도기적 시기이다.
② 뜨거운 가스층으로부터 발산하는 복사에너지는 일반적으로 20kw/m² 초과한다.
③ 구획실 내의 가연성 물질들과 열분해현상에 의해 발산된 가스들은 발화한다.
④ 화염이 커짐에 따라 주위 공간으로부터 화염이 상승하는 공간으로 공기를 끌어들이기 시작한다.

해설
④는 성장기 단계를 설명한 것이다.

15 화재에 의해서 발생한 열이 대류와 복사현상에 의해 건물 내에 축적되어 가연물이 발화점까지 가열되어 방 전체가 일순간에 걸쳐 동시에 타기 시작해 급속하게 연소 확대하는 현상을 무엇이라 하는가?

① 플래시오버(Flash over)
② 프로스오버(Froth over)
③ 슬롭오버(Slop over)
④ 보일오버(Boil over)

해설
② 물이 점성의 뜨거운 기름표면 아래에서 끓을 때 화재를 수반하지 않고 Over Flow되는 현상으로, 뜨거운 아스팔트를 물 중탕할 때 발생할 수 있는 현상이다.
③ 점성이 큰 중질유와 같은 유류에 화재가 발생하면 유류의 액표면 온도가 물의 비점 이상으로 상승하게 되는데, 이때 소화용수가 연소유의 뜨거운 액표면에 유입되면 급비등으로 부피팽창을 일으켜 탱크 외부로 유류를 분출시키는 현상이다.
④ 비점이 다른 성분의 혼합물인 원유나 중질유 등의 유류저장탱크에 화재가 발생하여 장시간 진행되면 비점이나 비중이 작은 성분은 유류표면층에서 먼저 증발 연소되고 비점이나 비중이 큰 성분은 가열 축적되어 열류층(Heat Layer)을 형성하게 된다. 이러한 열류층은 화재진행과 더불어 점차 탱크의 저부로 내려오게 되며 끓어 탱크 밖으로 비산, 분출하게 되는 현상이다. 위험물 저장탱크 저층의 물이 상층부의 화염에 의한 열전달로 물이 끓어 화염 및 고온의 연료가 흘러넘치는 현상이다.

16 플레임오버·롤오버에 대한 설명으로 틀린 것은?

① 화재의 진행단계상 성장기 및 최성기 중에 연소하지 않은 연소생성가스가 구획실로부터 나올 때에 관찰될 수 있다.
② 화재의 4요소들이 서로 결합하여 연소가 시작되는 발화기에서 발생할 수 있다.
③ 구획실 내의 다른 가연물들의 표면에는 관련되지 않고 단지 연소생성가스와 관련된다.
④ 화재진행 중에 화염이 연소되지 않은 가스를 통과 또는 가로질러 이동하는 상태를 말한다.

17 다음 중 백드래프트가 발생할 수 있는 가능성이 아닌 것은?

① 작은 구멍에서 나오는 압축된 연기
② 짙은 청색으로 변하는 연기
③ 화염이 조금 보이거나 보이지 않음
④ 연기로 얼룩진 창문

해설
짙은 황회색으로 변하는 검은 연기, 과도한 열, 건물에서 일정 간격을 두고 뻐끔대면서 나오는 연기 등

18 다음 중 백드래프트를 감소시킬 수 있는 요인이 아닌 것은?

① 뜨거운 가스가 공기와 섞이도록 하는 행위
② 적절한 수직 배연구를 제공
③ 건물이나 공간의 가장 높은 위치를 개방
④ 가장 높은 위치에 배연구를 제공

19 다음 연소생성물에 대한 설명으로 틀린 것은?

① 가연물이 연소하게 되면 물질의 화학적 조성이 변하며 이러한 변화는 새로운 물질을 생산하고 에너지를 생성한다.
② 열은 화재의 확산에 큰 영향을 미칠 뿐만 아니라 연소현상, 탈수, 열사병을 일으킨다.
③ 연소하는 가스가 빛을 내는 것을 화염(flame)이라 한다.
④ 화염은 연소생성물로 간주되지 않는다.

해설
연소하는 가스(burning gas)가 빛을 내는 것을 화염(flame)이라 하며, 적절한 양의 산소와 가연성 가스가 섞이게 되면, 그 화염은 더욱 뜨거워지고 적게 발광하게 된다. 이러한 발광력의 손실은 탄소가 보다 완전히 연소함으로써 발생된다. 이러한 이유 때문에 화염은 연소생성물로 간주된다. 물론 이것은 훈소화재와 같이 불꽃을 생성하지 않는 형태의 연소과정에는 나타나지 않는다.

20 다음 중 화학적 연쇄반응 억제에 대한 설명으로 잘못된 것은?

① 증기밀도는 발화성 액체 및 기체가연물의 소화에 영향을 미친다.
② 대부분의 발화성 액체들은 1보다 비중이 크다.
③ 물을 소화약제로 사용한다면, 액체가연물은 계속하여 연소하면서 물 위에 떠다니게 된다.
④ 가연물을 가두어두지 않고 물을 사용한다면, 화재는 확산될 수 있다.

해설
대부분의 발화성 액체들(연소를 돕는 물질들)의 비중은 1보다 작다

21 다음 중 최소 발화에너지에 영향을 주는 인자가 아닌 것은?

① 농도가 높아지면 작아진다.
② 압력이 상승하면 작아진다.
③ 부피가 낮아지면 높아진다.
④ 온도가 상승하면 작아진다.

22 인화성 액체의 연소점, 인화점, 발화점의 온도순서를 바르게 배열한 것은?

① 연소점 > 인화점 > 발화점
② 인화점 > 발화점 > 연소점
③ 인화점 > 연소점 > 발화점
④ 발화점 > 연소점 > 인화점

해설
- 인화점 : 연소범위에서 외부의 직접적인 점화원에 의하여 인화될 수 있는 최저 온도이다. 즉, 공기 중에서 가연물 가까이 점화원을 투여하였을 때 불붙는 최저의 온도이다.
- 발화점(착화점, 발화온도) : 외부의 직접적인 점화원이 없이 가열된 열의 축적에 의하여 발화가 되고 연소가 되는 최저의 온도이다.
- 연소점 : 연소상태가 계속될 수 있는 온도로 인화점보다 대략 10℃ 정도 높은 온도로서 연소상태가 5초 이상 유지될 수 있는 온도이다.

18 ① 19 ④ 20 ② 21 ③ 22 ④ **정답**

23 다음 화재의 종류 중 가연물을 잘못 연결한 것은?

① 일반가연물(A형) 화재 – 나무, 옷, 종이, 고무
② 유류 및 가스(B형) 화재 – 플라스틱, 부탄
③ 전기(C형) 화재 – 가전용품, 컴퓨터, 변압기 및 송전선
④ 가연성금속(D형) 화재 – 알루미늄, 마그네슘, 티타늄, 지르코늄, 소디움, 포태시움

해설
여러 종류의 플라스틱은 A형이고 부탄은 가스화재에 속한다.

24 다음 중 유류 및 가스 화재의 소화에 필요한 요건으로 적합한 것은?

① 산소를 배제하는 질식효과나 표면덮기가 소화하는 데 가장 효과적이다.
② 할로겐화합물 소화약제, 분말 소화약제 또는 이산화탄소와 같은 비전도성 소화약제를 사용하여 진압할 수 있다.
③ 공중에 금속먼지가 적절히 집중되어 있는 상태에서 적절한 발화원이 제공된다면, 강력한 폭발을 일으킬 수 있다.
④ 가장 빠른 소화방법은 먼저 고압전류를 차단하고 관련된 가연물의 종류에 따라 적절히 소화시킨다.

해설
①은 유류 및 가스화재인 B급화재를 소화하는데 가장 효과적인 방법이다.

25 다음 중 내화조 건물 내에서 연소확대의 경우가 아닌 것은?

① 창을 통한 상층으로의 연소확대
② 출입문 등 개구부로부터의 연소확대
③ 공조설비의 닥트류로부터의 연소확대
④ 바람에 의한 비화로 연소확대

해설
①, ②, ③ 외에 내화조건물 외벽의 커튼월식 공법에서 바닥판과 외벽면과의 틈이 생겨 연소확대된 사례도 있다.

26 다음 중 불완전연소의 원인이 아닌 것은?

① 공기의 공급이 부족할 때
② 연소온도가 낮을 때
③ 상대습도가 높을 때
④ 연료공급상태가 불안정할 때

해설
불완전연소란 연소 시 가스와 공기의 혼합이 불충분하거나 연소온도가 낮을 경우에 노즐선단에 황염이나 그을음이 발생하는 현상으로 그 원인은 ①, ②, ④ 이외에 가스의 조성이 균일하지 못할 때, 노즐의 분무상태가 나쁠 때, 환기 또는 배기가 잘되지 않을 때 등이다.

27 화재 시 발생하는 연소생성물 중에서 인체에 가장 큰 영향을 주는 것은?

① 연 기
② 열
③ 화 염
④ 연소가스

해설
연소가스는 연소물질에 따라 다르게 발생되지만, 일반적으로 일산화탄소, 이산화탄소, 황화수소, 아황산가스, 암모니아, 시안화수소, 포스겐, 염화수소, 이산화질소 등이 생성된다.

정답 23 ② 24 ① 25 ④ 26 ③ 27 ④

28 다음 중 고층건물의 연기유동을 일으키는 요인과 직접적인 관계가 적은 것은?

① 화재에 의한 부력
② 공기조화설비(HVAC)의 영향
③ 굴뚝효과
④ 바람에 의한 공기팽창

해설
연기유동에 영향을 미치는 요인은 ①, ②, ③과 바람에 의한 압력차, 온도상승에 의한 공기팽창, 비중차 등이 있다.

29 연소열에 의한 온도가 상승함으로써 부력에 의해 실내의 천장쪽으로 고온기체가 축적되고 온도가 높아져 기체가 팽창하여 실내외의 압력이 달라지며, 그 사이 어느 지점에서 압력이 같아지는 층을 형성하게 된다. 이를 무엇이라고 하는가?

① 중간층
② 경계층
③ 안전대
④ 중성대

해설
중성대의 위쪽은 실내 정압이 실외보다 높아 실내에서 기체가 외부로 유출되고 열과 연기로부터 생존할 수 없는 지역이며 중성대 아래쪽은 실내로 기체가 유입되고, 신선한 공기에 의해 생존할 수 있는 지역이다.

30 상온에서 염소와 작용하여 유독성 가스인 포스겐($COCl_2$)을 생성하기도 하고, 인체 내의 헤모글로빈(Hb)과 결합하여 일산화 헤모글로빈(CO-Hb)을 형성하여 산소의 운반기능을 약화시켜 질식하게 하는 연소생성물은?

① 일산화탄소(CO)
② 황화수소(H_2S)
③ 아황산가스(SO_2)
④ 시안화수소(HCN)

해설
일산화탄소는 무색·무취·무미의 강한 환원성 가스로 농도가 0.5%에 이르면 수분내에 사망하게 된다. 특히 헤모글로빈과 친화력이 산소보다 210배나 커서 질식위험이 매우 높다. 동일한 농도의 동일한 양의 연소생성물을 흡입하였을 경우 가장 독성이 강한 것은 아크롤레인이지만 화재현장에서 가장 많이 발생하기 때문에 질식 등 인체에 해를 끼치는 영향이 가장 크다 할 수 있다.

31 황이 함유된 물질이 동물의 털, 고무 등이 연소할 때 발생하는 무색의 자극성 냄새를 가진 유독성 가스로 눈 및 호흡기 등의 점막을 상하게 하고 질식사할 우려가 있는 연소생성물은?

① 황화수소(H_2S)
② 포스겐($COCl_2$)
③ 아황산가스(SO_2)
④ 시안화수소(HCN)

해설
일명 아유산가스라고도 하며 물과 접촉 시 눈과 호흡기 계통에 강한 자극을 주며 점막을 상하게 하고, 질식사할 우려가 있으며, 혈액 중에 흡수되어 순환계통 장애나 무기산으로서의 유해성도 있다. 0.05%의 농도에 단시간만 노출되어도 위험하므로 황을 취급하는 공장화재 시 특히 주의해야 한다.

32 질소성분을 가진 합성수지, 동물의 털, 인조견, 모직물 등의 섬유가 불완전연소할 때 발생하는 맹독성 가스로 공기보다 가볍고 무색의 특이한 냄새를 가진 가연성 가스는?

① 암모니아(NH_3)
② 포스겐($COCl_2$)
③ 아황산가스(SO_2)
④ 시안화수소(HCN)

해설
일명 청산가스라고도 하며 중독 시 가슴을 조이는 듯한 통증과 함께 호흡곤란에 빠지게 되어 사망에 이르게 된다.

정답 28 ④ 29 ④ 30 ① 31 ③ 32 ④

33 다음 연소생성물에 대한 설명으로 잘못된 것은?

① 황화수소(H_2S) : PVC와 같이 염소가 함유된 수지류가 탈 때 주로 생성되는데 독성의 허용농도는 5ppm이며, 고농도에서 장시간 노출되면 폐수종을 유발하여 사망에 이르게 되고 부식성이 강하여 쇠를 녹슬게 한다.
② 이산화질소(NO_2) : 질산셀룰로오스가 연소 또는 분해될 때 생성되면 독성이 매우 커서 200~700ppm의 농도에 잠시 노출되어도 인체에 치명적이다.
③ 불화수소(HF) : 합성수지인 불소수지가 연소할 때 발생되는 연소생성물로서 무색의 자극성 기체이며 유독성이 강하다.
④ 아크롤레인(CH_2CHCHO) : 석유제품, 나무, 종이, 유지류 등이 연소될 때 생성되는 맹독성 가스로 가장 독성이 강하며 1~10ppm이면 즉사한다.

해설
①은 염화수소(HCl)의 설명이다. 황화수소는 황을 포함하고 있는 유기화합물이 불완전연소할 때 발생하며 계란썩은 냄새가 나며 0.2% 이상의 농도에서 후각이 마비되고, 0.4~0.7%에서 1시간 이상 노출되면 현기증, 호흡기의 통증이 일어나며, 0.7%를 넘어서면 신경계통에 영향을 미치고 호흡기가 무력해진다.

34 다음 중 건물 내부의 연기유동에 관한 설명으로 잘못된 것은?

① 연기는 수직공간에서 확산속도가 빠르고, 그 흐름에 따라 화재 직하층부터 차례로 충만해 간다.
② 연기의 유동은 건물 내외의 온도차에 영향을 받는다.
③ 연기는 공기보다 고온이기 때문에 기류를 교반하지 않는다면 천장의 하면을 따라 이동한다.
④ 수평방향으로 이동은 연기의 진행방향 하부에 역방향으로 흐르는 신선한 공기의 2층류를 형성한다.

해설
연기는 화재 발화층부터 충만해진다.

35 다음 중 화재 시 일반적인 연기의 유동에 관한 현상으로 바른 것은?

① 연기는 수직방향보다 수평방향의 전파속도가 더 빠르다.
② 연소에 필요한 신선한 공기는 연기의 유동방향과 같은 방향으로 유동한다.
③ 화재실로부터 분출한 연기는 공기보다 무거워 통로의 하부를 따라 유동한다.
④ 연기층의 두께는 연도강하에 관계없이 일정하다.

해설
① 수평방향(0.5m/s)보다 수직방향(화재초기 1.5m/s, 농연 3~4m/s)에서 전파속도가 더 빠르다.
③ 화재실로부터 분출한 연기는 공기보다 가벼워 통로의 상부를 따라 유동한다.
④ 연기층의 두께는 연도강하에 따라 달라진다.

36 다음 건물의 굴뚝효과에 대한 설명이 틀린 것은?

① 공기의 압력차이에 의해 발생한다.
② 화재 시 연기의 유동에 영향을 준다.
③ 고층보다는 저층건물에서 대체로 볼 수 있다.
④ 수직공간 내의 연기흐름을 결정한다.

해설
고층빌딩의 내외측의 공기밀도, 압력차에 의해 연기가 수직공간을 따라 상승하는 현상으로 저층보다는 고층건물에서 많이 나타난다.

37 다음 중 물리적 폭발이 아닌 것은?

① 진공용기의 파손에 의한 폭발
② 과열액체의 급격한 비등에 의한 폭발
③ 중합해서 발생하는 반응열에 의한 폭발
④ 전선의 급격한 온도상승에 의한 폭발

해설
물리적 폭발에는 ①, ②, ④와 고압용기에서 가스의 과압과 과충전 등에 의한 용기의 파열에 의한 급격한 압력개방 등이 있다. ④는 전선폭발이라고 하며 물리적 폭발에 해당한다.

38 다음 폭발현상 중 폭굉에 대한 설명으로 잘못된 것은?

① 물질 내 충격파가 발생하여 화학발열반응을 일으키고 그 반응을 유지하는 현상이다.
② 압력상승이 폭연보다 10배 또는 그 이상이다.
③ 충격파의 전파속도가 1,000~3,500m/s인 것
④ 전파속도가 음속보다 느린 것

해설
④ 음속보다 빠른 전파속도가 굉음을 일으킨다.

39 다음 중 폭발의 개념에 대한 설명으로 틀린 것은?

① 가연물이 공기 중의 산소와 화합하여 열과 빛을 발하는 급속한 산화반응 현상이다.
② 어떤 공간에서 급격한 물리적·화학적 변화를 일으켜 발생된 에너지가 외계로 전환되는 과정에서 폭풍이나 파편 등을 동반하는 급격한 연소현상이다.
③ 연소의 한 형태로서 연소의 화학반응이 급격히 일어나는 현상으로 밀폐된 공간에서 화학변화를 수반하면서 압력이 급격히 상승하는 현상이다.
④ 급격한 압력발생으로 인하여 용기가 파열되거나 기체가 급격하게 팽창하여 폭발음과 압력파가 발생되는 현상이다.

해설
①은 연소에 대한 설명이다.

40 다음 중 폭발의 형태가 아닌 것은?

① 화학적 폭발   ② 기상폭발
③ 응상폭발   ④ 기계적 폭발

해설
폭발이 일어나는 과정에 따라 물리적, 화학적 폭발로 구분하고, 원인물질의 물리적 상태에 따라 응상폭발과 기상폭발로 구분한다.

41 다음 중에서 폭발의 성립조건이 아닌 것은?

① 개방된 공간의 존재
② 가연성 가스, 증기, 분진의 존재
③ 점화원의 존재
④ 폭발범위 내의 가연물 존재

해설
폭발의 성립조건은 연소의 3요소에 밀폐된 공간이 존재할 때 성립한다.

42 다음 중 기상폭발과 거리가 먼 것은?

① 분무폭발   ② 분진폭발
③ 분해폭발   ④ 증기폭발

해설
증기폭발은 액상에서 기상으로의 급격한 상변화에 의한 폭발현상으로 수증기폭발과 함께 응상폭발에 해당한다.

43 가연성 고체의 미분이 조연성 가스 등에 분산되어 있을 때 발화원에 의해 착화되어 폭발하는 현상은?

① 분진폭발   ② 산화폭발
③ 분해폭발   ④ 증기폭발

해설
분진 속에 존재하는 수분은 부유성을 억제한다. 수분의 증발로 점화에 필요한 에너지가 감소하는 것과 증발한 수증기가 불활성 가스의 역할을 하고 대전성을 감소시키는 효과가 있다. 분진의 평균입자가 작고 밀도가 작은 것일수록 비표면적은 크게 되고 점화에 필요한 에너지는 적게 된다. 입자표면에 열에너지가 주어져 표면온도가 상승하는 요인으로 복사열과 열전도가 큰 역할을 하는 것이 가스폭발과의 차이점이다.

44 다음 중 분진폭발에서 덩어리보다 분진이 더 발화하기 쉬운 이유로 잘못된 것은?

① 열전도율이 크다.
② 비표면적이 크다.
③ 공기 중의 산소와 잘 혼합한다.
④ 활성화 에너지가 적게 필요하다.

해설
① 열전도율이 작을수록 발화하기 쉽고 분진은 덩어리에 비해 열전도율이 작다.

45 다음 보기 중 분진폭발의 위험이 가장 적은 물질은?

① 탄산칼슘   ② 황가루
③ 알루미늄분말   ④ 플라스틱

해설
분진폭발을 일으키지 않는 물질 : 시멘트, 석회석, 탄산칼슘, 생석회

46 다음 분진폭발에 대한 설명으로 옳은 것은?

① 분진 입자 속의 습기는 점화온도를 높여 준다.
② 점화에 필요한 에너지는 분진입도의 증가와 역관계이다.
③ 불활성 가스는 분진폭발을 대체로 촉진한다.
④ 분진입자 표면의 온도상승 요인은 주로 복사전열이고 열전도는 무시할 정도이다.

47 다음 화재의 분류 중 유형(대상물)별 분류상 포함되지 않는 것은?

① 일반화재
② 건축・구조물화재
③ 자동차・철도차량화재
④ 임야화재

해설
①은 가연물별 분류에 해당한다.
유형(대상물)별 분류(화재조사 및 보고규정 제9조)

구 분	대상물
건축・구조물화재	건축물 및 그 수용물이 소손된 화재
자동차・철도차량화재	자동차・철도차량 및 피견인차량 또는 그 적재물이 소손된 화재
선박・항공기화재	선박・항공기 또는 그 적재물이 소손된 화재
위험물・가스제조소 등 화재	위험물제조소 등, 가스제조・저장소, 원자력발전소, 지하철, 터널, 지하가 등의 화재
임야화재	산림, 야산, 들판의 수목・잡초・경작물 등이 소손된 화재
기타화재	위의 분류에 해당되지 않는 화재

정답 43 ① 44 ① 45 ① 46 ① 47 ①

48 대기 중에 대량의 가연성 가스나 가연성 액체가 유출되어 그로부터 발생하는 증기가 공기와 혼합해서 가연성 혼합기체를 형성하고 발화원에 의해 발생하는 폭발현상을 무엇이라고 하는가?

① BLEVE
② 증기운폭발(UVCE)
③ 플레어 업(Flare up)
④ 파이어 볼(Fire ball)

49 중질유 탱크 화재 시 액표면 온도가 물의 비점 이상으로 올라가게 되어 소화수나 포가 주입되면 수증기로 변하면서 급격한 부피팽창으로 기름이 탱크 외부로 분출하는 현상을 무엇이라고 하는가?

① 보일오버(Boil over)
② 슬롭오버(Slop over)
③ 롤오버(Roll over)
④ 프로스오버(Froth over)

해설

구 분	내 용
보일오버 (Boil over)	• 저장소 하부에 고인물이 격심한 증발을 일으키면서 불붙은 석유를 분출시키는 현상 • 중질유에서 비 휘발분이 유면에 남아서 열류층을 형성, 특히 고온층(hot zone)이 형성되면 발생할 수 있음
슬롭오버 (Slop over)	• 소화를 목적으로 투입된 물이 고온의 석유에 닿자마자 격한 증발을 하면서 불붙은 석유와 함께 분출되는 현상 • 중질유에서 잘 발생하고, 고온층(hot zone)이 형성되면 발생할 수 있음
프로스오버 (Froth over)	• 비점이 높아 액체 상태에서도 100℃가 넘는 고온으로 존재할 수 있는 석유류와 접촉한 물이 격한 증발을 일으키면서 석유류와 함께 거품 상태로 넘쳐나는 현상 • 화염과 관계없이 발생한다는 점에서 보일오버, 슬롭오버와 다름

50 다음 중 보일오버 현상이 일어나기 위한 조건으로 잘못된 것은?

① 거품을 형성하지 않는 저점도의 성질을 가진 유류일 것
② 저장탱크 꼭대기에 뚜껑이나 지붕이 없는 열린 구조일 것
③ 여러 개의 비점을 가진 불균일한 유류 저장탱크일 것
④ 탱크 밑 부분에 물 또는 습도를 함유한 찌꺼기 등이 있을 것

51 화재에 노출되어 가열된 가스용기 또는 탱크가 열에 의한 가열로 압력이 증가하여 강도를 상실하면서 폭발하는 특수한 현상으로 가끔 공 모양의 대형화염의 상승을 수반하는 것을 무엇이라 하는가?

① BLEVE
② 증기운폭발(UVCE)
③ 플레어 업(Flare up)
④ 파이어 볼(Fire ball)

해설

• UVCE(Unconfined Vapor Cloud Explosion) : 저장탱크에서 유출된 가스가 대기 중의 공기와 혼합하여 구름을 형성하고 떠다니다가 점화원(점화스파크, 고온표면 등)을 만나면 발생할 수 있는 격렬한 폭발사고이며, 심한 위험성은 폭발압이다.
• BLEVE(Boiling Liquid Expanding Vapor Explosion) : 가스 저장탱크지역의 화재발생 시 저장탱크가 가열되어 탱크 내 액체부분은 급격히 증발하고 가스부분은 온도상승과 비례하여 탱크 내 압력의 급격한 상승을 초래하게 된다. 탱크가 계속 가열되면 용기강도는 저하되고 내부압력은 상승하여 어느 시점이 되면 저장탱크의 설계압력을 초과하게 되고 탱크가 파괴되어 급격한 폭발현상을 일으킨다.

52 중질유의 탱크에서 장시간 조용히 연소하다가 탱크 내 잔존기름이 갑자기 분출하는 현상은?

① 보일오버(Boil over)
② 슬롭오버(Slop over)
③ 롤오버(Roll over)
④ 프로스오버(Froth over)

해설
가연물이 될 수 없는 조건

구 분	종 류
주기율표 0족의 불활성 기체	He, Ne, Ar, Kr, Xe, Rn 등
완전 산화물	물, 이산화탄소(CO_2), 오산화인(P_2O_5) 등
흡열반응 물질	질소(N_2) 또는 질소산화물(N_2O, NO, NO_2, NO_3)
자체가 연소하지 않는 물질	돌, 흙 등

53 미국방화협회 화재분류상 식용유 화재에 해당되는 것은?

① B급 화재
② C급 화재
③ F급 화재
④ K급 화재

해설

국 내		미국방화협회 NFPA 10		국제표준화기구 ISO7165	
A	일반 가연물 나무, 옷, 종이 등	A	좌 동	A	연소 시 불꽃을 발생하는 유기물질화재
B	인화성 액체, 가스 등 유류화재	B	좌 동	B	액체 또는 액화하는 고체로 인한 화재
C	전기화재	C	전기화재	C	가스로 인한 화재
		D	Mg, Na, K 등의 금속화재	D	금속화재
		K	튀김기름을 포함한 조리로 인한 화재	F	튀김기름을 포함한 조리로 인한 화재

54 다음 중 가연물에 해당되는 것은?

① CO_2
② CO
③ N_2
④ P_2O_5

55 다음 중 가연물의 구비조건으로 맞지 않는 것은?

① 열전도율이 커야 한다.
② 발열량이 커야 한다.
③ 산소와 친화력이 좋아야 한다.
④ 산소와의 표면적이 넓어야 한다.

해설
가연물의 구비조건
• 활성화에너지 작을 것 : 화학반응을 일으킬 때 필요한 최소의 에너지(활성화에너지)의 값이 적어야 한다.
• 열전도도가 작을 것 : 열의 축적이 용이하도록 열전도의 값이 적어야 한다(열전도율 : 기체<액체<고체 순서로 커지므로 연소순서는 반대이다).
• 발열량이 클 것 : 산화되기 쉬운 물질로서 산소와 결합할 때 발열량이 커야 한다.
• 친화력이 클 것 : 지연성(조연성) 가스인 산소·염소와의 친화력이 강해야 한다.
• 표면적이 클 것 : 산소와 접촉할 수 있는 표면적이 큰 물질이어야 한다(기체>액체>고체).
• 연쇄반응 클 것 : 연쇄반응을 일으킬 수 있는 물질이어야 한다.
• 건조도 클 것 : 잘 건조된 물질이어야 한다.
• 발열반응을 할 것 : 산소와 반응하여 발열반응을 일으켜야 한다.

정답 52 ① 53 ④ 54 ② 55 ①

56 응축상태의 연소를 무엇이라고 하는가?

① 작열연소　② 불꽃연소
③ 폭발연소　④ 분해연소

해설
응축상태의 연소 : 작열연소

57 작열연소와 불꽃연소에 대한 설명으로 옳은 것은?

① 작열연소는 불꽃연소에 비해 대개 발열량이 작다.
② 작열연소에는 연쇄반응이 동반된다.
③ 분해연소는 작열연소의 한 형태이다.
④ 작열연소는 불완전연소 시에, 불꽃연소는 완전연소 시에 나타난다.

58 다음 중 자연발화의 형태로 맞지 않는 것은?

① 산화열 - 건성유
② 분해열 - 나이트로셀룰로오스
③ 흡착열 - 활성탄
④ 발효열 - 산화에틸렌

해설
자연발화를 일으키는 원인
- 분해열에 의한 발열 : 셀룰로이드, 나이트로셀룰로오스
- 산화열에 의한 발열 : 석탄, 건성유
- 발효열에 의한 발열 : 퇴비, 먼지
- 흡착열에 의한 발열 : 목탄, 활성탄 등이 있다.
- 중합열에 의한 발열 : HCN, 산화에틸렌 등

59 다음 중 정전기 방지법으로 잘못된 것은?

① 접지한다.
② 공기를 이온화한다.
③ 상대습도를 70% 이상으로 한다.
④ 열의 부도체를 사용한다.

해설
정전기를 방지하려면 열의 부도체보다는 도체를 사용해야 한다.

60 다음 인명피해의 종류 중 사망자의 정의에 관한 설명 중 맞는 것은?

① 화재현장에서 사망 또는 부상을 당한 사람
② 화재현장에서 부상을 당한 후 72시간 이내에 사망한 사람
③ 화재현장에서 부상을 당한 후 48시간 이내에 사망한 사람
④ 화재현장에서 부상을 당한 후 24시간 이내에 사망한 사람

해설
인명피해의 종류
- 사상자 : 화재현장에서 사망 또는 부상을 당한 사람
- 사망자 : 화재현장에서 부상을 당한 후 72시간 이내에 사망한 사람
- 중상자 : 의사의 진단을 기초로 하여 3주 이상의 입원치료를 요하는 사람
- 경상자 : 중상 이외(입원치료를 요하지 않는 것도 포함)의 부상자

61 화재현장의 특징으로 연결이 잘못된 것은?

① 돌발성 - 화재현장은 유해화학물질에 의해 피해를 입을 수도 있다.
② 신속성 - 시간이 흐를수록 현장보존과 증거물 확보가 불가능해 질 수 있다.
③ 보존성 - 증거물은 상태 그대로 보존되어야 효용적 가치가 있다.
④ 정밀과학성 - 감식, 감정에 필요한 증거물 등을 수집하는 것은 화재현장에서만 이루어진다.

해설
④ 현장성에 관한 설명이다.

56 ① 57 ① 58 ④ 59 ④ 60 ② 61 ④

62 화재조사관에게 미치는 영향 중 난해성에 관한 설명으로 바르지 않은 것은?

① 민법, 형법, 소방법, 제조물책임법, 각종 판례와 같은 조사에 관련된 기준에 대해 숙지해야 한다.
② 과학적으로 조사된 결과를 논리적이고 상식적으로 연결하여 실증적으로 재현할 수 있어야 한다.
③ 불과 그을음에 의한 오염, 탄화물이 불완전연소되면서 발생한 유독가스 등 화재조사관들이 활동하기에 불결한 것이 산재되어 있다.
④ 모든 산업분야에 대한 과학적 응용지식, 숙련된 현장조사의 기술, 정확한 감식능력, 많은 화재조사의 사실체험, 사람의 심리를 파악해야 한다.

해설
③은 불결성에 관한 설명이다.

난해성
- 모든 산업분야에 대한 과학적 응용지식, 숙련된 현장조사의 기술, 정확한 감식능력, 많은 화재조사의 사실체험, 사람의 심리를 파악해야 한다.
- 과학적으로 조사된 결과를 논리적이고 상식적으로 연결하여 실증적으로 재현할 수 있어야 한다.
- 화재현장의 특성은 행동반경이 좁고 행동범위의 제약이 따라 정확한 조사에 많은 장애물이 존재하므로, 화재사고의 인과관계 규명과정이 복잡하고 어려운 점을 극복해야 한다.
- 화재조사 관련 모든 법적인 책무, 의무, 요건, 기준에 관해 숙지해야 한다.
  예 민법, 형법, 소방법, 제조물책임법, 각종 판례 등

63 과학적 방법론에 의한 화재조사 기본원칙 순서가 바르게 나열한 것은?

① 문제확인→문제정의→자료수집→자료분석(귀납적 추리)→가설설정→가설검증(연역적 추리)
② 문제확인→문제정의→자료수집→자료분석(연역적 추리)→가설설정→가설검증(귀납적 추리)
③ 문제정의→문제확인→자료수집→자료분석(귀납적 추리)→가설설정→가설검증(연역적 추리)
④ 문제정의→문제확인→자료수집→자료분석(연역적 추리)→가설설정→가설검증(귀납적 추리)

해설
문제확인→문제정의→자료수집→자료분석(귀납적 추리)→가설설정→가설검증(연역적 추리)

64 다음 중 화재원인조사에 해당하지 않는 것은?

① 피난경로, 피난상의 장애요인 등의 상황
② 초기소화 등 일련의 과정에 관한 상황
③ 소방활동 중 발생한 사망자 및 부상자
④ 소방시설의 사용 또는 작동 등의 상황

해설
③은 화재피해조사 중 인명피해조사이다.

65 다음은 산화와 환원에 관한 설명이다. 다른 하나는 무엇인가?

① 수소를 얻는 현상
② 전자를 잃는 현상
③ 산화수가 증가되는 현상
④ 금속이 화합물이 되는 현상

해설
②, ③, ④ 산화반응
① 환원반응

정답 62 ③ 63 ① 64 ③ 65 ①

66 다음 중 가연물의 구비조건이 아닌 것은?

① 활성화에너지가 작을 것
② 열전도도가 클 것
③ 친화력이 클 것
④ 표면적이 클 것

해설
열전도도가 작을 것

67 정전기를 방지하기 위한 예방대책으로 잘못된 것은?

① 정전기의 발생이 우려되는 장소에 접지시설을 한다.
② 실내의 공기를 이온화하여 정전기의 발생을 예방한다.
③ 정전기는 습도가 낮거나 압력이 높을 때 많이 발생하므로 상대습도를 80% 이상으로 한다.
④ 전기의 저항이 큰 물질은 대전이 용이하므로 전도체 물질을 사용한다.

해설
③ 정전기는 습도가 낮거나 압력이 높을 때 많이 발생하므로 상대습도를 70% 이상으로 한다.
- 자연발화를 일으키는 원인에는?
  - 분해열에 의한 발열 : 셀룰로이드, 나이트로셀룰로오스
  - 산화열에 의한 발열 : 석탄, 건성유
  - 발효열에 의한 발열 : 퇴비, 먼지
  - 흡착열에 의한 발열 : 목탄, 활성탄 등이 있다.
  - 중합열에 의한 발열 : HCN, 산화에틸렌 등
- 자연발화를 방지할 수 있는 방법으로는?
  - 통풍 구조를 양호하게 하여 공기유통을 잘 시킨다.
  - 저장실 주위의 온도를 낮춘다.
  - 습도 상승을 피한다.
  - 열이 쌓이지 않도록 퇴적한다.

68 다음 중 산화열에 의한 발열로 자연발화를 일으키는 물질로 바른 것은?

① 나이트로셀룰로오스
② 석 탄
③ 활성탄
④ 산화에틸렌

해설
자연발화를 일으키는 원인
- 분해열에 의한 발열 : 셀룰로이드, 나이트로셀룰로오스
- 산화열에 의한 발열 : 석탄, 건성유
- 발효열에 의한 발열 : 퇴비, 먼지
- 흡착열에 의한 발열 : 목탄, 활성탄 등이 있다.
- 중합열에 의한 발열 : HCN, 산화에틸렌 등

69 다음 중 자연발화 방지 방법으로 잘못된 것은?

① 통풍이 잘되도록 공기유통을 잘 시킨다.
② 저장실 주위의 온도를 높인다.
③ 습도를 최대한 낮게 유지한다.
④ 열이 쌓이지 않도록 퇴적한다.

해설
② 저장실 주위의 온도를 낮춘다.

70 다음 연소의 형태의 종류 중 다른 하나는?

① 표면연소   ② 증발연소
③ 분해연소   ④ 확산연소

해설
①, ②, ③ 고체의 연소형태
④ 기체의 연소형태

71 다음은 연소의 정의 및 조건 등에 대한 설명이다. 바르지 못한 것은?

① 쇠못을 장시간 방치하면 공기 중에 존재하는 산소와의 산화반응으로 산화철(녹)이 되는데 이 반응도 넓은 의미에서 연소반응이다.
② 연소범위가 넓을수록 일반적으로 폭발의 위험성은 증가한다.
③ 연소는 산화반응으로써 가연물, 산소공급원 및 최소점화에너지를 연소의 3요소라 한다.
④ 연소반응이 지속되기 위해서는 가연물을 계속 활성화시켜야 한다.

해설
쇠못을 장시간 방치하면 공기 중에 존재하는 산소와 산화반응에 산화철(녹)이 되는 반응은 산화열이 낮기 때문에 반응을 지속시킬 수 없어 산화반응이지만 연소반응은 아니다.

72 물질자신으로부터 발화하는 것이 아니라 전기적 스파크, 불꽃 등의 화원에 의해 착화하여서 연소하는 현상은?

① 자연발화
② 화합발화
③ 인 화
④ 폭 발

해설
① 자연발화 : 물과 습기 혹은 공기 중에서 물질이 발화온도보다 낮은 온도에서 화학변화에 의해 자연발열하고, 그 물질 자신 또는 발생한 가연성 가스 연소하는 현상
② 화합발화 : 두 종 혹은 그 이상의 물질이 서로 혼합 또는 접촉해서 연소하는 현상
④ 폭발 : 정지상태인 물질이 급격히 팽창하는 현상으로 빛과 소리 혹은 충격적 압력을 수반하고, 순간적으로 연소를 완료하는 현상

73 소방기관에서 행하는 화재조사의 목적에 해당되지 않는 것은?

① 화재확대 및 원인을 규명하여 화재예방 및 진압대책 자료로 활용한다.
② 화재에 의한 피해를 알리고 유사화재 방지와 피해경감에 이바지한다.
③ 관계자의 방화 또는 실화를 규명하여 법적책임을 도출시키고 재발방지에 이바지한다.
④ 사상자의 발생원인과 방화관리 상황 등을 규명하여 인명구조 및 안전대책의 자료로 활용한다.

해설
• 소방분야
 - 화재에 의한 피해를 알리고 유사화재의 방지와 피해의 경감
 - 발화원인을 규명하고 예방행정의 자료로 활용
 - 화재확대 및 연소원인을 규명하여 예방 및 진압대책상의 자료로 활용
 - 사상자의 발생원인과 방화관리상황 등을 규명하여 인명구조 및 안전대책의 자료로 활용
 - 화재의 발생상황, 원인, 피해상황 등을 통계화하여 소방정보를 수집, 소방행정에 활용
 - 사법기관이 행하는 방화, 실화의 범죄수사에 대한 협력을 위해 통보, 필요한 증거의 보전
• 사법분야
 - 방화 및 실화(중·경과실)등 범죄와의 관련성을 수사하여 사회안녕 추구

74 다음 중 화재조사를 위하여 부여된 권리에 해당되지 않는 것은?

① 화재에 의하여 파손되고 파괴된 재산의 조사
② 관계자에 대한 질문
③ 관계자에 대한 자료제출명령
④ 경찰기관에 대한 협조

해설

화재조사관의 업무상 권리
- 관계자에 대한 질문권
- 현장출입검사권
- 관계자에 대한 자료제출명령권
- 방실화 피의자 또는 증거물에 대한 검찰송치 전까지의 질문권 및 조사권

75 다음 중 화재현장의 관계자에게 식별되는 특징이라고 볼 수 없는 것은?

① 현장부근에 잠옷차림이나 맨발인 사람
② 화상을 입었거나 의류가 타버린 사람
③ 당황하거나 웅크려서 울고 있는 사람
④ 화재진압활동을 도와주고 있는 이웃주민

76 화재원인조사의 방법에 대한 설명 중 적당하지 않는 것은?

① 발화지점으로부터 연소확대 지점으로 넓혀가며 화재원인과 피해를 조사한다.
② 화재원인조사는 소화활동과 동시에 개시된다.
③ 연소 중의 화재상황 식별과 정보수집활동에 주력하여 화재 초기단계의 상황을 조기에 파악한다.
④ 관찰을 기초로 하여 보편적 법칙을 정립하는 귀납적 방법을 택한다.

해설
연소확대 지점으로부터 발화지점으로 좁혀가며 화재원인을 조사해야 한다.

77 소화활동 중 현장보존의 방법에 대한 설명이다. 옳지 않은 것은?

① 발화지점이라고 생각되는 장소에는 물건의 이동을 하지 않도록 한다.
② 현장보존구역 범위는 화재건물 전체를 설정하는 것이 좋다.
③ 현장보존구역으로 설정할 때는 "현장보존" 표지로 명시하고 관계자에 통지한다.
④ 현장보존구역으로 설정할 때는 관계자의 출입을 제한한다.

해설
② 관계자의 입장을 충분하게 고려하여 조사에 필요한 최소한으로 설정한다.

78 화재현장조사의 사전준비 사항에 해당하지 않는 것은?

① 화재 출동 시 얻은 자료를 분석·검토하고 정보를 정리한다.
② 분담하는 임무에 책임을 지고 그 조사사항을 파악하여 둔다.
③ 필요한 기자재를 점검하여 준비해둔다.
④ 현장에 출입 도괴건물의 방향·낙하물의 집중부위 등을 관찰한다.

해설
④ 조사 수행단계의 하나이다.

79 다음 중 화재현장조사의 진행방법으로 가장 적당하지 않는 것은?

① 화재출동 시 얻은 정보를 염두에 두고 전반적인 연소된 상황을 관찰한다.
② 연소건물 전반을 높은 곳에서 관찰한다.
③ 연소건물 중심건물에서부터 외부로 전체의 연소상황을 관찰한다.
④ 도괴물의 방향·낙하물의 집중부위 등 건물구조를 관찰한다.

해설
연소건물 외부에서부터 중심으로 연소상황을 관찰한다.

정답 75 ④ 76 ① 77 ② 78 ④ 79 ③

80 화재현장의 사진촬영에 대한 설명 중 옳지 않은 것은?

① 화재현장의 연소전반사항을 촬영한다.
② 화재원인에 도움이 되지 않는 피해건물의 주변상황까지 촬영한다.
③ 화재건물, 발화지점, 연소경로, 증거물 및 피해액에 해당된 사항만 촬영한다.
④ 화재현장의 발굴과정과 복원된 현장을 촬영한다.

81 다음은 화재현장의 발굴작업에 대한 설명이다. 옳지 않은 것은?

① 발굴 작업 전 건물의 붕괴나 낙하물 등에 대한 안전대책을 강구한다.
② 발굴은 불필요한 낙하물을 제거하여 출화당시의 상황에 가깝게 복원하여 원인판정에 결부시키는 작업이다.
③ 발굴범위는 화재출동 시 수집된 정보와 관계자의 진술, 연소상황과 구조 등을 고려하여 결정한다.
④ 발굴 작업을 하기 전에는 그 장소의 발굴 전 모습을 여러 방향에서 촬영하고, 수용건물만 소손된 부분소 화재인 경우에는 발굴을 생략한다.

해설
수용건물만 소손된 부분소 화재인 경우라 할지라도 발굴을 생략할 수는 없다.

82 화재현장 발굴 작업시 낙하물의 제거요령 중 옳지 않은 것은?

① 여러 층으로 쌓여 있는 경우 상층의 낙하물부터 제거한다.
② 기둥, 기구 등 평소에 잘 옮기지 않는 물건은 가능한 한 옮기지 않는다.
③ 높은 위치의 물건이 바닥에 접해있는 낙하물은 전부 제거한다.
④ 출화부가 상부인 경우 입회인에게 낙하물을 확인시키고 필요한 경우 그 위치를 사진촬영 또는 기록한다.

83 발화지점으로 추정되는 부근(발화원, 착화물, 연소된 물건 등)의 발굴요령 중 옳지 않은 것은?

① 삽과 괭이 같은 것은 사용하지 않는다.
② 상부에서 아래쪽으로 발굴해 간다.
③ 물건 중 복원할 필요가 있는 것은 번호 또는 표지를 붙여 정리한다.
④ 출화부에서 발굴된 숯 등은 보관할 필요가 없다.

해설
출화부에서 발굴된 숯 등은 발화요인과 밀접한 관계가 있으므로 잘 보관해야 한다.

84 발화원 주변의 발굴부위 및 연소된 물건의 최종처리 방법 중 옳지 않은 것은?

① 물건을 부서지지 않게 붓 등으로 가볍게 쓸고 불순물을 제거한다.
② 연소흔적 등 증거의 훼손과 오염방지를 위하여 물의 사용은 금한다.
③ 고여있는 물, 물기 등은 헝겊으로 닦아 제거한다.
④ 발화원 주변을 발굴 후에는 출화부위를 복원한다.

해설
깨끗한 물로 씻어낸 후 물기를 제거하고 연소상황을 관찰한다.

정답 80 ③ 81 ④ 82 ③ 83 ④ 84 ②

85 발화원 주변의 발굴 후에 출화부위를 복원하는 요령 중 틀린 것은?

① 연소된 물건의 위치를 명확히 조립한다.
② 소실에 의해 복원이 불가능한 것은 끈이나 로프 등으로 표시한다.
③ 타고 남은 지주, 기둥사이 가로막대 등의 구조물은 복원대신 관찰로 갈음한다.
④ 타지 않은 물건 등은 잔존물의 상황을 고찰하여 위치를 결정한다.

86 출화부위 복원 시 유의사항 중 옳지 않은 것은?

① 현장구조물로 확실한 것만 복원한다.
② 타고 남은 잔존물은 파손되지 않도록 조심스럽게 다룬다.
③ 대용재료를 사용할 경우에는 타고 남은 잔존물과 유사한 것을 사용한다.
④ 복원상황을 관계자에게 확인시킨다.

해설
③ 복원에 필요 시 동일한 대용재료를 사용하되 대용물임을 표시한다.

87 화재조사 시 안전수칙에 해당되지 않은 것은?

① 유독성 물질, 분진 및 예리한 금속 등에 대한 보호장구를 착용한다.
② 추락, 붕괴위험 등에 대한 표지판을 설치한다.
③ 벽이나 기둥의 기울기를 고려하여 위험성을 판단한다.
④ 입회하는 관계자에 대한 안전 확보는 고려하지 않는다.

해설
현장 활동하는 모든 사람의 안전이 고려되어야 한다.

88 화재조사에 필요한 사항 중 적당하지 않은 것은?

① 화재원인(출화원)과 화재로 인한 손해를 조사한다.
② 연소경로 및 피난상황과 연소확대 원인을 조사한다.
③ 소방시설 중 화재발생 층의 시설에 한하여 조사한다.
④ 자체방화관리 실태 및 건축방화시설을 조사한다.

해설
③ 소방시설은 건물 전체의 작동상황을 조사한다.

89 다음은 화재현장의 사진촬영 시 유의사항이다. 적당하지 않은 것은?

① 피사체의 선정은 실황식별자의 지시와 촬영목적을 충분히 이해한 후 촬영한다.
② 피사체는 원경으로부터 목적물과의 관계를 반영하면서 근접 촬영하여 피사체의 관계를 명확히 한다.
③ 목적물과 발굴 장비를 포함하여 촬영한다.
④ 촬영은 단시간에 요령있게 한다.

해설
③ 목적물만 촬영을 원칙으로 한다.

90 다음은 화재 발굴 현장의 사진촬영 시 주의사항이다. 적당하지 않는 것은?

① 좁은 실내에서의 많은 물건을 한 장으로 촬영해야 하므로 광각렌즈를 사용한다.
② 어두운 곳에서의 촬영과 태양에 의한 그림자가 촬영되지 않도록 스트로보를 한다.

85 ③ 86 ③ 87 ④ 88 ③ 89 ③ 90 ④ **정답**

③ 떨림을 방지하기 위하여 삼각대를 활용하고, 물건이 작아서 사진으로는 잘 알 수 없는 것은 반드시 "표지"를 사용한다.
④ 감식물건은 연기에 의한 그을음 등을 털어내지 않고 근접 촬영한다.

91 화재조사에 필요한 도면의 작성요령 중 가장 적당하지 않는 것은?

① 화재현장 부근도(건물의 인접거리, 각 건물의 구조, 층수, 용도 등을 기입한다)
② 발화지점부근의 상황도(수용물건과 계측결과를 기록한다)
③ 소손 건물의 각층 평면도(칸막이 벽, 출입구, 가구 등의 물건을 기입한다)
④ 화재진압작전도 및 인근건물의 부근도(소방력 배치도 및 인접건물의 구조와 평면도를 기입한다)

해설
④ 화재조사의 필수 도면은 아니다.

92 다음 설명 중 옳지 않은 것은?

① 발화부위란 발화원에 의하여 가연물이 착화되고 연소가 시작된 단일구역으로 거실, 창고, 안방 등 경계가 주어져 있는 공간을 말한다.
② 목격자나 관계자, 선착대의 소방관의 진술을 참고로 하여 발화부위 범위를 결정한다.
③ 연소의 강한 부분과 약한 부분을 비교하여 화염의 흔적 등의 형태를 보고 연소의 진행방향을 결정한다.
④ 관계자는 자신의 책임 및 이권과 관련된 허위진술이 있을 수 있으며, 목격 위치에 따라 장소가 다를 수 있으므로 발화부위 결정 시 주의를 요한다.

해설
② 목격자나 관계자, 선착대의 소방관의 진술을 참고로 하여 건물에 나타난 연소패턴, 주변상황 등을 종합적으로 고려하여 발화부위 범위를 신중히 결정한다.

93 화염과 열을 받아 각각 특유의 변화를 나타내는 흔적 중 목재에 해당되지 않은 것은? (단, 완전연소되지 않은 경우임)

① 박리흔
② 탄화흔
③ 균열흔
④ 백색흔

해설
④ 목재 : 탄화, 박리, 균열, 소실

94 다음 중 연소될 때 나타나는 고체의 연소흔에 대한 연결이 잘못된 것은?(단, 완전연소되지 않는 경우임)

① 목재 : 탄화, 박리, 균열, 소실
② 콘크리트(토벽, 타일) : 박리, 백색
③ 플라스틱 : 연화, 용융, 소실
④ 금속 : 연화, 변색, 만곡, 용융

해설
④ 연화는 플라스틱에서 나타나는 연소흔이다.

95 목재는 건물 전체에 골고루 배치되어 연소형태를 비교하는데 가장 용이한 대상이 된다. 목재의 연소형태에 대한 다음 설명 중 옳은 것은?

① 목재는 420~470℃에서 발화하여 연소를 계속한다.
② 탄화면이 요철(凸)이 많거나 혹은 일그러진 상태가 될수록 약하게 연소했다.
③ 탄화모양을 형성하고 있는 선의 폭이 넓을수록 약하게 연소했다.
④ 탄화모양을 형성하고 있는 선의 깊이가 깊을수록 약하게 연소했다.

> **해설**
> ② 탄화면이 요철(凸)이 많거나 혹은 일그러진 상태가 될수록 강한 연소흔을 나타낸다.
> ③, ④ 탄화모양을 형성하고 있는 선의 폭과 깊이가 넓고 깊을수록 강한 연소형태이다.

96 화재현장에서 일반적으로 많이 발견되는 금속류의 용융점을 연결하였다. 바르지 않은 것은?

① 알루미늄 : 659.5℃
② 스테인레스 : 1,520℃
③ 동(구리) : 1,083℃
④ 철 : 1,000℃

> **해설**
>
> | 금속명 | 용융점(℃) | 금속명 | 용융점(℃) |
> |---|---|---|---|
> | 수 은 | 38.8 | 구 리 | 1,083 |
> | 주 석 | 231.9 | 니 켈 | 1,455 |
> | 납 | 327.4 | 스테인레스 | 1,520 |
> | 아 연 | 419.5 | 철 | 1,530 |
> | 마그네슘 | 650 | 티 탄 | 1,800 |
> | 알루미늄 | 659.5 | 몰리브덴 | 2,620 |
> | 은 | 960.5 | 텅스텐 | 3,400 |
> | 금 | 1,063.0 | | |

97 열에 의하여 변화하는 콘크리트(모르타르, 타일, 벽돌)에 대한 설명 중 옳지 않은 것은?

① 열을 받으면 연소의 변색 또는 변형하는 연소의 강·약을 나타낸다.
② 이들은 대부분 가공 성형된 것으로 그 질이 균일하지 않기 때문에 연소의 강·약을 명확히 나타내지 않는다.
③ 수열에 의한 변색은 금속류와 같이 연소가 강할수록 연홍색으로 되는 경향이 있다.
④ 타일은 재질특성상 연소의 강·약이 판명하기 어렵다.

> **해설**
> ③ 수열에 의한 변색은 연소가 강할수록 백색으로 되는 경향이 있다.

98 발화부 발굴범위의 결정에 대한 설명 중 적절하지 않은 것은?

① 발굴범위를 결정한 때에는 조사관이 다 알 수 있도록 발굴범위를 확정하는 데 도움이 될 만한 기둥·문턱 등 타다 남은 구조물을 기준삼아 흰줄로 구획을 표시한다.
② 발굴범위의 결정에 있어서는 발화 주변의 소손상황이 비교·대조되는 범위와 발화원과 가까운 곳에 위치한 물건 등도 발굴대상에 포함한다.
③ 발굴범위의 협의는 발화영역, 발견상황, 관계자·책임자 등의 행동 등을 내용으로 하며 이때 제3자를 협의장소에 참여시키고 발굴을 실시한다.
④ 발굴범위 내 물건 등의 위치상황, 발화원인과 관계있는 물건 등에 대하여 발굴 시의 유의사항 및 발굴순서에 대한 지시하고 도괴물에 의한 사고에 주의한다.

> **해설**
> ③ 관계자가 아닌 제3자는 발굴에 참여시키지 않는 것이 원칙이다.

정답 95 ① 96 ④ 97 ③ 98 ③

99 화재조사 현장에서 발화원 검토 시 유의사항으로 적절하지 않은 것은?

① 발화원이 대부분 입증되는 시점에서 재차 발화개소에서 주위로 타서 번져간 상황(방향성)에 타당성이 있는가를 검토한다.
② 감정이 필요한 경우에는 필요 물건에 대한 위치를 명확히 하고 채취한다.
③ 발화원의 검토 후 새롭고 구체적인 발화원이 증명되는 경우에는 그 상황에 대하여 기록한다.
④ 관계자 앞에서 현장에 있는 물건의 가치 판단과 출화가능성을 언급하는 것을 원칙으로 한다.

[해설]
④ 최종적인 결론이 나기 전까지는 관계자에게 화재내용을 언급하지 않는 것을 원칙으로 한다.

100 화재조사 특징으로 옳지 않은 것은?

① 안전성
② 자율성
③ 보존성
④ 현장성

101 화재현장에서 관계자에 대한 질문방법으로 옳지 않은 것은?

① 질문 시 선입견을 버리고 유도질문을 하지 않도록 한다.
② 화재와 이해관계가 있는 제3자와 함께 사실관계를 확인한다.
③ 관계자가 직접 목격한 내용을 중심으로 직접 진술을 확보한다.
④ 개인의 사생활이 존중될 수 있도록 배려하고 임의진술 확보에 주력한다.

[해설]
이해관계가 있는 제3자와는 격리하여 진술을 확보하여야 한다.

102 산화반응에 대한 설명 중 옳지 않은 것은?

① 수소를 얻는 현상
② 전자를 잃는 현상
③ 산소와 화합하는 현상
④ 산화수가 증가하는 현상

[해설]

구 분	산 소	수 소	전 자	산화수
산 화	(+)	(−)	(−)	(+) 증가
환 원	(−)	(+)	(+)	(−) 감소

103 연소에 대한 설명으로 옳지 않은 것은?

① 연소반응을 지속하기 위해 가연물을 계속 활성화시켜야 한다.
② 금속을 장기간 방치하면 공기 중의 산소와 산화반응을 일으켜 산화철이 되는 것도 연소에 포함된다.
③ 연소범위가 좁을수록 폭발 위험성도 증가한다.
④ 가연물, 점화원, 산소공급원을 연소의 3요소라고 한다.

[해설]
산화철이 되는 현상은 연소반응에 포함되지 않는다.

104 연소하기 쉬운 가연물의 조건으로 옳은 것은?

① 산소와의 친화력이 적을 것
② 최소에너지가 클 것
③ 열전도율이 작을 것
④ 비표면적이 작을 것

정답 99 ④ 100 ② 101 ② 102 ① 103 ② 104 ③

105 유전가열을 활용한 것으로 옳은 것은?

① 헤어드라이어
② 전기장판
③ 냉장고
④ 전자레인지

해설
표면을 과열하는 일 없이 내부를 균일하게 단시간에 가열할 수 있으므로 합성수지의 접착이나 성형, 목재·합판의 건조 및 전자레인지의 원리에 쓰인다.

106 도체 주변에 변화하는 자장이 존재하거나 도체가 자장 사이를 통과하여 전위차가 발생하고 이 전위차에 전류의 흐름이 일어나 도체의 저항에 의하여 열이 발생하는 것은?

① 유도가열
② 유전가열
③ 저항가열
④ 자속열

107 일산화탄소(CO)의 증기비중으로 옳은 것은?

① 1.72
② 2.12
③ 0.97
④ 0.85

해설
증기비중 = $\dfrac{\text{증기분자량}}{29} = \dfrac{28}{29} = 0.97$

108 "복사체에서 발산되는 복사열은 복사체의 절대온도의 4제곱에 비례한다"는 법칙은?

① 보일의 법칙
② 보일샤를의 법칙
③ 스테판 볼츠만의 법칙
④ 르샤틀리에의 법칙

109 건물 내 연기의 이동 요인과 관계되지 않는 것은?

① 연돌효과
② 공기조화시스템
③ 부력효과
④ 플래시오버

해설
①, ②, ③ 이외에도 화재열로 인한 팽창 등이 있다.

110 연기의 이동에 관한 설명으로 옳지 않은 것은?

① 연기를 포함한 공기는 부력에 의해 이동한다.
② 팽창에 의해 찬 공기는 건물 안으로 이동하고 뜨거운 공기는 밖으로 배출된다.
③ 수평방향 이동속도는 약 0.5m/sec 정도로 인간의 보행속도보다 빠르다.
④ 수직방향 이동속도는 2~3m/sec 정도이다.

해설
인간의 보행속도는 1~1.2m/sec이다.

111 경사면에서의 화염확산에 대한 설명으로 옳지 않은 것은?

① 경사로에서 화염은 위로 향하는 정방향 화염확산 효과를 나타낸다.
② 경사로 표면은 예열이 이루어지고 표면 아래로 공기가 혼입되어 복사열이 증대된다.
③ 경사진 벽이나 계단 등 일정한 각도로 기울어진 수평면을 따라 화염이 확대된다.
④ 수평면 표면으로 화염이 확산되어 가스의 흐름과 반대방향으로 역류한다.

해설
경사면의 화염확산은 정방향으로 가스의 흐름방향과 같은 방향으로 진행된다.

정답: 105 ④ 106 ① 107 ③ 108 ③ 109 ④ 110 ③ 111 ④

112 목재에서 나타나는 탄화와 균열의 특성으로 옳지 않은 것은?

① 유염연소가 무염연소보다 탄화심도가 깊다.
② 불에 오래도록 강하게 탈수록 탄화의 깊이는 깊다.
③ 탄화모양을 형성하고 있는 패인 골이 깊을수록 소손이 강하다.
④ 탄화모양을 형성하고 있는 패인 골의 폭이 넓을수록 소손이 강하다.

해설
무염연소는 장시간 화염과 접촉하고 있기 때문에 탄화심도가 유염연소보다 깊다.

113 금속의 연소특성으로 옳지 않은 것은?

① 폭열은 금속 고유의 탄성이 변화되어 나타나는 현상이다.
② 금속이 용융점에 이르면 녹기 시작하기 때문에 연소의 강약을 구별할 수 있다.
③ 금속은 연소가 강할수록 백색이 되기 쉽다.
④ 금속류는 열을 받아 팽창하면 보통 화염의 반대방향으로 휘거나 붕괴된다.

해설
폭열은 콘크리트, 만곡은 금속에서 나타나는 현상이다.

114 연소패턴에 대한 설명으로 옳은 것은?

① 모래시계 패턴의 하부는 고온가스구역이다.
② U형 패턴은 V형 패턴과 유사하지만 전도열의 영향을 크게 받는다.
③ 화염이 천장면에 일정시간 접촉할 경우 화살모양 패턴이 형성될 수 있다.
④ 열그림자 패턴은 화염이 장애물에 막혀 열의 이동이 차단될 때 연소되지 않는 보호구역이 형성된다.

해설
① 모래시계 패턴의 하부는 화염구역, 상부는 고온가스구역이다.
② U형 패턴은 V형 패턴과 유사하지만 복사열의 영향을 크게 받는다.
③ 화염이 천장면에 일정시간 접촉할 경우 원형 패턴이 형성될 수 있다.

115 도넛 패턴이 생성될 때 가연성 액체의 중심부가 연소되지 않는 이유로 옳은 것은?

① 중심부는 불연성 물질이 있는 미연소구역이기 때문이다.
② 중심부에는 공기가 차단되기 때문이다.
③ 중심부의 액체가 증발잠열의 냉각효과로 보호되기 때문이다.
④ 중심부의 액체가 발열작용을 하지 않기 때문이다.

해설
도넛패턴 중심부에서는 가연성 액체가 증발할 때 증발잠열의 냉각효과 때문에 보호된다.

116 물질의 연소위험성을 나타낸 것으로 옳지 않은 것은?

① 비중이 낮을수록 위험성이 크다.
② 비점이 높을수록 위험성이 크다.
③ 융점이 낮을수록 위험성이 크다.
④ 점도가 낮을수록 위험성이 크다.

해설
끓는점이 낮으면 증기발생이 용이하여 위험성이 커진다. 즉, 비점이 낮을수록 위험성이 커진다.

117 내부크기가 가로 10m, 세로 6m, 높이 2m인 건물 내부에 단위발열량이 18,000kcal/kg인 가연물 4,000kg이 있을 때 화재하중은 몇 kg/m²인가?

① 166.67
② 266.67
③ 366.67
④ 466.67

해설

화재하중(Fire Load)
화재실 혹은 화재구획의 단위바닥면적에 대한 등가 목재중량

$$q = \frac{\Sigma Q_i}{4,500A} = \frac{18,000 \times 4,000}{4,500 \times 10 \times 6} = 266.67$$

q : 화재하중
A : 화재구획의 바닥면적(m²)
ΣQ_i : 화재구획 내의 가연물의 전발열량(kcal)

제2과목

화재감식론

- Chapter 01 전기 화재감식
- Chapter 02 가스 화재감식
- Chapter 03 화학물질 화재감식
- Chapter 04 미소화원 화재감식
- Chapter 05 방화 화재감식
- Chapter 06 차량 화재감식
- Chapter 07 임야·항공기·선박 화재감식
- 출제예상문제

작은 기회로부터 종종 위대한 업적이 시작된다.

– 데모스테네스 –

01 전기 화재감식 ★★★★

제1절 기초전기

1 정전기

두 물체의 접촉으로 접촉면에서의 전기이중층의 형성과 분리에 의한 전위상승 및 분리된 전하 소멸의 3단계로 나뉘며, 대전현상은 이 3단계 과정이 연속적으로 일어날 때 발생

(1) 정전기 발생종류 21
  ① 마 찰
    ㉠ 두 물체의 마찰로 전하의 분리 및 재배열이 일어나서 정전기가 발생하는 현상
    ㉡ 접촉과 분리의 과정을 거친 대표적인 예
    ㉢ 고체, 액체류 또는 분체류에 의해 주로 발생
  ② 박 리
    ㉠ 서로 밀착되어있는 물체가 떨어질 때 전하의 분리가 일어나 발생하는 현상
    ㉡ 접촉면적, 접촉면의 밀착력, 박리속도 등에 의해 정전기 발생량이 변화함
    ㉢ 마찰에 의한 것보다 더 큰 정전기가 발생
  ③ 유 동
    ㉠ 액체류가 파이프 등 내부에서 유동할 때 액체와 관벽 사이의 경계면에 전기이중층이 형성되어 발생
    ㉡ 액체의 유동속도가 정전기 발생에 가장 큰 영향
  ④ 분 출
    ㉠ 액체, 기체, 분체 등이 단면적이 작은 분출구를 통해 공기 중으로 분출될 때 물질과 분출구의 마찰로 발생
    ㉡ 분출하는 물질의 구성 입자들 간의 상호충돌로 발생
    ㉢ 충돌 : 분체류와 같은 입자 상호 간, 입자와 고체와의 충돌로 접촉·분리됨으로써 발생
    ㉣ 파괴 : 고체나 분체류와 같은 물체가 파괴되었을 때 전하분리로 (+), (-)의 전하 균형이 깨져 발생
    ㉤ 교반이나 침강 : 탱크로리와 같이 수송 중에 액체가 교반할 때 대전하여 발생
  ⑤ **비말대전** : 공기 중에 분출한 액체류가 미세하게 비산되어 분리하고, 크고 작은 방울로 될 때 새로운 표면을 형성하기 때문에 발생
  ⑥ **적하대전** : 고체표면에 부착되어 있는 액체류가 성장하여 물방울로 떨어져 나갈 때 발생
  ⑦ **기타** : 전하를 내포하고 있는 액체류가 동결되어 파괴되면 전하의 균형이 깨져 전기이중층이 형성되어 발생

(2) 정전기 발생에 영향을 주는 요인
① **물체의 특성** : 두 물체가 대전서열 내 위치가 멀수록 대전량은 큼
② **물체의 표면상태** : 표면이 원활하면 적어지고 기름 등에 오염되면 산화되어 정전기가 크게 발생
③ **물질의 이력**
④ **접촉면적 및 압력** : 접촉면적 및 압력이 클수록 커지고 정전기 발생량도 커짐
⑤ **분리속도** : 빠를수록 정전기 발생량 커짐

(3) 정전기 방전의 종류
① **코로나 방전** : 방전물체나 대전물체 부근의 돌기의 끝부분에서 미약한 발광이 일어나거나 보이는 현상
② **브러시 방전** : 대전량이 큰 부도체와 접지도체 사이에서 발생하는 것으로 강한 파괴음과 발광을 동반하는 현상
③ **불꽃방전** : 대전물체와 접지도체의 간격이 좁을 경우 그 공간에서 갑자기 발광이나 파괴를 동반하는 방전
④ **전파브러시 방전** : 대전되어 있는 부도체에 접치체가 접근할 때 대전물체와 접지체 사이에서 발생하는 방전과 동시에 부도체 표면을 따라 발생하는 방전

(4) 정전기 방지대책
① 접 지
② 공기 중의 상대습도를 70% 이상 유지
③ 실내의 공기를 이온화
④ 전기의 저항이 큰 물질은 대전이 용이하므로 전도체 물질을 사용

2 전기이론의 기초

(1) 전류[A]
① 전위(電位)가 높은 곳에서 낮은 곳으로 전하(電荷)가 연속적으로 이동하는 현상
② 1A : 도선의 임의의 단면적을 1초 동안 1C(쿨롱)의 전하가 통과할 때의 크기

$$I = \frac{Q(전하량)}{t(시간)}[A]$$

예제문제

10[C]의 전하가 5초 동안 어느 점을 통과하고 있을 때 전류 값은 몇 [A]인가?
① 2
② 5
③ 10
④ 50

해설 $I = \frac{Q(전하량)}{t(시간)}[A] = \frac{10}{5} = 2$

정답 ①

(2) 전압[V]
　① 전기장 또는 전기적인 위치에너지의 차이. 즉 전위차, 전기적인 압력
　② 1V : 1쿨롱(C)의 전하가 전위차가 있는 두 점 사이에서 이동할 때 하는 일이 1J일 때

$$V = \frac{W[\text{J}]}{Q[\text{C}]}[\text{V}]$$

예제문제

10[V]의 기전력으로 50[C]의 전기량이 이동할 때 한 일은 몇 [J]인가?
① 240　　　　　　　　　　　② 400
③ 500　　　　　　　　　　　④ 600
[해설] 전기량 W = VQ = 10 × 50 = 500[J]

[정답] ③

(3) 저 항
　① 전류가 통과하기 어려운 정도를 표시한 것
　② 저항은 전기 전도율의 역수로 실용단위는 옴(ohm)이고, 기호는 R, 단위기호는 Ω
　③ 1Ω : 1V의 전압을 가했을 때 1A의 전류가 흐르는 도체의 저항

(4) 전 하
　① 모든 전기현상의 근원이 되는 실체
　② 전하의 크기를 전기량이라 하고 기본전하량(e=1.6021×10^{-19}C)의 정수배가 됨
　③ 음양의 구별이 있고 양전하, 정전하, 전자, 부전하로 분류
　④ 분포상태가 변하지 않을 때 정전하이며, 전하가 이동하는 현상을 전류라 함

$$\text{전하량}(Q) = I \cdot t[\text{C}]$$

예제문제

10[A]의 전류가 5분간 도체에 흘렀을 때 도선 단면을 지나는 전기량은 몇 [C]인가?
① 3　　　　　　　　　　　② 50
③ 3,000　　　　　　　　　④ 5,000
[해설] 전기량 Q = It = 10 × 5 × 60 = 3,000[C]

[정답] ③

(5) 기전력
　① 전압을 일으킬 수 있는 근원이 되는 능력
　② 도체의 내부에 전위차를 발생하여 그 사이에 전하를 이동시켜 전류를 통하게 하는 원동력
　③ 작용에 따른 종류
　　㉠ 유도기전력
　　㉡ 열기전력
　　㉢ 전지의 화학적 기전력
　　㉣ 광전지의 광기전력
　④ 전지나 발전기 등은 다른 형태의 에너지를 전기에너지로 바꿈으로써 지속적으로 기전력을 얻을 수 있도록 고안되어 있으며, 회로를 열었을 때의 단자 사이의 전위차로 정의

(6) 도체·절연체(부도체)·반도체
　① 도체 : 전기가 통하기 쉬운 물질(예 금, 은, 동, 알루미늄, 철 등)
　② 절연체(부도체) : 전기가 통하기 어려운 물질(예 운모, 유리, 고무 등)
　③ 반도체 : 도체와 절연체의 중간 물질, 일반 금속과는 역으로 고압이 됨에 따라 저항률이 작아지고 빛을 대면 기전력이 발생하거나 불순물을 섞으면 저항률이 크게 변화함
　④ 도체와 절연체의 차이 : "자유전자"의 유무

(7) 소선의 용단특성
　① 용단 : 전선·케이블·퓨즈 등에 과전류가 흘렀을 때 가용체가 녹아 절단되는 현상
　② 용단전류

$$I_s = ad^{\frac{3}{2}} [A]$$

　　d : 선의 직경(mm), a : 재료정수(구리 80, 알루미늄 59.3, 철 24.6, 주석 12.8, 납 11.8)

예제문제

비닐코드(0.75mm²/30본) 0.18mm 한 가닥의 용단전류는?

해설 $I_s = ad^{\frac{3}{2}} [A]$ 에서 구리선이므로 $I_s = 80 \times 0.18^{\frac{3}{2}} = 6.1 [A]$

정답 6.1[A]

3 직류와 교류

(1) 직류[direct current(DC), 直流]
전지에서의 전류에서와 같이 항상 일정한 방향으로 흐르는 전류. 약칭으로 DC라 함

(2) 교류[alternating current(AC), 交流]
① 시간에 따라 크기와 방향이 주기적으로 변하는 전류. AC라 함
② 사인파형이 가장 전형적이며 사각파나 삼각파 등으로 변형이 가능

4 전기단위

(1) 인덕턴스(Inductance)
① 회로를 흐르는 전류의 변화에 의해 전자기 유도로 생기는 역기전력의 비율을 나타내는 양
② 단위는 H(henry)
③ 자속(磁束) 변화의 원인에 따라 자체인덕턴스와 상호인덕턴스로 나눔

(2) 리액턴스(Reactance)
① 콘덴서나 코일과 같이 회로요소가 가지는 전기적 특성의 하나로 회로를 흐르는 사인파 교류에 대하여 그 전압과 전류 사이에 진폭 변화와 함께 위상차를 생기게 하는 작용
② 일반적으로 복소수로 나타낸 교류저항의 허수부로 정의

$$X_L = wL = 2\pi f L [\Omega]$$

(3) 임피던스(Impedance)
① 교류회로에서 전류의 흐름을 방해하는 정도를 나타내는 양
② 복소수로서 실수부분은 저항, 허수부분은 리액턴스를 의미
③ 크기뿐 아니라 위상도 함께 표현할 수 있는 벡터량
④ 단위는 SI 단위계로 Ω, 기호는 Z를 사용

(4) 줄(Joule)
① 에너지와 일의 SI단위
② 기호는 J(줄). cgs단위로는 erg(에르그)
③ 1J은 1N(뉴턴)의 힘으로 물체를 힘의 방향으로 1m만큼 움직이는 동안 하는 일 또는 그렇게 움직이는 데 필요한 에너지
④ 1J = 1N · m = 1kg · m²/s²(MKS단위) = (1000g) · (100cm)²/s² = 105dyn(다인) · 100cm(cgs단위) = 10^7erg

(5) 쿨롱(Coulomb)

① 전하량의 단위. 1C(쿨롱)은 1A(암페어)의 전류가 1초 동안 흐를 때 이동하는 전하의 양

$$Q[\text{C}] = I[\text{A}] \cdot t[\sec]$$

② 한 개의 양성자나 전자가 가지는 전하량의 크기는 1.6021×10^{-19}C으로 같고 부호는 다름
③ 전자는 음의 전하를 가져 전하량이 -1.6021×10^{-19}C
④ 전하량이 1C인 물체에는 양성자가 전자보다 $1/(1.6021 \times 10^{-19}) = 6.25 \times 10^{18}$개 더 많음

예제문제

어떤 도체의 단면을 0.5초간에 0.032[C]의 전하가 이동했을 때 흐르는 전류(I)의 크기는 몇 mA인가?

① 16　　　　　　　　　　　　② 32
③ 64　　　　　　　　　　　　④ 128

해설 $I[\text{A}] = \dfrac{Q[\text{c}]}{t[\text{s}]}$ 이므로 $\dfrac{0.032}{0.5} \times 10^3 = 64[\text{mA}]$

정답 ③

(6) 패럿(Farad)

① 1F은 1C의 전하를 주었을 때 전위가 1V가 되는 전기용량을 말함
② 전자 1mol이 가지는 전하량을 뜻하며 이는 전자 1개의 전하량에 아보가드로의 수를 곱함
　　즉, 1F = $(1.6021 \times 10-19\text{C}) \times (6.02 \times 1023\text{mol}-1) ≒ 96{,}500\text{C mol}-1$

5 전기계산

(1) 옴의 법칙

① 부하에 전압이 인가되었을 때 흐르는 전류의 크기는 전압의 크기에 비례하고 저항의 크기에 반비례한다.
V=IR, 즉 $R = \dfrac{V}{I}[\Omega]$

② 균일한 크기의 물질에서 R은 길이 ℓ에 비례하고 단면적 S에 반비례한다.
$R = \rho \dfrac{\ell}{S}[\Omega]$ (ρ : 물질고유의 상수이며 고유저항이다)

(2) 전 력

① 단위 : 와트(W) 또는 킬로와트(kW)
② 1W : 1V(볼트)의 전압이 걸린 부하에 1A(암페어)의 전류가 흐르는 것이다.
③ 전력은 전류가 일정할 때 저항에 비례하고, 전압이 일정할 때 저항에 반비례한다.

$$\text{전력}(P) = \text{전압}(V) \cdot \text{전류}(I) \leftarrow (V = I \cdot R) \text{이므로}$$
$$P = I^2 R = \frac{V^2}{R}$$

예제문제

220V 전압으로 전기난로 소비전력이 500W일 경우 전류와 저항을 구하시오.

[해설] 전력 $P = I^2 R = \frac{V^2}{R}$ 이므로 $500 = \frac{220^2}{R}$, R=96.8[Ω], $500 = I^2 \cdot 96.8$이므로 I=2.27[A]

(3) 줄의법칙 18

전류에 의해 생기는 열량 Q는 전류의 세기 I의 제곱과 도체의 전기저항 R과 전류를 통한 시간 t에 비례한다. 전류를 t초 동안 흐르게 했을 때 발생하는 열량은 다음과 같다.

$$Q = I^2 Rt [\text{J}] \cdots\cdots\cdots 1[\text{J}] = 1[\text{W} \cdot \text{S}] = 0.24 \text{cal 이므로}$$
$$Q = 0.24 I^2 Rt [\text{cal}] = 0.24 Pt [\text{cal}] \cdots\cdots\cdots P = I^2 \cdot R \text{이므로}$$

예제문제

15[kW]의 전동기를 정격상태에서 30분간 사용했을 경우의 전력량을 열량으로 환산하면 몇 [cal]인가?

① 4,300
② 6,480
③ 8,600
④ 12,960

[해설] Q=0.24I²Rt[cal] = 0.24Pt[cal]이므로 0.24×15[cal]×30×60[sec]=6,480[cal]

정답 ②

① 전류가 흐르면 전선에 열이 발생한다.
  ㉠ 전기에너지가 열로 바뀌는 줄열현상 때문이다.
  ㉡ 전류가 일정하면 전기저항이 클수록 발열량은 많아진다.
② 전류 주위에는 자기장이 발생한다. : 앙페르의 법칙
  ㉠ 자기장의 세기는 도선으로부터의 거리에 반비례하고 방향은 전류 방향에 오른나사를 돌릴 때의 회전방향으로 자기장이 나타난다.
  ㉡ 전류의 자기작용은 전하의 운동에 의해 자기장이 발생되는 현상이지만, 이와 반대로 자기장이 변화하면 그 속에 놓인 도선으로 전류를 흐르게 하려는 기전력이 나타난다.
③ 자기장 속의 도선에 전류를 흐르면 이 도선에는 힘이 작용한다.
④ 전류는 어떤 종류의 용액을 통과할 때 화학작용을 일으킨다.

제2절 전기화재 발생현상

1 전기화재 발생과정

- 전기에너지가 변환되어 발생한 열이 발화원이 된 화재
- 전기절연재의 절연파괴로 인한 화재
- 전기기기 및 기구의 고장(안전장치의 미작동) 및 설계·구조적 결함으로 인한 화재
- 사용자의 부적절한 사용방법으로 인한 화재

⊕ Plus one

줄열 발생요인
- 단락이나 지락 등과 같이 전기회로 밖으로의 누설
- 전압이 인가된 충전부분에 도체 접촉
- 중성선 단선과 같은 배선의 1선단락, 즉 지락(地絡)
- 전동기의 과부하 운전 등 부하의 증가
- 배선의 반단선에 의한 전류통로의 감소, 국부적인 저항치 증가
- 각종 개폐기·차단기 등을 고정하는 나사가 풀려 국부적인 저항이 증가

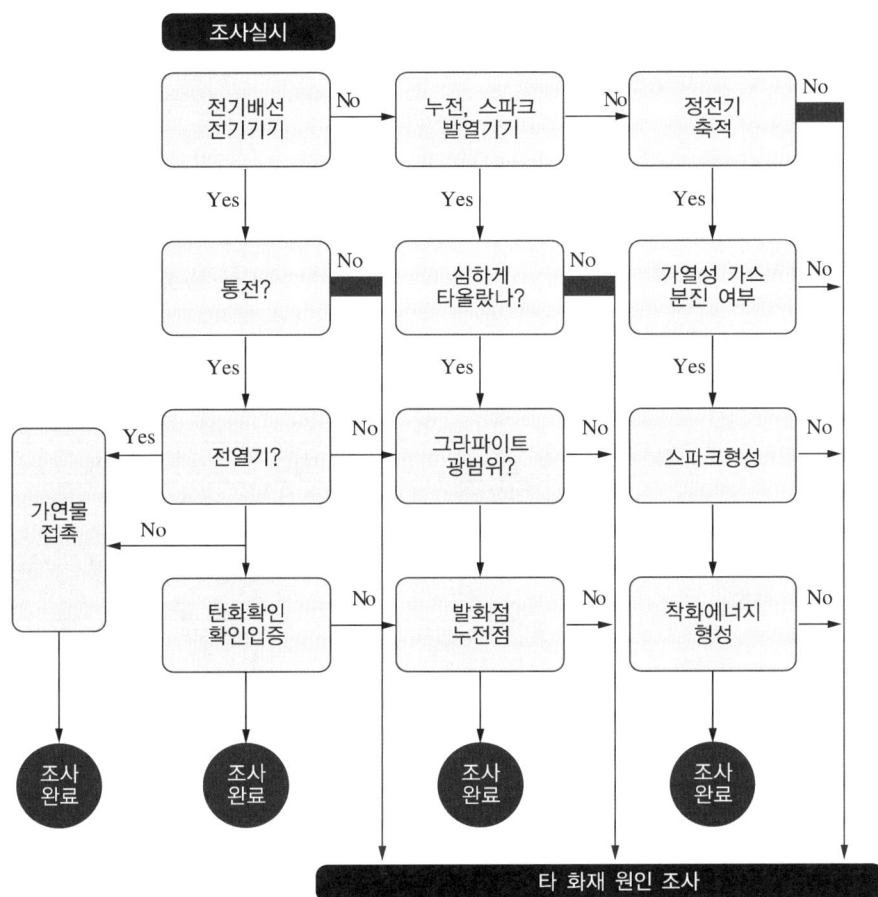

[전기화재조사 Flow-Chart]

[전기화재가 발생하기까지의 과정]

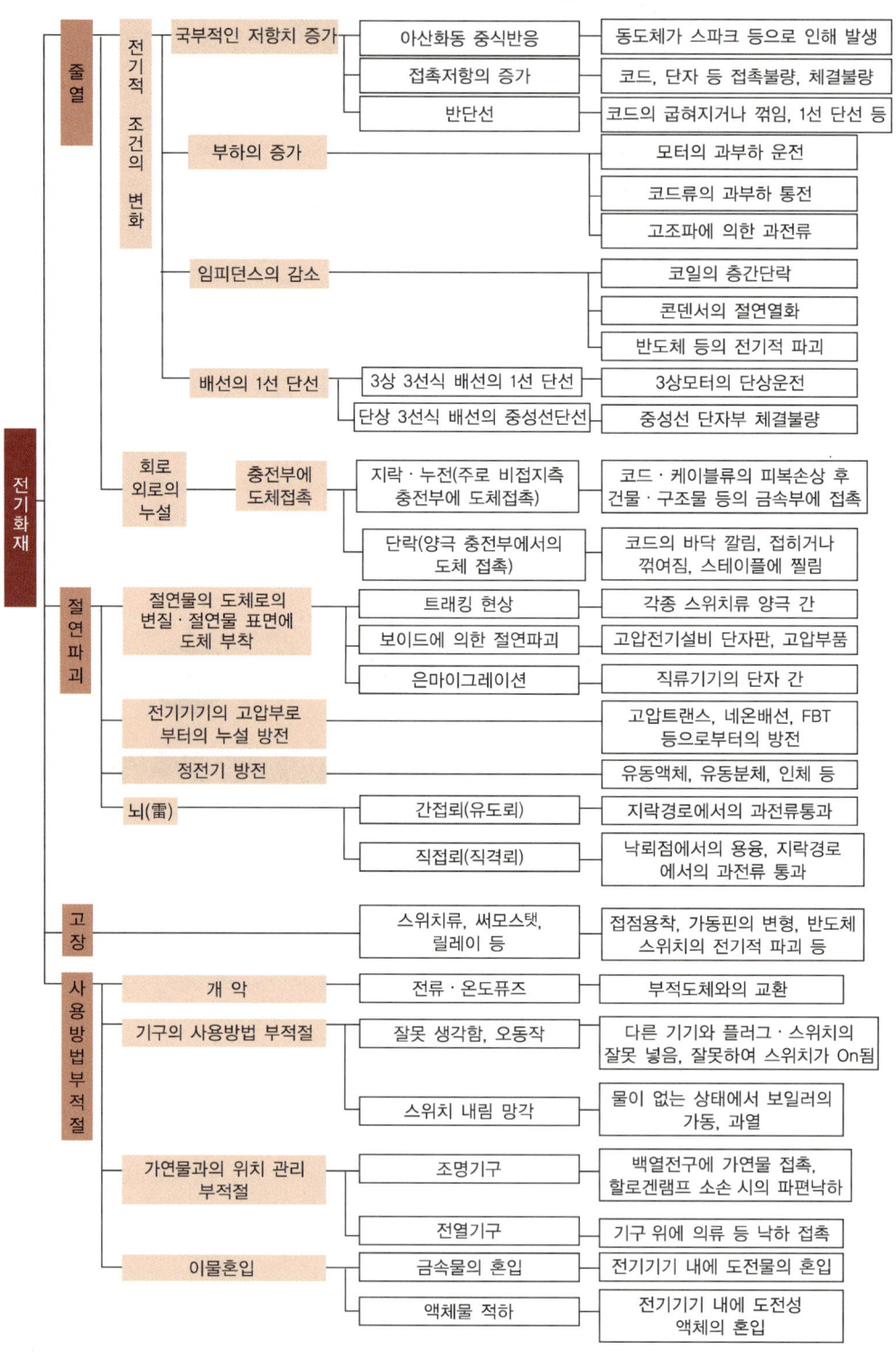

2 절연파괴 16 18 20 21 ★★★★

- 전기적으로 절연된 물질 상호 간의 전기저항이 감소되어 많은 전류가 흐르게 되는 현상
- 절연파괴의 원인
  - 기계적 : 기계적 성질의 열화, 취급불량에 의한 절연피복의 손상이나 절연거리의 감소
  - 전기적 : 이상전압 발생에 의한 절연피복이나 허용전류를 초과하는 전류 때문에 과열에 의한 절연피복의 열화 등

(1) 절연물 표면에 도체부착·절연물의 도체로의 변질

① **트래킹(Tracking)** : 전기기기·기구에 도전로 형성
  ㉠ 절연물 표면이 염분, 분진, 수분, 화학약품 등에 의해 오염, 손상을 입은 상태에서 전압이 인가되면 줄열에 의해서 표면이 국부적으로 건조하여 절연물 표면에 미세한 불꽃방전(scintillation)을 일으키고 전해질이 소멸하여도 표면에 트래킹(탄화 도전로)이 형성되는 현상
  ㉡ 도전성 물질의 생성이 적은 무기절연물보다 유기절연물이 탄화하여 도전로 형성 쉬움
  ㉢ 트래킹 현상 진행과정
    - 1단계 : 절연체 표면의 오염 등에 의한 도전로 형성
    - 2단계 : 도전로의 분단과 미소 불꽃방전의 발생
    - 3단계 : 반복적 불꽃방전에 의한 표면 탄화

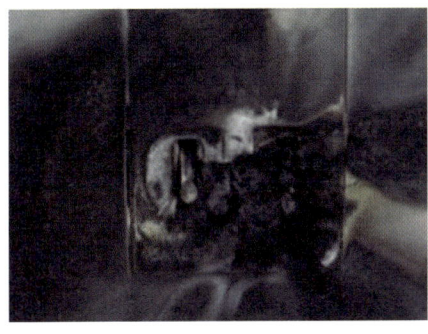 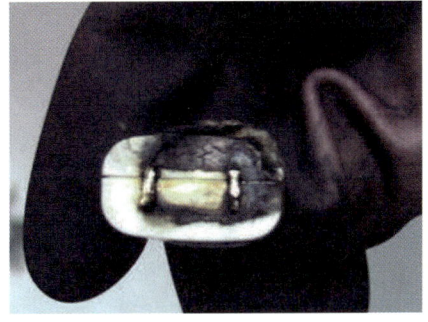

② **흑연화 현상(Graphite)** : 전기기기·기구 이외에 도전로 형성
  ㉠ 목재와 같은 유기질 절연체가 화염에 의해 탄화되면 무정형탄소로 되어 전기를 통과시키지는 않지만 계속적으로 스파크나 아크 등 미세한 불꽃방전의 영향을 받으면 무정형탄소는 점차로 흑연화되어 도전성을 가지게 됨
  ㉡ 도전성을 띠게 되면 발화되는 과정은 트래킹 화재와 유사
    ※ 트래킹 현상과 흑연화 현상은 절연체의 종류에 따라 구분하고 있으나 명확한 구별은 어려움이 있다. 세계적으로는 트래킹에 흑연화 현상을 포함하는 추세이다.

③ **반단선**
  ㉠ 여러 개의 소선으로 구성된 전선이나 코드의 심선이 10% 이상 끊어졌거나 전체가 완전히 단선된 후에 일부가 접촉상태로 남아있는 상태
  ㉡ 반단선 상태에서 통전시키면 도체의 저항치는 단면적에 반비례하므로 국부적으로 발열량이 증가하거나 스파크가 발생하여 피복이나 주위 가연물에 착화되어 출화
  ㉢ 반단선에 의한 용흔은 단선부분의 양쪽, 금속에 의해 절단된 단선에서는 전원측에만 발생

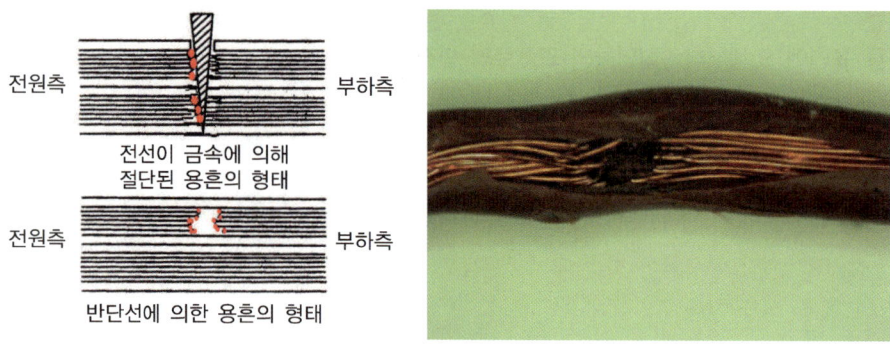

[반단선]

예제문제

전선 중 연선이 절연피복 내에서 일부 단선되어 그 부분에서 단선이 이어짐을 되풀이 하는 상태는?

① 반단선 ② 트레킹
③ 흑연화 ④ 누 전

정답 ①

④ **아산화동 증식현상**
  ㉠ 전선이나 케이블 등의 구리로 된 도체가 스파크 등 고온을 받았을 때 구리 일부가 산화되어 아산화동(Cu_2O)이 되며 그 부분이 이상 발열하면서 서서히 확대되는 현상
  ㉡ 고온을 받은 동의 일부가 대기 중의 산소와 결합하여 아산화동이 되면 아산화동은 반도체성질을 갖고 있어 정류작용을 함과 동시에 고체저항이 크기 때문에 아산화동의 국부부분이 발열함
  ㉢ 외관적 특징
    • 표면에 산화동의 막이 있어 외관상 육안식별 곤란
    • 송곳 등으로 가볍게 찌르면 쉽게 부서지고 분쇄물 표면은 은회색의 금속광택
    • 현미경으로 20배 확대 관찰 시 진홍색과 비슷한 유리형 결정 나타남
    • 적색 결정은 아산화동 특유의 것으로 도체 접촉부에서 발견되고 출화원인 결정에 매우 유용한 물적 증거물
    • 교류가 흐를 때 아산화동의 양·음극측에서 발열하고 직류가 흐를 때는 양극측에서 발열

　　　　ⓔ 아산화동 증식속도 : 약 1,000℃에서 10분 동안 0.1mm
　　　ⓜ 감식방법
　　　　• 전선 상호 간 접속부, 배선기구의 접속단자, 접속용 나사못이나 볼트, 너트에 의해 연결한 접속개소나 스위치류의 접점부분을 중점 발굴
　　　　• 접속부의 검은 덩어리 부분을 회수하여 현미경으로 적색결정 유무를 확인
　　　　• 회로시험기 등으로 측정하여 영 또는 무한대가 아니면 헤어드라이어 등으로 가열하여 온도상승과 함께 저항이 내려가는지 확인
　　　　• 출화부로 추정되는 접촉불량 개소에 아산화동이 없으면, 접촉저항에 의한 발열이 원인
　　⑤ **은 이동**(Silver Migration)
　　　㉠ 직류전압이 인가되어 있는 은(銀)으로 된 이극도체 간에 절연물이 있을 때 절연물 표면에 수분이 부착하면 은의 양이온이 절연물 표면을 음극측으로 이동하며 전류가 흘러 발열하는 현상
　　　㉡ 발생조건
　　　　• 은(도금포함)의 존재
　　　　• 장시간 직류전압의 인가
　　　　• 흡습성이 높은 절연물의 존재
　　　　• 고온·다습한 환경
　　⑥ **보이드**(Void)
　　　㉠ 고전압이 인가된 이극도체 간에 유기성 절연물 내부에 보이드가 있으면 그 양극측에서 방전이 발생하고 시간경과에 따라 전극을 향해 방전로가 연장되어 절연 파괴되어 발화
　　　㉡ 트래킹이나 은 이동과 같이 절연물의 표면이 아니라 내부에서 발생하는 것이 특징

(2) 지락과 누전 및 전기기기의 고압부에서의 누설방전 ★★★
　　① **지락**(Grounding)
　　　㉠ 전로와 대지와의 사이에 절연이 비정상적으로 저하해서 아크 또는 도전성 물질에 의해서 교락(bridged)되었기 때문에, 전로 또는 기기의 외부에 위험한 전압이 나타나거나, 전류가 흐르는 현상
　　　㉡ 이 전류를 지락전류라 하며 이 현상을 일반적으로 「누전」이라고도 함
　　② **누전**(Leak)
　　　㉠ 절연이 불완전하여 전기의 일부가 설계된 전류의 통로 이외의 전선 밖으로 새어 나와 주변의 도체에 흐르는 현상
　　　㉡ 누전은 전기공학적으로 지락현상을 표현하는 것으로 전로 이외의 개소를 경유하여 대지로 전기가 누설되고 있는 상태를 나타냄

(3) 뇌(雷)

대기 중에서 일어나는 방전현상

① 낙뢰의 조건
  ㉠ 높은 곳에 떨어지기 쉬움
  ㉡ 뇌전류는 물체표면에 흐르기 쉬움
  ㉢ 뇌전류는 금속체에 흘러도 전기저항이 높은 곳을 피해 대기 중에 재방전하는 경우 있음
  ㉣ 뇌전류는 물체의 저항이 낮아도 대전류 때문에 발열하여 금속을 용융하는 경우에 따라서 급격히 폭발하는 경우 있음

② 낙뢰의 분류
  ㉠ 직격뢰 : 뇌방전의 주방전이 직접 건조물 등을 통해 형성
  ㉡ 측격뢰 : 낙뢰의 주방전에서 분기된 방전이 건조물 등에 방전하는 경우. 또는 수목의 전위가 높아져 인근의 건조물 등으로 재방전하는 경우
  ㉢ 유도뢰 : 낙뢰나 운간방전으로 주위의 물건이 유기된 고압에 의한 경우
  ㉣ 침입뢰 : 송배전선에 낙뢰하여 뇌전류가 송배전선을 타고 발전소나 변전소등의 기기를 통하여 방전하는 것

제3절 전기적 점화원

과전류	정의 : 비정상적으로 허용전류를 초과하여 과도한 전류가 흐르게 되는 현상(과부하도 포함)
접촉불량 (불완전접촉)	• 정의 : 접속단자나 콘센트가 삽입되는 플러그 등 접속부위에서 접촉면적이 감소되거나 접촉압력이 저하되어 저항증가에 따른 줄열이나 아크가 발생하는 현상 • 특징 : 고온에서 구리가 산화되었을 때 아산화동이 생성되고, 온도가 상승하면 저항의 증가현상 가속화되는 아산화동증식 발생
합 선	• 정의 : 부하를 제외한 전선이 서로 직접 접촉하는 경우 많은 전류가 흐르게 되어 접촉부분에 줄열과 아크가 발생하는 현상 • 원인 : 절연피복이 파괴되거나 절연성능이 열화될 경우 발생
누 전	• 전선피복 등의 손상으로 절연이 불완전하여 전기의 일부가 전선 밖으로 새어 나와 주변의 도체를 통해 흐르는 현상 • 누전의 3요소 : 누전점(漏電點), 출화점(出火點), 접지점(接地點)

1 국부적인 저항치 증가

- 아산화동 증식반응
- 접촉저항의 증가
- 반단선

제4절 전기화재조사장비 활용법 ★★★

1 검전기(Voltage detector, 檢電器)

(1) 검전기의 종류

① 저압 : 600V 이하에는 600V급

② 고압 : 600V 초과 7,000V 이하에는 6kV급

③ 특고압 : 7,000V 초과 66kv급 또는 154kV급 등에 사용

(2) 검전기의 구조 및 사용방법

① 구성 : 검지부, 표시부, 손잡이

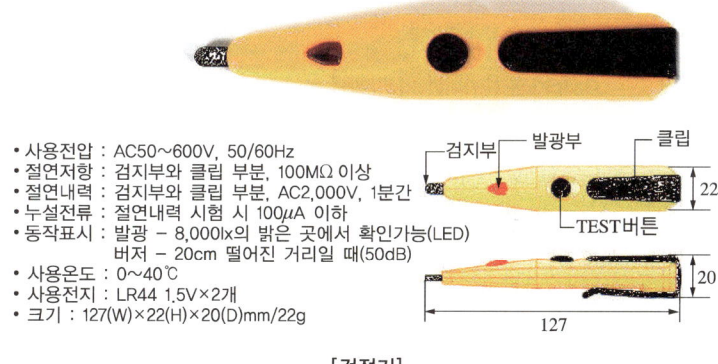

- 사용전압 : AC50~600V, 50/60Hz
- 절연저항 : 검지부와 클립 부분, 100MΩ 이상
- 절연내력 : 검지부와 클립 부분, AC2,000V, 1분간
- 누설전류 : 절연내력 시험 시 100μA 이하
- 동작표시 : 발광 - 8,000lx의 밝은 곳에서 확인가능(LED)
  버저 - 20cm 떨어진 거리일 때(50dB)
- 사용온도 : 0~40℃
- 사용전지 : LR44 1.5V×2개
- 크기 : 127(W)×22(H)×20(D)mm/22g

[검전기]

② 사용방법

㉠ 고압용이나 특고압용을 검전할 때에는 반드시 절연고무장갑을 착용하고 사용

㉡ 손잡이 부분을 확실하게 잡고 사용

㉢ 고압용 검전기는 케이블이나 절연피복 위에서 비접촉으로 검지

㉣ 옥내용, 옥외용은 사용전압 범위와 회로전압이 정해지고 있어 그 범위 내에서 사용

㉤ 검전은 이미 알고 있는 충전 부분에서 동작 확인시험을 하든가 체크로 성능을 확인

2 회로시험기

(1) 회로시험기 개요
① 전기화재의 원인을 밝히는데 가장 많이 쓰이고 아날로그식과 디지털 방식이 있다.
② 멀티미터 또는 멀티테스터, VOM(Volt Ohm-Milliammeter) 계기라고도 한다.
③ 일반적으로 전압은 1000V, 전류는 200mA 정도까지 측정할 수 있다.
④ 정밀도는 높지 않으나, 절환스위치에 의하여 간단하게 전기저항, 직류 및 교류의 전압 전류 등을 측정할 수 있다.
⑤ 절환스위치를 측정하려고 하는 눈금에 맞추고 2개의 탐침을 측정하고자 하는 회로의 양단에 대어 측정한다.
⑥ 측정할 때는 교류·직류별, 전압·전류별 등에 따라 스위치를 선택하고 빨간색 리드선은 측정단자의 (+)단자에 연결하고 검은색 리드선은 (-)단자에 연결하여 사용한다.

(2) 회로시험기 사용법
회로시험기의 외형은 서로 다르지만 그 기본구성 및 측정방법 그리고 눈금(스케일), 읽는 방법은 거의 동일하다. 회로시험기로 저항측정, 직류 전압측정, 직류 전류측정, 교류 전압측정, 인덕턴스 측정, 콘덴서 측정, 전압비(dB) 측정 등을 할 수 있다.
① 회로시험기 사용 시 유의사항
   ㉠ 고압측정 시 계측기 사용 안전 규칙을 준수한다.
   ㉡ 측정하기 전에 계측기의 지침이 "0"점에 있는지 확인한다.
   ㉢ 측정하기 전에 레인지 선택스위치와 시험봉이 적정위치에 있는지 확인한다.
   ㉣ 측정 위치를 잘 모르면 제일 높은 레인지에서부터 선택한다.
   ㉤ 측정이 끝나면 피 측정체의 전원을 끄고 반드시 레인지 선택스위치를 OFF에 둔다.

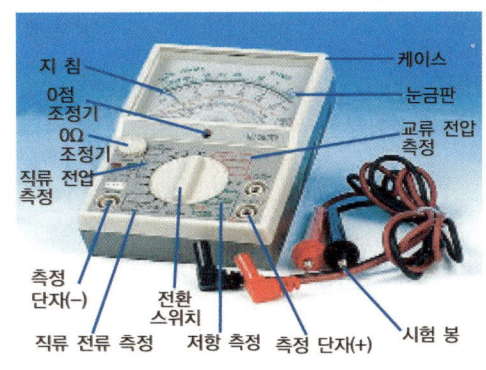

[아날로그 회로시험기]

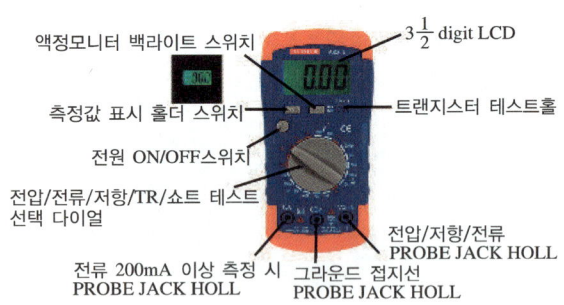

[디지털 회로시험기]

② 안전 및 유의사항
  ㉠ 회로시험기를 사용할 때에는 빨강 리드선은 항상 (+)잭에, 검정 리드선은 (-)잭에 꽂아서 사용해야 한다.
  ㉡ 회로시험기를 전압계와 전류계로 사용할 때에는 측정할 전압과 전류의 크기를 미리 예측하여 전환스위치를 알맞은 범위에 놓고 측정해야 한다.
  ㉢ 직류전압이나 교류전압을 측정할 때에는 측정하기 전에 반드시 전환스위치가 저항 측정범위, 또는 전류 측정범위에 있지 않은가를 확인한 다음 측정해야 계기의 손상을 방지할 수 있다.
  ㉣ 측정할 전압과 전류의 크기를 예측할 수 없을 때에는 먼저 전환스위치를 최대 측정범위에 놓는다.
  ㉤ 저항계로 사용할 때에는 전환스위치로 측정범위를 바꿀 때마다 0Ω으로 조정을 한 다음 측정해야 한다.

3 절연저항계

(1) 용도

절연저항계는 메거라고 하며 전기회로의 절연상태를 조사하는 계기로, 인가(印加)전압과 누설전류에서 절연저항치를 측정할 수 있다.

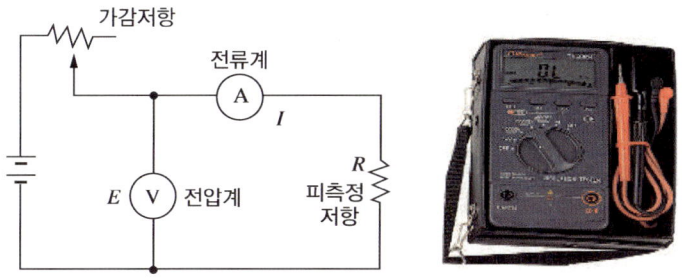

[절연저항의 측정원리]

(2) 저압전로의 절연저항

전로사용 전압구분		절연저항치
400V 미만	대지전압 150V 이하의 경우	$0.1M\Omega$
	대지전압 150V 초과 300V 이하인 경우	$0.2M\Omega$
	대지전압 300V 초과 400V 이하인 경우	$0.3M\Omega$
400V 이상		$0.4M\Omega$

※ 사용전압에 대한 누설전류 기준 : 최대 공급전류의 1/2000 이하

(3) 사용 시 주의사항

절연저항계에서의 절연 측정은 전기기기나 전로의 사용을 멈추고 단전 상태에서 한다.

4 클램프미터(후크온미터)

(1) 용도
① 운전 중인 기기의 부하전류나 누설전류를 측정하는 것
② 기기의 운전 상태나 설비의 기능, 능력을 파악하는 중요한 점검 측정기
③ 한 대로 누설전류부터 수백 A의 부하전류까지 측정가능
④ 클램프미터는 자기유도 현상을 이용한 것으로 전류측정기능 외 교류전압 측정 및 저항측정기능도 있다.

(2) **사용방법**
① 전류, 전압, 저항을 측정하는 경우 손잡이를 누른 후 전선 중 1선을 클램프 안에 넣는다(2선 또는 3선인 경우에도 반드시 1선만 넣는다).
② 누설전류 측정 시 단상일 때는 2선을 동시에, 3상인 경우 3선을 모두 한꺼번에 훅 안으로 넣어 측정하는데 영상전류가 0이 나오면 정상이고 어떤 특정 수치가 나오면 그 수치만큼 누설전류가 있는 것이다.
③ 누설전류 측정 시 근접하는 대전류의 영향이나 피더에서의 측정에서는 클램프하는 전선위치 등에 유의한다.

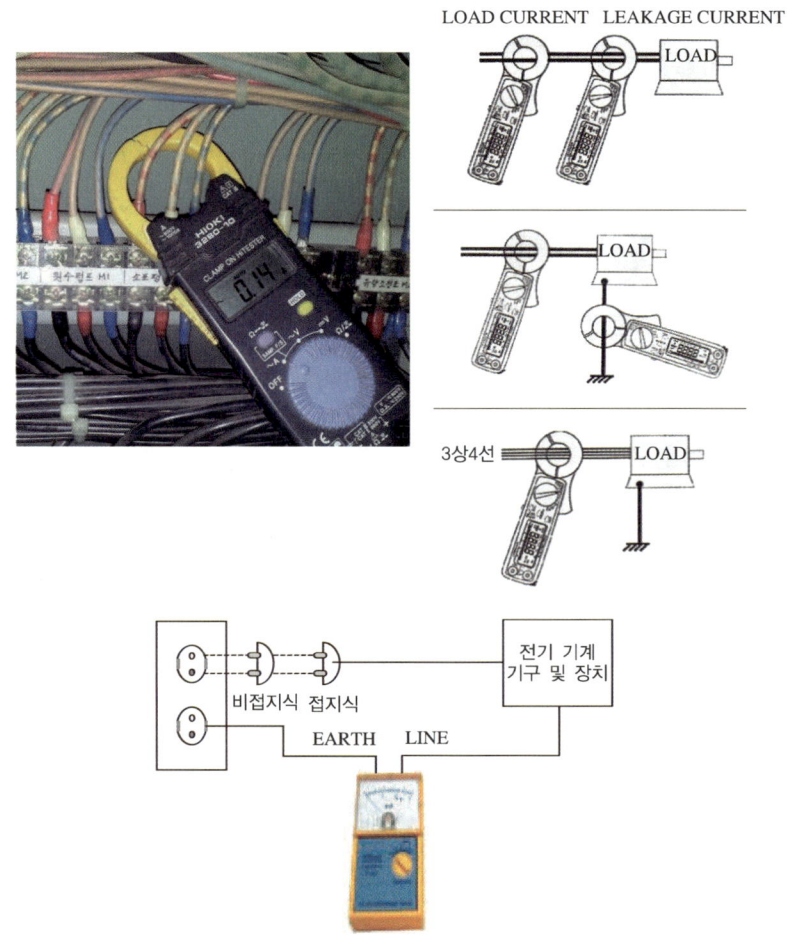

5 접지저항계

(1) 접지저항

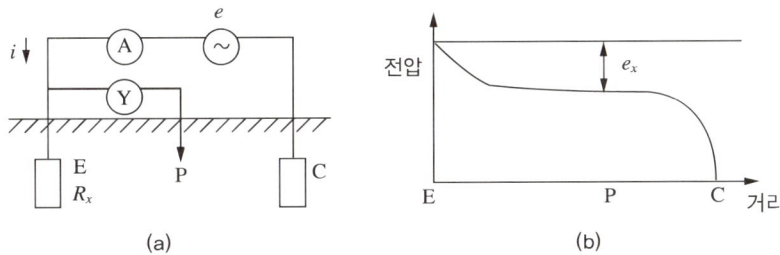

전기설비는 설비 자체의 안전뿐만 아니라 인명의 안전을 위하여 반드시 접지를 해야 한다. 그림의 (a)와 같이 2개의 접지판 E, C를 10m 이상 떨어진 위치에 매설하고 3, C사이에 교류전압 e를 가하여 전류 i를 흘린다. 보조접지판 P를 설치하고 E, C 사이에 내부 저항이 높은 전압계 V를 접속한다. P를 E, C 선상에서 순차적으로 이동시켜 I점으로부터의 전압강하 e_x를 측정하고, U 간의 거리 X와의 관계를 구하면 그림 (b)와 같이 된다. 이 곡선이 수평으로 된 위치의 전압강하 e_x를 전류 i로 나눈 값을 E의 접지저항으로 정의한다.

$$\text{E의 접지저항 } R_x = \frac{e_x}{i}$$

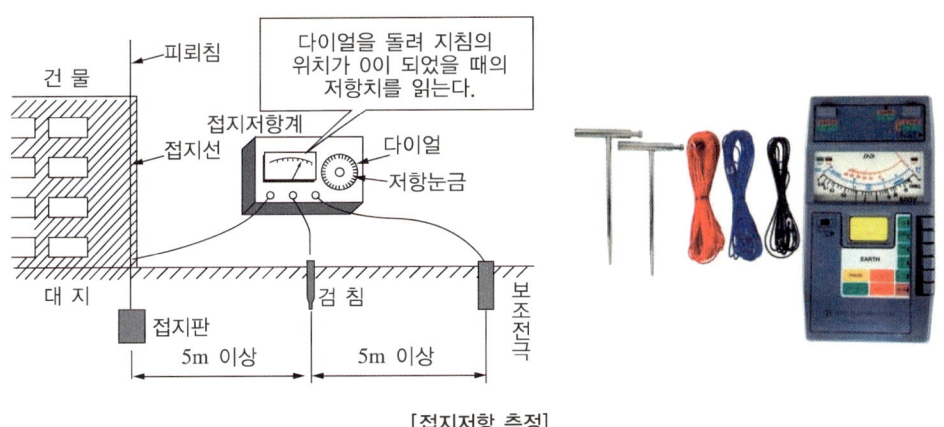

[접지저항 측정]

모래땅이나 건조한 산비탈 등에서 측정 시는 보조전극의 접지저항을 낮추기 위하여 보조전극 주변에 충분한 물을 부은 후 측정하는 것이 좋다.

6 오실로스코프

(1) 용도
① 전압, 전류, 전력, 주파수 등을 측정
② 소리, 마찰, 압력, 온도 등 물리적 자극을 신호로 변환
③ 전파에 의한 거리측정, 초음파에 의한 탐상기 등의 시간 측정, 트랜지스터의 특수곡선 표시 등 그래프 표시에 의한 측정 가능

(2) 원리
① 전기적 신호의 크기와 주파수 신호를 화면으로 나타내는 장치로 시간의 변화에 따라 신호들이 어떻게 변화하는지 측정
② X축을 시간축, Y축을 파형으로 한 파형관측 외에도 파형이 비슷한 2개 신호의 위상차 관측도 가능. 특히 브라운관의 휘도를 조절해 Z축까지 표시하기도 함

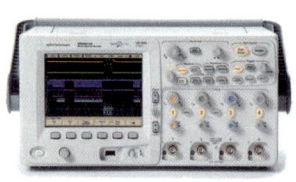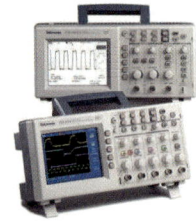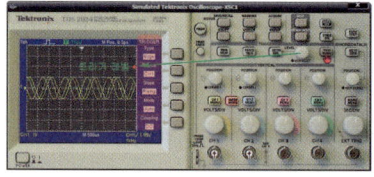

[오실로스코프]

제5절 전기화재 감식요령 ★★★★★

1 감식체계의 흐름 ★★★★

(1) 통전입증
- 전기설비의 감식은 우선 당해 기기의 통전을 입증하는 것부터 시작한다.
- 감식할 전기기기나 설비 등을 발화원으로 판정하기 위해서는 그 기기가 출화 당시 사용상태였거나 통전되고 있었던 것을 증명해야 한다.
- 플러그가 콘센트에 접속되어 있고 중간스위치나 전원스위치가 "ON" 상태여야 한다.
- 원칙 : 전기계통의 배선도의 부하 측에서 전원 측으로 조사를 진행한다.

① 플러그의 칼날
- ㉠ 절연파괴에 의한 화재는 통상적으로 접속기구류의 접속단자 간이나 콘센트와 플러그의 칼날과 칼날 사이에서 많이 발생
- ㉡ 칼날받이 사이에 습기가 부착된 상태로 사용하게 되면 연면전류가 흘러 탄화 도전로를 형성하게 되고 트래킹 현상 등으로 진행하면 주변의 가연물을 착화하게 된다.
- ㉢ 습기가 많고 외부노출에 의한 오염도가 심한 장소나 진동에 의한 접속불량이 잦은 곳에서 발생하기 쉽다.
- ㉣ 벽체 콘센트나 테이블 탭의 "칼날받이"의 접촉면의 경계를 나타내는 변색현상 등이 나타난다.
- ㉤ "칼날"과 "칼날받이"와의 접촉면은 열을 받기 어려워 산화 정도가 약해 진화 후에도 비교적 광택이 남아있다.
- ㉥ 광택의 상태, 그을음의 부착이나 변색 상태로부터 "칼날"이 "칼날받이"에 꽂혀있었는가를 판별한다.

② 칼날받이
- ㉠ 평소 벽체 콘센트나 테이블 탭의 "칼날받이"는 닫혀있으나 출화 시에 플러그가 꽂혀 있는 "칼날받이"는 소방활동 등으로 플러그가 빠져도 "열려있는 상태"를 유지한다.
- ㉡ 플러그가 꽂혀있는 상태에서 탄력성을 잃을 정도로 열을 받아 그 후 화재진압으로 인해 플러그가 빠졌기 때문이다.
- ㉢ 주의 : 본래 완전히 닫혀있지 않은 제품이 있으므로 "칼날받이"의 극간이 "칼날"의 두께와 같은가를 관찰하여 판단한다.
- ㉣ 칼날과 칼날받이 접속부분에서 발생하는 전기적인 용흔이 서로 정합되는가를 보면 접속된 상태에서 연소변형 되었다는 것을 판단할 수 있다.

③ 중간스위치, 기구스위치 : 타서 없어진 경우에는 손잡이 등의 정지위치, "ON", "OFF" 표시로 판단한다. 소손된 수지 등으로 덮여 가려져 있는 경우에는 건조시킨 다음 도통시험을 하거나 감정 시에 X선 촬영을 한 후에 분해하여 접점면을 확인한다.

④ 배선 : 코드나 전선 등에 의한 발화원의 경향은 못 또는 스테이플러로 지지하거나, 직각 이상으로 심하게 굽은 부분 등의 피복 손상과 인입·인출부에서 냉장고 등의 압력물에 눌려 있는 상태에서 진동을 받으면 전선피복이 손상될 수 있다.

(2) 용융흔 ★★★★★

① 열흔 : 통전되어 있지 않은 배선이 화재 열로 녹은 것
② 1차 용융흔 : 통전상태의 배선 피복이 손상되어 전선 상호간에 단락되어 스스로 발열하여 화재에 이른 것
③ 2차 용융흔 : 통전상태의 배선이 화재 열로 절연피복이 탄화된 후 단락되어 2차적으로 생긴 것
④ 전기용흔 : 1차 용융흔과 2차 용융흔을 총칭
⑤ 전기용흔의 위치와 순서
  ㉠ 전기용흔이 관찰되면 우선 그 용흔이 기기 내 어느 위치에서 발생되어 있는가를 파악해야 하며, 그러기 위해서는 용흔의 발생 위치를 당해 기기의 구조도 등 관련 자료를 참고하여 소손된 코드나 부품 등의 위치를 복원한다.
  ㉡ **코드의 2개소 이상에서 전기용흔이 발생된 경우 : 부하측이 먼저 단락된 것임**

(3) 배선용차단기와 누전차단기
① 배선용차단기(MCCB)
  ㉠ 개폐기 손잡이 위치에 따라 동작상황과 통전유무를 알 수 있다.
  ㉡ 단락 또는 과전류에 의하여 작동하게 되면 손잡이가 사진과 같이 ON-OFF의 중간위치에 있는 상태로 전원이 차단되며, 사람이 인위적으로 차단했을 경우에는 OFF로 전원이 차단된다.

  ㉢ 배선용차단기에 의한 화재는 전선과 접속부 위의 나사가 풀려 접촉저항의 증가에 의한 발열 또는 트래킹 현상을 들 수 있다.
  ㉣ 손잡이 버튼의 위치에 따라 통전유무 식별 : 배선용차단기는 일정 전류 이상의 과전류에 대해 자동적으로 전로를 차단해 배선이나 전기기기를 보호하기 위한 안전장치로 차단방식에 따라 완전전자식, 열동식, 반도체식이 있는데 과전류 등으로 차단될 경우에는 손잡이 버튼이 중간에 위치하여 있으므로 통전유무를 식별할 수 있다.
  ㉤ 배선용차단기 핸들 핀(Pin)의 위치로 통전유무 식별 : 화재현장에서 불에 탄 배선용차단기의 핀의 위치를 세밀하게 관찰하면 화재발생 전 통전유무를 판단할 수 있다.
② 누전차단기(ELB 또는 RCD) 13 14
  시간경과와 함께 온도・습도・오손 등에 의해 전기회로에 누설전류가 흐르면 전로를 차단하여 전기화재 등의 사고를 예방하는 배선기구로 과부하 겸용인 경우에는 과전류에 대해 자동적으로 전로를 차단해 배선이나 전기기기를 보호하기 위한 안전장치이다.
  ㉠ 전원 측 또는 부하 측에 탄화 도전로, 탄화흔 형성(트래킹) 유무
  ㉡ 손잡이 버튼의 위치에 따라 통전유무 식별
  ㉢ 일반적인 누설전류의 회로 구성

> **예제문제**
>
> 누전에 의한 화재를 입증하기 위한 조건에 해당하지 않는 것은?
> ① 누전점   ② 접지점
> ③ 출화점   ④ 인화점
>
> **정답** ④

(4) 감식·감정요령(공통사항)
① 케이스 등 합성수지 성형품 등이 용융 고착되고 그 내부에 전기부품이 휘말려 들어가 있을 가능성이 있는 경우에는 X선으로 투시하여 스위치의 ON, OFF상황(사용·통전입증)을 확인함과 동시에 부품이 어디에 있는지 분해 시 단서로 한다.
② 용융 고착되어 있는 합성수지에서 부품을 발굴할 때에는 분해공구[납땜인두, 니퍼(Nipper), 철사 등]로 부품을 손상시키지 않도록 충분히 주의함과 동시에 손상을 입을 것 같으면 중간사진을 촬영하여 둔다.
③ 기기 내부의 전체적인 소손상황으로부터 연소방향을 파악한다.
④ 특이·이상개소를 파악한다.

(5) 각 부품의 감정 요령
① 콘센트 및 플러그
  ㉠ 플러그의 한쪽 극만 용융 : 접촉부 과열 → 이 경우에는 통전상태이어야 한다.
  ㉡ 플러그 양극이 용융 : 트래킹 현상 → 이 경우에는 플러그가 꽂혀있어야 한다.
② 스위치류의 접점
  ㉠ 접점용착의 유무, 스파크 요인(재질, 접촉상태 등) 확인
  ㉡ 접점용착에 의거 전원 차단기능이 없어지게 되고, 이로 인한 히터과열 등의 파급을 검토
  ㉢ 바이메탈 등은 헤어드라이어로 가열하여 작동상황 확인(온도측정)
③ 퓨즈류 : 커버나이프 스위치의 통전유무의 식별은 퓨즈의 용융상태에 따라 한다.
  ㉠ 단락 : 퓨즈부분이 넓게 용융 또는 전체가 비산되어 커버 등에 부착함
  ㉡ 과부하에 의한 퓨즈 용단상태 : 퓨즈 중앙부분 용융
  ㉢ 접촉 불량으로 용융되었을 경우 : 퓨즈 양단 또는 접합부에서 용융 또는 끝부분에 검게 탄화된 흔적이 나타남
  ㉣ 외부화염에 의한 퓨즈의 용음상태 : 대부분 용융되어 흘러내린 형태로 나타남
④ 유리관 퓨즈 : 유리관에 사용하는 실퓨즈는 동선에 은도금한 것으로 용융온도는 1,083℃로 유리의 용융온도(소다유리 550℃, 소다석회유리 750℃)보다 높아 유리관이 녹아도 유리관 실퓨즈는 그 형태를 유지하고 있다.
  ㉠ 규격품의 것인가를 잔존부분으로부터 판별한다.
  ㉡ 유리관 퓨즈인 경우에는 과전류의 대소에 따라 용단의 차이가 생긴다. 단락 시 과전류가 흐르면 안개 상으로 비산하는 특징이 있다.

⑤ 온도 퓨즈(Thermal fuse) : 퓨즈의 일종으로 통전에 의한 발열 때문에 용단(溶斷)되는 것이 아니고, 주위 온도가 규정 값을 넘으면 용단하는 것이다.
  ㉠ 주석 58%, 비스무트(bismuth) 30%, 납(Pb) 12%로 조성
  ㉡ 온도 퓨즈에 대한 국제기준은 동작온도가 80℃ 초과 280℃ 이하인 것으로 규정한다.
  ㉢ 과열을 방지 설정 온도에서 퓨즈가 용단되면 온도 퓨즈의 중앙부가 절단된다.
  ㉣ 온도 퓨즈의 중앙부분에 추를 붙여서 용융 시 쉽게 끊어지게 했고 용단온도는 중앙부분에 표시되어 온도구분(흑색 : 100℃, 갈색 : 110℃, 적색 : 120℃, 청색 : 130℃, 황색 : 140℃)이 되는 것도 있다.

⑥ 반도체
  ㉠ 다이오드, 트랜지스터 등은 도통 상태를 확인한다.
  ㉡ 저항치가 감소하여 과전류에 의해 출화하는 경우의 요인은 반도체 자체의 불량, 과전압, 과전류, 주위로부터 고열의 영향 등이 있다.

⑦ 콘덴서 : 내부 소자를 절단하여 중심부가 소손되어 있는 경우에는 콘덴서에서 출화된 것으로 판정한다.

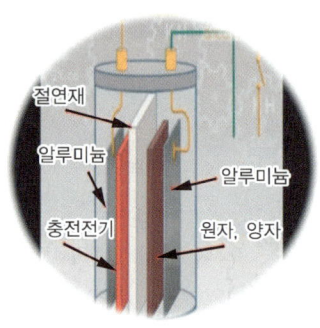 

⑧ 코일관계
  ㉠ 전기용흔을 관찰 조사
  ㉡ 과부하운전, 고주파 등에 의한 과전류 요인을 검토

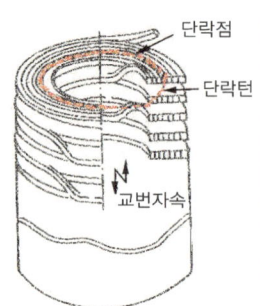 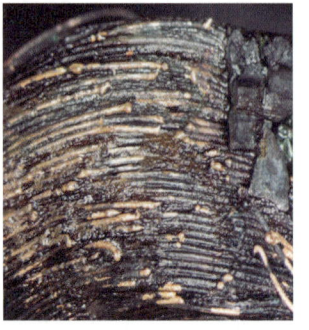

⑨ 배선코드
  ㉠ 배선코드에만 전기용흔이 있고 각 부품에 출화요인이 없는 경우 : 코드의 단락 가능성
  ㉡ 여러 개소에 전기용흔이 있는 경우 : 가장 부하측이 화원(火源) 가능성
  ㉢ 한쪽 소선에만 전기용흔이 있는 경우 : 반단선, 접촉불량, 지락에 의할 가능성 → 부근 금속에 용흔이 있는 경우는 지락을 검토
⑩ 기판의 접속부 등
  ㉠ 접속부가 한쪽 극만 용융되어 있는 경우 : 접촉 불량・납땜불량에 의한 접촉부 과열
  ㉡ 양극이 용융되어 있을 경우 : 트래킹 현상

2 조명기구

(1) 백열전구(Incandescent Lamp)
  ① 원리와 구조
    ㉠ 전구의 필라멘트에 전류가 흘러서 고열을 발하면서 빛나는 성질을 이용하여 만들어진 것으로, 불활성가스인 아르곤 등을 봉입한 유리구(球)에 필라멘트(텅스텐선)가 넣어져 있어 2,200℃까지의 고온에 견딜 수 있다.

⊕ **Plus one**

아르곤가스 봉입 이유
텅스텐 필라멘트와 화학반응하지 않은 불활성가스를 넣어 고온에서 발광하는 필라멘트의 증발・비산을 제어하여 수명을 길게 하기 위해서이다.

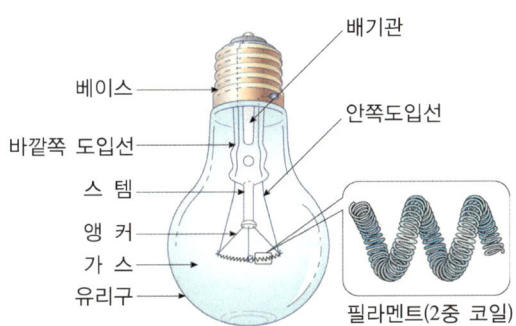

[백열전구의 구조와 각부 명칭]

    ㉡ 할로젠전구는 보통 전구보다 약 200℃ 높은 온도에서 필라멘트를 점등하고 있으므로 발광효율이 10% 정도 높고 수명은 2배 정도 길다.

② 고정된 전구의 변형된 형태로부터 연소진행방향 식별할 수 있다.

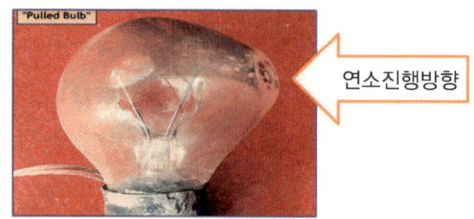

(2) 형광등(Fluorescent Lamp)

저압기체방전을 이용하여 수은원자에 고유한 자외선(253.7nm)을 발생시켜 유리관 내에 도포되어 있는 형광체에 조사하여 형광체를 여기(excitation)시켜 가시광의 발광을 일으키도록 한 것이다.

> ⊕ **Plus one**
>
> **화재감식 요령**
> - 안정기로부터의 출화 : 형광등기구에 의한 화재는 안정기에 관계된 것이 대부분을 차지하며 그 원인으로는 절연열화, 층간단락, 이상발열 등 여러 가지가 있다. 특히, 안정기의 경년열화에 의해 안정기 내의 권선코일의 절연열화된 선 간에서 접촉하여 코일의 일부가 전체에서 분리되어 링회로를 형성하면 큰 전류가 이 부분에 흘러 국부 발열하여 출화한다.
> - 점등관으로부터의 출화
> - 전자회로의 부품에서 발화하는 경우 : 형광등에는 전자회로가 없는 일반식과 전자회로를 가진 전자식이 있다. 그중 전자회로의 부품에서 발화하는 경우와 회로 기판의 납땜 접속부에서 발화하는 경우가 있다.
> - 인입선 및 등 기구 내 배선에서 발화

3 주방 및 가전관련 기기

(1) 냉장고 ★★★★

냉장고의 출화원인은 기동장치 릴레이 동작 시 발생하는 스파크에 의한 불꽃으로 누설된 가스 등에 착화되는 경우와 트래킹 또는 그래파이트화 현상에 의한 절연열화로 발화한 경우 등이 있다.

① **원리** : 액화된 비점이 낮은 냉매가스를 압축기(Compressor)로 압축하여 파이프를 통해 냉각기로 보내면 액체의 냉매가스는 기화함과 동시에 주위로부터 열을 빼앗아서 냉각한다. 냉각기를 나온 냉매가스는 응축기로 보내져서 액화되고 다시 컴프레서로 보내져서 순환하도록 되어 있다.

냉각기와 저장고 사이에는 팬이 설치되어 있으며 이들 사이에 냉풍을 순환시키고 있다. 냉각기에는 대기 중의 수분이 빙결되어 냉각효과를 떨어뜨리므로 냉각기의 온도에 따라 ON, OFF하는 서모스위치, 통전시간을 정하는 타임스위치를 사용하여 서리제거 히터로 서리를 녹이며, 녹은 물은 드레인 히터로 증발시킨다. 이 서리제거 히터에는 과열방지를 위한 온도 퓨즈가 부착되어 있다. 저장고 내의 온도는 서모스위치로 제어되고 있다.

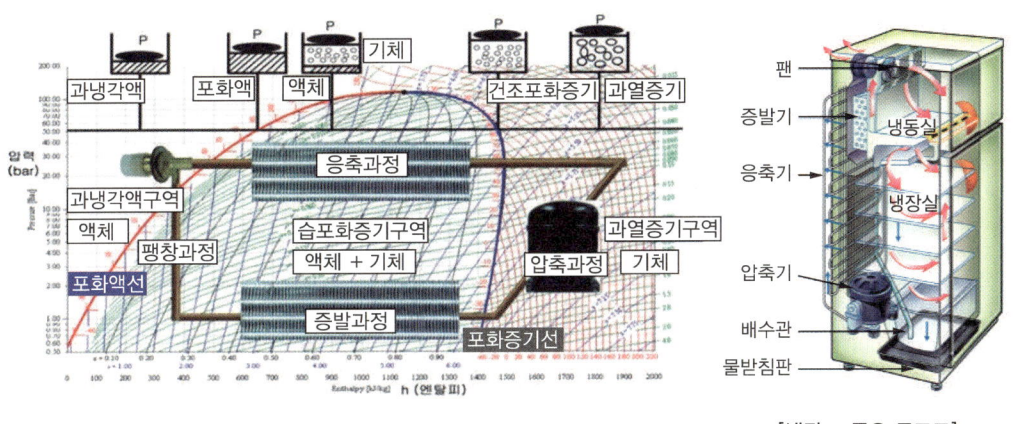

[냉동사이클과 몰리에르 선도]   [냉장고 주요 구조도]

② **구조** : 냉장고는 일반적으로 냉동실, 냉장실 및 기계실로 구성되어 있으며 냉동사이클에 필요한 압축기, 응축기 및 냉각기 등이 설치되어 있다.

  ㉠ **컴프레서(Compressor : 압축기)** : 흡입관과 토출관을 설치한 밀폐케이스에 상부는 컴프레서, 하부는 모터가 부착된 구조로 되어 있다(역으로 되어 있는 것도 있다). 피스톤의 왕복운동은 모터의 축에 직결된 크랭크에 의하며, 모터의 회전을 왕복운동으로 바꾸는 것으로 섭동부에의 윤활유 공급은 컴프레서 케이스 밑면으로부터 모터 축을 경감시키고 있다. 이 외에 경량소형으로 효율이 좋은 로터리 컴프레서를 사용하는 것도 있다.

ⓒ 콘덴서(Condenser : 응축기) : 콘덴서는 냉각기(Evaporator)에서 빼앗은 열과 컴프레서에 의해 부여된 열을 방출하는 곳으로 여기에 보내진 고온, 고압의 가스상 냉매를 공기 또는 물로 냉각하여 고압의 액체로 하는 장치이다.
  ⓒ 냉각기(Evaporator) : 냉각기는 냉장고 본래의 기능인 냉각을 행하는 장치이다. 콘덴서로 액화된 냉매는 캐피러리 튜브에서 감압되며 냉각기에서 기화한다. 이때에 주위로부터 열을 빼앗아 냉각을 행한다.
  ⓔ 기동기(Starter) : 컴프레서의 모터는 콘덴서 기동 유도모터로 주권선, 보조권선으로 구성되어 있으며 단순히 주권선에 전압을 가해도 회전하지 않는다. 그러나 시동하여 회전시켜 주면 주권선만으로도 회전(운전)을 계속할 수 있다. 이 전환 방법에는 전압형, 전류형, 무접점형(PTC를 사용) 등이 있다.
  ⓜ 과부하계전기(Overload relay) : 컴프레서에 과전류가 흘러 권선을 소손시키거나 높은 온도가 되었을 때 자동적으로 작동하여 컴프레서를 보호하는 장치이다. 바이메탈이 컴프레서의 온도와 과전류를 감지하여 작동하는 것이 있다. 모두 접점을 열어 모터를 보호하도록 되어 있다. 전원을 끊은 후에 어떤 일정시간이 경과하면 바이메탈은 식어 본래의 형태로 되고 접점이 닫힌다. 과부하계전기는 시동릴레이와 함께 컴프레서의 측면에 설치되어 있다.
  ⓑ 각종 히터
  - 서모스탯(Thermostat) 히터 : 서모스탯 히터 본체 부분의 온도가 주위온도 및 본체 부분의 설치위치 관계로 감온 부분의 온도보다 낮아진 경우에 본체 부분에서 감지하여 소정의 역할을 하지 않게 된다. 이 때문에 본체 부분을 조금 따뜻하게 하여 서모스탯 본체 주위의 온도가 내려가도 항상 감온부 온도에서 정상으로 작동하도록 본체 부분 온도를 보정하는 역할을 한다.
  - 서리제거(제상) 히터 : 냉각기의 이면 또는 내부 등에 설치되어 있으며 서리 제거 시에 냉각기의 서리제거를 촉진시킨다.
  - 드레인 히터 : 냉각기의 아래에 설치되어 있으며, 서리제거 서모스탯의 작동에 의해 서리제거 시에 통전되며, 서리의 용융이나 서리제거 물의 재동결방지의 역할도 하도록 되어 있다.
  - 냉장실 칸 히터 : 중간 경계 반대쪽에 설치되어 있으며, 연속 통전하여 중간 칸의 서리부착 방지의 역할을 하며, 핫(Hot) 가스방식이 채용되고 있다.
  - 외부박스 히터 : 외부박스 전면의 외주에 설치되어 있으며, 주위의 온도가 대단히 높은 경우에 냉장고의 외부박스 전면 온도가 노점온도 이하가 되면 공기 중의 수분이 응축하여 이슬이 맺히게 되므로 이를 방지하기 위한 것이다. 핫 가스를 이용한 이슬맺힘방지 파이프를 설치하고 있는 것도 있다.
③ **화재감식 요령** : 냉장고 화재의 경우 전기적인 요인이 가장 많다. 각 스위치 접점에서의 불완전접촉이나 융착, 전원코드 반단선, 팬모터 과열, 압축기 부분에 연결된 과부하 보호장치에서의 트래킹 또는 그래파이트, 시동용 콘덴서 단락, 전원코드와 내부 배선의 절연손상 또는 압착손상으로 인한 단락 등이 주요인으로 출화된다. 그 중 컴프레서에 설치되어 있는 스타터 및 오버로드 릴레이의 부분으로 원인은 대부분 트래킹 현상이다.
  ⊙ 기동기의 트래킹으로 인한 발화
  ⓒ 서미스터(Thermistor ; PTC) 기동릴레이의 스파크

ⓒ 전원코드와 배선커넥터의 접속부 과열 : 커넥터의 불완전접촉, 트래킹과 같은 발열요인 및 반단선, 접속부분이 경년열화에 의해 헐거워져서 접촉저항이 증대하여 줄열에 의해 발열로 배선피복에 착화될 수 있다.
　　ⓔ 안전장치 제거에 의한 모터 과열 : 안전장치를 제거하거나 컴프레서(Compressor) 등을 냉각하는 팬 모터의 온도 퓨즈(96℃)를 제거하거나 직결하는 등 정상 수리하지 않아 냉장고의 팬 모터가 과열되거나, 경년열화로 팬모터의 코일이 층간단락되어 퇴적되어 있던 먼지에 착화될 수 있다.
　　ⓜ 컴프레서 코일의 층간단락
　　ⓗ 콘덴서의 절연파괴
　　ⓢ 진동에 의한 내부 배선의 절연손상

(2) 세탁기 21　　★★★★

　① 화재조사 요령
　　㉠ 배수밸브의 이상 : 전자동 배수밸브의 배수마그네트가 전환스위치 접점이 채터링을 일으켜 출화한다.
　　㉡ 배수마그네트로부터의 출화기구 : 1차 코일이 플런저를 흡인한 후에 스위치 전환으로 1차·2차 코일에 전기가 흐르지만, 2차 코일이 단선되면 전기가 흐르지 않게 되어 플런저가 떨어짐과 동시에 다시 전환스위치가 ON으로 전환되어 다시 플런저를 흡인한다. 이 동작이 반복되어 접점이 채터링을 일으켜 발열하여 주위의 합성수지를 발화시킨다.
　　㉢ 콘덴서의 절연열화
　　㉣ 회로기판 트래킹 : 세탁기 내부로 물이 떨어지고 부식이 심한 상태로, 회로기판에 수분이 침투되면 트래킹 현상 발생 후 화재로 진행된다.

(3) 전자레인지

① 구 조

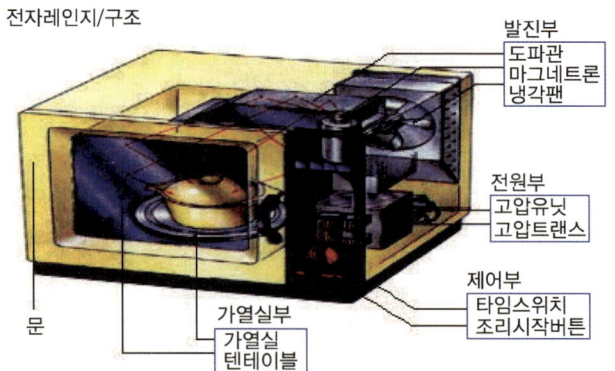

② 기능 : 발진부, 전원부, 제어부, 가열실로 구분되고, 절환스위치식은 온도조절기 손잡이를 이용하여 각 분리된 용량의 발열체의 전원공급을 조작하여 온도를 조절하는 방식이다. 전자레인지에서 24억 5,000만회/초당의 스피드로 진동하여 식품 자신이 마찰열을 발생하여 발열한다.

> **⊕ Plus one**
>
> **마이크웨이브 성질**
> • 금속에 닿으면 반사하며, 방향을 바꿔 진행한다.
> • 도자기 · 유리 · 플라스틱 · 종이 등은 투과하는 것이 많다.
> • 물 · 수분을 포함한 식품이나 목재 등에 닿으면 흡수되어 열이 된다.

㉠ 가열실(Oven) : 전파적으로 밀폐된 식품의 가열상자로 피가열물이 균일하게 가열되도록 턴테이블이나 전파를 교반하는 스틸러(Stirrer), 가열실 내부에 조명등이 설치되어 있다.

㉡ 발진부 : 마이크로웨이브를 발생시키는 마그네트론, 전파를 가열실 내에 인도하는 도파관, 가열실 내에서 1점에 집중하지 않도록 마이크로웨이브를 교반하는 팬과 마그네트론을 냉각하는 냉각팬 등으로 구성되어 있다.

㉢ 전원부 : 마그네트론을 동작시키는 직류 3,300V를 발생시키는 고압회로, 오븐기능이 있는 것에는 시스히터용의 직류고전압을 만드는 고압변압기, 고압콘덴서, 제어부에 공급하는 저압회로 등으로 구성되어 있다.

㉣ 제어부 : 문을 열 때 전파를 방사시키지 않는 구조나 식품에 맞춰서 조리시간을 설정하는 타이머 등 조리조정이나 안전성 등을 제어한다.

㉤ 안전장치 : 전류퓨즈, 도어 또는 래치스위치(Latch switch : 문을 열면 전원을 차단), 온도과도 상승방지장치 등이 있다.

③ 화재감식 요령

㉠ 식품의 과열 발화 : 식품이나 그 포장지가 장시간 가열되면 식품이나 포장지가 탄화된다. 식품이 탄화하면 마이크로파에 의해 스파크를 일으키거나 식품 자신이 갖는 철분에 의해 스파크를 일으켜서 출화하거나 포장식품 등에 들어있는 탈산소제를 넣은 채 가열하면 마이크로파 유전가열에 의해 발화한다.
㉡ 금속용기의 방전에 의한 발화 : 전파가 잘 투과하지 않는 용기(스티로폼·폴리에틸렌·페놀 요소수지) 등을 사용하면 전파를 투과시키지 않기 때문에 그 자체가 발열·스파크를 일으키거나 또는 금속의 경우에는 반사되어 주위 식품 등으로부터 출화한다.
㉢ 부착된 식품찌꺼기의 발화
㉣ 먼지나 벌레 등이 부착되어 절연파괴로 발화
㉤ 도어 래치스위치의 접촉부 과열
㉥ 회전구동모터와 팬 모터 배선 및 코일의 절연파괴
㉦ 전원코드의 단락
㉧ 트랜스의 절연파괴
㉨ 고압콘덴서, 고압 다이오드 등 부품의 절연파괴

(4) 전기레인지

스위치 부분이 협소한 통로부분에 위치하는 경우가 많아 지나다닐 때 신체의 일부나 짐이 스위치에 닿아 스위치가 켜져서 히터 위의 가열물에 착화되어 출화한다.

① 복사열에 의한 출화
② 가연물의 접촉으로 출화
③ 신체나 물건에 접촉, 다른 스위치로의 착각하여 출화
④ 전원코드의 단락으로 출화

(5) 전기밥솥

① 화재감식 요령

㉠ 기판부의 트래킹에 의한 출화
- 전체적으로 소손되어 있었는데 밑바닥 부분의 가열용 히터코일은 기판이 들어있는 주변부분만 소손되었으며, 그 이외의 부분은 에나멜 피복이 원색의 반짝임을 띠고 있었다.
- 가열제어기판에 소실부분이 있고 그 부분 및 주위 전기부품의 발에 용융이 관찰되었으며, 그래파이트화 현상에 의해 도통하는 개소가 있었다.
- 기판이 그래파이트화 현상에 이른 이유는 솥을 떠받치는 본체 상부의 상부 틀 부분의 조립 공정 시 상부 틀과 링 사이에 방수용 충전제(실리콘)를 충전할 때 균일하게 도포되어 있지 않았기 때문에 틈이 발생한 경우, 수증기 등의 수분이 밑바닥 부분에 설치되어 있는 가열제어기판에 떨어져서 트래킹 현상이 발생하여 가열제어기판이 발화하여 출화한 경우이다.

[전기밥솥 전면부]

[전기밥솥 하단부]

  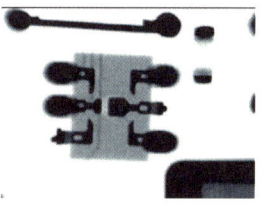

[기판 전면부 – 포터커플러]   [전기밥솥 기판 후면부]   [포터커플러의 X-ray 비파괴검사]

ⓛ 트랜지스터 내부 단락 : 기판에 들어가 있는 트랜지스터 내부에서 경년열화 등에 의거 에미터와 콜렉터 사이에서 단락하여 과전류가 흘러서 발열하고 기판에 착화하여 출화한 경우이다. 게이트의 다리만 정상, 콜렉터는 약간 잔존, 에미터는 밑동부분까지 소실되고 트랜지스터 본체 내부가 노출되어 있는 부분을 실체현미경으로 관찰하니 용융개소가 관찰된다.

ⓒ 과전압·과전류에 의해 취사히터의 출화 : 단상 3선식 배선방식의 중성선을 잘못 공사하여 결손시켜 부하의 불평형에 의해 과전압·과전류가 흘러서 사용하고 있던 취사기가 출화한 경우로, 히터가 들어있는 알루미늄다이케스트제 밑 바닥부분이 용융변형 된 것이 관찰된다.

ⓔ 기구 코드로부터의 출화 : 밑바닥 부분에 설치되어 있는 코드의 반단선에 의해 출화한 경우, 반단선으로 출화하는 경우에는 부하전류가 흐르고 있는 것이 조건이며, 보온상태로 사용하고 있었다. 또한, 반단선에 이르는 요인을 사용연수·사용상황·설치환경 등으로부터 확인하여 둘 필요가 있다.

ⓜ 유도 가열용 코일에서 출화 : 유도가열형 전기밥솥의 1차측 코일에는 25KHz의 고주파 전류가 흐르고, 이의 전자유도에 의해 2차측 코일에 유기된 전류에 의한 가열로 밥통 전체가 가열된다. 따라서 1차 코일에 고주파의 전류가 흐르므로 일반 상용전원의 절연과는 개념을 달리할 필요가 있다.

(6) 가스레인지 ★★★★

① 가스레인지가 연탄이나 석유곤로에 비하여 더 편리하다는 것을 설명할 필요가 없을 것이다. 그러나 가스레인지는 가스가 충전된 용기와 배관(호스)으로 연결되어야만 사용이 가능하므로 야외에서 사용하기가 어렵다는 단점이 있다. 이와 같은 단점을 보완할 것이 간편한 이동식 부탄연소기이다.

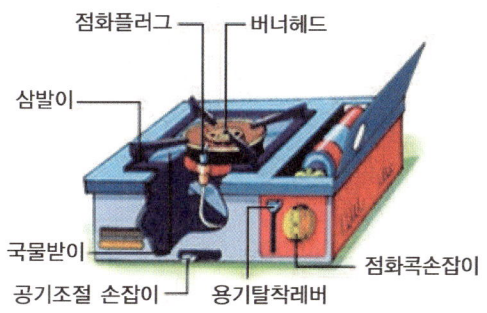

② 이동식 부탄연소기는 가스용기와 레인지를 경량·최소화하여 레인지에 캔용기를 결합하도록 되어 있어 간편하게 휴대할 수 있을 뿐만 아니라, 무거운 LPG용기가 필요치 않아 레저용으로 큰 각광을 받고 있다. 그러나 연료로 부탄을 사용하므로 추운 겨울철에는 기화가 잘되지 않아 불이 약해지거나 쉽게 꺼지기도 한다. 또, 버너헤드 바로 옆에 가스용기가 부착되어 있어 삼발이보다 더 큰 그릇이나 불판을 쓰면 연소 시 생기는 복사열의 영향을 받아 용기가 폭발할 위험성이 있다. 사용한 가스용기를 함부로 버려서 폭발사고를 일으킬 수 있다.

③ 이동식 부탄연소기는 용기의 결합방법에 따라 직결식과 카세트식으로 분류된다.
　㉠ 카세트식 : 가스용기를 연소기 내부에 장착하는 구조
　㉡ 직결식 : 가스용기를 연소기에 직접 연결하는 구조
　㉢ 직결식이 카세트식보다 구조가 간단하고 가격도 싸다.

④ 이동식 부탄연소기를 사용할 때에는 다음 사항에 유의하여야 한다.
　㉠ 실내에서는 사용하지 않는다.
　㉡ 바닥이 삼발이보다 큰 냄비는 사용하지 않는다.
　㉢ 2대의 레인지 위에 1개의 철판을 얹는 등 가스용기에 열이 가지 않도록 한다.
　㉣ 겨울철에 용기에 가스가 남아있으면서 나오지 않을 때에는 용기를 꺼내어 따뜻한 헝겊 등으로 감싸서 보온해주면 다시 쓸 수 있다. 그러나 이때 용기를 불에 직접 가열하면 폭발의 위험이 있으므로 피한다(겨울철용으로 제조된 용기를 여름에 사용할 경우 용기파열의 위험이 있다).
　㉤ 용기를 결합할 때 가이드와 용기의 접속 표시부가 일치하도록 한다.

(7) 냉·온수기

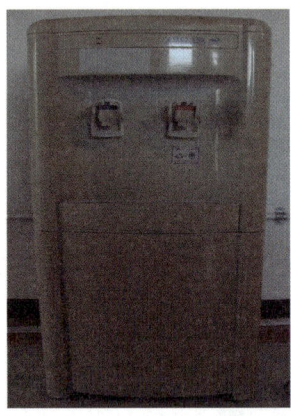

① 원리 : 냉온수기에서 냉수를 만드는 방법은 반도체 냉각방식과 컴프레서를 이용한 방식이 있다.

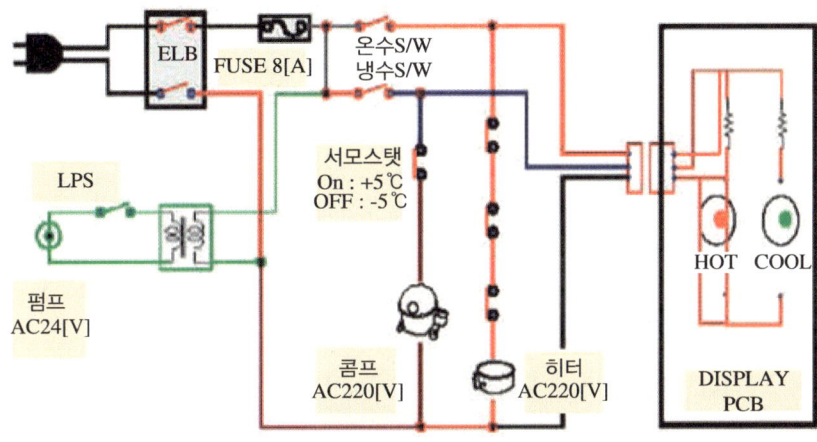

[냉·온수기 회로도]

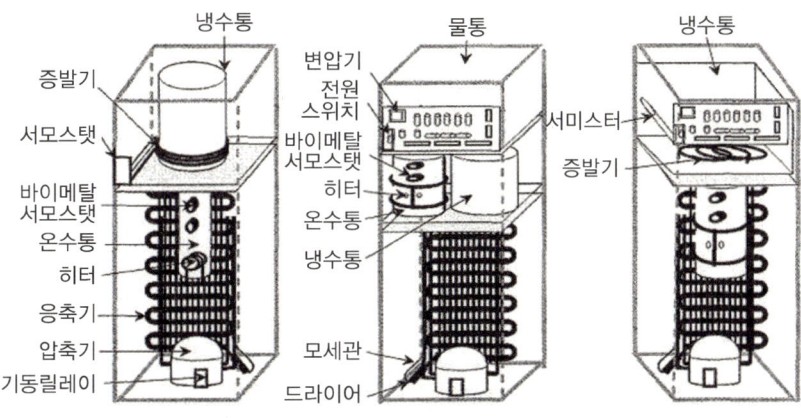

[냉·온수기 각부 명칭]

　㉠ 반도체 냉각방식 : 열전 반도체소자에 전류를 흐르게 하면 한쪽 면은 뜨거워지고 다른 한쪽 면은 차가워지는 특수한 반도체를 이용하여 물을 차갑게 하는 것으로, 고가이고 용량이 작아서 많은 양의 물을 냉각하는 데는 여러 가지 문제점이 있어 작은 냉장고(차량용 등)나 화장품 냉장고에 적용된다.

　㉡ 컴프레서를 이용한 냉각방식 : 냉매를 고압으로 압축했다가 갑자기 팽창시키면 온도가 낮아지는 방법을 적용한 방식으로 대부분의 냉온수기에 적용되며, 냉매가스로는 프레온 대신 R-134a를 사용한다.

② 구성 부품

　㉠ 본체(BODY) : 철판케이스, 플라스틱케이스 등

　㉡ 급·배수 : 생수통, 냉·온수 탱크, 배관 등

　㉢ 온수 : 히터(시즈히터, 밴드히터)

　㉣ 냉각 : 압축기, 응축기, 드라이어, 증발기, 모세관 등

　㉤ 제어(안전) : 서모스탯(바이메탈), 메인기판, 기동(과부하)릴레이, 서미스터, 변압기, 콘덴서, 냉·온수센서, 퓨즈 등

　㉥ 기타 : 전원스위치, 플러그, 표시램프, 전기배선 등

③ 구성 부품별 기능
   ㉠ 본 체
      • 금속케이스 : 냉온수기 측면 재질로 내부 부품 보호 및 제품틀 유지
      • 플라스틱 케이스 : 냉온수기 앞면의 재질로 곡선의 형태를 가지고 있어 제품 미관을 고려
   ㉡ 급배수 계통
      • 냉・온수 탱크 : 금속재질의 냉수 보관탱크 주변으로 증발기(동관)가 감겨져 있어 금속용기 안의 열을 흡수
      • 배관 : 냉수통 및 온수통에 물을 공급하는 배관
   ㉢ 온수 계통
      • 시즈히터 : 꽈배기 모양의 발열체로 전기공급을 받아 발열
      • 밴드히터 : 온수통 주변에 밴드형태의 발열체가 감겨져 있고 전기공급을 받아 발열
   ㉣ 냉각 계통
      • 압축기 : 저온저압의 기체냉매를 응축 액화할 수 있도록 응축온도에 해당되는 포화압력까지 압축하는 장치
      • 드라이어 : 컴프레서에서 만들어 낸 에어와 수분 등을 보관해 수분을 분리
      • 응축기 : 고온고압의 기체냉매를 주변 공기와 열교환 시켜 고압의 액체로 만드는 장치로 냉온수기에 쓰이는 것은 일반적으로 자연통풍에 의한 공랭식으로 방열판이 많은 와이어를 파이프에 용접한 와이어형태 및 많은 방열판을 파이프로 통한 지느러미형이 있음
      • 증발기 : 팽창 밸브를 통과하여 저온・저압으로 감압된 액체 냉매를 유입하여 주위의 공간 또는 피냉각 물체와 열교환 시켜 액체증발에 의한 열흡수로 냉동하는 기기
      • 모세관 : 냉매가 작은 통로를 통과하면 유동속도가 빨라지면서 압력이 순간적으로 저하됨

[모세관 및 응축기]

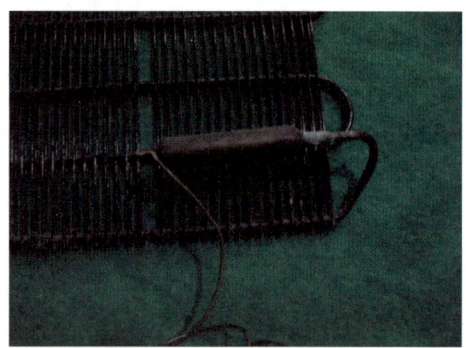
[드라이어]

   ㉤ 제어(안전) 계통
      • 서모스탯 : 온수통에 설치된 바이메탈식 자동수온조절기 21 22
      • 메인기판 : 센서의 저항값을 전압으로 받아들여 컴프레서 등을 제어함
      • 기동릴레이(과부하계전기) : 압축기 옆에 부착되어 있어 모터 등에 과전류가 흐르면 바이메탈 동작으로 전류를 단속하여 주는 기능으로 기기를 보호하는 장치

[온수통 및 서모스탯]　　　　　　　　[컴프레서 및 기동릴레이]

　　　　ⓧ 기 타
　　　　　• 전원스위치 및 퓨즈 : 전원단속 스위치 및 이상전류로부터 기기보호
　　　　　• 온도조절기 : 냉수온도를 감지하여 압축기 기동, 정수기 뒷면에 나사식으로 설치되어 있음
　　④ 화재감식 요령 17
　　　ⓐ 컴프레서로부터의 출화
　　　　　• 배면에 있는 컴프레서의 코일부분에서 층간단락한 경우
　　　　　• 내장콘센트 배선 피복의 손상에 의해 단락한 경우
　　　　　• 뒷면에 쥐 등이 배선을 손상하여 단락한 경우
　　　　　• 전자접촉기 표면의 접속단자(ABS 수지) 간의 먼지 또는 습기에 의한 트래킹 현상으로 발열하는 경우
　　　　　• 냉동기 절연물 주변에 이상 착상하여 스위치가 결로되어 장시간 사용에 의한 접점 간의 트래킹에 의한 경우
　　　ⓑ 기동장치 등에서의 출화한 경우 : 누설된 가연성 가스(프로판 등), 인화성 위험물에 기동장치 스위치의 불꽃으로 인하여 착화
　　　ⓒ 스모스탯 등 부품에서 출화한 경우
　　　　　• 서모스탯 노출단자 간 절연체의 오염 등에 의한 트래킹
　　　　　• 서모스탯의 격리된 단자지지용 절연체의 그래파이트화 현상
　　　　　• 전열기의 서모스탯은 아크열에 의해 열화가 진행되고, 미주전류에 의한 트래킹 현상에 의해 탄화 도전로가 형성되어 발화

 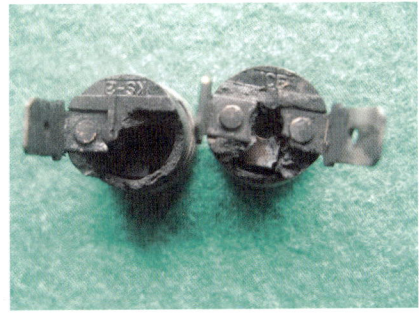

4 냉·난방 관련 기기

(1) 전기스토브 ★★★★

① **원리와 구조** : 전기스토브는 발열체에서 발생한 열을 복사나 대류를 이용하여 따뜻하게 하는 난방기구이다. 형식으로는 반사형과 대류형이 있으며, 대류형에는 자연대류를 이용한 것과 팬을 이용한 강제대류식이 있다.

㉠ 반사스토브 : 반사스토브는 히터의 뒷부분에 스테인리스나 알루미늄 반사판을 설치하여 히터로부터의 방사열과 반사판으로부터 반사되는 열을 조사하는 방식이다.

㉡ 대류형 스토브 : 반사형과 다르게 열을 집중시키지 않고 히터로부터의 열을 공기의 대류를 이용하여 실내 전체를 따뜻하게 하는 것이다. 소비전력은 1.5~3kw 정도의 것이 많다.

㉢ 원적외선 세라믹 히터
- 전기에너지를 복사에너지로 변환시켜 사용하는 에너지 전환장치의 하나이다.
- 발열체에 전압을 인가하면 전류가 흘러 줄열에 의해 자기발열하여 온도상승
- 스위칭 온도에 달하면 급격하게 저항치가 증대하고 전류가 감소하여 일정하게 됨
- 내장된 나이크로뮴선 코일의 수명이 길어야 하며 히터 자체의 부분가열이 없어야 함

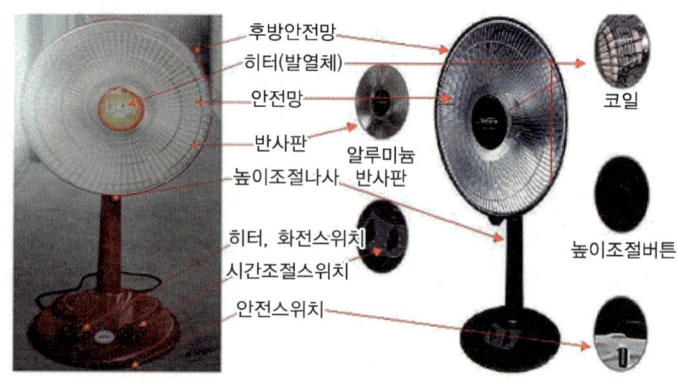

[적외선 세라믹 히터의 각부 명칭]

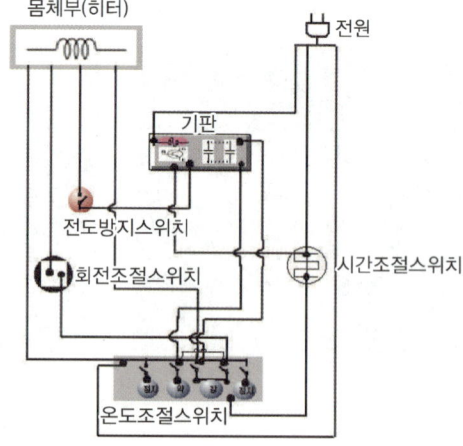

[세라믹 히터의 회로도]

전도스위치
히터 회전스위치
시간조절스위치

내부구조는 전도스위치, 시간조절스위치, 히터 회전스위치로 구성되어 있다.

열선(코일)은 2개로 나눠져 있으며 저온 시는 한 곳에, 고온일 때는 양쪽 코일에 전원이 투입된다.

② 화재감식 요령
  ㉠ 가연물의 접촉
    • 전기스토브를 기점으로 하여 주위에 확대되는 소손상황이 관찰된다.
    • 가연물의 접촉 또는 복사열에 의해 출화하면 화재열과 스토브 자체의 발열 영향으로 인해 반사판에 "가지색"의 변색이 생기는 경우가 있다.
    • 전기스토브가 특히 강하게 소손되고 가드(Guard) 등에 천 등의 탄화물 부착이 관찰된다.
  ㉡ 가연물의 낙하
    • 전원 및 전도 Off스위치의 위치를 확인한다.
    • 배선 전체를 복원하여 전개하고 플러그를 포함한 기기 전체를 연결하여 확인한다.
  ㉢ 과열에 의한 출화 : 전기스토브의 열선이 과밀하게 감겨진 경우나 과전압이 유입될 경우 이상 과열로 발화되는 경우에 나이크로뮴선(1,425℃)이 용융된다.
  ㉣ 발화실험 값
    • 스토브형 히터에 수건 접촉 시 : 4분(302℃) 경과 후에 연기가 발생하였으며, 약 4분 18초(432℃) 경과 시 발화
    • 가연성 가스(살충제 및 부탄가스) 분사 시 폭발적 화염 발생
    • 종류별 발열체 표면온도

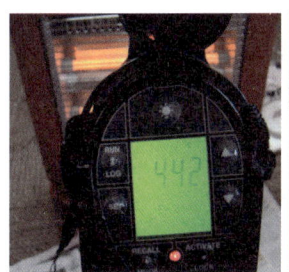 

스토브형 : 442℃   탁상형 : 401℃

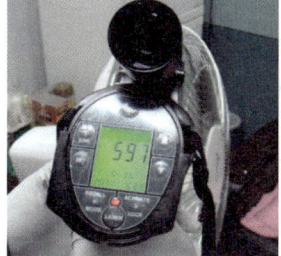 

세라믹히터 : 597℃   발열체 안전 커버 부착형 : 152℃

(2) 에어컨 ★★★★

① 냉동사이클로의 주요 부품

㉠ 컴프레서(압축기) : 컴프레서는 냉동사이클 중의 심장부로써 냉매(기체)를 압축하여 고온고압 상태로 하여 내보낼 때 냉각기 중의 냉매를 흡입하여 액화 냉매가 낮은 온도에서 증발될 수 있도록 압축상태로 유지하기 위한 것으로 동시에 냉매를 순환시키는 작용도 겸하고 있다.

㉡ 콘덴서(응축기) : 콘덴서는 컴프레서에서 토출된 고온 고압의 냉매가스를 냉각하여 액화시키는 장치로 냉매가스가 냉각기에서 피냉각물로부터 뺏은 증발열과 컴프레서 내에서 압축될 때에 얻은 열을 물 또는 공기로 방출하는 부분이다.

㉢ 냉각기(증발기) : 냉각기는 핀, 헤어핀, U벨트 등으로 구성되어 있다. 냉방운전 시 실내코일은 실내 공기와 냉매의 열교환을 하게 하여 실내 공기를 냉방(제습)한다.

㉣ 캐피러리 튜브(모세관) : 캐퍼러리 튜브는 일반적으로 내경 0.7~0.8mm로 길이가 2~3m의 가늘고 긴 동관이 사용되고 있다. 콘덴서를 나온 고온고압의 액상냉매는 케피러리 튜브를 통과할 때에 그 관벽의 저항으로 저온저압이 된다.

㉤ 사방밸브 : 사방밸브는 냉난방 겸용형의 에어컨에 이용되며, 전자코일의 통전에 의해 냉방 사이클에서 난방 사이클로 전환하기 위한 밸브이다.

② 화재감식 요령

㉠ 에어컴프레서용 모터의 층간단락 : 실외기의 컴프레서용 모터 권선의 절연열화로 권선이 층간단락하여 터미널부(유리제)가 용융, 내압(29.4Pa)으로 빠져서 배선피복에 착화하여 출화될 수 있다.

㉡ 배수모터의 층간단락 : 천장매입형 실내기의 배수용 모터 권선이 층간단락하여 출화한 경우, 넓은 실내에서는 실내기 설치위치에서 옥외까지 상당히 긴 거리가 되어 자연구배에 의한 배수가 될 수 없어 강제배수용 배수펌수가 설치된다. 출화원인으로서 장기 사용에 의한 경년열화, 필터를 통과한 먼지나 티끌이 퇴적하여서 배수가 질척하게 되어 과부하운전에 의한 가능성이 있다.

㉢ 전원선의 단락 : 실외기의 전원선(3상 380/220V)이 정상 인출구에서 배선되어 있지 않고 본체 아랫부분의 예리한 프레임에 접하여 있어 운전 시 진동에 의해 배선 피복이 손상되어 프레임을 매개로 지락하여 단락하였다.

㉣ 전원선이 진동에 의해 본체의 프레임부분과 접촉 단락 : 천장매입형 실내기의 전원선(단상 220V)이 예리한 본체 프레임 부분과 접촉되어 있어 운전진동에 의해 배선피복이 손상되어 단락하여 출화될 수 있다.

㉤ 전원코드를 손으로 비틀어 꼬아 접속하여 접촉부 과열

㉥ 배선의 오접속

(3) 선풍기 ★★★★

① 화재감식 요령 : 선풍기에서 출화는 모터 코일의 층간단락, 콘덴서의 절연열화, 기구 내 배선의 반단선 등에 있으며, 팬 모터 코일에는 온도 퓨즈(약 115℃)가 있는 것, 좌우회전운동은 전용모터로 행하고 있는 것도 있다.

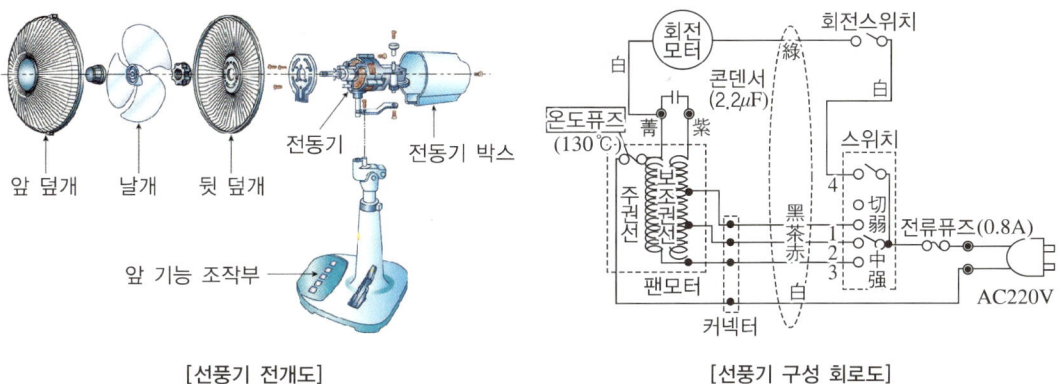

[선풍기 전개도]　　　　　　　　　　[선풍기 구성 회로도]

㉠ 기구 내 배선의 반단선
- 단락코일형모터, 유도형 콘덴서 모터 등 종류를 파악한다.
- 모터 코일에 온도 퓨즈(약 115℃)가 설치되어 있더라도 코일의 층간단락을 생각하여 소손상황을 확인한다.
- 스위치 접점의 거칠어짐이나 접속부 용흔 등을 확인한다.
- 전기부품·배선을 복원하여 이상개소를 분명히 하여 가장 부하측의 이상 용융 등에 대해서는 출화원인과의 상관관계를 확인한다.
- 반단선에 이르는 요인을 다각도로 확인한다.

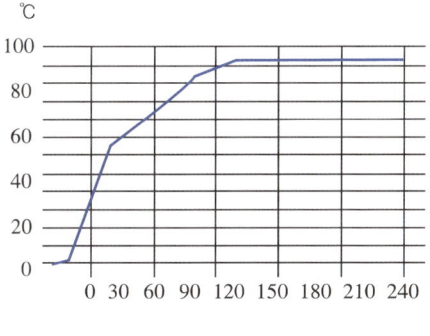
[시간에 따른 온도분포]

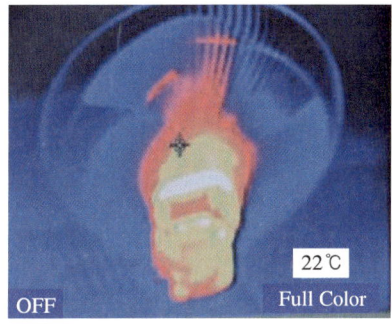
[발열상태측정]

㉡ 콘덴서의 절연열화 : 콘덴서는 2매의 금속박 전극 간에 유전체로서 아주 얇은 종이나 플라스틱 필름을 사용하고 있다. 이 전극 간에 핀홀이 있거나 경년열화에 의해 케이스의 기밀이 저하되어 습기를 띠면 절연열화를 발생시키고, 전극 간에 누설전류가 흘러서 발열하여 가연성 가스가 발생되어 출화한다.
- 콘덴서가 절연연화로 발화하면 콘덴서의 케이스에 구멍이 뚫리거나 내부 전극이나 유전체가 강하게 소손되어 탄화한 상황이 확인된다.
- 소손된 내부 전극이나 유전체를 절단하면 절연열화된 부분에서 탄화 상황을 확인할 수 있다.

• 콘덴서의 리드선에 전기용흔이 확인될 수도 있다.

ⓒ 모터의 층간단락

모터 코일은 동선에 절연피복을 하여 사용되고 있다. 코일에 사용된 동선은 미세한 상처나 오랜 사용에 의해 절연열화가 생긴 경우에 선간에서 접촉하면 코일의 일부가 전체에서 분리되어 링회로를 형성한다. 이 링회로에는 부하가 없는 것과 마찬가지이므로 남은 대부분의 코일과 비교하면 큰 전류가 흘러서 국부 발열하여 출화될 수 있다.

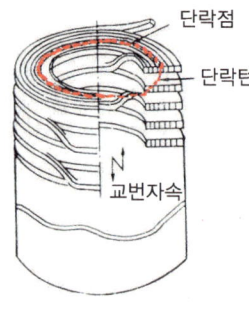 

(4) 전기장판, 카펫

① **원리와 구조** : 발열체 및 발열체와 교차로 삽입된 검지선을 샌드위치 상으로 가공한 본체와 컨트롤러로 구성되어 있고 코드히터를 사용한 발열체가 장판 전체에 둘러쳐져 있어 전류를 흘리면 장판 전체가 발열하는 것이다.

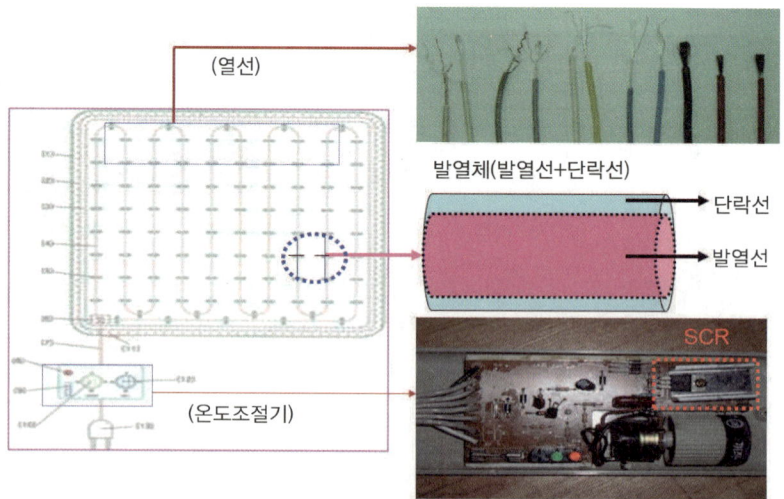

[전기장판 기본 구조도]

1. 온도 퓨즈
2. 전류 퓨즈
3. 실리콘제어정류기(SCR)
- 3중의 안전장치로 구성

[온도조절기 구조도]

- ㉠ 히터선(열선)
  - 2중권선 구조로 내측 권선이 발열선, 외측 권선이 이상온도감지용 단락선으로 구성
  - 이상온도(160℃)가 되면 발열선에서 단락선에 전류가 누설되어 컨트롤러 내 온도 퓨즈가 과전류에 의해 용단되어 전원 차단하는 구조
- ㉡ 검지선
  - 2중권선 구조로 히터선을 따라 배열
  - 히터선의 온도를 검지하여 온도제어회로에 전달하는 역할
- ㉢ 제어회로 : 전기장판 본체 온도에 따라 검지선의 플라스틱 서미스터의 임피던스가 변화함으로써 도선(K1)에서 도선(K2)에 흐르는 온도검출전압 Va로서 검지하여 미리 설정한 기준전압(Vb)를, IC에서 비교하여 트랜지스터(Tr) 및 릴레이(RY)를 작동시켜 히터에 통전한다.
- ㉣ 안전회로
  - 리미터 : 전기장판 본체 온도가 높아질 때 온도검출전압(Va)에서 미리 설정한 기준전압(Vc)를 IC에서 비교하여 사이리스터(SCR)를 작동시켜서 발열저항(R)에 통전, 발열저항에 밀착시킨 온도 퓨즈(Ft)를 용단한다.
  - 릴레이 접점 용착 : 트랜지스터(Tr)가 OFF가 되어도 릴레이 접점이 용착되어 있을 때에는 사리이스터(SCR)를 ON으로 하여 발열저항(R)에 통전, 발열저항에 밀착시킨 온도 퓨즈를 용단한다.
  - 히터선 과열 : 히터선의 어딘가가 이상온도가 되면 그 부분에서 나일론층이 녹아서 회로가 되어 발열저항에 통전하여 밀착시킨 온도 퓨즈를 용단한다.
- ② 화재감식 요령
  - ㉠ 컨트롤러 내의 트래킹
    - 전원플러그는 콘센트에 꽂혀있지만 전원스위치는 OFF 상태에서 출화한 경우
    - 온도를 조절하는 릴레이가 장시간 사용 중에 ON・OFF하는 사이의 스파크에 의해 케이스(폴리프로필렌)이 흑연화되어 트래킹 현상에 의해 기판에 착화하여 출화하는 경우
    - 양극 간의 전위차는 스파크가 발생할 전기적 용량인지 확인

- 그래파이티화 할 가능성이 있는 재질인지 확인
- 접점면의 거칠어진 상황 및 주위 탄화물의 도통상황 확인

[전기장판 화재사진]

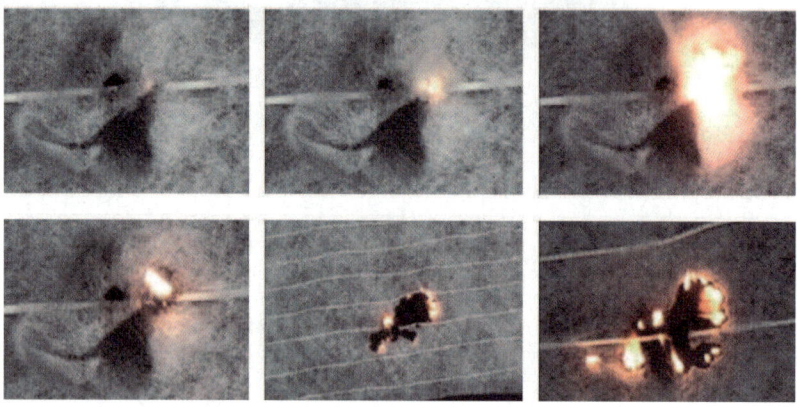

[발열선 손상에 의한 발화장면(초고속 카메라)]

5 용융흔의 판정방법 ★★★★★

(1) 1차·2차 용흔 및 열용흔의 식별

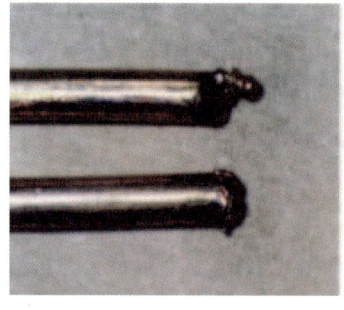 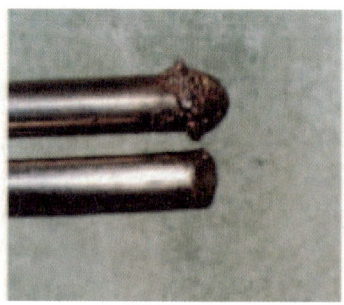 

① 정 의
  ㉠ 용흔 : 전기배선이나 금속부분에 생기는 녹은 흔적
  ㉡ 1차 용흔
    • 화재가 발생하기 전에 생긴 용흔

- 화재의 직접적인 원인 제공이 된 용흔
- 절연재료가 어떤 원인으로 파손된 후 단락되어 생기는 용흔
ⓒ 2차 용흔 : 통전상태에 있는 전선 등이 화염에 의해 절연피복이 소실되어 다른 선과 접촉하였을 때 생기는 용융흔
ⓔ 열용흔 : 전기가 통전되지 않는 상태에서 외부의 화재열에 의해 용융된 경우

② 특 징
ⓐ 1차 용흔
- 전기배선 또는 코드가 물리적 외력에 의해 피복이 파괴되어 심선이 서로 접촉 또는 다른 금속물과 접촉하여 단락되어 생성
- 도체의 접촉에 의하여 과대전류가 흘러 접촉저항이 생기고 줄열이 발생하여 도체금속을 용해하여 일부는 그 자리에 남게 되어 생성
- 단락 전에는 상온상태이나 단락 순간에 약 2,000~6,000℃에 이르는 고온에서 순식간에 금속의 표면이 용융점과 동시에 단락 부위가 비산되어 떨어지든가 또는 전원이 차단되면 용융부위는 짧은 시간 내에 응고하므로 기둥모양의 주상조직이 냉각면에서 수직으로 생성
- 용융부의 조직은 치밀하여 동 또는 금속체 본연의 광택을 띠고 있다.
- 표면은 비교적 구형에 가까운 것이 많고 연선의 경우에도 국부적인 발열관계로 인하여 소선의 선단에만 용착이 생기고 단락 시에는 주위의 가연물(피복 등)은 탄화되어 있지 않는 것이 많기 때문에 용흔 중에 탄화물을 포함하고 있는 것은 거의 없다.
- 동일 전선에 수 개소의 단락에 의한 단선이 있는 경우에는 당연히 부하측이 1차 흔(痕)일 가능성이 가장 높다.
- 꼬임선의 경우도 같은 상태로 국부적으로 발열하기 때문에 소선의 선단에 용착(鎔着)이 생기고 반대 측의 소선에는 용착 등의 변화가 없는 것이 일반적이다.
- 1차흔이 발생한 후에 화재열로서 그 표면이 융해(融解)한 경우가 있고 마치 2차적인 융해상태인 것 같은 경우가 있으므로 주의해야 한다.

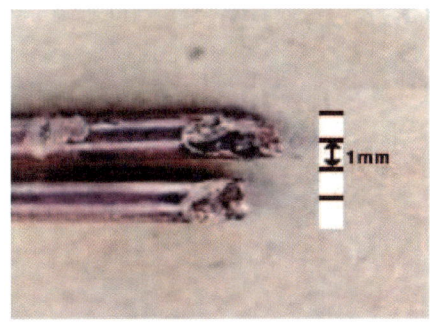
[1차 용흔]

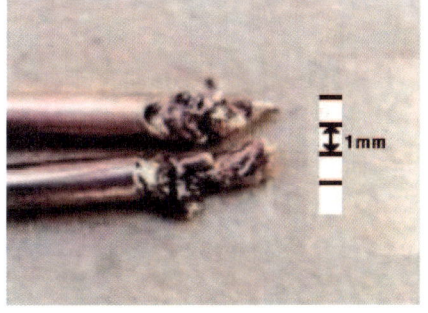
[2차 용흔]

ⓑ 2차 용흔
- 화재발생 후에 생기므로 불이 타오르는 기세의 영향을 많이 받는다.
- 전선 등이 접촉할 당시의 온도는 절연재료가 불에 타서 금속이 연화되어있는 상태에서 단락하기 때문에 용흔에는 동 본연의 광택이 없고 동이 녹아서 망울이 된 상태로 아래로 늘어지는 양상을 나타내거나 또는 그와 비슷한 형상을 나타낸다.
- 연선(꼬임선)의 경우는 소선이 용착되어서 용해의 범위가 크며, 조직이 거칠다.

ⓒ 열용흔(기타 용흔)
- 전기가 흐르고 있지 않는 상태에서 전기와는 전혀 관계없이 전선이 화재열에 의해 녹은 것이다.
- 전체적으로 융해범위가 넓으며, 절단면은 가늘고 거칠며 광택이 없다.
- 전선 등이 녹아서 군데군데 망울이 생겨 밑으로 늘어지거나 눌러 붙은 경우도 있어 굵기가 균일하지 않고 그 형상은 분화구처럼 표면이 거칠고 전성을 잃어 끊어지기도 하며, 금속 표면에 불순물이 혼입된 형상도 띤다.
- 1차 및 2차 용흔과 비교할 때 외관적으로 판별이 용이하다.

(2) 금속조직 관찰에 의한 판정방법
① 외관 관찰
ⓐ 3상 설비에서 전선 상호 간의 단락
ⓑ 상전선과 중선선의 단락
ⓒ 전압측 전선이 접지극에 지락 : 화재현장에서 채취한 전기용융흔에 대하여 금속단면조직 관찰과 동시에 외관 관찰도 행하여 전기용융흔을 평가
ⓓ 광택 : 전기용융흔의 표면은 동 고유의 색깔이 나와 있는 부분(동색)과 산화동이 되어 있는 부분(회색)이 혼재되어 있다. 이로 1차와 2차 용흔으로 구분하여 관찰하면 1차 용흔이 광택을 더 띤다.
ⓔ 평활도(平滑度) : 표면의 상태를 움푹 팬 수(數)와 평활도로 구분하면 1차 용융흔이 평활하며, 2차 용융흔은 표면이 거친 것이 많다.
ⓕ 형상(形狀) : 전기용융흔의 형상을 구형, 반구형, 루상(淚狀 : 눈물, 촛농) 등의 부정형(不定形) 3개로 분류하면 1차 용융흔은 반구형의 것이 많다.

② 금속에 생긴 열용흔의 육안 감정 방법
ⓐ 전반적으로 금속의 융해 범위가 넓고 표면에 요철(凹凸)이 있어 거칠며, 광택이 없다.
ⓑ 전선의 중간에서 녹아 흘러내리는 형태의 결정체가 덮여있으며, 전선의 끝부분은 물망울이 떨어지기 직전의 모양이다.
ⓒ 전선의 일부가 외부화염에 연화되어 녹으면 장력을 받는 쪽으로 길게 늘어나며, 끝부분은 가늘고 절단된 자리의 표면은 거칠고 여러 형상이 나타난다.

③ 금속단면관찰에 의한 감정 방법
ⓐ 전기용흔 내부관찰에서는 공극, 이물의 혼입상태를 관찰한다. 전기용흔 내부에 생긴 공극이 외기와 연결되는 "블로우 홀(Blow hole)"과 외기와 연결되어 있지 않은 "보이드(Void)" 타입의 공극이 있다.
ⓑ 보이드와 블로우 홀은 1차 용융흔의 발생률이 높다.
ⓒ 2차 용융흔은 내부에 이물질을 많이 혼입하고 있다.
ⓓ 1차 용융흔 : 대체적으로 보이드(Void)가 작으며, 용융흔 전체에 퍼져 있고 금속조직은 미세한 공정조직이 되어 있다.
ⓔ 2차 용융흔 : 분위기 온도가 높아서 냉각이 완만하여 중심부의 보이드(Void)가 커져 있으며, 구리(Cu)와 산화구리(Cu_2O)의 초기결정이 많고 대기 중의 그을음을 혼입하는 경향이 있다.

CHAPTER 02 가스 화재감식 ★★★

제1절 가스의 이해

1 가 스

(1) 고압가스의 분류 18
  ① 취급·저장 상태에 따른 분류
    ㉠ 압축가스
      • 상태변화 없이 압축 저장하는 가스
        예 수소(H_2), 산소(O_2), 질소(N_2), 메탄(CH_4) 등
      • 용기에 충전 시 압력 : 약 120kg/cm^2 이상
    ㉡ 액화가스
      • 상온에서 압축하면 쉽게 액화되는 가스
        예 프로판(C_3H_8), 염소(Cl_2), 암모니아(NH_3), 탄산가스(CO_2), 산화에틸렌(C_2H_4O) 등
      • 용기 내에서는 액체상태로 저장
    ㉢ 용해가스
      • 압축하면 분해·폭발하는 성질때문에 단독으로 압축하지 못함
      • 용기에 다공물질의 고체를 충전한 후, 용제를 주입하여 기체상태로 압축
        예 아세틸렌(C_2H_2)

분 류	고압가스의 종류	비고(G : 기상, L : 액상)
압축가스	산소, 수소, 질소, 아르곤, 메탄	• 상태 변화없이 압축 저장하는 가스 • [G→G]
액화가스	액화석유가스(LPG), 암모니아, 이산화탄소, 액화산소, 액화질소	• 상온에서 압축하면 쉽게 액화되는 가스(액체상태로 저장) • [G→L]
용해가스	용해 아세틸렌 가스	• 압축하면 분해·폭발하는 성질 때문에 단독으로 압축하지 못하고, 용기에 다공물질의 고체를 충전한 다음 아세톤과 같은 용제를 주입하여 기체상태로 압축한 것 • [G→G] + 충전제 및 용제

② 연소성에 따른 분류 18
  ㉠ 가연성 가스
    • 공기(산소)와 혼합하면 빛과 열을 내면서 연소하는 가스
    • 가연성 가스를 분류하는 법적 기준
      – 폭발한계(연소범위)의 하한이 10% 이하인 것
      – 폭발한계의 상한과 하한의 차가 20% 이상의 것
        예 프로판, 일산화탄소(CO), 석탄가스, 수소, 아세틸렌 등
  ㉡ 조연성 가스 : 산소, 공기 등과 같이 다른 가연성 물질과 혼합되었을 때 폭발이나 연소가 일어날 수 있도록 도움을 주는 가스
  ㉢ 불연성 가스
    • 스스로는 연소하지 못함.
    • 다른 물질을 연소시키는 성질도 없는 연소와는 전혀 무관한 가스
      예 질소, 아르곤, 탄산가스

분류	고압가스의 종류	비 고
가연성 가스	수소, 암모니아, 액화석유가스, 아세틸렌	공기와 혼합하면 빛과 열을 내면서 연소하는 가스(하한 10% 이하, 상한과 하한의 차 20% 이상)
조연성 가스	산소, 공기, 염소	다른 가연성 물질과 혼합 시 폭발이나 연소가 일어날 수 있도록 도움을 주는 가스
불연성 가스	질소, 이산화탄소, 아르곤, 헬륨	연소와 무관한 가스

③ 독성가스
  인체에 유해성이 있는 가스로, 법적 허용농도가 200ppm 이하인 가스
  예 일산화탄소(CO, 50ppm), 암모니아(25ppm), 염소(1ppm), 아황산가스(5ppm) 등
  ※ 허용농도 : 건강한 성인 남자가 하루 8시간 작업 시 건강상 지장이 없는 독성가스의 농도. 단위는 ppm(백만분의 일)

(2) 폭발범위(= 연소범위 = 연소한계)
  ① 가연성 가스가 조연성 가스와 적당히 혼합되면 연소폭발이 일어날 수 있는 범위
  ② 이 범위(한계)는 공기와 가연성 가스의 혼합물 중의 가연성 가스의 부피(용량)%로 표시되며, 연소할 수 있는 가장 높은 농도범위를 상한이라 하며, 최저농도를 하한이라 한다.

(3) 압 력
  ① 압력의 정의 : 단위면적당 수직으로 작용하고 있는 힘
  ② 압력의 단위 및 종류
    $1atm = 1.0332 kg/cm^2 = 10332 kg/m^2 = 760 mmHg = 10.33 mAq (=mH_2O) = 1013.25 mbar$
    $= 1.01325 bar = 101,325 N/m^2 (=Pa) = 14.7 psi (=lb/in^2)$
  ③ 절대압력 = 대기압 + 게이지압력

(4) 온 도

$$℃ = \frac{5}{9}(℉ - 32), \quad ℉ = \frac{9}{5}℃ + 32$$

(5) 비 중
    ① 가스비중
        ㉠ 가스의 무게와 공기의 무게를 비교한 값
        ㉡ 기체의 질량과 그 기체와 같은 조건·체적의 공기 질량과의 무게비를 뜻
        ㉢ 표준상태(0℃, 1atm)에서 기체와 공기를 비교
        ㉣ 공기의 기준부피(22.4L, 1mol)의 질량은 29g

    > 예 메탄(CH_4)의 질량은 16g이므로 $\frac{16g}{29g}$= 0.55, 즉 공기보다 가볍다.

    ② 액비중
        ㉠ 액체의 비중으로 기준이 되는 물질은 4℃의 물이다.
        ㉡ 4℃의 물 $1cm^3$는 질량이 1g이기 때문에 밀도의 단위는 g/cm^3이나 kg/L로 할 경우 밀도의 값과 비중의 값이 같게 된다.

(6) 증기압(포화증기압)
    ① 투명한 내압용기를 진공으로 하여 액상의 액화석유가스를 넣어 일정온도에서 밀폐시키면 액체의 일부는 기화되고, 어느 정도 압력에 이르면 더 이상 기화가 일어나지 않게 될 때의 액상태를 유지하고 있는 압력
    ② 동일성분·동일온도라면 용기에 들어있는 액체의 양과 관계없이 압력은 일정하게 유지
    ③ 액체의 종류와 온도에 따라 다르며, 같은 물질일 경우 온도가 일정하다면 용기에 들어있는 액체의 양과 관계없이 압력은 일정

(7) 액화가스의 부피팽창
    ① 모든 물질은 온도가 높아지면 부피가 커지고 반대로 온도가 내려가면 부피가 작아진다. 고체의 경우 증감하는 부피의 크기가 작지만 액체나 기체의 경우는 증감하는 부피의 크기가 크다.
    ② 보일-샤를의 법칙
        기체의 부피는 압력에 반비례하고, 절대온도에 비례한다.

    $$\frac{P_1 V_1}{T_1} = \frac{P_2 V_2}{T_2}$$

> **⊕ Plus one**
>
> 증발열(Heat of vaporization, 蒸發熱) = 증발잠열(蒸發潛熱) = 기화열
> - 어떤 물질이 기화할 때 외부로부터 흡수하는 열량이다.
> - 증발열의 크기는 일정한 온도에서의 단위질량당 또는 1mol당 열량으로 표시한다.
> - 액체가 기화하여 기체로 될 때 흡수하는 열이다.
> - 증발열이 큰 물질일수록 주변의 열을 많이 흡수한다.
> - 액체의 분자 사이의 힘을 제거하여 분자를 따로따로 이산시키기 위해 사용하는 에너지이다.
> - 온도를 상승시키는 효과가 없는 숨은열의 일종이며, 온도에 따라 약간 변한다.

2 가스별 특성

(1) LNG(Liquefied Natural Gas, 액화천연가스)
- 도시가스의 주성분으로 사용되며 가연성 가스의 총칭
- 메탄(CH_4)가스가 주성분이고 약간의 에탄 등의 경질 파라핀계 탄화수소(C_nH_{2n+2})를 함유
- 가스상태에서 액화하면 그 부피가 $\frac{1}{600}$로 줄어듦

> **예제문제**
>
> 다음 중 파라핀계 탄화수소에 속하는 것은?
> ① C_3H_8 ② C_6H_6
> ③ C_2H_2 ④ $C_6H_5CH_3$
>
> 정답 ①

① 성 질
  ㉠ 비점은 약 −162℃이며 비점 이하의 저온에서는 단열용기에 저장할 수 있다.
  ㉡ 무색의 투명한 액체이고 기화한 가스는 무색·무취이다.
  ㉢ 비중은 약 0.625이고 약 −113℃ 이하에서 건조된 공기보다 무거우나 그 이상의 온도에서는 가볍다.
  ㉣ 가스가 누출되었을 때 냄새가 나도록 부취제를 첨가한다.
② 용 도

구 분	주요 용도
연 료	도시가스, 발전용 연료, 공업용 연료
한랭이용	액화산소 및 액화질소의 냉동식품, 해수 담수화, 냉각(발전소 물의 냉각), 저온분쇄(자동차 폐타이어, 대형폐기물 등)
화학공업원료	메탄올, 암모니아의 냉각

③ 폭발성 및 인화성
  ㉠ 액화천연가스로부터 기화된 가스는 공기 또는 산소와 혼합되면 폭발성 분위기가 형성됨
  ㉡ 기화할 때는 기상 및 액상의 조성이 변할 수 있으므로 주의
  ㉢ 주성분인 메탄은 다른 지방족 탄화수소에 비해서 연소속도가 느리며 최소발화에너지, 발화점 및 폭발하한계 농도가 높다.
  ㉣ 인화폭발의 위험성이 높으므로 누출 및 유출이 안 되도록 특별한 주의
  ㉤ 공기 중으로 누출 및 유출될 경우 일반적으로 온도가 낮은 상태이기 때문에 공기 중의 수분과 접하면 수분의 온도가 낮아져 응축현상이 일어나 안개가 발생한다.
④ 인체 및 환경에 미치는 영향
  ㉠ 그 자체로는 독성이 없으나 질식성이 있음
  ㉡ 고농도로 존재할 경우에는 공기 중의 산소농도 저하에 의한 질식현상(산소결핍증)에 주의
  ㉢ 연소할 때 나오는 유해물질이 적어, 공해 방지를 위해서도 적합한 연료

(2) LPG(Liquefied Petroleum Gas, 액화석유가스) 17 21
① 기본성질
  ㉠ 기화 및 액화가 쉽다.
  ㉡ 공기보다 무겁고 물보다 가볍다.
  ㉢ 액화하면 부피가 작아진다.
  ㉣ 연소 시 다량의 공기가 필요하다.
  ㉤ 발열량 및 청정성이 우수하다.
  ㉥ LPG는 고무, 페인트, 테이프 등의 유지류, 천연고무를 녹이는 용해성이 있다.
  ㉦ 무색·무취이다.
  ㉧ 공업용 및 연구용을 제외한 일반 가정용 연료와 자동차용의 가스에는 부취제인 메르캅탄을 첨가하고 있다.
② 용 도
  ㉠ 프로판은 가정용·공업용 연료로 많이 쓰이며 내연기관 연료로도 많이 쓰인다. 또한 옥탄가가 높기 때문에 자동차 연료로 사용되나 자동차의 경우는 부탄을 쓴다.
  ㉡ 부탄은 상온 중 약 2기압에서 액화되기 때문에 고압을 발생할 우려가 있으므로 폴리카보네이트 등 강도가 높은 플라스틱 용기에 넣어서 라이터의 연료로 사용하고 있다.
  ㉢ 화학공업용으로서도 중요하며 합성고무 연료인 부타디엔은 노르말부탄의 탈수소반응에 의해서 제조되고 있다.
③ 폭발성
  ㉠ 공기나 산소와 혼합하여 폭발성 혼합가스가 된다.
  ㉡ 프로판의 폭발범위(연소범위)는 공기 중 2.1~9.5Vol%, 부탄은 1.8~8.4Vol%로써 폭발하한계가 낮다.
  ㉢ 상온·상압하에서는 기체로 인화점이 낮아 소량 누출 시에도 인화하여 화재 및 폭발의 위험성이 크다.

④ 인화성
  ㉠ 전기절연성이 높고 유동·여과·분무 시 정전기를 발생한다.
  ㉡ 정전기가 축적될 수 있는 조건에서는 방전스파크에 의해 인화폭발의 위험이 있다.

예제문제

액화천연가스(LNG)와 액화석유가스(LPG)를 비교한 것으로 틀린 것은?
① LNG의 주성분은 메탄(CH_4)이고, LPG의 주성분은 프로판(C_3H_8)과 부탄(C_4H_{10})이다.
② LNG의 연소속도는 빠르고 LPG의 연소속도는 느리다.
③ LNG는 공기보다 가볍고 LPG는 공기보다 무겁다.
④ 액체에서 기체로의 체적변화는 LNG가 LPG보다 크게 팽창한다.

정답 ②

(3) 산 소

① 물리적 성질
  ㉠ 상온에서 무색·무취의 기체이며 물에는 약간 녹는다.
  ㉡ 비중은 공기를 1로 할 때 1.11의 무색·무취 무미의 기체이다.
  ㉢ -183℃에서 액화하며 액체산소는 비중 1.13의 푸른 액체이다.
② 화학적 성질
  ㉠ 화학적으로 활발한 원소이며 희(稀)가스, 할로젠 원소, 백금, 금 등의 귀금속 이외의 모든 원소와 직접 화합하여 산화물을 만든다.
  ㉡ 순 산소 중에서는 공기 중에서 보다 심하게 반응한다. 황·인·마그네슘 등은 공기 중에서 보다 심하게 연소한다.
  ㉢ 알루미늄선, 철선, 동선 등도 빨갛게 가열하여 산소 중에 넣으면 눈부시게 빛을 내어 연소한다.
  ㉣ 수소와는 격렬하게 반응하여 폭발하고 물을 생성한다.
  ㉤ 탄소와 화합하면 이산화탄소와 일산화탄소를 생성한다.
  ㉥ 산소-수소염(炎)은 2,000~2,500℃의 온도에 달하며 산소-아세틸렌염은 3,500~3,800℃에 달한다.
  ㉦ 산소는 그 자신 폭발의 위험은 없지만 강한 조연성 가스로서 안전상 특별한 주의가 필요하다.
  ㉧ 기름이나 그리스 같은 가연성 물질은 발화시에 산소 중에서 거의 폭발적으로 반응한다.
  ㉨ 만일 유지류가 부착되어 있을 경우에는 사염화탄소 등의 용제로 세정하고 충분히 건조시킨 다음 사용되어야 한다.

(4) 염소
　① 성질
　　㉠ 상온에서 심한 자극적인 냄새가 있는 황록색의 무거운 기체이며 -34℃ 이하로 냉각시키거나 6~8기압의 압력을 가하면 쉽게 액화되므로 액체상태로 저장해 사용한다.
　　㉡ 기체일 때 무게는 공기보다 약 2.5배 무겁다.
　　㉢ 화학적으로 반응성이 풍부하기 때문에 조연성 가스로 취급된다.
　　㉣ 메탄·에탄 등의 수소가 풍부한 가스와 염소가 혼합되었을 경우 혼합물은 폭발성을 가진다.
　② 용도
　　㉠ 수돗물의 살균
　　㉡ 펄프·종이 섬유의 표백
　　㉢ 공업용수나 하수의 정화제
　③ 폭발성, 인화성 및 인체에 미치는 영향
　　㉠ 염소가스 분위기 중에 있는 금속을 가열하면 금속이 연소된다.
　　㉡ 염소와 아세틸렌이 접촉하게 되면 자연발화의 가능성이 높다.
　　㉢ 독성가스로서 호흡기에 유해하다.

(5) 암모니아
　① 성질
　　㉠ 상온·상압하에서 자극이 강한 냄새를 가진 무색의 기체이다.
　　㉡ 물에 잘 용해된다. (0℃, 1atm에서 1,164배 용해됨)
　② 용도
　　㉠ 질소비료, 황산암모늄 제조
　　㉡ 나일론, 아민류의 원료
　　㉢ 흡수식이나 압축식 냉동기의 냉매(무수암모니아)
　③ 누출검지 및 인체에 미치는 영향
　　㉠ 연산수용액과 반응하면 흰 연기 발생
　　㉡ 페놀프탈레인 용액과 반응(무색→적색)
　　㉢ 적색리트머스 시험지와 반응(파란색)
　　㉣ 독성가스로서 8시간 노출 최대허용치는 25ppm이다.

(6) 수소
　① 성질
　　㉠ 상온에서 무색, 무취, 무미의 기체로 가연성 물질이나 독성은 없다.
　　㉡ 가장 밀도가 작고 가벼운 기체이다.
　　㉢ 액체수소는 온도가 극히 낮기 때문에 연성의 금속재료를 쉽게 취화시킨다.
　　㉣ 산소와 수소의 혼합가스를 연소시키면 2,000℃ 이상의 고온을 얻을 수 있다.
　　㉤ 고온·고압하에서 강재 중의 탄소와 반응하여 메탄을 생성 수소취화현상을 일으킨다.

② 용 도
　㉠ 공업용으로 널리 사용된다.
　㉡ 금속의 용접이나 절단에 사용한다.
　㉢ 액체수소의 경우 로켓이나 미사일의 추진용 연료로도 중요하다.
③ 폭발성 및 인체에 미치는 영향
　㉠ 염소, 불소와 반응하면 폭발이 일어난다.
　㉡ 최소발화에너지가 매우 작아 미세한 정전기나 스파크로도 폭발이 일어날 수 있다.
　㉢ 비독성으로 질식제로 작용될 수 있다.

(7) 아세틸렌
① 성 질
　㉠ 3중 결합을 가진 불포화 탄화수소이다.
　㉡ 무색의 기체이다.
　㉢ 비점과 융점이 거의 비슷하므로 고체 아세틸렌은 융해하지 않고 승화한다.
　㉣ 물 1몰에 아세틸렌은 1.1몰(15℃), 아세톤 1몰에 아세틸렌 25몰(15℃)이 녹는다.
　㉤ 산소와 함께 연소시키면 3,000℃를 넘는 불꽃을 얻을 수 있다.
　㉥ 공기 중에서 발화점이 낮다.
　㉦ 압력을 받으면 극히 불안정하며, $1kg/cm^2$(게이지압력) 이상에서는 불꽃, 가열, 마찰 등에 의하여 보다 폭발적으로 자기분해를 일으키고, 수소와 탄소로 분해된다.
② 용 도
　㉠ 산소 아세틸렌염을 이용 금속의 용접 및 절단에 사용된다.
　㉡ 아세틸렌・에틸렌의 혼합가스를 직접 고온으로 가열하면 쉽게 분해되어 발열반응을 일으키며 수소가 생성된다.

(8) 산화에틸렌(CH_2CH_2O) 22
① 물리적 성질
　㉠ 상온에서는 무색가스 저온하에서는 액체 상쾌한 향기, 유동성의 중성 액체 특징이 있는 에터 냄새, 고농도에서 자극적 냄새가 난다.
　㉡ 공기보다 5배 정도 무겁고 기화하면 약 450배 팽창한다.
② 화학적 성질
　㉠ 부식성 : 금속에 대해서는 부식성이 없으며 산화에틸렌이 포함되어 있을 때에는 아세틸라이드를 형성하는 금속(예 구리)을 사용해서는 안 된다.
　㉡ 액체는 안정하나 증기는 폭발성, 가연성 가스
　㉢ 인화점 : -17.8℃, 발화점 : 429℃, 폭발범위 : 3~100%

(9) 시안화수소(HCN)
① 물리적 성질
　㉠ 용해물질 에탄올, 에터(미량), 물
　㉡ 복숭아 냄새(약한 아몬드 냄새)의 무색기체, 무색액체, 증기는 약간 방향족 푸른색의 액체

② 화학적 성질
  ㉠ 반응성 : 물, 암모니아수, 수산화나트륨용액에 쉽게 흡수되고, 장기간 저장하면 중합하여 암갈색의 폭발성 고체가 된다.
  ㉡ 알칼리와 접촉하면 폭발 가능성, 산화성은 없다.
③ 인체영향 : 독성이 강해 특별한 주의가 필요하다. 다량의 가스를 흡입하면 곧 죽는다. 2~3회 흡입하면 호흡마비를 일으켜 졸도한다. 소량의 경우는 우선 호흡경련 등의 자극증상이 있고 점차 호흡마비로 쓰러진다.
  ㉠ 삼켰을 경우 : 현기증, 구토, 체온상승, 호흡곤란, 경련 등을 일으키며 사망의 위험이 있다.
  ㉡ 접촉 : 피부로도 쉽게 흡수되어 중독을 일으킨다.
  ㉢ 눈에 접촉 : 비자극적이지만 흡수될 경우 독성이 매우 강함. 최소치사량은 공기 1g중 0.2~0.3mg의 농도에서 즉사한다. 시안화수소의 중독은 급속히 나타나지만 치사량 이하의 경우는 회복이 빠르다.
  ㉣ 단시간복용 : 무의식

(10) 아황산가스(SO_2)

① 물리적 성질 : 물·알코올과 에터에 녹으며 환원성이 있다.
  ㉠ 건조된 아황산가스를 2~3기압으로 압축하면 액화된다.
  ㉡ 액체 아황산가스는 철, 구리를 부식하지 않는다.
  ㉢ 냉동용으로 사용 수용액은 아황산을 함유한다.
  ㉣ 수분이 있으면 아황산으로 각종 색소의 표백작용을 하고 액체는 각종 무기·유기화합물의 용제로 사용한다.
② 화학적 성질 : 온기가 있으면 금속 등을 부식시킨다.
③ 인체영향
  ㉠ 자극성이 심한 가스로 즉시 기도반사 작용을 일으킴과 함께 눈, 코, 및 기도를 강하게 자극시킨다.
  ㉡ 냄새는 좋은 경고가 되는데 1ppm 이하에서 식물의 잎에 장애를 주고 사람에게는 감기, 기침을 악화시킨다.
  ㉢ 용량비 3~5ppm을 감지할 수 있으며 이전에 맛으로 느낄 수 있다.
  ㉣ 대기오염의 주원인이 되고 6~12ppm에서 코·목구멍을 자극하고 그 냄새는 0.3~1ppm에서 검출된다.
  ㉤ 8~12ppm의 농도를 흡입하면 목을 자극, 기침, 가슴 조임, 눈물이 나오며 눈이 쑤신다.

(11) 염화수소(HCl)

① 물리적 성질
  ㉠ 비이온화 용매에는 녹지 않으나 물에는 대단히 잘 녹고 알코올, 에터에 녹는다.
  ㉡ 순수한 것은 무색투명 또는 담황색 액체로서 자극적인 냄새가 있는 기체이다. 습한 공기 중에서 발연한다.
  ㉢ 발연성, 자극성의 액체 110℃에서 물과 공비점 혼합물이 되며 이 경우 염산농도는 20.24%이고 상온에서 방치하여도 변화하지 않는다.
  ㉣ 공업용은 염산제이철을 함유하고 있으며 황색이며 순품은 무색액체이다.
  ㉤ 25% 이상의 농도의 것은 발연성을 가지고 있으며 부식성이 강하고 강산성이다.
  ㉥ NH_3를 만나면 유독성인 백색연무가 발생한다.

② 화학적 성질
　㉠ 반응성 : 강산, 금속용해, 크로뮴산염 등 산화제와 반응하여 염소가 발생한다.
　㉡ 부식성 : 인체에 대한 유독성이 강하다.
　㉢ 용매로 사용하고 대개의 염화물은 이에 녹지 않으나 염화주석은 녹는다.
　㉣ 수소와 염소 혼합기체는 폭발이 가능하며 부식성이 있다.
③ 위험성
　㉠ 인화점 : 염화수소 자체는 폭발성이 없다(금속과 반응해서 수소를 발생하고 이 수소가 공기와 혼합해서 폭발을 일으키는 일이 있다).
　㉡ 폭발범위 : 6~88%
　㉢ 혼재금지품 : 화약류, 독물, 방사선물질, 물 또는 공기와 작용하면 위험이 있는 물질, 산화성 물질, 가연성 고체, 유기과산화물

(12) 이황화탄소(CS_2)

① 물리적 성질
　㉠ 물에는 잘 녹지 않으며 알코올, 에터에 용해한다.
　㉡ 무색 또는 엷은 황색 휘발성 액체. 보통은 악취(계란 썩은 냄새)를 가지고 있다.
② 화학적 성질
　㉠ 저온에도 강한 인화성이 있다. 가열 시 폭발할 수도 있고 분해되어 서서히 황색으로 된다. 뜨거운 물체나 불꽃과 접촉 시 분해하여 이산화탄소와 이산화황을 생성한다.
　㉡ 발화점 100℃에서 공기 중에서 대단히 연소하기 쉬우며 이 증기와 공기가 혼합한 것은 폭발성이 있다. 유지, 밀납, 수지, 생고무, 황, 인린 등을 녹인다. 일광하에서는 서서히 변질된다. 황색을 띠며 불쾌한 냄새가 증가된다. 가성소다는 서서히 반응하여 치오탄산염 Na_2CS_3를 생성한다. 액을 유동하면 정전기로 인하여 폭발 가능성이 있으며 생고무, 황 등을 용해하며 강산화제, 화학적 활성이 큰 금속, 유기아민 등과는 격렬하게 반응하며, 산화성은 없으나 폭발성, 연소성이 있다.
③ 위험성
　㉠ 혼재금지품 : 화약류, 유기과산화물, 산화성 물질, 방사성 물질
　㉡ 유해성 : 유해성이 있다. 피부를 방호하고 호흡보호기가 필요하다.
　㉢ 연소성 : 상온상태에서 발화한다. 저 인화온도의 물질화재에 물 소화는 무효하다.
　㉣ 반응성 : 안전하며 화재 시에는 화학반응은 일어나지 않는다. 폭발범위가 넓으므로 작업 전 통풍환기를 충분히 실시하고 수시로 증기농도 체크, 흡착제는 불연성(마른 모래, 흙 등)을 사용, 정전기, 충격 등을 방지하기 위하여 가급적 장구는 방폭형을 사용, 생고무가 포함된 보호구는 사용하지 않으며 작업 시 2차 오염에 유의하고 연소 시 유독가스가 발생하므로 바람을 등지거나 공기호흡기를 사용한다.
④ 인체영향 : 신경독이며 중독은 대부분 그 증기(공기 1ℓ 에 대하여 0.1mg 이상은 위험)를 마심으로써 오는 것이며 피부로부터 흡수되는 경우도 있다.
　㉠ 흡입 시 : 현기증, 두통, 의식불명, 정신장애, 정신착란, 전신마비
　㉡ 삼켰을 때 : 두통, 구토, 다발성 신경염, 정신착란, 혼수상태
　㉢ 피부 : 홍반, 심한 통증, 피부로 흡수되어 중독되는 수도 있다.
　㉣ 눈 : 심하게 자극, 통증 홍반 급성중독의 경우는 순환기계장애를 일으키며, 만성의 경우는 폐와 신경을 침해한다.

(13) 일산화탄소(CO)
    ① 물리적 성질
        ㉠ 물에는 녹기 어렵고 알코올에 녹는다.
        ㉡ 무미, 무취, 무색의 기체. 독성이 강하고 청색의 화염을 발생하며 연소하여 이산화탄소가 발생한다. 환원성의 가연성 기체이다.
    ② 화학적 성질
        ㉠ 반응성 : 금속과 반응하여 금속카보닐을 생성. 청색의 화염을 내며 연소하여 이산화탄소가 된다. 촉매표면에 접촉하면 700~800℃에서 이산화탄소와 탄소로 분해한다.
        ㉡ 기타 성질 : 환원성이 강하다. 산화성이 없으며 폭발성과 연소성이 있다.
    ③ 인체영향
        ㉠ 중추신경계가 그 영향을 받아 두통, 현기증, 귓속에서 소리가 나며 심장고동, 맥박증가, 구토가 일어나고 나중에는 마비상태가 된다.
        ㉡ 일산화탄소 내 작업자는 피로, 현기증, 불면증 이외에도 건망증 등의 신경계 증상이 많다.
        ㉢ 생활주변에 일산화탄소는 무색, 무취로 자기 자신도 모르게 중독되는 사고가 많다.
        ㉣ 공기 중의 허용농도는 50ppm이며 그 이상이면 200ppm에서 2~3시간에 두통을 느끼고 800ppm에서 45분간 흡입하면 두통(빈혈증), 구토가 나오고 1,000ppm이 되면 2~3시간 흡입 시 사망하게 된다.

(14) 포스겐($COCl_2$)
    ① 물리적 성질
        ㉠ 벤젠, 틀루엔에 쉽게 용해, 물에도 분해된다.
        ㉡ 순수한 것은 무색, 시판품은 짙은 황록색으로 저 비점이며 자극적인 냄새가 나는 액체(기체)이다.
        ㉢ 사염화탄소, 브로민화수소에 대해서 약 20%의 농도에서 용해하며 수용액에서 서서히 분해하여 이산화탄소와 염산을 생성하며 표준 품질은 순도 97% 이상이며 유리염소 0.3% 이상이다.
    ② 화학적 성질
        ㉠ 반응성 : 서서히 분해하면서 유독하고 부식성이 있는 가스를 생성한다.
        ㉡ 부식성이 있다.
        ㉢ 300℃에서 분해하여 일산화탄소와 염소가 된다. 자체에는 폭발성 및 인화성이 없다.
    ③ 인체영향 : 포스겐은 강한 자극제로서 허파꽈리에 심한 손상을 입힌다. 이것이 폐수종을 생성, 질식으로 이르게 되며 청색증을 일으킬 수 있다.

(15) 황화수소(H_2S)
    ① 물리적 성질
        ㉠ 용해물질 : 에탄올, 이황화탄소
        ㉡ 상태 : 썩은 계란 냄새의 무색기체
        ㉢ 약한 이염기산에서 산성을 나타낸다. 많은 탄화수소를 용해하며 공기 중에서 연소하여 이산화황이 된다. 독성이 강하므로 취급주의한다.

② 화학적 성질
  ㉠ 반응성 : 강질산, 강산화성 물질, 금속흄과 격렬한 반응 공기와 혼합하면 폭발혼합물생성 연소하여 유독한 아황산가스 발생한다.
  ㉡ 부식성 : 인체, 금속, 목재에 부식성이 있다.
③ 인체영향
  ㉠ 눈, 코, 목 등의 점막을 자극한다.
  ㉡ 고순도의 가스를 흡입하면 두통, 현기증, 보행이 잘 안 되고 호흡장애를 일으키고 눈에는 궤상을 일으키며 신경계통에 장애를 주어 사망하는 수도 있다.
  ㉢ 연소를 시작하면 이산화황을 발생하여 중독의 위험도 있다.
  ㉣ 황화수소는 냄새로서 알기 쉬운 것이나 조금 지나면 후각이 마비되므로 조심하여야 한다.
  ㉤ 눈 : 점막을 자극하여 눈물 흘림, 각막염, 통증, 각막수포, 광공포증, 시각 불명료 등을 일으킨다.

제2절 가스설비의 기초

1 가스공급시설

(1) 정압기 16
  ① 개 요
    ㉠ 도시가스의 공급압력이 제한된 영역에서 고압에서 중압으로, 중압에서 저압으로 적당한 압력으로 감압하여 사용처에 맞는 적당한 압력으로 공급하기 위하여 사용되는 기기이다.
    ㉡ 정압기는 가스 배관 중 적당한 곳에 설치하며 1차 압력(입구측 압력) 및 부하용량(사용량)의 변동에 관계없이 2차 압력(사용압력)을 일정한 압력으로 유지하는 기능을 가지고 있다.
  ② 정압기의 구조

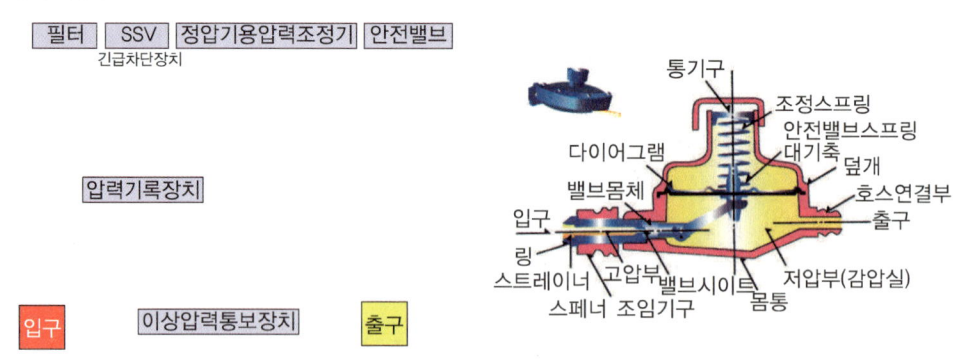

[정압기의 기본구조도]

  ㉠ 다이어프램 : 2차 압력을 감지하여 그 사용유량(압력변동)에 따라 상하로 움직이면서 메인밸브를 작동시키는 것으로서 '감지부'라고 한다.

ⓒ 스프링 : 2차 압력을 설정하는 것으로서 스프링의 힘을 가함에 따라 일정범위 내에서 신축이 용이하여 유량변화에 따른 압력조절이 가능한 것으로서 '부하부'라고 한다.
ⓒ 메인 밸브 : 가스의 흐름을 제어하기 위한 것으로서 밸브의 열림 정도에 의해 직접 조정하는 것으로서 '제어부'라고 한다.

③ 정압기의 종류
㉠ 직동식 정압기

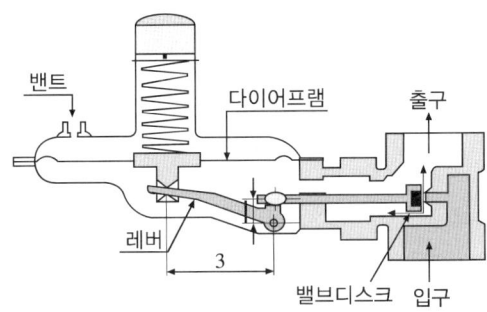

- 작동에 필요한 3요소(감지부, 부하부, 제어부)가 정압기 본체 내에 들어가 있다.
- 조정압력은 다이어프램이 감지하여 밸브(플러그)를 움직이게 된다.
- 감지요소는 본체 내에서 직접 또는 하류측 배관에서 따온 감지라인을 통해 조정압력을 스프링이 감지하여 압력을 조절한다.
- 구조가 간단하고 경제적이며, 유지관리가 용이하여 널리 쓰이고 있다.
- 단점 : 스프링 및 다이어프램 효과와 같은 특성 등으로 출구압을 일정하게 유지곤란하다.
- 단독주택 등 소용량의 단독정압기에 주로 사용한다.

㉡ 파일럿식 정압기

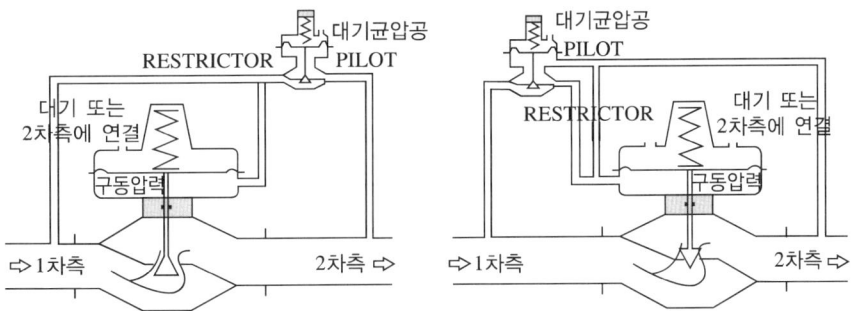

- 언로딩(Unloading)형과 로딩(Loading)형이 있다.
- 설치목적은 2차측의 미세한 압력을 감지하여 다이어프램에 로딩압력을 증폭시켜 보내주는 것이다.
- 출구압력이 비교적 안정된 형태로 공급이 되는 우수한 특징이 있다.
- 대량수요처 및 지구정압기 등에 주로 사용한다.
- 비슷한 크기의 직동식 정압기보다 대용량이 요구되는 유량제어 범위가 양호한 정압기이다.

(2) 밸브박스
  ① 개요 : 도시가스의 인입관의 분기점에서 건물의 동 지관에 설치되는 가스차단장치인 밸브를 보호하기 위하여 설치한다.
  ② 설치장소
    ㉠ 정압기실
    ㉡ 본관에 설치한 밸브박스(가스도매사업의 경우에는 공급관 포함)
    ㉢ 시·도지사가 안전확보상 필요하다고 인정하는 장소의 밸브박스
      ※ 밸브박스는 사용목적 이외에 개폐할 수 없도록 전용 개폐기구를 사용하여 개폐하는 구조 또는 충분한 강도와 공간을 갖는 구조로써 자물쇠 채움 등의 조치를 강구하여야 한다.

(3) 가스계량기
  ① 개요 : 배관을 통하여 단위 시간당 흐르는 가스의 부피를 측정하는 계기로 건식이 도시가스 계량용으로 사용되고 이외 습식, 회전식 등이 있다.
  ② 동작원리 및 특징
    ㉠ 실측 건식 가스미터
      • 입구와 출구 차압을 이용한 것
      • 계량실 내의 유연한 막이 전후면의 차압에 의해 막이 전후로 운동
      • 연동기구와 밸브에 의해 연속적 기계운동으로 적산부에 실제 사용량을 나타내는 구조
      • 장점 : 값이 저렴하고, 설치 후 유지관리가 편리
      • 용도 : 일반가정용으로 사용
    ㉡ 실측 습식 가스미터
      • 회전하는 원통형 드럼의 내부에 물을 반 정도 넣어 출구압보다 높은 압력을 갖는 가스를 입구에서 보내면 수면으로 가스가 돌출되어 드럼이 회전하여 지시부에 유량을 나타내는 구조
      • 장점 : 계량이 정확하고, 사용 중의 기차(器差) 변동이 작다.
      • 단점 : 수위 조정이 필요하며, 설치면적이 크고 가격이 비싸다.
      • 용도 : 건식 가스미터의 검사, 실험실용에 사용
    ㉢ 추측식 터빈(Turbine) 가스미터
      • 가스가 통과하면 관축의 중심에 있는 터빈을 돌리고 이 회전수를 계산하여 사용량을 환산하여 표시
      • 대유량에 적합하고, 중압의 가스계량이 가능
      • 설치면적이 작고 스트레이너 설치 및 유지관리가 필요
      • 소용량($0.5m^3/h$) 이하에서는 가스미터의 바늘이 움직이지 않을 우려가 있다.
      • 용도 : 도시가스 공급관의 대유량 측정용으로 사용

2 가스 사용시설 [14]

(1) 용기
고압가스를 충전(저장)하기 위한 것으로서 지표면에서 이동이 가능한 것

① 용기의 종류

　㉠ **이음매 없는 용기**
- 산소, 수소, 질소, 아르곤, 천연가스 등 압력이 높은 압축가스를 저장
- 상온에서 높은 증기압을 갖는 이산화탄소 등의 액화가스를 충전 시 사용
- 재료 : 고압에 견딜 수 있는 크로뮴-몰리브덴강

　㉡ **용접 용기**
- LP가스, 프레온, 암모니아 등 상온에서 비교적 낮은 증기압의 액화가스 충전 시 사용
- 용해 아세틸렌가스를 충전 시 사용
- 제조방법 : 프레스 가공 경판(상판, 하판)과 원통형으로 성형된 동판을 용접 제작
- 20kg 이상의 LPG용기, 아세틸렌 용기, 대형저장탱크
- 재료 : 저탄소강, 알루미늄합금 사용

　㉢ **초저온 용기**
- -50℃ 이하인 액화가스를 충전하기 위한 용기
- 단열재로 피복하여 용기 내의 가스 온도가 상용온도를 초과하지 않도록 조치
- 액화질소, 액화산소, 액화아르곤, 액화천연가스 등을 충전 시 사용
- 재료 : 내조 - 스테인레스강, 외조 - 저탄소강 또는 스테인레스강 사용

　㉣ **납붙임 또는 접합용기**
- 살충제, 화장품, 의약품, 도료의 분사제 및 이동식 연소기용 부탄가스 용기 등으로 사용
- 1회성 용기
- 분사제로서 독성가스의 사용이 불가능하고 내용적은 1,000ml 미만으로 제조
- 재료 : 저탄소강 또는 알루미늄합금을 사용

　㉤ 용기의 저장량(충전량) [22]

- 액화가스 용기의 저장량

$$W = \frac{V_2}{C}$$

W : 저장능력 [kg]
V_2 : 용기의 내용적 [L]
C : 가스의 충전정수(액화프로판 2.35, 액화부탄 2.05, 액화암모니아 1.86)

- 압축가스 용기의 저장량

$$Q = (P+1)V_1$$

Q : 저장능력 [m³]
P : 35℃(아세틸렌의 경우에는 15℃)에서의 최고 충전압력 [MPa]
V_1 : 내용적 [m³]

ⓑ 가스용기의 색상 17 21 22

아세틸렌	수 소	암모니아	염 소	LPG 등 기타	탄산가스	산 소
황 색	주황색	백 색	갈 색	회색(쥐색)	청 색	녹 색

예제문제

인화성 기체(고압가스)의 폭발사고 조사 시 용기의 색은 기체 종류 파악에 중요하다. 기체의 종류에 따른 용기의 색이 옳게 연결된 것은? 13 17

① 수소 - 주황색
② 아세틸렌 - 녹색
③ 액화암모니아 - 회색
④ LPG - 백색

정답 ①

(2) 용기밸브 16 21

용기의 밸브 연결부에 부착되어 가스의 유로를 개폐하는 역할

① 용기밸브의 구조 및 기능
  ㉠ 구성 : 밸브 몸통, 안전장치, 핸들, 스핀들, 스템, 스토퍼 또는 그랜드너트, 오링, 밸브시트
  ㉡ 기능 : 핸들을 시계 반대방향으로 돌리면 밸브디스크가 위로 올라가 가스유로가 열리고 시계 정방향으로 돌리면 밸브디스크가 아래로 내려가 가스유를 닫음

② 안전장치
  ㉠ 용기 내의 가스압력이 올라가 용기가 파열되는 것을 방지하기 위한 것
  ㉡ 용기밸브와 일체로 제작되고 밸브의 개폐와 관계없이 항상 용기 내의 가스를 접함
  ㉢ 가스의 압력이 상승하면 자동작동되어 용기 내의 압력을 외부로 방출하는 역할
    • LPG 용기 : 스프링식 안전밸브
    • 염소, 아세틸렌, 산화에틸렌 용기 : 가용전 안전밸브
    • 산소, 수소, 질소, 아르곤 등의 압축가스 용기 : 파열판식 안전밸브
    • 초저온 용기 : 스프링식과 파열판식의 2중 안전밸브

예제문제

가스용기와 안전밸브 종류의 연결이 옳은 것은? 16

① LPG용기 - 스프링식과 파열판식의 2중 안전밸브
② 산화에틸렌 용기 - 파열판식 안전밸브
③ 아르곤 압축가스용기 - 스프링식 안전밸브
④ 수소 압축가스용기 - 파열판식 안전밸브

정답 ④

일반적으로 사용되고 있는 안전밸브의 종류가 옳게 연결된 것은? 13

① LPG 용기 - 가용전(가용합금식) 안전밸브
② 산화에틸렌 용기 - 파열판식 안전밸브
③ 아르곤 압축가스 용기 - 스프링식 안전밸브
④ 초저온 용기 - 스프링식과 파열판식의 2중 안전밸브

정답 ④

(3) **기화장치(Vaporizer = 기화기 = 증발기)**
 ① 가스사용량이 대량으로 소비되는 경우 용기의 자연기화방식에 의한 공급량이 수요량을 충족하지 못하는 경우에 용기 내의 액체가스를 전열, 온수 또는 증기 등으로 가열하여 증발시켜 가스화시키는 것이다.
 ② 용기의 설치개수와 설치공간이 적어지지만, 기화장치의 유지관리 및 설비의 점검보수기간에도 가스공급이 계속될 수 있도록 자연기화방식으로 공급이 가능하도록 바이패스 라인 등의 조치를 강구하여야 한다.

(4) **압력조정기** ★★★
 ① 압력조정기의 기능
  ㉠ 용기 내의 가스압력이 연소기에서 가스가 완전히 연소하는데 필요한 최적의 압력으로 감압
  ㉡ 가스소비량의 증감에 따라서 일정한 압력으로 공급
  ㉢ 연소기 코크 또는 중간밸브를 닫았을 때 조정기의 내부압력이 상승되어 가스가 연소기로 공급되지 않도록(폐쇄압력) 하는 기능

② 압력조정기의 종류

종 류			특 성
1단감압식	저 압	저압조정기	• 용기의 압력을 연소기의 압력으로 1단 감압하여 공급 • 용기와 가스미터기 사이에 설치
		준저압조정기	음식점, 호텔 등의 용도로 공급하는데 사용
2단감압식	준저압	1차 조정기	-
		2차 준저압조정기	-
		2차 저압조정기	-
자동절체식	일체형	저압조정기	• 2단2차용 조정기가 2단1차용 조정기 출구측에 직결되어 있는 것과 함께 자동절체부가 2개 이상의 용기를 사용 • 가스공급량이 부족하면 예비용기로부터 가스를 일정한 압력(255~330mmH₂O)으로 공급하는 조정기
		준저압조정기	• 2단2차용 준저압조정기가 2단1차용 조정기 출구측에 직결되어 있는 것과 함께 자동절체부가 부착됨. • 자동절체식 일체형 저압조정기와 기능은 유사
	분리형		• 자동절체기능과 2단1차 감압기능을 겸한 1차용 조정기 • 출구측은 배관에 의하여 저압용 연소기 전단에는 2단2차용 저압조정기를 설치하여 사용 • 준저압용 연소기 전단에는 2단2차용 준저압 조정기를 설치하여 사용

(5) 배관재료

① 강 관

㉠ 배관용탄소 강관(SPP, KS D 3507)
- 사용압력이 비교적 적은 증기, 물, 기름, 가스 공기 등의 배관에 사용하는 탄소강관
- 아연도금의 유무에 따라서 흑관과 백관의 2종류
- 관 1개의 길이는 6m
- 배관의 화학성분 : 인(P), 황(S)

㉡ 압력배관용 탄소강관(SPPS, KS D 3562)
- 약 350℃ 이하에서 사용하는 압력배관에 쓰이는 탄소강관
- 관의 종류 : SPPS 38와 SPPS 42
- 스케줄번호(Sch.No)는 10, 20, 40, 60, 80 등이 있다.
- ※ 스케줄번호(Schedule Number) : 강관의 두께를 계열화하여 작업상·경제상 도움을 주기위할 것으로 Sch. 라 표기하고 유체의 사용압력과 그 상태에 있어서 재료의 허용응력과의 비에 의해서 관두께 체계를 표시한 것이다.

㉢ 연료가스 배관용 탄소강관(SPPG, KS D 3631)
- 사용압력이 중압 이하인 연료용 가스 공급배관의 직관 및 이형관에 사용하는 탄소강관
- 배관의 화학성분 : 탄소, 규소, 망가니즈, 인, 황

② 동관(KS D5301)

㉠ LPG 설비용으로 이음매 없는 동 및 동합금관을 사용

㉡ 중압 및 저압배관에는 8mm, 10mm, 15mm인 것을 사용하고 고압배관에는 외경이 8mm, 1.0mm인 것을 사용

㉢ 동관은 호칭규격과 외경과는 다소 차이가 있음

③ 가스용 폴리에틸렌관(KS M 3514)
  ㉠ 도시가스 및 액화석유가스 수송에 사용할 때는 직사광선이나 화재에 대한 준비가 있어야 한다. 관의 색은 노란색으로 한다.
  ㉡ 최고 사용압력이 4kg/cm² 이하인 배관으로서 지하에 매몰하여 설치하는 경우에는 KS표시 허가제품 또는 이와 동등이상의 성능을 가진 제품을 사용할 수 있다.
④ 가스용 금속플렉시블 호스
  ㉠ 가스보일러의 접속배관(고정형 연소기와 코크)에 사용하는 것으로 압력이 330mmH₂O 이하인 액화석유가스 또는 도시가스에 사용한다.
  ㉡ 최대 길이를 50,000mm 이내로 제한하고 호스의 호칭은 13A, 20A, 25A, 30A가 있다.
⑤ 스테인레스 강관
  ㉠ 배관용 스레인레스강관(KS D 3576)
    • 내식용, 저온용, 고온용 등의 배관에 사용
    • 종류 : 오스테나이트계, 오스테나이트・페라이트계, 페라이트계
    • 이음매 없이 제조하거나 자동아크용접 전기저항용접으로 제조하여 열처리 및 산세척을 한다.

(6) 밸브
  ① 볼 밸브
    ㉠ 밸브 내에 한 방향으로 구멍이 뚫린 볼(구슬)이 있어 밸브 개폐손잡이를 90° 회전하면 내부의 볼이 같이 회전하면서 유체의 흐름을 제어하는 밸브이다.
    ㉡ 신속히 밸브를 개폐할 수 있고 유체의 압력손실도 비교적 적으며 손잡이의 방향으로 밸브 개폐상태를 확인하기 쉽다.
    ㉢ 주로 저압배관에 사용한다.
  ② 글로우브 밸브
    ㉠ 구형의 밸브 몸통을 갖고 있으며 유체의 입구와 출구 중심선이 일직선상에 있고 밸브를 통과하는 유체의 흐름이 S자 모양으로 되어 있다.
    ㉡ 기밀성이 우수한 반면 유체의 압력손실이 큰 단점이 있어 주로 고압부(高壓部)에 사용된다.
    ㉢ 설치 시에는 밸브몸통에 표시된 방향표시(→)를 보고 상류에서 하류를 향하도록 설치한다.
  ③ 게이트 밸브
    ㉠ 밸브판(밸브디스크)이 유체흐름에 직각으로 미끄러져서 유체의 통로(流路)를 수직으로 막아 개폐한다.
    ㉡ 밸브 사용 시에는 완전히 열어 사용하고 일부만 열어 사용하게 되면 밸브판의 후면에 심한 와류(渦流)를 일으켜서 밸브가 진동한다.
    ㉢ 압력손실은 글로우브 밸브에 비해서 극히 작다.
    ㉣ 대규모 플랜트나 길고 큰 배관에 널리 사용된다.
  ④ 체크 밸브
    ㉠ 유체의 흐름을 한 방향으로만 수송할 때 사용한다.
    ㉡ 역류 시는 자동적으로 폐쇄된다.
    ㉢ 종류는 리프트형, 스윙형, 볼형, 경사판형이 있다.

(7) 퓨즈 코크(Fuse Cock)
① 과류차단안전기구가 부착된 것으로 배관과 호스 또는 배관과 퀵 카플러를 연결한다.
② 가스사용 중 호스가 빠지거나 절단되었을 때 또는 화재 시 등 규정량 이상의 가스가 흐르면, 코크에 내장된 볼이 떠올라 가스통로를 자동으로 차단한다.

(8) 호스
① 고압호스
  ㉠ 트윈호스 : 입구측은 용기 2개에 연결하며 출구측은 주로 조정기에 접속하여 사용되는 것으로서 입구측 또는 출구측의 나사 접속부는 POL(왼나사의 특수이음매)나사로 되어 있다.
  ㉡ 측도관 : 출구측은 집합배관 또는 자동절체식 조정기의 입구에 접속하여 사용되는 것으로서 일반적으로 입구측은 POL나사로 되어 있으며, 출구측은 PT나사로 되어 있다. 일반적으로 집합배관용으로 사용된다.
② 저압호스
  ㉠ 호스의 구조
   내가스성의 내층고무와 내후성의 외층고무 사이에 보강층이 설치되어 있으며 고압호스와 달리 외면에는 합성섬유 보강층이 없다.
  ㉡ 호스의 취급
   • 고압호스의 부착은 용기보다 조정기로 향하여 상향구배로 하여야 되나 저압호스의 부착은 조정기의 출구측으로부터 하향구배로 하여 가스계량기에 이르는 배관의 아랫부분에 드레인 밸브를 설치한다.
   • 호스 부착 시 최소 굽힘반경은 내경 10mm의 것은 140mm, 내경 12.7mm의 것은 170mm 이하로 되지 않도록 한다.
③ 가스용 금속플렉시블호스 : 내식, 신축용으로서 동합금 또는 스테인레스제의 주름관을 사용하여 우수한 플렉시블성을 갖는 튜브의 양단관에 이음쇠를 접속한 것으로 배관과의 접속에는 유니온, 플랜지 등의 접속이음매를 사용한다.

(9) 연소기 ★★★★
① 연소기의 구조 : 연소기는 노즐, 혼합관, 공기조절기(댐퍼), 버너헤드, 염공, 점화장치로 구성되어 있다.
  ㉠ 노즐 : 가스를 분사시키고 연소에 필요한 1차 공기를 가스와 함께 버너에 보내는 역할이다.
  ㉡ 혼합관 : 노즐에서 분사되는 가스와 공기조절기에서 흡입된 1차 공기를 혼합하는 역할이다.
  ㉢ 버너헤드 : 혼합관에서 형성된 가스와 공기의 혼합기체를 각 염공(불꽃구멍)에 균일하게 배분, 공급하고 완전연소를 하도록 한다.
  ㉣ 염공 : 혼합관에서 버너헤드에 도달한 가스와 공기의 혼합기체를 대기 중에 분출하는 역할을 하는데, 염공이 큰 경우에는 불꽃이 혼합관 속으로 들어가는 현상(역화)이 발생되기 쉽고 반대로 염공이 작은 경우에는 불꽃이 위로 뜨는 현상(리프팅)이 발생되기 쉽다.
  ㉤ 점화장치에는 압전 점화방식과 연속 스파크식이 있다. 압전기를 이용해서 불꽃방전을 일으키며 이 에너지에 의해 가스를 착화시키는 원리이다.

② 가스 연소 현상
  ㉠ 안정된 불꽃 : 염공에서의 가스유출속도와 연소속도가 균형을 이루었을 때는 안정된 연소를 유지하나, 이러한 안정된 불꽃에서도 내염이 저온의 물체에 접촉하면 불완전연소를 일으켜, 일산화탄소나 알데하이드류가 연소되지 않고 그대로 방출되어 가스중독사고의 원인이 된다.
  ㉡ 리프팅(Lifting) [17]
    염공에서의 가스유출속도가 연소속도보다 빠르게 되었을 때, 가스는 염공에 붙어서 연소하지 않고 염공을 이탈하여 연소하는 현상이다.

> **⊕ Plus one**
>
> **리프팅을 일으키는 원인**
> - 버너의 염공에 먼지 등이 부착하여 염공이 작아졌을 때
> - 가스의 공급압력이 지나치게 높은 경우
> - 노즐구경이 지나치게 클 경우
> - 가스의 공급량이 버너에 비해 과대할 경우
> - 연소폐가스의 배출이 불충분하거나 환기가 불충분함에 따라 2차 공기 중의 산소가 부족한 경우
> - 공기조절기를 지나치게 열었을 경우

  ㉢ 역화(Flash Back) [16] [21]
    - 가스의 연소속도가 염공에서의 가스유출 속도보다 빠르게 되었을 때
    - 연소속도는 일정하여도 가스의 유출속도가 느리게 되었을 때
    - 불꽃이 버너 내부로 들어가 노즐의 선단에서 연소하게 되는 현상

> **⊕ Plus one**
>
> **역화를 일으키는 원인**
> - 부식으로 인하여 염공이 커진 경우
> - 노즐구경이 너무 적거나
> - 노즐구경이나 연소기 코크의 구멍에 먼지가 묻거나
> - 코크가 충분히 열리지 않았거나
> - 가스 압력이 낮을 때
> - 가스레인지 위에 큰 냄비 등을 올려놓고 장시간 사용하는 경우

  ㉣ 황염(Yellow tip)
    - 버너에서 황적색의 불꽃이 되는 것은 공기량의 부족 때문이며 황염이 되어 불꽃이 길어진다.
    - 저온의 물체에 접촉하면 불완전연소를 촉진하여 일산화탄소나 그을림이 발생하므로 주의해야 한다.
    - 버너 특유의 내염과 외염으로 되는 불꽃이 될 때까지 1차공기의 공기조절기를 열어야 한다.
    - 공기조절기를 충분히 열어도 황염이 그대로 있으면 대개의 버너 노즐 구경이 너무 커서 가스의 공급이 과대하거나 가스의 공급압력이 낮기 때문이다.
    - 용기에서 자연 기화하는 경우 잔액이 적을 때 황염이 발생하는 것은 가스성분의 변화(부탄가스의 증가)와 가스공급압력이 낮아지기 때문이다.

ⓜ 불완전연소 : 가스의 연소는 산화반응이 진행하기 위해서는 충분한 산소와 일정온도 이상이어야 한다.

> **⊕ Plus one**
>
> **불완전연소의 원인**
> - 공기와의 접촉, 혼합이 불충분할 때
> - 과대한 가스량 또는 필요량의 공기가 없을 때
> - 불꽃이 저온물체에 접촉되어 온도가 내려갈 때
> - 연소 중의 음(音) : 연소음, 노즐 분즐음, 공기흡입에 의한 소음, 폭발음, 연소실 등의 공명음이 있다.

③ 연소기의 구분
  ㉠ 자연배기식(CF) : Convention Flue
  ㉡ 강제배기식(FE) : Forced Exhaust
  ㉢ 자연급배기식(BF) : Blanced Flue
  ㉣ 강제급배기식(FF) : Forced Darft Blanced Flue
  ㉤ 옥외용(RF) : Roof of Flue

제3절 가스화재조사 ★★★

1 가스사고의 정의

가스관계 3법에 규정된 가스와 그에 관계되는 모든 시설, 용기, 용품 등에서 발생한 누설, 폭발, 질식, 중독 등의 사고

(1) 가스사고의 구성요소
  ① 인간의 의도에 반하여 현저하게 확대하거나, 고의에 의해 발생한 것
  ② 안전장치 등을 사용하여 안전조치를 할 필요가 있는 상태인 것

(2) 가스사고의 종류 15
  ① 누출사고 : 고의 또는 과실로 가스가 누출된 사고
  ② 누출·화재사고 : 고의 또는 과실로 누출된 가스가 점화원에 의하여 발생한 사고
  ③ 폭발사고 : 고의 또는 과실로 누출된 가스가 점화원에 의하여 폭발한 사고
  ④ 질식사고 : 누출된 가스 또는 가스의 화학반응에 질식 또는 질식사한 사고
  ⑤ 중독사고 : 누출된 가스 또는 가스의 화학반응에 중독 또는 중독사한 사고
  ⑥ 화재·폭발사고 : 화재 등에 의하여 2차적으로 가스시설이 폭발한 사고
  ⑦ 기타 사고 : 상기에 분류되지 않은 사고로 가스등과 밀접한 관계가 있는 사고

2 가스사고의 원인조사

(1) 원인조사의 내용

① 조사의 범위

㉠ 가스누출 원인조사 : 가스누출부위를 판정하며 누설부위에 존재하였던 "점화원"을 규명하고 가스사고 발생의 과정을 과학적으로 입증한다.

㉡ 폭발 연소의 원인조사 : 가스누출에서 확산 과정 등을 포함한 건축 구조, 지리적 조건 등 인적, 물적, 자연조건을 조사하여 폭발에 이르게 한 결정적인 원인을 밝힌다.

㉢ 사상자 발생 원인조사 : 사상자 발생과 가스누출 원인, 폭발 원인의 상호관계, 물적, 인적, 환경과의 관련성을 조사하여 다수의 요인이 조합되어 직접 혹은 간접적 상호 연관관계를 증명한다.

② 가스사고 원인조사의 특징 : 원인조사는 물질이 파손, 손상된 사실에서 출발하여 이러한 흔적으로부터의 귀납적 방법으로 조사한다.

㉠ 가스사고는 폭발과 응급조치 활동으로 현장이 훼손되어 증거자료로써 복원이 곤란하다.

㉡ 사고발생 동기 조사는 많은 사람이 개입하여 있고, 과실 행위가 범죄인식 여부 및 이상심리 상태 등 사람의 행위와 심리를 분석하여 다음과 같은 기초적인 사항을 통해 과학적인 원인조사를 실시한다.

- 가스사고 발생 메커니즘 파악 : 기계적, 물리적, 화학적 측면에서 사고를 일으키는 구조원리를 파악한다.
- 발화지점 확인 : 가스사고현장에 남아 있는 각 소재의 상태를 확인하여 발화지점을 조사한다.
- 귀납적 고찰과 많은 자료를 수집하여 증거를 보존하는 현장조사 기법을 숙지한다.
- 가스 관계법규 숙지 : 조사관은 가스사고에 관련된 관계법령을 숙지한다.

CHAPTER 03 화학물질 화재감식

제1절 기초화학

1 화학양론(Stoichiometry)

화학양론은 화학반응에서 반응물과 생성물의 그램과 몰 사이에 변환을 언급한 것이다.

(1) 아보가드로 수와 몰

① 몰 : 원자나 분자, 이온과 같은 입자의 양을 표현하기 위해 사용하는 단위
  $1mol = 6.02 \times 10^{23}$개

② 아보가드로 수(NA) : 어떤 물체 1mol이 가진 입자들의 수
  $NA = 6.02 \times 10^{23}$개/mol

③ 몰수 (n) = N/NA
  어떤 분자 N개가 있을 때, 이분자가 몇 몰이 있는지 구하려면 아보가드로 수로 나누면 된다.

(2) 화학반응식으로부터 몰비

① 균형화학반응식의 계수는 그 반응에 관여한 각 화합물 몰수가 최소 정수비이다.
  예) $N_2(g) + 3H_2(g) \rightarrow 2NH_3(g)$
  반응식의 균형에 이용한 계수는 1몰 질소기체와 3몰 수소기체가 반응하여 2몰 암모니아 생성을 나타낸다. 이러한 계수를 이용하여 반응식에 나타낸 어떤 2가지 물질의 몰비를 표시할 수 있다.

② 몰-몰계산
  균형화학반응식과 반응물 또는 생성물 중 어떤 1가지의 몰수를 안다면 다른 반응물이나 생성물의 비례 몰수는 적절한 몰비를 이용하여 계산할 수 있다.
  예) $N_2(g) + 3H_2(g) \rightarrow 2NH_3(g)$일 때, $6mol\ H_2 \times (2mol\ NH_3/3mol\ H_2) = 4mol\ NH_3$

(3) % 수율

$\frac{실제수율}{이론수율} \times 100 = \%$ 수율

① 이론수율 : 화학반응에 따라 전체 제한반응물이 완전반응에 의하여 생성될 수 있는 어떤 물질의 최대량
② 실제수율 : 실험실과 제조공정에서 화학반응으로부터 최종적으로 구한 생성물의 양
③ 100% 이론수율을 얻기 어려운 이유
  ㉠ 제한 반응물의 불완전 반응
  ㉡ 이상적 반응조건보다 나쁜 상태

ⓒ 가역반응
ⓓ 원하지 않는 반응생성물의 생성
ⓔ 한 용기로부터 다른 용기로 옮길 때 생성물의 손실 등

(4) 화학반응의 에너지 계산
① 발열반응 : 열에너지 방출
   예) $CH_4(g) + 2O_2(g) \rightarrow CO_2(g) + 2H_2O(g) + 802kJ$
② 흡열반응 : 반응중에 계속해서 에너지 공급이 필요
   예) $H_2(g) + \frac{1}{2}O_2(g) \rightarrow H_2O(l) + 283kJ$
③ 엔탈피 : 방출된 에너지는 생성물과 반응물에 존재하는 화학에너지 변화
   ㉠ △H = 생성물의 전체 엔탈피 – 반응물의 전체 엔탈피
   ㉡ 발열반응에서 생성물의 전체 엔탈피는 반응물의 엔탈피보다 작기 때문에 음수이다.
   예) $H_2(g) + \frac{1}{2}O_2(g) \rightarrow H_2O(l) + 283kJ$ 또는
   $H_2(g) + \frac{1}{2}O_2(g) \rightarrow H_2O(l) \triangle H = -283kJ$

2 화학반응

(1) 화학반응과 화학반응식
① 화학반응은 한 원소가 두 개 또는 두 개 이상의 다른 원소와 결합하여 각 원소들과는 다른 성질을 갖는 새로운 물질을 만드는 것이다.
② 화학반응식은 반응 동안 무엇이 일어나는가를 기호로 표시할 때 이용한다.
③ 반응물은 반응식 왼쪽에 나타내고 부호 +를 이용하고 분리하여 나타낸다.
④ 생성물은 반응식 오른쪽에 나타낸다. 반응물과 생성물은 화살표(→)로 분리한다.
   예) $C_6H_{12}O_6 + 6O_2(g) \rightarrow 6CO_2(g) + 6H_2O(g)$

(2) 반응분류
① 연소반응 : 연소하는 동안 탄소, 수소 그리고 때때로 산소를 함유하는 화합물은 공기 중에서 연소하여 이산화탄소와 물을 생성한다.
② 결합(합성)반응 : 한 원소가 다른 원소와 반응 또는 결합하여 어떤 화합물을 생성할 때 새로운 물질을 합성한다고 말한다.
   $A + B \rightarrow AB$
   예) $N_2(g) + H_2(g) \rightarrow NH_3(g)$
③ 분해반응 : 간단한 화합물이 더 간단한 2가지 이상 화합물로 분해되는 반응
   $AB \rightarrow A + B$
   예) $2NaNO_3 \rightarrow 2NaNO_2 + O_2(g)$

④ 단일-치환반응 : A 원소는 BC 화합물과 반응하여 그 화합물 중 한 성분을 치환한다.
   A + BC → AC + B (A는 금속일 때)
   A + BC → BA + C (A는 비금속일 때)
⑤ 이중-치환(상호교환)반응 : 2가지 성분 AB와 CD는 2가지 서로 다른 AD와 CB를 생성하는 "상대교환"이다.

예제문제

다음 화학반응식에 대한 설명으로 옳지 않은 것은?

$$C_3H_8(g) + 5O_2(g) \rightarrow 3CO_2(g) + 4H_2O(g)$$

① 프로판 0.5몰과 산소 2.5몰이 반응하면 이산화탄소 1.5몰과 수증기 2몰이 생성된다.
② 0℃, 1atm에서 프로판 11.2L를 완전 연소시키기 위해서는 산소 112L가 필요하다.
③ 프로판 44g과 산소 160g을 반응시키면 이산화탄소 132g과 수증기 72g이 생성된다.
④ 0℃, 1atm에서 프로판 1몰과 산소 5몰로 구성된 반응물의 부피는 134.4L이다.

[해설] 0℃, 1atm (표준 상태, STP)에서 기체 1몰의 부피는 22.4L
   → 프로판 11.2L는 11.2L ÷ 22.4L/mol = 0.5몰
   → 반응식에서 프로판 1몰당 산소 5몰 필요
   → 산소 2.5몰의 부피 = 2.5몰 × 22.4L/mol = 56L
   ∴ 56L

[정답] ②

3 산과 염기 : Arrhenius 이론

(1) 산
① 충분히 묽혀 맛보면 신맛이다.
② 리트머스 종이는 남색에서 빨간색으로 변한다.
③ 마그네슘, 아연, 철같은 활성금속과 반응하여 수소기체[$H_2(g)$]를 만든다.
   예) $2HCl(aq) + Mg \rightarrow H_2(g) + MgCl(aq)$
④ 염기와 반응하여 물과 염의 화합물을 만든다. 생성된 염은 염기로부터 양이온 그리고 산으로부터 음이온으로 구성한다. 예를 들어 염산은 염기와 반응하여 물과 염화포타슘(염의 한 종류)을 생성한다.
   예) $HCl(aq) + KOH(aq) \rightarrow H_2O + KCl(aq)$
       산   염기   물   염

(2) 염 기
① 쓴 맛
② 피부에서 미끄럽거나 비누같다.
③ 빨간색 리트머스를 남색으로 변화한다.
④ 산과 반응하여 물과 염류를 만든다.

> ➕ **Plus one**
>
> **아레니우스(Arrhenius)의 산과 염기**
> - 산은 물에 녹아 H^+를 방출한다.
> - 염기는 물에 녹아 OH^-를 방출한다.
> - 이론의 한계

[산과 염기의 성질]

성 질	산	염 기
맛	신 맛	쓴 맛
냄 새	코를 강하게 자극함	냄새가 거의 없음(NH_3 제외)
촉 감	찐득거림	미끄러움
반응성	금속과 반응하여 H_2를 형성	많은 기름 및 지방과 반응

(3) 중화 : 산과 염기는 반응하여 염과 물을 생성한다.

예 $\underset{\text{산}}{HCl(aq)} + \underset{\text{염기}}{KOH(aq)} \rightarrow \underset{\text{물}}{H_2O} + \underset{\text{염}}{KCl(aq)}$

4 산화와 환원반응 18

산화-환원반응은 전자가 한 물질에서 다른 물질로 이동하는 과정을 말한다.

(1) **산화반응**

원자, 화합물, 이온 등의 물질이 한 개나 그 이상의 전자를 잃는 현상
① 어떤 물질이 산소와 결합하는 현상
② 수소를 버리는 현상
③ 전자를 잃는 현상
④ 산화수가 증가되는 현상
⑤ 금속이 화합물이 되는 현상

(2) **환원반응**

원자, 화합물, 이온 등의 물질이 한 개나 그 이상의 전자를 얻는 현상
① 어떤 물질이 산소와 분해되는 현상
② 수소를 얻는 현상
③ 전자를 얻는 현상
④ 산화수가 감소되는 현상

[산화와 환원]

구 분	산 소	수 소	전 자	산화수
산 화	(+)	(−)	(−)	(+) 증가
환 원	(−)	(+)	(+)	(−) 감소

(3) 산화제와 환원제

① 환원제 : 자신은 산화되면서 다른 물질을 환원시키는 물질
  ㉠ 산소와 반응 잘하는 물질 : 이산화황(SO_2), 아이오딘화수소(HI), 황화수소(H_2S)
  ㉡ 금속성 강한 물질 : 나트륨(Na), 칼륨(K), 칼슘(Ca)
② 산화제 : 자신은 환원되면서 다른 물질은 산화시키는 물질
  ㉠ 진한 황산(H_2SO_4), 질산(HNO_3)
  ㉡ 할로젠 원소 물질 : 플루오르(F_2), 염소(Cl_2), 브로민(Br_2), 아이오딘(I_2)
  ㉢ 산화수가 큰 금속 화합물 : 염화철(Ⅲ)($FeCl_3$), 염화주석(Ⅳ)($SnCl_4$)
  ㉣ 비금속원자를 가진 화합물 : 과망가니즈산칼륨($KMnO_4$), 다이크로뮴산칼륨($K_2Cr_2O_7$)

5 유기화합물

- 유기화합물은 홑원소물질인 탄소, 산화탄소, 금속의 탄산염, 시안화물·탄화물 등을 제외한 탄소화합물의 총칭이다.
- 유기란 생물에 관계되는 것을 의미하였고, 광물체로부터 얻어지는 무기화합물에 대하여 생물체의 구성성분을 이루는 화합물, 또는 생물에 의하여 만들어지는 화합물로 분류되었다.
- 유기화합물의 기본골격은 탄화수소로, 탄소-탄소와 탄소-수소의 공유결합으로 구성되어 있다. 이 기본골격에 산소·질소·황 등의 헤테로원자를 포함하는 작용기가 치환되어 많은 유도체를 만들 수 있다.
- 성질은 종류에 따라 다르지만 보통 가연성이며, 녹는점이 무기화합물보다 낮고, 물보다는 유기용매에 잘 녹는다.

6 상태변화 및 열분해

(1) 열분해 18

열분해란 외부에서 열을 가하여 분자를 활성화시켰을 때 약한 결합이 끊어져서 새로운 물질을 만드는 반응을 말한다. 화합물이 흡열반응으로 내부에너지(enthalpy)보다 무질서도(entropy)가 증가하게 되면 열분해가 잘 일어나게 된다.

① **무기화합물의 열분해** : 무기화합물인 탄산칼슘은 열을 받아서 생석회(CaO)와 이산화탄소(CO_2)로 분해되어 다음과 같이 생석회를 만들 수 있다.

  예) $CaCO_3 \rightarrow CaO + CO_2$

  또한 탄산수소나트륨은 베이킹파우더의 원료로 쓰이며 가열에 의해 빵을 부풀게 한다. 이것은 탄산수소나트륨이 열분해되어 이산화탄소를 생성하는 과정에서 기포가 형성되기 때문이다.

  예) $2NaHCO_3 \rightarrow Na_2CO_3 + H_2O + CO_2$

② 유기화합물의 열분해 : 유기화합물에서는 온도를 높이는 것에 의해 간단한 분자가 이탈하는 경우가 많다. 다음과 같은 말론산 유도체는 가열에 의해 쉽게 지방산과 이산화탄소로 분해된다.

예 $RCH(COOH)_2 \rightarrow RCH_2COOH + CO_2$

유기화합물의 열분해는 공업적으로는 단일화합물보다 고분자혼합물의 분해에 유용하게 이용된다. 예를 들면 목재를 열분해하여 목초액, 나무 타르 및 목탄을 제조하기도 하며 석탄을 열분해하여 석탄가스, 타르, 코크스를 얻기도 한다. 또한 나프타를 열분해하여 석유화학 산업의 중요한 원료를 얻기도 한다.

(2) 물질의 상태변화
① 상태변화
  ㉠ 에너지의 흡수와 방출에 따라 물질의 상태가 고체, 액체, 기체로 변화하는 것
  ㉡ 상태변화의 원인 : 열과 압력, 주된 원인은 열이다.
  ㉢ 물질의 상태가 변해도 성질은 변하지 않는다.
② 상태변화의 종류

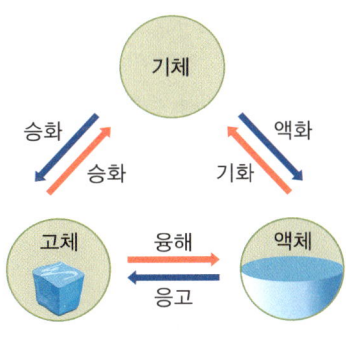

[상태변화의 종류]

제2절 화학물질의 개요

1 화학물질의 특성

소방관계법령에서 정의한 위험물을 포함하여 화학물질로 인한 화재 및 폭발결과에 대한 원인조사 및 감식에 필요한 화학물질의 개념, 특징, 화재 및 폭발 위험성을 알아야 한다.

(1) 용어 정의
① 화학물질(化學物質)
  ㉠ 화학의 연구대상이 되는 물질
  ㉡ 화학적 방법에 따라 인공적으로 만들어진 모든 물질

② 화 학
  ㉠ 화학물질의 성질 및 이들의 물질 상호 간의 화학반응을 연구하는 자연과학의 한 부분
  ㉡ 물질의 합성·분석·구조·성질 등을 해명하고, 물질 상호 간의 반응을 연구하는 학문분야
  ㉢ 실험 : 화학성질의 구조와 성질을 알기 위해 연구물질로부터 구해지는 사항을 기록·해석하는 조작
  ㉣ 화학반응 : 1~2가지 이상인 물질 사이에 화학변화가 일어나서 다른 물질로 변화하는 과정
  ㉤ 위험물 : 인화성 또는 발화성 등의 성질을 가지는 것으로서 대통령령이 정하는 물품[위험물 및 지정수량(위험물안전관리법 시행령 제2조 및 제3조 관련)]

(2) 화재증거물로서의 화학물질의 특성
  ① 화재현장에 남아있는 화학물질을 분석하여 나온 결과는 원인 판정에 매우 중요하므로 증거물의 훼손 방지 및 보존을 위하여 기본적인 지식을 함양하는 것이 중요하다.
  ② 원인 감정을 위하여 물질의 구조와 성질을 찾아내고 성분 원소 혹은 작용기, 분자 등의 함유성분을 알기 위해서는 각종 분석기술이 필요하다.
  ③ 성분만을 알기 위한 정성분석, 함유량을 알기 위한 정량분석이 있다. 정성·정량분석 모두에 침전반응·중화반응·발색(發色)반응·산화환원반응 등의 화학반응을 이용한 화학분석과 각종 물리적 방법을 이용한 이른바 기기분석이며, 발광 및 흡수의 분광분석·폴라로그래피를 비롯한 전기분석·질량분석·기체크로마토그래피 등의 분리분석을 통하여 분석할 수 있다.

2 화학물질의 분석방법

(1) 증거 분석

[온도변화에 따른 물성효과]

효 과	온도(℃)	효 과	온도(℃)
윤활유 자연발화	420	아연 용융	418
스테인리스 변색	430~480	알루미늄 용융	660
합판 자연발화	482	마그네슘 용융	649
비닐전선 자연발화	482	청동 용융	788
고무호스 자연발화	510	황동 용융	871~1,050
유리 용융	450~850	은 용융	954
땜납 용융	181	금 용융	1,066
주석 용융	231	구리 용융	1,082
스테인리스 용융	1,520	니켈 용융	1,455
납 용융	330	주철 용융	1,232

(2) 결과 분석기법
  ① **연역법** : 일반적인 것으로부터 특별한 내용을 찾아내는 접근방법으로 화재시점, 화재장소에서 시작하여 화재이전 상태를 검사하는 방법이다.
  ② **귀납법** : 개별적인 특수한 사실이나 원리를 전제로 일반적인 사실이나 원리로서의 결론을 이끌어내는 연구 방법으로 특히 인과관계를 확정하는 데에 사용한다.

③ 형태학적 접근법 : 시스템 구조에 기초하여 화재조사를 분석하는 방법으로, 잠재적 위험요소에 직접 초점을 맞추는 것으로서, 연역법과 귀납법이 간접적방법이라면 이 방법은 직접적방법이다. 즉, 화재에 영향을 주는 가장 중요한 요소에 집중하여 분석하는 방법으로 분석자는 자신의 경험에 상당부분 의존하게 된다.

제3절 화학물질 화재조사감식 방법 13 17 18 ★★★★

1 화재성상 및 연소이론

(1) 연소이론
① 연 소
  ㉠ 가연물이 공기 중의 산소와 화합하거나 산화제와 반응하여 빛과 열을 수반하는 급속한 산화반응
  ㉡ 발열산화 반응으로서 발열반응에 의해 온도가 높아지고 점차 높아진 온도에 의해 분자 운동이 증가하여 에너지가 증가되면 그에 따라 열 복사선이 방출되는 현상

> **예제문제**
>
> 연소현상에 대한 설명으로 옳은 것은? 16
> ① 철이 녹이 스는 것은 연소반응의 일종이다.
> ② 연소는 빛과 열을 수반하는 급격한 산화반응이다.
> ③ 종이가 누렇게 변색되는 것은 연소반응이다.
> ④ 나이크로뮴선을 사용한 전열기에 전기가 인가되었을 때 나이크로뮴선이 빛과 열을 내는 것은 연소반응이다.
>
> 정답 ②

(2) 연소현상 ★★★★
① 불꽃연소(Flaming Combustion) : 불꽃을 내며 연소, 표면화재, 고에너지 화재
② 작열연소(Glowing Combustion) : 불꽃이 없이 주로 빛만을 내면서 연소. 훈소 또는 무염연소, 심부화재, 저에너지 화재
③ 기체의 경우 : 기체농도(Vol%)가 연소범위 내에 있어야 연소된다.
  ㉠ 확산연소(발염연소) : 연소버너 주변에 가연성 가스를 확산시켜 산소와 접촉, 연소범위의 혼합가스를 생성하여 연소하는 현상으로 기체의 일반적 연소형태이다.
    예 LPG - 공기, 수소 - 산소의 경우이다.
  ㉡ 예혼합연소 : 연소시키기 전에 이미 연소 가능한 혼합가스를 만들어 연소시키는 것이다.
    예 가솔린엔진

ⓒ 폭발연소 : 가연성 기체와 공기의 혼합가스가 밀폐용기 안에 있을 때 점화되면 연소가 폭발적으로 발생한다.
  예 메틸에틸 또는 아세틸렌의 용기 내 연소
④ **액체의 경우** : 액체 가연물질의 연소는 액체 자체가 연소하는 것이 아니라 "증발"이라는 변화 과정을 거쳐 발생된 기체가 타는 것이다.
  ㉠ 증발연소(액면연소) : 액체 가연물질이 액체 표면에 발생한 가연성 증기와 공기가 혼합된 상태에서 연소
    예 에터, 이황화탄소, 알코올류, 아세톤, 석유류 등
  ㉡ 분해연소 : 점도가 높고 비휘발성이거나 비중이 큰 액체 가연물이 열분해하여 증기를 발생케함으로써 연소
⑤ **고체의 경우** : 불꽃연소와 작열연소가 동시에 발생한다. 화재초기에는 불꽃연소의 양상으로 시작되나 휘발성분이 전부 소진되면 작열연소로 변해간다.
  ㉠ 표면연소(직접연소) : 고체 가연물이 열분해나 증발하지 않고 표면에서 산소와 급격히 산화 반응하여 연소하는 현상이다.
    예 목탄, 코크스, 금속(분·박·리본 포함)
  ㉡ 증발연소 : 고체 가연물이 열분해를 일으키지 않고 증발하여 증기가 연소되거나 먼저 융해된 액체가 기화하여 증기가 된 다음 연소하는 현상이다.
    예 황(S), 나프탈렌($C_{10}H_8$), 파라핀(양초)
  ㉢ 분해연소 : 고체 가연물을 가열하면 열분해를 일으켜 나온 분해가스 등이 연소하는 형태이다.
    예 일산화탄소(CO), 이산화탄소(CO_2), 수소(H_2), 메탄(CH_4)
  ㉣ 자기연소(내부연소) : 가연물이 물질의 분자 내에 산소를 함유하고 있어 열분해에 의해서 가연성 가스와 산소를 동시에 발생시키므로 공기 중의 산소 없이 연소할 수 있는 것이다.
    예 제5류 위험물 : 나이트로셀룰로오스(NC), 트리나이트로톨루엔(TNT), 나이트로글리세린(NG), 트리나이트로페놀(TNP)

(3) 열 에너지원(Heat Energy Sources)

① **연소열**(Heat of Combustion) : 어떤 물질이 완전히 산화되는 과정에서 발생하는 열이다.
② **자연발열**(Spontaneous Heating) : 어떤 물질이 외부로부터 열의 공급을 받지 아니하고 온도가 상승하는 현상이다.
③ **분해열**(Heat of Decomposition) : 화합물이 분해할 때 발생하는 열이다.
④ **용해열**(Heat of Solution) : 어떤 물질이 액체에 용해될 때 발생하는 열이다.

2 폭발원리 및 특성 ★★★★

폭발은 압력하에서 화학적/기계적 잠재에너지가 가스를 생성·방출하면서 운동에너지로 급격히 전환하는 것으로, 이 고압가스는 주변의 물질을 이동, 변경, 파괴하는 작용을 한다.

(1) 폭발한계

가연성 가스나 증기가 폭발/연소할 때는 공기와 적당한 비율로 혼합되어야 한다. 즉, 혼합기의 조성이 일정한 범위 내에 있어야 폭발이 일어날 수 있으며, 가연성 가스나 증기농도의 비율이 가장 낮은 한계를 폭발하한계(LEL), 가장 높은 한계를 폭발상한계(UEL)라 하고 이 한계범위를 폭발범위라고 한다.

(2) 폭발형태 18

① 기계적 폭발
　㉠ 진공용기의 파손에 의한 폭발현상
　㉡ 과열액체의 급격한 비등에 의한 증기폭발
　㉢ 고압용기에서 가스의 과압과 과충전 등에 의한 용기의 파열에 의한 급격한 압력개방 등
　㉣ 미세한 금속선에 큰 용량의 전류가 흘러 급격히 온도상승 되면서 전선이 용해되어 갑작스런 기체 팽창이 짧은 시간 내에 발생되는 폭발현상 → 전선폭발이라고도 함
　㉤ 끓는점 이상의 온도에서의 가압하에 액체를 저장하고 있는 용기와 관련된 폭발현상 → 비등액체팽창증기폭발(BLEVE)

② 화학적 폭발
　㉠ 산화폭발
　　• 산화폭발은 연소의 한 형태인데 연소가 비정상상태로 되어서 폭발이 일어나는 형태로 연소폭발이라고도 한다.
　　• 주로 가연성 가스, 증기, 분진, 미스트 등이 공기와의 혼합물, 산화성, 환원성 고체 및 액체혼합물 혹은 화합물의 반응에 의하여 발생된다.
　　• 산화폭발사고는 대부분 가연성 가스가 공기 중에 누설되거나 인화성 액체 저장탱크에 공기가 혼합되어 폭발성 혼합가스가 형성되어 점화원이 가해지면 폭발하는 현상이다.
　　• 공간부분이 큰 탱크장치, 배관 건물 내에 다량의 가연성 가스가 공간 전체에 채워져 있을 때 폭발하게 되지만 큰 파괴력이 발생되어 구조물이 파괴되며, 이때 폭풍과 충격파에 의하여 멀리 있는 구조물까지도 피해를 입힌다.
　　　예 LPG-공기, LNG-공기 등이며 가연성 가스의 혼합가스 점화에 의한 폭발을 말한다.
　㉡ 분해폭발 : 산화에틸렌(C_2H_4O), 아세틸렌(C_2H_2), 하이드라진(N_2H_4) 같은 분해성 가스와 다이아조 화합물 같은 자기분해성 고체류는 단독으로 가스가 분해하여 폭발하는 것이다.
　　　예 아세틸렌 : $C_2H_2 \rightarrow 2C + H_2 + 54.19[kcal]$
　㉢ 중합폭발
　　• 중합해서 발생하는 반응열을 이용해서 폭발하는 것
　　• 초산비닐, 염화비닐 등의 원료인 모노머가 폭발적으로 중합되면 격렬하게 발열하여 압력이 급상승되고 용기가 파괴되어 폭발한다.
　　• 중합반응은 고분자 물질의 원료인 단량제(모노머)에 촉매를 넣어 일정온도, 압력하에서 반응시키면 분자량이 큰 고분자를 생성하는 반응을 말한다.
　　　예 시안화수소(HCN), 산화에틸렌(C_2H_4O) 등
　㉣ 촉매폭발 : 촉매에 의해서 폭발하는 것
　　　예 수소(H_2)+산소(O_2), 수소(H_2)+염소(Cl_2)에 빛을 쪼일 때 발생

3 화학물질의 화재조사 14

(1) 화학물질의 화재조사 일반사항
① 화재와 관련된 물질을 파악하고 물리적 특성, 열역학적 특성을 확인하여 상호 연관관계를 찾는다.
② 화학물질은 특별한 점화원이 없이 발화하거나 미소화원에 의하여 발화한 후 급격하게 연소가 확대된다는 특징이 있다.
③ 화학물질은 일반 가연물과 달리 뚜렷한 형상이나 특이한 흔적을 남기는 경우가 있으므로 원인조사에 결정적인 증거를 제공하기도 한다.
④ 발화지점에서 화학물질 유리병 등과 같은 용기를 발굴하고 연소 잔존물을 수거하여 분석실험을 해야 한다.
⑤ 화학물질에 대한 조사 시 착안 사항
  ㉠ 초기단계의 발연 상황
  ㉡ 화재의 상황
  ㉢ 잔존물의 상황
  ㉣ 잔존물에 대한 정성분석
  ㉤ 실험에 의한 발화, 온도 확인 등

(2) 화재조사 시 유의사항 ★★★
① **열의 축적** 18
   산화, 분해, 흡착, 중합, 발효 등으로 발생한 열이 축적되어 내부 온도상승을 일으키고 더욱 발열하여 발화점에 이르러 연소가 시작되는 것으로 열의 축적은 매우 중요한 조건이 된다.
   ㉠ 열전도도
     • 열전도도는 금속 > 액체 및 비금속 고체 > 기체 순
     • 분체로 되어 있는 금속은 그 입자 주위를 열전도도가 적은 공기가 둘러싸고 있어 산화열이 외부로 발산되지 못해 온도가 상승하여 자연발화할 수 있다.
   ㉡ 수분 : 수분이 많으면 열전도도는 전체적으로 좋지만, 수분이 적정량 존재할 때는 촉매로 작용하여 열의 발생을 촉진한다.
   ㉢ 적재방법 : 다량의 분말이나 얇은 시트상으로 적재하면 축열 조건이 좋아서 적재물의 내부는 외부와 단열상태가 된다.
   ㉣ 공기유동 : 통풍이 좋은 장소에서는 대류에 의해 열의 축적이 용이하지 않으므로 자연발화가 일어나기 어렵다.
② **열의 발생속도** : 자연발화 조건으로써 열의 축적과 발생속도는 중요한 인자이며, 열의 발생속도는 발열량과 반응속도의 함수이다.
   ㉠ 발열량 : 발열량이 큰 물질은 자연발화를 일으킬 위험성이 높다.
   ㉡ 표면적 : 가연성 액체가 함유된 섬유질이나 다공성 물질·분체는 공기의 공급이 용이하고, 열전도도가 낮은 공기가 주위를 둘러싸고 있어, 열의 발산을 낮추기 때문에 연소가 잘 이루어진다. 산화반응의 반응속도는 표면적에 비례하여 빨라진다.

ⓒ 석탄, 활성탄 등은 새로운 것일수록 발열하기 쉽고 건성유, 반건성유는 산화되어 고화된 것은 위험성이 없으며, 셀룰로이드나 질화면과 같은 원래 불안정한 것은 오래된 것일수록 분해를 일으키기 쉽고 자연발화 위험성이 있다.
ⓔ 촉매효과
- 황린 – 수분
- 건성유 – 수분이나 금속산화물
- 생석회가 물과 반응하여 급격히 발열하여 인접한 가연물이 연소
- 금속 나트륨, 황린, 알킬알루미늄 등이 공기나 물과 반응하여 발화
ⓜ 온도 : 주위의 온도가 높으면 반응속도가 빠르기 때문에 열의 발생이 증가하며 이런 경우 반응속도는 온도 상승에 따라 현저하게 증가한다.
ⓑ 수분 : 적당량의 수분이 존재하면 수분이 촉매역할을 하여 반응속도가 가속화되는 경우가 많다. 따라서 고온다습한 환경의 경우가 자연발화를 촉진시킨다.
③ **혼합발화** : 2종 이상의 물질이 상호 혼합 또는 접촉하여 발열, 발화하는 것
ⓐ 폭발성 물질을 생성하는 결합
예 아세틸렌 – 진한 질산 → 테트라나이트로메탄
ⓑ 즉시 또는 일정시간이 경과되어 분해, 발화 또는 폭발하는 결합
ⓒ 폭발성 혼합물을 생성하는 것
ⓓ 가연성 가스를 생성하는 결합
예 과망가니즈산칼륨 – 글리세린 → 수소

(3) 자연발화 사례 및 화재조사 방법 ★★★

① 유지류
ⓐ 자연 발화의 대상이 되는 기름은 주로 동식물 유지와 그 제품의 불포화성이 발화의 주요인이다.
ⓑ 산화반응에 의한 자연발화 발생조건 17
- 유지가 산화되기 쉬운 성질이 있을 것
- 공기와의 접촉면적이 큰 상태로 있을 것
- 산화반응이 촉진되기 쉬운 온도에 있을 것
- 반응열이 축적되기 쉬운 조건에 있을 것

② **석탄** : 석탄은 채굴 후 공기 중에 방치해 두면 자연히 광택을 잃거나 미분화되고 발열량이 저하되어 풍화의 현상을 일으킨다. 석탄의 형상이 분말상태인 경우가 가장 산화되기 쉽다.

③ **고무류** : 고무의 주성분은 불포화결합을 많이 가지고 있으므로 공기 중 산소에 의해 자동산화되어 그 중간체로 과산화물을 만든다. 이 산화는 연쇄반응으로 진행한다.

④ **질화면** : 질화면은 섬유소에 황산+질산의 혼산으로 처리해 얻은 질산에스터로써 정제 시 세척이 충분하지 않아 흡착된 산이 잔류하거나 황산에스터 등이 생성되면 불안정 물질이 되어 저온에서도 분해되어 버린다. 분해가 자기 촉매적으로 급속히 진행됨에 따라 온도가 급격히 상승하여 자연발화가 일어나게 된다.

⑤ **탄소분말** : 활성탄, 목탄, 유연탄 등은 다공성이어서 표면적이 크고 제조 직후 또는 분쇄 직후에 기체를 흡착해서 평형에 이르지 못한 경우에 주위의 기체를 흡착하여 발열하고 동시에 산화열이 가해져서 발화하는 수가 있다. 분쇄되거나 다공성분이 증가되거나 가열하면 활성화된다. 유지와 친화력이 강하므로 건성유와 접촉되면 특히 위험하다.

⑥ **발효열에 의한 발화물질** : 짚에 분뇨를 섞어 퇴비로 만들 때 숙성도중 발효하여 내부온도가 상당히 고온이 되는 수가 있으나 발화에 이르기는 어렵다 하겠으나 외국의 낙농가에서는 예가 있다. 미생물이나 효소작용에 의해 발열되어 80℃에 달하고 이때 불안정 분해물질이 생성되어 이것이 산화됨에 따라 온도가 상승하여 발화에 이른다.

⑦ **황 린** 14 17
담황색의 반투명 결정성 덩어리로 활성이 아주 강하고 유독하다. 산소와 화합력이 강해서 공기 중에서는 34℃에 산화되어 자연발화하므로 수중에 저장한다. 물에는 거의 불용이고 벤젠, 이황화탄소에 잘 녹는다. 대체로 작용이 격렬하고 어두운 곳에서 인광을 발하고, 공기 중에서 발화하여 오산화인 P_2O_5로 된다. 중금속염에 가하면 환원하여 금속의 콜로이드 용액을 만든다.

⑧ **액화 인화수소** : 인의 수소화물에는 기상 인화수소(PH_3)와 액상 인화수소(P_2H_4)가 있다. 인화수소의 발화점은 100℃이지만 액상 인화수소는 상온에서 발화한다. 인에 가성 알칼리액을 가하고 가열해 얻은 기상 인화수소에서는 항상 액화 인화수소의 발생이 수반되기 때문에 생성가스가 공기에 접촉하면 즉시 자연발화한다.

⑨ **생석회** : 생석회는 물과 반응하면 심하게 발열해서 소석회가 되고, 부근의 가연물을 태울 수 있다. 질산은 무색투명한 액체로, 부식성이 대단히 큰 무기산이다. 산화성이 강하여 유기물 그밖의 환원성 물질에 접촉하면 격렬히 반응해서 발열 발화한다. 인화석회는 물과 접촉하면 가수분해하여 인화수소를 발생한다.

제4절 화학물질 폭발조사감식 방법

1 화학물질 폭발조사 시 유의사항

(1) 폭발현장조사 ★★★
① 현장보존 : 폭발현장에서 조사관의 맨 처음 할 일은 현장을 있는 그대로 보존하는 것이다. 그 폭발현장과 주변 지역에 대한 물리적 통제구역을 설정하고 현장출입을 제한하고 현장으로부터 멀리 떨어져 있는 폭발파편을 훼손하지 않도록 해야 한다.
  ㉠ 현장설정 : 사고현장의 경계선은 가장 원거리에서 발견된 파편조각까지 거리의 1.5배로 설정해야 한다.
  ㉡ 자료수집 : 관계자의 진술, 정비일지, 운전일지, 매뉴얼, 날씨기록, 과거 사고기록 및 증거가 될 만한 모든 기록을 조사한다.
  ㉢ 조사유형 결정 : 현장조사관은 나선형, 원형, 격자형 중에서 현장조사유형을 결정하고 절차에 따라 증거식별, 기록, 사진촬영, 위치표시를 하고 증거의 위치는 분필, 스프레이 페인트, 깃발, 말뚝 등으로 표시한 후 사진을 찍고 꼬리표를 부착하여 안전한 장소로 이동한다.

2 물질에 따른 폭발조사감식

(1) 가연성 가스 폭발
① 가연성 가스나 액체의 증기가 폭발범위 내로 확산되면 발화원에 의해 착화되어 연소된다.
② 연소파의 전파속도 : 약 0.1~ 10m/s
③ 밀폐된 공간 내의 압력 : 약 7~8kg/cm^2
④ 폭발범위 내의 특정 농도범위에서는 연소전파속도가 매우 빨라진다.
⑤ 연소파의 전파속도(1,000~3,500m/sec)는 다른 폭발에 비해 수백 배 이상이 되는 폭굉범위를 형성한다.
⑥ 폭굉파의 전파속도는 음속의 수 배여서 그 진행 전면에 충격파가 발생한다.

(2) 분진폭발 ★★★
① 가연성의 분체 또는 고체의 다수 미립자가 공기 중에 부유하는 상태하에서 점화되면 그 분산계 내를 화염이 전파하여 가스폭발과 비슷한 양상을 나타내는 현상
② 혼합가스 폭발에 비해 폭발압력의 상승속도가 빠르고 장시간 지속되기 때문에 분진폭발의 파괴력은 상당히 크다.
③ 금속 또는 합금입자는 공기 중에서 연소할 때의 발열량이 크고, 입자는 가열・비산하여 다른 가연물에 부착되면 발화원이 될 수도 있다.

3 폭발원인 조사방법

(1) 폭발 발생지점
① 조사관은 폭발의 일반적 경로를 따라서 가장 적은 손상지역에서 큰 손상지역으로 역추적해야 한다.
② 폭발중심에서 멀리 떨어진 파편 이동과 폭발중심으로부터 거리가 멀어짐에 따라 폭발력이 감소되는 것이 근거이다.

(2) 연료원
① 폭발 발생지점이 확인되면 현장의 연료에 대한 손상 특성과 형태를 비교하여 연료를 결정한다.
② 연료가 확인되면 조사관은 그의 근원을 결정한다.

(3) 발화원
다수의 발화원이 존재하는 경우 고려해야 할 요소
① 연료의 최소발화에너지
② 가능한 발화원의 발화에너지
③ 연료의 발화온도
④ 발화원의 온도
⑤ 연료와 관련된 발화원의 위치
⑥ 발화 당시 연료와 발화원의 동시 존재여부
⑦ 폭발 직전 그 당시의 조치 상황에 대한 관계자의 진술 등

(4) 종합 분석
① 시간대(Time Line) 분석 : 수집한 정보(보고서, 일지 등)를 근거로 폭발 전 및 폭발 시 사고 경위를 작성한 후, 인과관계와의 일치 여부를 추론한 후 "최적" 이론을 설정한다.
② 손상패턴 분석 : 잔해와 구조적 손상에 대해 손상패턴을 분석한다.
③ 폭발력과 발생손상의 상관관계
④ 손상된 장치 및 구조물 분석
⑤ 열효과 상관관계
⑥ 폭발사고로 인한 열손상을 보이는 자료는 사고 시 증거가 될 수 있다.

제5절 석유화학 제품의 특성 및 화재감식

1 석유화학 제품의 종류

(1) 석유 및 천연가스

① 위험물안전관리의 석유류

유류는 위험물안전관리법상 제4류 위험물에 해당하는 인화성 액체를 말한다. 이러한 인화성 액체란 낮은 온도에서 쉽게 탈 수 있는 가연성 가스를 발생시키는 액체를 의미한다.

㉠ 제1석유류 : 액체로서 인화점이 21℃ 미만인 것
㉡ 제2석유류 : 액체로서 인화점이 21℃ 이상 70℃ 미만인 것(다만, 도료류 그 밖의 물품에 있어서는 인화성 액체량이 40Vol% 이하이고 인화점이 40℃ 이상, 연소점이 70℃ 이상인 것은 제외)
㉢ 제3석유류 : 액체로서 인화점이 70℃ 이상 200℃ 미만인 것(다만, 도료류 그 밖의 물품에 있어서는 인화성 액체량이 40Vol% 이하인 것은 제외)
㉣ 제4석유류 : 액체로서 인화점이 200℃ 이상 250℃ 미만인 것(다만, 도료류 그 밖의 물품은 가연성 액체량이 40Vol% 이하인 것은 제외) 및 동식물류

② 석유의 정제 제품

㉠ 액화석유가스(LPG ; Liquified Petroleum Gas) : 프로판, 프로필렌, 부탄, 부틸렌을 주성분으로 하는 액화된 것으로 연료용 및 공업용으로 사용되며 상온, 상압에서는 기체지만 냉각 및 가압(15기압)으로 액화된다.
㉡ 가솔린 : 무색투명한 액상유분으로 휘발유라고도 한다.
㉢ 등유(kersine) : 액체탄화수소로서 석유 Stove, Jet연료, 용제 등으로 사용되며 수요의 대부분은 가정용이다.
㉣ 경유(Gas oil, Diesel fuel oil) : 담황색, 담갈색의 유분으로서 대부분이 디젤기관용 연료, 대형 스토브용에 사용된다.
㉤ 중유(Heavy oil) : 갈색이나 흑갈색 액체로 점도나 회분에 따라 A중유, B중유, C중유(Bunker C oil)로 분류한다.
㉥ 윤활유(Lubricating oil) : 스핀들유, 정밀기계유, 기계유, 터빈유, 기어유, 실린더유, 모터유, 디젤 엔진유 및 항공 윤활유 등이 있다.
㉦ 그리스(Grease) : 윤활제에 점도제를 첨가하여 제조한 것으로서 윤활작용 및 밀봉성이 특징을 갖는 반고체상 또는 고체상의 윤활제로서 제4류 위험물에 속하지는 않지만 가연물로써 연소 시 다량의 열과 불완전연소에 의한 연소가스를 발생한다.
㉧ 파라핀 왁스(Paraffin wax) : 양초의 원료, 파라핀 종이, 화장품, 의약용에 사용되는 왁스상의 탄화수소로서 가연성 물질이다.
㉨ 아스팔트 : 흑갈색이나 흑색 빛깔의 고체 내지 반고체 물질, 도로포장용 및 방수・방습제로 사용된다.

2 석유류의 연소특성 ★★★

(1) 인화성
가연성의 증기가 발생되는 최저의 온도를 인화점(F.P ; Flash Point)이라 한다.

[석유류(인화성 액체)의 화재위험 특성]

종 류	인화점(℃)	발화점(℃)	연소범위(%)	증기밀도
아세톤	-20	465	2.5~12.8	2.0
벤 젠	-11.1	498	1.4~7.1	2.8
에틸알코올	12.7	362	3.3~19	1.6
등 유	37.8~72.2	210	0.7~5	1
경 유	52.2~95.6	256	0.7~5	1
가솔린	-42.8	280	1.4~7.6	3~4
헵 탄	-3.9	204	1.05~6.7	3.5
헥 산	-21.7	225	1.1~7.5	3.0
모터오일	148~232	260~371	-	-

(2) 발화성
가연성 물질이 직접적인 점화원 없이 지연성 가스 속에서 가열에 의해 스스로 연소하는 현상을 말하며 발화를 일으키는 최저의 온도를 발화점(I.P ; Ignition Point)이라 한다.

(3) 증기비중
증기비중이란 당해 물질의 분자량을 공기의 분자량으로 나눈 값으로 보통 1 이상이면 공기보다 무겁고 1 미만이면 공기보다 가볍다. 석유류의 증기는 대분분이 공기보다 무겁다.

(4) 비 점
액체의 증기압이 대기압과 같아지면 액체가 비등하고 증발이 일어날 때의 온도를 비점이라 한다. 비점이 낮은 경우 기화하기 쉬우므로 가연성 가스나 증기의 경우는 공기와 혼합하여 인화성의 폭발성 혼합가스를 형성한다.

(5) 유기용매
용해력과 탈지 세정력이 높아 화학제품 제조업, 도장 관련 산업, 전자산업 등에서 사용되는 용제류로써 일반적으로 비점이 낮고 휘발성이며 가연성의 특성을 갖는다.

3 플라스틱 재료의 연소특성 17 20

(1) 고분자물질(고체가연물)의 종류
   ① 가연성으로 천연고분자와 합성고분자로 나눌 수 있다.
   ② 천연고분자는 자연계에서 생기는 물질로 천연고무와 같은 탄화수소, 셀룰로오스의 탄수화물, 견과 같은 폴리펩티드, 석면 등의 광물섬유가 있다.
   ③ 합성고분자는 인공적으로 저분자의 화합물로부터 축합중합에 의하여 고분자화된 화합물로 물성으로 분류하면 합성수지, 합성고무, 합성섬유 등이 있다.
   ④ 열경화성수지 : 가열하면 경화반응이 진행되고 용제와 열에 녹기 어렵게 되는 성질(종류-페놀수지, 우레아수지, 멜라민수지)
   ⑤ 열가소성수지 : 가열하면 연화하고, 가소성이 됨(종류-폴리올레핀, 염화비닐, 스틸렌, 메타아크릴, 아세탈)

(2) 연소과정
   고분자물질의 연소에는 발염연소, 무염연소, 훈소 등 3개의 형식이 있다.
   ① 발염연소 : 가연성 기체는 공기와 섞여서 가연성 혼합기체를 형성하고 착화원에 의하여 발염연소해서 연기를 포함한 연소생성물은 외부로 배출되고, 발생된 열은 미연소부분의 가열에 사용된다.
   ② 무염연소 : 탄화잔사는 흡입한 공기에 의하여 산화되고, 무염연소를 일으켜서 미연소부분의 가열에 사용된다.
   ③ 훈소 : 연소공기가 부족하거나, 축적되지 않은 경우에는 가연성 혼합기체가 형성되지 않으므로 연소가 일어나지 않고, 연소생성물은 직접 외부로 방출된다.

(3) 발화과정
   가연성 혼합기체와 탄화잔유물에 불이 붙는 과정이고, 화염을 수반하는 경우는 유염착화, 수반하지 않을 때는 무염착화가 된다.

(4) 타서 퍼지는 과정
   타들어가는 속도는 화염에서 고체면으로의 열전달 속도와 열분해에 따라 좌우된다.

(5) 고체 폭발
   폭발이 일어나기 위해서는 열의 발생속도가 열의 확산속도를 초과하여 일어나므로 산소의 공급원이 충분하여야 한다. 고체 폭발의 특수 형태인 분진폭발은 공기와 잘 혼합하고 있는 부유상태의 형성이 필요하고 ① 가연성, ② 미분상태, ③ 연소성 가스(공기) 중에서의 교만과 유동, ④ 발화원의 존재 등의 조건을 만족해야 발생한다.

4 석유류의 분석기법 14 15 17 18 20 21

석유류가 원인된 화재임을 규명하기 위해 화재현장에서 수집한 증거물질로부터 특정의 석유류임을 실험실적 정성분석을 통하여 확인해야 한다.

(1) 가스 크로마토그래피(Gas Chromatography ; GC)이용법

① 개요 : 전 처리한 시료를 운반가스(Carrier gas)에 의하여 분리관(Column) 내에 전개시켜 분리되는 각 성분의 크로마토그램을 이용하여 목적성분을 분석하는 방법으로 일반적으로 유기화합물에 대한 정성(定注) 및 정량(定量)분석에 이용한다. 하단 그림은 GC의 시스템 기본 구성도로써 모두 6개의 중요부분으로 되어 있다.

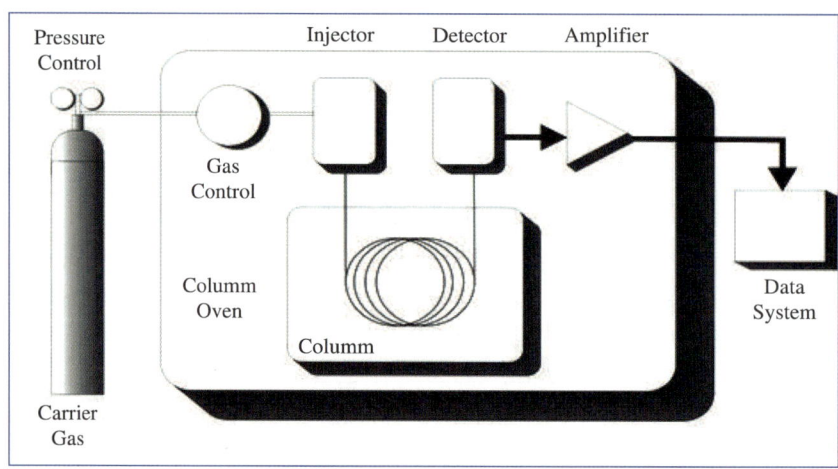

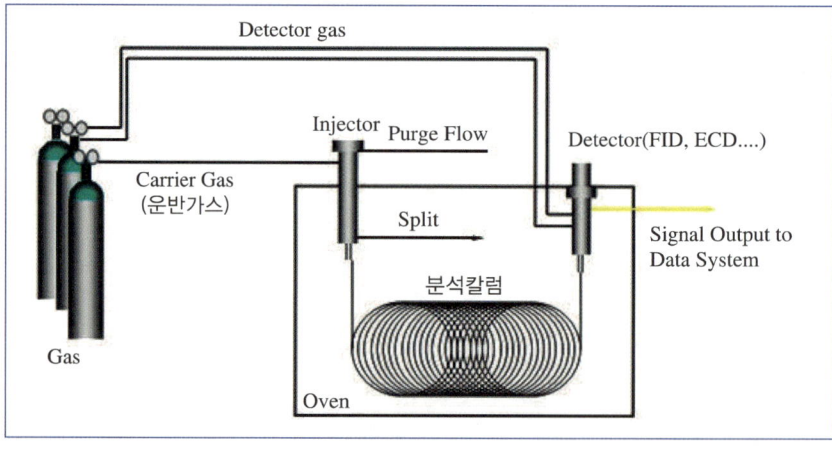

[가스 크로마토그래피 시스템 기본 구성도]

② **가스 크로마토그래피 해석방법**: 시료가 단말기를 통해 피크로 표시되는 방법은 시간은 좌측에서 우측으로 진행되고 피크가 높을수록 성분원소가 많음을 의미한다. 사용되는 칼럼의 특성에 따라 좌측에서 시작하여 우측의 순서로 보통 분자량이 큰 분자가 우측에 감지된다. 예를 들어 칼럼이 친수성이라면 친수성의 성질을 갖는 분자들은 소수성을 갖는 분자들보다 좌측에 위치하게 된다.

(2) 적외선(Infrared ; IR)분광분석법
① 광원에서 방출된 여러 파장의 빛이 시료를 통과하면 어떤 파장은 흡수된다. 시료를 투과한 빛은 프리즘을 통해 여러 파장으로 분리된 후 거울에서 반사되어 슬릿을 거쳐 적절한 검출기로 보내지고 이때 프리즘을 회전시키게 되면 어떤 지정된 파장의 빛을 검출기로 집속시킬 수 있으므로 그 파장대에서의 분자의 운동을 알 수 있게 된다.
② 화재증거물 중에서 유기물에 기반하는 화학물질에 대한 적외선흡수 스펙트럼을 측정할 때 사용한다.

(3) 석유류 화재감식 과정 18
① 기기분석(GC, IR)을 통하여 판별하는 절차: 시료채취 → 침지 → 여과 → 정제 → 적외선흡수스펙트럼 분석 → 가스크로마토그래피법

※ 가장 중요한 것은 시료의 채취와 보관(포장)이다.

② 석유류에 대한 화학적·물리적 지식이 있어야 함은 물론 위험물(제4류)을 제조 및 취급하는 제조소, 취급소 및 저장소 등의 시설과 취급하는 위험물질에 대한 사실과 자료를 과학적으로 고찰한다.

예제문제

석유류 화재로 추정되는 화재 현장으로부터 수집된 시료를 기기분석을 통하여 판별하는 절차가 옳은 것은?
15 17 18

① 수거 → 정제 → 여과 → 침지 → 적외선 흡수스펙트럼 분석 → 가스 크로마토그래피법
② 수거 → 여과 → 침지 → 정제 → 적외선 흡수스펙트럼 분석 → 가스 크로마토그래피법
③ 수거 → 침지 → 여과 → 정제 → 적외선 흡수스펙트럼 분석 → 가스 크로마토그래피법
④ 수거 → 침지 → 정제 → 여과 → 적외선 흡수스펙트럼 분석 → 가스 크로마토그래피법

정답 ③

CHAPTER 04 미소화원 화재감식

제2과목. 화재감식론

제1절 미소화원의 이해

미소화원이란 「불씨 형상이나 에너지량이 외관상 극히 작은 발화원」으로 경미하고 작은 발화원을 총칭한다.

1 미소화원 및 유염화원의 구분 [17] [20] [21] [22]

(1) 미소화원(무염화원)
① 열량이 작고 연소시간이 길며 국부적으로 연소 확대된다.
② 무염연소된다(고온이지만 에너지량이 적어 가연성 고체를 유염연소 시킬 수 없음).
③ 유염연소에 이르기까지 일정시간이 필요하다.
④ 가연물 표면연소 및 국부적으로 강하고 깊게 타들어 간 흔적이 관찰된다(훈소화재, 심부화재 양상).

(2) 유염화원
① 유염화원은 무염화원에 비하여 훨씬 에너지양(열량)이 많다.
② 가연물에 근접할 경우 착화 우려
③ 짧은 시간에 연소확대
④ 깊게 탄 연소흔적 보다 표면적으로 연소확대 됨

2 무염화원의 연소현상과 가연물 특성 [15]

■ 장시간 화염과 접촉하여 발화부의 소훼물(燒毀物)에 깊은 탄화심도 식별
■ 발화원이 장시간 훈소하여 연소과정에 타는 냄새 발생
■ 이불 등 침구류는 깊숙이 탄화하여 방바닥(침대, 돗자리 등)까지 연소되는 심부화재
■ 기둥, 벽 등의 일부가 타 가늘어지거나 두꺼운 나무판자에 구멍이 생길 수 있음
■ 발화원이 완전 소실되거나 화재진압 중 훼손되어 물증 확보 곤란
■ 느린 연소반응이 발생해야 하므로 공기공급량이 적어야 함

3 미소화원 화재입증의 기본요건

- 화재현장에 있어서 발화장소의 소손 및 탄화심도 확인
- 관계자의 진술 확보
- 발화전의 환경조건 파악 등
- 미소화원과 관련된 증거물(담배꽁초, 모기향 받침대)발굴

4 미소화원에 의한 출화 증명 ★★★

- 정확한 출화개소의 판단 : 출화 증명에 있어서 가장 중요
  장시간동안 화염과 접촉 → 가연물이 훈소 진행 → 발염 연소 → 회화(훈소된 부분은 완전연소되어 재가 됨) 또는 화재진압으로 파괴 → 물적 증거 부재
- 발화장소와 미소화원과의 환경적 요소 확인
  예 공사장 – 발화지점 인근에 용접기 등 작업기기 존재 여부 확인 : 용접, 산소절단 불티
  예 건물사이 좁은 틈 –발화지점 주변에 투기된 담배꽁초 확인가능 : 담배꽁초
- 가연물 종류의 확인
  발화개소의 잔해물로부터 가연물의 종류를 확인하여 화원이 존재할 경우 연소확대 가능성을 검토
- 기타 발화원의 출화 가능성을 배제
  발화부에서 발화가능성 있는 전기설비, 전기기기, 연소기구, 고온물체, 자연발화성 물질의 존재를 부정하고 담뱃불, 모기향 불씨에 의한 출화 가능성을 충분히 검토

예제문제

나무에서 공통적으로 나타나는 탄화와 균열의 특성으로 틀린 것은? 13

① 유염연소가 무염연소보다 타들어가는 것이 깊다.
② 불에 오래도록 강하게 탈수록 탄화의 깊이는 깊다.
③ 탄화모양을 형성하고 있는 패인 골이 깊을수록 소손이 강하다.
④ 탄화모양을 형성하고 있는 패인 골의 폭이 넓을수록 손이 강하다.

해설 무염연소가 유염연소보다 타들어가는 것이 깊다.

정답 ①

제2절 무염화원 14 15 16 17 18

1 담뱃불

(1) 담뱃불 발화 메커니즘 21

① 무염연소 → 열축적 → 발화온도 도달 → 유염발화

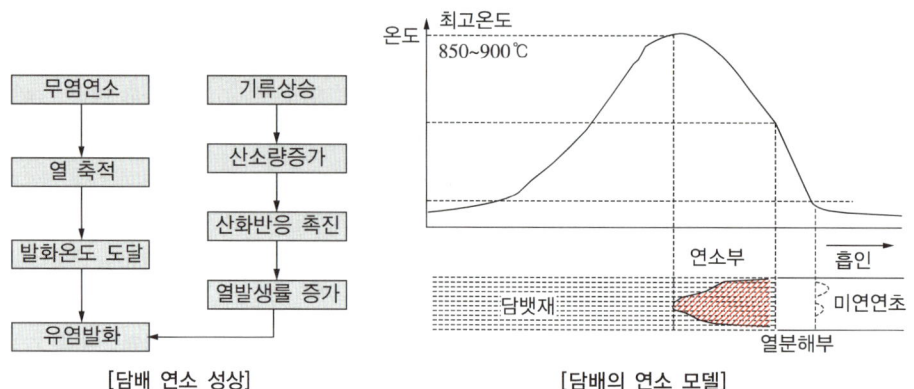

[담배 연소 성상]　　　　　　[담배의 연소 모델]

② 담뱃불의 온도
  ㉠ 적열상태에서 중심부 연소 최고온도 : 850~900℃
  ㉡ 표면 온도 : 200~300℃
  ㉢ 중심부 온도 : 700~800℃
  ㉣ 연소선단 온도 : 560~600℃
  ㉤ 흡인 시 온도 : 840~850℃

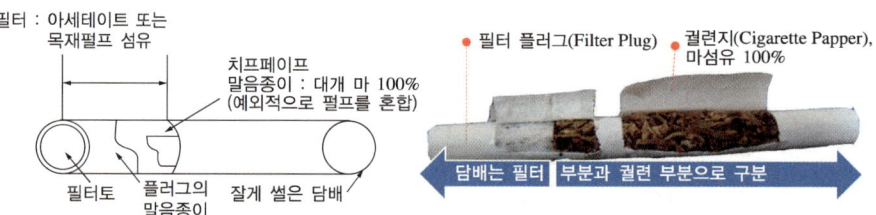

[담배의 구조]

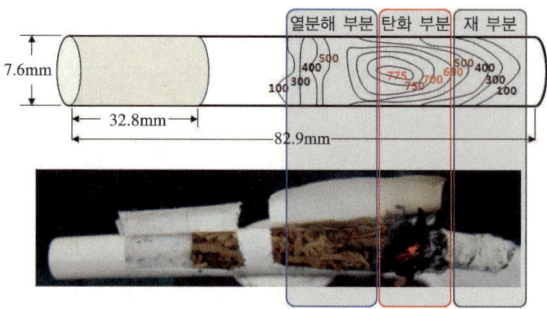

[담뱃불 연소 시 물리적 특성]

③ 연소성 : 풍속 최적조건 1.5m/sec, 3m/sec 이상, 산소 16% 이하이면 꺼지기 쉽다.
④ 연소시간(1개비) 수평 13~14분, 수직 11~12분
⑤ 점화원으로써의 특징
　㉠ 대표적 무염화원
　㉡ 이동이 가능
　㉢ 필터(합성섬유, 펄프)와 몸체(종이, 연초)로 구성 : 가연성이 존재
　㉣ 흡연자는 화인을 제공할 수 있는 개연성이 존재 : 인적 행위

(2) 담뱃불 화재조사 요령

「담뱃불」화재로 생각되는 경우에는 발화증거품과 흡연자 등에 대한 인적 행동을 밝혀내는 동시에 다른 발화원을 부정하면서 재떨이, 꽁초, 점화물(성냥, 라이터 등)을 발굴한다.

① 착화될 수 있는 증거품(가연물) 발굴에 집중하여야 한다.

[담뱃불 관련 발화 증거품]

② 담뱃불 발화에 의한 연소흔적을 주의 깊게 관찰한다.

[담뱃불에 의한 침구류 소손]

③ 가연물(침구류, 쓰레기통)의 종별 및 연소상태와 연소패턴을 분석한다.
　예 침대의 확인요령 : 스프링의 찌그러진 부분이 많이 탄 곳이다.

④ 흡연행위가 있었는지를 확인하고 경과시간이 착화물과 상관관계를 분석한다.
⑤ 최초 발화지점의 탄화심도가 깊은 것(국부적으로 패인현상)이 특징이므로 주의 깊게 확인한다.
⑥ 축열조건에 영향을 미칠 수 있는 주변 환경(용기, 쓰레기, 휴지, 공기의 공급량, 풍향, 풍속)을 확인한다.

(3) 담뱃불 발화원인의 조사 내용
① 흡연행위의 유무
② 흡연한 담배의 개수, 종류, 점화용구
③ 흡연시간, 흡연 장소
④ 재떨이의 유무, 위치, 형상, 재질, 크기, 담배꽁초의 양
⑤ 착화할 수 있는 가연물의 존재와 재질
⑥ 쓰레기통의 유무, 위치, 크기, 형상, 색
⑦ 쓰레기통 안의 쓰레기양, 내용물
⑧ 일상적인 담배꽁초의 처리방법
⑨ 쓰레기통을 비운 시간
⑩ 통행인의 상황, 인접주택, 위층의 상황 등

예제문제

담뱃불 화재 현장의 주요 감식 사항이 아닌 것은?
① 담뱃불에 의해 착화될 수 있는 가연물
② 발화지점에 넓게 탄화된 흔적
③ 발화에 충분한 축열조건
④ 흡연행위가 있었다는 것을 증명

정답 ②

담뱃불 발화 메커니즘에 대한 설명으로 옳은 것은?
① 훈소가 지속될 수 있는 가연물과 접촉 → 훈소 → 착염 → 출화의 과정을 겪는다.
② 담뱃불의 연소 선단에서의 온도는 100~200℃ 정도이다.
③ 담뱃불의 연소성은 풍속 0.5m/s에서 최적 조건이고, 1m/s 이상이면 꺼지기 쉬우며 산소농도 16% 이하에서 연소하지 않는다.
④ 담뱃불의 연소시간은 레귤러사이즈(84mm)의 경우 1개비는 수평 18~19분, 수직 16~17분 정도가 소요된다.

정답 ①

2 모기향 불씨 및 선향

(1) 모기향
① 중량 : 13~14.5g/개
② 중심부의 온도 : 약 700℃
③ 연소지속 시간 : 받침대 이용 무풍 시 7시간 30분, 풍속 0.8~0.9m/s 시 4시간 30분
④ 발화입증 방법 : 설치상태 및 위치 확인, 인근 가연물과의 접촉가능성 확인, 기타 발화원 부정 등

(2) 선향(線香, 향불)
① 선향(향불)은 대부분의 가연물에 접촉될 경우 발열량이 적어 자체가 소화되고 제조사에 따라 연소시간, 형태가 다소 차이가 있긴 하지만 큰 차이는 없다.
② 가장 많이 사용되는 향은 1개의 길이가 약 140mm, 두께 2.2mm로 화염 지속시간은 둥근모양이 25~30여분, 각이 있는 것은 약 30~35분이다.
③ 무염연소가 일어나는 이유 : 향이 연소될 때 고온부분에 의해 인접한 타지 않은 향이 가열되고 분해하여 탄화잔사를 만들기 때문이다.

④ 화재조사 방법
  ㉠ 화재발생전의 향불 사용상황을 확인한다.
  ㉡ 향불에 의해 착화된 가연물을 확인한 후 그 가연물의 착화가능성을 입증한다.
  ㉢ 발화지점 내에서 다른 발화원의 존재가능성을 배제해야 한다.
  ㉣ 무염착화에서 발염착화에 이르기까지의 경과시간을 입증한다.
  ㉤ 착화물과 향불과의 위치적 접촉사실을 입증한다.

3 불꽃(전기용접기, 가스절단기, 그라인더, 제면기, 분쇄기) 17 18

(1) 전기용접

① 금속과 금속을 접합하는데 아크방전을 이용하는 방법으로 탄소전극을 사용하는 탄소 아크용접과 금속전극을 사용하는 금속 아크용접의 두 종류가 있다. 아크용접을 할 때의 온도는 5,000~6,000K의 고온이다.

② 보통 용접봉에는 플럭스를 칠한 피복 아크용접봉이 사용된다. 플럭스는 용융산화물(슬래그)을 표면에 떠오르게 하여, 녹은 금속을 보호하는 구실을 한다. 플럭스의 재료는 고(高)셀룰로스계·고산화타이타늄계 등 종류가 많다. 근래에는 고주파 전류를 사용한 고주파 아크용접기가 많이 사용되고 있다.

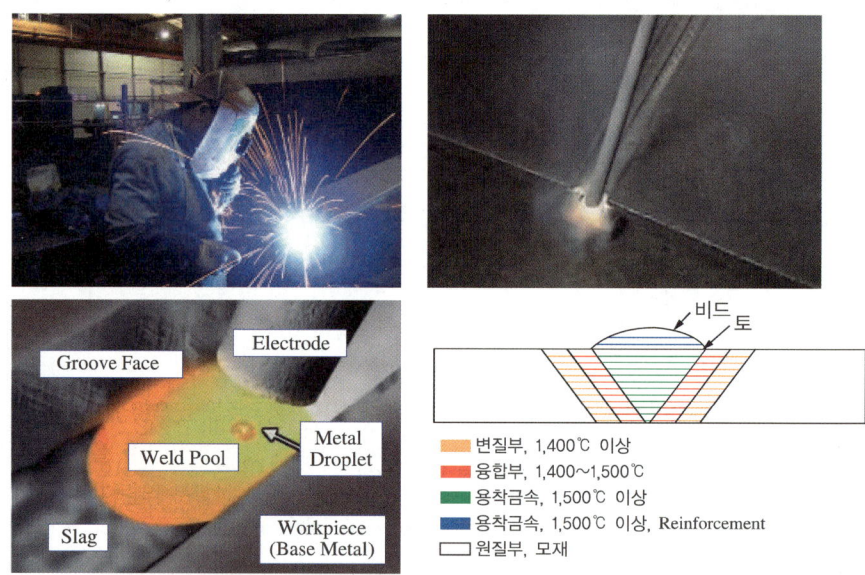

③ 출화 위험 : 대부분 용접작업자의 부주의 및 작업현장의 안전조치 미흡으로 발생
  ㉠ 용접불티 화재는 대부분 건설현장에서 발생됨
  ㉡ **용접 중 발생된 불티(0.2~3mm)가 비산(최대 11m) 또는 낙하하면서 방진막에 착화되어 출화됨**

④ 용접 화재의 유형별 관찰 포인트
  ㉠ 용접부위의 금속재료에 가연물이 접촉되었는지 관찰한다.
  ㉡ 용접부위와 소손 부위의 위치관계를 확인한다.
  ㉢ 발화지점 주위에 용융입자가 있으므로 자석 등으로 채취한다.

② 비산된 불티입자는 형상이 파괴되기 쉽고 녹이 빨리 발생되므로 조기에 채취한다.
⑩ 불티는 작은 구슬모양으로 비좁은 틈새로도 유입이 가능하므로 주의 깊게 관찰한다.
⑪ 용접불티로 착화된 가연물이 비산 또는 낙하범위에 존재하는지 관찰한다.
ⓢ 점화 시의 행위자로부터 밸브의 개폐순서·압력조정 등에 관한 진술을 듣는다.
ⓞ 취관이 막히거나, 화구와 본체의 연결부가 느슨함 등을 확인한다.
ⓩ 호스가 소손되어 불에 타서 끊어져 있는지 관찰한다.
ⓒ 용접지점 부근에 가연물이 존재하는가 관찰한다.
ⓚ 작업시간 및 착화물의 재질 및 상태가 출화와 모순이 없는지 확인한다.
ⓔ 화재현장에서 사용된 용접기 확보 및 용접지점의 사진촬영으로 증거를 확보한다.

(2) 가스절단

① 일반적으로 산소 아세틸렌 절단을 말하며 가열불꽃과 산소를 분출하게 하여 절단한다.
② 절단기의 분사구에서 나오는 가스 불꽃으로 금속을 예열하여 온도가 800~900℃가 되었을 때 절단기 중심에서 고속으로 산소를 공급하면 강(鋼)은 연소하여 산화철이 된다.
③ 산화철은 강재보다 녹는점이 낮으므로 분출되는 산소에 의해 절단된다. 절단기 끝에는 탈착(脫着)이 되도록 나사로 쥔 노즐이 달려있다. 절단할 재료의 두께가 클수록 노즐 구멍의 지름이 큰 것을 사용하는데, 절단속도는 판의 두께가 클수록 느려진다.

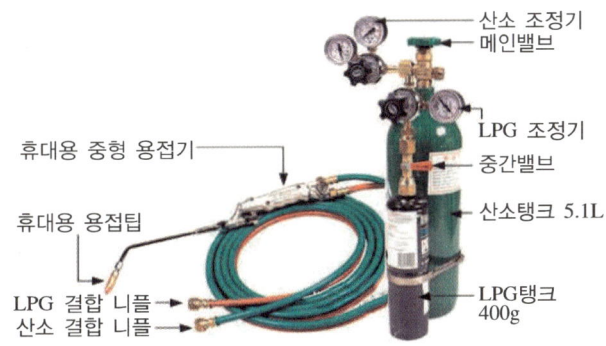

④ 출화위험
  ㉠ 가스절단 시 발생된 불꽃(산화철 입자)이 연속으로 대량 발생될 때 인근 가연물이 있을 때
  ㉡ 전기용접과 마찬가지로 건설현장에서 비산 또는 낙하하면서 방진막 등 가연물에 착화

(3) 그라인더

① 연삭 초석을 사용하여 회전운동에 의해 가공물 표면의 연삭 또는 절단하는 기계
② 연마하거나 절단할 때 숫돌면의 마찰에 의해 가열된 절삭분이 불티가 되어 비산하는 사이에 산화되어 용해온도에 달해 표면장력에 의해 구슬모양이 된다.
③ **출화 위험**
  ㉠ 불티 입자는 직경 약 0.1~0.2mm의 것이 많고, 그 온도는 약 1,200~1,700℃이다.
  ㉡ 이 온도는 가연물을 착화시키는데 충분한 온도이지만 전열량이 작아 쉽게 출화되지 않는다.
  ㉢ 그러나, 가연성 가스, 셀룰로이드부스러기, 미세한 톱밥, 면먼지, 의류, 건설현장의 방진막 등과 같이 축열조건이 충족되면 출화된다. 축열이 되기까지 훈소되다가 그라인더 사용 후 10시간이나 경과하여 출화할 수도 있다.
  ㉣ 그라인더의 불티는 4m 정도 비산하여 출화(出火)하는 경우도 있지만 1m 이내가 가장 많다.
  ㉤ 작업 중의 출화가 많고, 불티 자체가 고온이고, 착화물이 인화성 가스나 즉열성(卽熱性)의 것이 많다.
④ **화재조사 시 유의사항**
  ㉠ 불티의 비산 또는 낙하 범위 내에서 출화되었는지 확인한다.
  ㉡ 작업시간 및 착화물의 재질 및 상태가 출화와 모순이 없는지 확인한다.
  ㉢ 화재현장에서 사용된 그라인더 확보 및 가공물의 사진 촬영으로 증거를 확보한다.

(4) 제면기/ 분쇄기

① **출화위험** : 이 기기들 속으로 쇳조각 또는 못과 같은 이물질이 혼입되었을 때 발생한 불꽃으로 출화될 수 있다.

② **화재조사 시 유의사항**
  ㉠ 기기에 쇳조각이나 못 등 다른 물질이 혼입되었는지 확인한다.
  ㉡ 출화지점에서 착화가능성 가연물이 있는지 확인한다.

제3절 유염화원 16 18

유염화원은 미소화원에 비하여 훨씬 에너지량(열량)이 많아 가연물에 닿을 경우 바로 착화되고 단시간에 연소 확대될 수 있다. 연소흔적으로는 깊게 탄 것은 관찰되지 않으나 표면적으로 연소가 확대되는 경우가 많다. 유염화원 중 라이터를 제외하면 발화지점에 발화원으로써 증거가 남기 어려우며, 성냥축의 경우 축목부분은 회화(재)하지 않고 탄화된 상태로 남기 때문에 종종 발굴되는 경우가 있다.

1 라이터

(1) 일회용 가스라이터의 화재위험
    ① 일회용 가스라이터의 내열·내압성은 온도 35℃±2℃에서 시험에 견디는 것이고 그 증기압에 2배의 압력에서도 견딜 수 있는 것이어야 하지만 실제로는 한여름 자동차내부와 같이 55℃ 이상의 장소에서도 방치될 수 있다.
    ② 이 경우 온도상승에 따라 연료통의 내압이 상승하여 압력을 견디지 못하게 된 시점에서 연료통의 균열이 발생하여 연료용 가스가 누설되거나 폭발할 수 있다.

(2) 화재조사 방법
    화재현장에서 라이터가 타다 남아 있을 경우 신중하게 발굴하여야 하고 라이터와 떨어져 나간 부품의 위치, 관계 등을 충분히 검토하며 경우에 따라서는 실험으로 재현할 필요가 있다.

(3) 라이터의 사용상황 조사
    ① 발화전의 보관 장소
    ② 사용목적
    ③ 사용 장소, 사용시간
    ④ 제조회사, 기종, 재질, 형상 등
    ⑤ 사용 중 이상유무, 연소상황
    ⑥ 사용자의 성명, 연령, 성별 등
    ⑦ 발화 시 건물 내에 있던 사람의 동향
    ⑧ 발화 시 건물주변의 거동 수상자, 어린이 등의 상황
    ⑨ 발화 시 건물출입구 시정상황

(4) 현장조사 사항
    ① 발견위치 및 상태
    ② 연소상황
    ③ 제조업체, 기종, 재질, 형상 등
    ④ 발화개소 부근의 가연물 상황, 위치, 종류, 재질, 형상 등

2 성냥

(1) 성냥의 발화기구

성냥이 발화하는 구조는 성냥개비와 성냥갑의 마찰면(황화안티몬, 적린, 유리가루·규조토 등의 마찰제)이 서로 마찰 시 먼저 성냥개비의 황·염소산칼륨 등이 발화하고 그 발화에너지에 의해 폭발적으로 연소하는 구조이다.

(2) 연소온도 및 발화온도
① 발화온도 : 일반적으로 약 202~316℃
② 성냥의 연소온도 : 약 500℃
③ 맹렬한 연소상태에서 성냥개비의 최고온도 : 약 700℃
④ 정상연소 불꽃 : 약 1,500~1,800℃

(3) 성냥의 연소시간
① 수직 상방향 : 약 43초
② 대각선 상방향 : 약 35초
③ 수평방향 : 약 30초
④ 대각선 하방향 : 약 2초
⑤ 역방향 상태 : 약 12초

(4) 발화위험
① 타다 남은 성냥개비에 의한 발화위험 : 잔염율 및 잔화율이 높아 발화위험성이 있다.
② 마찰과 가열에 의한 발화위험성도 있다.

3 양초

심지에 불을 붙이면 양초가 녹아 모세관 현상에 의해 심지를 따라 올라가 심지의 끝 부근에서 기화(氣化)하고, 그것이 연소해서 탄소를 유리(遊離)하여 발광한다. 심지의 재료도 가연성이므로 서서히 연소해서 짧아지는데, 그 속도와 양초의 소비속도가 균형을 이루도록 심지의 굵기를 알맞게 하거나 미리 붕사용액으로 처리해서 잘 타지 않는다.

(1) 양초의 온도 분포
① 겉불꽃(약 1,400℃) – 금색 : 가장 바깥쪽의 거의 빛이 나지 않는 부분으로, 산소의 공급이 잘 되므로 완전연소되어 온도가 가장 높다.
② 속불꽃(약 1,100℃) – 주황색 : 겉불꽃 안쪽 부분으로 양초의 성분인 탄소 알갱이가 가열되어 밝게 빛나 보인다.
③ 불꽃심(약 400~900℃) : 심지 부근의 어두운 부분으로, 양초의 기체가 아직 타지 않은 상태로 있는 것이다.

 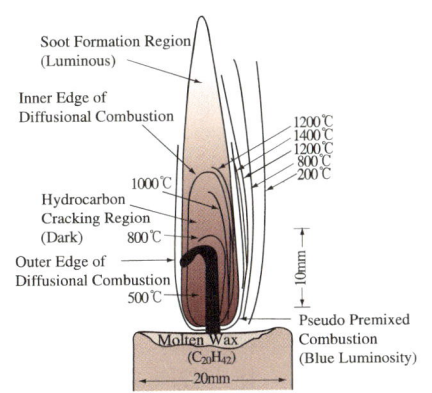 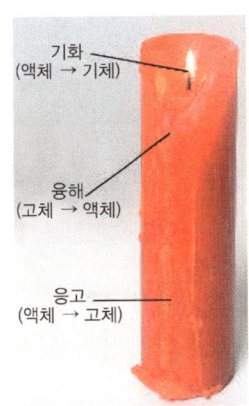

[촛불 온도분포 및 상태변화]

※ 출처 : John D. Kirk's Fire Investigation(5ed), Pearson Education, Inc, New Jersey, 2004, p26

(2) 화재조사 방법

양초에서 출화한 경우는 전도, 낙하, 방치, 가연물의 점염에 의한 것이 대부분이므로 가연물에 착화 시 양초 특유의 뛰어난 연소성으로 연소속도가 가속되는 연소형태를 보인다.

예제문제

양초 외염부의 불꽃 최고온도에 가장 가까운 것은?

① 1,800℃ ② 1,400℃
③ 900℃   ④ 700℃

해설 양초의 온도 분포
- 겉불꽃(약 1,400℃)
  - 금색 : 가장 바깥쪽의 거의 빛이 나지 않는 부분으로, 산소의 공급이 잘 되므로 완전연소되어 온도가 가장 높다.
- 속불꽃(약 1,100℃)
  - 주황색 : 겉불꽃 안쪽 부분으로 양초의 성분인 탄소 알갱이가 가열되어 밝게 빛나 보인다.
- 불꽃심(약 400~900℃) : 심지 부근의 어두운 부분으로, 양초의 기체가 아직 타지 않은 상태로 있는 것이다.

정답 ②

CHAPTER 05 방화 화재감식

제1절 방화의 이론적 배경

1 방화와 관련된 용어

(1) 화재와 조사
  ① 화재 : 사람의 의도에 반하거나 고의에 의해 발생하는 연소현상으로써 소화시설 등을 사용하여 소화할 필요가 있는 것
  ② 조사 : 화재원인을 규명하고 화재로 인한 피해를 산정하기 위하여 자료의 수집, 관계자 등에 대한 질문, 현장 확인, 감식, 감정 및 실험 등을 하는 일련의 행동
  ③ 화재원인조사 : 발화원, 발화지점, 발화과정 등을 밝히는 일

(2) 방화의 정의
  ① 국어사전 : 일부러 불을 붙여 화재를 일으키는 것, 불을 지름, 지른 불
  ② 영어사전 : Arson Fire raising(영국), Incendiary
  ③ 방재용어 사전 : 자신의 소유를 포함한 주거지, 건물, 구조물, 기타자산 등에 의도적으로 불을 지르는 범죄행위
  ④ 형법상 정의 : 고의로 화재를 일으켜 가옥이나 기타의 물건을 연소시키는 행위를 말하며, 이는 불을 지른다고 하는 행위와 태우는 것 (화력에 의한 물건의 손상)이라는 결과를 요건으로 한다. 불을 지른다고 하는 것은 연소의 원인을 제공하는 것이며, 그의 방법 여하를 불문하고 목적물 또는 매개물에 적극적으로 점화하는 것이다.
  ⑤ NFPA상의 정의 : 발화하지 않아야 했을 화재로 인식된 상황하에 고의로 발생된 화재

(3) 감식(鑑識, Identification)
  화재원인의 판정을 위하여 전문적인 지식, 기술, 경험을 활용해서 주로 경험을 활용하여 주로 시각에 의한 종합적인 판단으로 구체적인 사실관계를 명확하게 규명하는 것

(4) 감정(鑑定, Judgment)
  화재와 관계되는 물건의 형상, 구조, 재질, 성분, 성질 등 이와 관련된 모든 현상에 대하여 과학적 방법에 의한 필요한 실험을 행하고 그 결과를 근거로 화재원인을 밝히는 자료를 얻는 것

2 방화심리와 형태의 이론

방화란 "화재를 원하지 않는 인간의 본성을 거스르면서 고의로 화재를 일으켜 공중의 생명이나 신체, 재산 등에 위험을 초래하는 범죄"를 말한다.

(1) 방화심리

① 원인 : 범죄심리학에서는 방화범의 이상성격이나 이상심리가 원인
② 방화 행위는 병적인 기분이 변성인격의 징후 또는 향수나 복수의 심적 복합체의 결과
③ 방화는 정신병의 일종으로 정신적 충격을 견디지 못하고 발작적으로 자행되는 경우와 이상성격 소유자, 또는 병적인 강박관념에 사로잡힌 자가 저지르는 경우가 있다.
④ 정신박약 상태에서 방화가 벌어지고 있는 주요 원인
   ㉠ 방화가 정신박약자와 같이 지적으로 열등한 자에게도 실행이 용이하다는 점
   ㉡ 무능 때문에 타인으로부터 학대받거나 경멸당하는 경우
   ㉢ 그 때문에 원한이나 분노의 감정을 품기 쉬움
   ㉣ 최근의 청소년에 의한 방화가 증가는 성격미숙, 저지능, 정신분열증 성격과 연관되어 자행되는 것
   ㉤ 가정에서 따뜻한 보살핌이 결여된 환경에서 성장을 하거나 애정결핍, 관심부족 등
⑤ 정신병자가 방화하는 직접적인 동기별 종류
   ㉠ 의식이 혼탁한 상태에서 히스테리 등에 의한 방화
   ㉡ 정신적 충격을 받고 발작적으로 하는 방화
   ㉢ 이상성격 소유자, 신경쇠약 자가 병적인 강박관념에 괴로워하다가 대항의식으로 하는 방화
   ㉣ 망각현상(환시, 찬청)에 빠져서 행해지는 방화로서 즉, 어디에 불을 지르라는 신(神)의 계시에 의해 행동하는 유형
⑥ 성심리학적 발달단계에 따른 방화범의 방화동기 16 17 21 22
   ㉠ 구강기 방화범
      • 생후 18개월 동안 어머니의 충분한 사랑을 받지 못함
      • 화염이 주는 따뜻함과 안정감을 갈구
      • 자신의 몸에 불을 지르기도 하고 불을 지르고 싶다는 견딜 수 없는 충동
      • 습성 : 손톱물어뜯기, 음식사재기, 토할 때까지 먹기, 나이 들어 이상행동, 성생활 구강성교
   ㉡ 항문기 방화범(18개월~3살까지 부모애정결핍)
      • 충동성과 격정성(분노, 복수, 미움, 질투)
      • 특정한 사람의 소유물이나 재산에 방화
      • 불을 종격수단으로 학습(견딜 수 없는 충동이 아님)
      • 동물에 불을 놓거나 동물 학대
      • 가학성, 피가학성, 항문부위에 대한 가학적 행동 감정폭발
   ㉢ 남근기 방화범(3~4세 때 학대받거나 성적유린 또는 유기된 경험자)
      • 성적흥분, 충만감, 기분상승
      • 쓰레기적치물, 주택, 여성 소유물에 방화하는 경향
      • 불을 붙일 때 참을 수 없는 충동 느낌 : 불보면 발기, 성적충동, 자위행위
      • 불타는 모습이나 화재진압 광경을 보고 충만감 느낌
      • 자책감, 방화 후 노이로제 증세, 발기부진
      • 성생활 미숙, 관음증, 노출증, 성도착증

② 잠복기 방화범(5~6세 때 애정결핍)
- 직접적 동기가 불투명하고 쾌감이나 호기심에서 방화
- 대상 : 무차별적, 짜증이나 자기비하 시 화풀이로 방화
- 관심을 끌거나 도움을 요청하는 심리 내재
- 주의 집중시간이 짧고 과격, 파괴적, 반사회적임
- 재산 이득목적 방화, 범죄은폐, 화기를 갖고 놀다 방화
- 방화행위가 목적달성을 위한 또 다른 수단
- 표면으로 매력적으로 보이기도 함(반항아적 성격)
- 방화 후에 전혀 후회를 하거나 죄책감을 갖지 않음 – 가장 심각한 부류

⑩ 외음부기 방화
- 불을 붙인 다음 다시 꺼보겠다는 도전의식으로 방화
- 소방관을 돕는다는 흥분감을 느낀다는 방화
- 자기네 동네 등 잘 아는 장소
- 부상이나 재산상 피해초래를 원하지 않고 스스로 생각하는 진화능력 범위 안 방화
- 소방관이 되고 싶지만 지적, 신체적 능력 부족
- 화재진압을 위해 방화(젊고 미성숙, 사회생활 불만족)
- 의용소방대원 또는 소방훈련과정을 이수한 자

(2) 방화형태 16

① **단일방화** : 연속방화에 대응하는 개념
  ㉠ 동기 : 부부간 또는 친자 간의 다툼, 자살방화 등 인간관계에서 기인한다.
  ㉡ 방화 장소 : 현주건조물 중 옥내의 경우가 많다. 또 행위자와 특정의 관계가 있는 자의 물건을 대상으로 하고 있다.
  ㉢ 착화물 : 사전에 유류 등을 준비해서 범행목적을 확실히 달성하려는 경향이 확인된다.

② **연속방화** : 통상 동일인 또는 동일집단이 2건 이상의 방화를 행한 경우
  ㉠ 동기 : 세상사에 대한 불만의 발산, 화재로 인한 소란을 기뻐한다.
  ㉡ 방화 장소 : 쓰레기통이나 창고, 물건적치장, 빈집과 같은 비현주건물 등이 많고 행위자 자신과 아무런 관계가 없는 사람의 물건을 대상으로 하기도 한다. 또 행위자 집과 근거리에 있는 지역을 선정하는 경향이 있다.
  ㉢ 착화물 : 방화개소에 있어서도 적당한 방화대상물을 무차별적으로 선정하는 경우가 많다.
  ㉣ 기 타
  - 행위자는 비교적 젊은 사람이 많다.
  - 체포될 때까지 계속적인 방화 경향을 보인다.
  - 정치적 목적에 의한 방화를 제외하고는 공범이 적으며 발생시간대는 일정한 경우가 많다.

③ **연쇄방화** : 연속방화와 구별하기 위하여 방화범이 3회 이상 불을 지르고 각 방화시기 사이에 특이한 냉각기(cooling off period)를 가지면서 저지르는 방화

④ 계획적인 방화 : 사전에 계획을 세워 범행하는 방화
  ㉠ 이익목적에 의한 경우 : 방화계획자 자신의 이익과 결부시키기 때문에 그 계획은 용의주도하고 면밀하다. 발화장치 등을 사용하여 알리바이 공작, 증거인멸 등을 도모하고 실화로 위장 공작을 하는 일이 있다. 보험금사기 등이 여기에 해당한다.
  ㉡ 정치적 목적에 의한 경우 : 일반적으로 과격파로 불리는 집단이 정치적인 의도를 가지고 시한발화장치를 사용하여 동시에 수 개소의 대상물을 선택하여 방화하는 경우이다. 최근에는 고도의 과학지식을 이용한 강력한 화력을 지닌 장치로 주위에 미치는 피해규모가 대형화되고 있다.
  ㉢ 원한에 의한 경우 : 동기가 원한이라는 점이 대부분이나 때론 분노나 원한을 표면에 드러내지 않고 은밀한 계획을 세워서 짓궂은 방법을 취한다. 대체로 화재 규모는 작다.
⑤ 우발적인 방화 : 계획을 수립하지 않고 발작적으로 실행에 옮기는 방화
  ㉠ 정신이상 등에 의한 경우 : 정신이상, 노이로제, 알코올중독이나 약물에 의한 환각증상 등에 의한 범행이 해당한다. 사전 예고가 없이 방화의 대상으로는 자기의 소유 또는 점유하는 건물 및 물건이 많다. 이 범위에서 방화 자살도 포함된다.
  ㉡ 불만발산에 의한 경우 : 사회 또는 가정 등에 불만을 품고 있는 자가 불을 지르고 불길이 치솟는 것을 보고 상쾌한 기분이 들거나 소방차의 사이렌의 소리에 가슴의 꽉 막힘이 없어졌다는 이유에 의한다.
  ㉢ 원한에 의한 경우 : 여러 가지 인간관계의 '갈등' 등으로 상대에 대한 원한을 품고 전후를 가리지 않고 불을 지르는 형이다. 상대방을 불에 태워 죽이려고까지 생각하거나 또는 상대방의 가옥을 전소시키는 등의 강렬한 의지를 가지고 행동하는 경향을 보인다. 매개물로는 유류가 많이 사용되고 연소규모가 크다.

(3) 방화원인의 동기 유형 [20]
  ① 경제적 이익 등을 동기로 한 방화
  ② 보험사기성 방화
    ㉠ 보험가입 전후 재정상황이 악화되어 기업을 청산해야 할 형편에 있었는가?
    ㉡ 재고(在庫)나 유행이 지난 구식/구형의 의류, 기계, 물건이 있었는가?
    ㉢ 건물, 시설물의 법규위반이나 개·보수가 난감한 상태에 있었는가?
    ㉣ 제품의 규격미달로 상품화가 곤란한 상태에 있었는가?
    ㉤ 계약 상품 등이 계일 내 납품이 곤란한 형편에 있었는가?
  ③ 범죄은폐를 위한 방화
  ④ 범죄 수단 목적으로 하는 방화 : 살인방화, 절도를 위한 방화, 공갈협박을 위한 방화 등
  ⑤ 선동적 목적을 달성하기 위한 방화 : 각종 시위, 정치문제, 사회불안 조성 등
  ⑥ 보복방화
    ㉠ 개인적 복수
    ㉡ 사회에 대한 복수 : 복수 방화 중 가장 위험한 형태
    ㉢ 집단에 대한 복수 : 극우, 사회, 인종, 종교, 노동조합 등 집단의 상징이 되는 조형물
    ㉣ 스릴을 추구하거나 장난을 위한 방화 : 검거되지 않으면 반복되는 경향

제2절 방화원인의 감식실무 15 16 17 18 22

1 연쇄방화의 조사

(1) 조사 사항

① **연고감(緣故感) 조사** : 방화 행위자가 피해자나 피해건물에 대하여 잘 알고 있는가에 대한 것은 침입구나 도주로가 쉽게 알 수 없는 곳이나 시건장치의 특수성 감지, 건물구조의 숙지, 목표물이나 장소의 직행과 위장 행위를 한 흔적의 유무, 피해자의 이해 없이 행할 수 있는 범행인가 등 연고감이 있는 범행에 대해서는 피해자의 주변을 탐색함으로써 찾을 수 있고 행위자를 쉽게 식별할 수 있으므로 친척, 이전 직원, 거래, 임대차 관계자, 배달원, 수금원, 청소원을 상대로 탐문조사를 실시하여야 한다.

② **지리감(地理感) 조사** : 행위자의 행적에서 지역, 지리, 교통 등 사정에 익숙한지 여부에 대한 특징에 대하여는 행위자의 이동경로(그 경로는 일반적으로 선택되는 통로인가, 샛길이나 옆길은 아닌지, 막다른 길은 아닌지), 먼 곳에서 온 것은 아닌가, 교통수단은 어떤 것인가, 일한 사람, 현장 부근에 친척이나 아는 사람이 있어 자주 내왕이 있었던 자 등 어떤 인연으로 자주 다닌 일이 있었을 것으로 연고감이 있는지 탐문하여야 한다.

③ **행적(行蹟) 조사** : 방화 직후에는 수사기관에서 바로 체포할 수가 있으며, 사람들의 기억도 확실하므로 용의자나 목격자를 확보할 수도 있고, 기타 유류품이 멸실되기 전에 수집할 수 있지만 방화 행위 후 행적을 추적할 때는 다음 사항을 확인하여야 한다.
   ㉠ 발생시간 : 행위자의 현장 내왕시간을 중심으로 방화행위자를 본 사람 또는 그 가능성이 있는 사람들로부터 청취하고 발생시간을 확실히 측정하여 그 시간적 경과를 상정하여 행적을 추적한다.
   ㉡ 목격자 발견 : 용의자, 목격자를 발견하기 위해서는 그 시각에 통행한 자(영업, 수금원, 집배원, 배달, 조깅자) 등
   ㉢ 음향조사 : 행적을 뒷받침할 수 있는 신발소리, 자동차, 오토바이, 자전거 등의 소리, 개 짖는 소리 등
   ㉣ 행동 수상자 : 정거장, 대합실, 정류장 등에서 거동이 일정치 않은 자

④ **방화행위자** : 행위자는 추정범 또는 현장에서 피해자, 목격자 등 관계자에 의해 지목되므로 용의자를 대할 때는 고도의 면접기술이 필요하며, 용의자의 성품, 경력, 직장관계, 생활관계와 범행 전후의 언동, 행동, 알리바이 관계 등이 범인확인의 단서가 된다. 그리고 방화직후의 행동은 알리바이와 직결되는 문제이므로 그 동태 파악과 확인이 중요한 것이다.

⑤ **알리바이(alibi : 현장부재증명)** : 알리바이는 방화 실행 당시 행위자가 화재현장에 있지 않았다는 현장부재증명으로 이 사실이 명백하다면 방화관련성을 배제할 수 있다. 알리바이가 성립되는 절대적인 요소로는 범죄가 행하여진 그 시각에 현실적으로 다른 장소에 있었다는 사실이 명확하게 입증된 경우가 있고 상대적인 요소로 항상 시간과 장소가 문제가 된다.
   ㉠ 범행시간 : 방화가 실행된 시간을 정확하게 확정하여야 하며, 방화 실행한 시점이 행위자의 행적(알리바이) 조사기준 시간이 된다.
   ㉡ 이동시간 측정 : 행위자가 범행 실행 전후에 나타난 장소에서 현장까지의 이동소요시간이 정확하게 측정되어야 하는데 도보나 차량 등 다각적으로 판단해야 한다.
   ㉢ 계획범행의 함정 : 계획적으로 자기 존재를 상징적으로 외부에 노출시키고 단시간 내 범행을 실행할

수 있으므로 알리바이를 성급하게 인정하여서는 안 되며, 계획적인 방화의 경우 알리바이 조작을 치밀하게 이루므로 주의하여야 한다.

2 방화의 특징 17 18 21

- 단독범행이 많고 검거가 어렵다. 예외로 보험사기 방화는 공범에 의한 경우가 많다.
- 주로 인적이 드문 야간이나 심야에 많이 발생하며 조기 발견이 어렵다.
- 착화가 용이한 인화성 물질(휘발유, 석유류, 시너 등)을 방화수단 촉진제로 사용한다.
- 피해범위가 넓고 인명을 대상으로 한 범죄가 많다.
- 계절이나 주기와 상관없이 발생한다.
- 음주를 하거나 약물복용을 한 후 비이성적 상태에서 실행에 옮기는 경향이 늘고 있다.
- 현장에서 발견된 용의자들은 극도의 흥분과 자제력을 상실한 상태로 폭력성을 보인다.
- 계획적이기보다는 우발적으로 발생하는 경우가 많다.
- 여성에 비해 남성이 실행하는 빈도가 상대적으로 높다.
- 옥내외 구분없이 발생하고 있으나 주택 및 차량에서 발생하는 비율이 가장 높고 개방된 건물계단과 방치된 쓰레기더미, 주택가 골목 등 남의 시선이 닿지 않는 곳에서 발생한다.
- 방화는 일반 화재사고에 은폐되어 초기대응과 지속적 대응이 어렵고 소화활동상 특수성으로 증거수집이 어렵다.

예제문제

방화 범죄 특징에 대한 설명 중 틀린 것은? 13 17

① 방화는 정신이상, 원한, 보복 등 비정상적인 사고에 의해 발생된다.
② 방화에 사용된 증거물이 전소되고 은닉되는 것이 대부분이기 때문에 방화원인을 규명하는 데 많은 어려움이 있다.
③ 방화는 일반적으로 은폐된 공간에서 이루어지고 순간화재확산이 빠른 인화성 물질을 사용하는 경우가 않아 피해범위가 크다.
④ 방화는 일반적으로 계절적인 측면에 좌우되고 주기적으로 발생한다.

정답 ④

3 방화의 유형별 감식 특징

(1) 자살방화의 특징
① 유류(휘발유, 시너, 등유 등)와 사용한 용기가 존재한다.
② 일회용 라이터, 성냥 등이 주변에 존재한다.
③ 흐트러진 옷가지 및 이불 등이 존재한다.
④ 소주병 등 음주한 흔적이 존재한다.

⑤ 급격한 연소확대로 연소의 방향성 식별이 곤란하다.
⑥ 연소면적이 넓고 탄화심도가 깊지 않다.
⑦ 사상자가 발견되고 피난흔적이 없는 편이며, 유서가 발견되는 경우도 있다.
⑧ 방화 실행 전 자신의 신세 한탄 등 주변인과의 전화통화 사례가 많다.
⑨ 자살에 실패하였을 경우 실행동기 및 방법에 대하여 구체적으로 진술한다.
⑩ 우발적이기보다는 계획적으로 실행한다.

(2) 부부싸움 등으로 인한 방화의 특징
① 침구류, 가전제품, 창문, 현관문 등에서 파손 흔적이 여러 곳에서 발견된다.
② 용의자 및 상대방의 신체에 방화 전 부상(창상 등)흔적이 발견된다.
③ 유서가 발견되지 않는다.
④ 탈출을 시도한 흔적이 있다.
⑤ 안면부 및 팔과 다리 부위에서 화상흔적이 발견된다.
⑥ 조사 시 극도로 흥분, 정신적 불안정으로 진술을 완강히 거부한다.
⑦ 도난물품이 확인되지 않는 경우가 많다.
⑧ 소주병 등 음주한 흔적이 존재하는 경우가 많다.

(3) 유류 촉진제를 이용한 방화
① 유류 방화의 확인사항
  ㉠ 수거장소 : 가장 바람직한 곳은 유류가 스며들 수 있는 곳이면서 연소되지 않은 곳이다.
    • 마루바닥 틈
    • 책이나 의류 적재 바닥 등
    • 초기에 연소물이 떨어져 유류 잔해를 덮고 있는 부분
    • 방화행위자가 살포하고 도주가 용이한 계단이나 문틀, 기둥주변 등
  ㉡ 수거량 : 약 200g~1kg 정도를 수거한 후에는 밀봉한다.
  ㉢ 성분분석 : 가스크로마토그래피와 질량분광분석법을 이용하여 분석
  ㉣ 분석결과 : 인화성 액체가 확인되면 방화여부를 위 인화성 액체가 촉진제로 사용되었는가를 확인

(4) 인화성 촉진제 대상 위험물
① 휘발유
  ㉠ 주성분이 C_5H_{12}~C_9H_{20}까지의 포화, 불포화 탄화수소의 혼합물인 휘발성 액체
  ㉡ 인화점이 -43℃~-20℃, 발화점이 약 300℃
  ㉢ 상온에서도 휘발성이 강하여 밀폐공간에 방치하면 유증에 의한 폭발 위험
  ㉣ 촉진제로 사용하여 방화 등에 이용될 경우에도 액면이 넓게 분포하여 단위 시간당 증발량이 극대화되면 가연가스와 같이 점화 시 폭발적 연소를 일으킨다.
  ㉤ 휘발유에 의한 화재는 그 흔적이나 잔류 성분확인은 불가능한 경우가 많다.
② 등유 : 인화점은 보통 40℃~60℃ 정도로 여름철 기온으로도 대기온도보다 높다. 따라서 휘발유와는 달리 순간적 불꽃에 착화되지 않는다. 수초 가열하여 온도를 40℃ 이상 상승시켜야 불꽃에 착화되는 것이다.
③ 경유 : 인화점은 저황의 경우 45℃, 고황의 경우 60℃ 이상으로 상온에서 일반 취급 시 화재에 큰 위험은 없다.

(5) 차량방화
  ① 차량방화 감식의 특징 : 촉진제나 가연물의 첨가없이 차체에 불을 붙이기가 용이하지 않기 때문에 인화물질의 촉진제를 사용하거나 주변의 신문지, 광고전단 등을 이용하여 엔진 밑면, 타이어 밑면, 범퍼 밑면 등에 놓고 불을 붙이는 경우가 많다.
  ② 창문과 문짝의 개폐 여부 감식
    ㉠ 문짝의 개방 여부 : 문이 개방된 상태에서 연소되었는지, 닫힌 상태에서 연소가 진행되었는지를 확인한다. 이는 화염의 확장 연속성과 페인트의 표면 연소범위를 관찰하면 수열 정도의 차이나 연소 경계면 등에서 구별이 가능하다. 문짝이 개방상태에서 연소된 것이라면 사람의 인위적인 행위가 개입되었을 가능성이 매우 높다.
    ㉡ 도어록(door Rock)의 잠금 여부 : 도어록이 열린 상태에서는 연소 전 사람의 착화 행위가 용이하다고 판단할 수 있다. 심한 연소 후 도어록의 잠김 여부를 판별하는 것은 어려우나 연소 정도에 따라 문짝 내부의 누름스위치를 판별하거나 도어록 뭉치를 분해하여 정밀감식을 하여야 한다.
    ㉢ 유리창의 상태 : 연소 후 유리창이 소실되면 유리창의 위치를 판별하기는 어려우나 문틀에 남아있는 유리의 잔해 위치나 유리창 가이드홈 위치 등을 분석하여 화재 당시 열린 위치를 확인한다. 유리창이 모두 닫히지 않은 상태라면 사람의 접근이 용이할 뿐 아니라 연소 시 실내 연소시간 해석에도 주요 영향인자가 되기 때문이다. 문이 모두 닫힌 경우에는 내부의 폭발압력이 균등하게 작용되어 창문이 깨지기 보다는 문 전체가 밖으로 밀려나면서 내부압력을 해소하게 된다. 그러나 어느 한 곳이 개방되는 경우는 내부의 압력이 개방 공간으로 집중되면서 일부 개방된 유리창을 모두 파열시키면서 압력이 해방된다.

4 방화행위의 입증 및 기구

(1) 방화행위의 입증 [20]
  ① 방화행위의 입증 요소
    ㉠ 먼저 방화의 수단과 방법이 실현가능하여야 한다.
    ㉡ 방화 재료의 입수 경위가 밝혀져야 한다.
    ㉢ 방화를 한 장소 및 소훼물이 있어야 한다.
    ㉣ 방화의 수단이 가능한지 실증적으로 검토되어야 한다.
    ㉤ 실화일 수 없는 필요·충분한 이유가 존재하여야 한다.
  ② 방화행위의 착수
    일반적으로 독립적으로 목적물이 점화되었을 때, 방화와 직접적으로 관련된 행위를 했을 때를 착수시기로 판단하고 있다.
  ③ 방화판단 시 착안사항 [18]
    ㉠ 발화부가 일반적으로 평상시 화기가 없는 장소로 여러 곳에서 발화된 흔적이 식별될 수 있다. 이유는 방화행위자는 심리적으로 쫓기고 있으며, 반드시 성공하여야 한다는 강박감으로 2곳 이상에서 발화하여 화재조사관들이 발화부를 알 수 없도록 위장 및 유도하기 위해서이다.
    ㉡ 발화부 주변에서 유류성분의 물질이 검출되며, 외부에서 반입한 유류통이 발견되기도 한다.

ⓒ 강도와 절도 등이 관련된 방화일 경우에는 출입문, 창문 등이 개방된 상태로 식별되는 경우가 많다. 이는 방화행위자가 무단으로 침입하고 도망가기 바쁜 관계로 시건장치를 단속할 시간적 여유가 없기 때문이다.
　　ⓔ 화재보험금을 노린 방화일 경우 다액의 화재보험에 가입되었거나, 여러 보험회사에 중복 가입되었거나, 보험만기가 가까워졌거나, 사업부진 등으로 채무에 시달리고 있거나, 노후 기계의 교체 필요성이 있다.
　　ⓜ 불이 난 건물의 관계자 주변에 원한을 가진 자의 존재가 의심되고, 발화 상황에 대한 진술이 부자연스럽고 진술 때마다 내용이 달라지는 등 진술에 일관성이 떨어지는 경우 방화를 의심할 수 있으며 사망자가 발생한 경우 시체 부검을 통하여 매 흡착여부를 확인한 후 방화여부를 결정한다.
　④ 방화행위자의 특징
　　㉠ 방화행위자는 구경이 가능한 높은 곳, 현장으로부터 일정거리에 떨어진 곳에 위치
　　㉡ 구경꾼에 섞여 있는 경우가 많으므로 비디오 및 사진 등을 촬영하여 동일 인물이 여러 화재현장에서 계속 촬영되는지를 확인한다.
　　㉢ 방화행위에 직접 착수한 행위자는 얼굴, 손, 손가락 등에 화상을 입는 경우가 많으므로 세심하게 살펴보고 또한 머리카락 및 눈썹 등이 타거나 그을린 자에 대하여 조사한다.
　　㉣ 옷에 기름이 묻었거나 옷이 타서 눌러 붙은 흔적이 있는지를 확인한다.
　　㉤ 이상하게 흥분하거나 소화활동에 재미를 느끼는 자 등이 있는지 확인한다.

(2) 방화입증 기구

　① 유류성분 감정 기구
　　㉠ 가스 크로마토그래피 분석 : 이 방법은 여러 가지 성분이 혼합되어 있는 시료를 분석하는 방법으로 시료가 가스체라면 수 ml, 액체이면 0.05cc 가량의 양을 가스 상태로 해서 운반가스를 사용해 분리관을 통해 각 성분으로 분리하여 이들을 검출하여 정성분석과 정량분석을 행하는 방법으로 다음과 같은 장점이 있다.
　　　• 물질이 유사한 여러 성분의 혼합계 분리에 매우 유효하다.
　　　• 가스 상태로 분석을 행하기 때문에 조작도 간단하고 시간도 빠르다.
　　　• 각 성분을 검출하여 그 양을 전기적인 신호로 기록계에 저장하고 가스 크로마토그래피로 도형적으로 기록함으로써 분석결과가 객관적으로 보존된다.
　② 석유류 검지관 분석 : 이 검지관은 가솔린, 등유 등 저비점 석유류를 대상으로 하고 있으며 분석원리는 방향족 탄화수소와 반응·착색하는 시약을 실리카겔에 스며들게 해서 유리관에 봉입한 다음 그것과 가솔린, 등유 중의 저비점 방향족성분과 반응 착색시켜 그것의 색조와 탈색 정도에 의해 유류를 판별한다. 현장에서의 사용방법으로는 가스 채취기에 검지관을 부착하고 검지관의 끝을 시료에 근접시켜 채취기를 조작하여 가스를 흡입 후 검지관의 변색여부를 검사하는 것으로 다음과 같은 장점이 있다.
　　㉠ 경량·소형으로 휴대가 편리하다.
　　㉡ 실황조사 시에 판별이 가능하고 출하원인 판정에 있어서 이를 크게 반영할 수 있다.

제3절 방화의 실행과 수행

1 방화의 실행

(1) 직접착화
  ① 착화 방법 : 가장 많이 사용하는 경우로 연소되기 쉬운 신문이나 의류, 이불 등을 모아 놓고 직접 라이터 등으로 불을 붙인다. 이 방법은 행위 장면이 주변에 노출될 경우가 많아 전문적인 방화범은 사용하지 않는 경향이 많으며, 인화성 물질인 석유류 등을 바닥에 뿌리거나 가연물에 첨가하여 직접 불을 붙이는 경우를 많이 사용한다. 최근에는 도화선(긴 헝겊에 휘발유 묻혀 이용)을 이용하여 출입문이나 문밖에서 착화시키기도 하고 화염병 등 착화물을 이용하여 원하는 곳으로 던지는 경우도 있다.
  ② 직접착화 특이점
    ㉠ 방화자의 의류에 촉진제가 부착되거나 의류, 머리카락, 손과 발의 체모가 일부 그을리거나 탈 수 있다.
    ㉡ 인화물질을 이용하는 경우 그 용기를 멀리 감추는 것보다 불 속에 넣는 경우가 많다.
    ㉢ 인화용기가 바닥에 접할 경우 접한 면은 진화 후 그 형체가 남는 경우가 많다.
    ㉣ 휘발유와 같은 인화물질을 뿌리고 착화시키는 경우는 폭발적 연소로 인해 자신도 큰 화상이나 신체 손상을 입을 수 있다.
    ㉤ 여러 곳에 착화시키는 경우 화염이 성장 이전에 국부적 연소흔적만 남기고 멈추는 곳이 있다.
    ㉥ 창문 유리는 내부 소행일 경우 원활한 화염 성장을 위해 열어 두거나 유리를 안에서 밖으로 파괴하고, 외부인일 경우는 창을 밖에서 안으로 파괴하고 침입하는 경우가 발생한다.
  ③ 화재감식 포인트
    ㉠ 출입문 시건 여부 : 화재당시 사람의 출입 여부를 확인하고 내부 또는 외부 소행인지도 구별한다.
    ㉡ 경보장치 : 경보장치의 적절한 작동 여부나 변형 여부를 확인하여 화재시점과의 인과관계를 밝힌다.
    ㉢ 바닥 발굴 : 대부분 방화의 지점은 바닥에서 이루어지고 바닥의 연소가 확대되는 경우 적재물의 도괴로 덮이는 경우가 대부분이므로 발화점의 바닥은 세밀하게 발굴하여야 한다.
    ㉣ 첨가 가연물 존재 확인 : 연소 정도에 따라 남지 않는 경우가 있을 수 있으나, 구조상 원래 위치해서는 안 되는 가연물(신문지, 전단지, 이불/의류의 이동 등)이 이동되어 심한 연소를 이루고 있는지 확인한다.
    ㉤ 인화물질 검지 : 기름띠가 형성되거나 적재물 바닥 등 기름이 스며들기 용이한 곳을 찾아 냄새를 맡아보고 물에 넣어 기름띠가 형성되거나 유류 검지관이 변색되는 경우 대상물을 밀봉하여 전문기관에 성분을 의뢰한다. 흙, 모래에 잔유물이 남기 쉽고 계단이나 구석을 따라 흐르거나 연소되는 경우 일반연소와의 구별이 용이하다.

ⓗ 행위자 신체 탄화흔 식별 : 신발이나 의류에서 인화물질 취향이나 모발, 의류, 손과 팔의 체모에서 탄화흔적을 확인할 수 있다.

ⓢ 독립적 발화지점 : 주변의 가연물이 쉽게 타지 않는 가연물로 연소 확대가 기대되지 않을 경우 여러 곳에 착화를 시킴으로써 서로 연결되지 않는 독립적 발화개소가 나타난다.

ⓞ 유리 파편흔적 조사 : 유리조각의 비산 위치와 파단면 검사를 통해 충격방향을 확인한다. 평면유리에 충격이 가해지면 충격의 반대쪽 면에 방사형 방향으로 파괴기점이 나타나고 동심원 방향은 충격면에 파괴기점이 나타난다. 따라서 파편의 파단면이 방사형인지 동심원인지를 구분하여 리플마크에서 파괴기점을 알아내면 유리의 외력방향을 알 수 있다.

(2) 지연(遲延) 착화

① 지연 착화의 방법
  ㉠ 양초 : 촛불은 8시간에서 15시간 이상까지도 길이와 두께에 따라 다양하게 조절할 수 있어 양초가 다 타고 난 다음 가연물에 접촉되도록 시간을 지연
  ㉡ 전기발열체 : 전기발열체에 가연물을 올려놓아 위험으로부터 도피할 시간을 취득하거나 전기 실화로 위장
  ㉢ 시계 / 타이머 : 최근 선진국 등에서 원하는 시간에 점화 스위치를 작동케 하여 발화시키는 장치로 사용

② 지연 착화의 특이점
  ㉠ 내부인(관계자, 건물주, 사주를 받은 사람)이 실화를 위장하려고 하거나 도피할 시간을 갖기 위해 출입문이나 방문의 시건장치가 잠긴 경우가 많다.
  ㉡ 외부인(절도나 기타 범행 후 은폐하려는 자)은 문을 원상태로 잠그기보다는 범행 현장으로부터 이탈이 급함으로 출입문이 열려 있는 곳이 많다.

③ 화재감식 포인트
  ㉠ 전원 통전여부 확인 : 전기기구(난로, 조리기)인 경우 통전상태였는지를 플러그 상태와 전기단락흔 발생 유무로 확인한다.
  ㉡ 스위치 : 기구의 전원이나 가스가 인가된 상태에서 스위치가 작동되었는지를 확인한다. 사용자가 사용하지 않은 스위치 변형은 의심을 하여야 한다.
  ㉢ 가연물 : 가스가 누출되었거나 전기전열기기에 수건이나 의류가 발열체에 덮여 있는지 확인한다.

ㄹ 양초 : 연소 중심부에 보관상태가 아닌 양초잔해가 발견되는지를 확인한다. 양초 주변에 착화 가능한 가연물이나 인화물질을 동반하는지 확인한다.

(3) 무인스위치 조작을 이용한 기구 착화

① 착화방법 : 원격장치를 이용하여 점화스위치를 작동시킨다. 특히 대형파괴를 목적으로 하는 다이너마이트 도화선, 온도에 따라 작동되는 열감지센서, 광량을 이용한 스위치, 레이저 같은 광선을 이용하여 스위치를 작동하는 스위치원리를 이용한다.

② 화재 특이점 : 기존 시설의 스위치단자를 이용하거나 배터리 전원을 연결시켜 스위치만 작동하는 회로를 구성하여 스위치가 연결되었을 경우 코일이나 금속 그물망, 열선, 깨진 전구 등에 가연물을 접촉하여 발화케 한다.

③ 화재감식 포인트
  ㄱ 발화원 : 발화원이 될 만한 전열 기구를 찾아 출처를 조사한다.
  ㄴ 회로망 : 스위치로부터 전열기구로 가는 회로(전선)를 찾아 관계를 규명한다.
  ㄷ 배터리 : 기존의 실내 전원을 이용하기 힘들 경우나 제조의 편리성 때문에 발화에너지원이 되는 별도의 배터리(건전지)를 사용하는 것이 일반적이므로 바닥에 설치되거나 떨어지면 식별 가능한 만큼 보존된다.

(4) 피해자 행위를 이용한 방화

① 착화 방법
  ㄱ 빈집에 들어가 가스호스에 기밀을 파괴시켜 피해자가 조리기구를 작동하는 순간 화재가 발생하게 한다.
  ㄴ 집안 배선이나 전기기구를 미리 합선시켜 스위치가 작동하면 전기화재로 나타나게 한다.
  ㄷ 휘발유통이나 가방, 차량 등에 인화물질과 점화장치를 담아 손으로 만지면서 스위치를 작동되게 하여 피해자에게 위해를 가한다.

② 화재 특이점 : 행위자가 직접 피해자가 되면서 특별한 과실로 설명할 수 없는 화재 과정으로 일어난다. 즉, 문을 연다든지, 전등 스위치를 켠다든지 등의 일상적인 행위로 인해 출화된다. 전기를 이용하는 경우 기존의 스위치 시스템에 발화와 관련된 점화시스템을 결합시켜 스위치 작동과 함께 발화에 이르게 한다. 특정한 개인, 집단, 불특정 다수에게 행해질 수 있다.

③ 화재감식 포인트
  ㉠ 피해자 행위 : 피해자의 구체적 행위가 가연물, 발화원에 영향을 미칠 수 있는지 파악한다.
  ㉡ 외부 반입물 : 피해자 행위를 이용하더라도 기존 스위치 시스템에 연결되는 점화히터나 배선, 기존 발열체에 가연물 등 외부 반입물이나 이동들이 필요하게 된다. 소화활동으로 발견하기가 쉽지 않더라도 세세히 조사하여 흔적을 찾도록 한다.
  ㉢ 점화원 : 전등이나 전열기 등에 부착물질이나 전원 변경 등을 확인한다.

(5) 위장실화

① **위장실화의 착화 방법** : 개인적인 이득을 취하기 위해 화재 후 화재조사관이 실화로 착각하도록 위장하려는 시도이므로 보험금을 노리고 사람의 개입을 은폐하기 위해 전선에 인화물질이나 가연물을 놓고 착화시켜, 조사과정에서 발화지점이나 발화원이 전기적으로 판명 나도록 한다.

② **위장실화의 특이점**
연소된 물품에 대한 감식만으로는 방·실화 여부를 확인하기가 매우 어렵다. 따라서 위장실화의 경우는 발화 여건이나 확대조건의 인위적 조성, 피해자의 방화의도 개연성 여부가 중요한 변수가 된다. 때로는 발화원인이 명확히 구분되고 피해자의 구체적 행위가 입증된다 해도 피해자의 위장 실화의 범의(犯意)를 밝히지 못할 때는 처벌할 수 없을 것이다.

③ **화재감식 포인트**
  ㉠ 실화인정 : 화재관련자가 실화(전기화재 등)를 쉽게 인정하거나 그 가능성을 조사관에게 필요 이상으로 설명하는 경우 위장실화를 배제할 수 없다.
  ㉡ 증거인멸 : 가연물의 적재 상태나 연소시간에 비해 심하게 연소되어 증거를 찾기 어렵거나 생업이나 안전을 핑계로 조사 이전에 현장을 심하게 훼손하는 경우이다.
  ㉢ 알리바이 강조 : 대낮이나 사람의 통행이 번번한 곳에 쉽게 발견되도록 하고 관련자는 그 시간에 맞는 명확한 알리바이(현장부재증명)를 성립시키는 경우이다.

2 방화의 수단

(1) 방화 수단의 동기 및 방법

방화의 수단은 다종다양하지만 동기에 따라 일정한 경향을 보인다.
① 방화의 달성을 주요 목표로 하고 있는 경우
  ㉠ 발각을 두려워하기보다 어떻게 하면 완전히 연소시킬까 하는 목적달성 의지가 있다.
  ㉡ 성냥이나 라이터 등으로 가연물에 직접점화하거나 유류를 뿌리고 점화하는 단순한 방화방법을 취한다.
② 절도나 살인 등의 증거인멸 의도 또는 보험금사기 등의 목적으로 방화하는 경우
  ㉠ 행위자가 자신의 안전을 최대한 도모한다.
  ㉡ 방화가 자신의 행위임이 발각되는 것을 막기 위해서 방화의 수단이 교묘해지고 실화같이 꾸미거나 타인의 방화로 위장하여 책임전가를 하려고 노력하는 자도 있다.

(2) 방화수법의 검토

방화범은 최선을 다하여 적발되지 않을 방법을 선택하고 개개인의 습관 등을 이용하므로 범인이 숨길 수 없는 무형의 심리적인 자료가 범죄의 증거물로 남길 수도 있다.

① 방화수법 요인
  ㉠ 사물인식 : 사람은 각각 성격과 보고 생각하는 것이 달라 현장 접근방법과 도주로의 선택 등에서 특징을 찾을 수 있다
  ㉡ 신체적 조건 : 각 사람의 신체적 조건 차이는 그 행동능력의 차이로 나타나 범죄수법을 형성하는 요인으로 되므로 다음과 같이 판단자료로 이용할 수 있다.
    • 왼손·오른손잡이 행동인가?
    • 힘 있는 청년과 노약자
    • 남과 여의 운동의 차이
    • 신장과 체중 등 생리적 여건
    • 연속방화의 경우 행동 거리나 반경
  ㉢ 지식경험 : 연고감이나 지리감이라 하는 것은 피해자의 인적사항과 화재현장 부근에 접근했던 경험이나 지식을 갖고 보험금 사취목적 방화에 있어서는 화재보험에 관한 지식과 과거 화재이력, 화재보험금의 수취이력 등이다.
  ㉣ 직업적 능력 : 전기나 화학약품에 의한 화재를 위장한 방화인 경우 전문적이고 직업적인 지식의 성격을 가지므로 용의자의 행동양식을 관찰한다.

② 방화행동 수법의 종류
  ㉠ 시간대 특성 : 범죄를 시간적으로 검토하면 방화용의자의 시간적 행동습성을 알 수 있다.
  ㉡ 장소적(대상) 선택 : 공장, 창고, 시장, 빌딩 입구, 주택, 빈집, 관공서, 종교집회장(사찰, 교회, 성당 등), 자동차(자가용, 승용차, 택시, 화물차, 버스, 증기 등)
  ㉢ 접근 수법 : 방화보조 매개체로 사용된 유류, 가스, 불쏘시개, 종이, 성냥, 라이터 등
  ㉣ 낙서, 절도 등

제4절 방화의 판정을 위한 10대 요건 17 21

1 여러 곳에서 발화(Multiple fires)

발화점(point of origin)이 2개소 이상인 경우는 통상 방화로 추정할 수 있다. 그 이유는 사고에 의한 화재는 동시 또는 2개소 이상에서 발화될 가능성이 거의 없기 때문이다. 다만 제2의 발화(Second fire)가 최초의 발화의 정상적인 확대나 전파로 인한 것이 아니어야 한다. 즉 최초의 발화점은 1개소이지 결코 2개소 이상이 아니다.

2 연소 촉진물질의 존재(Presence of flammable accelerants)

화재의 확산을 가속화시키기 위한 가연액체(휘발유, 시너 등) 연소촉진물질이 존재하거나 사용한 흔적이 존재한 경우이다. 이러한 연소촉진물질은 거주자가 비치한 것이라도 화재에 이용될 수 있는 장소로 이동되었으면 방화로 추정되고, 또한 화재가 발생한 전체지역에서 발견되거나 여러 곳에 산재해 있으면 역시 방화로 추정한다.

3 화재현장에 타 범죄 발생증거(Evidence of other crimes)

화재장소 또는 주위에 타 범죄가 발생한 사실이 있으면 타 범죄를 은폐 또는 용이하게 하기 위한 방화로 추정할 수 있다.

4 화재발생 위치(Location of the fire)

화재 사고가 발생할 소지가 없는 장소일 때에는 방화로 추정할 수 있다.

5 사고화재원인 부존재(Absence of all accidental fire causes)

실화, 자연발화 등 다른 화재원인을 발견할 수 없으면 방화로 추정할 수 있다.

6 귀중품 반출 등(Contents out of place or contents net assemble)

평상시 일정장소에 있는 귀중품이 화재이전에 외부로 반출되었다면 방화로 추정할 수 있다.
- 화재 이전에 주요비품 이동되거나 하급품으로 대체되었을 경우
- 대부분의 가정과 업소의 일상생활용품(도구, 연장, 작업복, 작업용 기계, 잔돈, 기타 도구), 중요서류(등기서류, 거래 장부 등)들이 없거나 화재 전에 옮겨졌을 경우

7 수선 중의 화재(Fires during renovations)

건물의 수선 중에는 가연성 페인트, 착색제 등 인화물질이 주위에 산재하여 사고화재가 빈번히 발생하기 때문에 사고화재를 위장한 경쟁업자 등의 방화가능성이 있으며 현장에서 화재연장, 확산도구사용(Trailers)하여 일정지점의 화재를 다른 지점으로 확산시키기 위하여 가연물질을 이용한 경우 방화로 추정할 수 있다.

8 화재 이전에 건물의 손상(Structural damage prior to fire)

화재 이전에 건물의 담, 마루, 지붕 등에 일부분에서 다른 부분으로 불이 확산되도록 구멍이 뚫려 있으면 방화로 추정할 수 있다.

9 동일건물에서의 재차화재(Second fire in structure)

같은 건물 또는 같은 장소에서 2회 이상 연속해서 화재가 발생된 경우에는 방화로 추정할 수 있다. 단 최초화재의 재발화가 아니어야 한다. 거주자가 지나치게 신속히 탈출한 경우는 방화로 추정할 수 있다.

10 휴일 또는 주말화재(Fire occurring on holidays or Weekend)

휴일 또는 주말에는 거주자, 관계인 등이 외출하고 부근에는 사람이 적어 화재의 발견이 지체되기 때문에 휴일이나 주말을 택하여 방화하는 사례가 있으므로 휴일 또는 주말의 화재는 방화로 추정할 수 있다.

※ 이 밖에도 화재로 인한 과대손상이 발생하거나, 극심한 고열발생의 증거가 식별되거나, 소방관의 진입을 방해하는 사례가 발생하면 방화를 의심할 수 있다.

예제문제

방화의 일반적인 판단요소로 가장 거리가 먼 것은?
① 화상피해자의 유무
② 무단침입과 출입흔적
③ 범죄흔적
④ 이상(異常)연소현상

정답 ①

방화판정을 위한 10대 요건에 포함되지 않는 것은?
① 귀중품 반출 등
② 수선 중의 화재
③ 휴일 또는 주말 화재
④ 화재로 인한 건물의 손상

정답 ④

06 차량 화재감식 [18]

제1절 차량화재 조사 방법

1 차량엔진의 구분

가솔린	• 가장 대표적인 내연기관으로, 다른 엔진에 비해 가볍고 출력이 크며 진동과 소음이 적음 • 공기와 연료를 혼합하여 점화플러그로 점화 • 디젤보다 열효율과 경제성 낮음
디 젤	• 고압으로 압축한, 고온/고압의 공기 중에 액상의 연료를 고압으로 분사시켜, 연료 스스로 자기착화하여 폭발적으로 연소가 이루어지게 하는 압축착화기관 • 전기점화장치가 생략되는 대신에 고온, 고압의 연소실에 연료를 고압으로 분사하는 높은 정밀도의 연료분사장치를 필요로 함
LPG	• LPG자동차 엔진의 메커니즘은 가솔린차와 기본적으로 같음 • 고압용기에 저장된 LPG가 연료필터와 솔레노이드밸브, 연료 파이프 등을 거쳐 기화기(Vaporizer)로 들어가 기화된 다음 공기와 섞여 연소실에서 흡입·압축·폭발·배기하는 순으로 작동
하이브리드	하나의 자동차에 두종류 이상의 동력을 얻는 장치를 지님(내연+전기)

2 가솔린 차량의 주요 구성

(1) 연료장치
① 연료 탱크 내에 있는 연료를 공기와 혼합하여 실린더에 공급하는 장치
② 연료 탱크, 연료 파이프, 연료 여과기, 연료 펌프, 인젝터 등으로 구성
③ 연료의 공급 과정 : 연료 탱크 → 여과기 → 연료 펌프 → 기화기

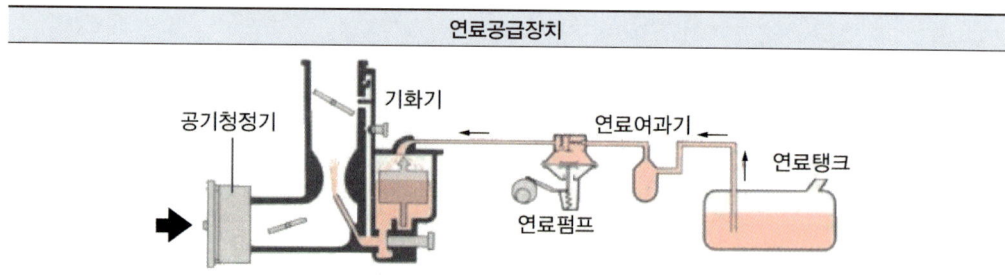

연료공급장치

(2) 윤활장치
① 오일팬 : 크랭크 케이스라고도 하고 윤활유의 저장과 냉각작용을 함
② 펌프 스트레이너 : 오일 팬 내의 윤활유를 오일펌프로 유도하고 1차 여과작용
③ 오일펌프 : 윤활공급 작용, 종류는 기어펌프, 플런저펌프, 베인펌프, 로터리펌프가 있음
④ 오일여과기 : 금속분말, 카본, 수분, 먼지 등 불순물 여과, 전류식, 분류식, 샨트식이 있음
⑤ 유압조절밸브 : 릴리즈밸브라고도 하고 유압이 규정값 이상으로 상승하는 것을 방지

(3) 냉각장치
① Water Jacket : 실린더 블록 및 헤드의 열을 냉각
② Water Pump : 냉각수를 강제순환시키는 펌프
③ 냉각팬 : Radiator의 냉각수를 식혀주는 통풍작용을 돕는 역할
④ Radiator : 엔진에서 뜨거워진 냉각수를 공기와 접촉하게 함으로 냉각을 하는 역할
⑤ 서모스탯 : 자동적으로 통로를 개폐하여 냉각수 온도를 조절함으로써 순환을 제어

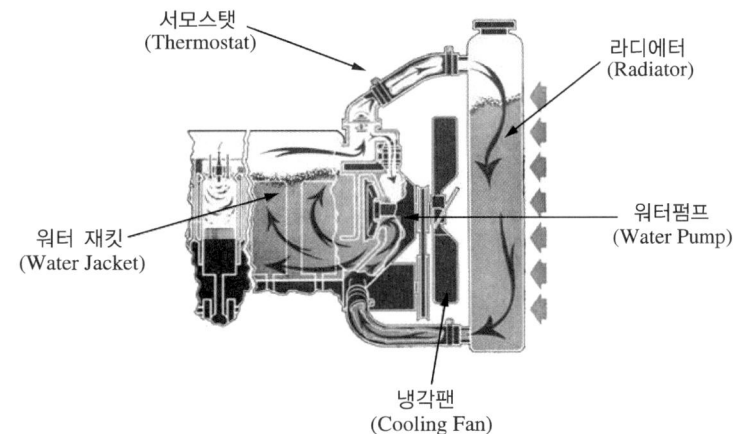

(4) 배기장치
엔진의 실린더에서 배출되는 배기가스를 배기 매니폴드(exhaust manifold)로 하나의 배기파이프에 모아 촉매 변환기와 머플러를 지나 후부에서 대기 중에 배출한다.

배기 매니폴드 → 배기파이프 → 촉매변환기 → 머플러 → 레조네이터 → 테일 파이프

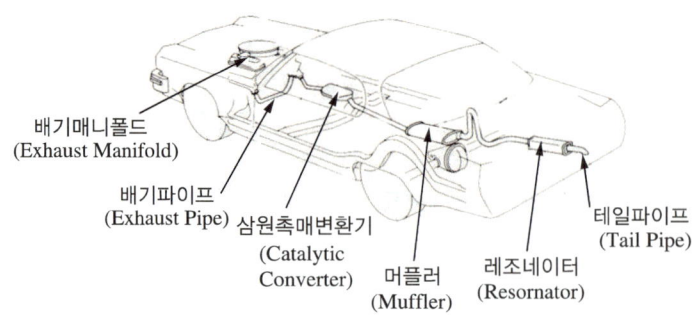

① 산소센서 : 삼원(환경오염 대표적 물질-CO, HC, NOx)은 혼합비의 영향에 따라 많이 배출. 배기가스 중의 산소 농도에 따라 혼합비를 이론공연비 14.7:1로 맞춤
② 배기가스 재순환(EGR) 밸브 : 혼합비가 이론공연비에 가까워지면 CO, HC, NOx는 줄고 연소온도가 높아져 NOx의 양이 증가되는 것을 제어하기 위해 배출가스 일부를 흡기계통으로 재순환시켜 NOx 배출량 감소
③ 삼원촉매변환기 : 백금(Pt), 팔라듐(Pd), 로듐(Rh)을 이용하여 배기가스를 정화하는 장치로 CO, HC, NOx 저감 촉매는 약 350℃ 이상에서 기능을 발휘하고 엔진 부근에서 이론공연비와 배기가스의 온도가 높을 때 정화율이 높다.
④ 배기 매니폴드 : 엔진은 여러 개의 실린더가 연이어 있고, 각각의 실린더마다 배기 포트가 하나씩 있는데, 각각의 배기 포트에서 나온 배기가스의 통로를 모아 배기관으로 흐르도록 하는 것을 말한다.
⑤ 머플러 : 엔진의 배기음을 줄이는 장치로, 소음기(消音器) 또는 사일런서(silencer)라고도 한다.

(5) 점화장치
가솔린 기관에서 혼합기체를 점화하기 위한 장치이다.

> **⊕ Plus one**
>
> **가솔린 점화장치 전류 흐름도** 16 20 22
> 점화스위치 → 배터리 → 시동모터 → 점화코일 → 배전기 → 고압케이블 → 스파크플러그

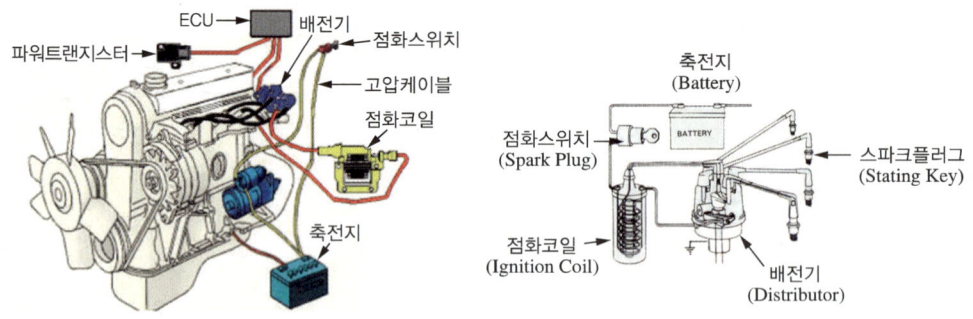

(6) 윤활장치

엔진 내의 운동마찰부분에 윤활유를 공급하여 마찰을 줄이는 장치이다.

> 오일 팬 → 오일 펌프 → 오일 압력 조정기 → 오일 필터 → 오일 냉각기 → 오일 갤러리
> → 크랭크축, 로커암축, 피스톤, 캠축

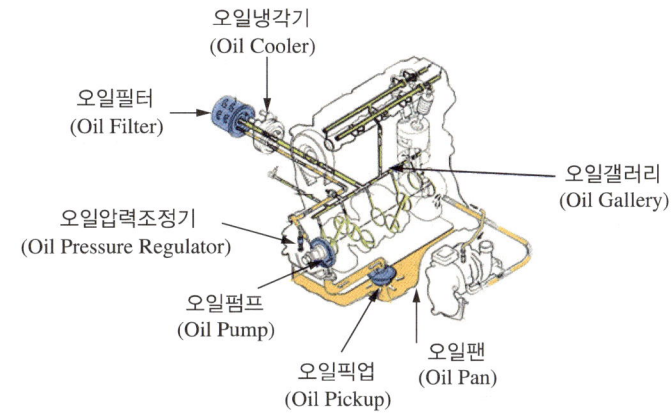

3 디젤차량의 주요 구성

(1) 기본원리

디젤기관도 열에너지를 기계적 에너지로 바꿔주는 점에서 본질적으로 가솔린기관과 차이는 없지만, 연소과정에서 공기만을 흡입하고 높은 압축비(16~22:1)로 압축하여 고온(500~600℃)상태에 연료를 분사시켜 자기착화시킨다는 차이점이 있다.

(2) 디젤엔진의 연소과정

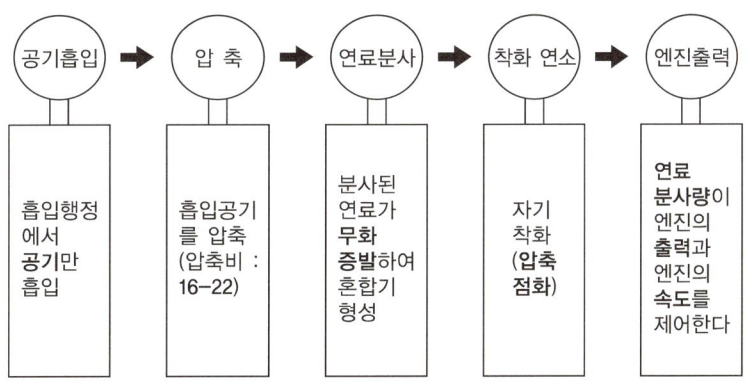

(3) 디젤기관의 연료분사장치

연료는 연료공급펌프에 의해 연료탱크로부터 연료필터로 보내지고 필터에서 연료 내의 불순물이 여과된 후 분사펌프로 보내진다. 연료분사펌프는 연료에 압력을 가해 분사밸브로 보내지고 분사밸브에서 실린더 내로 연료가 분출된다.

연료탱크 → 연료공급펌프 → 연료필터 → 연료분사펌프 → 연료분사밸브 → 연료분사
(Fuel Tank) (Fuel Supply Pump) (Fuel Filter) (Fuel Injection Pump) (Injection Valve) (Fuel Injection)

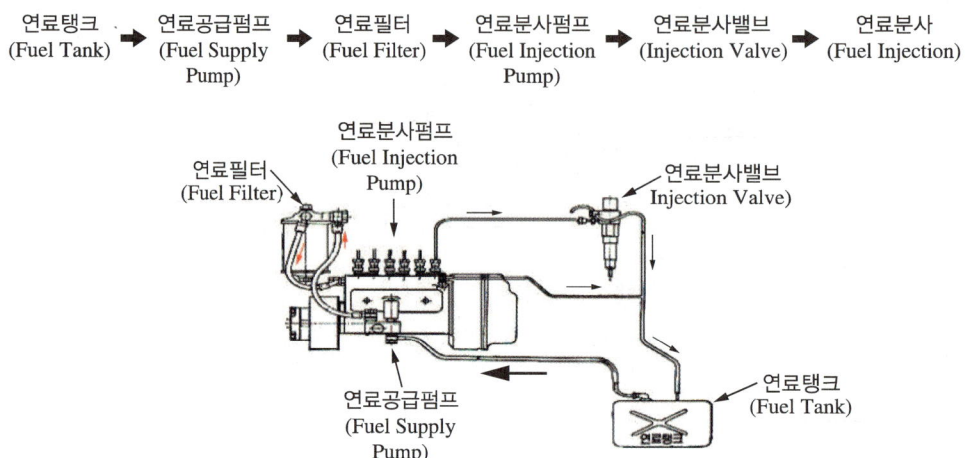

(4) 디젤연료의 특성과 연소

① 낮은 휘발성을 갖는다.
② 낮은 점성으로 작은 입자로 분사되어 연소를 빨리 이루게 한다.
③ 세탄가가 높은 연료를 사용해야 연료가 분사된 후 즉시 착화되므로 노킹현상이 발생하지 않는다.
  ※ 세탄가 : 연료의 착화성을 나타내는 수치

4 LPG 차량의 주요 구성

(1) 기본원리

가솔린 차량과 비슷하여 LPG(프로판+부탄)가 연료필터를 거쳐 솔레노이드밸브 및 연료파이프를 통해 베이퍼라이저(기화기)로 들어가 기화된 다음 공기와 혼합되어 연소한다.

(2) LPG 차량의 연료 계통도

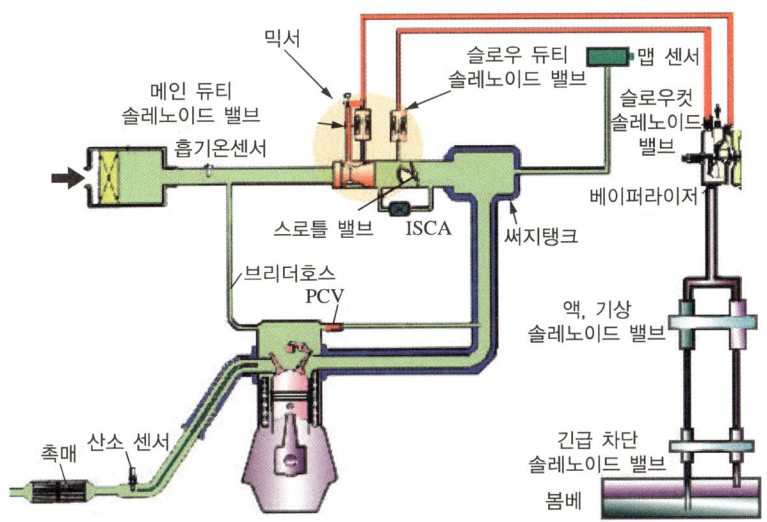

(3) LPG 차량의 특성

장 점	단 점
• 연소효율이 좋고 엔진이 조용 • 경제적인 연료비 • 대기오염이 적고 위생적 • 점화플러그, 엔진오일의 수명이 길다. • 연료자체증기압 이용으로 연료펌프가 필요 없음 • 노킹이 잘 일어나지 않음	• 겨울에 시동의 어려움 • 기화기의 타르 등을 제거해줘야 함

(4) LPG 용기 17 18 22

LPG가 과충전되지 않게 충전할 수 있는 충전밸브, 위험상황에서도 LPG를 연료라인에 안전하게 송출하는 송출밸브, LPG의 용량을 표시하는 액면 표시장치, 그리고 안전장치의 하나인 긴급차단 솔레노이드밸브로 구성된다. 그리고, LPG차량의 충전밸브에 부착된 안전밸브는 내압이 $21\sim24\mathrm{kg/cm^2}$ 이상이 되면 밸브가 열려 LPG 연료를 방출함으로써 압력상승에 의한 폭발의 위험을 방지하는 역할을 한다.

[LPG 충전용기 및 밸브 색상]

LPG 용기	충전밸브	송출밸브	
		기체밸브	액체밸브
회 색	녹 색	황 색	적 색

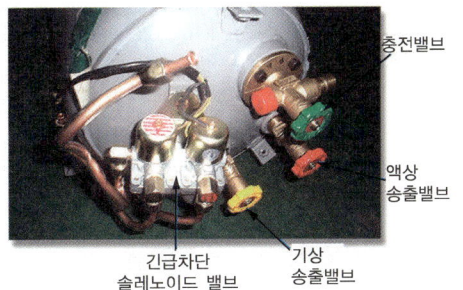

5 차량 화재조사요령

(1) 차량 확인

조사할 차량을 확인하고 차량번호판, 자동차등록증을 통해 정보를 파악한다. 제작사, 모델, 생산년도, 기타 특징을 파악하고, 전소되어 파악이 불가능할 경우에는 차대번호(VIN ; Vehicle Identification Number) 또는 차량식별번호(대쉬 패널, 크로스멤버, 조수석 밑부분 등 위치에 부착되어 있으며 차량도난방지 및 차량결함추적을 위한 일종의 꼬리표)를 이용해 차량정보를 확인한다. 차대번호는 총 17자리로 구분되며 전 세계 모든 차량이 동일하다.

1. WMI(World Manufacturer Identifier, 국제제작사군, 1~3자리) : ① 제조국, ② 제조사, ③ 용도구분
2. VDS(Vehicle Descriptor Section, 자동차특성군, 4~11자리) : ④ 차종, ⑤ 사양, ⑥ 차량형태, ⑦ 안전장치, ⑧ 배기량, ⑨ 보안코드, ⑩ 연식, ⑪ 생산공장
3. VIS(Vehicle Indicator Section, 제작일련번호군, 12~17자리) : 제작일련번호
※ 자릿수 중 3~9번째까지는 제작사 자체적으로 설정된 부호

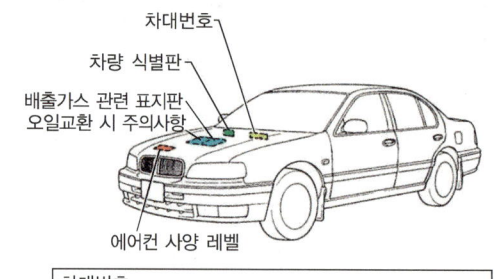

(2) 관계자 및 목격자 진술 조사

① 주행시간, 주행거리, 이동경로, 주행 중 이상한 소리나 진동, 흡연, 음주상태를 운전자에게 확인
② 차량이 정상적으로 운전되었는지(시동이 꺼졌는지, 전기적인 고장 여부)?
③ 마지막으로 차량이 정비된 시기 : 오일교환, 수리 등
④ 차량이 주차된 시간과 장소
⑤ 차량에 장착한 장비는 무엇인지? : 전기장치, 시트, 사제 휠 등
⑥ 냄새가 나고 연기가 발생하며 불꽃이 인지된 시간과 장소
⑦ 차량 속에 놓아둔 소지품은? : 라이터, 공구 등등

(3) 화재현장의 연소흔 조사

① 차량 상하부를 포함한 외부 모두를 촬영하고 아래쪽은 차량을 들어올려 소손상태를 확인한다.
② 실내외 손상부분을 포함해서 손상된 부분과 손상되지 않은 부분 모두를 촬영한다. 실내가 한쪽에서 다른 쪽으로 가로질러서 한꺼번에 볼 수 있게 촬영한다.
③ 잔해를 제거하기 전에 바닥 사진을 촬영한다.
④ 화염 진행경로를 보여주는 증거나 어디에서 발생했다는 증거를 촬영한다.
⑤ 적재공간과 차량을 이동시킨 후 지면의 연소 형태, 기타 잔해물도 촬영한다.
⑥ 소훼가 가장 심한 곳으로부터 점차 화염이 진행된 방향으로 구분하여 접근하고 방향성이 없이 연소된 경우는 전면부를 중심으로 전·후·좌·우로 구분하여 조사한다.

⑦ 차량이 전소된 경우 차체 강판 및 보닛의 변색의 강약을 구분하여 연소방향을 판단한다. 발화지점과 가까울수록 도색의 균열이 많이 발생하면 탈색되는 경향이 있다.
⑧ 타이어 인근에서 출화한 경우 4개 타이어 모두 비교하여 조사한다.
⑨ 차량전기는 단락발화보다는 접속부에서 국부적으로 발열하여 용융된 현상이 많기 때문에 휴즈 및 접속부의 전기적 소손흔을 조사한다.
⑩ 임의로 전기 전장품을 설치 또는 전기배선을 증설하거나 퓨즈 없이 배터리와 직결시킨 경우, 시동을 끈 상태에서도 작동하는 도난경보기, 블랙박스 등을 설치한 경우는 과부하의 원인이 된다.

(4) 자동차 화재 주요 발생요인

① 역화(back fire) : 점화시기에 이상이 생겼을 때 연소실의 불이 기화기로 다시 되돌아오는 것을 말하는데, 이는 연소실 내부에서 연소되어야 할 연료 중 미연소 된 연소가스가 흡기관 방향으로 역류하여 흡기관 내부에서 연소되는 현상으로, 굉음이 나고 심할 경우 에어크리너 등 중요부품을 파손시킨다. LPG엔진이나 기존 DOHC엔진에서 자주 일어나는 현상이다.

> **⊕ Plus one**
>
> **역화의 발생원인**
> - 엔진의 온도가 낮은 경우
> - 혼합가스의 혼합비가 희박할 경우
> - 흡기밸브의 폐쇄가 불량한 경우
> - 연료 중 수분이 혼합된 경우
> - 실린더 개스킷이 파손된 경우
> - 점화시기가 적절하지 않은 경우

② 후화(after fire) : 엔진 및 배기장치 과열에 의한 화재는 냉각수 및 오일부족 등으로 엔진이 과열되거나 연료공급 및 연소에 이상이 생겨 연소실 내의 혼합기가 제대로 연소되지 않고 배기장치 특히 촉매장치에서 2차 연소가 발생하여 촉매장치 및 머플러 등이 과열됨에 따라 주위에 있는 배선이나 언더코팅제 및 차 실내의 플로어 매트 등이 열전달에 의해 착화되는 화재라고 할 수 있다.

> **⊕ Plus one**
>
> **후화의 발생원인**
> - 점화계통의 고장
> - 혼합가스의 혼합비율이 희박한 경우
> - 엔진이 냉각될 경우
> - 혼합가스의 혼합비가 농후
> - 배기밸브의 폐쇄가 불량한 경우

③ 과레이싱 : 차량이 정지된 상태에서 음주 후 차량 안에서 잠을 자거나 휴식 중 무의식적으로 가속페달을 계속 밟아 회전력을 높이는 것을 말하여, 고속 공회전을 하게 되면 엔진회전수가 높아지고 엔진오일이나 라디에이터의 온도가 급격히 상승하여 과열상태에 이르게 되며 고온이 된 엔진오일이 배기관 위로 떨어져 착화위험성이 커진다. 또한 배기관 자체가 적열상태가 되어 고무링이나 주변 가연물에 착화된다.

④ 엔진과열 : 냉각수 및 엔진오일 부족, 서모스탯 고장, 팬벨트 헐거움, 워터펌프고장
⑤ 브레이크과열 증상 : 한쪽으로 쏠림현상, 소음, 주행 중 타는 냄새 등
⑥ 전기적요인 : 과부하, 불완전접촉, 배선손상 등
⑦ 차량방화
   ㉠ 내부방화
      • 외부에서 유리창을 파괴한 경우 차량 내부에 유리잔해가 다수 남는다.
      • 유리창을 파괴한 도구가 발견되거나 촉진제로 쓰인 유류통 등이 발견된다.
      • 도난당한 흔적이 있다.
      • 자살방화의 경우 사상자 및 술병과 라이터 등이 발견된다.
      • 절도 및 증거인멸, 사체유기 등 범죄행위 은폐를 위한 수단으로 사용되며, 인적이 드문 곳과 야간에 주로 발생한다.
      • 연소진행방향이 내부에서 외부로 향하고 있다.
   ㉡ 외부방화
      • 차량의 앞 또는 뒤 범퍼에 종이류 등 일반가연물을 모아 놓고 실행하는 경향이 있고, 착화에 일정시간이 소요되거나 국부적으로 연소된다.
      • 연소진행방향이 외부에서 내부로 향하고 있다.

예제문제

차량화재 조사 시 유의사항으로 적합하지 않은 것은? 16 22
① 자동차를 함부로 이동시키지 않는다.
② 현장주변에 대한 정리정돈과 청소를 실시한다.
③ 주변의 작은 것도 소홀히 취급해서는 안 되며 가능한 모두 수거하여 모아둔다.
④ 차량 기술자료나 차량공구 조사 기자재를 준비할 필요가 있다.

정답 ②

CHAPTER 07 임야·항공기·선박 화재감식

제1절 일반사항

1 임야화재 감식

(1) 임야화재 개요
  ① 임야화재 특징
    ㉠ 발화는 상대습도(수분 함유도, 크기, 밀도, 구성)와 기후에 영향을 많이 받는다.
    ㉡ 대류(상부 열전달), 복사(하부 열전달)가 주로 발생
    ㉢ 지형, 경사도, 나무들의 습도, 유분 함유 정도, 풍향, 풍속 등 영향 → 연소확대
  ② 임야화재 감식 : 산불 및 들불 진행경로를 추적하여 발화지점을 찾아내고 발화원인을 규명하는 것

(2) 임야화재의 종류 13 17 18 22
연소상태 및 연소부위(위치)에 따라 분류한다.
  ① 지표화
    ㉠ 지표에 쌓여 있는 낙엽과 지피류, 지상 관목층, 건초 등이 연소하는 것
    ㉡ 임야화재 중에서 가장 흔히 일어나는 화재
    ㉢ 무풍 시는 발화점을 중심으로 원형으로 진행
    ㉣ 바람이 불어가는 방향으로 타원형을 이루며 빠르게 번짐
  ② 수관화
    ㉠ 나무의 윗부분에 불이 붙어서 연속해서 수관에서 수관으로 태워 나가는 화재
    ㉡ 진화하기 어렵고 과열에 의하여 나무가 죽게 되므로 피해가 가장 큼
    ㉢ 지표화에서 나무의 밑가지에 불이 닿아 바람과 불길이 거세지면 수관부로 연소가 확대됨
    ㉣ 산 정상을 향해 바람을 타고 올라가며 바람이 부는 방향으로 V자형 모양으로 번짐
    ㉤ 우리나라에서 발생하는 대부분의 산불이 여기에 속한다.
  ③ 수간화
    ㉠ 나무의 줄기가 연소되는 것
    ㉡ 지표화로부터 연소되고 낙뢰에 의한 경우도 있음
    ㉢ 속이 썩어 줄기가 빈 곳에서 발생한 경우 : 굴뚝역할을 하여 강한 불길로 수관화를 일으킴

④ 지중화
    ㉠ 낙엽층의 낙엽이 분해되어 그 본래조직을 알아볼 수 있는 유기질층과 낙엽층이 완전분해되어 현미경으로도 그 조직을 알아볼 수 없는 유기질(이탄)층이 연소하는 것
    ㉡ 산소의 공급이 부족하여 연기도 적고 불꽃도 없이 지속적이고 오랫동안 연소하여 균일한 피해를 발생
    ㉢ 고산지대나 저습지대에서 표면은 습하고 속은 건조되어 발생이 용이
    ㉣ 지표 가까이에 있는 연한 뿌리들이 고열로 죽게 되므로 지상부는 아무렇지 않으나 나무는 죽게 된다.
    ㉤ 우리나라에서는 극히 드물다.

(2) 임야화재 가연물

① 개요 : 임야화재의 가연물은 나무나 풀로 된 식물들로 구분된다. 이런 가연물들은 어느 정도의 온도에서 점화되는데 그 온도는 나무들의 습도, 유분 함유 정도, 포함하고 있는 무기물의 종류에 따라 달라진다.
② 지상가연물(Ground Fuels)
    ㉠ 지면·지중·지표(地表) 바로 위에 있는 발화 가능한 가연물들을 포괄
    ㉡ 낙엽더미, 이탄토, 나무뿌리, 죽은 나뭇잎, 침엽수잎더미, 잔디, 죽은 나무, 쓰러진 통나무, 나무 그루터기, 큰 나뭇가지, 땅으로 쳐진 나뭇가지 그리고 막 자란 나무 등
③ 공중가연물
    ㉠ 숲의 상층부에 존재하는 모든 초록 식물들과 죽은 식물들을 포함
    ㉡ 나뭇가지, 수관(樹冠), 잔나무가지, 이끼, 솟은 나뭇가지 등

(3) 임야화재 연소확대에 영향을 끼치는 인자 17 21

① 개요 : 연소확대의 속도에 직접적인 영향을 미치는 요소는 풍속(風速)과 풍향(風向)이다. 불의 머리, 불허리, 뒤꿈치 쪽에서부터 반대방향일 때 풍속과 풍향은 영향력이 커진다.

> ⊕ **Plus one**
>
> - 전진화재(불머리, Fire head)
>   - 바람의 진행방향 화재
>   - 산 아래에서 위로 진행하는 화재
>   - 산불에서 가장 빨리 움직이는 부분
>   - 바람 부는 방향이 경사, 가연물, 배수 등에 의해 진행 방향을 결정짓는 요인이 된다.
>   - 불이 가장 강렬하게 타오르는 곳
> - 후진화재(불의 뒤꿈치, Rear or Heel)
>   - 불의 머리의 반대쪽에 위치
>   - 불의 뒤꿈치는 상대적으로 불이 약하고 조절하기 쉽다.
>   - 뒤꿈치 쪽의 부는 바람이나 하향사면에 맞서는 경우에 후퇴하거나 천천히 탄다.

[불머리]

[후진화재]

② 연소확대에 영향 요소

　㉠ 골짜기나 협곡
　　• 협곡에 한정된 뜨거워진 가연성 가스에 의한 대류열과 복사열로 가연물의 연소속도에 영향을 준다.
　　• 가연성 가스가 한정되지 않은 경우보다 가연물의 발화 및 연소 확대가 빨라진다.

　㉡ 바람의 영향
　　• 바람은 화재확산속도에 지대한 영향을 끼친다. 바람의 선풍기 효과는 화염을 앞으로 진행하게 하고 가연물을 예열시킨다.
　　• 바람은 가연물을 건조시켜 발화를 용이하게 하고, 가열된 대류열에 공중의 불씨를 만들어내기도 한다.
　　• 공중의 불씨와 바람은 불티를 원래 화재의 장소와는 다른 2차 화재를 만들어내기도 한다. 불의 움직임에 영향을 끼치는 바람으로는 기상 현상적 바람, 낮 바람, 불 바람이 있다.

> ⊕ **Plus one**
>
> **바람의 종류**
> - 기상(후) 현상적 바람 : 지역의 날씨에 영향을 끼치는 상층부 공기의 압력차에 의해 발생
> - 낮 바람 : 태양열과 땅이 식은 정도에 영향을 받아 발생
>   - 낮 : 공기가 따뜻하면 상승된 공기는 상승기류를 생성
>   - 밤 : 공기가 차가우면 냉기류가 바닥에 잠기게 되면서 하강기류를 생성
> - 불 바람 : 불 스스로 생성하는 것으로 화염기둥이 솟으면서 생겨나고, 연소확대에 영향 미침

ⓒ 가연물(연료)의 영향
- 가연물의 종류(種) : 서로 다른 크기, 수분 함유도, 모양, 밀도 등의 수종(樹種)에 따라 연소확대 정도나 연소강도가 달라진다.
- 가연물의 크기
  - 가연물의 발화 가능성이나 발화 정도를 결정짓는 주된 요인
  - 미세가연물 : 가연물이 작을수록 발화가 쉽고 소진도 빠르다.
    예 작은 나무, 나뭇가지, 마른 잔디, 마른 곡물, 침엽수 잎, 솔방울 등
  - 지름이 큰 나무는 미세가연물에 비해 발화가 어렵고 천천히 탄다.
    예 직경이 큰 나무와 그 나뭇가지, 통나무, 나무 그루터기 등
- 수분 함유도
  - 식물이 함유하고 있는 수분의 양은 발화 가능성과 연소확대 정도를 결정하는 데 결정적인 역할
  - 나무가 마르면 발화 가능성과 불의 크기가 매우 커진다.
  - 녹색 식물은 식물이 함유하고 있는 수분 때문에 발화 가능성도 낮고 나무가 타는 속도도 느리다.
  - 나무의 수분 함유도는 식물의 상태, 태양 노출 정도, 날씨, 지리적 환경 등에 의해 결정되기 때문에 매우 다양하다.
- 유분 함유도 : 식물이 함유하고 있는 유분은 가연물의 발화를 쉽게 하고 더 강렬히 타오르게 하며 연소확대 속도를 빠르게 한다.

ⓓ 가연물의 위치(지중, 지표면, 공중) 및 밀도 17
- 지중가연물 : 토탄, 분탄, 뿌리 등 지표면과 지하의 토양 사이에 존재하는 연료로 뿌리나 긴 나무처럼 땅의 연료는 땅속에서 타들어가면서 각각 다른 지역의 지표면에 발화를 일으킬 수 있다.
- 지표면의 연료 : 잔디, 낙엽, 잔나무가지, 침엽수 잎, 곡물과 같은 2m 이하의 모든 식물들
- 공중가연물 : 2m 이상의 모든 식물, 나무이끼, 나뭇가지, 잎사귀, 수관(樹冠) 등
- 밀도 : 가연물 표면의 밀집 정도는 연소확대의 기본적 요소이다. 표면이 드문드문한 연료는 불이 옆에 있는 가연물을 발화점까지 가열하기에는 너무 멀리 떨어져 있다. 반면에 밀집되어 있는 가연물은 불을 확장시키고 진전시킬 수 있다.

ⓔ 지 형
- 자연적, 인위적인 지표면과 관련된 것이다.
- 지형은 불의 강도와 연소확대 정도에 영향을 끼친다.
- 바람도 지형의 영향을 많이 받는다.

ⓕ 날 씨
- 임야화재의 진행에 있어서 중요한 역할
- 날씨의 요소 : 대기의 안정성, 온도, 상대습도, 바람의 속도, 구름 낀 정도, 강수량 등

ⓖ 연소확대의 자연적 영향 : 연소확대의 방향과 정도는 자연적이거나 불 스스로 만들어내기도 한다.
- 바람에 의한 나뭇가지와 나뭇조각
  - 나뭇가지와 나뭇조각은 바람에 의해 원래 위치에서 매우 멀리 떨어진 곳까지 이동할 수 있음
  - 나뭇가지는 '2차 화재(Spot Fire)'를 일으킬 수 있음
  - 2차 화재를 방화범에 의한 개별적인 화재로 오해할 수 있음

- 불 폭풍
  - 정의 : 자생적인 바람에 의해 키워진 강렬하고 공격적인 대류 화염
  - 불의 대류 기둥에 의해 생겨난 흡입력은 식물을 뿌리째 뽑거나 작은 바위를 들어서 날려버릴 정도로 강함
  - 불 폭풍은 강한 흡입력을 가진 불 소용돌이를 생성

[불폭풍]

ⓘ 임야와 도심의 접경지역 : 도로가 협소하고 발화지점을 찾기 어려워 방화범들의 목표가 되기 쉽다.

(4) 임야화재 감식 지표(Indicator)

① 감식지표의 개요
  ㉠ 지표 : 연료, 지형, 풍향에 따라 발화지점에서부터 연소가 진행되면서 나무줄기, 수관, 풀, 바위, 깡통, 울타리 등에 일정한 형태로 산불이 진행한 표식을 남기는 것
  ㉡ 거시지표 : 특징의 표시가 수관, 줄기 등에 크게 나타남
  ㉢ 미시지표 : 암석, 깡통, 초본류 등에 나타남
  ㉣ 산불이 자신의 진행경로에 남기고 간 물리적 지표를 찾아 분석하여 산불 최초 발화지를 역추적

[거시지표 - 원경]

[미시지표 - 바위]

② 지형에 따른 산불의 초기연소형태
  ㉠ A : 무풍 평탄지에서는 발화점을 중심으로 원형으로 연소
  ㉡ B : 강풍 또는 급경사지에서는 풍향과 평행으로 연소
  ㉢ C : 풍향이 일정하지 않거나 경사면에서는 부채꼴 모양으로 연소
  ㉣ D : 소능선이 있는 경사면에서는 산 정상을 향하여 빨리 연소

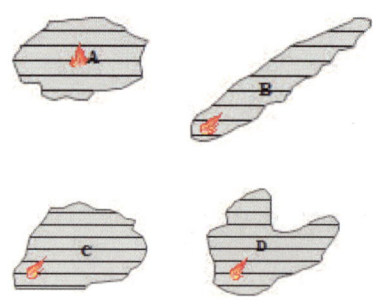 

③ 산불의 연소확대 패턴 및 진행 ★★★
  ㉠ 산불지표는 진행방향을 나타내는 물리적 특징이라 할 수 있으며 지표를 통하여 화재확산 형태와 방향 및 화재전환 구간 등을 규명할 수 있다.
  ㉡ 산불은 발화지점으로부터 가장 빠른 부분을 축으로 타원형으로 확대된다.
    • 화두(Head) : 불이 가장 빠르게 확산되는 부분
    • 화미(Heel) : 불의 꼬리 부분으로 화두 반대방향으로 확산되는 부분
    • 화측(횡)(Flank) : 전면으로 확산되는 불이 바람, 지형, 연료조건 등의 영향을 받아 불의 수직각 또는 비스듬하게 확산되는 화재면

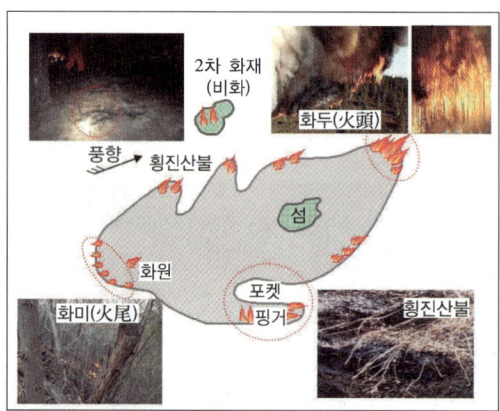 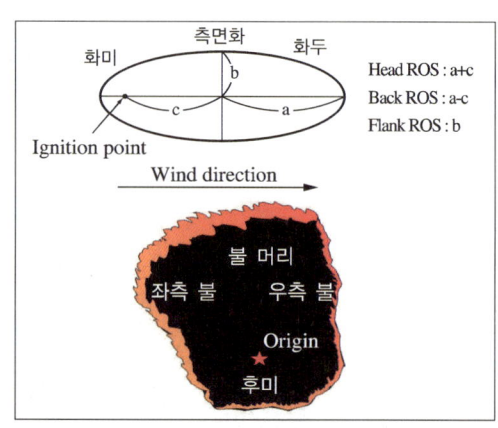

> ⊕ Plus one
>
> • 포켓(pocket) : 임야화재 시 여러 갈래로 뻗어나가는 화재 진행방향 사이사이에 연소되지 않은 채 남아있는 공간들로 위 그림과 같이 주머니 모양으로 형성된다.
> • 핑거(Finger) : 임야화재 시 화재진행방향과 같이 여러 갈래로 뻗어나가는 형태로 위 그림과 같이 측면에 손가락 모양으로 형성된다.
> • 2차 화재(spot fire) : 대류열과 바람에 의해 실려 날아온 불티 등이 날아간 장소에서 새로운 화재발생의 원인이 되는 것으로 비화라고도 한다.

④ 연소진행방향에 따른 특징

구 분	전진산불	후진산불	횡진산불
확산속도	빠르다	느리다	전·후진 형태의 중간 정도
연소방향	바람방향으로 진행 경사면 아래에서 위로	바람 반대방향 경사면 반대로	수평으로 진행
이명(異名)	화두(head) 불머리	화미(heel) 불꼬리	횡면(flank) 불허리
피해정도	크 다	적 다	중간 정도
지표구분	거시지표	미시지표	

⑤ 산불 전이지역 또는 방향전환 지점
  ㉠ 화재진행방향 및 피해 정도가 변하는 구간이다.
  ㉡ 지표의 모양과 특징이 변화한다.
  ㉢ 특정지역에 국한되며 특수한 원인에 의해 발생한다.
  ㉣ 전환(이)지역을 규명하는 것은 임야화재 진행방향 및 연소패턴을 정확히 판단하는 지표이다.

⑥ 감식지표의 판단기준과 원칙 ★★★★
  ㉠ 하나의 지표만으로는 화재진행방향 및 연소패턴의 신뢰성이 저하되므로 거시지표, 미시지표, 지표 집단에서 주요지표를 중심으로 판단해야 하며 가능한 모든 지표를 종합 판단해야 한다.
  ㉡ 항상 산불연소의 일반원칙에 근거하여 지표를 감식해야 한다.
  ㉢ 발화지점에 가까울수록 지표는 선명하지 않음에 주의한다.
    • 연소규모가 작게 시작
    • 강도는 점차 증가
    • 미시지표는 강도가 약함
  ㉣ 가장 피해가 심한 장소에서 가장 약한 장소로 산불 전진방향에서 후진방향으로 추적 조사한다.
    • 첫 번째 방향전환지점 규명이 어렵다.
    • 발화지점의 훼손 방지
    • 거시지표로 진행방향을 판단
    • 발화지점이 여러 곳인 경우도 존재할 수 있음
  ㉤ 발화지점 범위는 대개 2m×2m 이내에 위치하므로 서두르지 말고 규명해야 한다.

(5) 임야화재 감식지표의 종류 ★★★★★
  ① 개 요
    ㉠ 연소확대의 방향을 가리키는 지표는 연소 잔해물이나 연소되지 않은 물증에서 찾을 수 있다.
    ㉡ 시각적인 지표들로는 연소 잔해물의 피해 정도와 탄화된 일정한 형태, 그을음, 탈색, 탄소 함유도, 모양, 위치와 상태 등이 있다.
    ㉢ 특정한 지역에서 여러 종류의 가연물들이 알려주는 지표의 방향성을 분석하면 화재가 지나간 방향을 알 수 있다.
    ㉣ 화재의 과정을 알기 위해 체계적인 접근을 함으로써 조사자는 최초 발생지까지 화재의 흔적을 뒤쫓아 갈 수 있다. 이런 방법이 임야화재조사에서 통용되는 정석이다.

② V자 연소형태("V"-Shaped Patterns)
　㉠ 임야화재에서 V자 연소형태란 연소확대에 의해 지표면에 나타난 연소흔적으로 높은 곳에서 보았을 때, 그 모양이 V자와 비슷하며, 신뢰성이 높다.
　㉡ 이 형태는 화염, 고온가스, 연기 등에 의해 형성되는 화염기둥에 의해 형성되는 건축물의 수직적 V-패턴과는 다른 것이다.
　㉢ 임야화재에서의 V자 연소형태는 바람이나 가연물이 놓여있는 곳의 비탈에 영향을 받는다.
　㉣ V자 연소형태의 생성 및 발화장소
　　• 불이 바람이 부는 방향으로 진행하거나 비탈을 거슬러 올라갈 때에는 넓은 V자가 형성된다.
　　• V자 모양은 불이 최초 발화점으로부터 멀어질수록 점점 넓어진다.
　　• 화재의 시발점은 대체적으로 V자 모양이 서로 만나는 부분에 존재한다.
　　• V자 흔적에 대한 조사는 화재의 근원을 찾는 데에 유용하다.

③ 화재 피해 차등지표
　㉠ 임야의 지표·지상 및 공중가연물이 화재의 피해를 입은 정도는 화재의 지속시간, 강렬한 정도, 방향 등을 가리키는 지표(地表)가 된다.
　㉡ 낙엽, 줄기, 나뭇가지 등 가연물은 화재진행방향에 노출된 부위가 큰 피해를 입는다. 이 손상 정도를 조사함으로써 화재가 진행해 오는 방향을 알 수 있다.
　㉢ 화재의 뒤편에 있는 식물들은 멀쩡하거나 일부분만 타는 반면, 화재가 진행되어 오는 쪽에 놓여있는 식물들은 타버릴 것이다. 또한 물건들이 놓여있거나 가연물들이 보존된 상태는 그 지역의 식물들에게 비슷하게 나타나 화재의 근원을 찾는 데에 도움을 준다.
④ 초본류 줄기지표(잔디 및 풀줄기) : 약한 불은 땅속의 잔디 줄기를 통해 전달되기 때문에 잔디 줄기들은 불 속으로 꺾여 넘어지게 된다. 그러므로 잔디가 넘어져 있는 방향을 분석하는 것은 다가오는 화재나 지나간 화재의 방향을 아는 데 도움을 줄 수 있다.

⑤ 컵모양 지표(= 흡인지표, Cupping Indicators)
  ㉠ 오목하거나 컵모양 형태로 컵모양은 발화지점을 향함
  ㉡ 노출된 쪽은 무뎌지거나 둥글게 되며 비노출된 쪽은 뾰쪽하거나 찻종 형태
  ㉢ 전진산불지역에 나타남

 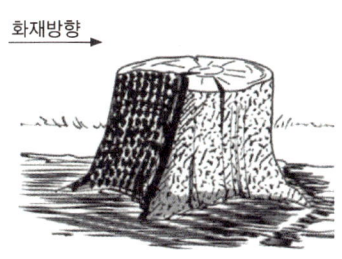

※ 흡인지표 : 불탄자리가 컵모량으로 움푹 타들어 간 것을 말하며 산불이 진행 맞닿는 쪽에 나타남

⑥ 불탄 흔적의 각도 지표
  ㉠ 나무 그루터기 양쪽에 나 있는 탄 흔적의 각도를 통해 불의 방향을 알 수 있지만 비탈과 바람의 방향에 따라 달라진다.
  ㉡ 불이 상향사면에서 상승기류를 타고 번졌다면 탄 흔적의 각도는 거의 비탈과 평행할 것이다. 만약 불이 하향사면에서 하강기류를 타고 번졌다면 탄 흔적은 나무 뒤쪽에서 일어나는 소용돌이 효과에 의해 하향면이 상대적으로 더 높게 나타날 것이다.
    ※ 래핑(wrapping) : 화재 시 와류현상으로 화재진행방향의 반대 방향 줄기에서 탄화현상이 나타남
  ㉢ 불이 상향사면에서 하강기류를 타고 번졌다면 탄 흔적의 각도는 비탈의 각도와 거의 비슷하지만 약간 올라간 각도를 보일 것이다.
  ㉣ 그림 및 사진을 통하여 바람과 비탈이 탄 흔적에 어떤 영향을 끼치는지 알 수 있다.

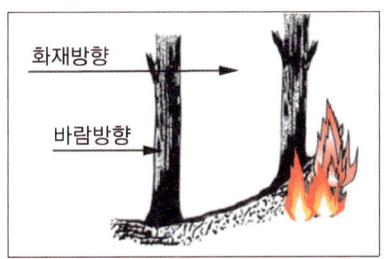 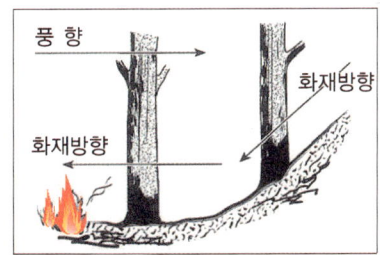

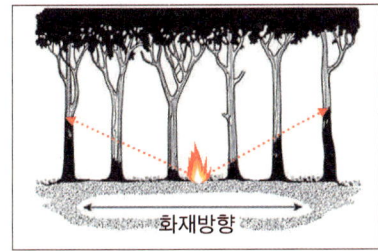

⑦ 수관(樹冠)의 화재 피해 지표 : 산불의 대류열과 복사열은 낮은 나뭇가지의 불을 나뭇가지를 통해 나무 꼭대기까지 급속도로 번지게 할 수 있다. 바람은 바람을 맞는 쪽의 나뭇가지나 잎사귀들에서 불을 날려버릴 수 있고 이는 피해를 감소시키거나 그림에 나와 있듯이 나무 꼭대기에서 불이 다가오는 쪽에 삼각형 모양의 타지 않은 공간을 남길 수도 있다.

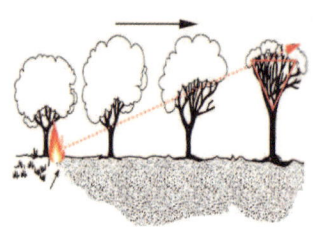 

⑧ 노출된 가연물과 보호된 가연물 지표(= 보호된 연료지표)
  ㉠ 가연물이 다른 물건으로 감춰져 있거나 불의 진행방향 반대쪽에 놓여있을 경우 불에 타지 않은 보호된 지역이 있을 수 있다.
  ㉡ 불에 직접 노출된 물건들은 그렇지 않은 물건들에 비해 훨씬 진한 그을음과 탄 흔적을 보인다. 물건이 가연물 위에서 하중만큼 누르고 있다면 물건 아래의 가연물이 연소되는 것을 막을 수 있고 다른 곳과 구별되는 흔적을 남긴다.
  ㉢ 불에 노출된 쪽은 물건과의 확실한 경계선이 있다. 노출되지 않은 쪽은 물건의 가장자리를 따라 상대적으로 다양하거나 불분명한 흔적을 보여서 물건이 있었던 흔적을 알려준다.

 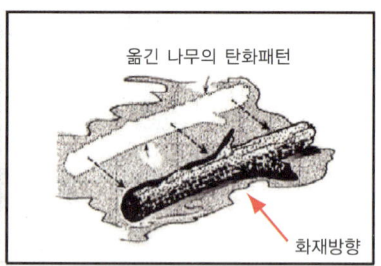

⑨ 얼룩과 그을음
  ㉠ 돌, 깡통, 나무와 금속 철조망, 말뚝과 타지 않은 식물들은 화재진행방향에 노출된 쪽에 탄소 그을음에 의한 얼룩, 박리현상 등이 생긴다. 미세한 재와 공중의 기름들이 물건의 표면에 들러붙을 수 있다.
  ㉡ 탄소 그을음은 물건에 똑같은 영향을 끼치지만 이는 불완전연소와 몇몇 식물들이 함유하고 있는 동물성 기름 때문에 발생한다. 이런 불의 흔적들은 불을 마주하는 쪽에 더 짙게 나타난다.

불연성 물질(돌, 음료수 캔, 철조망)의 경우 화재진행방향에 노출된 곳은 그을음(탄소그을음, 매연, 불완전 연소 등)이 생긴다. 돌의 경우 온도가 높을 경우 (깨짐)현상을 나타낼 수 있다.

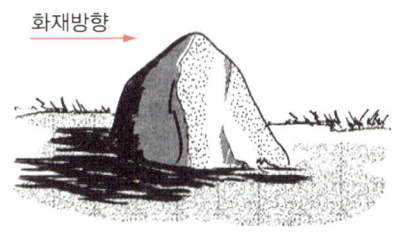 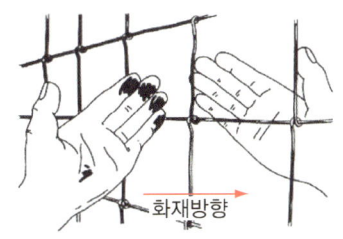

⑩ **지상에 쓰러진 나무** : 지면과 닿아있는 쓰러져 있는 나무 경우는 화재진행방향에 노출된 쪽이 피해 정도가 심하고, 지면과 떠 있는 경우에는 반대쪽이 피해 정도가 심하다.

⑪ 낙뢰 : 나무줄기에 깊은 흔적이 발견되며 일부 나무밑둥 지면에 구멍이 생기는 경우도 있다.

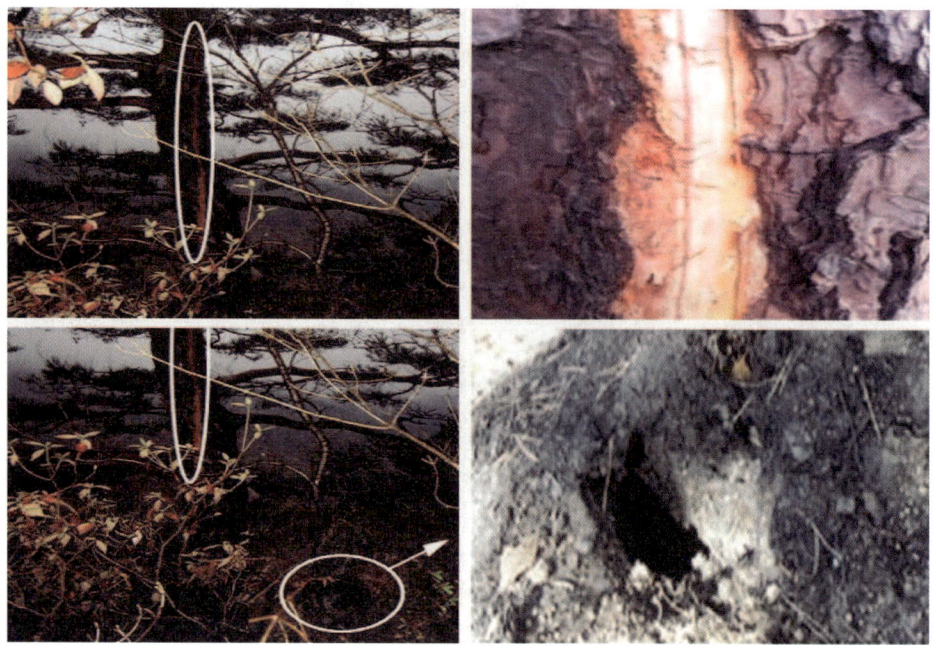

⑫ 잎의 수축지표(= 줄기의 굳어짐 지표)
  ㉠ 열은 녹색초목을 연하게 하며 굽게 한다. 또한 나무의 수분을 제거하여 바람에 노출되면 굳어진다. 열을 향하는 쪽의 잎은 안으로 굽고 오그라든다.
  ㉡ 정확한 바람의 방향을 나타내는 지표이다.

(6) 임야화재조사
  ① 화재조사자의 조사요령
    ㉠ 산불조사관은 산불현장 도착 시 주변 사람들의 의견을 듣는 즉시 기록한다.
    ㉡ 산불의 크기를 추정한다.
    ㉢ 개략적 발화지점 표시 및 보호를 실시한다.
    ㉣ 증거확보와 물증을 보존한다.
    ㉤ 목격자 및 참고인 조사를 실시한다.

② 주요 조사내용
　㉠ 가연물 종류, 지형, 기상 등 환경적 요소 조사
　㉡ 산불발생 시간대별 계곡과 능선의 기류 방향을 분석하여 산불발생도 작성
　㉢ 가연물의 종류 파악(필요시 수사기관 협조)
　㉣ 현장의 기상 상태 및 지형 파악
　㉤ 목격자 및 관계인 조사
　㉥ 증거보존을 위한 사진촬영
　㉦ 발화지점 추적조사
　㉧ 풍향 및 지형에 따른 조사
　㉨ 비화 추정조사
　㉩ 탄화심도 조사
　㉪ 암벽, 바위 변화에 의한 연소방향 등 조사
③ 화재현장의 보존
　㉠ 현장 활동에서의 발자국이나 바퀴자국 등은 최소화하고, 깃발, 테이프, 말뚝 등으로 접근을 차단하여 화재현장을 본연의 모습으로 보존한다.

　㉡ 발화지점 보존 후 사람, 차량 흔적들, 점화물, 종이봉투, 맥주캔 또는 어떤 물체나 사소한 것일지라도 단서로써 가치가 있는 것을 찾고 훼손하지 않도록 해야 한다.
　㉢ 대개는 90%의 산불이 0.4ha 이내에서 진화되기 때문에 개략적인 발화지점의 위치를 알아낼 수 있으므로 가능한 감시자를 세우고 이 지역 내 진화는 최소화한다.
④ 증거 표시 : 화재원인과 관련된 물적 증거가 될 만한 것들은 쇠말뚝이나 라벨 등 붙인 깃발 등을 사용하여 표시한다.

⑤ **연소확대 조사** : 불이 발견되었을 당시 불의 머리, 허리, 후미 지역을 설정하는 것을 시작으로 바람의 방향과 기후 정보 등도 불을 발견한 사람의 관측에 기반을 두고 조사한다.

⑥ 발화장소 조사
　㉠ 지역 분할
　　• 좁은 지역은 전체적으로 다 조사한다. 지역이 넓다면 분할해서 체계적으로 조사한다.
　　• 분할은 조사관을 작은 구역에 집중하게 하고 중복조사를 없게 한다.
　　• 한 지역의 조사가 끝나면 조사관은 다음 지역으로 이동한다.
　㉡ 올가미 기법
　　• 나선형 방법이라고도 하고 작은 지역 조사에 유용하다.
　　• 조사해야 할 지역이 넓어지면 증거들이 간과될 확률이 높아지고 조사관의 활동에 따라 증거들이 손상될 수 있다.
　㉢ 격자 기법
　　• 넓은 지역을 한 명 이상의 조사관이 조사할 때 가장 유용한 방법이다.
　　• 조사관들은 평행으로 움직이면서 같은 지역을 두 번 조사한다.
　　• 많은 조사관들이 넓은 지역을 조사할 수 있는 가장 철저한 방법이다.
　　• 이 방법을 응용한 방법들도 매우 많다.
　㉣ 통로 기법
　　• 활주로 기법이라고도 하고 조사해야 할 지역이 넓고 개방적일 때에 유용하다.
　　• 상대적으로 빠르고 간단하게 수행될 수 있으며 좁은 지역에서는 단독조사도 가능하다.

(7) 화재원인조사 유형
① 자연적인 화재원인
　㉠ 번개(낙뢰) : 나무에 내려친 번개는 나무를 동강내는 것뿐만이 아니라 뿌리 근처에 있는 토양 속의 모래를 녹임으로써 '섬전암'이라고 불리는 유리 같은 덩어리를 형성할 수 있다. 번개는 단순히 땅에 내려치면서도 근처의 연료들을 발화시킬 수 있다.
　㉡ 자연발화 : 어떤 가연물은 생물학적, 화학적인 원인에 의해서 내부의 열축적에 의해 스스로 발화할 수 있다. 이런 발화는 덥고 습한 날에 짚, 볏단, 나무 조각, 곡물더미 등의 유기물들이 분해될 때에 발생할 확률이 높다.
② 사람에 의한 화재 : 사람의 부주의로 발생한 화재를 말하며 실화와 방화로 구분한다.

⊕ Plus one

임야화재 분류체계

소방청(11종)	산림청(8종)	기타(미국)
• 전기적 요인 • 기계적 요인 • 화학적 요인 • 가스누출 • 교통사고 • 부주의 • 기타 실화 • 자연적 요인 • 방 화 • 방화의심 • 미 상	• 입산자 실화 • 논·밭두렁 소각 • 담뱃불 실화 • 쓰레기 소각 • 성묘객 실화 • 어린이 불장난 • 건축물 화재 • 기 타	• 번개에 의한 산불 • 캠프파이어 • 흡 연 • 폐기물소각 • 방 화 • 장비이용(철도제외) • 철 도 • 어린이 불장난(12세 미만) • 기 타

2 항공기 화재감식

(1) 항공기사고로 인한 손실비용
　① 인명손실 외에도 직접 및 간접비용에 의한 손실
　② 유·무형의 사회·경제적 손실
　③ 국민의 사기저하 및 정부에 대한 불신과 대외 국가위상 실추

(2) 항공기 화재의 특징
　① 화재의 급격한 확대성 : 날개부분에 인화점이 낮은 연료를 다량 탑재하여 사고 시 화재를 동반하고 급속히 확대
　② 폭발의 위험성 : 항공유가 누출되어 화재를 동반 급격한 연소와 상황에 따라 폭발
　③ 화재의 광범위성 : 기체가 원형을 유지하지 못하고 산산이 부서지고 비산한 기체에서 동시에 화재를 동반
　④ 재난의 돌발성 : 도심에 추락할 경우 탑승자 및 추락지역은 공포와 대혼란 초래
　⑤ 인적 위험성 : 많은 탑승객이 승선한 항공기는 추락 등 사고 시 많은 인명피해의 위험성이 상존

(3) 항공기의 제원 및 주요 구성부
　항공기의 구조를 형성하는 주요 물질과 그들의 조립방법이나 생성방법에 대해 알고 있어야만 화재발생 시 내구성이나 화재에 미치는 영향, 절단 등 여러 가지 면에서 화재진압·조사 및 구조작업에 효과적으로 임할 수 있을 것이다. 주요구조부는 다음과 같다.

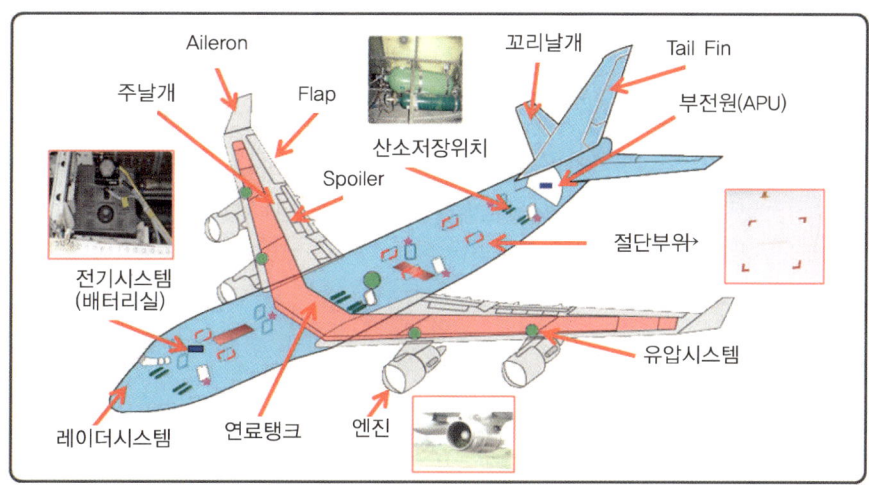

[항공기 주요구성도]

　① 동체(Fuselge)
　　㉠ 항공기의 몸체로서 맨 전방의 조종실(Cokpit), 객실(Cabin), 화물 탑재칸(Cargo Compartment) 및 Landing Gear가 들어가는 격납부(Wheel Well) 등의 공간을 말한다.
　　㉡ 승무원·승객·화물 등 여러 가지 조정 및 감시 시스템, 라디오, 레이다 등 항법시스템을 수용할 수 있는 주요구조부이다.

ⓒ 동체외부 화재요인 : 주로 가볍고 튼튼한 알루미늄합금으로 되어 있으며 Landing Gear가 작동되지 않거나 착륙각도가 맞지 않을 경우 동체가 활주로에 맞닿아 마찰열로 불꽃이 발생할 수 있다.
② 동체 내부 화재요인
- 담배재떨이나 꽁초의 부주의한 처리
- 전기사용 장비의 오동작이나 단락
- 세척제의 점화
- 산소폭발
- 유해화물의 화학적 반응
- 테러, 방화 등
⑩ 동체 내부 내장재
- 항공기 내장재는 A급 재료이다.
- 많은 양의 재료가 플라스틱이어서 유독가스와 독한 매연을 내뿜는 물질이다.
- 의자 : 쿠션은 폴리우레탄 스폰지이고, 쿠션카바는 100% 양모이며, 팔걸이는 폴리우레탄 스폰지를 채운 PVC로 되어 있다.
- 벽면 : 패널은 경직 PVC이고, 천장과 햇랙크는 PCC로 코팅된 면천이다. 창틀과 여객서비스 유니트는 ABS 몰딩이고, 차단벽은 장식용 멜라민박판이며, 카페트는 면이 80%이고 나일론이 20%이다. 내부판넬 안쪽과 바닥에는 수많은 양의 전기선이 있고, 피복선은 보통 PVC이거나 다른 보호재를 사용한다.

② 주날개(Mainplanes)
㉠ 동체 가운데 위치하고 있으며, 비행 중 공기작용으로 양력을 발생시켜 항공기를 뜨게 하는 역할을 하며, 연료나 엔진, 콘트롤 시스템이나 기체지지대를 수용할 수 있다.
㉡ 추락 등 날개가 파손되면 탑재된 연료의 누출과 마찰열로 순식간에 화염에 휩싸일 위험이 있다.
- 플랩(Flap) : 주날개 뒤쪽에 장착되어 양력의 증가 및 이착륙 시 활주거리 감속기능
- 스포일러(Spoiler) : 착륙 시 수직으로 세워 공기저항으로 속도를 줄이고 날개의 양력을 제거하는 역할을 하며, 착륙 후에는 공기브레이크 역할로 제동작용을 한다.
- 에일러론(Aileron) : 양쪽 날개에 부착되어 항공기의 기체 좌·우방향으로 롤링을 조정하여 선회운동을 순조롭게 한다.
㉢ 연료탱크의 위험성
- 항공기 연료탱크는 항공기의 구조 프레임 사이에 분리 설치될 수도 있고, 날개의 일부분으로 제작될 수도 있다.
- 극심한 충격에 연료탱크는 파열되고 항공기의 동체전체가 불길에 싸이는 수가 있다. 헬리콥터는 동체 바닥에 연료탱크를 가지고 있는 경우가 대부분이다. 보조연료탱크는 비행 도중에 떨어뜨릴 수 있도록 장착될 수 있다. 전투기는 거의 대부분이 그러한 보조연료탱크를 장착하고 있으며 비상시 이를 투하한다.
- 연료하중은 연락기와 같은 소형기가 30갤론이고, 대형 제트여객기가 약 60,000갤론까지 적재한다.
- 꼬리 부분에 엔진이 있는 항공기는 연료라인이 날개로부터 꼬리까지 연결되어 있어서 특별한 문제를 야기시키는데, 그중의 하나가 항공기 동체의 손상으로 흘러나온 연료가 내부 화재를 일으킨다는 것이다.

③ 꼬리날개(Tail plane) : 항공기 꼬리 부분은 수직안정판과 수평안정판으로 되어 있으며, 안정판은 항공기 균형유지와 이·착륙 시 좌우 방향전환 작용을 한다.
④ 방향타(Tail Fin) : 항공기 꼬리 부분의 수직안정판 뒤쪽에 배의 방향타(Rudder)와 같이 이·착륙 시 좌우선회 방향을 잡아주는 역할을 한다.
⑤ 엔진실(Engine nacelle)
　㉠ 유선형의 엔진보호실이다. 쌍발 또는 다단엔진 항공기에 있으며 기체지지대를 수용할 수도 있다.
　㉡ 엔진(Engine)
　　• 형태 : 날개에 매달리는 형태와 날개루트 가까이 내장되는 형태
　　• 종류 : 터빈엔진(고압가스 추진), 피스톤엔진(왕복기관)
　㉢ 위험성 : 고장·외부충격 등에 의하여 화재 위험성이 가장 많은 구성품

⑥ 이착륙장치(Under carriage)
　㉠ Landing gear와 바퀴 및 버팀목과 쇼크흡수 유니트를 말한다. 바퀴는 메인휠과 노스휠의 3륜차 형태이고 접어서 넣을 수 있는 구조로 되어 있다.
　㉡ 랜딩기어(Landing Gear)
　　• 기능 : 균형 및 방향전환(전방), 균형·충격흡수 및 제동(후방)
　　• 종류 : 전방(Nose) 랜딩기어와 후방(Main) 랜딩기어
　　• 재질 : 바퀴(마그네슘합금), 타이어(합성 또는 나일론코드의 천연고무)
　　• 공기압 : 180~200psi의 공기나 질소 주입
　㉢ 소방상 위험성
　　• 항공기의 바퀴는 보통 마그네슘합금으로 만들며 점화되기 힘든 반면에 일단 점화되었다면 맹렬히 타오른다.
　　• 세척제, 오일, 구리스, 브레이크더스트, 고무부스러기 등이 보수 유지작업이나 계속사용으로 인하여 축적되어 이러한 오염물질이 화재발생 시 가연성 가능 물질들이다.

[Nose Landing Gear(전방)]　　　　[Main Landing Gear(후방)]

⑦ 주 출입구(Main Doors) : 항공기 사고 시 승객과 승무원의 신속히 대피를 위한 설비이다.

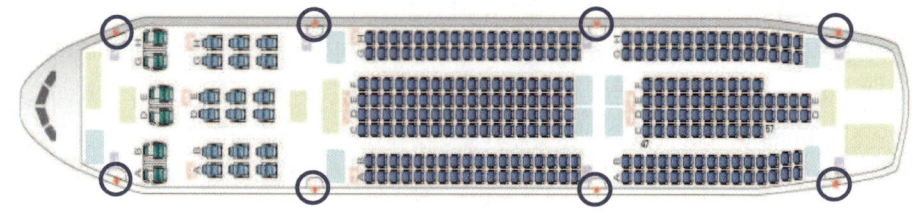

[A330-300]

⑧ 비상진입구역(Emergency Break-in Point Marking)
　㉠ 주 출입구 사용불가 시 인명구조를 위한 비상진입구로 사용
　㉡ 동체 상단부분에 적색·황색·대조되는 백색 등으로 표시
　㉢ 9×3cm 두께선을 2m 미만 간격으로 표시
　㉣ 비상시 구조장비 활용하여 표시된 부위를 파괴·절단 후 진입

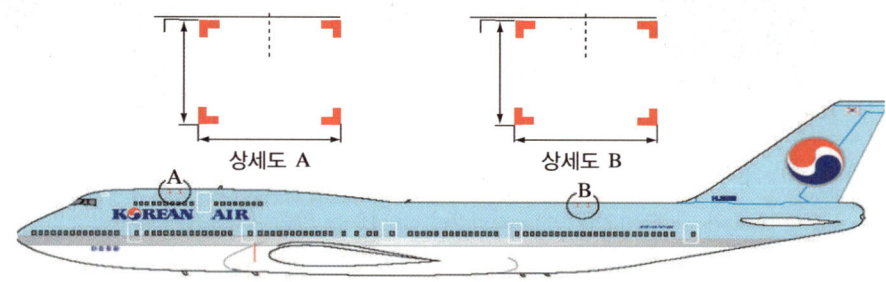

[보잉 747-400 비상진입구역 절단부위 위치]

⑨ 승강구(hatch) 및 비상탈출구
　㉠ 승강구(hatch)는 날개 위 또는 조종석 천장에 설치
　㉡ 객실 주 출입문과 유사하지만 조금씩 작동법이 다름에 유의
　㉢ 환기 또는 항공기사고 시 탑승객의 신속한 탈출구로 이용

[사고 시 이용할 수 있는 탈출구]

⑩ 비상대피용 미끄럼대(Chute)
　㉠ 항공기의 탈출용 미끄럼대(Chute)는 주출입구에 설치
　㉡ 구조대원이 외부에서 출입문 개방 시 아래의 장전모드 해제여부 확인

ⓒ 외부 개방 시 슬라이드가 펼쳐지지 않도록 디자인된 일부 항공기가 있음에 유의

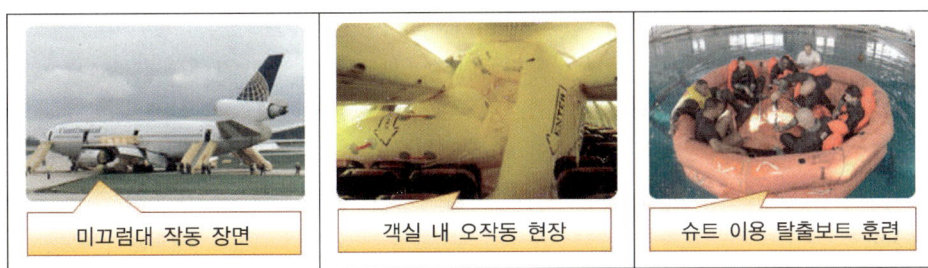

| 미끄럼대 작동 장면 | 객실 내 오작동 현장 | 슈트 이용 탈출보트 훈련 |

(4) 항공기 사고의 정의
　① 항공기가 추락 또는 충돌하거나 항공기에 화재가 발생하는 것
　② 항공기가 전복 또는 폭발하는 것
　③ 항공기로 인하여 사람이 사상(死傷)하거나 물건이 심하게 손상되는 것
　④ 항공기 내 탑승객이 사망 또는 부상하거나 행방불명이 되는 것
　⑤ 기타 항공기에 막대한 피해가 발생하는 것이라고 정의해 볼 수 있다.

(5) 항공기 사고의 유형
　① 지상에서 직면하는 비상상황(Full Emergency)
　　　㉠ 과열된 휠어셈블리
　　　㉡ 타이어 휠고장
　　　㉢ 가열된 금속화재
　　　㉣ 연료의 유출로 인한 화재
　　　㉤ 제어되지 않은 엔진화재 또는 APU화재
　　　㉥ 항공기 내부화재
　② 비행 중 비상상황(Full Emergency)
　　　㉠ 시스템 고장
　　　㉡ 유압장치 공장
　　　㉢ 엔진고장 및 화재
　　　㉣ 항공기 운항의 오동작 및 작동불능
　　　㉤ 새와 충돌 또는 낙뢰로 인한 고장

(6) 항공기 유형별 화재원인 및 조사활동 시 유의사항
　① 엔진화재
　　　㉠ 부속부분화재 : 가장 효과적인 소화약제는 CO_2가스나 할론소화약제
　　　㉡ 터빈부화재 : 터빈부화재는 엔진작동 시 발생하고 절기판(쓰로틀)을 열거나 연료차단 스위치를 닫음으로써 폭발할 위험성이 있다. 절기판을 열어놓지 않으면 엔진은 꺼진다. 엔진화재에 대비하여 항공기 내에 이산화탄소나 할론설비가 되어있다.
　　　㉢ 엔진 전기장비의 화재 : 전기배선, 제너레이타와 트랜스포머 등 부품에 화재가 발생하는 사례

ⓔ 로켓엔진 화재 시 착안사항
- 보통 엔진실, 기체꼬리부의 콘부분, 기체 복부부분, 혹은 기체의 옆면이나 아랫부분에 장착
- 추진연료 자체에 산화제를 보유하고 있기 때문에 진화할 수가 없음
- 화재가 발생하지 않았으면 점화기와 점화케이블을 가능한 신속히 제거
- 엔진에 점화되면 소화하기 위한 어떤 시도도 하지 말 것
  ※ 로켓엔진 : 비상 시 또는 이륙 시 예비 출력 확보를 위해 보조로 장착

ⓜ 터빈(제트)엔진 화재
- 터빈부화재는 엔진작동 시 발생
- 제트엔진 작동 시는 후풍이 발생되므로 뒷부분에서 접근금지
- 배기쪽에서 벗어나야 하며, 배기화염으로부터 가연물을 보호
- 마그네슘이나 티타늄 성분이 타고 있다면 건조사나 탄산칼륨 사용
- 터빈엔진의 흡입구로부터 적어도 7.5m 떨어져야 하며, 폭발 시 화상을 방지하기 위하여 후미 45m 이상 간격 유지
  ※ 포말 또는 물분무는 냉각을 위해 외부에서만 사용하고 흡입구 및 배기장치에는 포말사용 금지
  ※ 가장 효과적인 소화약제는 CO_2, 할론 소화약제

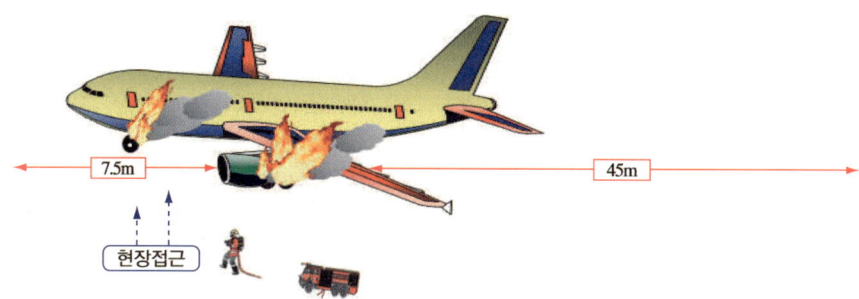

[현장조사 안전거리]

※ 터빈엔진 : 고압가스 등 날개를 회전시키는 엔진으로 가장 널리 사용

② 랜딩기어 화재
ⓐ 가열된 브레이크와 바퀴의 타이어는 폭발 위험이 있다.
ⓑ 화재로 진행 시는 그 위험이 더욱 커진다.
ⓒ 가열된 브레이크는 소화제를 사용하지 않고서도 저절로 냉각된다.
ⓓ 대부분의 제트항공기 바퀴에는 가융성 플러그가 설치되어 있고, 녹는 범위는 149~204℃이며, 위험압력 도달 전 공기압이 빠진다.

[제트 항공기 가융성 프러그]

[항공기 타이어 단면]

ⓜ 랜딩기어 화재 시 유의사항
- 휠과 직선으로(휠 축방향) 접근을 금지하고 아래그림과 같이 접근
- 열이 제동장치로부터 바퀴쪽으로 이동하기 때문에 소화제는 제동장치 부분에만 살포

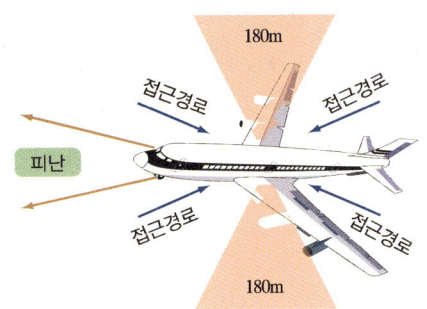

③ **연소성 금속화재** : 마그네슘이나 티타늄 성분이 점화되어 타고 있다면 주수엄금, 포·탄산소화기를 사용하면 안 되며 건조사, 탄산칼슘분말을 사용하여 화재를 진압한다.

(7) 조사활동 시 현장안전
① 유도로와 사용 활주로를 횡단할 때 적절한 절차에 따른다.
② 프로펠러, 로터, 제트분사 가스에 주의
③ 연료 누출과 증기운을 주의 및 잠재적 폭발에 대비
④ 항공기 화재 접근 시 머리부분, 풍상, 측면순으로 접근
⑤ 항공기 엔진 화재 시 고온의 배기가스가 분출되므로 주의하여 접근
⑥ 항공기 머리부분에서 대략 7~8m 거리를 유지

(8) 항공기 화재정보 파악
- 조사관은 잔해의 배치와 분포를 평가하기 전에 전체를 도보로 주분포선의 구상을 제공하고 목격자의 진술, 분해패턴 등에 대해 정리 및 해석한다.
- 조사관이 현장에 늦게 도착한 경우 언론 등 미디어는 초기 영상이나 사진을 갖고 있기 때문에 언론매체를 확인하여야 한다.
① **화재정보** : 화재를 동반한 사고에 대한 보고서는 발화원, 연소확대, 소화약제와 장비의 형태, 수량 효용성을 포함하여 검토
② **비상탈출 정보** : 항공기로부터 피난이 요구되었는지 여부와 비상구가 효과적으로 작동되었는지 여부, 피난에 장애가 발생한 경우 화재장소 및 구조손상과 같은 요인들의 식별 등의 정보는 승무원, 승객 그리고 목격자와 면담하여 작성
③ **기상정보** : 사고 시각의 기상조건을 확보, 비상구 위치 및 사용과 결합된 조건은 객실 내부 화재확산을 확인할 수 있음
④ **공항소방대의 정보** : 소방대의 초기연소상황, 화재진압장비의 형태, 대응시간, 사용된 소화약제
⑤ **의학정보** : 사상자의 분류 및 수송정보를 파악
⑥ **운항정보** : 음성녹음 및 항공기 비행기록은 화재조사에 가장 큰 도움이 됨에 유의

(9) 항공기 화재조사 요령

① 목격자의 진술은 항상 철저하게 평가하고 잔해조사를 통하여 밝혀진 증거와 목격자 진술의 상관성을 검토한다.
② 기내화재를 당한 부분은 지상화재에 의한 것보다 훨씬 심각하게 탄화됨에 유의한다.
③ 기내화재는 금속부분이 연소되어 매우 고온이며, 지상화재보다 적은 금속잔유물을 남기며 용융된 금속 축척물 흐름방향 분석은 기내화재를 지상화재로 구분하는 데 도움을 준다.
④ 충격으로 인한 껍데기의 금속표면에 접힌 부분은 조심스럽게 따로 분류될 수 있고 접힌부분 내부의 금속이나 도료에 묻은 연기와 그을음은 기내화재 증거가 될 수 있는 반면, 주름내부 깨끗한 표면은 사후 충격화재의 가능성을 나타낼 수 있다.
⑤ 기내화재의 연기와 그을음 형태는 기류를 따르며, 자유구역은 리벳과 껍데기 이음새로 하강류를 발생시킨다.
⑥ 외부공기를 유입하는 난방 및 환기시스템의 내부 표면은 연기나 그을음 흔적을 조사한다.
⑦ 물질이 연소되면서 발생한 그을음과 잔유물들은 화학분석을 위하여 가능한 많은 지역에서 번호를 표시하여 수집한다.
⑧ 조사를 시작하는 가장 논리적인 방법은 지상화재에 기인하지 않은 부품을 찾아 그것들을 기내화재 증거로 조사하는 것이며, 그 증거로는 연기, 그을음, 열, 변색, 까맣게 탄 밀봉재, 금속 등이다.
⑨ 기내화재의 긍정적 표식과 같은 증거를 고찰하기 전에 조사관은 많은 정상적인 모양에 대한 정보를 취득하고 상호구별할 수 있어야 한다.
⑩ 열변색은 시간과 온도 모두 연관된 함수이므로 조사하는 과정에 잘못된 결론에 도달할 수 있는데 낮은 온도에서 장시간 노출이나 고온에서 단시간 노출에서 열변색을 야기할 수 있다. 예로서 316℃에서 260분간 노출된 티타늄의 변색은 538℃에서 15분간 노출된 것과 같은 결과를 나타내는데 이 정보는 특정 온도범위 내에서뿐만 아니라 대부분 다른 금속에도 적용된다.

(10) 항공기 사고조사의 협력

① 개 요
  ㉠ 국제민간항공에 관한 시카고 협약의 체약국인 대한민국은 공항 내·외에서 발생한 민간항공기와 관련된 사고를 조사할 책임이 있다. 사고조사의 주된 목적은 미래의 사고를 예방하는 차원에서 사고원인을 규명하는 것이다.
  ㉡ 공항 및 그 부근지역에서 발생한 항공기 사고에 관한 조사는 항공철도사고조사위원회운영규정, 국제민간항공기구 부속서 13(항공기 사고조사)에 의거 시행하며, 공항 내에서 항공기 사고 및 준사고 발생 시 현장보존은 항공철도사고조사위원회 사고조사단장의 지휘에 따라야 한다.

② 사고조사를 위한 현장보존
　㉠ 기체나 시신을 이동시킬 필요가 있을 경우에는 사전에 현장을 촬영하여 현장의 위치나 상태를 사고조사관에게 보고토록 한다.
　㉡ 통제지역을 설정하여 허가받은 관계자만이 출입하도록 보안조치를 취해야 한다.
　㉢ 사고 및 사고조사에 관련된 자는 반드시 국토교통부장관의 허가를 득한 후 사고 및 사고조사의 내용을 공개해야 한다.
　㉣ 사고와 관련, 현장에 출동한 모든 인원은 가능한 한 사고조사관이 도착할 때까지 항공기 기체와 시신 등을 원상태로 보존하여야 한다. 다만, 다음의 경우는 인명구조 및 재산확보를 위한 차원에서 사고조사관의 동의를 얻어 이동을 요청할 수 있다.
　　• 사상자 구조 및 동물, 우편물, 귀중품 이동
　　• 화재 또는 기타 원인에 의한 파괴로부터 잔해 보호
　　• 기타 항공기의 운항에 방해가 되거나 폭발 등의 위험이 있을 때
　　• 항공기가 해상에 추락하여 안전한 장소로 이동이 필요한 때
　　• 기타 현장보존이 곤란할 때(지상의 흔적이나 부패하기 쉬운 물품 등은 기록 촬영 등의 방법으로 보존)

③ 항공·철도사고조사위원회(사고조사관)
　㉠ 사고 관계자를 소환하여 조사하고, 사고조사를 위해 필요한 책자, 서류, 문서 등 각종 정보를 제공토록 요구할 수 있고, 조사가 완료될 때까지 동책자, 서류, 문서 등을 보관할 수 있다.
　㉡ 조사관이 관련이 있다고 판단한 모든 사람들로부터 진술서를 징구할 수 있으며, 그들이 작성한 진술서가 진실임을 확인하기 위해 서명을 요구할 수 있다.
　㉢ 사고와 관련된 항공기와 사고 발생 현장에 접근하고 조사하며, 이를 위해 조사가 진행 중인 동안 항공기, 부품 또는 장비 등을 현상태로 보존할 것을 요구할 수 있다.
　㉣ 기체나 부품 또는 항공기 내부에 포함된 모든 증거의 보존을 위해 조사, 이동, 시험 등의 조치를 취한다.
　㉤ 조사 목적을 위해 조사관의 출입은 제한을 받지 아니한다.
　㉥ 증거보존을 위한 조치를 취한다.

④ 공항공사
　㉠ 항공기 사고 발생 시 화재진압 및 2차 화재 또는 폭발을 방지조치
　㉡ 필요할 경우, 사고현장에서의 증거물 수색 작업 시 인력을 지원
　㉢ 경찰의 현장통제 업무를 지원
　㉣ 외부 지원기관의 출입통제업무를 수행
　㉤ 기타 사고조사관의 요구 사항을 지원

⑤ 사고 항공사
　㉠ 최단시간 내에 비행자료기록장치와 조종실 음성기록장치의 전원을 차단하기 위해 기술자를 파견한다.
　㉡ 사고조사관의 사고 항공기 승무원 조사 및 생존자 면담을 지원한다.
　㉢ 조사반장과 다음 사항을 협의하기 위해 임직원을 파견한다.
　　• 사고 항공기에서 화물 및 수하물의 이동을 위한 허가를 득한다.
　　• 사고 항공기에 탑재된 문서와 사고 항공기 관련 정비기록을 제공한다.
　　• 기술적 조사를 지원한다.
　　• 기타 사고조사관이 요구하는 업무를 지원한다.

⑥ 공항경찰대
  ㉠ 사고현장에서 사망자를 후송하기 전 사진 촬영을 한다.
  ㉡ 목격자와 그들의 진술에 관한 정보를 사고조사관에 제공한다.
  ㉢ 사고현장에 대한 통제선을 설치하고, 혼란·분실 또는 추가손상으로부터 잔해와 내용물을 보호한다.
  ㉣ 잔해 및 부품 등을 찾기 위한 사고현장 수색 시 인력을 지원한다.

3 선박화재 감식

(1) 개 요
① 선박화재는 고가의 선박과 적재된 화물 그리고 여객과 선원들의 생명과 재산을 바닷속으로 침몰시킬 수 있는 선박운항상 장애요인이라 할 수 있는데, 대개 화재발생 원인을 보면 화물의 특성상 자연발화와 선원들의 부주의로 발생하는 인위적인 경우가 크다 할 수 있다.
② 선박화재는 발화물과 발생장소에 따라 약간의 차이는 있으나, 순식간에 선박전체로 화재가 확산되어 선박기능을 상실시킨다.
③ 외부로부터 고립된 해상에서 육상으로부터 쉽게 지원받을 수 없는 특성 때문에 선박화재는 엄청난 인명과 재산손실을 초래할 것이다. 선박의 구조는 전도가 빠른 강재로 되어 있어 화염으로 전도된 벽과 바닥은 화재진압에 있어서 매우 어렵고 위험한 작업이 된다.
④ 특히 부두에 계류 중인 경우는 다른 선박으로 확산되어 화재규모가 육상 건물화재와 같이 대형화재로 전개될 수 있을 것이다.

(2) 선박의 종류
① 선박의 재료에 따른 분류
  ㉠ 목선(wooden ship) : 목재로 만들며 각 부재의 접속과 연결만 금속을 사용함. 길이 60M, 총톤수 300톤 전후가 최대임
  ㉡ 강선(Steel ship) : 철이 80% 재료로 동일 강도의 선박 건조 가능. 가공이 용이하며 대형선 건조에 이용됨
  ㉢ FRP선 : 형틀 위에 유리섬유를 적층하여 만드는 유리섬유 강화 플라스틱배
  ㉣ 경금속선(Light metallic ship) : 강도 대비 비중이 낮아 초고속선 건조 등에 활용

② 사용목적에 의한 분류
　㉠ 상선 : 해상수송기관의 가장 대표적인 존재로 여객선, 화객선, 화물선, 산적화물선이 있다.
　㉡ 군함 : 전함, 항공모함, 잠수함, 구축함 등과 그것들을 지원하는 잠수도함, 공작함, 부설정 등의 특수함정으로 나누어진다.
　㉢ 어선 : 어선에는 직접 어로에 종사하는 어로선, 통조림을 만드는 공선, 고기를 운반하는 운반어선, 그 밖에 지도선, 조사선, 시험선, 단속선, 연습선 등이 있다.
　㉣ 특수선 : 특수선은 해상의 작업에 사용되는 작업선(예인선, 준설선, 소방선, 해난구조선 등), 특수물자를 나르는 운반선(차량운반선, 급수선, 급유선 등), 그 밖에 단속선, 통선, 진료선, 검역선 등이 있다.
　　• 유조선(Oil tanker) : 정제유선(product tanker), 화학운반선(chemical tanker)
　　• 목재운반선(Lumber carrier)
　　• 액화 석유가스 운반선(LPG)
　　• 액화 천연가스 운반선(LNG)
　　• 냉동선(Refrigerated carrier)
　　• 차량운반선(Car carrier)
　　• 콘테이너선(Container ship)

(3) 선박의 구조
선박의 구조는 3등분하여 선수부, 중앙부, 선미부로 나누어 3도형선을 기본으로 하고 있다.
① 선수부
　㉠ 선박의 구조상 외력을 가장 많이 받는 부분으로 유선형으로 가장 견고하게 설계
　㉡ 닻 작업을 할 수 있도록 양묘기가 설치되어 있고 선수부 계류색 작업 부분
　㉢ 부력을 증가시키기 위해서 현호를 두고 있으며 선수창고로 설계되어 있다.
② 중앙부 : 대부분의 선박은 선수창고 이후부터 거주구역까지를 중앙부라 할 수 있는데 선박의 사용목적에 따라 화물의 적재 목적으로 장치되는 공간이다.
③ 선미부 : 선미부는 최하층에는 기관이 차지하고 있으며 그 위층에는 조타실, 승무원들이 거주할 수 있는 침실과 휴식공간 그리고 선미계류장치가 설치되어 있다.

(4) 선박화재의 특성
   ① 수상에 떠 있는 특수 시설 화재
   ② 석유, 경유, LNG 등 가연물질 및 출화원 존재(기관실)
   ③ 화재 발생 시 신속한 진압활동 곤란
   ④ 피난이 어려워 대량 인명피해 발생 우려
   ⑤ 항해 중 화재가 다수 발생
   ⑥ 모든 부류의 육상화재가 가지고 있는 취약점의 종합적 집합체
      ㉠ 기관실화재의 경우 : 지하실 화재
      ㉡ 위험물 운반선의 경우 : 위험물 화재
      ㉢ 갑판이 높은 선박의 경우 : 고층건축물 화재

(5) 발화장소별 연소의 특성
   ① 주거구역의 화재
      ㉠ 가연물이 풍부하고 공기의 유동이 자유로움
      ㉡ 화재 발생 시 열기와 연기가 매우 빠르게 전파, 승객들에게 치명적 영향
      ㉢ 대형 여객선이나 유람선은 내부 가구나 커튼 등의 영향
   ② 화물창 화재
      ㉠ 화물창의 화재는 주로 적재 화물에서 발생되어 화물이 매개가 되어 화재가 확대되는 특징
      ㉡ 밀폐공간인 화물창을 성급하게 개방할 경우 산소의 유입으로 화재를 확대
      ㉢ 화물의 종류(기공이 많은 분말, 섬유상 조직 등)에 따라 온도, 습도, 공기흐름 등에 의존하는 자연발화 발생
      ㉣ 자연발화 물질은 그 자체가 갖고 있는 고유 성질의 위험성보다 외부 인자 의존, 적재상태에 대한 고려 필요
   ③ 기관실 화재
      ㉠ 배기관의 고온 노출부, 발전기나 전선의 단락, 배전반과 축전지 등의 접속 단자부 이완, 베어링의 과열 등이 원인
      ㉡ 기본적으로 연료와 윤활유 등 기름을 취급하는 곳
      ㉢ 청결하지 않으면 언제나 작은 불씨에도 착화 가능
      ㉣ 엔진은 장시간 운전 시 고온부, 착화원으로 작용
      ㉤ 발전설비나 조명 등에 이용되는 전기설비는 전선의 절연열화, 과부하 등으로 발화위험 내포
   ④ 취사실 화재
      ㉠ 노출된 불꽃, 연료계통, 전열기, 유지류, 쓰레기 등이 원인
      ㉡ 대형 여객선의 식당은 지상과 유사
      ㉢ 소형 선박과 어선은 좁은 공간 내에서 취사 행위
      ㉣ 화원(火原)과 가연물의 안전거리 확보가 어렵고 조리 후 전열기나 가스렌지 등의 취급상 주의가 필요
      ㉤ 환풍기, 가스 및 전기 조리기구의 사용이나 이들 에너지 공급 시설의 오류, 냉장고 등의 가전기구 또한 화재 위험성 내포

(6) 발화원 유형별 조사
  ① 전 기
    ㉠ 배터리 배선이 금속 고정구에 눌리면서 절연파괴, 합선
    ㉡ 타기 좋은 목재 선체로 확대
    ㉢ 발화지점 바닥 증거물 수집에 노력
  ② 불 티
    ㉠ 선박에는 가연물, 인화물질이나 폭발성 위험물질 많음
    ㉡ 작은 불씨라도 소홀히 관리하면 화재의 위험 높음
    ㉢ 용접작업으로 발생한 불티가 좁은 틈새로 들어가면 작업자가 인지하지 못하는 상태에서 화재로 진행
    ㉣ 가스절단기에 의한 용융물들은 크기가 커서 고온 지속시간이 크고 발열량이 많아 가연물에 접촉되면 착화의 위험이 매우 높음
    ㉤ 작업 위치와 작업 장소, 이와 연결되는 개구부, 최종 불씨의 존재 등의 확인이 필요하다.
    ㉥ 자연발화로 인한 화재 : 셀룰로이드, 생석회함유물, 석탄, 금속나트륨, 카바이드 및 일부 금속가루, 화물 탱크나 기관실 구석에 버려진 기름걸레 등

(7) 선박사고의 조치와 분석방법
  ① 화재사고의 대응절차 : 선박에서 화재가 발생할 경우 대응조치를 순서적으로 나열하면 다음 표와 같다.

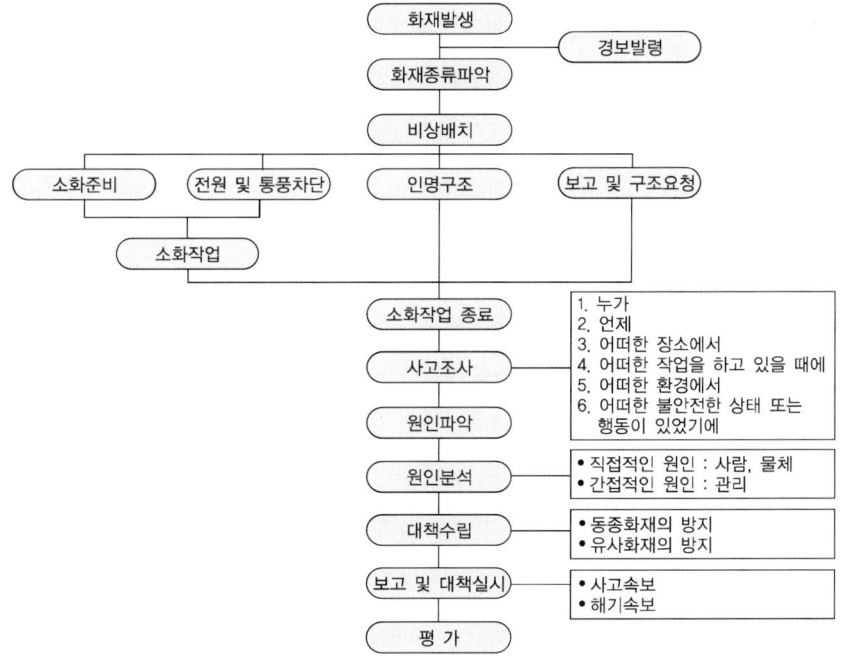

[선박화재의 조치순서]

② 사고조사
　㉠ 사고조사의 목적 : 사고의 원인을 정확히 규명하여 동종 또는 유사 재해의 재발을 방지하는 데 있으며, 피해상황만을 파악하거나 사고 책임자를 색출 문책하기 위함이 아니다.
　㉡ 사고조사 계획 : 치밀한 조사계획을 바탕으로 조사 업무를 추진해 가면 사고의 진정한 모습을 용이하게 밝혀낼 수 있으며 또한 누구나 활용할 수 있는 유효한 자료로써 축적될 수 있다. 기본적인 사항은 다음과 같다.
- 사고조사반의 구성(단독조사금지)
- 조사항목 결정
- 조사방법의 설정
- 조사자료 범위
- 조사 협력기관 또는 협조자 선정
- 종 합
- 검증방법

　㉢ 사고조사 방향의 설정
- 당해 사고에 대한 순수한 원인규명
- 동종사고의 재발방지
- 화재사고 요인색출을 위한 종합적 조사
- 관리·조직상의 장애요인 색출

(8) 선박화재조사방법
① 현장의 보존 : 사고가 발생하면 책임자 또는 관리자는 사고조사를 하면서 현장은 가능한 그대로 보존한다.
② 사실의 수집
　㉠ 사고조사 현장은 변경·은폐되기 쉬우므로 즉시 조사한다.
　㉡ 물적증거와 관계자료를 수집·분석한다.
　㉢ 현장의 기록을 위하여 사진을 촬영한다. 사진은 세부적인 면까지 직접 촬영하도록 한다.
③ 목격자·감독자·피해자 등의 진술
　㉠ 현장 목격자의 협조 등으로 자료를 수집한다.
　㉡ 피해자에게는 정중하게 증언자료를 구하고, 처리가 힘든 특수사고 또는 대형사고 시는 전문가에게 조사를 의뢰한다.

(9) 엔진화재 감식요령
① 엔진 개스킷 오일누설
　㉠ 실린더에 소실흔적 발견
　㉡ 오일 분출 흔적 관찰
　㉢ 가스킷 금속면에 굴곡 관찰
　㉣ 라디에이터 호스 균열이나 냉각수의 보조탱크 뚜껑 관찰

② 배기 매니폴드 과열
　㉠ 엔진실, 배기 매니폴드 주변 소손
　㉡ 라디에이터 서브탱크나 배관피복 등 가연물 관찰
③ 엔진파손
　㉠ 오일비산 관찰
　㉡ 오일팬 내의 오일의 양 흐름, 파편 관찰
　㉢ 오일필터 엘레멘트의 부착 상황 확인
　㉣ 오일엘레멘트 패킹에 변형, 균열 관찰
　㉤ 옛날 패킹 잔존여부 확인
④ 마 찰
　㉠ 풀리의 진동완충용 고무 수손 여부
　㉡ 소손된 V밸트에 느슨 여부, 과부하 확인
⑤ 질문 포인트

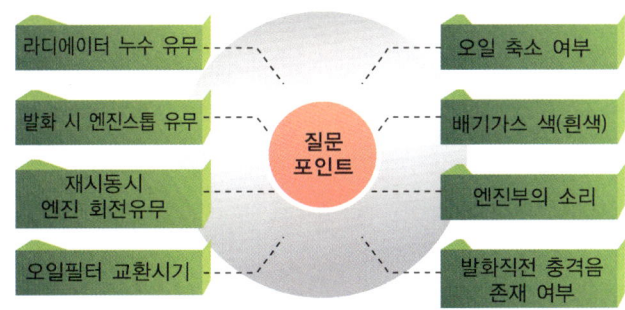

⑥ 감식포인트

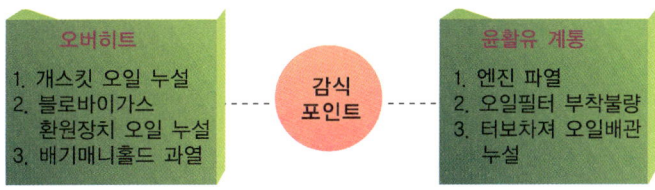

(10) 선박화재조사 시 유의사항
① 왜? 라는 질문에 앞서 어떻게 이루어졌는가에 대한 사실을 수집해야 한다.
② 목격자가 말하는 단정적 표현이나 추측은 사실과 구별하여 참고자료로 하고, 가급적 사고발생 직후 진술을 기록하는 것이 좋다.
③ 사고조사는 책임의 규명에 있는 것이 아니고 사고의 재발방지에 있다는 태도를 확실히 해야 한다.
④ 사고조사 현장의 장기보존은 사고의 재발이 우려되므로 조사는 가급적 짧은 시간 안에 정확한 증거를 수집하는 데 주력해야 한다.
⑤ 부주의, 교육부족 등과 같은 인적요인만을 사실로 수집하고 물적 요인을 놓치는 일이 없도록 해야 한다.

(11) 선박화재조사항목
　　① 사고발생 시간, 장소
　　② 피해자의 신상(성명, 연령, 소속 등)
　　③ 상해정도, 부위 등
　　④ 사고당시 피해자의 모든 행동
　　　　㉠ 피해자의 진술을 기록
　　　　㉡ 사고의 원인행위자의 진술청취
　　⑤ 사고당시 피해재(또는 원인행위자)의 정상 직무수행 상태확인(불안전한 행동, 불안전한 상대, 불안전한 인적요소 등)
　　⑥ 기타 사고관계자의 진술
　　⑦ 관련된 설비, 기구 및 공구의 상태
　　⑧ 안전수칙 준수 여부 및 관리적 요소의 결함
　　⑨ 재산상의 손실액
　　⑩ 기타 필요한 사항

PART 02 출제예상문제

01 다음은 발화원인 판정에 관한 설명이다. 잘못된 것은?

① 화재의 원인을 판정하기 위해서는 화재를 일으킨 물질, 상황, 인적요인을 확인해야 한다.
② 발화지점을 명확히 지정하지 못하고 다른 잠재적 발화지점을 배제할 수 없을 때에도 발화원에 대해 추정할 수 있다.
③ 발화위치가 명백한 경우에는 물리적 증거물이 없더라도 화재원인에 관한 판정을 할 수도 있다.
④ 육안으로 감식한 내용을 화재의 발화원이라고 가정하였을 때 과학적으로 설명할 수 있어야 한다.

해설
② 발화지점을 명확히 지정하지 못하고 다른 잠재적 발화지점을 배제할 수 없을 때에는 발화원에 대해 추정해서는 안 된다.

02 다음 중 초기 가연물의 확인에 대한 설명으로 바르지 않은 것은?

① 가연물의 물리적 형상은 발화능력에 매우 중요한 역할을 한다.
② 표면 대 질량 비율이 높은 가연물은 발화가 훨씬 쉽다.
③ 발화온도가 동일할 경우, 가연물의 표면 대 질량 비율이 높을수록 발화시키기 위해 생성하는 에너지가 크다.
④ 초기 가연물은 발화원의 한계 내에서 발화 가능한 것이어야 하고 화재현장에서 확인하는 것이 매우 중요하다.

해설
③ 발화온도가 동일할 경우, 가연물의 표면 대 질량 비율이 높을수록 발화시키기 위해 생성하는 에너지가 작다.

03 다음 정전기 발생종류가 바르게 짝지어지지 않은 것은?

① 마찰에 의한 발생 : 고체, 액체류 또는 분체류에 의해 주로 발생
② 박리에 의한 발생 : 마찰에 의한 것보다 더 큰 정전기가 발생
③ 유동에 의한 대전 : 액체와 관벽 사이의 경계면에 전기이중층이 형성되어 발생
④ 충돌에 의한 발생 : 액체, 기체, 분체 등이 단면적이 작은 분출구를 통해 공기 중으로 분출될 때 물질과 분출구의 마찰로 발생

해설
④ 분출에 의한 발생 : 액체, 기체, 분체 등이 단면적이 작은 분출구를 통해 공기 중으로 분출될 때 물질과 분출구의 마찰로 발생

04 다음 중 정전기 발생에 영향을 주는 요인이 아닌 것은?

① 분리속도가 빠를수록 정전기 발생량 커진다.
② 접촉면적 및 압력이 클수록 커지고 정전기 발생량도 커진다.
③ 표면이 원활하면 적어지고 기름 등에 오염되면 산화되어 정전기가 크게 발생한다.
④ 두 물체가 대전서열 내 위치가 멀수록 대전량은 작아진다.

정답 01 ② 02 ③ 03 ④ 04 ④

해설
④ 두 물체가 대전서열 내 위치가 멀수록 대전량은 크다.

05 다음은 전기화재에 대한 설명이다. 적절하지 않은 것은?
① 전위(電位)가 높은 곳에서 낮은 곳으로 전하(電荷)가 연속적으로 이동하는 현상을 전류라고 한다.
② 1쿨롱(C)의 전하가 전위차가 있는 두 점 사이에서 이동할 때 하는 일이 1J일 때 1V라 한다.
③ 시간에 따라 크기와 방향이 주기적으로 변하는 전류를 직류(DC)라고 한다.
④ 1A는 도선의 임의의 단면적을 1초 동안 1C(쿨롱)의 전하가 통과할 때의 크기다.

해설
③ 시간에 따라 크기와 방향이 주기적으로 변하는 전류는 교류이다.

06 다음은 전기단위인 쿨롱(C)에 관한 설명이다. 잘못된 것은?
① 1C(쿨롱)은 1A(암페어)의 전류가 1초 동안 흐를 때 이동하는 전하의 양을 말한다.
② 전자는 음의 전하를 가져 전하량이 -1.6×10^{-19}C이다.
③ 전하량이 1C인 물체에는 양성자가 전자보다 $1/(1.6 \times 10^{-19}) = 6.25 \times 10^{18}$개 더 많다.
④ 양성자 한 개와 전자 한 개로 이루어진 원자의 전하량은 1C이다.

해설
양성자 한 개와 전자 한 개로 이루어진 원자의 전하량은 0C이다.

07 다음 중 줄열 발생요인이 아닌 것은?
① 중성선 단선과 같은 배선의 1선단락, 즉 지락(地絡)
② 배선의 반단선에 의한 전류통로의 감소, 국부적인 저항치 증가
③ 전압이 인가된 충전부분에 부도체 접촉
④ 각종 개폐기・차단기 등을 고정하는 나사가 풀려 국부적인 저항이 증가

해설
줄열 발생요인
• 단락이나 지락 등과 같이 전기회로 밖으로의 누설
• 전압이 인가된 충전부분에 도체 접촉
• 중성선 단선과 같은 배선의 1선단락, 즉 지락(地絡)
• 전동기의 과부하 운전 등 부하의 증가
• 배선의 반단선에 의한 전류통로의 감소, 국부적인 저항치 증가
• 각종 개폐기・차단기 등을 고정하는 나사가 풀려 국부적인 저항이 증가

08 다음 중 절연파괴에 대한 설명으로 잘못된 것은?
① 전기가 통하지 않는 절연재에 전기가 통하여 절연이 파괴되는 것이다.
② 도전성 물질의 생성이 적은 무기절연물보다 유기절연물이 탄화하여 도전로 형성이 쉽다.
③ 트래킹 현상과 흑연화 현상은 절연체의 종류에 따라 구분하고 있으나 명확한 구별은 어려움이 있으나 세계적으로는 트래킹에 흑연화 현상을 포함하는 추세이다.
④ 여러 개의 소선으로 구성된 전선이나 코드의 심선이 5% 이상 끊어졌거나 전체가 완전히 단선된 후에 일부가 접촉상태로 남아있는 상태이다.

해설
여러 개의 소선으로 구성된 전선이나 코드의 심선이 10% 이상 끊어졌거나 전체가 완전히 단선된 후에 일부가 접촉상태로 남아있는 상태이다.

09 다음은 은 이동(Silver Migration)의 발생 조건에 대한 설명이다. 틀린 것은?

① 고온·다습한 환경
② 흡습성이 높은 절연물의 존재
③ 장시간 교류전압의 인가
④ 은(도금포함)의 존재

해설
장시간 직류전압의 인가

10 아산화동증식에 대한 설명 중 틀린 것은?

① 구리로 된 도체가 스파크 등 고온을 받았을 때 동의 일부가 산화되어 아산화동이 된다.
② 그 부분이 이상발열하면서 서서히 확대되어 화재의 원인이 된다.
③ 아산화동은 부도체 성질을 가지고 있어 정류작용을 함과 동시에 고체저항이 크기 때문에 국부 부분이 발열한다.
④ 아산화동은 대단히 부서지기 쉬우며 펜치 등으로 가볍게 조여 누르면 유리가 깨지는 것처럼 용이하게 부서진다.

해설
아산화동은 반도체 성질을 가지고 있어 정류작용을 함과 동시에 고체저항이 크기 때문에 국부 부분이 발열한다.

11 다음 전기적 점화원에 대한 설명 중 잘못된 것은?

① 과전류는 줄열이 발생하여 뜨거워진 배선의 피복 등에 착화되어 화재로 진행된다.
② 한번 누전현상이 일어나면 그 부분에 계속 누설전류가 흘러 절연상태가 더욱 악화된다.
③ 부하를 제외한 전선이 서로 직접 접촉하는 경우 많은 전류가 흐르게 되어 접촉부분에 줄열과 아크가 발생하는 현상을 합선이라고 한다.
④ 출화부로 추정되는 접촉불량 개소에 아산화동이 있으면 접촉저항에 의한 발열이 원인이다.

해설
출화부로 추정되는 접촉불량 개소에 아산화동이 없으면 접촉저항에 의한 발열이 원인이다.

12 다음은 통전입증에 관한 설명이다. 잘못된 것은?

① 칼날받이 사이에 습기가 부착된 상태로 사용하게 되면 연면전류가 흘러 탄화 도전로를 형성하게 되고 트래킹 현상 등으로 진행하면 주변의 가연물을 착화하게 된다.
② 광택의 상태, 그을음의 부착이나 변색 상태로부터 "칼날"이 "칼날받이"에 꽂혀 있었는가를 판별한다.
③ 전류회로의 스위치를 끊는 순간 불꽃이 튀는 것은 전류가 급격히 증가함에 따라 스위치의 접점에 큰 유도 기전력이 유발되기 때문이다.
④ 중간스위치, 기구스위치가 타서 없어진 경우에는 손잡이 등의 정지위치, "ON", "OFF" 표시로 판단한다.

해설
전류회로의 스위치를 끊는 순간 불꽃이 튀는 것은 전류가 급격히 감소함에 따라 스위치의 접점에 큰 유도 기전력이 유발되기 때문이다.

13 다음은 전기용융흔과 출화개소에 관한 설명이다. 바르지 못한 것은?

① 통전되어 있는 배선이 화재 열로 인해 배선의 절연피복이 탄화된 후 단락되어 2차적으로 생긴 것을 "열흔"이라고 한다.
② 1차 용융흔과 2차 용융흔을 총칭하여 "전기용흔"이라고 한다. 통전입증에 관계되는 판정은 기기 내부에 발생되어 있는 용흔을 출화원인과 함께 판정할 수 있는 경우도 있지만 전원코드의 단락흔부터 관찰한다.
③ 코드의 2개소 이상에서 전기용흔이 발생되어 있는 경우에는 일반적으로 부하측이 먼저 단락되었다고 볼 수 있다.
④ 1회로에 2개소 이상에서 전기용흔이 발생되어도 그 범위가 한정되어 있으면 출화개소 판정근거로 사용할 수 있다.

해설
① 통전되어 있지 않은 배선이 화재 열로 인해 녹은 것을 "열흔"이라 한다. 통전되어 있는 배선이 화재 열로 인해 배선의 절연피복이 탄화된 후 단락되어 2차적으로 생긴 것을 "2차 용융흔"이라고 한다.

14 화재현장의 배선용차단기를 조사하면서 착안해야 할 설명이다. 잘못된 것은?

① 배선용차단기는 개폐기 손잡이 위치에 따라 동작상황과 통전유무를 알 수 있다.
② 단락 또는 과전류에 의하여 작동하게 되면 손잡이가 OFF로 전원이 차단된다.
③ 화재현장에서 불에 탄 배선용차단기의 핀의 위치를 세밀하게 관찰하면 화재발생 전 통전유무를 판단할 수 있다.
④ 배선용차단기에 의한 화재는 전선과 접속부 위의 나사가 풀려 접촉저항의 증가에 의한 발열 또는 트래킹 현상을 들 수 있다.

해설
단락 또는 과전류에 의하여 작동하게 되면 손잡이가 사진과 같이 ON-OFF의 중간위치에 있는 상태로 전원이 차단되며, 사람이 인위적으로 차단했을 경우에는 OFF로 전원이 차단된다.

15 다음은 연소의 정의 및 조건 등에 대한 설명이다. 적절치 못한 것은?

① 쇠못을 장시간 방치하면 공기 중에 존재하는 산소와 산화반응에 산화철(녹)이 되는데 이 반응도 넓은 의미에서 연소반응이다.
② 연소범위가 넓을수록 일반적으로 폭발의 위험성은 증가한다.
③ 연소반응은 산화반응으로서 가연물, 산소공급원 및 최소점화에너지를 연소의 3요소라 한다.
④ 연소반응이 지속되기 위해서는 가연물을 계속 활성화시켜야 한다.

해설
쇠못을 장시간 방치하면 공기 중에 존재하는 산소와 산화반응에 산화철(녹)이 되는 반응은 산화열이 낮기 때문에 반응을 지속시킬 수 없기 때문에 산화반응이지만 연소반응은 아니다.

16 음의 원소 중 이온화 경향이 크기 때문에 찬물과도 쉽게 반응하여 수소가스를 발생하면서 연소하는 것은?

① 구 리
② 나트륨
③ 마그네슘
④ 백 금

해설
마그네슘은 아주 높은 온도의 물 또는 산과 혼촉 시 수소를 발생하고, 백금은 산과 반응해도 수소를 발생하지 못한다.

17 다음 원소 중 석유류의 주 구성 원소로 최외각에 4개의 전자를 갖는 것은?

① 수 소
② 산 소
③ 탄 소
④ 염 소

해설
석유류의 주성분은 탄소와 수소이며 탄소는 최외각에 전자를 4개 갖는다.

18 물질자신으로부터 발화하는 것이 아니라 전기적 스파크, 불꽃 등의 화원에 의해 착화하여서 연소하는 현상은?

① 자연발화
② 화합발화
③ 인 화
④ 폭 발

해설
① 자연발화 : 물과 습기 혹은 공기 중에서 물질이 발화온도보다 낮은 온도에서 화학변화에 의해 자연발열하고, 그 물질 자신 또는 발생한 가연성 가스가 연소하는 현상
② 화합발화 : 두 종 혹은 그 이상의 물질이 서로 혼합 또는 접촉해서 연소하는 현상
④ 폭발 : 정지상태인 물질이 급격히 팽창하는 현상으로 빛과 소리 혹은 충격적 압력을 수반하고, 순간적으로 연소를 완료하는 현상

19 다음의 자연발화성 물질 중 흡착열이 축적되어 발화하는 물질은?

① 나이트로셀룰로오스
② 활성탄
③ 건 초
④ 금속나트륨

해설
• 분해열에 의해 자연발화 하는 물질 : 나이트로셀룰로오스, 셀룰로이드, 나이트로글리세린 등의 질산에스터제품
• 산화열이 축적되어 발화하는 물질 : 불포화유가 포함된 천・휴지, 탈지면찌꺼기
• 흡착열이 축적되어 발화하는 물질 : 활성탄, 환원니켈
• 중합열이 축적되어 발화하는 물질 : 액화시안화수소, 초산비닐, 아크릴로니트릴, 이소프렌 등
• 발효열이 축적되어 발화하는 물질 : 건초
• 발열을 일으키면서 물질자신이 발화하는 물질 : 금속나트륨, 금속칼륨, 리튬, 금속가루, 황인, 적인, 알킬알루미늄류, 실란, 수소화인
• 물질자신이 발열하고 접촉가연물을 발화시키는 물질 : 생석회, 표백분, 황산, 초산, 클로로술폰산
• 반응의 결과 가연성 가스가 발생해서 발화하는 물질 : 카바이트류

20 다음 중 가연물의 자연발화의 조건과 관계가 없는 것은?

① 열전도도가 클 것
② 열축적이 용이할 것
③ 열발생 속도가 클 것
④ 주변온도가 높을 것

해설
자연발화의 조건으로는 산화, 분해, 흡착, 발효 등에 의해 생긴 열이 축적되어 반응계 내부온도가 발화점에 달해서 연소가 개시되므로 일반적으로 열이 물질 내에 축적되지 않으면 자연발화는 발생하지 않는다. 열의 축적에 영향을 주는 인자는 열전도율, 퇴적방법, 공기의 유동 등이 있다.

21 다음의 식물성 기름 중 자연발화성이 가장 낮은 것은?

① 대두유
② 옥수수기름
③ 참기름
④ 올리브유

해설
식물성 기름은 아이오딘가가 클수록 자연발화성이 증가한다.
대두유 : 124~133℃, 옥수수기름 : 111~131℃, 참기름 : 103~112℃, 올리브유 : 75~88℃

22 다음 아이오딘가에 대한 설명으로 잘못된 설명은?

① 아이오딘가 클수록 자연발화성이 증가한다.
② 아이오딘가란 유지 100g당 첨가되는 아이오딘의 g수를 의미한다.
③ 식물성 기름이 광물유(가솔린 등)에 비하여 일반적으로 아이오딘가가 낮다
④ 아이오딘가가 130 이상인 것을 건성유라 한다.

해설
유지의 주성분은 글리세린($C_3H_8O_3$)과 지방산에스터, 지방산은 포화지방산과 불포화지방산이고, 대부분의 유지는 이들 혼합물이다.
- 유지는 일반적으로 불포화지방산기의 이중결합을 갖는 정도에 따라 산소를 흡수하고, 산화 건조되면 건조성을 나타내는 것으로서 아이오딘가가 큰 유지일수록 산화되기 쉽고, 위험성이 크다.
- 아이오딘가란 유지 100g당 첨가되는 아이오딘의 g수를 의미하며 아이오딘가가 100 이하를 불건성유, 100~130을 반건성유, 130 이상을 건성유라고 한다.
- 유지류는 담체로써 섬유류와 톱날, 금속분, 활성백토 등의 분체 이외에 다공성 물질의 표면에 부착하여서 공기와의 단위체적당 표면적을 증가시켜서 산화가 촉진된다.
- 잠열이 존재하고 대량퇴적 조건하에서는 산화에 의하여 생긴 열이 축적되기 쉬운 상태에 있으므로 한층 산화가 촉진되어 발화되기 좋은 조건을 초래한다.

23 금속 나트륨화재조사 시 가장 간단한 방법으로 리트머스 시험지를 사용한다. 사용한 리트머스 시험지로 어떤 색으로 변색할 경우 금속 나트륨화재라 추론할 수 있는가?

① 노 랑   ② 빨 강
③ 녹 색   ④ 파 랑

해설
나트륨은 물과 반응하여 수산화나트륨(알칼리)이 되기 때문에 리트머스 시험지를 파랑색으로 변색시킨다.

24 다음의 금속 중 물과는 반응하지 않지만 산, 알칼리 모두와 반응하여 발화하고 녹는점이 약 660℃인 것은?

① 철
② 알루미늄
③ 마그네슘
④ 아 연

해설
알루미늄의 성질
- 물리적 성질
  - 외관 : 은백색 분말, 비중 : 2.71(금속), 녹는점 : 658℃, 끓는점 : 2,060℃, 열 및 전기전도도가 크다.
- 화학적 성질
  - 공기 중에서는 표면에 치밀한 산화피막을 만들어 내부를 보호한다.
  - 분말이 공기 중에서 분진폭발을 일으킬 수가 있으며 산화제와의 혼합에 의해 발화 폭발한다.
  - 물과는 반응하지 않고 산, 알칼리, 끓는 물과는 반응하여 발화한다.

25 다음은 황린의 연소특성에 대한 설명이다. 잘못 설명된 것은?

① 황색의 불꽃을 내면서 타고 코, 인후, 눈 등의 점막을 자극한다.
② 녹는점이 낮아서 연소 시에 유동적으로 확산된다.
③ 산화되기 쉽고 발화점이 낮아서 공기 중에 노출되면 자연발화한다.
④ 화학식은 P이다.

해설
황린은 일명 백린으로 화학식은 P_4이다.

26 다음 화학물질 중 물과 반응해도 발열은 하지만 가연성 기체를 발생하지 못하는 것은?

① 산화칼슘
② 칼 륨
③ 나트륨
④ 탄화칼슘

해설
CaO+H₂O → Ca(OH)₂+15.2kcal/mol

27 프로판 1몰을 완전연소시키는 데 필요한 이론적인 산소의 몰수는?

① 1몰
② 5몰
③ 3몰
④ 2몰

해설
C₃H₈+5O₂ → 3CO₂+4H₂O

28 연소를 확대시키는 요인 중 물질을 구성하고 있는 분자 자체의 이동은 없이 인접한 분자에 열에너지를 공급함으로써 계속 열이 전달되어 가는 현상은?

① 비 화
② 복 사
③ 전 도
④ 대 류

해설
물질을 구성하고 있는 분자자체의 이동은 없이 인접한 분자에 열에너지를 공급함으로써 계속 열이 전달되어 가는 현상을 전도(Conduction)이라 한다.

29 플라스틱과 같은 가연성 고체에 열에너지가 제공될 때 분자의 긴 사슬이 절단되어 저분자량의 기체로 되는 현상은?

① 승 화
② 용 해
③ 용 융
④ 해중합

해설
플라스틱과 같은 가연성 고체에 열에너지가 제공될 때 분자의 긴 사슬이 절단되어 저분자량의 기체로 되는 현상은 중합에 대한 반대의 개념으로 해중합이라 한다.

30 다음 물질 중 분진의 발화폭발이 위험성이 가장 낮은 것은?

① 석탄가루
② 알루미늄 분말
③ 밀가루
④ 산화칼슘 분말

해설
최종산화물 형태는 일반적으로 불연성(비폭발성)이므로 산화칼슘(CaO)은 분진폭발의 위험성이 가장 낮다.

31 다음 화학물질 중 제6류 위험물에 속하지 않는 물질은?

① 황 산
② 과산화수소
③ 질 산
④ 과염소산

해설
황산은 산화성 액체로 산소공급원 역할은 하지만 제6류 위험물에 속하지는 않는다.

32 다음 화학물질 중 분해 시 산소를 방출할 수 없어 산소공급원 역할을 할 수 없는 물질은?

① 질산나트륨
② 수산화나트륨
③ 염소산나트륨
④ 질산칼륨

해설
질산나트륨, 염소산나트륨, 질산칼륨 등은 산소산염으로 분해 시 산소가 발생하며, 수산화나트륨은 알칼리로써 분해 시 산소가 발생하지 않는다.

33 물과 습기 혹은 공기 중에서 물질이 자신의 발화온도보다 낮은 온도에서 화학변화에 의해서 발열하고 열이 축적되어 그 물질 자신 또는 그때 발생한 가스가 연소하는 현상은?

① 폭 발
② 자연발화
③ 인 화
④ 화합발화

해설
① 폭발 : 정지상태인 물질이 급격히 팽창하는 현상으로 빛과 소리 혹은 충격적 압력을 수반하고, 순간적으로 연소를 완료하는 현상
③ 인화 : 물질자신으로부터 발화하는 것이 아니라 전기적 스파크, 불꽃 등의 화원에 의해 착화하여서 연소하는 현상
④ 화합발화 : 두 종 혹은 그 이상의 물질이 서로 혼합 또는 접촉해서 연소하는 현상

34 발화점이 낮으며 물과 반응하여 가연성 기체를 발생하고 폭발적으로 연소반응을 하는 물질에 속하지 않는 것은?

① 탄화칼슘
② 칼 륨
③ 탄산칼슘
④ 인화알루미늄

해설
① $CaC_2 + 2H_2O \rightarrow Ca(OH)_2 + C_2H_2$
② $2K + 2H_2O \rightarrow 2KOH + H_2$
④ $AlP + 3H_2O \rightarrow Al(OH)_3 + PH_3$

35 다음 중 자연발화의 위험도가 가장 낮은 것은?

① 함유절삭가루와 걸레를 혼재한 상태에서 공기 중에 방치했다.
② 함유백토를 오랫동안 방치했다.
③ 대두유로 튀김요리를 한 다음 찌꺼기를 방치했다.
④ 가솔린이 침적된 천을 공기 중에 방치했다.

해설
가솔린, 등유, 경유 등의 광물유는 요오드값이 낮기 때문에 자연발화성은 없다.

36 자연발화의 특성에 대한 설명으로 옳지 못한 것은?

① 동식물유의 경우 일반적으로 불포화도가 높을수록 자연발화성은 증가한다.
② 건성유는 요오드값이 130 이상인 유지를 의미하며 자연발화성이 크다.
③ 동식물유는 가연성의 섬유류, 금속분말 등과 혼합된 상태에서는 자연발화성이 일반적으로 증가한다.
④ 가솔린, 등유 등은 인화점이 낮기 때문에 자연발화성이 크다.

해설
- 동식물유의 주성분은 글리세린($C_3H_8O_3$)과 지방산에스터로 지방산은 포화지방산과 불포화지방산이고, 대부분의 유지는 이들 혼합물이다.
- 유지는 일반적으로 불포화지방산기의 이중결합을 갖는 정도에 따라 산소를 흡수하고, 산화 건조되면 건조성을 나타내는 것으로서 아이오딘가가 큰 유지일수록 산화되기 쉽고, 위험성이 크다.
- 아이오딘가가 100 이하를 불건성유, 100~130을 반건성유, 130 이상을 건성유라고 한다.
- 유지류는 담체로써 섬유류와 톱날, 금속분, 활성백토 등의 분체 이외에 다공성 물질의 표면에 부착하여 공기와의 단위체적당 표면적을 증가시켜서 산화가 촉진된다.
- 잠열이 존재하고 대량퇴적 조건하에서는 산화에 의하여 생긴 열이 축적되기 쉬운 상태에 있으므로 한층 산화가 촉진되어 발화되기 좋은 조건을 초래한다.

37 도료를 묽게 해서 점도를 낮추는 데 이용되는 것으로서 액체탄화수소에 초산에스터류, 알코올류, 에스터류 및 아세톤 등이 첨가된 석유화학 제품은?

① 가솔린
② 락 카
③ 시 너
④ 에나멜

해설
- 시너 : 도료를 묽게 해서 점도를 낮추는 데 이용하는 혼합용제로 협의로는 락카시너를 말함(초산에스터류, 알코올류, 에터류, 아세톤 등)
- 락카 : 나이트로셀룰로오스를 주성분으로 하는 도료(질화면도료)로 나이트로셀룰로오스, 수지, 가소제를 배합해서 용제에 녹인 것을 투명락카, 이것에 안료를 혼합해서 유색불투명하게 한 것이 락카에나멜
- 페인트 : 아마인유, 대두유, 오동유 등의 건성유를 90~100℃에서 5~10시간 공기를 불어넣으면서 가열하여 색과 점도를 준 것으로 아이오딘가가 145 이상인 보일유에 안료와 전색제 등을 혼합한 착색도료
- 에나멜 : 일명 바니시페인트로 수지바니시, 유성바니시 등과 각종 안료류와 혼합해서 붓도장, 스프레이도장 등에 적용하도록 제조된 도료
- 바니시 : 천연 또는 합성수지를 건성유와 함께 가열·융합시키고 건조제 등을 첨가한 것으로 용제로 희석시킨 유성니스의 총칭
- 플라이머 : 도장하려는 금속면 등에 최초로 바르는 도막으로 접착성을 좋게 하고 금속재료에 녹방지 효과를 좋게 하는 도료로 초벌도료라고도 함
- 테레빈유 : 소나무과에 속하는 나무줄기에 상처를 내어 침출하는 색소수지를 채취하고 이것을 수증기로 유출시킨 휘발성분으로 증유기 중에 잔유물로써 진을 얻음

38 용매추출이나 증류법과 유사한 방법으로 고정상 또는 이동상의 컬럼에 시료를 통과시키면서 컬럼 내에서 체류시간의 차이에 의하여 시료를 분리하는 기기분석법은?

① X선 회절분석
② 가스크로마토그래피
③ 적외선분광분석
④ 자외선-가시광선분석

해설
용매추출이나 증류법과 유사한 방법으로 고정상 또는 이동상의 컬럼에 시료를 통과시키면서 컬럼 내에서 체류시간의 차이에 의하여 시료를 분리하는 기기분석법을 가스크로마토그래피(GC)라 하며 주로 기체화가 가능한 석유류 분석에 용이하다.

39 다음은 폴리염화비닐(PVC)에 대한 설명이다. 바르지 못한 것은?

① 플라스틱 중 밀도가 가장 낮으며 생산량이 가장 많다.
② 경질 폴리염화비닐은 수도관이나 화학공장용 배관 및 건축 재료로도 사용된다.
③ 범용플라스틱으로써 분자 내에 염소를 함유하고 있기 때문에 다른 플라스틱류에 비하여 난연성이 우수하다.
④ 내산성, 내알칼리성, 내수성이 우수하고 착색이 자유롭다.

정답 37 ③ 38 ② 39 ①

해설

- 구조 및 특성 : 폴리염화비닐

$$[-(CH_2-CH-)_n-]$$
$$\quad\quad\quad\quad\quad |$$
$$\quad\quad\quad\quad\quad Cl$$

염화비닐은 bp가 -14℃로 기체이며 아세틸렌을 원료로 하는 방법과 이염화에틸렌을 원료로 하는 방법이 있다. PVC는 분자 내부에 염소원자를 함유하고 있기 때문에 PE나 PP에 비하여 난연성을 갖고 기계적 물성 또한 일반 플라스틱에 비하여 우수하다.
- 성질 : 염화비닐수지에 가소제를 가하지 않은 것을 경질염화비닐이라 하고 30% 정도의 가소제를 첨가한 것을 연질 염화비닐이라 하며 비중은 1.31~1.45이고 연화온도는 65~80℃이다. 내산성, 내알칼리성 및 내수성이 우수하고 투명하며 착색이 자유롭다.
- 비중이 가장 작은 플라스틱은 폴리프로필렌으로서 0.90~0.92다.

40 유류화재의 일반적인 특성과 거리가 먼 것은?

① 석유류는 전도성을 갖기 때문에 정전기에 의한 화재의 위험성은 매우 낮다.
② 유류화재로 추정되는 현장에서 습득한 증거물의 화학적 조성을 확인하는 데는 일반적으로 가스크로마토그래피 분석법과 적외선 분광분석법을 이용한다.
③ 석유류는 C/H의 비에 따라 초기 연소가스의 색깔의 차이가 있으나 화재 최성기에 산소가 부족하면 연기의 색으로 구분하기는 곤란하다.
④ 가솔린, 등유, 중유 등은 인화점의 차이로 인화의 위험성에 대한 차이는 있지만 일반적으로 일단 연소가 확대되면 발열량의 차이가 거의 없기 때문에 유사한 위험성을 나타낸다.

해설
석유류는 비극성공유결합을 하고 있기 때문에 비전도성 물질이다. 따라서 상호 마찰 등에 의하여 발생한 정전기에 의해서 화재가 발생할 위험성이 크다.

41 다음 행위 중에서 화재를 일으킬 가능성이 가장 높은 것은?

① 칼륨을 석유에터 속에 넣어 둔 채로 보관했다.
② 진한 질산과 아세틸렌을 혼촉시켰다.
③ 황린을 찬물과 접촉시켰다.
④ 알킬알루미늄 저장 시 아르곤 가스를 봉입했다

해설
② 진한 질산과 아세틸렌을 혼촉시키면 질산 속에 있는 산소에 의하여 연소된다.
① 칼륨은 금수성 물질이기 때문에 석유에터(펜탄, 헥산 등) 속에 보관해야 한다.
③ 황린은 발화온도(약 30℃)가 낮기 때문에 물속에 보관한다.
④ 알킬알루미늄은 유기금속화합물로서 가연성 증기 발생을 억제하기 위하여 저장 시 아르곤 가스를 봉입한다.

42 다음의 5대 범용 플라스틱 중 분자 사슬 내에 벤젠링을 포함하고 있어 강도는 우수하나 충격에 민감한 것은?

① 폴리프로필렌
② 폴리에틸렌
③ 폴리염화비닐
④ 폴리스티렌

해설
폴리스티렌은 분자 사슬 내에 벤젠링을 포함하고 있어 강도는 우수하나 충격에 민감하다. 또한 강직성이 크고 값이 싸며 높은 투명도, 높은 굴절률, 맛, 냄새, 독성이 없고 절연성이 높으며 흡습성이 낮고 성형이 용이하다. 단점인 취성을 보완하기 위한 고충격 PS가 개발되었다.

43 다음의 석유화학 물질 중 분자 내부에 산소를 함유하고 있는 것은?

① 톨루엔
② 벤젠
③ 크실렌
④ 크레졸

해설
크레졸[$C_6H_4CH_3OH$], 톨루엔($C_6H_5CH_3$), 벤젠(C_6H_6), 크실렌[$C_6H_4(CH_3)_2$]

44 가연성 기체나 고체를 가열하면서 작은 불꽃을 대었을 때 연소될 수 있는 최저 온도는?

① 착화점
② 연소점
③ 인화점
④ 발화점

해설
③ 인화점 : 가연성 액체나 고체 가열하면서 작은 불꽃을 대었을 때 연소가 시작되는 최저 온도이다.
① 착화점 : 점화원을 부여하지 않고 가열된 열만으로 연소가 시작되는 최저 온도(발화점, 자동발화온도)이다.
② 연소점 : 점화원을 제거하여도 연소가 지속되는 온도로 인화점에 비하여 5~10℃ 정도 높다.

45 다음 중 연소범위가 6~36%인 포화 1가 알코올은?

① 에틸알코올
② 메틸알코올
③ 프로필알코올
④ 에틸렌글리콜

해설
메틸알코올(CH_3OH)은 포화알코올로써 연소범위가 6~36%이고 비점이 64℃이다.

46 다음 중 액체탄화수소의 공통적인 성질과 관계가 없는 것은?

① 이들의 증기는 공기보다 가볍다.
② 상온에서 액체이며 인화가 용이(이연성이며 속연성)하다.
③ 대부분 물보다 가볍고 물에 녹기 어렵다.
④ 증기는 공기와 약간 혼합되어도 연소한다.

해설
액체탄화수소는 탄소수가 5 이상으로 상온에서 액체이며 인화가 용이(이연성이며 속연성)하고, 대부분 물보다 가볍고 물에 녹기 어렵다. 그리고 증기는 공기보다 무겁다. 연소하한값이 낮아 증기는 공기와 약간 혼합되어도 연소한다.

47 다음 중 알칸계(Alkanes) 탄화수소로써 3개의 구조이성질체를 갖는 것은?

① 펜탄
② 프로판
③ 부탄
④ 헥산

해설
펜탄(C_5H_{12})은 구조에 따라 n, iso, neo 등의 3가지 화학적, 물리적 성질이 다른 이성질체를 갖는다.

48 다음 중 3대 방향족 탄화수소에 속하지 않는 것은?

① 벤젠(Benzene)
② 스티렌(Styrene)
③ 크실렌(Xylene)
④ 톨루엔(Toluene)

해설
공업 및 산업용으로 가장 많이 사용되는 3대 방향족 탄화수소는 벤젠(Benzene), 크실렌(Xylene), 톨루엔(Toluene)이다.

정답 43 ④ 44 ③ 45 ② 46 ① 47 ① 48 ②

49 화재 원인을 객관화, 과학화를 위하여 기기분석을 하는데, 이 기기분석법의 장점과 관계가 없는 것은?

① 미량 또는 초미량의 시료도 가능하다.
② 매우 복잡한 시료도 가능하다.
③ 높은 감도의 결과를 얻을 수 있고 믿을 만한 측정값을 얻을 수 있다
④ 기기 사용의 훈련 기간이 짧다.

해설
기기분석법
• 장점 : 신속하며, 미량 또는 초미량의 시료도 가능하고, 매우 복잡한 시료도 가능하며, 높은 감도의 결과를 얻을 수 있고 믿을 만한 측정값을 얻을 수 있다
• 단점 : 반드시 검량(calibration)이 따라야 하고, 감도와 정확도가 대조 기기(reference instrument) 또는 검량을 위해 사용한 습식 분석법에 따라 달라진다. 최종 정확도는 간혹 ±5% 범위에 들며 허용농도 범위가 제한되며 기기 사용의 훈련 기간이 요구되고 고가의 기기 구입비와 유지비가 든다.

50 화학화재조사 시 현장 발굴 전 조사항목과 관계가 가장 먼 것은?

① 제조 혹은 작업공정
② 화재시의 작업상황에 대한 청취
③ 보험의 가입여부
④ 화학물질의 취급상황

해설
현장 발굴 전의 조사
• 현장을 관찰하고 일단의 상황을 파악
• 사정 청취 : 화재 전의 작업상황, 화재 시의 작업상황, 발견, 통보, 초기소화의 상황(화염의 색, 악취, 연소상태)
• 제조 혹은 작업공정
• 취급되고 있던 화학물질의 상황 : 품명, 수량, 성질, 구입시기, 보관방법 등
• 화학물질의 취급상황

51 다음 중 분진폭발에 의해서 화재를 일으킬 가능성이 가장 낮은 것은?

① 석탄분말   ② 황분말
③ 밀가루   ④ 돌가루

해설
비가연성 물질은 분진폭발을 하지 않는다.

52 화학공정 중 액체원료물질을 가열하는 과정에서 폭발적으로 끓어 넘쳐 화재의 원인이 되는 현상은?

① 폭굉현상   ② 돌비현상
③ 증발현상   ④ 폭발현상

해설
돌비현상이란 액체원료물질을 가열하는 과정에서 폭발적으로 끓어 넘쳐 화재의 원인이 되는 현상을 의미한다.

53 유류화재의 일반적인 특성과 거리가 먼 것은?

① 석유류 유도체(유기과산화물, 알코올 등)의 연소형태는 같은 탄소수를 갖는 알칸계 액체탄화수소와 같은 화재양상을 나타낸다.
② 가솔린, 등유, 중유 등은 인화점의 차이로 인화의 위험성에 대한 차이는 있지만 일반적으로 일단 연소가 확대되면 발열량의 차이가 거의 없기 때문에 유사한 위험성을 나타낸다.
③ 유류화재로 추정되는 현장에서 습득한 증거물의 화학적 조성을 확인 시 일반적으로 가스크로마토그래피 분석법과 적외선 분광분석법을 이용한다.
④ 석유류는 C/H의 비에 따라 초기 연소가스의 색깔의 차이가 있으나 화재 최성기에 산소가 부족하면 연기의 색으로 구분하기는 곤란하다.

해설
석유류 유도체 중 같은 탄소수를 갖는 물질도 분자 내부에 함유된 원소(예) 유기과산화물, 알코올 등)에 따라 다른 화재양상을 나타내고 C/H비가 클수록 불완전연소를 한다.

54 다음 중 열경화성 플라스틱에 속하는 것은?
① 폴리염화비닐
② 페놀수지
③ 폴리에틸렌
④ 폴리프로필렌

해설
페놀수지, 에폭시수지, 실리콘수지는 대표적인 열경화성 플라스틱이다.

55 열경화성 플라스틱에 대한 설명이다. 바르지 못한 것은?
① 일단 경화가 일어나면 가소성을 잃는다.
② 화재 시 흡열과정에서 흡수한 열은 표면의 수분증발과 열분해열로 사용된다.
③ 불연성 플라스틱이다.
④ 열분해가스와 주변의 공기와 혼합 또는 확산연소를 한다.

해설
열경화성 플라스틱도 가연성을 갖는다. 단지 용융과정을 거치지 않는다.

56 인화알루미늄이 수분과 반응하여 발생할 수 있는 가연성 가스는?
① 수 소   ② 메 탄
③ 에 탄   ④ 포스핀

해설
$AlP + 3H_2O \rightarrow Al(OH)_3 + PH_3$

57 두 물질을 혼합했을 때 화재가 발생할 가능성이 가장 낮은 것은?
① 적린과 물
② 진한질산과 아세틸렌
③ 과망가니즈산칼륨과 글리세린
④ 과산화수소와 쌀겨

해설
적린의 발화점은 260℃이며 물과 반응하여 발열 또는 가연성 가스를 방출하지 않는다.

58 다음 중 고압가스의 분류(즉 상태, 연소성, 독성)에 대한 설명 중 가장 적절하지 않은 것은?
① 압축가스에는 산소, 수소, 질소, 메탄 등이 있다.
② 불연성 가스에는 질소, 이산화탄소가스 등이 있다.
③ 염소, 일산화탄소, 아황산가스, 암모니아는 독성가스로 분류된다.
④ 액화산소, 액화질소 등은 용해가스로 분류된다.

해설
④ 액화가스이고, 용해가스는 용해아세틸렌가스이다.

59 다음 중 전기의 일반적인 지식으로 바르지 못한 것은?
① 전기는 발열작용, 자기작용, 화학작용이 있다.
② 전기다리미, 모발건조기, 전기장판 등은 전기가열 중 저항가열을 응용한 제품이다.
③ 전자빔 가열을 이용하여 금속이나 세라믹의 가열, 용해, 용접 및 가공 등에 이용할 수 있다.

정답 54 ② 55 ③ 56 ④ 57 ① 58 ④ 59 ④

④ 외부에서 전기장 방향을 교번적으로 인가하면 물질을 구성하고 있는 분자들이 서로 충돌하면서 마찰열을 발생하게 되는데 이것을 유도가열이라 한다.

해설
④ 유전가열에 대한 설명

60 전기화재 이론 중 가장 적절하지 않은 설명은?

① 전기화재를 발생경과로 분류하면 설계 및 구조불량, 취급불량, 공사불량, 경년열화로 구분한다.
② 텔레비전 전원스위치의 수지부가 ON-OFF 할 때 스파크로 흑연화되어 출화한 것은 취급불량 사례이다.
③ 3상3선식의 1선이 조임 부족에 의해 빠져 과전압, 과전류가 흘러 전기기기로부터 출화한 것은 공사불량 사례이다.
④ 커버나이프스위치의 전류퓨즈 대용으로 철선을 사용하여 철선의 발열로 커버에 착화 출화한 것은 공사 불량사례이다.

해설
② 설계 및 구조불량

61 가스 폭발범위에 대한 설명 중 가장 적절하지 않은 것은?

① 순수한 천연가스나 LP가스는 점화원이 있어도 연소나 폭발이 일어나지 않는다.
② 메탄의 연소하한범위는 프로판, 부탄보다 높아서 상대적으로 많은 가스가 누출되어야 폭발이 일어날 수 있다.
③ 메탄의 연소범위는 5~15%이다.
④ 프로판이나 부탄은 연소 하한 범위가 높아 연소나 폭발이 자주 일어날 수 있으나 그 피해범위가 좁다.

해설
프로판이나 부탄은 연소 하한 범위가 낮아 연소나 폭발이 자주 일어날 수 있으나 그 피해범위가 좁다.

62 플라스틱의 연소특성에 대한 기술 중 가장 적절하지 않은 설명은?

① 탄화수소플라스틱은 많은 검정색 그을음과 어두운 불꽃을 생산하며 녹아서 휜다.
② 플라스틱 제품이 필름처럼 충분히 얇다면 얇은 부위는 화염의 방향으로 휘면서 꼬이게 된다.
③ 아크릴섬유는 연소속도가 느리고, 과일향을 내며 푸른 불꽃을 보인다.
④ PVC는 잘 타지 않는 플라스틱의 대표적 예이고, 비닐은 전통적으로 쉽게 연소하지 않는 물질이다.

해설
② 화염의 반대 방향으로 휘면서 꼬인다.

63 분진폭발에 대한 기술내용 적절하지 않은 것은?

① 분진의 발화폭발조건에는 가연성, 미분상태, 지연성 가스 중에서의 교반과 운동, 점화원의 존재 조건이 필요하다.
② 분진폭발은 고속발열반응으로 급격한 부피팽창에 따라 급격한 압력상승이 이루어져 파괴를 동반한다.
③ 분진폭발은 연소속도 및 폭발압력이 가스폭발보다 작으나 발생에너지는 크다.
④ 분진폭발의 경우 완전연소농도의 1~2배 농도에서 폭발압력이 최고에 달한다.

해설
3~4배 농도에서 폭발압력이 최고에 달한다.

60 ② 61 ④ 62 ② 63 ④

64 다음 중 연소의 형태에 대한 연결 중 맞지 않는 것은?

- A : 수소, 메탄, 프로판 등 가연성 가스의 연소
- B : 나프탈렌 및 황같이 상온에서 고체로 있어도 가열에 의해 승화 또는 융해, 증발하는 것의 연소
- C : 목재, 석탄, 종이 등의 고체가연물 또는 지방유와 같은 고비점의 액체가연물의 연소
- D : 저비점의 고체 파라핀, 밀납 등의 연소

① A : 확산연소
② B : 증발연소
③ C : 분해연소
④ D : 표면연소

해설
D는 분해연소

65 다음의 연소이론 중 옳은 것만 연결된 것은?

- A : 온도가 일정할 때 일정량의 압력과 기체에 가해진 그 체적은 서로 역비례 관계이다.
- B : 연소하한계의 농도는 가연성 가스의 분자 연소열과 근사적으로 비례 관계에 있다.
- C : 일반적으로, 가연성 가스는 농도가 일정하게 있는 경우, 압력이 상승하면 연소범위는 넓게 된다.
- D : 연소속도는 가연성 혼합기의 조성이 화학양론적 조성의 2배에 있을 때 최고가 된다.

① A, B   ② A, C
③ A, D   ④ C, D

해설
B는 역비례관계 D는 화학양론적 조성

66 방화현장의 특징으로 옳지 않은 것은?

① 대부분 급격한 연소확대로 연소의 방향성 식별이 곤란하다. 다만 소손규모가 적은 경우는 식별가능하다.
② 연소된 시간에 비해 연소면적이 넓다.
③ 수직재의 경우에도 역삼각형보다는 아래 위가 동일한 폭으로 연소되어 올라가는 경향이 있다.
④ 연소시간, 면적에 비해 탄화심도가 깊다.

해설
연소시간, 면적에 비해 탄화심도가 얕다.

67 다음 중 미소화원에 해당되지 않는 것은?

① 담뱃불
② 제사용 향 또는 모기향
③ 성냥 또는 라이터 불꽃
④ 가스절단기 불꽃

해설
③ 유염화원

68 담뱃불 화재의 감정요령을 설명한 것으로 적절하지 못한 방법은 무엇인가?

① 행위자가 반드시 흡연행위를 했다고 단정하고 조사
② 담배에 의해 착화된 가연물의 존재여부를 확인
③ 화재가 확대되기 위한 가연물이 주위에 있었는가 확인
④ 화재현장의 연소상황을 입체적으로 분석

해설
단정이 아닌 흡연행위의 사실확인이 필요하다.

69 가연성 액체로부터 대량 증발한 증기운이 갑자기 연소할 때 생기는 구상의 불꽃을 무엇이라 하는가?

① 플래시오버
② 보일오버
③ 프로스오버
④ 파이어볼

70 가스기구가 원인이 되는 화재 발생 시 고려되어야 할 사항으로 틀린 것은?

① 2구형 가스렌지의 스위치 축의 방향이 서로 다른 경우에는 사용 중이었던 것으로 판단할 수 있다.
② 가스 중간밸브가 닫힘이면 연소기구로부터의 출화는 부정된다.
③ 휴대용가스렌지 위에 넓은 철판이나 그물을 올려 사용한 경우 용기 과열로 파열하여 출화할 수 있다.
④ 2구형 가스렌지의 스위치 축의 방향이 같은 방향이면 사용하지 않은 경우로 판단할 수 있다.

해설
2구형 가스렌지의 스위치 축의 방향이 같은 방향이면 사용하지 않은 경우이거나 둘다 사용한 경우로 판단할 수 있다.

71 화재감식 시 현장에서 보여지는 용융 금속으로부터 그 부근의 대략적인 화재온도를 파악할 수 있다. 용융점이 높은 것에서 낮은 것으로 올바르게 배열된 것은?

A : 텅스텐
B : 철
C : 구리(동)
D : 알루미늄

① A-B-C-D
② A-C-D-B
③ B-A-C-D
④ B-C-D-A

해설
텅스텐 : 3,400℃, 철 : 1,530℃, 구리(동) : 1,083℃, 알루미늄 : 659.8℃

72 현장감식 방법 중 가연물의 탄화강약에 대한 설명으로 옳지 못한 것은?

① 목재류는 탄화면의 요철(ㄲ)이 많거나 거친 상태일수록 연소가 강하다.
② 목재류는 탄화모양을 형성하고 있는 홈의 폭이 넓고 깊을수록 연소가 강하다.
③ 금속류는 열을 받으면 변색, 용융, 연화 등 변화를 가지는데 수열온도가 높을수록 검은색을 띤다.
④ 도료류는 일반적 연소과정으로 변색, 발포 및 소실이 있다.

해설
금속류는 일반적으로 연소가 강할수록 백색이 된다.

73 연쇄방화의 개념으로 가장 적정한 기술은?

① 세 번 이상 불을 지르고 방화 사이에 특이한 심리적 냉각기를 가진다.
② 두 번 이상 불을 지르고, 불을 지르고 싶은 강한 충동에 의한 방화
③ 스릴을 추구하거나 장난을 위한 방화
④ 두 번 이상 불을 지르고 남근기적 방화범의 특징을 보이는 방화

해설
연쇄방화란 세 번 이상 불을 지르고 방화 사이에 특이한 심리적 냉각기를 가지는 방화를 말한다.

74 다음 석유화재에 관한 설명 중 맞지 않는 것은?

① 액온이 인화점보다 높은 경우에는 액면 상의 증기는 어떤 위치에서 가연 범위에 들어있는 농도영역이 존재한다.
② 액온인 인화점보다 높은 경우의 가장 큰 특징은 맥동적인 화염의 진행이다.
③ 액온이 인화점보다 낮은 경우 연소확대 형식을 예열형 전파라 한다.
④ 저장조 화재의 경우 화염 위에 검은 연기를 포함한 큰 열기류가 생성하는데 이를 프럼(Fire plume)이라 한다.

해설
②는 액온이 인화점보다 낮은 경우

75 다음 표에서 설명하는 전기화재의 원인은?

> 절연물이 수분이나 먼지 등의 존재로 인해 스파크 또는 아크 등의 고온으로 단속적 또는 계속적으로 열이 가해져 그래파이트화하여 출화한 화재를 말한다.

① 스파크
② 단상운전
③ 접촉부 과열
④ 트래킹

76 도시가스 화재의 특성을 설명한 것이다. 바르지 못한 것은?

① 비중이 공기보다 무겁기 때문에 부엌, 목욕탕, 바닥 등 낮은 장소에 체류하기 쉽다.
② 가스누설 사고의 원인은 도로공사, 지하공사, 지반침하, 중량물의 통행에 의한 가스도관의 파손, 균열되어 누설되는 경우와 소비단계에서 연소기구의 불량, 점화(소화)레버 조작의 실수 등으로 옥내에 가스가 누설되는 경우가 있다.
③ 도시가스화재는 현장도착시의 연소상황, 분출음에서 가스도관의 대소, 압력 등을 판단할 수가 있다.
④ 고압도관 및 중압도관이 파손되어 불이 붙으면 강렬한 불꽃을 내면서 연소하며 그 화재의 길이는 8~10m 이상이고 공기를 가르는 듯한 고압기체의 분출음을 낸다. 그러나 저압도관은 분출음이 없다.

해설
①은 LP가스 화재의 특성이다. 도시가스는 공기보다 가벼우므로 누설 시 대기 중에 확산한다.

77 위험물 화재의 일반적 특성이 아닌 것은?

① 연소속도가 빠르며 위험성이 있고 2차 재해의 발생위험이 크다.
② 고열의 발생으로 일반건물 화재보다 연소속도가 빠르고 확대위험이 크다.
③ 유동성이 있고 피해가 확대할 위험성이 크다.
④ 인화점이 높고 연소범위가 넓은 것일수록 위험하다.

해설
인화점이 낮고 연소범위가 넓은 것일수록 위험하다.

정답 74 ② 75 ④ 76 ① 77 ④

78 다음 중 분진폭발을 방지하기 위한 조치사항이 아닌 것은?

① 2차 폭발을 방지하기 위하여 분체를 다루는 장치는 가능한 옥외에 설치하여야 한다. 단, 옥내에 설치된 경우는 폭발생성물이 옥외로 배출되도록 해야 한다.
② 진공청소기를 사용할 때는 모든 금속부분이 접지된 방폭용을 사용해야 한다.
③ 배관 속에 분진이 누적되는 것을 방지하기 위하여 이동속도를 20m/sec 이하로 유지해야 한다.
④ 불필요한 금속조각이 분쇄기에 들어가지 않도록 해야 한다.

해설
배관 속에 분진이 누적되는 것을 방지하기 위하여 이동속도를 20m/sec 이상 유지해야 한다.

79 분진의 폭발성에 영향을 미치는 인자에 대한 설명이다. 바르지 못한 것은?

① 분진의 발열량이 클수록 폭발성이 크며 휘발성분의 함유량이 많을수록 폭발하기 쉽다.
② 분진의 표면력이 입자체적에 비하여 커지면 열의 발생속도가 방열속도보다 커져서 폭발이 용이해진다.
③ 평균 입자경이 작고 밀도가 작을수록 비표면적은 크게 되고 표면에너지도 크게 되어 폭발이 용이해진다.
④ 입자표면이 공기(산소)에 대하여 활성이 있는 경우 폭로시간이 길어질수록 폭발성이 높아진다.

해설
입자표면이 공기(산소)에 대하여 활성이 있는 경우 폭로시간이 길어질수록 폭발성이 낮아진다. 따라서 분해공정에서 발생되는 분진은 활성이 높고 위험성도 크다.

80 보험금 사취를 목적으로 하는 방화의 유형 중 가장 많이 사용되고 있는 방법은?

① 임의로 발화시간의 조장이 가능한 모기향(최장 6시간), 촛불(최장 12시간) 등을 이용 지연 착화시켜 자신의 알리바이를 통해 혐의를 벗으려는 알리바이 주장형
② 발열기구를 이용 방화하는 자기실수 인정형
③ 훼손조장으로 증거를 못 찾게 하는 증거인멸형
④ 가전제품을 이용 방화하는 완전 면피형

해설
③ 가장 많이 사용되고 있는 방법의 증거인멸형은 물적 증거로 방화입증이 불가능한 바 대책이 시급한 실정이며, PL법의 시행과 관련 완전면피형이 우려되고 있다.

81 다음은 유리의 열영향에 의한 형태를 나타낸 것이다. 바르지 못한 것은?

① 낙하방향 – 유리는 수열측의 반대편에 보다 많이 낙하한다.
② 표면의 조개껍질상의 박리 – 조개껍질상의 박리는 고온일수록 많고 깊다.
③ 금이 가는 상태 – 유리는 수열정도가 클수록 작게 금이 간다.
④ 용융상태 – 수열정도가 클수록 용융범위가 많아진다.

해설
낙하방향 – 유리는 수열측에 많이 낙하한다.

82 담배에 의한 화재의 감식요령을 설명한 것이다. 바르지 못한 것은?(단, 출화개소 부근에 있어서 담배 이외의 발화원이 없다는 것을 전제한다)

① 담배에 의해 착화할 수 있는 가연물의 존재를 확인할 것
② 끽연행위의 사실을 확인할 것. 단, 행위자가 특정될 필요는 없으며, 행위자가 반드시 끽연행위를 긍정해야 한다.
③ 행위자의 끽연행위와 착화발염에 이르기까지의 경과시간이 착화물과의 관계에 있어 타당한 연소범위 내에 있을 것
④ 연소상황은 통상 담뱃불에 의한 화재의 초기에 있어서 타는(소손) 특징으로서 착화에서 발연에 이르기까지에 어느 정도의 경과시간이 필요하며, 이 때문에 출화개소에 깊이 타들어간 흔적을 남기는 경우가 많다.

해설
행위자가 특정될 필요는 없으며 행위자가 반드시 끽연행위를 긍정할 필요도 없다.

83 고압가스 중 압축가스에 해당되지 않는 것은?

① 산 소
② 수 소
③ 아르곤
④ 암모니아

해설

분류	고압가스의 종류	비고 (G : 기상, L : 액상)
압축 가스	산소, 수소, 질소, 아르곤, 메탄	• 상태 변화없이 압축 저장하는 가스 • [G→G]
액화 가스	액화석유가스(LPG), 암모니아, 이산화탄소, 액화산소, 액화질소	• 상온에서 압축하면 쉽게 액화되는 가스 (액체상태로 저장) • [G→L]
용해 가스	용해 아세틸렌 가스	• 압축하면 분해·폭발하는 성질 때문에 단독으로 압축하지 못하고, 용기에 다공물질의 고체를 충전한 다음 아세톤과 같은 용제를 주입하여 기체상태로 압축한 것 • [G→G] + 충전제 및 용제

84 다음 화학물질 중 제6류 위험물에 속하지 않는 물질은?

① 황 산
② 과산화수소
③ 질 산
④ 과염소산

해설
황산은 산화성 액체로 산소공급원 역할은 하지만 제6류 위험물에 속하지는 않는다.

85 다음 화학물질 중 분해 시 산소를 방출할 수 없어 산소공급원 역할을 할 수 없는 물질은?

① 질산나트륨
② 수산화나트륨
③ 염소산나트륨
④ 질산칼륨

해설
질산나트륨, 염소산나트륨, 질산칼륨 등은 산소산염으로 분해 시 산소가 발생하며 수산화나트륨은 알칼리로써 분해 시 산소가 발생하지 않는다.

정답 82 ② 83 ④ 84 ① 85 ②

86 LPG의 기본성질 중 틀린 것은?

① 기화 및 액화가 쉽다.
② 공기보다 무겁고 물보다 가볍다.
③ 프로판과 부탄은 액화되면 체적이 약 600배로 증가한다.
④ 연소 시 다량의 공기가 필요하다.

해설
프로판과 부탄은 액화되면 체적이 약 1/250배로 줄어든다.

87 용기별 안전장치가 잘못된 것은?

① LPG 용기 : 스프링식 안전밸브
② 염소 아세틸렌, 산화에틸렌 용기 : 가용전 안전밸브
③ 산소, 수소, 질소, 아르곤 등의 압축가스 : 파열판식 안전밸브
④ 초저온 용기 : 스프링식 안전밸브

해설
초저온 용기는 스프링식과 파열판식 2중 안전밸브이어야 한다.

88 분진폭발의 특징 중 잘못 기술된 것은?

① 화염의 파급속도가 압력의 파급속도보다 훨씬 빠르다.
② 폭발시 인체에 닿으면 심한 화상을 입는다.
③ 최초의 부분적인 폭발에 의해 폭풍이 주위의 분진을 날리게 하여 2차, 3차의 폭발로 파급됨에 따라 피해가 크게 된다.
④ 일산화탄소가 다량 존재하는 경우가 있어 가스에 의한 중독의 위험이 있다.

해설
혼합가스 폭발에 비해 폭발압력의 상승속도가 빠르고 장시간 지속되기 때문에 분진폭발의 파괴력은 상당히 크다.

89 다음은 연소의 억제작용(소화)에 대한 설명이다. 설명이 적절치 못한 것은?

① 분말소화약제는 화학소화뿐만 아니라 방사열을 차단하는 효과도 있다.
② 불활성 기체(아르곤, 질소, 이산화탄소 등)에 의한 소화는 질식소화다.
③ 할로젠 원소 중 소화력이 가장 큰 것은 플루오르(불소)이다.
④ 할로젠 원소나 알칼리금속은 연소 시 발생한 활성중심(유리기, radical)과 반응하여 안정한 화합물을 만들기 때문에 소화효과를 나타낸다.

해설
할로젠 원소의 소화력 세기는 F < Cl < Br < I순이며, 플루오르는 소화효과 보다는 소화약제 분자자체의 안정성을 유지하는데 기여한다.

90 LPG 성질이 아닌 것은?

① 기화 및 액화가 쉽다.
② 공기보다 무겁고 물보다 가볍다.
③ 액화되면 부피가 커진다.
④ 연소 시 다량의 공기가 필요하다.

해설
기본성질
• 기화 및 액화가 쉽다.
• 공기보다 무겁고 물보다 가볍다.
• 액화하면 부피가 작아진다.
• 연소 시 다량의 공기가 필요하다.
• 발열량 및 청정성이 우수하다.
• LPG는 고무, 페인트 등의 유지류, 천연고무를 녹이는 용해성이 있다.
• 무색·무취이다.
• 공업용 및 연구용을 제외한 일반 가정용연료와 자동차용의 가스에는 부취제인 메르캅탄을 첨가하고 있다.

91 리프팅의 원인과 관련이 없는 것은?

① 버너의 염공에 먼지 등의 부착되어 염공이 작아졌을 때
② 공급압력이 지나치게 높을 때
③ 가스 공급량이 과대할 때
④ 공기조절기를 적게 열었을 때

해설
리프팅을 일으키는 원인은?
- 버너의 염공에 먼지 등이 부착하여 염공이 작아졌을 때
- 가스의 공급압력이 지나치게 높은 경우
- 노즐구경이 지나치게 클 경우
- 가스의 공급량이 버너에 비해 과대할 경우
- 연소폐가스의 배출이 불충분하거나 환기가 불충분함에 따라 2차 공기 중의 산소가 부족한 경우
- 공기조절기를 지나치게 열었을 경우

92 발화온도 외에 플라스틱이 갖는 온도에 관한 특징을 설명한 것 중 틀린 것은?

① 발화온도란 물질이 공기 중에서 스스로 연소되기 위한 최소온도를 말한다.
② 서비스온도란 물질의 외형이 바뀔 수 없는 최대온도를 말한다.
③ 녹는 온도란 고체인 물질이 액체로 되는 온도를 말한다.
④ 프로세싱온도란 플라스틱은 열이나 압력에 의해 밀가루 반죽처럼 변할 수 있는 온도를 말한다.

해설
서비스 온도 → 녹는 온도 → 프로세싱 온도 → 발화

93 단일회로상의 전선 수 곳에 나타나 있는 용융흔 중 최초 형성된 부분은?

① 전원측에 가까운 용융흔
② 전원측에서 가장 먼 곳의 용융흔
③ 합선흔이 형성된 중간부위
④ 알 수 없다.

해설
통전상태일 때 전원측에서 먼저 용융흔이 발생되면 가장 먼 부하측에서는 용융흔이 형성될 수 없기 때문이다.

94 금속구조물이 발화부위 반대쪽으로 붕괴되었다면 이유는 무엇인가?

① 금속의 고유한 물리적 특성이다.
② 금속은 열을 받으면 팽창하고 냉각되면 수축되기 때문이다.
③ 연소되지 않은 쪽의 무게가 크기 때문이다.
④ 금속이 열을 받으면 강도가 강해지기 때문이다.

해설
수직으로 서있는 철 기둥의 경우 열을 받아 팽창하면 수열 받은 반대 방향으로 휜다.

95 발화부위 연소 잔해가 비교적 희게 보이는 원인은?

① 비교적 낮은 온도와 충분한 산소공급 하에서 서서히 완전연소되기 때문이다.
② 소화수나 소화재를 뿌려 희게 보인다.
③ 종이류 등 흰색 물질이 덜 연소되기 때문이다.
④ 연소되기 쉬운 물질은 연소 후에 희게 되기 때문이다.

정답 91 ④ 92 ② 93 ② 94 ② 95 ①

96 연소경로가 나타나 있는 흔적의 설명으로 잘못된 것은?

① 목재구조물의 도괴방향에 최초 연소부위가 있다.
② 비교적 검게 탄화된 부분은 화재 최성기에 연소된 부분이다.
③ 벽면에 형성된 'V'자형 연소흔의 하단 정점에 발화부분이 있다.
④ 출입구나 창문에 나타나 있는 역삼각형의 연소흔은 타들어간 형상이다.

97 최초 연소부분을 결정할 때 고려해야 할 사항이 아닌 것은?

① 연소형태와 연소된 물질의 연소성
② 소화과정에서의 살수방법 및 진행과정
③ 관련자의 진술
④ 목격자의 진술과 연소형태의 확인

98 발화부위 가연성재료에 대한 설명으로 잘못된 것은?

① 천연섬유, 목재 등과 같은 가연물에서 발화된다.
② 발화부분은 완전연소로 회화되기 쉬운 가연물에서 시작
③ 합성섬유나 플라스틱과 같은 화학재질은 저온상태에서 작은 점화원에 의해서도 용이하게 착화된다.
④ 초기에 연소되는 가연물의 연소형태는 충분한 산소하에서 연소된 형태를 나타낸다.

99 밀폐공간에서 화염이 존재한 곳의 특징은?

① 비교적 밝은색을 나타낸다.
② 철재구조물은 적색을 나타낸다.
③ 연소된 탄화물에서 표면연소형태를 나타낸다.
④ 연소 잔해가 검게 탄화된다.

해설
밀폐공간의 연소는 산소가 부족하여 불완전연소 되므로 그을음이 많이 발생된다.

100 화재현장의 수열정도는 금속의 용융정도로 가늠한다. 가장 높은 온도에서 녹는 것은?

① 철
② 알루미늄
③ 구 리
④ 강화유리

해설
철 : 1,530℃ > 구리 : 1,083℃ > 알루미늄 : 659.5℃

101 대부분 초기 연소 시 전기배선에서만 단락흔이 나타나는 이유를 설명한 것 중 잘못된 것은?

① 활선상태에서 연소되면 절연피복이 소실되며 단락이 일어나기 때문
② 단락이 일어나면 대부분 차단기가 트립되기 때문에 초기연소부분 이외에서는 단락흔이 식별되지 않게 된다.
③ 화재가 목격된 후 관계자나 소방관이 차단기를 차단시키기 때문
④ 화재감지기가 작동 전원을 차단하기 때문

해설
화재감지기와 전원차단은 아무런 상관이 없다.

96 ④ 97 ③ 98 ③ 99 ④ 100 ① 101 ④

102 동선의 합선(단락)흔에 대한 설명 중 잘못된 것은?

① 국부적으로 용융된다.
② 끝부분이 고드름 형상으로 물방울 형태를 나타낸다.
③ 미세한 용융 방울이 부착되거나 함몰 형태를 나타낸다.
④ 용융 부분과 용융 되지 않은 부분의 경계가 분명하다.

해설
용융 부분과 용융 되지 않은 부분의 경계가 명확하지 않다.

103 무염흔의 특징으로 잘못된 것은?

① 종이류 등 가연물이 회화된다.
② 목재 숯의 균열이 미세하며, 움푹 패여 들어간다.
③ 탄화심도가 깊게 나타난다.
④ 일부원형을 유지하는 가연물 잔해가 발견되기도 한다.

104 220V전압으로 1kW 난방기를 하루에 2시간씩 30일간 사용한다면 소비전력량은 몇 kW 인가?

① 8.2
② 11.2
③ 13.2
④ 15.2

해설
사용한 전력량=소비전력×사용시간
P=220×2×30=13,200W

105 50Ω 저항에 2A 전류를 10분간 흘렸다면 발열량은 몇 kcal인가?

① 14.4
② 28.8
③ 43.2
④ 57.6

해설
$H = 0.24I^2Rt = 0.24 \times 2^2 \times 50 \times 10 \times 60$
$= 28,800 \text{cal}$

106 밀폐공간에서 화염이 존재한 곳의 특징은?

① 비교적 밝은색을 나타낸다.
② 철재구조물은 적색을 나타낸다.
③ 연소된 탄화물에서 표면연소형태를 나타낸다.
④ 연소 잔해가 검게 탄화된다.

해설
밀폐공간에서는 산소부족으로 검게 된다.

107 화재현장에서 알루미늄 소재의 용융형태의 특징은?

① 경사도를 관찰하여 연소 확산 방향성을 식별할 수 있다.
② 알루미늄은 절대 녹지 않는다.
③ 알루미늄은 화재현장에서 관찰할 필요가 없다.
④ 알루미늄과 철소재는 특성이 같다.

해설
알루미늄은 약 660℃에 용융되기 때문에 경사도를 통해 화재현장의 온도를 예측하고 방향성을 유추할 수 있다.

정답 102 ④ 103 ④ 104 ③ 105 ② 106 ④ 107 ①

108 외력에서 파손된 유리측면의 특징은?

① 무늬(방사형 또는 동심원)가 형성된다.
② 곡선형태이다.
③ 매끄러운 형태이다.
④ 불규칙적인 형상이다.

해설
평면유리에 충격이 가해지면 충격의 반대쪽 면에 방사형 방향으로 파괴기점이 나타나고 동심원 방향은 충격면에 파괴 기점이 나타난다. 따라서 파편의 파단면이 방사형인지 동심원인지를 구분하여 리플 마크에서 파괴기점을 알아내면 유리의 외력방향을 알 수 있다.

109 불이 지면과 반대방향으로 V자 형태로 연소 확산되는 이유는?

① 중력을 받는 대기 중에서 불로 인해 더워진 공기가 다른 공기에 비하여 가벼워지기 때문에 중력의 반대방향인 상단으로 상승하고 상승과정에서 사방으로 퍼지면서 역삼각형의 형태를 이루기 때문이다.
② 1항과 같은 연소가 어떤 구획 내에서 일어난다면 공기의 움직임이 없는 상태에서 상승과 하강을 번복한 공기의 순환으로 인해 구획 내 모든 부분으로 열이 전달되지는 않는다.
③ 공기 대신 물속에서 순환이 일어난다면 이것 또한 액체의 움직임에 따라서 열이 전달되는 것으로 물을 담고 있는 열의 이동에 의해 열이 전달되는 것이다.
④ 물질이 이동하여 다른 곳에 열을 전달하는 것을 복사라고 한다.

해설
화재가 발생하면 주위 공기가 뜨거워져 연소가스와 공기는 위로 올라가는데, 더불어 화염도 위로 향하면서 주변으로 확대되기 때문이다.
② 모든 부분으로 열이 전달된다, ③ 열을 담고 있는 물의 이동에…, ④ 대류

110 다음 보기 중 대류열의 전달을 최소화하기 위한 방법으로 가장 적절한 것은?

① 진공상태를 유지한다.
② 상온을 유지한다.
③ 산소를 저감시킨다.
④ 물체간의 접촉이 일어나지 않게 한다.

해설
대류는 액체나 기체에서의 열전달 방식으로 분자가 열을 직접 움직이면서 열을 전달하므로 진공상태에서는 대류에 의한 열전달은 일어나지 않고 복사에 의한 열전달은 일어난다.

111 다음 보기 중 복사열 전달을 최소화하기 위한 방법으로 가장 적절한 것은?

① 표면이 아주 매끄러운 유리로 차폐한다.
② 상온을 유지한다.
③ 산소를 저감시킨다.
④ 물체 간의 접촉이 일어나지 않게 한다.

해설
유리표면의 반사율은 표면의 매끄러운 정도 및 처리된 코팅에 의해 조절될 수 있다. 금속 코팅(metallic coating)은 최대의 반사율을 만든다. 예 표면 거울

112 안전장치 없는 시즈히터 과열의 경우 단락, 특징점이 아닌 것은?

① 발열부가 심하게 변색된 흔적이 관찰될 수 있음
② 발열부가 용융한 형태가 관찰될 수 있음
③ 전선의 단락흔이 관찰될 수 있음
④ 육안으로는 과열 특징점을 관찰할 수 없음

해설
육안으로도 변색, 용융, 단락흔을 관찰할 수 있고, X-ray 촬영으로 분해하지 않은 상태로 촬영하여 켜짐 및 꺼짐 상태를 확인할 수 있다.

113 발화부를 축소할 수 있는 방법이 아닌 것은?

① 현장 전기배선 경로와 전기적 용융흔의 위치를 파악한다.
② 전체적인 소훼형태를 파악한다.
③ 최초목격자의 진술로만 발화부를 축소한다.
④ 구획 내 화재의 경우 산소유입 조건과 가연물 조건 등을 파악한다.

해설
최초목격자의 진술을 발화부를 축소하는 데 참고할 수는 있지만, 객관적이지 못한 진술로만 발화부를 축소하는 것은 화재원인을 그르칠 수 있는 요인이 되므로 주의해야 한다.

114 전기화재의 원리에 대한 설명 중 옳지 않은 것은?

① 도체 중에 전류가 흐르면 반드시 발열이 수반되는데 이것을 방전작용이라고 한다.
② 공간을 통한 전극 간의 전압이 그 공간의 내전압을 넘는 경우 전극 간의 불꽃을 수반하는 방전이 발생한다.
③ 전기화재는 발열작용 및 방전현상의 이용조건이 극도로 현저한 경우에 발생한다.
④ 전기는 기본적으로 전류의 발열작용으로서 줄열과 방전에 따르는 전기 불꽃에 기인한다.

해설
①의 설명은 발열작용이다. 도체에는 저항이 있기 때문에 전류가 흐르면 열이 발생하는데, 열의 발생량은 전류가 많이 흐를수록 또는 저항이 클수록 크다.

115 전기화재의 주된 요인이 되는 것은?

① 발열작용과 방전불꽃
② 자기작용과 화학작용
③ 화학작용과 발열작용
④ 자기작용과 방전불꽃

116 전기의 도체가 발열(줄열)하여 출화요인이 되는 경우에 해당되지 않는 것은?

① 전선의 허용전류보다 큰 전류를 흘린 경우(과부하)
② 발생한 줄열이 원활하게 발산되는 경우
③ 배선 접속부의 접촉저항의 증가
④ 단상 3선식 전원의 중앙선이 단락된 경우

해설
발생한 줄열이 주변으로 원활하게 발산되면 열축적이 없으므로 출화되지 않는다.

117 다음 중 전기화재를 발생시키는 원인에 해당되지 않는 것은?

① 전기기구의 설계 및 구조불량
② 전기기구의 부적절한 사용
③ 전기공사의 불량
④ 전기기기의 단시간사용

해설
장시간의 전기기기 사용은 전기화재의 원인이 될 수 있다.

118 다음 줄의 법칙에 대한 설명 중 옳지 않은 것은?

① 도체에 전류를 흘렸을 때 발생하는 열량은 전류의 제곱과 도체 저항의 곱에 비례한다.
② 저항은 도체의 길이에 비례하고 단면적에 반비례한다.
③ 도체의 길이가 길고 단면적이 작으면 저항이 커져 발열량은 감소한다.
④ 도체에 발생하는 열량계산식은 $H=I^2R \cdot t[J]=0.24I^2 \cdot [cal]$이다.

해설
도체의 길이가 길고 단면적이 작으면 저항이 커져 발열량은 증가한다.

정답 113 ③ 114 ① 115 ① 116 ② 117 ④ 118 ③

119 화재현장에서 전기의 통전입증 요령에 대한 설명 중 적당하지 않은 것은?

① 부하측으로에서 전원측 방향으로 차근차근 조사한다.
② 부하측의 전기배선에서 단락흔이 식별되면 통전되었음을 의미한다.
③ 플러그가 꽂혀 있는 상태에서 열을 받으면 콘센트의 '칼날받이'가 좁게 닫혀있다.
④ 배선용 차단기의 스위치가 트립(Trip)에 있는 경우 전기적 원인에 의하여 작동한 것을 의미한다.

해설
플러그가 꽂혀 있는 상태에서 탄력성을 잃을 정도로 열을 받아 '칼날받이'가 "열려있는 상태"를 유지한다.

120 가연성 가스나 인화성 액체의 증기, 미세한 분진 등이 폭발하기 위한 최소의 발화에너지는?

① 0.02~0.3[mJ]
② 0.01~0.03[mJ]
③ 0.04~0.6[mJ]
④ 0.07~0.09[mJ]

해설
가연성 가스나 액체의 증기가 공기 중에 최소발화에너지는 약 0.2mJ 정도이다.

121 다음 전열기기별 통전 유·무를 관찰하는 방법 중 설명이 잘못된 것은?

① 백열전구 : 필라멘트의 소실상태(리드선과 접속개소의 용단과 잔존물)
② 네온관등 : 온도조절장치의 ON/OFF스위치의 상태(단락흔, 트래킹)
③ 형광등 : 용융흔(안정기), 단락흔(콘덴서 코일, 케이스 내의 배선, 리드선) 스파크흔(케이스 및 배선)
④ 전기다리미 : 다리미 바닥과 접해있는 부분의 소실상태, 전원코드의 절연 파괴(반단선 및 단락흔 등)

해설
네온관등에는 온도조절장치가 설치되지 않는다.

122 다음 중 차량화재의 원인에 해당되지 않는 것은?

① 배기관이나 엔진부에 가연물의 접촉에 의한 착화
② 브레이크패드의 복원불량, 차축의 베어링손상으로 마찰열에 의한 발화
③ 변속기의 오일부족으로 기어회전 시 마찰열에 의한 주변의 가연물에 착화
④ 기어 및 조향장치의 오작동에 의한 발화

해설
차량의 기어 및 조향장치의 오작동으로는 발화되지 않는다.

123 가스연소기구에 의한 화재로 볼 수 없는 것은?

① 사용 중인 연소기구에 가연물이 접촉되는 경우
② 사용 중인 연소기구의 복사열에 의하여 인접가연물이 착화되는 경우
③ 가스기구의 불량에 의한 불완전연소와 누출로 인하여 폭발하는 경우
④ 도시가스배관의 차단밸브에서 가스누출로 인하여 폭발하는 경우

124 다음 중 가스연소기구의 화재감식요령으로 가장 옳지 않은 것은?

① 기구코크의 개폐상태 및 점화장치를 확인한다.
② 분해하여 외부의 수열에 의한 변색흔을 확인한다.
③ 연소기구 주변을 확인한다(벽체와 거리, 가연물 등 연소상태와 수열흔).
④ 가연물의 접촉으로 인한 변색흔을 확인한다(보호망과 안전망 등의 접촉흔적).

125 다음 중 미소화원이라고 볼 수 없는 것은?

① 담뱃불
② 향 불
③ 비화된 불씨
④ 성냥불

해설
①, ②, ③ : 무염화원
④ 유염화원

126 다음 중 무염(훈소)연소의 연소형태에 해당되는 것은?

① 표면연소
② 분해연소
③ 자기연소
④ 증발연소

해설
① 석탄이나 장작 등의 고체 연료가 먼저 증발연소나 분해연소에 의해 화염을 내며 연소한 후, 잔류 고체 탄소가 적열상태에서 그 표면에 산소가 도달하여 산화 반응하며 화염을 내지 않고 연소하는 것을 말한다.

127 다음 보기 중 무염(훈소)연소의 발화원을 모두 연결한 것은?

ⓐ 담뱃불
ⓑ 용접불꽃
ⓒ 모기향
ⓓ 비화된 불씨
ⓔ 성냥불
ⓕ 모닥불

① ⓐ, ⓑ, ⓒ, ⓓ, ⓔ, ⓕ
② ⓐ, ⓑ, ⓒ, ⓓ, ⓔ
③ ⓐ, ⓑ, ⓒ, ⓓ
④ ⓐ, ⓑ, ⓒ

128 미소화원에 대한 설명 중 옳지 않은 것은?

① 불씨가 매우 작아 인접 가연물로 연소확대 속도는 매우 느리고 많은 시간이 소요된다.
② 처음에는 대부분 무염연소 상태를 유지하다가 적당한 조건이 주어지면 유염연소한다.
③ 초기에는 서서히 완전연소에 가깝게 연소하며, 중반기이후 급격히 연소하면서 불완전연소 하기 쉽다.
④ 출화부위에 발화원의 흔적이 많아 물증을 추적하기가 비교적 쉽다.

해설
④ 출화부위에 발화원이 완전 소실되거나 화재진압 중 훼손되어 물증 확보가 곤란하다.

정답 124 ② 125 ④ 126 ① 127 ③ 128 ④

129 다음 보기 중 담뱃불에 의하여 착화될 가능성이 있는 가연물을 모두 고른 것은?

> ⓐ 가솔린
> ⓑ 도시가스
> ⓒ 종이류
> ⓓ 면제품(방석, 이불, 의류)
> ⓔ 가 죽
> ⓕ 톱 밥
> ⓖ 우레탄폼 방석
> ⓗ 발포스치로폼
> ⓘ 고무부스러기
> ⓙ 카페트(모, 나일론, 아크릴계 섬유)

① ⓐ, ⓑ, ⓒ, ⓓ, ⓔ, ⓕ, ⓖ, ⓗ, ⓘ, ⓙ
② ⓐ, ⓒ, ⓔ, ⓖ, ⓘ, ⓙ
③ ⓒ, ⓔ, ⓕ, ⓘ
④ ⓑ, ⓓ, ⓕ, ⓗ, ⓙ

130 담뱃불에 대한 설명 중 옳지 않은 것은?

① 담뱃불은 불꽃이 없는 무염화원으로써 가연물과 접촉 시 바로 유염착화시키고 조건에 따라 연소가 확대된다.
② 담뱃불은 중심부의 초고온도가 700~800℃이고, 표면의 온도는 200~300℃에 달한다.
③ 풍속이 1.5m/sec 이상일 때 연소성이 가장 좋고, 3.0m/sec일 때 꺼지기 쉽다.
④ 레귤러 사이즈의 담배 한 개피가 연소되는데 걸리는 시간은 수평인 상태에서 13~14분, 수직인 상태에서 11~12분이 소요된다.

해설
유염착화 → 무염착화

131 다음 담뱃불화재의 주요 감식사항에 대한 설명 중 가장 옳지 않은 것은?

① 담뱃불에 의해 착화될 수 있는 가연물을 밝혀낸다.
② 흡연행위와 착화발염에 이르기까지 경과시간이 착화물과의 관계에 있어서 타당한 연소범위 내 있었는지를 조사한다.
③ 화재당시의 기상상황과 발화지점의 통풍 및 당시의 풍속, 선풍기나 송풍기 등에 의한 풍향관계를 조사한다.
④ 행위자가 흡연행위가 있었다는 사실을 반드시 증명한다.

해설
흡연행위가 있었는지를 확인하고 경과시간이 착화물과 상관관계를 분석하는 것이지 반드시 흡연행위 사실을 증명할 필요는 없다.

132 다음 선향(향불) 화재의 주요 감식사항에 대한 설명 중 옳지 않은 것은?

① 화재발생 전 향불 사용상황을 확인하고 착화물과 위치적 접촉사실을 입증한다.
② 착화된 가연물을 확인 후 그 가연물의 착화가능성을 입증한다.
③ 발화지점 내 다른 발화원의 존재 가능성을 연관시킨다.
④ 무염착화에서 발염착화에 이르기까지 경과시간을 입증한다.

해설
향불 화재조사 방법
• 화재발생 전의 향불 사용상황을 확인한다.
• 향불에 의해 착화된 가연물을 확인한 후 그 가연물의 착화가능성을 입증한다.
• 발화지점 내에서 다른 발화원의 존재가능성을 배제해야 한다.
• 무염착화에서 발염착화에 이르기까지의 경과시간을 입증한다.
• 착화물과 향불과의 위치적 접촉사실을 입증한다.

133 무염화원의 일반적인 연소현상에 대한 설명이다. 잘못된 것은?

① 발화부에 소훼물이 깊게 탄화흔적
② 훈소 과정 사이에 타는 냄새가 난다.
③ 심부화재로 나무판자에 구멍이 발견된 경우가 있다.
④ 물증 추적이 용이하다.

134 다음 중 방화광에 의한 방화의 유형에 해당하는 것은?

① 화재보험에 가입 건물, 차량에 대한 방화
② 범죄장소의 사무실, 서류장부에 대한 방화
③ 심리, 정신장애, 마약, 알코올중독에 의한 연쇄 방화
④ 원한, 경쟁관계 등에 의한 방화

135 계획적인 방화로 분류되지 않는 것은?

① 정신이상에 의한 방화
② 이익목적에 의한 방화
③ 정치적 목적에 의한 방화
④ 원한에 의한 방화

136 다음 중 방화의 인정사항으로 가장 타당하다고 볼 수 있는 것은?

① 발화부가 여러 개소이며 화염의 전파흔적이 자연스럽지 못한 경우
② 평소 화기를 취급하는 장소에서 화재가 발생한 경우
③ 화재장소에 물건, 귀중품이 그대로 소실된 경우
④ 발화장소 주변 환경이 화재 전 발화상태에 있었을 경우

137 다음 중 지연착화에 의한 방화의 특이점에 대한 설명 중 적절치 못한 것은?

① 방화행위자가 실화를 위장할 수단으로 사용한다.
② 방화행위자가 도주의 시간을 얻기 위한 수단으로 사용한다.
③ 건물주 자신이 방화할 때는 출입문이나 방문의 시건장치가 잠긴 경우가 많다.
④ 빈집에 침입하여 가스호스의 기밀을 파괴시켜 피해자가 조리기구를 작동하는 순간 화재가 발생하게 한다.

해설
④ 피해자 행위를 이용한 방화의 특이점

138 다음 방화의 일반적인 특징 및 경향에 대한 설명 중 틀린 것은?

① 단독범행이 많으며 야간에 많이 발생한다.
② 인화성 물질, 라이터, 신문지 등의 매개체를 사용한다.
③ 음주를 한 후 실행하는 경우가 많으며 인명피해를 동반한다.
④ 남성에 비하여 여성이 실행하는 빈도가 높다.

해설
여성에 비해 남성의 실행율이 더 높다.

139 다음 방화행위의 배경에 대한 설명 중 적절치 못한 것은?

① 계획적으로 실행하는 경우 가정 또는 친족, 지인 등 가까운 사이에서 다툼으로 갈등이 심화되면서 인화물질, 가스 등을 이용해 불을 지르려고 위험만 하려다 통제가 안 되거나 실수로 착화에 이르는 경우이다.

② 좌절과 실망으로 미래와 기대를 포기하면서 스스로 본인 또는 가족, 주거공간에 불을 질러 스스로 목숨을 끊으려는 방법으로 행하여지기도 한다.
③ 보험금을 노려 경제적 이득을 취하기 위해 건물이나 물건에 방화하는 경향이 있고 주로 제3자를 고용하거나 시간 조절이 가능한 촛불 등을 사용하여 본인의 알리바이를 성립시키는 특징이 있다.
④ 저비점 인화물질을 밀폐공간에 살포 후 착화시키는 경우 사람이 직접 착화시키면 본인 및 다른 사람에게도 화상을 입힐 수 있어서 머리나 손 등의 체모가 탈 수 있다.

해설
① 계획적 → 우발적

140 방화원인의 동기유형 구분에 있어서 보험사기성 방화에 대한 집중 조사사항으로 가장 적절치 않은 것은?
① 보험가입 전후 재정상황이 악화되어 기업을 청산해야 할 형편에 있었는지
② 재고나 유행이 지난 구식·구형의 의류, 기계, 물건이 다량으로 있었는지
③ 건물, 시설물의 법규위반이나 개·보수가 난감한 상태에 있었는지
④ 최근 보험계약자의 가족관계 및 주변의 인간관계가 원만하였는지

141 최근 급증하고 있는 연쇄방화에 대한 우선 조사사항으로 가장 적절한 것은?
① 방화행위자(용의자)의 연고감-지리감-행적조사
② 알리바이(현장부재증명)-행위자 성장환경 조사
③ 목격자-화재 건물 소유자 채무관계 조사
④ 행위자의 이동경로-발화장소 주변인의 원한관계

142 다음 자살방화의 특징에 대한 설명 중 가장 적절한 것은?
① 유서가 발견되지 않으며, 탈출을 시도한 흔적이 식별된다.
② 자살에 실패하였을 경우 실행동기 및 방법에 대하여 심리가 안정되면 구체적으로 진술하는 편이다.
③ 침구류, 가전제품, 창문, 현관문 등에서 파손흔적이 여러 곳에서 발견된다.
④ 행위자 및 상대방의 신체에 방화 전 부상흔적이 식별된다.

해설
자살방화의 특징
- 유류(휘발유, 시너, 등유 등)와 사용한 용기가 존재한다.
- 일회용 라이터, 성냥 등 주변에 존재한다.
- 흐트러진 옷가지 및 이불 등이 존재한다.
- 소주병 등 음주한 흔적이 존재한다.
- 급격한 연소확대로 연소의 방향성 식별이 곤란하다.
- 연소면적이 넓고 탄화심도가 깊지 않다.
- 사상자가 발견되고 피난흔적이 없는 편이며, 유서가 발견되는 경우도 있다.
- 방화 실행 전 자신의 신세 한탄 등 주변인과의 전화통화 사례가 많다.
- 자살에 실패하였을 경우 실행동기 및 방법에 대하여 구체적으로 진술한다.
- 우발적이기보다는 계획적으로 실행한다.

143 화재조사관이 방화원인으로 판단 시 주요 착안사항으로 볼 수 없는 것은?

① 발화부가 일반적으로 평상시 화기를 취급하는 장소에서 발화되고 정상적으로 화염이 확산된 흔적이 식별된다.
② 발화부 주변에서 유류성분이 검출되거나 외부에서 반입한 유류통이 식별될 수 있다.
③ 강도와 절도 등이 관련된 방화일 경우에는 출입문, 창문 등이 개방된 상태로 식별될 수 있다.
④ 최근 다액의 화재보험에 집중 가입되었거나 보험만기가 가까워지고 있었으며, 발화부 주변에서 지연수단으로 이용된 양초흔적이 식별되었다.

해설
평상시 화기를 취급하는 장소에서 정상적 화염확산 흔적의 식별만으로는 방화와의 연관성을 찾기 어렵다.

144 방화원인 판정의 전제조건에 대한 설명 중 부적절한 것은?

① 평소 화기 취급과 무관한 여러 곳에서 발화된 흔적이 식별되었다.
② 평소 사용된 유류통의 위치가 변경되고 발화부에서 연소를 촉진시키는 물질이 발견되었다.
③ 건물수선 중 화재가 발생하였고 확산도구를 인위적으로 사용한 흔적이 식별되었다.
④ 방화성 화재원인 판정에 있어서 다른 발화원인의 배제는 고려사항이 아니다.

145 절연물이 산소 결핍 상태에서 고온의 불꽃에 의해 탄화되어 도전성 물질로 화학적 변화를 일으키는 것을 무엇이라 하는가?

① 접촉불량 또는 아산화동 증식
② 트래킹 또는 흑연화
③ 반단선 또는 과부하
④ 단락 또는 정전기 현상

146 가연물의 연소성에 대한 설명 중 맞지 않는 것은?

① 가연물이 어느 정도 잘 타는가를 나타내는 척도는 발화점, 인화점, 연소범위, 최소착화에너지로 나타낸다.
② 각각은 상호연관성이 없이 독립적이다.
③ 인화점이 높다고 하여 발화점이 높다고 할 수만은 없다.
④ 최소착화에너지가 크다고 하여 반드시 인화점이나 발화점이 낮은 것은 아니다.

해설
최소착화에너지가 작다고 하여 반드시 인화점이나 발화점이 낮은 것은 아니다.

147 전선 등에서 단락되는 전기적 용융흔의 육안식별 특징점이 아닌 것은?

① 국부적으로 녹은 형태이다.
② 장시간 녹은 형태이다.
③ 순간적으로 녹은 형태이다.
④ 녹은 부분과 녹지 않은 부분의 경계가 뚜렷이 구분된다.

해설
② 외부화원에 의한 용융흔의 특징

정답 143 ① 144 ④ 145 ② 146 ④ 147 ②

148 화재조사장비 중 회로시험기에 대한 설명이 틀린 것은?

① 지시계는 다중 눈금이므로 잘못 읽지 않도록 주의해야 한다.
② 측정하기 전에 계측기의 지침이 "0"점에 있는지 확인한다.
③ 측정 위치를 잘 모르면 제일 낮은 레인지에서부터 선택한다.
④ 측정하기 전에 레인지 선택스위치와 시험봉이 적정위치에 있는지 확인한다.

해설
측정 위치를 잘 모르면 가장 높은 레인지에서부터 선택한다.

149 반단선(半斷線)을 올바르게 설명한 것은?

① 소손개소에 접속부가 포함되고, 그 부분을 기점으로 하여 확대된 소손 상황
② 접속부의 용융개소는 한쪽이 강하고, 다른 쪽은 명백히 약한 경우가 많다.
③ 대전류가 흐르는 큰 부하를 갖고 있는 기기 등에 연결되어 있는 경우가 많다.
④ 전선이나 코드가 10% 이상 단선되어 통전로인 단면적이 감소된 상태

해설
반단선
• 여러 개의 소선으로 구성된 전선이나 코드의 심선이 10% 이상 끊어졌거나 전체가 완전히 단선된 후에 일부가 접촉상태로 남아 있는 상태
• 반단선 상태에서 통전시키면 도체의 저항치는 단면적에 반비례하므로 국부적으로 발열량이 증가하거나 스파크가 발생하여 피복이나 주위 가연물에 착화되어 출화
• 반단선에 의한 용흔은 단선부분의 양쪽, 금속에 의해 절단된 단선에서는 전원측에만 발생

150 코일의 층간단락(層間短絡)으로 발생한 현상을 올바르게 표현한 것은?

① 에나멜 동선의 미소이나 경년변화에 의한 절연열화가 생기는 경우
② 코일 제조단계에서부터 과전류나 제품 불량 등 자체 요인으로 발생하는 경우
③ 전동기의 코일 상호간이 접촉되어 링회로를 형성한 후 발열되어 발화한 현상
④ 모터, 안정기 등의 코일에 절연피복을 하는 것은 어려운 기술이다.

151 무염화원의 일반적인 연소현상에 대한 설명으로 적절치 못한 것은?

① 발화원이 장시간 훈소하여 타기 쉬운 가연물에 대한 연소과정에서 타는 냄새가 난다.
② 기둥, 벽 등 일부가 타서 소락되거나 가늘어지기도 하며, 나무판자에 구멍이 나는 수도 있다.
③ 발화장소에 발화원이 소실되거나 진압과정에서 남는 경우가 적어 물증추적이 일반적으로 어렵다.
④ 무염화원은 에너지량이 많아 표면적으로 급격하게 연소되는 특징을 보인다.

152 담뱃불의 점화원으로서의 특징이 아닌 것은?

① 대표적인 유염화원
② 이동가능한 점화원
③ 필터와 몸체로 구성(가연성이 존재)
④ 화인의 제공 개연성이 존재(인적행위)

해설
대표적인 무염화원

153 담뱃불 화재에 대한 감식요령에 대한 설명 중 틀린 것은?

① 담뱃불에 의해 착화될 수 있는 개연성을 밝혀둔다.
② 무염 착화가 가능한 가연물은 축열 조건에 따라 발화여부가 결정되므로 주변 용기, 휴지통, 가연물, 공기의 공급, 풍향 등의 축열 조건을 입증한다.
③ 흡연행위와 착화 발염까지 경과시간은 착화물과 상관관계가 없다.
④ 초기연소의 특징이 착화에서 발염까지 일정시간이 소요되므로 발화지점에서 깊게 타들어간 흔적을 관찰한다.

해설
흡연행위와 착화 발염까지 경과시간은 착화물과의 관계(가연성, 위치, 상태)와의 타당성을 입증한다.

154 무염화원의 연소현상을 설명한 것이다. 옳지 않은 것은?

① 짧은 시간 화염과 접촉하고 있어 발화부에 깊은 탄화흔이 식별된다.
② 발화원이 장시간 훈소하여 연소과정 사이에 타는 냄새가 난다.
③ 발화장소에 발화원이 소실되거나 진압과정에서 남는 일이 없어 물증 추적이 곤란하다.
④ 기둥 벽 등의 일부가 타 떨어지거나 가늘어지기도 하며 두꺼운 나무판자에 구멍을 내는 경우도 있다.

해설
장시간 동안 화염과 접촉하고 있으므로 발화부의 소훼물이 깊게 탄화하여 타들어가는 연소현상이 식별된다.

155 전선의 용융흔적 중 발화의 원인이 된 합선의 경우 그 흔적을 (   ), 화재로 인해 피복이 소실되면서 발생한 합선흔적을 (   ), 화염의 열기에 의해서 용융된 흔적을 (   )이라 부른다. 빈칸에 알맞은 것으로 짝지은 것은?

① 열흔, 1차흔, 2차흔
② 1차흔, 2차흔, 열흔
③ 열흔, 2차흔, 1차흔
④ 2차흔, 1차흔, 열흔

156 다음은 아이오딘가에 대한 설명이다. 잘못된 설명은?

① 식물성 기름이 광물유(가솔린 등)에 비하여 일반적으로 아이오딘가가 낮다.
② 아이오딘가란 유지 100g당 첨가되는 아이오딘의 g수를 의미한다.
③ 아이오딘가 클수록 자연발화성이 증가한다.
④ 아이오딘가가 130 이상인 것을 건성유라 한다.

157 전기풍로의 전기화재조사 요점이 아닌 것은?

① 스위치 접점의 접촉 불량에 의한 발열
② 가연물의 접근 또는 접촉에 따른 복사열
③ 통전 방치에 의한 근접 가연물의 착화
④ 사용된 발열체 또는 발열선의 재질

158 백열전구의 유리관 속에 소량의 질소, 아르곤을 주입하는 이유는?

① 산화방지
② 확산방지
③ 발열방지
④ 흡열방지

정답 153 ③ 154 ① 155 ② 156 ① 157 ④ 158 ①

해설
아르곤가스를 봉입한 이유는 텅스텐 필라멘트와 화학반응하지 않은 불활성가스를 넣어 고온에서 발광하는 필라멘트의 증발·비산을 제어하여 수명을 길게 하기 위해서이다.

159 전기세탁기 화재가 발생했을 때 전기화재의 조사요점이 아닌 것은?

① 전동기의 층간단락 유무
② 콘덴서의 절연열화 상태
③ 전기배선의 단락 유무
④ 빨래의 건조 상태

160 저항이 50Ω인 전구에 220V의 전압을 주었을 때 전류의 세기는?

① 2.2A
② 4.4A
③ 6.6A
④ 8.8A

해설
$I = \dfrac{V}{R} = \dfrac{220}{50} = 4.4$

161 저항이 1500Ω인 다리미에 전압 220V를 주었을 때 소비전력 몇 W인가?

① 22.34
② 32.34
③ 42.34
④ 52.34

해설
$I = \dfrac{V}{R} = \dfrac{220}{1,500} = 0.147A$,
$P = VI = 220 \times 0.147 = 32.34$

162 220V 전기회로에 각각 저항 4Ω과 6Ω을 직렬로 연결하였을 때 전류는 몇 A인가?

① 11
② 22
③ 15
④ 33

해설
직렬연결이므로 $R = 10\Omega$, $I = \dfrac{V}{R} = \dfrac{220}{10} = 22$

163 정격소비전력이 2kW인 전기히터를 6시간, 1kW인 다리미를 4시간, 0.5kW인 전기장판을 4시간 사용하였다. 이때 전체 소비전력량은 얼마인가?

① 12kW
② 15kW
③ 18kW
④ 21kW

해설
사용한 전력량=소비전력×사용시간
P=(2,000×6)+(1,000×4)+(500×4)=18,000W

159 ④ 160 ② 161 ② 162 ② 163 ③

제3과목

증거물관리 및 법과학

Chapter 01 증거의 종류
Chapter 02 증거물 수집·운송·저장·보관·검사
Chapter 03 사진촬영·비디오 녹화 및 녹음
Chapter 04 화재와 법과학
출제예상문제

많이 보고 많이 겪고 많이 공부하는 것은 배움의 세 기둥이다.

– 벤자민 디즈라엘리 –

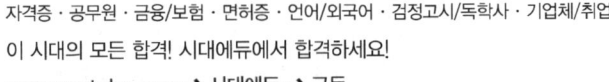

CHAPTER 1 증거의 종류

제1절 물적증거의 형태

1 물적증거의 정의 13

- 물적증거는 특정한 사실이나 결과에 대해 입증 또는 반증을 가능하게 하는 손으로 만질 수 있는 물적인 품목을 말한다.
- 화재패턴, 연기와 검댕의 부착, 찌그러짐, 용융, 변색, 물성의 성질 변화, 구조물의 붕괴 등 여러 가지 형태로 나타난다.

2 물적증거물의 종류 13 15 18 22

- 범죄의 배경이 될 수 있는 법의학 증거 : 무기, 체액, 발자국 등
- 방화와 관련된 증거 : 인화성 액체 및 용기, 지연 착화도구 등
- 화재현장과 주변에서의 잠재적인 증거 : 물리적 구조 및 내용물, 인공증거물(Artifact), 발화된 물질이나 화재형태(Fire Pattern)가 나타난 물질 등

> **⊕ Plus one**
>
> **증거물의 종류**
> - 인적증거 : 사람의 진술내용, 증인의 증언, 감정인의 감정
> - 물적증거 : 물건의 존재나 상태, 사진과 비디오 등 영상물
> - 서증 : 증거서류와 증거물인 서면
> - 전문증거 : 자신이 꼭 직접 인지한 사실이 아니라 다른 사람이 말한 것에 대한 증거로서 다른 사람의 신뢰성에 의존하는 증거 13

3 물리적 화재형태를 증거 이용 14

- 화재 후 남아 있는 가연물의 탄화, 산화, 소모량 등 물리적 영향을 측정할 수 있음
- 화재패턴을 해석 : 방화도구나 실화원인과 같은 잠재적인 발화원인을 추론할 수 있음
- 화재의 이동경로 등을 통하여 발화지점, 발화기기, 최초착화물 등을 추론할 수 있음

4 물적증거물의 형태

구 분	연소형태
특 징	화재의 물적증거는 연소환경에 따라 달라지고 연소 후의 잔해형태도 달라짐
연소형태	완전 연소된 회화형태, 숯과 같은 탄화형태
화재현장의 가연물 형태	• 불연재의 수열형태 : 시멘트 벽, 철근 등 • 용융되는 열변형 형태 : 플라스틱류 등 • 목재와 같은 연소형태 : 탄화 • 오염형태 : 그을음 등 • 깨진유리형태 : 방사형, 4각형, 균열

5 가연성 액체 및 용기

(1) 특 성

알코올이나 석유, 휘발유 등 인화성 물질은 장판, 마루, 카펫 등에 뿌려지는 경우 바닥에서의 연소특성상 인화성 물질이 뿌려진 부위만 연소하거나 심한 연소흔적을 남기는 증거의 특성이 있다.

[볼링장 레인의 심한 연소형태]

[비닐장판의 인화물질면의 부분연소]

[카펫의 인화물질에 의한 연소형태]

(2) 유류의 물적 화재패턴 13 14 18 19 21

- 고스트마크
- 스플래시패턴
- 틈새연소패턴
- 낮은연소패턴
- 불규칙패턴
- 퍼붓기패턴 - 포어패턴
- 도넛패턴
- 트레일러에 의한 패턴
- 역원추형패턴 - 삼각형태

6 깨진유리

(1) 충격에 의한 파손형태 15 18 19 22

구 분	내 용
원 인	유리가 물리적 충격에 의해 깨질 경우 발생하는 형태
특 징	• 방사상(放射狀, Radial)과 동심원(同心圓, Concentric) 형태 • 파손면에 리플마크, 월러라인, 헥클라인 생성
화재감식	• 리플마크는 충격방향을 나타내므로 창문의 파괴형태 관찰로 탈출을 위한 내부에서의 충격에 의한 파손인지, 소방관에 의한 외부에서의 파손인지 혹은 오염상태로 보아 화재 전·후인지를 파악할 수 있음 • 유리 균열흔은 외부압력의 방향을 감식하여 화재진행 경로의 지표로 활용할 수 있음

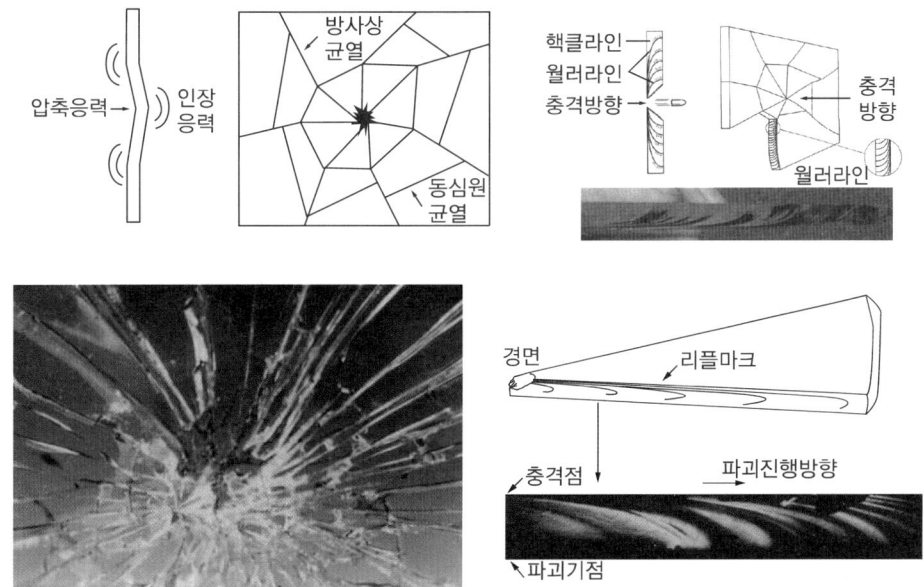

[충격에 의한 파손형태]

⊕ Plus one

- **방사상으로 깨지는 원인** : 충격 시 앞면은 압축응력이 뒷면은 인장응력이 작용하기 때문(압축강도 > 인장강도)
- **동심원 형태로 깨지는 원인** : 유리로 전달되는 운동에너지가 방사상 균열로 충족될 수 없을 때 동심원 균열이 일어나기 때문
- **리플마크(Ripple Mark)** : 유리의 동심원 파단면 및 방사형 파단면에는 물결 같은 일련의 곡선이 연속해서 만들어지는 것을 말하며, 패각상 파손흔이라고도 한다.
- **Waller Line** : 리플마크 일련의 곡선이 연속해서 만들어지는 무늬로 다음 그림의 점선부분이다.
- **헥클라인(Hackle Line)** : 월러라인의 가장자리에 형성되는 또 다른 거친 균열흔이다.

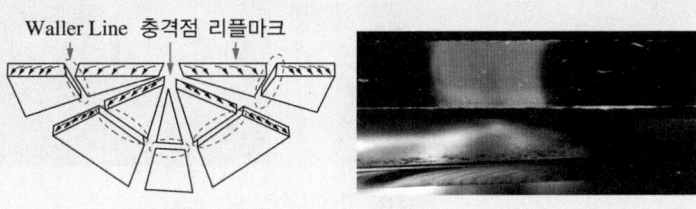

(2) 압력에 의한 파손형태 14

구 분	내 용
원 인	백 드래프트, 가스폭발, 분진폭발 등 같은 급격한 충격파로 파손된 형태
파손형태	평행선모양의 파편형태(4각 창문 모서리 부분을 중심으로 4개의 기점이 존재)
화재감식	• 두꺼운 그을음이 있는 경우 : 폭발 전에 화재가 활발했음을 나타냄 • 그 그을음이 매우 희미한 경우 : 화재 초기에 폭발이 있었음을 나타냄 • 그을음이 전혀 없는 경우 : 폭발 후에 화재가 발생했음을 나타냄

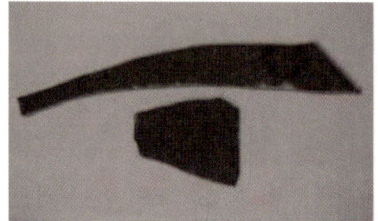

[충격파손유리의 해석]

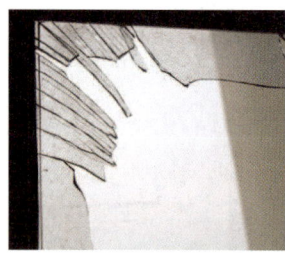

[가스폭발에 의한 유리창 파손형태]

(3) 화재열에 의한 파손형태 13 15 16 17 21 22

구 분	내 용
원 인	화재열을 받은 유리는 점성변화를 나타내어 방수에 의한 급격한 냉각으로 열수축을 일으켜서 「미세한 금」이 가게 하거나 「유리표면의 박리」를 일으킨다.
파손형태	길고 불규칙한 형태
화재감식	• 유리의 수열영향의 정도를 파악할 수 있음 • 유리와 바닥면 사이 소손물건의 유무나 종류에 따라 연소(延燒) 과정을 나타내는 경우도 있다. • 유리와 바닥 면의 사이에 천장재 등이 낙하되어 있으면 이는 천장이 탄 후에 유리가 깨진 것을 의미하고 있으며, 전혀 아무것도 없으면 내벽이나 천장 등이 소실되기 쉬운 베니어판과 같은 것보다도 유리가 빨리 깨진 것을 의미하고 있다. • 유리는 이와 같이 발화원인을 규명하는데 중요한 단서를 남기고 있는데, 신중하게 발굴작업을 하지 않으면 이러한 상태를 파괴해버리므로 주의를 요한다.

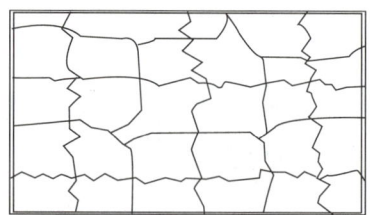

[화재 열원에 의한 파괴창문]

⊕ **Plus one**

유리의 열영향에 따른 상태

유리의 열영향 형태	감식내용
낙하방향	유리는 수열측이 보다 많이 낙하한다.
표면의 조개껍질모양 박리	조개껍질모양 박리는 고온일수록 많고 깊다.
금이 가는 상태	유리는 수열정도가 클수록 작게 금이 간다.
용융상태	수열 정도가 클수록 용융범위가 많아진다.
깨진 모양	약간 둥글고 매끄러운 반면, 폭발은 날카롭다.

유리 상태에 따른 열온도

유리의 상태		대략적인 온도(℃)
조개껍질모양 박리	박리가 적고 얕음	150 전후
	박리가 많고 깊음	250 이상
금이 감	직경 1cm 이상의 금이 감	400
	직경 1cm 미만의 금이 감	600
용융	자중으로 변형되며 일부가 용착됨	800
	깨진 모서리면이 용융하여 둥글게 됨	1,000
	용융하여 덩어리모양이 됨	1,600

7 강제개방 흔적

(1) 유리창문의 개방 여부 확인
　① 불연재로 되어 있는 창문의 경우 오염 정도로 확인
　② 가연성 창문인 경우 창틀 부분의 연소흔적으로 판단
　③ 창문이 개방상태인 경우 항상 개방된 상태인지 아닌지를 정황과 관계자 진술로 확인

(2) 출입구 개방 여부 판단법
　① 일부가 연소되지 않고 남아 있는 경우 : 출입문 바닥의 연소흔적으로 판단
　② 완전연소된 경우 시건장치의 부식 정도나 경첩의 부식상태로 확인이 가능
　　㉠ 만약 개방된 상태에서 연소된 형태인 경우 시건장치를 수거하여 연소 전 상태를 확인
　　㉡ 인위적인 손상으로 파손된 형태라면 소방대원에 의한 파손 여부를 확인하고 소방대원에 의한 파손이 아닌 경우 파손부위에 나타나 있는 공구흔적으로부터 사용된 도구를 판단하고 주변에 공구가 존재하는지 확인

8 방화

방화는 일반 화재사고에 은폐되어 초기대응과 지속적 대응이 어렵고 소화활동상 특수성으로 증거수집이 어렵다.

(1) 방화화재의 증거 특성
① 대부분 급격한 연소확대로 연소의 방향성 식별이 곤란하다.
② 연소된 시간에 비해 연소면적이 넓다.
③ 수직재(커튼, 가구, 벽지 등 수직으로 서있는 가연재를 말함)의 경우에도 역삼각형(▽)보다는 사각형(ㅁ)의 형태를 띤다.
④ 짧은 시간에 급격한 연소가 이루어지기 때문에 연소시간과 면적에 비해 탄화심도가 얇다.
⑤ 유류, 사용용기, 방화에 사용한 기구, 물품이 근처에 존재하는 경우가 많다.

(2) 지연(遲然)착화 도구 및 방법
① 담배와 성냥을 이용한 발화장치
② 양초를 이용한 지연장치
③ 시계/타이머를 이용한 발화장치
④ 전기발열체를 이용한 지연장치
⑤ 가스레인지를 이용한 가스누출

(3) 방화 증거물 감식포인트
① 출입문 시건 여부 : 내부 또는 외부 소행인지 사람의 출입 여부를 확인한다.
② 경보장치 : 화재시점에 적절한 작동, 변형 여부를 확인하여 인과관계를 밝힌다.
③ 바닥 발굴 : 대부분 방화의 지점은 바닥에서 시작되므로 도괴물을 세밀하게 발굴한다.
④ 첨가 가연물 존재 확인 : 구조상 원래 위치해서는 안 되는 가연물(신문지, 전단지, 이불/의류의 이동 등)이 이동되어 심한 연소를 이루고 있는지 확인한다.
⑤ 인화물질 검지 : 기름띠・냄새 등을 확인하고 유류검지관으로 유증을 채취하여 전문기관에 성분을 의뢰한다.
⑥ 행위자 신체 탄화흔 식별 : 신발이나 의류에서 인화물질 취향이나 모발, 의류, 손과 팔의 체모에서 탄화흔적을 확인할 수 있다.
⑦ 독립적 발화지점 : 가연물로 연소 확대가 기대되지 않을 경우 여러 곳에 착화를 시킴으로써 서로 연결되지 않는 독립적 발화개소가 나타난다.
⑧ 유리 파편흔적 : 평면유리에 충격이 가해지면 충격의 반대쪽 면에 방사형 방향으로 파괴기점이 나타나고 동심원 방향은 충격면에 파괴 기점이 나타난다. 따라서 파편의 파단면이 방사형인지 동심원인지를 구분하여 리플마크에서 파괴기점을 알아내면 유리의 외력방향을 알 수 있다.

9 전기의 구성요소

(1) 전기의 구성요소
① 전기기기
② 플러그 및 콘센트 등 전선접속기구 : 플러그에서 불꽃방전이 발생하면 푸른색 계열로 변색되고 착상되며, 물로 세척하더라도 착상한 발열흔이 증거로 그대로 남는다.
③ 벽붙이 스위치
④ 개폐기, 배선용 차단기, 누전차단기 : 접점부에서 접속과 끊어짐으로 발화한 경우 금속의 일부가 용융·패임·잘려나간 형태로 물적 증거가 남는다.

(2) 전기 단락흔 감식

구 분	전 압	내 용	외관의 특징
1차흔	통 전	화재의 원인이 된 단락흔	• 형상이 구형이고 광택이 있으며 매끄러움 • 일반적으로 탄소는 검출되지 않음 • 금속조직은 초기결정 성상은 없음 • 일반적으로 미세한 보이드가 많이 생김
2차흔		화재의 열로 전기기기코드 등이 타서 2차적으로 생긴 단락흔	• 형상이 구형이 아니거나 광택이 없고 매끄럽지 않음 • 탄소가 검출되는 경우가 많음 • 초기결정 성장이 보이지만 이외의 매트릭스가 금속결정으로 변형됨 • 커다랗고 둥근 보이드가 용융흔의 중앙에 생기는 경우가 많음
열 흔	비통전	화재열로 용융된 것	눈물 모양으로 처져있고 광택이 없음
화재 감식	• 용융흔의 발생개소 그 자체가 연소방향을 나타냄 • 콘센트회로, 조명회로 등의 배선에 여러 개의 단락흔이 발견된 경우 모순 없이 연소방향을 판정 • 부하측에 가까운 쪽이 발화개소이므로 전원코드 등의 경로를 꼭 확인 • 전선류의 단락흔과 열흔은 외관상 특징과 차이가 있어 식별이 가능		

10 탄화된 나무

- 목재 가연물은 가열됨에 따라 탈수, 열분해가스 발생, 분해가스의 연소(화염발생), 탄화, 표면연소의 과정을 거쳐 회화된다.
- 분위기에 따라 연소 후의 잔해형태가 달라지는데 최초발화부위에 있던 목재는 초기연소상태로 저온 유산소 분위기이며, 이때의 목재연소는 화염연소와 동시에 표면연소까지 일어나 숯의 일부가 유실되고 회화된 형태를 만들게 되며, 남아있는 숯의 표면은 광택을 보이게 되고 열분해 속도가 크지 않아 균열크기가 조밀하게 형성된다.
- 반면 최성기에 연소된 목재는 고온으로 인하여 급격한 열분해가 일어나 숯의 균열이 굵고 크게 형성되며, 산소부족으로 표면에서 연소가 일어나지 않아 회화되지 못하고 원래형태의 숯이 만들어진다.

[발화부위 연소형태]

[발화부위 목재의 연소형태]

[발화부위 목재연소형태]

11 종이류

- 무염화종을 발염시켜 화재로 전이시킨다.
- 건물에서 벽지나 천장의 도배지는 확산연소의 매개체가 되기 용이한 가연물체이다.
- 무염화종이 발염되기 위한 조건은 무염연소에서 발생되는 가연가스의 혼합기가 발화점 이상이 되어야 한다.
- 이러한 과정에서 발생하는 화재의 발화점 부분의 종이의 연소특성은 의외로 다음의 ① 그림과 같이 일부만 연소 소실되고 미연소된 형태로 남는 경향이 있다.
- 완전 개방된 공간화재의 경우에도 심하게 연소된 여타 부분과 달리 최초 연소부위의 종이나 옷가지 등이 탄화되지 않고 다음의 ① 그림과 같이 원형을 유지한 채 남아있는 경우가 있는데 같은 원리이다. 반면 연소되지 않고 탄화되는 경우에는 연소 잔해가 남아있게 되며, 벽 등에 부착된 상태에서는 다음의 ② 그림과 같이 연소진행방향을 알 수 있는 방향성이 나타나며, 백 드래프트(Back Draft)나 플래시 오버와 같은 급격한 확산연소나 가스폭발화재와 같은 연소현장에서는 다음의 ③ 그림과 같은 방향성 없이 탄화된 잔해형태를 나타낸다.

① [발화지점 종이의 연소형태]　② [천정벽지의 연소형태]　③ [폭발화재현장 천장벽지]

12 금속류

(1) 변 색

열에 의한 색상변화를 활용하여 현장에 남은 금속류의 연소방향을 판단할 수 있다.

온도(℃)	300	400	500	600	700	800	900	1,000
스테인리스강	아주 조금 엷은 갈색	조금 엷은 갈색	엷은 적자색	적자색	진한 적자색	자 색	암청색	회 색
냉연강판	엷은 황갈색	진한 황갈색	엷은 자색	암자색	회색에 가까운 암자색	흑자색	회 색	회 색

(2) 만 곡

① 화재열을 받은 금속은 용융하기 전에 자중 등으로 인해 좌굴한다.
② 화재현장에서는 만곡이라는 형상으로 남아있다.
③ 일반적으로 금속의 만곡 정도가 수열 정도와 비례한다. 그러나 좌굴은 수용물 중량, 화재하중에 좌우되므로 신중하게 검토해야 한다.

(3) 용 융 14 15 19 21
① 금속에 따라 용융온도 등이 다르므로 화재현장에서 금속의 종류를 파악할 수 있으면 대략적인 온도를 알 수 있다.
② 같은 재질이면 용융이 많은 쪽이 보다 많은 열을 받은 것이므로 용융상태를 파악함으로써 연소방향을 판단할 수 있다.

금속명칭	수 은	주 석	납	아 연	마그네슘	알루미늄	은	황 동
용융점(°C)	38.8	231.9	327.4	419.5	650	659.8	960.5	900~1,000
금속명칭	금	구 리	니 켈	스테인리스	철	티 탄	몰리브텐	텅스텐
용융점(°C)	1,063	1,083	1,455	1,520	1,530	1,800	2,620	3,400

(4) 금속의 만곡 용융흔 식별
① 철(Fe) : 600℃ 주변에서 인성 변화가 있고, 1,200℃ 부분에서 용융되기 시작한다.
　㉠ 철기둥의 경우 수열을 받는 반대 방향으로 휜다.
　㉡ 수평 철파이프 등의 경우 수열을 받는 부분이 중력방향(아래)으로 휜다.
② 알루미늄(Al) : 용융점이 약 500~600℃ 사이로 다른 금속에 비하여 용융점이 낮기 때문에 화재 초기에 수열을 받는 방향으로 경사각을 이루며 용융된다.

(5) 금속 도색재의 열변화
　도료의 색 → 흑색 → (발포) → 백색 → 가지색

(6) 금속류 감식
① 철은 대부분 1,450℃ 전후에서 용융되며, 1,000℃에서 큰 연성을 가지게 되므로 화재현장에서 용융되거나 연소되지는 않고 도괴된다.
② 화재현장에서 용융되는 경우는 알루미늄과 혼합되어 있는 경우 알루미늄의 연소열에 의한 고온형성으로 국부적으로 용융되거나 전기단락에 의한 전기적 발열로 단락부위만 용융되게 된다.
③ 철재는 진화 후 수 시간이 지나면 대부분 심하게 부식되게 되는데 수열 당시의 분위기에 따라 산화되는 형상이 달라진다. 이는 산소가 충분한 초기 발화 부위에 있던 철재류는 상대적으로 붉게 산화되는 특징이 있다.

[주방용품 변색형태]

[화염에 노출된 철제 드럼]

[철재구조의 공장건물 형태]

13 플라스틱(합성수지류)

(1) 의 의
플라스틱은 화학적으로 합성고분자화합물로 합성수지류라고 하며, 화재로 일단 연소가 시작되면 외부로부터의 열 공급이 없어도 스스로 화염에 의해 열이 보급되므로 연소가 계속된다.

(2) 연소의 진행 : 연화 → 변형 → 용융 → 소실
① 변형 : 수열에 의해 연화되기 시작하고 하중이 있으면 급속히 그 형태가 붕괴되든지 뚫려 떨어진다. 연소강약은 자중에 의한 변형 정도로 비교한다.
② 용융 : 연화되는 합성수지류를 더욱 가열하면 점차 녹아 떨어져 내려 결국 본체에서 이탈한다.
③ 소실 : 난연처리가 되지 않은 합성수지류는 가연성이고 착화온도는 낮다. 열분해온도는 200~400℃이며, 이 온도가 되면 쉽게 착화하여 연소가 개시되면서 소실된다.

(3) 플라스틱의 종류 14
① 열가소성 수지 : 열에 의해 쉽게 녹으며 냉각시키면 다시 단단해지는 수지이다.
　예 폴리에틸렌 수지, 폴리프로필렌 수지, 폴리스티렌 수지, 폴리염화비닐 수지, 아크릴 수지 등
② 열경화성 수지
　㉠ 열로 경화 성형하면 다시 열을 가해도 형태가 변하지 않는 수지
　㉡ 내열성, 내용제성, 내약품성, 기계적 성질, 전기절연성이 좋으며, 충전제를 넣어 강인한 성형물을 만들 수가 있으며, 고강도 섬유와 조합하여 섬유강화플라스틱을 제조하는 데에도 사용됨
　예 페놀 수지, 요소 수지, 멜라민 수지, 에폭시 수지, 폴리에스터 수지 등

> **⊕ Plus one**
>
> **고분자 화합물**
> ① 고분자 화합물의 고분자 화합물은 많은 수의 원자로 이루어진 분자로 분자량도 매우 크다.
> ② 종 류
>
>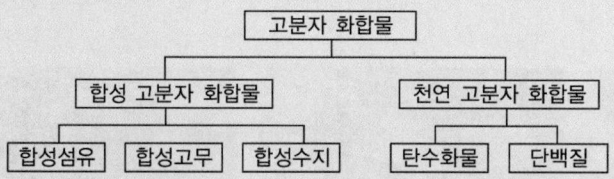
>
> ③ 고분자 화합물의 생성
> 분자량이 작고 구조가 간단한 작은 분자들이 연속적으로 화학결합하여 생성된다. 단위체에서 고분자가 만들어지는 과정을 중합반응이라고 하고, 생성된 고분자 화합물을 중합체라고 한다.
> ④ 고분자 화합물의 특징
> 　㉠ 분자량이나 끓는점, 녹는점이 일정하지 않고 분리와 정제가 어렵다.
> 　㉡ 분자량이 10,000 이상이고, 평균 분자량에 따라 녹는점이 달라진다.
> 　㉢ 가열하면 기화되기 전에 열분해 되며, 고체 또는 액체로만 존재하고 결정이 되기 어렵다.
> 　㉣ 열, 전기가 통하지 않으며, 화학적으로 안정하여 반응성이 작고, 용매에 잘 용해되지 않는다.

제2절 정 보

1 개 요 13 15 19

- 모든 사건사고의 증거자료는 증거로서의 가치가 확보되어야 한다.
- 화재감식에서 수거된 물증이 증거능력을 가지기 위해서는 확보 수집단계부터 사건이 종료될 때까지 보관관리가 적절하여야 한다.
- 수집이나 보관이 잘못되어 중요한 단서가 유실되거나 변질, 또는 파손되면 법적증거로서의 가치를 잃게 된다.
- 국제표준화기구(ISO)와 같은 인증기구로부터의 인증을 받는 것이 유용하다.
- 이는 감식에 영향을 줄만한 혹한, 혹서, 강풍 및 폭우와 같은 강압적인 사회적 여건이 배제된 환경에서 충분한 지식을 갖추고 있는 전문가 혹은 자격소지자에 의하여 수집되고 물증에 적합한 용기에 보관되어야 한다.
- 감식하는 전문 감식자에게 이송될 경우 그 과정이 전달체계가 명확히 관리되어야 하고, 감정할 경우에도 전문가에 의한 전문시설에서 충분한 시간과 여건을 가지고 검사 및 검토가 이루어졌는가 하는 과정이 과학적이고 투명하여야 한다.
- 최근의 추세는 특히 감정물의 Chain of Custody가 매우 중요하게 취급되고 있다. 증거자료는 변질을 막기 위해 유형별로 분류하고 혼합되어서는 안 되는 물질은 별도로 적정 환경에서 보관 관리되어야 한다.
- 예로 방화입증 증거로 사용되는 인화성 물질시험을 위한 가건물은 통상 용기종류, 살포부분에서 채취한 것, 공시험을 위한 같은 공간의 살포되지 않은 지역에서 채취한 시료, 살포지역과 살포되지 않은 지역의 경계부 등 4개 이상 채취하는데, 이를 알고 있는 전문가에 의해서 채취되고 휘발성이 강하므로 각각 분리하여 밀폐용기에 넣어 밀봉하고 냉장고 등에 보관되어져 실험실로 이송되어야 한다.
- 실험실은 또한 휘발되거나 희석될 우려가 없는 쾌적한 환경에서 전문가에 의하여 공인된 시험법으로 검증된 장비기구를 이용 실시되어야 실험결과가 증거로서 가치를 가지게 된다.
- 일반 증거물도 수열된 상태로 부식, 파손, 변질되기 쉬우므로 가능한 한 수거 즉시 정밀 감정을 실시하는 것이 원칙인데 현실적으로는 소화직후부터 사진 및 동영상으로 촬영한 자료를 통해 증거능력을 인정받는 추세이다. 증거자료의 수거 및 봉인은 공개적으로 관계자의 입회하에 사진기록과 함께 실시하며, 보관 이송 등의 과정을 명확하게 한다.

2 관계자진술과 증거확보(NFPA921 11.3.4.1~2)

(1) 질문기록서 작성 시 관계자 진술 청취대상자
  ① 발화행위자
  ② 발화관계자
  ③ 발견・신고・초기소화자
  ④ 기타 관계자

(2) 화재현장에 도착하여 피해상황조사를 위한 효과적인 화재 관계자 확보 요령 16 20
 ① 의류가 물에 젖었거나 불탄 흔적 등 더럽혀져 있는 사람
 ② 불탄 흔적이나 물 또는 이물질에 젖어 있는 사람
 ③ 잠옷·속옷·벌거벗은 차림 또는 맨발로 있는 사람
 ④ 당황하거나 울고 있는 사람
 ⑤ 가재도구를 껴안고 있거나 물건을 반출하고 있는 사람
 ⑥ 화상을 입거나 머리카락이 그을리거나 코에 검게 그을음이 묻은 사람

(3) 화재현장에 도착하여 관계자에 대한 질문 시 유의사항 13 14
 ① 신분을 밝히고 상대방의 감정을 자극하는 언동 삼가
 ② 질문시기, 장소 등을 고려하여 피질문자의 임의 진술을 얻도록 함
 ③ 질문할 때는 일문일답식으로 진행하며, 암시적 질문을 하여서는 안 됨
 ④ 질문내용을 준비하여 체계적으로 실시
 ⑤ 짧고 간결하게 요점만 질문
 ⑥ 말을 너무 많이 하지 않을 것
 ⑦ '예, 아니요'라고 대답할 수 있는 질문은 피할 것(목격당시 상황 등을 질문)
 ⑧ 발화원인에 대한 조사자의 견해를 말하지 않을 것
 ⑨ 진술내용을 신속하게 기록할 것
 ⑩ 꼭 알고 싶은 사항은 그 사실을 직접 경험한 사람의 진술을 얻도록 노력

3 법정증언(Depositions)(NFPA921 11.4.2.3)

- 증언은 화재조사자를 포함하여 발화행위자, 초기소화자, 신고자 등 화재와 관련된 모든 사람이 할 수 있다.
- 증언은 서약아래 구두 증언을 획득하는 방법이다. 그리하여 증인은 1명이나 그 이상의 소송의 당사자들을 대표하는 변호사의 질문에 답해야 한다.
- 이같은 증언의 목적은 여러 가지가 있다. 증언은 증인이 재판에서 가지거나 제시할 사실, 견해 혹은 증거를 발견하는 것을 포함한다.
- 후에 명령과 같은 법적 과정에서 사용하기 위해 증언을 획득한다. 또는 재판에서 증언하는 것이 어려운 증인의 증언을 보존한다. 후에 증언의 사본을 만드는 법원서기는 증언을 녹음한다. 또한 증언이 비디오로 녹화되는 것도 일반적이다.
- 증언은 화재와 관계된 모든 사실의 진실여부를 법원이 최종적으로 판단하는 데 큰 영향을 미치므로 화재조사자는 있는 사실 그대로 증언하는 자세가 필요하다.

4 사진 및 비디오의 증거 인정범위(NFPA921 11.5.2.1.1)

(1) 증거의 채택(NFPA921 11.5.2.1.1) 13 21
① 가장 자주 사용되는 예시 증거 형태 중에는 지도, 스케치, 그림, 모형이 있다. 일반적으로 목격자가 묘사하려고 하는 사고에 대한 상당히 정확한 표현이라고 증언하면 받아들여진다.
② 사진과 영상은 구두 증언의 그림 묘사로 간주되며, 목격자가 개인적으로 관찰한 그 사고에 대한 정확한 그림이라고 확언을 하면 받아들여질 수 있다.
③ 목격자가 사진사일 필요는 없지만 묘사되고 있는 사실과 사진이 찍힌 현장이다. 대상에 대해 알아야만 한다. 일단, 그가 알고 있다는 것이 입증되면, 목격자는 그 사진이 바르고, 정확한 그림인지에 대해 진술할 수 있다.
④ 우리나라는 자유심증주의에 따라 증거능력 인정여부는 법관의 판단에 따른다.

(2) 현장사진 및 비디오촬영(화재 증거물 수집 관리규칙 제8조)
화재조사요원 등은 화재발생 시 신속히 현장에 가서 화재조사에 필요한 현장사진 및 비디오 촬영을 반드시 하여야 한다.

(3) 증거로 채택되기 위한 가치 있는 사진
① 원상태가 그대로 촬영되었고 훼손이 없고 보존상태가 양호할 것
② 화재장소와 상태가 명백히 나타나도록 하며 화재조사자나 화재관계인이 직접 촬영한 것일 것
③ 증거의 길이, 폭 등을 명백히 하기 위하여 측정용 자 또는 대조도구를 사용하여 촬영하고 인위적 조작이나 편집 등이 없고 선명할 것
④ 객관적인 증거로 화재조사자가 촬영한 사진 또는 비디오는 법원의 요구에 의해 제출되고 위법성 여부는 법원이 판단함

(4) 초상권 및 개인정보보호
화재조사자료, 사진 및 비디오 촬영은 사건 피해자의 초상권 및 개인정보보호를 위해 관련 수사 또는 재판 이외의 목적으로 제공하여서는 아니 된다.

⊕ Plus one

「형사소송법」상의 증거법칙 14
- 증거재판주의 :「형사소송법」제307조 제1항 "사실의 인정은 증거에 의하여야 한다."
- 거증책임 : "의심스러울 때에는 피고인의 이익으로"의 원칙에 따라 검사가 부담함이 원칙이다.
- 자유심증주의 : 증거의 증명력은 법관의 자유판단에 의한다.
- 위법수집증거의 배제 : 적법한 절차에 따르지 아니하고 수집한 증거는 증거로 할 수 없다.
- 자백배제의 법칙 : 피고인의 임의진술이 아닌 것을 유죄의 증거로 삼을 수 없다.
- 전문법칙 : 타인의 진술을 내용으로 하는 진술은 증거로 할 수 없다.

5 화재조사보고서(Reports)

(1) 목 적
화재조사보고서의 목적은 조사기간 중 이루어진 관찰, 분석, 그리고 결론을 효과적으로 전달하기 위한 것이다.

(2) 조사서류 작성할 때 유의사항
화재조사서류는 소방행정 제시의 기초자료로 하는 외에 사법기관의 증거자료도 된다. 본 서류가 지닌 성질 때문에 「화재발생종합보고서」, 「화재현장조사서」 등의 화재조사서류를 구성하는 각 양식에는 각각의 작성목적에 따른 표현, 논리전개 등에 유의하여야 한다.
① 간결·명료한 문장
② 오자·탈자 등이 없는 문서
③ 누구나 알 수 있는 문장을 사용
④ 필요한 서류의 첨부
⑤ 각 양식 작성목적을 이해하고 작성

⊕ Plus one
화재발생 증거보고서의 기본원칙
- 원본영치의 원칙 : 최종적으로 법정에 제출되는 보고서는 원본성이 보장되어야 한다.
- 무결성의 원칙 : 기술적, 절차적인 수단을 통해 진정성, 무결성이 보존되어야 한다.
- 신뢰성의 원칙 : 거짓이나 인위적 조작이 없는 방법의 신뢰성이 유지되어야 한다.

(3) 기술적 정보(Descriptive Information)(NFPA921 15.7.1)
일반적으로 보고서는 가급적이면 서두에 다음의 정보를 수록해야 한다.
① 사고 일자, 시간, 장소
② 조사 일자 및 장소
③ 보고서 작성 일자
④ 보고서 요청 개인 또는 단체명
⑤ 조사의 범위(완결업무)
⑥ 보고서의 성격(예비, 중간, 최종, 요약, 보충)

(4) 관련 요소들(Pertinent Facts)(NFPA921 15.7.2)
사고현장, 조사항목 그리고 수집증거에 대한 설명을 첨부해야 한다. 보고서는 전문적 의견과 관련된 관찰내용 및 정보를 수록해야 한다. 사진, 다이어그램, 시험실 보고서를 참조할 수 있다.

(5) 의견과 결론(Opinions and Conclusions)(NFPA921 15.7.3)
보고서에는 조사자가 수행한 전문적 의견과 결론을 수록해야 한다. 보고서에는 또한 전문 의견과 결론이 기초하고 있는 근거를 수록해야 한다. 그리고 보고서에 수록된 전문 의견을 작성한 각 개인의 성명, 주소, 관계를 수록해야 한다.

6 증거 보고서(Reports)(NFPA921 11.4.2.4)

법원 증인으로서 전문가가 보고서를 준비할 것을 요구한다. 이 보고는 증인의 진술이 이루어지는 동안 간접 심문의 근원이 된다. 이 보고에는 아래와 같은 정보가 포함된다.

① 검토하고 조사 행위가 이루어진 자료의 리스트
② 전문가가 재판에서 밝힌 의견들의 리스트
③ 이들 의견의 기반
④ 전문가가 저술한 이전 10년간의 출판 목록
⑤ 이전 4년간 재판에서의 증언
⑥ 증인이 그의 일을 통해 받은 보상

CHAPTER
제3과목. 증거물관리 및 법과학

02 증거물 수집 · 운송 · 저장 · 보관 · 검사

제1절 화재현장 및 물적증거의 보존

1 물리적 증거로서 화재패턴(Fire Pattern)

(1) 물리적 화재형태를 증거 이용 ★★
  ① 화재패턴을 해석하여 물적증거로 사용하면 방화 화재의 도구나 실화원인과 같은 잠재적인 발화원을 알아내는 데 유용하게 사용될 수도 있다.
  ② 화재형태는 육안으로 볼 수 있고 화재 후 남아 있는 물리적 영향을 측정할 수 있다.
    ㉠ 이러한 화재형태에는 가연물의 탄화, 산화, 소모량과 같은 물질의 열 영향이다.
    ㉡ 연기와 검댕의 부착, 찌그러짐, 용융, 변색 물성의 성질 변화, 구조물의 붕괴, 기타 다른 영향 등

> **⊕ Plus one**
>
> **화재패턴의 종류**
> - 패턴 : 화재에 따라 연소가스와 공기가 위로 올라가면서 화염도 위로 향하고 확대되면서 나타나는 형태
> - 모래시계형태 : 화재가 수직면에 매우 가깝거나 접해있을 때 생기는 형태
> - 전소화재패턴
> - U자 형태 : V형태가 나타나는 표면보다 열원에서 더 먼 위치의 수직면에 복사열의 영향으로 형성
> - 열그림자패턴 : 장애물에 의해 가연물까지 열 이동이 차단될 때 발생하는 그림자 형태
> - 폴다운패턴 : 연소잔해가 상부(층)에서 하부(층)로 떨어져 그 지점에서 위로 타 올라간 형태
> - 포인터 또는 화살형태 : 수직의 목재 사이기둥에서 나타나는 형태
> - 대각선(╲╱)연소패턴 : 뜨거운 열기는 부력과 팽창에 천장을 통해 연소 확산되면서 대각선 형태
> - 고온 가스층에 의해 생성된 패턴 : 고온 가스층이 유동하는 공간에 조성되며 열에너지에 의해 생성
> - 수평면의 화재 확산 패턴 : 테이블 상부에서 연소된 구멍 등의 아랫방향으로의 관통부에 나타내는 형태
> - 환기에 의해 생성된 패턴 : 구획실 내 공기 이동의 결과로 형성된 화재패턴
> - 완전연소패턴 : 직접적인 화염의 접촉에 의해 검댕과 연기 응축물이 완전연소 → 백화현상 21
> - 드롭다운패턴 : 복사열 등에 의해 벽에 걸린 옷, 커튼, 수건걸이 등 발화지점과 먼 곳의 가연물에 착화되어 연소물이 바닥에 떨어져 그 지점에서 위로 타 올라간 형태
> - 끝이 잘린 원추형태 : 다른 형태와는 달리 수직면과 수평면 모두에 나타나는 3차원의 화재 형태

(2) 물적증거물의 수집 13 15 21
① 화재현장에서 검사나 감정실험을 의뢰하여 화재원인 판정에 뒷받침할 수 있는 어떠한 물증을 수집할 것인가에 대한 것은 화재조사자의 몫이다.
② 이러한 결정은 다양한 고려, 즉 조사 범위, 법적인 요구조건 또는 금지사항 같은 것에 근거한 것이어야 할 것이다.
③ 다른 부가적인 증거 수집은 다른 조사자나 보험회사 대리인, 제작사 대리인, 집주인이나 세입자에 의해 수집될 수도 있다.

(3) 물적증거물의 보존 21 ★★★
① 일반적으로 화재나 폭발의 원인은 조사가 거의 끝나가는 시점에서도 알 수 없다.
② 따라서 화재현장에서 발견되는 여러 조각의 물적증거의 증거적 가치나 해석적 가치를 화재현장 조사가 거의 끝나갈 무렵이나 조사가 완전히 끝나갈 쯤에도 인지하지 못할 수도 있다.
③ 결과적으로 화재현장 전체를 물적증거로 생각해야 하고 보호 보존되어야 한다.
④ 재나 파편을 임시적으로 제거하여 가방이나 방수포 또는 기타 적당한 용기에 넣어 어디에서 채취하였는지 그 위치를 표시해 두어야 한다.
⑤ 이렇게 하면 기구(Appliance)나 연소기구의 부품이 분실되었을 경우 표시된 용기에서 쉽게 찾을 수 있을 것이다.

(4) 물적증거의 보존 책임 13 14 15 ★★★
① 화재현장에서 물적증거물의 보존 책임은 단독으로 화재조사자가 지는 것은 아니지만 소방관이나 경찰이 도착하는 순간부터 그 책임은 시작되는 것이다.
② 보존상태를 게을리하면 물적증거물은 파손, 오염, 분실되거나 불필요하게 이동되는 결과를 초래하게 될 것이다.
③ 초기에는 현장지휘관이 나중에는 화재조사자가 불필요하고 인가되지 않은 사람의 침입에 대한 보완을 철저하게 하여서 필요한 화재진압 활동에 제한시켜야 한다.

2 인위적 가공물(Artifact) 증거 22

(1) 인위적인 가공물
① 최초 발화물질, 발화원 또는 기타 품목 또는 화재 점화, 전개나 전이와 관련된 어떤 방식의 구성요소(Component)에 잔류하여 나타날 수 있다.
② 인위적인 가공물은 화재형태가 나타나는 품목이 될 수도 있는데 이러한 경우에는 인위적 가공물을 품목 그 자체가 아닌 화재형태를 함유하고 있는 그 형태대로 보존해야 한다.

(2) 인공 가공물의 종류
① 탄화물 : 탄화된 목재, 플라스틱, 깨진 유리, 금속 등
② 전기의 구성요소 : 차단기, 플러그 콘센트, 스위치, 조명기구, 연소기구(스토브, 석유난로)
③ 전자제품 : 세탁기, 냉장고, 냉온수기 등
④ 가스관련 기기 : 가스용기, 밸브, 배관 또는 호스, 가스기기, 사용연료 등

3 증거물 보호 13   ★★★★★
증거를 파괴되지 않게 보호하는 데 사용되는 방법에는 여러 가지 방법이 있다.
- 소방(경찰)을 배치 근무로 화재건물, 방 등 일정영역을 접근하지 못하도록 한다.
- 원뿔형 도로표지나 숫자 표시기(Numerical Marker)로 정밀조사 중임을 표시한다.
- 분해검사(Overhaul)하기 전에 방수포로 그 영역을 덮어야 한다.
- 관계장소를 통제구역으로 설정하여 출입을 통제한다.
- 화재현장에서 발견된 증거물은 빈 상자나 바구니 같은 것으로 담는다.

4 화재현장 보존을 위한 조치   ★★★★★
- 화재현장은 그 자체로 중요시되는 증거이다. 왜냐하면, 화재현장에 대한 검증 및 분석은 화재의 발화지점, 원인 그리고 그 책임을 판정하는 데 있어서 아주 중요하기 때문에 화재현장보존은 소방대 도착과 함께 시작하는 것이 좋다.
- 화재현장에 대한 잘못된 보존은 대개 물증의 증거적 가치를 손상시키는 오염, 분실 또는 화재현장 내에서의 다른 물증의 불필요한 이동을 초래할 것이다.
- 화재조사자는 대개 명백한 물증을 화재 장소 내부에서 옮길 것이다. 그러한 물증의 이동은 어느 정도 기록될 때까지는 피해야 한다. 때때로 이러한 물증의 소재를 보존, 보호해야 할 필요성이 있다.
- 따라서 화재조사자는 화재현장을 허가 받지 않은 사람의 출입에 대비해 안전하게 보존해야 한다(예 마루가 불탄 형태는 그 주위에 로프를 치거나 방수시트로 덮어야 한다. 다른 물증은 보호하기 위해서 판지 상자로 포장해야 한다).
- 화재증거물의 소실, 제거, 도난 등 어떠한 형태의 위험에 대비해서, 화재조사자는 그것을 보존, 보호하기 위해서 모든 적합한 예방조치를 해야 한다.

5 소방활동 인력의 역할 및 책임

(1) 현장지휘관의 역할과 책임 13   ★★★
① 일반적으로 소방지휘자는 화재조사와 관련한 화재현장의 책임이 있다.
  ㉠ 대부분의 경우 이러한 책임은 화재발생부위가 여러 군데에 나타나 있다든지 방화기구나 Trailer가 있고 발화부위에 점화성 액체(Ignitable Liquid) 등이 있다는 등의 방화흔이 감지될 경우 인정된다.
  ㉡ 이렇게 중요한 책임성에 대한 것은 화재원인조사에 중요한 부분이기도 하지만 단지 작은 부분일 뿐이다.

> **⊕ Plus one**
>
> **방화와 연관성 있는 화재패턴의 종류**
> - 트레일러(Trailer)에 의한 패턴 : 화재현장에서 의도적으로 한 장소에서 다른 장소로 연소를 확대시키기 위해 뿌려진 가연물의 흔적으로 방화현장에서 흔히 볼 수 있다. 이 패턴은 반드시 액체가연물만의 흔적이 아니고 화장지, 신문지 등 고체가연물이 사용되기도 하고 조합되어 사용되기도 한다.

- 틈새 연소 패턴(Leakage Fire Patterns) : 단순히 가연성 액체의 연소이며, 콘크리트나 시멘트 바닥이 아니라 마감재 표면에서 보이는 패턴이다. 화재초기에 나타나며, 방화현장에서 많이 볼 수 있는 형태이다. 틈새에 고인 가연성 액체는 다른 부분에 비하여 더 강한 연소흔을 나타내는 특징이 있다.
- 낮은 연소 패턴(Low Burn Patterns) : 건물의 하층부가 전체적으로 연소된 형태로 촉진제의 사용이나 존재를 나타내는 증거로 추정할 수 있다.
- 독립 연소 패턴 : 발화지점이 2개소 이상으로 각각 독립적으로 발견될 경우 방화일 가능성이 높다.

② 화재현장 보존을 위하여 화재를 신속하게 제어 및 소화하여 화재증거를 보호한다.
   화재 지휘자와 소방관이 발화부위(Origin)와 화재원인(Cause)을 결정하는 데 대한 실질적인 책임이 없다 할지라도 화재현장과 물적증거를 보존함으로써 화재조사에 통합적인 부분의 역할을 하는 것이다.
③ 증거가 발견되면 예비 단계로 그 품목을 분실, 망실 또는 이동되지 못하도록 보호하여 보존해야 한다.
④ 화재조사자 등에게 증거물 조사 및 수집을 할 수 있게 조치한다.

(2) 화재진압대원의 역할과 책임 13 15 19 21

① 파괴작업 지양 : 소화활동 시 화재조사를 염두하여 천장, 벽, 가구 등 불필요한 파괴작업을 지양한다.
② 보고체계 유지 : 증거물을 발견한 사람은 즉시 현장지휘자에게 통보해야 한다.
③ 직사주수 시 준수사항 : 화재진압대원은 직사직수(Straight-stream)로 방수할 경우에는 주의를 요한다.
   ㉠ 화재의 밑면에 직사주수를 사용할 때는 그 곳이 발화지점일 수도 있으므로 주의한다. 발화원이 될 수 있는 증거는 때때로 발화지점에서 찾을 수 있다.
   ㉡ 직수 분출로 호스를 사용해야 할 경우 발견될 수 있는 물적증거를 이동, 손상 또는 파손시킬 수 있다.
   ㉢ 물로 씻어 내리는 것과 같은 분해조사작업이나 벽이나 천장을 펼쳐내기 위해 방수작업은 가능하면 발화지점에서 떨어진 곳에서 제한적으로 사용하는 것이 좋다.
   ㉣ 물의 사용은 가능하면 화재조사자가 바닥의 화재 형태를 조사하고 싶어하는 곳에 국한하여야 한다.
   ㉤ 고인 물을 빼고자할 때 배수 구멍의 위치는 화재현장과 화재 형태에 가장 영향을 덜 미치는 곳으로 해야 한다.
④ 분해검사(잔불정리)
   ㉠ 화재에 의해 손상되지 않은 상태로 남아 있는 증거는 파괴되거나 위치가 변하게 되는 때가 바로 잔불정리 시기이다.
   ㉡ 화재형태에 대한 문서조사와 분석을 하기 전에 화재현장에 대한 과도한 분해조사는 조사에 영향을 미칠 수 있는데 발화지점을 찾지 못하는 경우가 바로 이에 해당한다.
   ㉢ 소방관이 화재를 진압하고 소화하는 데 책임이 있게 되면 화재 확대방지를 해야 하므로 증거 보존에 대한 책임을 또한 갖게 된다. 이러한 두 가지 책임소재는 분쟁이 발생했을 경우 나타날 수 있으며 결과적으로 숨어 있는 화재(Hidden Fire ; 잔화)를 수색하는 과정에서 영향을 미칠 수 있는 증거가 일반적으로 여기에 해당한다. 하지만, 분해조사가 조직적인 방법으로 이루어진다면 이들 양 책임소재는 성공적으로 충족될 수 있다.

⑤ 구조물 이동 및 제거 최소화
　　㉠ 인위적인 구조물이 화재현장에서 이동되거나 제거되면 조사자가 복구하기 어렵게 될 수 있다.
　　㉡ 조사자가 증거물이 화재발생 이전에 있던 위치를 결정하지 못하면, 증거의 분석적이고 해석적인 가치를 잃게 된다.
　　㉢ 화재현장에서 내용물과 가구 등 기타 증거를 이동시키고 특히 제거시키는 행위는 문서조사와 복구 그리고 해석이 완전히 끝날 때까지 피해야 한다.
⑥ 손잡이(Knob)와 스위치의 이동
　　㉠ 소방관은 화재현장에서 어떠한 비품, 전기제품 또는 건축설비 등 불필요하게 손잡이를 돌리거나 스위치를 작동시키는 것을 삼가야 한다.
　　㉡ 손잡이나 스위치 같은 구성요소는 위치가 어떻게 되어 있었는지는 조사에 있어서 필요한 요소이며 특히 화재 발화 시나리오나 가설을 전개하는 데 필요할 수 있다.
　　㉢ 이들 구성요소는 일반적으로 플라스틱으로 만들어지므로 열을 받게 되면 매우 부서지기 쉽게 된다. 이들의 이동은 원래 화재 후 상태에서 변경될 수도 있고 스위치를 파손시키는 원인이 될 수도 있으며 원래 화재 후 위치로 이동시는 것이 불가능하게 되는 수도 있다.
⑦ 동력 공구 사용 13
　　㉠ 가솔린이나 디젤기관으로 작동하는 공구나 장비를 어떤 곳에서 사용할 경우 매우 조심스러워야만 한다.
　　㉡ 이들 장비에 연료를 급유해야 할 경우 화재현장 경계 바깥에서 해야만 한다.
　　㉢ 화재현장에서 연료로 작동되는 공구를 사용하면 언제나 공구의 사용상황과 사용되었던 위치는 상세히 기록되어야 하고 조사자는 이렇게 권고해야 한다.
⑧ 소방관과 긴급 요원의 접근 제한
　　㉠ 화재현장으로의 접근은 현장에 꼭 필요한 사람으로 제한되어야 한다.
　　㉡ 이러한 예방조치로 가까운 곳에서 임무를 수행하고 있는 소방관과 응급요원 또는 구조요원만이 접근이 허용된다.
　　㉢ 가능하면 활동이나 작업은 증거가 상세히 기록되고 보호되며 평가되고 수집될 때까지 연기해야 한다.

(3) 화재조사자의 역할과 책임
① 소방관이 화재현장을 유지 보호하는 사전 조치를 하지 못한 경우 화재조사자는 이러한 역할을 해야 하는 책임을 떠맡아야 한다.
② 이런 후에 화재조사자는 각자 개인의 권한과 책임에 따라 증거를 상세히 기록하고 분석 수집해야 한다.

(4) 기타 고려사항
① 사전 조치에 내용을 잘못 해석하여 화재현장을 안전하지 못하게 또는 무한정 보존해야 한다고 이해해서는 안 된다.
② 화재현장을 안전상이나 다른 실질적인 이유 때문에 수리하거나 헐어 내는 것도 필요하게 된다. 이해 당사자가 화재현장을 상세히 기록하기만 하면 관련된 증거는 없어지게 되므로 화재현장을 더 이상 보존할 이유가 없다.
③ 언제쯤이면 일반적인 활동을 재개해도 될 것인지에 대한 결정은 현장조사가 끝날 때 이해 당사자들에 의해 이루어져야 한다.

제2절 물적증거의 오염 [14] [15] [19] [21]

물적증거의 오염은 증거물을 잘못된 방법으로 수집, 저장 또는 운반하였을 경우 발생할 수 있다. 화재현장을 적절하지 못하게 보존하는 것과 마찬가지로 물적증거가 오염되면 물적증거의 증거력이 약화되는 수도 있다.

1 증거물 보관용기 오염 [13] ★★

- 물적증거물은 부주의로 오염된 증거용기를 사용함으로써 오염될 수 있다. 화재조사자는 이러한 오염된 물증 확보를 방지하기 위하여 오염되지 않은 용기와 사용된 용기와 구분하여 보관해야 한다.
- 금속 용기나 유리병을 포함한 증거수집 용기의 교차 오염원을 가능한 제한하는 방법 중 하나는 제조업자로부터 공급받은 즉시 용기를 밀봉하는 것이다. 이 용기는 증거가 수집된 곳에서 저장 이동하는 동안 밀폐되어 있어야만 한다.
- 증거수집 용기는 수집장소(Collection Point)에서 증거를 수집할 때만 개봉 후 즉시 밀폐하고 실험실에서 조사할 때까지 다시 봉인해 두어야 한다.

2 증거수집 과정에서의 오염 [15] [21] ★★★★

(1) 대부분의 물증의 오염은 그것의 수집 중에 야기된다. 오염은 액체 및 고체 촉진제 증거물의 수집 기간에는 더욱 확실시된다. 액체와 고체 반응촉진제는 화재조사자의 장갑 또는 운반기구나 도구에 의해서 흡수될 수 있다.

(2) 물증의 상호오염을 피하는 것이 화재조사자에게는 필수 불가결한 일이다.
   ① 상호오염을 막기 위해서 화재조사자는 일회용 플라스틱 장갑, 플라스틱 손가방 같은 것을 액체, 고체 촉진제를 수집하는 동안에 착용해야 한다.
   ② 새로운 장갑이나 가방은 다음의 액체나 고체 촉진제의 수집기간 중에도 항상 사용된다.
   ③ 수집 중 오염을 줄이는 또 다른 방법은 증거물 보관 용기를 수집기구로 쓰는 것이다.
   예 금속 뚜껑을 이용하여 물증을 캔 속에 떠 담는 도구로 사용할 수 있다. 이렇게 하면 화재조사자의 손이나 장갑 또는 도구에 의해 오염되는 것을 방지할 수 있다.

(3) 화재조사자가 사용하는 빗자루, 삽, 핀셋, 긁게 등 발굴용구와 유증채취기 사용 등 액체나 고체 촉진제의 수집에 있어서 유사한 상호오염을 막기 위해서 매우 청결을 필요로 한다. 그렇지만 수성이 아니거나 휘발성 용제를 포함한 세척제를 사용하지 않도록 화재조사자는 주의해야 한다.

3 소방관에 의한 오염

- 소방관이 동력 공구를 사용하거나 연료를 급유한 곳은 나중에 화재조사자가 가연성 액체의 유무를 시험하게 되는데 오염이 가능하다.
- 소방관은 필요한 예방조치를 취해서 오염이 가능한 최소화될 수 있게 해야 하고 오염이 될 수 있을 가능성이 있는 부분은 화재조사자에게 알려 주어야 한다.

제3절 증거물 수집 방법 [21]

1 물리적 증거수집과 보전

(1) 개 요
① 물증 수집은 화재조사를 적정하게 수행함에 있어 필수적인 부분이다.
② 물증의 수집 방법은 다음을 포함한 다양한 항목에 의해 결정된다.
　㉠ 물리적 상태 : 고체인지 액체인지 또는 가스의 상태인지
　㉡ 물리적 특성 : 크기, 모양, 그리고 무게
　㉢ 매짐성 : 물증이 깨지기 쉬운지, 손상되거나 변경되는지
　㉣ 휘발성 : 물증이 얼마나 쉽게 증발하는지
③ 어떤 수집 방법을 이용하여 물증을 수집하든지 간에 화재조사자는 물적증거물을 조사시험할 방법과 절차를 따른다.

(2) 증거물의 수집(화재증거물수집관리규칙 제4조) [19] [21] [22]
① 원본영치의 원칙 : 증거서류를 수집함에 있어서 원본영치를 원칙으로 한다.
② 물리적 증거물 수집 방법
　㉠ 증거물의 증거능력을 유지·보존할 수 있도록 행한다.
　㉡ 증거물 유지·보존을 위하여 전용 증거물 수집장비를 이용한다.
　㉢ 증거를 수집함에 있어서는 다음에 따른다. [15]
　　ⓐ 현장 수거(채취)물은 그 목록을 작성하여야 한다.
　　ⓑ 증거물의 수집 장비는 증거물의 종류 및 형태에 따라 적절한 구조의 것이어야 한다.
　　ⓒ 증거물을 수집할 때는 휘발성이 높은 것에서 낮은 순서로 진행해야 한다.
　　ⓓ 증거물의 소손 또는 소실 정도가 심하여 증거물의 일부분 또는 전체가 유실될 우려가 있는 경우는 증거물을 밀봉하여야 한다.
　　ⓔ 증거물이 파손될 우려가 있는 경우에 충격금지 및 취급방법에 대한 주의사항을 증거물의 포장 외측에 적절하게 표기하여야 한다.
　　ⓕ 증거물 수집 목적이 인화성 액체 성분 분석인 경우에는 인화성 액체 성분의 증발을 막기 위한 조치를 행하여야 한다.
　　ⓖ 증거물 수집 과정에서는 증거물의 수집자, 수집 일자, 상황 등에 대하여 기록을 남겨야 하며, 기록은 가능한 법과학자용 표지 또는 태그를 사용하는 것을 원칙으로 한다.
　　ⓗ 화재조사에 필요한 증거물 수집을 위하여 관계 장소를 통제구역으로 설정하고 화재현장 보존에 필요한 조치를 할 수 있다.

(3) 증거물 보관(화재증거물수집관리규칙 제6조) [22]
① 증거물은 수집 단계부터 검사 및 감정이 완료되어 반환 또는 폐기되는 전 과정에 있어서 화재조사자 또는 이와 동일한 자격 및 권한을 가진 자의 책임하에 행해져야 한다.
② 증거물의 보관 및 이동은 장소 및 방법, 책임자 등이 지정된 상태에서 행한다.

③ 증거물의 보관은 전용실 또는 전용함 등 변형이나 파손될 우려가 없는 장소에 보관해야 한다.
④ 화재조사와 관계없는 자의 접근은 엄격히 통제되어야 하며, 보관관리 이력을 작성하여야 한다.
⑤ 증거물은 화재증거수집의 목적달성 후에는 관계인에게 반환하여야 한다. 다만 관계인의 승낙이 있을 때에는 폐기할 수 있다.

2 법의학적 물리적 증거물의 수집

(1) 물적증거물 수집 문서화
① 문서화 방법
  ㉠ 물적증거는 이동 또는 제거되기 전에 상세하게 기록해야 한다.
  ㉡ 기록하는 방법으로는 정확한 측정과 사진촬영을 가미한 현장도해, 직접스케치 등으로 하면 가장 좋다.
  ㉢ 기록은 물증이 이동되거나 어지럽히기 전에 도면을 그리고 사진을 촬영하여야 한다.
  ㉣ 조사자는 모든 증거 목록과 누가 증거물을 옮겨 놓았는지 보전하기 위해 노력해야 한다.
② 상세한 문서화의 목적
  ㉠ 이렇게 상세하게 기록하면 화재조사자가 물적증거의 원래 위치를 확증하는 데 도움을 줄 수 있어 발견된 시간에서의 위치뿐만 아니라 화재조사와 관련된 상태와 상관관계를 확립하는 데 도움이 된다.
  ㉡ 물적증거가 오염되지 않았거나 변경되지 않았다는 것을 확증하는 데 도움을 준다.

(2) 법과학적 물적증거의 수집
① 법의학적 물적증거의 종류 13 19
  전통적인 법과학적 물적증거에는(제한된 것은 없다) 지문과 장문(Palm Print), 피와 타액같은 체액, 머리카락과 섬유, 신발 자국, 공구 자국, 흙과 모래, 목재와 톱밥, 유리, 페인트, 금속, 필적, 의심이 가는 문서 그리고 일반적으로 증거로 추적할 수 있는 것들이 있다.
② 법의학적 물적증거의 수집
  ㉠ 비록 일반적으로 조사하는 형식과는 다를 할지라도 이러한 것들이 화재조사의 물적증거가 될 수도 있다.
  ㉡ 이러한 전통적인 법과학적 물적증거를 수집하는 데 권장(Recommended)되는 방법은 엄청나게 다양하다. 따라서 화재조사자는 물적증거를 조사하거나 실험하려고 하는 법과학실험실의 조언을 받아야 한다.

3 촉진제 실험을 위한 증거 수집 13 21 ★★★★

(1) 정 의
촉진제는 어떤 연료나 산화제로써 흔히 가연성 액체라고 하며 화재를 발생시키는 데 사용하거나 화재 확산 속도를 증가시키는 데 사용된다. 촉진제는 기체·액체 또는 고체상태로 발견될 수 있다.

(2) 시험방법

화재 잔해 샘플에서 추출한 가연성 액체 잔존물을 GC를 통한 표준시험방법 등으로 시험한다.

(3) 물리적 특징 16 17 19 21

① 액체 촉진제는 대부분의 건축물의 구성요소, 내부 마감재와 다른 화재 잔류물에 의해 쉽게 흡수된다.
② 일반적으로 액체 촉진제는 물과 접촉했을 때 물 위에 뜬 상태로 감식되는 경우가 많다(수용성인 알코올 제외).
③ 액체 촉진제는 다공성 물질 내에 고여 있을 때 놀랄만한 지속성(잔류성)을 지닌다.

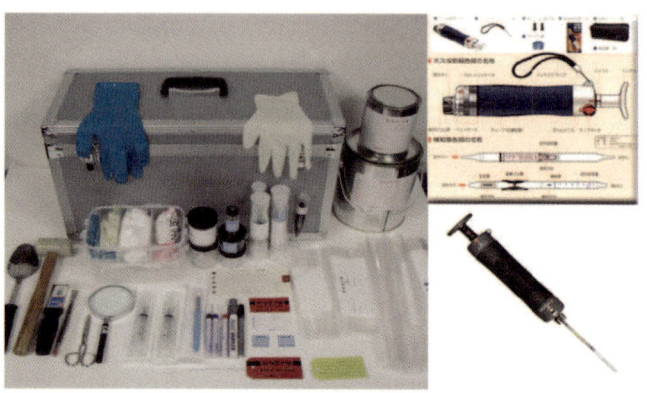

[주요구성품]

증거물 밀봉테이프, 비닐증거물 보호봉투, 메탈용기, 투명용기, 플라스틱용기, 식별 라벨, 식별 태그, 필기도구, 발굴도구(돋보기, 핀셋, 고무망치 등), 발굴에 필요한 장갑, 기체채취기(검지펌프, 일반검지관), 주사기

[유류증거물 수집세트]

(4) 액체 촉진제 실험용 시료 수집 ★

① 액체 촉진제는 액체상태일 때 가능하다.
② 화재조사자는 반드시 그 증거물이 오염되지 않도록 주의해야 한다.
③ 물중에 접근이 가능하면, 액체 촉진제는 새 주사기, 피펫, 점안기 흡입기구로 증거물 용기에 수집한다.
④ 살균한 면봉이나 거즈 패드를 이용하여 액체를 흡수 수집하고 액봉 용기에 봉해 검증과 시험을 위한 연구소에 물증으로써 제출한다.

(5) 고체에 흡수된 액체 촉진제 시료 수집 21 ★

① 종종 액체 촉진제 증거물은 그것이 진흙이나 모래를 포함한 고체에 흡수된 경우만 발견될 수 있다. 이런 수집 방법은 흡수된 내용물을 포함한 이러한 고체를 수집할 필요가 있다. 이러한 고체 물질의 수집은 증거물 용기 자체를 포함하여 떠 넣거나 절단, 톱질하거나 긁어내는 것에 의한다.
② 비닐봉투에 자른 가장자리, 종단부, 손톱자국, 균열, 목재, 플라스틱, 시트록(Sheet Rock), 모르타르 또는 콘크리트의 다른 유사한 부분은 특히 견본 채취에 좋다.
③ 깊이 관통되었을 것 같은 경우 물질의 횡단면 전체를 제거해서 연구를 평가용으로 보관한다. 토양이나 모래와 같은 일부 고체 물질의 경우 액체 촉진제가 물질 깊이 흡수될 수 있다. 따라서 조사자는 더 깊은 곳에서 견본을 채취해야 한다.
④ 콘크리트 바닥과 같은 다공성 물질에 흡수된 액체 촉진제 증거물을 수집할 때에는 흡수성 물질(석회, 규조토, 밀가루)을 콘크리트 표면에 바르고 20~30분 정도의 시간을 유지한다.

> ⊕ **Plus one**
>
> **흡착법** 14 18 22
> - 잔류물이 있는 용기의 상부공간에 숯(Charcoal)을 매달아 촉진제를 추출하는 방법
> - 물리적 흡착제로는 활성탄, 실리카겔, 활성알루미나, 활성백토, 분자채 등

⑤ 화재조사자는 흡수제를 다시 재생시킬 때 기구와 용기를 깨끗이 하는데 주의해야 한다. 왜냐하면, 흡입제는 쉽게 오염되기 때문이다. 사용되지 않은 표본은 비교할 표본의 분석을 위해서 보존하여야 한다.

(6) 고체 촉진제 시험용 시료 수집 ★
① 고체 촉진제는 흔히 가정용품이나 합성물 또는 위험한 화학물질일 수 있다.
② 고체 촉진제 증거물을 수집할 때는 화재조사자는 반드시 증거물이 발견된 당시의 물리적 상태로 고체 증거물이 유지되도록 하고, 물질 전체를 수집하도록 한다.
③ 어떤 방화 물질은 부식성 또는 반응성이 있기 때문에 이 잔류물의 부식성이 포장 용기를 손상하지 않도록 포장 시 주의해야 한다. 또한 그러한 물질은 개인 안전을 위해서도 주의 깊게 다루어야 한다.

(7) 비교표본의 수집 13 18
① 가연성 액체 등 촉진제가 흡수되어 보이는 카펫 등을 수집할 경우 비교표본을 수집한다.
② 비교표본은 촉진제 등으로 오염되지 않는 동일한 시료를 화재피해를 받지 않는 지역에서 채취하여 수거하도록 한다.
③ 이는 감정을 통해 촉진제가 묻어 있는 물적증거물과 상대적인 비교가 가능하기 때문이다.

4 기체 샘플 수집

화재나 폭발 같은 그런 유형의 조사기간 중에는 특히 수집을 수반하는데 이는 화재조사자가 기체 표본의 수집에 있어서 필수적인 것이다. 기체 샘플의 수집은 몇 가지 방법에 의해서 완수된다.

(1) 첫 번째 방법
① 상업적으로 판매되는 기계적 샘플링 장치를 이용하는 것
② 이 장치는 단지 기체상의 대기 샘플을 끌어 당겨 샘플 챔버에 넣거나 나중에 분석을 위한 숯 또는 중합체 흡수물질에 트랩시키는 방법을 사용

(2) 두 번째 방법
① 증류수가 가득한 깨끗한 유리병을 이용하는 것
② 증류수는 대부분의 불순물을 제거한 것으로 사용
③ 이 방법은 아주 간단한데, 화재조사자는 샘플을 채취한 기체 혼합기 속에서 병에 든 증류수를 밖으로 쏟아 부으면 됨
④ 증류수가 병에서 빠져나감에 따라 병 속으로 기체 샘플이 들어가게 되고 병 뚜껑을 닫으면, 그 샘플을 얻을 수 있음

5 전기설비 및 구성부품 수집 [14] ★★

- 전기장치 및 구성요소를 수집하기 전에 화재조사자는 모든 전원이 차단 또는 단전되었는지 확인해야 한다.
- 전기장치 및 구성부품은 화재조사자로 하여금 어떤 구성요소가 화재 원인과 관계가 있는지를 결정할 때 도움이 되는 물증이다.
- 전기부품은 화재가 난 후에 깨지거나 잘못 다루었을 때 손상되기 쉬운 것이다. 따라서 수집에 사용되는 방법 및 절차는 가능한 한 물증이 발견된 상태를 그대로 유지해야 한다.
- 전기부품을 물증으로써 수집하기 전에, 사전 촬영을 하거나 도표로 확실히 기록해야 한다.
- 전기 배선은 쉽게 잘려지거나 배치가 바뀔 수 있다. 이런 형태의 증거물은 짧은 전선 조각, 잘라지거나 녹은 끝 부분 또는 긴 전선 조각으로 구성되고 여전히 손상되지 않은 배선 절연체가 있는 타지 않은 부분도 포함된다.
- 화재조사자가 긴 전선조각을 수집하는 것은 남아 있는 절연체를 조사하기 위한 것으로써 실용적인 것이다. 전선을 자르기 전에 사진을 찍어야 하며, 그런 다음에는 아래와 같은 사항을 밝히기 위해서 전선의 양쪽 끝에 꼬리표를 붙이고 잘라야 한다.
  - 전선이 부착 또는 이탈한 기계나 기구
  - 전선이 부착 또는 이탈한 곳의 회로차단기나 퓨즈 번호 또는 위치
  - 기계와 회로 보호장치 사이를 잇는 배선 경로나 방향
- 전기 스위치, 콘센트, 온도 조절장치, 중계기, 접속함, 분전반, 그리고 유사한 장치 및 구성요소가 물증으로 종종 수집된다. 이러한 유형의 전기적 증거는 그것이 발견된 장소에서와 똑같은 상태로 손상되지 않게 옮겨야 한다.
- 실제로 집안의 천장, 벽 등에 있는 고정물 같은 장치와 구성부품은 옮겨질 때 그것 사이에서 파손되지 않도록 해야 한다. 예를 들면, 분전반 같은 것은 온전하게 옮겨야 한다. 그러나 달리 취해야 할 방법은 개개의 퓨즈 받침대나 회로 차단기를 분전반으로부터 분리해서 옮기는 것이다. 개개의 구성요소의 이동을 필요로 할 때는, 화재조사자는 움직이거나 조작되지 않도록 주의해야 한다. 그리고 전반적인 전기 배선 기구에서 그것의 위치나 기능을 주의 깊게 문서화해야 한다.
- 조사자가 해당 전기장치에 익숙지 않은 경우 장치나 부품 손상을 막기 위해 현장 시험이나 분해 전에 장치에 대해 알고 있는 사람으로부터 도움을 받는 것이 좋다.

6 전기기기 또는 소형 전기설비 수집 [16]

- 기기나 다른 종류의 설비기구가 발화 시나리오의 부분이라고 믿어질 때는 언제라도 화재조사자는 그것을 집중 시험해야 한다.
- 기기의 물증으로써의 수집은 화재조사자가 그 기기와 화재원인의 여부를 결정할 때 도움이 된다. 이런 종류의 물증은 큰 것(난로, 온수기, 스토브, 세탁기, 건조기)에서부터 작은 것(토스터, 커피포트, 라디오, 다리미, 램프)까지 많은 기기를 포함한다.
- 어디에서나 실제로, 모든 기계 또는 모든 종류의 설비는 물증으로써 수집된다. 이것은 전원코드나 연료를 공급 또는 조절하는 배관까지 포함한다.
- 기기나 설비 부분의 크기 또는 손상 조건으로 그것 전체의 이동이 불가능한 경우, 검사 및 시험을 할 장소를 확보할 것을 권장한다.
- 그러나 종종 기계나 어떤 설비의 개개의 구성이나 일단의 부품을 물증으로써 수집될 수도 있다. 그러한 경우 화재조사자는 그러한 증거의 이동, 운반, 저장에 있어서 그것의 처음 발견된 물증을 유지해야 한다.

제4절 증거보관용기

1 증거보관용기의 일반원칙

(1) 용기의 선택
    ① 일단 수집된 증거물은 적합한 증거 수납용기에 보관, 저장하여야 한다.
    ② 물증 그 자체의 수집과 같이 적합한 증거용기의 선택 또한 물증의 물리적 상태, 특성 강도, 그리고 휘발성에 의존한다.

(2) 증거용기 기능
    ① 증거물의 원상태를 보존해야 하며, 증거물의 변화나 오염을 방지해야 한다.
    ② 증거용기는 일반적인 소재인 봉지, 종이가방, 플라스틱 가방, 유리용기나 금속캔이거나 특정 타입의 물증을 위해 전문적으로 고안된 것이다.

(3) 증거용기의 선정
    조사자의 적합한 증거 용기의 선정은 경찰이나 증거물을 검증, 시험 또는 그것이 맡겨질 연구소의 절차에 따라야 한다.

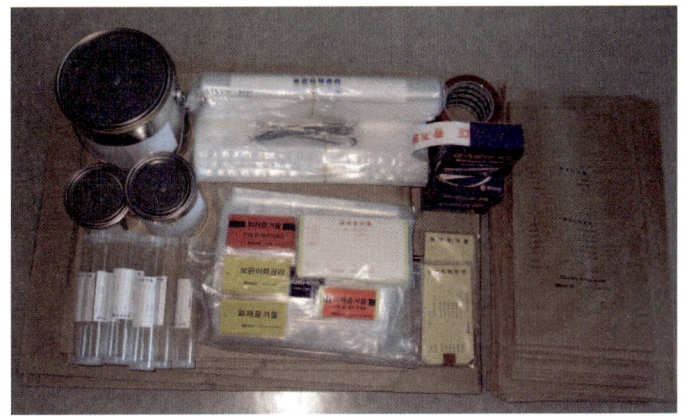

비닐증거물 보호봉투(대·중), 증거물 보관 메탈용기, 종이봉투, 투명용기, 플라스틱용기, 증거물 식별 라벨, 증거물 식별 태그, 필기도구, 발굴도구(핀셋, 가위, 메스용 칼, 확대기), 장갑, 경계테이프 등
[증거물 수집세트의 주요 구성품]

2 액체와 고체 촉진제 증거 수집 용기 14 15 18

- 액체와 고체 촉진제의 수집용 용기는 4가지 유형으로 한정되어 있다.
- 이것은 금속캔, 유리병, 특수증거 가방, 그리고 일반적인 플라스틱 가방이다.
- 화재조사자는 촉진제의 기화와 오염에 주의해야 한다.
- 기화와 오염을 방지하기 위해 증거용기를 완전히 봉인하는 것이 중요하다.

(1) 증거물 수집용기의 종류 19 22

[종이상자]

[금속캔]

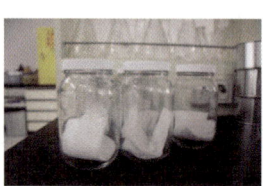
[유리병]

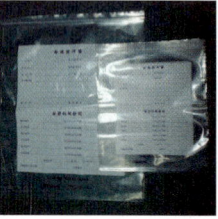
[비닐봉지]

[특수증거물 수집가방]

[일반 플라스틱용기]

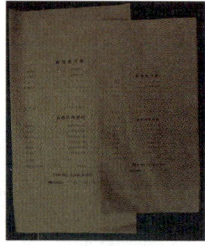
[종이봉투]

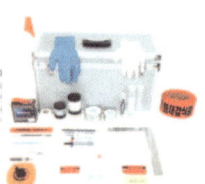
[증거물수집세트]

(2) 증거물 수집용기 용도 및 장·단점 21 22

구 분	용 도	장 점	단 점
종이상자	고체	• 전선류 등 부피가 큰 시료를 담을 수 있다. • 대·중·소에 따라 구분 사용이 가능하다. • 금속캔, 유리병 등 포장용도로 사용할 수 있다.	• 기밀성과 습기에 약하여 찢어지거나 파손우려가 있다. • 이로 인해 증거물을 쉽게 오염시킬 수 있다.
금속캔	고체, 액체	• 쉽게 구할 수 있고 가격이 저렴하다. • 투과성이 없고 내구성이 좋으며 사용이 편리하다. • 휘발성 액체의 증발을 막을 수 있다.	• 투과성이 없어 안의 내용물을 볼 수 없다. • 산화하여 녹이 생길 우려가 있다. • 휘발성 액체 저장 시 증기압으로 마개가 열릴 수 있다. ※ 증기공간 확보를 위해 2/3 이상 채우지 않도록 한다.
유리병	고체, 액체	• 쉽게 구할 수 있고 가격이 저렴하다. • 용기를 열지 않아도 내용물을 볼 수 있다. • 휘발성 액체의 증발을 막을 수 있다. • 장기간 저장 시 증거물의 악화를 줄일 수 있다.	• 깨지기 쉽다. • 용기의 크기 제한으로 대량 저장이 어렵다. ※ 마개는 접착제나 고무패킹은 없도록 하고 2/3 이상 채우지 않도록 한다.
비닐봉지	고체	• 모양과 크기가 다양하고 가격이 저렴하다. • 봉지를 열지 않아도 내용물을 볼 수 있다. • 보관이 편리하다.	• 손상되기 쉽고 오염을 일으킬 수 있다. • 탄화수소와 알코올 등 액체 증거물은 담기가 곤란하다. • 액체 시료를 담을 경우 찢어짐, 구멍 등으로 인해 표본손실이나 견본상자의 용기 내 교차오염을 일으킬 수 있다. • 폴리에틸렌봉지는 휘발성 액체를 증거물로 담는 데 사용할 수 없고 침투성이 있어 분실오염의 우려가 있다.
특수증거물 수집가방	고체, 액체	• 액체와 고체 증거물을 구분하여 수집할 수 있는 특수가방으로, 보관·이동이 편리하다. • 액체촉진제의 증발 및 오염방지 능력이 우수하다.	파손되기 쉽고, 봉인이 어려운 경향이 있으며 물증자체의 오염을 야기시킬 수 있다.
일반 플라스틱 용기	고체	• 모양과 크기가 다양하고 가격이 저렴하다. • 봉지를 열지 않아도 내용물을 볼 수 있다. • 보관이 편리하다.	• 탄화수소와 아세톤 등의 액체 증거물은 담기가 곤란하다. • 액체시료를 담을 경우 구멍 등으로 표본손실이나 견본상자의 용기 내 교차 오염을 일으킬 수 있다.

3 증거물 시료용기 기준(화재증거물수집관리규칙 [별표 1]) 19 21 22 ★★★★★

증거물의 수집장비는 증거물의 종류 및 형태에 따라 적절한 구조의 것이어야 하며, 증거물 수집 시료용기는 화재증거물수집관리규칙 [별표 1]에 따른다.

구 분	용기 내용
공통사항	• 장비와 용기를 포함한 모든 장치는 원래의 목적과 채취할 시료에 적합하여야 한다. • 시료 용기는 시료의 저장과 이동에 사용되는 용기로 적당한 마개를 가지고 있어야 한다. • 시료 용기는 취급할 제품에 의한 용매의 작용에 투과성이 없고 내성을 갖는 재질로 되어 있어야 하며, 정상적인 내부 압력에 견딜 수 있고 시료채취에 필요한 충분한 강도를 가져야 한다.
유리병	• 유리병은 유리 또는 폴리테트라플루오로에틸렌(PTFE)으로 된 마개나 내유성의 내부판이 부착된 플라스틱이나 금속의 스크루마개를 가지고 있어야 한다. • 코르크마개는 휘발성 액체에 사용하여서는 안 된다. 만일 제품이 빛에 민감하다면 짙은 색깔의 시료병을 사용한다. • 세척 방법은 병의 상태나 이전의 내용물, 시료의 특성 및 시험하고자 하는 방법에 따라 달라진다.
주석 도금 캔(CAN)	• 캔은 사용 직전에 검사하여야 하고 새거나 녹슨 경우 폐기한다. • 주석 도금 캔(CAN)은 1회 사용 후 반드시 폐기한다.
양철 캔(CAN)	• 양철 캔은 적합한 양철 판으로 만들어야 하며, 프레스를 한 이음매 또는 외부 표면에 용매로 송진용제를 사용하여 납땜을 한 이음매가 있어야 한다. • 양철 캔은 기름에 견딜 수 있는 디스크를 가진 스크루마개 또는 누르는 금속마개로 밀폐될 수 있으며, 이러한 마개는 한 번 사용한 후에는 폐기되어야 한다. • 양철 캔과 그 마개는 청결하고 건조해야 한다. • 사용하기 전에 캔의 상태를 조사해야 하며, 누설이나 녹이 발견될 때에는 사용할 수 없다.
시료용기의 마개	• 코르크마개, 고무(클로로프렌 고무는 제외), 마분지, 합성 코르크마개 또는 플라스틱 물질(PTFE는 제외)은 시료와 직접 접촉되어서는 안 된다. • 만일 이런 물질들을 시료 용기의 밀폐에 사용할 때에는 알루미늄이나 주석 호일로 감싸야 한다. • 양철용기는 돌려 막는 스크루뚜껑만이 아니라 밀어 막는 금속마개를 갖추어야 한다. • 유리마개는 병의 목 부분에 공기가 새지 않도록 단단히 막아야 한다.

제5절 물적증거물의 수송 및 보관 21

1 직접운반(인편 수송)

화재 증거물을 화재조사 시험분석실이나 시험기관으로의 수송은 인편수송이나 화물배송에 의해서 이루어질 수 있다.

(1) **직접운반의 장점** 15
① 물적 증거를 실험하기 위해 운송하는 방법으로 직접 건네는 것을 권장한다.
② 물적 증거를 잠재적인 손상이나 잘못 건네주거나 또는 분실되는 것을 최소화할 수 있다.

(2) 직접운반 시 유의사항 15
① 화재조사자는 물적증거를 완전한 상태로 보존할 수 있는 모든 예방조치를 해야 한다.
② 물적증거가 실험실이나 실험시설에 이송되어 보관될 때까지 화재조사자는 즉시 보관하여 관리를 실시한다.
③ 화재조사자는 요구되는 조사나 실험 범위를 서면으로 한정해야 한다.
④ 의뢰서에 화재조사자의 성명, 주소, 전화번호를 기입하고 조사나 실험을 위해 제출된 물적 증거에 대한 자세한 설명을 기입하고 요구하는 조사나 실험의 특성과 범위에 따라 그 실험과 범위에 맞는 사항을 기입한다.
⑤ 물적증거를 수집한 사건사실과 주위환경과 상태도 기입한다.

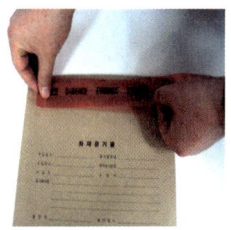

[화재증거물 수송세트]

⊕ Plus one

증거물의 상황기록(화재증거물수집관리규칙 제3조)
- 화재조사자는 증거물을 수집(증거물의 채취, 채집 행위 등을 말함)하고자 할 때에는 증거물을 수집하기 전에 증거물 및 증거물 주위의 상황(연소상황, 설치상황) 등에 대한 기록(도면, 사진촬영)을 남겨야 하며, 증거물을 수집한 후에도 기록을 남겨야 한다.
- 발화원인의 판정에 관계가 있는 개체 또는 부분에 대해서는 증거물과 이격되어 있거나 연소되지 않은 상황이라도 기록을 남겨야 한다.

2 화물로의 운송
물적증거를 실험실이나 실험시설로 보낼 때 화물로 운송할 필요도 있다.

(1) 화물수송 시 유의사항
① 물적증거가 완전한 상태로 보존될 수 있도록 사전 예방조치를 해야 한다.
② 단독조사로부터 얻은 모든 각기 다른 증거 용기를 담을 수 있을 만큼 충분한 크기의 용기를 선택한다.
③ 1개 이상의 조사에서 얻은 물적증거는 동일한 포장으로 수송하면 절대로 안 된다.

(2) 화물수송 증거물 포장 및 발송
① 포장방법
  ㉠ 개개의 증거용기는 판자상자 안에서 조심스럽게 단단하게 포장해야 한다.
  ㉡ 화물상자는 허가 없는 개봉을 막기 위해서 변경 방지용 테이프로 밀봉한다.
  ㉢ 화물상자 안에 어떤 증거물이 들어 있는지를 알아보기 쉽게 상자 외부에 표식을 한다.
② 문서의 포장 : 그 다음 연구조사 및 시험에 대한 의뢰서와 문서를 다음과 같이 하여 소포 안에 포장한다. 이는 증거물을 포함하고 있는 판자상자를 개봉하기 전에 전달자의 문서를 읽어 볼 수 있도록 하기 위함이다.
  ㉠ 봉투에 넣어 증거용기와 별도로 포장한다.
  ㉡ 봉투 바깥쪽의 포장에도 역시 변경 방지용 테이프로 밀봉한다.
③ 연구조사와 시험에 필요한 문서에 기재사항
  ㉠ 화재조사자의 이름, 주소, 전화번호 등을 포함하여야 한다.
  ㉡ 검사와 시험에 제출된 증거물의 세부 목록, 검사와 시험에서 요구하는 성질과 적용범위, 그리고 기타 필요 정보를 기록한다.
  ㉢ 물적 증거를 수집한 사건사실과 주위환경과 상태도 기입한다.

> **⊕ Plus one**
>
> **증거물의 포장(화재증거물수집관리규칙 제5조)** 19 21 22
> 입수한 증거물을 이송할 때에는 포장을 하고 상세 정보를 다음과 같이 기록하여 부착한다.
> • 수집일시, 증거물번호, 수집장소, 화재조사번호, 수집자, 소방서명, 증거물내용, 봉인자, 봉인일시 등 상세정보를 별지 제2호 서식에 따라 작성한다.
> • 증거물의 포장은 보호상자를 사용하여 개별 포장함을 원칙으로 한다.

④ 발 송
  ㉠ 수하인은 탁송 전에 밀봉된 소포를 사전조사하고 간단하게 사진을 촬영하여 탁송 전 수하물의 상태를 입증하여 둔다.
  ㉡ 증거화물은 우체국 택배 또는 공인된 택배회사로 탁송하여야 한다.
  ㉢ 수하인은 탁송 영수증을 요구해야 하고 서명을 받아야 한다.

 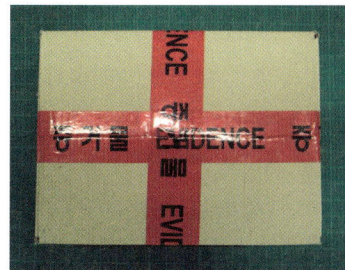 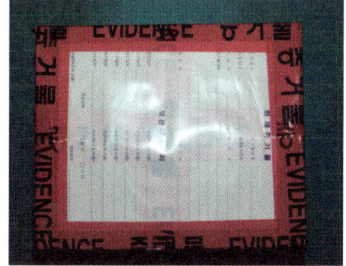

3 전기제품 증거물의 수송

- 화재조사자는 화물로의 운송 설명한 절차에 부가하여 전기제품은 민감한 전기 기계 부품이 있으므로 수화물로 수송하기가 적합하지 않을 수 있다.
  예 회로차단기나 릴레이 또는 자동온도조절장치(Thermostat) 등
- 화재조사자는 실험실이나 실험시설 담당자에게 문의하여 증거물의 송달 방법을 결정해야 한다.

4 휘발성 또는 위험물질의 수송

- 화재조사자는 휘발성 또는 위험물질 송부 시 주의해야 한다. 화재조사자는 이러한 물질을 수송하는 것이 「위험물안전관리법」, 「우편법」 등에 위배되는지 확인해야 한다.
- 휘발성 물질을 취급할 경우 증거물은 과도한 온도로부터 보호되는 것이 중요하다. 휘발성 물질을 냉동시키거나 가열하면 실험실의 실험결과에 영향을 미칠 수도 있다. 일반적으로 증거물을 저장하는 곳의 온도가 낮을수록 휘발성 샘플은 잘 보존되지만 동결시켜서는 안 된다.
- 인화성 물질 등 우편금지물품이나 전기부품 등 충격에 깨지거나 손상될 우려가 있는 증거물은 직접 수송하는 방법을 택해야 한다.

> **Plus one**
>
> **우편금지 물품(우편법 제17조 제1항)**
> 과학기술정보통신부장관은 건전한 사회질서를 해치거나 우편물의 안전한 송달을 해치는 물건(음란물, 폭발물, 총기·도검, 마약류 및 독극물 등으로서 우편으로 취급하는 것이 부적절하다고 인정되는 물건을 말하며, 이하 "우편금지물품"이라 한다)을 정하여 고시(우편금지물품의 내용에 관한 고시)하여야 한다.
> ※ 고시 : 폭발성 물질, 발화성 및 가연성 물질, 인화성 물질, 유독 및 악취를 발생하는 물질, 유독성 물질, 독약류 및 병균류, 강산류, 방사성 물질, 총포도검 등

5 증거물의 보관

- 증거물의 가치는 전적으로 증거물의 초기 발견과 수집에서 이후의 검증과 시험까지 그것의 안전과 온전함을 유지하는 화재조사자의 노력에 달려 있다.
- 증거물의 발견과 수집 이후로 줄곧 증거물은 이러한 목적으로 보관되고 명시된 장소에 보관하여야 한다. 이러한 저장 장소의 접근은 가능한 한 소수의 사람으로 압류물 보관은 한정되어야 한다.
- 가능한 한 어느 장소에서나 저장 장소는 화재조사자의 단독 관리하에 있을 수 있어야 한다.
- 한 사람으로부터 다른 사람에게 압류물의 보관이 전가될 때에는 증거물을 받을 사람의 확인서식을 사용하여야 한다.
  - 물증은 더 이상 필요하지 않을 때까지 가능한 한 최상의 조건으로 유지·관리되어야 한다.
  - 손실, 오염 및 열화되지 않도록 보호해야 한다. 열, 직사광선 및 습기는 대부분의 증거 열화의 주원인이다. 건조하고 어두운 장소가 좋으며 시원할수록 좋다.
  - 액체 촉진제는 냉동 저장을 적극 권장한다. 화재 잔해 분석용 견본을 수집할 경우 냉동을 하면 미생물학적이나 생물학적인 퇴화를 방지할 수 있다.
  - 그러나 냉동하게 되면 인화점 또는 기타 물리적 시험을 방해할 수 있으며 물로 가득한 용기를 파열시킬 수도 있다.
  - 촉진제 시험을 요하지 않는 증거물을 저장한 용기를 개봉하면 습기를 증발할 수 있게 하므로 금속계통의 증거물 보관에는 더 좋고 젖은 옷 같은 유기화합물이 곰팡이 피는 것을 방지해 준다.

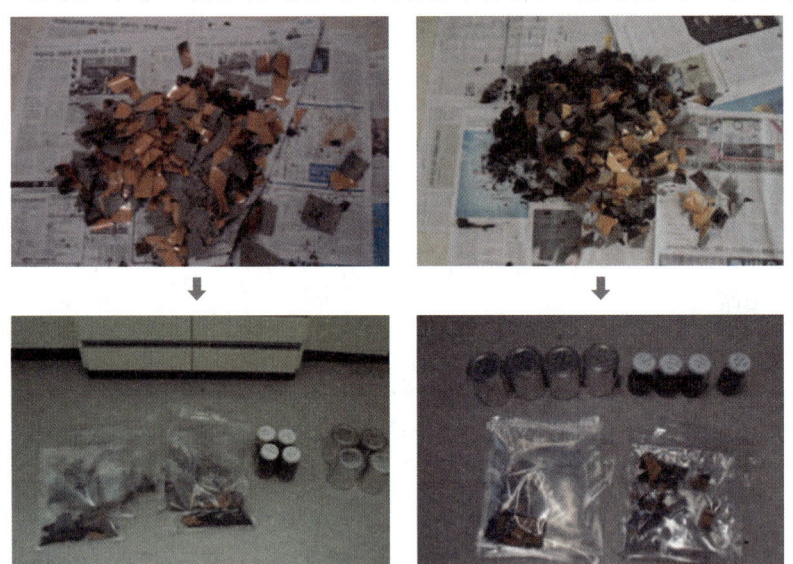

⊕ Plus one

증거물의 보관·이송(화재증거물관리규칙 제6조)
증거물의 보관은 전용실 또는 전용함 등 변형이나 파손될 우려가 없는 장소에 보관해야 하고, 화재조사와 관계없는 자의 접근은 엄격히 통제되어야 하며, 보관관리 이력은 별지 제3호 서식에 따라 작성하여야 한다.

제6절 기타사항

1 물적증거 확인을 위한 인식표시 16

- 모든 증거는 수집된 때에 따라 그것을 나타내는 표시나 라벨이 부착되어야 한다.
- 표시 방법으로는 물적증거를 수집한 화재조사자의 이름, 수거날짜와 시간, 증거물 확인 이름이나 번호, 사건번호, 항목 명칭, 물적증거에 대한 설명, 물적증거가 발견된 장소 등이 있다(이러한 것들은 용기 라벨에 직접 써 넣거나 미리 꼬리표나 라벨로 인쇄하여 용기에 확실히 붙여 놓는다).
- 화재조사자는 물증의 확인이 쉽게 손상, 분실, 이동 또는 변경이 되지 않도록 주의해야 한다. 또한 화재조사자는 증거물 확인으로 인한 배치를 신중하게 해야 하며, 특히, 접착성 라벨을 사용해야 하며 물적증거를 실험실에서 조사 및 실험으로 인해 손상되지 않도록 해야 한다.

⊕ **Plus one**

화재증거물 관리규칙에 따른 인식표시(제4조)
- 증거물 수집 과정에서는 증거물의 수집자, 수집 일자, 상황 등에 대하여 기록을 남겨야 하며, 기록은 가능한 법과학자용 표지 또는 태그를 사용하는 것을 원칙으로 한다.
- 현장 수거(채취)물은 그 목록을 작성하여야 한다.
- 증거물이 파손될 우려가 있는 경우에 충격금지 및 취급방법에 대한 주의사항을 증거물의 포장 외측에 적절하게 표기하여야 한다.

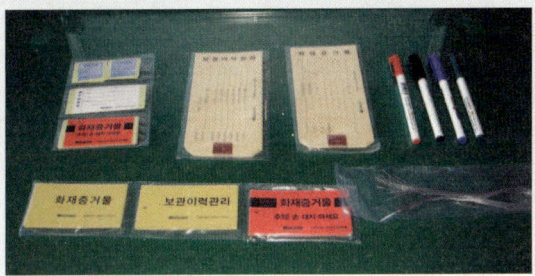

2 물리적 증거물에 대한 전달 체계

보관 관리 대상을 필요에 의해 다른 사람에게 인수인계할 때는 다음의 보관이력 서식에 따라 물적증거를 인수하는 사람의 서명을 받는다.

> **⊕ Plus one**
>
> **증거물의 보관·이동(화재증거물수집관리규칙 제6조)**
> ① 증거물은 수집 단계부터 검사 및 감정이 완료되어 반환 또는 폐기되는 전 과정에 있어서 화재조사자 또는 이와 동일한 자격 및 권한을 가진 자의 책임하에 행해져야 한다.
> ② 증거물의 보관 및 이동은 장소 및 방법, 책임자 등이 지정된 상태에서 행해져야 되며, 책임자는 전 과정에 대하여 이를 입증할 수 있도록 다음 사항을 작성하여야 한다.
>   1. 증거물 최초상태, 개봉일자, 개봉자
>   2. 증거물 발신일자, 발신자
>   3. 증거물 수신일자, 수신자
>   4. 증거 관리가 변경되었을 때 기타사항 기재
>
> **보관이력관리**
>
> 최초상태 _____ □ 봉인 □ 기타(Others) _____
> 개봉일자 _____ 개봉자(소속, 이름) _____
> 발신일자 _____ 발신자(소속, 이름) _____
> 수신일자 _____ 수신자(소속, 이름) _____

3 증거물 처리

- 조사가 완료되었을 경우 화재조사자는 흔히 증거물을 처분해야 한다.
- 조사자는 확실한 허가증을 받지 않는 한 증거물을 임의로 처리하거나 폐기시켜서는 안 된다.
- 방화와 같은 형사사건에 기소 중인 화재사건의 경우 판결이 내려질 때까지 보존하여야 한다. 최종적으로 법정에 제출되는 화재 증거물의 원본성이 보장되어야 한다.
- 증거물은 화재증거 수집의 목적달성 후에는 관계인에게 반환하여야 한다. 다만, 관계인의 승낙이 있을 때에는 폐기할 수 있으며, 기록을 남겨야 한다.

> **⊕ Plus one**
>
> **증거물의 보관·이동(화재증거물수집관리규칙 제6조)**
> • 증거물은 수집 단계부터 검사 및 감정이 완료되어 반환 또는 폐기되는 전 과정에 있어서 화재조사자 또는 이와 동일한 자격 및 권한을 가진 자의 책임 하에 행해져야 한다.
> • 증거물은 화재증거 수집의 목적달성 후에는 관계인에게 반환하여야 한다. 다만, 관계인의 승낙이 있을 때에는 폐기할 수 있다.

제7절 물적증거의 검사 및 실험

1 실험실 검사

(1) 물적증거의 조사와 시험
① 한 번 수집된 물적증거는 항상 실험실이나 기타 실험시설에서 검사와 시험을 한다. 물적증거의 화학성분과 물성치를 확인하기 위해 조사와 시험을 하고 특정한 법적 기준에 부합하는지 혹은 미달하는 지를 결정하고 물적증거의 작동상태와 작동 중 또는 고장 여부를 확증하고, 설계치가 충분한지 아니면 부족한 지를 결정하기 위해 조사와 시험을 한다.
② 화재조사자가 발화 부위, 화재발생 특정 원인, 화재 확산에 기여한 인자, 또는 화재에 대한 책임소재를 이해하고 결정할 수 있는 기회를 제공할 수 있는 쟁점사항을 알아내기 위해 조사 및 시험을 한다.
③ 조사자는 실험실이나 기타 실험시설에 컨설팅하여 특별히 제공되는 서비스는 무엇이고 사실상 제한적인 요소는 무엇인지를 알아보아야 한다.

(2) 실험실조사와 시험
① 표준시험방법 선택
조사와 시험을 받아야 할 대상인 물적증거와 쟁점사항 또는 가설에 따라 광범위하고 다양한 시험 모드가 있다. 이러한 시험은 공인된 집단에서 표준화시킨 실험 절차로 시험을 수행해야 한다. 이러한 실험 방법을 따르게 되면 결과의 정당성을 확보할 수 있고 다른 실험실이나 실험시설의 결과와 비교할 수 있다.
② 실험의 영향인자의 인식
수많은 실험실조사나 시험에서 나온 결과는 다양한 인자의 영향을 받는다는 것을 명심해야 한다. 이러한 인자에는 시험을 수행하고 해석하는 개인 능력, 특정 시험장치의 성능(Capability), 시험 규약의 충분함, 실험할 샘플이나 시편의 수량이 여기에 해당한다. 화재조사자는 실험결과를 해석할 때 이들 인자를 잘 인지하고 있어야 한다.
③ 이해 당사자 통지
증거물을 변경시킬 수도 있는 시험일 경우에는 시험하기 전에 이해당사자들에게 통지하여 이의를 제기할 수 있는 기회를 주고 실험시 참석하게 할 것인지의 여부를 결정한다.

2 실험(Test)방법 15 16 18

(1) 가스 크로마토그래피(Gas Chromatography) 분석 22

구 분	내 용
용 도	유(무)기화합물에 대한 정성(定注) 및 정량(定量)분석
분석가능 물질	• 0~400℃의 온도 범위에서 기화(Vaporizing)할 수 있는 물질 • 기화온도에서 분해되지 않는 물질 • 기화온도에서 분해되더라도 분해된 물질이 정량적으로 생성되는 화합물
주요 구성품	• 압력조정기와 유량조정기가 부착된 운반기체(Carrier Gas)의 고압실린더 • 시료주입장치(Injector), 분석칼럼(Column) • 검출기(Detector) : 분리관에서 분리한 성분을 검출 • 전위계와 기록기(Data System) : 검출기에서 검출한 신호를 전환시키고 기록 • 항온 장치 : 분리관, 시료주입기, 검출기 등 각 부분 온도조절
장비의 분석 원리	• 적당한 방법으로 전처리한 시료를 불활성기체(Ne, Ar, He)인 운반가스(Carrier Gas)에 의하여 분리관(Column) 내에 전개시켜 고정상간에 분배계수차에 의해 분리하면 시간차에 따라 검출기로 통과시켜 기록계에 나타나는 피크위치 또는 면적을 분석하여 정성 또는 정량분석을 한다. • 분석하고자 하는 시료는 물리적·화학적 상호작용에 의해 고정상과 이동상으로 서로 다르게 분배되어 분리가 이루어진다.
해석방법	• 시료가 피크로 표시되는 방법은 시간이 좌측에서 우측으로 진행되고 피크가 높을수록 성분원소가 많음 • 칼럼의 특성에 따라 좌측에서 시작하여 우측의 순서로 보통 분자량이 큰 분자가 우측에 감지된다. • 이 실험법은 혼합물을 각 성분으로 분리시켜 각 요소와 상대적인 양을 그래프로 표시해준다. • 명확하게 확인해야 할 성분을 알아내기 위한 추가실험 전 예비실험으로 사용된다.

⊕ Plus one

분석이 어렵거나 불가능한 물질
- 분자량이 적지만 휘발되지 않는 물질 : 무기금속, 금속, 소금
- 재반응성이 크거나 불안정한 물질 : 불산, 오존, 질소산화물(NOx)
- 흡착력이 매우 큰 물질 : 분석 시 흡착이나 재반응이 잘 일어나는 물질들로 주로 카르복실기, 하이드록실기, 아미노기, 황 등을 함유한 물질
- 표준물질을 구하기 어려운 물질

(2) 질량 분석법(Mass Spectrometry)

구 분	내 용
용 도	GC로 분리되었던 각 성분을 더욱 상세하게 분석함으로써 기체·액체·고체 및 화합물의 정석분석 • 시료물질의 원소조성 또는 분자구조에 대한 정보 • 시료에 존재하는 동위원소비에 대한 정보 • 고체 표면의 정보
주요 구성품	시료 도입부, 이온화부, 분석부(질량분리기), 검출부(컴퓨터기록), 전원부 등으로 구성
장비의 분석 원리	• 전하를 띤 입자가 자기장 안에서 힘을 받아 분자이온이 회전을 하게 되는 원리를 이용한 것이다. 물질의 분자량에 따라 회전반경이 다르다. • 시료를 기체화한 후 진공 방전법, 전자 충격법 등에 의해 이온화를 만들고 가속화하여 질량대 전하 비(比)에 따라 이온을 분리하여 질량 스펙트럼을 얻게 되면 분자량을 확정할 수 있다. • 이때 전 과정은 진공 속에서 진행되어야 하는데, 이온이 직접 날아다니기 때문에 검출기에 도달하기 전에 공기 분자와 충돌하면 신호를 얻을 수 없다. • 이온화시키는 방법에 따라서 분자가 쪼개지는 조각화가 일어나는데, 조각화 되는 패턴은 분자마다 다르다. 따라서 분자량과 고유한 조각화 패턴에 따라서 분자식도 확인할 수 있다.

(3) 적외선 분광광도계(Infrared Spectrophotometry)

구 분	내 용
용 도	• 특정 파장 영역에서 적외선을 흡수하는 성질을 이용하여 화학종을 확인하는 장치 • 무기화학 및 유기화학의 전 영역에서 사용 • 장치로 적외선 흡수스펙트럼을 취하고, 이것을 해석해서 주로 유기물의 분석을 하는 방법을 적외선 분광광도법이라고 하며, 적외선 분석법의 주력을 이룬다.
주요분석 물질	• 시료의 상태는 기체, 액체, 고체의 어느 것이라도 좋지만, 액체가 가장 취급하기 쉽다. • 물을 용매로 할 수 없는 것이 커다란 결점으로 무기화합물의 분석에 그다지 적합하지 않다. • O-H 등의 극성이 강한 작용기를 가지는 물질의 분석에 가장 적합하다.
장비의 분석 원리	• 분자 중에 적외선(Infrared)을 쬐게 되면 적외선은 X선 또는 자외선보다 에너지가 낮기 때문에 빛을 흡수하여 분자 내에서 전자의 전이현상을 일으키지 못하고 분자의 진동·회전·병진운동 등의 분자운동이 일어나게 된다. • 이때 원자 간의 결합구조에 따른 고유한 진동에너지 영역의 파장(2.5~25μm=4,000~400cm-1의 범위)이 흡수 후 방출하게 되는데, 이를 적외선 스펙트럼이라 한다. • 이러한 변화를 측정하여 물질이 가지는 고유한 특성적 적외선 스펙트럼을 비교·분석하면 분자종의 동정과 정량을 확인할 수 있다.

(4) 원광흡광분석(Automic Absorption)

구 분	내 용
용 도	다양한 방식으로 시료를 원자화한 후 흡광분석법을 통해 금속원소, 반금속원소 및 일부 비금속원소를 정량분석하는 방법이다.
특 징	시료가 미량이라도 좋고 전처리가 간단하며, 시료 중의 공존물질의 영향이 적다.
주요분석 물질	• 임상검사실에서는 혈청 중의 마그네슘, 칼슘, 철, 동, 아연 등이 측정되고 있다. • 알칼리금속, 알칼리토금속, 아연, 카드뮴, 구리, 망가니즈, 납, 은 등의 미량 분석에 알맞다.
주요구성	광원부 → 시료 원자화부 → 단색화부 → 측광부
장비의 분석 원리	• 금속원자를 불꽃 또는 전기로 등에 의하여 높은 온도로 가열함으로써 만들어진 기체 상태의 중성원자에 적당한 복사에너지(자외선)를 쪼여줌으로써 일어나는 복사에너지 흡수현상을 기초로 한 분석법이다. • 원자상의 원소는 같은 원소의 들뜬 상태에서 나온 빛을 선택적으로 흡수한다. 이것을 원자흡광이라 하며, 이 현상을 이용하여 각종 미량원소의 정량분석을 한다. • 시료 → 증기화 → 기저상태의 원자 → 원자가 흡수하는 빛의 파장을 측정 → 원자분석

(5) X-레이 형광분석(X-ray Fluorescence) [21]

구 분	내 용
용 도	화재열로 용융으로 엉겨 붙은 플라스틱 등 어떤 물체 내부의 실체를 전혀 알 수 없거나 감정 물건의 내부를 확인할 목적으로 사용한다.
특 징	화재증거물 자체를 파괴시키지 않고 정성분석과 정량의 분석이 가능하다.
주요분석 물질	용유된 콘센트, 용융된 플러그, 용융된 배선용 차단기 등
장비의 분석 원리	• 원소마다 각각의 전자 수를 가지고 있고 여기에 엑스레이를 조사하면 전자를 밀어내면서 각각의 원자는 2차 엑스레이를 발생시키는데, 이때 원소마다 다른 에너지를 발생시킨다. • 엑스레이 선을 조사했을 때 그 원소에서 나오는 2차 엑스레이를 검출기가 반응하는 값으로 계측하여 성분을 분석하는 방법이다.

(6) 인화점 시험기 및 측정방법 15 18 21 22

구 분	측정장비	인화점 적용시료 범위	해당 시료	측정방법
밀폐식	태그 (ASTM D 56)	93℃ 이하	원유, 휘발유, 등유, 항공터빈연료유	위험물안전관리에 관한 세부기준 제14조 참조
	신속평형법 (세타식)	110℃ 이하	원유, 등유, 경유, 중유, 항공터빈연료유	위험물안전관리에 관한 세부기준 제15조 참조
	펜스키마텐스 (ASTM D 90)	• 밀폐식 인화점 측정에 필요한 시료 • 태그밀폐식을 적용할 수 없는 시료	원유, 경유, 중유, 절연유, 방청유, 절삭유	–
개방식	태 그	−18~163℃이고, 연소점이 163℃까지인 시료	–	–
	클리브랜드	79℃ 이하	석유, 아스팔트, 유동파라핀, 방청유, 절연유, 열처리유, 절삭유, 윤활유	위험물안전관리에 관한 세부기준 제16조

⊕ Plus one

인화점(Flash Point)
시료를 가열하여 작은 불꽃을 유면에 가까이 되었을 때, 기름의 증기와 공기의 혼합기체가 섬광을 발생하며 순간적으로 연소하는 최초의 시료온도

Tag

신속평형법

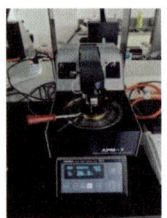
Pensky-Martens

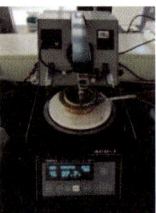
Cleveland

⊕ Plus one

인화점 측정 관련법령

관련법령	측정장비	측정목적	차이점
위험물안전관리법	• 태그밀폐식 • 신속평형법(세타식) • 클리브랜드오픈식	물질의 분류 및 위험성 판단	온도 범위에 따른 장비 사용방법 다름(고온 오픈식)
석유 및 대체연료사업법	• 태그밀폐식 • 펜스키마텐스밀폐식 • 클리브랜드오픈식	석유의 품질기준항목	물질에 따른 사용 장비 다름

(7) 액상 화학물질의 자연발화온도

일정하게 가열된 용기를 대기압 상태에 놓고 액체 화학물질의 자연발화온도를 측정하는 것으로 온염(Hot Flame)의 경우와 냉염(Cold Flame)일 경우의 자연발화온도를 측정

3 표본추출방법 18 19

(1) 충분한 양의 시료채취
화재조사자는 흔히 실험실 담당자의 능력과 과학적 실험장비의 특성을 이해하지 못하고 물적증거의 수집을 너무 적게 하여 조사나 시험하기 어렵게 할 수 있음을 염두에 두어 시료는 충분한 양을 채취하여야 한다.

(2) 실험에 필요량 인식
① 물적증거물을 실험실에서 실험을 할 경우 증거물 각각 마다 정확한 실험결과를 얻기 위해서는 필요한 양이 정해져 있다.
② 따라서 화재조사자는 물적증거물을 감정 또는 실험을 행하는 기관에서 필요한 최소수량을 잘 알고 있어야 하며, 인지하지 못했을 경우 관련 감정·시험기관 등에 자문을 구하여 필요 물적증거물을 추출하도록 한다.

⊕ Plus one

증거물에 대한 유의사항(화재증거물관리규칙 제7조)
증거물의 수집, 보관 및 이동 등에 대한 취급방법은 증거물이 법정에 제출되는 경우에 증거로서의 가치를 상실하지 않도록 적법한 절차와 수단에 의해 획득할 수 있도록 다음의 사항을 준수하여야 한다.
1. 관련 법규 및 지침에 규정된 일반적인 원칙과 절차를 준수한다.
2. 화재조사에 필요한 증거 수집은 화재피해자의 피해를 최소화하도록 하여야 한다.
3. 화재증거물은 기술적, 절차적인 수단을 통해 진정성, 무결성이 보존되어야 한다.
4. 화재증거물을 획득할 때에는 증거물의 오염, 훼손, 변형되지 않도록 적절한 도구를 사용하여야 한다.
5. 최종적으로 법정에 제출되는 화재 증거물의 원본성이 보장되어야 한다.

4 상대적 검사

(1) 동일한 제품을 사용하여 검사
화재조사 시 조사자는 조사되었던 가전제품이나 전기장비 또는 기타 제품이 공인 규격에 맞는지를 결정하기 위해서는 동일한 제품을 사용하여 시험 또는 조사한다.

(2) 동일한 제작사와 모델을 사용
① 비교 조사와 실험을 하는 다른 방법으로는 시판 중인 가전제품이나 생산품을 이용하는 것이다.
② 시판 중인 제품이나 생산품을 이용하여 시험 또는 검사를 하게 되면 손상되지 않은 특정 가전제품이나 생산품이 화재를 발생시킬 수 있는지에 대하여 확인이 가능하게 해준다.
③ 시험 중인 제품은 화재와 관련된 제품과 동일한 제작사와 모델을 사용해야 한다.

제8절 화재현장의 증거물 분석 및 재구성

1 증거와 자료의 재검토

(1) 화재현장 재구성의 의의
   ① 화재현장 재구성은 화재가 발생하였을 것으로 예상하는 여러 가지 가상 시나리오를 화재의 확대경로 및 발화와 관련된 여러 가지 객관적 증거에 의하여 합리적인지 검토하여 불합리한 시나리오를 배제하는 과정이다.
   ② 화재현장 전체를 재구성하여 발화하였을 것이라는 추론 내용이 연소패턴과 연소확산 경로 등이 모순되거나 목격자 진술 등이 비합리적인 점이 발견되면 재구성해야 한다.
   ③ 화재현장의 재구성은 일반적 순서

(2) 증거자료의 수집
   ① 화재증거자료
      ㉠ 화재발생원인과 관련이 있을 거라고 추정되는 모든 것
      ㉡ 화재 후에 만들어진 모든 사실(특정현상이나 논리적인 명확한 증거뿐만 아니라 목격자의 불명확한 진술도 포함)
   ② 증거자료의 예시
      ㉠ 최초 목격자의 진술
      ㉡ 선착소방대원의 초기진압상황 및 연소확대 상황
      ㉢ 화재조사관의 현장에서 발견된 모든 증거와 자료
      ㉣ 발화에 관련된 기기 및 시설
      ㉤ CCTV 녹화자료
      ㉥ 화재인명피해자의 부상부위 및 재산피해
      ㉦ 환기·배기·기상조건 등 가연물의 연소상황 등

(3) 수집자료의 통합
   ① 상기 예시와 같은 증거와 자료는 소방, 경찰, 보험회사, 관계기관 등 여러 기관에 의해 수집된다.
   ② 재검토를 위해서는 모든 자료가 통합되었을 때 사실에 가까운 가설을 설정할 수 있을 것이다.

2 증거의 분류와 역할 18 19 21

(1) 증거의 분류
   ① 시간적 증거 : 화재가 언제 발생하였는지에 대한 시간적 정보를 제공
   ② 방향적 증거 : 사물에 미치는 화재방향이나 행위자의 이동방향을 추정할 수 있음
   ③ 지역·위치증거 : 물건의 장소적 정보, 어느 위치에서 시작되었는지를 알 수 있게 함

④ 행위증거 : 화재현장에서 방화범·초기소화자 등의 행위의 결과를 통하여 화재의 증거가 될 수 있다.
⑤ 접촉증거 : 화재현장에 있는 물질 간 접촉 또는 사람의 손길이 물체와 접촉교환한 흔적을 통하여 접촉이 있었다는 사실을 알 수 있다.
⑥ 소유증거 : 화재현장에서 물건의 소유정보는 현장에 존재 및 방화 용의자를 입증하는 역할을 한다.

(2) 증거의 역할

증거분류	증거의 역할
시간적 증거 [19] [21]	• 책상 위 등에 비교적 넓은 면에 부분적으로 선명하게 그을음이 없는 경우 : 화재 당시에는 물건이 있었으나, 화재 이후에 옮겨졌음을 의미 • 바닥에 깨진 유리 바닥면에 그을음이 없는 경우 : 화재 이전에 창문이 깨졌음을 의미 • 폭발로 비산한 유리에 그을음이 없는 경우 : 폭발이 화재보다 먼저 발생을 의미 • 폭발로 비산한 유리에 그을음이 있는 경우 : 화재가 먼저 발생한 것으로 추정 • 소사체에서 생활반응이 발견되지 않은 경우 : 화재 이전 사망하였다는 정보를 제공 • 생활반응이 있을 경우 : 화재 당시 생존 상태였을 것으로 추정할 수 있음 • 발굴 시 가장 아랫부분이 연소되지 않은 상태로 남아 있는 경우 : 화재초기부터 화염의 접촉이 없었음을 나타냄 ※ 생활반응 : 사람이 생전에 내·외부의 자극에 대해 인체의 변화와 반응으로 나타난 현상
방향적 증거	• 화재지역에서 위험상황을 회피하려는 사람의 특성에 있기 때문에 사망자들의 발견 장소를 통해 화염방향을 추정할 수 있다. • 유리창이 외력에 의해 파괴된 경우 : 유리 파단면의 리플마크를 통하여 창문 파손 작용방향이 내측에서 충격을 받은 것인지 외측에서 받았는지 알 수 있다. • 화재폭발현장의 비산한 파편은 폭심을 중심으로 주변으로 날아간 것이기에 이동방향을 연결하면 폭심을 예측할 수 있다.
지역·위치 증거	• 화재로 인한 폭발이 발생한 경우 화재폭발현장 주변에서 발견된 그을음이 부착된 물체의 파편은 현장비산물품이라는 것과 비산 파편의 위치에 따라 폭발력을 알 수 있다. • 화재현장 복원 시 화재조사관들은 그림자 패턴, 눌린 흔적, 미연소흔 등은 화재발생 전에 위치했던 정보를 암시하기 때문에 화재현장을 복원할 수 있다. • 방화범으로 의심되는 자의 의복에서 현장에서 비산한 동일한 유리가 발견된 경우 현장에 있었다는 것을 추측할 수 있다
행위적 증거	• 화재현장 주변에서 머리나 손에 화상을 입은 사람이 초기소화자일 경우가 많다. • 방화범이 인화성 액체를 사용할 경우 손이나 얼굴에 화상을 입었거나 의복 등이 탄 흔적 또는 인화성 액체의 냄새가 있는 경우 방화행위자임을 추정할 수 있다. • 화재현장에서 발견된 깨진 유리의 Waller Line는 화재 이전에 외부침입을 알 수 있다. • 화재현장에서 유리창의 유리파편이 창문 안쪽으로 집중되느냐, 그렇지 않느냐에 따라 외부인 침입정보를 알 수 있다.
접촉정보의 증거	• 방화용의자의 신발에서 화재현장에서 남은 페인트 접촉 • 방화용의자 의복의 유류 냄새 • 방화로 이용한 인화성 액체 용기에서 지문이 발견 • 배전반의 스위치나 출입문 등의 사람이 쉽게 접촉할 수 있는 부분에 그을음의 부착여부에 따라 닫힘과 열림, 스위치의 켜짐·열림을 알 수 있다. • 방화로 추정되는 화재현장에서 발견된 담배에서 방화용의자 유전자가 감정결과 발견되었다. • 출입문의 경우 경첩의 닫혀있는 안쪽에 그을음이 없다면 닫힌 상태에서 화재가 계속되었음을 추정할 수 있다.
소유적 정보의 증거	• 방화현장에서 도난당한 물건이 발견된 경우 : 소유자와 사건의 관련성을 파악할 수 있음 • 방화범이 촉진제를 담아온 가방 내부에서 신용카드 영수증이 발견되어 가방의 소유여부를 통하여 방화범과 관련성이 있음을 알 수 있다. • 화재차량에서 신원을 알 수 없는 사망자가 발견된 경우 차량번호로 소유정보를 파악하여 사망자의 신상정보를 알 수 있다. • 소사체가 유골만 남은 상태일 때 타다 남은 주머니에서 나온 신분증으로 사망자의 신상정보나 사망 전에 행위사실을 알 수 있다.

⊕ Plus one

화재 등 위기상황의 인간의 피난특성
- 귀소본능 : 원래 왔던 길을 되돌아가서 대피하려는 특성
- 좌회전본능 : 오른손이나 오른발을 이용하여 왼쪽으로 회전하려는 특성
- 지광본능(향광성) : 밝고 열린 공간처럼 보이는 방향으로 대피하려는 특성
- 추종본능(부화 뇌동성) : 대부분의 사람이 도망가는 방향을 쫓아가는 특성(여러 개의 출구가 있어도 한 개의 출구로 수많은 사람이 몰리는 현상이 증명한다)
- 퇴피본능(본능적 위험회피성) : 화재장소 등 자신이 발견한 위험상황을 회피하려는 특성

3 마인드매핑(Mind Mapping) 22

(1) 마인드맵 이론 및 용도 등

구 분	내 용
유 래	• 영국의 전직 언론인 토니 부잔(Tony Buzan)이 주장하여 유럽에서 선풍을 일으킨 이론 • 성공의 비결로 기록하는 습관을 버려야 한다는 이론이 유럽의 여러 기업에서 각광을 받음 • 읽고 생각하고 분석하고 기억하는 그 모든 것들을 마음 속에 지도를 그리듯 해야 한다는 독특한 방법
용 도	문제해결을 위한 원인-분석-해결, 브레인스토밍, 핵심요약 정리 및 매뉴얼 작성, 생활계획표 학습법 등
활용방법	• 하나의 사건은 여러 가지 단편적 사실의 조합으로 이루어진다. • 즉, 수집된 증거를 통하여 단편적 증거를 증명하고 이러한 증명된 하나하나의 사실을 조합하여 하나의 사건 전체를 그려내는 것이다. • 증거는 개별적 증명의 가치가 있겠으나 여러 가지 개별적 증거들이 조합되었을 때 상호 연관된 정보가 상호 보완되어 더욱 강한 증명력을 나타내어 개별적 사실 또는 사건을 증명해준다.
화재조사의 활용 19	• 증명해주는 개별적인 화재증거물들을 연관성이 있는 정보끼리 연결하여 분석 및 재구성하여 지도를 그리듯 화재원인 추론을 전체적으로 그리는 과정을 말한다. • 최초 목격자의 진술, 선착소방대원의 초기진압상황 및 연소확대 상황, 화재조사관의 현장에서 발견된 모든 개별적 증거와 자료, CCTV 녹화자료, 환기·배기·기상조건 등 가연물의 연소상황, 유리파편 등을 모든 증거를 분석하여 연관성 있게 지도를 그리듯 전체적으로 재구성함으로써 정확한 화재원인에 더 가깝게 도달할 수 있을 것이다.

(2) 마인드맵의 장점과 주의사항

장 점	작성 시 주의사항
작성하기가 쉽고 사건 분류가 용이하다.	증명되지 않은 사실을 강제적으로 배열하지 않도록 한다.
수집된 정보분석으로 전체상황을 파악하기 용이하다.	단편적 증거라도 빠짐없이 증명된 하나하나의 사실을 조합하여 하나의 사건 전체를 그려내도록 한다.
규정된 서식이 없이 그림이나 지도를 그리기 때문에 형식이 다양하다.	증거에 대한 입증 없이 막연하게 추측하지 않도록 한다.

(3) 화재조사 마인드맵의 예시

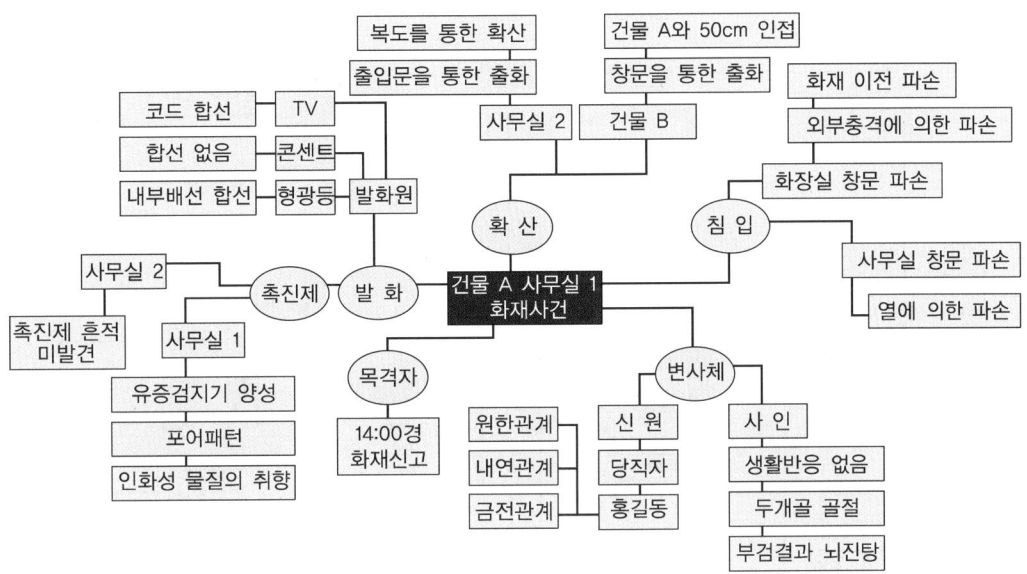

4 화재조사와 타임라인 13 15 19 21

(1) 타임라인의 정의 및 구성 등

구 분	내 용
정 의	사건을 시간의 흐름에 맞게 배열하는 작업
구 성	• 절대적 시간 : 사건이 일어난 시점이 확인된 시간 　예 목격자에 의해 발견된 시간, 신고시간, 소방대 도착시간, 완전진화시간, CCTV 기록, 소방시설(소화설비, 경보설비) 작동시간 등 • 상대적 시간 : 사건의 상호 간에 걸리는 시간(어림잡은 시간)이나 알려진 화재이동을 통해 분석한 공학적 시간 등 　예 초기소화에서 완전 진화까지 약 10분 정도 걸렸다 등 　- 상당히 주관적일 수 있다. 　- 화재 전·후를 목격자 등 화재관계자의 진술에 의존함으로써 화재가 발견된 위치 등이 유동적이며 불확실하다. 　- 상대적 시간범위는 추정시간이기 때문에 화재가 발생한 시점과 같이 재현할 수 없다. 　- 상대적 시간은 추정시간으로 변경될 여지가 있다.
화재조사의 중요성	• 모든 화재에서 타임라인을 활용하는 것은 조사관의 타임라인의 경험과 지식에 달려있다. • 화재발생시간, 신고시간, 주요 조치시간 등 타임라인을 구성하면, 화재발생시간, 행위를 통하여 화재원인을 추정할 수 있다. • 전체적인 사건을 시간순으로 배열하고 알 수 있는 절대시간을 근거로 각 사건의 발생시간을 추론알 수 있다.

(2) 화재조사의 진행과정

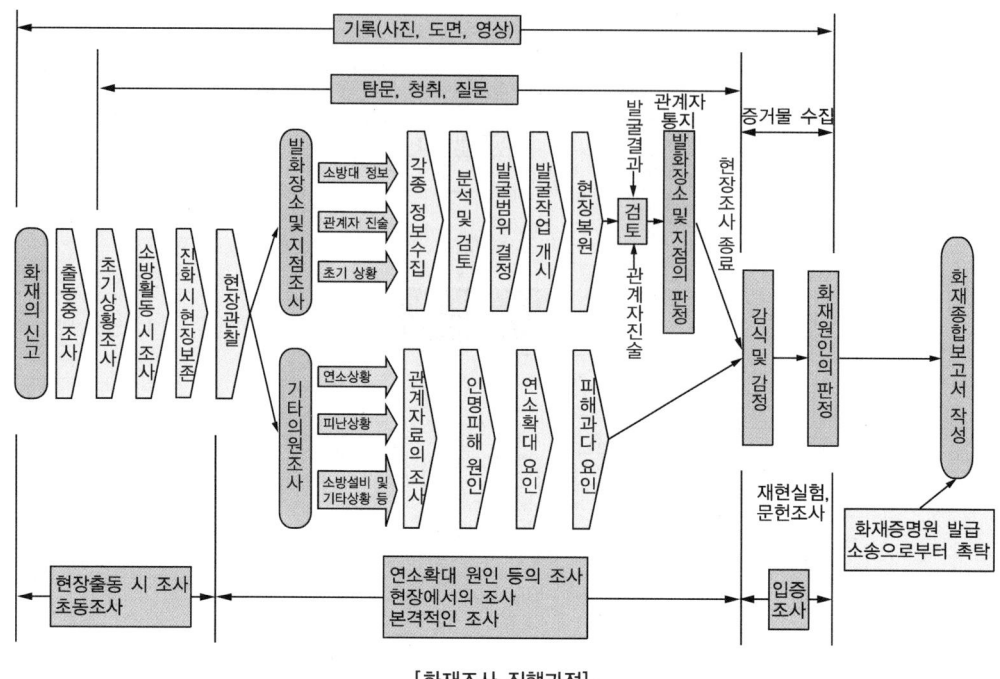

[화재조사 진행과정]

5 PERT(The Program Evaluation and Review Technique)차트의 구성

(1) 정 의

PERT차트는 원래 일정기간 내에 사업계획을 완성하기 위해 진행상태를 평가하여 기간을 단축시키고자 개발한 것이다.

(2) 차트구성 방법

① 사건의 재구성에 있어서 화재사건의 증거들의 조합으로 이루어진 각각의 사건들을 타임라인 위에 나열하여 가설을 수립하는 데 유용하게 사용한다.
② 만일 사건과 관련한 전체 사실을 알고 있다면 단순한 타임라인과 평행한 일직선상의 차트가 될 것이나, 화재증거물로도 증명할 수 없는 사실 때문에 몇 개의 사건만이 연결될 수 있으며, 이 몇 개의 의문사실에 많은 개연성의 연결로 차트는 복잡해질 것이다.
③ 복잡한 연결선을 가설의 가능성과 논리적으로 연결하고, 연결되지 않거나 불분명한 것은 타임라인에서 정리한 내용 중 보강증거와 반대증거를 검토한다.
④ 논리적 연결선에 맞는 2~3개의 가설 중 근사한 가설을 설정하고 다른 가설과 충돌하는 결정적 증거가 있다면 배제한다.
⑤ 또한 다른 가설에서 배제할 수 있는 증거가 부족하면 처음부터 반대증거나 일치하는 증거가 있는지 증거의 수집과정이 필요하다.

(3) PERT차트 재구성
① 모든 재구성의 기본은 증거의 수집에서부터 시작된다.
② 많은 증거는 보다 정확한 가설을 도출해내는 밑거름이다.
③ 현장재구성 과정에서 수집된 증거가 현장에서 발생한 모든 사실을 합리적으로 설명하기에는 부족할 것이기 때문에 단 1개의 가설을 도출해내기는 어려울 것이다.
④ 하지만 때로는 복잡해서 이해할 수 없거나 불명확하더라도 각 사실의 순서를 정하거나 시간에 따라 배열하는 것에 있어서 무리하게 연결하지 않는 것이 정확한 화재원인 추론의 기본일 것이다.

6 검 증

(1) 검증의 사전적 의미
하나의 명제(命題)가 옳은지 그른지를 사실에 의거하여 확인하는 것

(2) 화재현장 검증의 곤란성
① 화재현장이 화재 이전과 동일한 형태로 남아있다면 현장을 통해 검증이 가능할 것이나, 화재현장은 구조물이나 가연물, 환기조건, 습도, 온도, 풍속, 풍향 등의 영향으로 그 형상이 어떻게 변할지 예측 불가한 상황이다.
② 이미 과거에 일어난 화재사건에 대하여 동일한 재연실험모형으로 검증한다고 하여도 그것이 똑같은 조건에 의해 검증되었다고 볼 수 없다.

(3) 검증의 실제적 의미
① PERT차트의 작성은 가설을 설정하는 단계라고 볼 수 있으며, 검증은 마지막 단계로서 설정된 가설이 실제로 가능한지 확인하여 재구성을 완성시키는 단계라고 볼 수 있다.
② 물증만으로 배제되지 않는 여러 가설을 재연실험 및 시뮬레이션 등을 통해 검증하는데, 이를 통해 가설의 부합 여부를 분리해내는 작업이다.
③ 화재재연실험과 화재시뮬레이션 등으로 가설과 같은 상태에서 발화가 가능한지, 발화하였을 경우에는 가설과 같은 화재사실을 거치며 확산되는지에 대한 검토를 하는 작업이다.

CHAPTER

제3과목. 증거물관리 및 법과학

03 사진촬영 · 비디오 녹화 및 녹음

제1절 사진촬영

1 촬영의 필요성 15 18 21 22

- 우리가 현장에서 촬영하는 화재현장사진은 하나의 사건의 증거물로서 화재원인 및 연소확대 경로, 피해규모를 판단하는 객관적인 자료로서 필요하다.
- 화재로 인한 피해상황, 감식, 감정의뢰 증거물, 발굴 진행상황 등을 정확하게 기록하는 데 적당하다.
- 화재조사자는 일정한 시간이 지나도 자신이 화재현장 감식시 촬영한 사실을 기억하기 용이하여 법정증언 및 민원인 등에게 설명이 쉬워진다.
- 현장상황을 글로 기술한다 하더라도 정보전달에 한계가 있으나 사진은 시각적으로 현장상황을 누구에게나 충분히 전달할 수 있다.
- 화재현장정보와 사실을 신속하고 정확하게 기록하여 증거물 수집 실수를 줄여준다.
- 인식하지 못한 화재현장의 식별가치를 증가시키며, 영구 보존하는 자료로 이용된다.

⊕ Plus one

현장사진 및 비디오촬영(화재증거물수집관리규칙 제8조)
화재조사요원 등은 화재발생 시 신속히 현장에 가서 화재조사에 필요한 현장사진 및 비디오촬영을 반드시 하여야 한다.

사진(빛의 예술)
- 어원 : 그리스어인 "빛(Photo)+그림(Graphy)"의 합성어(예술성)
- 사진(寫眞) : 본질의 기록(사실성)
- 종류 : 예술(일반)사진, 기록사진(역사+개인), 증거사진 등

예술사진과 현장(증거)사진과의 차이점
- 공통점 : 촬영자가 무엇을 전달하고자 하는 기본적인 의미는 동일
- 예술사진 : 철학, 사상, 감동, 빛의 조화 등을 전달
- 증거사진 : 제3자에게도 현장상황을 정확하게 전달

2 사진촬영방법 15 18 19 21

- 화재현장사진은 사건의 증거물로 현장에 있는 사실 그대로를 촬영한다.
- 제3자에게 현실감 있게 현장을 이해시킬 수 있을 만큼 6하 원칙에 의해 순서대로 촬영한다.
- 선명하고 광범위하게 일그러짐이 없이 물적 증거물을 확대 촬영한다.

⊕ Plus one

연소상황 파악을 위한 사진촬영 및 녹화 요령
- 높은 곳에서 화재현장 전체를 촬영
- 건물을 4방향에서 촬영
- 발화부 주변현장은 구조물의 외부에서 내부로 촬영
- 한 장의 사진으로 표현이 어려울 경우 현장을 중첩하여 파노라마식으로 촬영
- 의심이 가거나 중요한 증거물에 대하여는 여러 방향에서 촬영

3 사진촬영의 중요성

- **사실성** : 실제 피사체를 촬영한 것으로 사실적으로 묘사한다.
- **정보전달의 신속성** : 화재현장을 리얼하게 신속히 전달한다.
- **영구보전성** : 누락된 사실의 보전성 및 조사서류에 영구보전성이 있다.
- **신뢰성** : 구술과 문장보다는 6하 원칙에 의해 상세히 촬영한 사진은 진술의 신뢰성과 발화원인 판정의 훌륭한 증거로서 입증자료가 된다.
- **기억의 한계극복성** : 자기가 촬영한 현장사실을 기억하는 데 도움을 준다.

4 사진촬영의 한계

- 화재현장은 초기현장의 긴박성, 이상성, 비상성으로 인하여 현장 접근이 어려워 증거물이 보전되기 이전에 촬영할 수 없는 경우도 있다.
- 현장의 연기로 인한 시야장애, 건조물의 도괴로 인한 구조적 제약, 물적 감정물의 분해난이도에 따라 촬영이 어려운 경우도 있다.
- 야간이나 어두운 실내 촬영 시 플래시를 사용하지 않을 경우 선명한 사진을 얻을 수 없다.
- 차량 화재 시 이동 및 건조물의 연소확대방지를 위한 소방활동으로 파괴 및 훼손으로 현실적으로 진화 중에는 연소진행상황 외에는 사진을 확보하지 못한다.
- 역광이나 빛의 양이 많을 경우도 촬영한 피사체의 윤곽이 선명하게 나타나지 않을 수 있다.

제2절 각종 카메라의 이용

1 화재조사 전담부서에 갖추어야 할 카메라의 종류

- 기록용기기 : 디지털카메라(DSLR)세트, 비디오카메라세트, 3D카메라(AR)
- 감식기기 : 적외선열상카메라
- 감정기기 : 고속카메라세트

2 디지털카메라의 이용

(1) 작동원리

① 렌즈와 조리개를 통해 카메라 내부로 전달된 빛은 CCD(Charge Coupled Device, 전하결합소자)에 의해 빛의 강약을 통하여 전기적 신호로 변환됨
② 이 신호는 다시 아날로그 신호를 0과 1의 디지털 신호로 바꿔주는 ADC(Analog-Digital Converter)라는 변환장치를 통해 이미지 파일로 변환 후 메모리에 저장
  ※ 光(빛) → 센서(CCD) 감지 → 전기적 신호변환 → 이미지 파일화 → 저장

> **⊕ Plus one**
>
> **전하결합소자(CCD ; Charge Coupled Device)**
> - CD는 빛을 전기적인 신호로 바꿔주는 광센서 반도체로 디지털카메라의 핵심이다.
> - 셔터를 누르면 빛이 렌즈와 조리개를 통해 들어와 CCD에 닿는다.
> - 렌즈로부터 들어온 빛의 세기는 CCD에 기록된다.
> - 이때 촬영된 영상의 빛은 CCD에 붙어 있는 RGB 색 필터에 의해 각기 다른 색으로 분리된다.
> - 분리된 색은 CCD를 구성하는 수십 만 개의 감광소자에서 전기적 신호로 바뀐다.
>
> **화소란?**
> CCD는 이미지를 이루는 점(픽셀)을 표현하는 화소가 같은 범위에 몇 개 들어있느냐에 따라 성능이 구별된다. 우리가 흔히 디지털카메라를 고를 때 300만 화소냐 400만 화소냐를 따지는 것은 바로 이 CCD에 들어간 화소수를 말한다. 같은 범위에 화소가 많을수록 더 선명한 이미지를 얻을 수 있지만, 화소의 집적도뿐 아니라 CCD 자체의 크기도 화질에 큰 영향을 준다.

(2) DSLR 카메라의 구조

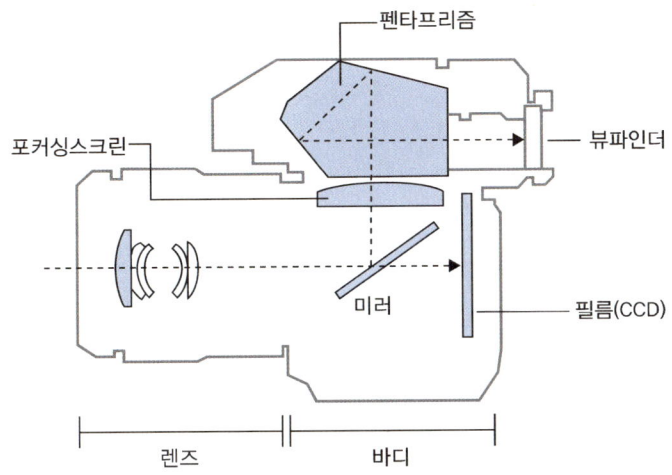

① 미러 : 이미지 센서의 빛을 조정
② 조리개와 셔터 : 렌즈에 빛의 양을 조절
③ 펜타프리즘 : 피사체의 본래 형상과 밝기를 유지
④ 뷰파인더 : 빛에 의해 형상을 그대로 보여줌
⑤ LCD액정 : 촬영한 사진을 확인
⑥ CCD : 빛을 전기적인 신호로 바꿔주는 광센서 반도체

⊕ Plus one

사람의 눈과 카메라 비교

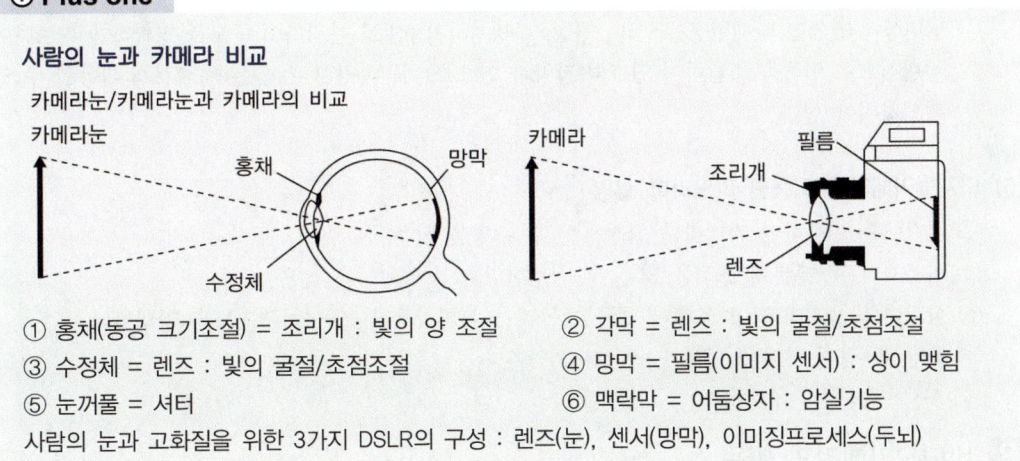

① 홍채(동공 크기조절) = 조리개 : 빛의 양 조절
② 각막 = 렌즈 : 빛의 굴절/초점조절
③ 수정체 = 렌즈 : 빛의 굴절/초점조절
④ 망막 = 필름(이미지 센서) : 상이 맺힘
⑤ 눈꺼풀 = 셔터
⑥ 맥락막 = 어둠상자 : 암실기능
사람의 눈과 고화질을 위한 3가지 DSLR의 구성 : 렌즈(눈), 센서(망막), 이미징프로세스(두뇌)

(3) 특 징 15

① 필름이 아닌 이미지센서에 영상을 투사하여 촬영하며, 메모리카드 등 디지털 방식의 저장매체에 사진을 기록한다.
② 디지털카메라는 본체에 전용 디스플레이를 갖추고 있으므로 별도의 현상이나 인화과정 없이 촬영 후 곧장 사진을 확인할 수 있다.
③ 이와 함께 컴퓨터에서 사용 가능한 디지털 규격으로 데이터가 저장되므로 사진 보관이나 이동이 편리한 다음과 같은 편리한 점이 있다.
　㉠ 컴퓨터에 사진을 입력해서 필요한 사진을 쉽게 편집이 가능하다.
　㉡ 자르거나 복사를 통하여 필요한 범위 선택 및 사진을 확대·축소가 용이하다.
　㉢ 컴퓨터에 저장된 사진을 조회·검색하여 쉽게 원하는 사진을 선택할 수 있다.
　㉣ 인화용 장비를 이용한 인화지 출력도 즉석에서 가능하다.
　㉤ 고화질로 촬영하고 재생할 수 있는 DSLR과 컴퓨터를 선택하여 사용한다.
④ 광학카메라에 의한 촬영사진보다 선명도가 다소 떨어지나 화재증거사진으로 별문제 없다.

(4) 디지털카메라의 이용

① 표현하고자 하는 관심과 대상에 대한 표현력은 장비의 우수함보다는 조사자가 사진에 담고자 하는 내용이 중요하다.
② 화재현장은 대개 검게 탄화되거나 형체가 변형, 소실된 경우가 많고, 실내의 경우 노출과 초점이 흔들리게 되면 입체적으로 조사자의 의도대로 화재현장을 표현하기란 결코 쉽지 않다.
③ 조사자는 수집하고자 하는 객체에 대하여 촬영방향, 공간처리, 노출보정 등을 고려하여 산만한 화재현장에서도 뚜렷한 대상을 다양하게 포착할 수 있어야 한다.
④ 평면상에 펼쳐진 화재현장을 안방, 거실, 주방 등 기능별로 분리하여 구도를 명확하게 확보하여야만 종합적으로 이들을 조합하여 연소의 강약과 연소흐름을 파악할 수 있는 자료로서 활용할 수 있도록 촬영하여야 한다.

(5) 디지털카메라를 이용한 파노라마 촬영

① 삼각대를 이용하여 카메라를 고정시킨 후 수평을 맞춘다.
② 피사체의 첫 부분에 초점을 맞춘 후 촬영한다.
③ 삼각대를 옮기지 말고 카메라 앵글을 돌려가며 피사체가 조금씩 겹치도록 촬영한다.
④ 촬영 후 겹친 부분을 이어가며 수평을 맞춘다.

3 비디오카메라의 이용

- 화재감식조사의 시작으로부터 종료까지의 전반에 걸친 영상을 기록할 수 있다.
- 연속촬영이 가능하여 화재현장 출동·방어시 및 조사과정의 중요 상황촬영에 매우 유효하다.
- 화재현장의 발굴에서 복원 등 순차적으로 행해지는 조사과정을 기록하는 데 매우 유효하다.
- 영상기록물을 취사선택할 수 있는 폭이 다른 카메라보다 효용성이 좋다.
- 디지털카메라와 같이 영상 인화용 장비를 이용한 인화지 출력도 즉석에서 가능하다.

- 컴퓨터를 이용한 조회·검색이 가능하고 필요한 부분과 영역을 쉽게 선택해서 축소·확대 등의 편집이 가능하다.
- 마이크가 내장되어 별도의 녹음기가 필요 없이 현장조사 활동의 영상과 연결하여 녹음할 수 있기 때문에 질문에 대한 임의진술사실을 기록하는 데 매우 효과적이다.
- 화재조사현장 촬영은 방송·보도 수준의 고화질의 비디오카메라를 선택하여 사용한다.
- 촬영장치, 테이프, 렌즈, 메모리, 뷰파인더 등으로 구성되어 있으며, 촬영한 자료를 전기적 신호로 재현할 수 있다.

4 비파괴 촬영기 이용 13 14

- 화재증거물에 빛·열·방사선 등을 비추어 기기의 이상 유무 또는 결함을 확인하는 용도로 사용한다.
- 어떤 물체 내부의 실체를 알 수 없을 때 제품을 손상 또는 분해하지 않고도 감정 물건의 내부를 확인할 목적으로 사용한다.
- 육안검사가 불가능한 합성수지로 피복된 물건 내부 또는 화재열의 용융으로 엉겨 붙은 플라스틱 등의 단단한 덩어리 내부를 비추어 용융·균열·이상 유무를 파악할 수 있다.
- 실체의 손상 우려가 있어 분해하기 전에 그 속에 묻혀 있는 것의 실체·상태·모양을 판별하거나 촬영본으로 남기고자 할 때 내시경·고전압 및 X-ray 투시촬영기를 사용한다.

제3절 촬영 시 주의사항

1 화재감식현장 촬영 시 유의사항(화재증거물수집관리규칙 제9조) 13 17 21 22

현장사진 및 비디오 촬영 시 유의사항

- 최초 도착하였을 때의 원상태를 그대로 촬영하고, 화재조사의 진행순서에 따라 촬영
- 증거물을 촬영할 때는 그 소재와 상태가 명백히 나타나도록 하며, 필요에 따라 구분이 용이하게 번호표 등을 넣어 촬영
- 화재현장의 특정한 증거물 등을 촬영함에 있어서는 그 길이, 폭 등을 명백하게 하기 위하여 측정용 자 또는 대조도구를 사용하여 촬영
- 현장사진 및 비디오 촬영할 때에는 연소확대 경로 및 증거물 기록에 대한 번호표와 화살표를 표시 후에 촬영
- 화재상황을 추정할 수 있는 다음 각목의 대상물의 형상은 면밀히 관찰 후 자세히 촬영
  - 사람, 물건, 장소에 부착되어 있는 연소흔적 및 혈흔
  - 화재와 연관성이 크다고 판단되는 증거물, 피해물품, 유류

2 촬영의 기본 14

- 화재조사자 중 사진촬영자는 촬영의 목적을 충분히 이해하고 단시간에 끝낼 수 있도록 요령있게 촬영을 실시한다.
- 먼저 촬영된 일자와 시간이 표시될 수 있도록 카메라 장치의 표시기능을 설정한다.
- 혈흔·사망자 등과 보존이 어려운 증거물은 우선 촬영한다.
- 화재증거물이 어디에 있는 것인지, 그의 위치와 상태를 명백히 해두고 촬영한다.
- 가급적 상·하·좌·우의 여러 각도에서 촬영하여 거리의 판별, 입체적인 대상물의 각 방면의 소손 및 연소확대(延燒) 상황과 차이 등 보는 각도에 따른 시각적 차이를 해소될 수 있도록 촬영에 주의한다.
- 비교적 어두운 분위기에서 오는 증거물의 불명료함을 방지하거나 촬영자의 호흡에 의한 카메라의 미약한 흔들림을 방지하기 위해서는 삼각대를 사용한다.

3 초점과 빛

(1) 화각과 초점거리의 관계 14

① 외부의 빛이 렌즈를 지나 이미지센서(필름)에 맺히는 과정에서 렌즈의 거리조절을 무한원에 맞추었을 때 그 렌즈의 제2주점으로부터 이미지센서까지의 직선거리를 측정하여 밀리미터(mm)로 표기하는 것이 초점거리(Focal Distance)이며, 이때의 각도가 화각이 된다.

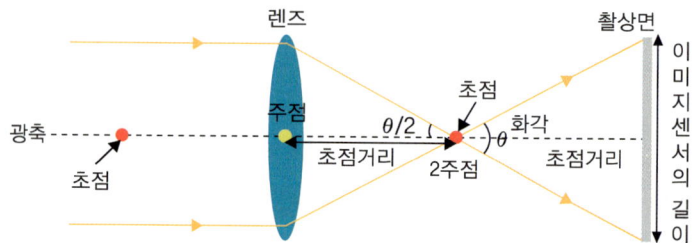

② 그림에서처럼 렌즈가 맺은 이미지는 렌즈 경통 안에 고정된 낱장의 여러 렌즈를 거치면서 특정 위치에서 이미지가 반대로 바뀌는 교차점이 발생하는데, 이 교차점을 2주점이라 한다. 이 제2주점에 조리개를 설치하여 조리개가 최소로 조여도 렌즈가 이미지를 맺는 데 영향이 없다.
③ 초점거리가 짧을수록 넓은 화각을 만드는 광각렌즈가 되고 초점거리가 길수록 화각이 좁아 망원경처럼 먼 거리 대상을 가까이 있는 것과 같이 화상을 크게 만드는 망원렌즈가 되는 것이다.
④ 물체의 크기와 형태, 깊이에 대한 인상을 말하는 원근감은 렌즈의 초점거리만이 아니라, 렌즈와 피사체와의 거리에 의해서 영향을 받게 된다.

⊕ Plus one

초점거리
초점거리는 렌즈가 형성하는 이미지의 크기, 즉 배율(Magnification)을 결정한다. 또한 초점거리는 일정한 크기의 필름에 담기는 장면의 범위를 말하는 화각(Angle of View)을 결정한다.

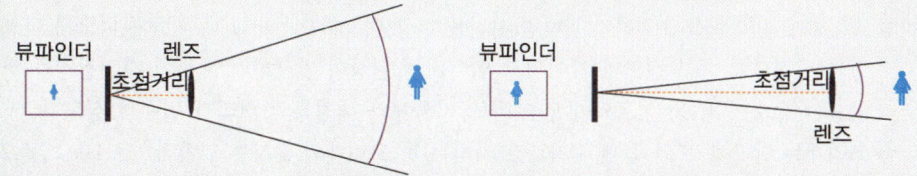

화각(Angle of View) [22]
카메라로 포착하는 장면의 시야. 즉, 광각렌즈는 화각이 넓고 망원렌즈는 화각이 좁다. 일반적인 렌즈의 화각 범위는 15°에서 60°이다. 인간의 시각이 약 50°이므로 표준렌즈는 44~55°, 광각렌즈는 60~80°, 망원렌즈는 30° 이하, 어안렌즈는 180° 정도이다.

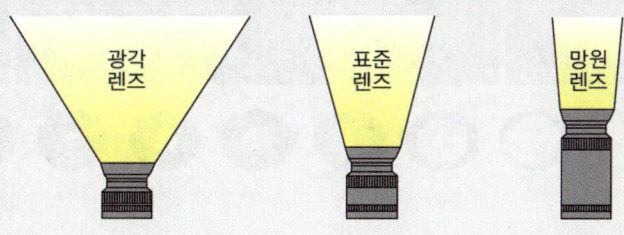

(2) 초점의 조절
① 카메라 렌즈에는 초점을 조정하는 거리계가 있는데, 초점이 선명하게 맺는 지점을 선택하여 이미지센서에 선명한 상을 맺히게 하는 일련의 과정을 초점조절이라 한다.
② 자동초점조절(Auto Focus, AF) 기능이 탑재된 요즈음 카메라는 셔터릴리즈 버튼을 살짝 누르면 원하는 지점의 피사체에 대하여 선명한 초점을 쉽고 편하게 맞출 수 있다.

(3) 빛의 양 조절 [19]
렌즈에 빛이 너무 많으면 지나치게 밝은 사진이, 너무 적으면 어두운 사진이 연출되므로 피사체를 촬영하려면 렌즈를 통하여 들어오는 빛의 노출을 조절해야 한다.

① 빛을 조절하는 방법
  ㉠ 빛이 통과하는 조리개 또는 구멍의 크기를 시간 설정에 따라 조절
  ㉡ 셔터막의 열림과 닫힘 시간을 조절하여 빛의 양 조절
  ㉢ 빛에 대한 센서의 감도를 변경
  ㉣ 큰 조리개와 빠른 셔터 스피드 또는 작은 조리개와 느린 셔터 스피드로 동일한 노출을 얻을 수 있음

② 조리개 15 19 21
  ㉠ 렌즈 안에 위치한다.
  ㉡ 여러 개의 얇은 금속판들이 일정한 간격으로 겹쳐져서 원형의 구멍을 만든다.
  ㉢ 사람의 홍채와 비슷하며, 빛이 렌즈를 통과하여 카메라 안의 이미지센서에 닿는 광량을 조절하고 화면 전체의 밝기를 고르게 하여 피사체의 심도에 영향을 미친다.
  ㉣ 적절하게 빛의 양을 조절하지 못하면 사진을 현상했을 때 어둡거나 너무 밝게 나오게 되고, 조리개가 열리는 정도에 따라 심도가 깊어지고 옅어지는 현상이 발생하기 때문에 사진촬영을 하는데 매우 중요한 요소이다. 같은 조리개 값이라도 피사체와 배경과의 거리가 멀수록 심도가 더 옅어진다.
  ㉤ 조리개는 알파벳 "F"와 함께 숫자로 표기하는데, 조리개의 숫자는 일반적으로 1을 기준으로 다음과 같이 나열된다.

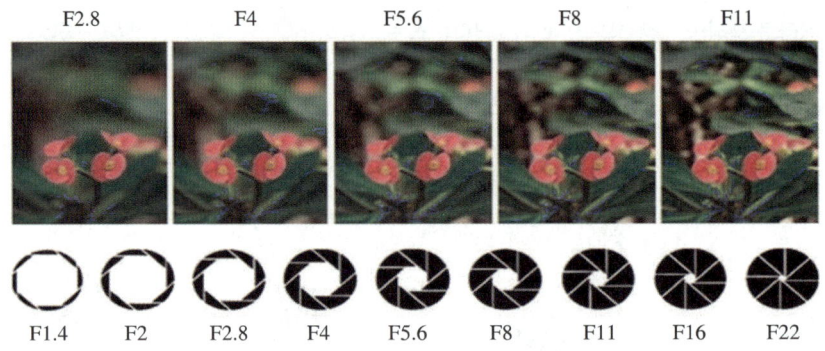

③ ISO(International Organization for Standardization) 감도 14 18 21
  ㉠ 카메라의 빛에 반응하는 정도를 국제표준화 시킨 수치를 말한다.
  ㉡ 감도가 높다는 것은 빛에 더욱 민감하게 반응한다는 것이다.
  ㉢ ISO 감도를 높이면 어두운 장소에서도 밝은 사진을 쉽게 찍을 수 있다. 하지만, 필름 카메라의 감도처럼 디지털카메라에서도 ISO 감도가 높아질수록 디테일(섬세함) 및 채도(색의 청명도)가 점차 저하되고, 노이즈가 증가하여 전반적인 사진의 화질이 크게 떨어지게 된다.
  ㉣ 대부분의 화재현장은 탄화로 인하여 검고 그을려 있는 경우가 많아 빛의 노출 정도를 적절히 조절하지 않으면 증거물이 검게 나와 식별하기 어려운 경우가 많으므로 빛이 없는 화재현장에서는 ISO 감도를 높여 증거물 식별이 용이하도록 촬영한다.

④ 측광방식 13 18 19 22
  측광은 빛의 양을 측정한다는 의미로 촬영하고자 하는 풍경·인물 등 피사체들의 밝고 어두움을 측정하는 뜻이다.

측광방식	측광의 특징
평가(다분할) 측광	• 면 전체를 부분으로 나눠 측광하는 방식으로 분할된 각 셀의 빛의 감도를 측정 • 즉 전체 화면의 평균값을 계산하여 적정 노출값을 얻어내는 측광 방식이다. • 거의 모든 피사체(풍경, 인물, 정물 등)에 효과적인 범용으로 사용되는 방식이다.
부분측광	• 무조건 중앙부만 측광해서 노출을 결정하는 방식 • 대략 중앙부 8~9.5%를 측광해서 그 부분에 노출을 맞추는 모드로 스팟측광보다 범위가 살짝 높다.
중앙중점 평균측광	• 화면 전체 평균측광에 중앙부를 중점 측광값을 더하되 중앙부에 더 가점을 주고 계산해서 평균값을 결정하는 방식 • 여행지에서 피사체를 중앙부에 위치해 있을 때 사용하면 좋다.
스팟측광	• 피사체가 어두울 경우 아주 작은 범위(중앙부의 2.5~4%)를 측광하는 방식 • 좀 더 세밀하게 부분의 노출을 찾는 방법이다. 역광사진이나 촛불사진 등에 적합하다.

⊕ Plus one

카메라에 내장된 측광방식의 예

　　　◎　평가 측광　　대부분의 카메라에서 표준적인 측광 모드이다.
　　　　　　　　　　　거의 모든 피사체의 효과적인 범용 측광 모드이다.

　부분 측광　　뷰파인더의 중앙에 있는 작은 영역을 측광한다.
　　　　　　　　　　　역광 장면과 같이 밝고 어두운 영역을 가진 장면에 효과적이다.

　중앙부 중점
　　　　평균 측광　　뷰파인더의 중앙에 중점을 두고 나머지 장면에서는 평균을 낸다.

　스팟 측광　　뷰파인더 중앙에서 부분 측광보다 더 작은 영역을 측광한다.

(4) 화재현장의 초점 및 빛 조절 19

- 현장의 조도에 따라 카메라의 조리개를 전체적으로 선명하게 설정하여 증거물(피사체)의 원래 색상의 변색·변조에 세심한 주의가 필요하다.
- 현장 내의 조명이나 틈새로 들어오는 햇빛의 역광에 의한 반사에 주의해야 한다.
- 화재감식현장은 전원이 차단되어 조명이 없는 어두운 상태에서 촬영이 많기 때문에 햇빛이나 조명 등에 의한 그림자가 생기지 않도록 필요에 따라 스트로보스코프 플래시(Stroboscope Flash)를 활용한다.

⊕ Plus one

스트로보스코프 플래시(Stroboscope Flash)
모든 회전체의 속도(회전수)에 Flashing(불이 꺼졌다 켜짐)이 일치하면 형상이 정지상태로 보임

- 빛을 반사할 수 있는 증거물(피사체)를 촬영할 때 스트로보스코프 플래시(Stroboscope Flash)를 사용한다면 증거물로부터 반사광에 주의한다.
- 초점 조절에 주의한다. 삼각대와 셔터릴리즈(Shutte Release)를 함께 사용해서 카메라 본체의 미세한 움직임도 방지한다.

4 촬영대상의 처리 [15]

- 화살표·번호판 등 표지를 이용한다. 작은 증거물은 사진 속에서 구분이 어려울 경우가 발생하므로, 보이고자 하는 물체를 지시하여 구분이 명백할 수 있도록 표지를 이용하여 촬영한다.
- 감식·감정의 대상이 되는 화재증거 물증은 화재원인조사에 영향이 미치지 않은 범위에서 오염물을 제거한 후 촬영한다.
- 화재원인과 관련된 화재감식현장, 증거물 등 촬영하고자 하는 감정물 이외의 것은 제외하고 촬영한다.
- 촬영대상인 물증 이외에 공구·쓰레기, 오가는 사람·기타 불필요한 물건이나 물체가 포함되지 않도록 주의하여 촬영한다.

5 렌즈의 선택

(1) 렌즈의 기능
눈에 보이는 것을 광학적 이미지로 전환·촬영하고 싶은 범위를 선택

(2) 렌즈의 분류
① 특수목적에 따른 분류 : 마이크로(Micro)렌즈, 매크로(Macro)렌즈
② 초점거리에 따른 분류 : 어안렌즈, 광각렌즈, 표준렌즈, 망원렌즈, 초망원렌즈
※ 화각의 크기 : 어안렌즈 > 광각렌즈 > 표준렌즈 > 망원렌즈 > 초망원렌즈

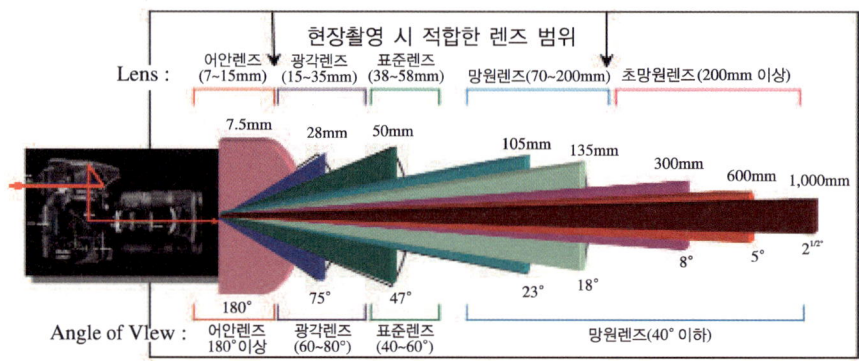

[현장촬영 시 적합한 렌즈 범위]

(3) 렌즈의 종류 14 18 19

렌즈종류	렌즈의 특징
어안렌즈	• 초광각렌즈로 180° 또는 그 이상의 시야를 커버한다. • 기상관측・학술연구용으로 널리 사용된다
광각(廣角)렌즈	• 표준렌즈보다 초점거리(15~35mm 이하로 표기)가 짧은 렌즈이다. • 넓은 화각을 촬영할 수 있고 피사계심도가 깊어 프레임 전체가 선명하게 촬영됨 • 보통 가까운 물체를 크게 촬영하거나 좁은 공간을 넓게 보이는 사진이 촬영되므로 화재감식현장에서 짧은 거리에서 넓은 범위를 찍을 때 유용하다. • 기상관측・학술연구용으로 사용하지만, 풍경 또는 실내 사진 촬영 시에도 실내를 한 장에 담을 수 있는 특성의 렌즈로 화재현장에서 여러 피사체를 1매의 사진에 동시에 담을 때 필요하며, 피사체가 작게 찍히고 심도가 깊다.
표준렌즈	• 보통 35~70mm 이하로 표기된 렌즈를 말함 • 사람의 눈으로 보는 화각과 가장 유사한 렌즈 • 큰 왜곡이나 원근감 변화 없이 자연스러운 사진이 연출되므로 주관을 배제하고 객관적인 사진을 연출할 때 효과적이다. • 어떤 용도로 사용하여도 적용이 가능한 렌즈로 일반적으로 널리 사용된다.
망원렌즈	• 표준렌즈(35~70mm)보다 초점길이(70mm 이상)가 길고 화각이 좁다. • 초점거리가 긴 만큼 렌즈의 모양도 원통형으로 길게 뻗어져 나가는 구조이다. • 화각이 좁아 멀리 있는 피사체를 바로 앞에 있는 것처럼 끌어당겨 크게 연출하게 만들고 원근감이 축소되어 초점에 맞는 피사체를 더욱 두드러지게 하면서 피사심도가 얕아 초점에 맞는 대상을 더욱 또렷하게 집중하게 하는 렌즈로 전경과 배경 사이가 압축되어 보인다.
접사렌즈	• 일반적인 카메라 렌즈 앞에 부착하여 작은 크기의 피사체에 최대한 가까이 접근하여 촬영할 수 있도록 광학 설계한 렌즈로 작은 물체를 확대하여 연출할 수 있다. • 서류나 책의 부분적 복사 등에 유리하며, 가장 큰 장점은 아주 가까운 거리부터 무한대 거리까지 촬영이 가능하다.
줌렌즈	• 초점이나 조리개 값을 고정하고 초점거리를 연속해서 변경이 가능하여 피사체를 원하는 크기로 조절이 가능한 렌즈이다. • 초점거리를 쉽게 변경할 수 있어 독특한 촬영기법이 사용가능하다. • 단초점 렌즈에 비해 색수차가 크고 렌즈가 무겁다는 단점도 있다.

⊕ Plus one

망원렌즈의 4가지 특징
• 화각이 좁다.
• 화상이 크게 보인다.
• 피사계의 심도가 얕다.
• 원근감이 축소된다.

제4절 주요 촬영대상

1 촬영대상물 [13]

- 현장의 장소적 연관성을 객관적으로 표현 – 화재건물, 인접도로, 도로와의 관계가 나타나도록 높은 곳에서 촬영한 현장의 전경
- 현장이 겹쳐지도록 다각도로 대상물을 촬영
  - 제3자가 보아도 현장상황을 이해할 수 있도록 각 건물, 방 등을 촬영
  - 각 건물, 방, 개체와 어떤 장소·물건의 소손·전도·도괴·낙하 등의 진행과정
- 발화원(發火源)일 가능성이 있는 발화기기와 물건의 감식·감정 사실
- 출화영역 부근 및 복원 후의 소실장면
- 연소확대 경로를 묘사한 화재부위, 장소
- 소화설비 제어반, 스프링클러헤드 개방 등 소방·방화시설의 작동상황
- 사망자가 있는 경우 외상, 혈흔 등 사체의 상황
- 화재와 연관성이 크다고 판단되는 단락흔 등 정밀한 확대 촬영이 필요한 대상물
- 기타 증거물, 피해물품, 유류 등

2 화재현장 사진촬영방법

(1) 촬영위치 [13]
① 현장평면도에 화살표로 촬영위치와 방향을 표시한다.
② 다양한 방향에서 촬영하되 촬영기준점을 표시한다.
③ 화재 전경사진은 거리 및 인접도로 등이 식별되고, 현장 전체가 보일 수 있는 장소에서 촬영하고 내부사진은 4방향에서 촬영하여 기준점을 표시한다.

(2) 화재현장 전경
① 인접건물 또는 사다리차 등 화재현장 전체가 보일 수 있는 장소에서 촬영한다.
② 전경사진은 주변 상황과 건물 전체가 나타날 수 있도록 4면에서 촬영한다.
③ 건물 외부의 소실의 정도(박리, 낙하, 붕괴, 그을음 등)를 식별할 수 있도록 촬영
  ㉠ 소실의 정도를 식별할 수 있도록 광각렌즈를 사용
  ㉡ 전체적으로 선명할 수 있도록 심도를 깊게 하여 촬영
  ㉢ 한 장의 사진에 나타나지 않을 때에는 파노라마 촬영을 이용

(3) 화재현장 내부

① 화재건물 내부는 4개 방면을 촬영한다.
② 어느 지점에서 무엇을 촬영했는지의 위치를 평면도상에 표시한다.
③ 화재보고서에 촬영위치와 사진번호가 보고서상 조사내용과 일치하게 작성한다.

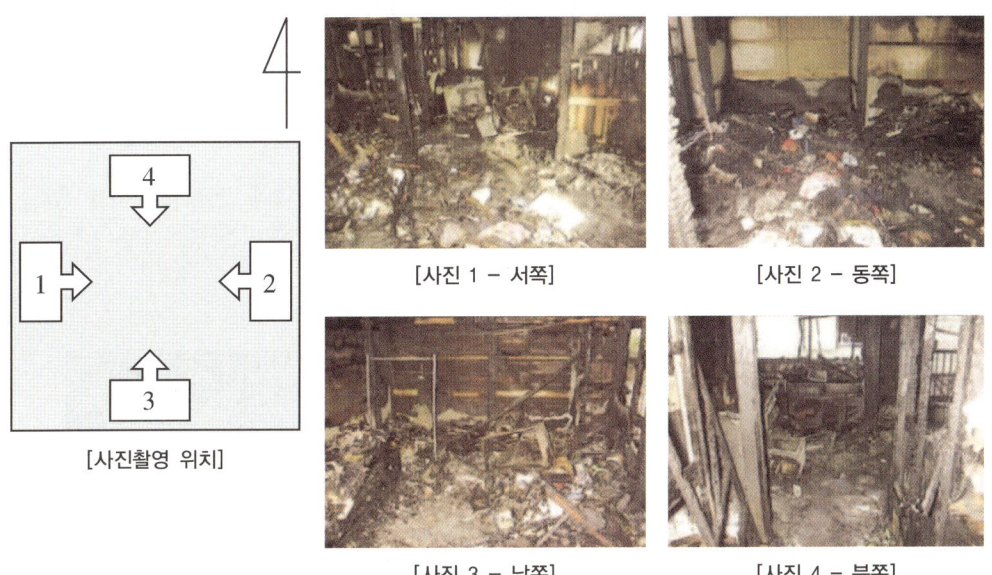

(4) 발화지점 주변

발화지점을 촬영할 때에는 연소방향성과 소실도 상황을 명확히 알 수 있도록 넓은 화각의 렌즈를 사용하여 선명하게 촬영해야 하며 특히 주변 상황을 같이 촬영해준다.

(5) 현장 발굴 사진

- 현장 발굴 시에는 사진 ①, ②, ③과 같이 동일 지점을 발굴 전 상태와 발굴 중인 과정, 발굴 후의 상태를 같은 장소에서 촬영해 주는 것이 중요하며, 조사과정에서 발견되는 특이사항은 현장에 있는 상태 그대로 Ⓐ와 같이 촬영하는 것이 중요하다.
- 또한 Ⓑ, Ⓒ와 같이 유증 채취 시 여러 곳을 채취하고 그 지점은 번호로 표시한다.

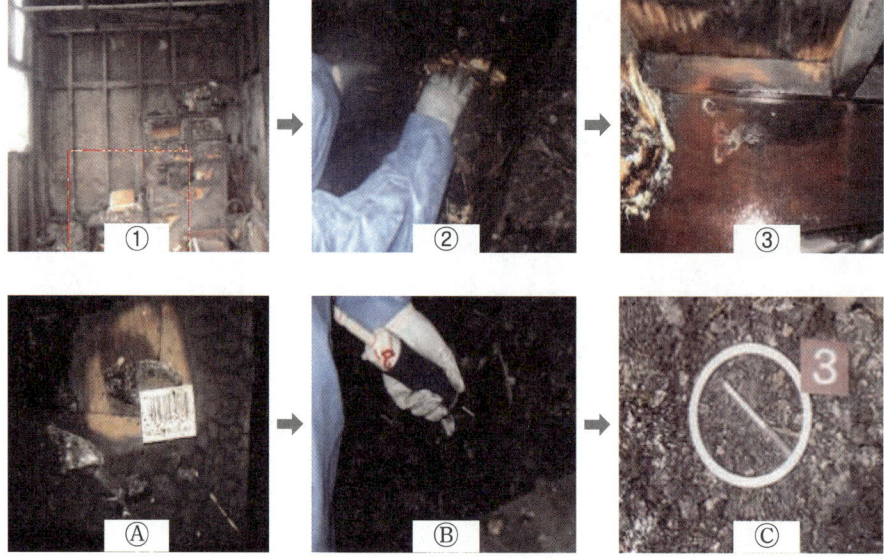

(6) 증거물 촬영

① 증거물 촬영 시 배경막 설치·필요 시 동일 제품 비교 촬영(눈금자 활용) 13

 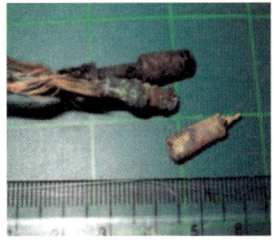 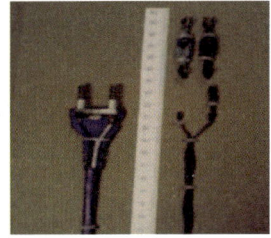

현장에서 수거한 증거물을 촬영할 때에는 큰 물건은 배경막을 설치하여 혼잡함을 방지하고, 크기가 작은 부품 등은 눈금자를 같이 촬영하거나 동일제품과 비교촬영한다.

② 특정 증거물 촬영 시 번호판 및 표시라벨 부착 후 촬영

 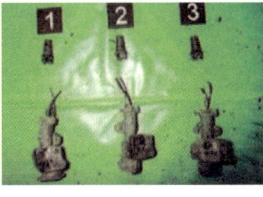 

또한 증거물이 많을 때에는 번호판을 활용하는 것이 좋으며, 연소의 방향성 또는 부품의 위치 등을 표시할 때 부착이 자유로운 스티커 방식의 표지판을 사용하는 것도 고려해 본다.

(7) 근접촬영 17

근접촬영 시에는 매크로렌즈 및 링플래시를 사용(접사 기능은 전체 초점 불일치)하는 것이 바람직하며, 전선 용흔을 촬영할 때에는 나타내고자 하는 지점에 원형 표시판을 활용하는 것도 효과적이다.

제5절 화재감식현장 촬영 표식

1 표식판 기준

- 화재현장사진의 구별을 위하여 표식을 사용하는 데 사용하는 촬영용 번호판·증거물 번호표식판의 색상은 1~3가지로 한정해서 사용한다.
- 화재현장 촬영사진은 탄화로 인하여 대부분이 어둡거나 색상 분포는 경계가 불확실한 것이 많다. 따라서 표식판은 구별이 쉬운 색상을 사용한다.

[증거물 표식판 세트]　　　　　　　　　　[증거물 표식판]

2 증거물 표식 사용

- 증거물을 촬영할 때는 그 소재와 상태가 명백히 나타나도록 하며, 필요에 따라 구분이 용이하게 번호표 등을 넣어 촬영한다.
- 화재현장의 특정한 증거물 등을 촬영함에 있어서는 그 길이, 폭 등을 명백히 하기 위하여 측정용 자 또는 대조도구(담뱃갑, 동전, 라이터 등)를 사용하여 촬영한다.
- 현장사진 및 비디오 촬영할 때에는 연소확대 경로 및 증거물 기록에 대한 번호표와 화살표를 표시 후에 촬영하여야 한다.
- 표식이 없는 상태에서 먼저 촬영하고 표식을 놓고 나중에 촬영을 진행한다.

제6절 서식류

1 화재조사서류 법적근거

(1) 화재조사 및 보고규정(제21조)
　① 제21조(조사서류의 서식) 화재·구조·구급상황보고서 등 20개 서식
　② 제22조(조사보고) 제2항 화재 시 작성해야 할 화재조사서류 및 보고기한
　③ 제22조(조사보고) 국가화재정보시스템에 입력·관리해야 하며 영구보존방법에 따라 보존해야 한다.

(2) 화재증거물수집관리규칙
　① 제3조(증거물의 상황기록)
　② 제8조(현장사진 및 비디오촬영)
　③ 제10조(현장사진 및 비디오촬영물 기록 등)
　④ 제11조(기록의 정리·보관)
　⑤ 제12조(기록 사본의 송부 및 관리)

2 화재조사 서식류

(1) 화재조사 및 보고규정(제21조) 13 15 18
   ① 화재・구조・구급상황보고서 : 별지 제1호 서식
   ② 화재현장출동보고서 : 별지 제2호 서식
   ③ 화재발생종합보고서 : 별지 제3호 서식
   ④ 화재현황조사서 : 별지 제4호 서식
   ⑤ 화재현장조사서 : 별지 제5호 서식
   ⑥ 화재현장조사서(임야화재, 기타화재) : 별지 제5-2호 서식
   ⑦ 화재유형별조사서(건축・구조물화재) : 별지 제6호 서식
   ⑧ 화재유형별조사서(자동차・철도차량화재) : 별지 제6-2호 서식
   ⑨ 화재유형별조사서(위험물・가스제조소등 화재) : 별지 제6-3호 서식
   ⑩ 화재유형별조사서(선박・항공기화재) : 별지 제6-4호 서식
   ⑪ 화재유형별조사서(임야화재) : 별지 제6-5호 서식
   ⑫ 화재피해조사서(인명피해) : 별지 제7호 서식
   ⑬ 화재피해조사서(재산피해) : 별지 제7-2호 서식
   ⑭ 방화・방화의심 조사서 : 별지 제8호 서식
   ⑮ 소방시설등 활용조사서 : 별지 제9호 서식
   ⑯ 질문기록서 : 별지 제10호 서식
   ⑰ 화재감식・감정 결과보고서 : 별지 제11호 서식
   ⑱ 재산피해신고서 : 별지 제12호 서식
   ⑲ 재산피해신고서(자동차, 철도, 선박, 항공기) : 별지 제12-2호 서식
   ⑳ 사후조사 의뢰서 : 별지 제13호 서식

(2) 화재증거물수집관리규칙
   ① 현장 및 감정사진
   ② 현장사진 및 비디오 기록관리부

3 서식류 작성

(1) 화재조사서류
   제4과목 화재조사서류 작성 참조

(2) 현장사진 및 비디오촬영물 기록 등
   ① 촬영한 사진으로 증거물과 관련 서류를 작성할 때에는 별지 제4호 서식(현장 및 감정사진)에 따라 작성하여야 한다.
   ② 현장사진 및 비디오촬영물 기록의 작성・정리・보관과 그 사본의 송부상황 등 기록처리는 별지 서식 제5호(현장사진 및 비디오 기록관리부)에 따라 작성하여야 한다.

제7절 질문의 녹음

1 질문의 녹음 목적 13
화재원인조사에서는 소손물건을 확인·관찰하고 물적증거물로 발화원인을 추론하는 것이 원칙이다. 그러나 화재로 소손된 물건은 발화 전 상태로 유지하기가 어렵고 화재원인은 일반적으로 생각할 수 없는 부주의 등 잘못된 사용으로 화재가 발생한 경우도 있다. 기기 이상 등 발화원인은 관계자 외에는 알 수 없는 발화 전의 상황을 파악할 필요가 있어 관계자의 진술녹음은 불가결한 것이다.

2 질문의 녹음 사항
- 출화 당시의 상황 및 소손으로 복원할 수 없었던 물품의 배치상황
- 발화원으로 추정되는 발화기기의 결함 등 구조상의 문제점
- 출화에 이른 직·간접의 행위
- 출화범위와 지점을 한정하기 위한 발견상황 등 필요한 상황
- 숨겨진 생활·환경조건이나 의문점에 대하여 실시

3 질문의 녹음 유의사항
- 질문은 관계자 없이 불가능하므로 사람을 상대로 한 질문 녹음에는 장소·시간을 배려할 필요가 있으며, 질문방법·녹음·녹화방법 등을 고려해가면서 실시한다.
- 녹취사항이 증거로서 가치를 갖기 위해서는 관계자의 진술이 '임의'로 행하는 것이어야 한다.
- 임의성을 담보하기 위해서는 임의진술내용을 수록하고, 질문기록서에 첨부하거나 옮겨 작성해서 녹취내용을 확인시키고 서명을 받아 화재원인규명의 입증자료로 한다.

4 화재조사를 위한 질문 및 녹음
- 진술자의 기본적인 인권을 고려하고 유도심문을 피하여 진술에 임의성을 확보하여야 한다.
- 피질문자의 이해관계에 의하여 허위진술을 하는 경우가 있음을 염두에 둔다.
- 18세 미만의 청소년, 정신장애자 등에 대한 질문을 하는 경우는 친권자 등의 입회인을 입회시켜야 하며 진술자는 물론 입회자에게도 서명시켜야 한다.
- 녹취가 필요한 경우 피질문자의 동의가 필요하다.

CHAPTER 04 화재와 법과학

제1절 생활반응(Vital Reaction)

1 정의 및 의의

(1) 정 의

생활반응이란 사람이 생전에 신체의 내·외부에서 가해진 자극에 대해 인체의 변화와 반응으로 생긴 현상을 말한다.

(2) 의 의

생활반응은 특히 신체의 손상된 부분을 통하여 인체의 손상이 사망 전·후 인지를 감별하는 데 중요한 의의를 가진다. 따라서 사체에서 생활반응이 보여진 경우 그 소견은 사망하기 전에 이루어졌음을 의미한다.

> ⊕ **Plus one**
>
> **생활반응의 예**
> - 피하출혈, 염증성 발적, 종창, 화농 따위는 시체에서는 생기지 않으므로 손상이 살아 있을 때인지 아닌지를 감별한다.
> - 손상에서 생활반응을 보이면 죽기 전에 가하여진 것으로 사인과 관련시켜 해석해야 하고, 생활반응이 없을 시 죽음의 원인과 거리가 멀다.

2 생활반응의 종류

(1) 국소적 생활반응(Local Vital Reation) 14 18

종 류	특 징
출 혈	• 가장 대표적이고 중요한 생활반응이다. • 사(死)전에 외력에 의해 혈관손상 시 혈액이 혈압에 의해 용솟음치듯이 내뿜으며 출혈한다. • 사후에 혈관손상 시 혈압이 없으므로 그 양이 생전에 비해 손상된 혈관 가까이에 흘러나올 정도이며 현저히 적다.
응 혈	• 출혈된 혈액이 조직 사이로 스며 들어가 혈액 내의 섬유소(Fibrin)에 의해 조직과 치밀하게 결합되어 응혈이 형성되며, 생전의 출혈은 씻거나 닦아도 제거되지 않는다. • 사망 후에 일정 시간이 경과된 후 혈관이 파열되면 혈액은 응고 능력이 없어지므로 닦으면 쉽게 닦인다.
피하출혈 19	• 생전에 둔기를 맞으면 피부가 파열되지 않더라도 모세혈관이 손상되어 피부 속으로 출혈하여 응고현상이 생성된다. • 사체는 응고능력이 없고 시간이 경과되면 혈액이 중력에 의해 사체하부에 시반이 형성된다. • 이는 부분적인 응혈현상과는 다르다.
창구의 개대, 창연의 외번	• 생전에 개방성 손상이 형성되면 피부, 근육 등에 있는 탄력섬유가 수축되어 창구(손상된 부위)는 벌어지고(개대) 창연(상처 가장자리)은 외번 되나 사후에는 이런 소견들이 없거나 있다 하더라도 경하다. • 그러나 이러한 소견만으로 생활반응을 판단하여서는 안 된다.
발적종창	생전에 피부 등 인체에 손상을 입으면 손상부위에 동맥혈이 증가하여 빨갛게 충혈된다.
수포 또는 기도화상	• 생전에 화상을 입으면 피부에 수포가 생기나 사체가 화열을 받으면 물집이 생기지 않는다. 사후에는 피부가 부풀기는 하지만 부푼 부위에 장액은 들어 있지 않다. • 생전에 화재로 열기를 흡입한 경우 기도나 상부 소화관의 열에 의한 손상이 발생한다.
미세포말	생전에는 소사한 경우에는 입에서 뻑뻑한 점액성 거품이 형성되나 사체는 그렇지 않다.
치유기전 및 감염	• 섬유아세포의 증식, 육아조직 생성, 가피(Crust)의 형성 등 치유기전의 변화를 본다. • 감염 시 발적, 종창, 화농 등 염증성 변화를 본다.
압박성 울혈	질식사, 특히 불안전 의사, 교사, 익사 또는 압착성 질식사일 때 보는 울혈현상도 외력이 가해질 당시 혈액순환이 있었다는 증거이다.
흡인 및 연하	• 이물을 기도 내로 흡인하거나 위장관 내로 연하(삼켜서 넘김)하는 것이다. 화재로 인한 사망자가 그을음 등 매연을 흡인하거나 연하하는 것도 생활반응에 속한다. • 단지 입안이나 콧구멍 속에 그을음이 발견되었다고 해서 호흡을 했다고 단정하기는 어렵다. 그래서 기관지나 식도 등 기관 전체를 해부해서 확인하여야 한다.
국부성 빈혈	• 혁대, 채찍 등으로 가격했을 때 신체의 양측에 나타나는 출혈로 중선출혈이라고도 한다. • 이러한 출혈은 표재성 모세혈관만 파열되고 출혈은 손상 물체의 압력에 의해 옆으로 밀리기 때문에 사망한 후에는 출혈은 있어도 국부적 빈혈은 일어나지 않는다.

> ⊕ Plus one
>
> **섬유 아세포(Fibroblast)**
> 선유 아세포라고도 한다. 결합조직의 고유세포로서 조면소포체와 골지체의 양호한 발육을 특징으로 하는 타원성인 핵과 방추상인 원형질을 갖춘 세포를 말한다.
>
> **육아조직**
> 상처가 아물어가는 과정에서 볼 수 있는 유연하고 과립상(顆粒狀)인 선홍색의 조직이다.
>
> **가 피**
> 상처 또는 헐었을 때 피부 표면의 환부에 생기는 썩은 부위, 혈액, 고름 등이 말라붙는 것이다.

(2) 전신적 생활반응(Systemic Vital Reaction) 18 21 22

종 류	특 징
전신적 빈혈	생전(生前)에 신체의 손상이나 질병 등으로 혈관이 손상되면 혈액이 체외(신체 바깥)나 체강(몸속에 있는 공간으로 체벽과 내장 사이의 공간)으로 빠져나오기 때문에 발생한다.
속발성 염증	시간이 상당히 지난 후에 오며, 전신적 감염증이 대표적이다.
색전증 (Embolism)	공기, 지방조직 등 전자에 의한 색전은 혈액순환이 있었다는 증거이며, 이들은 모두 간섭현상으로 일어날 수 있다.
외래물질 분포, 배설	• 익사 시 전신 장기에 플랑크톤(Plakton)이 분포하면 물에 들어갈 당시 호흡과 순환이 있었다는 증거이다. • 전신장기에 알코올이나 약물이 분포되고 대사 후 소변으로 배설되면 이것도 전신적 생활반응에 속한다. • 일산화탄소 중독 시 일산화탄소 헤모글로빈(COHb)이, 사이안산 중독 시 사이안 헤모글로빈(CNHb)이, 황화수소 중독 시 황화매트헤모글로빈이 전신장기에 분포되어 혈색소의 변화를 일으킨다.

제2절 화상사(火傷死)

1 정 의 19

(1) 넓은 의미

고열이 피부에 작용하여 일어나는 국소적 및 전신적 장애를 모두 화상(Burns)이라고 말한다.

(2) 좁은 의미

① 화염, 뜨거운 고체 및 직사광이나 복사열에 의한 손상
② 뜨거운 기체나 액체에 의한 손상을 협의의 화상과 구분하여 탕상(湯傷)이라고 함
③ 화상이나 탕상으로 인한 사망을 화상사 및 탕상사라고 하나 일반적으로 모두 합하여 화상사라 칭함
※ 화학적 물질에 의한 화상 : 화학적 화상 또는 부식이라 함

2 위험도(危險度) 16 18 19

(1) 위험도

① 화상의 위험도는 심도와 범위에 의하여 결정되며 범위가 심도보다 더 큰 영향을 미친다.
② 연령, 부상부위, 합병된 외상 내지 기존 질환에 의하여서도 영향을 받는다.
③ 어린이는 같은 정도의 범위라도 어른보다 더 위험하다.
④ 노인은 회복이 지연되거나 합병증이 일어나기 쉽다.
⑤ 상부기도나 흉부화상은 호흡장애를 초래한다.
⑥ 주요 장기에 질환이 있는 경우 정상인보다 위험하다.
⑦ 심도에 따라 영향을 받기는 하나 일반적으로 전신 1/3 정도에 3도 화상을 입으면 50%가 사망 위험이 있다.

(2) 성인의 중증도 분류

중 증	• 흡인화상이나 골절을 동반한 화상 • 손, 발, 회음부, 얼굴화상 • 체표면적 10% 이상의 3도 화상인 모든 환자 • 체표면적 25% 이상의 2도 화상인 10세 이상 50세 이하의 환자 • 체표면적 20% 이상의 2도 화상인 10세 미만 50세 이후의 환자 • 영아, 노인, 기왕력이 있는 화상환자 • 원통형 화상, 전기화상
중증도	• 체표면적 2% 이상, 10% 미만의 3도 화상인 모든 화상 • 체표면적 15% 이상, 25% 미만의 2도 화상인 10세 이상 50세 이하의 환자 • 체표면적 10% 이상, 20% 미만의 2도 화상인 10세 미만, 50세 이후의 환자
경 증	• 체표면적 2% 미만의 3도 화상인 모든 환자 • 체표면적 15% 미만의 2도 화상인 10세 이상, 50세 이하의 환자 • 체표면적 10% 미만의 2도 화상인 10세 미만, 50세 이후의 환자

(3) 9의 법칙(Rule of Nines)에 따른 화상범위 [19]

① "5의 법칙"이나 Berkew의 측정 규범 등 세밀한 방법이 있으나 일반적으로 응급처치와 이송 전에 화상범위를 파악해야 하며 '9의 법칙'이라 불리는 기준을 흔히 이용한다.

② 9의 법칙은 범위가 큰 경우 사용하며, 범위가 작은 경우에는 환자의 손바닥 크기를 1%라 가정하고 평가하면 된다.

③ 신체의 표면적을 100% 기준으로 아래 그림과 같이 9% 단위로 나누고 외음부를 1%로 하여 계산한다.

손상부위	성 인	어린이	영 아
머 리	9%	18%	18%
흉 부	9%×2	18%	18%
하복부			
배(상)부	9%×2	18%	18%
배(하)부			
양 팔	9%×2	9%×2	18%
대퇴부(전, 후)	9%×2	13.5%	13.5%
하퇴부(전, 후)	9%×2	13.5%	13.5%
외음부	1%	1%	1%
관련 사진			

④ 9의 법칙은 성인에게 적용 시 오차 없이 신속하게 화상범위를 추측할 수 있으나 어린이에게 적용 시 머리가 과소평가되고, 팔과 다리가 과대평가되는 단점이 있으므로 위 그림을 참조하여 평가한다.

(4) 화상 깊이 13 17 18 21 22

① 열의 강도, 노출시간 및 피부의 예민도에 의하여 결정
② 일반적으로 55℃ 이상에서 피부화상이 초래되나 이보다 낮은 40~50℃ 정도에서도 오랜 시간 노출되면 화상을 입을 수 있다.
③ 피부화상은 조직손상 깊이에 따라서도 분류되는데 1도, 2도, 3도, 4도로 분류한다.

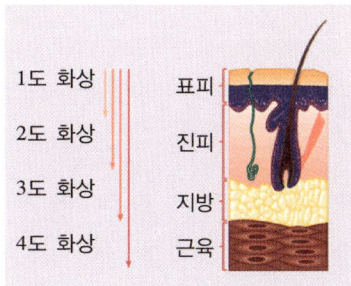

종 류	화상의 특징	사 진
1도 화상 (홍반성)	• 경증으로 표피만 손상된 경우이다. 모세혈관의 충혈로 인하여 종창과 더불어 홍반만 보이기 때문에 홍반성 화상이라 한다. • 시간이 흐르면 색깔이 변하고 발열, 발적과 몸이 쑤시고 아픈 동통이 나타나며, 수포는 형성되지 않으나 벗겨질 수 있다. • 햇빛(자외선)으로 인한 경우와 뜨거운 액체나 화학손상에서 많이 볼 수 있다.	
2도 화상 (수포성)	• 주로 열에 의한 국부적인 화상으로 표피와 함께 진피까지 손상된 화상을 말한다. • 모세혈관의 투과성이 항진되어 혈장이 혈관 외로 빠져나와 장액이 표피 밑에 채워져 차차 투명하고 황색인 수포를 형성하기 때문에 수포성 화상이라 한다. • 화상부위는 1도 화상보다 발적과 동통이 심하고 창백하거나 얼룩진 피부가 나타난다.	
3도 화상 (괴사성, 가피성)	• 피하지방을 포함한 피부의 전층이 손상된 경우로 심한 경우 근육, 뼈, 내부 장기도 포함되는 경우가 있다. • 화상부위는 특징적으로 건조하거나 가죽과 같은 형태를 보이며 창백, 갈색 또는 까맣게 탄 피부색이 나타나며 수포는 형성되지 않는다. • 부스럼 딱지 또는 생체 내의 피부조직이나 세포가 죽는 응고성 괴사에 빠지므로 괴사성 화상이라고도 한다.	
4도 화상 (탄화성, 회화성)	• 피부 전층 및 그 하방 심부조직인 근육이나 뼈 같은 부분까지 화상범위가 포함된 경우로 탄화 또는 회화성 화상이라고도 한다. • 피부의 세포조직이 검게 타는 탄피층이 형성되며, 4도 화상은 사망 전인지 후인지 구분하기 어렵다.	

3 화상사 사망기전 14 18

(1) 원발성 쇼크

① 고열이 광범위하게 작용하여 일어나는 격렬한 자극에 의하여 반사적으로 심정지가 초래되는 것을 말한다.
② 화염에 휩싸였을 때 이러한 기전이 작용하여 화재사의 전형적인 소견을 보이지 않을 수 있으므로 주의를 요하며 비교적 드문 편이다.

(2) 속발성 쇼크 16 19
① 화상성 쇼크라고도 하며 화상을 입고 나서 상당시간이 경과한 후에 증상이 발현되어 2~3일 후에 사망하게 되는 경우이다.
② 이는 화상으로 인하여 혈관 투과성이 항진되어 초래되는 전해질의 변조 및 순환열량감소성 쇼크가 그 본태라고 생각된다.

(3) 합병증
쇼크 시기를 넘긴 후에는 독성물질에 의한 응혈, 성인호흡장애증후군, 급성신부전, 소화관위궤양의 출혈, 폐렴 및 폐혈증 등 합병증으로 사망할 수 있다.

4 화상사체 소견 및 진단

(1) 화상사체에 나타나는 특징 14
① 외표에서는 1~4도의 광범한 화상이 식별된다.
② 내부에서 특이한 소견은 없으나, 각 장기에는 빈혈상(貧血狀)을 보인다.
③ 사망이 지연되면 사인(死因)이 된 2차적 변화와 더불어 점막하의 일혈점, 실질장기의 혼탁종창(混濁腫脹), 부신의 출혈, 유지체(類脂體)의 감소 또는 소실을 본다.

(2) 화상 및 소사체 관찰
① 사람이나 동물은 본능적으로 생명에 위험이 발생하였을 때에는 반드시 반대방향으로 대피하거나 대피용이 방향을 선정 대피하게 되는데, 대피 중 대피경로가 차단되었을 경우 화상이나 소사케 된다. 따라서 화상자·소사체의 화상부위 및 대피경로와 소사체 위치 등을 관찰한다.
② 여기에서 화상 경위나 소사위치가 발화부를 추적하는 데 중요한 참고자료가 될 뿐만 아니라 발화부분을 확정하여 줄 수 있는 증거가 될 수 있으므로 화상자, 소사체가 입고 있었던 의류, 신발류 등에 방화보조물(유류) 검출여부를 관찰하여야 한다.
③ 화재현장 화인(火因) 수사시 필히 화상자나 소사자가 있는가를 확인하고 화상자가 있을 경우에는 현장에서 대피상황을 재현시켜 화상경위 등을 충분히 수사하여 발화부 및 화인수사에 참고하여야 한다.

5 자타살 및 사고사의 감별 13
- 화상사는 대부분 사고성으로 화재에 의한 화염 또는 뜨거운 물에 데어 일어난다.
- 사망 전에 발생한 화상은 홍반이나 수포가 형성되는 생활반응을 보이며, 사망 후에도 식별이 가능한 경우가 많다.
- 사망 직전에 발생한 화상은 생체반응을 일으키지 않을 수도 있으며, 사후 화상과 구별이 어려울 수도 있다. 사후에는 피부가 부풀기는 하지만 부푼 부위에 장액은 들어 있지 않다.
- 화상사는 얼굴, 손, 다리 등 노출된 부분이 심하게 손상 받은 경우가 많은데 다른 장소에서 살해한 후 화상사로 위장하는 경우도 있으니 감별에 유의하여야 한다.

- 출혈은 열의 영향으로 코, 입, 귀로 흘러나오는 경우가 대부분이다. 그러나 손과 발 등 사체의 외부에서 출혈이 발견된 경우 사망하기 전에 신체적 외상을 당했을 가능성이 크다는 것을 유념해야 한다.
- 때로는 어린이를 살해할 의도로 뜨거운 물에 집어넣기도 하며, 피학대아에서는 특히 국소적 화상을 볼 때가 많다. 자살은 거의 볼 수 없다.

제3절 화재사(火災死, Death Due to Fire)

1 정의 및 개념

(1) 소사(燒死)와 소사체(燒死體)
① 소사 : 화재로 인한 화상과 더불어 일산화탄소나 유독가스에 의한 중독과 산소결핍에 의한 질식 등이 합병되어 사망하는 것. 따라서 화상만 작용하는 화상사와 엄격히 구분된다.
② 소사체 : 단지 탄 채 발견된 시체로서 사인이 소사인 시체라는 것과는 다르다. 사인이 소사인 것을 비롯하여 다른 원인으로 사망한 후 탄 시체도 포함된다. 비록 화재현장에서 발견되었더라도 타지 않은 경우는 포함되지 않는다.

(2) 화재사와 탄화시체
① 화재사 : 화재로 인한 일련의 기전에 의하여 사망한 경우에는 그 시체가 불에 탔든 타지 않았든 간에 화재사라는 용어를 사용한다.
② 탄화시체(Charred Body) : 일반적으로 소사체라고 부르는 것은 탄화시체라고 표현하는 것이 적절하다.

⊕ Plus one

주요용어 정리
- 화재사(Death Due to Fire) : 화재로 인한 사망은 불에 탔든 타지 않았든 화재사로 칭함이 적절함
- 소사(燒死) : 화재로 인한 사망(그러나 타서 사망함을 의미하는 듯한 표현)
- 소사체(燒死體) : 탄 채 발견된 시체(사인이 소사인 경우 다른 원인으로 사망한 후 탄 시체). 다만, 화재로 사망하였더라도 타지 않은 경우는 해당되지 않음

2 사망기전

- 화재가 발생하면 화염이나 고온의 공기 및 물체에 의하여 화상을 입게 된다.
- 연소물이 불완전 연소시 일산화탄소, 아황산가스, 시안화수소 등 발생한 유독가스를 흡입하게 된다.
- 공기의 유통이 좋지 않거나 밀폐공간에서는 공기 중의 산소가 소진된다.
- 화재 시에는 화상, 유독가스에 의한 중독과 산소결핍에 의한 질식 등이 동시에 생체에 작용하여 사망한다.

- 또한 화염이 호흡기에 작용하여 기도에 부종을 일으켜 곧바로 사망할 수 있으며, 때로는 원발성 쇼크에 의하여 갑자기 사망할 수 있다.
- 화재현장에서 구조되었다고 하더라도 화상으로 인한 쇼크, 기도화상으로 인한 급성호흡부전으로 2~3일 후에 사망할 수 있으며, 그 후에 감염이나 만성호흡부전으로 사망할 수 있다.

> **⊕ Plus one**
>
> **화재사의 사망기전**
> - 화상 : 화염, 고온의 공기, 고온의 물체에 의한 화상
> - 유독가스 중독 : 일산화탄소, 합성건재, 화학섬유, 도료에서 발생하는 각종 유독가스 중독
> - 산소결핍에 의한 질식 : 공기의 유통이 좋지 않은 밀폐공간에서 산소의 소진으로 질식
> - 기도화상 : 화염이 호흡기에 직접 작용하여 기도에 부종이 발생하여 곧바로 사망
> - 원발성 쇼크 : 반사적 심정지로 사망한 경우로 분신자살시 흔히 보임
> - 급·만성호흡부전 : 기도화상으로 급성호흡부전이나 그 후 감염이나 만성호흡부전으로 사망

3 사체의 소견 및 진단

화재사에서는 화재에 대한 생활반응과 계속적인 열의 작용에 의한 사후변화가 중첩되어 있으므로 이들 감식이 필요하다.

(1) 외부소견

① 생활반응 [13] [14] [15] [16] [17] [18] [21]

㉠ 화상 : 소사자의 전신에서 1~3도의 화상현상이 나타나 생활반응이기는 하나 생전과 사후의 감별이 쉽지는 않다.

㉡ 시반 : 소사자의 혈액은 시간이 지나면 굳으면서 중력에 의해 사체의 가장 낮은 부분으로 모이게 된다. 이런 현상을 혈액침하라고 하며, 피부가 암적색으로 보이는 것을 시반이라 한다. 일산화탄소 헤모글로빈(COHb)의 형성으로 선홍색을 띤다.

㉢ 호흡기에 매 : 구강 및 비강을 비롯한 안면부에 전반적으로 매가 부착되어 있는데, 생전에 부착되어 있을 때는 눈 주위 또는 이마의 주름 안에는 매가 부착되지 않을 때가 있다.

㉣ 사후강직

ⓐ 사후근육이완의 시기가 지나면, 전신의 근육이 굳어지는 현상을 말한다.

ⓑ 이 때문에 외표에서 각 관절은 고정되고 굴곡 또는 신전하기 어렵게 된다.

ⓒ 사후 2~3시간에 하악, 경부에 나타나고 시간의 경과와 함께 아래쪽으로 진전(하행형)하는데 반대의 경우도 있을 수 있다(상행형).

ⓓ 사후 12시간을 전후해서 최고에 달하고 1~2일 이 상태가 이어져 발현순서에 따라서 완화(緩和)되고 2~7일에 완전히 풀린다. 경직은 여름에는 1~2일, 겨울에는 3~4일이면 완화된다.

ⓔ 사후경직은 근육이 잘 발달한 사체일수록 강하고 길고 온도가 높으면 일찍 발생하고 완화도 빠르며, 죽기 직전에 고도로 사용된 근육일수록 경직이 강하게 일어난다.

ⓕ 사망 직후의 근육이완을 경과함이 없이 경직으로 이행한 것을 강경성 사후경직이라 하고 자살 사체가 흉기를 강하게 쥔 상태인 경우가 이형의 경직으로 생각된다.

> **⊕ Plus one**
>
> **시반(屍斑)**
> 혈액침하로 시체 아래에 모세혈관에 적혈구가 모여 나타나는 암적색의 반점
> - 혈액이 부풀어 오를 수 있는 혈관에만 생김(딱딱한 표면에 누워 있는 시체나 누워있을 때 양어깨, 엉덩이, 장딴지 등은 바닥부분에 눌려져 있어 시반이 생기지 않음)
> - 시반으로 시체의 이동여부를 추측 가능
> - 질식사나 급사의 경우 심하게 나타남
> - 시반의 색깔 : 선홍색(일산화탄소 중독, 동사(凍死), 사이안화수소 중독), 녹갈색(황화수소 중독)
>
> **사후강직(死後强直)**
> - 사후 근육이완의 시기가 지나면 전신의 근육이 굳어지는 현상
> - 처음에는 손·발·팔다리 소근육에서 몸통·머리 순으로 몸 전체로 진행
> - 사후 12시간을 전후해서 최고에 달하고 1~2일 이 상태가 이어져 발현순서에 따라서 완화(緩和)되고, 2~7일에 완전히 풀림
> - 사후경직은 근육이 잘 발달한 사체일수록 강하고 길고, 온도가 높으면 일찍 발생하고 완화도 빠르며, 죽기 직전에 고도로 사용된 근육일수록 경직이 강하게 일어남
> - 무릎이 당겨져 있거나 두 팔이 위로 올려 있으면 살해 후 이동한 것으로 추측

② 사후변화 22

　㉠ 장갑상 및 양말상 탈락
　　심한 화상을 입은 시체에서 손과 발의 피부가 손톱과 발톱을 포함하여 장갑 또는 양말과 같이 벗겨질 때가 있다. 언뜻 보기에는 화상에 의한 생활반응의 하나인 수포처럼 보일 때가 있으므로 주의를 요한다. 생전에 사망한 사체에서도 열기에 노출되면 동일한 현상이 생기므로 생활반응이라고 볼 수 없으며, 이러한 소견 및 기전은 다르나 부패 및 수중사체에서도 나타난다.

　㉡ 피부균열 및 파열
　　외표에 열이 계속적으로 가하여지면 피부와 피하조직이 균열(Heat Tearing) 또는 파열(Heat Rupture)되어 절창(베인 상처) 또는 열창(찢긴 상처)과 유사한 소견을 보이며 하방의 근육이나 장기가 노출된다. 이는 출혈을 비롯한 생활반응의 유무와 성상 등으로 생전 손상과 쉽게 감별된다.

　㉢ 투사형 자세
　　- 사후에 열이 계속적으로 가해지면 근육이 응고되어 수축되는 소위 열경직(Heatrigidity)현상을 보이게 된다.
　　- 골격근에서는 신근(사지를 뻗는데 작용하는 근육)보다 골근(관절 양쪽에 있는 뼈 사이의 각도를 줄이는 근육)의 양이 많기 때문에 열경직이 골근에 더 많이 일어나 대부분의 소사체 관절은 절반 정도 굽힌 채 고정되어 마치 권투하는 자세로 식별된다 하여 투사형 자세라 한다. 이는 사후변화로서 화재사의 진단적 가치는 없다.

　㉣ 탄 화
　　- 화염이 지속적으로 작용하면 인체는 탄화된다.
　　- 사후에 탄화가 진행되면 대체로 상완부와 대퇴부 하단에서 사지가 동체로부터 떨어지는데 이를 조각과 비슷하다하여 동시체라 한다.

- 성인은 약 1,000℃에서 1.5~2.5시간이 소요되며, 신생아는 500℃에서 2시간 정도 걸린다.
- 옷을 입은 경우 심지 역할을 하여 나체보다 더 급속히 완전하게 탄화되나, 피부에 밀착된 단추가 잠겨진 옷깃, 런닝, 브레지어, 팬티, 벨트 부분의 인체부위는 화염으로 보호되어 탄화되지 않는 경우도 있다.
- 화재가 발생하기 전에 손목이나 발목이 묶여 있거나 끈으로 목이 조여진 경우 선택적으로 탄화되지 않은 경우도 식별될 수도 있다.
- 목(경부)의 경우에는 옷깃 등으로 목이 화재로부터 보호되어 이를 제거하면 목이 졸린자국과 비슷하게 보일 수 있으므로 주의를 요한다.

⊕ Plus one

화재사의 사체 외부소견
- 생활반응
  - 선홍색 시반(화재사, 저체온사(냉장보관), 일산화탄소 중독, 청산 중독)
  - 안면부 주름에 매가 부착되지 않음
  - 부검을 해보면 기도점막의 매 부착
  - 피부에 기포가 형성되거나 일반적으로 1~3도 화상이 발견
  - 화재 당시 생존한 경우 눈을 감기 때문에 눈·코·입 주변에 주름이 보임
- 사후변화
  - 탄 화
  - 피부균열(기포)
  - 장갑상 탈락
  - 투사형 자세
  - 동시체
  - 두개골 골절

(2) 내부소견

① 생활반응

㉠ 호흡기계
- 화재 시 발생하는 연기를 흡입하여 매가 점액과 혼합되어 기도 내에 부착된다. 이는 화재 당시 살아 있었다는 것이다. 그러나 매연에 직접 노출되지 않았거나 코와 입을 가렸을 때는 매를 보지 못할 수도 있다.
- 살인 후에 사체를 불 속에 넣거나 불을 지를 때에는 혈액 속에서 일산화탄소가 반응하지 않고 호흡이 정지된 상태로 기도에 매연이 흡착되어 있지 않다.
- 고온의 공기를 흡입하였을 때 상기도 점막에서 충혈, 종창, 박리 및 괴사 등 열에 의한 변화를 일으킨다.
- 장시간 고열을 흡입하였을 때 열에 의하여 응고되어 회백색 또는 갈색조를 띠기도 한다.

㉡ 위장관
흡입한 매연을 침과 함께 삼키면 식도와 위, 때로는 십이지장 내에서 매를 보게 된다. 이것도 기도 내의 매와 함께 생활반응에 속하며, 매는 백색의 종이에 발라보면 쉽게 알 수 있다.

㉢ 선홍색 심장혈 및 장기, 근육
일산화탄소 흡입으로 혈액과 각 장기는 일산화탄소 헤모글로빈(COHb)을 근육은 일산화탄소 마이오글로빈을 형성하여 선홍색을 띤다.

② 사후변화
  ㉠ 두개골 골절
    - 두부에 강한 열이 지속적으로 작용하면 두개골의 외관의 탄화 및 두개골 골절이 일어난다.
    - 두개골 골절 시 항상 연소혈종이 형성되나, 연소혈종이 형성되면 반드시 두개골 골절이 동반한 것은 아니다.
    - 두개골 골절 및 연소혈종은 생전의 골절 및 경막상 출혈과 감별이 필요하다.
    - 탄화의 중심부를 기점으로 방사상 형태를 보인다.
    - 골절은 구개강 내에 발생하는 수증기압에 의하여 일어나기 때문에 바깥쪽으로 벌어지는 경향을 보이나, 골절의 형태가 전형적이지 않을 경우 생전의 골절과 구별이 곤란하다.
  ㉡ 연소혈종
    - 두개골 하방 경막상층에 열로 응고된 혈액괴를 보는 경우가 있는데 이를 연소성 혈종 또는 연소성 경막성 혈종이라 한다.
    - 두개골 공간에 주로 경막 동맥동에서 압출되는 혈액을 비롯하여 두개골이 손상되어 출혈된 혈액, 지방 및 골수 등이 고이고 열변화가 지속적으로 일어나 형성되는 것으로 알려진다.
    - 특별한 형태를 갖지 않거나 낫 모양인 혈액 괴로서 두께는 다양하나 일반적으로 1.5mm~1.5cm 정도이고 양은 120mL까지 고인다.
    - 대개 두개골 내면에 고착되며 드물게는 경막에 고착되기도 한다.
    - 색깔은 적벽돌 색깔 내지 적갈색을 띠며 잘 부스러진다.
    - 생전의 출혈은 방추형으로 암적색을 띠고 탄력성이 있으며 경막에 부착된다.
  ㉢ 기 타
    - 혈액에 상당한 양의 일산화탄소가 포화되면 홍색조가 가미될 수 있다.
    - 혈액이 열에 의해 끓으면 형성된 기포로 인하여 벌집모양을 보이며 만지면 부드럽고 잘 부스러진다.
    - 경막상 출혈은 생전에 받은 손상이며 이를 열이나 화염으로 연관시켜서는 안 된다.
    - 혈액은 열이 지속적으로 받으면 응고된다. 폐혈관에서 지방적을 볼 수 있는데 이를 생전의 지방 색전으로 해석해서는 안 된다.

4 자·타살 및 사고사의 감별

- 화재는 대부분 가정에서 일어나며 담뱃불, 누전, 전기기구의 결함 또는 부주의 등 사고사가 대부분이나 자살의 수단으로 택하기도 한다.
- 살해할 목적으로 방화하거나 다른 방법으로 살해 후 범죄를 은폐하기 위하여 방화하거나 사체를 소각하는 경우도 있으므로, 사망에 이르는 원인을 밝혀내기 위해서는 관련 기관에 검안 또는 부검이 불가피한 사항임을 화재조사자는 유의해야 한다.

제4절 연소가스에 의한 중독

1 연소가스

(1) 연소 시 생성되는 물질 : 연기, 열, 화염, 연소가스
① 일반가연물의 연소생성물 : 수증기, CO, CO_2, 아황산가스
② 완전연소 시 생성물 : 이산화탄소, 수증기, 아황산가스, 이산화질소, 오산화인, 할로젠화물
③ 불완전 연소 시 생성물 : 일산화탄소, 시안화수소, 암모니아

(2) 연소가스에 의한 장애
① 연기와 연소가스로 인한 피난장애
② 급박성으로 인한 패닉이 발생하는 행동장애
③ 화상, 질식 등 생리적인 피해

(3) 연소가스의 특징
① 많은 유독가스를 방출하여 산소부족을 초래하여 질식할 수 있음
② 연소가스를 흡입할 경우 산소를 운반하는 헤모글로빈을 감소시켜 호흡곤란으로 수분 내에 사망할 수 있음
③ 눈이나 피부에 접촉할 때 화상, 결막염 등 손상을 초래

(4) 연소물질과 생성가스 17 18 21

연소물질	연소생성가스
탄화수소류 등	일산화탄소 및 탄산가스
셀룰로이드, 폴리우레탄 등	질소산화물
질소성분을 갖고 있는 모사, 비단, 피혁 등	시안화수소
합성수지, 유지류, 나무, 종이 등	아크롤레인
나무, 종이 등	아황산가스
나무, 차콜 등	수소의 할로젠화물
PVC, 방염수지, 불소수지류 등의 할로젠화물	HF, HCl, HBr, 포스겐 등
멜라민, 나일론, 요소수지 등	암모니아
페놀수지, 나무, 나일론, 폴리에스터수지 등	알데하이드류(RCHO)
폴리스티렌(스티로폼) 등	벤젠

2 연소가스 중독 사망의 특징

(1) 일산화탄소 중독사 [18] [19] [21] [22]
① 호흡으로 흡입한 일산화탄소가 몸 안에서 산소를 운반하는 헤모글로빈을 감소시켜 근육·내장·조직 등 호흡곤란을 일으켜 사망한 경우
② 일산화탄소는 산소의 210~250배의 친화력으로 생체조직에 대해서는 산소결핍으로 질식과 같은 상태가 됨
③ 체내에 산소가 부족해지면 중추신경계를 자극하여 두통, 현기증, 맥박증가 등이 일어나고 질식에 이름
④ 일산화탄소 헤모글로빈(COHb)의 형성으로 깨끗한 선홍색 시반이 나타남

(2) 일산화탄소 헤모글로빈(COHb) [14] [17] [18] [19]
① 화재 시에는 일산화탄소를 흡입하게 혈액 속의 산소를 운반하는 헤모글로빈과 결합하여 일산화탄소 헤모글로빈(=카르복시헤모글로빈)을 생성하고 결국 혈액의 산소결핍을 초래하게 함으로써 질식에 이르게 한다.
② 대량으로 발생되면 몇 번만 호흡해도 사망에 이를 정도의 혈중포화농도를 갖는다.
③ 이는 생활반응일 뿐만 아니라 화재사에서 사인의 하나가 된다.
④ 포화도는 화재상황, 연령, 건강상태 등에 따라 10% 이하인 경우도 있고 80%가 넘을 경우도 있지만 건강한 중년 성인의 경우 50~70%에 이른다.
⑤ 흡연자라면 4~14에 달할 수 있기 때문에 포화도가 낮을 때는 신중을 가하여야 하며 이때 니코틴이 존재하는지 검토가 필요하며 비흡연자라면 이정도의 포화도라 하더라도 화재 시 생존하였다는 증거가 된다.

COHb 농도%	중독증상
10 이하	증상 없음
10~20	두부 전면 압박, 가벼운 두통 증상
20~30	정서불안, 흥분 머리측면부 맥동, 욱신거리는 두통
30~40	심한 두통, 권태, 현기증 시력약화, 구토, 허탈
40~50	심한 의식장애, 보행장애, 호흡곤란
50~60	호흡 및 맥박 증가, 혼수, 경련
60~70	혼수, 호흡미약, 혈압저하
60~80	심한 혼수, 경련, 맥박미약, 반사저하
80~100	수분 내 사망

(3) 유독가스
① 주택 등 화재 시 화학섬유, 플라스틱 등이 연소할 때 염소, 암모니아, 시안화수소, 포스겐, 질소화합물, 황화수소 등 유독가스가 발생한다. 이러한 가스들은 일산화탄소로 인한 저산소증을 더욱 악화시킨다. 그러나 이러한 물질은 대개 미량으로 특수한 경우를 제외하고는 사망에 미치는 영향은 크지 않다.
② 시안화수소(HCN) 중독사 : 선홍색 시반
③ 황화수소(H_2S) 중독사 : 녹갈색(황화매트헤모글로빈 형성) 시반

3 연소생성물과 유해성

(1) 연소가스 생성물의 독성 18

생성물질	화학식	허용농도(ppm)	생성물질	화학식	허용농도(ppm)
아크롤레인	CH_3CHCHO	0.1	염화수소	HCl	5
삼염화인	PCl_3	0.1	시안화수소	HCN	10
포스겐	$COCl_2$	0.1	황화수소	H_2S	10
염소	Cl	1	암모니아	NH_3	25
불화수소	HF	3	일산화탄소	CO	50
아황산가스	SO_2	5	이산화탄소	CO_2	5,000

① 일산화탄소(CO) : 허용농도 50ppm
  ㉠ 일산화탄소는 무색·무취·무미의 환원성이 강한 가스
  ㉡ 밀폐된 공간 등 산소가 부족한 상태에서 가연물이 불완전연소할 때 발생한다.
  ㉢ 공기보다 가볍고(비중 0.967) 불용성이다.
  ㉣ 상온에서 염소와 작용하여 유독성 가스인 포스겐($COCl_2$)을 생성하기도 한다.
  ㉤ 인체 내의 헤모글로빈과 결합하여 산소의 운반기능을 약화시켜 질식케 한다.

② 이산화탄소(CO_2) : 허용농도 5,000ppm
  ㉠ 이산화탄소는 무색·무미의 기체로서 공기보다 무거움
  ㉡ 가스 자체는 독성이 거의 없으나 다량이 존재할 때 사람의 호흡속도를 증가시키고, 혼합된 유해가스의 흡입을 증가시켜 위험을 가중시킨다. 따라서 중독사는 없지만 질식사는 발생함
  ㉢ 화재 시 대량으로 발생함으로써 공기 중의 산소부족에 따른 질식효과로 인명을 죽음에 이르게 할 수 있음
  ㉣ 약 20%의 농도에서 인사불성이 된 사람은 신속히 조치하지 않는 한 대개 약 20~30분 이내에 사망

[이산화탄소가 인체에 미치는 영향]

공기중의 CO_2 농도	인체에 미치는 영향
2%	불쾌감이 있음
4%	눈의 자극, 두통, 귀울림, 현기증, 혈압상승
8%	호흡 곤란
9%	구토, 감정 둔화
10%	시력장애, 1분 이내 의식상실, 장기간 노출 시 사망
20%	중추신경 마비, 단시간 내 사망

③ 황화수소(H_2S) : 허용농도 10ppm
  ㉠ 황을 포함하고 있는 유기 화합물이 불완전 연소하면 발생함
  ㉡ 계란 썩은 냄새가 나며, 0.2% 이상 농도에서 냄새 감각이 마비됨
  ㉢ 0.4~0.7%에서 1시간 이상 노출되면 현기증, 장기혼란의 증상과 호흡기의 통증이 일어남
  ㉣ 0.7%를 넘어서면 독성이 강해져서 신경 계통에 영향을 미치고 호흡기가 무력해짐

④ 이산화황(SO_2) : 허용농도 5ppm
   ㉠ 황이 함유된 물질인 동물의 털, 고무 등이 연소하는 화재 시에 발생
   ㉡ 무색의 자극성 냄새를 가진 유독성 기체로 눈 및 호흡기 등에 점막을 상하게 하고, 질식사할 우려가 있음
   ㉢ 이산화황은 양모, 고무 그리고 일부 목재류 등의 연소 시에도 생성됨
   ㉣ 특히 황을 저장 또는 취급하는 공장에서의 화재 시 주의를 요하며, 아황산가스라고도 함

⑤ 암모니아(NH_3) : 허용농도 25ppm
   ㉠ 질소 함유물(나일론, 나무, 실크, 아크릴 플라스틱, 멜라닌수지)이 연소할 때 발생하는 연소생성물로서 유독성이 있으며, 강한 자극성을 가진 무색의 기체
   ㉡ 냉동시설의 냉매로 많이 쓰이고 있으므로, 냉동창고 화재 시 누출가능성이 큰 것에 주의해야 함
   ㉢ 이때 우발적으로 터질 가능성이 있기 때문에 조심해야 함
   ㉣ 공기보다 가벼워 흡입 시 소화기점막에 수포가 생기고, 피부에는 홍반이 생기며 다량흡입(1,500ppm 이상)할 경우 즉사함

⑥ 시안화수소(HCN) : 허용농도 10ppm
   ㉠ 질소성분을 가지고 있는 합성수지, 동물의 털, 인조견 등의 섬유가 불완전 연소할 때 발생하는 맹독성 가스
   ㉡ 0.3%의 농도에서 즉시 사망할 수 있으며, 청산가스라고도 함
   ㉢ 중독소견으로는 피부가 화끈거리고 눈이 충혈되며, 몸이 나른해 지면서 두통, 어지럼증, 의식불명에 이름

⑦ 포스겐($COCl_2$) : 허용농도 0.1ppm
   ㉠ 열가소성 수지인 폴리염화비닐(PVC), 수지류 등이 연소할 때 발생
   ㉡ 일반적인 물질이 연소할 경우는 거의 생성되지 않지만 일산화탄소와 염소가 반응하여 생성하기도 함
   ㉢ 중독소견으로 흉부 작열감, 기침, 구토, 흉통을 초래하고 폐수종이 발생

⑧ 염화수소(HCl) : 허용농도 5ppm 15
   ㉠ PVC와 같이 염소가 함유된 수지류가 탈 때 주로 생성
   ㉡ 독성의 허용농도는 5ppm(mg/m^3)이며, 부식성이 강하여 쇠를 녹슬게 함
   ㉢ 향료, 염료, 의약, 농약 등의 제조에 이용되고 있음
   ㉣ 장시간 저농도 노출 시 치아산식증이 일어날 수 있음

⑨ 이산화질소(NO_2)
   질산셀룰로오스가 연소 또는 분해될 때 생성되며 독성이 매우 커서 200~700ppm 정도의 농도에 잠시 노출되어도 인체에 치명적임

⑩ 불화수소(HF) : 허용농도 3ppm
   ㉠ 합성수지인 불소수지가 연소할 때 발생되는 연소생성물로서, 무색의 자극성 기체이며, 유독성이 강함
   ㉡ 허용농도는 3ppm(mg/m^3)이며 모래·유리를 부식시키는 성질이 있다.

⑪ 아크롤레인(CH_2=CHOCH) : 허용농도 0.1ppm
  ㉠ 자극적인 냄새를 갖는 액상의 불포화알데하이드
  ㉡ 유지의 고온가열에 의해서 발생하며, 튀김할 때 기름에서 나오는 자극적인 냄새 성분의 하나이다. 아크릴알데하이드라고도 함
  ㉢ 증기는 눈·코를 자극하고 흡입하면 기관지 염증, 흉부압박감, 호흡곤란, 구토증상이 나타나며, 고농도에 노출되면 폐수종이 발생하여 사망에 이름

⊕ Plus one

연소 시 생성되는 가스의 특징
- 이산화탄소(CO_2) : 무색, 무미의 기체, 공기보다 무거움, 독성은 거의 없으나 다량 존재 시 사람의 호흡속도를 증가시킴, 화재 시 연소가스 중 가장 많은 양 발생
- 일산화탄소 : 염소와 작용 포스겐 생성, 헤모글로빈과 화합 질식시킴
- 황화수소 : 황을 함유, 계란 썩는 냄새(황계황)
- 아황산가스 : 황이 함유된 동물의 털, 고무가 연소 시 발생(아황)
- 시안화수소 : 질소성분 연소 시 발생, 일명 청산가스라고도 함(질시청)
- 포스겐 : 폴리염화비닐(PVC) 연소 시 발생하는 맹독성 가스
- 염화수소 : 부식성이 아주 강함(염부)
- 불화수소 : 유리, 모래를 부식시킴

체내 산소농도에 따른 인체영향
- 보통 공기 중 산소농도 20%가 15%로 떨어지면 근육이 말을 듣지 않는다.
- 4~10%로 떨어지면 판단력을 상실하고 피로가 빨리 온다.
- 0~6%이면 의식을 잃지만 신선한 공기 중에서 소생할 수 있다. 기진한 상태에서는 산소요구량이 많아지므로 상기 농도보다 높아도 증세가 나타날 수 있다.

PART 01 출제예상문제

01 특정한 사실이나 결과에 대해 입증 또는 반증을 가능하게 하는 손으로 만질 수 있는 물적인 품목을 무엇이라 하는가?

① 물적증거 ② 전문증거
③ 인적증거 ④ 인공증거물

해설
물적증거에 대한 설명이다.

02 다음 중 물적증거물에 해당되지 않는 것은?

① 무기, 체액, 발자국
② 증인의 증언
③ 인화성 액체 및 용기
④ 지연착화 도구

해설
증인의 증언은 인적증거로 물적증거가 될 수 없다.

03 물적증거물의 형태에 대한 설명으로 옳지 않은 것은?

① 연소환경에 따라 달라진다.
② 연소 후의 잔해형태도 달라진다.
③ 시멘트, 철근과 같은 불연재는 화재 후 물적형태를 남기지 않는다.
④ 그을음에의 오염형태도 물적증거물이다.

해설
불연재일지라도 시멘트의 회화, 철근의 수열형태 등 화재 후 물적형태를 남긴다.

04 NFPA921의 정의에서 정의하고 있는 화재 이후 남아 있는 눈으로 보고 측정할 수 있는 물리적인 효과를 무엇이라 하는가?

① 증거물 ② 화재패턴(형태)
③ 연소효과 ④ 잔화효과

해설
화재패턴
- 화재로 인한 화염, 열기, 가스, 그을음 등에 의해 탄화, 소실, 변색, 용융 등의 형태로 물질이 손상된 형상
- 화재 이후 남아 있는 눈으로 보고 측정할 수 있는 물리적인 효과 – NFPA921의 정의
- 화재가 진행되면서 현장에 기록한 것. 즉, 화재가 지나간 길

05 이 패턴은 반드시 액체가연물만의 흔적이 아니고 화장지, 신문지 등 고체가연물이 사용되기도 하고 조합되어 사용되기도 한다. 어떤 패턴에 대한 설명인가?

① 퍼붓기 패턴
② 스플래시 패턴
③ 트레일러 패턴
④ 폴다운 패턴

해설
트레일러 패턴
화재현장에서 의도적으로 한 장소에서 다른 장소로 연소를 확대시키기 위해 뿌려진 가연물의 흔적으로 방화현장에서 흔히 볼 수 있다. 이 패턴은 반드시 액체가연물만의 흔적이 아니고 화장지, 신문지 등 고체가연물이 사용되기도 하고 조합되어 사용되기도 한다.

정답 01 ① 02 ② 03 ③ 04 ② 05 ③

06 틈새연소 패턴에 대한 설명으로 맞지 않은 것은?

① 단순히 가연성 액체만 연소한다.
② 콘크리트나 시멘트 바닥이 아니라 마감재 표면에서 보이는 패턴이다.
③ 틈새에 고인 가연성 액체는 다른 부분에 비하여 더 강한 연소흔을 나타내는 특징이 있다.
④ 플래시오버 이후에 나타나는 연소형태이다.

해설
틈새연소 패턴
고스트 마크와 유사하나 단순히 가연성 액체의 연소라는 점, 콘크리트나 시멘트 바닥이 아니라 마감재 표면에서 보이는 패턴이라는 점, 플래시오버 전후로 나타나는 고스트 마크와는 달리 화재 초기에 나타나는 점, 방화현장에서 많이 볼 수 있는 형태이다. 틈새에 고인 가연성액체는 다른 부분에 비하여 더 강한 연소흔을 나타내는 특징인 것이다.

07 충격에 의한 유리의 파손형태에 대한 설명으로 맞지 않은 것은?

① 충격지점을 중심으로 방사상 파괴 형태를 나타낸다.
② 파괴기점부분에 경면이 형성되고 파단면에 Ripple Mark가 형성된다.
③ 충격지점을 중심으로 각이 진 큰 사각형 파편을 만들어낸다.
④ 파괴형태 관찰로 탈출을 위한 내부파괴인지 소방관의 외부파괴인지 알 수 있다.

해설
충격지점을 중심으로 방사상 파괴형태를 나타내며, 각이 진 큰 삼각형 파편을 만들어낸다.

08 리플마크 일련의 곡선이 연속해서 만들어지는데 그것의 용어는 무엇인가?

① 충격방향
② 연 흔
③ 평행선 라인
④ Waller Line

해설
Waller Line
리플마크 일련의 곡선이 연속해서 만들어지는 무늬로 아래 그림의 점선부분이다.

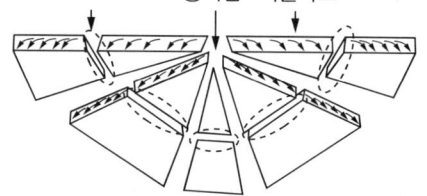
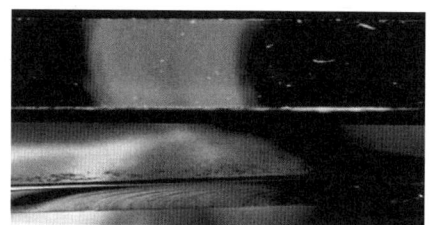

09 가스폭발, 유증기폭발에서 발생하는 충격파에 의한 유리창의 파손형태는?

① 평행선상태
② 삼각형태
③ 거미줄 형태
④ 방사상 형태

해설
충격파에 의한 파손형태
가스폭발, 유증기폭발, 분진폭발, 화·폭약폭발 또는 상변화를 수반한 고온·고압의 보일러 폭발과 같은 물리적 폭발에서 발생하는 충격파에 의한 파괴는 평행선형태의 파괴형태를 만든다.

10 화재열에 의한 유리파손 형태에 대한 설명으로 맞지 않은 것은?

① 수열측이 보다 많이 낙하한다.
② 수열정도가 클수록 크게 금이 간다.
③ 약간 둥글고 매끄럽다.
④ 조개껍질모양 박리는 고온일수록 많고 깊다.

해설
화재열에 의한 파손형태

유리의 수열영향 형태	감식내용
• 낙하방향 • 표면의 조개껍질모양 박리 • 금이 가는 상태 • 용융 상태 • 깨진 모양	• 유리는 수열측이 보다 많이 낙하한다. • 조개껍질모양 박리는 고온일수록 많고 깊다. • 유리는 수열정도가 클수록 작게 금이 간다. • 수열 정도가 클수록 용융범위가 많아진다. • 약간 둥글고 매끄러운 반면, 폭발은 날카롭다.

11 유리파단면을 보고 A, B, C, D 부분 중 충격을 받은 부분은?

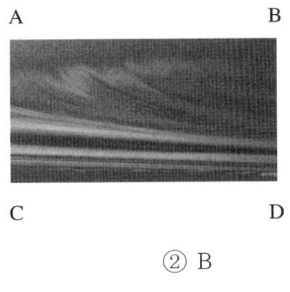

① A
② B
③ C
④ D

해설
충격에 의한 유리파손의 충격방향

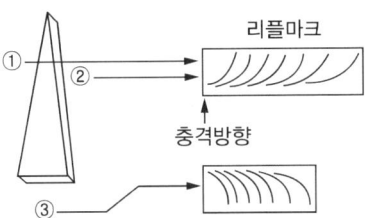

12 다음 중 지연(遲燃)착화 도구로 사용할 수 있는 것을 모두 고른 것은?

㉠ 담배와 성냥
㉡ 양 초
㉢ 시계/타이머
㉣ 전기발열체

① ㉠, ㉡, ㉢
② ㉡, ㉢
③ ㉡, ㉢, ㉣
④ ㉠, ㉡, ㉢, ㉣

해설
지연(遲燃)착화 도구 및 방법
• 담배와 성냥을 이용한 발화장치
• 양초를 이용한 지연장치
• 시계/타이머를 이용한 발화장치
• 전기발열체를 이용한 지연장치
• 가스레인지를 이용한 가스누출

정답 09 ① 10 ② 11 ④ 12 ④

13 전기 1차 단락흔 증거물의 특징으로 맞는 것은?

① 형상이 구형이고 광택이 있으며 매끄럽다.
② 일반적으로 미세한 보이드가 많이 생기지 않는다.
③ 금속조직은 초기결정 성상은 있다.
④ 일반적으로 탄소가 검출된다.

해설
전기 단락흔 감식

구분	전압	내용	외관의 특징
1차흔	통전	화재의 원인이 된 단락흔	• 형상이 구형이고 광택이 있으며 매끄러움 • 일반적으로 탄소는 검출되지 않음 • 금속조직은 초기결정 성상은 없음 • 일반적으로 미세한 보이드가 많이 생김
2차흔	통전	화재의 열로 전기기기코드 등이 타서 2차적으로 생긴 단락흔	• 형상이 구형이 아니거나 광택이 없고 매끄럽지 않음 • 탄소가 검출되는 경우가 많음 • 초기결정 성장이 보이지만 이외의 매트릭스가 금속결정으로 변형됨 • 커다랗고 둥근 보이드가 용융흔의 중앙에 생기는 경우가 많음
열흔	비통전	화재 열로 용융된 것	눈물 모양으로 처져있고 광택이 없음

14 전기단락흔 중 단순히 화재열로 용융된 전선을 무엇이라 하는가?

① 1차 단락흔
② 2차 단락흔
③ 2차 용융흔
④ 열 흔

해설
13번 문제 참조

15 화재현장에서 발견한 금속류의 물적증거물에 대한 설명으로 맞는 것은?

① 일반적으로 금속의 만곡 정도가 수열정도와 반비례한다.
② 철기둥의 경우 수열을 받는 방향으로 휜다.
③ 화재열을 받은 금속은 용융하기 전에 자중 등으로 인해 좌굴한다.
④ 화재현장에서 금속의 종류를 알더라도 화재 시 대략적인 온도는 알 수 없다.

해설
금속류의 물적증거물
• 일반적으로 금속의 만곡 정도가 수열 정도와 비례한다.
• 철기둥의 경우 수열을 받는 반대 방향으로 휜다.
• 화재열을 받은 금속은 용융하기 전에 자중 등으로 인해 좌굴한다.
• 금속에 따라 용융온도 등이 다르므로 화재현장에서 금속의 종류를 파악할 수 있으면 대략적인 온도를 알 수 있다.

16 플라스틱 중에서 열에 의해 쉽게 녹으며 냉각시키면 다시 단단해지는 수지는?

① 열가소성 수지
② 열경화성 수지
③ 멜라민 수지
④ 합성수지

해설
열가소성 수지
열에 의해 쉽게 녹으며 냉각시키면 다시 단단해지는 수지
예 폴리에틸렌 수지, 폴리프로필렌 수지, 폴리스티렌 수지, 폴리염화 비닐 수지, 아크릴 수지 등

13 ① 14 ④ 15 ③ 16 ①

17 합성고분자 화합물에 해당되지 않는 물질은?

① 합성섬유　② 합성고무
③ 합성수지　④ 단백질

해설
단백질과 탄수화물은 천연고분자 화합물이다.

18 화재현장 증거물 중 합성고분자 화합물의 특징으로 틀린 것은?

① 분자량이 10,000 이상이다.
② 가열하면 기화되기 전에 분해된다.
③ 녹는점이 일정하고 용매에 녹기 쉽다.
④ 비교적 간단한 단위체가 중합하여 이루어진 물질이다.

해설
고분자 화합물의 특징
- 단위체라고 불리는 분자량이 작고 구조가 간단한 작은 분자들이 연속적으로 화학결합하여 생성된다.
- 분자량이나 끓는점, 녹는점이 일정하지 않고 분리와 정제가 어렵다.
- 분자량이 10,000 이상이고 평균 분자량에 따라 녹는점이 달라진다.
- 가열하면 기화되기 전에 열분해 되며, 고체 또는 액체로만 존재하고 결정이 되기 어렵다.
- 열, 전기가 통하지 않으며, 화학적으로 안정하여 반응성이 작고, 용매에 잘 용해되지 않는다.

19 관계자진술과 증거확보 시 진술청취자로 가장 적당하지 않은 사람은?

① 발화행위자
② 발견·신고한자
③ 소방시설 설치자
④ 초기소화자

해설
질문기록서 작성 시 관계자 진술청취대상자
- 발화행위자
- 발화관계자
- 발견·신고·초기소화자
- 기타 관계자

20 사진 및 비디오의 증거 인정범위에 대한 설명으로 옳은 것은?

① 가장 자주 사용되는 예시 증거 형태 중에는 지도, 스케치, 그림, 모형이 있다.
② 화재조사요원 등은 화재발생 시 신속히 현장에 가서 화재조사에 필요한 현장사진 및 비디오 촬영여부를 판단하여 촬영을 한다.
③ 증거능력 인정여부는 수사한 검사의 판단에 따른다.
④ 사진과 영상은 구두 증언의 그림 묘사로 간주되지 않기 때문에 증거로 채택되기 어렵다.

해설
사진 및 비디오의 증거 인정범위
- 화재조사요원 등은 화재발생 시 신속히 현장에 가서 화재조사에 필요한 현장사진 및 비디오 촬영을 반드시 하여야 한다.
- 우리나라는 자유심증주의에 따라 증거능력 인정여부는 법관의 판단에 따른다.
- 사진과 영상은 구두 증언의 그림 묘사로 간주되며, 목격자가 개인적으로 관찰한 그 사고에 대한 정확한 그림이라고 확언을 하면 받아들여질 수 있다.

21 화재조사보고서의 작성 원칙으로 보기에 가장 어려운 것은?

① 원본영치의 원칙
② 무결성의 원칙
③ 신뢰성의 원칙
④ 전문성의 원칙

해설
화재발생 증거보고서의 기본원칙
- 원본영치의 원칙 : 최종적으로 법정에 제출되는 보고서는 원본성이 보장되어야 한다.
- 무결성의 원칙 : 기술적, 절차적인 수단을 통해 진정성, 무결성이 보존되어야 한다.
- 신뢰성의 원칙 : 거짓이나 인위적 조작이 없는 방법의 신뢰성이 유지되어야 한다.

정답 17 ④　18 ③　19 ③　20 ①　21 ④

22 증거물수집에 관한 내용이다. 적합하지 않은 설명은?

① 증거서류를 수집함에 있어 원본성을 기본원칙으로 한다.
② 압수한 증거물을 이송할 때는 포장을 한다.
③ 증거물을 획득할 때는 적절한 도구를 사용하여 오염·훼손을 방지한다.
④ 화재증거서류는 원본성이 원칙이므로 사본을 수집하면 안된다.

해설
증거서류를 수집함에 있어서 원본 영치를 원칙으로 하고 사본을 수집할 경우 원본대조를 하여야 하며, 원본대조를 할 수 없을 경우 제출자에게 원본과 같음을 확인 후 서명 날인을 받아서 영치하여야 한다.

23 화재현장에서 물리적 증거물 수집과 관련하여 맞지 않는 것은?

① 증거능력을 유지·보존할 수 있도록 행한다.
② 증거물을 유지·보존하기 위하여 증거물 수집용기를 이용한다.
③ 증거물을 수집할 때는 휘발성이 낮은 것에서 높은 순서로 진행해야 한다.
④ 현장 수거(채취)물은 그 목록을 작성하여야 한다.

해설
휘발성이 높은 것에서 낮은 순서로 진행해야 한다.

24 증거물 포장에 대한 규정사항에 대한 내용 중 틀린 설명은?

① 증거물상세정보를 기록하고 부착한다.
② 압수된 증거물을 이송할 때는 포장을 한다.
③ 증거물포장은 보호상자를 사용하여 일괄 포장을 원칙으로 한다.
④ 증거물을 포장할 때는 오염에 주의한다.

해설
증거물 포장은 보호상자를 사용하여 개별포장을 원칙으로 한다.

25 방화와 연관성 있는 화재패턴의 종류와 관계가 가장 적은 것은?

① 트레일러(Trailer)에 의한 패턴
② 수평면 연소 패턴
③ 낮은 연소 패턴
④ 틈새 연소 패턴

해설
방화와 연관성 있는 화재패턴의 종류
- 트레일러(Trailer)에 의한 패턴 : 화재현장에서 의도적으로 한 장소에서 다른 장소로 연소를 확대시키기 위해 뿌려진 가연물의 흔적으로 방화현장에서 흔히 볼 수 있다. 이 패턴은 반드시 액체가연물만의 흔적이 아니고 화장지, 신문지 등 고체가연물이 사용되기도 하고 조합되어 사용되기도 한다.
- 틈새 연소 패턴(Leakage Fire Patterns) : 단순히 가연성 액체의 연소이며, 콘크리트나 시멘트바닥이 아니라 마감재 표면에서 보이는 패턴이다. 화재 초기에 나타나며, 방화현장에서 많이 볼 수 있는 형태이다. 틈새에 고인 가연성 액체는 다른 부분에 비하여 더 강한 연소흔을 나타내는 특징이 있다.
- 낮은 연소 패턴(Low Burn Patterns) : 건물의 하층부가 전체적으로 연소된 형태로 촉진제의 사용이나 존재를 나타내는 증거로 추정할 수 있다.
- 독립연소 패턴 : 발화지점이 2개소 이상으로 각각 독립적으로 발견될 경우 방화일 가능성이 높다.

26 화재증거물 시료용기 중 유리병 용기의 내용으로 옳지 않은 설명은?

① 코르크 마개는 휘발성 액체에 사용하여서는 안 된다.
② 유리병의 마개는 금속으로 제작한 스크루 마개만을 가지고 있어야 한다.
③ 세척방법은 병의 상태나 이전의 내용물, 시료의 특성 및 시험하고자 하는 방법에 따라 달라진다.
④ 빛에 민감하다면 짙은 색깔의 시료병을 사용한다.

해설
유리병 용기
- 유리병은 유리 또는 폴리테트라플루오로에틸렌(PTFE)으로 된 마개나 내유성의 내부판이 부착된 플라스틱이나 금속의 스크루 마개를 가지고 있어야 한다.
- 코르크 마개는 휘발성 액체에 사용하여서는 안 된다. 만일 제품이 빛에 민감하다면 짙은 색깔의 시료병을 사용한다.
- 세척 방법은 병의 상태나 이전의 내용물, 시료의 특성 및 시험하고자 하는 방법에 따라 달라진다.

27 다음 중 화재조사 현장보존을 위한 소방활동구역 설정에 대한 설명으로 가장 거리가 먼 것은?

① 소방활동구역의 표시는 로프 등으로 범위를 한정하고 경고판을 부착한다.
② 소방활동구역의 관리는 수사기관과 상호 협조하여야 한다.
③ 소방활동구역의 설정은 필요한 최소의 범위로 한다.
④ 소방활동구역은 출입을 통제하는 등 현장보존에 최소한 노력하여야 한다.

해설
소방활동구역은 출입을 통제하는 등 현장보존에 최대한 노력하여야 한다.

28 화재현장 보존 책임에 대한 설명으로 옳은 것은?

① 진압대원은 화재현장 보존과 무관하다.
② 화재현장 보존에 대한 책임은 전적으로 화재조사관에게 있다.
③ 경찰기관에서만 화재현장을 보존하고 조사기관을 총괄·통제할 수 있다.
④ 화재조사관은 증거물이 오염되지 않도록 안전조치를 하여야 한다.

해설
화재현장에서 물적증거물의 보존 책임은 단독으로 화재조사자가 지는 것은 아니지만, 소방관이나 경찰이 도착하는 순간부터 그 책임은 시작되는 것이다. 화재조사자가 보존 상태를 게을리 하면 물적증거물은 파손, 오염, 분실되거나 불필요하게 이동되는 결과를 초래하게 될 것이다.

29 화재증거물 오염(훼손)의 원인이 될 수 있는 것을 모두 나열한 것은?

가. 진압대원의 화재진압 활동과정에서의 오염
나. 증거물수집 과정에서의 오염
다. 증거물의 보관·이송과정에서의 오염

① 가, 나
② 가, 다
③ 나, 다
④ 가, 나, 다

해설
물적증거의 오염 사례
- 증거물 보관용기 오염
- 증거수집 과정에서의 오염
- 소방관에 의한 오염

정답 26 ② 27 ④ 28 ④ 29 ④

30 증거물이 오염될 수 있는 원인으로 가장 거리가 먼 것은?

① 탄화된 물체와의 이질적 혼합
② 수집과정에서 조사자의 부주의
③ 수집용기의 1회 사용 후 폐기
④ 수집용기의 밀봉조치 미흡

> **해설**
> 부주의로 오염, 오염된 용기사용, 이물질 혼합, 즉시 밀봉미흡 등이며, 증거수집 과정에 상호오염을 막기 위해서 화재조사자는 일회용 플라스틱 장갑, 플라스틱 손가방 같은 것을 액체, 고체 촉진제를 수집하는 동안에 착용해야 한다.

31 「화재증거물수집관리규칙」상 수집한 증거물 이송 시 포장을 하고 상세정보를 기록할 사항이 아닌 것은?

① 화재조사번호
② 소방서명
③ 봉인자 및 봉인일시
④ 등기우편배달자

> **해설**
> 수집일시, 증거물번호, 수집장소, 화재조사번호, 수집자, 소방서명, 증거물내용, 봉인자, 봉인일시 등 상세정보에 따라 작성한다.

32 화재현장 보존 또는 화재증거물 처리에 대한 설명으로 옳은 것은?

① 증거물을 물로 씻는 작업은 발화지점에서 실시한다.
② 현장의 기구 등의 이동은 기록이 이루어지기 전에 할 수 있다.
③ 조사자는 현장에서 전기제품, 설비의 스위치를 함부로 작동시키지 말아야 한다.
④ 진압대원이 진압과정 중 증거물을 훼손했을 경우는 조사자는 추후의 증거물에 대한 관리 책임이 없다.

> **해설**
> 화재현장의 전기제품, 설비, 기구 등의 스위치는 함부로 작동시켜서는 안 된다.

33 물리적 증거물의 발송에 대한 설명으로 옳지 않은 것은?

① 수하인은 탁송 전에 밀봉된 소포의 사전 조사하고 간단하게 사진을 촬영하여 탁송 전 수하물의 상태를 입증하여 둔다.
② 화재조사관의 이름, 증거물의 상세목록 등이 기록된 실험실 검사 및 테스트를 위한 문서를 동봉한다.
③ 증거화물은 우체국 택배 또는 공인된 택배회사로 탁송하여야 한다.
④ 수집된 증거물이 다수일 경우 하나의 용기에 담아서 발송한다.

> **해설**
> 1개 이상의 물적증거는 동일한 포장으로 수송하면 절대로 안 된다.

34 증명해주는 개별적인 화재증거물들을 연관성이 있는 정보끼리 연결하여 분석 및 재구성하여 화재원인 추론을 전체적으로 지도 또는 그림을 그리듯 하는 과정을 무엇이라 하는가?

① 타임라인
② PERT
③ 마인드맵핑
④ 플로차트(Flow Chart)

> **해설**
> 영국의 전직 언론인 토니 부잔(Tony Buzan)이 주장하여 유럽에서 선풍을 일으킨 이론이다. 성공의 비결로 기록하는 습관을 버려야 한다는 이론이 유럽의 여러 기업에서 각광을 받았다. 기록하면 시야가 좁아진다는 것이고, 적는 습관은 인간 두뇌의 종합적 사고를 가로막는다는 것이다. 읽고 생각하고 분석하고 기억하는 그 모든 것들을 마음속에 지도를 그리듯 해야 한다는 독특한 방법이다.

35 다음의 내용 중에서 타임라인(Time Line)을 구성하기 위한 하드타임(Hard Time)으로 볼 수 없는 것은?

① 화재가 시작된 시각
② 무인경비설비가 화재를 감지한 시각
③ 소방서에 화재가 신고된 시각
④ 화재의 진압이 종료된 시각

해설
화재가 시작된 시간은 조사를 통하여 추론하는 것이다.

36 다음 중 마인드맵핑의 기능에 대한 옳지 않은 설명은 무엇인가?

① 화재발생 정보를 시각화 해준다.
② 화재증거물들을 연관성이 있는 정보끼리 연결하여 분석 및 재구성 해준다.
③ 화재원인 추론을 전체적으로 지도 또는 그림을 그리듯 시각화한다.
④ 화재사건을 각 순서에 맞게 배열하고 시간의 흐름에 맞게 배열하는 작업이다.

해설
화재사건을 각 순서에 맞게 배열하고 시간의 흐름에 맞게 배열하는 작업은 타임라인이다.

37 화재사건을 각 순서에 맞게 배열하고 시간의 흐름에 맞게 배열하는 작업방법을 무엇이라 하는가?

① 마인드맵핑
② PERT
③ 타임라인
④ 플로차트(Flow Chart)

해설
타임라인은 화재사건을 각 순서에 맞게 배열하고 시간의 흐름에 맞게 배열하는 작업이다.

38 다음 중 마인드맵핑의 특성으로 옳지 않은 설명은 무엇인가?

① 모든 방향으로 작업이 불가능하다.
② 많은 연결 관계를 가질 수 있다.
③ 시각화로 기억하기 쉽다.
④ 사용이 용이하다.

해설
많은 연결 관계를 갖으며, 모든 방향으로 작업이 가능하고, 사용이 편리하다.

39 마인드맵핑의 작성 과정(프로세스)으로 알맞게 나열한 것은?

㉠ 중심 생각을 중앙에 위치
㉡ 마인드 맵을 개별화
㉢ 관계를 찾아 연결
㉣ 하위주제에 대한 중심을 구성

① ㉠ - ㉢ - ㉡ - ㉣
② ㉠ - ㉡ - ㉢ - ㉣
③ ㉣ - ㉠ - ㉡ - ㉢
④ ㉠ - ㉣ - ㉢ - ㉡

해설
중심생각을 중앙에 위치 → 개별화 → 관계연결화 → 하위주제에 대한 중심 구성

40 마인드맵핑의 활용영역으로 맞지 않은 것은?

① 화재원인 분석 및 재구성
② 브레인스토밍
③ 타임라인
④ 복잡한 내용의 분석 및 재구성

해설
타임라인은 화재사건을 각 순서에 맞게 배열하고 시간의 흐름에 맞게 배열하는 작업이다.

41 다음 중 마인드맵핑의 특성으로 옳지 않은 설명은 무엇인가?

① 복잡성   ② 연상성
③ 시각성   ④ 방사형 구조

해설
많은 연결관계를 갖으며, 모든 방향으로 작업이 가능하고, 사용이 편리하다. 방사형 구조를 갖는다.

42 원래 일정한 기간 내에 사업계획을 완성단계에서 진행상태를 평가하여 기간을 단축시키고자 개발된 것으로 화재현장에서 수집된 정보를 분석 및 재구성하는 데 사용되는 것을 무엇이라 하는가?

① 마인드맵핑
② PERT
③ 타임라인
④ 플로차트(Flow Chart)

해설
PERT
프로그램(프로젝트) 평가(감정) 및 재검토(재조사) 기술(The Program or Project Evaluationand Review Technique)로 보통 PERT라고 칭하며, 화재현장에서 수집된 정보를 분석 및 재구성하는 데 사용한다.

43 화재현장에서 수집된 물적증거물의 분석 및 재구성과 관련이 없는 것은?

① 마인드맵핑
② PERT
③ 타임라인
④ 위험예지훈련

해설
위험예지훈련은 화재현장안전관리에 관한 것이며, 화재원인 재구성과 관련이 없다.

44 화재현장에서 액체 및 고체 촉진제 물적증거물 수집에 적합하지 않는 용기는?

① 유리병
② 금속캔
③ 특수증거물 봉투
④ 종이박스

해설
종이박스는 증거물 이송세트이다.

45 다음 중 화재현장 물적 증거물에 대한 보호조치로 올바르지 않는 것은?

① 소방활동구역을 설정하여 출입통제를 제한한다.
② 증거물을 정밀조사하기 전에 해당영역을 방수포로 덮는다.
③ 방이나 구역을 경고테이프 등으로 격리시킨다.
④ 증거임이 확실하게 확인되지 않으면 현장에서 파손되거나 옮겨지기 어렵다.

해설
증거임이 확실하게 확인되지 않으면 현장에서 파손되거나 옮겨지기 쉽다.

46 영국의 전직 언론인 토니 부잔(Tony Buzan)이 주장하여 유럽에서 선풍을 일으킨 이론으로 화재현장에서 수집된 정보를 지도나 그림으로 시각화하여 분석 및 재구성하는 것을 무엇이라 하는가?

① 마인드맵핑   ② PERT
③ 타임라인   ④ 위험예지훈련

해설
증명해주는 개별적인 화재증거물들을 연관성이 있는 정보끼리 연결하여 분석 및 재구성하여 화재원인 추론을 전체적으로 지도 또는 그림을 그리듯 하는 과정을 마인드맵이라 한다.

정답 41 ① 42 ② 43 ④ 44 ④ 45 ④ 46 ①

47 화재현장에서 법의학적 물적증거물 수집과 관련하여 알맞은 내용은?

① 법의학적 증거물은 일반적으로 조사하는 형식이 다르므로 화재조사의 물적증거가 될 수 없다.
② 전통적인 법과학적 물적증거에는(제한된 것은 없다) 지문과 장문(Palm Print), 피와 타액 같은 체액, 머리카락과 섬유, 신발 자국 등 일반적으로 증거로 추적할 수 있는 것들이 있다.
③ 전통적인 법과학적 물적증거를 수집하는 데 권장(Recommended)되는 방법은 단순하다.
④ 화재조사자는 물적증거를 조사하거나 실험하려고 할 때 어떤 조언도 받지 않고 실시한다.

해설
법의학적 증거수집
- 전통적인 법과학적 물적증거에는(제한된 것은 없다) 지문과 장문(Palm Print), 피와 타액 같은 체액, 머리카락과 섬유, 신발 자국, 공구 자국, 흙과 모래, 목재와 톱밥, 유리, 페인트, 금속, 필적, 의심이 가는 문서 그리고 일반적으로 증거로 추적할 수 있는 것들이 있다.
- 비록 일반적으로 조사하는 형식과는 다르다 할지라도 이러한 것들이 화재조사의 물적증거가 될 수도 있다.
- 이러한 전통적인 법과학적 물적 증거를 수집하는 데 권장(Recommended)되는 방법은 엄청나게 다양하다. 따라서 화재 조사자는 물적증거를 조사하거나 실험하려고 하는 법 과학 실험실의 조언을 받아야 한다.

48 화재현장에서 물적증거의 오염 방지에 관한 설명으로 맞지 않은 것은?

① 증거물을 잘못된 방법으로 수집·저장·운반하였을 경우 발생한다.
② 물적증거가 오염되면 증거력이 약화될 수가 있다.
③ 금속뚜껑을 이용하여 금속캔에 떠 담는 도구로 사용할 경우 오염이 증가된다.
④ 증거물 수집 시 새로운 장갑이나 가방을 수집기간에 항상 사용한다.

해설
금속뚜껑을 이용하여 금속캔에 떠 담는 도구로 사용할 경우 오염이 감소된다.

49 화재패턴의 물리적 증거 이용에 관한 설명으로 옳지 않은 것은?

① 화재패턴을 해석하여 방화와 같은 잠재적 원인을 추론하는 데 이용할 수 있다.
② 실화원인과 같은 잠재적인 발화원인을 알아내는 데 유용하게 사용될 수도 있다.
③ 화재형태는 육안으로 볼 수 있다.
④ 화재 후 남아 있는 물리적 영향을 측정할 수 없다.

해설
화재패턴의 물리적 증거 이용
- 화재패턴은 육안으로 볼 수 있고 화재 후 남아 있는 물리적 영향을 측정할 수 있다.
- 이러한 화재형태에는 가연물의 탄화, 산화, 소모량과 같은 물질의 열 영향이다.
- 연기와 검댕의 부착, 찌그러짐, 용융, 변색 물성의 성질 변화, 구조물의 붕괴 등

정답 47 ② 48 ③ 49 ④

50 화재현장 물적증거물인 화재패턴에 대한 설명으로 옳지 않은 것은?

① 화재패턴은 연소 환경에 따라 달라지고 연소의 잔해형태는 일정하다.
② 시멘트, 철근 등 불연재료는 화재 후 수열형태를 띠지 않는다.
③ 숯과 같은 탄화 형태를 띤다.
④ 완전연소된 회화형태를 띤 경우도 있다.

해설
시멘트, 철근 등도 화재 후 수열형태(백화현상)를 나타낸다.

51 화재현장에서의 물적증거물에 관한 다음 설명한 내용으로 틀린 것은?

① 특정사실이나 결과에 대하여 입증 또는 반증을 가능하게 한다.
② 발화지점, 발화기기, 최초 착화물, 화재이동경로를 통하여 화재원인을 추론한다.
③ 화재원인 추론에 따른 화재책임과 관련이 있다.
④ 화재현장 환경에 따라 물증은 단순하다.

해설
물증은 화재환경에 따라 다양하다.

52 다음 중 물적증거물의 종류에 해당되지 않는 것은?

① 범죄의 배경이 될 만한 법의학적 증거
② 방화 또는 실화와 관련한 인화성 액체 및 용기, 지연 착화도구
③ 화재현장에서 증거물 수집 중 심증
④ 화재현장에서 화재 수열형태

해설
심증은 물적증거물이 될 수 없다.

53 가연성액체를 이용한 방화의 경우 연소형태로 옳지 않은 설명은?

① 장판, 카펫, 바닥재에 뿌려진 경우 뿌려진 부위만 연소할 수 있다.
② 대부분 V자 연소패턴만 나타난다.
③ 불규칙한 화재패턴을 보일 수가 있다.
④ 장판, 카펫, 바닥재에 뿌려진 경우 심한 연소흔을 남긴다.

해설
고스트마크, 스프레시, 틈새, 퍼붓기, 도넛 등 다양한 연소형태를 나타낸다.

54 화재현장에서 발견한 물적증거물 중 충격에 의한 유리의 파손패턴에 대하여 올바르지 않은 것은?

① 리플마크는 충격의 강도를 나타내므로 파괴도구를 알 수 있다.
② 파괴기점 부분에 경면이 형성되고 파단면에 리플마크가 형성된다.
③ 충격방향 감식으로 화재 전·후인지를 파악할 수 있다.
④ 충격지점을 중심으로 방사상 파괴형태를 나타낸다.

해설
리플마크는 충격방향을 나타내므로 창문의 파괴형태 관찰로 탈출을 위한 내부에서의 충격에 의한 파손인지, 소방관에 의한 외부에서의 파손인지 혹은 오염상태로 보아 화재 전후인지를 파악할 수 있다.

55 화재현장에서 발견한 물적증거물 중 압력에 의한 유리의 파손패턴에 대해 올바르지 않은 것은?

① 플래시오버나 백 드래프트와 같은 급격한 확산연소로 형성된다.
② 파손형태는 4각 창문 모서리 부분을 중심으로 4개의 기점이 존재하게 된다.
③ 각 파괴기점으로 평행선 모양의 파괴형태가 나타난다.
④ 각 파괴기점을 중심으로 방사상 파손형태를 나타낸다.

해설
플래시오버나 백 드래프트와 같은 급격한 확산연소로 형성된 압력에 의한 파손형태는 4각 창문 모서리 부분을 중심으로 4개의 기점이 존재하게 된다. 각 파괴기점을 중심으로 방사상 파손형태를 나타낸다.
※ 화재는 폭발로 인해 발생할 수 있고, 폭발은 화재로 인해 발생할 수 있다.

56 화재현장에서 발견한 물적증거물 중 압력에 의한 유리의 파손패턴에 대해 올바르지 않은 것은?

① 가스폭발, 유증기 폭발, 분진폭발, 화·폭약폭발 또는 상변화를 수반한 고온·고압의 보일러 폭발과 같은 물리적 폭발에서 발생한다.
② 파손형태는 평행선 형태의 파괴형태를 만든다.
③ 충격파가 발생하는 폭발화재와 충격파의 발생이 없는 화재폭발의 판단기준으로 이용할 수 있다.
④ 파손형태는 방사상 연소형태가 자주 나타난다.

해설
가스폭발, 유증기 폭발, 분진폭발, 화·폭약폭발 또는 상변화를 수반한 고온·고압의 보일러 폭발과 같은 물리적 폭발에서 발생하는 충격파에 의한 파괴형태는 평행선 형태의 파괴형태를 만든다. 따라서 이로부터 충격파가 발생하는 폭발화재와 충격파의 발생이 없는 화재폭발의 판단기준으로 이용할 수 있다.
※ 화재는 폭발로 인해 발생할 수 있고, 폭발은 화재로 인해 발생할 수 있다.

57 화재현장에서 발견한 물적증거물 중 열 충격에 의한 유리의 파손패턴에 대해 올바르지 않은 것은?

① 조사할 때는 가능한 몇 조각만을 수거하여 파괴기점의 형태로 즉시 파악한다.
② 파단선이 곡선을 나타낸다.
③ 파손된 유리는 바닥으로 떨어져 2차 파괴가 일어나게 된다.
④ 내부응력의 차이에 따라 파손된다.

해설
열에 의한 파손형태는 내부응력의 차이에 따라 파손되는 것으로 파단선이 곡선을 나타낸다. 파손된 유리는 바닥으로 떨어져 2차 파괴가 일어나게 되므로 이를 조사할 때는 가능한 많은 조각을 수거하여 파괴기점의 형태로 파악한다.

58 방화로 인하여 나타나는 물적증거물 연소형태로 가장 옳지 않은 설명은?

① 대부분 불규칙한 연소형태로 연소방향의 식별이 어렵다.
② 연소시간에 비하여 연소면적이 넓다.
③ 연소시간과 면적에 비해 탄화심도가 깊다.
④ 방화도구가 물증으로 현장에 남는 경우가 많다.

해설
방화는 갑작스러운 연소로 연소시간과 면적에 비해 탄화심도가 얕다.

정답 55 ③ 56 ④ 57 ① 58 ③

59 탄화된 목재 증거물의 회화되는 과정으로 맞는 것은?

① 가열탈수 → 열분해 가연성 가스발생 → 연소 → 탄화 → 표면연소 → 회화
② 열분해 가연성 가스발생 → 가열탈수 → 탄화 → 연소 → 표면연소 → 회화
③ 가열탈수 → 열분해 가연성 가스발생 → 연소 → 탄화 → 표면연소 → 회화
④ 열분해 가연성 가스발생 → 가열탈수 → 연소 → 표면연소 → 탄화 → 회화

해설
목재 가연물은 가열됨에 따라 탈수, 열분해가스 발생, 분해가스의 연소(화염발생), 탄화, 표면연소의 과정을 거쳐 회화된다.

60 탄화된 목재의 물적증거물 특성에 대한 설명으로 올바르지 않은 것은?

① 목재 가연물은 가열됨에 따라 탈수, 열분해가스 발생, 분해가스의 연소(화염발생), 탄화, 표면연소의 과정을 거쳐 회화된다.
② 화재환경 등 분위기에 따라 연소 후의 잔해형태는 같다.
③ 목재연소는 화염연소와 동시에 표면연소까지 일어나 숯의 일부가 유실되고 회화된 형태를 만들게 된다.
④ 최성기에 연소된 목재는 고온으로 인하여 급격한 열분해가 일어나 숯의 균열이 굵고 크게 형성된다.

해설
화재환경 등 분위기에 따라 연소 후의 잔해형태는 달라진다. 최초발화부위에 있던 목재는 초기연소상태로 저온 유산소 분위기이며, 이때의 목재연소는 화염연소와 동시에 표면연소까지 일어나 숯의 일부가 유실되고 회화된 형태를 만들게 된다. 남아있는 숯의 표면은 광택을 보이게 되고 열분해속도가 크지 않아 균열크기가 조밀하게 형성된다.

61 화재현장에서 관계인의 진술 및 증거확보 요령으로 적합하지 않는 것은?

① 모든 사건사고의 증거자료는 증거로서의 가치가 확보되어야 한다.
② 수집이나 보관이 잘못되어 중요한 단서가 유실되거나 변질 또는 파손되면 법적 증거로서의 가치를 잃게 된다.
③ 화재감식에서 수거된 물증이 증거능력을 가지기 위해서는 확보 수집단계부터 사건 종료될 때까지 보관관리가 적절하여야 한다.
④ 화재패턴은 환경 등 분위기에 따라 연소 후의 잔해형태는 일정하다.

해설
화재환경 등 분위기에 따라 연소 후의 잔해형태는 다양하다.

62 다음 중 화재현장 물적증거물의 보존에 대하여 옳지 않은 것은?

① 재나 파편을 임시적으로 제거하여 가방이나 방수포 또는 기타 적당한 용기에 넣어 채취한다.
② 일반적으로 화재나 폭발의 원인은 조사가 거의 끝나가는 시점에 대부분 알 수 있다.
③ 화재현장에서 발견되는 여러 조각의 물적증거의 증거적 가치나 해석적 가치를 화재현장조사가 거의 끝나갈 무렵이나 조사가 완전히 끝나갈 쯤에도 인지하지 못할 수도 있다.
④ 화재와 관련된 현장 전체를 물적증거로 생각해야 하고 보호·보존되어야 한다.

해설
일반적으로 화재나 폭발의 원인은 조사가 거의 끝나가는 시점에서도 알 수 없다.

63 다음 중 화재현장 물적증거물의 보존에 대하여 가장 적합하게 설명한 것은?

① 화재진압대원은 물적증거물의 보존에 노력하지 않아도 된다.
② 일반적으로 화재나 폭발의 원인은 조사가 거의 끝나가는 시점에 대부분 알 수 있다.
③ 화재현장에서 발견되는 여러 조각의 물적증거의 증거적 가치나 해석적 가치를 화재현장조사가 거의 끝나갈 무렵이나 조사가 완전히 끝나갈 쯤에 알 수 있다.
④ 재나 파편을 임시적으로 제거하여 가방이나 방수포 또는 기타 적당한 용기에 넣어 채취하여 오염으로부터 보호한다.

해설
물적 증거물의 보존
- 일반적으로 화재나 폭발의 원인은 조사가 거의 끝나가는 시점에서도 알 수 없다.
- 따라서 화재현장에서 발견되는 여러 조각의 물적증거의 증거적 가치나 해석적 가치를 화재현장조사가 거의 끝나갈 무렵이나 조사가 완전히 끝나갈 쯤에도 인지하지 못할 수도 있다.
- 결과적으로 화재 현장 전체를 물적 증거로 생각해야 하고 보호 보존되어야 한다.
- 재나 파편을 임시적으로 제거하여 가방이나 방수포 또는 기타 적당한 용기에 넣어 어디에서 채취하였는지 그 위치를 표시해 두어야 한다.
- 이렇게 하면 기구(Appliance)나 연소기구의 부품이 분실되었을 경우 표시된 용기에서 쉽게 찾을 수 있을 것이다.

64 다음 중 화재현장 물적증거의 보존 책임에 대한 내용으로 틀린 것은?

① 소방지휘자는 화재조사와 관련한 화재현장의 책임이 있다.
② 소화활동 시 화재조사를 염두하여 천장, 벽, 가구 등 불필요한 파괴작업을 지양한다.
③ 화재현장에서 물적증거물의 보존 책임은 전적으로 화재조사자가 지는 것이다.
④ 잔불정리 시 소방관에 의한 물증의 손실이 일어나기도 한다.

해설
물적증거의 보존 책임
- 화재현장에서 물적증거물의 보존 책임은 단독으로 화재조사자가 지는 것은 아니지만 소방관이나 경찰이 도착하는 순간부터 그 책임은 시작된다.
- 보존 상태를 게을리 하면 물적 증거물은 파손, 오염, 분실되거나 불필요하게 이동되는 결과를 초래하게 된다.
- 초기에는 현장지휘관이, 나중에는 화재조사자가 불필요하고 인가되지 않은 사람의 침입을 제한하여서 필요한 화재진압 활동을 할 수 있도록 출입을 통제한다.
- 소화활동 시 화재조사를 염두하여 천정, 벽, 가구 등 불필요한 파괴작업을 지양한다.

65 화재현장의 물적증거를 파괴되지 않게 보호하는 방법으로 맞지 않는 것은?

① 소방(경찰)공무원을 배치 근무하여 화재건물, 방 등 일정영역을 접근하지 못하도록 한다.
② 경고테이프, 원뿔형 표지로 정밀조사 중임을 표시한다.
③ 분해검사(Overhaul)를 하기 전에 방수포로 그 영역을 덮어야 한다.
④ 화재현장에서 발견된 증거물은 내구성이 없는 적당한 용기에 담아 보호한다.

정답 63 ④ 64 ③ 65 ④

해설

증거물 보호

증거를 파괴되지 않게 보호하는 데 사용되는 방법에는 여러 가지 방법이 있다.
- 소방(경찰)공무원을 배치하여 화재건물, 방 등 일정영역을 접근하지 못하도록 한다.
- 경고테이프, 원뿔형 표지로 정밀조사 중임을 표시한다.
- 분해검사(Overhaul)를 하기 전에 방수포로 그 영역을 덮어야 한다.
- 일정구역을 소방(경찰)활동구역을 설정하여 출입을 통제한다.
- 화재현장에서 발견된 증거물은 빈 상자나 바구니 같은 것에 담는다.

66 화재현장 보존을 위한 조치로 옳지 않은 것은?

① 화재현장 보존은 소방대 도착과 함께 시작하는 것이 좋다.
② 화재조사자는 명백한 물증을 현장기록 없이 화재 장소 내부에서 옮길 수 있다.
③ 화재현장에 대한 잘못된 보존은 대개 물증의 증거적 가치를 약화시킨다.
④ 화재조사자는 허가 받지 않은 사람이 화재현장에 출입하는 것에 대비하고, 화재현장을 안전하게 보존해야 한다.

해설

화재현장 보존을 위한 조치

- 화재현장은 그 자체로 중요시되는 증거이다. 왜냐하면, 화재현장에 대한 검증 및 분석은 화재의 발화 지점, 원인 그리고 그 책임을 판정하는데 있어서 아주 중요하기 때문에 화재 현장 보존은 소방대 도착과 함께 시작하는 것이 좋다.
- 화재현장에 대한 잘못된 보존은 대개 물증의 증거적 가치를 손상시키는 오염, 분실 또는 화재현장 내에서의 다른 물증의 불필요한 이동을 초래할 것이다.
- 화재조사자는 대개 명백한 물증을 화재 장소 내부에서 옮길 것이다. 그러한 물증의 이동은 어느 정도 기록될 때까지는 피해야 한다. 때때로 이러한 물증의 소재를 보존, 보호해야 할 필요성이 있다. 따라서 화재조사자는 화재현장에 허가 받지 않은 사람이 출입하는 것에 대비하고, 화재현장을 안전하게 보존해야 한다. 예를 들면, 마루가 불탄 형태는 그 주위에 로프를 치거나 방수시트로 덮어야 한다. 다른 물증은 보호하기 위해서 판지상자로 포장해야 한다.
- 화재증거물의 소실, 제거, 도난 등 어떠한 형태의 위험에 대비하고, 화재조사자는 그것을 보존, 보호하기 위해서 모든 적합한 예방조치를 해야 한다.

67 다음 중 화재 물적증거물을 보관용기의 오염으로부터 방지할 수 있는 방법으로 맞지 않은 것은?

① 오염되지 않은 용기와 사용된 용기와 구분하여 보관해야 한다.
② 수집장소(Collection Point)에서 증거를 수집할 때만 개봉 후 즉시 밀폐한다.
③ 실험실에서 조사할 때까지 다시 봉인해 두면 불편하므로 봉인은 생략한다.
④ 금속 용기나 유리병을 포함한 증거 수집 용기의 교차 오염원을 가능한 제한한다.

해설

증거물 보관용기에 의한 오염방지

- 물적 증거물은 부주의로 오염된 증거용기를 사용함으로써 오염될 수 있다. 화재조사자는 이러한 오염된 물증 확보를 방지하기 위하여 오염되지 않은 용기와 사용된 용기를 구분하여 보관해야 한다.
- 금속용기나 유리병을 포함한 증거 수집 용기의 교차 오염원을 가능한 한 제한하는 방법 중 하나는 제조업자로부터 공급받은 즉시 용기를 밀봉하는 것이다. 이 용기는 증거가 수집된 곳에서 저장, 이동하는 동안 밀폐되어 있어야만 한다.
- 증거수집 용기는 수집장소(Collection Point)에서 증거를 수집할 때만 개봉 후 즉시 밀폐하고 실험실에서 조사할 때까지 다시 봉인해 두어야 한다.

68 촉진제 실험을 위한 증거수집과 관련하여 옳지 않은 것은?

① 어떤 연료나 산화제로 흔히 가연성 액체라 한다.
② GC(가스크로마토그래프)를 통한 표준시험방법 등으로 시험한다.
③ 화재를 발생시키는 데 사용하거나 화재 확산속도를 증가시키는 데 사용된다.
④ 액체상태로만 발견된다.

해설
화재현장에서 촉진제는 기체・액체 또는 고체상태로 발견될 수 있다.

69 방화도구로 주로 사용하는 가연성액체 촉진제의 물적증거물의 특징으로 맞지 않는 것은?

① 액체 촉진제는 대부분의 건축물의 구성요소, 내부 마감재와 다른 화재 잔류물에 의해 즉시 흡수된다.
② 액체 촉진제는 다공성 물질 내에 고여 있을 때 놀랄만한 증발성을 지닌다.
③ 일반적으로 액체 촉진제는 물과 접촉했을 때 물 위에 뜬다.
④ 알코올 액체 촉진제는 물과 접촉했을 때 물 위에 뜨지 않는다.

해설
물리적 특징
• 액체 촉진제는 대부분의 건축물의 구성요소, 내부 마감재와 다른 화재 잔류물에 의해 즉시 흡수된다.
• 일반적으로 액체 촉진제는 물과 접촉했을 때 물 위에 뜬다(알코올 제외).
• 액체 촉진제는 다공성 물질 내에 고여 있을 때 놀랄만한 지속성(잔류성)을 지닌다.

70 액체촉진제 실험용 시료 수집과 관련하여 옳지 않은 것은?

① 액체 촉진제는 액체상태일 때 가능하다.
② 물증에 접근이 가능하면, 사용했던 주사기, 피펫, 점안기 흡입기구로 증거물 용기에 수집한다.
③ 화재조사자는 반드시 그 증거물이 오염되지 않도록 주의해야 한다.
④ 살균한 면봉이나 거즈 패드를 이용하여 액체를 흡수 수집하고 액봉 용기에 봉해 검증과 시험을 위한 연구소에 물증으로써 제출한다.

해설
액체 촉진제는 새 주사기, 피펫, 점안기 흡입기구로 증거물 용기에 수집한다.

71 고체에 흡수된 액체 촉진제 실험용 시료 수집과 관련하여 옳지 않은 것은?

① 종종 액체 촉진제 증거물은 그것이 진흙이나 모래를 포함한 고체에 흡수된 경우에만 발견될 수 있다.
② 고체 물질의 수집은 증거물 용기 자체를 포함하여 떠 넣거나 절단, 톱질하거나 긁어내는 것에 의한다.
③ 목재, 플라스틱, 모르타르 또는 콘크리트 등 이와 유사한 재료는 견본 채취에 좋지 않다.
④ 화재조사자는 흡수제를 다시 재생시킬 때 기구와 용기를 깨끗이 하는 데 주의해야 한다. 왜냐하면, 흡입제는 쉽게 오염되기 때문이다.

해설
비닐봉투에 자른 가장자리, 종단부, 손톱자국, 균열, 목재, 플라스틱, 시트락(Sheet Rock), 모르타르 또는 콘크리트의 다른 유사한 부분은 특히 견본 채취에 좋다.

정답 68 ④ 69 ② 70 ② 71 ③

72 고체 촉진제 실험용 시료 수집과 관련하여 옳지 않은 것은?

① 수집시료가 고체로 위험성이 전혀 없어 수집이 용이하다.
② 증거물을 수집할 때는 화재조사자는 반드시 증거물이 발견된 당시의 물리적 상태로 고체 증거물이 유지되도록 하여야 한다.
③ 어떤 방화물질은 부식성 또는 반응성이 있기 때문에 이 잔류물의 부식성이 포장 용기를 손상하지 않도록 포장 시 주의해야 한다.
④ 흔히 가정용품이나 합성물 또는 위험한 화학물질일 수 있다.

해설
부식성 및 반응성 있는 물질도 있으므로 개인의 안전에 주의하면서 채취한다.

73 화재현장에서 전기설비 및 구성부품의 물적 증거물 수집과 관련하여 옳지 않은 것은?

① 전기부품을 물증으로써 수집하기 전에 사전 촬영을 하거나 도표로 확실히 기록해야 한다.
② 전기부품은 화재가 난 후에는 깨지거나 손상되지 않는다.
③ 화재원인과 관계가 있는지를 결정할 때 도움이 되는 대표적인 물증이다.
④ 전기장치 및 구성요소를 수집하기 전에 화재조사자는 모든 전원이 차단 또는 단전되었는지 확인해야 한다.

해설
전기부품은 화재가 난 후에 깨지거나 잘못 다루었을 때 손상되기 쉬운 것이다. 따라서 수집에 사용되는 방법 및 절차는 가능한 한 물증이 발견된 상태를 그대로 유지해야 한다.

74 화재현장에서 증거수집 보관용기에 대한 설명으로 맞지 않은 것은?

① 적합한 증거 수납 용기에 보관·저장하여야 한다.
② 증거물의 원상태를 보존해야 하며 증거물의 변화나 오염을 방지해야 한다.
③ 조사자의 적합한 증거 수납용기 선정은 경찰이나 증거물을 검증, 시험 또는 그것이 맡겨질 연구소의 절차에 따르지 않고 조사자 단독으로 선정한다.
④ 봉지, 종이봉투, 플라스틱 봉투, 유리병이나 금속캔, 특수증거물 봉투 등이 사용된다.

해설
증거 용기는 조사자의 적합한 증거보관, 용기 선정은 경찰이나 증거물을 검증, 시험 또는 그것이 맡겨질 연구소의 절차에 따라야 한다.

75 화재 증거물 수집용기 중 금속캔에 대한 설명으로 옳지 않은 것은?

① 금속캔은 액체와 고체 촉진제의 수집에 추천할 만한 용기는 사용되지 않은 빈 용기이다.
② 락카 등이 채워졌던 용기를 물증 및 검증용으로 사용하면 잘못된 시험결과를 야기할 수도 있다.
③ 견본의 채취를 위한 공간 확보를 위해서 캔의 4/5 이상 채워져서는 안 된다.
④ 용기를 개봉하기 전까지는 용기 내에 보관한 내용물을 알 수 없다.

해설
- 액체와 고체 촉진제의 수집에 추천할 만한 용기는 사용되지 않은 빈 금속캔이다. 일반적으로 락카가 채워진 캔은 연구소에서 그러한 캔에 포함된 물증의 검증과 시험기간 중에 잘못된 시험 결과를 야기시킬 수 있으므로 빈 캔을 사용하는 것이 중요하다. 단점으로 용기를 열기 전까지는 안의 내용물을 볼 수 없다는 것이다.
- 검증과 시험 중 증거 견본의 채취를 위해서 공간을 확보해야 하는데, 그러기 위해서 캔은 2/3 이상 채워져서는 안 된다.

76 화재 증거물 수집용기의 금속캔에 대한 장점으로 옳지 않은 것은?

① 휘발성 액체의 기화를 막는 데 적합한 용기이다.
② 사용이 용이하다.
③ 가격이 비교적 저렴하여 경제적이다.
④ 용기를 개봉 전에 용기 내에 보관한 내용물을 알 수 있다.

해설
금속캔의 장·단점
- 장점 : 유용성·경제적 가격, 내구성과 휘발성 액체의 기화 방지
- 단점 : 용기를 열기 전까지는 안의 내용물을 볼 수 없음, 장기간 저장할 때 용기에 녹이 생김

77 화재 증거물 수집용기 중 유리병에 대한 설명으로 옳지 않은 것은?

① 액체와 고체 촉진제의 수집에 추천할 만한 용기이다.
② 대량의 용액을 수집 시 아교 등 접착제로 접착된 뚜껑으로 봉인하지 않는 것이 중요하다.
③ 견본의 채취를 위한 공간 확보를 위해서 캔은 2/3 이상 채워져서는 안 된다.
④ 용기를 개봉하기 전까지는 용기 내에 보관한 내용물을 알 수 없다.

해설
유리병은 착색된 유리병을 제외하고는 용기를 개봉하기 전까지 용기 내에 보관한 내용물을 알 수 있다.

78 화재 증거물 수집용기 중 유리병의 장점으로 옳지 않은 것은?

① 오랫동안 저장시 증거물의 증거력을 악화시킨다.
② 사용이 용이하다.
③ 가격이 비교적 저렴하여 경제적이다.
④ 용기를 개봉하기 전에 용기 내에 보관한 내용물을 알 수 있다.

해설
유리병의 장·단점
- 장점 : 유용성·낮은 가격, 병을 열지 않고도 증거물을 확인 가능, 휘발성 액체의 증발 방지, 장기저장 시 증거물의 악화를 줄여줌
- 단점 : 쉽게 깨지는 것, 종종 물증의 대량 저장을 금지하는 크기 제한

79 증거물수집관리규칙에 따른 증거물 시료용기에 대한 설명으로 옳지 않은 것은?

① 유리병의 코르크 마개는 휘발성 액체에 사용하여서는 안 된다.
② 주석도금 캔은 사용직후에 검사하여야 하고 새거나 녹슨 경우 폐기한다.
③ 유리 마개는 병의 목 부분에 공기가 새지 않도록 단단히 막아야 한다.
④ 양철 용기는 돌려 막는 스크루 뚜껑만 아니라 밀어 막는 금속 마개를 갖추어야 한다.

해설
주석도금 캔은 사용직전에 검사하여야 하고 새거나 녹슨 경우 폐기한다.

정답 76 ④ 77 ④ 78 ① 79 ②

80 다음 중에서 증거물수집관리규칙 별표1에 따른 증거물 시료용기에 해당하지 않은 것은?

① 유리병
② 주석 도금캔
③ 특수증거물 봉투
④ 양철 캔

해설
증거물수집관리규칙에 따른 시료용기
• 유리병, 주석 도금캔, 양철캔으로 구분하고 있다.

81 화재 증거물을 화재조사 시험분석실이나 시험기관으로 물증의 수송을 위해 권장할만한 방법으로 가장 적절한 것은?

① 직접 건네는 방법
② 화물배송
③ 우편배송
④ 제3자 전달

해설
가능하다면 물적증거를 실험하기 위해 운송하는 방법으로 직접 건네는 것을 권장한다.

82 수집된 화재증거물을 직접 건네는 경우 장점으로 맞지 않는 것은?

① 분실 최소화
② 잠재적 손상 증가
③ 간접적 오염 감소
④ 잘못된 전달 예방

해설
직접 건네줄 경우 물적증거에 미칠 수 있는 잠재적인 손상이나 잘못 건네주거나 또는 분실되는 것을 최소화할 수 있으며 오염을 예방한다.

83 수집된 화재증거물을 화물수송하는 방법으로 올바르지 않은 것은?

① 물적증거가 완전한 상태로 보존될 수 있도록 사전 예방조치를 해야 한다.
② 단독조사로부터 얻은 모든 각기 다른 증거 용기를 담을 수 있을 만큼 충분한 크기의 용기를 선택한다.
③ 1개 이상의 조사에서 얻은 물적증거는 동일한 포장으로 수송한다.
④ 수송상자는 허가 없는 개봉을 막기 위해서 변경 방지용 테이프로 밀봉한다.

해설
• 화재조사자는 단독조사로부터 얻은 모든 각기 다른 증거 용기를 담을 수 있을 만큼 충분한 크기의 용기를 선택한다. 1개 이상의 조사에서 얻은 물적증거는 동일한 포장으로 수송하면 절대로 안 된다.
• 개개의 증거 용기는 판지상자 안에서 조심스럽게 포장해야 한다. 판지상자 안에 어떤 증거물이 들어 있는지를 알아보기 쉽게 상자 외부에 표식을 한다.

84 화재증거물 중 수집된 휘발성 및 위험물질의 운송에 대한 설명으로 바르지 않은 것은?

① 휘발성 또는 위험물질 운송(수송) 시 주의해야 한다.
② 휘발성 물질을 취급할 경우 증거물은 과도한 온도로부터 보호되는 것이 중요하다.
③ 위험물질을 수송하는 것이 위험물안전관리법, 우편법 등에 위배되는지 확인해야 한다.
④ 휘발성 물질은 가연성 증기발생을 방지하기 위해 냉동시켜 운송한다.

해설
휘발성 물질을 냉동시키거나 가열하면 실험실의 실험결과에 영향을 미칠 수도 있다. 일반적으로 증거물을 저장하는 곳의 온도가 낮을수록 휘발성 샘플은 잘 보존되지만 동결시켜서는 안 된다.

85 가스크로마토그래피에서 주로 사용하는 운반기체는?

① 염 소   ② 아세틸렌
③ 암모니아 ④ 아르곤

해설
장비의 분석 원리
적당한 방법으로 전 처리한 시료를 불활성기체(Ne, Ar, He)인 운반가스(Carrier Gas)에 의하여 분리관(Column) 내에 전개시켜 고정상 간에 분배계수 차에 의해 분리하면 시간차에 따라 검출기로 통과시켜 기록계에 나타나는 피크위치 또는 면적을 분석하여 정성 또는 정량분석을 한다.

86 가스크로마토그래피에서 용출크로마토그래피로 고정상 고체인 경우 칼럼 내에 흡착제로 충전시킬 수 없는 것은?

① 활성알루미나
② 실리카겔
③ 활성탄소
④ 유 리

해설
흡착제로는 ①, ②, ③, 모리큐라시브가 있다.

87 화재현장에서 화재사에 나타나는 유형에 대한 설명이다. 빈칸에 알맞게 나열한 것은?

> 가. 화재현장에서 발생한 사체는 (   ) 자세로 발견된다.
> 나. 사망원인이 화재에 의한 것인지 아닌지를 판단하기 위해서는 혈중 (   ) 포화도를 측정하여 보면 알 수 있다.

① 사후강직, 일산화탄소 헤모글로빈(COHb)
② 투사형, 이산화탄소 헤모글로빈(CO_2Hb)
③ 사후강직, 이산화탄소 헤모글로빈(CO_2Hb)
④ 투사형, 일산화탄소 헤모글로빈(COHb)

해설
화상사의 유형
투사형 자세 : 사후에 열이 계속적으로 가해지면 근육이 응고되어 수축되는 소위 열경직(Heatrigidity) 현상을 보이게 된다. 몸을 절반 정도 굽힌 채 고정되어 마치 권투하는 자세로 식별된다 하여 투사형 자세라 한다.

정답 84 ④ 85 ④ 86 ④ 87 ④

88 다음 중 화재사의 생활반응인 것을 모두 고른 것은?

> 1. 투사형 자세
> 2. 피부가 균열됨
> 3. 두개골이 골절됨
> 4. 시반이 선홍색임
> 5. 손의 피부가 장갑상으로 탈락됨
> 6. 안면부 주름에 매가 부착되지 않음
> 7. 기도점막에 매가 부착됨
> 8. 혈중 일산화탄소-헤모글로빈 농도가 상승됨

① 1-2-3-5
② 4-5-6-7
③ 4-6-7-8
④ 1-2-3-4

해설
화재사체의 외부소견에 대한 생활반응
- 소사자의 전신에서 1·3도의 화상현상이 나타나 생활반응이기는 하나 생전과 사후의 감별이 쉽지는 않다.
- 시반은 일산화탄소 헤모글로빈(COHb)의 형성으로 선홍색을 띤다.
- 구강 및 비강을 비롯한 안면부에 전반적으로 매가 부착되어 있는데, 생전에 부착되어 있을 때는 눈 주위 또는 이마의 주름 안에는 매가 부착되지 않을 때가 있다.

89 법의학에서 사람이 생전에 내부, 외부에서 가해진 자극에 대해 인체의 변화와 반응으로 생긴 현상을 무엇이라 하는가?

① 바이오리듬
② 생활반응
③ 손상기전
④ 징후 또는 호소

해설
사람이 생전에 내부, 외부에서 가해진 자극에 대해 인체의 변화와 반응으로 생긴 현상을 생활반응이라 한다.

90 인명피해와 관련한 화재조사에서 법의학적인 생활반응의 중요한 의의가 아닌 것은?

① 사체에서 생활반응을 본다면 그 소견은 생전에 이루어졌음을 의미한다.
② 생활반응이 없을시 죽음의 원인과 가깝다.
③ 생활반응을 통하여 인체의 손상이 사망 전·후인지를 감별할 수 있다.
④ 피하출혈, 염증성 발적, 종창, 화농 따위는 시체에서는 생기지 않으므로 손상이 살아있을 때인지 아닌지를 감별한다.

해설
손상에서 생활반응을 보이면 죽기 전에 가하여 진 것으로 사인과 관련시켜 해석해야 하나 생활반응이 없을 시 죽음의 원인과 거리가 멀다.

91 화재와 법의학에서 생활반응 중 가장 기본적이고 중요한 국소적 생활반응으로 맞는 것은?

① 전신적 빈혈
② 속발성 염증
③ 출 혈
④ 색전증

해설
국소적 생활반응
- 출혈(Hemorrhage)
- 응혈(Coaguation)
- 피하출혈
- 창구의 개대, 창연의 외번
- 발적종창
- 수 포
- 미세포말
- 치유기전 및 감염(사전의 변화)
- 압박성 울혈
- 흡인 및 연하

92 사람이 생전에 내·외부에서 가해진 자극에 대해 인체의 변화와 반응으로 생긴 생활반응 중 서로 다른 반응은?

① 흡인 및 연하
② 색전증
③ 속발성 염증
④ 외래물질 분포

해설
전신적 생활반응(Systemic Vital Reaction)
- 전신적 빈혈 : 생전(生前)에 신체의 손상이나 질병 등으로 혈관이 손상되면 혈액이 체외(신체 바깥)나 체강(몸속에 있는 공간으로 체벽과 내장 사이의 공간)으로 빠져나오기 때문에 발생한다.
- 속발성 염증 : 시간이 상당히 지난 후에 오며 전신적 감염증이 대표적이다.
- 색전증(Embolism) : 공기, 지방조직 등 전자(栓子)에 의한 색전은 혈액순환이 있었다는 증거이며, 이들은 모두 간섭현상으로 일어날 수 있다.
- 외래물질 분포, 배설

93 법의학 감식용어에 대한 설명으로 맞지 않은 것은?

① 울혈(鬱血)현상 : 동맥의 피가 몰려 있는 현상
② 연하(嚥下) : 삼켜서 넘김
③ 창구(瘡口) : 상처 난 입구
④ 창연 : 상처 가장자리

해설
울혈(鬱血)현상
정맥의 피가 몰려 있는 현상이고, 그 외 응혈은 굳은 피를 의미한다.

94 사람이 생전에 내·외부에서 가해진 자극에 대해 인체의 변화와 반응으로 생긴 전신적 생활반응에 대한 설명으로 맞지 않은 것은?

① 익사 시 전신장기에 플랑크톤(Plankton)이 분포하면 물에 들어갈 당시 호흡, 순환이 있었다는 증거이다.
② 전신장기에 알코올이 분포되고 대사 후 소변으로 배설되면 이것도 전신적 생활반응에 속한다.
③ 일산화탄소 중독 시 일산화탄소 헤모글로빈(COHb)이, 사이안산 중독시 사이안 헤모글로빈(CNHb)이 전신장기에 분포되어 혈색소를 변화시킨다.
④ 화재사(火災死) 시 매연의 흡인 또는 연하는 전신적 생활반응의 일종이다.

해설
화재사(火災死) 시 매연의 흡인 또는 연하는 국소적 생활반응이다.

95 화재와 법의학에서 인체에 나타나는 국소적 생활반응으로 옳지 않은 것은?

① 사후에 혈액은 응고능이 있으므로 닦으면 쉽게 닦인다.
② 사체는 시간이 경과되면 혈액이 중력에 의해 사체하부에 시반이 형성된다.
③ 사후에 혈관손상으로 인한 출혈은 그 양이 생전에 비하여 현저히 적다.
④ 화재사(火災死) 시 매연의 흡인 또는 연하는 화재 전에는 생전이었다는 증거이다.

해설
출혈된 혈액이 조직 사이로 스며들어가 혈액 내의 섬유소(Fibrin)에 의해 조직과 치밀하게 결합되어 용혈이 형성되며, 생전의 출혈은 씻거나 닦아도 쉽게 제거 되지 않지만, 사후에 혈액은 응고능이 없어지므로 닦으면 쉽게 닦인다.

96 화재와 법의학에서 인체에 나타나는 국소적 생활반응으로 옳지 않은 것은?

① 생전에 개방성 손상이 형성되면 피부, 근육 등에 있는 탄력섬유(Elastic Fiber)가 수축되어 손상부위가 벌어지고(개대) 창연은 외번되나 사후에는 이런 소견들이 없거나 있다하더라도 경하다.
② 생전에 피부 등 인체에 손상을 입으면 손상부위에 동맥혈이 증가하여 빨갛게 충혈된다.
③ 생전에는 소사한 경우에는 입에서 빽빽한 점액성 거품이 형성되나 사체는 그렇지 않다.
④ 사후에는 피부가 화열을 받으면 부풀고 그 부위에 장액이 들어 있다.

해설
생전에 화상을 입으면 피부에 수포가 생기나 사체가 화열을 받으면 물집이 생기지 않는다. 사후에는 피부가 부풀기는 하지만 부푼 부위에 장액은 들어 있지 않다.

97 고열이 피부에 작용하여 일어나는 국소적 및 전신적 장애를 무엇이라 하는가?

① 열 상 ② 화 상
③ 발적종창 ④ 창 상

해설
고열이 피부에 작용하여 일어나는 국소적 및 전신적 장애를 화상(Burn)이라 한다.

98 화재와 법과학에서 뜨거운 기체나 액체에 의한 손상을 화상과 구분하여 무엇이라 하는가?

① 열상(熱傷) ② 화학화상
③ 탕상(湯傷) ④ 발적종창

해설
뜨거운 기체나 액체에 의한 손상을 협의의 화상과 구분하여 탕상(湯傷)이라 한다.

99 고열이 피부에 작용하여 일어나는 국소적 및 전신적 장애로 인한 사망과 뜨거운 기체나 액체에 의한 손상으로 인한 사망을 합하여 일반적으로 무엇이라 하는가?

① 화상사(火傷死)
② 화학화상사
③ 열상사(熱傷死)
④ 탕상사(湯傷死)

해설
화상(고열이 피부에 작용하여 일어나는 국소적 및 전신적 장애)이나 탕상(뜨거운 기체나 액체에 의한 손상)으로 인한 사망을 화상사 및 탕상사라고 하나 일반적으로 모두 합하여 화상사라고 말한다.

100 화상의 위험도를 결정하는 것으로 가장 맞지 않은 것은?

① 체표면적
② 피부의 깊이
③ 화열의 강도
④ 화상심도 및 범위

해설
화열의 강도는 화상의 위험도 결정요소가 아니다.

101 다음 중 화상의 위험도 결정에 대해 바르지 않는 것은?

① 화상의 심도와 화상범위에 의하여 결정된다.
② 화상의 심도가 범위보다 더 큰 영향을 미친다.
③ 연령, 부상부위, 합병된 외상 내지 기존 질환에 의하여서도 영향을 받는다.
④ 어린이는 같은 정도의 범위라도 어른보다 더 위험하다.

해설
화상의 위험도는 심도와 범위에 의하여 결정되며, 범위가 심도보다 더 큰 영향을 미친다.

102 다음 중 화상의 위험도에 대한 설명으로 올바른 것은?

① 화상의 심도와 화열의 강도에 의하여 결정된다.
② 어른은 같은 정도의 범위라도 어린이보다 더 위험하다.
③ 연령, 부상부위, 합병된 외상 내지 기존 질환에 의하여서는 영향을 받지 않는다.
④ 화상의 범위가 심도보다 더 큰 영향을 미친다.

해설
화상의 위험도
- 화상의 위험도는 심도(深度)와 범위(範圍)에 의하여 결정되며, 범위가 심도보다 더 큰 영향을 미친다.
- 연령, 부상부위, 합병된 외상 내지 기존 질환에 의하여서도 영향을 받는다.
- 어린이는 같은 정도의 범위라도 어른보다 더 위험하다.
- 노인은 회복이 지연되거나 합병증이 일어나기 쉽다.
- 상부기도나 흉부화상은 호흡장애를 초래한다.
- 주요 장기에 질환이 있는 경우 정상인보다 위험하다.
- 심도에 따라 영향을 받기는 하나 일반적으로 전신 1/3 정도에 3도 화상을 입으면 50%가 사망위험이 있다.

103 화상의 중증도 분류 중 경증화상이 아닌 것은?

① 체표면적 2% 미만의 3도 화상인 모든 환자
② 체표면적 15% 미만의 2도 화상인 10세 이상 50세 이하의 환자
③ 흡인화상
④ 체표면적 10% 미만의 2도 화상인 10세 미만, 50세 초과의 환자

해설
흡인(기도)화상은 중증화상이다.
경증화상
- 체표면적 2% 미만의 3도 화상인 모든 환자
- 체표면적 15% 미만의 2도 화상인 10세 이상 50세 이하의 환자
- 체표면적 10% 미만의 2도 화상인 10세 미만 50세 이후의 환자

104 다음 중 화상을 중증도로 분류하는 요소로 작용하는 내용에 관한 설명으로 틀린 것은?

① 화상의 깊이와 범위만이 중등도를 분류하는 요소로 작용한다.
② 6세 미만 56세 이상 환자는 다른 연령대의 중증도보다 한 단계 높은 중등도로 보면 된다.
③ 기도화상은 중증화상으로 분류한다.
④ 당뇨, 폐질환, 심장질환 등을 갖고 있는 환자는 더욱 심각한 손상을 받으므로 중증도에 분류에 영향을 미친다.

해설
중증도 분류
화상의 깊이와 범위는 중등도를 분류하는 요소로 작용하며 기타 아래 사항들도 중증도를 나누는 데 영향을 미친다.
- 나이 : 6세 미만 56세 이상 환자는 화상으로 인한 합병증이 심하며, 다른 연령대의 중증도보다 한 단계 높은 중등도로 보면 된다.
- 기도화상 : 입 주변, 코털, 빈 호흡 등은 호흡기계 화상을 의심할 수 있다. 밀폐된 공간에서의 화상환자에게 많으며, 급성 기도폐쇄나 호흡부전을 나타낼 수 있으므로 즉각적인 응급처치가 필요하다.
- 질병 : 당뇨, 폐질환, 심장질환 등을 갖고 있는 환자는 더욱 심각한 손상을 받는다.
- 기타 손상 : 내부 출혈, 골절이나 탈구 등이 있다.
- 화상 부위 : 얼굴, 손, 발, 생식기관 등은 오랫동안 합병증에 시달리거나 특별한 치료가 요구된다.
- 원통형 화상(신체나 신체 일부분을 둘러싼 화상) : 피부가 수축되고 사지에 손상을 입은 경우 원위부 조직으로의 순환을 차단할 수 있기 때문에 심각해질 수 있다. 관절이나 흉부, 복부에 화상을 입어 둘레를 감싸는 화상흉터로 인해 정상기능의 제한을 주는 경향이 있다.

정답 102 ④ 103 ③ 104 ①

105 화상의 중증도 분류 중 중등도 화상이 아닌 것은?

① 체표면적 2% 이상, 10% 미만의 3도 화상인 모든 화상
② 체표면적 15% 이상, 25% 미만의 2도 화상인 10세 이상 50세 이하의 환자
③ 체표면적 10% 이상, 20% 미만의 2도 화상인 10세 미만 50세 이후의 환자
④ 체표면적 10% 미만의 2도 화상인 10세 미만 50세 이후의 환자

해설
체표면적 10% 미만의 2도 화상인 10세 미만, 50세 이후의 환자는 경증화상의 설명이다.

중등도화상
- 체표면적 2% 이상, 10% 미만의 3도 화상인 모든 화상
- 체표면적 15% 이상, 25% 미만의 2도 화상인 10세 이상 50세 이하의 환자
- 체표면적 10% 이상, 20% 미만의 2도 화상인 10세 미만 50세 이후의 환자

106 전기화상의 중증도 분류로 알맞은 것은?

① 경증화상
② 중등도화상
③ 중증화상
④ 전기화상은 분류에서 제외한다.

해설
원통형 화상과 전기화상은 중증화상에 해당된다.

107 화상의 범위 결정방법이 아닌 것은?

① 9의 법칙
② 5의 법칙
③ Berkew 측정규범
④ 10의 법칙

해설
화상범위 결정방법으로는 '5의 법칙'이나 Berkew의 측정규범 등 세밀한 방법과 일반적으로 응급처치와 이송 전에 '9의 법칙'이라 불리는 기준을 이용한다.

108 성인의 외음부가 화재로 손상되었다. '9의 법칙' 기준에 의하면 화상의 범위로 맞는 것은?

① 1%   ② 3%
③ 5%   ④ 9%

해설
성인과 어린이·영아의 외음부 화상은 1%이다.

109 화상범위를 결정하는 '9의 법칙' 기준에 대한 설명으로 올바르지 않은 것은?

① 일반적으로 응급처치와 이송 전에 화상범위를 파악하는 데 널리 사용된다.
② 주로 범위가 큰 경우에 사용하는 기준이다.
③ 신체의 표면적을 9% 단위로 나누고 외음부를 1%로 하여 계산하는 방법이다.
④ 범위가 작은 경우에는 응급처지자의 손바닥 크기를 1%라 가정하고 평가하면 된다.

해설
범위가 작은 경우에는 환자의 손바닥 크기를 1%라 가정하고 평가하면 된다.

정답 105 ④ 106 ③ 107 ④ 108 ① 109 ④

110 화상범위를 결정하는 '9의 법칙'의 성인기준에 대한 설명으로 올바르지 않은 것은?

① 두부 18%(9%×2)
② 외음부 1%
③ 전흉복부 18%(9%×2)
④ 양팔 18%(9%×2)

해설
성인의 신체중 머리는 9%

111 화상범위를 결정하는 '9의 법칙'의 어린이 기준에 대한 설명으로 올바르지 않은 것은?

① 두부 18%(9%×2)
② 외음부 1%
③ 양다리 18%(9%×2)
④ 양팔 9%

해설
어린이의 다리 하나는 14%(7%×2)이다. 따라서 양다리는 28%이다.

112 화재증거물수집관리 규칙에 따른 증거물 포장 원칙은?

① 일괄포장의 원칙
② 개별포장의 원칙
③ 종이상자 포장 원칙
④ 유리병 포장 원칙

해설
증거물의 포장
• 입수한 증거물을 이송할 때에는 포장을 한다.
• 증거물 상세 정보를 다음 각 호와 같이 기록하여 부착한다.
 - 수집일시, 증거물번호, 수집장소, 화재조사번호, 수집자, 소방서명, 증거물내용, 봉인자, 봉인일시 등 상세정보에 따라 작성한다.
 - 증거물의 포장은 보호상자를 사용하여 개별 포장함을 원칙으로 한다.

113 화상의 깊이에 따른 화상의 분류로 연결이 잘못된 것은?

① 1도 화상 - 홍반성
② 2도 화상 - 수포성
③ 3도 화상 - 탄화성
④ 4도 화상 - 회화성

해설
피하지방을 포함한 피부의 전층이 손상된 경우로 심한 경우 근육, 뼈, 내부 장기도 포함되는 경우가 있는 괴사성 화상이라 한다.

114 화재로 인한 1도 화상에 대한 설명으로 맞지 않은 것은?

① 경증으로 표피만 손상된 경우이다. 모세혈관의 충혈로 인하여 종창과 더불어 홍반만 보인다.
② 수포는 형성되지 않으나 벗겨질 수 있다.
③ 사체에는 화열을 작용시켜도 피부충혈과 부어오르는 발적현상 현상은 나타나지 않는다.
④ 햇빛(자외선)으로 인한 경우는 1도 화상이라고 볼 수 없다.

해설
1도 화상
• 경증으로 표피만 손상된 경우이다. 모세혈관의 충혈로 인하여 종창과 더불어 홍반만 보이기 때문에 홍반성 화상이라 한다.
• 화상부위는 처음에는 선홍색 상태로 있다가 시간이 경과되면 색깔이 바라고 몸이 열이 오르는 발적과 몸이 쑤시고 아픈 동통이 나타나며, 수포는 형성되지 않으나 벗겨질 수 있다.
• 햇빛(자외선)으로 인한 경우와 뜨거운 액체나 화학 손상에서 많이 볼 수 있다.
• 범위가 넓은 경우 심한 통증을 호소할 수 있으므로 처치가 필요한 경우가 있다.
• 화열에 의한 국부적인 피부충혈과 부어오르는 발적현상은 살아 있는 사람에게 나타나고 사체에는 화열을 작용시켜도 이와 같은 현상은 나타나지 않는다.

정답 110 ① 111 ③ 112 ② 113 ③ 114 ④

115 화재로 인한 2도 화상에 대한 설명으로 맞지 않은 것은?

① 사망 전의 인체에는 완전한 수포가 형성되지 않는다.
② 모세혈관의 투과성이 항진되어 혈장이 혈관 외로 빠져나와 장액이 표피 밑에 채워져 차차 투명하고 황색인 수포를 형성하기 때문에 수포성 화상이라 한다.
③ 수포 주위에 홍반을 보이며, 혈액침하가 일어나더라도 홍반만 남는다.
④ 손상 부위는 체액이 나와 축축한 형태를 띠며, 진피에 많은 신경섬유가 지나가 심한 통증을 호소한다.

해설
2도 화상
- 국부적인 화상으로 표피와 함께 진피까지 손상된 화상을 말하며, 열에 의한 손상이 많다.
- 모세혈관의 투과성이 항진되어 혈장이 혈관 외로 빠져나와 장액이 표피 밑에 채워져 차차 투명하고 황색인 수포를 형성하기 때문에 수포성 화상이라 한다.
- 화상 부위는 1도 화상보다 발적과 동통이 심하고 창백하거나 얼룩진 피부가 나타난다.
- 손상 부위는 체액이 나와 축축한 형태를 띠며, 진피에 많은 신경섬유가 지나가 심한 통증을 호소한다.
- 표피 밑에 내부 조직으로 체액손실과 2차감염과 같은 심각한 합병증을 유발할 수 있다.
- 수포 주위에 홍반을 보이며, 혈액침하가 일어나더라도 홍반만 남는다.
- 사망 전의 인체에는 완전한 수포가 형성된다.
- 온도가 높아지게 되면 2도 화상을 입는 시간은 더욱 단축되는데 55℃에서 20초, 70℃에서 2초면 2도 화상을 입게 된다.

116 화재로 인한 3도 화상에 대한 설명으로 맞지 않은 것은?

① 피하지방을 포함한 피부의 전층이 손상된 경우로 심한 경우 근육, 뼈, 내부 장기도 포함되는 경우가 있다.
② 수포 주위에 홍반을 보이며, 혈액침하가 일어나더라도 홍반만 남는다.
③ 부스럼 딱지 또는 생체 내의 피부조직이나 세포가 죽는 응고성 괴사에 빠지므로 괴사성 화상이라고도 한다.
④ 화상 부위는 특징적으로 건조하거나 가죽과 같은 형태를 보이며 창백, 갈색 또는 까맣게 탄 피부색이 나타나며 수포는 형성되지 않는다.

해설
수포가 일어나는 화상은 2도 화상이다.
3도 화상
- 피하지방을 포함한 피부의 전층이 손상된 경우로 심한 경우 근육, 뼈, 내부 장기도 포함되는 경우가 있다.
- 화상 부위는 특징적으로 건조하거나 가죽과 같은 형태를 보이며 창백, 갈색 또는 까맣게 탄 피부색이 나타나고 수포는 형성되지 않는다.
- 신경섬유가 파괴되어 통증이 없거나 미약할 수 있으나 보통 3도 화상 주변 부위가 부분화상이므로 심한 통증을 호소한다.
- 부스럼 딱지 또는 생체내의 피부조직이나 세포가 죽는 응고성 괴사에 빠지므로 괴사성 화상이라고도 한다.
- 열에 의해 피부조직의 단백질이 엉켜 굳어 표피층 및 진피층, 때로는 이보다 더 깊은 부위까지 영향을 미치며 딱지를 형성한다. 사망 전에 화상을 입은 경우에 딱지 중에 응고된 혈액이 가득 찬 혈관을 볼 수 있다.

117 화재로 인한 4도 화상에 대한 설명으로 맞지 않은 것은?

① 피부 전층 및 그 하방 심부조직인 근육이나 뼈 같은 부분까지 화상 범위가 포함된 경우로 탄화 또는 회화성 화상이라고도 한다.
② 피부의 세포조직이 검게 타는 탄피층이 형성되며, 4도 화상은 사망 전인지 후인지 구분하기 어렵다.
③ 뜨거운 액체에 의한 탕상에서도 자주 나타난다.
④ 생전에 생긴 것은 주변의 피부에서 1도 내지 3도의 화상을 보인다.

해설
뜨거운 액체에 의한 탕상에서는 보지 못한다.
4도 화상
- 피부 전층 및 그 하방 심부조직인 근육이나 뼈 같은 부분까지 화상범위가 포함된 경우로 탄화 또는 회화성 화상이라고도 한다.
- 뜨거운 액체에 의한 탕상에서는 보지 못한다.
- 생전에 생긴 것은 주변의 피부에서 1도 내지 3도의 화상을 보인다.
- 피부의 세포조직이 검게 타는 탄피층이 형성되며, 4도 화상은 사망 전인지 후인지 구분하기 어렵다.
- 화상의 전신적 증상은 도수에 관계없이 고열작용을 받은 면적의 정도에 따라 위험이 달라진다.

118 2도 화상의 대표적인 증상으로 틀린 것은?

① 수 포
② 심한 통증
③ 축축하고 얼룩진 피부
④ 홍 반

해설
홍반은 1도 화상의 대표적 증상이다.

119 화재로 인한 화상과 더불어 일산화탄소나 유독가스에 의한 중독과 산소결핍에 의한 질식 등이 합병되어 사망에 이른 것을 무엇이라 하는가?

① 소사(燒死)   ② 화상(火傷)
③ 탕상(湯傷)   ④ 연기질식

해설
소사(燒死)에 대한 설명이다.

120 화상사에 나타나는 사망기전으로 고열이 광범위하게 작용하여 일어나는 격렬한 자극에 의하여 반사적으로 심정지가 초래되는 것을 무엇이라 하는가?

① 속발성 쇼크
② 원발성 쇼크
③ 저체액성 쇼크
④ 자극적 쇼크

해설
원발성 쇼크
고열이 광범위하게 작용하여 일어나는 격렬한 자극에 의하여 반사적으로 심정지가 초래되는 것을 말한다.

121 화상사에 나타나는 사망기전으로 화상성 쇼크라고도 하며, 화상을 입고 나서 상당시간이 경과한 후에 증상이 발현되어 2・3일 후에 사망하게 되는 경우를 무엇이라 하는가?

① 속발성 쇼크
② 원발성 쇼크
③ 저체액성 쇼크
④ 자극적 쇼크

해설
속발성 쇼크
화상성 쇼크라고도 하며 화상을 입고 나서 상당시간이 경과한 후에 증상이 발현되어 2・3일 후에 사망하게 되는 경우를 말한다.

정답 117 ③ 118 ④ 119 ① 120 ② 121 ①

122 화재로 인한 일련의 기전에 의하여 사망한 경우로 그 시체가 불에 탔든 타지 않았든 간에 ( )라는 용어를 사용한다. ( )에 들어갈 알맞은 단어는?

① 화재사(火災死)
② 화상사(火傷死)
③ 탕상사(湯傷死)
④ 질식사(窒息死)

123 화재사에 대한 개념 설명으로 옳지 않은 것은?

① 소사란 화상과 일산화탄소 등 유독가스에 의한 중독과 산소결핍에 의한 질식 등이 합병되어 사망하는 것이다.
② 화상으로 사망한 것을 화상사라 한다.
③ 화재현장에서 타지 않은 시체도 소사체에 포함한다.
④ 소사체는 소사한 것을 비롯하여 다른 원인에 의해 사망한 후 탄화된 시체도 포함한다.

[해설]
- 화재사(Death Due to Fire) : 화재로 인한 사망은 불에 탔든 타지 않았든 화재사로 칭함이 적절함
- 소사(燒死) : 화재로 인한 사망(그러나 타서 사망함을 의미하는 듯한 표현)
- 소사체(燒死體) : 탄 채 발견된 시체(사인이 소사인 경우 다른 원인으로 사망한 후 탄 시체). 다만, 화재로 사망하였더라도 타지 않은 경우는 해당되지 않음

124 다음은 화재사(火災死)의 개념에 대한 내용이다. 옳지 않은 것은 무엇인가?

① 소사란 화재로 인한 화상과 더불어 일산화탄소나 유독가스에 의한 중독과 산소결핍에 의한 질식 등이 합병되어 사망하는 것을 말한다.
② 화상과 유독가스 흡입 및 산소결핍 등 화재로 인한 일련의 기전에 의해 사망한 경우를 화재사(火災死)라 한다.
③ 불에 타지 않은 시체는 화재사에 포함하지 않는다.
④ 그 시체가 불에 탔든 타지 않았든 간에 화재로 인한 사망을 말한다.

[해설]
화재사란 화재로 인한 일련의 기전에 의하여 사망한 경우에는 그 시체가 불에 탔든 타지 않았든 간에 화재사라는 용어를 사용한다.

125 화재로 인한 소사체에 대한 개념으로 옳지 않은 것은?

① 사인이 소사인 것을 비롯하여 다른 원인으로 사망한 후 탄 시체도 포함된다.
② 탄채 발견된 시체만을 의미한다.
③ 일반적으로 소사체라고 부르는 것은 탄화시체라고 표현하는 것이 적절하다.
④ 화재현장에서 발견되었더라도 타지 않은 경우는 포함되지 않는다.

[해설]
소사체란 단지 탄 채 발견된 시체로서 사인이 소사인 시체라는 것과는 다르다. 사인이 소사인 것을 비롯하여 다른 원인으로 사망한 후 탄 시체도 포함된다. 비록 화재현장에서 발견되었더라도 타지 않은 경우는 포함되지 않는다.

122 ① 123 ③ 124 ③ 125 ②

126 화재로 인한 화재사(火災死)의 사망기전에 대한 설명으로 옳지 않은 것은?

① 사체는 화재가 발생하면 화염이나 고온의 공기 및 물체에 의하여 화상을 입게 된다.
② 시체는 생전에 연소물의 불완전 연소시 생성된 유독가스를 흡입하게 된다.
③ 화염이 호흡기에 작용하면 기도폐쇄로 곧바로 사망할 수 있다.
④ 화상 및 유독가스에 의한 중독과 산소결핍에 의한 질식만이 생체에 작용하여 사망한다.

해설
화재 시에는 화상, 유독가스에 의한 중독과 산소결핍에 의한 질식 등이 동시에 생체에 작용하여 사망한다.
화재사의 사망기전
- 화재가 발생하면 화염이나 고온의 공기 및 물체에 의하여 화상을 입게 된다.
- 연소물이 불완전 연소시 일산화탄소, 아황산가스, 시안화수소 등 발생한 유독가스를 흡입하게 된다.
- 공기의 유통이 좋지 않거나 밀폐공간에서는 공기 중의 산소가 소진된다.
- 화재 시에는 화상, 유독가스에 의한 중독과 산소결핍에 의한 질식 등이 동시에 생체에 작용하여 사망한다.
- 또한 화염이 호흡기에 작용하여 기도에 부종을 일으켜 곧바로 사망할 수 있으며 때로는 원발성 쇼크에 의하여 갑자기 사망할 수 있다.
- 화재현장에서 구조되었다고 하더라도 화상으로 인한 쇼크, 기도화상에 의한 급성호흡부전으로 2~3일 후에 사망할 수 있으며, 그 후에 감염이나 만성호흡부전으로 사망할 수 있다.

127 화재로 인한 탄화시체의 소견 및 진단에 대한 설명으로 옳지 않은 내용은?

① 화재로 인한 사후변화를 감별한다.
② 생활반응과 계속적인 열에 의한 사후변화 중첩으로 사망한 것으로 감식이 필요하다.
③ 탄화된 시체에서 1~4도의 광범위한 화상현상으로 생활반응과 사후변화의 구별이 명백하여 감별하기 쉽다.
④ 화재로 인한 생활반응을 감별한다.

해설
탄화된 시체에서 1~4도의 광범위한 화상현상으로 생활반응이기는 하나 생전인지 생후인지 감별하기 쉽지 않다.

128 화재로 인한 사상자(死傷者)에 대한 조사요령으로 올바른 조사자의 자세는?

① 소사체의 경우 현장보존보다 병원이송에 노력한다.
② 이송한 사상자의 정보수집은 구급일지에 의존한다.
③ 사망자는 관계인 또는 경찰인계하면 조사의 필요성이 없다.
④ 사상자는 원인, 장소, 성명, 연령, 주소 등을 확인한다.

해설
현장보존에 노력하고, 구급대원 등에게 상황을 질문하는 등 정보수집에 적극 노력하고, 인계 하였더라도 필요시 감식을 할 수 있다.

정답 126 ④ 127 ③ 128 ④

129 화재로 인한 소사자의 외부소견 중 계속적인 열작용에 의한 사후변화로 옳지 않은 것은?

① 장갑 및 양말상 탈락
② 피부의 균열 및 파열
③ 권투하는 자세
④ 연기흡입 및 연하

해설
연기흡입 및 연하는 내부소견 및 생활반응이다.

130 검댕의 흡입과 화재로 인한 사망자의 감식에 대한 설명으로 틀린 것은?

① 생전에 살아 있었다면 검은 연기에 함유된 탄소입자를 흡입한다.
② 검댕이 심하지 않을 경우 사전 흡입의 증거로 일산화탄소 포화도가 중요하다.
③ 죽은 후에도 많은 양의 매연입자가 성대를 지나 기관지까지 갈 수 있다.
④ 하부 호흡기계에 나타난 탄소입자(검댕)는 화재 당시 살아 있었다는 증거이다.

해설
죽은 후에는 많은 양의 매연입자가 성대를 지나 기관지까지 갈 수 없다.

131 화재조사의 질문 및 녹음에 대한 설명으로 옳지 않은 것은?

① 모든 녹음 기록은 관련법령에 적합하게 수집되어야 한다.
② 화재조사자는 질문기록을 마치면 진술자의 서명날인을 받지 않아도 법정증거로 채택된다.
③ 모든 질문은 질문기록서에 기록하고 녹음을 할 수 있어야 한다.
④ 질문을 기록하는 다른 방법으로 비디오촬영을 선택할 수 있다.

해설
화재조사자는 법정에서 확실한 증거로 채택될 수 있도록 가능한 많은 증인이 서명한 질문기록서를 받아야 한다.

132 화재조사의 질문 및 녹음사항에 해당되지 않는 것은?

① 출화당시의 상황 및 소손으로 복원할 수 있는 물품의 배치상황
② 발화원으로 추정되는 발화기기의 결함 등 구조상의 문제점
③ 출화에 이른 직·간접의 행위
④ 숨겨진 생활·환경조건이나 의문점

해설
출화 당시의 상황 및 소손으로 복원할 수 있는 물품의 배치상황은 질문이 필요 없다.

질문 및 녹음사항
- 출화 당시의 상황 및 소손으로 복원할 수 없었던 물품의 배치상황
- 발화원으로 추정되는 발화기기의 결함 등 구조상의 문제점
- 출화에 이른 직·간접의 행위
- 출화범위와 지점을 한정하기 위한 발견상황 등 필요한 상황
- 숨겨진 생활·환경조건이나 의문점에 대하여 실시

133 다음 중 화재현장조사 시 사진촬영상의 유의점으로 가장 적절치 못한 것은?

① 촬영 포인트는 현장조사자의 의도를 이해하여 촬영한다.
② 촬영대상은 장식장 등 주위와의 위치관계를 알 수 있도록 촬영한다.
③ 중요한 증거물은 표지, 백묵 등으로 명확하게 표시한다.
④ 인물, 발굴용 기구 등은 발굴 상황을 알 수 있도록 같이 촬영한다.

해설
인물, 발굴용 기구 등은 나타나지 않도록 촬영한다.

134 사후에 혈액이 중력의 작용으로 몸의 저부에 있는 부분의 모세혈관 내로 침강하여 그 부분의 외표피층에 착색이 되어 나타나는 현상은?

① 매(煤)
② 시반(屍斑)
③ 부종(浮腫)
④ 울혈(鬱血)

해설
시반(屍斑)
- 혈액침하로 시체 아래에 모세혈관에 적혈구가 모여 나타나는 암적색의 반점
- 혈액이 부풀어 오를 수 있는 혈관에만 생김(딱딱한 표면에 누워 있는 시체나 누워있을 때 양 어깨, 엉덩이, 장딴지 등은 바닥부분에 눌려져 있어 시반이 생기지 않음)
- 시반으로 시체의 이동여부를 추측 가능
- 질식사나 급사의 경우 심하게 나타남
- 시반의 색깔 : 선홍색(일산화탄소 중독, 동사(凍死) 사이안화수소 중독), 녹갈색(황화수소 중독)

135 사후강직에 대한 설명으로 가장 옳지 않은 것은?

① 사후근육이완의 시기가 지나면, 전신의 근육이 굳어지는 현상을 말한다.
② 사후 12시간을 전후해서 최고에 달하고 1~2일 이 상태가 이어져 발현순서에 따라서 완화(緩和)되며 2~7일에 완전히 풀린다.
③ 온도가 높으면 발생이 늦고 완화는 빠르다.
④ 근육이 잘 발달한 사체일수록 강하고 길다.

해설
사후강직(死後强直)
- 사후근육이완의 시기가 지나면, 전신의 근육이 굳어지는 현상이다.
- 처음에는 손·발·팔다리 소근육에서 몸통·머리 순으로 몸 전체로 진행된다.
- 사후 12시간을 전후해서 최고에 달하고 1~2일 이 상태가 이어져 발현순서에 따라서 완화(緩和)되며 2~7일에 완전히 풀린다.
- 사후경직은 근육이 잘 발달한 사체일수록 강하고 길고 온도가 높으면 일찍 발생하고 완화도 빠르다. 죽기 직전에 고도로 사용된 근육일수록 경직이 강하게 일어난다.
- 무릎이 당겨져 있거나 두 팔이 위로 올려져 있으면 살해 후 이동한 것으로 추측한다.

136 시반의 색깔이 다른 하나는?

① 동사(凍死)
② 일산화탄소 중독사
③ 사이안화수소중독사
④ 황화수소 중독사

해설
- 선홍색 : 일산화탄소 중독, 동사(凍死) 사이안화수소중독
- 녹갈색 : 황화수소 중독, 사후강직

137 다음 화재 시 발생하는 연소가스 중 독성이 가장 큰 것은?

① 일산화탄소
② 아크롤레인
③ 황화수소
④ 아황산가스

해설
연소가스 생성물의 독성

생성물질	화학식	허용농도(ppm)
아크롤레인	CH_3CHCHO	0.1
삼염화인	PCl_3	0.1
포스겐	$COCl_2$	0.1
염소	Cl	1
불화수소	HF	3
아황산가스	SO_2	5
염화수소	HCl	5
시안화수소	HCN	10
황화수소	H_2S	10
암모니아	NH_3	25
일산화탄소	CO	50
이산화탄소	CO_2	5,000

138 가스크로마토그래프 장비의 구성요소가 아닌 것은?

① 검출기
② 분석칼럼
③ 항온장치
④ 클리브랜드

해설
- 압력조정기(Pressure Control)와 유량조정기가 부착된 운반기체(Carrier Gas)의 고압실린더
- 시료주입장치(Injector)
- 분석칼럼(Column)
- 검출기(Detector) : 분리관에서 분리한 성분을 검출
- 전위계와 기록기(Data System) : 검출기에서 검출한 신호를 전환시키고 기록
- 항온장치 : 분리관, 시료주입기, 검출기 등 각 부분 온도조절

139 인화점측정방법이 개방식인 인화점 측정기기는?

① 세타식
② 클리브랜드
③ 펜스키마텐스
④ 태그

해설
인화점시험기 및 측정방법

구분	측정장비	인화점 적용시료 범위	해당시료	측정방법
밀폐식	태그 (ASTM D 56)	93℃ 이하	원유, 휘발유, 등유, 항공가스터빈 연료유	위험물안전관리에 관한 세부기준 제14조 참조
	신속평형법 (세타식)	110℃ 이하	원유, 등유, 경유, 중유, 항공가스터빈 연료유	위험물안전관리에 관한 세부기준 제15조 참조
	펜스키마텐스 (ASTM D 90)	• 밀폐식 인화점 측정에 필요한 시료 • 태그밀폐식을 적용할 수 없는 시료	원유, 경유, 중유, 절연유, 방청유, 절삭유	–
개방식	태그	–18~163℃이고, 연소점이 163℃까지인 시료	–	–
	클리브랜드	79℃ 이하	석유, 아스팔트, 유동파라핀, 방청유, 절연유, 열처리유, 절삭유, 윤활유	위험물안전관리에 관한 세부기준 제16조

137 ② 138 ④ 139 ②

140 어떤 물체 내부의 실체를 전혀 알 수 없거나 감정 물건의 내부를 확인할 목적으로 사용하는 기기의 명칭은?

① X-레이 형광분석기
② 원광흡광분석기
③ 적외선 분광광도계
④ 질량 분석기

해설
X-레이 형광분석기의 용도
- 합성수지로 피복된 물건 내부 또는 화재열로 용융으로 엉겨 붙은 플라스틱 등의 단단한 덩어리 속에 묻혀 있는 경우 사용한다.
- 어떤 물체 내부의 실체를 전혀 알 수 없거나 감정 물건의 내부를 확인할 목적으로 사용한다.
- 화재증거물 자체를 파괴시키지 않고 정성분석과 정량의 분석이 가능하다.

141 카메라의 노출 및 초점에 대한 설명으로 틀린 것은?

① 화재가 발생한 구조물에 대하여 노출 설정이 잘못되면 현장설명이 달라질 수도 있다.
② 조사자가 보유하고 있는 카메라의 셔터속도 한계를 파악하고 셔터속도를 적합하게 설정하여 떨림을 방지할 수 있다.
③ 조리개와 셔터속도의 범위에 대한 관계를 이해하고 반복적인 연습을 통하여 노출조절의 문제를 극복할 수 있다.
④ 화재현장은 기본적으로 자연적 광량이 충분하여 초점을 맞추기가 쉽다.

해설
화재감식현장은 전원이 차단되어 조명이 없는 어두운 상태에서 촬영하는 경우가 많다.

142 디지털카메라의 설명으로 옳은 것은?

① 현상에서 인화까지 작업시간이 길다.
② 컴퓨터 등 다른 매체와 호환이 어렵다.
③ 저장이 편리하지만 오랜 시간 보존하기 어렵다.
④ 스캐너 없이 컴퓨터에 이미지를 입력할 수 있다.

해설
촬영한 피사체가 디지털로 저장되어 확인, 편집, 인쇄가 용이하다.

143 다음 중 화각의 크기가 큰 렌즈의 순서로 맞는 것은?

① 어안렌즈 < 광각렌즈 < 표준렌즈 < 망원렌즈 < 초망원렌즈
② 광각렌즈 > 어안렌즈 > 표준렌즈 > 망원렌즈 > 초망원렌즈
③ 광각렌즈 < 어안렌즈 < 표준렌즈 < 망원렌즈 < 초망원렌즈
④ 어안렌즈 > 광각렌즈 > 표준렌즈 > 망원렌즈 > 초망원렌즈

해설
화각의 크기 : 어안렌즈 > 광각렌즈 > 표준렌즈 > 망원렌즈 > 초망원렌즈

144 사람의 신체와 카메라 비교에서 바르게 연결되지 않은 것은?

① 홍채 - 조리개
② 수정체 - 렌즈
③ 망막 - 필름
④ 뇌 - 센서

해설
사람의 눈과 카메라 비교
① 홍채 = 조리개
② 수정체 = 렌즈
③ 망막 = 필름(센서)

정답 140 ① 141 ④ 142 ④ 143 ④ 144 ④

145 카메라의 빛에 반응하는 정도를 국제표준화시킨 수치를 무엇이라 하는가?

① ISO 감도
② 측 광
③ 화이트밸런스
④ 화 소

해설
ISO(International Organization for Standardzation) 감도
- 카메라의 빛에 반응하는 정도를 국제표준화시킨 수치를 말한다.
- 감도가 높다는 것은 빛에 더욱 민감하게 반응한다는 것이다.
- ISO 감도를 높이면 어두운 장소에서도 밝은 사진을 쉽게 찍을 수 있다.
- 대부분의 화재현장은 탄화로 인하여 검고 그을려 있는 경우가 많아 빛의 노출 정도를 적절히 조절하지 않으면 증거물이 검게 나와 식별하기 어려운 경우가 많으므로 빛이 없는 화재현장에서는 ISO 감도를 높여 증거물 식별이 용이하도록 촬영한다.

146 화면 전체 평균측광에 중앙부를 중점 측광값을 더하되 중앙부에 더 가점을 주고 계산해서 평균값을 결정하는 방식으로 여행지에서 피사체가 중앙부에 위치해 있을 때 사용하면 좋은 측광방식은?

① 중앙 중점 평균측광
② 스팟(Spot)측광
③ 부분측광
④ 평가(다분할)측광

해설
측광방식
측광은 빛의 양을 측정한다는 의미로 촬영하고자 하는 풍경·인물 등 피사체들의 밝고 어두움을 측정하는 뜻이다.
- 평가(다분할)측광 : 화면 전체를 부분(4~64 또는 그 이상)으로 나눠 측광하는 방식으로 분할된 각 셀의 빛의 감도를 측정, 즉 전체 화면의 평균값을 계산하여 적정 노출값을 얻어내는 측광 방식이다. 거의 모든 피사체(풍경, 인물, 정물 등)에 효과적인 범용으로 사용되는 방식이다.

- 부분측광 : 무조건 중앙부만 측광해서 노출을 결정하는 방식, 대략 중앙부 8~9.5%를 측광해서 그 부분에 노출을 맞추는 모드로 스팟측광보다 범위가 살짝 높다.
- 스팟(Spot)측광 : 피사체가 어두울 경우 아주 작은 범위(중앙부의 2.5~4%)를 측광하는 방식으로 쉽게 말하면 좀 더 세밀하게 부분의 노출을 찾는 방법이다. 역광사진이나 촛불사진 등에 적합하다.

147 화면의 일부만을 측광하는 방식으로 주 피사체의 정확한 노출을 측광할 수 있는 측광방식은?

① 평균측광
② 중앙부 중점측광
③ 스팟측광
④ 다분할측광

해설
스팟(Spot)측광
피사체가 어두울 경우 아주 작은 범위(중앙부의 2.5~4%)를 측광하는 방식으로 쉽게 말하면 좀 더 세밀하게 부분의 노출을 찾는 방법이다. 역광사진이나 촛불사진 등에 적합하다.

148 화상면적 9의 법칙이다. 성인의 각 신체부위 비율은?

| 가. 머 리 |
| 나. 상반신 앞면 |
| 다. 생식기 |
| 라. 오른팔 |
| 마. 왼다리 앞면 |

① 가 : 18, 나 : 9, 다 : 1, 라 : 18, 마 : 9
② 가 : 9, 나 : 18, 다 : 1, 라 : 9, 마 : 9
③ 가 : 9, 나 : 18, 다 : 1, 라 : 18 마 : 9
④ 가 : 18, 나 : 9, 다 : 1, 라 : 9, 마 : 9

해설
9의 법칙

손상부위	성인	어린이	영아
머리	9%	18%	18%
흉부	9%×2	18%	18%
하복부			
배(상)부	9%×2	18%	18%
배(하)부			
양 팔	9%×2	9%×2	18%
대퇴부(전, 후)	9%×2	13.5%	13.5%
하퇴부(전, 후)	9%×2	13.5%	13.5%
외음부	1%	1%	1%

149 화재패턴에서 금속이 열을 받아 휘는 것을 무엇이라 하는가?

① 좌굴 ② 만곡
③ 용융 ④ 변색

해설
만곡 : 금속이 열을 받아 휘는 것

150 화재현장에서 화재조사자들이 증거물 관련 부분을 직접 인지해야 하는 부분이 아닌 것은?

① 화재현장에서 어떻게 다른 물질이 불과 반응했는지 여부
② 화재의 유형, 화재의 원인
③ 최초 발화지점의 특징, 구조물 내에서 불이 어떻게 진행했는지 여부
④ 화재진압 후 구조물의 안전여부

해설
진화 후 구조물의 안전여부는 조사자 안전확보와는 관련이 있을지언정 증거물을 직접 인지하는 것과는 관계가 적다.

151 현장사진의 범주에 들지 않는 것은?

① 증거물
② 출동 전 소방차 배치사진
③ 화재현장에서 발견된 물건
④ 화재조사현장과 관련된 사람

해설
촬영대상물
• 화재건물, 인접도로, 도로와의 관계가 나타나도록 높은 곳에서 촬영한 현장의 전경
• 현장을 겹쳐지도록 다각도로 대상물을 촬영
 - 제3자가 보아도 현장상황을 이해할 수 있도록 각 건물, 방 등 촬영
 - 각 건물, 방, 개체와 어떤 장소·물건의 소손·전도·도괴·낙하 등의 진행과정
• 발화원(發火源)일 가능성이 있는 발화기기와 물건의 감식·감정 사실
• 출화영역 부근 및 복원 후의 소실장면
• 연소확대 경로를 묘사한 화재 부위, 장소
• 소화설비 제어반, 스프링클러헤드 개방 등 소방·방화시설의 작동상황
• 사망자가 있는 경우 외상, 혈흔 등 사체의 상황
• 화재와 연관성이 크다고 판단되는 단락흔 등 정밀한 확대 촬영이 필요한 대상물
• 기타 증거물, 피해물품, 유류 등

152 화재현장의 사진을 촬영할 때 유의해야 하는 사항으로 틀린 것은?

① 화재현장 사진은 수정하기가 불가능하므로 촬영에 심혈을 기울인다.
② 화재현장 사진은 화재조사자의 의도를 이해하여 촬영한다.
③ 중요한 증거 물건은 표지, 번호표 등으로 명확하게 표시한다.
④ 주변인명, 발굴용 기구 등을 중점적으로 촬영하여야 한다.

해설
주변인명, 발굴용 기구 등을 배제하고 촬영한다.

153 액체촉진제를 화재현장에서 수집하려 한다. 유리병 마개로 적당하지 않은 것은?

① 금속 스크루 마개
② 코르크 마개
③ 유리 마개
④ PTFE재질의 마개

해설

증거물 시료용기

구 분	용기 내용
유리병	• 유리병은 유리 또는 폴리테트라플루오로에틸렌(PTFE)로 된 마개나 내유성의 내부판이 부착된 플라스틱이나 금속의 스크루 마개를 가지고 있어야 한다. • 코르크 마개는 휘발성 액체에 사용하여서는 안 된다. 만일 제품이 빛에 민감하다면 짙은 색깔의 시료병을 사용한다. • 세척 방법은 병의 상태나 이전의 내용물, 시료의 특성 및 시험하고자 하는 방법에 따라 달라진다.
시료 용기의 마개	• 코르크 마개, 고무(클로로프렌 고무는 제외), 마분지, 합성 코르크 마개 또는 플라스틱 물질(PTFE는 제외)은 시료와 직접 접촉되어서는 안 된다. • 만일 이런 물질들을 시료 용기의 밀폐에 사용할 때에는 알루미늄이나 주석 호일로 감싸야 한다. • 양철 용기는 돌려 막는 스크루 뚜껑만 아니라 밀어 막는 금속 마개를 갖추어야 한다. • 유리 마개는 병의 목 부분에 공기가 새지 않도록 단단히 막아야 한다.

154 화재증거물 수집관리 규칙에 따른 1회 사용 후에는 반드시 폐기해야 하는 증거물 시료 용기는?

① 양철캔
② 특수 증거물 봉투
③ 유리병
④ 주석도금용 캔

해설

증거물 시료용기

구 분	내 용
주석 도금 캔 (CAN)	• 캔은 사용 직전에 검사하여야 하고 새 거나 녹슨 경우 폐기한다. • 주석 도금 캔(CAN)은 1회 사용 후 반드시 폐기한다.

153 ② 154 ④

제4과목

화재조사 보고 및 피해평가

Chapter 01	화재조사서류 작성(화재조사 및 보고규정)
Chapter 02	화재피해액 산정
출제예상문제	

남에게 이기는 방법의 하나는 예의범절로 이기는 것이다

– 조쉬 빌링스 –

CHAPTER 01 화재조사서류 작성 (화재조사 및 보고규정)

제1절 총론

1 화재조사서류의 의의

- 「소방의 화재조사에 관한 법률」에서 규정하고 있는 '화재조사'의 결과를 사진이나 도면 등에 의하여 정확하게 기록하고 소방기관으로서의 최종의사결정을 기록한 문서이다.
- 화재조사서류는 화재현장을 영구적으로 보존하는 자료로서 화재 1건마다 작성된다.
- 조사통계로 시민에 대한 예방지도나 소방관계법령 등의 소방행정 제시의 기초자료로 하는 외에 소방활동 자료로써 소방업무전반에 활용된다.
- 공문서로서 정보공개 대상으로 되는 것은 물론 소방기관이 전문적이고 공평한 입장에서 작성하는 것으로 사법기관 등의 유효한 증거자료로서의 측면도 가지고 있다.

2 화재조사서류의 구성 및 양식

- 화재조사의 목적은 현장조사 집행 후 그 결론을 표시한 「화재조사서류」가 작성됨으로써 처음으로 달성되는 것이다. 화재조사서류는 소방기본법에 근거한 조사집행의 결과로서의 법적인 성격을 가지는 것이기 때문에 통일된 기본적인 양식으로 할 필요가 있는 것이다.
- 또한, 정리·분석을 용이하게 하여 자료로서의 유용성을 높이고 활용범위도 확대시키기 위해 표준적인 서류 구성과 그 양식에 기초할 필요가 있다.
- 이런 이유 때문에 기본적인 양식이 소방청 훈령인 「화재조사 및 보고규정」으로 규정되어 있으며 본문에서는 이 양식에 준하여 해설하고자 한다.

3 화재조사서류 작성상의 유의사항 17 ★★★★

- 간결하고 알기 쉬운 문장으로 작성한다.
- 오자·탈자 등이 없는 문서를 작성한다.
- 누구나 알 수 있는 문장을 사용하여 작성한다.
- 소방청에서 정하는 필요한 서류를 첨부하여 작성한다.
- 각 양식의 작성목적을 이해하고 작성한다.

제2절 화재발생종합보고서

1 화재발생종합보고서 운영체계도 17 19 22

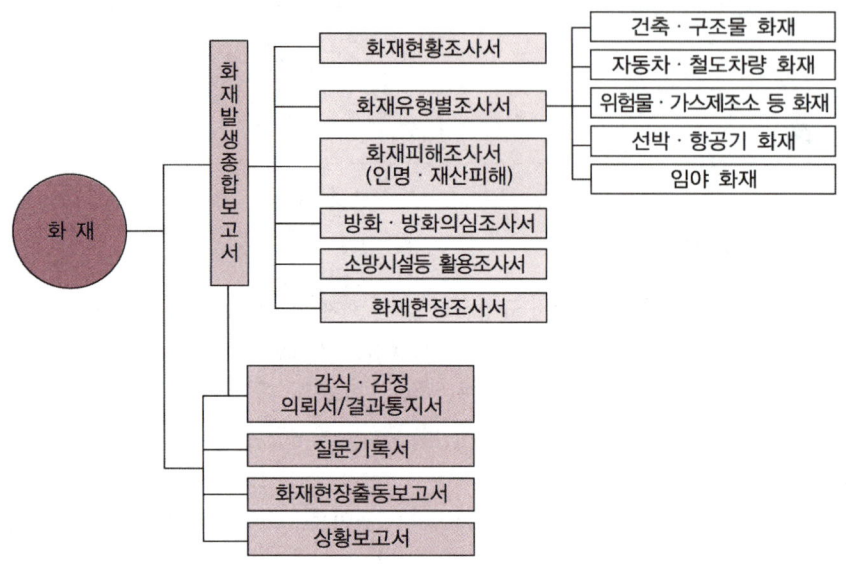

[화재발생종합보고서 운영 체계도]

(1) 화재가 발생한 경우 → 공통적으로 **화재현황조사서, 화재현장조사서**를 작성

(2) 화재유형에 따라 → **화재유형별조사서**를 작성(건축·구조물화재, 자동차·철도차량화재, 위험물·가스제조소 등 화재, 선박·항공기 화재, 임야화재)

(3) **재산**피해 또는 인명피해가 발생한 경우 → 발생 시 **화재피해조사서**(인명 또는 재산피해) 작성

(4) 방화 또는 방화의심에 해당하는 경우 → **방화·방화의심 조사서** 작성

(5) 소방·방화시설이 설치된 건축·구조물등에서 화재가 발생한 경우 → 소방시설등 활용조사서 **작성**

1. 화재현황조사서 17 19 21 22

화재번호 [년   월   연번]   □ 수 정

1 소방관서

[   ]   [   ]   [   ]

2 화재발생 및 출동

발생일시 [년 월 일 시 분]   요일 [   ]

① 접수   [년 월 일 시 분]   ② 출동   [년 월 일 시 분]

③ 도착   [   ]   ④ 초진   [   ]

⑤ 잔불정리 [   ]   ⑥ 완진   [   ]

⑦ 철수   [   ]   ⑧ 재발화감시 [   ]

3 화재발생장소 및 유형

① 주소 [   ] [   ] [   ] [   ]
         시·도   시·군·구 읍·면·동   기타주소
② 대상 [   ] [   ] [   ] [   ]
         대상(도로)명 건물층수   발화층   발화지점
③ 유형 □ 건축·구조물   □ 자동차·철도차량   □ 위험물·제조소등
         □ 선박·항공기   □ 임 야   □ 기 타
④ 거리 소방서 [   ] Km, 119안전센터 [   ] Km, 119지역대 [   ] Km

4 화재원인

① 발화열원

☐ 작동기기	☐ 담뱃불, 라이터불	☐ 마찰, 전도, 복사	☐ 불꽃, 불티	☐ 폭발물, 폭죽
☐ 화학적 발화열	☐ 자연적 발화열	☐ 기 타	☐ 미 상	

소분류:

② 발화요인(☐ 판단 ☐ 추정)

☐ 전기적 요인	☐ 기계적 요인	☐ 가스누출(폭발)	☐ 화학적 요인	☐ 교통사고
☐ 부주의	☐ 자연적 요인	☐ 방화(☐방화 ☐방화의심)	☐ 기 타	☐ 미 상

소분류:

③ 최초착화물

☐ 가 구	☐ 침구, 직물류	☐ 종이, 목재, 건초 등	☐ 합성수지	☐ 간판, 차양막 등
☐ 식 품	☐ 전기, 전자	☐ 위험물 등	☐ 가연성 가스	
☐ 자동차, 철도차량, 선박, 항공기		☐ 쓰레기류	☐ 기 타	☐ 미 상

소분류:

④ 발화개요

5 발화관련기기   ☐ 해당 없음

① 발화관련기기

☐ 계절용 기기	☐ 생활기기	☐ 주방기기	☐ 영상·음향기기	☐ 사무기기
☐ 조명, 간판	☐ 배선/배선기구	☐ 전기설비	☐ 산업장비	☐ 농업용 장비
☐ 의료장비	☐ 상업장비	☐ 차량·선박부품	☐ 기 타	☐ 미 상

소분류:

② 제품 및 동력원
- 제품 회사명 [   ] 제품명 [   ] 제품번호 [   ] 제조일 [   ]
  ☐ 확인불가능
- 동력원 ☐ 전기 ☐ 가스 ☐ 유류 ☐ 고체 ☐ 기타 소분류: 380/220V 이상 상용전원

6 연소확대

① 연소확대물   ☐ 해당 없음

☐ 가 구	☐ 침구, 직물류	☐ 종이, 목재, 건초 등	☐ 합성수지	☐ 간판, 차양막
☐ 식 품	☐ 전기, 전자	☐ 위험물 등	☐ 가연성 가스	
☐ 자동차, 철도차량, 선박, 항공기		☐ 쓰레기류	☐ 기 타	☐ 미 상

소분류:

② 연소확대 사유 ☐ 해당 없음
  ☐ 화재인지·신고 지연   ☐ 가연성물질의 급격한 연소   ☐ 현장진입 지연(불법주차)
  ☐ 현장도착 지연(교통혼잡)   ☐ 원거리 소방서   ☐ 방화구획 기능 불충분
  ☐ 덕트·샤프트의 연통 역할   ☐ 인접건물과의 이격거리 협소   ☐ 목조건물의 밀집 등
  ☐ 기상(건조, 강풍 등)   ☐ 기 타   ☐ 미 상

7 피해 및 인명구조

(인명피해) 총계 [   ] 명
① 인명피해 사망 [   ] 명, 부상 [   ] 명   ② 이재민 [   ] 세대, [   ] 명
(재산피해) 총계 [   ] 천원
① 부동산 [   ] 천원   ② 동산 [   ] 천원
③ 소실면적 [   ] m²
④ 소실동(대)수 ・건축·구조물 [   ] 동   ・차량 등 [   ] 대
⑤ 소실정도   ・건축물 [ ][ ][ ] 동   ・차량 등 [ ] 대, [ ] 대, [ ] 대
                     전소, 반소, 부분소   전소, 반소, 부분소
(인명구조) ① 구조 [   ] 명,   ② 유도대피 [   ] 명

8 관계자

① 소유자   성명 [   ] 연령 [   ] 세, ☐ 남 ☐ 여 전화 [   ]
② 점유(운전)자   성명 [   ] 연령 [   ] 세, ☐ 남 ☐ 여 전화 [   ]
③ 소방안전관리자 성명 [   ] 연령 [   ] 세, ☐ 남 ☐ 여 전화 [   ]
(위험물 안전관리자)

9 동원인력

☐ 긴급구조통제단 가동된 화재   ☐ 대응1단계   ☐ 대응2단계   ☐ 대응3단계
① 인 원 [   ] 명 [   ][   ][   ][   ][   ][   ][   ][   ]
              총계 소방 의소대 경찰 일반직 군인 유관기관 기타
・전문위원 ☐ 화재합동조사단 운영 [   ][   ][   ][   ][   ][   ][   ][   ]
              총계 소방 전기(전자) 기계 건축 가스 화학 자동차 기타
② 장 비 [   ] 대 [   ][   ][   ][   ][   ][   ][   ][   ]
              총계 펌프, 물탱크 고가(굴절) 화학 구조 구급 헬기 선박 기타

③ 사용 소방용수　소화전 ☐　　　　급수탑 ☐

　　　　　　　저수조 ☐　　　　기 타 ☐

④ 재발화감시 　　　　 명　☐ 해당 없음

10 보험가입　☐ 해당 없음　　　☐ 화재보험의무가입대상(특수건물)

① 가입회사 　　　　

② 보험금액 　　　　 천원

　• 부동산 　　　　 천원　　• 동 산 　　　　 천원

③ 계약기간 　　　 ~ 　　　
　　　　　　　년 월　　　년 월

11 기상상황

① 날 씨 　　　　　　　② 온 도 　　　 ℃

③ 습 도 　　　 %　　　④ 풍 향 　　　

⑤ 풍 속 　　　 m/s　　⑥ 기상특보 　　　

12 첨부서류

① 화재유형별조사서
　☐ 1.1 건축·구조물 화재　☐ 1.2 자동차·철도차량 화재　☐ 1.3 위험물·가스제조소 등
　☐ 1.4 선박·항공기 화재　☐ 1.5 임야 화재　☐ 1.6 기타 화재(첨부 없음)

② 화재피해조사서
　☐ 2.1 인명피해　　☐ 2.2 재산피해

③ ☐ 방화·방화의심조사서　④ ☐ 소방방화시설활용조사서　⑤ ☐ 화재현장조사서

13 작성자

소 속	계 급	성 명	비 고

2. 화재유형별조사서[건축·구조물 화재] [18] [19]

1 건축·구조물 현황

① 건물구조
　　[　　　　]　　[　　　　]　　[　　　　]/[　　　　]동
② 층 수　　지상 [　　　　]층　　지하 [　　　　]층
③ 면 적　　연면적 [　　　　]㎡　　바닥면적 [　　　　]㎡

2 건물상태

□ 사용중　　　　□ 철거중　　　　□ 공 가
□ 공사중 ——— □ 신 축　□ 증 축　□ 개 축　□ 기 타

3 장 소

① 시설용도　□ 소방안전관리대상　□ 다중이용업　□ 중요화재
　　　　　　□ 화재예방강화지구　□ 화재안전 중점관리대상　■ 특정소방대상물

□ 주거시설　→　○ 단독주택　○ 공동주택　○ 기타주택
□ 교육시설　→　○ 학교　○ 연구, 학원
□ 판매,업무시설　→　○ 판매　○ 공공기관　○ 일반업무　○ 숙박시설
　　　　　　　　　　○ 청소년시설판매　○ 군사시설　○ 교정시설
□ 집합시설　→　○ 관람장　○ 공연장　○ 종교　○ 전시장
　　　　　　　　○ 운동시설
□ 의료,복지시설　→　○ 건강　○ 의료　○ 노유자
□ 산업시설　→　○ 공장시설　○ 창고　○ 작업장　○ 발전시설
　　　　　　　　○ 지중시설　○ 동식물시설　○ 위생시설
□ 운수자동차시설　→　○ 자동차시설　○ 항공시설　○ 항만시설
　　　　　　　　　　○ 역사,터미널
□ 문화유산시설　→　○ 문화유산
□ 생활서비스　→　○ 위락　○ 오락　○ 음식점　○ 일반서비스
□ 기타 건축물　→　○ 기타 건축물

　　　　소분류　[　카센터　]　[　　　　]

□ 부속용도　□ 해당 없음
□ 후생복리　□ 교육복지　□ 업 무　□ 일반생활　□ 기타
　　　　　　소분류　해당 없음

□ 공동주택
□ 근린생활시설
□ 문화 및 집회시설
□ 종교시설　□ 판매시설
□ 운수시설　□ 의료시설
□ 교육연구시설
□ 노유자시설　□ 수련시설
□ 운동시설　□ 업무시설
□ 숙박시설　□ 위락시설
□ 공장　□ 창고시설
□ 위험물 저장 및 처리 시설
□ 항공기 및 자동차 관련 시설
□ 동물 및 식물 관련 시설
□ 자원순환 관련 시설
□ 교정 및 군사시설
□ 방송통신시설　□ 발전시설
□ 묘지 관련 시설
□ 관광휴게시설　□ 장례시설
□ 지하가　□ 지하구
□ 문화유산　□ 복합건축물

② 발화지점　　□ 미 상
　　　□ 구 조　　□ 기 능　　□ 설비, 저장　　□ 생활공간　　□ 공정시설　　□ 출 구　　□ 기 타

　　　소분류 ☐　　　　　☐

③ 발화층수　　□ 지 상 ☐ 층/　　□ 지 하 ☐ 층　　④ 소실면적 ☐ m²

⑤ 연소확대 범위
　　　□ 발화지점만 연소　　　□ 발화층만 연소　　　□ 다수층 연소
　　　□ 발화건물 전체 연소　　□ 인근건물 등으로 연소확대

화재유형별조사서[자동차·철도차량] 18 19

1 구 분

① 자동차
- ☐ 승용자동차
  - ○ 5인승 이하   ○ 6인승   ○ 7인승~10인승 이하
- ☐ 승합자동차   ☐ 화물자동차
  - ○ 버스   ○ 소형 승합차
  - ○ 캠핑용 자동차 또는 캠핑용 트레일러
  - ○ 친환경자동차   ○ 기타
    - ○ EV(Electric Vehicle)   ○ HEV(Hybrid Vehicle)
    - ○ PHEV(Plug-in HEV)   ○ FCEV(Full Cell EV)
- ☐ 특수자동차   ☐ 오토바이
- • 장 소   ☐ 고속도로   ☐ 일반도로   ☐ 주차장
  ☐ 공지   ☐ 터널   ☐ 기타

② 농업기계
- ☐ 트랙터   ☐ 경운기   ☐ 기 타

③ 건설기계
- ☐ 굴삭기   ☐ 덤프트럭   ☐ 기 타

④ 군용차량
- ☐ 군용차량   ☐ 기 타

⑤ 철도차량
- ☐ 전동차   ☐ 기관차   ☐ 기 타
- • 철도구분   ☐ 국철   ☐ 지하철   ☐ KTX
  ☐ 기타

2 형 식

① 제조회사 [   ]   ② 연 식 [   ]
③ 차량번호 [   ]   ④ 차량명 [   ]

3 발화지점   ☐ 미 상

① 자동차·농업·건설·군용차량
- ☐ 앞좌석   ☐ 뒷좌석
- ☐ 엔진룸   ☐ 트렁크
- ☐ 바 퀴   ☐ 적재함
- ☐ 연료탱크   ☐ 기 타

② 철도차량
- ☐ 객석(좌석)   ☐ 기관실
- ☐ 바 퀴   ☐ 연료탱크
- ☐ 화물실   ☐ 화장실
- ☐ 객차연결통로   ☐ 기 타

4 참고사항

화재유형별조사서[위험물·가스제조소]

1 대 상
☐ 건축물　　　☐ 시설물(탱크)　　　☐ 차 량

① 구조
　　　　　　식　　　　　　조　　　　　　즙/　　　　　　동

② 층 수　　지상 　　　층,　　　　　　지하 　　　층

③ 면 적　　연면적 　　　m²,　　　　바닥면적 　　　m²

2 제조소 등의 구분

① 위험물제조소 등
- ☐ 제조소　　☐ 옥내저장소　　☐ 옥외탱크저장소　　☐ 옥내탱크저장소
- ☐ 지하탱크저장소　☐ 간이탱크저장소　☐ 이동탱크저장소　☐ 옥외저장소
- ☐ 암반탱크저장소　☐ 주유취급소　　☐ 판매취급소　　☐ 이송취급소
- ☐ 일반취급소　　☐ 기 타

② 가스제조소 등
- ☐ 고압가스제조시설　　☐ 고압가스저장시설　　☐ 액화산소를 소비하는 시설
- ☐ 액화석유가스제조시설　☐ 액화석유가스저장시설　☐ 가스공급시설　☐ 기 타

③ 완공 연월일 　　　　　　　④ 차량번호 　　　　　

⑤ 허가품명 　　　　류　　　　⑥ 허가량 　　　　　

3 발화지점　　　　　　　　　　　　　　　　　　　　☐ 미 상

① 위험물 취급시설
- ☐ 주입구　☐ 펌 프　☐ 탱크 본체　☐ 작업실　☐ 보관실
- ☐ 반응기　☐ 고정주유설비　☐ 토출구　☐ 차 량　☐ 기 타

② 부속시설
- ☐ 사무실　☐ 점 포　☐ 식당·휴게소　☐ 전시장　☐ 정비소
- ☐ 세차기　☐ 대기실/주거시설　☐ 외 부　☐ 기 타

4 화재경위
- ☐ 제조소 등 내부에서 (☐ 발화, ☐ 폭발)하여 당해 제조소 등 내부에서 그친 경우
- ☐ 제조소 등 내부에서 (☐ 발화, ☐ 폭발)하여 당해 제조소 등 외부로 확대된 경우
- ☐ 제조소 등 외부에서 (☐ 발화, ☐ 폭발)하여 당해 제조소 등으로 전이된 경우
- ☐ 제조소 등의 위험물이 누출되어 제조소 등 외부에서 (☐ 발화, ☐ 폭발)한 경우

5 참고사항

화재유형별조사서[선박·항공기]

1 구 분

① 선 박
- ☐ 유람선
- ☐ 여객선
- ☐ 화물선
- ☐ 유조선
- ☐ 바지선
- ☐ 어 선
- ☐ 수상레저기구(보트 등)
- ☐ 함정(군함 등)
- ☐ 특수작업선(해양관측선 등)
- ☐ 기 타

② 항공기
- ☐ 비행기
- ☐ 회전익항공기(헬리콥터)
- ☐ 비행선
- ☐ 활공기(글라이더)
- ☐ 경비행기
- ☐ 기 타

2 형 식

① 제조회사 _____
② 톤 수 _____
③ 연 식 _____
④ 기종/명칭 _____
⑤ 수용인원 _____

3 발화지점   ☐ 미 상

① 기기 작동실
- ☐ 기관실
- ☐ 전기실
- ☐ 갑 판
- ☐ 조타실(조정실)
- ☐ 취사실
- ☐ 엔 진
- ☐ 기계실
- ☐ 기 타

② 부속시설
- ☐ 계 단
- ☐ 식 당
- ☐ 사무실
- ☐ 화장실
- ☐ 화물실
- ☐ 무대부
- ☐ 객 실
- ☐ 기 타

4 참고사항

화재유형별조사서[임야 화재] 17 19

1 구 분

① 산 불 　□ 제조소 　　□ 공유림 　　□ 사유림
　　　　　（□ 국립공원 　□ 도립공원 　□ 시·군립공원 　□ 자연휴양림 　□ 해당없음）
② 들 불 　□ 숲 　□ 들 판 　□ 논·밭두렁 　□ 과수원 　□ 목초지 　□ 묘 지 　□ 군·경사격장 　□ 기 타

2 방·실화자　　　　　　　　　　　　　　　　　　　　　　　□ 미 상

① 성 명 　[　　　　　] 　　　② 성 별 　□ 남 　□ 여
③ 연 령 　[　　　　] 세

3 발화지점　　　　　　　　　　　　　　　　　　　　　　　□ 미 상

□ 산정상 　　□ 산중턱 　　□ 산아래 　　□ 평 지

4 화재경위

① 구 분
　□ 입산자 실화 ── □ 담뱃불 　　□ 모닥불 　　□ 취사행위 　　□ 기 타
　□ 논·밭두렁으로 확대 　　□ 쓰레기소각장에서 확대 　　□ 성묘객으로부터 화재
　□ 건물로부터 확대 　　□ 자동차로부터 확대 　　□ 축사, 비닐하우스로부터 확대
　□ 군·경사격장으로부터 확대 　　□ 기 타 　　□ 미 상
② 발생개요

5 피해사항

① 산림피해면적 [　　　　]㎡ 　② 건 물 [　　　　]동 　③ 기 타 [　　　　]

6 발견(신고) 사항　　　　　　　　　　　　　　　　　　　□ 미 상

① 일 시 　[　　　년　　　월　　　일　　　시　　　분]
② 인적사항 　성 명 [　　　] 　연 령 [　　]세 　성 별 □ 남, □ 여

7 참고사항

3. 화재피해조사서[인명]

1 사상자

☐ 소방공무원 ☐ 외국인(국가)

① 인적사항
  성 명 [   ]   연 령 [   ]세   성 별 ☐ 남, ☐ 여

② 주 소
  [   ] [   ] [   ] [   ]
  시·도   시·군·구   읍·면·동   번지 대상명(APT○동○○호)

2 사상 정도   ☐ 사 망   ☐ 중 상   ☐ 경 상

3 사상 시 위치·행동

① 발화층
  (건축구조물, 위험물·가스제조소 등 화재 시   ☐ 지 상   ☐ 지 하 [ ]층)
② 사상위치
  (건축구조물, 위험물·가스제조소 등 화재 시   ☐ 지 상   ☐ 지 하 [ ]층)
③ 사상 시 행동   ☐ 피난 중   ☐ 구조요청 중   ☐ 화재진압 중   ☐ 화재현장 재진입
              ☐ 행동불가능 ☐ 비이성적 행동 ☐ 기 타   ☐ 미 상

4 사상원인

☐ 연기·유독가스 흡입   ☐ 연기·유독가스 흡입 및 화상   ☐ 화 상   ☐ 넘어지거나 미끄러짐
☐ 건물붕괴   ☐ 피난 중 뛰어내림   ☐ 갇 힘   ☐ 열 상   ☐ 복합원인   ☐ 기 타   ☐ 미 상

5 사상 전 상태

① 인 적
  ☐ 수면 중   ☐ 음주상태
  ☐ 약물복용상태   ☐ 정신장애
  ☐ 지체장애   ☐ 관리자부재
  ☐ 해당 없음

② 물 적
  ☐ 출구잠김   ☐ 출구 장애물
  ☐ 출구위치 미인지 ☐ 연기(화염)로 피난불가
  ☐ 출구 혼잡   ☐ 방범창(문)
  ☐ 차량충돌, 전복   ☐ 기 타   ☐ 미 상

6 사상부위 및 외상

① 부 위
  ☐ 머 리   ☐ 목과 어깨
  ☐ 가 슴   ☐ 복 부
  ☐ 척 추   ☐ 팔
  ☐ 다 리   ☐ 다수 부위
  ☐ 내과계   ☐ 얼 굴
  ☐ 기 타   ☐ 미 상

② 외 상
  ☐ 찰과상   ☐ 열 상
  ☐ 타박상   ☐ 염 좌
  ☐ 탈 구   ☐ 골 절
  ☐ 기 타   ☐ 미 상

③ 화상 정도
  ☐ 1도화상
  ☐ 2도화상
  ☐ 3도화상
  ☐ 기도화상

7 **사상자(취약) 정보**　① 연령별　　☐ 유아　　☐ 어린이　　☐ 노인(○ 독거노인)

② 장애여부
- ☐ 신장
- ☐ 자폐성
- ☐ 치매
- ☐ 지체
- ☐ 시각
- ☐ 기타
- ☐ 지적
- ☐ 정신
- ☐ 뇌병변
- ☐ 청각
- ☐ 호흡기

③ 사상자 조치사항
- ☐ 기도개방
- ☐ 호흡조절
- ☐ 화상치료
- ☐ 충격방지
- ☐ 제세동기(AED) 사용
- ☐ 약물치료
- ☐ 척추고정
- ☐ 기타
- ☐ 기도삽관
- ☐ 출혈조절
- ☐ 심폐소생술
- ☐ 산소공급
- ☐ 흡입조치

④ 사상자 발견위치
- ☐ 침대
- ☐ 방문앞
- ☐ 복도
- ☐ 옥외
- ☐ 추락
- ☐ 방안
- ☐ 현관앞
- ☐ 옥상
- ☐ 비상계단
- ☐ 기타

화재피해조사서[재산]

1 건물 피해산정

(신축단가 × 소실면적 × [1 − (0.8 × 경과연수/내용연수)] × 손해율   ☐ 수 정

구 분	용 도	구 조	소실면적 (m²)	신축단가 (m²당, 원)	경과 연수	내용 연수	잔가율(%)	손해율(%)	피해액 (천원)
건 물	용도1								
	용도2								
	※ 산출과정을 서술									

2 부대설비 피해산정

(단위당 표준단가 × 피해단위 × [1 − (0.8 × 경과연수/내용연수)] × 손해율
또는 신축단가 × 소실면적 × 설비종류별 재설비 비율 × [1 − (0.8 × 경과연수/내용연수)] × 손해율

구 분	설비 종류	소실면적 또는 소실단위	단 가 (단위당, 원)	재설비비	경과 연수	내용 연수	잔가율(%)	손해율(%)	피해액 (천원)
부대 설비	설비1								
	설비2								
	※ 산출과정을 서술									

3 영업시설 피해산정

(m²당 표준단가 × 소실면적 × [1 − (0.9 × 경과연수/내용연수)] × 손해율

구 분	업 종	소실면적 (m²)	단 가 (m²당, 원)	재시설비	경과 연수	내용 연수	잔가율(%)	손해율(%)	피해액 (천원)
영업 시설									
	※ 산출과정을 서술								

4 가재도구 피해액산정

(재구입비 × [1−(0.8 × 경과연수/내용연수)] × 손해율

구 분	품 명	규격·형식	재구입비	수 량	경과연수	내용연수	잔가율(%)	손해율(%)	피해액(천 원)
가재 도구	품명1								
	품명2								
	※ 산출과정을 서술									

5 집기비품 피해산정

(m²당 표준단가 × 소실면적 × [1−(0.9 × 경과연수/내용연수)] × 손해율,
또는 (재구입비 × [1−(0.9 × 경과연수/내용연수)] × 손해율

구 분	품 명	규격형식	재구입비 (천원)	수 량	경과연수	내용연수	잔가율 (%)	손해율 (%)	피해액 (천원)
집기비품	품명1								
	품명2								
※ 산출과정을 서술									

6 가재도구 간이평가 피해액산정

[(주택종류별·상태별 기준액 × 가중치) + (주택면적별 기준액 × 가중치)
+ (거주인원별 기준액 × 가중치) + (주택가격(m²당)별 기준액 × 가중치)] × 손해율

| 구 분 | 주택종류 || 주택면적 || 거주인원 || 주택가격(m²당) || 손해율 (%) | 피해액 (천원) |
	기준액 (천원)	가중치	기준액 (천원)	가중치	기준액 (천원)	가중치	기준액 (천원)	가중치		
가재도구		10%		30%		20%		40%		
※ 산출과정을 서술										

7 기타 피해산정

(기타 물품별 피해산정방식을 적용)

구 분	품 명	규격형식	재구입비 (천원)	수 량	경과연수	내용연수	잔가율 (%)	손해율 (%)	피해액 (천원)
집기비품	품명1								
	품명2								
※ 산출과정을 서술									

8 잔존물 제거비

| 잔존물 제거 | 산정대상 피해액 | 원 | 잔존물 제거비용 | 원 |
		(항목별 대상피해액 합산과정 서술)	(산정대상피해액 × 10%)	

9 총피해액(피해산정 + 잔존물 제거비)

| 구 분 | 부동산 | 원 | 총피해액 | 원 |
	동 산	원		

별첨 : 산정근거로 활용한 회계장부 등 관계서류

4. 방화·방화의심 조사서 ⑲ ☐ 수정

1 구 분   ☐ 방 화   ☐ 방화의심(추정)

2 방화동기
- ☐ 단순우발적   ☐ 불만해소   ☐ 가정불화   ☐ 정신이상   ☐ 싸 움
- ☐ 비관자살   ☐ 보험사기   ☐ 보복(손해목적)   ☐ 범죄은폐   ☐ 사회적 반감
- ☐ 채권채무   ☐ 시 위   ☐ 기 타   ☐ 미 상

3 방화도구
- ① 연 료   ☐ 인화성 액체   ☐ 가연성 가스   ☐ 점화가능고체   ☐ 일반가연물
  ☐ 폭 약   ☐ 기 타   ☐ 미 상
- ② 용 기   ☐ 유리병   ☐ 플라스틱병   ☐ 컵   ☐ 압력용기   ☐ 캔
  ☐ 유류통   ☐ 박 스   ☐ 기 타   ☐ 미 상
- ③ 점화장치   ☐ 심 지   ☐ 촛 불   ☐ 담 배   ☐ 전기부품
  ☐ 기계장치   ☐ 리모콘   ☐ 화학약품   ☐ 성냥·라이터
  ☐ 시한·지연장치   ☐ 기 타   ☐ 미 상

4 방화의심 사유
- ☐ 외부침입흔적존재   ☐ 유류사용흔적   ☐ 범죄은폐
- ☐ 거액의 보험가입   ☐ 2지점 이상의 발화점   ☐ 연소현상특이(급격연소)
- ☐ 기 타

5 도착 시 초기상황
- ① 화재상황   ☐ 화재초기   ☐ 성장기   ☐ 최성기   ☐ 말 기
- ② 초기정보   ☐ 창문이 열려있음   ☐ 창문이 잠겨있음   ☐ 현관문이 열려있음
  ☐ 현관문이 잠겨있음   ☐ 소방서강제진입   ☐ 소방서 도착 전 강제진입흔적
  ☐ 보안시스템작동   ☐ 보안시스템미작동

6 방화연료 및 용기   ☐ 현장주변에서 획득   ☐ 현장에서 획득   ☐ 미확인

7 방화자   ☐ 미 상
- ① 인적사항
  성 명 [   ]   연 령 [   ]세   성 별 ☐ 남, ☐ 여
- ② 주 소
  [   ] [   ] [   ] [   ] [   ]
  시·도   시·군·구   읍·면·동   번지   대상명(APT○동○○○호)

8 참고사항

5. 소방시설등 활용조사서 17 18 21

1 소화시설
☐ 미상

① ☐ 소화기구
- ☐ 사 용 ☐ 미사용 → ☐ 소화약제미충전 ☐ 소화약제부족 ☐ 고 장
- ☐ 미 상   ☐ 사용법 미숙지   ☐ 노 후   ☐ 기 타
- 종 류 _____

② ☐ 옥내소화전
- ☐ 사 용 ☐ 미사용 → ☐ 전원차단   ☐ 방수압력미달 ☐ 기구미비치
- ☐ 미 상   ☐ 설비불량   ☐ 사용법 미숙지 ☐ 기 타

③ ☐ 스프링클러설비, 간이스프링클러, 물분무등소화설비
- 작동 및 효과성 → ☐ 효과적 작동   ☐ 소규모화재로 미작동
                     ☐ 미작동 또는 효과 없음 ☐ 미 상
- 종 류 _____

④ ☐ 옥외소화전
- ☐ 사 용 ☐ 미사용/효과미비 → ☐ 전원차단   ☐ 방수압력미달 ☐ 기구미비치
- ☐ 미 상   ☐ 설비불량   ☐ 사용법 미숙지 ☐ 기 타

2 경보설비

① ☐ 비상경보설비
- ☐ 경 보   ☐ 미경보 → ☐ 수신기전원차단   ☐ 음향장치고장
- ☐ 미 상   ☐ 발신기누름버튼고장 ☐ 사용법미숙지
                              ☐ 기 타

② ☐ 비상방송설비
- ☐ 방 송   ☐ 미방송 → ☐ 전원차단   ☐ 음향장치고장
- ☐ 미 상   ☐ 기 타

③ ☐ 누전경보기
- ☐ 작 동   ☐ 미작동   ☐ 미 상

④ ☐ 자동차화재탐지설비
- ☐ 작 동 → ☐ 거주자대응   ☐ 거주자대응실패
              ☐ 거주지없음   ☐ 미 상

- ☐ 미작동 → ☐ 수신기고장 ☐ 전원차단
- ☐ 소규모화재로 미작동 ☐ 설비불량   ☐ 회로불량
                           ☐ 감지기불량 ☐ 기 타   ☐ 미 상
- 감지기 종류 _____

⑤ ☐ 단독경보형감지기
- ☐ 작 동   ☐ 미작동 → ☐ 건전지 방전 ☐ 건전지 없음
                          ☐ 전원차단   ☐ 기 타

⑥ ☐ 가스누설경보기
- ☐ 경 보   ☐ 미경보 → ☐ 전원차단 ☐ 기기불량 ☐ 기 타
- ☐ 미 상

3 피난설비

① ☐ 피난기구
- ☐ 사 용   ☐ 미 상   ☐ 미사용 → ☐ 거치대미비   ☐ 사용법 미숙지
- ☐ 사용 필요 없음   ☐ 탈출공간 미확보   ☐ 기 타

- 종 류   ☐ 피난사다리   ☐ 완강기(간이완강기 포함)   ☐ 구조대, 공기안전매트   ☐ 피난밧줄

② ☐ 유도등
- ☐ 작 동   ☐ 미작동 → ☐ 전원차단   ☐ 전구불량
- ☐ 미 상   ☐ 충전지 불량   ☐ 기 타

- 종 류 _____

③ ☐ 비상조명등
- ☐ 작 동   ☐ 미작동 → ☐ 전원차단   ☐ 전구불량
- ☐ 미 상   ☐ 기 타

4 소화용수설비

① 사용 여부   ☐ 사 용   ☐ 미사용   ☐ 미 상
② 종 류   ☐ 소화전   ☐ 소화수조/저수조   ☐ 급수탑

5 소화활동설비

① ☐ 제연설비
- 작동 및 효과성
  - ☐ 작 동   ☐ 작동하였으나 효과 없음 _____
  - ☐ 소규모 화재로 미작동   ☐ 미작동 _____   ☐ 미상

② ☐ 연결송수관설비
- ☐ 사 용   ☐ 미사용 → ☐ 송수구 불량   ☐ 배관불량
- ☐ 사용 필요 없음   ☐ 미 상   ☐ 시설노후   ☐ 기 타

③ ☐ 연결살수설비
- ☐ 사 용   ☐ 미사용 → ☐ 송수구 불량   ☐ 헤드불량   ☐ 배관불량
- ☐ 사용 필요 없음   ☐ 미 상   ☐ 시설노후   ☐ 기 타

④ ☐ 비상콘센트설비
- ☐ 사 용   ☐ 미사용 → ☐ 송수구 불량   ☐ 배관불량
- ☐ 사용 필요 없음   ☐ 미 상   ☐ 시설노후   ☐ 기 타

⑤ ☐ 무선통신보조설비
⑥ ☐ 연소방지설비

6 초기소화활동   ☐ 해당 없음

☐ 소화기사용   ☐ 옥내/옥외소화전사용   ☐ 피난방송 및 대피유도   ☐ 양동이/모래사용   ☐ 미 상

7 방화설비

① ☐ 방화셔터　　☐ 작동(닫힘)　　☐ 미작동(열림) ☐ 미 상
② ☐ 방화문　　　☐ 정 상　　　　☐ 비정상 ☐ 미 상
③ ☐ 방화구획

8 참고사항

6. 화재현장조사서

1. 화재발생 개요
- 일 시 : 2000. 00. 00. 00:00분경(완진 00:00)
- 장 소 :
- 대상물구조 :
- 인명피해 :   명(사망   , 부상   ), ※ 인명구조   명
- 재산피해 :   천원(부동산   , 동산   )

2. 화재조사 개요
- 조사일시 :   ~   (회)
- 조 사 자 :   명
- 화재원인
  〈개   요〉

3. 동원인력
- 인 원 :   명(소방 , 경찰 , 전기 , 가스 , 보험 , 기타)
- 장 비 :   대(펌프 ,탱크 ,화학 ,고가 ,구조 ,구급 ,기타)

4. 화재건물 현황
- 건축물 현황
- 소방시설 및 위험물 현황
- 보험가입 현황
- 화재발생전 상황

5. 화재현장 활동상황
- 신고 및 초기조치(필요시 시간대별 조치사항 및 녹취록 작성)
- 화재진압 활동(필요시 화재진압작전도 작성)
- 인명구조 활동(필요시 인명구조 활동내역 작성)

6. 현장관찰
- 건물 위치도
- 건물 외부상황(사진)
- 건물 배치도
- 건물 내부상황(사진)

7. 발화지점 판정
- 관계자 진술
- 발화지점 및 연소확대 경로

8. 화재원인 검토
- 방화 가능성(연소상황, 원인추적 등에 관한 사진, 설명)
- 전기적 요인
- 가스누출
- 연소확대 사유
- 기계적 요인
- 인적 부주의 등

9. 화재감식 · 감정결과
- 조사결과

10. 결 론
- 현장조사결과 : 발화요인, 발화열원, 최초착화물, 발화관련기기, 연소확대물, 연소확대사유 등 작성

11. 문제점 및 대책
-

12. 기 타
-

화재현장조사서
[임야화재, 기타화재, 피해액이 없는 화재]

1. 화재발생 개요
- 일 시 : 20 . 00. 00. 00:00분경(완진 00:00)
- 장 소 :
- 대상물구조 :
- 인명피해 :   명(사망 , 부상), ※ 인명구조 명
- 재산피해 :   천원(부동산   , 동산   )

2. 화재조사 개요
- 조사일시 :   ~   (회)
- 조사자 :   외 0명
- 화재원인
  〈개 요〉

3. 동원인력
- 인 원 :   명(소방, 경찰, 전기, 가스, 보험, 기타)
- 장 비 :   대(펌프, 탱크, 화학, 고가, 구조, 구급, 기타)

4. 발화지점 판정

5. 결 론
- 현장조사결과 : 발화요인, 발화열원, 최초착화물, 발화관련기기, 연소확대물, 연소확대사유 등 작성
- 문제점 및 대책

6. 예상되는 사항 및 조치
예상되는 사항 및 관련 조치사항 등 작성

7. 기 타
- 건물 위치도
- 화재현장사진

제3절 화재현장조사서

1 보고서 작성요령

(1) 작성 목적
① 소손물건을 관찰하여 규명한 사실과 관계자의 진술을 자료로 하여 소방기관이 최종결론에 도달한 논리구성이나 고찰, 판단을 기록하는 것으로 화재조사서류의 핵심이 된다.
② 화재는 방화범죄와 같은 형사사건이나 손해배상 등 다양한 법률관계로 연결되는 사건이 많다.
③ 현장조사란 진화 후 이러한 법률사안을 내포한 화재현장에 출입하여 발화원인이나 기타 소방행정상의 문제점을 조사하는 것을 말한다.

(2) 작성자 [22]
① 화재현장조사서는 조사현장에서 자기가 직접 관찰·확인한 사실을 기재하는 것이다.
② 작성자는 현장조사를 직접 행한 자로 한정하고 다른 사람이 대신하여 작성하는 것은 인정되지 않는다.
③ 대규모 건물화재 등에서 현장조사를 분담하여 실시한 경우에는 분담자 각자가 분담한 장소의 현장조사서를 작성한다.
④ 현장조사는 법률행위적 행정조사로서 권한을 가진 상대방의 승낙을 득하고 입회하는 임의조사이다.

(3) 작성상의 유의사항 [17]
현장조사는 「소방의 화재조사에 관한 법률」의 강제조사권에 근거하여 행하는 법률행위적 행정조사로서 권한을 가진 상대방의 승낙을 득하고 입회하는 임의조사의 성격을 가지고 있다.
① 현장조사 시 입회인 및 조사개시와 종료시간은 반드시 기입한다. 또한 현장조사가 수일에 걸친 경우에는 날짜(日)를 단위로 「제○회」라고 기재한다.
② 현장조사서는 앞에서 해설한 바와 같이 화재현장의 발굴·복원 종료 시까지의 상태를 화재원인판정 등의 자료로서 혹은 방화범죄 등의 증거보존자료로서 기록하여 두는 것이다.
③ 관찰·확인사실의 객관적인 기재
  ㉠ 주관적 판단이나 조사자가 의도하는 결론으로 유도하는 듯한 인상의 기재방법은 금한다.
  ㉡ 조사자의 의사나 판단이 개입되지 않도록 현장상황이나 소손물건 등을 객관적으로 가능한 있는 그대로 표현해야 한다.
④ 현장조사서에는 화재원인에 대한 확정적인 단어를 사용하지 않는 것이 원칙이다.
⑤ 문장을 강조하기 위하여 불필요한 형용사를 사용하여 조사서의 객관성을 잃어버리는 경우가 있으므로 주의해야 한다.
⑥ 관계자의 입회와 진술
  ㉠ 조사를 실시하는 경우에는 공평성·중립성을 담보하기 위하여 부득이한 경우를 제외하고 반드시 입회인을 둔다. 입회인에게 건물 등 발화 전의 상황을 설명시켜 실태를 파악하면서 확인·관찰하거나 발굴을 실시할 필요가 있다.

ⓛ 입회인의 진술을 마치 조사관이 확인·관찰한 사실인 것처럼 기재하는 것은 부적절하다. 따라서 「입회인의 설명내용」과 「조사관의 관찰·확인 사실」은 명확하게 구분하여 기재하여야 한다.

⑦ 발굴·복원단계에서의 조사사항 기재
  ㉠ 조사의 핵심이 되는 '발굴·복원단계'에서의 관찰·확인은 발화원·경과·착화물과 결부된 사실을 구체적이며 상세하게 기재한다.
  ㉡ 발화원인으로 된 화원에 대하여 긍정해야 할 사실뿐만 아니라 화원으로서 부정해야 할 사실을 빠짐없이 조사하여 기재한다.
  ㉢ 화재현장조사서에서 기재되지 않은 사실은 화재조사 시 확인·관찰한 것이라도 화재원인 판정에 인용할 수 없기 때문이다.

⑧ 간단명료하고 계통적인 기재
  ㉠ '발화건물의 판정' 등과 관련하여 소손의 강약과 방향, 소손물건의 위치, 재질, 형상, 크기 등을 평이한 표현으로 계통적 순서에 입각하여 간결하게 기재하여야 한다.
  ㉡ 추상적이고 애매한 표현, 사실을 의도적으로 왜곡하는 듯한 과대한 표현 등은 피한다.

⑨ 원인판정에 이르는 논리구성과 각 조사서에 기재한 사실 등의 취급
  ㉠ 판정에 이르는 논리구성
    판정에 이르는 논리구성은 원칙적으로 소손상황을 객관적으로 기재한 화재현장조사서의 '사실'을 주체로 하며, 화재현장출동보고서 및 질문조사서의 진술사항 등을 그 사실의 보완자료로 활용하여 필요한 검토 후 결론을 도출한다. 각 판정의 기술은 항상 이 흐름을 골격으로 하여 논리 전개하여야 한다.
  ㉡ 각 조사서에 기재된 사실 등의 취급
    ⓐ 화재현장 출동보고서
      • 화재현장조사서의 기재사실은 주로 발화건물 판정 및 발화지점 판정 시에 인용된다.
      • 화재현장조사서에 기재된 사실은 간접자료로 다루어지나 소방공무원이 관찰조사 한 사실로부터 관계자의 진술을 기재한 질문조사서보다도 높은 자료가치를 지닌다.
    ⓑ 질문기록서
      • 질문기록서에 기재된 발견·신고자 등의 진술은 현장조사서에 기재된 사실의 보완적 자료로서 다루어진다.
      • 발견·신고자, 초기소화자 등은 소방대보다도 먼저 화재의 연소상황을 볼 수 있으므로 이들의 진술은 소방공백시간인 발화로부터 소방대 도착시까지의 화재상황의 파악에 도움을 줄 수 있는 것이다. 그러나 화재 시는 냉정한 판단이 어려운 이상상태하에 있어 착오나 추측 등 사실을 왜곡할만한 요인이 많다. 또 법률상의 문제 때문에 알고 있는 것이라도 진술하지 않거나 사실과 반대되는 진술을 하는 사람도 있다. 따라서 관계자의 진술에 대해서는 있는 그대로 받아들이지 말고 신중하게 검토할 필요가 있다.
      • 이러한 것 때문에 질문기록서에 기재한 관계자의 증언은 화재현장조사서에 기재한 '물증'의 보완적인 역할로 생각하면 된다.
  ㉢ 판정결과와 모순된 진술의 처리
    ⓐ 관계자의 진술 중에는 '발화건물의 판정' 등의 결과와 모순되는 증언이 보여지는 경우가 있다. 실무상 이러한 증언은 조사현장에서 신빙성 검토를 하여 조사서 작성 시에는 모순이 없는 진술만을 열거하여 판정근거로 한다.

ⓑ 그러나 조사현장의 검토에서 부정된 내용에 대해서도 결론 도출과정에서는 반증을 열거해 나가면서 부정하여야 한다.
ⓒ 이러한 진술이 언급되지 않은 일방적인 논술은 진술의 기재를 의도적으로 회피한 것과 같은 인상이 있어 화재현장조사서를 읽는 제3자에게 의구심을 주게 된다. 판정결과와 모순된 진술에 대해서는 그 진술에 대한 기술이 필요한 것이다.

⑩ 각 조사서에 기재한 사실 등의 인용방법과 인용개소의 기재

각 조사서에 기재된 사실 등의 '인용'은 발화원인 등을 판정하는 이론전개의 기본으로서 화재현장조사서 작성상의 중요한 기술적 요소이다.

㉠ 각 조사서로부터의 인용방법
ⓐ 필요한 문장을 발췌하여 인용하는 방법
ⓑ 필요한 문장을 요약하여 인용하는 방법
현장조사 등의 요점을 간결하게 정리하여 인용하는 방법이다.

㉡ 인용개소의 기재
판정근거로서 인용한 부분은 다음 항목을 명확하게 기재한다.
ⓐ 인용한 서류명
ⓑ 인용한 사실의 기재개소
ⓒ 인용한 사실의 내용
- 화재조사 시에 관찰했으나 현장조사에서 기재하지 않은 사실, 발견·신고자 등의 관계자가 진술한 중요사항임에도 질문기록서에 녹취하지 않은 내용 등은 진실이라 해도 발화원인 등의 판정근거로서 열거할 수 없다.
- 판정근거가 되는 사실 등은 모두 화재현장조사서, 질문기록서 등에 기재되어야 한다.
- 또 각 조사서 기재사실만으로는 발화원인 등의 입증이 불충분하여 보충실험을 행하거나 문헌을 인용하여 논리 전개한 경우는 실험데이터의 첨부나 문헌의 '인용개소의 명시'가 필요하다.

(4) 화재현장조사서의 기재사항
① 서류형식상 필요한 사항
㉠ 화재현장조사서의 작성일
ⓐ 화재현장조사서는 화재조사를 실시한 후에 작성한다. 따라서 작성일은 현장조사 일시를 지나서가 된다.
ⓑ 현장조사에서 조사내용 전부를 기록하여 두는 것은 불가능하므로 작성 시는 기억을 되살려 가면서 기재하는 경우도 적지 않다.
ⓒ 시간의 흐름과 더불어 기억이 불명확하게 되므로 현장조사 직후에 작성해야 한다.
㉡ 화재현장조사서의 작성자
소방서명, 계급, 성명을 기재하고 날인한다.
㉢ 현장조사 일시
ⓐ 현장조사의 개시와 종료의 연·월·일·시각을 기재한다.
ⓑ 현장조사를 수일에 걸쳐 실시하는 경우 - 실시일마다 화재현장조사서를 작성하여야 한다.

ⓔ 현장조사 장소 및 물건

통상 현장조사 장소는 화재현장 부근이 된다. 따라서 관찰·확인대상은 그 장소에 있는 소손 또는 수손된 건물 등 모든 물건이 된다. 그러나 화재현장에서는 관찰·확인하지 못한 물건을 소방관서에서 감식을 행한 경우 장소는 소방관서로 되고 물건은 감식을 행한 물건 그 자체가 된다.

ⓜ 현장조사 시 입회인

현장조사는 공평성과 중립성을 중시하며 반드시 관계자의 입회하에 실시한다.

② 현장조사결과

현장조사결과는 '발화원인의 판정' 등의 근거주체가 된다.

㉠ 현장의 위치 및 부근상황

ⓐ '현장의 위치'는 부근의 목표가 될 만한 건물, 철도역, 소방서 등 기타 목표지점을 명시하여 위치관계를 기술한다.
ⓑ 주소나 건물 명칭으로 현장위치를 명확히 알 수 있는 경우에는 생략할 수 있다.
ⓒ '부근의 상황'은 현장을 중심으로 한 주변의 지형이나 도로의 상황, 건축물의 밀집도나 노후도, 구조 등의 개요, 수리상황 등에 대하여 소방적인 견지에서 기재한다.

㉡ 현장상태

ⓐ 현장상태에서는 발굴작업 전에 있어서 화재현장 전체의 확인·관찰결과를 기술하는 것이다.
ⓑ 건물 및 소유자마다의 소손, 파손 및 수손이 어느 범위까지 미쳤는가를 구체적으로 기술한다.
ⓒ '발화건물이 어느 것인가?, 그 건물의 어떤 실(室) 또는 부분에서 발화했는가?'가 화재 원인 판정에 인용될 수 있도록 소손상황을 표현한다.
ⓓ 화재의 연소확대 방향성을 알 수 있도록 소손상태를 기술한다.
ⓔ 다수의 건물이 소손된 경우는 '건물개요', '손해개요' 등의 소손건물 일람표를 작성하여 건물번호에 따라 조사결과를 기재한다.

㉢ 소손상황

ⓐ 발굴순서에 따라 기재할 것

소손상황에서는 단순히 복원 후의 소손상황이 기재되어 있으면 되는 것이 아니라 발굴의 진행상황을 알 수 있도록 해 둘 필요가 있다.

ⓑ 연소확대의 방향성을 기재할 것

- 연소확대의 방향성과 관계된 조사내용의 기재는 발화건물이나 발화지점의 판정뿐만 아니라 발화원인의 판정에서도 중요한 요소가 된다. 발굴은 통상 실(방)단위로 실시하지만, '발화지점'은 발굴된 실(방) 중에서도 어느 한정된 부분 등이 많아 그 부분에 존재하는 화원에 대하여 검토하여 발화원인을 판정한다.
- 좁은 방이 있으면 거기에 존재하는 모든 화원에 대하여 검토하여도 좋으나 방이 넓으면 역시 화원도 많게 되어 검토항목이 증가하게 된다. 연소의 방향성이 명확하여 발화지점의 범위에서 완전히 배제가능한 부분이 있으면 거기에 존재하는 화원의 검토는 필요치 않게 되어 효율적이다.
- 이와 같이 연소확대의 방향성에 관계된 조사내용의 기재는 발화지점이라고 하는 좁은 범위에 있어서도 필요한 것이다.

ⓒ 특이한 사실 등을 빠지지 않게 기재할 것
- 불꽃이 타고 올라간 흔적이 있는 소손상황
- 특이한 사실
  - 미소화원 특유의 연소물(담배·향·촛불)
  - 전기배선의 단락흔(발화지점의 특정 등)
  - 유류·신문, 조연재의 유무(방화)
  - 전기설비의 사용 유무(스위치 '열림, 닫힘'의 구분)
  - 기 타
- 관계자의 진술과 관련된 물품 등

ⓓ 연소매체로 된 가연물의 관찰·확인내용을 기재할 것
화원뿐만 아니라 이것과 관계된 소손물건에 대한 관찰·확인내용을 기재한다.

ⓔ 관찰·확인위치 및 대상을 명확하게 할 것
조사현장의 건물구조재, 가구, 집기 등은 판별이 불가능할 정도로 소손될 수 있으므로
- 조사자의 위치
- 관찰·확인의 방향
- 관찰·확인의 대상을 명확히 하고, 좌우의 기준이 애매하거나 관찰·확인대상을 분명하게 알 수 없는 경우가 있으므로 '동, 서, 남, 북'의 방위를 표시한다.

ⓕ 사진이나 도면은 조사의 보충자료로서 취급할 것
사진이나 도면은 조사자가 문장으로 표현하기 어려운 소손상황을 보다 알기 쉽게 하기 위한 보충자료가 된다.

ⓖ 증거자료의 기재
발화원이나 착화물 등 화재원인의 단서가 되는 증거물건은 다음과 같이 상세하게 기술한다.

③ 발화건물의 판정
발화건물의 판정은 발화원인규명에 있어서 제1단계이다.

㉠ 소손건물이 2동 이상 있는 경우 : 발화건물은 어디인가에 대해서 판정하여 기재한다.
㉡ 소손건물이 1동인 경우 또는 수 개의 동이 소손되어 있으나 전소는 1동뿐이며 이외에는 외부가 그을린 정도이거나 누가 보아도 발화건물이 명확한 때 : 반드시 기재할 필요는 없다. 다만, 이러한 경우에는 '발화지점의 판정'의 서두에 다음의 예시와 같이 발화건물에 대해서 간결하게 기재하여 둔다.

> A 건물이 옥내까지 소손되어 있는 것에 반하여 B 건물로부터 D 건물은 A 건물에 면하는 외벽이나 창문유리가 소손되어 있기만 하므로 발화건물은 명확하게 A 건물이고 발화건물의 판정은 생략한다.

㉢ 발화건물 판정 순서
- 현장관찰·확인상황 → '화재현장조사서'
- 화재현장출동시의 확인·조사상황 → '화재현장출동보고서' 22
- 발견상황 → '질문조사서'
- 결 론

각 항목별로 '발화건물'에 대하여 기재사항에 고찰을 더하여 최종적으로 '발화건물의 판정'을 한다.

④ 발화지점의 판정

'발화지점의 판정'은 '발화건물 판정'과 달리 소손건물의 동수와는 관계없이 반드시 기재하여야 한다.

㉠ 발화지점 판정의 필요성
ⓐ 발화건물의 안에서부터 연소확대의 방향성을 끝까지 보고 확인하여 발화했다고 판단되는 '한정된 부분'을 발굴한다.
ⓑ 발굴한 중심에서부터 '발화범위'를 결정한다.
ⓒ 그 범위의 중심에서 발화원으로서 가능성이 있는 것에 대한 검토를 통하여 판정한다.
ⓓ '발화지점'이 한정될 수 없다면 소손범위 내에 존재하는 모든 화원(火源)에 대해서 발화원이 될 수 있는가를 검토하여야 한다.

㉡ 발화지점 판정의 순서
ⓐ '발화건물의 판정'과 같다.
ⓑ 발화원인 규명의 가부와 관계가 있는 극히 중요한 부분이므로 인용하는 사실인 '발화건물의 판정' 항목보다도 상세하게 선정할 필요가 있다.

㉢ 발화지점의 범위
ⓐ 발화지점이라고 하면 '극히 한정되어 있는 범위'라고 해석되고 있으나 그 범위는 화재규모나 소손상황 등에 따라 다르다. 전소화재 등에서는 '○m² 거실 남서측 텔레비전을 중심으로 한 부근'이 비교적 넓은 범위가 되는 경우가 많다.
ⓑ 발화지점의 범위를 좁히는 만큼 발화원이 한정되어 발화원인 단정이 용이하게 된다. 그러나 발화지점의 판정을 잘못한 때는 진정한 발화원을 검토에서 빠뜨려 발화원인을 잘못 판정하는 결과가 발생한다. 이 때문에 발화지점은 너무 좁히지 말고 여유로운 범위로 한다.

㉣ '발화지점의 판정' 순서
ⓐ 현장조사상황에서의 순번을 기재할 것
ⓑ 현장조사상황 등의 항목별로 각각 판단된 발화지점을 기재하여 둘 것
ⓒ 인용사실은 조사서 등에 기재되어 있을 것
ⓓ 결론(판정)은 논리적 고찰에 의할 것

⑤ 발화원인의 판정

발화원인은 단순히 다음 항목에 따라 치밀한 검토를 통하여 규명되어야 한다.

- 발화원과 착화물
- 발화원으로부터 가연물로의 착화 경과와 연소 경과
- 발화에 이른 인적·물적 유인

㉠ 발화원인 판정의 기재방법
ⓐ 질문조사서 등의 서류로부터의 사실인용과 합리적·과학적인 논리전개가 중심이 된다.
ⓑ 자료만으로 부족한 경우에는 재현실험의 데이터나 각종 문헌 등을 인용하는 것도 필요하다.
ⓒ 판정이론의 기술은 난해한 전문용어나 어려운 이론을 열거하는 것은 피하여 누구라도 쉽게 이해할 수 있는 표현으로 가급적 계통적·논리적인 것으로 하여야 한다.

ⓛ 연역법에 의한 발화원인의 판정
  발화원인은 통상 소거법(消去法), 연역법에 의한 객관적인 증명이 가능해야 한다.
  ⓐ 분석·측정기기 등에 의한 데이터의 제시
  ⓑ 재현실험에 의한 재현성의 확보
  ⓒ 각종 문헌을 인용한 객관성 있는 해설
  ⓓ 유사화재사례의 유무확인
ⓒ 소거법을 주체로 한 발화원인의 판정
  현재 행해지고 있는 소거법을 주체로 한 발화원인 판정의 순서는 다음과 같다.
  ⓐ 발화지점 내에 존재하는 화원을 전체적으로 열거한다.
  ⓑ 화원 각각에 대하여 발화원으로서 가능성이 낮은 것으로부터 높은 순으로 기재하여 검토하여 나간다.
    ┌ 화재현장조사서
    ├ 건물조사서
    └ 결 론
  ⓒ 화원 각각의 결론으로부터 소거법에 의해 발화원을 특정하여 화재의 발생요인 및 발생경과와 병행하여 발화원인을 판정한다.
ⓔ 발화원인판정에 필요한 기재내용
  ┌ 발화원의 입증
  └ 발화원 이외의 화원에 대한 반증
  ⓐ 발화원 입증의 기재 : 발화원인 판정 시 가장 중요한 것은 '사실의 인정은 증거에 의한다'라고 하는 것이다. 요컨대 조사현장에서 발화원으로서의 '물증'을 찾아내어 그 상황을 기재한 화재현장조사서 중에서 구체적인 증거를 제시하여 관계자의 진술 등을 참고하면서 입증하여 나간다.
    ㉮ 발화원은 착화물을 연소시키는 열에너지를 지니고 있는가?
    ㉯ 열에너지를 지니고 있어도 발화원과 착화물과의 거리 등의 상태가 발화에 이르는 환경하에 있는가?
    ㉰ 착화물은 연소상태를 계속할 상태에 있는가?
    ㉱ 커튼의 존재 등 착화물 주변에 있거나 연소확대할 조건이 있는가?
    ㉲ 현장조사결과에 따른 사실을 증명할 상황증거가 있는가?
    ㉳ 질문조사서의 진술내용에는 발화원과 착화물이 발화로 연결될 환경하에 있을만한 것이 녹취되어 있는가?
  ⓑ ㉮~㉰에서는 발화원과 착화물을 분석하여 양자가 발화 시의 상태에서 존재하면 화재로 될만한 것을 증명하기 위한 항목이다.
  ⓒ ㉲와 ㉳는 발화원과 착화물이 화재현장에서 어떠한 상태로 존재하였는가의 사실을 입증하기 위한 항목이다.
  ⓓ 이러한 것은 발화원인 판정상의 기본적인 것으로 모든 화재에서의 항목검토가 기재되어 있어야 한다.

2 도면작성 13 17 18

(1) 도면작성요령

현장의 위치, 건물배치, 실내의 가구류 배치 등 이 모든 것을 제3자에게 '문장'으로만 설명하는 데는 한계가 있으므로 도면은 제3자의 시각에 호소하여 요점을 간단하게 이해시키는 데 있어서 문장에는 없는 커다란 이점을 가지고 있다. 화재현장조사서 작성 시에는 도면이 지닌 특징을 최대한 활용하여야 한다.

- 현장의 위치
- 건물의 배치(발화건물을 중심으로 한 건물배치)
- 소손건물의 각층 평면도(실 배치를 중심으로)
- 발화실의 평면도(수용물의 개요를 중심으로)
- 발화지점의 평면도(증거물건의 위치 등, 실측거리 기재)
- 발화지점의 입면도
- 사진촬영위치도(다른 도면과 병용하는 것도 가능)

① 도면의 위치
  도면은 원칙적으로 지도와 같은 형태로 '북'을 위쪽으로 작성한다. 방위가 정확하게 나타나지 않은 도면은 문장 이해에 혼란을 준다.

② 도면의 축척
  축척을 무시하고 단순히 ○평의 방이라고 기재한 도면은 자료로서의 가치성이 적으므로 현장조사에 기초하여 정확한 축척으로 작성하여야 한다.

③ 도면의 기호
  도면은 누가 보아도 이해가 되도록 작성하여야 한다. 제도기호 등의 표준화된 기호로 작성하는 것이 기본이며 필요에 따라서는 문자도 삽입하여 알기 쉬운 도면을 작성한다.

④ 도면의 표제
  ㉠ '사용금지의 용어'에서 사용금지 용어는 도면의 표제에서도 사용할 수 없다.
  ㉡ '발화건물' 평면도, '발화지점' 평면도와 같은 표현은 삼가고, 'A건물' 평면도, '주방' 평면도 등으로 표현한다.

(2) 도면작성 방법 17

① 방의 배치와 출입구, 개구부의 상황 위주로 작성한다.
② 거리측정은 기둥의 중심에서 다른 기둥의 중심까지로 기준점을 통일한다.
③ 도면(입체도, 평면도)은 측정치를 기준으로 하여 축척에 맞춰서 작성. 단, 너무 작거나 얇고 가늘어서 축척에 의한 표시가 어려운 것은 위치를 알 수 있도록 그려 넣은 후품명 등을 기재해 둔다.
④ 방 배치가 복잡한 건물에 있어서는 한 점을 기준점을 정하고 사방으로 넓히면서 측정한다.
⑤ 완성된 도면을 보면 1층의 계단과 2층의 계단의 위치가 어긋나 있는 경우가 있으므로 주의한다.

제4절 기타서류 작성

1 화재현장 출동보고서 17 18 19

(1) 작성목적
소방대가 소방활동 중에 관찰·확인한 결과를 기록하여 화재원인판정에 있어서 '**발화건물의 판정**'등의 자료로 활용하는데 있다.

(2) 작성자 19
① 화재현장출동보고서는 **화재현장에 출동한 소방공무원**이 실제로 관찰·확인한 연소상황이나 관계자로부터 얻은 정보를 직접 기재하여야 한다.
② 화재현장에 출동한 **소방공무원으로 한정**된다. 소방공무원이라면 직위, 직종에 관계없이 모두 작성자에 해당된다.
③ 원칙적으로는 대원을 지휘하면서 화재현장에 선행하여 화재상황을 파악하고 일반대원보다도 대국적으로 화재상황을 파악하고 있는 **선착대의 대장**을 작성자로 하는 것이 타당하다.
④ 현장출동 소방공무원 중 보다 많은 상황을 정확하게 파악하고 있다면 그가 구조대원이든 구급대원이든 관계없이 본 보고서의 작성자가 될 수도 있다.

(3) 화재현장출동보고서의 기재사항 17 21 22
화재 인지시에서부터 소방활동 종료시점까지 관찰·확인한 사실을 화재조사 및 보고규정 **별지 제2호 서식**에 따라 작성한다.
① 출동대원 및 응답자
② 현장도착 시 발견사항
③ 도착하여 처음 실행한 일의 지점 및 유형
④ 출입문 상태 및 소방대 건물 진입방법
⑤ 소방대 이외의 강제적인 진입흔적
⑥ 화재장소에서 사용된 장비
⑦ 출동로상의 발견사항
⑧ 기타 화재와 관련된 사항
⑨ 화재사진 및 동영상

(4) 기재상의 유의사항
① 문장형태 → 현재형으로 할 것
 본 보고서는 사실상 관찰·확인한 일정시간 경과 후 작성하게 된다. 따라서 "불꽃이 분출하였다" 등의 과거형으로 하는 것이 자연스런 표현이라고 할 수 있으나 시시각각으로 변화하는 현장 양상을 말로 표현하는 것이기 때문에 현재진행형으로 기재할 필요가 있는 것이다.
② 관찰·확인 위치 → 화재현장조사서와 같이 원칙적으로 관찰·확인한 위치를 명시할 필요가 있다.
③ 도면·사진의 활용 → 관찰·확인위치를 말로만 기술하게 되면 문장이 너무 길어지게 되고 오히려 이해가 되지 않을 수 있으므로 관찰·확인위치를 명확하게 나타내는 데는 도면 또는 현장사진을 활용하는 것이 유용하다.
④ 기재 대상의 기호화·간략화하여 작성한다.

(5) 화재현장 출동보고서(별지 제2호서식 예시)

화재번호	년 2024	월 05	연번 0157	발생일시 : 년 월 일 시 분 초 요일
				출동시간 : 시 분 초 도착시간 : 시 분 초

1. 출동대원 및 응답자 (○○ 안전센터)

① 출동대원 : (부)센터장 ○○○ 외 ○○명 … 선착대 지휘관 및 출동대원 기재
② 응답자 : (부)센터장 ○○○, 대원2 ○○○ … 상황에 대해서 진술한 대원 기재
③ 확인자 : 직위_____ 계급_____ 성명_____ (서명)

2. 현장도착 시 발견사항

[연기와 화염을 본 위치와 발생장소 등 전체적인 현장상황을 서술식으로 기재]

① 화염 및 연기   □ 화염만 발견   □ 연기만 발견   ■ 화염과 연기 발견   □ 없음
② 화염색   □ 붉은색   ■ 주황색   □ 노란색   □ 파란색   □ 기타(   )
③ 연기색   □ 검은색   □ 짙은 회색   ■ 회색   □ 흰색   □ 기타(   )
④ 화염의 크기   □ 작음   □ 보통임   ■ 큼   □ 매우 큼
                  (키높이 이하)   (키높이 이상)   (건물 1층 정도)   (건물 1층 이상)
⑤ 연기분출량   □ 적음   ■ 보통임   □ 많음   □ 매우 많음
                  (발화지점주변)   (발화지점시야방해) (발화지점식별곤란)   (대상물식별곤란)
⑥ 특이한 냄새   ■ 있음   □ 없음

[만약 있다면 냄새가 난 장소 또는 지점과 냄새를 비교하여 유사한 냄새를 자세히 기술]

3. 도착하여 처음 실행한 일의 지점 및 유형

□ 화재진압   □ 환 기   □ 구 조   □ 구 급   □ 안전장비의 설치   □ 기 타 (   )

[작업 실행내용을 자세히 기재]

〈개 요〉
해당항목에 대하여 건물의 어느 곳으로 진입하여 어느 부분에서 어떤 방법으로 어떠한 장비를 사용하고 어떤 식으로 작업을 하였으며, 그 밖의 상황을 자세히 기술

① 도착 시 가장 연소가 심했던 지점 : _____

② 화재의 연소확대 상황[외부와 내부 구분] / 외부연소상황 □ 있 음 □ 없 음

예시)
• 외부 : 아파트 5층 거실 창문을 통하여 6층 베란다로 연소확대 중이었음
• 내부 : 작은방에서 열려진 방문으로 불길이 천장을 통하여 거실로 연소확대되던 상황임

4. 출입문 상태 및 소방대 건물 진입방법

■ 개방됨   □ 강제개방   □ 기타 다른 요소(출입문 없음, 파괴됨 등)

[진입지점, 출입문의 상태 및 개방여부, 출입문과 창문 등 개방지점 및 방법·도구 등을 상세히 기술]

① 소방대의 건물 진입방법

예시) 출동 당시 아파트 현관문(방화문)이 잠긴 채 틈 사이로 검은 연기가 나오고 있었으며, 도끼를 이용하여 손잡이를 절단 후 문을 개방함

예시) 출입문은 알루미늄 틀에 창문이 있는 구조로서 유리가 중간이 깨져있었고, 손잡이에 설치된 열쇠는 잠겨있지 않은 상태로 손으로 당겨서 개방하였고 연기의 배출을 위해 작은방 창문을 파괴함

5. 소방대 이외의 강제적인 진입흔적

□ 발견됨   ■ 발견되지 않음   □ 기타 요소 (   )

예시) 출입문은 셔터와 강화유리로 된 구조로서, 열쇠가 잘린 채 셔터가 반쯤 열려있고 강화유리문이 누군가에 의해 파괴된 상태임

예시) 출입문이 잠겨있어 손잡이 열쇠를 파괴하고 내부로 진입한바 거실창문이 반쯤 열려있었고, 방범창의 하단이 잘려져 있던 상태임

6. 화재장소에서 사용된 장비

■ 자체설비사용 □ 소방장비사용 □ 모두사용 ‖ 소방설비 □ 작동됨 □ 작동 안 됨 □ 확인 못함

① 사용된 자체설비 :
② 사용된 소방장비 :
③ 도착 시 작동 중이던 소방설비 :

7. 출동로상의 발견사항

[진입도로, 교통상황, 정체사유 등 기재]

8. 기타 화재와 관련된 사항

9. 화재사진 및 동영상

예시) 최초도착 시 화재발생 사진 1부, 최초도착 시 화재발생 동영상 1부

※ 필요 시 진압작전도 및 발견사항 상세도 기입

2 질문기록서 13 17 18 19 21 22 ★★★★

(1) 작성 목적
① 화재원인조사에서는 소손물건을 확인·관찰하고 물증을 주체로 하여 발화원인을 추구하는 것이 원칙이다.
② 그러나 화재로 소손된 물건은 발화 전의 상태를 유지하기가 어렵고 발화로 연결된 현상을 증명할 물건이 소실되어 버린다. 또한, 상식적으로는 생각할 수 없는 잘못된 사용형태가 원인이 된 화재도 있다. 이러한 화재에서는 관계자 외에 알 수 없는 발화 전의 기기 이상이나 일상의 사용방법을 파악할 필요가 있으며, 객관적인 타당성 파악 이외에도 관계자의 진술녹취는 불가결한 것이다.

(2) 작성자
① 「소방의 화재조사에 관한 법률」상 화재조사를 위한 질문을 행하는 주체는 '소방청장·소방본부장 또는 소방서장'으로 규정되어 있다. 현실적으로는 조사규정 등 내부규정으로 화재조사관이 담당하고 있다.
② 따라서 질문기록서의 작성자는 가능한 한 현장조사에 임하여 그 화재에 대한 상황을 충분히 이해하고 있는 조사요원이 하는 것이 바람직하다.

(3) 출입·조사(소방의 화재조사에 관한 법률 제9조)
① 소방관서장은 화재조사를 위하여 필요한 경우에 관계인에게 보고 또는 자료 제출을 명하거나 화재조사관으로 하여금 해당 장소에 출입하여 화재조사를 하게 하거나 관계인등에게 질문하게 할 수 있다.
② 화재조사를 하는 화재조사관은 그 권한을 표시하는 증표를 지니고 이를 관계인등에게 보여주어야 한다.
③ 화재조사를 하는 화재조사관은 관계인의 정당한 업무를 방해하거나 화재조사를 수행하면서 알게 된 비밀을 다른 용도로 사용하거나 다른 사람에게 누설하여서는 아니 된다.

(4) 관계인의 진술(화재조사 및 보고규정 제7조)
① 관계인등에게 질문을 할 때에는 시기, 장소 등을 고려하여 진술하는 사람으로부터 임의진술을 얻도록 해야 하며 진술의 자유 또는 신체의 자유를 침해하여 임의성을 의심할 만한 방법을 취해서는 아니 된다.
② 관계인등에게 질문을 할 때에는 희망하는 진술내용을 얻기 위하여 상대방에게 암시하는 등의 방법으로 유도해서는 아니 된다.
③ 획득한 진술이 소문 등에 의한 사항인 경우 그 사실을 직접 경험한 관계인등의 진술을 얻도록 해야 한다.
④ 관계인등에 대한 질문 사항은 질문기록서(별지 제10호서식)에 작성하여 그 증거를 확보한다.

(5) 작성상의 유의사항 19
질문기록서는 관계자 없이 작성하는 것은 불가능하지만 사람을 대상으로 하는 만큼 아래와 같은 유의사항을 따른다.
① 질문의 시기·장소
피질문자는 신고자, 목격자, 소유자, 점유자, 발화행위자 등 다양한 사람이 될 수 있다. 주의할 점은 대부분의 화재가 원하지 않게 발생하고 그 피해가 심각한 경우 피질문자의 심리적 어려움 등을 고려하

여 시기와 장소를 충분히 고려하여야 한다.
- → 예를 들어 극도로 흥분한 상태에서 조사하겠다고 질문을 던졌을 경우 피질문자는 이에 대한 반감이 극에 달할 수 있고 또 다른 흥분 요소를 제공할 수 있다.
- → 피질문자의 심리적 안정을 유도하기 위해서는 필요 시 현장 주변이지만 현장이 바로 보이지 않는 곳으로 이동하거나, 물이나 음료를 권하는 방법 등도 사용할 수 있다.
- ㉠ 질문의 시기
  질문의 시기에 있어서는 가급적 화재발생 직후 조기에 행하는 것이 좋다. 그 이유는 시간이 경과함에 따라 기억이 흐려질 수 있고, 법률지식이나 주변의 사람들에게서 들은 정보를 통해 사실의 왜곡 등 의도적인 조작 가능성이 높아지기 때문이다.
- ㉡ 질문의 장소
    - ⓐ 발화책임의 당사자에게 질문하는 경우
      과실을 의식하고 있는 사람은 제3자나 이해관계자 앞에서 공공연하게 진실을 말하는 것이 쉽지 않으므로 제3자나 이해관계자 등이 의식되지 않는 장소에서 진술을 청취할 수도 있다.
    - ⓑ 소방관서에서 진술을 청취할 경우
      이해관계자 등을 현장에서 배제할 수가 있어 경우에 따라서는 적당할 것으로 보이나, 제복을 입은 공무원들 주변에서 피질문자들은 특별한 긴장감이 생겨나기도 한다. 이 때문에 내방객 등의 이목을 의식하지 않고 긴장감도 줄일 수 있는 공간에서 진술을 받는 것이 좋다.

② 원하는 내용을 얻기 위한 암시 등 유도 금지
  화재조사관이 원하는 내용을 얻기 위하여 피질문자에게 암시하는 방법 등으로 유도하지 않아야 하고, 관련 내용으로 직접 보고, 들은 사람의 진술을 얻어야 하며, 필요 시 녹취도 가능하다. 다만 이때 피질문자의 동의가 반드시 필요하다.

③ 임의 진술의 확보
- ㉠ 피질문자의 진술 중에서 화재 원인 규명에 결정적인 정보를 확보할 수도 있다는 점에서 질문은 큰 의미를 가진다. 하지만 진술의 필요성이 큰 반면 임의의 자발적인 협조 외에는 달리 이를 확보할 마땅한 제도적 근거가 없어 조사의 목적에 장애가 되기도 한다.
- ㉡ 질문기록서의 내용이 증거로서의 가치를 가지기 위해서는 관계자의 진술에 임의성을 갖추어야 하는데 이때에는 확보된 진술 내용을 피질문자에게 확인시키고 오류 등이 없음을 인정한다면 서명을 하게 한다.
- ㉢ 만약 18세 미만의 청소년, 정신장애자 등에 대한 질문을 하는 경우는 친권자 등을 반드시 입회시켜야 하며 진술자는 물론 입회자에게도 서명을 받도록 한다.

④ 진술의 기록
- ㉠ 질문기록서는 관계자의 진술을 기록하는 것이지만 진술한 말을 전부 기록할 수는 없다. 무의미한 말은 생략하고 요점이 진술자의 말로서 기록되면 좋다.
- ㉡ 사투리나 어린아이 특유의 표현, 노인의 말 등은 표준어나 상식적으로 바꾸어 있는 그대로 기록할 필요가 있다.
- ㉢ 다만 한편으로는 관계자 밖에 알지 못하는 사실을 관계자의 인간성이나 생활환경을 나타내는 본인의 말로 기록하는 편이 보다 증거가치를 높이는 자료가 될 수도 있다.

(6) 작성대상자와 기재사항

질문기록서의 표준적 기재사항은 다음에서 예시하는 바와 같다. 여기서는 관계자별 확보해야 할 진술내용에 대하여 설명하고자 한다.

진술을 요구할 관계자는 화재양상을 보고 결정하여야 하지만 통상은 다음과 같은 사람을 대상으로 한다.

- 발화행위자
- 발화관계자
- 발견·신고·초기소화자
- 기타 관계자

특히, 제조물 화재의 경우 발견자의 목격 정보에서 연기나 불꽃이 나온 위치가 제조물 본체인가 그렇지 아니한가가 쟁점이 될 수 있으므로 상세한 청취가 필요하다.

특이한 사용형태는 없었는가, 취급설명서·사용상의 경고표시의 인식이 있었는가도 청취하여 둔다.

① 발화행위자
  ㉠ 발화행위자란 화재를 발생시킨 사람 또는 화재발생에 직접 관계가 있는 사람을 말한다. 발화행위자는 화재조사의 주된 목적인 발화원인과 결부된 정보를 가지고 있으므로 현장조사 결과와 모순이 발생하지 않도록 세심한 주의를 기울여서 청취한다.
  ㉡ 발화행위자는 책임을 회피하려는 의식을 지니고 있는 것이 당연하기 때문에 제3자에게 목격당한 행위 이외에는 있는 그대로 진술하기를 주저하는 것이 사실이다. 사망자가 발생했거나 주위의 건물에 커다란 손해를 준 경우에는 더욱더 그러하다.
  ㉢ 당사자의 이러한 심리에 입각하여 발화원인 등의 본질에 관한 진술을 얻어내기 위하여 질문의 각도를 바꾸어 가면서 청취한다.

② 발화관계자

발화관계자란 발화건물의 책임자, 거주자, 종업원 등 발화건물과 관계된 모든 사람을 말한다.
  ㉠ 발화관계자로부터는 원인규명에 관한 사실 이외에 다음과 같은 화재발생원인이나 환경, 사업소 등의 상황도 녹취한다.
    ⓐ 건물의 구조, 설비, 증개축 등
    ⓑ 사업내용, 규모, 사원수 등
    ⓒ 기계기구의 개요
    ⓓ 작업내용
    ⓔ 화기관리의 상황
    ⓕ 화재보험 등
  ㉡ 각각의 구체적 작업내용 등은 방화관리자, 종업원 등 업무에 정통한 사람으로부터 청취한다.
  ㉢ 발화 이전의 작업내용이나 기기의 이상 등 발화원인과 밀접한 관계가 있는 정보는 전해 듣는 것으로는 부족하므로 반드시 직접 보고 들은 사람으로부터 청취한다.

③ 발견·신고·초기소화자

화재를 발견하였거나 신고한 사람, 또는 초기 소화를 시도한 사람은 화재초기의 상황을 비교적 상세하게 목격할 수 있다. 발화지점이나 발화원인의 규명 이외에도 유력한 정보를 지니고 있을 수 있으므로 진술이 필요한 대상자를 결정할 때는 다음 항목을 고려하여야 한다.
  ㉠ 화재 인지시간이 빠른 사람을 우선한다.
  ㉡ 관찰(목격)방향이 다른 복수의 사람으로부터 청취한다.

ⓒ 진술청취 시 말에만 의존하게 되면 정확한 정보를 얻기 어려우므로 도면에 표시하면서 청취하거나 경우에 따라서는 관계자 본인에게 발견위치 등에 대한 도면을 작성시키게 할 필요도 있다.

(7) 질문기록서(화재조사 및 보고규정 별지 제10호서식)

화재번호(20 -00)	20 . . 소 속 : ○○소방서(소방본부) 계급·성명 : ○○○ (서명)
① 화재발생 일시 및 장소	년 월 일 시 00시 00구 00동 번지 ○○건물
② 질문일시	20 . . . : 부터 ~ 20 . . . : 까지
③ 질문장소	
④ 답변자	• 주소 : Tel : • 직업 : , 성명 : ○○○ (인)
⑤ 화재대상과의 관계	최초신고자, 초기소화자, 발견자, 건물관계자 등
⑥ 언 제	시간은(시계로, 컴퓨터, TV로)
⑦ 어디서	위치(몇 층, 방 안에서…)
⑧ 무엇을 하고 있을 때	누구와, 무엇을 하고 있다가
⑨ 어떻게 해서 알게 되었는가?	소리(어떤), 냄새, 연기, 말(누구)
⑩ 그때 현상은 어떠했는가?	어디에서 보고, 어디의(부근의), 무엇이, 어떻게(불꽃의 높이, 범위, 연기색), 누구였던가, 또한 불타고 있지 않았다.
⑪ 그래서 어떻게 했는가?	사람에게 알렸다(어디의 누구에게), 통보하였다(어디로, 전화로), 피난하였다(누구와, 무엇을 이용하여, 어떻게, 도중에 상황은), 소화하였다(어디의, 무엇을, 어떻게 하여, 어디로, 누가 있었는가, 연소는 어떠했는가), 그 후 어떻게 하였다.
⑫ 기타 참고사항	이웃주민 000씨가 창문에서 연기가 분출하는 것을 발견하고 창문 쪽에서 실내를 보니 장식장에서 불꽃이 발생하고 있었음

※ 기타화재 중 쓰레기, 모닥불, 가로등, 전봇대 화재 및 임야화재의 경우 질문기록서 작성을 생략할 수 있음

3 재산피해신고서 [17]

화재가 발생한 대상의 관계인이 작성하여 소방서장에게 제출한다.

재산피해신고서

년　　월　　일

○○소방서장 귀하

　　　　　　　　　　주　　소 :
　　　　　　　　　　소 유 자 :
　　　　　　　　　　신 고 자 :　　　　　　연락처 :

☐ 부동산

1	피해년월일		년　　월　　일		
2	피해장소				
			피해건물과 신고자와의 관계(소유자, 점유자, 관리자)		
3	건축매입년월일		재건축 또는 재매입 금액		
	추정, 기록, 기억		추정, 기록, 기억, 불명		
	년　　월		3.3m²(평)당 금액		총금액
4			취득 후의 경과		
	수 선 개 축	년　월	수선·개축한 부분	수선·개축에 필요한 금액	
		년　월			
	증 축	년　월	증축의 개요	증축 면적(m²)	필요한 금액
		년　월			
5	피해 전의 피해내역				
	건물의 용도	지 붕	외 벽	층 수	연면적(m²)
	주거 세대수		세대　　거주인원		명
6			건물·수용물 이외의 피해상황		
	피해 물건명	피해의 종류	수량 또는 면적	경과연수	
		소실·수손·기타			년
		소실·수손·기타			년
7			화재보험계약		
	계약회사명		계약년월	보험금액(천원)	

☐ 동 산

피해년월일		피해물건과 신고자와의 관계		(소유자·점유자·관리자)	
피해장소	시(군)	구(읍·면)	동(리)	번지	호
품명 수량	피해액	피해의 종별	품 명	수 량	피해액	피해의 종별
		(소실·수손·기타)				(소실·수손·기타)
		(소실·수손·기타)				(소실·수손·기타)
		(소실·수손·기타)				(소실·수손·기타)
		(소실·수손·기타)				(소실·수손·기타)

CHAPTER 02 화재피해액 산정 메뉴얼

제4과목. 화재조사 보고 및 피해평가

제1절 화재피해액 산정 총론

1 화재피해 산정의 필요성

우리나라 소방관서에서 화재피해를 금액으로 산정하고 있는 것은 화재피해를 추정하여 화재로 인한 손실의 정도가 국가의 경제발전에 미치는 영향을 평가하고 시책에 반영하기 위한 행정자료로써 수집·관리하는 것을 목적으로 하고 있다.

2 화재피해 산정

화재피해를 산정하는 것은 화재가 발생한 장소의 재산손실을 정확하게 조사평가, 금액으로 환산하여 화재로 인한 손실의 정도를 일별, 월별, 연간 및 지난 기간과의 대비 등을 통한 지방 및 국가적인 경제손실을 파악, 이에 대한 대비책을 마련하는 데 있다. 또한 화재피해의 정도를 국민들에게 홍보하여 불조심을 통한 유사화재의 방지와 피해를 경감시키는 데 이바지하고자 함에 있다.

제2절 화재피해액 산정 대상

1 화재피해 산정의 대상 [17] [18]

피해산정의 적용대상은 화재로 인하여 직접적인 손실이 나타난 유형의 재산피해를 말하며 건물(부속물과 부착물 포함), 부대설비, 구축물, 영업시설, 차량 및 운반구(선박, 항공기 등) 기계장치, 공구·기구, 집기비품, 가재도구, 재고자산(원재료, 부재료, 제품, 반제품, 상품, 저장품, 부산물 등), 예술품 및 귀중품, 동물 및 식물 등이다.

참고 물적손해 중 영업손실 등 간접피해, 인적손해, 무형의 손해는 산정하지 않는다.

(1) 건 물

건물이란 토지에 정착하는 공작물 중 지붕과 기둥 또는 지붕과 벽이 있는 것으로서 주거, 작업, 집회, 영업, 오락, 저장 등의 용도를 위하여 인공적으로 축조된 건조물을 말한다.

구 분	내 용
본건물	철근콘크리트, 철골철근콘크리트조, 벽돌조, 석조, 블록조 등으로 된 건물을 말한다.
건물의 부속물	칸막이, 대문, 담, 곳간 및 이와 비슷한 것은 건물의 부속물로 보아 건물에 포함하여 피해액을 산정한다.
건물의 부착물	간판, 네온사인, 안테나, 선전탑, 차양 및 이와 비슷한 것은 건물의 부착물로 보아 건물에 포함하여 피해액을 산정한다.

(2) 부대설비

건물의 전기설비, 통신설비, 소화설비, 급배수위생설비 또는 가스설비, 냉방, 난방, 통풍 또는 보일러설비, 승강기설비, 제어설비 및 이와 비슷한 것은 건물과 분리하여 별도로 피해액을 산정한다.

(3) 구축물

「건축법」으로 규정하고 있는 건축물 외의 제반 건조물 전반을 말하며, 인공으로 축조된 건조물 중 건물로 분류할 수 없는 것으로서 이동식 화장실, 버스 정류장, 농업용 비닐하우스, 다리, 철도 및 궤도, 사업용 건조물, 발전 및 송배전용 건조물, 방송 및 무선통신용 건조물, 경기장 및 유원지용 건조물, 정원, 도로(고가도로 포함), 선전탑 등 기타 이와 비슷한 것을 말한다.

(4) 영업시설

건물의 주사용 용도 또는 각종 영업행위에 적합하도록 건물골조의 벽, 천장, 바닥 등에 치장 설치하는 내·외부 마감재나 조명시설 및 부대시설로서 건물의 구조체에 영향을 미치지 않고 재설치가 가능한 고착된 시설을 말한다.

(5) 기계장치

기계라 함은 일반적으로 물리량을 변형시키거나 전달하는 인간에게 유용한 장치를 뜻하며, 장치라 함은 연소장치, 냉동장치, 전기장치 등 기계의 효용을 이용하여 전기적 또는 화학적 효과를 발생시키는 구조물을 말한다.

(6) 공·기구류

공구라 함은 작업과정에서 주된 기계의 보조구로 사용되는 것을 말하며, 기구라 함은 기계 중 구조가 간단한 것 또는 도구일반을 표시하는 단어로 사용되는 것을 말한다.

(7) 집기비품

집기비품이라 함은 일반적으로 직업상의 필요에서 사용 또는 소지되는 것으로 점포나 사무실, 작업장에 소재하는 것을 말한다.

(8) 가재도구

가재도구라 함은 일반적으로 개인이 일상의 가정생활용구로서 소유하고 있는 가구, 집기, 의류, 장신구, 침구류, 식료품, 연료 기타 가정생활에 필요한 일체의 물품을 포괄한다.

(9) 차량 및 운반구

철도용 차량, 특수자동차, 운송사업용 차량, 자가용 차량 등(이륜, 삼륜차 포함) 및 자전차, 리어카, 견인차, 작업용 차, 피견인차 등을 말한다.

(10) 재고자산

재고자산이라 함은 원·부재료, 재공품, 반제품, 제품, 부산물, 상품과 저장품 및 이와 비슷한 것을 말한다.

구 분	내 용
상 품	판매를 목적으로 한 경제적 가치를 지닌 동산으로서 포장용품, 경품, 견본, 전시품, 진열품 등을 포함한다.
저장품	구입 후 사용하지 않고 보관 중인 소모품 등을 말한다.
제 품	판매를 목적으로 제조한 생산품이며, 반제품은 자가제조한 중간제품을 말한다.

(11) 예술품 및 귀중품

① 예술품 및 귀중품이라 함은 개인이나, 단체가 소장하고 있는 예술적, 문화적, 역사적 가치가 있는 회화(그림), 골동품, 유물 등과 금전적인 가치가 있는 귀금속, 보석류 등을 말한다.

② 현실적 사용가치보다는 주관적 판단이나 희소성에 의해 그 가치가 평가되는 물품에 있어서는 피해액의 산정기준이 달라지므로 별도로 분류하여 피해액을 산정할 필요가 있으며, 이는 보석류 등의 귀중품에 있어서도 같다.

(12) 동·식물

① 동물 및 식물이라 함은 영리 또는 애완을 목적으로 기르고 있는 각종 가축류와 관상수, 분재, 산림수목, 과수목 등 사회에서 거래되거나 재산적 가치를 인정할 수 있는 것을 말한다.

② 다만, 화분은 가재도구 또는 영업용 집기비품으로 분류하고,

④ 정원은 구축물로 분류한다.

(13) 임야의 임목

임야의 임목이라 함은 산림, 야산, 들판의 수목, 잡초 등 산과 들에서 자라고 있는 모든 것을 말하며 경작물의 피해까지 포함한다.

2 화재피해액 산정방법 ★★★★★

화재로 인한 물건 등의 직접적인 손실에 대한 피해액의 산정은 사고 시점의 피해물의 경제적 가치와 화재 후 경제적 가치를 판단하는 것으로부터 시작된다. 즉, 화재로 인한 피해액은 사고 당시의 피해물의 현재의 시가에서 화재 후 피해물의 잔존가치를 뺀 금액이 되는 것이다. 따라서 화재로 인한 피해액을 산정하는 것은 피해물의 현재시가와 화재 후 피해물품의 잔존가를 확인·평가하는 일이다. 현재시가를 정하는 방법에는 다음과 같이 4가지 방법이 있다.

(1) 현재의 시가를 정하는 방법

① 구입 시의 가격
② 구입 시의 가격에서 사용기간 감가액을 뺀 가격
③ 재구입 가격
④ 재구입 가격에서 사용기간 감가액을 뺀 가격

참고 3년 전에 100만원에 구입한 냉장고를 현재는 80만원에 재구입이 가능하고, 3년간 사용한 감가액이 30만원이라고 할 경우 위의 현재의 시가를 정하는 방법에 의하면 화재발생일 현재 냉장고의 가격은?
①에 의해 현재시가를 정할 경우 = 100만원
②에 의해 현재시가를 정할 경우 = 70만원(100만원 - 30만원)
③에 의해 현재시가를 정할 경우 = 80만원
④에 의해 현재시가를 정할 경우 = 50만원(80만원 - 30만원)

(2) 대상별 현재시가를 정하는 방법

현재시가 정하는 방법	산정 대상
구입 시의 가격	재고자산, 즉 원재료, 부재료, 제품, 반제품, 저장품, 부산물 등
구입 시의 가격에서 사용기간 감가액을 뺀 가격	항공기 및 선박 등
재구입 가격	상품 등
재구입 가격에서 사용기간 감가액을 뺀 가격	건물, 구축물, 영업시설, 기계장치, 공구·기구, 차량 및 운반구, 집기비품, 가재도구 등

(3) 손해액 또는 피해액을 산정하는 방법

복성식 평가법	• 사고로 인한 피해액을 산정하는 방법 • 재건축 또는 재취득하는 데 소요되는 비용에서 사용기간의 감가수정액을 공제하는 방법으로 부분의 물적 피해액 산정에 널리 사용
매매사례 비교법	당해 피해물의 시중매매 사례가 충분하여 유사매매 사례를 비교하여 산정하는 방법으로서 차량, 예술품, 귀중품, 귀금속 등의 피해액 산정에 사용
수익 환원법	• 피해물로 인해 장래에 얻을 수익액에서 당해 수익을 얻기 위해 지출되는 제반 비용을 공제하는 방법에 의하는 방법 • 유실수 등에 있어 수확기간에 있는 경우에 사용(단, 유실수의 육성기간에 있는 경우에는 복성식평가법을 사용)

① 화재피해액 산정에 있어서 복성식평가법을 취하는 것을 원칙으로 하고, 복성식평가법이 불합리하거나 매매사례비교법 또는 수익환원법이 오히려 합리적이고 타당하다고 판단된 경우에는 예외적으로 매매사례비교법 및 수익환원법을 사용한다.
② 또한 현재시가 산정은 재구입(재건축 및 재취득) 가액에서 사용기간의 감가액을 공제하는 방식을 원칙으로 하되, 이 방법이 불합리하거나 다른 방법이 오히려 합리적이고 타당한 경우에는 예외적으로 구입 시 가격 또는 재구입 가격을 현재시가로 인정하기도 한다.

(4) 화재피해액 산정방식

① 화재로 인한 피해액의 산정방법에 있어서 복성식평가법을 취하는 것과 피해물의 현재시가 산정을 재구입(재건축 또는 재취득) 가액으로 하는 것을 원칙으로 정하나, 예외적으로 매매사례비교법 및 수익환원법을 사용하기도 하며 그 경우에 맞는 현재시가를 사용한다.
② 그러나 일반적인 화재로 인한 모든 피해물의 피해액 산정은 재건축비 또는 재취득 가격에서 사용기간 감가를 하는 방식에 따르는 것으로 한다.

> 화재피해액 = 재건축비 또는 재취득 가격 - 사용기간 감가수정액

참고 일부 수선 또는 수리의 경우 재건축비나 재취득 가격은 수선비 또는 수리비가 된다.

3 화재피해액 산정과 관련된 용어의 정의 17 18 19 21

(1) 현재가(시가)

피해물과 같거나 비슷한 물품, 용도, 구조, 형식, 시방능력을 가진 것을 재구입하는 데 소요되는 금액에서 사용기간 손모 및 경과기간으로 인한 감가공제를 한 금액 또는 동일하거나 유사한 물품의 시중거래 가격의 현재의 가액을 말한다.

$$\text{현재가(시가)} = \text{재구입비} - \text{감가수정액}$$

(2) 재구입비

화재 당시의 피해물과 같거나 비슷한 것을 재건축(설계·감리비를 포함한다) 또는 재취득하는 데 소요되는 금액을 말한다.

(3) 소실면적

건물의 소실면적 산정은 소실 바닥면적으로 산정한다.

(4) 잔가율

① 화재 당시에 피해물의 재구입비에 대한 현재가의 비율을 말한다.
② 이는 화재 당시 피해물에 잔존하는 경제적 가치의 정도로서, 피해물의 현재가치는 재구입비에서 사용기간에 따른 손모 및 경과기간으로 인한 감가액을 공제한 금액이 되므로, 잔가율은 다음과 같다.

- 현재가(시가) = 재구입비 × 잔가율
- 잔가율 = 100% - 감가수정률
- $\text{잔가율} = \dfrac{\text{재구입비} - \text{감가수정액}}{\text{재구입비}}$
- $\text{잔가율} = 1 - (1 - \text{최종잔가율}) \times \dfrac{\text{경과년수}}{\text{내용연수}}$

(5) 내용연수(내구년한)

고정자산을 경제적으로 사용할 수 있는 년수를 말한다. 통상적으로 물리적 내용연수에 비해 경제적 내용연수가 더 짧은 것이 보통이며, 실무상 피해물의 피해액 산정에는 경제적 내용연수를 적용하게 된다.
① 물리적 내용연수 : 고정자산을 정상적인 방법으로 관리했을 경우 기술적으로 이용 가능할 것으로 예측되는 기간
② 경제적 내용연수 : 고정자산의 사용가치 및 교환가치 등을 고려한 경제적 이용 가능한 기간

(6) 경과연수

피해물의 사고일 현재까지 경과기간을 말하는데 건물의 경우 신축일로부터, 기타 재산의 경우 구입일로부터 시작하여 사고일 현재까지의 경과한 기간이다. 화재피해액 산정에 있어서 경과연수는 연 단위까지 반영(연 미만 기간은 버린다)하는 것을 원칙으로 하고, 연 단위의 반영이 불합리한 결과를 초래하는 경우에 월 단위까지 반영(월 미만기간은 버린다)할 수 있다.

(7) 최종잔가율

피해물의 경제적 내용연수가 끝난 경우 잔존하는 가치의 재구입비에 대한 비율이다.

① 건물, 부대설비, 구축물, 가재도구 : 20%
② 그 이외의 자산 : 10%

(8) 손해율

피해물의 종류, 손상 상태 및 정도에 따라 피해액을 적정화시키는 일정한 비율이다.

(9) 신축단가

화재피해 건물과 같거나 비슷한 규모, 구조, 용도, 재료, 시공방법 및 시공상태 등에 의해 새로운 건물을 신축했을 경우의 m²당 단가로써, 한국감정원에서 격년으로 발간하는 '건물신축단가표'에 의한 금액을 말한다.

4 화재피해액 산정 시 유의사항

(1) 간이평가방식에 의한 산정의 도입

① 화재피해액은 화재 당시의 피해물과 동일한 구조, 용도, 질, 규모를 재건축 또는 재구입하는 데 소요되는 가액에서 사용손모 및 경과연수에 따른 감가공제를 하고 현재가액을 산정하는 실질적·구체적 방식에 의한다. 단, 회계장부상 현재가액이 입증된 경우에는 그에 의한다.
② 그럼에도 불구하고 정확한 피해물품을 확인하기 곤란하거나 기타 부득이한 사유에 의하여 실질적·구체적 방식에 의할 수 없는 경우에는 소방청이 정하는 화재피해액산정매뉴얼(이하 "매뉴얼"이라 한다)의 간이평가방식으로 산정할 수 있다.
③ 간이평가방식에 의한 피해액 산정의 결과가 실제 피해액과 차이가 클 경우에는 간이평가방식 사용해서는 안 된다. 따라서 간이평가방식에 의해 화재피해액을 산정하는 경우에는 그 결과와 실질적·구체적 방식에 의해 산정한 결과와 상호 비교해 보아야 한다.

(2) 특수한 경우 산정 시 우선 적용사항 17 18 22

특수한 경우	산정방식
건물에 있어서 문화유산	별도의 피해액 산정기준에 의한다.
철거건물 및 모델하우스	별도의 피해액 산정기준에 의한다.
중고구입기계장치 및 집기비품의 제작 연도를 알 수 없는 경우	신품가액의 30~50%를 재구입비로 하여 피해액을 산정한다.
중고기계장치 및 중고집기비품의 시장거래가격이 신품가격보다 높을 경우	신품가액을 재구입비로 하여 피해액으로 한다.
중고기계장치 및 중고집기비품의 시장거래가격이 신품가액에서 감가수정을 한 금액보다 낮을 경우	중고기계장치의 시장거래가격을 재구입비로 하여 피해액으로 한다.
공구·기구, 집기비품, 가재도구를 일괄하여 피해액을 산정할 경우	재구입비의 50%를 피해액으로 한다.
재고자산의 상품 중 견본품, 전시품, 진열품의 경우	구입가의 50~80%를 피해액으로 한다.

제3절 대상별 화재피해액 산정기준 [21] [22]

1 건물 등의 피해산정 [13] [17] [18]

화재로 인한 건물 등의 피해액 산정에 있어서는 건물과 부대설비, 구축물, 영업시설 등으로 구분하여야 한다. 건물의 부속물과 부착물은 건물에 포함시켜 피해액을 산정하고, 건물 외에 부대설비, 구축물, 영업시설 등에 대해서는 별도의 피해액 산정 방법에 따라 피해액을 산정해야 하므로, 이를 분리하여 산정한 후 건물피해액에 합산하는 방식을 취하여야 한다.

따라서 건물 외에 부대설비, 구축물, 영업시설 등이 별도로 있지 아니하거나 있다 하더라도 별다른 피해가 있지 아니하는 경우에는 건물만의 피해액을 산정하면 되며, 건물 외의 피해 내용이 경우에는 해당 부분의 피해액을 산정하여 건물 피해액에 합산 하여야 한다.

더불어 화재가 발생한 경우 화재로 인한 건물 및 동산의 잔존물 내지 유해물 또는 폐기물 등이 발생하는데, 이를 제거하거나 처리하는 비용을 피해액 산정에 반영해야 한다.

> 건물 등의 피해액 = 건물 피해액 + 부대설비 피해액 + 구축물 피해액 + 시설 피해액
> + 잔존물 또는 폐기물 등의 제거 및 처리비

(1) 건물의 피해액 산정 [19]

화재로 인한 건물의 피해액은 화재피해 대상 건물과 동일한 구조, 용도, 질, 규모의 건물을 재건축하는 데 소요되는 금액(이하 '재건축비'라 함)에서 사용손모 및 경과연수에 대응한 감가공제를 한 다음 손해율을 곱한 금액이 된다.

따라서 화재로 인한 건물의 피해액은 다음 산식에 의해 계산된다.

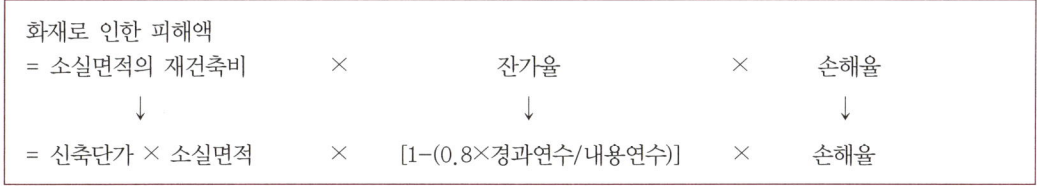

① 소실면적 [17]
  ㉠ 건물의 소실면적 산정은 소실 바닥면적으로 산정한다.
  ㉡ 화재 피해액을 산정하기 위한 피해면적으로서 화재피해를 입은 건물의 연면적(건물의 각층의 면적 합계)을 말한다.
   예 철근콘크리트조 슬래브지붕 4층 건물의 2층에서 화재가 발생하여 1층 점포 25㎡(바다면적 기준)가 그을음손 및 수침손을 입고, 2층과 3, 4층 70㎡(바닥면적 기준) 내부가 전소하는 화재가 피해가 발생하였다. 소실면적은 얼마인가?
   → 화재로 인해 피해를 입어 수리 등을 해야 할 입체적 면적이 1층 25㎡, 2층과 3, 4층 각각 70㎡라면 소실면적은 25+70+70+70=235㎡이다.

② 소실면적의 재건축비

> 소실면적 × 신축단가

③ 잔가율 [17]

화재 당시에 피해물의 재구입비에 대한 현재가의 비율로 화재 당시 건물에 잔존 하는 가치의 정도를 말한다.

건물의 현재가치 = 재구입비 – 사용손모 및 경과기간으로 인한 감가액을 공제한 금액

> 잔가율 = 1 – (1 – 최종잔가율) × 경과연수/내용연수
> (건물의 최종잔가율이 20%이므로)
> 잔가율 = [1 – (0.8 × 경과연수/내용연수)]

④ 신축단가

화재피해 건물과 같거나 비슷한 규모, 구조, 용도, 재료, 시공방법 및 시공상태 등에 의해 새로운 건물을 신축했을 경우의 m²당 단가로써, 한국화재보험협회에서 발간하는 특수건물 보험가액 평가기준표의 금액을 참조하여 만든 건물신축단가표에 의한다.

⑤ 내용연수 : 해당건물의 용도, 구조 및 마감재 등을 기준하여 작성된 대한손해보험협회의「보험가액 및 손해액의 평가기준」을 참고로 작성된 건물신축단가표의 내용연수에 따라 기재한다.

⑥ 경과연수 [17] [19]

화재피해 대상 건물이 건축일로부터 사고일 현재까지 경과한 년수를 말한다.
㉠ 건축일은 건물의 사용승인일 또는 사용승인일이 불분명한 경우 : 실제 사용한 날 기준
㉡ 건물의 일부를 개축 또는 대수선한 경우 : 경과연수를 다음과 같이 수정적용

재건축비의 50% 미만 개·보수한 경우	최초 건축년도를 기준으로 경과연수를 산정
재건축비의 50·80%를 개·보수한 경우	최초 건축년도를 기준으로 한 경과연수와 개·보수한 때를 기준으로 한 경과연수를 합산 평균하여 경과연수를 산정
재건축비의 80% 이상 개·보수한 경우	개·보수한 때를 기준으로 경과연수를 산정

⑦ 건물의 소손 정도에 따른 손해율 [17] [18] [19]

화재로 인한 피해 정도	손해율(%)
주요구조체의 재사용이 불가능한 경우	90, 100
주요구조체는 재사용이 가능하나 기타 부분의 재사용이 불가능한 경우(공동주택, 호텔, 병원)	65
주요구조체는 재사용이 가능하나 기타 부분의 재사용이 불가능한 경우(일반주택, 사무실, 점포)	60
주요구조체는 재사용이 가능하나 기타 부분의 재사용이 불가능한 경우(공장, 창고)	55
천장, 벽, 바닥 등 내부마감재 등이 소실된 경우	40
천장, 벽, 바닥 등 내부마감재 등이 소실된 경우(공장, 창고)	35
지붕, 외벽 등 외부마감재 등이 소실된 경우(나무구조 및 단열패널조 건물의 공장 및 창고)	25, 30
지붕, 외벽 등 외부마감재 등이 소실된 경우	20
화재로 인한 수손 시 또는 그을음만 입은 경우	5, 10

(2) 특수한 경우의 피해액 산정 [19]

산정대상	산정기준
건물에 대한 문화유산	감가액 공제 없이 전문가(문화유산 관계자 등)의 감정에 의한 가격을 현재가로 한다.
철거건물	퇴거 또는 철거가 예정된 건물에 있어서는 철거 예정일 이후의 사용·수익은 불가능한 것으로 보아야 하므로, 사고일로부터 철거일까지 기간을 잔여내용연수로 보아 잔여내용연수 기간의 감가율에 최종잔가율 20%를 합한 비율을 당해 건물의 잔가율로 하여 피해액을 산정한다. 철거건물의 피해액 = 재건축비 × [0.2 + (0.8 × $\frac{잔여내용연수}{내용연수}$)]
모델하우스	실제 존치할 기간을 내용연수로 하여 피해액을 산정하고 최종잔가율은 20%로 한다. 내용연수 및 경과연수는 연 단위까지 산정한다.
복합구조 건물	• 연면적에 대한 내용연수와 경과연수를 고려한 잔가율을 산정한 후 합산평균한 잔가율을 적용하여 피해액을 산정한다. • 다만 복합구조, 용도, 증축 또는 개축한 부분이 건물 전체 연면적(증축 및 개축한 부분 포함한 면적)의 20% 이하인 경우에는 주된 건물의 잔가율을 적용한다.

2 부대설비, 구축물, 영업시설 등의 피해액 산정

(1) 부대설비 [17]

산정방식	산정기준
간이평가방식	① 기본적 전기설비 외에 자동화재탐지설비·방송설비·TV공시청설비·피뢰침설비·DATA설비·H/A설비 등의 전기설비와 위생설비가 있는 경우 = 소실면적 재설비비 × 잔가율 × 손해율 = 신축단가 × 소실면적 × 5% × [1 − (0.8 × 경과연수/내용연수)] × 손해율 ② 위 전기설비 + 위생설비 + 난방설비가 있는 경우 = 소실면적 재설비비 × 잔가율 × 손해율 = 신축단가 × 소실면적 × 10% × [1 − (0.8 × 경과연수/내용연수)] × 손해율 ③ 위 전기설비 + 위생설비 + 난방설비 + 소화설비 및 승강기설비가 있는 경우 = 소실면적 재설비비 × 잔가율 × 손해율 = 신축단가 × 소실면적 × 15% × [1 − (0.8 × 경과연수/내용연수)] × 손해율 ④ 위 전기설비+위생설비+난방설비+소화설비+승강기설비+냉난방설비 및 수변전설비가 있는 경우 = 소실면적 재설비비 × 잔가율 × 손해율 = 신축단가 × 소실면적 × 20% × [1 − (0.8 × 경과연수/내용연수)] × 손해율 전등 및 전열설비 등 기본적 전기설비만 되어 있는 경우에는 해당 기본 전기설비는 건물신축단가표의 표준단가에 포함되어 있으므로, 간이평가방식에 의한 산정에서는 별도로 부대영업시설 피해액을 산정하지 아니한다.
실질적·구체적 방식	• 간이평가방식이 곤란한 경우 부대설비 피해액 산정방식이다. = 소실단위(면적, 개소 등)의 재설비비 × 잔가율 × 손해율 = 단위(면적, 개소 등)당 표준단가 × 피해단위 × [1 − (0.8 × 경과연수/내용연수)] × 손해율
수리비에 의한 방식	• 부대설비의 수리가 가능하고 그 수리비가 입증되는 경우에는 산정방식이다. = 수리비 × [1 − (0.8 × 경과연수/내용연수)] • 수리비가 공구·기구 재구입비의 20% 미만인 경우에는 감가공제를 하지 아니한다. • 전문업자의 견적서를 토대로 하되, 2곳 이상의 업체로부터 받은 견적금액을 평균하여 수리비용으로 산정한다.

(2) 구축물 피해액 산정

산정방식	산정기준
간이평가방식	• 소실단위(길이·면적·체적)의 재건축비 × 잔가율 × 손해율 • 단위(m, m², m³)당 표준단가 × 소실단위 × [1 − (0.8 × 경과연수/내용연수)] × 손해율
회계장부에 의한 산정방식	• 구축물의 피해액 = 소실단위의 회계장부상 구축물가액 × 손해율 • 회계장부상 구축물의 현재가액에는 사용손모 또는 경과연수에 대응한 감가공제가 이미 이루어진 상태이므로, 다시 감가공제를 하지 않는다.
원시건축비 방식	소실단위의 원시건축비 × 물가상승률 × [1 − (0.8 × 경관연수/내용연수)]
수리비에 의한 방식	• 수리비 × [1 − (0.8 × 경과연수/내용연수)] • 수리비가 공구·기구 재구입비의 20% 미만인 경우에는 감가공제를 하지 아니한다. • 전문업자의 견적서를 토대로 하되, 2곳 이상의 업체로부터 받은 견적금액을 평균하여 수리비용으로 산정한다.

(3) 영업시설 21

산정방식	산정기준
간이평가방식	m²당 표준단가 × 소실면적 × [1 − (0.9 × 경과연수/내용연수)] × 손해율
수리비에 의한 방식	수리비 × [1 − (0.9 × 경과연수/내용연수)]

(4) 피해액 산정요인

① 소실면적 또는 소실단위

화재피해액을 산정하기 위한 피해면적 또는 피해단위(개소, EA 등)로서 화재피해를 입은 부대설비·구축물·영업시설의 피해연면적 내지 피해물의 수용면적 또는 피해단위를 말한다.

> **⊕ Plus one**
>
> 공공청사 건물의 3층 495m², 4층 495m²에 시설된 P형 자동화재탐지설비의 회로가 소실된 경우에 있어 부대설비의 소실면적은 얼마인가?
> 피해를 입은 자동화재탐지설비의 수용면적은 990m²이므로, 부대설비 피해액 산정에 있어서 소실면적은 990m²이다.

② 소실면적 또는 소실단위의 재건축비 19

㉠ 부대설비 소실면적 또는 소실단위의 재설비비

ⓐ 간이평가방식에 의한 피해액 산정의 경우 : 소실면적에 해당 건물의 신축단가와 설비 종류별 재설비비 비율(5·20%)을 곱한 금액

ⓑ 실질적·구체적 방식에 의한 피해액 산정의 경우 : 소실면적 또는 소실단위당 표준단가에 피해단위를 곱한 금액

⊕ Plus one

- 철근콘크리트조 슬래브지붕(4급 – m²당 표준단가는 632,000원)의 4층 사무실건물의 3층에 화재가 발생하여 300m²에 수용된 전기설비, 위생설비, 난방설비, 소화설비, 승강기설비, 냉난방설비, 수변전설비가 소실되었다. 간이평가방식으로 산정 시 소실면적의 부대설비 재설비비(비율은 20%일 경우)는 얼마인가?
  632,000원 × 300m² × 20% = 37,920,000원
- 300m²에 설비된 옥내소화전 3개소가 소실되었다. 옥내소화전의 품질, 규격, 재질, 가격, 화재 전 상태가 '중'인 경우(단가 3,500,000원) 소실면적의 부대설비 재설비비를 실질적·구체적 방식으로 구하면 얼마인가?
  3개소 × 3,500,000원 = 10,500,000원

ⓒ 구축물 소실단위(길이, 면적, 체적)의 재건축비
    ⓐ 회계장부에 의해 피해액을 산정하는 경우 : 회계장부상 구축물 전체의 현재가액에 피해단위(길이, 면적, 체적)의 전체단위(길이, 면적, 체적)에 대한 비율을 곱한 금액
    ⓑ 원시건축비 방식에 의해 피해액을 산정하는 경우 : 원시건축비에 물가상승률과 피해단위(길이, 면적, 체적)의 전체단위(길이, 면적, 체적)에 대한 비율을 곱한 금액
    ⓒ 간이평가방식에 의한 피해액 산정의 경우 : 단위(m, m², m³)당 표준단가에 피해단위를 곱한 금액

⊕ Plus one

- 3년 전에 증축된 지하공동구에 화재가 발생하여 공동구 500m² 및 공동구에 수용된 매설물(전선케이블, 광케이블 등)이 소실되었다. 공동구 15,000m² 및 공동구에 수용된 매설물의 회계장부상 현재가액은 210억원이다. 소실면적의 구축물 재건축비를 회계장부에 의해 피해액을 산정하는 경우 얼마인가?
  210억원 × 500m²/15,000m² = 7억원
- 고가도로 밑을 지나던 유조차에 불이 나 철골조 고사 500m²가 그을음손을 입고, 콘크리트 일부가 파손되는 피해가 발생하였다. 고가도로 전체 면적은 4,000m²로 5년 전에 건축되었으며, 원시건축비는 12억원이다. 소실면적의 구축물 재건축비는 얼마인가?(단, 원시건축비 방식에 의해 피해액을 산정할 것)
  12억원 × 118% × 500m²/4,000m² = 177,000,000원
- 건물에 화재가 발생하여 암석 및 콘크리트로 건축된 옹벽이 소손되어 30m²의 보수를 필요로 한다. 소실체적의 구축물 재건축비는 얼마인가?(단, 간이평가방식에 의해 피해액을 산정할 것)
  110,000원 × 30m² = 3,300,000원

ⓒ 영업시설 소실면적의 재시설비

$$\text{업종별 m}^2\text{당 표준단가} \times \text{소실면적}$$

③ 잔가율

> 잔가율
> - 화재 당시 부대설비·구축물·영업시설에 잔존하는 가치의 정도
> - 부대설비·구축물·영업시설의 현재가치의 재건축비에 대한 비율로 표시
> - 부대설비·구축물·영업시설의 현재가치는 재구입비에서 사용손모 및 경과기간으로 인한 감가액을 공제한 금액이 되므로
> = [1 − (1 − 최종잔가율) × 경과연수/내용연수]

㉠ 구축물 및 부대설비의 잔가율

> [1 − (0.8 × 경과연수/내용연수)] ← (최종잔가율이 20%이므로)

㉡ 영업시설의 잔가율

> [1 − (0.9 × 경과연수/내용연수)] ← (최종잔가율이 10%이므로)

④ 신축단가 또는 단위당 표준단가
  ㉠ 부대설비
    ⓐ 간이평가방식 : 건물신축단가표에서 건물 용도별·구조별·급수별 m^2당 표준단가를 사용
    ⓑ 실질적·구체적 방식 : 재설비비 단가표상의 부대설비의 종류에 따른 m^2당, 대당, 개소당, 회선당, Set당, KVA당, KW당, 객실당, Bed당, 헤드당, 병당, Point당, 레인당 등의 단위당 표준단가를 사용
  ㉡ 구축물
    ⓐ 회계장부 또는 원시건축비에 의한 방식 : 신축단가 또는 단위당 단가는 불필요
    ⓑ 간이평가방식 : 산정기준에서 별도로 정한 m당, m^2당, m^3당 등의 단위당 표준단가
  ㉢ 영업시설
    간이평가방식 : 산정기준에서 별도로 정한 업종별·상태별 m^2당 표준단가

⑤ 내용연수
  ㉠ 부대설비의 내용연수 : 화재피해액 산정은 경제적 내용연수를 적용해야 하므로, 건물신축단가표 내용연수 적용
  ㉡ 구축물의 내용연수 : 50년으로 일괄 적용
  ㉢ 영업시설의 내용연수
    ⓐ 업종별 자산의 내용연수 적용
    ⓑ 업종별 자산의 내용연수를 달리해야 하는 숙박 및 음식점 : 6년으로 일괄 적용

⑥ 경과연수
  ㉠ 화재피해 대상 건물의 부대설비, 구축물, 영업시설의 설치일로부터 사고일까지 경과한 연수이다.
  ㉡ 부대설비, 구축물, 영업시설을 설비한 날에 대해서는 확실한 조사를 하여야 한다.
  ㉢ 부대설비, 구축물, 영업시설의 일부를 개수 또는 보수한 경우에 있어서는 경과연수를 다음과 같이 적용한다.
    ⓐ 재설치비의 50% 미만 개·보수한 경우 : 최초 설치연도를 기준으로 경과연수를 산정
    ⓑ 재설치비의 50·80%를 개·보수한 경우 : 최초 설치연도를 기준으로 한 경과연수와 개·보수한 때를 기준으로 한 경과연수를 합산하고 평균하여 경과연수를 산정
    ⓒ 재설치비의 80% 이상 개·보수한 경우 : 개·보수한 때를 기준으로 하여 경과연수를 산정

⑦ 손해율 [18]
　㉠ 부대설비의 손해율
　　전기설비(화재탐지설비 등)에 있어서는 사소한 수침, 그을음손을 입은 경우라 하더라도 회로의 이상이 있거나 단선 또는 단락의 경우 전부손해로 간주하여 100%의 손해율로 하고 기타설비는 다음 표를 적용한다.

화재로 인한 피해 정도	손해율(%)
주요구조체의 재사용이 거의 불가능하게 된 경우	100
손해 정도가 상당히 심한 경우	60
손해 정도가 다소 심한 경우	40
손해 정도가 보통적인 경우	20
손해 정도가 경미한 경우	10

　　참고 각 항목별 손해율은 부대설비의 종류, 손상상태 및 정도 등을 고려하여 적용하되, 조사자의 판단에 따라 5% 범위 내에서 가감할 수 있다.

　㉡ 구축물의 손해율 : 건물의 손해율 준용
　㉢ 영업시설의 손해율

화재로 인한 피해 정도	손해율(%)
불에 타거나 변형되고 그을음과 수침 정도가 심한 경우	100
손상 정도가 다소 심하여 상당부분 교체 내지 수리가 필요한 경우	60
영업시설의 일부를 교체 또는 수리하거나 도장 내지 도배가 필요한 경우	40
부분적인 소손 및 오염의 경우	20
세척 내지 청소만 필요한 경우	10

3 기계장치, 공구 및 기구, 집기비품, 가재도구의 피해액산정

(1) 기계장치 [18] [19]

① 피해액 산정기준

산정방식	산정기준
실질적·구체적 방식	• 재구입비 × 잔가율 × 손해율 • 재구입비 × [1 − (0.9 × 경과연수/내용연수)] × 손해율
감정평가서에 의한 피해액 산정방식	감정평가서상의 현재가액 × 손해율
회계장부에 의한 피해액 산정방식	회계장부상의 현재가액 × 손해율
수리비에 의한 방식	• 수리비 × [1 − (0.9 × 경과연수/내용연수)] • 수리비가 공구·기구 재구입비의 20% 미만인 경우에는 감가공제를 하지 아니한다. • 전문업자의 견적서를 토대로 하되, 2곳 이상의 업체로부터 받은 견적금액을 평균하여 수리비용으로 산정한다.
특수한 경우의 산정방식	• 중고 집기비품으로서 제작년도를 알 수 없는 경우 : 신품 재구입비의 30~50% • 중고품 가격이 신품가격보다 비싼 경우 : 신품가격 • 중고품 가격이 신품가격에서 감가공제를 한 금액보다 낮을 경우 : 중고품 가격 중고품 기계의 시장거래가격을 재구입비

② 기계장치 피해액 산정요인

산정요인	산정기준
잔가율	원칙 : [1 − (0.9 × 경과연수/내용연수)] ← (최종잔가율이 10%이므로)
내용연수	기계 시가조사표에 따른다. 이는 조달청 고시 내용연수를 적용한 것이다.
경과연수	• 화재피해 대상 기계장치의 제작일로부터 사고일 현재까지 경과한 연수이다. • 기계장치의 제작일에 대하여 확실한 조사를 하여야 하며, 중고구입기계로서 기계장치의 제작일을 알 수 없는 경우에는 별도의 피해액 산정방법에 따른다.
손해율 19	화재로 인한 피해 정도 / 손해율(%) 표 아래 참조

화재로 인한 피해 정도	손해율(%)
Frame 및 주요부품이 소손되고 굴곡·변형되어 수리가 불가능한 경우	100
Frame 및 주요부품을 수리하여 재사용 가능하나 소손 정도가 심한 경우	50~60
화염의 영향을 받아 주요부품이 아닌 일반 부품 교체와 그을음 및 수침오염 정도가 심하여 전반적으로 Overhaul이 필요한 경우	30~40
화염의 영향을 다소 적게 받았으나 그을음 및 수침오염 정도가 심하여 일부 부품교체와 분해조립이 필요한 경우	10~20
그을음 및 수침오염 정도가 경미한 경우	5

(2) 공구 및 기구

① 피해액 산정기준

피해액 산정방식	산정기준
실질적·구체적 방식	• 재구입비 × 잔가율 × 손해율 • 재구입비 × [1 − (0.9 × 경과연수/내용연수)] × 손해율
회계장부에 의한 피해액 산정방식	회계장부상의 현재가액 × 손해율
수리비에 의한 방식	• 수리비 × [1 − (0.9 × 경과연수/내용연수)] • 수리비가 공구·기구 재구입비의 20% 미만인 경우에는 감가공제를 하지 아니한다. • 전문업자의 견적서를 토대로 하되, 2곳 이상의 업체로부터 받은 견적금액을 평균하여 수리비용으로 산정한다.

② 공구·기구 피해액 산정요인

산정요인	산정기준
잔가율	• 원칙 : [1 − (0.9 × 경과연수/내용연수)] ← (최종잔가율이 10%이므로) • 일괄적용의 경우 : 잔가율을 50% 일괄 적용할 수 있다.
내용연수	• 개별적으로 피해액을 산정하는 경우 : 잔가율 산정을 위해 내용연수의 확인이 필요 • 일괄 적용하는 경우 : 내용연수 불필요
경과연수	• 개별적으로 피해액을 산정하는 경우 : 잔가율 산정을 위해 내용연수의 확인이 필요 • 일괄 적용하는 경우 : 내용연수 불필요
손해율 17 19 21	아래 표 참조

화재로 인한 피해 정도	손해율(%)
50% 이상 소손되고 그을음 및 수침오염 정도가 심한 경우	100
손해 정도가 다소 심한 경우	50
손해 정도가 보통인 경우	30
오염·침손의 경우	10

(3) 집기비품

집기비품이라 함은 일반적으로 직업상의 필요에서 사용 또는 소지되는 것으로서 점포나 사무소에 소재하는 것을 말한다.

① 집기비품의 피해액 산정기준

피해액 산정방식	산정기준
실질적·구체적 방식	• 재구입비 × 잔가율 × 손해율 • 재구입비 × [1 − (0.9 × 경과연수/내용연수)] × 손해율
간이평가방식	• m²당 표준단가 × 소실면적 × [1 − (0.9 × 경과연수/내용연수)] × 손해율 • 집기비품 전체에 대하여 총체적·개괄적 재구입비를 구하는 경우, 집기비품 전체의 재구입비는 업종별·상태별 m²당 표준단가에 소실된 집기비품의 수용면적을 곱한 금액으로 한다. • m²당 표준단가(천원) <table><tr><th colspan="3">상가·점포</th><th colspan="3">사무실</th></tr><tr><th>상</th><th>중</th><th>하</th><th>상</th><th>중</th><th>하</th></tr><tr><td>240</td><td>180</td><td>120</td><td>150</td><td>90</td><td>60</td></tr></table>
회계장부에 의한 방식	회계장부상의 현재가액 × 손해율
수리비에 의한 방식	• 수리비 × [1 − (0.9 × 경과연수/내용연수)] • 수리비가 공구·기구 재구입비의 20% 미만인 경우에는 감가공제를 하지 아니한다. • 전문업자의 견적서를 토대로 하되, 2곳 이상의 업체로부터 받은 견적금액을 평균하여 수리비용으로 산정한다.
특수한 경우의 산정방식	• 중고 집기비품으로서 제작년도를 알 수 없는 경우 : 신품 재구입비의 30~50% • 중고품 가격이 신품가격보다 비싼 경우 : 신품가격 • 중고품 가격이 신품가격에서 감가공제를 한 금액보다 낮을 경우 : 중고품 가격 중고품 기계의 시장거래가격을 재구입비

② 집기비품의 피해액 산정요인

산정요인	산정기준
잔가율	• 원칙 : [1 − (0.9 × 경과연수/내용연수)] ← (최종잔가율이 10%이므로) • 일괄적용의 경우 : 잔가율을 50% 일괄 적용할 수 있다.
내용연수	• 개별적으로 피해액을 산정하는 경우 : 잔가율 산정을 위해 내용연수의 확인이 필요 • 일괄 적용하는 경우 : 내용연수 불필요
경과연수	• 개별적으로 피해액을 산정하는 경우 : 잔가율 산정을 위해 내용연수의 확인이 필요 • 일괄 적용하는 경우 : 내용연수 불필요
손해율	<table><tr><th>화재로 인한 피해 정도</th><th>손해율(%)</th></tr><tr><td>50% 이상 소손되고 그을음 및 수침오염 정도가 심한 경우</td><td>100</td></tr><tr><td>손해 정도가 다소 심한 경우</td><td>50</td></tr><tr><td>손해 정도가 보통인 경우</td><td>30</td></tr><tr><td>오염·침손의 경우</td><td>10</td></tr></table>

(4) 가재도구의 피해액 산정 17 18

가재도구라 함은 일반적으로 개인의 가정생활도구로서 소유 또는 사용하고 있는 가구, 전자제품, 주방용구, 의류, 침구류, 식량품, 연료, 기타 가정생활에 필요한 일체의 물품을 말한다.

① 가재도구의 피해액 산정기준

피해액 산정방식	산정기준
실질적·구체적 방식	• 재구입비 × 잔가율 × 손해율 • 재구입비 × [1 − (0.8 × 경과연수/내용연수)] × 손해율
간이평가방식	• 평가항목별 기준액에 가중치를 곱한 후 모두 합산한 금액으로 한다. • [(주택 종류별·상태별 기준액 × 가중치) + (주택 면적별 기준액 × 가중치) + (거주 인원별 기준액 × 가중치) + (주택가격(㎡당)별 기준액 × 가중치)] × 손해율
수리비에 의한 방식	• 수리비 × [1 − (0.8 × 경과연수/내용연수)] • 수리비가 공구·기구 재구입비의 20% 미만인 경우에는 감가공제를 하지 아니한다. • 전문업자의 견적서를 토대로 하되, 2곳 이상의 업체로부터 받은 견적금액을 평균하여 수리비 용으로 산정한다.
특수한 경우의 산정방식	• 중고 집기비품으로서 제작년도를 알 수 없는 경우 : 신품 재구입비의 30~50% • 중고품 가격이 신품가격보다 비싼 경우 : 신품가격 • 중고품 가격이 신품가격에서 감가공제를 한 금액보다 낮을 경우 : 중고품 가격

② 가재도구의 피해액 산정요인 18 22

산정요인	산정기준	
잔가율	• 원칙 : [1 − (0.8 × 경과연수/내용연수)] ← (최종잔가율이 20%이므로) • 일괄적용의 경우 : 잔가율을 50% 일괄 적용할 수 있다.	
내용연수	• 개별적으로 피해액을 산정하는 경우 : 잔가율 산정을 위해 내용연수의 확인이 필요 • 일괄 적용하는 경우 : 내용연수 불필요	
경과연수	• 개별적으로 피해액을 산정하는 경우 : 잔가율 산정을 위해 내용연수의 확인이 필요 • 일괄 적용하는 경우 : 내용연수 불필요	
손해율	화재로 인한 피해 정도	손해율(%)
	50% 이상 소손되고 그을음 및 수침오염 정도가 심한 경우	100
	손해 정도가 다소 심한 경우	50
	손해 정도가 보통인 경우	30
	오염·침손의 경우	10
	의류 또는 가구 등에 있어 세탁 및 청소에 의해 재사용 가능한 경우에는 10% 정도의 손해율을 적용 소손, 그을음 및 수손이 심한 경우에는 대체로 전부손해로 간주하여 100%의 손해율을 적용해도 무방하다.	

4 차량 및 운반구, 재고자산(상품 등), 예술품 및 귀중품, 동·식물의 피해액 산정

(1) 차량 및 운반구
① 차량 및 운반구 피해액 산정기준 [21]

산정대상	산정기준
자동차	• 시중매매가격(동일하거나 유사한 자동차의 중등도 가격) • 자동차의 부분소손 시 피해액 = 수리비
운반구	• 시중매매가격이 확인되지 아니하는 자동차 : 기계장치의 피해액 산정기준 적용 – 감정평가서가 있는 경우 : 감정평가서상의 현재가액에 손해율을 곱한 금액 – 감정평가서가 없는 경우 : 회계장부상의 현재가액에 손해율을 곱한 금액 – 감정평가서와 회계장부 모두 없는 경우 : 구입가격 또는 시중거래가격 – 수리가 가능한 경우에는 수리비에 감가공제를 한 금액을 피해액으로 한다.
재고자산	• 회계장부에 의한 산정방식 : 회계장부상의 구입가격 × 손해율 • 추정에 의한 방식 : 연간매출액 ÷ 재고자산 회전율 × 손해율 • 손해율 : 당해 재고자산의 잔존가치가 있는지 여부 및 처분 또는 매각 등이 가능한지 여부를 확인하여 환입금액이 있을 경우에는 이를 피해액에서 공제해야 한다.
예술 및 귀중품	• 감정서의 감정가액 = 전문가의 감정가액으로 하며, 감가공제는 하지 아니한다. • 가치를 손상하지 아니하고 원상태의 복원이 가능한 경우 : 원상회복에 소요비용
동물 및 식물	시중 매매가격을 화재로 인한 피해액으로 한다.

5 잔존물제거비 산정

(1) 잔존물제거비의 산정기준 [19]
화재로 인한 잔존물 내지 유해물 또는 폐기물을 제거하거나 처리하는 비용은 화재피해액의 10% 범위 내에서 인정된 금액으로 산정한다.

$$잔존물제거비 = 화재피해액 \times 10\%$$

6 화재피해 조사 및 피해액 산정순서 [17] [18] [21]

화재현장 조사	○ 전체적인 화재피해 규모 및 정도 파악 : 이재동수, 사상자수, 피해건물 및 면적 등 ○ 피해규모에 따른 조사인력, 조사범위, 순서 등의 판단
기본현황 조사	○ 산정대상 피해 여부 확인 후 피해내용 및 범위의 확인 : 부동산 및 기타 동산 ○ 건물은 용도, 구조, 규모 상태 확인 : 실사 확인사항 도면의 작성 후 대조 및 확인
피해정도 조사	○ 건물, 부대설비, 구축물, 시설의 피해 여부, 피해 정도, 피해면적(수량) 확인 ○ 기계장치, 가재도구, 차량 및 운반구 등의 피해 유무 및 품목별 피해 정도, 수량 확인
재구입비 산정	○ 피해 대상별 재구입비의 산정 　- 건물 : 건물신축단가표 확인 　- 부대설비 : 건물신축단가표 부대설비 종류별 재설비비 확인 　- 구축물, 공구 및 기구 : 회계장부 확인 　- 시설 : 업종별 시설단가표 확인 　- 기계장치 : 감정평가서 또는 회계장부 확인 　- 집기비품 : 회계장부 및 업종별 단가표 확인 　- 가재도구 : 주택종류 및 상태, 면적, 거주인원, 주택가격(m^2당)별 기준액 확인 　- 차량 및 운반구 : 시중매매가, 회계장부 확인 　- 재고자산 : 회계장부, 매출액 및 재고자산 회전율 확인 　- 예술품, 귀중품 : 감정가격 확인 　- 동물 및 식물 : 시중거래가 확인 ○ 피해내용별, 품목별 경과연수 및 내용연수 확인
피해액 산정	① 피해대상별 피해액 산정　② 잔존물 제거비 산정　③ 총 피해액의 합산

제4절 핵심요약

(1) 화재피해액
건물+부대설비+구축물+영업시설+잔존물 또는 폐기물 등의 제거 및 처리비

(2) 화재피해액 산정기준

산정대상	산정방식	산정기준
건 물		신축단가(m²당)×소실면적×[1−(0.8×경과연수/내용연수)]×손해율
철거건물		재건축비×[0.2+(0.8×경과연수/내용연수)]
부대설비	간이평가방식	건물신축단가×소실면적×설비종류별 재설비 비율×잔가율×손해율
	실체적·구체적 방식	단위(면적·개소 등)당 표준단가×잔가율×손해율
구축물	간이평가방식	소실단위의 회계장부상 구축물가액×손해율
	회계장부에 의한 방식	소실단위(길이·면적·체적)의 현재가액×손해율
	원시건축비에 의한 방식	소실단위(길이·면적·체적)의 재건축비×물가상승률×잔가율×손해율
영업시설	간이평가방식	소실면적의 재시설비×잔가율×손해율
	수리비에 의한 방식	수리비[1−(0.9×$\frac{경과연수}{내용연수}$)]
기계장치	실체적·구체적 방식	재구입비×잔가율×손해율
	감정평가서에 의한 산정방식	감정평가서상의 현재가액×손해율
	회계장부에 의한 방식	회계장부상의 현재가액×손해율
공구 기구	실체적·구체적 방식	재구입비×잔가율×손해율
	감정평가서에 의한 산정방식	감정평가서상의 현재가액×손해율
	회계장부에 의한 방식	회계장부상의 현재가액×손해율

공구·기구
- 실질적·구체적 방식 : 재구입비×잔가율×손해율
- 회계장부에 의한 피해액 방식 : 회계장부상의 현재가액×손해율

경과연수 내용연수

수리비에 의한 피해액 방식 : 수리비×[1−(0.9×$\frac{경과연수}{내용연수}$)]

집기비품
- 실질적·구체적 방식 : 재구입비×잔가율×손해율
- 간이평가방식 : 재구입비×잔가율×손해율
- 회계장부에 의한 피해액 방식 : 회계장부상의 현재가액×손해율

경과연수 내용연수

수리비에 의한 피해액 방식 : 수리비×[1−(0.9×$\frac{경과연수}{내용연수}$)]

가재도구
- 실질적·구체적 방식 : 재구입비×잔가율×손해율
- 간이평가방식 : [(주택종류별·상태별 기준액×가중치)+(주택면적별 기준액×가중치)+(거주인원별 기준액× 가중치)+(주택가격(m²당)별 기준액×가중치)]×손해율

수리비에 의한 피해액 방식 : 수리비×[1-(0.8×$\frac{경과연수}{내용연수}$)]

경과연수 내용연수
- 차량 및 운반구 : 시중매매가격, 수리비(부분소손 시)
- 재고자산 : 회계장부상의 구입가액×손해율
- ※ 추정에 의한 방식 : 년간매출액÷재고자산회전율×손해율
- 예술품 및 귀중품 : 감정서 및 전문가의 감정가액
- 동물 및 식물 : 시중매매가격 22
- 잔존물제거비 : 화재피해액×10%
- 건물 등의 피해액 = 건물+부대설비+구축물+영업시설+잔존물 또는 폐기물 등의 제거 및 처리비
- 잔존물 제거비의 산정기준
  - 이유 : 화재로 건물, 부대설비, 영업시설 등이 소손되거나 훼손되어 그 잔존물(잔해물) 또는 유해물이 폐기물이 발생된 경우, 이를 제거하는 비 용은 재건축비 내지 재취득비용에 포함되지 아니하므로 별도로 피해액을 산정해야 함
  - 화재로 인한 건물, 부대설비, 영업시설, 기계장치 공구·기구, 집기비품, 가재도구 등은 화재피해액의 10% 범위 내에서 인정된 금액으로 산정한다.
  - 화재피해액 산정대상 중에 잔존물제거비를 산입하지 않는 대상 : 철골조 건물, 기계장치, 공구 및 기구, 차량 및 운반구, 예술품 및 귀중품, 동물 및 식물의 피해액

PART 04 출제예상문제

01 다음 중 화재조사서류의 작성상 유의사항에 대한 설명으로 옳지 않은 것은?

① 화재조사서류는 앞에서 언급한 것과 같이 소방행정 제시의 기초자료로 하는 외에 사법기관의 증거자료도 된다.
② 화재조사 서류는 최대한 간결하고 명료한 문장으로 작성하여야 한다.
③ 과학용어·학술용어 등 말을 바꿀 수 없는 전문용어는 별개로 하되 원칙적으로 평이하고 알기 쉬운 문장으로 작성토록 노력한다.
④ 화재 1건을 처리하기 위해서는 같은 양식의 조사서류를 통일되게 작성해야 한다.

해설
④ 조사 각 서류 양식 작성목적의 이해 : 화재 1건을 처리하는 데는 많은 조사서류가 작성되며, 조사서류의 양식은 작성목적에 맞게 각각 다르게 되어 있다.

02 화재현장조사서에서 도면을 작성할 때의 요령을 잘못 연결한 것은?

① 건물의 배치 – 발화건물을 중심으로 한 건물 배치
② 발화실의 평면도 – 수용물의 개요를 중심으로
③ 소손건물의 각층 평면도 – 증거물건의 위치 등, 실측거리 기재
④ 사진촬영위치도 – 다른 도면과 병용하는 것도 가능

해설
도면작성 요령
㉠ 현장의 위치
㉡ 건물의 배치(발화건물을 중심으로 한 건물배치)
㉢ 소손건물의 각층 평면도(실 배치를 중심으로)
㉣ 발화실의 평면도(수용물의 개요를 중심으로)
㉤ 발화지점의 평면도(증거물건의 위치 등, 실측거리 기재)
㉥ 발화지점의 입면도
㉦ 사진촬영위치도(다른 도면과 병용하는 것도 가능)

03 다음 화재발생종합보고서 중 모든 화재에 공통적으로 작성해야 하는 서식으로 짝지은 것은?

① 화재현황조사서, 화재현장조사서
② 화재현황조사서, 질문기록서
③ 화재현장조사서, 화재(재산)피해조사서
④ 화재현장조사서, 화재유형별조사서

해설
화재발생종합보고서 운영 체계도

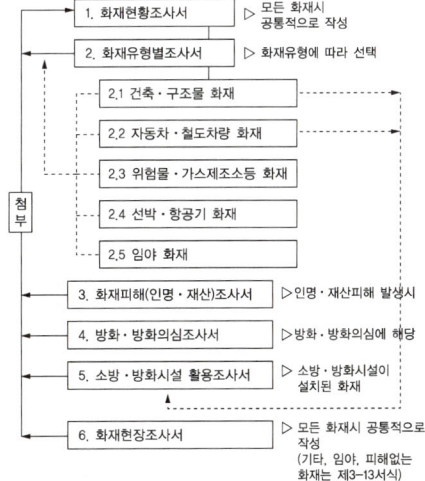

화재현황조사서·화재현장조사서는 모든 화재 시 공통작성 양식이다.

정답 01 ④ 02 ③ 03 ①

04 다음 화재현장조사서 작성 시 유의사항 중 "소손상황"의 내용으로 잘못된 것은?

① 소손상황에서는 단순히 복원 후의 소손상황이 기재되어 있으면 되는 것이 아니라 발굴의 진행상황을 알 수 있도록 해야 한다.
② 연소의 방향성이 명확하여 발화지점의 범위에서 완전히 배제가능한 부분이 있으면 거기에 존재하는 화원의 검토는 필요치 않게 되어 효율적이다.
③ 화원뿐만 아니라 이것과 관계된 소손물건에 대한 관찰·확인내용을 기재한다.
④ 건물구조재, 가구, 집기 등은 판별이 불가능할 정도로 소손되어 관찰·확인대상을 분명하게 알 수 없는 경우일 경우 '좌·우'로 방향을 표시한다.

해설
관찰·확인 위치 및 대상을 명확하게 할 것 : 조사현장의 건물구조재, 가구, 집기 등은 판별이 불가능할 정도로 소손될 수 있으므로 조사자의 위치, 관찰·확인의 방향, 관찰·확인의 대상을 명확히 하고, 좌우의 기준이 애매하거나 관찰·확인대상을 분명하게 알 수 없는 경우가 있으므로 '동, 서, 남, 북'의 방위를 표시한다.

05 다음 중 연역법에 의한 발화원인의 판정이 잘못 설명된 것은?

① 발화지점 내에 존재하는 화원을 전체적으로 열거
② 분석·측정기기 등에 의한 데이터의 제시
③ 재현실험에 의한 재현성의 확보
④ 각종 문헌을 인용한 객관성 있는 해설

해설
연역법에 의한 발화원인의 판정
• 분석·측정기기 등에 의한 데이터의 제시
• 재현실험에 의한 재현성의 확보
• 각종 문헌을 인용한 객관성 있는 해설
• 유사화재 사례의 유무확인

06 다음 중 화재현장조사서의 작성 시 유의사항으로 잘못된 것은?

① 주관적 판단이나 조사자가 의도하는 결론으로 유도하는 듯한 기재방법은 금한다.
② 문장을 강조하기 위하여 형용사를 가능한 많이 사용하여 조사서를 작성한다.
③ 화재현장조사서에서 기재되지 않은 사실은 화재조사시 확인·관찰한 것으로 화재원인판정에 인용할 수 없다.
④ 추상적이고 애매한 표현, 사실을 의도적으로 왜곡하는 과대한 표현은 피한다.

해설
② 문장을 강조하기 위하여 불필요한 형용사를 사용하여 조사서의 객관성을 잃어버리는 경우가 있으므로 주의해야 한다.

07 다음 중 "화재 당시 피해물의 재구입비에 대한 현재가의 비율"을 설명한 것으로 옳은 것은?

① 최종잔가율   ② 손해율
③ 잔가율   ④ 보정률

08 다음 중 화재로 인한 재산피해의 범위에 해당하지 않는 것은?

① 연기에 의한 그을음 피해
② 화재로 인한 영업손실의 피해
③ 소화활동으로 발생한 수손 피해
④ 화재로 인한 물품반출 중 발생한 피해

해설
재산피해의 범위에는 간접적 피해(영업손실, 신용상실)는 포함되지 않는다.

09 다음 화재조사 서류 작성에 대해 설명한 것 중 잘못된 것은?

① 피해액이 없는 화재는 화재현장조사서의 작성을 생략할 수 있다.
② 기타 화재는 질문기록서를 생략할 수 있다.
③ 임야 화재라 할지라도 화재현장출동보고서를 생략할 수는 없다.
④ 가로등 화재는 질문기록서를 생략할 수 있다.

해설
기타화재 중 쓰레기, 모닥불, 가로등, 전봇대 화재 및 임야 화재의 경우 질문기록서 작성을 생략할 수 있으나, 화재현장조사서와 화재현황조사서는 모든 화재에서 생략할 수 없다.

10 복합된 화재의 경우 유형을 결정할 때 가장 먼저 기준이 되는 것은?

① 사회통념
② 발화장소
③ 화재피해액
④ 화재조사관의 판단

해설
화재가 복합되어 발생한 경우에는 화재의 구분을 화재피해액이 많은 것으로 하고, 화재피해액이 같은 경우나 화재피해액이 큰 것으로 구분하는 것이 사회관념상 적당치 않을 경우에는 발화장소로 화재를 구분한다.

11 화재 피해액 산정에서 현재의 시가를 정하는 방법 중 원칙적으로 가장 옳은 방법은 어느 것인가?

① 재구입 가격에서 사용기간 감가액을 뺀 가격
② 재구입 가격
③ 구입 시 가격
④ 구입 시의 가격에서 사용기간 감가액을 뺀 가격

해설
현재의 시가로 ①, ②, ③, ④ 모두 사용하고 있으나, ①의 방법을 원칙으로 하되 이 방법이 불합리 하거나 다른 방법이 더 합리적이고 타당한 경우에 한하여 예외적으로 사용한다.

12 건물의 주요구조체의 재사용이 불가능할 경우에 화재피해액 손해율 적용에 있어 기초공사 부분의 재활용 가능 여부에 따라 몇 %를 가산할 수 있는가?

① 10%   ② 15%
③ 20%   ④ 30%

해설
건물의 전부가 소실되었다 하더라도 기초공사 부분의 경우 재활용이 가능한 경우가 대부분이므로 그 손해율은 90%로 하되, 기초공사 부분의 재활용 가능 여부에 따라 10%를 가산할 수 있다.

13 다음 화재현장출동보고서의 기재사항 중 현장도착 시의 관찰·확인사항으로 옳지 않은 것은?

① 누설전류·가스누설 유무, 가스밸브의 개폐상황, 기타 화재원인판정에 필요한 사항
② 발화건물 등의 불꽃이나 연기의 상황, 연소상황, 지붕 등이 연소로 내려앉는지 여부, 처마·개구부로부터의 화연분출상황, 화세의 강약과 확인 시의 위치
③ 이상한 소리, 특이한 냄새, 폭발 등 특이한 현상과 확인 시의 위치
④ 관계자 등의 부상, 복장, 행동의 개요 및 응답내용

해설
① 소화활동 중의 관찰·확인사항

정답 09 ① 10 ③ 11 ① 12 ① 13 ①

14 다음 질문기록서의 작성상 유의사항으로 옳지 않은 것은?

① 질문기록서의 녹취사항이 증거로서 존재가치를 가지기 위해서는 관계자의 진술이 「임의」로 행하는 것이어야 한다.
② 관계자의 질문은 이러한 사실의 왜곡이 생기기 전에 기억이 선명한 화재발생 직후에 하는 것이 좋다.
③ 관계자로부터 진술을 받기 위해서는 가능하면 제3자가 입회한 장소에서 질문을 청취한다.
④ 녹취를 종료하는 경우에는 진술자에게 읽게 하여 진술내용과 녹취사항에 오류가 없는가를 확인시키고 서명을 받는다.

해설
관계자로부터 진술을 받기 위해서는 가능하면 제3자를 의식하지 않는 장소에서 질문을 청취한다.

15 다음 중 국가화재 분류체계상 "발화열원"의 종류를 분류할 때 다른 하나는?

① 담뱃불   ② 모닥불
③ 비 화   ④ 용접불티

해설

대분류	소분류
작동기기	① 전기적 아크(단락) ② 불꽃, 스파크, 정전기 ③ 기기전도, 복사열 ④ 역 화 ⑤ 기 타
담뱃불, 라이터불	① 담뱃불 ② 라이터불, 성냥불 ③ 촛 불 ④ 향 불 ⑤ 기 타
마찰, 전도, 복사	① 마찰열, 마찰스파크 ② 화염전도, 복사열 ③ 기 타
불꽃, 불티	① 용접, 절단, 연마 ② 굴뚝(연통), 아궁이 ③ 모닥불, 연탄, 숯 ④ 쓰레기 논밭두렁 ⑤ 비 화 ⑥ 기 타
폭발물, 폭죽	① 폭탄, 탄약 ② 폭 죽
화학적 발화열	화학반응열
자연적 발화열	① 햇 볕 ② 낙 뢰
기 타	
미 상	

16 다음 중 국가화재 분류체계상 "발화요인"의 종류를 분류할 때 다른 하나는?

① 유류취급 중
② 용접, 절단, 연마
③ 불장난
④ 정비불량

해설

대분류	소분류
전기적 요인	① 누전/지락 ② 접촉불량에 의한 단락 ③ 절연열화에 의한 단락 ④ 과부하/과전류 ⑤ 압착/손상에 의한 단락 ⑥ 층간단락 ⑦ 트래킹에 의한 단락 ⑧ 반단선 ⑨ 미확인단락 ⑩ 기 타
기계적 요인	① 과열, 과부하 ② 오일, 연료누설 ③ 자동제어 실패 ④ 수동제어 실패 ⑤ 정비불량 ⑥ 노 후 ⑦ 역 화 ⑧ 기 타
가스누출 (폭발)	가스누출(폭발)
화학적 요인	① 화학적 폭발 ② 금수성물질의 물과 접촉 ③ 화학적발화(유증기확산) ④ 자연발화 ⑤ 혼촉발화 ⑥ 기 타
교통사고	교통사고
부주의	① 담배꽁초 ② 음식물 조리 중 ③ 불장난 ④ 용접, 절단, 연마 ⑤ 불씨, 불꽃 화원방치 ⑥ 쓰레기 소각 ⑦ 빨래삶기 ⑧ 가연물 근접방치 ⑨ 논, 임야태우기 ⑩ 유류취급 중 ⑪ 폭죽놀이 ⑫ 기 타
자연적인 요인	① 자연적 재해 ② 돋보기효과 ③ 기 타
기 타	
미 상	

정답 14 ③ 15 ① 16 ④

17 다음 화재발생종합보고서 중 화재현황조사서 작성방법으로 잘못된 것은?

① 발생일시 : 실제로 화재가 발생한 년, 월, 일, 시, 분, 초 단위로 입력하고, 발생일시가 정확하지 않을 경우 추정시간을 기재한다. 발생일시는 화재신고시간과 차이가 날 수 없다.
② 출동시간 : 신고 접수한 뒤 소방차가 차고를 나간 시간을 입력하되 접수시간보다 빠르게 등록할 수 없다.
③ 초진시간 : 지휘관이 판단하기에 화재가 충분히 진압되어 더 이상의 연소확대나 화재로 인한 추가 인명피해/재산손실이 없을 것으로 판단되는 시점의 시간을 입력한다.
④ 완진시간 : 화재가 완전히 진압되어 더 이상의 화염/불씨, 또는 연소 중인 물질로부터 나오는 연기가 없는 상태의 시간을 입력한다.

해설
① 발생일시 : 실제로 화재가 발생한 년, 월, 일, 시, 분, 초 단위로 입력하고, 발생일시가 정확하지 않을 경우 추정시간을 기재한다. 발생일시는 화재신고 시간과 차이가 날 수 있다.

18 화재 등으로 인한 피해액 산정에 있어 현실을 감안한 건물, 부대설비, 구축물, 가재도구의 최종잔가율은?

① 10%   ② 20%
③ 30%   ④ 40%

해설
건물, 부대설비, 구축물, 가재도구의 최종잔가율은 20%이며, 기타의 경우는 10%이다.

19 다음 중 화재원인조사에서 발화원인조사 사항이 아닌 것은?

① 발화열원   ② 발화요인
③ 최초착화물   ④ 연소확대 사유

해설
화재원인조사
• 발화원인조사 : 발화지점, 발화열원, 발화요인, 최초착화물, 발화관련 기기 등
• 발견, 통보 및 초기소화상황 조사 : 발견경위, 통보 및 초기소화 등 일련의 행동과정
• 연소상황조사 : 화재의 연소경로 및 연소확대물, 연소 확대사유 등
• 피난상황조사 : 피난경로, 피난상의 장애요인 등
• 소방방화시설 등 조사 : 소방방화시설의 활용 또는 작동 등의 상황

20 화재조사 실무에서 재산피해액을 산정하는 가장 원칙적인 방법으로 옳은 것은?

① 복성식평가법
② 매매사례 비교법
③ 수익환원법
④ 간이평가방식에 의한 산정법

해설
화재조사 실무에서 손해액 또는 피해액을 산정하는 방법은 복성식평가법을 원칙으로 하되 이 방법이 불합리하거나 매매사례비교법 또는 수익환원법이 오히려 합리적이고 타당하다고 판단된 경우에 한하여 예외적으로 사용한다.
• 복성식평가법 : 재건축 또는 재취득하는 데 소요되는 비용에서 사용기간의 감가수정액을 공제하는 방법으로 대부분의 물적 피해액 산정에 사용한다.
• 매매사례비교법 : 해당 피해물의 시중 매매사례가 충분하여 유사 매매사례를 비교하여 산정하는 방법으로 차량, 예술품, 귀중품, 귀금속 등이 피해액 산정에 사용된다.
• 수익환원법 : 피해물로 인해 장래에 얻을 수익액에서 당해 수익을 얻기 위해 지출되는 제반비용을 공제하는 방법에 의하는 방법으로 유실수 등에 있어 수확기간에 있을 때 사용한다.

정답 17 ① 18 ② 19 ④ 20 ①

21 화재피해 건물 동수산정에 관한 설명이다. 바르지 않은 것은?

① 내화조 건물의 외벽을 이용하여 목조 또는 방화구조건물이 별도 설치되어 있고 건물 내부와 구획되어 있는 경우 다른 동으로 한다. 다만, 주된 건물에 부착된 건물이 옥내로 출입구가 연결되어 있는 경우와 기계설비 등이 쌍방에 연결되어 있는 경우 등 건물 기능상 하나인 경우는 같은 동으로 한다.
② 독립된 건물과 건물 사이에 차광막, 비막이 등의 덮개를 설치하고 그 밑을 통로 등으로 사용하는 경우는 같은 동으로 한다.
③ 내화조 건물의 옥상에 목조 또는 방화구조 건물이 별도 설치되어 있는 경우는 다른 동으로 한다. 다만, 이들 건물의 기능상 하나인 경우(옥내 계단이 있는 경우)는 같은 동으로 한다.
④ 주요구조부가 하나로 연결되어 있는 것은 같은 동으로 한다. 다만, 건널 복도 등으로 2 이상의 동에 연결되어 있는 것은 그 부분을 절반으로 분리하여 각 동으로 본다.

해설
독립된 건물과 건물 사이에 차광막, 비막이 등의 덮개를 설치하고 그 밑을 통로 등으로 사용하는 경우는 다른 동으로 한다.

22 다음 중 화재로 인하여 부상을 당한 후 몇 시간 이내에 사망하면 해당 화재로 인한 사망으로 인정되는가?

① 96시간   ② 72시간
③ 48시간   ④ 24시간

해설
사상자는 화재현장에서 사망 또는 부상당한 사람을 말한다. 단, 화재현장에서 부상을 당한 후 72시간 이내에 사망한 경우에는 해당 화재로 인한 사망으로 본다.

23 다음 중 화재발생종합보고서 작성 시 질문기록서의 작성을 생략할 수 있는 경우가 아닌 것은?

① 임야 화재
② 전봇대 화재
③ 모닥불이나 쓰레기 화재
④ 음식물조리 중 화재

해설
기타화재 중 쓰레기, 모닥불, 가로등, 전봇대 화재 및 임야 화재의 경우 질문기록서 작성을 생략할 수 있다.

24 다음 건물의 범위 중 부속물에 해당하지 않는 것은?

① 담   ② 곳 간
③ 칸막이   ④ 승강기

해설
부속물 : 건물에 부속된 칸막이, 대문, 담, 곳간 및 이와 비슷한 것은 건물의 부속물로 보아 건물에 포함하여 피해액을 산정한다.

정답 21 ② 22 ② 23 ④ 24 ④

25 다음 중 동물 및 식물의 피해액 산정의 기준으로 옳은 것은?

① 공인 감정가격
② 시중매매가격
③ 전문가의 감정가격
④ 감정서의 감정가액

26 화재로 인한 기계장치의 피해액산정에 있어서 기계당 100만원 미만의 소액기계 또는 공구 및 기구류의 재구입비 산정에 적용할 수 있는 방법으로 고정자산대장에 기재되지 않은 경우 유용한 방법은?

① 단위능력당 가격에 의한 추정
② 유사품에 의한 추정
③ 수리비에 의한 추정
④ 시중거래가격의 파악에 의한 추정

27 화재조사 및 보고규정에 따른 고정자산을 경제적으로 사용할 수 있는 연수를 무엇이라 하는가?

① 사용년수 ② 내구년수
③ 경과년수 ④ 내용년수

해설
내용년수 : 고정자산을 경제적으로 사용할 수 있는 연수를 말한다.

28 다음 중 화재조사의 특징으로 바르지 않은 것은?

① 현장성 ② 신속성
③ 자율성 ④ 보존성

해설
현장성, 신속성, 정밀과학성, 안정성, 강제성, 다변성과 다각성(프리즘식 진행), 돌발성, 보존성

29 화재조사 및 보고규정에 따른 화재조사 개시원칙에 대한 내용으로 옳지 않은 것은?

① 물적 증거를 바탕으로 과학적인 방법을 통해 합리적인 사실의 규명을 원칙으로 한다.
② 장비·시설을 기준 이상으로 확보하여 조사업무를 수행하도록 하여야 한다.
③ 화재발생 사실을 인지하는 즉시 화재조사를 시작해야 한다.
④ 조사관을 근무 교대조별로 3인 이상 배치하여야 한다.

해설
소방관서장은 조사관을 근무 교대조별로 2인 이상 배치하고, 장비·시설을 기준 이상으로 확보하여 조사업무를 수행하도록 하여야 한다.

정답 25 ② 26 ① 27 ④ 28 ③ 29 ④

30 다음 화재조사 및 보고규정에서 사용하는 용어의 정의 중 "최종잔가율"을 바르게 설명한 것은?

① 피해물의 경제적 내용연수가 끝난 경우 잔존하는 가치의 재구입비에 대한 비율을 말한다.
② 화재피해액의 객관적이고 합리적인 산정이 되도록 피해물의 종류, 손상상태, 손상 정도에 따른 일정한 비율을 말한다.
③ 화재 당시 피해물에 잔존하는 경제적 가치의 정도로서, 이는 피해물의 현재가치의 재구입비에 대한 비율을 말한다.
④ 고정자산 등을 사용할 수 있는 기간을 말한다.

해설
② 손해율, ③ 잔가율, ④ 내용연수

31 화재조사 및 보호규정에 따른 용어의 정의 중에서 발화요인을 바르게 설명한 것은?

① 발화에 관련된 불꽃 또는 열을 발생시킨 기기 또는 장치, 제품을 말한다.
② 발화열원에 의해 최초로 불이 붙고 이물질을 통해 제어하기 힘든 화세로 발전한 가연물을 말한다.
③ 발화열원에 의하여 발화로 이어진 연소현상에 영향을 준 인적, 물적, 자연적 요인을 말한다.
④ 발화의 최초 원인이 된 불꽃 또는 열을 말한다.

해설
① 발화관련 기기, ② 최초 착화물, ④ 발화열원

32 화재건수 결정에 대한 설명으로 옳지 않은 것은?

① 1건의 화재란 1개의 발화점으로부터 확대된 것으로 발화부터 진화까지를 말한다.
② 동일범이 아닌 각기 다른 사람이 방화했을 경우 별건의 화재로 한다.
③ 발화점이 2개소 이상인 누전에 의한 화재는 1건으로 한다.
④ 지진 등 자연현상에 의한 다발화재는 별건으로 한다.

해설
지진, 낙뢰 등 자연현상에 의한 다발화재와 누전점이 동일한 누전화재의 경우는 1건의 화재로 한다.

33 화재범위가 2개 이상의 관할구역에 걸친 화재건수 결정에 대한 설명으로 적절한 것은?

① 발화지점이 한 곳인 화재현장이 둘 이상의 관할구역에 걸친 화재는 발화지점이 속한 소방서에서 1건의 화재로 산정한다.
② 관할구역별로 각각 별건의 화재로 한다.
③ 특정소방대상물별로 별건의 화재로 한다.
④ 가장 처음 도착하여 소화활동을 실시한 소방서에서 1건의 화재로 한다.

해설
화재건수 결정(제10조)
발화지점이 한 곳인 화재현장이 둘 이상의 관할구역에 걸친 화재는 발화지점이 속한 소방서에서 1건의 화재로 산정한다. 다만, 발화지점 확인이 어려운 경우에는 화재피해금액이 큰 관할구역 소방서의 화재건수로 산정한다.

34 건물의 소실면적 산정으로 맞는 것은?

① 연면적 ② 바닥면적
③ 입체면적 ④ 피해면적

> **해설**
> 건물의 소실면적 산정은 소실 바닥면적으로 산정한다.

35 다음 중 화재피해액 산정대상에 대한 설명으로 적절하지 않은 것은?

① 인적 피해는 사상자의 수로 표현하되 별도의 피해액의 산정도 필요하다.
② 무형의 피해는 종류도 여러 가지만 그 금액 또한 상정하기가 쉽지 아니하므로 피해액 산정의 대상에서 제외하기로 한다.
③ 동물 및 식물 등도 물적 피해 산정 대상이다.
④ 물적 피해 산정대상은 건물, 부대설비, 구축물, 시설, 선박, 항공기, 차량 등 운반구, 기계장치, 공구 및 기구, 집기비품, 가재도구, 재고자산, 예술품 및 귀중품 등이다.

> **해설**
> 인적 피해는 사상자의 수로 표현하되 별도의 피해액 산정이 필요 없다.

36 다음 화재피해건물 동 수 산정이 잘못된 것은?

① 목조 또는 내화조 건물의 경우 격벽으로 방화구획이 되어 있는 경우도 같은 동으로 한다.
② 구조에 관계없이 지붕 및 실이 하나로 연결되어 있는 것은 같은 동으로 본다.
③ 건물의 외벽을 이용하여 실을 만들어 헛간, 목욕탕, 작업실, 사무실 및 기타 건물 용도로 사용하고 있는 것은 주건물과 같은 동으로 본다.
④ 건널 복도 등으로 2 이상의 동에 연결되어 있는 것과 주요구조부가 하나로 연결되어 있는 것은 같은 동으로 한다.

> **해설**
> 주요구조부가 하나로 연결되어 있는 것은 같은 동으로 한다. 다만 건널 복도 등으로 2 이상의 동에 연결되어 있는 것은 그 부분을 절반으로 분리하여 각 동으로 본다.

37 화재피해액 산정방법에서 대상별 현재시가를 정하는 방법 중 재구입 가격의 방법으로 현재시가를 정하는 것으로 옳은 것은?

① 재고자산, 즉 원재료, 부재료, 제품, 반제품, 저장품, 부산물 등
② 항공기 및 선박 등
③ 상품 등
④ 건물, 구축물, 시설, 기계장치, 공구 및 기구, 차량 및 운반구, 집기비품, 가재도구 등

> **해설**
> ① 구입 시의 가격의 방법
> ② 구입 시의 가격에서 사용기간 감가액을 뺀 가격의 방법
> ④ 재구입 가격에서 사용기간 감가액을 뺀 가격의 방법

정답 34 ② 35 ① 36 ④ 37 ③

38 다음 화재피해액의 산정시 유의사항 중 특수한 경우의 우선 적용사항으로 바르지 않은 것은?

① 중고구입기계장치 및 집기비품의 제작연도를 알 수 없는 경우 신품가액의 30~50%를 재구입비로 하여 피해액을 산정한다.
② 공구 및 기구, 집기비품, 가재도구를 일괄하여 피해액을 산정할 경우 재구입비의 80%를 피해액으로 한다.
③ 재고자산의 상품 중 견본품, 전시품, 진열품에 대해서는 구입가의 50~80%를 피해액으로 한다.
④ 철거건물 및 모델하우스의 경우 별도의 피해액 산정기준에 의한다.

해설
특수한 경우 산정시 우선 적용사항
- 문화유산 : 별도의 피해액 산정기준
- 철거건물 및 모델하우스 : 별도의 피해액 산정기준
- 중고구입기계장치 및 집기비품의 제작연도를 알 수 없는 경우 : 신품가액의 30~50%를 재구입비로 산정
- 중고기계장치 및 중고집기비품의 시장거래가격이 신품가격보다 높을 경우 : 신품가액을 재구입비로 산정
- 중고기계장치 및 중고집기비품의 시장거래가격이 신품가액에서 감가수정을 한 금액보다 낮을 경우 : 중고기계장치의 시장거래가격을 재구입비로 산정
- 공구 및 기구, 집기비품, 가재도구를 일괄하여 피해액을 산정할 경우 : 재구입비의 50%
- 재고자산의 상품 중 견본품, 전시품, 진열품 : 구입가의 50~80%

39 화재조사 및 보고규정에 따른 관계인의 진술에 대한 내용으로 옳지 않은 것은?

① 관계인등에게 질문을 할 때에는 시기, 장소 등을 고려하여 진술하는 사람으로부터 임의진술을 얻도록 해야 한다.
② 관계인등에 대한 질문 사항은 별지 제10호 서식 질문기록서에 작성하여 그 증거를 확보한다.
③ 획득한 진술이 소문 등에 의한 사항인 경우 진술을 얻지 않아도 된다.
④ 관계인등에게 질문을 할 때에는 희망하는 진술내용을 얻기 위하여 상대방에게 암시하는 등의 방법으로 유도해서는 아니 된다.

해설
획득한 진술이 소문 등에 의한 사항인 경우 그 사실을 직접 경험한 관계인등의 진술을 얻도록 해야 한다.

40 신축 후 20년이 경과된 철근콘크리트 공장의 잔가율을 구하는 식으로 옳은 것은?(단, 철근콘크리트 공장의 내용연수는 45년이다)

① $[1 - (0.8 \times 20/45)] = 0.66$
② $[1 - (1 \times 20/45)] = 0.56$
③ $[1 - (0.7 \times 20/45)] = 0.7$
④ $[1 - (0.5 \times 20/45)] = 0.8$

해설
공장 건물의 최종 잔가율이 20%이므로 화재로 인한 피해액 = 소실면적의 재건축비 × 잔가율 × 손해율 = 신축단가 × 소실면적 × [1 - (0.8 × 경과연수/내용연수)] × 손해율이다.

41 다음은 경과연수에 대한 설명이다. 가장 잘못 설명한 것은?

① 재건축비의 80% 이상 개·보수한 경우 개·보수한 때를 기준으로 하여 경과연수를 산정한다.
② 화재피해 대상건물이 건축일로부터 사고일 현재까지 경과한 연수이다. 화재피해액 산정에 있어서는 월 단위까지 정확히 산정하는 것을 원칙으로 한다.
③ 건축일은 건물의 사용승인일 또는 사용승인일이 불분명한 경우에는 실제 사용한 날로부터 한다.
④ 재건축비의 50% 미만 개·보수한 경우 최초 건축연도를 기준으로 경과연수를 산정한다.

해설

경과연수 : 화재피해 대상건물이 건축일로부터 사고일 현재까지 경과한 연수이다.
㉠ 건축일은 건물의 사용승인일 또는 사용승인일이 불분명한 경우 : 실제 사용한 날 기준
㉡ 건물의 일부를 개축 또는 대수선한 경우 : 경과연수를 수정적용

재건축비의 50% 미만 개·보수한 경우	최초 건축연도를 기준으로 경과연수를 산정
재건축비의 50~80%를 개·보수한 경우	최초 건축연도를 기준으로 한 경과연수와 개·보수한 때를 기준으로 한 경과연수를 합산 평균하여 경과연수를 산정
재건축비의 80% 이상 개·보수한 경우	개·보수한 때를 기준으로 경과연수를 산정

42 다음 건물의 소손 정도에 따른 손해율 중 40%에 해당하는 피해 정도를 바르게 설명한 것은?

① 주요구조체는 재사용 가능하나 기타 부분의 재사용이 불가능한 경우
② 천장, 벽, 바닥 등 내부마감재 등이 소실된 경우
③ 지붕, 외벽 등 외부마감재 등이 소실된 경우
④ 화재로 인한 수손 시 또는 그을음만 입은 경우

해설

화재로 인한 피해 정도	손해율 (%)
주요구조체의 재사용이 불가능한 경우	90, 100
주요구조체는 재사용이 가능하나 기타 부분의 재사용이 불가능한 경우(공동주택, 호텔, 병원)	65
주요구조체는 재사용이 가능하나 기타 부분의 재사용이 불가능한 경우(일반주택, 사무실, 점포)	60
주요구조체는 재사용이 가능하나 기타 부분의 재사용이 불가능한 경우(공장, 창고)	55
천장, 벽, 바닥 등 내부마감재 등이 소실된 경우	40
천장, 벽, 바닥 등 내부마감재 등이 소실된 경우(공장, 창고)	35
지붕, 외벽 등 외부마감재 등이 소실된 경우(나무구조 및 단연패널조 건물의 공장 및 창고)	25, 30
지붕, 외벽 등 외부마감재 등이 소실된 경우	20
화재로 인한 수손시 또는 그을음만 입은 경우	5, 10

정답 41 ② 42 ②

43 다음 부대설비의 소손 정도에 따른 손해율 중 40%에 해당하는 피해 정도를 바르게 설명한 것은?

① 손해 정도가 경미한 경우
② 손해 정도가 다소 심한 경우
③ 손해의 정도가 상당히 심한 경우
④ 주요구조체의 재사용이 거의 불가능하게 된 경우

해설

화재로 인한 피해 정도	손해율(%)
주요구조체의 재사용이 거의 불가능하게 된 경우	100
손해 정도가 상당히 심한 경우	60
손해 정도가 다소 심한 경우	40
손해 정도가 보통적인 경우	20
손해 정도가 경미한 겨우	10

44 다음 영업피해액 산정기준에 대한 설명 중 예술품 및 귀중품에 관한 내용으로 바르지 않은 것은?

① 복수의 전문가의 감정을 받거나 감정서 등의 금액을 피해액으로 인정한다.
② 감가공제를 한다.
③ 예술품 및 귀중품에 대해 그 가치를 손상하지 아니하고 원상태의 복원이 가능한 경우에는 원상회복에 소요되는 비용을 화재로 인한 피해액으로 한다.
④ 공인감정기관에서 인정하는 금액을 화재로 인한 피해액으로 한다.

해설
예술품 및 귀중품에 대해서는 감가공제를 하지 아니한다.

45 기계장치의 소손 정도 중 "Frame 및 주요부품을 수리하여 재사용 가능하나 소손 정도가 심한 경우"의 손해율로 옳은 것은?

① 100% ② 50~60%
③ 30~40% ④ 10~20%

해설

화재로 인한 피해 정도	손해율(%)
Frame 및 주요부품이 소손되고 굴곡·변형되어 수리가 불가능한 경우	100
Frame 및 주요부품을 수리하여 재사용 가능하나 소손 정도가 심한 경우	50~60
화염의 영향을 받아 주요부품이 아닌 일반부품 교체와 그을음 및 수침오염 정도가 심하여 전반적으로 Overhaul이 필요한 경우	30~40
화염의 영향을 다소 적게 받았으나 그을음 및 수침오염 정도가 심하여 일부 부품교체와 분해조립이 필요한 경우	10~20
그을음 및 수침오염 정도가 경미한 경우	5

46 다음 영업시설의 소손 정도에 따른 손해율이 40%인 경우 화재로 인한 피해 정도를 설명한 것 중 옳은 것은?

① 손해정도가 다소 심한 경우
② 천장, 벽, 바닥 등 내부마감재 등이 소실된 경우
③ 일부를 교체 또는 수리하거나 도장 내지 도배가 필요한 경우
④ 부분적인 소손 및 오염의 경우

해설
① 부대비의 소손 정도가 40%
② 건물의 소손 정도가 40%
④ 시설의 소손 정도가 20%

47 집기비품이 50% 이상 소손되거나 수침오염정도가 심한 경우의 손해율로 옳은 것은?

① 100% ② 50%
③ 30%   ④ 10%

해설

화재로 인한 피해 정도	손해율(%)
집기비품이 50% 이상 소손되거나 수침오염 정도가 심한 경우	100
손해 정도가 다소 심한 경우	50
손해 정도가 보통인 경우	30
오염/수침손의 경우	10

48 다음 화재피해조사 및 피해액 산정순서 중 기본현황조사를 옳게 설명한 것은?

① 건물, 부대설비, 구축물, 시설의 피해 정도 및 피해면적 확인
② 이재동수, 사상자수, 건물의 명칭 및 화재피해 면적 파악
③ 건물 신축단가표 확인
④ 건축물대장 및 실사에 의한 도면의 작성 등

해설
화재피해조사 및 피해액 산정순서

화재현장조사	○ 전체적인 화재피해 규모 및 정도 파악 : 이재동수, 사상자수, 피해건물 및 면적 등 ○ 피해규모에 따른 조사인력, 조사범위, 순서 등의 판단
기본현황조사	○ 산정대상 피해 여부 확인 후 피해내용 및 범위의 확인 : 부동산 및 기타 동산 ○ 건물은 용도, 구조, 규모 상태 확인 : 실사 확인사항 도면의 작성 후 대조 및 확인
피해정도조사	○ 건물, 부대설비, 구축물, 시설의 피해 여부, 피해 정도, 피해면적(수량) 확인 ○ 기계장치, 가재도구, 차량 및 운반구 등의 피해 유무 및 품목별 피해 정도, 수량 확인
재구입비산정	○ 피해 대상별 재구입비의 산정 - 건물 : 건물신축단가표 확인 - 부대설비 : 건물신축단가표 부대설비 종류별 재설비비 확인 - 구축물, 공구 및 기구 : 회계장부 확인 - 시설 : 업종별 시설단가표 확인 - 기계장치 : 감정평가서 또는 회계장부 확인 - 집기비품 : 회계장부 및 업종별 단가표 확인 - 가재도구 : 주택종류 및 상태, 면적, 거주인원, 주택가격(m^2당)별 기준액 확인 - 차량 및 운반구 : 시중매매가, 회계장부 확인 - 재고자산 : 회계장부, 매출액 및 재고자산 회전율 확인 - 예술품, 귀중품 : 감정가격 확인 - 동물 및 식물 : 시중거래가 확인 ○ 피해내용별, 품목별 경과연수 및 내용연수 확인
피해액산정	① 피해대상별 피해액 산정, ② 잔존물 제거비 산정, ③ 총 피해액의 합산

정답 47 ① 48 ④

49 모델하우스 또는 가설건물 등 일정기간 존치하는 건물에 있어서 실제 존치할 기간을 내용연수로 하여 피해액을 산정할 경우 존치기간종료일 현재의 최종잔가율은?

① 10% ② 20%
③ 30% ④ 50%

50 다음 화재피해액 산정기준에 대한 내용이 잘못 설명된 것은?

① 건물의 화재피해액 산정은 「신축단가(m² 당)×소실면적×[1 – (0.8×경과연수/내용연수)]×손해율」의 공식에 의하되, 신축단가는 한국감정원이 최근 발표한 '건물신축단가표'에 의한다.

② 부대설비의 화재피해액 산정은 「건물신축단가×소실면적×설비종류별 재설비비율×[1 – (0.8×경과연수/내용연수)]×손해율」의 공식에 의한다. 다만 부대설비 피해액을 실질적·구체적 방식에 의할 경우 「단위(면적·개소 등)당 표준단가×피해단위×[1 – (0.8×경과연수/내용연수)]×손해율」의 공식에 의하되, 건물표준단가 및 부대설비 단위당 표준단가는 한국감정원이 최근 발표한 '건물신축단가표'에 의한다.

③ 구축물의 화재피해액 산정은 「소실단위의 회계장부상 구축물가액×손해율」의 공식에 의하거나 「소실단위의 원시건축비×물가상승률×[1 – (0.8×경과연수/내용연수)]×손해율」의 공식에 의한다. 다만 회계장부상 구축물가액 또는 원시건축비의 가액이 확인되지 않는 경우에는 「단위(m, m², m³)당 표준단가×소실단위×[1 – (0.8×경과연수/내용연수)]×손해율」의 공식에 의하되, 구축물의 단위당 표준단가는 매뉴얼이 정하는 바에 의한다.

④ 기계장치 및 선박·항공기 화재피해액 산정은 「감정평가서 또는 회계장부상 현재가액×손해율」의 공식에 의한다. 다만, 감정평가서 또는 회계장부상 현재가액이 확인되지 않아 실질적·구체적 방법에 의해 피해액을 산정하는 경우에는 「재구입비×[1 – (0.8×경과연수/내용연수)]×손해율」의 공식에 의하되, 실질적·구체적 방법에 의한 재구입비는 조사자가 확인·조사한 가격에 의한다.

해설

화재피해액 산정기준

산정대상	산정기준
건물	「신축단가(㎡당) × 소실면적 × [1 − (0.8 × 경과연수/내용연수)] × 손해율」의 공식에 의하되, 신축단가는 한국감정원이 최근 발표한 '건물신축단가표'에 의한다.
부대설비	「건물신축단가 × 소실면적 × 설비종류별 재설비 비율 × [1 − (0.8 × 경과연수/내용연수)] × 손해율」의 공식에 의한다. 다만 부대설비 피해액을 실질적·구체적 방식에 의할 경우 「단위(면적·개소 등)당 표준단가 × 피해단위 × [1 − (0.8 × 경과연수/내용연수)] × 손해」의 공식에 의하되, 건물표준단가 및 부대설비 단위당 표준단가는 한국감정원이 최근 발표한 '건물신축단가표'에 의한다.
구축물	「소실단위의 회계장부상 구축물가액 × 손해율」의 공식에 의하거나 「소실단위의 원시건축비 × 물가상승율 × [1 − (0.8 × 경과연수/내용연수)] × 손해율」의 공식에 의한다. 다만 회계장부상 구축물가액 또는 원시건축비의 가액이 확인되지 않는 경우에는 「단위(m, ㎡, ㎥)당 표준단가 × 소실단위 × [1 − (0.8 × 경과연수/내용연수)] × 손해율」의 공식에 의하되, 구축물의 단위당 표준단가는 매뉴얼이 정하는 바에 의한다.
영업시설	「㎡당 표준단가 × 소실면적 × [1 − (0.9 × 경과연수/내용연수)] × 손해율」의 공식에 의하되, 업종별 ㎡당 표준단가는 매뉴얼이 정하는 바에 의한다.
잔존물제거	「화재피해액 × 10%」의 공식에 의한다.
기계장치 및 선박·항공기	「감정평가서 또는 회계장부상 현재가액 × 손해율」의 공식에 의한다. 다만 감정평가서 또는 회계장부상 현재가액이 확인되지 않아 실질적·구체적 방법에 의해 피해액을 산정하는 경우에는 「재구입비 × [1 − (0.9 × 경과연수/내용연수)] × 손해율」의 공식에 의하되, 실질적·구체적 방법에 의한 재구입비는 조사자가 확인·조사한 가격에 의한다.
공구 및 기구	「회계장부상 현재가액 × 손해율」의 공식에 의한다. 다만 회계장부상 현재가액이 확인되지 않아 실질적·구체적 방법에 의해 피해액을 산정하는 경우에는 「재구입비 × [1 − (0.9 × 경과연수/내용연수)] × 손해율」의 공식에 의하되, 실질적·구체적 방법에 의한 재구입비는 물가 정보지의 가격에 의한다.
집기비품	「회계장부상 현재가액 × 손해율」의 공식에 의한다. 다만 회계장부상 현재가액이 확인되지 않는 경우에는 「㎡당 표준단가 × 소실면적 × [1 − (0.9 × 경과연수/내용연수)] × 손해율」의 공식에 의하거나 실질적·구체적 방법에 의해 피해액을 산정하는 경우에는 「재구입비 × [1 − (0.9 × 경과연수/내용연수)] × 손해율」의 공식에 의하되, 집기비품의 ㎡당 표준단가는 매뉴얼이 정하는 바에 의하며, 실질적·구체적 방법에 의한 재구입비는 물가정보지의 가격에 의한다.

합격의 공식 시대에듀

무언가를 위해 목숨을 버릴 각오가 되어 있지 않는
한 그것이 삶의 목표라는 어떤 확신도 가질 수 없다.

– 체 게바라 –

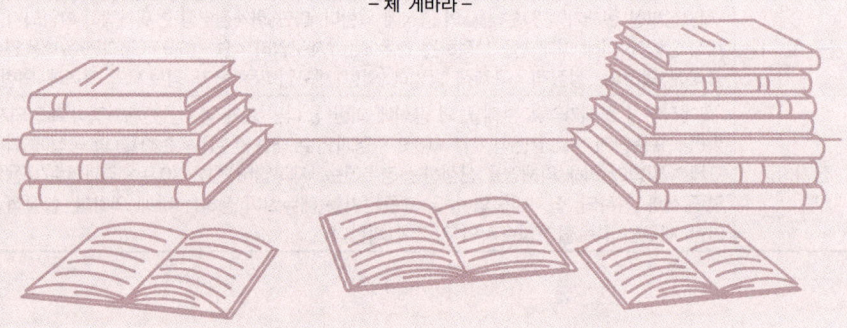

제5과목

화재조사 관계법규

Chapter 01	소방의 화재조사에 관한 법률
Chapter 02	관련규정
Chapter 03	기타법률
Chapter 04	화재수사 실무관련 규정
Chapter 05	화재로 인한 민사분쟁 관련법규
Chapter 06	화재분쟁의 소송외적 해결 관련법규
출제예상문제

모든 전사 중 가장 강한 전사는 이 두 가지, 시간과 인내다.

– 레프 톨스토이 –

자격증 · 공무원 · 금융/보험 · 면허증 · 언어/외국어 · 검정고시/독학사 · 기업체/취업
이 시대의 모든 합격! 시대에듀에서 합격하세요!
www.youtube.com ➔ 시대에듀 ➔ 구독

01 소방의 화재조사에 관한 법률

1 제1장 총칙

(1) 목적(제1조)
이 법은 화재예방 및 소방정책에 활용하기 위하여 화재원인, 화재성장 및 확산, 피해현황 등에 관한 과학적·전문적인 조사에 필요한 사항을 규정함을 목적으로 한다.

(2) 정의(제2조)
① 이 법에서 사용하는 용어의 뜻은 다음과 같다.

화 재	사람의 의도에 반하거나 고의 또는 과실에 의하여 발생하는 연소 현상으로서 소화할 필요가 있는 현상 또는 사람의 의도에 반하여 발생하거나 확대된 화학적 폭발현상을 말한다.
화재조사	소방청장, 소방본부장 또는 소방서장이 화재원인, 피해상황, 대응활동 등을 파악하기 위하여 자료의 수집, 관계인등에 대한 질문, 현장 확인, 감식, 감정 및 실험 등을 하는 일련의 행위를 말한다.
화재조사관	화재조사에 전문성을 인정받아 화재조사를 수행하는 소방공무원을 말한다.
관계인등	화재가 발생한 소방대상물의 소유자·관리자 또는 점유자(이하 "관계인"이라 한다) 및 다음 각 목의 사람을 말한다. 가. 화재 현장을 발견하고 신고한 사람 나. 화재 현장을 목격한 사람 다. 소화활동을 행하거나 인명구조활동(유도대피 포함)에 관계된 사람 라. 화재를 발생시키거나 화재발생과 관계된 사람

② 이 법에서 사용하는 용어의 뜻은 이 법에서 규정하는 것을 제외하고는 「소방기본법」, 「화재예방 및 안전관리에 관한 법률」, 「소방시설 설치 및 관리에 관한 법률」에서 정하는 바에 따른다.

(3) 국가 등의 책무(제3조)
① 국가와 지방자치단체는 화재조사에 필요한 기술의 연구·개발 및 화재조사의 정확도를 향상시키기 위한 시책을 강구하고 추진하여야 한다.
② 관계인등은 화재조사가 적절하게 이루어질 수 있도록 협력하여야 한다.

(4) 다른 법률과의 관계(제4조)
화재조사에 관하여 다른 법률에 특별한 규정이 있는 경우를 제외하고는 이 법에서 정하는 바에 따른다.

2 제2장 화재조사의 실시 등

(1) 화재조사의 실시(제5조) 22

① 소방청장, 소방본부장 또는 소방서장(이하 "소방관서장"이라 한다)은 화재발생 사실을 알게 된 때에는 지체 없이 화재조사를 하여야 한다. 이 경우 수사기관의 범죄수사에 지장을 주어서는 아니 된다.

② 소방관서장은 화재조사를 하는 경우 다음 각 호의 사항에 대하여 조사하여야 한다.
　1. 화재원인에 관한 사항
　2. 화재로 인한 인명·재산피해상황
　3. 대응활동에 관한 사항
　4. 소방시설 등의 설치·관리 및 작동 여부에 관한 사항
　5. 화재발생건축물과 구조물, 화재유형별 화재위험성 등에 관한 사항
　6. 그 밖에 대통령령으로 정하는 사항
　　－「화재의 예방 및 안전관리에 관한 법률」제7조에 따른 화재안전조사의 실시 결과에 관한 사항을 말한다.

③ 화재조사의 대상 및 절차 등에 필요한 사항은 대통령령(제2~3조)으로 정한다.

> **화재조사의 대상(시행령 제2조)**
> 소방청장, 소방본부장 또는 소방서장(이하 "소방관서장"이라 한다)이 화재조사를 실시해야 할 대상은 다음 각 호와 같다.
> 1. 「소방기본법」에 따른 소방대상물에서 발생한 화재
> 2. 그 밖에 소방관서장이 화재조사가 필요하다고 인정하는 화재
> ※ 소방대상물 : 건축물, 차량, 선박으로서 항구에 매어둔 선박에 한함, 선박 건조 구조물, 산림, 그 밖의 인공 구조물 또는 물건을 말함
>
> **화재조사의 내용·절차(시행령 제3조)**
> ① 화재조사는 다음 각 호의 절차에 따라 실시한다.
> 　1. 현장출동 중 조사 : 화재발생 접수, 출동 중 화재상황 파악 등
> 　2. 화재현장 조사 : 화재의 발화(發火)원인, 연소상황 및 피해상황 조사 등
> 　3. 정밀조사 : 감식·감정, 화재원인 판정 등
> 　4. 화재조사 결과 보고
> ② 소방관서장은 화재조사를 하는 경우 「산림보호법」제42조에 따른 산불 조사 등 다른 법률에 따른 화재 관련 조사가 원활히 수행될 수 있도록 협조해야 한다.

(2) 화재조사전담부서의 설치·운영 등(제6조) 20

① 소방관서장은 전문성에 기반하는 화재조사를 위하여 화재조사전담부서를 설치·운영하여야 한다.

② 전담부서는 다음 각 호의 업무를 수행한다.
　1. 화재조사의 실시 및 조사결과 분석·관리
　2. 화재조사 관련 기술개발과 화재조사관의 역량증진
　3. 화재조사에 필요한 시설·장비의 관리·운영
　4. 그 밖의 화재조사에 관하여 필요한 업무

③ 소방관서장은 화재조사관으로 하여금 화재조사 업무를 수행하게 하여야 한다.

④ 화재조사관은 소방청장이 실시하는 화재조사에 관한 시험에 합격한 소방공무원 등 화재조사에 관한 전문적인 자격을 가진 소방공무원으로 한다.
⑤ 전담부서의 구성·운영, 화재조사관의 구체적인 자격기준 및 교육훈련 등에 필요한 사항은 대통령령(제4~6조)으로 정한다.

화재조사전담부서의 구성·운영(시행령 제4조)
① 소방관서장은 화재조사전담부서(이하 "전담부서"라 한다)에 화재조사관을 2명 이상 배치해야 한다.
② 전담부서에는 화재조사를 위한 감식·감정 장비 등 행정안전부령으로 정하는 장비와 시설을 갖추어 두어야 한다.
③ 위에 규정한 사항 외에 전담부서의 구성·운영에 필요한 사항은 행정안전부령(화재조사 보고 및 규정 제6조)으로 정한다.

화재조사관의 자격기준 등(시행령 제5조)
① 화재조사 업무를 수행하는 화재조사관은 다음 각 호의 어느 하나에 해당하는 소방공무원으로 한다.
  1. 소방청장이 실시하는 화재조사에 관한 시험에 합격한 소방공무원
  2. 「국가기술자격법」에 따른 국가기술자격의 직무분야 중 화재감식평가 분야의 기사 또는 산업기사 자격을 취득한 소방공무원
② 화재조사에 관한 시험의 방법, 과목, 그 밖에 시험 시행에 필요한 사항은 행정안전부령(화재조사관 자격시험에 관한 규정)으로 정한다.

화재조사에 관한 교육훈련(시행령 제6조)
① 소방관서장은 다음 각 호의 구분에 따라 화재조사관에 대한 교육훈련을 실시한다.
  1. 화재조사관 양성을 위한 전문교육
  2. 화재조사관의 전문능력 향상을 위한 전문교육
  3. 전담부서에 배치된 화재조사관을 위한 의무 보수교육
② 소방관서장은 필요한 경우 교육훈련을 다른 소방관서나 화재조사 관련 전문기관에 위탁하여 실시할 수 있다.
③ 위에서 규정한 사항 외에 화재조사에 관한 교육훈련에 필요한 사항은 행정안전부령으로 정한다.

화재조사 결과의 보고(시행규칙 제2조)
① 화재조사전담부서(이하 "전담부서"라 한다)가 화재조사를 완료한 경우에는 화재조사 결과를 소방청장, 소방본부장 또는 소방서장(이하 "소방관서장"이라 한다)에게 보고해야 한다.
② 화재조사 결과 보고는 소방청장이 정하는 화재발생종합보고서에 따른다.

전담부서의 장비·시설(시행규칙 제3조)
"화재조사를 위한 감식·감정 장비 등 행정안전부령으로 정하는 장비와 시설"이란 별표의 장비와 시설을 말한다.
[시행규칙 별표]
㉠ 전담부서에서 갖추어야 할 장비와 시설 [20] [22]

구 분	기자재명 및 시설규모
발굴용구 (8종)	공구세트, 전동 드릴, 전동 그라인더(절삭·연마기), 전동 드라이버, 이동용 진공청소기, 휴대용 열풍기, 에어컴프레서(공기압축기), 전동 절단기
기록용 기기 (13종)	디지털카메라(DSLR)세트, 비디오카메라세트, TV, 적외선거리측정기, 디지털온도·습도측정시스템, 디지털풍향풍속기록계, 정밀저울, 버니어캘리퍼스(아들자가 달려 두께나 지름을 재는 기구), 웨어러블캠, 3D스캐너, 3D카메라(AR), 3D캐드시스템, 드론
감식기기 (16종)	절연저항계, 멀티테스터기, 클램프미터, 정전기측정장치, 누설전류계, 검전기, 복합가스측정기, 가스(유증)검지기, 확대경, 산업용실체현미경, 적외선열상카메라, 접지저항계, 휴대용디지털현미경, 디지털탄화심도계, 슈미트해머(콘크리트 반발 경도 측정기구), 내시경현미경

감정용 기기(21종)	가스크로마토그래피, 고속카메라세트, 화재시뮬레이션시스템, X선 촬영기, 금속현미경, 시편(試片)절단기, 시편성형기, 시편연마기, 접점저항계, 직류전압전류계, 교류전압전류계, 오실로스코프(변화가 심한 전기 현상의 파형을 눈으로 관찰하는 장치), 주사전자현미경, 인화점측정기, 발화점측정기, 미량융점측정기, 온도기록계, 폭발압력측정기세트, 전압조정기(직류, 교류), 적외선 분광광도계, 전기단락흔실험장치[1차 용융흔(鎔融痕), 2차 용융흔(鎔融痕), 3차 용융흔(鎔融痕) 측정 가능]
조명기기 (5종)	이동용 발전기, 이동용 조명기, 휴대용 랜턴, 헤드랜턴, 전원공급장치(500A 이상)
안전장비 (8종)	보호용 작업복, 보호용 장갑, 안전화, 안전모(무전송수신기 내장), 마스크(방진마스크, 방독마스크), 보안경, 안전고리, 화재조사 조끼
증거 수집 장비(6종)	증거물수집기구세트(핀셋류, 가위류 등), 증거물보관세트(상자, 봉투, 밀폐용기, 증거수집용 캔 등), 증거물 표지세트(번호, 스티커, 삼각형 표지 등), 증거물 태그 세트(대, 중, 소), 증거물보관장치, 디지털증거물저장장치
화재조사 차량 (2종)	화재조사 전용차량, 화재조사 첨단 분석차량(비파괴 검사기, 산업용 실체현미경 등 탑재)
보조장비 (6종)	노트북컴퓨터, 전선 릴, 이동용 에어컴프레서, 접이식 사다리, 화재조사 전용 의복(활동복, 방한복), 화재조사용 가방
화재조사 분석실	화재조사 분석실의 구성장비를 유효하게 보존·사용할 수 있고, 환기 시설 및 수도·배관시설이 있는 30제곱미터(m^2) 이상의 실(室)
화재조사 분석실 구성장비 (10종)	증거물보관함, 시료보관함, 실험작업대, 바이스(가공물 고정을 위한 기구), 개수대, 초음파세척기, 실험용 기구류(비커, 피펫, 유리병 등), 건조기, 항온항습기, 오토 데시케이터(물질 건조, 흡습성 시료 보존을 위한 유리 보존기)

ⓒ 비고
ⓐ 위 표에서 화재조사 차량은 탑승공간과 장비 적재공간이 구분되어 주요 장비의 적재·활용이 가능하고, 차량 내부에 기초 조사사무용 테이블을 설치할 수 있는 차량을 말한다.
ⓑ 위 표에서 화재조사 전용 의복은 화재진압대원, 구조대원 및 구급대원의 의복과 구별이 가능하고, 화재조사 활동에 적합한 기능을 가진 것을 말한다.
ⓒ 위 표에서 화재조사용 가방은 일상적인 외부 충격으로부터 가방 내부의 장비 및 물품이 손상되지 않을 정도의 강도를 갖춘 재질로 제작되고, 휴대가 간편한 가방을 말한다.
ⓓ 위 표에서 화재조사 분석실의 면적은 청사 공간의 효율적 활용을 위하여 불가피한 경우 최소 기준 면적의 절반 이상에 해당하는 면적으로 조정할 수 있다.
③ 위에 규정한 사항 외에 전담부서의 구성·운영에 필요한 사항은 행정안전부령으로 정한다.

화재조사에 관한 시험(시행규칙 제4조)

① 소방청장이 화재조사에 관한 시험(이하 "자격시험"이라 한다)을 실시하는 경우에는 시험의 과목·일시·장소 및 응시 자격·절차 등을 시험 실시 30일 전까지 소방청의 인터넷 홈페이지에 공고해야 한다.
② 자격시험에 응시할 수 있는 사람은 소방공무원 중 다음 각 호의 어느 하나에 해당하는 사람으로 한다.
  1. 화재조사관 양성을 위한 전문교육을 이수한 사람
  2. 국립과학수사연구원 또는 소방청장이 인정하는 외국의 화재조사 관련 기관에서 8주 이상 화재조사에 관한 전문교육을 이수한 사람
③ 자격시험은 1차 시험과 2차 시험으로 구분하여 실시하며, 1차 시험에 합격한 사람만이 2차 시험에 응시할 수 있다.
④ 소방청장은 다음 각 호의 소방공무원에게 별지 제1호서식의 화재조사관 자격증을 발급해야 한다.
  1. 소방청장이 실시하는 화재조사에 관한 시험에 합격한 소방공무원
  2. 「국가기술자격법」에 따른 국가기술자격의 직무분야 중 화재감식평가 분야의 기사 또는 산업기사 자격을 취득한 소방공무원
⑤ 소방청장은 자격시험에서 부정한 행위를 한 사람에 대해서는 그 시험을 정지 또는 무효로 하거나 합격을 취소한다.

> **화재조사에 관한 교육훈련(시행규칙 제5조)**
> ① 화재조사관 양성을 위한 전문교육의 내용은 다음 각 호와 같다.
>   1. 화재조사 이론과 실습
>   2. 화재조사 시설 및 장비의 사용에 관한 사항
>   3. 주요·특이 화재조사, 감식·감정에 관한 사항
>   4. 화재조사 관련 정책 및 법령에 관한 사항
>   5. 그 밖에 소방청장이 화재조사 관련 전문능력의 배양을 위해 필요하다고 인정하는 사항
> ② 전담부서에 배치된 화재조사관은 의무 보수교육을 2년마다 받아야 한다. 다만, 전담부서에 배치된 후 처음 받는 의무 보수교육은 배치 후 1년 이내에 받아야 한다.
> ③ 소방관서장은 의무 보수교육을 이수하지 않은 사람에게 보수교육을 이수할 때까지 화재조사 업무를 수행하게 해서는 안 된다.
> ④ 위에서 규정한 사항 외에 화재조사에 관한 교육훈련에 필요한 사항은 소방청장이 정한다.

(3) 화재합동조사단의 구성·운영(제7조)

① 소방관서장은 사상자가 많거나 사회적 이목을 끄는 화재 등 대통령령으로 정하는 대형화재 등이 발생한 경우 종합적이고 정밀한 화재조사를 위하여 유관기관 및 관계 전문가를 포함한 화재합동조사단을 구성·운영할 수 있다.
② 화재합동조사단의 구성과 운영 등에 필요한 사항은 대통령령(제7조)으로 정한다.

> **화재합동조사단의 구성·운영(시행령 제7조)**
> ① "사상자가 많거나 사회적 이목을 끄는 화재 등 대통령령으로 정하는 대형화재"란 다음 각 호의 화재를 말한다.
>   1. 사망자가 5명 이상 발생한 화재
>   2. 화재로 인한 사회적·경제적 영향이 광범위하다고 소방관서장이 인정하는 화재
> ② 화재합동조사단(이하 "화재합동조사단"이라 한다)의 단원은 다음 각 호의 어느 하나에 해당하는 사람 중에서 소방관서장이 임명하거나 위촉한다.
>   1. 화재조사관
>   2. 화재조사 업무에 관한 경력이 3년 이상인 소방공무원
>   3. 「고등교육법」 제2조에 따른 학교 또는 이에 준하는 교육기관에서 화재조사, 소방 또는 안전관리 등 관련 분야 조교수 이상의 직에 3년 이상 재직한 사람
>   4. 「국가기술자격법」에 따른 국가기술자격의 직무분야 중 안전관리 분야에서 산업기사 이상의 자격을 취득한 사람
>   5. 그 밖에 건축·안전 분야 또는 화재조사에 관한 학식과 경험이 풍부한 사람
> ③ 화재합동조사단의 단장은 단원 중에서 소방관서장이 지명하거나 위촉하는 사람이 된다.
> ④ 소방관서장은 화재합동조사단 운영을 위하여 관계 행정기관 또는 기관·단체의 장에게 소속 공무원 또는 소속 임직원의 파견을 요청할 수 있다.
> ⑤ 화재합동조사단은 화재조사를 완료하면 소방관서장에게 다음 각 호의 사항이 포함된 화재조사 결과를 보고해야 한다.
>   1. 화재합동조사단 운영 개요
>   2. 화재조사 개요
>   3. 화재조사에 관한 법 제5조 제2항 각 호의 사항
>   4. 다수의 인명피해가 발생한 경우 그 원인
>   5. 현행 제도의 문제점 및 개선 방안
>   6. 그 밖에 소방관서장이 필요하다고 인정하는 사항
> ⑥ 소방관서장은 화재합동조사단의 단장 또는 단원에게 예산의 범위에서 수당·여비와 그 밖에 필요한 경비를 지급할 수 있다. 다만, 공무원이 소관 업무와 직접적으로 관련되어 참여하는 경우에는 지급하지 않는다.
> ⑦ 위에서 규정한 사항 외에 화재합동조사단의 구성·운영에 필요한 사항은 소방청장이 정한다.

(4) 화재현장 보존 등(제8조)

① 소방관서장은 화재조사를 위하여 필요한 범위에서 화재현장 보존조치를 하거나 화재현장과 그 인근 지역을 통제구역으로 설정할 수 있다. 다만, 방화(放火) 또는 실화(失火)의 혐의로 수사의 대상이 된 경우에는 관할 경찰서장 또는 해양경찰서장(이하 "경찰서장"이라 한다)이 통제구역을 설정한다.
② 누구든지 소방관서장 또는 경찰서장의 허가 없이 화재현장에 설정된 통제구역에 출입하여서는 아니 된다.
③ 화재현장 보존조치를 하거나 통제구역을 설정한 경우 누구든지 소방관서장 또는 경찰서장의 허가 없이 화재현장에 있는 물건 등을 이동시키거나 변경·훼손하여서는 아니 된다. 다만, 공공의 이익에 중대한 영향을 미친다고 판단되거나 인명구조 등 긴급한 사유가 있는 경우에는 그러하지 아니하다.
④ 화재현장 보존조치, 통제구역의 설정 및 출입 등에 필요한 사항은 대통령령(제8~9조)으로 정한다.

화재현장 보존조치 통지 등(시행령 제8조)
소방관서장이나 관할 경찰서장 또는 해양경찰서장(이하 "경찰서장"이라 한다)은 화재현장 보존조치를 하거나 통제구역을 설정하는 경우 다음 각 호의 사항을 화재가 발생한 소방대상물의 소유자·관리자 또는 점유자(이하 "관계인"이라 한다)에게 알리고 해당 사항이 포함된 표지를 설치해야 한다.
1. 화재현장 보존조치나 통제구역 설정의 이유 및 주체
2. 화재현장 보존조치나 통제구역 설정의 범위
3. 화재현장 보존조치나 통제구역 설정의 기간

화재현장 보존조치 등의 해제(시행령 제9조)
소방관서장이나 경찰서장은 다음 각 호의 경우에는 화재현장 보존조치나 통제구역의 설정을 지체 없이 해제해야 한다.
1. 화재조사가 완료된 경우
2. 화재현장 보존조치나 통제구역의 설정이 해당 화재조사와 관련이 없다고 인정되는 경우

---

(5) 출입·조사 등(제9조) 21

① 소방관서장은 화재조사를 위하여 필요한 경우에 관계인에게 보고 또는 자료 제출을 명하거나 화재조사관으로 하여금 해당 장소에 출입하여 화재조사를 하게 하거나 관계인등에게 질문하게 할 수 있다.
② 화재조사를 하는 화재조사관은 그 권한을 표시하는 증표를 지니고 이를 관계인등에게 보여주어야 한다.
③ 화재조사를 하는 화재조사관은 관계인의 정당한 업무를 방해하거나 화재조사를 수행하면서 알게 된 비밀을 다른 용도로 사용하거나 다른 사람에게 누설하여서는 아니 된다.

화재조사관 증표(시행규칙 제6조)
화재조사관의 권한을 표시하는 증표는 별지 제1호서식의 화재조사관 자격증으로 한다.

(6) 관계인등의 출석 등(제10조)
   ① 소방관서장은 화재조사가 필요한 경우 관계인등을 소방관서에 출석하게 하여 질문할 수 있다.
   ② 관계인등의 출석 및 질문 등에 필요한 사항은 대통령령(제10조)으로 정한다.

> **관계인등에 대한 출석요구 및 질문 등(시행령 제10조)**
> ① 소방관서장은 관계인등의 출석을 요구하려면 출석일 3일 전까지 다음 각 호의 사항을 관계인등에게 알려야 한다.
>   1. 출석 일시와 장소
>   2. 출석 요구 사유
>   3. 그 밖에 화재조사와 관련하여 필요한 사항
> ② 관계인등은 지정된 출석 일시에 출석하는 경우 업무 또는 생활에 지장이 있을 때에는 소방관서장에게 출석 일시를 변경하여 줄 것을 신청할 수 있다. 이 경우 소방관서장은 화재조사의 목적을 달성할 수 있는 범위에서 출석 일시를 변경할 수 있다.
> ③ 소방관서장은 출석한 관계인등에게 수당과 여비를 지급할 수 있다.

(7) 화재조사 증거물 수집 등(제11조)
   ① 소방관서장은 화재조사를 위하여 필요한 경우 증거물을 수집하여 검사·시험·분석 등을 할 수 있다. 다만, 범죄수사와 관련된 증거물인 경우에는 수사기관의 장과 협의하여 수집할 수 있다.
   ② 소방관서장은 수사기관의 장이 방화 또는 실화의 혐의가 있어서 이미 피의자를 체포하였거나 증거물을 압수하였을 때에 화재조사를 위하여 필요한 경우에는 범죄수사에 지장을 주지 아니하는 범위에서 그 피의자 또는 압수된 증거물에 대한 조사를 할 수 있다. 이 경우 수사기관의 장은 소방관서장의 신속한 화재조사를 위하여 특별한 사유가 없으면 조사에 협조하여야 한다.
   ③ 증거물 수집의 범위, 방법 및 절차 등에 필요한 사항은 대통령령(제11조)으로 정한다.

> **화재조사 증거물 수집 등(시행령 제11조)**
> ① 소방관서장은 화재조사를 위하여 필요한 최소한의 범위에서 화재조사관에게 증거물을 수집하여 검사·시험·분석 등을 하게 할 수 있다.
> ② 소방관서장은 증거물을 수집한 경우 이를 관계인에게 알려야 한다.
> ③ 소방관서장은 수집한 증거물이 다음 각 호의 어느 하나에 해당하는 경우에는 증거물을 지체 없이 반환해야 한다.
>   1. 화재와 관련이 없다고 인정되는 경우
>   2. 화재조사가 완료되는 등 증거물을 보관할 필요가 없게 된 경우
> ④ 위에서 규정한 사항 외에 증거물의 수집·관리에 필요한 사항은 행정안전부령(제7조)으로 정한다.

> **화재조사 증거물의 수집·관리(시행규칙 제7조)**
> ① 화재조사 증거물을 수집하는 경우 증거물의 수집과정을 사진 촬영 또는 영상 녹화의 방법으로 기록해야 한다.
> ② 사진 또는 영상 파일은 국가화재정보시스템에 전송하여 보관한다.
> ③ 위에서 규정한 사항 외에 화재조사 증거물의 수집·관리에 필요한 사항은 소방청장이 정한다.

(8) 소방공무원과 경찰공무원의 협력 등(제12조) 22

① 소방공무원과 경찰공무원(제주특별자치도의 자치경찰공무원을 포함)은 다음 각 호의 사항에 대하여 서로 협력하여야 한다.
  1. 화재현장의 출입·보존 및 통제에 관한 사항
  2. 화재조사에 필요한 증거물의 수집 및 보존에 관한 사항
  3. 관계인등에 대한 진술 확보에 관한 사항
  4. 그 밖에 화재조사에 필요한 사항
② 소방관서장은 방화 또는 실화의 혐의가 있다고 인정되면 지체 없이 경찰서장에게 그 사실을 알리고 필요한 증거를 수집·보존하는 등 그 범죄수사에 협력하여야 한다.

(9) 관계 기관 등의 협조(제13조)

① 소방관서장, 중앙행정기관의 장, 지방자치단체의 장, 보험회사, 그 밖의 관련 기관·단체의 장은 화재조사에 필요한 사항에 대하여 서로 협력하여야 한다.
② 소방관서장은 화재원인 규명 및 피해액 산출 등을 위하여 필요한 경우에는 금융감독원, 관계 보험회사 등에 「개인정보 보호법」 제2조 제1호에 따른 개인정보를 포함한 보험가입 정보 등을 요청할 수 있다. 이 경우 정보 제공을 요청받은 기관은 정당한 사유가 없으면 이를 거부할 수 없다.

3 제3장 화재조사 결과의 공표 등

(1) 화재조사 결과의 공표(제14조)

① 소방관서장은 국민이 유사한 화재로부터 피해를 입지 않도록 하기 위한 경우 등 필요한 경우 화재조사 결과를 공표할 수 있다. 다만, 수사가 진행 중이거나 수사의 필요성이 인정되는 경우에는 관계 수사기관의 장과 공표 여부에 관하여 사전에 협의하여야 한다.
② 공표의 범위·방법 및 절차 등에 관하여 필요한 사항은 행정안전부령(제8조)으로 정한다.

> **화재조사 결과의 공표(시행규칙 제8조)**
> ① 소방관서장은 다음 각 호의 경우에는 화재조사 결과를 공표할 수 있다.
>   1. 국민이 유사한 화재로부터 피해를 입지 않도록 하기 위해 필요한 경우
>   2. 사회적 관심이 집중되어 국민의 알 권리 충족 등 공공의 이익을 위해 필요한 경우
> ② 소방관서장은 화재조사의 결과를 공표할 때에는 다음 각 호의 사항을 포함시켜야 한다.
>   1. 화재원인에 관한 사항
>   2. 화재로 인한 인명·재산피해에 관한 사항
>   3. 화재발생 건축물과 구조물에 관한 사항
>   4. 그 밖에 화재예방을 위해 공표할 필요가 있다고 소방관서장이 인정하는 사항
> ③ 화재조사 결과의 공표는 소방관서의 인터넷 홈페이지에 게재하거나, 「신문 등의 진흥에 관한 법률」에 따른 신문 또는 「방송법」에 따른 방송을 이용하는 등 일반인이 쉽게 알 수 있는 방법으로 한다.

(2) 화재조사 결과의 통보(제15조)

소방관서장은 화재조사 결과를 중앙행정기관의 장, 지방자치단체의 장, 그 밖의 관련 기관·단체의 장 또는 관계인 등에게 통보하여 유사한 화재가 발생하지 않도록 필요한 조치를 취할 것을 요청할 수 있다.

(3) 화재증명원의 발급(제16조) 21

① 소방관서장은 화재와 관련된 이해관계인 또는 화재발생 내용 입증이 필요한 사람이 화재를 증명하는 서류(이하 이 조에서 "화재증명원"이라 한다) 발급을 신청하는 때에는 화재증명원을 발급하여야 한다.
② 화재증명원의 발급신청 절차·방법·서식 및 기재사항, 온라인 발급 등에 필요한 사항은 행정안전부령 (제9조)으로 정한다.

> **화재증명원의 신청 및 발급(제9조)**
> ① 화재증명원의 발급을 신청하려는 자는 별지 제2호서식의 화재증명원 발급신청서를 소방관서장에게 제출해야 한다. 이 경우 신청인은 본인의 신분이 확인될 수 있는 신분증명서 또는 법인 등기사항증명서(법인인 경우만 해당한다)를 제시해야 한다.
> ② 신청을 받은 소방관서장은 신청인이 화재와 관련된 이해관계인 또는 화재발생 내용 입증이 필요한 사람인 경우에는 별지 제3호서식의 화재증명원을 신청인에게 발급해야 한다. 이 경우 별지 제4호서식의 화재증명원 발급대장에 그 사실을 기록하고 이를 보관·관리해야 한다.

4 제4장 화재조사 기반구축

(1) 감정기관의 지정·운영 등(제17조)

① 소방청장은 과학적이고 전문적인 화재조사를 위하여 대통령령으로 정하는 시설과 전문인력 등 지정기준을 갖춘 기관을 화재감정기관(이하 "감정기관"이라 한다)으로 지정·운영하여야 한다.
② 소방청장은 지정된 감정기관에서의 과학적 조사·분석 등에 소요되는 비용의 전부 또는 일부를 지원할 수 있다.
③ 소방청장은 감정기관으로 지정받은 자가 다음 각 호의 어느 하나에 해당하는 경우에는 지정을 취소할 수 있다. 다만, 다음 제1호에 해당하는 경우에는 지정을 취소하여야 한다.
  1. 거짓이나 그 밖의 부정한 방법으로 지정을 받은 경우
  2. 지정기준에 적합하지 아니하게 된 경우
  3. 고의 또는 중대한 과실로 감정 결과를 사실과 다르게 작성한 경우
  4. 그 밖에 대통령령으로 정하는 사항을 위반한 경우
     - 의뢰받은 감정을 정당한 사유 없이 거부하거나 1개월 이상 수행하지 않은 경우
     - 거짓이나 그 밖의 부정한 방법으로 감정 비용을 청구한 경우
④ 소방청장은 감정기관의 지정을 취소하려면 청문을 하여야 한다.
⑤ 감정기관의 지정기준, 지정 절차, 지정 취소 및 운영 등에 필요한 사항은 대통령령(제12~13조)으로 정한다.

화재감정기관의 지정기준(시행령 제12조)
① 대통령령으로 정하는 시설과 전문인력 등 지정기준

시설	화재조사를 수행할 수 있는 다음 각 목의 시설을 모두 갖출 것 ㉠ 증거물, 화재조사 장비 등을 안전하게 보호할 수 있는 설비를 갖춘 시설 ㉡ 증거물 등을 장기간 보존·보관할 수 있는 시설 ㉢ 증거물의 감식·감정을 수행하는 과정 등을 촬영하고 이를 디지털파일의 형태로 처리·보관할 수 있는 시설

전문
인력
	화재조사에 필요한 다음 각 목의 구분에 따른 전문인력을 각각 보유할 것
	㉠ 주된 기술인력 : 다음의 어느 하나에 해당하는 사람을 2명 이상 보유할 것
	  ⓐ 「국가기술자격법」에 따른 국가기술자격의 직무분야 중 화재감식평가 분야의 기사 자격 취득 후 화재조사 관련 분야에서 5년 이상 근무한 사람
	  ⓑ 화재조사관 자격 취득 후 화재조사 관련 분야에서 5년 이상 근무한 사람
	  ⓒ 이공계 분야의 박사학위 취득 후 화재조사 관련 분야에서 2년 이상 근무한 사람
	㉡ 보조 기술인력 : 다음의 어느 하나에 해당하는 사람을 3명 이상 보유할 것
	  ⓐ 국가기술자격법」에 따른 국가기술자격의 직무분야 중 화재감식평가 분야의 기사 또는 산업기사 자격을 취득한 사람
	  ⓑ 화재조사관 자격을 취득한 사람
	  ⓒ 소방청장이 인정하는 화재조사 관련 국제자격증 소지자
	  ⓓ 이공계 분야의 석사 이상 학위 취득 후 화재조사 관련 분야에서 1년 이상 근무한 사람

장비	화재조사를 수행할 수 있는 감식·감정 장비, 증거물 수집 장비 등을 갖출 것

② 지정된 화재감정기관(이하 "화재감정기관"이라 한다)이 갖추어야 할 시설과 전문인력 등에 관한 세부적인 기준은 소방청장이 정하여 고시한다.

화재감정기관 지정 절차 및 취소 등(시행령 제13조)
① 화재감정기관으로 지정받으려는 자는 행정안전부령으로 정하는 화재감정기관 지정신청서에 다음 각 호의 서류를 첨부하여 소방청장에게 제출해야 한다. 이 경우 소방청장은 제출된 서류에 보완이 필요하다고 판단되면 보완에 필요한 기간을 정하여 보완을 요구할 수 있다.
  1. 시설 현황에 관한 서류
  2. 조직 및 인력 현황에 관한 서류(인력 현황의 경우에는 자격 및 경력을 증명하는 서류를 포함한다)
  3. 화재조사 관련 장비 현황에 관한 서류
  4. 법인의 정관 또는 단체의 규약(법인 또는 단체인 경우만 해당한다)
② 소방청장은 화재감정기관의 지정을 신청한 자가 지정기준을 충족하는 경우 화재감정기관으로 지정하고, 행정안전부령으로 정하는 화재감정기관 지정서를 발급해야 한다.
③ 대통령령으로 정하는 사항을 위반한 경우"란 다음 각 호의 어느 하나에 해당하는 경우를 말한다.
  1. 의뢰받은 감정을 정당한 사유 없이 거부하거나 1개월 이상 수행하지 않은 경우
  2. 거짓이나 그 밖의 부정한 방법으로 감정 비용을 청구한 경우
④ 지정이 취소된 화재감정기관은 지정이 취소된 날부터 10일 이내에 화재감정기관 지정서를 반환해야 한다.
⑤ 위 규정된 사항 이외의 화재감정기관의 지정 및 지정 취소 등에 필요한 사항은 행정안전부령(제10~12조)으로 정한다.

화재감정기관의 지정 신청 및 지정서 발급(시행규칙 제10조)
① "행정안전부령으로 정하는 화재감정기관 지정신청서"란 별지 제5호서식의 화재감정기관 지정신청서를 말한다.
② 화재감정기관 지정신청서를 받은 소방청장은 행정정보의 공동이용을 통하여 법인 등기사항증명서(법인인 경우만 해당한다)와 사업자등록증을 확인해야 한다. 다만, 신청인이 사업자등록증의 확인에 동의하지 않는 경우에는 그 사본을 첨부하도록 해야 한다.
③ 소방청장은 화재감정기관 지정신청서 또는 첨부서류에 보완이 필요하다고 판단되면 10일 이내의 기간을 정하여 보완을 요구할 수 있다.
④ "행정안전부령으로 정하는 화재감정기관 지정서"란 별지 제6호서식의 화재감정기관 지정서를 말한다.

⑤ 화재감정기관 지정서를 발급한 소방청장은 별지 제7호서식의 화재감정기관 지정대장에 그 사실을 기록하고 이를 보관·관리해야 한다.
⑥ 소방청장이 화재감정기관을 지정한 경우에는 그 사실을 소방청의 인터넷 홈페이지에 게재해야 한다.

감정의뢰 등(시행규칙 제11조)
① 소방관서장이 지정된 화재감정기관(이하 "화재감정기관"이라 한다)에 감정을 의뢰할 때에는 별지 제8호서식의 감정의뢰서에 증거물 등 감정대상물을 첨부하여 제출해야 한다.
② 화재감정기관의 장은 제출된 감정의뢰서 등에 흠결이 있을 경우 보완을 요청할 수 있다.

감정 결과의 통보(시행규칙 제12조)
① 화재감정기관의 장은 감정이 완료되면 감정 결과를 감정을 의뢰한 소방관서장에게 지체 없이 통보해야 한다.
② 감정 결과 통보는 별지 제9호서식의 감정 결과 통보서에 따른다.
③ 화재감정기관의 장은 감정 결과를 통보할 때 감정을 의뢰받았던 증거물 등 감정대상물을 반환해야 한다. 다만, 훼손 등의 사유로 증거물 등 감정대상물을 반환할 수 없는 경우에는 감정 결과만 통보할 수 있다.
④ 화재감정기관의 장은 소방청장이 정하는 기간 동안 감정 결과 및 감정 관련 자료(데이터 파일을 포함한다)를 보존해야 한다.

(2) 벌칙 적용에서 공무원 의제(제18조)

지정된 화재감정기관의 임직원은 「형법」 제127조 및 제129조부터 제132조까지의 규정에 따른 벌칙을 적용할 때에는 공무원으로 본다.

(3) 국가화재정보시스템의 구축·운영(제19조)

① 소방청장은 화재조사 결과, 화재원인, 피해상황 등에 관한 화재정보를 종합적으로 수집·관리하여 화재예방과 소방활동에 활용할 수 있는 국가화재정보시스템을 구축·운영하여야 한다.
② 화재정보의 수집·관리 및 활용 등에 필요한 사항은 대통령령(14조)으로 정한다.

국가화재정보시스템의 운영(시행령 제14조)
① 소방청장은 국가화재정보시스템(이하 "국가화재정보시스템"이라 한다)을 활용하여 다음 각 호의 화재정보를 수집·관리해야 한다.
  1. 화재원인
  2. 화재피해상황
  3. 대응활동에 관한 사항
  4. 소방시설 등의 설치·관리 및 작동 여부에 관한 사항
  5. 화재발생건축물과 구조물, 화재유형별 화재위험성 등에 관한 사항
  6. 화재예방 관계 법령 등의 이행 및 위반 등에 관한 사항
  7. 법 제13조 제2항에 따른 관계인의 보험가입 정보 등에 관한 사항
  8. 그 밖에 화재예방과 소방활동에 활용할 수 있는 정보
② 소방관서장은 국가화재정보시스템을 활용하여 제1항 각 호의 화재정보를 기록·유지 및 보관해야 한다.
③ 위 규정한 사항 외에 국가화재정보시스템의 운영 및 활용 등에 필요한 사항은 소방청장이 정한다.

(4) 연구개발사업의 지원(제20조)

① 소방청장은 화재조사 기법에 필요한 연구·실험·조사·기술개발 등(이하 이 조에서 "연구개발사업"이라 한다)을 지원하는 시책을 수립할 수 있다.
② 소방청장은 연구개발사업을 효율적으로 추진하기 위하여 다음 각 호의 어느 하나에 해당하는 기관 또는 단체 등에게 연구개발사업을 수행하게 하거나 공동으로 수행할 수 있다.

1. 국공립 연구기관
2. 「특정연구기관 육성법」 제2조에 따른 특정연구기관
3. 「과학기술분야 정부출연연구기관 등의 설립·운영 및 육성에 관한 법률」에 따라 설립된 과학기술분야 정부출연연구기관
4. 「고등교육법」 제2조에 따른 대학·산업대학·전문대학·기술대학
5. 「민법」이나 다른 법률에 따라 설립된 법인으로서 화재조사 관련 연구기관 또는 법인 부설 연구소
6. 「기업부설연구소등의 연구개발 지원에 관한 법률」 제7조제1항에 따라 인정받은 기업부설연구소 또는 연구개발전담부서[개정 2025. 1. 31. 시행일: 2026. 2. 1.]
7. 그 밖에 대통령령으로 정하는 화재조사와 관련한 연구·조사·기술개발 등을 수행하는 기관 또는 단체
    - 화재감정기관

③ 소방청장은 제2항 각 호의 기관 또는 단체 등에 대하여 연구개발사업을 실시하는 데 필요한 경비의 전부 또는 일부를 출연하거나 보조할 수 있다.

④ 연구개발사업의 추진에 필요한 사항은 행정안전부령(제15~16조)으로 정한다.

> **연구개발사업의 지원 등(시행령 제15조)**
> 법 제20조 제2항 제7호에서 "대통령령으로 정하는 화재조사와 관련한 연구·조사·기술개발 등을 수행하는 기관 또는 단체"란 화재감정기관을 말한다.
>
> **민감정보 및 고유식별정보의 처리(시행령 제16조)**
> ① 소방관서장은 다음 각 호의 사무를 수행하기 위하여 불가피한 경우 「개인정보 보호법」 제23조 제1항에 따른 건강에 관한 정보가 포함된 자료를 처리할 수 있다.
>   1. 인명피해상황 조사에 관한 사무
>   2. 국가화재정보시스템의 운영에 관한 사무
> ② 소방관서장은 화재증명원의 발급에 관한 사무를 수행하기 위하여 불가피한 경우 「개인정보 보호법 시행령」 제19조 각 호의 주민등록번호, 여권번호, 운전면허의 면허번호 또는 외국인등록번호가 포함된 자료를 처리할 수 있다.

5 제5장 벌칙

(1) 벌칙(제21조)

다음 각 호의 어느 하나에 해당하는 사람은 300만원 이하의 벌금에 처한다.

1. 화재현장 보존조치를 하거나 통제구역을 설정한 경우 소방관서장 또는 경찰서장의 허가 없이 화재현장에 있는 물건 등을 이동시키거나 변경·훼손한 사람
2. 정당한 사유 없이 화재조사관의 출입 또는 조사를 거부·방해 또는 기피한 사람
3. 화재조사를 하는 화재조사관이 관계인의 정당한 업무를 방해하거나 화재조사를 수행하면서 알게 된 비밀을 다른 용도로 사용하거나 다른 사람에게 누설한 사람
4. 정당한 사유 없이 소방관서장의 화재조사를 위하여 필요한 증거물 수집을 거부·방해 또는 기피한 사람

(2) 양벌규정(제22조)

법인의 대표자나 법인 또는 개인의 대리인, 사용인, 그 밖의 종업원이 그 법인 또는 개인의 업무에 관하여 300만원 이하의 벌금 해당하는 위반행위를 하면 그 행위자를 벌하는 외에 그 법인 또는 개인에게도 해당 조문의 벌금형을 과(科)한다. 다만, 법인 또는 개인이 그 위반행위를 방지하기 위하여 해당 업무에 관하여 상당한 주의와 감독을 게을리 하지 아니한 경우에는 그러하지 아니하다.

(3) 과태료(제23조)

① 다음 각 호의 어느 하나에 해당하는 사람에게는 200만원 이하의 과태료를 부과한다.
  1. 소방관서장이 화재조사를 위하여 필요하여 설정한 통제구역을 허가 없이 출입한 사람
  2. 소방관서장이 화재조사를 위하여 필요하여 관계인에게 보고 또는 자료 제출을 명하였으나 명령을 위반하여 보고 또는 자료 제출을 하지 아니하거나 거짓으로 보고 또는 자료를 제출한 사람
  3. 정당한 사유 없이 화재조사를 위하여 소방관서장의 출석요구를 거부하거나 질문에 대하여 거짓으로 진술한 사람

② 과태료는 대통령령(제17조)으로 정하는 바에 따라 소방관서장 또는 경찰서장이 부과·징수한다.

과태료의 부과·징수(시행령 제17조)
① 과태료는 소방관서장이 부과·징수한다. 다만, 법 제8조 제2항을 위반하여 경찰서장이 설정한 통제구역을 허가 없이 출입한 사람에 대한 과태료는 경찰서장이 부과·징수한다.
② 과태료의 부과기준은 별표와 같다.

시행령 별표
과태료의 부과기준(시행령 제17조 관련)
1. 일반기준
   가. 위반행위의 횟수에 따른 과태료의 가중된 부과기준은 최근 1년간 같은 위반행위로 과태료 부과처분을 받은 경우에 적용한다. 이 경우 기간의 계산은 위반행위에 대하여 과태료 부과처분을 받은 날과 그 처분 후 다시 같은 위반행위를 하여 적발된 날을 기준으로 한다.
   나. 가목에 따라 가중된 부과처분을 하는 경우 가중처분의 적용 차수는 그 위반행위 전 부과처분 차수(가목에 따른 기간 내에 과태료 부과처분이 둘 이상 있었던 경우에는 높은 차수를 말한다)의 다음 차수로 한다.
   다. 과태료 부과권자는 다음 어느 하나에 해당하는 경우에는 제2호의 개별기준에 따른 과태료의 2분의 1 범위에서 그 금액을 줄여 부과할 수 있다. 다만, 줄여 부과할 사유가 여러 개 있는 경우라도 감경의 범위는 2분의 1을 넘을 수 없다.
      1) 위반행위자가 화재 등 재난으로 재산에 현저한 손실이 발생한 경우 또는 사업의 부도·경매 또는 소송 계속 등 사업여건이 악화된 경우로서 과태료 부과권자가 감경하는 것이 타당하다고 인정하는 경우. 다만, 최근 1년 이내에 소방 관계 법령(「소방의 화재조사에 관한 법률」, 「소방기본법」, 「화재의 예방 및 안전관리에 관한 법률」, 「소방시설 설치 및 관리에 관한 법률」, 「소방시설공사업법」, 「위험물안전관리법」, 「다중이용업소의 안전관리에 관한 특별법」 및 그 하위법령을 말한다)을 2회 이상 위반한 자는 제외한다.
      2) 위반행위자가 위반행위로 인한 결과를 시정하거나 해소한 경우
2. 개별기준

위반행위	근거 법조문	과태료 금액(단위 : 만원)		
		1회	2회	3회
가. 법 제8조 제2항을 위반하여 허가 없이 통제구역에 출입한 경우	법 제23조 제1항 제1호	100	150	200
나. 법 제9조 제1항에 따른 명령을 위반하여 보고 또는 자료 제출을 하지 않거나 거짓으로 보고 또는 자료 제출을 한 경우	법 제23조 제1항 제2호	100	150	200
다. 정당한 사유 없이 법 제10조 제1항에 따른 출석을 거부하거나 질문에 대하여 거짓으로 진술한 경우	법 제23조 제1항 제3호	100	150	200

02 관련규정

제1절 화재조사 및 보고규정(소방청훈련 제311호)

1 목적(제1조)

이 규정은 소방의 화재조사에 관한 법률 및 같은 법 시행령, 시행규칙에 따라 화재조사(이하 "조사"라 한다)의 집행과 보고 및 사무처리에 필요한 사항을 정하는 것을 목적으로 한다.

2 용어의 정의(제2조) 14 15 19 22

용어	정의
감식	화재원인의 판정을 위하여 전문적인 지식, 기술 및 경험을 활용하여 주로 시각에 의한 종합적인 판단으로 구체적 사실관계를 명확하게 규명하는 것
감정	화재와 관계되는 물건의 형상, 구조, 재질, 성분, 성질 등 이와 관련된 모든 현상에 대하여 과학적 방법에 의한 필요한 실험을 행하고 그 결과를 근거로 화재원인을 밝히는 자료를 얻는 것
발화	열원에 의하여 가연물질에 지속적으로 불이 붙는 현상
발화열원	발화의 최초원인이 된 불꽃 또는 열
발화지점	열원과 가연물이 상호작용하여 화재가 시작된 지점
발화장소	화재가 발생한 장소
최초착화물	발화열원에 의해 불이 붙은 최초의 가연물
발화요인	발화열원에 의하여 발화로 이어진 연소현상에 영향을 준 인적·물적·자연적 요인
발화 관련 기기	발화에 관련된 불꽃 또는 열을 발생시킨 기기 또는 장치나 제품
동력원	발화 관련 기기나 제품을 작동 또는 연소시킬 때 사용된 연료 또는 에너지
연소확대물	연소가 확대되는 데 있어 결정적 영향을 미친 가연물
재구입비	화재 당시의 피해물과 같거나 비슷한 것을 재건축(설계 감리비를 포함한다) 또는 재취득하는데 필요한 금액
내용년수	고정자산을 경제적으로 사용할 수 있는 연수
손해율	피해물의 종류, 손상 상태 및 정도에 따라 피해금액을 적정화시키는 일정한 비율
잔가율	화재 당시에 피해물의 재구입비에 대한 현재가의 비율
최종잔가율	피해물의 내용연수가 다한 경우 잔존하는 가치의 재구입비에 대한 비율
화재현장	화재가 발생하여 소방대 및 관계인등에 의해 소화활동이 행하여지고 있거나 행하여진 장소
접수	119종합상황실에서 유·무선 전화 또는 다매체를 통하여 화재 등의 신고를 받는 것
출동	화재를 접수하고 119상황실로부터 출동지령을 받아 소방대가 차고 등에서 출발하는 것
도착	출동지령을 받고 출동한 소방대가 현장에 도착하는 것
선착대	화재현장에 가장 먼저 도착한 소방대
초진	소방대의 소화활동으로 화재확대의 위험이 현저하게 줄어들거나 없어진 상태

잔불정리	화재를 초진 후 잔불을 점검하고 처리하는 것. 이 단계에서는 열에 의한 수증기나 화염 없이 연기만 발생하는 연소현상이 포함될 수 있음
완 진	소방대에 의한 소화활동의 필요성이 사라진 것
철 수	진화가 끝난 후 소방대가 현장에서 복귀하는 것
재발화 감시	화재를 진화한 후 화재가 재발되지 않도록 감시조를 편성하여 일정 시간 동안 감시하는 것

3 화재조사개시의 원칙(제3조)

(1) 화재조사관(이하 "조사관"이라 한다)은 화재발생 사실을 인지하는 즉시 화재조사(이하 "조사"라 한다)를 시작해야 한다.

(2) 소방관서장은 조사관을 근무 교대조별로 2인 이상 배치하고, 장비·시설을 기준 이상으로 확보하여 조사업무를 수행하도록 하여야 한다.

(3) 조사는 물적 증거를 바탕으로 과학적인 방법을 통해 합리적인 사실의 규명을 원칙으로 한다.

4 화재조사관의 책무(제4조)

(1) 조사관은 조사에 필요한 전문적 지식과 기술의 습득에 노력하여 조사업무를 능률적이고 효율적으로 수행해야 한다.

(2) 조사관은 그 직무를 이용하여 관계인등의 민사분쟁에 개입해서는 아니 된다.

5 화재출동대원 협조(제5조)

(1) 화재현장에 출동하는 소방대원은 조사에 도움이 되는 사항을 확인하고, 화재현장에서도 소방활동 중에 파악한 정보를 조사관에게 알려주어야 한다.

(2) 화재현장의 선착대 선임자는 철수 후 지체 없이 국가화재정보시스템에 별지 제2호 서식 화재현장출동보고서를 작성·입력해야 한다.

6 관계인의 협조(제6조)

(1) 화재현장과 기타 관계있는 장소에 출입할 때에는 관계인등의 입회하에 실시하는 것을 원칙으로 한다.

(2) 조사관은 조사에 필요한 자료 등을 관계인등에게 요구할 수 있으며, 관계인등이 반환을 요구할 때는 조사의 목적을 달성한 후 관계인등에게 반환해야 한다.

7 관계인의 진술(제7조)

(1) 관계인등에게 질문을 할 때에는 시기, 장소 등을 고려하여 진술하는 사람으로부터 임의진술을 얻도록 해야 하며 진술의 자유 또는 신체의 자유를 침해하여 임의성을 의심할 만한 방법을 취해서는 아니 된다.

(2) 관계인등에게 질문을 할 때에는 희망하는 진술내용을 얻기 위하여 상대방에게 암시하는 등의 방법으로 유도해서는 아니 된다.

(3) 획득한 진술이 소문 등에 의한 사항인 경우 그 사실을 직접 경험한 관계인등의 진술을 얻도록 해야 한다.

(4) 관계인등에 대한 질문 사항은 별지 제10호 서식 질문기록서에 작성하여 그 증거를 확보한다.

8 감식 및 감정(제8조)

(1) 소방관서장은 조사 시 전문지식과 기술이 필요하다고 인정되는 경우 국립소방연구원 또는 화재감정기관 등에 감정을 의뢰할 수 있다.

(2) 소방관서장은 과학적이고 합리적인 화재원인 규명을 위하여 화재현장에서 수거한 물품에 대하여 감정을 실시하고 화재원인 입증을 위한 재현실험 등을 할 수 있다.

9 화재의 유형(제9조)

화재유형	소손내용
건축 · 구조물 화재	건축물, 구조물 또는 그 수용물이 소손된 것
자동차 · 철도차량 화재	자동차, 철도차량 및 피견인 차량 또는 그 적재물이 소손된 것
위험물 · 가스제조소 등 화재	위험물제조소 등, 가스제조 · 저장 · 취급시설 등이 소손된 것
선박 · 항공기 화재	선박, 항공기 또는 그 적재물이 소손된 것
임야 화재	산림, 야산, 들판의 수목, 잡초, 경작물 등이 소손된 것
기타 화재	위의 각 호에 해당하지 않는 화재

10 화재건수 결정(제10조) 13 15 17 18 19

(1) 1건의 화재란 1개의 발화지점에서 확대된 것으로 발화부터 진화까지를 말한다.

(2) **1건의 화재 예외**
다음 각 호와 같이 화재건수를 결정한다.
① 동일범이 아닌 각기 다른 사람에 의한 방화, 불장난의 경우 동일 대상물에서 발화했더라도 각각 **별건**의 화재로 한다.

② 발화점 2개 이상 화재

동일 소방대상물의 발화점이 2개소 이상 있는 다음의 화재는 1건의 화재로 한다.
- ㉠ 누전점이 동일한 누전에 의한 화재
- ㉡ 지진, 낙뢰 등 자연현상에 의한 다발화재

(3) 화재건수 관할

① 발화지점이 한 곳인 화재현장이 둘 이상의 관할구역에 걸친 화재는 **발화지점이 속한 소방서**에서 1건의 화재로 산정한다.

② 다만, 발화지점 확인이 어려운 경우에는 **화재피해금액이 큰** 관할구역 소방서의 화재 건수로 산정한다.

11 발화일시의 결정(제11조)

(1) 관계자의 화재발견상황통보 (인지)시간 및 화재발생 건물의 구조, 재질 상태와 화기취급 등의 상황을 종합적으로 검토하여 결정한다.

(2) 인지시간은 소방관서에 최초로 신고된 시점을 말하며 자체진화 등의 사후인지 화재로 그 결정이 곤란한 경우에는 발생시간을 추정할 수 있다.

12 화재의 분류(제12조)

화재원인 및 장소 등 화재의 분류는 소방청장이 정하는 **국가화재분류체계에 의한 분류표**에 의하여 분류한다.

13 사상자(제13조)

사상자는 화재현장에서 **사망**한 사람과 **부상**당한 사람을 말한다. 다만, 화재현장에서 부상을 당한 후 **72시간 이내**에 사망한 경우에는 당해 화재로 인한 사망으로 본다.

14 부상자 분류(제14조)

부상의 정도는 의사의 진단을 기초로 하여 다음 각 호와 같이 분류한다.

(1) **중상** : 3주 이상의 입원치료를 필요로 하는 부상을 말한다.

(2) **경상** : 중상 이외의 부상(입원치료를 필요로 하지 않는 것도 포함한다)을 말한다. 다만, 병원 치료를 필요로 하지 않고 단순하게 연기를 흡입한 사람은 제외한다.

15 건물동수 산정(제15조) 13 15 16 17 18 20 21

(1) 주요구조부가 하나로 연결되어 있는 것은 1동으로 한다. 다만 건널 복도 등으로 2 이상의 동에 연결되어 있는 것은 그 부분을 절반으로 분리하여 각 동으로 본다.

> **참고** 건축물의 주요구조부 : 내력벽 · 기둥 · 바닥 · 보 · 계단 · 지붕틀

(2) 건물의 외벽을 이용하여 실을 만들어 헛간, 목욕탕, 작업실, 사무실 및 기타 건물 용도로 사용하고 있는 것은 주건물과 같은 동으로 본다.

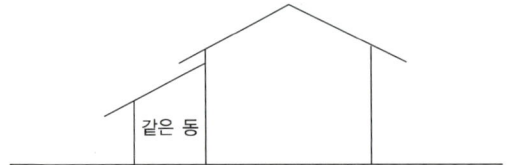

(3) 구조에 관계없이 지붕 및 실이 하나로 연결되어 있는 것은 같은 동으로 본다.

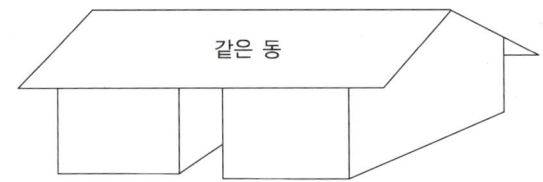

(4) 목조 또는 내화조 건물의 경우 격벽으로 방화구획이 되어 있는 경우도 같은 동으로 한다.

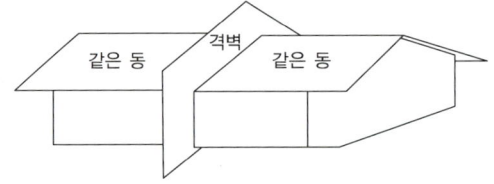

(5) 독립된 건물과 건물 사이에 차광막, 비막이 등의 덮개를 설치하고 그 밑을 통로 등으로 사용하는 경우는 다른 동으로 한다.

> 예 작업장과 작업장 사이에 조명유리 등으로 비막이를 설치하여 지붕과 지붕이 연결되어 있는 경우

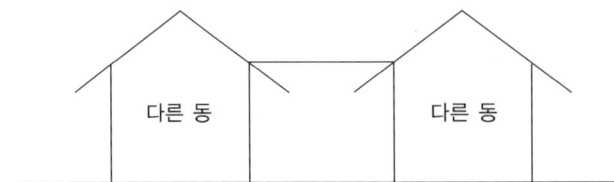

(6) 내화조 건물의 옥상에 목조 또는 방화구조 건물이 별도 설치되어 있는 경우는 다른 동으로 한다. 다만, 이들 건물의 기능상 하나인 경우(옥내계단이 있는 경우)는 같은 동으로 한다.

(7) 내화조 건물의 외벽을 이용하여 목조 또는 방화구조 건물이 별도 설치되어 있고 건물 내부와 구획되어 있는 경우 다른 동으로 한다. 다만, 주된 건물에 부착된 건물이 옥내로 출입구가 연결되어 있는 경우와 기계설비 등이 쌍방에 연결되어 있는 경우 등 건물 기능상 하나인 경우는 같은 동으로 본다. 13

⊕ Plus one

건물동수 산정

같은 동	다른 동
• 주요구조부가 하나로 연결되어 있는 것은 같은 동으로 한다. • 건물의 외벽을 이용하여 실을 만들어 헛간, 목욕탕, 작업실, 사무실 및 기타 건물 용도로 사용하고 있는 것은 주건물과 같은 동으로 본다. • 구조에 관계없이 지붕 및 실이 하나로 연결되어 있는 것 • 목조 또는 내화조 건물의 경우 격벽으로 방화구획이 되어 있는 경우	• 건널 복도 등으로 2 이상의 동에 연결되어 있는 것은 그 부분을 절반으로 분리하여 다른 동으로 본다. • 독립된 건물과 건물 사이에 차광막, 비막이 등의 덮개를 설치하고 그 밑을 통로 등으로 사용하는 경우 • 내화조 건물의 외벽을 이용하여 목조 또는 방화구조건물이 별도 설치되어 있고 건물 내부와 구획되어 있는 경우 • 내화조 건물의 옥상에 목조 또는 방화구조 건물이 별도 설치되어 있는 경우

16 소실 정도(제16조) 13 16 17 18 19 21 22

(1) 건축·구조물 화재의 소실 정도

구 분	전소화재	반소화재	부분소화재
소실률	• 건물의 70% 이상(입체면적에 대한 비율)이 소실된 화재 • 그 미만이라도 잔존부분이 보수를 하여도 재사용 불가능한 것	건물의 30% 이상 70% 미만이 소실된 화재	전소·반소 이외의 화재

(2) 자동차·철도차량, 선박·항공기 등의 소실정도
건축·구조물 화재의 소실 정도를 준용한다.

17 소실면적 산정(제17조) 13 15 16 17 19 21

(1) 건물의 소실면적 산정은 소실 바닥면적으로 산정한다.

(2) 수손 및 기타 파손의 경우에도 제1항의 규정을 준용한다.

18 화재피해금액의 산정(제18조) 13 17 18

(1) 화재피해금액
화재 당시의 피해물과 동일한 구조, 용도, 질, 규모를 **재건축 또는 재구입하는 데 소요되는 가액**에서 **경과연수에 따른 감가공제**를 하고 현재가액을 산정하는 실질적·구체적 방식에 따른다. 단, 회계장부상 현재가액이 입증된 경우에는 그에 따른다.

(2) 간이평가방식 산정
정확한 피해물품을 확인하기 곤란한 경우에는 소방청장이 정하는 **화재피해액 산정매뉴얼**(이하 "매뉴얼"이라 한다)의 간이평가방식으로 산정할 수 있다.

(3) 건물 등 자산에 대한 최종잔가율 13 17
① **건물·부대설비·구축물·가재도구 : 20%**
② 그 이외의 자산 : 10%

(4) 내용연수 산정
건물 등 자산에 대한 내용연수는 매뉴얼에서 정한 바에 따른다.

(5) 대상별 화재피해금액 산정기준[별표 2] 16 17 18 19 21 22

산정대상	산정기준
건 물	• 「신축단가(m²당) × 소실면적 × [1 - (0.8 × 경과연수/내용연수)] × 손해율」 • 신축단가는 한국감정원이 최근 발표한 '건물신축단가표'에 의한다.
부대설비	「건물신축단가 × 소실면적 × 설비종류별 재설비 비율 × [1 - (0.8 × 경과연수/내용연수)] × 손해율」의 공식에 의한다. 다만 부대설비 피해액을 실질적·구체적 방식에 의할 경우 「단위(면적·개소 등)당 표준단가 × 피해단위 × [1 - (0.8 × 경과연수/내용연수)] × 손해율」의 공식에 의하되, 건물표준단가 및 부대설비 단위당 표준단가는 한국감정원이 최근 발표한 '건물신축단가표'에 의한다.
구축물	「소실단위의 회계장부상 구축물가액 × 손해율」의 공식에 의하거나 「소실단위의 원시건축비 × 물가상승률 × [1 - (0.8 × 경과연수/내용연수)] × 손해율」의 공식에 의한다. 다만 회계장부상 구축물가액 또는 원시건축비의 가액이 확인되지 않는 경우에는 「단위(m, m², m³)당 표준단가 × 소실단위 × [1 - (0.8 × 경과연수/내용연수)] × 손해율」의 공식에 의하되, 구축물의 단위당 표준단가는 매뉴얼이 정하는 바에 의한다.
영업시설	「m²당 표준단가 × 소실면적 × [1 - (0.9 × 경과연수/내용연수)] × 손해율」의 공식에 의하되, 업종별 m²당 표준단가는 매뉴얼이 정하는 바에 의한다.
잔존물제거	「화재피해액 × 10%」의 공식에 의한다.
기계장치 및 선박·항공기	「감정평가서 또는 회계장부상 현재가액 × 손해율」의 공식에 의한다. 다만 감정평가서 또는 회계장부상 현재가액이 확인되지 않아 실질적·구체적 방법에 의해 피해액을 산정하는 경우에는 「재구입비 × [1 - (0.9 × 경과연수/내용연수)] × 손해율」의 공식에 의하되, 실질적·구체적 방법에 의한 재구입비는 조사자가 확인·조사한 가격에 의한다.

공구 및 기구	「회계장부상 현재가액 × 손해율」의 공식에 의한다. 다만 회계장부상 현재가액이 확인되지 않아 실질적·구체적 방법에 의해 피해액을 산정하는 경우에는 「재구입비 × [1 – (0.9 × 경과연수/내용연수)] × 손해율」의 공식에 의하되, 실질적·구체적 방법에 의한 재구입비는 물가정보지의 가격에 의한다.
집기비품	「회계장부상 현재가액 × 손해율」의 공식에 의한다. 다만 회계장부상 현재가액이 확인되지 않는 경우에는 「m^2당 표준단가 × 소실면적 × [1 – (0.9 × 경과연수/내용연수)] × 손해율」의 공식에 의하거나 실질적·구체적 방법에 의해 피해액을 산정하는 경우에는 「재구입비 × [1 – (0.9 × 경과연수/내용연수)] × 손해율」의 공식에 의하되, 집기비품의 m^2당 표준단가는 매뉴얼이 정하는 바에 의하며, 실질적·구체적 방법에 의한 재구입비는 물가정보지의 가격에 의한다.
가재도구	「(주택종류별·상태별 기준액 × 가중치) + (주택면적별 기준액 × 가중치) + (거주인원별 기준액 × 가중치) + (주택가격(m^2당)별 기준액 × 가중치)」의 공식에 의한다. 다만, 실질적·구체적 방법에 의해 피해액을 가재도구 개별품목별로 산정하는 경우에는 「재구입비 × [1 – (0.8 × 경과연수/내용연수)] × 손해율」의 공식에 의하되, 가재도구의 항목별 기준액 및 가중치는 매뉴얼이 정하는 바에 의하며, 실질적·구체적 방법에 의한 재구입비는 물가정보지의 가격에 의한다.
차량, 동물, 식물	전부손해의 경우 시중매매가격으로 하며, 전부손해가 아닌 경우 수리비 및 치료비로 한다.
재고자산	「회계장부상 현재가액 × 손해율」의 공식에 의한다. 다만 회계장부상 현재가액이 확인되지 않는 경우에는 「연간매출액 ÷ 재고자산회전율 × 손해율」의 공식에 의하되, 재고자산회전율은 한국은행이 최근 발표한 '기업경영분석' 내용에 의한다.
회화(그림), 골동품, 미술공예품, 귀금속 및 보석류	전부손해의 경우 감정가격으로 하며, 전부손해가 아닌 경우 원상복구에 소요되는 비용으로 한다.
임야의 입목	소실 전의 입목가격에서 소실한 입목의 잔존가격을 뺀 가격으로 한다. 단, 피해산정이 곤란할 경우 소실면적 등 피해 규모만 산정할 수 있다.
기 타	피해당시의 현재가를 재구입비로 하여 피해액을 산정한다.

[적용요령]
1. 피해물의 경과연수가 불분명한 경우에 그 자산의 구조, 재질 또는 관계자 및 참고인의 진술, 기타 관계자료 등을 토대로 객관적인 판단을 하여 경과연수를 정한다.
2. 공구 및 기구·집기비품·가재도구를 일괄하여 재구입비를 산정하는 경우 개별 품목의 경과연수에 의한 잔가율이 50%를 초과하더라도 50%로 수정할 수 있으며, 중고구입기계장치 및 집기비품으로서 그 제작연도를 알 수 없는 경우에는 그 상태에 따라 신품가액의 30% 내지 50%를 잔가율로 정할 수 있다.
3. 화재피해액산정매뉴얼은 본 규정에 저촉되지 아니하는 범위에서 적용하여 화재피해액을 산정한다.

(6) 재산피해신고

관계인은 화재피해금액 산정에 이의가 있는 경우 별지 제12호 서식 또는 별지 제12-2호 서식에 따라 관할 소방관서장에게 재산피해신고를 할 수 있다.

(7) 화재피해금액의 재산정

재산피해신고서를 접수한 관할 소방관서장은 화재피해금액을 재산정해야 한다.

19 세대수 산정(제19조)

세대수는 거주와 생계를 함께 하고 있는 사람들의 집단 또는 하나의 가구를 구성하여 살고 있는 독신자로서 자신의 주거에 사용되는 건물에 대하여 재산권을 행사할 수 있는 사람을 1세대로 산정한다.

20 화재합동조사단 운영 및 종료(제20조)

(1) 화재합동조사단의 구성 및 운영(강행규정)
소방관서장은 화재가 발생한 경우 다음 각 호에 따라 화재합동조사단을 구성하여 운영하는 것을 원칙으로 한다.

운영 관서장	운영기준
소방청장	사상자가 30명 이상이거나 2개 시·도 이상에 걸쳐 발생한 화재(임야화재는 제외한다. 이하 같다)
소방본부장	사상자가 20명 이상이거나 2개 시·군·구 이상에 발생한 화재
소방서장	사망자가 5명 이상이거나 사상자가 10명 이상 또는 재산피해액이 100억원 이상 발생한 화재

(2) 화재합동조사단을 구성 및 운영할 수 있는 경우
① 소방관서장은 화재로 인한 사회적·경제적 영향이 광범위하다고 소방관서장이 인정하는 화재
② 종합상황실장이 상급 종합상황실에 지체 없이 보고해야 하는 화재
　㉠ 사망자가 5인 이상 발생하거나 사상자가 10인 이상 발생한 화재
　㉡ 이재민이 100인 이상 발생한 화재
　㉢ 재산피해액이 50억원 이상 발생한 화재
　㉣ 관공서·학교·정부미도정공장·문화유산·지하철 또는 지하구의 화재
　㉤ 관광호텔, 층수가 11층 이상인 건축물, 지하상가, 시장, 백화점, 지정수량의 3천배 이상의 위험물의 제조소·저장소·취급소, 층수가 5층 이상이거나 객실이 30실 이상인 숙박시설, 층수가 5층 이상이거나 병상이 30개 이상인 종합병원·정신병원·한방병원·요양소, 연면적 1만5천 제곱미터 이상인 공장 또는 화재예방강화지구에서 발생한 화재
　㉥ 철도차량, 항구에 매어둔 총 톤수가 1천톤 이상인 선박, 항공기, 발전소 또는 변전소에서 발생한 화재
　㉦ 가스 및 화약류의 폭발에 의한 화재
　㉧ 다중이용업소의 화재
　㉨ 긴급구조통제단장의 현장지휘가 필요한 재난상황
　㉩ 언론에 보도된 재난상황
　㉪ 그 밖에 소방청장이 정하는 재난상황

(3) 단장과 단원의 임명 또는 위촉
소방관서장은 영 제7조 제2항과 영 제7조 제4항에 해당하는 자 중에서 단장 1명과 단원 4명 이상을 화재합동조사단원으로 임명하거나 위촉할 수 있다.

> **영 제7조(화재합동조사단의 구성·운영)**
> ② 법 제7조 제1항에 따른 화재합동조사단(이하 "화재합동조사단"이라 한다)의 단원은 다음 각 호의 어느 하나에 해당하는 사람 중에서 소방관서장이 임명하거나 위촉한다.
> 　1. 화재조사관
> 　2. 화재조사 업무에 관한 경력이 3년 이상인 소방공무원
> 　3. 「고등교육법」 제2조에 따른 학교 또는 이에 준하는 교육기관에서 화재조사, 소방 또는 안전관리 등 관련 분야 조교수 이상의 직에 3년 이상 재직한 사람

> 4. 「국가기술자격법」에 따른 국가기술자격의 직무분야 중 안전관리 분야에서 산업기사 이상의 자격을 취득한 사람
> 5. 그 밖에 건축·안전 분야 또는 화재조사에 관한 학식과 경험이 풍부한 사람
> ④ 소방관서장은 화재합동조사단 운영을 위하여 관계 행정기관 또는 기관·단체의 장에게 소속 공무원 또는 소속 임직원의 파견을 요청할 수 있다.

(4) 정보 수집의 협력

화재합동조사단원은 화재현장 지휘자 및 조사관, 출동 소방대원과 협력하여 조사와 관련된 정보를 수집할 수 있다.

(5) 조사단의 종료

소방관서장은 화재합동조사단의 조사가 완료되었거나, 계속 유지할 필요가 없는 경우 업무를 종료하고 해산시킬 수 있다.

21 조사서류의 서식(제21조)

조사에 필요한 서류의 서식은 다음 각 호에 따른다.

(1) 화재·구조·구급상황보고서 : 별지 제1호 서식

(2) 화재현장출동보고서 : 별지 제2호 서식

(3) 화재발생종합보고서 : 별지 제3호 서식

(4) 화재현황조사서 : 별지 제4호 서식

(5) 화재현장조사서 : 별지 제5호 서식

(6) 화재현장조사서(임야화재, 기타화재) : 별지 제5-2호 서식

(7) 화재유형별조사서(건축·구조물화재) : 별지 제6호 서식

(8) 화재유형별조사서(자동차·철도차량화재) : 별지 제6-2호 서식

(9) 화재유형별조사서(위험물·가스제조소등 화재) : 별지 제6-3호 서식

(10) 화재유형별조사서(선박·항공기화재) : 별지 제6-4호 서식

(11) 화재유형별조사서(임야화재) : 별지 제6-5호 서식

(12) 화재피해조사서(인명피해) : 별지 제7호 서식

(13) 화재피해조사서(재산피해) : 별지 제7-2호 서식

(14) 방화·방화의심 조사서 : 별지 제8호 서식

(15) 소방시설등 활용조사서 : 별지 제9호 서식

(16) 질문기록서 : 별지 제10호 서식

(17) 화재감식·감정 결과보고서 : 별지 제11호 서식

(18) 재산피해신고서 : 별지 제12호 서식

(19) 재산피해신고서(자동차, 철도, 선박, 항공기) : 별지 제12-2호 서식

(20) 사후조사 의뢰서 : 별지 제13호 서식

22 조사보고(제22조)

(1) 조사의 시작보고서

조사관이 조사를 시작한 때에는 소방관서장에게 지체 없이 화재·구조·구급상황보고서를 작성·보고해야 한다.

(2) 최종결과보고

화재규모	조사서	보고기한
• 사망자가 5인 이상 발생하거나 사상자가 10인 이상 발생한 화재 • 이재민이 100인 이상 발생한 화재 • 재산피해액이 50억원 이상 발생한 화재 • 관공서·학교·정부미도정공장·문화유산·지하철 또는 지하구의 화재 • 관광호텔, 층수가 11층 이상인 건축물, 지하상가, 시장, 백화점, 지정수량의 3천배 이상의 위험물의 제조소·저장소·취급소, 층수가 5층 이상이거나 객실이 30실 이상인 숙박시설, 층수가 5층 이상이거나 병상이 30개 이상인 종합병원·정신병원·한방병원·요양소, 연면적 1만5천 제곱미터 이상인 공장 또는 화재예방강화지구에서 발생한 화재 • 철도차량, 항구에 매어둔 총 톤수가 1천톤 이상인 선박, 항공기, 발전소 또는 변전소에서 발생한 화재 • 가스 및 화약류의 폭발에 의한 화재 • 다중이용업소의 화재 • 긴급구조통제단장의 현장지휘가 필요한 재난상황 • 언론에 보도된 재난상황 • 그 밖에 소방청장이 정하는 재난상황	21의 (1) 내지 (11) 서식 작성	30일 이내
위 이외의 화재	위와 같음	15일 이내

(3) 보고기간의 연장

다음 각 호의 정당한 사유가 있는 경우에는 소방관서장에게 사전 보고를 한 후 필요한 기간만큼 조사보고일을 연장할 수 있다.

① 법 제5조 제1항 단서에 따른 수사기관의 범죄수사가 진행 중인 경우

② 화재감정기관 등에 감정을 의뢰한 경우

③ 추가 화재현장조사 등이 필요한 경우

(4) 연장한 화재 조사결과 보고
조사 보고일을 연장한 경우 그 사유가 해소된 날부터 **10일 이내**에 소방관서장에게 조사결과를 보고해야 한다.

(5) 치외법권지역 등이 조사보고
치외법권지역 등 조사권을 행사할 수 없는 경우는 조사 가능한 내용만 조사하여 21 각 호의 조사 서식 중 해당 서류를 작성·보고한다.

(6) 조사서류의 입력 및 보관
소방본부장 및 소방서장은 조사결과 서류를 국가화재정보시스템에 입력·관리해야 하며 **영구보존방법**에 따라 보존해야 한다.

23 화재증명원 발급(제23조) 14 15 17 19

(1) 화재증명원의 발급 절차
소방관서장은 화재증명원을 발급받으려는 자가 화재증명원 발급신청을 하면 화재증명원을 발급해야 한다. 이 경우 통합전자민원창구로 신청하면 전자민원문서로 발급해야 한다.

(2) 사후조사
① 소방관서장은 화재피해자로부터 소방대가 출동하지 아니한 화재장소의 화재증명원 발급신청이 있는 경우 조사관으로 하여금 사후 조사를 실시하게 할 수 있다.
② 이 경우 민원인이 제출한 사후조사 의뢰서의 내용에 따라 발화장소 및 발화지점의 현장이 보존되어 있는 경우에만 조사를 하며, 화재현장출동보고서 작성은 생략할 수 있다.

(3) 기재내용
① 화재증명원 발급 시 인명피해 및 재산피해 내역을 기재한다. 다만, 조사가 진행 중인 경우에는 "조사 중"으로 기재한다.
② 재산피해내역 중 피해금액은 기재하지 아니하며 피해물건만 종류별로 구분하여 기재한다. 다만, 민원인의 요구가 있는 경우에는 피해금액을 기재하여 발급할 수 있다.

(4) 발화장소 이외 관할 증명원 발급
화재증명원 발급신청을 받은 소방관서장은 발화장소 관할 지역과 관계없이 발화장소 관할 소방서로부터 화재 사실을 확인받아 화재증명원을 발급할 수 있다.

24 통계관리(제24조)
소방청장은 화재통계를 소방정책에 반영하고 유사한 화재를 예방하기 위해 매년 통계연감을 작성하여 국가화재정보시스템 등에 공표해야 한다.

25 조사관의 교육훈련(제25조)

(1) 조사에 관한 교육훈련에 필요한 과목(별표3)

구 분		교육훈련 과목
화재조사관 양성을 위한 전문교육	소양	국정시책, 기초소양, 심리상담기법 등
	전문	기초화학, 기초전기, 구조물과 화재, 화재조사 관계법령, 화재학, 화재패턴, 화재조사방법론, 보고서 작성법, 화재피해금액 산정, 발화지점 판정, 전기화재감식, 화학화재감식, 가스화재감식, 폭발화재감식, 차량화재감식, 미소화원감식, 방화화재감식, 증거물수집보존, 화재모델링, 범죄심리학, 법과학(의학), 방·실화수사, 조사와 법적문제, 소방시설조사, 촬영기법, 법적 증언기법, 형사소송의 기본절차
	실습	화재조사실습, 현장실습, 사례연구 및 발표
	행정	입교식, 과정소개, 평가, 교육효과측정, 수료식 등
화재조사관의 전문능력향상을 위한 전문교육		1. 화재조사방법 및 감식(발화지점 판정, 전기화재, 화학화재, 가스화재, 폭발화재, 차량화재, 방화, 미소화원 등) 2. 증거물 수집절차·방법, 보존 3. 소방시설조사, 화재피해금액 산정 절차·방법 4. 화재조사와 법적 문제, 민·형사소송 절차 5. 화재학, 범죄심리학, 화재조사 관계 법령 등 6. 첨단 화재조사장비 운용 7. 그 밖에 화재조사 관련 교육 필요 사항
전담부서에 배치된 화재조사관을 위한 의무 보수교육		1. 화재조사방법 및 감식(발화지점 판정, 전기화재, 화학화재, 가스화재, 폭발화재, 차량화재, 방화, 미소화원 등) 2. 증거물 수집절차·방법, 보존 3. 소방시설조사, 화재피해금액 산정 절차·방법 4. 화재조사와 법적 문제, 민·형사소송 절차 5. 화재학, 범죄심리학, 화재조사 관계 법령 등 6. 그 밖에 화재감식 및 감정 분야 동향 7. 첨단 화재조사장비 운용 8. 주요 화재 감식 사례 9. 화재감식 및 감정 분야 동향 10. 그 밖에 화재조사 관련 교육 필요 사항

(2) 교육과목별 시간과 방법
소방본부장, 소방서장 또는 교육훈련기관의 장이 정한다. 다만, 의무 보수교육 시간은 4시간 이상으로 한다.

(3) 조사능력 향상
소방관서장은 조사관에 대하여 연구과제 부여, 학술대회 개최, 조사 관련 전문기관에 위탁훈련·교육을 실시하는 등 조사능력 향상에 노력하여야 한다.

26 유효기간(제26조)

이 훈령은 「훈령·예규 등의 발령 및 관리에 관한 규정」에 따라 이 훈령을 발령한 후의 법령이나 현실 여건의 변화 등을 검토하여야 하는 2025년 12월 31일까지 효력을 가진다.

제2절 화재증거물수집관리규칙

(1) 목적(제1조)
이 규칙은 「소방의 화재조사에 관한 법률 시행규칙」 제7조 제3항에 따라 화재현장에서의 증거물 수집과 사진, 비디오촬영에 대한 기준 및 이에 따른 자료관리를 위하여 필요한 사항을 규정함을 목적으로 한다.

(2) 용어의 정의(제2조) [19]

용어	정의
증거물	화재와 관련 있는 물건 및 개연성이 있는 모든 개체를 말한다.
증거물 수집	화재증거물을 획득하고 해당 물건을 분석하여 사건과 관련된 화재증거를 추출하는 과정을 말한다.
현장기록	화재조사현장과 관련된 사람, 물건, 기타 주변상황, 증거물 등을 촬영한 사진, 영상물 및 녹음자료, 현장에서 작성된 정보 등을 말한다.
현장사진	화재조사현장과 관련된 사람, 물건, 기타 상황, 증거물 등을 촬영한 사진을 말한다.
현장비디오	화재현장에서 화재조사현장과 관련된 사람, 물건, 그 밖의 주변 상황, 증거물을 촬영하거나 조사의 과정을 촬영한 것을 말한다.

(3) 증거물의 상황기록(제3조)
① 화재조사관은 증거물의 채취, 채집 행위 등을 하기 전에는 증거물 및 증거물 주위의 상황(연소상황 또는 설치상황을 말한다) 등에 대한 도면 또는 사진 기록을 남겨야 하며, 증거물을 수집한 후에도 기록을 남겨야 한다.
② 발화원인의 판정에 관계가 있는 개체 또는 부분에 대해서는 증거물과 이격되어 있거나 연소되지 않은 상황이라도 기록을 남겨야 한다.

(4) 증거물의 수집(제4조)
① 증거서류를 수집함에 있어서 원본 영치를 원칙으로 하고, 사본을 수집할 경우 원본과 대조한 다음 원본대조필을 하여야 한다. 다만, 원본대조를 할 수 없을 경우 제출자에게 원본과 같음을 확인 후 서명 날인을 받아서 영치하여야 한다.
② 물리적 증거물 수집 [14] [16] [17] [18] [19] [21]
증거물의 증거능력을 유지·보존할 수 있도록 행하며, 이를 위하여 전용 증거물 수집장비(수집도구 및 용기를 말한다)를 이용하고, 증거를 수집함에 있어서는 다음 각 호에 따른다.
  ㉠ 현장 수거(채취)물은 현장 수거(채취)물 목록(별지 제1호)서식에 그 목록을 작성하여야 한다.
  ㉡ 증거물의 수집 장비는 증거물의 종류 및 형태에 따라, 적절한 구조의 것이어야 하며, 증거물 수집 시료용기는 증거물 수집시료 용기(별표 1)에 따른다.
  ㉢ 증거물을 수집할 때는 휘발성이 높은 것에서 낮은 순서로 진행해야 한다.
  ㉣ 증거물의 소손 또는 소실 정도가 심하여 증거물의 일부분 또는 전체가 유실될 우려가 있는 경우는 증거물을 밀봉하여야 한다.
  ㉤ 증거물이 파손될 우려가 있는 경우 충격금지 및 취급방법에 대한 주의사항을 증거물의 포장 외측에 적절하게 표기하여야 한다.
  ㉥ 증거물 수집 목적이 인화성 액체 성분 분석인 경우에는 인화성 액체 성분의 증발을 막기 위한 조치를 하여야 한다.

ⓢ 증거물 수집 과정에서는 증거물의 수집자, 수집 일자, 상황 등에 대하여 기록을 남겨야 하며, 기록은 가능한 법과학용 표지 또는 태그를 사용하는 것을 원칙으로 한다.
ⓞ 화재조사에 필요한 증거물 수집을 위하여 「소방의 화재조사에 관한 법률 시행령」 제8조(화재현장 보존조치 통지등)에 따른 조치를 할 수 있다.

⊕ Plus one

제8조(화재현장 보존조치 통지 등)
소방관서장이나 관할 경찰서장 또는 해양경찰서장(이하 "경찰서장"이라 한다)은 법 제8조 제1항에 따라 화재현장 보존조치를 하거나 통제구역을 설정하는 경우 다음 각 호의 사항을 화재가 발생한 소방대상물의 소유자·관리자 또는 점유자(이하 "관계인"이라 한다)에게 알리고 해당 사항이 포함된 표지를 설치해야 한다.
1. 화재현장 보존조치나 통제구역 설정의 이유 및 주체
2. 화재현장 보존조치나 통제구역 설정의 범위
3. 화재현장 보존조치나 통제구역 설정의 기간

[증거물 시료용기(제4조 제2항 제2호 관련 [별표 1])]

구 분	용기 내용
공통사항	• 장비와 용기를 포함한 모든 장치는 원래의 목적과 채취할 시료에 적합하여야 한다. • 시료용기는 시료의 저장과 이동에 사용되는 용기로 적당한 마개를 가지고 있어야 한다. • 시료용기는 취급할 제품에 의한 용매의 작용에 투과성이 없고 내성을 갖는 재질로 되어 있어야 하며, 정상적인 내부 압력에 견딜 수 있고 시료채취에 필요한 충분한 강도를 가져야 한다.
유리병	• 유리병은 유리 또는 폴리테트라플루오로에틸렌(PTFE)으로 된 마개나 내유성의 내부판이 부착된 플라스틱이나 금속의 스크루마개를 가지고 있어야 한다. • 코르크마개는 휘발성 액체에 사용하여서는 안 된다. 만일 제품이 빛에 민감하다면 짙은 색깔의 시료병을 사용한다. • 세척방법은 병의 상태나 이전의 내용물, 시료의 특성 및 시험하고자 하는 방법에 따라 달라진다.
주석 도금 캔(Can)	• 캔은 사용직전에 검사하여야 하고 새거나 녹슨 경우 폐기한다. • 주석 도금 캔(Can)은 1회 사용 후 반드시 폐기한다.
양철 캔(Can)	• 양철 캔은 적합한 양철 판으로 만들어야 하며, 프레스를 한 이음매 또는 외부 표면에 용매로 송진 용제를 사용하여 납땜을 한 이음매가 있어야 한다. • 양철 캔은 기름에 견딜 수 있는 디스크를 가진 스크루 마개 또는 누르는 금속마개로 밀폐될 수 있으며, 이러한 마개는 한 번 사용한 후에는 폐기되어야 한다. • 양철 캔과 그 마개는 청결하고 건조해야 한다. • 사용하기 전에 캔의 상태를 조사해야 하며 누설이나 녹이 발견될 때에는 사용할 수 없다.
시료용기의 마개	• 코르크마개, 고무(클로로프렌 고무는 제외), 마분지, 합성 코르크마개 또는 플라스틱 물질(PTFE는 제외)은 시료와 직접 접촉되어서는 안 된다. • 만일 이런 물질들을 시료 용기의 밀폐에 사용할 때에는 알루미늄이나 주석 호일로 감싸야 한다. • 양철용기는 돌려 막는 스크루뚜껑만 아니라 밀어 막는 금속마개를 갖추어야 한다. • 유리마개는 병의 목 부분에 공기가 새지 않도록 단단히 막아야 한다.

(5) 증거물의 포장 (제5조)

① 입수한 증거물을 이송할 때에는 포장을 하고 상세 정보를 별지 제2호서식(수집일시, 증거물번호, 수집장소, 화재조사번호, 수집자, 소방서명, 증거물내용, 봉인자, 봉인일시 등)에 기록하여 부착한다.
② 이 경우 증거물의 포장은 보호상자를 사용하여 개별 포장함을 원칙으로 한다.

(6) 증거물 보관·이동(제6조) 14 15

① 증거물은 수집단계부터 검사 및 감정이 완료되어 반환 또는 폐기되는 전 과정에 있어서 화재조사관 또는 이와 동일한 자격 및 권한을 가진 사람의 책임하에 행해져야 한다.
② 증거물의 보관 및 이동은 장소 및 방법, 책임자 등이 지정된 상태에서 행해져야 되며, 책임자는 전 과정에 대하여 이를 입증할 수 있도록 다음 사항을 작성하여야 한다.
　㉠ 증거물 최초상태, 개봉일자, 개봉자
　㉡ 증거물 발신일자, 발신자
　㉢ 증거물 수신일자, 수신자
　㉣ 증거 관리가 변경되었을 때 기타사항 기재
③ 증거물의 보관은 전용실 또는 전용함 등 변형이나 파손될 우려가 없는 장소에 보관해야 하고, 화재조사와 관계없는 자의 접근은 엄격히 통제되어야 하며, 보관관리 이력은 보관이력관리(별지 3)서식에 따라 작성하여야 한다.
④ 증거물 이동과정에서 증거물의 파손·분실·도난 또는 기타 안전사고에 대비하여야 한다.
⑤ 파손이 우려되는 증거물, 특별 관리가 필요한 증거물 등은 이송상자 및 무진동 차량 등을 이용하여 안전에 만전을 기하여야 한다.
⑥ 증거물은 화재증거 수집의 목적달성 후에는 관계인에게 반환하여야 한다. 다만 관계인의 승낙이 있을 때에는 폐기할 수 있다.

(7) 증거물에 대한 유의사항(제7조) 14 16

증거물의 수집, 보관 및 이동 등에 대한 취급방법은 증거물이 법정에 제출되는 경우에 증거로서의 가치를 상실하지 않도록 적법한 절차와 수단에 의해 획득할 수 있도록 다음 각 호의 사항을 준수하여야 한다.
① 관련 법규 및 지침에 규정된 일반적인 원칙과 절차를 준수한다.
② 화재조사에 필요한 증거 수집은 화재피해자의 피해를 최소화하도록 하여야 한다.
③ 화재증거물은 기술적, 절차적인 수단을 통해 진정성, 무결성이 보존되어야 한다.
④ 화재증거물을 획득할 때에는 증거물의 오염, 훼손, 변형되지 않도록 적절한 장비를 사용하여야 하며, 방법의 신뢰성이 유지되어야 한다.
⑤ 최종적으로 법정에 제출되는 화재 증거물의 원본성이 보장되어야 한다.

(8) 현장사진 및 비디오촬영(제8조)

화재조사관 등은 화재발생시 신속히 현장에 가서 화재조사에 필요한 현장사진 및 비디오 촬영을 반드시 하여야 하며, CCTV, 블랙박스, 드론, 3D시뮬레이션, 3D스캐너 영상 등의 현장기록물 확보를 위해 노력하여야 한다.

(9) 촬영 시 유의사항(제9조)

현장사진 및 비디오 촬영 및 현장기록물 확보 시 다음 각 호에 유의하여야 한다.
① 최초 도착하였을 때의 원상태를 그대로 촬영하고, 화재조사의 진행순서에 따라 촬영
② 증거물을 촬영할 때는 그 소재와 상태가 명백히 나타나도록 하며, 필요에 따라 구분이 용이하게 번호표 등을 넣어 촬영

③ 화재현장의 특정한 증거물 등을 촬영함에 있어서는 그 길이, 폭 등을 명백히 하기 위하여 측정용 자 또는 대조도구를 사용하여 촬영
④ 화재상황을 추정할 수 있는 다음 각 목의 대상물의 형상은 면밀히 관찰 후 자세히 촬영
　　㉠ 사람, 물건, 장소에 부착되어 있는 연소흔적 및 혈흔
　　㉡ 화재와 연관성이 크다고 판단되는 증거물, 피해물품, 유류
⑤ 현장사진 및 비디오촬영을 할 때에는 연소확대 경로 및 증거물 기록에 대한 번호표와 화살표를 표시 후에 촬영하여야 한다.

(10) 현장사진 및 비디오 촬영물 기록 등(제10조)
① 촬영한 사진으로 증거물과 관련 서류를 작성할 때에는 별지 제4호 서식에 따라 작성하여야 한다.
② 현장사진 및 비디오, 현장기록의 작성, 정리, 보관과 그 사본의 송부상황 등 기록처리는 별지 서식 제5호에 따라 작성하여야 한다.

(11) 기록의 정리·보관(제11조)
① 촬영담당자가 현장사진과 현장비디오를 촬영하였을 때는 화재발생 연월일 또는 화재접수 연월일 순으로 정리보관하며, 보안 디지털 저장매체에 정리하여 보관하여야 한다. 다만, 디지털 증거는 법정에서 원본과의 동일성을 재현하거나 검증하는데 지장이 초래되지 않도록 수집·분석 및 관리되어야 한다.
② 현장사진파일과 동영상파일 등은 국가화재정보시스템에 등록하여야 하며 조회, 분석, 활용 가능하여야 한다.

(12) 기록 사본의 송부 및 관리(제12조)
소방본부장 또는 소방서장은 현장사진 및 현장비디오 촬영물 중 소방청장 또는 소방본부장의 제출요구가 있는 때에는 지체 없이 촬영물과 관련 조사 자료를 디지털 저장 매체에 기록하여 송부하여야 한다.

(13) 개인정보 보호(제13조) 14
화재조사자료, 사진 및 비디오 촬영물 관련 업무를 수행하는 자는 증거물 수집 과정에서 처리한 개인정보를 화재조사 이외의 다른 목적으로 이용하여서는 아니된다.

(14) 재검토기한(제14조)
소방청장은 「훈령·예규 등의 발령 및 관리에 관한 규정」에 따라 이 훈령에 대하여 2023년 1월 1일 기준으로 매3년이 되는 시점(매 3년째의 12월 31일까지를 말한다)마다 그 타당성을 검토하여 개선 등의 조치를 하여야 한다.

CHAPTER

03 기타법률

제1절 형 법

1 방화와 관련한 형법규정 13 14 15 16 17 18 19 21 22

조문제목	구체적 범죄내용		형 량
현주건조물 등 방화 (제164조)	① 불을 놓아 사람이 주거로 사용하거나 사람이 현존하는 건조물, 기차, 전차, 자동차, 선박, 항공기 또는 지하채굴시설을 불태운 자		무기 또는 3년 이상의 징역
	② 불을 놓아 사람이 주거로 사용하거나 사람이 현존하는 건조물, 기차, 전차, 자동차, 선박, 항공기 또는 지하채굴시설을 불태워	상해에 이르게 한 자	무기 또는 5년 이상의 징역
		사망에 이르게 한 자	무기 또는 7년 이상의 징역
공용건조물 등 방화 (제165조)	불을 놓아 공용 또는 공익에 공하는 건조물, 기차, 전차, 자동차, 선박, 항공기 또는 지하채굴시설을 불태운 자		무기 또는 3년 이상의 징역
일반건조물 등 방화 (제166조)	① 불을 놓아 현주건조물등·공용건조물 등에 기재한 이외의 건조물, 기차, 전차, 자동차, 선박, 항공기 또는 지하채굴시설을 불태운 자		2년 이상의 유기징역
	② 자기소유의 건조물에 속한 물건을 불태워 공공의 위험을 발생하게 한 자		7년 이하의 징역 또는 1천만원 이하의 벌금
일반물건 방화 (제167조)	① 불을 놓아 현주건조물등, 공용건조물등, 일반건조물등에 기재한 이외의 물건을 불태워 공공의 위험을 발생하게 한 자		1년 이상 10년 이하의 징역
	② ①항의 물건이 자기소유인 경우		3년 이하의 징역 또는 700만원 이하의 벌금
방화예비, 음모죄 (제175조)	제164조 제1항, 제165조, 제166조 제1항의 죄를 범할 목적으로 예비 또는 음모한 자, 단 그 목적한 죄의 실행에 이르기 전에 자수한 때에는 형을 감경 또는 면제한다.		5년 이하의 징역

⊕ Plus one

미필적 고의(未必的故意, Dolus Eventualis)
자기의 행위로 인하여 어떤 범죄결과의 발생가능성을 인식(예견)하였음에도 불구하고 그 결과의 발생을 인용(認容)한 심리상태

2 실화와 관련한 형법규정 16 17 19

조문제목	구체적 범죄내용	형량
실화 (제170조)	① 과실로 현주건조물 등 또는 공용건조물 등에 기재한 물건 또는 타인의 소유인 일반건조물 등에 기재한 물건을 불태운 자 ② 과실로 자기의 소유인 일반건조물 등 또는 일반 물건에 기재한 물건을 불태워 공공의 위험을 발생하게 한 자	1천 500만원 이하의 벌금
업무상실화 중실화 (제171조)	업무상과실 또는 중대한 과실로 인하여 위 실화죄를 범한 자	3년 이하의 금고 또는 2천만원 이하의 벌금

3 기타 방화와 실화 관련 형법규정 13 14 15 17 18 19

조문제목	구체적 범죄내용		형량
연소 (제168조)	① 자기소유 일반건조물 등 방화 또는 자기소유 일반물건방화의 죄를 범하여 현주건조물등·공용건조물등 또는 현주건조물·공용건조물 이외의 건조물, 기차, 전차, 자동차, 선박, 항공기 또는 지하채굴시설에 기재한 물건에 연소한 때		1년 이상 10년 이하의 징역
	② 자기소유 일반물건방화의 죄를 범하여 ①에 기재한 물건에 연소한 때		5년 이하의 징역
진화방해죄 (제169조)	진화용의 시설 또는 물건을 은닉 또는 손괴하거나 기타방법으로 진화를 방해한 자		10년 이하의 징역
폭발성 물건파열 (제172조)	보일러, 고압가스, 기타 폭발성 있는 물건을 파열시켜 사람의 생명, 신체 또는 재산에	위험을 발생시킨 자	1년 이상의 유기징역
		상해에 이르게 한 때	무기 또는 3년 이상의 징역
		사망에 이르게 한 때	무기 또는 5년 이상의 징역
가스·전기 등 방류 (제172조의2)	가스, 전기, 증기 또는 방사선이나 방사성 물질을 방출, 유출 또는 살포시켜 사람의 생명, 신체 또는 재산에 대하여	위험을 발생시킨 자	1년 이상 10년 이하의 징역
		상해에 이르게 한 때	무기 또는 3년 이상의 징역
		사망에 이르게 한 때	무기 또는 5년 이상의 징역
가스·전기 등 공급방해 (제173조)	가스, 전기 또는 증기의 공작물을 손괴 또는 제거하거나 기타방법으로 가스, 전기 또는 증기의 공급이나 사용을 방해하여	공공위험을 발생하게 한 자	1년 이상 10년 이하의 징역
		방해한 자	
		상해에 이르게 한 때	2년 이상의 유기징역
		사망에 이르게 한 때	무기 또는 3년 이상의 징역
과실폭발성 물건파열등 (제173조의2)	과실로 제172조 제1항(폭발성 물건을 파열하여 위험을 발생시킨 자), 제172조의2 제1항(가스·전기 등 방류로 위험을 발생시킨 자), 제173조 제1항과 제2항(가스·전기 등 공급 방해하여 공공위험을 발생시킨 자 또는 방해한 자)의 죄를 범한 자		5년 이하의 금고 또는 1천 500만원 이하의 벌금
	업무상 과실 또는 중대한 광실로 위의 죄를 범한 자		7년 이하의 금고 또는 2천만원 이하의 벌금
방화예비, 음모죄 (제175조)	제172조 제1항, 제172조의2 제1항, 제173조 제1항과 제2항의 죄를 범할 목적으로 예비 또는 음모한 자, 단 그 목적한 죄의 실행에 이르기 전에 자수한 때에는 형을 감경 또는 면제한다.		5년 이하의 징역

> ⊕ **Plus one**
>
> **미수범(제174조)**
> 제164조 제1항, 제165조, 제166조 제1항, 제172조 제1항, 제172조의2 제1항, 제173조 제1항과 제2항의 미수범은 처벌한다.
>
> - 제164조(현주건조물 등에의 방화) ① 불을 놓아 사람이 주거로 사용하거나 사람이 현존하는 건조물, 기차, 전차, 자동차, 선박, 항공기 또는 지하채굴시설을 불태운 자는 무기 또는 3년 이상의 징역에 처한다.
> - 제165조(공용건조물 등에의 방화) 불을 놓아 공용(公用)으로 사용하거나 공익을 위해 사용하는 건조물, 기차, 전차, 자동차, 선박, 항공기 또는 지하채굴시설을 불태운 자는 무기 또는 3년 이상의 징역에 처한다.
> - 제166조(일반건조물 등에의 방화) ① 불을 놓아 현주건조물 등 방화 및 공용건조물 등 방화에 기재한 이외의 건조물, 기차, 전차, 자동차, 선박, 항공기 또는 지하채굴시설을 불태운 자는 2년 이상의 유기징역에 처한다.
> - 제172조(폭발성 물건파열) ① 보일러, 고압가스, 기타 폭발성 있는 물건을 파열시켜 사람의 생명, 신체 또는 재산에 대하여 위험을 발생시킨 자는 1년 이상의 유기징역에 처한다.
> - 제172조의2(가스·전기 등 방류) ① 가스, 전기, 증기 또는 방사선이나 방사성 물질을 방출, 유출 또는 살포시켜 사람의 생명, 신체 또는 재산에 대하여 위험을 발생시킨 자는 1년 이상 10년 이하의 징역에 처한다.
> - 제173조(가스·전기 등 공급방해) ① 가스, 전기 또는 증기의 공작물을 손괴 또는 제거하거나 기타방법으로 가스, 전기 또는 증기의 공급이나 사용을 방해하여 공공의 위험을 발생하게 한 자는 1년 이상 10년 이하의 징역에 처한다.
> ② 공공용의 가스, 전기 또는 증기의 공작물을 손괴 또는 제거하거나 기타방법으로 가스, 전기 또는 증기의 공급이나 사용을 방해한 자도 전항의 형과 같다.

제2절 민 법

1 불법행위

조문제목	조문내용
불법행위의 내용 (제750조)	고의 또는 과실로 인한 위법행위로 타인에게 손해를 가한 자는 그 손해를 배상할 책임이 있다.

2 배상책임

조문제목	조문내용
재산 이외의 손해의 배상(제751조)	① 타인의 신체, 자유 또는 명예를 해하거나 기타 정신상 고통을 가한 자는 재산 이외의 손해에 대하여도 배상할 책임이 있다. ② 법원은 ①의 손해배상을 정기금채무로 지급할 것을 명할 수 있고 그 이행을 확보하기 위하여 상당한 담보의 제공을 명할 수 있다.
생명침해로 인한 위자료 (제752조)	타인의 생명을 해한 자는 피해자의 직계존속, 직계비속 및 배우자에 대하여는 재산상의 손해없는 경우에도 손해배상의 책임이 있다.
미성년자의 책임능력 (제753조)	미성년자가 타인에게 손해를 가한 경우에 그 행위의 책임을 변식할 지능이 없는 때에는 배상의 책임이 없다.
심신상실자의 책임능력 (제754조)	심신상실 중에 타인에게 손해를 가한 자는 배상의 책임이 없다. 그러나 고의 또는 과실로 인하여 심신상실을 초래한 때에는 그러하지 아니하다.

조문제목	조문내용
감독자의 책임 (제755조)	① 다른 자에게 손해를 가한 사람이 제753조 또는 제754조에 따라 책임이 없는 경우에는 그를 감독할 법정의무가 있는 자가 그 손해를 배상할 책임이 있다. 다만, 감독 의무를 게을리 하지 아니한 경우에는 그러하지 아니하다.
	② 감독의무자를 갈음하여 제753조 또는 제754조에 따라 책임이 없는 사람을 감독하는 자도 ①의 책임이 있다.
사용자의 배상책임 (제756조)	① 타인을 사용하여 어느 사무에 종사하게 한 자는 피용자가 그 사무집행에 관하여 제삼자에게 가한 손해를 배상할 책임이 있다. 그러나 사용자가 피용자의 선임 및 그 사무감독에 상당한 주의를 한 때 또는 상당한 주의를 하여도 손해가 있을 경우에는 그러하지 아니하다.
	② 사용자에 갈음하여 그 사무를 감독하는 자도 전항의 책임이 있다.
	③ ①, ②의 경우에 사용자 또는 감독자는 피용자에 대하여 구상권을 행사할 수 있다.
공작물 등의 점유자, 소유자의 책임 (제758조)	① 공작물의 설치 또는 보존의 하자로 인하여 타인에게 손해를 가한 때에는 공작물점유자가 손해를 배상할 책임이 있다. 그러나 점유자가 손해의 방지에 필요한 주의를 해태하지 아니한 때에는 그 소유자가 손해를 배상할 책임이 있다.
	② ①의 규정은 수목의 재식 또는 보존에 하자가 있는 경우에 준용한다.
	③ ①, ②의 경우에 점유자 또는 소유자는 그 손해의 원인에 대한 책임 있는 자에 대하여 구상권을 행사할 수 있다.
공동불법행위자의 책임 (제760조)	① 수인이 공동의 불법행위로 타인에게 손해를 가한 때에는 연대하여 그 손해를 배상할 책임이 있다.
	② 공동 아닌 수인의 행위 중 어느 자의 행위가 그 손해를 가한 것인지를 알 수 없는 때에도 전항과 같다.
	③ 교사자나 방조자는 공동행위자로 본다.

➕ Plus one

구상권
- 타인을 위하여 재산상의 이익을 부여한 자가 그 타인에 대해서 지니고 있는 반환청구권인데 여기에는 여러 가지 경우가 있다. 연대채무자의 1인이 채무를 변제하였을 경우에 다른 연대채무자에게, 보증인·물상보증인이 채무를 변제한 경우에 주채무자에게, 저당부동산의 제3취득자가 저당권자에게 변제한 경우에는 채무자에게 각각 반환을 청구할 수 있는 것이다.
- 「민법」에서는 이 밖에도 타인의 행위에 의하여 배상의무를 부담하게 된 자가 그 타인에게(민 465·756·758의 경우), 타인 때문에 손실을 입은 자가 그 타인에게(민 1038·1051·1056의 경우), 그리고 변제에 의해서 타인에게 부당이득을 발생하게 하였을 경우에는 변제자가 그 타인에게(민 745의 경우) 각각 반환청구를 인정하고 있는데, 이런 경우에도 구상권이라는 용어가 쓰이고 있다.

3 배상액의 감경청구 및 소멸시효 [22]

조문제목	조문내용
배상액의 경감청구 (제765조)	① 배상의무자는 그 손해가 고의 또는 중대한 과실에 의한 것이 아니고 그 배상으로 인하여 배상자의 생계에 중대한 영향을 미치게 될 경우에는 법원에 그 배상액의 경감을 청구할 수 있다.
	② 법원은 전항의 청구가 있는 때에는 채권자 및 채무자의 경제상태와 손해의 원인 등을 참작하여 배상액을 경감할 수 있다.
손해배상청구권의 소멸시효 (제766조)	① 불법행위로 인한 손해배상의 청구권은 피해자나 그 법정대리인이 그 손해 및 가해자를 안날로부터 3년간 이를 행사하지 아니하면 시효로 인하여 소멸한다.
	② 불법행위를 한 날로부터 10년을 경과한 때에도 시효로 인하여 소멸한다.
	③ 미성년자가 성폭력, 성추행, 성희롱, 그 밖의 성적(性的) 침해를 당한 경우에 이로 인한 손해배상청구권의 소멸시효는 그가 성년이 될 때까지는 진행되지 아니한다.

제3절 제조물책임법

1 제조물책임법상 조사관련 사항

(1) 제조물책임법(PL, Product Liability)의 개념
① 당해 제조물을 자기를 위해 사용·소비하는 자("소비자")는 제조물로 사용으로 인하여 화재 등으로 인한 생명·신체 및 재산 등 피해발생이 없어야 한다.
②「제조물책임법」은 제조물의 결함으로 소비자의 생명·신체 및 재산에 손해가 발생한 경우, 그 제조물의 제조·가공 또는 수입을 업으로 하는 자 등에게 무과실 책무를 둔 것이 제조물책임이며, 이것을 법제화시킨 것이「제조물책임법」이다.

> ⊕ Plus one
>
> •「제조물책임법」은 모든 가공제의 결함에 따른 피해를 배상하는 제도를 지칭한다.
> • PL법은 미국과 일본, 유럽 등 선진국에서는 이미 도입된 상태이며, 영국의 과실행위책임에 관한 판례법에서 유래하여 미국에서 시작되었다.
> • 우리나라는 2002년 7월 1일을 기점으로 실시되었다.

(2) 제조물책임법의 제정이유
제조물의 결함으로 인한 생명, 신체 또는 재산상의 손해에 대하여 제조업자 등이 무과실책임의 원칙에 따라 손해배상책임을 지도록 하는 제조물책임제도를 도입함으로써 피해자의 권리구제를 도모하고 국민생활의 안전과 국민경제의 건전한 발전에 기여하며, 제품의 안전에 대한 의식을 제고하여 우리 기업들의 경쟁력 향상을 도모하려는 것이다.

> ⊕ Plus one
>
> **제조물책임법의 긍정적 영향**
> • 소비자의 법적인 보호의 강화
> • 제조물의 안전성 강화
> • 기업의 경쟁력 강화
>
> **제조물책임법의 부정적 영향**
> • 제조원가의 부담 증가 : 보험료, 배상금, 안전성 비용
> • 분쟁 등 소송증가에 따른 인력 및 비용의 낭비
> • 소송으로 인한 신제품의 개발지연
> • 기업 이미지 실추
> • 지출항목의 증가에 따른 재무구조 악화

2 제조물책임법의 법문 13 15 17 18 19

조문제목	조문내용
목적 (제1조)	이 법은 제조물의 결함으로 발생한 손해에 대한 제조업자 등의 손해배상책임을 규정함으로써 피해자 보호를 도모하고 국민생활의 안전 향상과 국민경제의 건전한 발전에 이바지함을 목적으로 한다.

정의
(제2조)
	1. "제조물"이란 제조되거나 가공된 동산(다른 동산이나 부동산의 일부를 구성하는 경우를 포함한다)을 말한다.
	2. "결함"이란 해당 제조물에 다음 각 목의 어느 하나에 해당하는 제조상·설계상 또는 표시상의 결함이 있거나 그 밖에 통상적으로 기대할 수 있는 안전성이 결여되어 있는 것을 말한다.
	  가. "제조상의 결함"이란 제조업자가 제조물에 대하여 제조상·가공상의 주의의무를 이행하였는지에 관계없이 제조물이 원래 의도한 설계와 다르게 제조·가공됨으로써 안전하지 못하게 된 경우를 말한다.
	  나. "설계상의 결함"이란 제조업자가 합리적인 대체설계(代替設計)를 채용하였더라면 피해나 위험을 줄이거나 피할 수 있었음에도 대체설계를 채용하지 아니하여 해당 제조물이 안전하지 못하게 된 경우를 말한다.
	  다. "표시상의 결함"이란 제조업자가 합리적인 설명·지시·경고 또는 그 밖의 표시를 하였더라면 해당 제조물에 의하여 발생할 수 있는 피해나 위험을 줄이거나 피할 수 있었음에도 이를 하지 아니한 경우를 말한다.
	3. "제조업자"란 다음 각 목의 자를 말한다.
	  가. 제조물의 제조·가공 또는 수입을 업(業)으로 하는 자
	  나. 제조물에 성명·상호·상표 또는 그 밖에 식별(識別) 가능한 기호 등을 사용하여 자신을 가목의 자로 표시한 자 또는 가목의 자로 오인(誤認)하게 할 수 있는 표시를 한 자

제조물의 책임 (제3조)	① 제조업자는 제조물의 결함으로 생명·신체 또는 재산에 손해(그 제조물에 대하여만 발생한 손해는 제외한다)를 입은 자에게 그 손해를 배상하여야 한다. ② ①에도 불구하고 제조업자가 제조물의 결함을 알면서도 그 결함에 대하여 필요한 조치를 취하지 아니한 결과로 생명 또는 신체에 중대한 손해를 입은 자가 있는 경우에는 그 자에게 발생한 손해의 3배를 넘지 아니하는 범위에서 배상책임을 진다. 이 경우 법원은 배상액을 정할 때 다음 각 호의 사항을 고려하여야 한다. 1. 고의성의 정도 2. 해당 제조물의 결함으로 인하여 발생한 손해의 정도 3. 해당 제조물의 공급으로 인하여 제조업자가 취득한 경제적 이익 4. 해당 제조물의 결함으로 인하여 제조업자가 형사처벌 또는 행정처분을 받은 경우 그 형사처벌 또는 행정처분의 정도 5. 해당 제조물의 공급이 지속된 기간 및 공급 규모 6. 제조업자의 재산상태 7. 제조업자가 피해구제를 위하여 노력한 정도 ③ 피해자가 제조물의 제조업자를 알 수 없는 경우에 그 제조물을 영리 목적으로 판매·대여 등의 방법으로 공급한 자는 제1항에 따른 손해를 배상하여야 한다. 다만, 피해자 또는 법정대리인의 요청을 받고 상당한 기간 내에 그 제조업자 또는 공급한 자를 그 피해자 또는 법정대리인에게 고지(告知)한 때에는 그러하지 아니하다.
결함의 추정 (제3조의2)	피해자가 다음 각 호의 사실을 증명한 경우에는 제조물을 공급할 당시 해당 제조물에 결함이 있었고 그 제조물의 결함으로 인하여 손해가 발생한 것으로 추정한다. 다만, 제조업자가 제조물의 결함이 아닌 다른 원인으로 인하여 그 손해가 발생한 사실을 증명한 경우에는 그러하지 아니하다. 1. 해당 제조물이 정상적으로 사용되는 상태에서 피해자의 손해가 발생하였다는 사실 2. 제1호의 손해가 제조업자의 실질적인 지배영역에 속한 원인으로부터 초래되었다는 사실 3. 제1호의 손해가 해당 제조물의 결함 없이는 통상적으로 발생하지 아니한다는 사실
면책사유 (제4조)	① 제3조에 따라 손해배상책임을 지는 자가 다음 각 호의 어느 하나에 해당하는 사실을 입증한 경우에는 이 법에 따른 손해배상책임을 면(免)한다. 1. 제조업자가 해당 제조물을 공급하지 아니하였다는 사실 2. 제조업자가 해당 제조물을 공급한 당시의 과학·기술 수준으로는 결함의 존재를 발견할 수 없었다는 사실 3. 제조물의 결함이 제조업자가 해당 제조물을 공급한 당시의 법령에서 정하는 기준을 준수함으로써 발생하였다는 사실 4. 원재료나 부품의 경우에는 그 원재료나 부품을 사용한 제조물 제조업자의 설계 또는 제작에 관한 지시로 인하여 결함이 발생하였다는 사실

면책사유 (제4조)	② 제3조에 따라 손해배상책임을 지는 자가 제조물을 공급한 후에 그 제조물에 결함이 존재한다는 사실을 알거나 알 수 있었음에도 그 결함으로 인한 손해의 발생을 방지하기 위한 적절한 조치를 하지 아니한 경우에는 제1항 제2호부터 제4호까지의 규정에 따른 면책을 주장할 수 없다.
연대책임 (제5조)	동일한 손해에 대하여 배상할 책임이 있는 자가 2인 이상인 경우에는 연대하여 그 손해를 배상할 책임이 있다.
면책의 특약 (제6조)	이 법에 따른 손해배상책임을 배제하거나 제한하는 특약(特約)은 무효로 한다. 다만, 자신의 영업에 이용하기 위하여 제조물을 공급받은 자가 자신의 영업용 재산에 발생한 손해에 관하여 그와 같은 특약을 체결한 경우에는 그러하지 아니하다.
청구권의 소멸시효 (제7조)	① 이 법에 따른 손해배상의 청구권은 피해자 또는 그 법정대리인이 손해 및 다음 각 호의 사항을 모두 알게 된 날부터 3년간 행사하지 아니하면 시효의 완성으로 소멸한다. 1. 손해 2. 제3조에 따라 손해배상책임을 지는 자 ② 이 법에 따른 손해배상의 청구권은 제조업자가 손해를 발생시킨 제조물을 공급한 날부터 10년 이내에 행사하여야 한다. 다만, 신체에 누적되어 사람의 건강을 해치는 물질에 의하여 발생한 손해 또는 일정한 잠복기간(潛伏期間)이 지난 후에 증상이 나타나는 손해에 대하여는 그 손해가 발생한 날부터 기산(起算)한다.
민법의 적용 (제8조)	제조물의 결함으로 인한 손해배상책임에 관하여 이 법에 규정된 것을 제외하고는 「민법」에 따른다.

➕ Plus one

민법과 제조물책임법의 다른 점 17

구 분	민 법	제조물책임법
책임요건 입증범위	• 제조업자의 고의·과실(불법행위/보증책임) • 손해의 발생 • 발생과의 인과관계	• 제조물의 결함(무과실/엄격책임) • 손해의 발생 • 결함과 손해발생과의 인과관계
소멸시효	• 불법행위를 한 날부터 10년 • 손해 및 가해자를 안 날부터 3년	• 제조물 공급한 날로부터 10년 • 손해 및 손해배상책임자를 안 날부터 3년

제4절 실화책임에 관한 법률

1 실화책임에 관한 법률상 조사관련 사항

(1) 전부 개정배경 및 이유

① 개정 전 「실화책임에 관한 법률」에 의하면 경과실로 인한 경우에는 실화자에게 손해배상책임이 없고, 중대한 과실이 있는 경우에 한하여 불법행위로 인한 손해배상책임(민법 제750조)을 지도록 되어 있었다.
② 그러나 실화(失火)의 경우 중대한 과실이 있을 때에만 「민법」 제750조에 따른 손해배상책임을 지도록 한 규정에 대하여 2007. 8. 30.(2004헌가25) 헌법재판소가 헌법불합치 및 적용 중지 결정을 하였다.
③ 이에 따라 2009. 5. 8. 이러한 취지를 반영하여 경과실의 경우에도 「민법」 제750조에 따른 손해배상책임을 지도록 하였다.

④ 실화가 경과실로 인한 경우 실화자, 공동불법행위자 등 배상의무자에게 손해배상액의 경감을 청구할 수 있도록 하고, 법원은 구체적인 사정을 고려하여 손해배상액을 경감할 수 있도록 하여, 실화로 인한 배상의무자에게 전부책임을 지우기 어려운 사정이 있는 경우에 가혹한 손해배상으로부터 배상의무자를 구제하려는 것으로 개정하였다.

(2) 실화책임에 관한 법률의 내용 13 14 16 17 19 21 22

조문제목	조문내용
목적 (제1조)	이 법은 실화(失火)의 특수성을 고려하여 실화자에게 중대한 과실이 없는 경우 그 손해배상액의 경감(輕減)에 관한 「민법」 제765조의 특례를 정함을 목적으로 한다.
적용범위 (제2조)	이 법은 실화로 인하여 화재가 발생한 경우 연소(延燒)로 인한 부분에 대한 손해배상청구에 한하여 적용한다. ※ "연소"란 한 곳에서 일어난 불이 주변으로 번져서 불길이 확대되는 것을 의미함

손해배상액의
경감 청구
(제3조)
	① 실화가 중대한 과실로 인한 것이 아닌 경우 그로 인한 손해의 배상의무자(이하 "배상의무자"라 한다)는 법원에 손해배상액의 경감을 청구할 수 있다.
	② 법원은 제1항의 청구가 있을 경우에는 다음 각 호의 사정을 고려하여 그 손해배상액을 경감할 수 있다.
	  1. 화재의 원인과 규모
	  2. 피해의 대상과 정도
	  3. 연소(延燒) 및 피해 확대의 원인
	  4. 피해 확대를 방지하기 위한 실화자의 노력
	  5. 배상의무자 및 피해자의 경제상태
	  6. 그 밖에 손해배상액을 결정할 때 고려할 사정

⊕ Plus one

배상액의 경감청구(민법 제765조)
① 배상의무자는 그 손해가 고의 또는 중대한 과실에 의한 것이 아니고 그 배상으로 인하여 배상자의 생계에 중대한 영향을 미치게 될 경우에는 법원에 그 배상액의 경감을 청구할 수 있다.
② 법원은 전항의 청구가 있는 때에는 채권자 및 채무자의 경제 상태와 손해의 원인 등을 참작하여 배상액을 경감할 수 있다.

실화책임에관한 법률에 따른 손배상액의 경감청구 및 절차
1) 「민법」에서 불법행위 손해배상의 경우, 생계에 중대한 영향을 미칠 수 있는 손해배상액에 대하여 법원에 경감청구를 할 수 있다.
2) 실화에 의한 불법행위 손해배상의 경우에는 생계에 중대한 영향을 미칠 수 있다는 점이 없어도 손해배상액에 대하여 법원에 경감청구를 할 수 있는 것이지 면제는 불가하다.
3) 경감청구는 별도의 청구로 제기되어야 하며, 법원이 직권으로 고려할 사항이 아니다.
4) 경감청구대상은 고의나 중과실에 의한 불법행위는 해당되지 않으며, 실화자·사용자·감독자·공동불법행위자 등의 책임관계도 이 법이 적용된다.

2 실화책임에 관한 법률의 영향

(1) 화재조사관련 기관 등

구 분	영향내용
화재조사기관 (소방, 경찰)	• 자기책임 실현을 위한 화재보험 의무가입 확대 추진 • 정확한 화재원인 판정으로 대외공신력 확보 • 화재진압 중 경과실에 대한 배상책임 발생
화재보험회사	경과실에 대한 화재보험상품 개발 및 보급
법 원	경과실에 화재책임에 대한 소송 증가
국 민	경과실에 화재책임에 대한 보험가입

(2) 화재조사 업무의 중요성 재인식

재인식 내용	화재조사 서류의 예
손해배상책임 경감에 대한 참작자료로써 활용가치	• 화재현황조사서 • 화재유형별조사서 • 현장출동보고서 등
실화자의 경과실 및 중과실 판단여부 결정	화재현장조사서의 화재개요
피해 확대를 방지하기 위한 실화자의 노력	• 질문기록서 • 현장출동보고서에 의한 관계인의 화재초기행동 및 대응활동 입증
발화지점 입증, 연소패턴 및 연소확대 요인	화재원인 및 피해조사서의 발화지점 입증
증거물 확보 및 관리의 중요성	배상액 결정에 영향
소화시설 유지·관리 및 초기 대응활동 등	소방·방화 활용조사서

CHAPTER 04 화재수사 실무관련 규정

제5과목. 화재조사 관계법규

제1절 화재범죄

1 방화로 인한 경우

(1) 방화의 정의
① 방화란 「형법」상 고의로 화재를 일으켜 가옥이나 기타의 물건을 연소시키는 행위를 말하며, 이는 불을 지른다고 하는 행위와 태우는 것(화력에 의한 물건의 손상)이라는 결과를 요건으로 한다.
　㉠ 성냥, 라이터 등 방화도구를 이용하여 불을 지르는 행위
　㉡ 발생한 화재를 소화할 의무를 가진 자가 소화조치를 하지 않고 이것을 이용하여 목적물을 불태운 행위
② 방화죄는 화재의 연소 등에 의해 불특정 다수인의 생명·신체 및 재산에 대한 침해의 가능성이 있어 사회적 질서에 대한 공공 위험죄이며, 법정형도 다르다.

(2) 형법상 방화죄와 벌칙
CHAPTER 03 기타법률 1 방화와 관련한 형법규정 참조

(3) 방화범 유형의 원인의 분류
① 합리적 선택(계산)형 : 이익＞불이익
② 기질형 : 참을 수 없는 행동
③ 기회형 : 순간적인 유혹
④ 아노미형 : 도덕, 윤리, 자제력의 상실
⑤ 낙인형 : 주의의 평가, 놀림, 정상생활 복구 불능

2 실화로 인한 경우

(1) 실화의 정의
① 실화란 과실에 의해 화재를 발생시키고 물질을 훼손시키는 것으로 부주의한 행위에 의해 화재에 이른 것을 말한다.
② 어떤 사정에서 출화하여 목적물을 훼손할 가능성이 존재하는데도 부주의로 그것을 인식하지 못했거나 또는 이것을 인식은 하였으나, 출화의 가능성이 없는 것으로 잘못 믿어 적절한 출화방지조치를 강구하지 않아서 화재로 된 경우도 실화이다.

㉠ 담배를 재떨이에 두고 끈 것을 확인하지 않아 화재로 된 경우와 모닥불의 진화를 확인하지 않아서 그 진화에 의해 건물로 불이 붙어 화재로 된 경우도 실화죄에 해당한다.
③ 실화죄도 방화죄와 같이 공공 위험죄이고, 자기소유의 건물로 잘못 알고 훼손시킨 경우에도 처벌되고, 주의업무의 내용, 과실의 정도에 의해 실화죄, 업무상 실화죄로 나누고 법정형도 다르다.

(2) 형법상 실화죄 및 벌칙

죄 명	구체적 범죄내용	형 량
실화(제170조)	과실로 인하여 현주건조물 등 또는 공용건조물 등에 기재한 물건 또는 타인의 소유에 속하는 일반 건조물 등에 기재한 물건을 불태운 자	1천 500만원 이하의 벌금
	과실로 인하여 자기의 소유에 속하는 일반 건조물 등 또는 일반물건에 기재한 물건을 불태워 공공의 위험을 발생하게 한 자	
업무상실화·중실화 (제171조)	업무상과실 또는 중대한 과실로 인하여 위 실화죄를 범한 자	3년 이하의 금고 또는 2천만원 이하의 벌금

(3) 화재조사 보고 및 규정상 실화의 원인
① 전기적 요인 : 누전·접촉불량·절연열화·과부하·층간단락·반단선·압착·기타
② 기계적 요인 : 과열과부하·정비불량·노후·자동(수동)제어실패·오일연료누출 등
③ 화학적 요인 : 폭발·금수성 물과 접촉·화학적 발화·자연발화·혼촉 등
④ 부주의 : 담배·불장난·음식물·쓰레기소각·용접 등·불씨방치·폭죽 등
⑤ 가스누출(폭발)

3 화재범죄와 손괴죄 등

(1) 손괴죄의 정의
① 이 범죄는 타인의 재물, 문서 또는 전자기록 등 특수매체기록을 손괴 또는 은닉, 기타 방법으로 효용을 해함으로서 성립되는 「형법」에 규정한 범죄이다.

> • 손괴 : 물건의 현상(現狀)을 변경시키거나 그 효용을 감소 또는 감실하게 하는 영구적, 일시적 일체의 행위를 말한다.
> • 은닉 : 물건의 소재를 불명하게 하여 그 발견을 곤란 또는 불능하게 하는 영구적, 일시적 행위를 말한다.
> • 문서의 효용을 해하는 행위 : 문서의 본질을 훼기(毁棄)하는 것을 포함하여 내용의 일부 또는 서명 등을 말소하는 행위와 일시적으로 숨겨 두어 이용할 수 없게 하는 행위 등도 이에 해당된다.

② 「형법」은 단순 재물손괴죄 이외에 손괴죄의 유형으로 공익(公益)건조물파괴죄·중손괴죄·특수손괴죄 및 경계침범죄를 별도로 규정하고 있다.
③ 재물손괴죄는 범죄성립요건으로 고의를 요(要)하며, 과실범은 처벌대상이 아니다.

(2) 화재범죄와 손괴죄의 관계
① 규정에 따르면 방화죄나 실화죄의 화재범죄는 고의범과 과실범 모두 처벌 가능하지만 손괴죄는 고의범만 처벌가능하다.
② 과실로 화재가 발생하여 타인의 재물·문서·특수기록매체·공공건조물에 손해가 발생하면 손괴죄가 적용되지 않고, 특별법 우선에 원칙에 따라 「실화책임에 관한 법률」이 우선적용된다.

(3) 형법상 손괴죄의 유형 및 벌칙

죄 명	구체적 범죄내용		형 량
재물손괴 등 (제366조)	타인의 재물, 문서 또는 전자기록 등 특수매체기록을 손괴 또는 은닉, 기타 방법으로 효용을 해한 자		3년 이하의 징역 또는 700만원 이하의 벌금
공익건조물파괴 (제367조)	공익에 공하는 건조물을 파괴한 자		10년 이하의 징역 또는 2천만원 이하의 벌금
중손괴 (제368조)	재물손괴, 공익건조물손괴의 죄를 범하여 사람(의)을	생명 또는 신체에 대하여 위험을 발생하게 한 때	1년 이상 10년 이하의 징역
		상해에 이르게 한 때	1년 이상의 유기징역
		사망에 이르게 한 때	3년 이상의 유기징역
특수손괴 (제369조)	단체 또는 다중의 위력을 보이거나 위험한 물건을 휴대하여 재물·문서·특수매체기록 등을 손괴죄를 범한 때		5년 이하의 징역 또는 1천만원 이하의 벌금
	단체 또는 다중의 위력을 보이거나 위험한 물건을 휴대하여 공익건조물에 손괴죄를 범한 때		1년 이상의 유기징역 또는 2천만원 이하의 벌금
경계침범 (제370조)	경계표를 손괴, 이동 또는 제거하거나 기타방법으로 토지의 경계를 인식 불능하게 한 자		3년 이하의 징역 또는 500만원 이하의 벌금
미수범(제371조)	재물손괴죄, 공익건조물손괴죄와 특수손괴죄의 미수범은 처벌한다.		형의 감경가능(25조)

4 경범죄처벌법상 책임

(1) 목적(제1조)
① 이 법은 경범죄의 종류 및 처벌에 필요한 사항을 정함
② 국민의 자유와 권리를 보호
③ 사회공공의 질서유지에 이바지함

(2) 남용금지(제2조)
이 법을 적용할 때에는 국민의 권리를 부당하게 침해하지 아니하도록 세심한 주의를 기울여야 하며, 본래의 목적에서 벗어나 다른 목적을 위하여 이 법을 적용하여서는 아니 된다.

(3) 화재 관련 경범죄의 종류와 처벌(제3조) 14 17 18
다음 각 호의 어느 하나에 해당하는 사람은 10만원 이하(업무방해 : 20만원)의 벌금, 구류 또는 과료(科料)의 형으로 처벌한다.

죄 명	범칙행위	범칙금액
쓰레기 등 투기 (제3조 제1항 11호)	담배꽁초, 껌, 휴지를 아무 곳에나 버린 경우	3만원
위험한 불씨 사용 (제3조 제1항 제22호)	충분한 주의를 하지 아니하고 건조물, 수풀, 그 밖에 불붙기 쉬운 물건 가까이에서 불을 피우거나 휘발유 또는 그 밖에 불이 옮아붙기 쉬운 물건 가까이에서 불씨를 사용한 사람	8만원
공무원 원조불응 (제3조 제1항 제29호)	눈·비·바람·해일·지진 등으로 인한 재해, 화재·교통사고·범죄, 그 밖의 급작스러운 사고가 발생하였을 때에 현장에 있으면서도 정당한 이유 없이 관계 공무원 또는 이를 돕는 사람의 현장출입에 관한 지시에 따르지 아니하거나 공무원이 도움을 요청하여도 도움을 주지 아니한 사람	5만원

지문채취불응 (제3조 제1항 제34호)	범죄 피의자로 입건된 사람의 신원을 지문조사 외의 다른 방법으로는 확인할 수 없어 경찰공무원이나 검사가 지문을 채취하려고 할 때에 정당한 이유 없이 이를 거부한 사람	5만원
무단출입 (제3조 제1항 제37호)	출입이 금지된 구역이나 시설 또는 장소에 정당한 이유 없이 들어간 사람	2만원
업무방해 (제3조 제2항 제3호)	못된 장난 등으로 다른 사람, 단체 또는 공무수행 중인 자의 업무를 방해한 사람	16만원

> **⊕ Plus one**
> - 벌금(罰金)은 「형법」 또는 「개별법」에 따른 행정범 및 경범죄를 범한 사람에게 일정한 금전납부 의무를 부과하는 것을 말한다. 「형법」상 벌금은 5만원 이상으로 상한선은 없으나 경범죄에서는 5만원 미만의 벌금도 규정되어 있다. 만약 벌금을 납부하지 못할 경우 벌금액에 따라 1일 이상 3년 이하의 기간 동안 노역에 처할 수 있다.
> - 구류(拘留) : 1일 이상 30일 미만으로 교도소나 경찰서 유치장에서 신체의 자유를 구속당할 수 있는 자유형 중에서 가장 가벼운 형이다.
> - 과료(科料) : 「형법」상 2천원 이상 5만원 미만으로 정하고 있으며 확정판결일로부터 30일 이내에 납부하여야 한다. 형의 종류의 하나이다.

(4) 교사 · 방조(제4조)
경범죄(제3조)를 짓도록 시키거나 도와준 사람은 죄를 지은 사람에 준하여 벌한다.

(5) 형의 면제와 병과(제5조)
경범죄 종류에 따라 사람을 벌할 때에는 그 사정과 형편을 헤아려서 그 형을 면제하거나 구류와 과료를 함께 과(科)할 수 있다.

(6) 정의(제6조)
① "범칙행위"란 경범죄의 해당하는 위반행위를 말하며, 그 구체적인 범위는 대통령령으로 정한다.
② "범칙자"란 범칙행위를 한 사람으로서 다음 각 호의 어느 하나에 해당하지 아니하는 사람을 말한다.
  ㉠ 범칙행위를 상습적으로 하는 사람
  ㉡ 죄를 지은 동기나 수단 및 결과를 헤아려볼 때 구류처분을 하는 것이 적절하다고 인정되는 사람
  ㉢ 피해자가 있는 행위를 한 사람
  ㉣ 18세 미만인 사람
③ "범칙금"이란 범칙자가 통고처분에 따라 국고 또는 제주특별자치도의 금고에 납부하여야 할 금전을 말한다.

(7) 통고처분(제7조)
    ① 경찰서장, 해양경찰서장, 제주특별자치도지사 또는 철도특별사법경찰대장은 범칙자로 인정되는 사람에 대하여 그 이유를 명백히 나타낸 서면으로 범칙금을 부과하고 이를 납부할 것을 통고할 수 있다. 다만, 다음 각 호의 어느 하나에 해당하는 사람에게는 통고하지 아니 한다.
        ㉠ 통고처분서 받기를 거부한 사람
        ㉡ 주거 또는 신원이 확실하지 아니한 사람
        ㉢ 그 밖에 통고처분을 하기가 매우 어려운 사람
    ② 통고할 범칙금의 액수는 범칙행위의 종류에 따라 대통령령(별표)으로 정한다.
    ③ 제주특별자치도지사, 철도특별사법경찰대장은 통고처분을 한 경우에는 관할 경찰서장에게 그 사실을 통보하여야 한다.

(8) 범칙금의 납부(제8조)
    ① 통고처분서를 받은 사람은 통고처분서를 받은 날부터 10일 이내에 해양경찰청장·경찰청장 또는 철도특별사법경찰대장이 지정한 은행, 그 지점이나 대리점, 우체국 또는 제주특별자치도지사가 지정하는 금융기관이나 그 지점에 범칙금을 납부하여야 한다. 다만, 천재지변이나 그 밖의 부득이한 사유로 말미암아 그 기간 내에 범칙금을 납부할 수 없을 때에는 그 부득이한 사유가 없어지게 된 날부터 5일 이내에 납부하여야 한다.
    ② 납부기간에 범칙금을 납부하지 아니한 사람은 납부기간의 마지막 날의 다음 날부터 20일 이내에 통고받은 범칙금에 그 금액의 100분의 20을 더한 금액을 납부하여야 한다.
    ③ 범칙금을 납부한 사람은 그 범칙행위에 대하여 다시 처벌받지 아니한다.

(9) 통고처분 불이행자 등의 처리(제9조)
    ① 경찰서장, 해양경찰서장 및 제주특별자치도지사는 다음 각 호의 어느 하나에 해당하는 사람에 대하여는 지체 없이 즉결심판을 청구하여야 한다. 다만, 즉결심판이 청구되기 전까지 통고받은 범칙금에 그 금액의 100분의 50을 더한 금액을 납부한 사람에 대하여는 그러하지 아니하다.
        ㉠ 통고처분서 받기를 거부한 사람, 주거 또는 신원이 확실하지 아니한 사람, 그 밖에 통고처분을 하기가 매우 어려운 사람
        ㉡ 납부기간에 범칙금을 납부하지 아니한 사람
    ② 납부기간에 범칙금을 납부하지 아니하여 즉결심판이 청구된 피고인이 통고받은 범칙금에 그 금액의 100분의 50을 더한 금액을 납부하고 그 증명서류를 즉결심판 선고 전까지 제출하였을 때에는 경찰서장, 해양경찰서장 및 제주특별자치도지사는 그 피고인에 대한 즉결 심판 청구를 취소하여야 한다.
    ③ 범칙금을 납부한 사람은 그 범칙행위에 대하여 다시 처벌받지 아니한다.

제2절 소방범죄

(1) 「소방의 화재조사에 관한 법률」 위반 [21]

위반행위	벌 칙
1. 화재현장 보존조치를 하거나 통제구역을 설정한 경우 소방관서장 또는 경찰서장의 허가 없이 화재현장에 있는 물건 등을 이동시키거나 변경·훼손한 사람 2. 정당한 사유 없이 화재조사관의 출입 또는 조사를 거부·방해 또는 기피한 사람 3. 화재조사를 하는 화재조사관이 관계인의 정당한 업무를 방해하거나 화재조사를 수행하면서 알게 된 비밀을 다른 용도로 사용하거나 다른 사람에게 누설한 사람 4. 정당한 사유 없이 소방관서장은 화재조사를 위하여 필요한 증거물 수집을 거부·방해 또는 기피한 사람	300만원 이하의 벌금
1. 소방관서장은 화재조사를 위하여 필요하여 설정한 통제구역을 허가 없이 출입한 사람 2. 소방관서장이 화재조사를 위하여 필요하여 관계인에게 보고 또는 자료 제출을 명하였으나 명령을 위반하여 보고 또는 자료 제출을 하지 아니하거나 거짓으로 보고 또는 자료를 제출한 사람 3. 정당한 사유 없이 화재조사를 위하여 소방관서장의 출석요구를 거부하거나 질문에 대하여 거짓으로 진술한 사람 ※ 소방관서장 또는 경찰서장이 부과·징수한다.	200만원 이하의 과태료

(2) 「소방기본법」 위반 [13] [14] [15] [19] [22]

위반행위	벌 칙
1. 다음 각 목의 어느 하나에 해당하는 행위를 한 사람 　가. 위력(威力)을 사용하여 출동한 소방대의 화재진압·인명구조 또는 구급활동을 방해하는 행위 　나. 소방대가 화재진압·인명구조 또는 구급활동을 위하여 현장에 출동하거나 현장에 출입하는 것을 고의로 방해하는 행위 　다. 출동한 소방대원에게 폭행 또는 협박을 행사하여 화재진압·인명구조 또는 구급활동을 방해하는 행위 　라. 출동한 소방대의 소방장비를 파손하거나 그 효용을 해하여 화재진압·인명구조 또는 구급활동을 방해하는 행위 2. 소방자동차의 출동을 방해한 사람 3. 사람을 구출하는 일 또는 불을 끄거나 불이 번지지 아니하도록 하는 일을 방해한 사람 4. 정당한 사유 없이 소방용수시설 또는 비상소화장치를 사용하거나 소방용수시설 또는 비상소화장치의 효용을 해치거나 그 정당한 사용을 방해한 사람	5년 이하의 징역 또는 5천만원 이하의 벌금
화재가 발생하거나 불이 번질 우려가 있는 소방대상물 및 토지를 일시적으로 사용하거나, 그 사용의 제한 또는 소방활동에 필요한 처분을 방해한 자 또는 정당한 사유 없이 그 처분에 따르지 아니한 자	3년 이하의 징역 또는 3천만원 이하의 벌금
사람을 구출하거나 불이 번지는 것을 막기 위하여 긴급하다고 인정하는 때에는 소방대상물 또는 토지 외의 소방대상물과 토지에 대해 일시적으로 사용하거나, 그 사용의 제한 또는 소방활동에 필요한 처분을 방해한 자 또는 정당한 사유 없이 그 처분에 따르지 아니한 자	300만원 이하의 벌금
1의2. 정당한 사유 없이 소방대의 생활안전활동을 방해한 자 2. 정당한 사유 없이 소방대가 현장에 도착할 때까지 사람을 구출하는 조치 또는 불을 끄거나 불이 번지지 아니하도록 하는 조치를 하지 아니한 사람 3. 피난명령을 위반한 사람 4. 정당한 사유 없이 물의 사용이나 수도의 개폐장치의 사용 또는 조작을 하지 못하게 하거나 방해한 자 5. 가스·전기 또는 유류 등의 시설에 대하여 위험물질의 공급을 차단하는 등 필요한 조치를 정당한 사유없이 방해한 자	100만원 이하 벌금 [13]
1. 화재 또는 구조·구급이 필요한 상황을 거짓으로 알린 사람 2. 정당한 사유 없이 화재, 재난·재해, 그 밖의 위급한 상황을 소방본부, 소방서 또는 관계 행정기관에 알리지 아니한 관계인	500만원 이하의 과태료

1. 한국119청소년단 또는 이와 유사한 명칭을 사용한 자 2. 사이렌을 사용하여 출동하는 소방자동차의 출동에 지장을 준 자 3. 소방대장이 소방활동구역 출입을 제한하였는데도 소방활동구역을 출입한 사람 4. 한국소방안전원 또는 이와 유사한 명칭을 사용한 자 ※ 과태료는 시도지사·소방본부장 또는 소방서장이 부과·징수한다.	200만원 이하의 과태료
소방자동차 전용구역에 차를 주차하거나 전용구역에의 진입을 가로막는 등의 방해행위를 한 자	100만원 이하의 과태료
다음 장소에서 화재로 오인할 만한 우려가 있는 불을 피우거나 연막(煙幕) 소독 시 소방본부장 또는 소방서장에게 신고를 하지 않아 소방자동차를 출동하게 한 자 1. 시장지역 2. 공장·창고가 밀집한 지역 3. 목조건물이 밀집한 지역 4. 위험물의 저장 및 처리시설이 밀집한 지역 5. 석유화학제품을 생산하는 공장이 있는 지역 6. 그 밖에 시·도의 조례로 정하는 지역 또는 장소 ※ 과태료는 소방본부장 또는 소방서장이 부과·징수한다.	20만원 이하의 과태료

제3절 범죄의 수사절차

1 범죄의 수사(搜査)

(1) 수사(搜査)의 의의
수사란 형벌법규를 위반한 범인을 발견·확보하고 증거를 수집·보전하며, 범죄의 혐의 유무를 명백히 하여 공소의 제기 및 유지 여부를 결정하는 수사기관의 일체의 활동을 말한다.

(2) 수사의 기본이념
수사의 기본이념은 수사기관이 수사활동을 통하여 실체적 진실을 발견하여 국가형벌권의 실현을 보장하며, 적정한 절차를 통하여 피의자의 기본적 인권을 보장함에 있다고 할 수 있다.

(3) 수사(搜査)의 목적
① 실체적 진실의 발견(수사의 1차 목표) : 범죄의 진상발견
② 기소(起訴)여부 결정
③ 공소를 제기 및 유지
④ 확정(유죄)판결(궁극적 목표) : 국가형벌권을 유효하고 적절하게 행사

> **⊕ Plus one**
>
> • 공소제기의 의의 : 검사가 법원에 대하여 특정 형사사건에 관한 심판을 구하는 의사표시를 내용으로 하는 소송행위
> • 공소제기 방법 : 공소제기는 통상의 공판절차에 의한 재판과, 공판절차를 거치지 아니하고, 서면심리로 벌금·과료 또는 몰수의 형을 과하는 약식절차에 의한 재판(약식명령)으로 구분됨

2 범죄 수사기관

(1) 수사기관의 정의
① 수사기관이라 함은 법률상 범죄의 수사를 할 수 있는 권한이 인정된 국가기관을 말한다.
② 수사기관으로서는 검사 및 사법경찰관리가 있고, 사법경찰관서에는 다시 일반사법경찰관리와 특별사법경찰관리로 구분된다.

(2) 수사기관의 종류 및 권한

> 「형사소송법」 제196조(검사의 수사)
> 검사는 범죄의 혐의가 있다고 사료하는 때에는 범인, 범죄사실과 증거를 수사하여야 한다.
>
> 「형사소송법」 제197조(사법경찰관리)
> ① 경무관, 총경, 경정, 경감, 경위는 사법경찰관으로서 범죄의 혐의가 있다고 사료하는 때에는 범인, 범죄사실과 증거를 수사한다.
> ② 경사, 경장, 순경은 사법경찰리로서 수사의 보조를 하여야 한다.
>
> 「형사소송법」 제245조의10(특별사법경찰관리)
> ① 삼림, 해사, 전매, 세무, 군수사기관, 그 밖에 특별한 사항에 관하여 사법경찰관리의 직무를 행할 특별사법경찰관리와 그 직무의 범위는 법률로 정한다.
> ② 특별사법경찰관은 모든 수사에 관하여 검사의 지휘를 받는다.
> ③ 특별사법경찰관은 범죄의 혐의가 있다고 인식하는 때에는 범인, 범죄사실과 증거에 관하여 수사를 개시·진행하여야 한다.
> ④ 특별사법경찰관리는 검사의 지휘가 있는 때에는 이에 따라야 한다. 검사의 지휘에 관한 구체적 사항은 법무부령으로 정한다.
> ⑤ 특별사법경찰관은 범죄를 수사한 때에는 지체 없이 검사에게 사건을 송치하고, 관계 서류와 증거물을 송부하여야 한다.

① 검 사
  ㉠ 단독의 수사기관으로 자신이 직접 범죄를 수사할 수 있는 수사 주재자
  ㉡ 사법경찰관리에 대한 수사의 지휘
② 사법경찰관리 13

구 분		수사기관	업 무
일반사법경찰관리	사법경찰관	수사관, 경위 이상 경무관 이하	검사의 지휘를 받아 수사를 개시·진행
	사법경찰관리	경사, 경장, 순경	검사 또는 사법경찰관의 수사를 보조
소방특별사법경찰관리	소방특별사법경찰관	소방위 이상 소방준감 이하	검사의 지휘를 받아 수사를 개시·진행
	소방특별사법경찰리	소방장 이하	검사 또는 사법경찰관의 수사를 보조
비 고	• 경무관 이하 경찰공무원은 모두 법률상 일반 사법경찰관리로서의 권한을 갖는다. • 수사관이라 함은 검찰청 소속의 수사 서기관, 수사 사무관을 말한다. • 근무지 관할 지방검찰청검사장의 지명을 받지 아니한 사람은 사법경찰관리의 직무를 수행할 수 없다.		

(3) 수사 준수사항(형사소송법 제198조)
① 불구속 수사원칙
② 인권존중의 원칙
③ 비밀엄수 및 수사방해금지
④ 취득한 수사자료 목록작성

(4) 수사기관의 관할구역 및 직무

① 검사 : 그 소속 검찰청 관할 구역 내에서 직무를 수행함이 원칙. 다만, 수사상 필요한 때에는 관할구역 외에서도 직무를 수행가능하며, 수사할 수 있는 사건에 대하여는 특별한 제한이 없다(형사소송법 제195조).

② 사법경찰관리

구 분	일반사법경찰관리	특별사법경찰관리
수사관할	소속 관서의 관할구역 내에서 직무를 수행한다.	법령에 의하여 정하여진 관할구역 안에서 직무를 행한다.
사건관할	관할구역 내의 모든 사건(「특별법」 위반의 경우 특사경)	해당 「특별법」에 규정된 직무의 범위 내 직무의 범위 외의 범죄를 인지한 경우 일반 사법경찰리에 인계
관할구역 외 수사	다만, 관할구역 안의 사건과 관련성이 있는 사실을 발견하기 위하여 필요한 때에는 관할구역 바깥에서도 그 직무를 행할 수 있다.	
관할구역 밖의 수사 사전 보고	관할구역 외 수사 및 타 관할 사법경찰관리에서 촉탁의 경우 관할 지방검찰청 검사장(지청장) 또는 지청장에게 사전보고하여야 한다.	관할구역 밖에서 수사하는 때에는 수사를 행하는 지역을 관할하는 지방검찰청 검사장 또는 지청장에게 보고하여야 한다.

3 범죄수사의 기본원리

(1) 범죄수사상 준수원칙

원칙 종류	준수내용
선증후포의 원칙	사건에 관하여 우선적으로 조사를 실시하고 증거를 확보한 후에 범인을 체포하라는 원칙
법령준수의 원칙	범죄수사에 있어서는 「형법」 및 「형사소송법」에 규정된 법령을 충분히 숙지하고 이를 철저하게 준수하라는 원칙
민사관계 불간섭의 원칙	범죄수사는 반드시 형사사건일 경우에 한하여 실시해야 한다는 원칙
종합수사의 원칙	-

(2) 범죄수사의 기본원칙 [19]

원칙종류	준수내용
임의수사의 원칙	피의자는 유죄의 확정판결을 받을 때까지 무죄로 추정된다는 「헌법」상의 권리에서 파생된 원칙 강제력이 아닌 상대방의 동의하에 이루어지는 원칙
수사비례의 원칙	목적달성에 적합해야 하며, 필요한 최소한도의 범위 안에서만 해야 하고 목적과 그로 인한 법익침해 사이에 균형이 유지되어야 한다는 원칙
수사 비공개의 원칙	조사목적상 필요 및 대상자의 명예와 인권을 위해 비공개원칙
자기부죄(自己負罪) 강요금지의 원칙	모든 국민에게는 자신에게 불리하다고 생각되는 진술을 거부할 권리(자기의 잘못을 말하지 않을 권리)가 있고 누구든지 그 진술을 강요할 수 없다는 형사상의 대원칙
강제수사 법정주의	강제수사는 법률이 규정된 경우에 한하여 허용
영장주의	법원 또는 법관이 발부한 적법한 영장에 의하지 아니하고서는 형사절차상 강제 처분을 할 수 없다는 원칙
제출인 환부의 원칙	수사기관이 압수물을 환부함에 있어서는 제출인(피압수자)에게 환부한다는 원칙

(3) 범죄수사의 3대 원칙

원칙종류	준수내용
신속착수의 원칙(Speed Initiation)	증거가 인멸되기 전에 수사를 수행·종결의 원칙
현장보존의 원칙(Scene Preservation)	화재현장과 자료보존, 기록, 저장 및 촬영
공공협력의 원칙(Support by the Public)	화재목격자·전문가·이웃·경비원 등 주위 협조 획득

4 범죄수사 절차에 관한 사항

(1) 범죄수사 절차

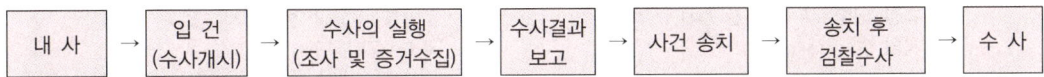

⊕ **Plus one**

- 공소제기 : 검사가 법원에 대하여 특정 형사사건에 관한 심판을 구하는 의사표시를 내용으로 하는 소송행위
- 공소제기 방법 : 공소제기는 통상의 공판절차에 의한 재판과 공판절차를 거치지 아니하고, 서면심리로 벌금·과료 또는 몰수의 형을 과하는 약식절차에 의한 재판(약식명령)으로 구분됨
- 인지 : 수사기관이 적극적으로 범죄혐의를 인정하고 수사에 착수하는 처분
- 입건 : 범죄의 인지 및 고소·고발 등 수사단서에 의하여 개시되는 경우 포함하는 수사개시 절차를 지칭
- 사건수리 : 수사기관에 사건이 접수되어 사건접수부에 등재하는 것을 총칭

(2) 내사(內査)

① 풍문 신문기사 등 일반적으로 아직 범죄혐의가 확인되지 않은 단계에서 혐의유무만 조사하는 수사개시 이전의 단계를 말한다.
② 내사의 종류 : 첩보내사, 진정·탄원내사, 일반내사 등
③ 기본적 내사사항
  ㉠ 범죄사실과 관련하여 ① 누가, ② 언제, ③ 어디서, ④ 왜, ⑤ 무엇을, ⑥ 어떻게 하였는지(6하원칙) 등을 밝혀야 한다.
  ㉡ 양형조건과 관련하여 「형법」 제51조에 규정된 범인의 성행, 지능과 환경, 범행 후의 정황 등도 조사하여야 한다.
  ㉢ 친고죄인 경우에는 고소가 있는지 등 소추요건에 대해서도 반드시 조사하여야 한다.

(3) 입건 = 수사의 개시

① 수사의 개시 : 수사기관이 스스로 사건 수사를 개시하는 것을 말한다. 이를 실무상 입건이라고 한다.
② 수사단서 : 통상적으로 입건은 내사를 통한 범죄의 인지를 비롯하여 고소·고발의 접수, 자수, 자복, 변사체 검시, 검사의 수사지휘 등을 통해 시작된다.

수사단서	
자율적 개시	타율적 개시
• 현행범인의 체포(형소법 제212조) • 변사체의 검시(형소법 제222조) • 불심검문(경찰관직무집행법 제3조) • 다른 사건수사 중 범죄발견	• 고소(형소법 제223조) • 고발(형소법 제234조) • 자수(형소법 제240조) • 피해신고 • 진정·탄원·투서·익명의 신고(좌동)

③ 사건수리 : 특히 입건의 기준시점은 수사기관에 비치된 사건접수부에 기재하고 사건번호를 부여받는 단계를 의미한다.

사건의 수리사유	
검찰청	사법경찰관서
• 사법경찰관리로부터 사건 송치 • 검사의 범죄인지 • 고소·고발 접수 • 다른 검찰청, 군검찰관으로부터 사건 송치 • 가정법원, 소년부로부터 사건 송치 • 즉결사건을 경찰서장으로부터 사건 송치 • 불기소사건 재기 등	• 사법경찰관리의 범죄인지 • 고소·고발접수 • 다른 경찰서 군사법경찰관으로부터 사건 송치 • 검사로부터 수사지휘

④ 사건처리 요령
  ㉠ 범죄 인지의 경우 : 범죄인지보고 → 범죄사건부 등재
  ㉡ 고소 또는 고발 접수의 경우
    ⓐ 관할지역 및 직무범위 내의 사안인지 여부를 확인하여 수사개시 여부를 결정
    ⓑ 수사개시의 경우 소속 수사기관장에게 보고함과 동시에 범죄사건부에 등재
    ⓒ 관할구역 밖의 사건일 경우 해당 사법경찰관서로 사건이송

(4) 수사의 실행

① 의 의

수사(搜査)는 범죄혐의 유무를 명백히 가려내는 절차이며, 또한 범죄자를 처벌하기 위하여 관련 범죄사실을 조사하고 공소의 제기 및 수행을 위해 필요한 증거를 발견, 수집, 보전하는 일련의 행위를 말한다.

② 수사의 종류와 방법

구 분	임의수사	강제수사
개 념	수사기관이 피의자·참고인 등의 임의적인 출석·동행을 요구하여 진술을 듣는 수사	소송절차의 진행이나 형벌의 집행을 확보하기 위하여 개인의 기본권을 제한하는 강제적 처분에 의한 수사
수사원칙	• 임의수사를 원칙 • 최소 침해의 원칙 • 수사비례의 원칙	• 강제수사 법률주의 • 최소 침해의 원칙, 수사비례의 원칙 • 체포·구금·압수·수색의 영장주의(헌법 제12조)
수사방법	• 임의출석에 의한 피의자신문 • 피의자 이외의 증인 및 참고인 등의 조사 • 감정·통역·번역의 위촉, 임의제출물 압수 • 공무소 및 기타 공사단체 등에 대한 조회 등	• 대인적 : 현행범인의 체포, 긴급체포, 구속 • 대물적 : 압수와 수색, 검증, 감정
기 타	• 피의자 신문 시 출석요구서 송부하고 진술거부권 고지 • 참고인은 고소인, 고발인, 피해자 등 제3자를 말하며 강제소환, 신문 당하지 않으며, 출석하지 않아도 됨	• 현행범 체포, 장기 3년 이상의 형에 해당하는 죄를 범하고 도피 또는 증거인멸의 염려가 있을 때는 사후 영장청구 가능 • 긴급체포한 피의자를 구속하고자 할 때에는 체포한 때부터 48시간 이내에 구속영장을 청구

③ 수사실행의 5가지 원칙 및 진행순서

원칙종류	준수내용
수사자료 완전수집의 원칙	수사관은 발생한 사건에 대해 수사를 진행하면서 그와 관련된 모든 자료들을 완전하게 수집해야 한다는 원칙
수사자료 감식과 검토의 원칙	수사관의 상식적인 검토나 판단에 의존할 것이 아니라 시설장비를 이용하여 과학적 감식을 하여야 한다는 원칙
적절한 추리의 원칙	추측은 가상적 판단이므로 진실이 확인될 때까지 추측을 진실로 확신하지 말라는 원칙
검증적 수사의 원칙	• 여러 가지 추측 중에서 과연 어떤 추측이 정당할 것인가를 가리기 위해서는 모든 각도에서 검토하여야 한다는 원칙 • 진행순서 : 수사사항 결정 → 수사방법 결정 → 수사실행
사실판단증명의 원칙	재판정에 제시된 심증(판단)이 수사관뿐만 아니라 다른 사람에 의해서도 진실이라는 것이 객관적으로 검증되어야만 한다는 원칙

(5) 수사결과보고

① 의 의
  ㉠ 사법경찰관이 사건을 송치하고자 할 경우에 피의자 인적사항, 전과관계, 피의사실 요지, 사실 및 증거관계 등을 종합적으로 검토하여 수사결과에 대한 의견을 개진하는 종합수사 보고서를 말한다.
  ㉡ 의견서작성과 같은 형식으로 수사결과보고서를 작성하여, 송치 의견을 소속 관서장에게 보고한다.

② 검토 및 유의사항
  ㉠ 수사가 「형사소송법」, 「형사소송규칙」, 「특별사법경찰관집무규칙」 등 제반 규정에 따라 진행되었는가를 검토한다.
  ㉡ 수사 흐름상 전체적으로 모순점은 없는가, 모순점에 대하여 충분히 사실을 확인하였는가를 검토한다.
  ㉢ 수사가 미진하여 더 조사하여야 할 사항은 없는가를 확인한다.
  ㉣ 기록에 미비한 점은 없는가, 송치의견과 다른 반대자료는 없는가를 검토한다.
  ㉤ 각종 조서, 수사보고서 등에 작성 연월일이 정확하게 표시되어 있는가, 작성자와 진술자의 서명, 날인 및 간인 등의 누락은 없는가, 문자의 첨삭은 규정대로 되어 있는가를 확인한다.
  ㉥ 각종 조서의 내용이 조사목적에 충실하게 작성되었는가, 조서의 내용에 모순점은 없는가 등을 검토한 후 작성한다.

(6) 사건송치

① 의 의
  ㉠ 사법경찰관은 수사를 실행하여 사건의 진상을 밝혀내고 공소제기의 여부를 결정할 수 있을 만큼 진상이 규명되었다고 판단되면 사법경찰관으로서의 송치의견(기소, 불기소 또는 기소중지, 무혐의 등)을 붙인 관계서류와 그가 수사한 모든 형사사건에 대한 기록과 증거물 일체를 검찰청에 보내는 것을 말한다.
    ※ 공소제기를 할 수 없는 경우도 송치하여야 하고 송치 후에 여죄가 발견되거나 검사의 보강수사 지휘가 있는 경우에는 추가적으로 수사하여야 한다.
  ㉡ 위 송치의견은 검사가 수사를 종결하는 데 참고가 되지만 그 의견에 기속되는 것은 아니다. 검사는 그 책임하에 사건에 대해 종국결정을 하여야 한다.

② 사건 송치 절차
　㉠ 사법경찰관이 수사를 종결하였을 때에는 소속기관의 장에게 수사결과를 보고한다.
　㉡ 송치관계서류를 작성하여 관할지방검찰청 검사장 또는 지청장에게 송치한다.
　　※ 검사가 수사지휘한 사건의 송치여부는 미리 검사의 지휘를 받아야 함(송치품신)
　㉢ 사건을 송치할 때는 소속관서의 장인 사법경찰관 명의로 한다.
　　※ 관서의 장이 사법경찰관이 아닌 때 : 사법경찰관인 수사주무과장 명의로 송치

(7) 수사의 종결

① 형사사건화 된 모든 사건은 사건의 크고 작음에 구별이 없이 검사(사법경찰관리는 없다)만이 수사를 종결할 수 있다.
② 검사의 수사종결은 공소제기로 기소와 불기소(공소권 없음, 죄가 안 됨, 혐의 없음)로 구분한다.

⊕ Plus one

불기소 처분의 구분
- 수사한 결과 소추요건의 흠결 등으로 소추가 불가능한 경우 : 공소권 없음·죄가 안됨·혐의 없음
- 소추는 가능하지만 소추의 필요성이 없는 경우 : 기소유예
- 고소·고발사건에서 수사의 필요성이 없다고 명백히 인정되는 경우 : 각하
　※ 기소중지·참고인중지·공소보류 등 중간처분도 넓은 의미에서 불기소 처분에 해당

종류		불기소 처분 내용 및 사례
종국처분	공소권 없음	• 소추요건 결여 또는 필요적 형 면제 사유발생 • 확정판결이 있는 경우, 일반사면이 있는 경우, 범죄 후 법령의 개폐로 형이 폐지된 경우, 법령에 형이 면제된 경우 • 피의자에 대하여 재판권이 없는 경우(외교사절 치외법권, 대통령, 국회의원 등), 동일사건에 대하여 이미 공소가 제기된 경우, 친고죄에 고소·고발이 없거나 반의사 불벌죄에 처벌불원의 의사표시가 있는 경우, 피의자가 생존(또는 존속)하지 아니하는 경우, 공소시효 완성 ※ 방화 혐의자가 갑자기 사망한 경우의 특별사면은 해당 안 됨
	죄가 안 됨	• 범죄의 구성요건 해당되나 위법성 또는 책임성이 흠결된 경우 – 위법성조각사유 : 정당행위, 정당방위, 긴급피난, 자구행위, 피해자의 승낙에 의한 행위 – 책임성조각사유 : 형사미성년, 심신상실, 강요된 행위, 야간 등의 과잉피난행위, 기타 "처벌하지 아니한다"라고 규정한 경우(친족 간 범인은닉·증거인멸, 명예훼손의 위법성조각)
	혐의 없음	• 범죄인정 안 됨 : 구성요건 해당성이 없거나 피의사실이 인정되지 아니하는 경우 • 피의사실이 진실이더라도 범죄구성요건에 해당하지 아니하는 경우(체포되지 아니한 자의 도주), 범죄구성요건에 해당하는 외관을 갖추고 있지만 법리상 범죄로 되지 아니하는 경우(불가벌적 사후행위), 피의자의 행위가 아무런 범죄구성요건에도 해당하지 않는 경우(선서 없이 증언한 경우), 고의·과실을 인정할 수 없음이 명백하거나 인과관계가 인정되지 아니하는 경우, 피의자가 그 행위자가 아님이 명백한 경우(진범이 밝혀진 경우) • 증거불충분 : 공소의 제기에 필요한 증거가 불충분한 경우 • 자백의 보강증거가 없는 경우, 고소인 진술 등 부합증거만으로 피의자의 변명을 뒤집기 어려운 경우 등
	기소유예	• 공소제기가 가능하지만 제반 사정을 참작하여 소추의 필요가 없다고 인정되는 경우에 행하는 종국처분 • 「형법」제51조 범인의 연령, 성행, 지능과 환경피해자에 대한 관계, 범행의 동기, 수단과 결과, 범행 후의 정황을 참작
	각하	고소·고발장의 기재 및 고소·고발인의 진술에 의하더라도 기소를 위한 수사의 필요성이 없다고 명백하게 인정되는 경우에 피의자 또는 참고인을 조사하지 않고 간략하게 행하는 종국처분

중간처분	기소중지	피의자 소재 불명 등으로 종국처분을 할 수 없는 경우 그 사유가 해소될 때까지 수사를 중지하는 처분
	참고인중지	고소·고발인 또는 참고인 등의 소재불명으로 종국처분이 어려울 경우 참고인이 나타날 때까지 수사를 중지하는 처분
	공소보류	「국가보안법」 위반사범에 대해 양형조건을 참작하여 공소제기를 보류하는 것

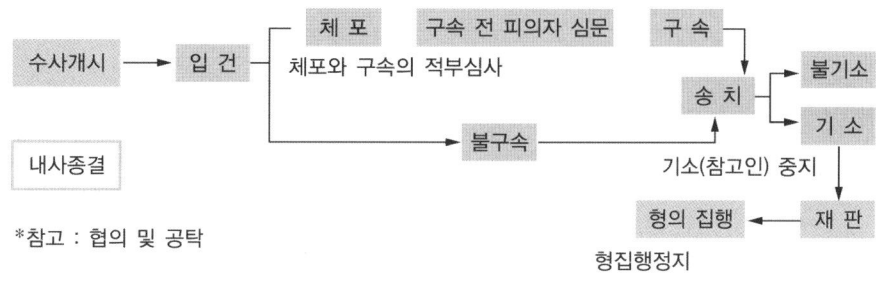

[형사사건의 처리절차]

CHAPTER 05 화재로 인한 민사분쟁 관련법규

제5과목. 화재조사 관계법규

제1절 일반불법행위 책임

1 일반불법행위의 의의

(1) 의 의
채무불이행으로 인한 손해배상책임과 더불어 채권발생의 2대 원인이 된다. 불법행위(고의 또는 과실)로 생긴 손해는 가해자가 배상하여야 하는데 그 손해에는 재산상의 손해 및 재산 이외의 손해도 포함된다.

(2) 불법행위 성립요건 [19]

> 「민법」 제750조(불법행위)
> 고의 또는 과실로 인한 위법행위로 타인에게 손해를 가한 자는 그 손해를 배상할 책임이 있다.

「민법」 제750조에 규정에 의하면 "불법행위는 고의 또는 과실로 인한 위법행위로 타인에게 손해를 가한 자는 그 손해를 배상할 책임이 있다"라고 규정되며 불법행위의 성립요건은 다음과 같다.
① 가해자의 고의 또는 과실이 있을 것
② 가해행위에 위법성이 있을 것
③ 손해가 발생하여야 함
④ 가해자에게 책임능력이 있을 것

2 고의·과실 등

(1) 고의(故意)
① 고의(故意)란 자기의 행위가 불법구성요건을 실현함을 인식하고 인용하는 행위자의 심적 태도를 말한다.
② 불법행위에 있어서 고의는 일정한 결과가 발생하리라는 것을 알면서 감히 이를 행하는 심리 상태로서, 객관적으로 위법이라고 평가되는 일정한 결과의 발생이라는 사실의 인식만 있으면 되고 그 외에 그것이 위법한 것으로 평가된다는 것까지 인식하는 것을 필요로 하는 것은 아니다(대법원 2002·7·12·선고 2001다46440).

(2) 과실(過失)

① 과실이란 법률적으로는 어떤 사실의 발생을 예견(豫見)할 수 있었음에도 불구하고 부주의로 그것을 인식하지 못한 심리상태를 의미한다. 고의(故意)와 함께 법률상 비난 가능한 책임조건을 말한다.

② **민법상의 과실** : 과실은 「민법」상 고의와 함께 불법행위 또는 채무불이행의 책임조건이 되어 손해배상 기타의 책임을 지는 요건이 된다. 그러나 「민법」상 과실은 「형법」상의 과실과는 달라서 고의와 동등한 법률효과가 발생하고, 그 책임에 경중이 없으므로 특히 고의와 구별할 실익(實益)이 없다.

③ **과실의 구분** : 「민법」상 과실은 그 전제가 되는 주의의무의 성질에 따라 추상적 과실과 구체적 과실, 주의의무 위반의 정도에 따라 경과실(가벼운 주의의무 위반)과 중과실(중대한 주의 의무 위반)로 나누어진다.

> - 추상적 과실이란
>   추상적으로 일반 보통인을 기준으로 하여 요구되는 주의(예 선량한 관리자의 주의)를 태만히 한 경우를 말하는데, 그 불법행위나 채무불이행에 있어서의 과실이란 바로 이 추상적 과실을 의미한다.
> - 구체적 과실이란
>   그 사람의 현실생활에 있어서의 보통의 주의(예 자기 재산과 동일한 주의, 자기를 위하여 하는 것과 동일한 주의, 고유재산에 있어서와 동일한 주의 등)를 태만히 한 경우를 말한다. 「민법」상 과실은 추상적 과실이 원칙이다.
> - 과실의 종류
>   「민법」상 과실은 결국 추상적 경과실, 추상적 중과실, 구체적 경과실, 구체적 중과실의 4종으로 나눌 수 있게 된다. 실화책임의 경우에는 경과실의 경우 손해배상액의 경감을 할 수 있다(실화책임에 관한 법률).

④ **형법상의 과실** : 고의로 한 행위만을 처벌하는 것을 원칙으로 하고, 예외적으로 정상(正常)의 주의를 태만히 함으로써 범죄의 결과를 발생하게 한 때에는, 법률의 특별한 규정이 있는 경우에 한하여 처벌한다(제13, 14조).

3 위법성과 책임능력

(1) 위법성

① 위법이란
  ㉠ 어떤 행위가 법질서의 전체 원리에 반하는 것으로 어떤 행위가 불법행위가 되려면 법률에 규정된 구성요건(構成要件)에 해당하고 위법하게 공동사회의 질서를 침범하였다고 인정되며 행위자를 비난할 수 있어야 한다.
  ㉡ 범죄성립의 3요건(要件)은 구성요건 해당성·위법성·책임(責任)으로 위법성은 범죄성립의 제2의 요건이다.

② 위법성 판단기준과 대상
  ㉠ 「형법」 제1조 1항은 '범죄의 성립과 처벌은 행위 시의 법률에 의한다' 하였으므로, 위법성 판단의 기준은 우선 법률이라 할 수 있다.
  ㉡ 위법성은 법질서 전체의 입장에서 내리는 판단이므로 위법성 판단의 기준은 법질서 전체이고 판단의 대상은 행위이다.

③ 위법성과 구별
  ㉠ 구성요건 해당성과 위법성 : 구성요건은 당위 규범을 내포하므로 어느 행위가 구성요건에 해당하면 위법성도 추정된다. 아울러 행위의 구성요건 해당성을 전제로 하여 위법성 여부를 판단하게 되므로, 위법성 조각사유(허용규범)의 존부확인을 통해 위법 여부를 소적으로 판단하게 된다.
  ㉡ 책임과 위법성 : 책임이 비난가능성 유무를 판단하는 행위자에 대한 주관적 판단이라면, 위법성은 법질서 전체의 입장에서 내리는 행위에 대한 객관적 판단이다.
  ㉢ 불법과 위법성 : 불법은 행위에 의해 실현되고 법에 의해서 부정적으로 평가된 반가치 자체이고, 위법성은 이러한 불법의 성질(속성)을 의미한다.
④ 위법성 조각사유

구 분	민 법	형 법
개 념	타인의 불법행위에 대하여 부득이 타인에게 손해를 가한 자는 배상할 책임이 없는 사유	범죄의 구성요건에 해당되더라도 일정한 경우(위법성조각사유) 위법성을 배제하여 범죄가 성립되지 않는 사유 ※「형법」은 위법성의 적극적인 규정을 두지 않고 위법성이 조각 사유만을 두고 있음
위법성 조각사유	자력구제(제209조), 정당방위(제761조), 긴급피난(제761조)	정당행위(제20조), 정당방위(제21조), 긴급피난(제22조), 자구행위(제23조), 피해자의 승낙(제24조), 진실을 발표할 권리(제310조)

(2) 책임능력(責任能力)
① '책임능력'이란 불법행위의 책임을 분별할 수 있는 정신능력을 말한다. 불법행위 능력이라고도 한다. 즉, 자기의 행위에 대하여 책임을 알 수 있는 정신능력을 말한다.
② 불법행위 요건 : 「민법」상 불법행위로 인해 책임을 지기 위해서는 귀책사유인 고의・과실이 있어야 하는데(민법 제750조), 이러한 비난사유로서 고의와 과실은 자기의 행위의 결과를 변식할 수 있는 능력(결과발생을 회피할 수 있는 능력)을 전제로 하여서만 인정할 수 있다.
③ 미성년자 책임능력 : 미성년자의 경우엔 타인에게 손해를 가한 경우에 그 행위의 책임을 변식(辨識)할 지능이 없는 때에는 배상의 책임이 없다(민법 제753조).
  ※ 미성년자 : 제4조(성년) 사람은 19세로 성년에 이르게 된다.
       제158조(연령의 기산점) 연령계산에는 출생일을 산입한다.
④ 심신상실자의 책임능력 : 심신상실 중에 타인에게 손해를 가한 자는 배상의 책임이 없다. 그러나 고의 또는 과실로 인하여 심신상실을 초래한 때에는 그러하지 아니하다(민법 제754조).
⑤ 책임무능력자의 감독자의 책임 : 이러한 책임무능력자가 타인에게 손해를 가했다면 그 손해에 대하여 책임무능력자에게 손해배상책임을 묻기보다는, 이러한 책임무능력자를 감독할 법정의무 있는 자가 그 무능력자의 제3자에게 가한 손해를 배상할 책임이 있다(민법 제755조).
⑥ 행위능력이 일률적인데 반하여 책임능력은 행위 당시를 기준으로 개별적으로 결정되는 점에 특징이 있으며, 책임능력이 없음은 가해자가 입증하여야 한다.

> **책임능력에 대한「민법」규정**
> 제751조(재산 이외의 손해의 배상)
>   ① 타인의 신체, 자유 또는 명예를 해하거나 기타 정신상 고통을 가한 자는 재산 이외의 손해에 대하여도 배상할 책임이 있다.
>   ② 법원은 전항의 손해배상을 정기금채무로 지급할 것을 명할 수 있고 그 이행을 확보하기 위하여 상당한 담보의 제공을 명할 수 있다.

> 제752조(생명침해로 인한 위자료)
> 　타인의 생명을 해한 자는 피해자의 직계존속, 직계비속 및 배우자에 대하여는 재산상의 손해가 없는 경우에도 손해배상의 책임이 있다.
> 제753조(미성년자의 책임능력)
> 　미성년자가 타인에게 손해를 가한 경우에 그 행위의 책임을 변식(辨識)할 지능이 없는 때에는 배상의 책임이 없다.
> 제754조(심신상실자의 책임능력)
> 　심신상실 중에 타인에게 손해를 가한 자는 배상의 책임이 없다. 그러나 고의 또는 과실로 인하여 심신상실을 초래한 때에는 그러하지 아니하다.
> 제755조(책임무능력자의 감독자의 책임)
> 　① 전2조의 규정에 의하여 무능력자에게 책임이 없는 경우에는 이를 감독할 법정의무 있는 자가 그 무능력자의 제3자에게 가한 손해를 배상할 책임이 있다. 그러나 감독의무를 해태하지 아니한 때에는 그러하지 아니하다.
> 　② 감독의무자에 갈음하여 무능력자를 감독하는 자도 전항의 책임이 있다.

예제문제

미성년자가 타인에게 손해를 가한 경우에 그 행위의 책임을 변식할 지능이 없는 때에는 배상의 책임이 없다. 이 경우 「민법」상 미성년자임을 판단하는 연령과 그 산정방법으로 옳은 것은? 　16

① 14세 미만, 출생일 산입
② 18세 미만, 출생일 불산입
③ 19세 미만, 출생일 산입
④ 20세 미만, 출생일 불산입

정답 ③

4 손해의 발생

(1) 손해의 발생
① 불법행위가 성립하려면 가해행위로 인하여 손해가 발생하여야 한다. 손해가 현실적으로 발생한 것에 한하여 배상된다. 손해가 발생하였는지 여부는 객관적이고 합리적으로 판단하여야 한다.
② 손해발생과 그 금액은 피해자가 입증하여야 한다.

(2) 원인관계
① 불법행위가 성립하려면 가해행위로 인하여 손해가 발생하여야 한다. 즉, 가해자의 행위와 손해발생 사이에 인과관계가 있어야 한다.
② 인과관계를 확인하는 방법으로 A라는 조건이 없으면 B라는 결과는 발생하지 않는다는 불가결 조건의 공식을 사용한다.

5 입증책임의 문제

가해행위와 손해발생과 인과관계의 입증책임은 피해자에게 있다는 것이 통설·판례이다.

> **입증책임 판례[대법원 2001. 1. 19. 선고 2000다57351 판결]**
> 임차건물이 원인불명 화재로 소실되어 임차물의 반환채무가 이행불능의 경우 그 귀책사유에 관한 입증책임의 소재 (=임차인)
> [판결요지]
> 임차인의 임차물반환채무가 이행불능이 된 경우 임차인이 그 이행불능으로 인한 손해배상책임을 면하려면 그 이행불능이 임차인의 귀책사유로 말미암은 것이 아님을 입증할 책임이 있으며, 임차건물이 화재로 훼손된 경우에 있어서 그 화재의 발생원인이 불명인 때에도 임차인이 그 책임을 면하려면 그 임차건물의 보존에 관하여 선량한 관리자의 주의의무를 다 하였음을 입증하여야 한다.
> [이 유]
> 위 사안과 같이 원인불명의 화재로 인하여 임차인의 임차물반환채무가 이행불능이 된 경우에 관하여 대법원은 임차인의 임차물반환채무가 이행불능이 된 경우 임차인이 그 이행불능으로 인한 손해배상책임을 면하려면 그 이행불능이 임차인의 귀책사유로 말미암은 것이 아님을 입증할 책임이 있으며, 임차건물이 화재로 불태운 경우에 있어서 그 화재의 발생원인이 불명인 때에도 임차인이 그 책임을 면하려면 그 임차건물의 보존에 관하여 선량한 관리자의 주의의무를 다하였음을 입증하여야 하는 것이므로(대법원 1999년 9월 21일 선고 99다36273 판결), 피고가 임차한 부분을 포함하여 소외 회사 소유의 건물 부분이 화재로 불태운 이 사건에 있어서, 임차인인 피고가 임차물반환채무의 이행불능으로 인한 손해배상책임을 면하려면 그 임차건물의 보존에 관하여 선량한 관리자의 주의의무를 다하였음을 적극적으로 입증하여야 하고, 이 점을 입증하지 못하면 그 불이익은 궁극적으로 임차인인 피고가 져야 한다고 할 것인바, 이러한 이치는 화재가 피고의 임차 부분 내에서 발생하였는지의 여부 그 자체를 알 수 없는 경우라고 하여 달라지지 아니한다고 할 것이다.

제2절 특수불법행위 책임

1 특수불법행위의 의미

(1) 의 미
① 일반적인 불법행위와 달리 책임의 성립요건이 경감되거나 타인의 가해행위에도 책임을 지는 불법행위를 말한다.
② 타인의 행위에 대하여 책임을 인정하고 또 고의·과실의 거증책임(舉證責任)의 전환 또는 무과실책임을 인정하고 있다.

(2) 민법의 규정에 따른 특수불법행위
① 책임무능력자를 감독하는 자의 책임(제755조)
② 피용자(被用者)의 행위에 대한 사용자의 책임(제756조)
③ 공작물 등을 점유 또는 소유하는 자의 책임(제758조)
④ 동물점유자의 책임(제759조)
⑤ 공동불법행위(제760조)가 있다.

(3) 민법 이외의 특수불법행위에 대한 특별법
① 「실화책임(失火責任)에 관한 법률」
② 「자동차손해배상보장법」
③ 「원자력손해배상법」
④ 「국가배상법」

2 책임무능력자의 감독자 책임 14

> **제755조(감독자의 책임)**
> ① 다른 자에게 손해를 가한 사람이 제753조(미성년자의 책임능력) 또는 제754조(심신상실자의 책임능력)에 따라 책임이 없는 경우에는 그를 감독할 법정의무가 있는 자가 그 손해를 배상할 책임이 있다. 다만, 감독의무를 게을리 하지 아니한 경우에는 그러하지 아니하다.
> ② 감독의무자를 갈음하여 제753조 또는 제754조에 따라 책임이 없는 사람을 감독하는 자도 ①의 책임이 있다.

(1) 의 의
① 미성년자, 심신상실자가 타인에게 손해를 가한 경우 손해배상책임을 부담하지 않고 이 때 법정 감독의무자가 책임을 부담한다.
② 단, 감독자가 감독의무를 태만히 하지 않은 때에는 면책되나 실제 이 면책증명이 잘 되지 않기 때문에 사실상 무과실책임에 준한다.

(2) 감독의 법적 주체자
① 법정감독의무자 : 미성년자의 보호자, 양육자, 피성년후견인 등
② 대리감독자 : 교사, 소년원의 직원

(3) 감독자 책임의 본질
감독의무자의 책임은 책임무능력자가 피해자에 가한 불법행위 그 자체에 대한 것이 아니라 책임무능력자에 대한 감독의무를 소홀히 한 것에 대한 책임이다.

(4) 책임의 발생조건
① 피해자에게 손해를 가한 책임무능력자 가해행위가 있음에도 불구하고 배상책임을 부담하지 않아야 한다.
② 감독할 법정의무가 주의의무를 태만히 했어야 한다(면책사유에 해당되지 않아야 함).

3 사용자 배상책임(민법 제756조)

> **제756조(사용자의 배상책임)**
> ① 타인을 사용하여 어느 사무에 종사하게 한 자는 피용자가 그 사무집행에 관하여 제3자에게 가한 손해를 배상할 책임이 있다. 그러나 사용자가 피용자의 선임 및 그 사무 감독에 상당한 주의를 한때 또는 상당한 주의를 하여도 손해가 있을 경우에는 그러하지 아니하다.
> ② 사용자에 갈음하여 그 사무를 감독하는 자도 전항의 책임이 있다.
> ③ ②의 경우에 사용자 또는 감독자는 피용자에 대하여 구상권을 행사할 수 있다.

(1) 의 의
  ① 사무・영업을 함에 있어서 타인을 사용하여 사업을 수행하던 중 피용자가 그 사무집행에 관하여 제3자에게 가한 손해를 배상할 책임이 있다.
  ② 사용자의 피사용에 대한 선임 및 감독상의 과실을 이유로 하는 점에서 과실책임주의 범주에 속한다.

> **⊕ Plus one**
>
> **사용자책임과 다른 책임의 비교**
> - 법인의 불법행위책임 : 법인자신의 불법행위가 성립하는 점에서 사용자책임과 다르다.
> - 국가배상책임
>   - 고의・과실을 문제 삼지 않은 무과실책임으로 되어 있다.
>   - 경과실인 경우에는 공무원이 아닌 국가에게 배상책임을 진다.
>   - 고의・중과실의 경우에만 구상권을 행사할 수 있다는 점에서 사용자 책임과 다르다.
> - 자동차손해배상책임

(2) 사용자 책임의 성립요건 17
  ① 사용자(사무감독) 관계가 있어야 한다.
    ※ 일반적인 고용관계보다 더 넓은 개념이고, 사용자는 지휘감독을 해야 할 지위에 있었느냐가 기준이며, 노무도급도 해당된다.
  ② 선임 또는 감독상에 과실이 있을 것
  ③ 피사용자가 그 사무집행에 관하여 제3자에게 손해를 가할 것
    ※ '사무집행에 관하여'라는 뜻은 피용자의 불법행위가 외형상 객관적으로 사용자의 사업활동 내지 사무집행행위 또는 그와 관련된 것이라고 보일 때에는 행위자의 주관적 사정을 고려함이 없이 이를 사무집행에 관하여 한 행위로 본다.

(3) 법률효과
  ① 사용자의 손해배상책임
  ② 피용자에 대하여 구상관계

4 공작물 등의 점유자, 소유자의 책임

> **민법 제758조(공작물 등의 점유자, 소유자의 책임)**
> ① 공작물의 설치 또는 보존의 하자로 인하여 타인에게 손해를 가한 때에는 공작물점유자가 손해를 배상할 책임이 있다. 그러나 점유자가 손해의 방지에 필요한 주의를 해태하지 아니한 때에는 그 소유자가 손해를 배상할 책임이 있다.
> ② 전항의 규정은 수목의 재식 또는 보존에 하자가 있는 경우에 준용한다.
> ③ ②의 경우에 점유자 또는 소유자는 그 손해의 원인에 대한 책임 있는 자에 대하여 구상권을 행사할 수 있다.

(1) 의 의
  ① 공작물의 설치 또는 보존의 하자로 인해 1차적으로 그 공작물의 점유자가 손해배상책임을 지지만, 손해방지에 필요한 주의를 다한 경우에는 면책되고 2차 소유자가 배상책임을 진다.
  ② 안전성을 갖추지 못한 것을 전제로 한다.

> **판례[대법원 1992. 2. 25. 선고 91다26270 판결]**
> [판시사항]
> 가. 건물 지하층의 임차인 경영의 음식점에서 종업원이 난로의 방열망에 석유를 흘린 과실로 화재가 발생한 경우 건물 소유자에게 임차인이 방열 처리되지 아니한 재료를 사용하여 내부수선을 하는 것을 묵인하고 이동식 석유난로를 사용하는 것을 방치한 과실이 있다 하더라도 중대한 과실이라고 볼 수 없다고 한 사례
> 나. "가"항의 경우 화재가 건물 지하층의 설치, 보존의 하자로 인하여 발생하였다 하더라도 지하층의 점유자인 임차인이 손해의 방지에 필요한 주의를 해태 하였다고 볼 것이어서 건물 소유자에게 「민법」 제758조에 의한 책임도 없다고 한 사례
> [판결요지]
> 가. 건물 지하층의 임차인 경영의 음식점에서 종업원이 난로에 주유함에 있어 난로의 방열망에 석유를 흘린 과실로 화재가 발생한 경우 건물 소유자에게 임차인이 방열 처리되지 아니한 재료를 사용하여 내부수선을 하는 것을 묵인하고 건물 안에서 이동식 석유난로를 사용하는 것을 방치한 과실이 있다 하더라도 위 화재가 음식점 종업원이 난로에 주유함에 있어 저지른 과실이 결정적인 원인이 되어 발생하였고, 건물 소유자가 임차인이나 그 종업원을 지휘감독하는 관계에 있지 아니한 이상 위와 같은 과실을 실화책임에 관한 법률에서 말하는 중대한 과실이라고 볼 수 없다고 한 사례
> 나. "가"항의 경우 화재가 건물 지하층의 설치, 보존의 하자로 인하여 직접 발생하였다고 하더라도, 지하층의 점유자인 임차인이 손해의 방지에 필요한 주의를 해태 하였다고 볼 것이어서 건물 소유자에게 「민법」 제758조에 의한 책임도 없다고 본 사례

(2) 책임요건
① 공작물의 설치 또는 보존의 하자가 있어야 한다.
  ㉠ 공작물이란 인공적 작업에 의해 제작된 물건 : 건물, 도로, 교량, 어린이 놀이시설 등
  ㉡ 설치 또는 보존의 하자 : 공작물의 용도에 따라 현실적으로 설치·사용하고 있는 상황에서 공작물이 통상 요구되는 안전성이 결여된 상태를 말함
② 공작물의 하자로 인하여 타인에게 손해가 발생하여야 한다.
③ 공작물점유자의 면책사유가 없어야 한다.

(3) 법률효과
① **점유자 책임** : 점유자란 공작물을 사실상 지배하는 자를 말한다. 공작물에 의한 손해가 있는 경우 1차적으로 점유자가 책임을 지며 손해방지의 의무를 게을리 하지 않았음이 증명되면 면책된다.
② **소유자 책임** : 점유자가 면책되면 그 다음으로 소유자가 책임을 진다. 소유자는 법률상의 소유자이다.
③ **구상권** : 점유자 또는 소유자는 그 손해의 원인에 대한 책임 있는 자에 대하여 구상권을 행사할 수 있다.

⊕ Plus one

특수불법행위

조문 및 법조	조문내용
도급인의 책임 (제757조)	도급인은 수급인이 그 일에 관하여 제삼자에게 가한 손해를 배상할 책임이 없다. 그러나 도급 또는 지시에 관하여 도급인에게 중대한 과실이 있는 때에는 그러하지 아니하다.
동물점유자의 책임 (제759조)	• 동물의 점유자는 그 동물이 타인에게 가한 손해를 배상할 책임이 있다. 그러나 동물의 종류와 성질에 따라 그 보관에 상당한 주의를 해태하지 아니한 때에는 그러하지 아니하다. • 점유자에 갈음하여 동물을 보관한 자도 전항의 책임이 있다.
공동불법행위 책임 (제760조)	• 수인이 공동의 불법행위로 타인에게 손해를 가한 때에는 연대하여 그 손해를 배상할 책임이 있다. • 공동 아닌 수인의 행위 중 어느 자의 행위가 그 손해를 가한 것인지를 알 수 없는 때에도 전항과 같다. • 교사자나 방조자는 공동행위자로 본다.

5 국가배상법상의 책임

(1) 「국가배상법」의 목적
이 법은 국가나 지방자치단체의 손해배상(損害賠償)의 책임과 배상절차를 규정함을 목적으로 한다.

(2) 「국가배상법」의 배상책임
① 공무원의 위법한 직무집행 행위로 인한 배상책임

> **「국가배상법」 제2조(배상책임)**
> ① 국가나 지방자치단체는 공무원 또는 공무를 위탁받은 사인(이하 "공무원"이라 한다)이 직무를 집행하면서 고의 또는 과실로 법령을 위반하여 타인에게 손해를 입히거나, 「자동차손해배상보장법」에 따라 손해배상의 책임이 있을 때에는 이 법에 따라 그 손해를 배상하여야 한다. 다만, 군인·군무원·경찰공무원 또는 예비군대원이 전투·훈련 등 직무 집행과 관련하여 전사(戰死)·순직(殉職)하거나 공상(公傷)을 입은 경우에 본인이나 그 유족이 다른 법령에 따라 재해보상금·유족연금·상이연금 등의 보상을 지급받을 수 있을 때에는 이 법 및 「민법」에 따른 손해배상을 청구할 수 없다.
> ② ①의 본문의 경우에 공무원에게 고의 또는 중대한 과실이 있으면 국가나 지방자치단체는 그 공무원에게 구상(求償)할 수 있다.

② 영조물 설치나 관리의 하자로 인한 배상책임

> **제5조(공공시설 등의 하자로 인한 책임)**
> ① 도로·하천, 그 밖의 공공의 영조물(營造物)의 설치나 관리에 하자(瑕疵)가 있기 때문에 타인에게 손해를 발생하게 하였을 때에는 국가나 지방자치단체는 그 손해를 배상하여야 한다. 이 경우 제 2조 제1항 단서, 제3조 및 제3조의2를 준용한다.
> ② ①을 적용할 때 손해의 원인에 대하여 책임을 질 자가 따로 있으면 국가나 지방자치단체는 그 자에게 구상할 수 있다.

(3) 「국가배상법」의 손해배상의 내용
① 정당한 배상
② 양도의 금지(국가배상법 제4조) 17

생명·신체의 침해로 인한 국가배상을 받을 권리는 이를 양도하거나 압류하지 못한다. 이것은 사회보장적 견지에서 피해자 또는 피해자의 유족의 보호를 위한 것이다.

③ 이중배상의 금지(국가배상법 제2조 제1항 단서)

군인·군무원·경찰공무원 또는 향토예비군대원이 전투·훈련 등 직무 집행과 관련하여 전사(戰死)·순직(殉職)하거나 공상(公傷)을 입은 경우에 본인이나 그 유족이 다른 법령에 따라 재해보상금·유족연금·상이연금 등의 보상을 지급받을 수 있을 때에는 이 법 및 「민법」에 따른 손해배상을 청구할 수 없다.

④ 공제액(국가배상법 제3조의2)
  ㉠ 피해자가 손해를 입은 동시에 이익을 얻은 경우에는 손해배상액에서 그 이익에 상당하는 금액을 빼야 한다.
  ㉡ 유족배상과 장애배상 및 장래에 필요한 요양비 등을 한꺼번에 신청하는 경우에는 중간이자를 빼야 한다.

(4) 배상금 청구절차 16
국가배상의 청구절차는 행정기관인 배상심의회에 의한 것과 법원에 의한 것의 두 가지가 있다.
① 행정절차
　㉠ 배상금을 지급받으려는 자는 그 주소지·소재지 또는 배상원인 발생지를 관할하는 지구심의회에 배상신청을 하여야 한다(국가배상법 제12조 제1항).
　㉡ 손해배상의 원인을 발생하게 한 공무원의 소속기관의 장은 피해자나 유족을 위하여 위 ㉠의 신청을 권장하여야 한다(국가배상법 제12조 제2항).
② 사법절차
　㉠ 현행법상 임의적 결정전치주의를 채택하고 있어 손해배상 소송은 배상심의회에 배상 신청을 하지 않고도 법원에 소송을 제기할 수 있다(국가배상법 제9조).
　㉡ 손해배상청구소송은 「국가배상법」을 공법으로 보는 한, 「행정소송법」상 당사자 소송절차에 따라야 할 것이다. 그러나 대법원은 국가배상사건을 민사사건으로 다룬다.

(5) 기타 손해배상 관련
① 선택적 청구의 문제(대판 1996.2.15. 95다38677)
　㉠ 공무원에게 고의 또는 중대한 과실이 있는 경우 : 선택적 청구가 가능
　㉡ 공무원에게 경과실만 있는 경우 : 국가나 지방자치단체에만 청구
② 구상권의 행사
　㉠ 가해 공무원에게 고의 또는 중대한 과실이 있는 경우 : 공무원에게 구상가능
　㉡ 가해 공무원에게 경과실의 경우 : 구상권 인정불가
③ 소멸시효(국가배상법 제8조, 민법 제766조)
　㉠ 국가배상청구권에는 단기 소멸시효가 인정된다.
　㉡ 「민법」 이외의 법률에 다른 규정이 없는 한 손해 및 가해자를 안 날로부터 : 3년
　㉢ 불법행위를 한 날로부터 : 10년
　㉣ 미성년자가 성폭력, 성추행, 성희롱, 그 밖의 성적(性的) 침해를 당한 경우에 이로 인한 손해배상청구권의 소멸시효는 그가 성년이 될 때까지는 진행되지 아니한다.

CHAPTER 06 화재분쟁의 소송외적 해결 관련법규

제5과목. 화재조사 관계법규

제1절 화재로 인한 재해보상과 보험가입에 관한 법률

1 화재보험제도

(1) 목적(법 제1조)
① 화재로 인한 인명 및 재산상의 손실을 예방
② 화재발생 시 신속한 재해복구
③ 인명 및 재산피해에 대한 적정한 보상
④ 국민생활의 안정에 이바지하기 위함

(2) 용어의 정의(법 제2조) 14

용어	정의
손해보험회사	「보험업법」 제4조에 따른 화재보험업의 허가를 받은 자를 말한다.
특약부화재보험	화재로 인한 건물의 손해와 특수건물의 화재로 인하여 다른 사람이 사망 또는 부상을 입었을 때 손해배상책임을 담보하는 보험을 말한다.
특수건물	국유건물·공유건물·교육시설·백화점·시장·의료시설·흥행장·숙박업소·다중이용업소·운수시설·공장·공동주택과 그 밖에 여러 사람이 출입 또는 근무하거나 거주하는 건물로서 화재의 위험이나 건물의 면적 등을 고려하여 대통령령으로 정하는 건물을 말한다
소방시설	「소방시설 설치 및 관리에 관한 법률」 제2조제2호에 따른 소방시설등, 「건축법」 제49조에 따른 피난시설, 그 밖에 소방 관련 시설로서 대통령령으로 정하는 것을 말한다.

⊕ Plus one

특약부화재보험의 법적 성격
- 사영보험 : 손해보험회사가 경영하는 보험을 말한다.
- 영리보험 : 보험경영자가 영리목적으로써 타인과 보험계약을 체결한다.
- 물건보험 : 보험의 목적(보험계약의 객체)이 건물이므로 물건보험이다.
- 일반손해보험·책임보험 : 건물이 보험의 목적이므로 일반손해보험임과 동시에 손해배상책임을 담보하므로 책임보험이기도 하다.

(3) 특수건물 소유자의 손해배상책임(법 제4조) 16 19
① 특수건물의 소유자는 그 특수건물의 화재로 인하여 다른 사람이 사망하거나 부상을 입었을 때 또는 다른 사람의 재물에 손해가 발생한 때에는 과실이 없는 경우에도 이법에서 정하는 보험금액의 범위에서 그 손해를 배상할 책임이 있다.
② 특수건물 소유자의 손해배상책임에 관하여는 이 법에서 규정하는 것 외에는 「민법」에 따른다.

(4) 보험가입의 의무(법 제5조) 19 21

① 특수건물의 소유자는 그 특수건물의 화재로 인한 해당 건물의 손해를 보상받고 화재손해배상책임을 이행하기 위하여 그 특수건물에 대하여 손해보험회사가 운영하는 특약부화재보험에 가입하여야 한다. 다만, 종업원에 대하여 「산업재해보상보험법」에 따른 산업재해보상보험에 가입하고 있는 경우에는 그 종업원에 대한 제4조 제1항에 따른 손해배상책임 중 사망이나 부상에 따른 손해배상책임을 담보하는 보험에 가입하지 아니할 수 있다.
② 특수건물의 소유자는 특약부화재보험에 부가하여 풍재(風災), 수재(水災) 또는 건물의 무너짐 등으로 인한 손해를 담보하는 보험에 가입할 수 있다.
③ 손해보험회사는 특약부화재보험과 부가재해보험계약의 체결을 거절하지 못한다.
④ 특수건물의 소유자는 다음 각 호에서 정하는 날부터 30일 이내에 특약부화재보험에 가입하여야 한다.
　㉠ 특수건물을 건축한 경우 : 건축물의 사용승인, 주택의 사용검사 또는 관계 법령에 따른 준공인가·준공확인 등을 받은 날
　㉡ 특수건물의 소유권이 변경된 경우 : 그 건물의 소유권을 취득한 날
　㉢ 그 밖의 경우 : 특수건물의 소유자가 그 건물이 특수건물에 해당하게 된 사실을 알았거나 알 수 있었던 시점 등을 고려하여 대통령령으로 정하는 날
⑤ 특수건물의 소유자는 특약부화재보험에 관한 계약을 매년 갱신하여야 한다.

(5) 특수건물(시행령 제2조 보험의 목적물) 14 16 17 18 19 21 22　★★★★★

건물의 소유자가 특약부화재보험에 가입하여야 할 특수건물은 다음에 각 호 어느 하나에 해당되는 건물을 말한다.
① **국유재산** : 부동산 중 연면적이 1,000m² 이상인 건물 및 이 건물과 같은 용도로 사용하는 부속건물. 다만, 대통령 관저(官邸)와 특수용도로 사용하는 건물로서 금융위원회가 지정하는 건물은 제외
② **공유재산** : 부동산 중 연면적이 1,000m² 이상인 건물 및 이 건물과 같은 용도로 사용하는 부속건물. 다만, 한국지방재정공제회 또는 한국교육시설안전원이 운영하는 특약부화재보험과 같은 정도의 손해를 보상하는 공제에 가입한 지방자치단체 소유의 건물은 제외
③ **다중이용업소** : 다음 각 목의 영업으로 사용하는 부분의 바닥면적의 합계가 2,000m² 이상인 건물

게임산업 진흥에 관한 법률	음악산업 진흥에 관한 법률	식품위생법 시행령	학원의 설립·운영 및 과외교습에 관한 법률	공중 위생 관리법	사격 및 사격장 안전관리에 관한 법률	영화 및 비디오물의 진흥에 관한 법률
게임제공업 인터넷컴퓨터 게임시설제공업	노래 연습장업	휴게음식점영업 일반음식점영업 단란주점영업 유흥주점영업 공유주방운영업	학 원	목욕장업	실내사격장 (면적제한 없음)	영화상영관

④ 바닥면적의 합계가 3,000m² 이상인 다음의 건물 : 숙박업, 대규모 점포, 도시철도의 역사(驛舍) 및 역 시설로 사용하는 건물(한국지방재정공제회가 운영하는 공제 중 특약부화재보험과 같은 정도의 손해를 보상하는 공제에 가입한 지방자치단체 및 지방공기업 소유의 건물은 제외)
⑤ 연면적이 3,000m² 이상인 다음의 용도로 사용하는 건물
　㉠ 종합병원 또는 병원으로 사용하는 건물
　㉡ 관광숙박업으로 사용하는 건물

ⓒ 공연장으로 사용하는 건물
ⓓ 방송사업을 목적으로 사용하는 건물
ⓔ 농수산물도매시장 및 민영농수산물도매시장으로 사용하는 건물 : 한국지방재정공제회가 행하는 공제 중 특약부화재보험과 같은 정도의 손해를 보상하는 공제에 가입한 지방자치단체 및 지방공기업 소유의 건물을 제외
ⓕ 학교건물 : 사단법인 교육시설재난공제회가 행하는 공제 중 특약부화재보험과 같은 정도의 손해를 보상하는 공제에 가입한 건물을 제외
ⓖ 공 장
⑥ 건물의 층수에 따른 가입의무 특수건물
㉠ 공동주택으로서 16층 이상의 아파트 및 부속건물 : 관리주체에 의하여 관리되는 동일한 아파트단지 안에 있는 15층 이하의 아파트를 포함한다.
㉡ 층수가 11층 이상인 건물. 다만, 아파트(제12호에 따른 아파트는 제외한다)·창고 및 모든 층을 주차용도로 사용하는 건물과 한국지방재정공제회가 행하는 공제 중 신체손해배상특약부화재보험과 같은 정도의 손해를 보상하는 공제에 가입한 지방자치단체 및 지방공기업 소유의 건물을 제외

⊕ Plus one

특약부화재보험 가입의무 특수건물 14 16 17 18

연면적이 1,000m² 이상	바닥면적의 합계가 2,000m² 이상	바닥면적의 합계가 3,000m² 이상	연면적이 3,000m² 이상	16층 이상	11층 이상 실내사격장
국·공유재산 중 건물 및 부속건물	다중이용업소(학원, 목욕장업, 영화상영관, 게임제공업, 인터넷게임시설제공업, 노래연습장업, 일반·휴게음식점업, 단란주점영업, 유흥주점영업으로 사용하는 건물) ※ 실내사격장 : 면적제한 없이 의무가입 대상	숙박업, 대규모 점포로 사용하는 건물, 도시철도시설 중 역사 및 역무시설로 사용하는 건물	종합병원 및 병원, 관광숙박업, 공연장, 방송사업목적 건물, 농수산물도매시장 및 민영농수산물도매시장, 학교, 공장	아파트 및 부속건물	모든 건물

- 옥상부분으로서 그 용도가 명백한 계단실 또는 물탱크실인 경우에는 층수로 산입하지 아니하며, 지하층은 이를 층으로 보지 아니한다.
- 16층 이상의 아파트 단지 내에 관리주체에 의하여 관리되는 동일한 아파트 단지 안에 있는 15층 이하의 아파트를 포함한다.
- 11층 이상의 건물 중 아파트, 창고, 모든 층을 주차용도로 사용하는 건물, 공제에 가입한 지방자치단체 건물 및 지방공기업소유 건물 제외한다.

(6) 외국인 등의 소유 건물에 대한 특례(제6조) 16 17 19

특수건물 중 다음 각 호의 어느 하나에 해당하는 건물에 대하여는 특수건물 소유자의 손해배상 책임과 보험가입의무를 적용하지 아니한다.
① 대한민국에 파견된 외국의 대사·공사(公使) 또는 그 밖에 이에 준하는 사절(使節)이 소유하는 건물
② 대한민국에 파견된 국제연합의 기관 및 그 직원(외국인만 해당한다)이 소유하는 건물
③ 대한민국에 주둔하는 외국 군대가 소유하는 건물
④ 군사용 건물과 외국인 소유 건물로서 대통령령으로 정하는 건물

> **⊕ Plus one**
>
> **대통령령 제4조(특례)로 정하는 건물(시행령 제4조)**
> 군사용 건물은 국방부장관 또는 병무청장이 관리하는 건물로서 다음 각 호의 어느 하나에 해당하는 건물 이외의 건물을 말함
> 1. 국방부장관이 지정하는 3층 이상의 건물
> 2. 국군통합병원의 진료부와 병동건물
> 3. 군인공동주택

(7) 보험가입의 촉진(제7조)

① 미가입자에 대한 행정적 제재 : 금융위원회는 특수건물의 소유자가 신체손해배상특약부화재보험에 가입하지 아니한 때에는 관계행정기관에 대하여 가입의무자에 대한 인·허가의 취소, 영업의 정지, 건물사용의 제한 등 필요한 조치를 취할 것을 요청할 수 있다.
② 이 요청을 받은 행정기관은 정당한 이유가 없으면 요청에 따라야 한다.
③ 이는 보험가입의 의무불이행에 대한 행정적 제재로서 보험가입의무위반에 대한 벌칙규정과 함께 보험가입을 촉진하려는 것이다.

(8) 보험금액(법 제8조) 16 17 18 ★★★★★

건물화재보험과 특약부화재보험의 보험금액은 다음과 같다.
① 화재보험 : 특수건물의 시가에 해당하는 금액(시가의 결정기준 : 총리령으로 정함)

> **⊕ Plus one**
>
> **특수건물 시가 결정방법(시행규칙 제2조의2)**
> ① 특수건물의 시가는 다음 각 호의 어느 하나에 따라 결정한다.
>   ㉠ 감정평가업자가 최근 1년 이내에 감정평가한 사실이 있는 경우 : 그 감정서에 의한 가액
>   ㉡ 상장법인인 경우 : 당해 법인의 장부가액 또는 대차대조표에 의한 가액
> ② 특수건물의 가액을 산출할 수 없는 경우에는 다음 각 호에 따라 산출한 금액을 가액으로 한다.
>   ㉠ 건물의 신축가액 : 정부가 출자한 감정평가전문기관에서 제정한 최신 건물신축단가표에 의한 금액
>   ㉡ 기계설비의 재조달가액 : 당해 기계설비의 기종·용도·제조회사·형식 및 시방능력 등과 같거나 유사한 설비의 거래가격
>   ㉢ 건물 및 기계설비의 감가액 : 대한손해보험협회가 정한 보험가액 및 손해액의 평가기준에 의한 감가율에 다음 각 목의 가액을 곱하여 산출한 금액
>   ⓐ 건물과 부대시설의 경우에는 신축가액
>   ⓑ 기계설비의 경우에는 재조달가액
> ③ ②의 규정에 의하여 특수건물의 시가를 결정하는 경우에 보험계약 당사자 간에 합의된 때에는 당해 특수건물의 시가로 산출된 가액을 그 가액의 100분의 20을 초과하지 아니하는 범위 안에서 가감할 수 있다.

② 손해배상책임을 담보하는 보험의 경우 보험금액 **19**
　㉠ 사망의 경우 : 피해자 1명마다 5천만원 이상으로서 대통령령으로 정하는 금액
　㉡ 부상의 경우 : 피해자 1명마다 사망자에 대한 보험금액의 범위에서 대통령령으로 정하는 금액
　㉢ 재물에 대한 손해가 발생한 경우 : 화재 1건마다 1억원 이상으로서 국민의 안전 및 특수건물의 화재위험성 등을 고려하여 대통령령으로 정하는 금액

> **⊕ Plus one**
>
> **보험금액(시행령 제5조)**
> ① 특수건물의 소유자가 가입하여야 하는 보험의 보험금액은 다음 각 호의 기준을 충족하여야 한다.
> 　㉠ 사망의 경우 : 피해자 1명마다 1억 5천만원 범위에서 피해자에게 발생한 손해액. 다만, 손해액이 2천만원 미만인 경우에는 2천만원으로 한다.
> 　　※ 손해액은 화재로 인하여 사망한 때의 월급액이나 월실수입액(月實收入額) 또는 평균임금에 장래의 취업가능기간을 곱한 금액과 남자 평균임금의 100일분에 해당하는 장례비를 더한 금액
> 　㉡ 부상의 경우 : 피해자 1명마다 [별표 1]에 따른 금액의 범위에서 피해자에게 발생한 손해액
> 　　※ 손해액 : 화재로 인하여 신체에 부상을 입은 경우에 그 부상을 치료하는 데에 드는 모든 비용으로 한다.
> 　㉢ 부상에 대한 치료를 마친 후 더 이상의 치료효과를 기대할 수 없고 그 증상이 고정된 상태에서 그 부상이 원인이 되어 신체에 생긴 장애(이하 "후유장애"라 한다)의 경우 : 피해자 1명마다 [별표 2]에 따른 금액의 범위에서 피해자에게 발생한 손해액
> 　　※ 손해액은 그 장애로 인한 노동력 상실 정도에 따라 피해를 입은 당시의 월급액이나 월실수입액 또는 평균임금에 장래의 취업가능기간을 곱한 금액으로 한다.
> 　㉣ 재물에 대한 손해가 발생한 경우 : 사고 1건마다 10억원의 범위에서 피해자에게 발생한 손해액 **22**
> 　　※ 손해액은 화재로 인하여 피해를 입은 당시의 그 물건의 교환가액 또는 필요한 수리를 하거나 이를 대신할 수리비와 수리로 인하여 수입에 손실이 있는 경우에는 수리기간 중 그 손실액
> ② 하나의 사고로 사망, 부상 후유장애 둘 이상에 해당하게 된 경우에는 다음 각 호의 구분에 따라 보험금을 지급한다.
> 　㉠ 부상당한 피해자가 치료 중 그 부상이 원인이 되어 사망한 경우 : 피해자 1명마다 1억 5천만원 범위에서 피해자가 발생한 손해액과 부상등급에 따른 보험금액을 더한 금액
> 　㉡ 부상당한 피해자에게 후유장애가 생긴 경우 : 피해자 1명마다 부상등급에 따른 보험금액과 후유장애 등급 구분에 따른 보험금액을 더한 금액
> 　㉢ 후유장애 등급에 따른 금액을 지급한 후 그 부상이 원인이 되어 사망한 경우 : 피해자 1명마다 1억 5천만원 범위에서 피해자가 발생한 손해액에서 후유장애 등급 구분에 따른 보험금액 중 사망한 날 이후에 해당하는 손해액을 뺀 금액
> ③ 손해액의 범위는 총리령으로 정한다.

(9) 보험금액의 청구 및 절차(법 제9조, 영 제6조)

손해배상책임이 발생하였을 때에는 피해자는 대통령령[제6조(보험금지급청구절차)]으로 정하는 바에 따라 손해보험회사에 대하여 보험금의 지급을 청구할 수 있다.

① 손해배상 청구서 작성

　보험금의 지급을 청구하려는 자(이하 "청구자"라 한다)는 다음 각 호의 사항을 기재한 청구서를 손해보험회사에 제출하여야 한다.
　㉠ 청구자의 주소 및 성명
　㉡ 사망자에 대한 청구에 있어서는 청구자와 사망자와의 관계
　㉢ 피해자와 보험계약자의 주소 및 성명
　㉣ 사고발생일시·장소 및 그 개요
　㉤ 청구하는 금액과 그 산출기초

② 손해배상 청구서 첨부서류
  ㉠ 진단서 또는 시신 검사의견서
  ㉡ 청구서의 기재사항을 증명하는 서류
  ㉢ 청구하는 금액과 그 산출기초
③ 청구서 제출 : 손해보험회사
④ 의견청취(시행령 제7조)
  손해보험회사는 보험금을 지급하려는 경우에는 보험계약자의 의견을 들어야 한다.
⑤ 보험금의 지급(시행령 제8조)
  ㉠ 손해보험회사는 보험금의 지급 청구가 있을 때에는 정당한 사유가 있는 경우를 제외하고는 지체 없이 해당 보험금을 지급하여야 한다.
  ㉡ 손해보험회사는 보험금을 지급한 때에는 지체 없이 다음 각 호의 사항을 보험계약자에게 통지하여야 한다.
    ⓐ 보험금의 지급청구자와 수령자의 주소 및 성명
    ⓑ 청구액과 지급액
    ⓒ 피해자의 주소 및 성명
⑥ 압류의 금지(법 제10조) : 이 법에 따른 보험금 청구권 중 손해배상책임을 담보하는 보험의 청구권은 압류할 수 없다.

(10) 한국화재보험협회 21

① 설립 : 손해보험회사는 대통령령으로 정하는 바에 따라 금융위원회의 허가를 받아 화재예방 및 소방시설에 대한 안전점검과 이에 관한 연구·계몽 등을 그 업무로 하는 사단법인 한국 화재보험협회(이하 "협회"라 한다)를 설립하여야 한다(법 제11조).
② 설립허가 신청 : 손해보험회사가 협회의 설립허가를 받으려는 경우에는 그 허가신청서에 다음 각 호의 서류를 첨부하여 금융위원회에 제출하여야 한다(시행령 제9조).
  ㉠ 정 관
  ㉡ 사업방법서
  ㉢ 창립총회 의사록
③ 협회비의 출연(법 제14조) : 손해보험회사는 대통령령[제10조(협회비의 출연 등)]으로 정하는 바에 따라 협회의 설립과 운영에 필요한 비용을 출연하여야 한다.

> **시행령 제10조(협회비의 출연 등)**
> ① 손해보험회사는 다음 각 호의 금액을 모두 협회에 출연하여야 한다.
>   1. 보험업법 제125조에 따른 상호협정에 의하여 공동인수한 보험료 수입의 100분의 20
>   2. 전체 손해보험회사의 수입보험료 총액의 1천분의 2 범위에서 협회가 손해보험회사의 보험사고 감소 등을 위하여 하는 화재 예방활동 등에 드는 비용에 상당한 금액
> ② 삭제
> ③ ①에 따라 손해보험회사가 협회에 출연할 금액(이하 "협회비"라 한다)의 산정기준과 출연시기는 총리령으로 정한다.
> ④ 협회는 그 운영을 위하여 필요하다고 인정할 때에는 정관으로 정하는 바에 따라 손해보험회사에 대하여 협회비를 미리 납입하여 줄 것을 요청할 수 있다.

④ 업무(법 제15조) : 협회는 다음 각 호의 업무를 한다. 21
  ㉠ 화재예방 및 소방시설에 대한 안전점검
  ㉡ 화재보험에 있어서의 소화설비에 따른 보험요율의 할인등급에 대한 사정(査定)
  ㉢ 화재예방과 소방시설에 관한 자료의 조사・연구 및 계몽
  ㉣ 행정기관이나 그 밖의 관계 기관에 화재예방에 관한 건의
  ㉤ 그 밖에 금융위원회의 인가를 받은 업무

(11) 한국화재보험협회의 안전점검(법 제16조) 15 18

① 특수건물의 화재예방 및 소화시설의 안전점검 : 협회는 보험계약을 체결할 때 또는 보험계약을 갱신할 때마다 해당 특수건물의 화재예방 및 소방시설의 안전점검을 하여야 한다.

> **⊕ Plus one**
>
> **안전점검 면제 대상**
> ① 다음 각 호의 어느 하나에 해당하는 특수건물에 대하여는 대통령령으로 정하는 바에 따라 일정 기간 안전점검을 하지 아니할 수 있다(법 제16조 제1항 단서).
>   ㉠ 안전점검 결과 총리령으로 정하는 화재위험도지수(「보험업법」 제176조에 따른 보험요율 산출기관이 정한 화재위험도지수를 말한다)가 낮은 특수건물
>   ㉡ 「고압가스 안전관리법」 제13조의2 제1항에 따라 안전성향상계획을 작성하는 건물로서 총리령으로 정하는 위험도가 낮은 특수건물
>   ㉢ 「산업안전보건법」 제44조 제1항에 따라 공정안전보고서를 작성하는 건물로서 총리령으로 정하는 위험도가 낮은 특수건물
> ② 면제기간은 특수건물에 대해서는 마지막으로 안전점검을 한 해의 다음 해에 하여야 하는 안전점검을 면제한다. 다만, 마지막으로 안전점검을 한 날 이후에 화재가 발생하거나 건물의 용도가 변경된 경우에는 그러하지 아니하다(시행령 제13조).

② 특약부화재보험에 가입한 특수건물 안전점검 : 협회는 필요하다고 인정할 때에는 화재예방 및 소방시설의 안전점검을 할 수 있다. 이 경우 위 안전점검면제대상을 준용한다.
③ 안전점검 서식 : 안전점검을 실시함에 있어 총리령으로 정하는 서식을 활용하여야 한다.
④ 안전점검 수인 : 특수건물의 소유자는 정당한 이유가 없으면 안전점검에 응하여야 한다.
⑤ 안전점검 요청 : 특수건물의 소유자가 안전점검에 응하지 아니하면 협회는 소방관서의 장에게 그에 대한 안전점검을 요청할 수 있다.
⑥ 안전점검 비용 : 협회는 안전점검을 할 때에 어떠한 명목의 비용도 받을 수 없다.
⑦ 협회는 ① 및 ②에 따른 안전점검을 실시한 경우 그 점검결과를 총리령으로 정하는 바에 따라 시장・군수・구청장 및 소방관서의 장에게 통보하여야 한다.
⑧ ① 및 ②에 따른 안전점검 및 ⑦에 따른 통보 등에 관하여 필요한 세부사항은 대통령령으로 정한다.

> **안전점검(시행령 제12조)**
> ① 협회는 안전점검(이하 "안전점검"이라 한다)을 하려는 경우 다음 각 호의 구분에 따른 사항을 특수건물 관계인 중 1명 이상에게 통지하여야 한다. 다만, 다음 각 호에도 불구하고 특수건물 관계인의 요청이 있는 경우에는 통지기간을 단축할 수 있다.
>   ㉠ 특수건물에 해당하게 된 이후 처음으로 안전점검을 하는 경우 : 안전점검 15일 전에 특수건물에 해당한다는 사실과 안전점검 일자 등
>   ㉡ ㉠ 외의 경우 : 안전점검 48시간 전에 안전점검 일자 등

② 협회는 ①의 ㉠에 따른 통지를 하는 경우 통지의 내용을 적은 서면(이하 이 항에서 "통지서"라 한다)을 특수건물 관계인에게 우편, 전자우편 또는 교부의 방법을 이용하여 송달하여야 한다. 이 경우 특수건물의 소유자가 아닌 특수건물 관계인은 통지서를 송달받은 경우 그 통지서를 지체 없이 특수건물의 소유자에게 전달하여야 한다.
③ ② 전단에 따른 전자우편의 방법을 이용한 송달은 통지서를 송달받아야 할 특수건물 관계인이 동의하거나 신청하는 경우에만 한다.
④ 안전점검을 실시하는 자는 그 신분을 증명하는 증표를 지니고 이를 특수건물 관계인에게 보여주어야 한다.
⑤ 안전점검을 실시하는 자는 안전점검을 함에 있어서 특수건물 관계인의 업무를 방해하거나 알게 된 비밀을 타인에게 누설하여서는 아니 된다.
⑥ 안전점검은 특수건물 관계인의 승낙 없이 해가 뜨기 전이나 해가 진 뒤에는 할 수 없다.
⑦ 협회는 안전점검을 하였을 때에는 10일 내에 그 결과를 해당 특수건물이 소재하는 관할 시장·군수·구청장(자치구의 구청장을 말한다) 또는 소방서장에게 알려야 한다.
⑧ 협회는 안전점검을 하여야 하는 특수건물의 현황을 파악하기 위하여 필요한 경우 관계 행정기관의 장과 지방자치단체의 장에게 총리령으로 정하는 자료의 제공을 요청할 수 있다.

이의신청(시행령 제12조의2)
① 특수건물 관계인은 위 안전점검 ①의 ㉠에 따른 통지의 내용 중 특수건물에 해당한다는 사실에 관하여 이의가 있는 경우 통지를 받은 날부터 15일 내에 협회에 서면으로 이의신청을 할 수 있다.
② 협회는 이의신청을 받은 날부터 15일 내에 특수건물 해당 여부를 확인한 결과와 새로운 안전점검 일자를 이의신청인에게 통지하여야 한다. 다만, 부득이한 사유로 15일 내에 결과를 알릴 수 없을 때에는 연장 사유를 이의신청인에게 통지하고 15일의 범위에서 한번만 연장할 수 있다.

(12) 벌칙 및 과태료(법 제23, 24조) 14 17 18 19 21 22 ★★★★★

① 특약부화재보험 미가입자 : 500만원 이하의 벌금
② 협회가 아닌 자가 한국화재보험협회 또는 이와 유사한 명칭을 사용한자 : 300만원 이하의 과태료

[부상등급 및 보험금액(시행령 제5조 제1항 제2호 관련 [별표 1])]

부상등급	보험금액	부상내용
1급	3,000만원	1. 엉덩관절의 골절 또는 골절성 탈구 2. 척추체 분쇄성 골절 3. 척추체 골절 또는 탈구로 인한 각종 신경증상으로 수술을 시행한 부상 4. 외상성 머리뼈안 출혈로 머리뼈 절개수술을 시행한 부상 5. 머리뼈의 함몰골절로 신경학적 증상이 심한 부상 또는 경막밑 수종, 수활액 낭종, 거미막밑 출혈 등으로 머리뼈 절개수술을 시행한 부상 6. 고도의 뇌타박상(소량의 출혈이 뇌 전체에 퍼져 있는 손상을 포함한다)으로 생명이 위독한 부상(48시간 이상 혼수상태가 지속되는 경우만 해당한다) 7. 넓적다리뼈 몸통의 분쇄성 골절 8. 정강이뼈 아래 3분의 1 이상의 분쇄성 골절 9. 화상·좌창·괴사상처 등으로 연부조직의 손상이 심한 부상(몸 표면의 9퍼센트 이상의 부상을 말한다) 10. 팔다리와 몸통의 연부조직에 손상이 심하여 유경식피술(피부의 혈행을 보존한 채로 이식하는 수술을 말한다)을 시행한 부상 11. 위팔뼈목 골절과 몸통 분쇄 골절이 중복된 경우 또는 위팔뼈 삼각골절 12. 그 밖에 1급에 해당한다고 인정되는 부상
2급	1,500만원	1. 위팔뼈 분쇄성 골절 2. 척추체의 압박골절이 있으나 각종 신경증상이 없는 부상 또는 목뼈 탈구(불완전탈구를 포함한다), 골절 등으로 목뼈고정기(할로베스트) 등 고정술을 시행한 부상 3. 머리뼈 골절로 신경학적 증상이 현저한 부상(48시간 미만의 혼수상태 또는 반혼수상태가 지속되는 경우를 말한다) 4. 내부장기 파열과 골반뼈 골절이 동반된 부상 또는 골반뼈 골절과 요도 파열이 동반된 부상 5. 무릎관절 탈구 6. 발목관절 부위 골절과 골절성 탈구가 동반된 부상 7. 자뼈 몸통 골절과 노뼈 뼈머리 탈구가 동반된 부상 8. 엉치엉덩관절 탈구 9. 무릎관절 전·후십자인대 및 내측부인대 파열과 내외측 반달모양 물렁뼈가 전부 파열된 부상 10. 그 밖에 2급에 해당한다고 인정되는 부상

급수	금액	부상 내용
3급	1,200 만원	1. 위팔뼈목 골절 2. 위팔뼈 관절융기 골절과 팔꿈치관절 탈구가 동반된 부상 3. 노뼈와 자뼈의 몸통 골절이 동반된 부상 4. 손목 손배뼈 골절 5. 노뼈 신경손상을 동반한 위팔뼈 몸통 골절 6. 넓적다리뼈 몸통 골절(소아의 경우에는 수술을 시행한 경우만 해당하며, 그 외의 사람의 경우에는 수술의 시행 여부를 불문한다) 7. 무릎골(슬개골을 말한다. 이하 같다) 분쇄 골절과 탈구로 인하여 무릎골 완전 적출술을 시행한 부상 8. 정강이뼈 관절융기 골절로 인하여 관절면이 손상되는 부상[정강이뼈 융기사이결절 골절로 개방정복(피부와 근육 절개 후 골절된 뼈를 바로잡는 시술을 말한다. 이하 같다)을 시행한 경우를 포함한다] 9. 발목뼈 척골 간 관절 탈구와 골절이 동반된 부상 또는 발목발허리(Lisfranc : 발등뼈와 발목을 이어주는 관절을 말한다. 이하 같다)의 골절 및 탈구 10. 전·후십자인대 또는 내외측 반달모양 물렁뼈 파열과 정강이뼈 융기사이결절 골절 등이 복합된 속무릎장애(슬내장) 11. 복부 내장 파열로 수술이 불가피한 부상 또는 복강 내 출혈로 수술한 부상 12. 뇌손상으로 뇌신경 마비를 동반한 부상 13. 중증도의 뇌타박상(소량의 출혈이 뇌 전체에 퍼져 있는 손상을 포함한다)으로 신경학적 증상이 심한 부상(48시간 미만의 혼수상태 또는 반혼수상태가 지속되는 경우를 말한다) 14. 개방성 공막 찢김상처(열창)로 양쪽 안구가 파열되어 두 눈 적출술을 시행한 부상 15. 목뼈고리(목뼈의 추골 뒷부분인 추궁을 말한다)의 선상 골절 16. 항문 파열로 인공항문 조성술 또는 요도 파열로 요도성형술을 시행한 부상 17. 넓적다리뼈 관절융기 분쇄 골절로 인하여 관절면이 손상되는 부상 18. 그 밖에 3급에 해당한다고 인정되는 부상
4급	1,000 만원	1. 넓적다리뼈 관절융기(먼쪽부위, 과상부 및 대퇴과간을 포함한다) 골절 2. 정강이뼈 몸통 골절, 관절면 침범이 없는 정강이뼈 관절융기 골절 3. 목말뼈목 골절 4. 슬개 인대 파열 5. 어깨관절 부위의 돌림띠(회전근개라고도 하며, 어깨관절을 감싸면서 어깨관절을 돌리는 네 근육을 말한다) 골절 6. 위팔뼈 가쪽위관절융기가 어긋나는 골절 7. 팔꿈치관절 부위 골절과 탈구가 동반된 부상 8. 화상, 좌창, 괴사상처 등으로 연부조직의 손상이 몸 표면의 약 4.5퍼센트 이상인 부상 9. 안구 파열로 적출술이 불가피한 부상 또는 개방성 공막 찢김상처로 안구 적출술, 각막 이식술을 시행한 부상 10. 넓적다리 네갈래근, 두갈래근 파열로 개방정복을 시행한 부상 11. 무릎관절부위의 내외측부 인대, 전·후십자인대, 내외측 반달모양 물렁뼈 완전 파열(부분 파열로 수술을 시행한 경우를 포함한다) 12. 개방정복을 시행한 소아의 정강이뼈·종아리뼈 아래 3분의 1 이상의 분쇄성 골절 13. 그 밖에 4급에 해당한다고 인정되는 부상
5급	900 만원	1. 골반뼈의 중복 골절(말게뉴 골절 등을 포함한다) 2. 발목관절부위의 안쪽·바깥쪽 복사 골절이 동반된 부상 3. 발뒤꿈치뼈 골절 4. 위팔뼈 몸통 골절 5. 노뼈 먼쪽부위[콜리스골절(팔목 바로 위 노뼈가 부러져 손바닥이 등쪽이나 바깥쪽으로 돌아간 상태를 말한다), 스미스골절(콜리스골절의 반대로서 팔목 바로 위 노뼈가 부러져 뼛조각이 손바닥 쪽으로 어긋난 상태를 말한다), 손목 관절면, 노뼈 먼쪽 뼈끝 골절을 포함한다] 골절 6. 자뼈 몸쪽부위 골절 7. 다발성 갈비뼈 골절로 혈액가슴증, 공기가슴증이 동반된 부상 또는 단순 갈비뼈 골절과 혈액가슴증, 공기가슴증이 동반되어 흉관 삽관술을 시행한 부상 8. 발등 근육힘줄 파열창 9. 손바닥 근육힘줄 파열창[위팔의 깊게 찢긴 상처(심부 열창)로 인한 삼각근, 이두근 근육힘줄 파열을 포함한다] 10. 아킬레스힘줄 파열 11. 소아의 위팔뼈 몸통 골절(분쇄 골절을 포함한다)로 수술한 부상 12. 결막, 공막, 망막 등의 자체 파열로 봉합술을 시행한 부상

급수	금액	부상 내용
5급	900만원	13. 목말뼈 골절(목부위는 제외한다) 14. 개방정복을 시행하지 않은 소아의 정강이뼈·종아리뼈 아래의 3분의 1 이상의 분쇄 골절 15. 개방정복을 시행한 소아의 정강이뼈 분쇄 골절 16. 23개 이상의 치아에 보철이 필요한 부상 17. 그 밖에 5급에 해당된다고 인정되는 부상
6급	700만원	1. 소아의 다리 장관골 골절(분쇄 골절 또는 성장판 손상을 포함한다) 2. 넓적다리뼈 대전자부 절편 골절 3. 넓적다리뼈 소전자부 절편 골절 4. 다발성 발바닥뼈(중족골을 말한다. 이하 같다) 골절 5. 두덩뼈·궁둥뼈·엉덩뼈·엉치뼈의 단일 골절 또는 꼬리뼈 골절로 수술한 부상 6. 두덩뼈 상·하지 골절 또는 양측 두덩뼈 골절 7. 단순 손목뼈 골절 8. 노뼈 몸통 골절(먼쪽부위 골절은 제외한다) 9. 자뼈 몸통 골절(몸쪽부위 골절은 제외한다) 10 자뼈 팔꿈치 머리 부위 골절 11. 다발성 손바닥뼈 골절 12 머리뼈 골절로 신경학적 증상이 경미한 부상 13. 외상성 경막밑 수종, 수활액 낭종, 거미막밑 출혈 등으로 수술하지 않은 부상[천공술(원형절제술)을 시행한 경우를 포함한다] 14. 갈비뼈 골절이 없이 혈액가슴증 또는 공기가슴증이 동반되어 흉관 삽관술을 시행한 부상 15. 위팔뼈 대결절 견연 골절로 수술을 시행한 부상 16. 넓적다리뼈 또는 넓적다리뼈 관절융기 찢김 골절 17. 19개 이상 22개 이하의 치아에 보철이 필요한 부상 18. 그 밖에 6급에 해당한다고 인정되는 부상
7급	500만원	1. 소아의 팔 장관골 골절 2. 발목관절 안쪽 복사뼈 또는 바깥쪽 복사뼈 골절 3. 위팔뼈 위관절융기 굽힘골절 4. 엉덩관절 탈구 5. 어깨 관절 탈구 6. 봉우리빗장관절 탈구, 관절낭 또는 봉우리빗장 인대 파열 7. 발목관절 탈구 8. 천장관절 분리 또는 두덩뼈 결합부 분리 9. 다발성 얼굴 머리뼈 골절 또는 신경손상과 동반된 얼굴 머리뼈 골절 10. 16개 이상 18개 이하의 치아에 보철이 필요한 부상 11. 그 밖에 7급에 해당한다고 인정되는 부상
8급	300만원	1. 위팔뼈 결절부위 폄골절 또는 위팔뼈 대결절 찢김 골절로 수술하지 않은 부상 2. 쇄골(빗장뼈를 말한다. 이하 같다) 골절 3. 팔꿈치관절 탈구 4. 어깨뼈(어깨뼈가시 또는 체부, 흉곽 내 탈구, 어깨뼈목, 복사, 견봉돌기 및 어깨뼈부리돌기를 포함한다) 골절 5. 봉우리빗장 인대 또는 오구쇄골 인대 완전 파열 6. 팔꿈치관절 안 위팔뼈 작은 머리 골절 7. 종아리뼈 골절, 종아리뼈 몸쪽부위 골절(신경손상 또는 관절면 손상을 포함한다) 8. 발가락뼈의 골절과 탈구가 동반된 부상 9. 다발성 갈비뼈 골절 10. 뇌 타박상(소량의 출혈이 뇌 전체에 퍼져 있는 손상을 포함한다)으로 신경학적 증상이 경미한 부상 11. 얼굴부위 찢김상처, 두개부 타박 등에 의한 뇌손상이 없는 뇌신경손상 12. 위턱뼈, 아래턱뼈, 이틀뼈, 얼굴 머리뼈 골절 13. 안구 적출술 없이 시신경의 손상으로 실명된 부상 14. 족부 인대 파열(부분 파열은 제외한다) 15. 13개 이상 15개 이하의 치아에 보철이 필요한 부상 16. 그 밖에 8급에 해당한다고 인정되는 부상

급수	금액	부상 내용
9급 15	240 만원	1. 척추골의 가시돌기, 가로돌기 골절 또는 하관절 돌기 골절(다발성 골절을 포함한다) 2. 노뼈 뼈머리 골절 3. 손목관절 내 반달뼈(월상골) 앞쪽 이탈 등 손목뼈 탈구 4. 손가락뼈의 골절과 탈구가 동반된 부상 5. 손바닥뼈 골절 6. 손목 골절(손배뼈는 제외한다) 7. 발목뼈 골절(목말뼈·발꿈치뼈는 제외한다) 8. 발바닥뼈 골절 9. 발목관절부위 삠, 정강이뼈·종아리뼈 분리, 족부 인대 또는 아킬레스힘줄의 부분 파열 10. 갈비뼈, 복장뼈(흉골), 갈비연골(늑연골) 골절 또는 단순 갈비뼈 골절과 혈액가슴증, 공기가슴증이 동반되어 수술을 시행하지 않은 경우 11. 척추체간 관절부위가 삐어 그 부근의 연부조직(인대, 근육 등을 포함한다) 손상이 동반된 부상 12. 척수 손상으로 마비증상이 없고 수술을 시행하지 않은 경우 13. 손목관절 탈구(노뼈, 손목뼈 관절 탈구, 손목뼈사이 관절 탈구 및 먼쪽 노자관절 탈구를 포함한다) 14. 꼬리뼈 골절로 수술하지 않은 부상 15. 무릎관절부위 인대의 부분 파열로 수술을 시행하지 않은 경우 16. 11개 이상 12개 이하의 치아에 보철이 필요한 부상 17. 그 밖에 9급에 해당한다고 인정되는 부상
10급	200 만원	1. 외상성 무릎관절 안 혈종(활액막염을 포함한다) 2. 손허리손가락관절 탈구 3. 손목뼈, 손바닥뼈 간 관절 탈구 4. 팔부위 각 관절부(어깨관절, 팔꿈치관절 및 손목관절을 말한다) 삠 5. 자뼈·노뼈 붓돌기 골절, 제불완전골절(코뼈 골절, 손가락뼈 골절 및 발가락뼈 골절은 제외한다) 6. 손가락 폄근힘줄 파열 7. 9개 이상 10개 이하의 치아에 보철이 필요한 부상 8. 그 밖에 10급에 해당한다고 인정되는 부상
11급	160 만원	1. 발가락뼈 관절 탈구 및 삠 2. 손가락 골절·탈구 및 삠 3. 코뼈 골절 4. 손가락뼈 골절 5. 발가락뼈 골절 6. 뇌진탕 7. 고막 파열 8. 6개 이상 8개 이하의 치아에 보철이 필요한 부상 9. 그 밖에 11급에 해당한다고 인정되는 부상
12급	120 만원	1. 8일 이상 14일 이하의 입원이 필요한 부상 2. 15일 이상 26일 이하의 통원 치료가 필요한 부상 3. 4개 이상 5개 이하의 치아에 보철이 필요한 부상
13급	80 만원	1. 4일 이상 7일 이하의 입원이 필요한 부상 2. 8일 이상 14일 이하의 통원 치료가 필요한 부상 3. 2개 이상 3개 이하의 치아에 보철이 필요한 부상
14급	50 만원	1. 3일 이하의 입원을 요하는 부상 2. 7일 이하의 통원을 요하는 부상 3. 1치 이하의 치아보철을 요하는 부상

[비 고]
1. 2급부터 11급까지의 부상 내용 중 개방성 골절은 해당 등급보다 한 등급 높은 금액으로 배상한다.
2. 2급부터 11급까지의 부상 내용 중 단순성 선상 골절로 인하여 골편의 뼈가 어긋난 경우가 아닌 골절은 해당 등급보다 한 등급 낮은 금액으로 배상한다.
3. 2급부터 11급까지의 부상 중 2가지 이상의 부상이 중복된 경우에는 가장 높은 등급에 해당하는 부상으로부터 하위 3등급(예 부상 내용이 주로 2급에 해당하는 경우에는 5급까지) 사이의 부상이 중복된 경우에만 가장 높은 부상 내용의 등급보다 한 등급 높은 금액으로 배상한다.
4. 일반 외상과 치아 보철이 필요한 부상이 중복된 경우 1급의 금액을 초과하지 않는 범위에서 부상 등급별로 해당하는 금액의 합산액을 배상한다.

[후유장애구분 및 보험금액(제5조 제1항 제3호 관련 [별표 2])] 14 17 18 21

등급	보험금액	신체장애
1급	1억 5천만원	1. 두 눈이 실명된 사람 2. 말하는 기능과 음식물을 씹는 기능을 완전히 잃은 사람 3. 신경계통의 기능 또는 정신기능에 뚜렷한 장애가 남아 항상 보호를 받아야 하는 사람 4. 흉복부 장기의 기능에 뚜렷한 장애가 남아 항상 보호를 받아야 하는 사람 5. 반신마비가 된 사람 6. 두 팔을 팔꿈치관절 이상의 부위에서 잃은 사람 7. 두 팔을 완전히 사용하지 못하게 된 사람 8. 두 다리를 무릎관절 이상의 부위에서 잃은 사람 9. 두 다리를 완전히 사용하지 못하게 된 사람
2급	1억 3,500만원	1. 한쪽 눈이 실명되고 다른 쪽 눈의 시력이 0.02 이하로 된 사람 2. 두 눈의 시력이 모두 0.02 이하로 된 사람 3. 두 팔을 손목관절 이상의 부위에서 잃은 사람 4. 두 다리를 발목관절 이상의 부위에서 잃은 사람 5. 신경계통의 기능 또는 정신기능에 뚜렷한 장애가 남아 수시로 보호를 받아야 하는 사람 6. 흉복부 장기의 기능에 뚜렷한 장애가 남아 수시로 보호를 받아야 하는 사람
3급	1억 2천만원	1. 한쪽 눈이 실명되고 다른 쪽 눈의 시력이 0.06 이하로 된 사람 2. 말하는 기능이나 음식물을 씹는 기능을 완전히 잃은 사람 3. 신경계통의 기능 또는 정신기능에 뚜렷한 장애가 남아 평생 노무에 종사할 수 없는 사람 4. 흉복부 장기의 기능에 뚜렷한 장애가 남아 평생 노무에 종사할 수 없는 사람 5. 두 손의 손가락을 모두 잃은 사람
4급	1억 500만원	1. 두 눈의 시력이 모두 0.06 이하로 된 사람 2. 말하는 기능과 음식물을 씹는 기능에 뚜렷한 장애가 남은 사람 3. 고막이 전부 결손되거나 그 외의 원인으로 인하여 두 귀의 청력을 완전히 잃은 사람 4. 한쪽 팔을 팔꿈치관절 이상의 부위에서 잃은 사람 5. 한쪽 다리를 무릎관절 이상의 부위에서 잃은 사람 6. 두 손의 손가락을 모두 제대로 못쓰게 된 사람 7. 두 발을 발목발허리 관절 이상의 부위에서 잃은 사람
5급	9천만원	1. 한쪽 눈이 실명되고 다른 쪽 눈의 시력이 0.1 이하로 된 사람 2. 한쪽 팔을 손목관절 이상의 부위에서 잃은 사람 3. 한쪽 다리를 발목관절 이상의 부위에서 잃은 사람 4. 한쪽 팔을 완전히 사용하지 못하게 된 사람 5. 한쪽 다리를 완전히 사용하지 못하게 된 사람 6. 두 발의 발가락을 모두 잃은 사람 7. 신경계통의 기능 또는 정신기능에 뚜렷한 장애가 남아 특별히 손쉬운 노무 외에는 종사할 수 없는 사람 8. 흉복부 장기의 기능에 뚜렷한 장애가 남아 특별히 손쉬운 노무 외에는 종사할 수 없는 사람
6급	7,500만원	1. 두 눈의 시력이 모두 0.1 이하로 된 사람 2. 말하는 기능이나 음식물을 씹는 기능에 뚜렷한 장애가 남은 사람 3. 고막이 대부분 결손되거나 그 외의 원인으로 인하여 두 귀의 청력이 귀에 입을 대고 말하지 않으면 큰 말소리를 알아듣지 못하게 된 사람 4. 한쪽 귀가 전혀 들리지 않게 되고 다른 쪽 귀의 청력이 40센티미터 이상의 거리에서는 보통의 말소리를 알아듣지 못하게 된 사람 5. 척추에 뚜렷한 기형이나 뚜렷한 운동장애가 남은 사람 6. 한쪽 팔의 3대 관절 중 2개 관절을 못쓰게 된 사람 7. 한쪽 다리의 3대 관절 중 2개 관절을 못쓰게 된 사람 8. 한쪽 손의 5개 손가락을 잃거나 한쪽 손의 엄지손가락과 둘째손가락을 포함하여 4개의 손가락을 잃은 사람

급수	금액	내용
7급	6천만원	1. 한쪽 눈이 실명되고 다른 쪽 눈의 시력이 0.6 이하로 된 사람 2. 두 귀의 청력이 모두 40센티미터 이상의 거리에서는 보통의 말소리를 알아듣지 못하게 된 사람 3. 한쪽 귀가 전혀 들리지 않게 되고 다른 쪽 귀의 청력이 1미터 이상의 거리에서는 보통의 말소리를 알아듣지 못하게 된 사람 4. 신경계통의 기능 또는 정신기능에 장애가 남아 손쉬운 노무 외에는 종사하지 못하는 사람 5. 흉복부 장기의 기능에 장애가 남아 손쉬운 노무 외에는 종사하지 못하는 사람 6. 한쪽 손의 엄지손가락과 둘째손가락을 잃은 사람 또는 한쪽 손의 엄지손가락이나 둘째손가락을 포함하여 3개 이상의 손가락을 잃은 사람 7. 한쪽 손의 5개의 손가락 또는 한쪽 손의 엄지손가락과 둘째손가락을 포함하여 4개의 손가락을 제대로 못쓰게 된 사람 8. 한쪽 발을 발목발허리 관절 이상의 부위에서 잃은 사람 9. 한쪽 팔에 가관절(假關節 : 부러진 뼈가 완전히 아물지 못하여 그 부분이 마치 관절처럼 움직이는 상태를 말한다. 이하 같다)이 남아 뚜렷한 운동장애가 남은 사람 10. 한쪽 다리에 가관절이 남아 뚜렷한 운동장애가 남은 사람 11. 두 발의 발가락을 모두 제대로 못쓰게 된 사람 12. 외모에 뚜렷한 흉터가 남은 사람 13. 양쪽의 고환을 잃은 사람
8급	4,500만원	1. 한쪽 눈의 시력이 0.02 이하로 된 사람 2. 척추에 운동장애가 남은 사람 3. 한쪽 손의 엄지손가락을 포함하여 2개의 손가락을 잃은 사람 4. 한쪽 손의 엄지손가락과 둘째손가락을 제대로 못쓰게 된 사람 또는 한쪽 손의 엄지손가락이나 둘째손가락을 포함하여 3개 이상의 손가락을 제대로 못쓰게 된 사람 5. 한쪽 다리가 5센티미터 이상 짧아진 사람 6. 한쪽 팔의 3대 관절 중 1개 관절을 제대로 못쓰게 된 사람 7. 한쪽 다리의 3대 관절 중 1개 관절을 제대로 못쓰게 된 사람 8. 한쪽 팔에 가관절이 남은 사람 9. 한쪽 다리에 가관절이 남은 사람 10. 한쪽 발의 발가락을 모두 잃은 사람 11. 비장 또는 한쪽의 신장을 잃은 사람
9급	3,800만원	1. 두 눈의 시력이 모두 0.6 이하로 된 사람 2. 한쪽 눈의 시력이 0.06 이하로 된 사람 3. 두 눈에 반맹증, 시야 좁아짐 또는 시야결손이 남은 사람 4. 두 눈의 눈꺼풀에 뚜렷한 결손이 남은 사람 5. 코가 결손되어 그 기능에 뚜렷한 장애가 남은 사람 6. 말하는 기능과 음식물을 씹는 기능에 장애가 남은 사람 7. 두 귀의 청력이 모두 1미터 이상의 거리에서는 보통의 말소리를 알아듣지 못하게 된 사람 8. 한쪽 귀의 청력이 귀에 입을 대고 말하지 않으면 큰 말소리를 알아듣지 못하고 다른 쪽 귀의 청력이 1미터 이상의 거리에서는 보통의 말소리를 알아듣지 못하게 된 사람 9. 한쪽 귀의 청력을 완전히 잃은 사람 10. 한쪽 손의 엄지손가락을 잃은 사람 또는 둘째손가락을 포함하여 2개의 손가락을 잃은 사람 또는 엄지손가락과 둘째손가락 외의 3개의 손가락을 잃은 사람 11. 한쪽 손의 엄지손가락을 포함하여 2개의 손가락을 제대로 못쓰게 된 사람 12. 한쪽 발의 엄지발가락을 포함하여 2개 이상의 발가락을 잃은 사람 13. 한쪽 발의 발가락을 모두 제대로 못쓰게 된 사람 14. 생식기에 뚜렷한 장애가 남은 사람 15. 신경계통의 기능 또는 정신기능에 장애가 남아 노무가 상당한 정도로 제한된 사람 16. 흉복부 장기의 기능에 장애가 남아 노무가 상당한 정도로 제한된 사람

급	금액	내용
10급	2,700만원	1. 한쪽 눈의 시력이 0.1 이하로 된 사람 2. 말하는 기능이나 음식물을 씹는 기능에 장애가 남은 사람 3. 14개 이상의 치아에 보철을 한 사람 4. 한쪽 귀의 청력이 귀에 입을 대고 말하지 않으면 큰 말소리를 알아듣지 못하게 된 사람 5. 두 귀의 청력이 모두 1미터 이상의 거리에서 보통의 말소리를 듣는 데 지장이 있는 사람 6. 한쪽 손의 둘째손가락을 잃은 사람 또는 엄지손가락과 둘째손가락 외의 2개의 손가락을 잃은 사람 7. 한쪽 손의 엄지손가락을 제대로 못쓰게 된 사람 또는 한쪽 손의 둘째손가락을 포함하여 2개의 손가락을 제대로 못쓰게 된 사람 또는 한 쪽 손의 엄지손가락과 둘째손가락 외의 3개의 손가락을 제대로 못쓰게 된 사람 8. 한쪽 다리가 3센티미터 이상 짧아진 사람 9. 한쪽 발의 엄지발가락 또는 그 외의 4개의 발가락을 잃은 사람 10. 한쪽 팔의 3대 관절 중 1개 관절의 기능에 뚜렷한 장애가 남은 사람 11. 한쪽 다리의 3대 관절 중 1개 관절의 기능에 뚜렷한 장애가 남은 사람
11급	2,300만원	1. 두 눈이 모두 근접반사 기능에 뚜렷한 장애가 남거나 뚜렷한 운동장애가 남은 사람 2. 두 눈의 눈꺼풀에 뚜렷한 장애가 남은 사람 3. 한쪽 눈의 눈꺼풀에 결손이 남은 사람 4. 한쪽 귀의 청력이 40센티미터 이상의 거리에서는 보통의 말소리를 알아듣지 못하게 된 사람 5. 두 귀의 청력이 모두 1미터 이상의 거리에서는 작은 말소리를 알아듣지 못하게 된 사람 6. 척추에 기형이 남은 사람 7. 한쪽 손의 가운뎃손가락 또는 넷째손가락을 잃은 사람 8. 한쪽 손의 둘째손가락을 제대로 못쓰게 된 사람 또는 한쪽 손의 엄지손가락과 둘째손가락 외의 2개의 손가락을 제대로 못쓰게 된 사람 9. 한쪽 발의 엄지발가락을 포함하여 2개 이상의 발가락을 제대로 못쓰게 된 사람 10. 흉복부 장기의 기능에 장애가 남은 사람 11. 10개 이상의 치아에 보철을 한 사람
12급	1,900만원	1. 한쪽 눈의 근접반사 기능에 뚜렷한 장애가 있거나 뚜렷한 운동장애가 남은 사람 2. 한쪽 눈의 눈꺼풀에 뚜렷한 운동장애가 남은 사람 3. 7개 이상의 치아에 보철을 한 사람 4. 한쪽 귀의 귓바퀴가 대부분 결손된 사람 5. 쇄골, 복장뼈, 갈비뼈, 어깨뼈 또는 골반뼈에 뚜렷한 기형이 남은 사람 6. 한쪽 팔의 3대 관절 중 1개 관절의 기능에 장애가 남은 사람 7. 한쪽 다리의 3대 관절 중 1개 관절의 기능에 장애가 남은 사람 8. 장관골에 기형이 남은 사람 9. 한쪽 손의 가운뎃손가락이나 넷째손가락을 제대로 못쓰게 된 사람 10. 한쪽 발의 둘째발가락을 잃은 사람 또는 한쪽 발의 둘째발가락을 포함하여 2개의 발가락을 잃은 사람 또는 한쪽 발의 가운뎃발가락 이하의 3개의 발가락을 잃은 사람 11. 한쪽 발의 엄지발가락 또는 그 외의 4개의 발가락을 제대로 못쓰게 된 사람 12. 신체 일부에 뚜렷한 신경증상이 남은 사람 13. 외모에 흉터가 남은 사람
13급	1,500만원	1. 한쪽 눈의 시력이 0.6 이하로 된 사람 2. 한쪽 눈에 반맹증, 시야 좁아짐 또는 시야결손이 남은 사람 3. 두 눈의 눈꺼풀 일부에 결손이 남거나 속눈썹에 결손이 남은 사람 4. 5개 이상의 치아에 보철을 한 사람 5. 한쪽 손의 새끼손가락을 잃은 사람 6. 한쪽 손의 엄지손가락 마디뼈의 일부를 잃은 사람 7. 한쪽 손의 둘째손가락 마디뼈의 일부를 잃은 사람 8. 한쪽 손의 둘째손가락의 끝관절을 굽히고 펼 수 없게 된 사람 9. 한쪽 다리가 1센티미터 이상 짧아진 사람

13급	1,500 만원	10. 한쪽 발의 가운뎃발가락 이하의 발가락 1개 또는 2개를 잃은 사람 11. 한쪽 발의 둘째발가락을 제대로 못쓰게 된 사람 또는 한쪽 발이 둘째발가락을 포함하여 2개의 발가락을 제대로 못쓰게 된 사람 또는 한쪽 발의 가운뎃발가락 이하의 발가락 3개를 제대로 못쓰게 된 사람
14급	1천만원	1. 한쪽 눈의 눈꺼풀 일부에 결손이 있거나 속눈썹에 결손이 남은 사람 2. 3개 이상의 치아에 보철을 한 사람 3. 한쪽 귀의 청력이 1미터 이상의 거리에서는 보통의 말소리를 알아듣지 못하게 된 사람 4. 팔의 보이는 부분에 손바닥 크기의 흉터가 남은 사람 5. 다리의 보이는 부분에 손바닥 크기의 흉터가 남은 사람 6. 한쪽 손의 새끼손가락을 제대로 못쓰게 된 사람 7. 한쪽 손의 엄지손가락과 둘째손가락 외의 손가락 마디뼈의 일부를 잃은 사람 8. 한쪽 손의 엄지손가락과 둘째손가락 외의 손가락 끝관절을 제대로 못쓰게 된 사람 9. 한쪽 발의 가운뎃발가락 이하의 발가락 1개 또는 2개를 제대로 못쓰게 된 사람 10. 신체 일부에 신경증상이 남은 사람

[비 고] 13 15
1. 후유장애가 둘 이상 있는 경우에는 그중 심한 후유장애에 해당하는 등급보다 한 등급 높은 금액으로 배상한다.
2. 시력의 측정은 국제식 시력표로 하고, 굴절 이상이 있는 사람에 대해서 원칙적으로 교정시력을 측정한다.
3. "손가락을 잃은 것"이란 엄지손가락은 가락뼈 사이 관절, 그 밖의 손가락은 몸쪽 가락뼈 사이 관절 이상을 잃은 경우를 말한다.
4. "손가락을 제대로 못쓰게 된 것"이란 손가락 끝부분의 2분의 1 이상을 잃거나 손허리 손가락 관절(중수지관절) 또는 몸쪽 가락뼈 사이 관절(엄지손가락의 경우에는 가락뼈 사이 관절을 말한다)에 뚜렷한 운동장애가 남은 경우를 말한다.
5. "발가락을 잃은 것"이란 발가락 전부를 잃은 경우를 말한다.
6. "발가락을 제대로 못쓰게 된 것"이란 엄지발가락은 끝관절의 2분의 1 이상을, 그 밖의 발가락은 끝관절 이상을 잃거나 발허리 발가락 관절(중족지관절) 또는 몸쪽 가락뼈 사이 관절(엄지발가락의 경우에는 가락뼈 사이 관절을 말한다)에 뚜렷한 운동장애가 남은 경우를 말한다.
7. "흉터가 남은 것"이란 성형수술을 한 후에도 맨눈으로 식별이 가능한 흔적이 있는 상태를 말한다.
8. "항상 보호를 받아야 하는 것"이란 일상생활에서 기본적인 음식 섭취, 배뇨 등을 다른사람에게 의존하여야 하는 것을 말한다.
9. "수시로 보호를 받아야 하는 것"이란 일상생활에서 기본적인 음식 섭취, 배뇨 등은 가능하나, 그 외의 일은 다른 사람에게 의존하여야 하는 것을 말한다.
10. "항상 보호 또는 수시 보호를 받아야 하는 기간"은 의사가 판정하는 노동능력 상실기간을 기준으로 하여 타당한 기간으로 정한다.
11. "제대로 못쓰게 된 것"이란 정상기능의 4분의 3 이상을 상실한 경우를 말하고, "뚜렷한 장애가 남은 것"이란 정상기능의 2분의 1 이상을 상실한 경우를 말하며, "장애가 남은 것"이란 정상기능의 4분의 1 이상을 상실한 경우를 말한다.
12. "신경계통의 기능 또는 정신기능에 뚜렷한 장애가 남아 특별히 손쉬운 노무 외에는 종사할 수 없는 것"이란 신경계통의 기능 또는 정신기능의 뚜렷한 장애로 노동능력이 일반인의 4분의 1 정도만 남아 평생 동안 특별히 쉬운 일 외에는 노동을 할 수 없는 사람을 말한다.
13. "신경계통의 기능 또는 정신기능에 장애가 남아 노무가 상당한 정도로 제한된 것"이란 노동능력이 어느 정도 남아 있으나 신경계통의 기능 또는 정신기능의 장애로 종사할 수 있는 직종의 범위가 상당한 정도로 제한된 경우로서 다음 각 목의 어느 하나에 해당하는 경우를 말한다.
   가. 신체적 능력은 정상이지만 뇌손상에 따른 정신적 결손증상이 인정되는 사람
   나. 전간(癲癇) 발작과 현기증이 나타날 가능성이 의학적·타각적(대상자의 주관적 의사 표현 없이 증상이 확인되는 것을 말한다) 소견으로 증명되는 사람
   다. 팔다리에 경도(輕度)의 단마비(單痲痹)가 인정되는 사람
14. "흉복부 장기의 기능에 뚜렷한 장애가 남아 특별히 손쉬운 노무 외에는 종사할 수 없는 것"이란 흉복부 장기의 장애로 노동능력이 일반인의 4분의 1 정도만 남은 경우를 말한다.
15. "흉복부 장기의 기능에 장애가 남아 손쉬운 노무 외에는 종사할 수 없는 것"이란 중등도(中等度)의 흉복부 장기의 장애로 노동능력이 일반인의 2분의 1 정도만 남은 경우를 말한다.
16. "흉복부 장기의 기능에 장애가 남아 노무가 상당한 정도로 제한된 것"이란 중등도의 흉복부 장기의 장애로 취업가능한 직종의 범위가 상당한 정도로 제한된 경우를 말한다.

PART 05 출제예상문제

01 화재조사에 관한 법적근거와 관련한 소방관계법령으로 알맞은 것은?

① 화재조사법
② 화재예방, 소방시설 설치·유지 및 안전관리에 관한 법
③ 소방의 화재조사에 관한 법률
④ 위험물안전관리법

[해설]
화재조사 관련 내용은 2021.06.08. 「소방의 화재조사에 관한 법률」이 제정되고 2022.06.09.에 시행되었다.

02 「소방의 화재조사에 관한 법률」의 목적에 대한 내용이다. ( )에 들어갈 내용으로 옳은 것은?

> 이 법은 화재예방 및 소방정책에 활용하기 위하여 (ㄱ), (ㄴ), (ㄷ) 등에 관한 과학적·전문적인 조사에 필요한 사항을 규정함을 목적으로 한다.

	(ㄱ)	(ㄴ)	(ㄷ)
①	초기상황	연소확대	발화원인
②	연소상황	피해현황	화재원인
③	화재원인	화재성장 및 확산	피해현황
④	발화원인	초기상황	피난상황

[해설]
제조(목적) 이 법은 화재예방 및 소방정책에 활용하기 위하여 화재원인, 화재성장 및 확산, 피해현황 등에 관한 과학적·전문적인 조사에 필요한 사항을 규정함을 목적으로 한다.

03 「소방의 화재조사에 관한 법률」에 따른 용어의 뜻에서 관계인에 해당하지 않은 사람은?

① 소방대상물의 소유자
② 소방대상물의 관리자
③ 소방대상물의 점유자
④ 화재를 발생시키거나 화재발생과 관계된 사람

[해설]
"관계인"은 화재가 발생한 소방대상물의 소유자·관리자 또는 점유자를 말한다.

04 「소방의 화재조사에 관한 법률」에 따른 용어의 뜻에서 "관계인등"에 해당하지 않은 사람은?

① 화재 현장을 발견하고 신고한 사람
② 화재 현장에 있는 사람
③ 소화활동을 행하거나 인명구조활동(유도대피 포함)에 관계된 사람
④ 화재를 발생시키거나 화재발생과 관계된 사람

[해설]
정의(법 제2조)
"관계인등"이란 화재가 발생한 소방대상물의 소유자·관리자 또는 점유자(이하 "관계인"이라 한다) 및 다음 각 목의 사람을 말한다.
- 화재 현장을 발견하고 신고한 사람
- 화재 현장을 목격한 사람
- 소화활동을 행하거나 인명구조활동(유도대피 포함)에 관계된 사람
- 화재를 발생시키거나 화재발생과 관계된 사람

정답 01 ③ 02 ③ 03 ④ 04 ②

05 「소방의 화재조사에 관한 법률」에 따른 용어의 뜻으로 옳지 않은 것은?

① "화재"란 사람의 의도에 반하거나 고의 또는 과실에 의하여 발생하는 연소 현상으로서 소화할 필요가 있는 현상 또는 사람의 의도에 반하여 발생하거나 확대된 화학적 폭발현상을 말한다.
② "화재조사"란 소방청장, 소방본부장 또는 소방서장이 화재원인, 피해상황, 대응활동 등을 파악하기 위하여 자료의 수집, 관계인등에 대한 질문, 현장 확인, 감식, 감정 및 실험 등을 하는 일련의 행위를 말한다.
③ "화재조사관"이란 화재조사에 전문성을 인정받아 화재조사를 수행하는 소방공무원을 말한다.
④ 화재현장에서 소화활동을 행하거나 인명구조활동(유도대피 포함)에 관계된 사람은 화재가 발생한 소방대상물의 관계인에 해당한다.

해설
④ 화재현장에서 소화활동을 행하거나 인명구조활동(유도대피 포함)에 관계된 사람은 화재가 발생한 소방대상물의 관계인등에 해당한다.

06 「소방의 화재조사에 관한 법률」에 따른 내용이다. ( )에 들어갈 알맞은 내용으로 옳은 것은?

> (ㄱ)와 (ㄴ)는 화재조사에 필요한 기술의 연구·개발 및 화재조사의 정확도를 향상시키기 위한 시책을 강구하고 추진하여야 한다.

	(ㄱ)	(ㄴ)
①	소방본부장	소방서장
②	소방청장	소방본부장
③	국가	지방자치단체
④	시도지사	소방본부장

해설
제3조(국가 등의 책무)
- 국가와 지방자치단체는 화재조사에 필요한 기술의 연구·개발 및 화재조사의 정확도를 향상시키기 위한 시책을 강구하고 추진하여야 한다.
- 관계인등은 화재조사가 적절하게 이루어질 수 있도록 협력하여야 한다.

07 「소방의 화재조사에 관한 법률」에 따른 화재조사 시기로 옳은 것은?

① 화재발생 사실을 알게 된 때
② 소화활동을 시작하게 된 때
③ 소방관서장의 허가를 받은 때
④ 화재진압을 완료한 후

해설
화재조사의 실시(법 제5조)
소방청장, 소방본부장 또는 소방서장(이하 "소방관서장"이라 한다)은 화재발생 사실을 알게 된 때에는 지체 없이 화재조사를 하여야 한다.

정답 05 ④ 06 ③ 07 ①

08 「소방의 화재조사에 관한 법률」에 따른 소방관서장이 화재조사를 하는 경우 조사해야 할 사항으로 틀린 것은?

① 화재원인에 관한 사항
② 소방지원활동에 관한 사항
③ 소방시설 등의 설치·관리 및 작동 여부에 관한 사항
④ 화재발생건축물과 구조물, 화재유형별 화재위험성 등에 관한 사항

해설
소방관서장은 화재발생사실을 알고 화재조사를 하는 경우 다음 각 호의 사항에 대하여 조사하여야 한다.
• 화재원인에 관한 사항
• 화재로 인한 인명·재산피해상황
• 대응활동에 관한 사항
• 소방시설 등의 설치·관리 및 작동 여부에 관한 사항
• 화재발생건축물과 구조물, 화재유형별 화재위험성 등에 관한 사항
• 그 밖에 대통령령으로 정하는 사항

09 「소방의 화재조사에 관한 법률」에 따른 화재조사권자로 틀린 것은?

① 소방청장
② 소방본부장
③ 소방서장
④ 시·도지사

해설
소방청장, 소방본부장 또는 소방서장(이하 "소방관서장"이라 한다)은 화재발생 사실을 알게 된 때에는 지체 없이 화재조사를 하여야 한다.

10 다음 중 「제조물책임법」상 손해배상 청구권의 시효에 관한 설명으로 틀린 것은?

① 손해배상책임을 지는 자를 안 날로부터 3년
② 제조업자가 손해를 발생시킨 제조물을 공급한 날로부터 10년
③ 잠복기간이 경과한 후에 증상이 나타나는 손해에 대하여는 그 손해가 발생한 날부터 기간
④ 손해배상책임의 경우 「제조물책임법」에 규정된 것을 제외하고는 주로 「상법」의 규정 적용

해설
손해배상책임의 경우 「제조물책임법」에 규정된 것을 제외하고는 주로 「민법」의 규정을 적용한다.

11 「소방의 화재조사에 관한 법률」에 따른 소방관서장이 화재조사를 실시해야 할 대상으로 틀린 것은?

① 소방관서장이 화재조사가 필요하다고 인정하는 화재
② 건축물
③ 차량
④ 항해 중인 선박

해설
화재조사를 실시해야 할 대상
• "소방대상물"이란 건축물, 차량, 선박(「선박법」 제1조의2 제항에 따른 선박으로서 항구에 매어둔 선박만 해당한다), 선박 건조 구조물, 산림, 그 밖의 인공 구조물 또는 물건을 말한다.
• 소방관서장이 화재조사가 필요하다고 인정하는 화재

12 다음 「소방의 화재조사에 관한 법률 시행령」상 화재조사 절차에 관한 내용에서 (   )에 들어갈 내용으로 옳은 것은?

	가. ( ) : 화재발생 접수, 출동 중 화재상황 파악 등
	나. ( ) : 화재의 발화(發火)원인, 연소상황 및 피해상황 조사 등
	다. ( ) : 감식·감정, 화원인 판정 등
	라. 화재조사 결과 보고

	가	나	다
①	화재발생	화재출동중 조사	정밀조사
②	현장출동중 조사	화재현장 조사	정밀조사
③	화재각지	정밀조사	화재현장 조사
④	현장출동중 조사	화재현장 조사	화재원인 판정

해설
화재조사의 내용·절차(시행령 제3조 제2항)
화재조사는 다음 각 호의 절차에 따라 실시한다.
- 현장출동 중 조사 : 화재발생 접수, 출동 중 화재상황 파악 등
- 화재현장 조사 : 화재의 발화(發火)원인, 연소상황 및 피해상황 조사 등
- 정밀조사 : 감식·감정, 화재원인 판정 등
- 화재조사 결과 보고

13 「소방의 화재조사에 관한 법률」에 따른 화재조사전담부서의 설치·운영 등에 대한 내용으로 틀린 것은?

① 소방관서장은 전문성에 기반하는 화재조사를 위하여 화재조사전담부서를 설치·운영하여야 한다.
② 소방관서장은 화재조사관으로 하여금 화재조사 업무를 수행하게 하여야 한다.
③ 화재조사관은 국가기술자격법에 따른 화재조사에 관한 시험에 합격한 소방공무원 등 화재조사에 관한 전문적인 자격을 가진 소방공무원으로 한다.
④ 전담부서의 구성·운영, 화재조사관의 구체적인 자격기준 및 교육훈련 등에 필요한 사항은 대통령령으로 정한다.

해설
화재조사관은 소방청장이 실시하는 화재조사에 관한 시험에 합격한 소방공무원 등 화재조사에 관한 전문적인 자격을 가진 소방공무원으로 한다.

14 「소방의 화재조사에 관한 법률」에 따른 화재조사전담부서의 업무에 해당하는 것을 모두 고른 것은?

가. 화재조사의 실시 및 조사결과 분석·관리
나. 화재조사 관련 기술개발과 화재조사관의 역량증진
다. 화재조사에 필요한 시설·장비의 관리·운영
라. 그 밖의 화재조사에 관하여 필요한 업무

① 가
② 가, 나
③ 가, 나, 라
④ 가, 나, 다, 라

정답 12 ② 13 ③ 14 ④

> **해설**
>
> 화재조사 전담부서의 업무(법 제6조 제2항)
> - 화재조사의 실시 및 조사결과 분석·관리
> - 화재조사 관련 기술개발과 화재조사관의 역량증진
> - 화재조사에 필요한 시설·장비의 관리·운영
> - 그 밖의 화재조사에 관하여 필요한 업무

15 「소방의 화재조사에 관한 법률 시행령」상 화재조사관 자격기준에 대한 설명으로 틀린 것은?

① 소방관서장은 소방청장이 실시하는 화재조사에 관한 시험에 합격한 소방공무원으로 하여금 화재조사 업무를 수행하게 해야 한다.
② 화재조사에 관한 시험의 방법, 과목, 그 밖에 시험 시행에 필요한 사항은 행정안전부령으로 정한다.
③ 소방관서장은 「국가기술자격법」에 따른 국가기술자격의 직무분야 중 화재감식평가 분야의 기사 자격을 취득한 소방공무원으로 하여금 화재조사 업무를 수행하게 해야 한다.
④ 소방관서장은 「국가기술자격법」에 따른 국가기술자격의 직무분야 중 화재감식평가 분야의 산업기사 자격을 취득한 사람에게 화재조사 업무를 수행하게 해야 한다.

> **해설**
>
> 화재조사관의 자격기준 등(제5조)
> 화재조사 업무를 수행하는 화재조사관은 다음 각 호의 어느 하나에 해당하는 소방공무원으로 한다.
> - 소방청장이 실시하는 화재조사에 관한 시험에 합격한 소방공무원
> - 「국가기술자격법」에 따른 국가기술자격의 직무분야 중 화재감식평가 분야의 기사 또는 산업기사 자격을 취득한 소방공무원

16 「소방의 화재조사에 관한 법률」에 따른 화재조사관 자격기준에 해당하지 않는 자는?

① 소방청장이 실시하는 화재조사에 관한 시험에 합격한 소방공무원
② 화재감식평가기사 자격을 취득한 소방공무원
③ 화재감식평가산업기사 자격을 취득한 소방공무원
④ 화재조사관 양성을 위한 전문교육을 이수한 소방공무원

> **해설**
>
> 화재조사관의 자격기준 등(제5조)
> 화재조사 업무를 수행하는 화재조사관은 다음 각 호의 어느 하나에 해당하는 소방공무원으로 한다.
> - 소방청장이 실시하는 화재조사에 관한 시험에 합격한 소방공무원
> - 「국가기술자격법」에 따른 국가기술자격의 직무분야 중 화재감식평가 분야의 기사 또는 산업기사 자격을 취득한 소방공무원

17 「소방의 화재조사에 관한 법령」에서 화재조사전담부서의 구성·운영 등에 대한 내용으로 옳지 않은 것은?

① 소방관서장은 화재조사전담부서에 화재조사관을 2명 이상 배치해야 한다.
② 화재조사결과보고는 소방청장이 정하는 화재발생현황조사서에 따른다.
③ 화재조사전담부서가 화재조사를 완료한 경우에는 화재조사 결과를 소방관서장에게 보고해야 한다.
④ 전담부서에는 화재조사를 위한 감식·감정 장비 등 행정안전부령으로 정하는 장비와 시설을 갖추어 두어야 한다.

> **해설**
>
> 화재조사결과보고는 소방청장이 정하는 화재발생종합보고서에 따른다.

정답 15 ④ 16 ④ 17 ②

18 「소방의 화재조사에 관한 법률 시행규칙」상 전담부서에 갖추어야 할 장비의 구분에 해당하지 않은 것은?

① 발굴용구 - 8종
② 기록용 기기 - 13종
③ 화재조사 분석실 - 2종
④ 감정용 기기 - 21종

해설
화재조사분석실은 전담부서에 갖추어야 할 시설에 해당한다.

19 「소방의 화재조사에 관한 법률 시행규칙」상 전담부서에 갖추어야 할 장비와 시설 중 감식용 기기가 아닌 것은?

① 산업용 실체현미경
② 디지털풍향풍속기록계
③ 절연저항계
④ 적외선열상카메라

해설
감식기기(16종)
절연저항계, 멀티테스터기, 클램프미터, 정전기측정장치, 누설전류계, 검전기, 복합가스측정기, 가스(유증)검지기, 확대경, 산업용실체현미경, 적외선열상카메라, 접지저항계, 휴대용디지털현미경, 디지털탄화심도계, 슈미트해머(콘크리트 반발 경도 측정기구), 내시경현미경이며, 디지털풍향풍속기록계는 기록용 기기에 해당한다.

20 「소방의 화재조사에 관한 법률 시행규칙」상 전담부서에 갖추어야 할 감정용 기기를 모두 고른 것은?

| 가. 가스크로마토그래피 |
| 나. 내시경현미경 |
| 다. 전기단락흔실험장치 |
| 라. 주사전자현미경 |

① 가, 나, 다
② 가, 나, 라
③ 가, 다, 라
④ 가, 나, 다, 라

해설
감정용 기기(21종)
가스크로마토그래피, 고속카메라세트, 화재시뮬레이션시스템, X선 촬영기, 금속현미경, 시편(試片)절단기, 시편성형기, 시편연마기, 접점저항계, 직류전압전류계, 교류전압전류계, 오실로스코프(변화가 심한 전기 현상의 파형을 눈으로 관찰하는 장치), 주사전자현미경, 인화점측정기, 발화점측정기, 미량융점측정기, 온도기록계, 폭발압력측정기세트, 전압조정기(직류, 교류), 적외선 분광광도계, 전기단락흔실험장치[1차 용융흔(鎔融痕), 2차 용융흔(鎔融痕), 3차 용융흔(鎔融痕) 측정 가능]이며, 내시경현미경은 감식용 기기에 해당한다.

21 「소방의 화재조사에 관한 법률 시행규칙」상 전담부서에 갖추어야 할 장비를 바르게 연결한 것은?

① 발굴용구 - 전동 드릴, 전동 그라인더, 전동 드라이버, 보호용 장갑, 전선릴
② 기록용 기기 - 웨어러블캠, 3D스캐너, 3D카메라, 3D캐드시스템, 드론
③ 조명용 기기 - 전압조정기(직류, 교류), 이동용 발전기, 휴대용 랜턴, 헤드랜턴, 전원공급장치(500A 이상)
④ 보조장비 - 노트북컴퓨터, 화재조사 전용차량, 화재조사 전용 의복(활동복, 방한복), 화재조사용 가방

해설
① 발굴용구(8종) - 공구세트, 전동 드릴, 전동 그라인더(절삭・연마기), 전동 드라이버, 이동용 진공청소기, 휴대용 열풍기, 에어컴프레서(공기압축기), 전동 절단기
③ 조명용 기기(5종) - 이동용 발전기, 이동용 조명기, 휴대용 랜턴, 헤드랜턴, 전원공급장치(500A 이상)
④ 보조장비(6종) - 노트북컴퓨터, 전선릴, 이동용 에어컴프레서, 접이식사다리, 화재조사 전용 의복(활동복, 방한복), 화재조사용 가방

18 ③ 19 ② 20 ③ 21 ②

22 「소방의 화재조사에 관한 법률 시행규칙」상 전담부서에 갖추어야 할 화재조사 분석실 규모로 옳은 것은?

① 20제곱미터(m²) 이상
② 30제곱미터(m²) 이상
③ 40제곱미터(m²) 이상
④ 50제곱미터(m²) 이상

해설
화재조사분석실은 화재조사 분석실의 구성장비를 유효하게 보존·사용할 수 있고, 환기 시설 및 수도·배관시설이 있는 30제곱미터(m²) 이상의 실(室)을 말한다.

23 「소방의 화재조사에 관한 법률 시행규칙」상 화재조사에 관한 시험에 관한 설명 중 괄호에 들어갈 숫자로 맞는 것은?

> 소방청장이 화재조사에 관한 시험을 실시하는 경우에는 시험의 과목·일시·장소 및 응시 자격·절차 등을 시험 실시 (   )일 전까지 소방청의 인터넷 홈페이지에 공고해야 한다.

① 10　　② 20
③ 30　　④ 60

해설
화재조사에 관한 시험(시행규칙 제4조 제1항)
소방청장이 화재조사에 관한 시험을 실시하는 경우에는 시험의 과목·일시·장소 및 응시 자격·절차 등을 시험 실시 30일 전까지 소방청의 인터넷 홈페이지에 공고해야 한다.

24 「소방의 화재조사에 관한 법률 시행규칙」에 따른 소방공무원 중 화재조사에 관한 자격시험에 응시할 수 있는 사람에 해당되지 않는 것은?

① 화재조사관 양성을 위한 전문교육을 이수한 사람
② 국립과학수사연구원에서 8주 이상 화재조사에 관한 전문교육을 이수한 사람
③ 소방청장이 인정하는 외국의 화재조사 관련 기관에서 8주 이상 화재조사에 관한 전문교육을 이수한 사람
④ 화재조사 업무에 관한 경력이 3년 이상인 사람

해설
화재조사에 관한 시험(시행규칙 제4조)
화재조사 자격시험에 응시할 수 있는 사람은 소방공무원 중 다음 각 호의 어느 하나에 해당하는 사람으로 한다.
- 화재조사관 양성을 위한 전문교육을 이수한 사람
- 국립과학수사연구원 또는 소방청장이 인정하는 외국의 화재조사 관련 기관에서 8주 이상 화재조사에 관한 전문교육을 이수한 사람

25 「소방의 화재조사에 관한 법률 시행규칙」에 따른 화재조사에 관한 자격시험에 관한 사항으로 옳지 않은 것은?

① 소방청장이 인정하는 국내의 화재조사 관련 전문기관에서 8주 이상 화재조사에 관한 전문교육을 이수한 사람
② 소방청장은 화재감식평가 분야의 기사 또는 산업기사 자격을 취득한 소방공무원에게 화재조사관 자격증을 발급해야 한다.
③ 자격시험은 1차 시험과 2차 시험으로 구분하여 실시하며, 1차 시험에 합격한 사람만이 2차 시험에 응시할 수 있다.
④ 소방청장이 실시하는 화재조사에 관한 시험에 합격한 소방공무원에게만 화재조사관 자격증을 발급해야 한다.

정답　22 ②　23 ③　24 ④　25 ④

해설

화재조사에 관한 시험(시행규칙 제4조)
소방청장은 다음 각 호의 소방공무원에게 화재조사관 자격증을 발급해야 한다.
- 소방청장이 실시하는 화재조사에 관한 시험에 합격한 소방공무원
- 화재감식평가 분야의 기사 또는 산업기사 자격을 취득한 소방공무원

26 「소방의 화재조사에 관한 법률 시행령」에 따른 소방관서장이 실시하는 화재조사에 관한 교육훈련 구분에 해당하지 않은 것은?

① 화재조사관 양성을 위한 전문교육
② 전담부서에 배치된 화재조사관을 위한 수시교육
③ 전담부서에 배치된 화재조사관을 위한 의무 보수교육
④ 화재조사관의 전문능력 향상을 위한 전문교육

해설

화재조사에 관한 교육훈련(시행령 제6조 제1항)
소방관서장은 다음 각 호의 구분에 따라 화재조사관에 대한 교육훈련을 실시한다.
- 화재조사관 양성을 위한 전문교육
- 화재조사관의 전문능력 향상을 위한 전문교육
- 전담부서에 배치된 화재조사관을 위한 의무 보수교육

27 「소방의 화재조사에 관한 법률 시행규칙」상 화재조사에 관한 교육훈련에 관한 설명 중 괄호에 들어갈 숫자로 맞는 것은?

> 전담부서에 배치된 화재조사관은 의무 보수교육을 (　　)마다 받아야 한다. 다만, 전담부서에 배치된 후 처음 받는 의무 보수교육은 배치 후 (　　) 이내에 받아야 한다.

① 2년, 1년　　② 3년, 2년
③ 1년, 6개월　　④ 2년, 6개월

해설

화재조사에 관한 교육훈련(시행규칙 제5조 제2항)
전담부서에 배치된 화재조사관은 의무 보수교육을 2년마다 받아야 한다. 다만, 전담부서에 배치된 후 처음 받는 의무 보수교육은 배치 후 1년 이내에 받아야 한다.

28 다음 중 「화재조사 및 보고규정」상의 용어의 정의 중 옳지 않게 설명하고 있는 것은 어느 것인가?

① "최종잔가율"이란 피해물의 경제적 내용연수가 다한 경우 잔존하는 가치의 재구입에 대한 비율을 말한다.
② "재구입비"란 화재 당시의 피해물과 같거나 비슷한 것을 재건축(설계・감리비를 포함한다) 또는 재취득하는 데 필요한 금액을 말한다.
③ "경년감가율"이란 화재 당시에 피해물의 재구입비에 대한 현재가의 비율을 말한다.
④ "내용연수"란 고정자산을 경제적으로 사용할 수 있는 연수를 말한다.

해설
"잔가율"이란 화재 당시에 피해물의 재구입비에 대한 현재가의 비율을 말한다.

29 다음 화재피해액 산정기준에 대한 내용으로 잘못된 것은?

① 건물의 화재피해액 산정은 「신축단가(㎡당)×소실면적×[1-(0.8×경과연수/내용연수)]×손해율」의 공식에 의하되, 신축단가는 한국감정원이 최근 발표한 「건물신축단가표」에 의한다.

② 부대설비의 화재피해액 산정은 「건물신축단가(㎡당)×소실면적×설비종류별 재설비 비율×[1-(0.8×경과연수/내용연수)]×손해율」의 공식에 의한다. 다만, 부대설비피해액을 실적적·구체적 방식에 의할 경우 「단위(면적·개소 등)당 표준단가×피해단위×[1-(0.8×경과연수/내용연수)]×손해율」의 공식에 의하되 건물표준단가 및 부대설비 단위당 표준단가는 한국감정원이 최근 발표한 「건물신축단가표」'건물신축단가표'에 의한다.

③ 구축물 화재피해액 산정은 「소실단위의 회계장부상 구축물가액×손해율」의 공식에 의하거나 「소실단위의 원시건축비×물가상승률×[1-(0.9×경과연수/내용연수)]×손해율」의 공식에 의한다.

④ 영업시설 피해산정은 「㎡당 표준단가×소실면적×1-(0.9×경과연수/내용연수)×손해율」의 공식에 의하되, 업종별 ㎡당 표준단가는 매뉴얼이 정하는 바에 의한다.

> **해설**
> 구축물 손해액 산정은 「소실단위의 회계장부상 구축물가액×손해율」의 공식에 의하거나 「소실단위의 원시건축비×물가상승률×[1-(0.8×경과연수/내용연수)]×손해율」의 공식에 의한다. 다만, 회계장부상 구축물가액 또는 원시건축비의 가액이 확인되지 않는 경우에는 「단위(m, ㎡, ㎥)당 표준 단가×소실단위×[1-(0.8×경과연수/내용연수)]×손해율」의 공식에 의하되, 구축물의 단위당 표준 단가는 매뉴얼이 정하는 바에 의한다.

30 다음 중 건물동수의 산정에 대한 내용으로 잘못된 것은?

① 주요구조부가 하나로 연결되어 있는 것은 같은 동으로 한다.
② 건물의 외벽을 이용하여 실을 만들어 헛간, 목욕탕, 작업실, 사무실 및 기타 용도로 사용하고 있는 것은 주건물과 같은 동으로 본다.
③ 구조에 관계없이 지붕 및 실이 하나로 연결되어 있는 것은 같은 동으로 한다.
④ 목조 또는 내화조 건물의 경우 격벽으로 방화구획이 되어 있는 경우는 다른 동으로 한다.

> **해설**
> 「화재조사 및 보고규정」 제15조(건물의 동수 산정) [별표 1]

같은 동	• 주요구조부가 하나로 연결되어 있는 것은 같은 동으로 한다. • 건물의 외벽을 이용하여 실을 만들어 헛간, 목욕탕, 작업실, 사무실 및 기타 건물 용도로 사용하고 있는 것은 주건물과 같은 동으로 본다. • 구조에 관계없이 지붕 및 실이 하나로 연결되어 있는 것 • 목조 또는 내화조 건물의 경우 격벽으로 방화구획이 되어 있는 경우
다른 동	• 건널 복도 등으로 2 이상의 동에 연결되어 있는 것은 그 부분을 절반으로 분리하여 각 동으로 본다. • 독립된 건물과 건물 사이에 차광막, 비막이 등의 덮개를 설치하고 그 밑을 통로 등으로 사용하는 경우 • 내화조 건물의 외벽을 이용하여 목조 또는 방화구조건물이 별도 설치되어 있고 건물 내부와 구획되어 있는 경우 • 내화조 건물의 옥상에 목조 또는 방화구조 건물이 별도 설치되어 있는 경우

정답 29 ③ 30 ④

31 다음 중 화재건수 결정에 대한 내용으로 옳지 않은 것은?

① 동일범이 아닌 각기 다른 사람에 의한 방화, 불장난은 동일 대상물에서 발화한 이상 1건의 화재로 한다.
② 누전점이 동일한 누전에 의한 화재 또는 지진, 낙뢰 등 자연현상에 의한 다발화재는 동일 대상물에 발화점이 2개소 이상 있더라도 1건의 화재로 한다.
③ 화재범위가 2 이상의 관할구역에 걸친 화재에 대해서는 발화 소방대상물의 소재지를 관할하는 소방서에서 1건의 화재로 한다.
④ 발화일시의 결정은 관계자의 화재발견상황 통보(인지)시간 및 화재발생 건물의 구조, 재질상태와 화기취급 등의 상황을 종합적으로 검토하여 결정한다.

32 「소방의 화재조사에 관한 법률 시행규칙」에 따른 화재조사관 양성을 위한 전문교육의 내용으로 옳지 않은 것은?

① 화재조사 관련 기술개발과 화재조사관의 역량증진에 관한 사항
② 화재조사 관련 정책 및 법령에 관한 사항
③ 화재조사 이론과 실습
④ 화재조사 시설 및 장비의 사용에 관한 사항

해설
화재조사에 관한 교육훈련(시행규칙 제5조)
화재조사관 양성을 위한 전문교육의 내용은 다음 각 호와 같다.
• 화재조사 이론과 실습
• 화재조사 시설 및 장비의 사용에 관한 사항
• 주요·특이 화재조사, 감식·감정에 관한 사항
• 화재조사 관련 정책 및 법령에 관한 사항
• 그 밖에 소방청장이 화재조사 관련 전문능력의 배양을 위해 필요하다고 인정하는 사항

33 화재조사 교육훈련에 관한 설명으로 옳지 않은 것은?

① 소방관서장은 필요한 경우 화재조사관에 대한 교육훈련을 다른 소방관서나 화재조사 관련 전문기관에 위탁하여 실시할 수 있다.
② 소방관서장은 의무 보수교육을 이수하지 않은 사람에게 보수교육을 이수할 때까지 화재조사 업무를 수행하게 해서는 안 된다.
③ 전담부서에 배치된 화재조사관은 의무 보수교육을 3년마다 받아야 한다.
④ 소방관서장은 화재조사관에 대한 교육훈련을 실시한다.

해설
전담부서에 배치된 화재조사관은 의무 보수교육을 2년마다 받아야 한다.

34 화재와 관계되는 물건의 형상, 구조, 재질, 성분, 성질 등 이와 관련된 모든 현상에 대하여 과학적 방법에 의한 필요한 실험을 행하고 그 결과를 근거로 화재원인을 밝히는 자료를 얻는 것을 무엇이라 하는가?

① 조 사   ② 감 식
③ 분 석   ④ 감 정

해설
화재조사 관련법령에서 화재조사와 감식·감정의 용어의 정의를 명확히 구분하는 것이 중요하다.
제2조(용어의 정의)
• "화재조사"란 화재원인을 규명하고 화재로 인한 피해를 산정하기 위하여 자료의 수집, 관계자 등에 대한 질문, 현장확인, 감식, 감정 및 실험 등을 하는 일련의 행동을 말한다.
• "감식"이란 화재원인의 판정을 위하여 전문적인 지식, 기술 및 경험을 활용하여 주로 시각에 의한 종합적인 판단으로 구체적인 사실관계를 명확하게 규명하는 것을 말한다.

정답 31 ① 32 ① 33 ③ 34 ④

35 「화재조사 및 보고규정」에 따른 사상자 및 부상자 분류에 대한 설명으로 잘못된 것은?

① 경상은 중상 이외의(입원치료를 필요로 하지 않는 것도 포함한다) 부상을 말한다.
② 화재현장에서 부상을 당한 후 72시간 이내에 사망한 경우에는 당해 화재로 인한 사망으로 본다.
③ 중상은 4주 이상의 입원치료를 필요로 하는 부상을 말한다.
④ 사상자는 화재현장에서 사망한 사람 또는 부상당한 사람을 말한다.

해설
사상자
화재현장에서 사망한 사람 또는 부상당한 사람을 말한다.
• 부상자의 사망기준 : 화재현장에서 부상을 당한 후 72시간 이내에 사망한 경우에는 당해 화재로 인한 사망자로 본다.
• 부상자 분류 : 부상정도가 의사의 진단을 기초로 하여 분류한다(제37조).
 – 중상 : 3주 이상의 입원치료를 필요로 하는 부상
 – 경상 : 중상 이외의 부상(입원치료를 필요로 하지 않는 것도 포함). 다만, 병원치료를 필요로 하지 않고 단순하게 연기를 흡입한 사람은 제외

36 다음 중 피해액의 산정기준 등에 대한 설명으로 옳지 않은 것은?

① 세대수의 산정은 거주와 생계를 함께 하고 있는 사람들의 집단 또는 하나의 가구를 구성하여 살고 있는 독신자로서 자신의 주거에 사용되는 건물에 대하여 재산권을 행사할 수 있는 사람을 1세대로 한다.
② 화재피해액은 화재 당시의 피해물과 동일한 구조, 용도, 질, 규모를 재건축 또는 재구입하는 데 소요되는 가액에서 사용손모 및 경과연수에 따른 감가공제를 하고 현재가액을 산정하는 실질적·구체적 방식에 의한다. 단, 회계장부상 현재가액이 입증된 경우에 그에 의한다.
③ 건물의 소실면적 산정은 소실 바닥면적으로 산정한다.
④ 건물 등 자산에 대한 최종잔가율은 건물·부대설비·구축물·가재도구는 10%로 하며, 그 이외의 자산은 20%로 정한다.

해설
건물 등 자산에 대한 최종잔가율은 건물·부대설비·구축물·가재도구는 20%로 하며, 그 이외의 자산은 10%로 정한다.

37 「소방의 화재조사에 관한 법률」에 따른 다음 내용에서 (   )에 들어갈 내용으로 옳은 것은?

> 소방관서장은 사상자가 많거나 사회적 이목을 끄는 화재 등 대통령령으로 정하는 대형화재 등이 발생한 경우 종합적이고 정밀한 화재조사를 위하여 유관기관 및 관계 전문가를 포함한 (   )을/를 구성·운영할 수 있다.

① 화재합동조사단
② 화재조사 전담부서
③ 대형화재조사본부
④ 화재특별조사단

해설
화재합동조사단의 구성·운영(법 제7조)
소방관서장은 사상자가 많거나 사회적 이목을 끄는 화재 등 대통령령으로 정하는 대형화재 등이 발생한 경우 종합적이고 정밀한 화재조사를 위하여 유관기관 및 관계 전문가를 포함한 화재합동조사단을 구성·운영할 수 있다.

정답 35 ③ 36 ④ 37 ①

38 「소방의 화재조사에 관한 법률 시행령」에 따라 화재합동조사단을 구성·운영할 수 있는 대형화재를 모두 고른 것은?

> 가. 사망자가 5명 이상 발생한 화재
> 나. 화재로 인한 사회적·경제적 영향이 광범위하다고 소방관서장이 인정하는 화재
> 다. 이재민 100명 이상 발생 화재
> 라. 재산피해 50억원이상 추정되는 화재

① 가, 라
② 가, 나
③ 가, 나, 라
④ 가, 나, 다, 라

해설
화재합동조사단의 구성·운영(시행령 제7조)
소방관서장이 화재합동조사단을 구성·운영할 수 있는 대통령령으로 정하는 대형화재란 다음 각 호의 화재를 말한다.
- 사망자가 5명 이상 발생한 화재
- 화재로 인한 사회적·경제적 영향이 광범위하다고 소방관서장이 인정하는 화재

39 화재합동조사단의 단원으로 임명하거나 위촉할 수 없는 사람은?

① 화재조사관
② 화재조사 업무에 관한 경력이 3년 이상인 소방공무원
③ 학교 또는 이에 준하는 교육기관에서 화재조사, 소방 또는 안전관리 등 관련 분야 조교수 이상의 직에 3년 이상 재직한 사람
④ 국가기술자격의 직무분야 중 안전관리 분야에서 산업기사 자격을 취득하고 화재조사분야 3년 이상 근무경력이 있는 사람

해설
화재합동조사단의 단원으로 임명하거나 위촉할 수 있는 사람
- 화재조사관
- 화재조사 업무에 관한 경력이 3년 이상인 소방공무원
- 「고등교육법」 제2조에 따른 학교 또는 이에 준하는 교육기관에서 화재조사, 소방 또는 안전관리 등 관련 분야 조교수 이상의 직에 3년 이상 재직한 사람
- 「국가기술자격법」에 따른 국가기술자격의 직무분야 중 안전관리 분야에서 산업기사 이상의 자격을 취득한 사람
- 그 밖에 건축·안전 분야 또는 화재조사에 관한 학식과 경험이 풍부한 사람

40 다음 중 「화재조사 및 보고규정」에서 소실 정도를 구분할 때 "전소"에 대한 규정으로 틀린 설명은?

① 건물의 경우 70% 이상 소실
② 소실비율은 소실된 건물의 바닥면적을 기준으로 한다.
③ 보수하여도 재사용이 불가능한 것
④ "부분소"보다 소실비율이 높다.

해설
소실 정도에 따른 화재의 구분(제16조)
- 소실비율은 소실된 건물의 입체면적을 기준으로 한다.
- 건축·구조물화재의 소실 정도는 다음 3종류로 구분하며, 자동차·철도차량, 선박 및 항공기 등의 소실 정도도 이 규정을 준용한다.

구 분	소실률
전소화재	건물의 70% 이상(입체면적에 대한 비율)이 소실된 화재나 미만이라도 잔존부분이 보수를 하여도 재사용 불가능한 것
반소화재	건물의 30% 이상 70% 미만이 소실된 화재
부분소화재	전소·반소 이외의 화재

38 ② 39 ④ 40 ②

41 다음 중 「화재조사 및 보고규정」에서 "화재 당시에 피해물의 재구입비에 대한 현재가의 비율"로 정의된 용어로 옳은 설명은?

① 손해율 ② 최종잔가율
③ 내용연수 ④ 잔가율

해설
① "손해율"이란 피해물의 종류, 손상 상태 및 정도에 따라 피해액을 적정화시키는 일정한 비율을 말한다.
② "최종잔가율"이란 피해물의 경제적 내용연수가 다한 경우 잔존하는 가치의 재구입비에 대한 비율을 말한다.
③ "내용연수"란 고정자산을 경제적으로 사용할 수 있는 연수를 말한다.

42 화재합동조사단은 화재조사를 완료하면 소방관서장에게 화재조사 결과를 보고해야 한다. 이 보고 사항으로 틀린 것은?

① 다수의 인명피해가 발생한 경우 그 원인
② 위험물제조소등 위치·구조 및 설비에 관한 사항
③ 현행 제도의 문제점 및 개선 방안
④ 화재합동조사단 운영 개요

해설
화재합동조사단의 화재조사 결과 보고
화재합동조사단은 화재조사를 완료하면 소방관서장에게 다음 각 호의 사항이 포함된 화재조사 결과를 보고해야 한다.
• 화재합동조사단 운영 개요
• 화재조사 개요
• 화재원인, 화재피해, 대응활동, 소방시설등 설치·관리 및 작동 여부, 화재발생건축물과 구조물, 화재유형별 화재위험성 등에 관한 사항, 화재안전조사에 관한 사항
• 다수의 인명피해가 발생한 경우 그 원인
• 현행 제도의 문제점 및 개선 방안
• 그 밖에 소방관서장이 필요하다고 인정하는 사항

43 화재합동조사단에 관한 설명으로 옳지 않은 것은?

① 소방관서장은 화재합동조사단 운영을 위하여 관계 행정기관 또는 기관·단체의 장에게 소속 공무원 또는 소속 임직원의 파견을 요청할 수 있다.
② 화재합동조사단의 단장은 단원 중에서 최상급자를 소방관서장이 지명하거나 위촉하는 사람이 된다.
③ 소방관서장은 화재합동조사단의 단장 또는 단원에게 예산의 범위에서 수당·여비와 그 밖에 필요한 경비를 지급할 수 있다. 다만, 공무원이 소관 업무와 직접적으로 관련되어 참여하는 경우에는 지급하지 않는다.
④ 화재합동조사단의 구성·운영에 필요한 사항은 소방청장이 정한다.

해설
② 화재합동조사단의 단장은 단원 중에서 소방관서장이 지명하거나 위촉하는 사람이 된다.

44 다음 중 「소방의 화재조사에 관한 법률」상 용어의 정의에서 화재라고 볼 수 없는 것은?

① 연소확산 위험에 처한 쓰레기 소각
② 화학적인 폭발현상
③ 피해액이 없거나 화재발생 직후 진화된 경우
④ 증기보일러의 압력탱크가 폭발한 경우

해설
화재의 정의
• "화재"란 사람의 의도에 반하거나 고의 또는 과실에 의하여 발생하는 연소 현상으로서 소화할 필요가 있는 현상 또는 사람의 의도에 반하여 발생하거나 확대된 화학적 폭발현상을 말한다.

정답 41 ④ 42 ② 43 ② 44 ④

- 다음 3가지 요건을 모두 충족하여야 한대(화학적인 폭발현상은 제외).
  - 첫째, 일반적인 사회의사에 반하여 발생한 연소현상
  - 둘째, 소화할 필요가 있는 연소현상
  - 셋째, 소화 시 소방시설 등 이와 동등한 물건을 사용할 필요가 있는 연소현상
- 화재를 동반하지 않은 증기보일러의 압력탱크가 폭발한 경우는 소화의 필요가 없어 화재라고 볼 수 없다.

45 다음 중 「화재조사 및 보고규정」의 피해액 산정방법으로 옳지 않은 것은?

① 건물 등 자산에 대한 최종잔가율은 건물·부대설비·구축물·가재도구는 20%로 하며, 그 이외의 자산은 10%로 정한다.

② 건물의 화재피해액 산정은 「신축단가(m^2당) × 소실면적 × [1 − (0.8 × 경과연수/내용연수)] × 손해율」의 공식에 의하되, 신축단가는 한국감정원이 최근 발표한 「건물신축단가표」에 의한다.

③ 부대설비의 화재피해액 산정은 「건물신축단가(m^2당) × 소실면적 × 설비종류별 재설비 비율 × [1 − (0.8 × 경과연수/내용연수)] × 손해율」의 공식에 의함을 원칙으로 한다.

④ 화재피해액은 화재 당시의 피해물과 동일한 구조, 용도, 질, 규모를 재건축 또는 재구입하는 데 소요되는 가액 또는 회계장부상 입증된 현재가액으로 한다.

해설

화재피해액 산정방법(「화재조사 및 보고규정」 제34조 제1항)
화재피해액은 화재 당시의 피해물과 동일한 구조, 용도, 질, 규모를 재건축 또는 재구입하는 데 소요되는 가액에서 사용손모 및 경과연수에 따른 감가공제를 하고 현재가액을 산정하는 실질적, 구체적 방식에 의한다. 단, 회계장부 현재가액이 입증된 경우에는 그에 의한다.

46 「소방의 화재조사에 관한 법률 및 시행령」에 따른 화재현장 보존 등에 관한 규정 내용으로 틀린 것은?

① 방화(放火) 또는 실화(失火)의 혐의로 수사의 대상이 된 경우에는 관할 경찰서장 또는 해양경찰서장이 통제구역을 설정한다.

② 누구든지 소방관서장 또는 경찰서장의 허가 없이 화재현장에 설정된 통제구역에 출입하여서는 아니 된다.

③ 화재현장 보존조치를 하거나 통제구역을 설정한 경우 누구든지 소방관서장 또는 경찰서장의 허가 없이 화재현장에 있는 물건 등을 이동시키거나 변경·훼손하여서는 아니 된다.

④ 공공의 이익에 중대한 영향을 미친다고 판단되거나 인명구조 등 긴급한 사유가 있는 경우에도 소방관서장 또는 경찰서장의 허가 없이 화재현장에 있는 물건 등을 이동시키거나 변경·훼손하여서는 아니 된다.

해설

화재현장 보존조치를 하거나 통제구역을 설정한 경우 누구든지 소방관서장 또는 경찰서장의 허가 없이 화재현장에 있는 물건 등을 이동시키거나 변경·훼손하여서는 아니 된다. 다만, 공공의 이익에 중대한 영향을 미친다고 판단되거나 인명구조 등 긴급한 사유가 있는 경우에는 그러하지 아니하다.

47 「소방의 화재조사에 관한 법률 시행령」상 화재현장 보존조치 통지 등에 관한 사항에서 통제구역 표지에 포함되어야 할 내용으로 옳지 않은 것은?

① 화재현장 보존조치나 통제구역 설정의 이유 및 주체
② 화재현장 보존조치나 통제구역 설정의 범위
③ 화재현장 보존조치나 통제구역 설정의 기간
④ 담당 화재조사자의 성명 및 연락처

> **해설**
> 화재현장 보존조치 통지 등(제8조)
> 소방관서장이나 관할 경찰서장 또는 해양경찰서장 화재현장 보존조치를 하거나 통제구역을 설정하는 경우 다음 각 호의 사항을 화재가 발생한 소방대상물의 소유자·관리자 또는 점유자에게 알리고 해당 사항이 포함된 표지를 설치해야 한다.
> • 화재현장 보존조치나 통제구역 설정의 이유 및 주체
> • 화재현장 보존조치나 통제구역 설정의 범위
> • 화재현장 보존조치나 통제구역 설정의 기간

48 다음 중 「화재조사 및 보고규정」에서 화재피해액을 산정할 때 "손해율" 적용에 참고하여야 할 사항과 가장 거리가 먼 것은?

① 피해물의 종류
② 손상정도
③ 손상상태
④ 표준단가

> **해설**
> 손해율은 피해물의 종류, 손상상태 및 정도에 따라 피해액을 적정화시키는 일정한 비율을 말한다.

49 다음 중 「화재조사 및 보고규정」에 따른 화재건수 결정에 있어서 화재의 발화지점 판정이 어려운 경우의 구분기준은?

① 사회통념
② 발화지점
③ 화재피해금액
④ 화재조사관의 판단

> **해설**
> 화재건수 결정(제10조 제3호)
> 발화지점 확인이 어려운 경우에는 화재피해금액이 큰 관할구역 소방서의 화재 건수로 산정한다.

50 다음 중 「화재조사 및 보고규정」에 따른 화재건수 결정에 있어서 (   )의 내용으로 맞는 것은?

> (   )이/가 한 곳인 화재현장이 둘 이상의 관할구역에 걸친 화재는 (   )이/가 속한 소방서에서 1건의 화재로 산정한다.

① 통제구역
② 발화장소
③ 발화지점
④ 화재발생건물

> **해설**
> 화재건수 결정(제10조 제3호)
> 발화지점이 한 곳인 화재현장이 둘 이상의 관할구역에 걸친 화재는 발화지점이 속한 소방서에서 1건의 화재로 산정한다.

정답 47 ④ 48 ④ 49 ③ 50 ③

51 「화재조사 및 보고규정」에 따른 건물의 소실 면적 산정 시 "면적"이 뜻하는 것은?

① 바닥면적
② 입체면적
③ 연면적
④ 천장과 벽면적

해설
건물의 소실면적 산정은 소실 바닥면적으로 한다.

52 다음 중 전부손해의 경우 감정가격으로 하며, 전부손해가 아닌 경우 원상복구에 소요되는 비용으로 피해액을 산정하는 경우는?

① 선 박
② 차 량
③ 기계설비
④ 미술공예품

해설
회화(그림), 골동품, 미술공예품, 귀금속 및 보석류는 전부손해의 경우 감정가격으로 하며, 전부손해가 아닌 경우 원상복구에 소요되는 비용으로 한다(화재조사 및 보고규정 [별표 3] 화재피해액 산정기준).

53 다음 중 「화재조사 및 보고규정」에서 발화일시의 결정에 관한 설명으로 옳지 않은 것은?

① 관계자의 화재발견상황 통보 및 화재발생 건물의 구조·재질상태와 화기취급 등의 상황을 종합적으로 검토하여 결정한다.
② 인지 시각은 화재가 소방관서에 최초로 신고된 시점을 말한다.
③ 자체진화 등의 사후인지 화재로 그 결정이 곤란한 경우에는 발생시간을 추정할 수 있다.
④ 발화일시의 결정은 화재조사에 있어 그다지 중요한 부분이 아니다.

해설
발화일시의 결정(제11조)
• 관계자의 화재발견상황통보(인지) 시간 및 화재발생 건물의 구조, 재질 상태와 화기취급 등의 상황을 종합적으로 검토하여 결정한다.
• 자체진화 등의 사후인지 화재로 그 결정이 곤란한 경우에는 발생시간을 추정할 수 있다.

54 다음 중 화재건수의 결정에서 1건의 화재로 볼 수 없는 것은?

① 지진, 낙뢰 등 자연현상에 의한 다발화재로 동일 대상물에 발화점이 2개소 이상 있는 화재
② 누전점이 동일한 누전에 의한 화재로 동일 대상물에 발화점이 2개소 이상 있는 화재
③ 연소확대에 의한 2개 건물화재
④ 각기 다른 사람에 의한 방화나 불장난으로 동일 대상물에서 발화한 화재

해설
화재건수 결정(제10조)
• 1건의 화재란 : 1개의 발화점으로부터 확대된 것으로 발화부터 진화까지를 말한다.
• 동일범이 아닌 각기 다른 사람에 의한 방화, 불장난의 경우 : 동일 대상물에서 발화했더라도 각각 별건의 화재로 한다.
• 동일 소방대상물의 발화점이 2개소 이상 있는 다음의 화재는 1건의 화재로 한다.
  – 누전점이 동일한 누전에 의한 화재
  – 지진, 낙뢰 등 자연현상에 의한 다발화재
• 발화지점이 한 곳인 화재현장이 둘 이상의 관할구역에 걸친 화재는 발화지점이 속한 소방서에서 1건의 화재로 산정한다. 다만, 발화지점 확인이 어려운 경우에는 화재피해금액이 큰 관할구역 소방서의 화재 건수로 산정한다.

51 ① 52 ④ 53 ④ 54 ④

55 다음 중 「화재조사 및 보고규정」에 따른 화재피해금액으로 구분하는 것이 사회관념상 적당하지 않을 경우 화재유형을 구분하는 내용으로 맞는 것은?

① 사회통념
② 화재조사관의 판단
③ 발화지점
④ 발화장소

해설
화재피해금액으로 구분하는 것이 사회관념상 적당하지 않을 경우에는 발화장소로 화재를 구분한다.

해설
화재유형의 구분(제9조)

화재유형	소손내용
건축·구조물 화재	건축물, 구조물 또는 그 수용물이 소손된 것
자동차·철도차량 화재	자동차, 철도차량 및 피견인 차량 또는 그 적재물이 소손된 것
위험물·가스제조소등 화재	위험물제조소 등, 가스제조·저장·취급설 등이 소손된 것
선박·항공기 화재	선박, 항공기 또는 그 적재물이 소손된 것
임야 화재	산림, 야산, 들판의 수목, 잡초, 경작물 등이 소손된 것
기타 화재	위의 각 호에 해당하지 않는 화재

56 「화재조사 및 보고규정」에서 화재조사기록의 보존기간으로 옳은 것은?

① 5년
② 10년
③ 준영구
④ 영구

해설
소방본부장 및 소방서장은 제2항에 따른 조사결과 서류를 영 제14조에 따라 국가화재정보시스템에 입력·관리해야 하며 영구보존방법에 따라 보존해야 한다.

57 「화재조사 및 보고규정」에 따른 화재의 유형이 아닌 것은 어느 것인가?

① 자동차, 철도차량 화재
② 위험물, 가스제조소 등 화재
③ 선박, 항공기 화재
④ 산림 화재

58 「화재조사 및 보고규정」에서 다음의 정의에 대한 용어로 맞는 것은?

> 화재를 진화한 후 화재가 재발되지 않도록 감시조를 편성하여 일정 시간 동안 감시하는 것을 말한다.

① 잔불감시조
② 잔불정리조
③ 발화감시조
④ 재발화감시

해설
"재발화감시"란 화재를 진화한 후 화재가 재발되지 않도록 감시조를 편성하여 일정 시간 동안 감시하는 것을 말한다.

정답 55 ④ 56 ④ 57 ④ 58 ④

59 소방기본법에 따른 종합상황실장이 상급 종합상황실에 지체 없이 보고해야 하는 화재인 경우 화재조사서류를 작성하여 화재발생일로부터 며칠 이내에 최종결과보고를 하여야 하는가?

① 7일   ② 10일
③ 15일   ④ 30일

해설
조사보고(제22조)
종합상황실장이 상급 종합상황실에 지체 없이 보고해야 하는 화재 : 화재 발생일로부터 30일 이내에 보고해야 한다.

60 「소방의 화재조사에 관한 법령」상 출입·조사에 관한 내용으로 옳지 않은 것은?

① 소방관서장은 화재조사를 위하여 필요한 경우에 관계인에게 보고 또는 자료 제출을 명할 수 있다.
② 화재조사를 하는 화재조사관은 그 권한을 표시하는 증표를 지니고 이를 관계인 등에게 보여주어야 한다.
③ 화재조사관의 권한을 표시하는 증표는 소방공무원증으로 한다.
④ 화재조사를 하는 화재조사관은 관계인의 정당한 업무를 방해하거나 화재조사를 수행하면서 알게 된 비밀을 다른 용도로 사용하거나 다른 사람에게 누설하여서는 아니 된다.

해설
화재조사관의 권한을 표시하는 증표는 화재조사관 자격증으로 한다.

61 다음 중 「화재조사 및 보고규정」에 따른 화재피해액 산정기준에 대한 설명으로 옳지 않은 것은?

① 가재도구는 [(주택종류별·상태별 기준액 × 가중치) + (주택면적별 기준액 × 가중치) + (거주인원별 기준액 × 가중치) + (주택가격(m^2당)별 기준액 × 가중치)]의 공식에 의한다.
② 임야의 입목은 소실전의 입목가격에서 소실한 입목의 잔존가격을 뺀 가격으로 한다.
③ 공구 및 가구는 「감정평가서 또는 회계장부상 현재가액 × 손해율」의 공식에 의한다.
④ 재고자산은 「회계장부상 현재가액 × 손해율」의 공식에 의한다.

해설
공구 및 가구는 「회계장부상 현재가액 × 손해율」의 공식에 의한다.

62 「소방의 화재조사에 관한 법률 시행령」상 화재조사 증거물 수집등에 관한 사항으로 옳은 것은?

① 화재조사를 위하여 필요한 최대한의 범위에서 화재조사관에게 증거물을 수집하여 검사·시험·분석 등을 하게 할 수 있다.
② 증거물을 수집한 경우 이를 관계인에게 알릴 필요는 없다.
③ 화재조사가 완료되는 등 증거물을 보관할 필요가 없게 된 경우 폐기해야 한다.
④ 수집한 증거물이 화재와 관련이 없다고 인정되는 경우 증거물을 지체 없이 반환해야 한다.

해설

화재조사 증거물 수집 등(시행령 제11조)
- 소방관서장은 화재조사를 위하여 필요한 최소한의 범위에서 화재조사관에게 증거물을 수집하여 검사·시험·분석 등을 하게 할 수 있다.
- 소방관서장은 증거물을 수집한 경우 이를 관계인에게 알려야 한다.
- 소방관서장은 화재조사를 위하여 수집한 증거물이 다음 각 호의 어느 하나에 해당하는 경우에는 증거물을 지체 없이 반환해야 한다.
  - 화재와 관련이 없다고 인정되는 경우
  - 화재조사가 완료되는 등 증거물을 보관할 필요가 없게 된 경우

63 「소방의 화재조사에 관한 법령」상 관계인등의 출석에 관한 사항으로 옳지 않은 것은?

① 소방관서장은 화재조사가 필요한 경우 관계인등을 소방관서에 출석하게 하여 질문할 수 있다.
② 관계인등의 출석 및 질문 등에 필요한 사항은 대통령령으로 정한다.
③ 소방관서장은 관계인등의 출석을 요구하려면 출석일 2일 전까지 출석 일시와 장소, 출석요구 사유를 관계인등에게 알려야 한다.
④ 소방관서장은 화재조사를 위하여 출석한 관계인등에게 수당과 여비를 지급할 수 있다.

해설
소방관서장은 관계인등의 출석을 요구하려면 출석일 3일 전까지 관계인등에게 알려야 한다.

64 「소방의 화재조사에 관한 법률」상 화재조사 증거물 수집등에 관한 사항에서 ( )에 들어갈 내용으로 옳지 않은 것은?

> 소방관서장은 화재조사를 위하여 필요한 경우 증거물을 수집하여 ( )·( )·( ) 등을 할 수 있다. 다만, 범죄수사와 관련된 증거물인 경우에는 수사기관의 장과 협의하여 수집할 수 있다.

① 검 사 ② 시 험
③ 분 석 ④ 감 정

해설

화재조사 증거물 수집 등(법 제11조)
소방관서장은 화재조사를 위하여 필요한 경우 증거물을 수집하여 검사·시험·분석 등을 할 수 있다. 다만, 범죄수사와 관련된 증거물인 경우에는 수사기관의 장과 협의하여 수집할 수 있다.

65 「소방의 화재조사에 관한 법령」상 화재조사 증거물 수집등에 관한 사항으로 옳지 않은 것은?

① 화재조사 증거물을 수집하는 경우 증거물의 수집과정을 사진 촬영 또는 영상 녹화의 방법으로 기록해야 한다.
② 사진 또는 영상 파일은 결재를 득한 후 시·도 업무정책포털시스템에 보관한다.
③ 증거물을 수집한 경우 이를 관계인에게 알려야 한다.
④ 수사기관의 장이 방화 또는 실화의 혐의가 있어서 이미 피의자를 체포하였거나 증거물을 압수하였을 때에 화재조사를 위하여 필요한 경우에는 범죄수사에 지장을 주지 아니하는 범위에서 그 피의자 또는 압수된 증거물에 대한 조사를 할 수 있다.

해설
화재조사 증거물 수집과정을 촬영한 사진 또는 영상 파일은 국가화재정보시스템에 전송하여 보관한다.

정답 63 ③ 64 ④ 65 ②

66 「화재증거물 수집관리규칙」에 규정 내용으로 옳지 않은 것은?

① 증거물 포장
② 현장 화재 재연사진 및 비디오촬영
③ 증거물보관·이동
④ 개인정보보호

해설
제8조(현장사진 및 비디오촬영) 화재조사요원 등은 화재발생 시 신속히 현장에 가서 화재조사에 필요한 현장사진 및 비디오촬영을 반드시 하여야 한다.

67 「화재증거물 수집관리규칙」에 따른 용어의 정의에 대한 설명이다. 옳은 설명은?

① "현장사진"이란 화재조사현장과 관련된 사람, 물건, 기타 상황, 증거물 등을 촬영한 사진을 말한다.
② "증거물 수집"이란 화재증거물을 획득하고 해당 물건을 분석하여 사건과 관련된 화재증거를 배제하는 과정을 말한다.
③ "현장기록"이란 화재조사현장과 관련된 사람, 물건, 기타 주변상황, 증거물 등을 촬영한 사진, 영상물 및 녹음자료, 현장에서 작성된 정보 등을 말한다.
④ "증거물"이란 화재와 관련 있는 가연물 및 개연성이 있는 모든 개체를 말한다.

해설
"증거물 수집"이란 화재증거물을 획득하고 해당 물건을 분석하여 사건과 관련된 화재증거를 추출하는 과정을 말한다.

68 「화재증거물 수집관리규칙」에 따른 증거물의 상황기록에 대한 설명이다. 괄호 안에 적합한 내용은?

> • 화재조사자는 증거물을 수집(증거물의 채취, 채집 행위 등을 말함)하고자 할 때에는 증거물을 수집하기 전에 증거물 및 증거물 주위의 상황(연소상황, 설치상황) 등에 대한 (㉠)(도면, 사진촬영)을 남겨야 하며, 증거물을 수집한 후에도 (㉡)을 남겨야 한다.
> • 발화원인의 판정에 관계가 있는 개체 또는 부분에 대해서는 증거물과 이격되어 있거나 연소되지 않은 상황이라도 (㉢)을 남겨야 한다.

① ㉠ 사 진, ㉡ 기 록, ㉢ 사 진
② ㉠ 사 진, ㉡ 기 록, ㉢ 기 록
③ ㉠ 기 록, ㉡ 기 록, ㉢ 기 록
④ ㉠ 사 진, ㉡ 문 서, ㉢ 기 록

해설
제3조 증거물에 상황기록에 관한 규정으로 3개소 모두 기록을 남겨야 한다.

69 「화재증거물 수집관리규칙」의 [별표 1]에서 규정하고 있는 증거물 용기가 아닌 것은?

① 폴리에틸렌 플라스틱병
② 유리병
③ 주석도금 캔
④ 양철 캔

해설
「화재증거물수집관리규칙」[별표 1]에서 규정한 증거물 시료용기는 유리병, 주석도금 캔, 양철 캔이다.

70 「화재증거물 수집관리규칙」 규정에 따른 증거물 시료용기의 양철 캔 용기 내용에 대한 설명으로 옳지 않은 것은?

① 양철 캔은 기름에 견딜 수 있는 디스크를 가진 스크루마개 또는 누르는 금속마개로 밀폐될 수 있으며, 이러한 마개는 한 번 사용한 후에는 폐기되어야 한다.
② 양철 캔은 적합한 양철 판으로 만들어야 하며, 프레스를 한 이음매 또는 외부 표면에 용매로 송진 용제를 사용하여 납땜을 한 이음매가 없어야 한다.
③ 양철 캔과 그 마개는 청결하고 건조해야 한다.
④ 사용하기 전에 캔의 상태를 조사해야 하며, 누설이나 녹이 발견될 때에는 사용할 수 없다.

해설
양철 캔은 적합한 양철판으로 만들어야 하며, 프레스를 한 이음매 또는 외부 표면에 용매로 송진 용제를 사용하여 납땜을 한 이음매가 있어야 한다.

71 「화재증거물 수집관리규칙」에 규정된 증거물에 대한 유의사항으로 옳지 않은 것은?

① 관련 법규 및 지침에 규정된 일반적인 원칙과 절차를 준수한다.
② 화재조사에 필요한 증거 수집은 화재피해자의 피해를 최소화하도록 하여야 한다.
③ 화재증거물은 기술적, 절차적인 수단을 통해 진정성, 무결성이 보존되어야 한다.
④ 최종적으로 법정에 제출되는 화재증거물의 원본을 보관하고 사본성이 보장되어야 한다.

해설
최종적으로 법정에 제출되는 화재증거물의 원본성이 보장되어야 한다.

72 「화재증거물 수집관리규칙」에 규정된 현장사진 및 비디오촬영에 대한 설명이다. 옳지 않은 것은?

① 화재조사요원 등은 화재발생 시 신속히 현장에 가서 화재조사에 필요한 현장사진 및 비디오촬영을 할 수도 있다.
② 최초 도착하였을 때의 원상태를 그대로 촬영하고, 화재조사의 진행순서에 따라 촬영한다.
③ 증거물을 촬영할 때는 그 소재와 상태가 명백히 나타나도록 하며, 필요에 따라 구분이 용이하게 번호표 등을 넣어 촬영한다.
④ 화재현장의 특정한 증거물 등을 촬영함에 있어서는 그 길이, 폭 등을 명백히 하기 위하여 측정용 자 또는 대조도구를 사용하여 촬영한다.

해설
현장사진 및 비디오촬영(제8조)
화재조사관 등은 화재발생시 신속히 현장에 가서 화재조사에 필요한 현장사진 및 비디오 촬영을 반드시 하여야 하며, CCTV, 블랙박스, 드론, 3D시뮬레이션, 3D스캐너 영상 등의 현장기록물 확보를 위해 노력하여야 한다.

정답 70 ② 71 ④ 72 ①

73 「화재증거물 수집관리규칙」에 규정된 증거물 시료용기가 갖추어야 할 공통사항으로 옳지 않은 것은?

① 장비와 용기를 포함한 모든 장치는 원래의 목적과 채취할 시료에 적합하여야 한다.
② 시료용기는 시료의 저장과 이동에 사용되는 용기로 적당한 마개를 가지고 있어야 한다.
③ 정상적인 내부 압력에 견딜 수 있고 시료채취에 필요한 충분한 강도를 가져야 한다.
④ 시료용기는 취급할 제품에 의한 용매의 작용에 투과성이 있고 내성을 갖는 재질로 되어 있어야 한다.

해설
시료용기는 취급할 제품에 의한 용매의 작용에 투과성이 없고 내성을 갖는 재질

증거물 시료용기 내용 공통사항
- 장비와 용기를 포함한 모든 장치는 원래의 목적과 채취할 시료에 적합하여야 한다.
- 시료용기는 시료의 저장과 이동에 사용되는 용기로 적당한 마개를 가지고 있어야 한다.
- 시료용기는 취급할 제품에 의한 용매의 작용에 투과성이 없고 내성을 갖는 재질로 되어 있어야 하며, 정상적인 내부 압력에 견딜 수 있고 시료채취에 필요한 충분한 강도를 가져야 한다.

74 「화재증거물 수집관리규칙」 규정에 따른 증거물 시료용기 중 휘발성 액체 유리병마개로 가장 적합하지 않는 것은?

① 코르크마개
② 폴리테트라플루오로에틸렌(PTFE)으로 된 마개
③ 내유성의 내부판이 부착된 플라스틱마개
④ 금속의 스크루마개

해설
- 유리병은 유리 또는 폴리테트라플루오로에틸렌(PTFE)으로 된 마개나 내유성의 내부판이 부착된 플라스틱이나 금속의 스크루마개를 가지고 있어야 한다.
- 코르크마개는 휘발성 액체용기에 사용해서는 안 된다.

75 「화재증거물 수집관리규칙」 규정에 따른 증거물 시료용기마개의 내용으로 틀린 설명은?

① 코르크마개, 고무, 마분지, 합성 코르크마개 또는 플라스틱 물질은 시료와 직접 접촉 되어서는 안 된다.
② 코르크마개, 고무, 마분지, 합성 코르크마개를 시료용기의 밀폐에 사용할 때에는 알루미늄이나 주석 호일로 감싸야 한다.
③ 양철용기는 돌려막는 스크루뚜껑만 아니라 밀어막는 금속마개를 갖추어야 한다.
④ 클로로프렌 고무, 폴리테트라플루오로에틸렌은 시료와 직접 접촉해서는 안 된다.

해설
클로로프렌 고무, 폴리테트라플루오로에틸렌은 제외한다.

증거물 시료용기 마개
- 코르크마개, 고무(클로로프렌 고무는 제외), 마분지, 합성 코르크마개 또는 플라스틱 물질(PTFE는 제외)은 시료와 직접 접촉되어서는 안 된다.
- 만일 이런 물질들을 시료 용기의 밀폐에 사용할 때에는 알루미늄이나 주석 호일로 감싸야 한다.
- 양철용기는 돌려막는 스크루뚜껑만 아니라 밀어막는 금속마개를 갖추어야 한다.
- 유리마개는 병의 목 부분에 공기가 새지 않도록 단단히 막아야 한다.

정답 73 ④ 74 ① 75 ④

76 「화재증거물 수집관리규칙」에 규정된 증거물 보관·이동에 관한 설명이다. 옳지 않은 설명은?

① 증거물은 수집단계부터 검사 및 감정이 완료되어 반환 또는 폐기되는 전 과정에 있어서 화재조사자 또는 이와 동일한 자격 및 권한을 가진 자의 책임 하에 행해져야 한다.
② 증거물의 보관 및 이동은 장소 및 방법, 책임자 등이 지정된 상태에서 행해져야 된다.
③ 증거물의 보존기간은 5년으로 한다.
④ 증거물의 보관은 전용실 또는 전용함 등 변형이나 파손될 우려가 없는 장소에 보관해야 한다.

해설
증거물의 보존기간은 없다.

77 다음 중 「화재증거물 수집관리규칙」에 따른 증거물 시료용기에 관한 설명으로 맞지 않은 것은?

① 장비와 용기를 포함한 모든 장치는 원래의 목적과 채취할 시료에 적합하여야 한다.
② 휘발성 액체를 수집한 유리병 마개로는 코르크마개를 사용해서는 안 된다.
③ 주석 도금 캔(Can)은 1회 사용 후 반드시 폐기한다.
④ 클로로프렌 고무마개는 시료와 직접 접촉되어서는 안된다.

해설
증거물 시료용기

구 분	용기 내용
공통 사항	• 장비와 용기를 포함한 모든 장치는 원래의 목적과 채취할 시료에 적합하여야 한다. • 시료 용기는 시료의 저장과 이동에 사용되는 용기로 적당한 마개를 가지고 있어야 한다. • 시료 용기는 취급할 제품에 의한 용매의 작용에 투과성이 없고 내성을 갖는 재질로 되어 있어야 하며, 정상적인 내부 압력에 견딜 수 있고 시료채취에 필요한 충분한 강도를 가져야 한다.
유리병	• 유리병은 유리 또는 폴리테트라플루오로에틸렌(PTFE)으로 된 마개나 내유성의 내부판이 부착된 플라스틱이나 금속의 스크루마개를 가지고 있어야 한다. • 코르크마개는 휘발성 액체에 사용하여서는 안 된다. 만일 제품이 빛에 민감하다면 짙은 색깔의 시료병을 사용한다. • 세척방법은 병의 상태나 이전의 내용물, 시료의 특성 및 시험하고자 하는 방법에 따라 달라진다.
주석 도금 캔 (Can)	• 캔은 사용 직전에 검사하여야 하고 새거나 녹슨 경우 폐기한다. • 주석 도금 캔(Can)은 1회 사용 후 반드시 폐기한다.
양철 캔 (Can)	• 양철 캔은 적합한 양철 판으로 만들어야 하며, 프레스를 한 이음매 또는 외부 표면에 용매로 송진 용제를 사용하여 납땜을 한 이음매가 있어야 한다. • 양철 캔은 기름에 견딜 수 있는 디스크를 가진 스크루마개 또는 누르는 금속마개로 밀폐될 수 있으며, 이러한 마개는 한 번 사용한 후에는 폐기되어야 한다. • 양철 캔과 그 마개는 청결하고 건조해야 한다. • 사용하기 전에 캔의 상태를 조사해야 하며 누설이나 녹이 발견될 때에는 사용할 수 없다.
시료 용기의 마개	• 코르크마개, 고무(클로로프렌 고무는 제외), 마분지, 합성 코르크마개 또는 플라스틱 물질(PTFE는 제외)은 시료와 직접 접촉되어서는 안 된다. • 만일 이런 물질들을 시료 용기의 밀폐에 사용할 때에는 알루미늄이나 주석 호일로 감싸야 한다. • 양철용기는 돌려막는 스크루 뚜껑만 아니라 밀어막는 금속마개를 갖추어야 한다. • 유리마개는 병의 목 부분에 공기가 새지 않도록 단단히 막아야 한다.

정답 76 ③ 77 ④

78 승객이 있는 기차에 불을 놓은 경우에 해당되는 죄는 무엇인가?

① 현주건조물 등에의 방화
② 공용건조물 등에의 방화
③ 일반건조물 등에의 방화
④ 일반물건에의 방화

해설
현주건조물 등에의 방화
불을 놓아 사람이 주거로 사용하거나 사람이 현존하는 건조물, 기차, 전차, 자동차, 선박, 항공기 또는 지하채굴시설을 불태운 자는 무기 또는 3년 이상의 징역에 처한다.

79 현주건조물 등에의 방화한 사람에게 가하는 벌칙으로 옳지 않은 것은?

① 사람을 상해에 이르게 한 때에는 무기 또는 5년 이상의 징역
② 사람을 사망에 이르게 한 때에는 사형, 무기 또는 7년 이상의 징역
③ 사람이 주거로 사용하거나 사람이 현존하는 건조물, 기차, 전차, 자동차, 선박, 항공기 또는 지하채굴시설을 불태운 자는 무기 또는 3년 이상의 징역
④ 자기 소유에 속한 물건을 불태운 때에는 5년 이하의 징역

해설
형법 제164조(현주건조물 등에의 방화)
① 불을 놓아 사람이 주거로 사용하거나 사람이 현존하는 건조물, 기차, 전차, 자동차, 선박, 항공기 또는 지하채굴시설을 불태운 자는 무기 또는 3년 이상의 징역에 처한다.
② ①의 죄를 범하여 사람을 상해에 이르게 한 때에는 무기 또는 5년 이상의 징역에 처한다. 사망에 이르게 한 때에는 사형, 무기 또는 7년 이상의 징역에 처한다.

80 공용건조물 등에의 방화죄 대상물이 아닌 것은?

① 건조물
② 자동차
③ 임야
④ 지하채굴시설

81 업무상 과실 또는 중대한 과실로 인하여 실화의 죄를 범한 자에 대한 벌칙은?

① 3년 이하의 금고 또는 1천 5백만원 이하의 벌금
② 3년 이하의 금고 또는 2천만원 이하의 벌금
③ 2년 이하의 금고 또는 1천 5백만원 이하의 벌금
④ 2년 이하의 금고 또는 2천만원 이하의 벌금

해설

죄 명	구체적 범죄내용	형 량
실화죄 (제170조)	과실로 인하여 현주건조물 등 또는 공용건조물 등에 기재한 물건 또는 타인의 소유에 속하는 일반건조물 등에 기재한 물건을 불태운 자	1천 500만원 이하의 벌금
	과실로 인하여 자기의 소유에 속하는 일반건조물 등 또는 일반물건에 기재한 물건을 불태워 공공의 위험을 발생하게 한 자	
업무상실화·중실화죄 (제171조)	업무상 과실 또는 중대한 과실로 인하여 위 실화죄를 범한 자	3년 이하의 금고 또는 2천만원 이하의 벌금

78 ① 79 ④ 80 ③ 81 ②

82 화재 시 소화기를 사용 못하도록 하거나 옥내 소화전을 파괴하는 등의 행동을 했다면 「형법」에 의하여 어떤 처벌을 받을 수 있는가?

① 10년 이하의 징역
② 7년 이하의 징역
③ 3년 이하의 금고
④ 1천 5백만원 이하의 벌금

> **해설**
> 진화방해(제169조)
> 화재에 있어서 진화용의 시설 또는 물건을 은닉 또는 손괴하거나 기타방법으로 진화를 방해한 자는 10년 이하의 징역에 처한다.

83 「민법」상 소멸시효에 대한 설명으로 맞는 것은?

① 손해 및 가해자를 안 날로부터 3년
② 불법행위를 안 날로부터 3년
③ 손해 및 가해자를 안 날로부터 10년
④ 불법행위를 안 날로부터 10년

> **해설**
> 손해배상청구권의 소멸시효(민법 제766조)
> • 불법행위로 인한 손해배상의 청구권은 피해자나 그 법정대리인이 그 손해 및 가해자를 안 날로부터 3년간 이를 행사하지 아니하면 시효로 인하여 소멸한다.
> • 불법행위를 한 날로부터 10년을 경과한 때에도 같다.

84 보일러, 고압가스 기타 폭발성 있는 물건을 파열시켜 사람의 생명, 신체 또는 재산에 대하여 위험을 발생시킨 자의 벌칙은?

① 1년 이상의 유기징역
② 3년 이상의 유기징역
③ 무기 또는 5년 이상의 징역
④ 1천5백만원 이하의 벌금

> **해설**
> 기타 방화와 실화 관련 형법규정
>
> | 죄 명 | 구체적 범죄내용 | | 형 량 |
> |---|---|---|---|
> | 폭발성 물건파열 (치사상)죄 | 보일러, 고압가스, 기타 폭발성 있는 물건을 파열시켜 사람의 생명, 신체 또는 재산에 | 위험을 발생시킨 자 | 1년 이상의 유기징역 |
> | | | 상해에 이르게 한 때 | 무기 또는 3년 이상의 징역 |
> | | | 사망에 이르게 한 때 | 무기 또는 5년 이상의 징역 |

85 진화용의 시설 또는 물건을 은닉 또는 손괴한 자, 기타방법으로 진화를 방해한 자는 「형법」상 처벌을 받는다. 여기서 진화용 시설로 보기 어려운 것은?

① 옥내소화전
② 스프링클러설비
③ 화재경보설비
④ 소방호스

> **해설**
> 이외에 소화기, 소방차 등이 여기에 해당된다.

86 군청을 방화한 경우 방화시 민원인들이 청사 내에 있었다면 어떤 범죄가 성립하는가?

① 공용건조물 등에의 방화죄
② 현주건조물 등에의 방화죄
③ 일반건조물 등에의 방화죄
④ 일반물건에의 방화죄

> **해설**
> 현주건물 방화죄
> 불을 놓아 사람이 주거로 사용하거나 사람이 현존하는 건조물, 기차, 전차, 자동차, 선박, 항공기 또는 지하채굴시설을 불태운 경우이며, 본 죄에서 사람이란 범인 이외의 사람을 말하므로 범인이 혼자 살고 있는 집 또는 혼자 있는 건조물에 방화한 때에는 현주건조물이 아니라 일반건조물 방화죄가 성립된다.

정답 82 ① 83 ① 84 ① 85 ③ 86 ②

87 구급출동하여 환자를 이송하러 간 사이 주차 중인 구급차에 불을 놓은 경우 죄목은?

① 일반물건에의 방화죄
② 현주건조물 등에의 방화죄
③ 일반건조물 등에의 방화죄
④ 공용건조물 등에의 방화죄

해설
공용건조물 등에의 방화
불을 놓아 공용 또는 공익에 공하는 건조물, 기차, 전차, 자동차, 선박, 항공기 또는 지하채굴시설을 불태운 자는 무기 또는 3년 이상의 징역에 처한다.

88 「민법」에 따른 불법행위 책임에 해당하는 것은?

① 과실책임   ② 무과실책임
③ 위험책임   ④ 손해배상책임

해설
고의 또는 과실로 인한 위법행위로 타인에게 손해를 가한 자는 그 손해를 배상할 책임이 있는 책임이 과실책임이다.

89 「소방의 화재조사에 관한 법률」상 소방공무원과 경찰공무원의 협력해야 할 사항으로 틀린 것은?

① 화재현장의 출입·보존 및 통제에 관한 사항
② 화재조사에 필요한 증거물의 수집 및 보존에 관한 사항
③ 관계인등에 대한 진술 확보에 관한 사항
④ 제조물책임 등 방화·실화 수사에 관한 사항

해설
소방공무원과 경찰공무원의 협력 등(법 제12조)
소방공무원과 경찰공무원(제주특별자치도의 자치경찰공무원을 포함한다)은 다음 각 호의 사항에 대하여 서로 협력하여야 한다.
• 화재현장의 출입·보존 및 통제에 관한 사항
• 화재조사에 필요한 증거물의 수집 및 보존에 관한 사항
• 관계인등에 대한 진술 확보에 관한 사항
• 그 밖에 화재조사에 필요한 사항

90 「소방의 화재조사에 관한 법률」상 소방공무원과 경찰공무원의 협력에 관한 사항으로 (   )에 알맞은 내용은?

> 소방관서장은 방화 또는 실화의 혐의가 있다고 인정되면 지체 없이 (   )에게 그 사실을 알리고 필요한 증거를 수집·보존하는 등 그 범죄수사에 협력하여야 한다.

① 시·도지사
② 관할 구청장
③ 관할 검찰지청
④ 경찰서장

해설
소방공무원과 경찰공무원의 협력 등(법 제12조)
소방관서장은 방화 또는 실화의 혐의가 있다고 인정되면 지체 없이 경찰서장에게 그 사실을 알리고 필요한 증거를 수집·보존하는 등 그 범죄수사에 협력하여야 한다.

91 「소방의 화재조사에 관한 법률」 상 관계 기관 등의 협조에 관한 사항으로 옳지 않은 것은?

① 소방관서장, 중앙행정기관의 장, 지방자치단체의 장은 화재조사에 필요한 사항에 대하여 서로 협력하여야 한다.
② 소방관서장, 보험회사, 그 밖의 관련 기관·단체의 장은 화재조사에 필요한 사항에 대하여 서로 협력하여야 한다.
③ 개인정보를 포함한 보험가입 정보 제공을 요청받은 기관은 정당한 사유가 없어도 이를 거부할 수 있다.
④ 소방관서장은 화재원인 규명 및 피해액 산출 등을 위하여 필요한 경우에는 금융감독원, 관계 보험회사 등에 개인정보를 포함한 보험가입 정보 등을 요청할 수 있다.

[해설]
개인정보를 포함한 보험가입 정보 제공을 요청받은 기관은 정당한 사유가 없으면 이를 거부할 수 없다.

92 「제조물책임법」에서 사용하는 제조물의 결함이 아닌 것은?

① 제조상의 결함
② 설계상의 결함
③ 표시상의 결함
④ 사용상의 결함

[해설]
"결함"이라 함은 당해 제조물에 제조·설계 또는 표시상의 결함이나 기타 통상적으로 기대할 수 있는 안전성이 결여되어 있는 것을 말한다.

93 「소방의 화재조사에 관한 법령」 상 화재조사 결과의 공표에 관한 사항으로 옳지 않은 것은?

① 소방관서장은 필요한 경우 화재조사 결과를 공표할 수 있다.
② 국민이 유사한 화재로부터 피해를 입지 않도록 하기 위해 필요한 경우 화재조사 결과를 공표할 수 있다.
③ 사회적 관심이 집중되어 국민의 알 권리 충족 등 개인의 이익을 위해 필요한 경우 화재조사 결과를 공표할 수 있다.
④ 수사가 진행 중이거나 수사의 필요성이 인정되는 경우에는 관계 수사기관의 장과 공표 여부에 관하여 사전에 협의하여야 한다.

[해설]
사회적 관심이 집중되어 국민의 알 권리 충족 등 공공의 이익을 위해 필요한 경우 화재조사 결과를 공표할 수 있다.

94 「제조물책임법」에서 사용하는 제조업자의 제조물에 대한 제조·가공상의 주의의무의 이행여부에 불구하고 제조물이 원래 의도한 설계와 다르게 제조·가공됨으로써 안전하지 못하게 된 경우를 무엇이라 하는가?

① 제조상의 결함
② 설계상의 결함
③ 표시상의 결함
④ 기타 통상적으로 기대할 수 있는 안전성이 결여되어 있는 것

[해설]
"제조상의 결함"이라 함은 제조업자의 제조물에 대한 제조·가공상의 주의의무의 이행여부에 불구하고 제조물이 원래 의도한 설계와 다르게 제조·가공됨으로써 안전하지 못하게 된 경우를 말한다.

정답 91 ③ 92 ④ 93 ③ 94 ①

95 「제조물책임법」에서 사용하는 제조업자가 합리적인 대체설계를 채용하였더라면 피해나 위험을 줄이거나 피할 수 있었음에도 대체설계를 채용하지 아니하여 당해 제조물이 안전하지 못하게 된 경우를 무엇이라 하는가?

① 제조상의 결함
② 설계상의 결함
③ 표시상의 결함
④ 기타 통상적으로 기대할 수 있는 안전성이 결여되어 있는 것

해설
"설계상의 결함"이라 함은 제조업자가 합리적인 대체설계를 채용하였더라면 피해나 위험을 줄이거나 피할 수 있었음에도 대체설계를 채용하지 아니하여 당해 제조물이 안전하지 못하게 된 경우를 말한다.

96 「제조물책임법」에서 사용하는 제조업자가 합리적인 설명·지시·경고 기타의 표시를 하였더라면 당해 제조물에 의하여 발생될 수 있는 피해나 위험을 줄이거나 피할 수 있었음에도 이를 하지 아니한 경우를 무엇이라 하는가?

① 제조상의 결함
② 설계상의 결함
③ 표시상의 결함
④ 기타 통상적으로 기대할 수 있는 안전성이 결여되어 있는 것

해설
"표시상의 결함"이라 함은 제조업자가 합리적인 설명·지시·경고 기타의 표시를 하였더라면 당해 제조물에 의하여 발생될 수 있는 피해나 위험을 줄이거나 피할 수 있었음에도 이를 하지 아니한 경우를 말한다.

97 「제조물책임법」에서 사용하는 손해배상책임 주체인 제조업자에 대한 옳지 않은 설명은?

① 제조물의 제조를 업으로 하는 자
② 제조물의 가공을 업으로 하는 자
③ 제조물의 수입을 업으로 하는 자
④ 제조물의 공급을 업으로 하는 자

해설
"제조업자"라 함은 제조물의 제조·가공 또는 수입을 업으로 하는 자와 제조물에 성명·상호·상표 기타 식별 가능한 기호 등을 사용하여 자신을 제조·가공 또는 수입업자로 표시한 자 또는 제조·가공 또는 수입업자로 오인시킬 수 있는 표시를 한 자

98 「제조물책임법」의 주요 내용으로 옳지 않은 것은?

① 제조업자는 면책규정이 없으므로 결함이 발생하면 손해배상의 책임이 모두 발생한다.
② 동일한 손해에 대하여 배상할 책임이 있는 자가 2인 이상인 경우에는 「민법」상 불법행위와 같이 연대책임을 지도록 하고 있다.
③ 제조업자의 배상책임을 배제하거나 제한하는 특약은 무효로 하고 있다.
④ 손해배상 청구권의 소멸시효가 규정되어 있다.

정답 95 ② 96 ③ 97 ④ 98 ①

해설

제조업자의 면책사유로서 네 가지를 규정하고 있다 (법 제4조).
- 제조업자가 당해 제조물을 공급하지 아니한 사실
- 제조업자가 당해 제조물을 공급한 때의 과학·기술 수준으로는 결함의 존재를 발견할 수 없었다는 사실
- 제조물의 결함이 제조업자가 당해 제조물을 공급할 당시의 법령이 정하는 기준을 준수함으로써 발생한 사실
- 원재료 또는 부품의 경우에는 당해 원재료 또는 부품을 사용한 제조물 제조업자의 설계 또는 제작에 관한 지시로 인하여 결함이 발생했다는 사실 등을 입증한 때에는 손해배상책임을 면할 수 있도록 하고 있다.

99 「제조물책임법」에서 제조물의 결함으로 인하여 발생한 손해를 제조업자가 입증한 경우 면책사유로 옳지 않은 것은?

① 제조업자가 당해 제조물을 공급하지 아니한 사실
② 제조업자가 당해 제조물을 공급한 때의 과학·기술 수준으로는 결함의 존재를 발견할 수 있었다는 사실
③ 제조물의 결함이 제조업자가 당해 제조물을 공급할 당시의 법령이 정하는 기준을 준수함으로써 발생한 사실
④ 원재료 또는 부품의 경우에는 당해 원재료 또는 부품을 사용한 제조물 제조업자의 설계 또는 제작에 관한 지시로 인하여 결함이 발생하였다는 사실

해설
제조업자가 당해 제조물을 공급한 때의 과학·기술 수준으로는 결함의 존재를 발견할 수 없었다는 사실을 입증하면 손해배상책임이 면제된다.

100 포괄적으로 결함의 가능성을 염두해 둔 것으로 광고매체(신문, 방송), 홍보전단·카탈로그 등에 기인하여 발생한 결함을 「제조물책임법」에서 무엇이라 하는가?

① 제조상의 결함
② 설계상의 결함
③ 표시상의 결함
④ 기타 통상적으로 기대할 수 있는 안전성이 결여되어 있는 결함

해설
광고매체(신문, 방송), 홍보전단·카탈로그 등에 기인하여 발생한 결함의 경우를 기타 통상적으로 기대할 수 있는 안전성이 결여되어 있는 결함이라고 볼 수 있다.

101 「실화책임에 관한 법률」에서 실화가 중대한 과실에 의한 것이 아닌 경우 그로 인한 손해의 배상의무자는 법원에 손해배상액의 경감을 청구할 수 있는데, 법원이 손해배상액을 경감하기 위하여 고려할 사항이 아닌 것은?

① 화재의 원인과 규모
② 실화자의 사회성
③ 피해 확대를 방지하기 위한 실화자의 노력
④ 배상의무자 및 피해자의 경제상태

해설
실화책임에 관한 법률 제3조(손해배상액의 경감)
실화가 중대한 과실에 의한 것이 아닌 경우 그로 인한 손해배상의무자는 법원에 손해배상액의 경감을 청구할 수 있으며, 법원은 화재의 원인과 규모, 배상의무자 및 피해자의 경제상태 등을 고려하여 손해배상액을 경감할 수 있도록 함(법 제3조)
- 화재의 원인과 규모
- 피해의 대상과 정도
- 연소(延燒) 및 피해 확대의 원인
- 피해 확대를 방지하기 위한 실화자의 노력
- 배상의무자 및 피해자의 경제상태
- 그 밖에 손해배상액을 결정할 때 고려할 사정

102 「제조물책임법」상 손해배상의 책임 요건에 대한 설명으로 옳지 않은 것은?

① 결함과 손해 간의 인과관계가 존재하여야 한다.
② 결함의 존재, 손해의 발생, 결함과 손해발생의 인과관계 존재를 손해배상을 청구하는 자가 입증하여야 한다.
③ 가해자의 고의·과실여부와 상관없이 결함존재(객관적 사실)와 그로 인한 손해발생 입증만 하면 된다.
④ 손해배상 범위는 피해자의 물적 손해, 즉 생명·신체·재산상의 손해만이며, 정신적 손해 위자료는 판례 및 실무에서 인정되지 않고 있다.

해설
「제조물책임법」상 책임
- 결함과 손해발생의 인과관계 존재 : 제조업자 등에게 손해배상책임을 청구하기 위해서는 제조물의 결함과 해당 손해간의 인과관계가 존재하여야 한다.
- 입증책임 : 결함의 존재, 손해의 발생, 결함과 손해발생의 인과관계 존재를 손해배상을 청구하는 자가 입증하여야 한다. 가해자의 고의·과실여부와 상관없이(무과실책임의 원칙) 결함과 손해발생의 인과관계 존재를 입증하게 되면 구제가 가능하다.
- 손해배상의 범위
  - 피해자의 물적 손해 즉 생명·신체·재산상의 손해는 물론이고 정신적 손해(위자료)도 판례 및 실무에 따라 인정되고 있다.
  - 피해자가 법인인 경우 또는 피해대상이 사업용 재산인 경우에도 손해배상의 대상이 된다.
  - 당해 제조물 자체의 손해는 품질상의 하자가 있는 경우로서 「제조물책임법」에 의한 손해배상에서 제외되며, 하자담보책임이나 채무불이행책임에 의해서 구제될 것이다.

103 「제조물책임법」의 손해배상 책임에 관한 설명이다. 괄호 안에 적합한 내용은?

> 동일한 손해에 대하여 배상할 책임이 있는 자가 (㉠) 이상인 경우에는 (㉡)하여 그 손해를 배상할 책임이 있다.

① ㉠ 1인, ㉡ 연대
② ㉠ 2인, ㉡ 연대
③ ㉠ 1인, ㉡ 협력
④ ㉠ 2인, ㉡ 협력

해설
연대책임
- 결함이 있는 제품의 제조에 관여한 자가 2인 이상일 경우에는 관여자 모두가 연대하여 자기의 책임원인과 상당인과 관계에 있는 손해에 대하여 배상할 의무를 지게 된다.
- 피해자는 배상책임자 중 선택적으로 손해배상청구가 가능하여 피해자 구제가 강력해진다.

104 「제조물책임법」의 면책특약에 대한 규정이다. 괄호 안에 적합한 내용은?

> 이 법에 따른 손해배상책임을 (㉠)하거나 (㉡)하는 특약(特約)은 (㉢)로 한다. 다만, 자신의 영업에 이용하기 위하여 제조물을 공급받은 자가 자신의 영업용 재산에 발생한 손해에 관하여 그와 같은 특약을 체결한 경우에는 그러하지 아니하다.

① ㉠ 배제, ㉡ 금지, ㉢ 실효
② ㉠ 제한, ㉡ 금지, ㉢ 실효
③ ㉠ 배제, ㉡ 제한, ㉢ 무효
④ ㉠ 제한, ㉡ 금지, ㉢ 무효

102 ④ 103 ② 104 ③

> **해설**
> **제조물책임에 대한 면책특약의 제한**
> - 이 법에 의한 제조물책임을 배제하거나 제한하는 특약은 당연 무효가 된다. 계약관계의 상대적 약자인 일반소비자가 제조업자가 일방적으로 제시한 특약을 수용하지 않을 수 없는 상황에서 제조업자의 책임회피수단으로 면책특약이 사용될 가능성이 배제된다.
> - 다만, 영업용 재산에 대하여 발생한 손해에 관한 면책특약을 제한하지 않는 것은 거래관계상 자기방어가 가능한 사업자까지 엄격하게 보호할 필요가 없다는 취지로 제한된 범위(영업용 재산에 대한 피해)에서 면책특약을 인정하는 것으로 본다.

105 「소방의 화재조사에 관한 법률」상 화재조사의 결과 통보에 관한 사항이다. ( )에 들어갈 내용으로 옳지 않은 것은?

> 소방관서장은 화재조사 결과를 ( ), ( ), 그 밖의 관련 ( ) 또는 ( ) 등에게 통보하여 유사한 화재가 발생하지 않도록 필요한 조치를 취할 것을 요청할 수 있다.

① 중앙행정기관의 장
② 지방자치단체의 장
③ 기관·단체의 장
④ 보험회사

> **해설**
> **화재조사 결과 통보(법 제15조)**
> 소방관서장은 화재조사 결과를 중앙행정기관의 장, 지방자치단체의 장, 그 밖의 관련 기관·단체의 장 또는 관계인 등에게 통보하여 유사한 화재가 발생하지 않도록 필요한 조치를 취할 것을 요청할 수 있다.

106 「제조물책임법」에서 제조물의 결함으로 발생한 손해배상청구권의 소멸시효로 맞는 것은?

① 손해배상책임을 지는 자를 안 날부터 1년
② 손해배상책임을 지는 자를 안 날부터 2년
③ 손해배상책임을 지는 자를 안 날부터 3년
④ 손해배상책임을 지는 자를 안 날부터 5년

> **해설**
> **소멸시효 등 (제7조)**
> - 이 법에 따른 손해배상의 청구권은 피해자 또는 그 법정대리인이 다음 각 호의 사항을 모두 알게 된 날부터 3년간 행사하지 아니하면 시효완성으로 소멸한다.
>   – 손 해
>   – 손해배상책임을 지는 자
> - 이 법에 따른 손해배상의 청구권은 제조업자가 손해를 발생시킨 제조물을 공급한 날부터 10년 이내에 행사하여야 한다. 다만, 신체에 누적되어 사람의 건강을 해치는 물질에 의하여 발생한 손해 또는 일정한 잠복기간(潛伏期間)이 지난 후에 증상이 나타나는 손해에 대하여는 그 손해가 발생한 날부터 기산(起算)한다.

107 「소방의 화재조사에 관한 법률 및 같은 법 시행규칙」상 화재증명원 발급에 관한 사항으로 옳지 않은 것은?

① 소방관서장은 화재와 관련된 이해관계인 또는 화재발생 내용 입증이 필요한 사람이 화재를 증명하는 서류발급을 신청하는 때에는 화재증명원을 발급할 수 있다.
② 신청을 받은 소방관서장은 신청인이 화재와 관련된 이해관계인 또는 화재발생 내용 입증이 필요한 사람인 경우에는 화재증명원을 신청인에게 발급해야 한다.
③ 화재증명원의 발급을 신청하려는 자는 화재증명원 발급신청서를 소방관서장에게 제출해야 한다.
④ 신청인은 본인의 신분이 확인될 수 있는 신분증명서 또는 법인인 경우 법인 등기사항증명서를 제시해야 한다.

> **해설**
> 소방관서장은 화재와 관련된 이해관계인 또는 화재발생 내용 입증이 필요한 사람이 화재를 증명하는 서류발급을 신청하는 때에는 화재증명원을 발급하여야 한다.

정답 105 ④ 106 ③ 107 ①

108 「소방의 화재조사에 관한 법률」에 따른 감정기관의 지정·운영등에 관한 사항으로 옳지 않은 것은?

① 소방청장은 과학적이고 전문적인 화재조사를 위하여 대통령령으로 정하는 시설과 전문인력 등 지정기준을 갖춘 기관을 화재감정기관으로 지정·운영하여야 한다.
② 소방청장은 지정된 감정기관에서의 과학적 조사·분석 등에 소요되는 비용의 전부 또는 일부를 지원할 수 있다.
③ 소방청장은 감정기관의 지정을 취소하려면 청문을 하여야 한다.
④ 고의 또는 중대한 과실로 감정 결과를 사실과 다르게 작성한 경우에는 지정을 취소해야 한다.

해설
고의 또는 중대한 과실로 감정 결과를 사실과 다르게 작성한 경우에는 지정을 취소할 수 있다.

109 손괴죄에 대한 설명으로 옳지 않은 것은?

① 물건의 소재를 불명하게 하여 그 발견을 곤란 또는 불능하게 하는 일체의 행위를 은닉이라 한다.
② 타인의 재물, 문서 또는 전자기록 등 특수매체기록을 손괴 또는 은닉, 기타방법으로 효용을 해한 죄를 말한다.
③ 손괴란 물건의 현상(現狀)을 변경시키거나, 그 효용을 감소 또는 감실케 하는 일체의 행위를 말한다.
④ 5년 이하의 징역 또는 1,500만원 이하의 벌금에 처한다.

해설
타인의 재물, 문서 또는 전자기록 등 특수매체기록을 손괴 또는 은닉, 기타방법으로 효용을 해한 자는 3년 이하의 징역 또는 700만원 이하의 벌금에 처한다.

110 「소방의 화재조사에 관한 법률」에 따른 감정기관으로 지정받은 자가 이 법을 위반하여 지정취소해야 하는 경우로 옳은 것은?

① 시설과 전문인력 등 지정기준에 적합하지 아니하게 된 경우
② 고의 또는 중대한 과실로 감정 결과를 사실과 다르게 작성한 경우
③ 거짓이나 그 밖의 부정한 방법으로 지정을 받은 경우
④ 의뢰받은 감정을 정당한 사유 없이 거부하거나 1개월 이상 수행하지 않은 경우

해설
소방청장은 감정기관으로 지정받은 자가 다음 각 호의 어느 하나에 해당하는 경우에는 지정을 취소할 수 있다. 다만, 다음 제호에 해당하는 경우에는 지정을 취소하여야 한다.
1. 거짓이나 그 밖의 부정한 방법으로 지정을 받은 경우
2. 지정기준에 적합하지 아니하게 된 경우
3. 고의 또는 중대한 과실로 감정 결과를 사실과 다르게 작성한 경우
4. 그 밖에 대통령령으로 정하는 사항을 위반한 경우
   - 의뢰받은 감정을 정당한 사유 없이 거부하거나 1개월 이상 수행하지 않은 경우
   - 거짓이나 그 밖의 부정한 방법으로 감정 비용을 청구한 경우

111 「형법」에 따른 손괴죄를 모두 고른 것은?

재물손괴죄, 공익(公益)건조물파괴죄, 중손괴죄, 특수손괴죄, 미수범, 경계침범죄, 폭발물성 파열죄, 진화방해죄, 미수범

① 상기 다 맞다.
② 재물손괴죄, 공익(公益)건조물파괴죄, 중손괴죄, 특수손괴죄
③ 재물손괴죄, 공익(公益)건조물파괴죄, 중손괴죄, 특수손괴죄, 경계침범죄
④ 재물손괴죄, 공익(公益)건조물파괴죄, 중손괴죄, 특수손괴죄, 경계침범죄, 미수범

108 ④ 109 ④ 110 ③ 111 ④

해설
형법상 손괴죄의 유형 및 벌칙

죄 명	구체적 범죄내용	벌 칙
재물손괴 등 (제366조)	타인의 재물, 문서 또는 전자기록 등 특수매체기록을 손괴 또는 은닉, 기타 방법으로 효용을 해한 자	3년 이하의 징역 또는 700만원 이하의 벌금
공익건조물 파괴 (제367조)	공익에 공하는 건조물을 파괴한 자	10년 이하의 징역 또는 2천만원 이하의 벌금
중손괴 (제368조)	재물손괴, 공익건조물손괴의 죄를 범하여 사람(의)을	생명 또는 신체에 대하여 위험을 발생하게 한 때	1년 이상 10년 이하의 징역
		상해에 이르게 한 때	1년 이상의 유기징역
		사망에 이르게 한 때	3년 이상의 유기징역
특수손괴 (제369조)	단체 또는 다중의 위력을 보이거나 위험한 물건을 휴대하여 재물·문서·특수매체기록 등을 손괴죄를 범한 때	5년 이하의 징역 또는 1천만원 이하의 벌금
	단체 또는 다중의 위력을 보이거나 위험한 물건을 휴대하여 공익건조물을 손괴죄를 범한 때	1년 이상의 유기징역 또는 2천만원 이하의 벌금
경계침범 (제370조)	경계표를 손괴, 이동 또는 제거하거나 기타방법으로 토지의 경계를 인식 불능하게 한 자	3년 이하의 징역 또는 500만원 이하의 벌금
미수범 (제371조)	재물손괴죄, 공익건조물손괴죄와 특수손괴죄의 미수범은 처벌한다.	형의 감경가능 (25조)

112 「소방의 화재조사에 관한 법률 시행령」에 따른 화재감정기관의 지정기준에 해당하지 않은 것은?

① 사무실
② 시 설
③ 장 비
④ 전문인력

해설
소방청장은 과학적이고 전문적인 화재조사를 위하여 대통령령으로 정하는 시설·전문인력 및 장비기준을 갖춘 기관을 화재감정기관(이하 "감정기관"이라 한다)으로 지정·운영하여야 한다.

113 「소방의 화재조사에 관한 법률 시행령」에 따른 화재감정기관의 전문인력 지정기준으로 옳은 것은?

① 주된 기술인력 2명 이상, 보조 기술인력 3명 이상
② 주된 기술인력 1명 이상, 보조 기술인력 2명 이상
③ 주된 기술인력 1명 이상, 보조 기술인력 4명 이상
④ 주된 기술인력 2명 이상, 보조 기술인력 4명 이상

해설
화재감정기관 전문인력 지정기준

구 분	최소인원	지정기준
주된 기술인력	2명 이상	• 국가기술자격의 직무분야 중 화재감식평가 분야의 기사 자격 취득 후 화재조사 관련 분야에서 5년 이상 근무한 사람 • 화재조사관 자격 취득 후 화재조사 관련 분야에서 5년 이상 근무한 사람 • 이공계 분야의 박사학위 취득 후 화재조사 관련 분야에서 2년 이상 근무한 사람
보조 기술인력	3명 이상	• 국가기술자격의 직무분야 중 화재감식평가 분야의 기사 또는 산업기사 자격을 취득한 사람 • 화재조사관 자격을 취득한 사람 • 소방청장이 인정하는 화재조사 관련 국제자격증 소지자 • 이공계 분야의 석사 이상 학위 취득 후 화재조사 관련 분야에서 1년 이상 근무한 사람

정답 112 ① 113 ①

114 다음 중 경범죄 처벌법상의 처벌 대상이 아닌 경우는?

① 쓰레기 투기
② 위험한 불씨 사용
③ 무단출입
④ 정당한 사유 없이 지상식소화전 사용

> **해설**
> 화재 관련 경범죄의 종류와 처벌(제3조)

죄명	범칙행위	범칙금액
쓰레기 등 투기 (제3조 제1항 11호)	담배꽁초, 껌, 휴지를 아무 곳에나 버린 경우	3만원
위험한 불씨 사용 (제3조 제1항 제22호)	충분한 주의를 하지 아니하고 건조물, 수풀, 그 밖에 불붙기 쉬운 물건 가까이에서 불을 피우거나 휘발유 또는 그 밖에 불이 옮겨붙기 쉬운 물건 가까이에서 불씨를 사용한 사람	8만원
공무원 원조 불응 (제3조 제1항 제29호)	눈·비·바람·해일·지진 등으로 인한 재해, 화재·교통사고·범죄, 그 밖의 급작스러운 사고가 발생하였을 때에 현장에 있으면서도 정당한 이유 없이 관계 공무원 또는 이를 돕는 사람의 현장출입에 관한 지시에 따르지 아니하거나 공무원이 도움을 요청하여도 도움을 주지 아니한 사람	5만원
지문채취 불응 (제3조 제1항 제34호)	범죄 피의자로 입건된 사람의 신원을 지문조사 외의 다른 방법으로는 확인할 수 없어 경찰공무원이나 검사가 지문을 채취하려고 할 때에 정당한 이유 없이 이를 거부한 사람	5만원
무단출입 (제3조 제1항 제37호)	출입이 금지된 구역이나 시설 또는 장소에 정당한 이유 없이 들어간 사람	2만원
업무방해 (제3조 제2항 제3호)	못된 장난 등으로 다른 사람, 단체 또는 공무수행 중인 자의 업무를 방해한 사람	16만원

115 다음 중 경범죄 처벌법상의 형의 종류가 아닌 것은?

① 벌금
② 구류
③ 과태료
④ 과료

> **해설**
> 경범죄 처벌법상 벌칙은 벌금, 구류 또는 과료(科料)의 형으로 처벌한다.

116 다음 중 경범죄 처벌법상의 범칙자에 해당되는 사람은?

① 범칙행위를 상습적으로 하는 사람
② 피해자가 있는 행위를 한 사람
③ 19세 성년이 된 사람
④ 죄를 지은 동기나 수단 및 결과를 헤아려 볼 때 구류처분을 하는 것이 적절하다고 인정되는 사람

> **해설**
> "범칙자"란 범칙행위를 한 사람으로서 다음의 어느 하나에 해당하지 아니하는 사람을 말한다.
> • 범칙행위를 상습적으로 하는 사람
> • 죄를 지은 동기나 수단 및 결과를 헤아려볼 때 구류처분을 하는 것이 적절하다고 인정되는 사람
> • 피해자가 있는 행위를 한 사람
> • 18세 미만인 사람

117
「소방의 화재조사에 관한 법률 시행령」상 화재감정기관의 전문인력 지정기준에서 전문인력 지정기준 중 옳은 것을 모두 고른 것은?

> 가. 국가기술자격의 직무분야 중 화재감식평가 분야의 기사 자격 취득 후 화재조사 관련 분야에서 5년 이상 근무한 사람
> 나. 소방청장이 인정하는 화재조사 관련 국제자격증 소지자
> 다. 화재조사관 자격 취득 후 화재조사 관련 분야에서 3년 이상 근무한 사람
> 라. 이공계 분야의 박사학위 취득 후 화재조사 관련 분야에서 2년 이상 근무한 사람
> 마. 이공계 분야의 석사 이상 학위 취득 후 화재조사 관련 분야에서 1년 이상 근무한 사람

① 가, 나, 다, 라, 마
② 가, 라
③ 가, 다, 라
④ 가, 나, 다, 라

해설
화재감정기관 주된 기술인력의 지정기준
- 국가기술자격의 직무분야 중 화재감식평가 분야의 기사 자격 취득 후 화재조사 관련 분야에서 5년 이상 근무한 사람
- 화재조사관 자격 취득 후 화재조사 관련 분야에서 5년 이상 근무한 사람
- 이공계 분야의 박사학위 취득 후 화재조사 관련 분야에서 2년 이상 근무한 사람

118
「소방기본법」상 소방자동차가 화재진압 및 구조·구급활동을 위하여 출동하는 때에 이를 방해한 자에 대한 벌칙은?

① 5년 이하의 징역 또는 3천만원 이하의 벌금
② 5년 이하의 징역 또는 5천만원 이하의 벌금
③ 3년 이하의 징역 또는 1천 5백만원 이하의 벌금
④ 2년 이하의 징역 또는 1천만원 이하의 벌금

해설
「소방기본법」 위반 5년 이하의 징역 또는 5천만원 이하의 벌금
- 다음의 어느 하나에 해당하는 행위를 한 사람
  - 위력(威力)을 사용하여 출동한 소방대의 화재진압·인명구조 또는 구급활동을 방해하는 행위
  - 소방대가 화재진압·인명구조 또는 구급활동을 위하여 현장에 출동하거나 현장에 출입하는 것을 고의로 방해하는 행위
  - 출동한 소방대원에게 폭행 또는 협박을 행사하여 화재진압·인명구조 또는 구급활동을 방해하는 행위
  - 출동한 소방대의 소방장비를 파손하거나 그 효용을 해하여 화재진압·인명구조 또는 구급활동을 방해하는 행위
- 소방자동차의 출동을 방해한 사람
- 사람을 구출하는 일 또는 불을 끄거나 불이 번지지 아니하도록 하는 일을 방해한 사람
- 정당한 사유 없이 소방용수시설 또는 비상소화장치를 사용하거나 소방용수시설 또는 비상소화장치의 효용을 해치거나 그 정당한 사용을 방해한 사람

정답 117 ② 118 ②

119 화재가 발생하거나 불이 번질 우려가 있는 소방대상물 및 토지를 일시적으로 사용하거나, 그 사용의 제한 또는 소방활동에 필요한 처분을 방해한 자 또는 정당한 사유 없이 그 처분에 따르지 아니한 자의 벌칙은?

① 5년 이하의 징역 또는 3천만원 이하의 벌금
② 5년 이하의 징역 또는 5천만원 이하의 벌금
③ 3년 이하의 징역 또는 3천만원 이하의 벌금
④ 1년 이하의 징역 또는 1천만원 이하의 벌금

해설
「소방기본법」에 화재가 발생한 건물 또는 토지 등 강제처분에 따르지 않은 경우 3년 이하의 징역 또는 3천만원 이하의 벌금에 처한다.

120 「소방의 화재조사에 관한 법률 및 같은 법 시행령」상 화재감정기관의 전문인력 지정 기준에 관한 사항으로 옳지 않은 것은?

① 화재조사를 수행할 수 있는 감식·감정 장비, 증거물 수집 장비 등을 갖추어야 한다.
② 감정기관의 지정기준, 지정 절차, 지정 취소 및 운영 등에 필요한 사항은 소방청장이 정한다.
③ 증거물 등을 장기간 보존·보관할 수 있는 시설을 갖추어야 한다.
④ 주된 기술인력은 보조 기술인력이 될 수 있다.

해설
감정기관의 지정기준, 지정 절차, 지정 취소 및 운영 등에 필요한 사항은 대통령령으로 정한다.

121 범죄수사의 목적으로 맞지 않은 것은?

① 실체적 진실의 발견
② 기소(起訴) 여부 결정
③ 공소를 제기 및 유지
④ 무죄의 확정판결

해설
수사(搜査)의 목적
- 실체적 진실의 발견(수사의 1차 목표) : 범죄의 진상 발견
- 기소(起訴) 여부 결정
- 공소를 제기 및 유지
- 확정(유죄)판결(궁극적 목표) : 국가형벌권을 유효하고 적절하게 행사

122 검사가 법원에 대하여 특정 형사사건에 관한 심판을 구하는 의사표시를 내용으로 하는 소송행위를 무엇이라 하는가?

① 공소제기
② 정식재판
③ 구 공판
④ 약식명령

해설
공소제기의 의의
- 검사가 법원에 대하여 특정 형사사건에 관한 심판을 구하는 의사표시를 내용으로 하는 소송행위
- 공소제기는 통상의 공판절차에 의한 재판과 공판절차를 거치치 아니하고 서면심리로 벌금·과료 또는 몰수의 형을 과하는 약식절차에 의한 재판(약식명령)으로 구분됨

123 「소방의 화재조사에 관한 법률 시행규칙」상 화재감정기관의 지정 신청 및 지정서 발급에 관한 사항이다. ( )에 들어갈 내용으로 옳은 것은?

> 소방청장은 화재감정기관 지정신청서 또는 첨부서류에 보완이 필요하다고 판단되면 ( )의 기간을 정하여 보완을 요구할 수 있다.

① 30일 이내 ② 20일 이내
③ 15일 이내 ④ 10일 이내

해설
소방청장은 화재감정기관 지정신청서 또는 첨부서류에 보완이 필요하다고 판단되면 10일 이내의 기간을 정하여 보완을 요구할 수 있다.

124 「소방의 화재조사에 관한 법률 시행령」상 화재감정기관의 지정 절차 및 취소 등에서 지정신청 시 소방청장에게 첨부할 서류를 모두 고른 것은?

> 가. 시설 현황에 관한 서류
> 나. 조직 및 인력 현황에 관한 서류
> 다. 화재조사 관련 장비 현황에 관한 서류
> 라. 법인의 정관 또는 단체의 규약(법인 또는 단체인 경우만 해당한다)

① 가, 나, 다, 라
② 가, 나, 다
③ 나, 다
④ 나, 다, 라

해설
화재감정기관 지정 절차 및 취소 등(제13조)
화재감정기관으로 지정받으려는 자는 행정안전부령으로 정하는 화재감정기관 지정신청서에 다음의 서류를 첨부하여 소방청장에게 제출해야 한다. 이 경우 소방청장은 제출된 서류에 보완이 필요하다고 판단되면 보완에 필요한 기간을 정하여 보완을 요구할 수 있다.

- 시설 현황에 관한 서류
- 조직 및 인력 현황에 관한 서류(인력 현황의 경우에는 자격 및 경력을 증명하는 서류를 포함한다)
- 화재조사 관련 장비 현황에 관한 서류
- 법인의 정관 또는 단체의 규약(법인 또는 단체인 경우만 해당한다)

125 사법경찰관에 해당되지 않는 것은?

① 경 정   ② 경무관
③ 총 경   ④ 경 사

해설
「형사소송법」 제197조(사법경찰관리)
- 경무관, 총경, 경정, 경감, 경위는 사법경찰관으로서 범죄의 혐의가 있다고 사료하는 때에는 범인, 범죄사실과 증거를 수사한다.
- 경사, 경장, 순경은 사법경찰리로서 수사의 보조를 하여야 한다.

126 「소방의 화재조사에 관한 법률령」상 화재감정결과의 통보 등에 관한 사항으로 옳지 않은 것은?

① 재감정기관의 장은 감정 결과를 통보할 때 감정을 의뢰받았던 증거물 등 감정대상물을 반환해야 한다.
② 화재감정기관의 장은 감정이 완료되면 감정 결과를 감정을 의뢰한 소방관서장에게 지체 없이 통보해야 한다.
③ 화재감정기관의 장은 행정안전부령으로 정하는 기간 동안 감정 결과 및 감정 관련 자료(데이터 파일을 포함한다)를 보존해야 한다.
④ 지정이 취소된 화재감정기관은 지정이 취소된 날부터 10일 이내에 화재감정기관 지정서를 반환해야 한다.

해설
화재감정기관의 장은 소방청장이 정하는 기간 동안 감정 결과 및 감정 관련 자료(데이터 파일을 포함한다)를 보존해야 한다.

정답 123 ④ 124 ① 125 ④ 126 ③

127 범죄수사기관에 해당되지 않은 것은?

① 관할 지방검찰청검사장의 지명을 받은 소방감
② 검사
③ 출입국관리소장
④ 산림청장

해설
수사기관
- 검사 및 사법경찰관리가 있고, 사법경찰서에는 다시 일반사법경찰관리와 특별사법경찰관리로 구분
- 소방특별사법경찰관리 : 「형사소송법」 제5조 12호의 규정에 따라 소방준감 또는 지방소방준감 이하 소방공무원
- 산림청장과 출입국관리소장은 특별사법경찰관에 해당됨

128 「형사소송법」에 따른 범죄수사의 준수사항으로 옳지 않은 것은?

① 피의자에 대한 수사는 구속상태에서 함을 원칙으로 한다.
② 검사·사법경찰관리와 그 밖에 직무상 수사에 관계있는 자는 피의자 또는 다른 사람의 인권을 존중한다.
③ 수사과정에서 취득한 비밀을 엄수하며 수사에 방해되는 일이 없도록 하여야 한다.
④ 수사와 관련하여 작성하거나 취득한 서류 또는 물건에 대한 목록을 빠짐없이 작성하여야 한다.

해설
피의자에 대한 수사는 불구속상태에서 함을 원칙으로 한다.

129 「형사소송법」에 따른 관할구역과 직무에 대한 설명으로 틀린 것은?

① 검사는 그 소속 검찰청 관할구역 내에서 직무를 수행함이 원칙이다.
② 특별사법경찰관이 관할구역 밖에서 수사하는 때에는 수사를 행하는 지역을 관할하는 지방검찰청 검사장 또는 지청장에게 보고할 수 있다.
③ 소방서장은 법령에 정하여진 관할구역 안에서 직무를 행한다.
④ 총경은 소속 관서의 관할구역 내에서 직무를 수행한다.

해설
수사기관의 관할구역 및 직무
- 검사 : 그 소속 검찰청 관할구역 내에서 직무를 수행함이 원칙. 다만, 수사상 필요한 때에는 관할구역 외에서도 직무를 수행가능하며, 수사할 수 있는 사건에 대하여는 특별한 제한이 없다(형사소송법 제195조).
- 사법경찰관리

구분	일반사법경찰관리	특별사법경찰관리
수사 관할	소속 관서의 관할구역 내에서 직무를 수행한다.	법령에 의하여 정하여진 관할구역 안에서 직무를 행한다.
사건 관할	관할구역 내의 모든 사건(「특별법」 위반의 경우 특사경)	해당 「특별법」에 규정된 직무의 범위 내 직무의 범위 외의 범죄를 인지할 경우 일반사법경찰리에 인계
관할 구역 외 수사	다만, 관할구역 안의 사건과 관련성이 있는 사실을 발견하기 위하여 필요한 때에는 관할구역 바깥에서도 그 직무를 행할 수 있다.	
관할 구역 밖의 수사 사전 보고	관할구역 외 수사 및 타 관할 사법경찰관리에서 촉탁의 경우 관할 지방검찰청검사장(지청장) 또는 지청장에게 사전보고 하여야 한다.	관할구역 밖에서 수사하는 때에는 수사를 행하는 지역을 관할하는 지방검찰청 검사장 또는 지청장에게 보고하여야 한다.

127 ① 128 ① 129 ②

130 범죄수사상 준수원칙으로 틀린 내용은?

① 범죄수사는 반드시 형사사건일 경우에 한하여 실시해야 한다.
② 범죄수사에 있어서는 「형법」 및 「형사소송법」에 규정된 법령을 충분히 숙지하고 이를 철저하게 준수한다.
③ 사건에 관하여 증거를 확보하기 전에 범인을 체포하여 48시간 안에 조사를 실시한다.
④ 형사사건을 종합적으로 수사한다.

해설
범죄수사상 준수원칙
- 선증후포의 원칙 : 사건에 관하여 우선적으로 조사를 실시하고 증거를 확보한 후에 범인을 체포 하라는 원칙
- 법령준수의 원칙 : 범죄수사에 있어서는 「형법」 및 「형사소송법」에 규정된 법령을 충분히 숙지하고 이를 철저하게 준수하라는 원칙
- 민사관계 불간섭의 원칙 : 범죄수사는 반드시 형사사건일 경우에 한하여 실시해야 한다는 원칙
- 종합수사의 원칙

131 방화범을 수사함에 있어 범죄수사의 3원칙으로 맞지 않은 것은?

① 신속착수의 원칙
② 현장보존의 원칙
③ 공공협력의 원칙
④ 종합수사의 원칙

해설
범죄수사의 3S원칙
- 신속착수의 원칙(Speed Initiation) : 증거가 인멸되기 전에 수사를 수행·종결의 원칙
- 현장보존의 원칙(Scene Preservation) : 화재현장과 자료보존, 기록, 저장 및 촬영
- 공공협력의 원칙(Support by the Public) : 화재목격자·전문가·이웃·경비원 등 주위협조 획득

132 방화범을 수사함에 있어 범죄수사의 기본원칙을 모두 고른 것은?

㉠ 임의수사의 원칙
㉡ 수사비례의 원칙
㉢ 수사공개의 원칙
㉣ 강제수사 법정주의
㉤ 영장주의
㉥ 제출인 환부의 원칙
㉦ 자기부죄(自己負罪) 강요금지의 원칙

① 상기 다 맞다.
② ㉠, ㉡, ㉣, ㉤, ㉥, ㉦
③ ㉢, ㉣, ㉤, ㉥
④ ㉠, ㉢, ㉣, ㉤, ㉥

해설
범죄수사의 기본원칙
- 임의수사의 원칙
- 수사비례의 원칙
- 수사비공개의 원칙 : 조사목적상 필요 및 대상자의 명예와 인권을 위해 비공개원칙
- 자기부죄(自己負罪) 강요금지의 원칙
※ 자기부죄(自己負罪, Self-Incrimination)란, "법률상 증인이 범죄에 대한 형벌을 받게 될 수도 있는 증거를 제공하는 것"을 말한다.
- 강제수사 법정주의
- 영장주의
- 제출인 환부의 원칙 : 수사기관이 압수물을 환부함에 있어서는 제출인(피압수자)에게 환부한다는 원칙

133 범죄의 수사실행 5대 원칙에 해당되지 않는 것은?

① 수사자료 완전수집의 원칙
② 수사자료 감식과 검토의 원칙
③ 자기부죄(自己負罪) 강요금지의 원칙
④ 검증적 수사의 원칙

정답 130 ③ 131 ④ 132 ② 133 ③

해설
수사실행의 5대 원칙 및 진행순서
- 수사자료 완전수집의 원칙 : 수사관은 발생한 사건에 대해 수사를 진행하면서 그와 관련된 모든 자료들을 완전하게 수집해야 한다는 원칙
- 수사자료 감식과 검토의 원칙 : 수사관의 상식적인 검토나 판단에 의존할 것이 아니라 시설장비를 이용하여 과학적 감식을 하여야 한다는 원칙
- 적절한 추리의 원칙 : 추측은 가상적 판단이므로 진실이 확인될 때까지 추측을 진실로 확신하지 말라는 원칙
- 검증적 수사의 원칙 : 여러 가지 추측 중에서 과연 어떤 추측이 정당할 것인가를 기리기 위해서는 모든 각도에서 검토하여야 한다는 원칙
- 사실판단증명의 원칙 : 재판정에 제시된 심증(판단)이 수사관뿐만 아니라 다른 사람에 의해서도 진실이라는 것이 객관적으로 검증되어야만 한다는 원칙

134 범죄의 수사실행 5대 원칙의 진행순서로 맞는 것은?

① 수사자료 완전수집의 원칙 → 수사자료 감식과 검토의 원칙 → 적절한 추리의 원칙 → 검증적 수사의 원칙 → 사실판단증명의 원칙
② 수사자료 완전수집의 원칙 → 적절한 추리의 원칙 → 검증적 수사의 원칙 → 수사자료 감식과 검토의 원칙 → 사실판단증명의 원칙
③ 수사자료 완전수집의 원칙 → 사실판단증명의 원칙 → 수사자료 감식과 검토의 원칙 → 적절한 추리의 원칙 → 검증적 수사의 원칙
④ 사실판단증명의 원칙 → 검증적 수사의 원칙 → 적절한 추리의 원칙 → 수사자료 감식과 검토의 원칙 → 수사자료 완전수집의 원칙

135 다음 중 검사의 수사지휘를 받는 소방특별사법경찰관은?

① 소방총감 ② 소방정감
③ 소방감 ④ 소방준감

136 임의수사에 해당되지 않는 것은?

① 임의출석에 의한 피의자신문
② 임의제출물 압수
③ 피의자 이외의 증인 및 참고인 등의 조사
④ 압수와 수색

해설
수사의 종류와 방법

구 분	임의수사	강제수사
개 념	수사기관이 피의자·참고인 등의 임의적인 출석·동행을 요구하여 진술을 듣는 수사	소송절차의 진행이나 형벌의 집행을 확보하기 위하여 개인의 기본권을 제한하는 강제적 처분에 의한 수사
수사 원칙	• 임의수사의 원칙 • 최소침해의 원칙 • 수사비례의 원칙	• 강제수사 법률주의 • 최소 침해의 원칙, 수사비례의 원칙 • 체포·구금·압수·수색의 영장주의 (헌법 제12조)
수사 방법	• 임의출석에 의한 피의자신문 • 피의자 이외의 증인 및 참고인 등의 조사 • 감정·통역·번역의 위촉, 임의제출물 압수 • 공무소 및 기타 공사단체 등에 대한 조회 등	대인적 : 현행범인의 체포, 긴급체포, 구속 대물적 : 압수와 수색, 검증, 감정
기 타	• 피의자 신문 시 출석요구서 송부하고 진술거부권 고지 • 참고인은 고소인, 고발인, 피해자 등 제3자를 말하며 석의무, 강제소환, 신문 당하지 않으며, 출석하지 않아도 됨	• 현행범 체포, 장기 3년 이상의 형에 해당하는 죄를 범하고 도피 또는 증거인멸의 염려가 있을 때는 사후 영장청구 가능 • 긴급체포한 피의자를 구속하고자 할 때에는 체포한 때부터 48시간 이내에 구속영장을 청구

137 공소제기가 가능하지만 제반 사정을 참작하여 소추의 필요가 없다고 인정되는 경우에 행하는 종국처분은 무엇인가?

① 기소유예
② 혐의없음
③ 공소권 없음
④ 기소중지

해설
기소유예는 「형법」제51조 범인의 연령, 성행, 지능과 환경피해자에 대한 관계, 범행의 동기, 수단과 결과, 범행 후의 정황을 참작한다.
예 미성년자(18세 미만)가 방화혐의로 입건되었으나 범인의 연령, 범행의 동기, 지능 등을 참작하여 공소를 제기하지 않는 처분

138 검사의 불기소 처분의 내용과 사례의 설명으로 맞는 것은?

① 수사한 결과 소추요건의 흠결 등으로 소추가 불가능한 경우로 공소권 없음뿐이다.
② 고소·고발사건에서 수사의 필요성이 없다고 명백히 인정되는 경우에는 기각한다.
③ 소추는 가능하지만 소추의 필요성이 없는 경우를 기소중지라 한다.
④ 범죄의 구성요건은 해당되나 위법성 또는 책임성이 흠결된 경우는 죄가 안됨 불기소 처분에 해당한다.

해설
불기소 처분의 구분
• 수사한 결과 소추요건의 흠결 등으로 소추가 불가능한 경우 : 공소권 없음, 죄가 안 됨, 혐의 없음
• 소추는 가능하지만 소추의 필요성이 없는 경우 : 기소유예
• 고소·고발사건에서 수사의 필요성이 없다고 명백히 인정되는 경우 : 각하

139 검사의 불기소 처분의 내용에서 중간처분에 해당되지 않는 것은?

① 기소중지
② 참고인 중지
③ 공소보류
④ 각 하

해설
불기소 구분의 중간처분

종류		불기초 처분 내용 및 사례
중간처분	기소중지	피의자 소재 불명 등으로 종국처분을 할 수 없는 경우 그 사유가 해소될 때까지 수사를 중지하는 처분
	참고인 중지	고소·고발인 또는 참고인 등의 소재불명으로 종국처분이 어려울 경우 참고인이 나타날 때까지 수사를 중지하는 처분
	공소보류	「국가보안법」 위반사범에 대해 양형조건을 참작하여 공소제기를 보류하는 것

140 다음은 「소방의 화재조사에 관한 법률」에 따른 내용이다. ( )에 알맞은 것은?

> 소방청장은 화재조사 결과, 화재원인, 피해상황 등에 관한 화재정보를 종합적으로 수집·관리하여 화재예방과 소방활동에 활용할 수 있는 ( )을 구축·운영하여야 한다.

① 국가화재정보시스템
② 화재조사결과보고시스템
③ 국가화재출동시스템
④ 시·도화재정보시스템

해설
국가화재정보시스템의 구축·운영(법 제19조)
• 소방청장은 화재조사 결과, 화재원인, 피해상황 등에 관한 화재정보를 종합적으로 수집·관리하여 화재예방과 소방활동에 활용할 수 있는 국가화재정보시스템을 구축·운영하여야 한다.
• 화재정보의 수집·관리 및 활용 등에 필요한 사항은 대통령령으로 정한다.

정답 137 ① 138 ④ 139 ④ 140 ①

141 방화 피의자 소재 불명 등으로 종국처분을 할 수 없는 경우 그 사유가 해소될 때까지 수사를 중지하는 처분은?

① 기소중지
② 참고인 중지
③ 공소보류
④ 각 하

> **해설**
> 140번 문제 해설 참조

142 「소방의 화재조사에 관한 법률 시행령」에 따른 국가화재정보시스템 운영에 관한 사항에서 수집·관리해야 할 내용으로 옳지 않은 것은?

① 관계인의 보험가입 정보 등에 관한 사항
② 복구활동에 관한 사항
③ 소방시설 등의 설치·관리 및 작동 여부에 관한 사항
④ 화재예방 관계 법령 등의 이행 및 위반 등에 관한 사항

> **해설**
> **국가화재정보시스템의 운영(제14조)**
> 소방청장은 국가화재정보시스템을 활용하여 다음 각 호의 화재정보를 수집·관리해야 한다.
> - 화재원인
> - 화재피해상황
> - 대응활동에 관한 사항
> - 소방시설 등의 설치·관리 및 작동 여부에 관한 사항
> - 화재발생건축물과 구조물, 화재유형별 화재위험성 등에 관한 사항
> - 화재예방 관계 법령 등의 이행 및 위반 등에 관한 사항
> - 법 제13조 제2항에 따른 관계인의 보험가입 정보 등에 관한 사항
> - 그 밖에 화재예방과 소방활동에 활용할 수 있는 정보

143 불구속 형사사건의 처리절차로 맞는 것은?

① 수사의 개시 → 불구속 → 입건 → 송치 → 재판 → 형집행
② 입건 → 수사의 개시 → 불구속 → 송치 → 재판 → 형집행
③ 수사의 개시 → 입건 → 불구속 → 송치 → 재판 → 형집행
④ 입건 → 수사의 개시 → 내사 → 송치 → 재판 → 형집행

> **해설**
> 수사의 개시 → 입건 → 불구속 → 송치(기소 또는 불기소) → 재판 → 형집행

144 「민법」에 따른 불법행위 성립요건에 해당되지 않는 것은?

① 가해자의 고의가 있을 것
② 가해행위에 위법성이 있을 것
③ 손해가 발생하여야 한다.
④ 가해자에게 책임능력이 있을 것

> **해설**
> **민법 제750조(불법행위)**
> 고의 또는 과실로 인한 위법행위로 타인에게 손해를 가한 자는 그 손해를 배상할 책임이 있다.

145 「민법」에 따른 위법성 조각사유가 아닌 것은?

① 자력구제
② 정당행위
③ 정당방위
④ 긴급피난

정답 141 ① 142 ② 143 ③ 144 ④ 145 ②

해설
위법성 조각사유

구 분	민 법	형 법
개 념	타인의 불법행위에 대하여 부득이 타인에게 손해를 가한자는 배상할 책임이 없는 사유	범죄의 구성요건에 해당되더라도 일정한 경우(위법성조각사유) 위법성을 배제하여 범죄가 성립되지 않는 사유 ※「형법」은 위법성의 적극적인 규정을 두지 않고 위법성이 조각 사유만을 두고 있음
위법성 조각 사유	자력구제(제209조), 정당방위(제761조), 긴급피난(제761조)	정당행위(제20조), 정당방위(제21조), 긴급피난(제22조), 자구행위(제23조), 피해자의 승낙(제25조), 진실을 발표할 권리(제310조)

146 타인의 불법행위에 대하여 부득이 타인에게 손해를 가한 자는 배상할 책임이 없는 사유를 무엇이라 하는가?

① 무과실책임
② 불법행위 요건
③ 위법성 조각사유
④ 피해자의 승낙

147 타인의 불법행위에 대하여 자기 또는 제삼자의 이익을 방위하기 위하여 부득이 타인에게 손해를 가한 자가 배상할 책임이 없는 위법성 조각사유는?

① 정당방위   ② 정당행위
③ 자구행위   ④ 자력구제

해설
정당방위(제761조)
타인의 불법행위에 대하여 자기 또는 제삼자의 이익을 방위하기 위하여 부득이 타인에게 손해를 가한 자는 배상할 책임이 없다.

148 화재가 발생한 타인의 건물 또는 토지에 출입하여 화재조사를 실시하여도 처벌을 면하는 위법성 조각사유는?

① 정당방위
② 정당행위
③ 자구행위
④ 관계자 승낙

해설
정당행위(제20조) 법령에 의한 행위 또는 업무로 인한 행위, 기타 사회상규에 위배되지 아니하는 행위는 벌하지 아니한다.

149 「민법」에 따른 불법행위 책임능력에 대한 규정 내용으로 맞지 않은 것은?

① 심신상실 중에 타인에게 손해를 가한 자는 배상의 책임이 없다.
② 19세인 청소년이 타인에게 손해를 가한 경우에 배상의 책임이 없다.
③ 책임능력이 없음은 가해자가 입증하여야 한다.
④ 책임능력은 행위 당시를 기준으로 개별적으로 결정한다.

해설
제753조(미성년자의 책임능력) 미성년자가 타인에게 손해를 가한 경우에 그 행위의 책임을 변식(辨識)할 지능이 없는 때에는 배상의 책임이 없다.
※ 미성년자 : 출생일을 산입한 19세 미만

정답 146 ③   147 ①   148 ②   149 ②

150 「민법」에 따른 특수불법행위의 책임에 해당되지 않는 것은?

① 책임무능력자를 감독하는 자의 책임
② 피용자(被用者)의 행위에 대한 사용자의 책임
③ 공작물 등을 점유 또는 소유하는 자의 책임
④ 미성년자 책임

해설
민법의 규정에 따른 특수불법행위
- 책임무능력자를 감독하는 자의 책임(755조)
- 피용자(被用者)의 행위에 대한 사용자의 책임(756조)
- 공작물 등을 점유 또는 소유하는 자의 책임(758조)
- 동물점유자의 책임(759조)
- 공동불법행위(760조)가 있다.

151 특수불법행위 중 공작물의 배상책임이 있는 점유자 또는 소유자의 책임은?

① 과실책임 ② 연대책임
③ 무과실책임 ④ 공동책임

해설
민법 제758조(공작물 등의 점유자, 소유자의 책임)
공작물의 설치 또는 보존의 하자로 인하여 타인에게 손해를 가한 때에는 공작물점유자가 손해를 배상할 책임은 무과실책임에 기인한다.

152 「국가배상법」에 따른 배상의 주체는 누구인가?

① 국가 또는 지방자치단체
② 국가 또는 공공단체
③ 국가공무원 또는 지방공무원
④ 국가 또는 영조물 법인

해설
배상의 주체
- 헌법상 : 국가 또는 공공단체(지방자치단체, 공법상 법인, 영조물 법인)
- 국가배상법 : 국가 또는 지방자치단체

153 「국가배상법」상 배상신청에 관한 설명 중 틀린 것은?

① 손해배상의 소송은 배상심의회에 배상신청을 거친 후 제기할 수 있다.
② 지방자치단체에 대한 배상신청사건을 심의하기 위하여 법무부에 본부심의회를 둔다.
③ 배상금을 지급받으려는 자는 그 주소지·소재지 또는 배상원인 발생지를 관할하는 지구심의회에 배상신청을 해야 한다.
④ 대통령령으로 정하는 일정액 이상의 배상액을 배상신청하고자 하는 때에도 지구심의회에 신청해야 한다.

해설
현행법상 임의적 결정전치주의를 채택하고 있어 손해배상 소송은 배상심의회에 배상신청을 하지 않고도 법원에 소송을 제기할 수 있다(국가배상법 제9조).

154 「소방의 화재조사에 관한 법률」에 따른 화재조사 기법에 필요한 연구개발사업을 지원하는 시책을 누가 수립해야 하는가?

① 행정안전부장관
② 소방청장
③ 소방본부장
④ 소방서장

해설
연구개발사업의 지원(제20조)
소방청장은 화재조사 기법에 필요한 연구·실험·조사·기술개발 등(이하 이 조에서 "연구개발사업"이라 한다)을 지원하는 시책을 수립할 수 있다.

155 자신이 살고 있는 아파트에 화재가 발생하여 「건축법」상 설치된 배란다의 간이 격벽을 부수고 옆 세대로 대피한 경우 손해를 배상할 책임이 없는 사유로 맞는 것은?

① 자구행위　② 자력구제
③ 긴급피난　④ 정당행위

해설
긴급피난(제761조)
자기 또는 제삼자를 위하여 급박한 위난을 피하기 위하여 부득이 타인에게 손해를 가한 자는 배상할 책임이 없다.

156 법률적으로는 어떤 사실의 발생을 예견(豫見)할 수 있었음에도 불구하고 부주의로 그것을 인식하지 못한 심리상태를 무엇이라 하는가?

① 고 의
② 과 실
③ 고의 또는 과실
④ 경과실

해설
과실이란 법률적으로는 어떤 사실의 발생을 예견(豫見)할 수 있었음에도 불구하고 부주의로 그것을 인식하지 못한 심리상태를 의미한다. 고의(故意)와 함께 법률상 비난 가능한 책임조건을 말한다.

157 「소방의 화재조사에 관한 법령」상 명시된 화재조사를 하는 관계공무원이 관계인의 정당한 업무를 방해하거나 화재조사를 수행하면서 알게 된 비밀을 다른 사람에게 누설한 자의 경우의 벌칙기준은?

① 300만원 이하의 벌금
② 500만원 이하의 벌금
③ 700만원 이하의 벌금
④ 1천만원 이하의 벌금

해설
벌칙(제21조)
화재조사를 하는 관계공무원이 관계인의 정당한 업무를 방해하거나 화재조사를 수행하면서 알게 된 비밀을 다른 용도로 사용하거나 다른 사람에게 누설한 사람은 300만원 이하의 벌금에 처한다.

158 「화재로 인한 재해보상과 보험가입에 관한 법률」에 대한 규정사항 중 틀린 내용은 무엇인가?

① 특수건물의 화재로 다른 사람의 사망 또는 부상자의 보상규정이다.
② 외국인 등의 소유건물에 대한 특례를 규정하고 있다.
③ 특수건물 과실 손해배상책임을 규정하고 있다.
④ 화재로 인한 건물의 손해에 대한 보험금 지급을 규정하고 있다.

해설
특수건물의 소유자는 그 건물의 화재로 인하여 다른 사람이 사망하거나 부상을 입었을 때에는 과실이 없는 경우에도 보험금액의 범위에서 그 손해를 배상할 책임이 있다.

159 「화재로 인한 재해보상과 보험가입에 관한 법률」에 대한 규정사항이다. 규정내용과 맞지 않는 것은?

① 이 법의 적용지역은 전국으로 한다.
② 무과실 손해배상책임을 규정하고 있다.
③ 한국화재보험협회의 설립에 관하여 규정되어 있다.
④ 특약부화재보험은 화재로 인한 타인의 사망 또는 부상에 따른 손해배상책임만을 담보하는 보험이다.

정답 155 ③　156 ②　157 ①　158 ③　159 ④

해설
"특약부화재보험"이란 화재로 인한 건물의 손해와 특수건물의 화재로 인하여 다른 사람이 사망 또는 부상을 입었을 때 손해배상책임을 담보하는 보험을 말한다.

160 「화재로 인한 재해보상과 보험가입에 관한 법률」의 제정 목적으로 틀린 것은?

① 화재로 인한 인명 및 재산상의 손실을 예방
② 재난발생 시 신속한 재해복구
③ 인명피해 및 재산피해에 대한 적정한 보상
④ 국민생활의 안정에 기여

해설
목적 : 화재로 인한 인명 및 재산상의 손실을 예방하고 화재발생 시 신속한 재해복구와 인명피해 및 재산피해에 대한 적정한 보상을 하게 함으로써 국민생활의 안정에 이바지함을 목적으로 한다(단, 화재로만 한정).

161 「화재로 인한 재해보상과 화재보험에 관한 법률」에서 「화재보험업법」 제4조에 따른 화재보험업의 허가를 받은 자를 무엇이라 하는가?

① 화재보험회사
② 손해보험회사
③ 한국화재보험협회
④ 생명보험회사

해설
"손해보험회사"란 「보험업법」 제4조에 따른 화재보험업의 허가를 받은 자를 말한다.

162 「화재로 인한 재해보상에 관한 법률」에서 규정한 국유건물·공유건물·교육시설·백화점·시장·의료시설·흥행장·숙박업소·다중이용업소·운수시설·공장·공동주택과 그 밖에 여러 사람이 출입 또는 근무하거나 거주하는 건물로서 화재의 위험이나 건물의 면적 등을 고려하여 대통령령으로 정하는 건물을 무엇이라 하는가?

① 특정보험대상물
② 특수건물
③ 특정관리대상
④ 특정소방대상물

해설
용어의 정의에서 특수건물에 대한 설명이다.

163 화재로 인한 건물의 손해와 특수건물의 화재로 인하여 다른 사람이 사망 또는 부상을 입었을 때 손해배상책임을 담보하는 보험을 무엇이라 하는가?

① 특약부화재보험
② 신체손해배상특약보험
③ 신체손해배상특약부생명보험
④ 신체피해배상특약부화재보험

해설
"특약부화재보험"이란 화재로 인한 건물의 손해와 특수건물의 화재로 인하여 다른 사람이 사망 또는 부상을 입었을(법 제4조 제1항) 때 손해배상책임을 담보하는 보험을 말한다.

164 특약부화재보험의 법적 성격으로 맞는 것은?

① 생명보험
② 공영보험
③ 특정손해보험
④ 영리보험

해설
특약부화재보험은 사영보험, 영리보험, 물건보험, 일반손해보험, 책임보험의 법적 성격을 갖는다.

165 「소방의 화재조사에 관한 법령」상 명시된 화재현장 보존등을 위하여 소방관서장이 설정한 통제구역을 허가 없이 화재현장에 있는 물건 등을 이동시키거나 변경·훼손한 사람의 벌칙기준은?

① 300만원 이하의 벌금
② 500만원 이하의 벌금
③ 700만원 이하의 벌금
④ 1천만원 이하의 벌금

해설
벌칙(제21조)
화재현장 보존등을 위하여 소방관서장이 설정한 통제구역을 허가 없이 화재현장에 있는 물건 등을 이동시키거나 변경·훼손한 사람은 300만원 이하의 벌금에 처한다.

166 특약부화재보험 보험가입의무에 대한 내용을 설명한 것으로 옳지 않은 것은?

① 특수건물의 소유자는 그가 소유하는 건물을 손해보험회사가 영위하는 신체손해배상 특약부화재보험에 가입하여야 한다.
② 종업원에 대하여 「산업재해보상보험법」에 의한 산업재해보상보험에 가입하고 있는 경우에는 그 종업원에 대한 인명손실에 대한 손해보상책임을 담보하는 보험에 가입하지 아니할 수 있다.
③ 특수건물의 소유자는 특약부화재보험에 가입한 경우에는 풍재·수재 또는 도괴 등으로 인한 손해를 담보하는 보험에 가입할 필요가 없다.
④ 수건물의 소유자는 이 계약을 매년 갱신하여야 한다.

해설
특수건물의 소유자는 특약부화재보험에 부가하여 풍재·수재 또는 도괴 등으로 인한 손해를 담보하는 보험에 가입할 수 있다(법 제5조 제2항).

167 「화재로 인한 재해보상과 보험가입에 관한 법률」에서 특수건물 소유자의 신체손해배상특약부화재보험 의무가입시기 및 갱신에 대한 설명이다. 괄호 안의 적합한 내용은?

> 특수건물의 소유자는 그 건물이 (㉠)에 합격된 날 또는 그 (㉡)을/를 취득한 날로부터 (㉢) 내에 특약부화재보험에 가입하여야 한다(법 제5조 제4항). 또한 특수건물의 소유자는 이 계약을 (㉣) 갱신하여야 한다.

① ㉠ 소유권, ㉡ 준공검사, ㉢ 30일, ㉣ 매년
② ㉠ 소유권, ㉡ 준공검사, ㉢ 매년, ㉣ 30일
③ ㉠ 준공검사, ㉡ 소유권, ㉢ 매년, ㉣ 30일
④ ㉠ 준공검사, ㉡ 소유권, ㉢ 30일, ㉣ 매년

해설
특수건물의 소유자는 그 건물이 준공검사에 합격된 날 또는 그 소유권을 취득한 날로부터 30일 내에 특약부화재보험에 가입하여야 한다(법 제5조 제4항). 또한 특수건물의 소유자는 이 계약을 매년 갱신하여야 한다(법 제5조 제4항).

정답 165 ① 166 ③ 167 ④

168 「국유재산법」에 따른 부동산 중 건물 소유자가 특약부화재보험에 의무가입하여야 할 특수건물 규모에 대한 설명으로 맞는 것은?

① 바닥면적이 1,000m² 이상인 건물 및 이 건물과 같은 용도로 사용하는 부속건물
② 바닥면적이 3,000m² 이상인 건물 및 이 건물과 같은 용도로 사용하는 부속건물
③ 연면적이 1,000m² 이상인 건물 및 이 건물과 같은 용도로 사용하는 부속건물
④ 연면적이 3,000m² 이상인 건물 및 이 건물과 같은 용도로 사용하는 부속건물

해설

특약부화재보험 가입의무 특수건물

연면적이 1,000m² 이상	국·공유재산 중 건물 및 부속건물
바닥면적의 합계가 2,000m² 이상	다중이용업소(학원, 목욕장업, 영화상영관, 게임제공업, 인터넷게임시설제공업, 노래연습장업, 일반·휴게음식점업, 단란주점영업, 유흥주점영업으로 사용하는 건물) • 실내사격장 : 면적제한 없이 의무가입대상
바닥면적의 합계가 3,000m² 이상	숙박업, 대규모 점포로 사용하는 건물
연면적이 3,000m² 이상	종합병원 및 병원, 관광숙박업, 공연장, 방송사업 목적 건물, 농수산물도매시장 및 민영농수산물도매시장, 학교, 공장, 도시철도시설 중 역사 및 역무시설로 사용하는 건물
16층 이상	아파트 및 부속건물
11층 이상 실내사격장	모든 건물

• 옥상부분으로서 그 용도가 명백한 계단실 또는 물탱크실인 경우에는 층수로 산입하지 아니하며, 지하층은 이를 층으로 보지 아니한다.
• 16층 이상의 아파트 단지 내에 관리주체에 의하여 관리되는 동일한 아파트 단지 안에 있는 15층 이하의 아파트를 포함한다.
• 11층 이상의 건물 중 아파트, 창고, 모든 층을 주차용도로 사용하는 건물, 공제에 가입한 지방자치단체 건물 및 지방공기업소유 건물은 제외한다.

169 「국유재산법」에 따른 국유재산 중 건물 소유자가 특약부화재보험에 의무가입하여야 할 특수건물 규모에서 제외되는 건물로 맞는 것은?

① 대통령관저와 특수용도에 공하는 건물로서 금융위원회가 정한 건물
② 대통령관저와 특수용도에 공하는 건물로서 대통령이 정한 건물
③ 국방부건물과 특수용도에 공하는 건물로서 금융위원회가 정한 건물
④ 국방부건물과 특수용도에 공하는 건물로서 국방부장관이 정한 건물

해설
대통령관저와 특수용도에 공하는 건물로서 금융위원회가 지정하는 건물을 제외한다.

170 건물소유자가 특약부화재보험을 의무가입하여야 할 다음 특수건물의 규모는 얼마인가?

> 학원, 목욕장업, 영화상영관, 게임제공업, 인터넷게임시설제공업, 노래연습장업, 휴게음식점업, 일반음식점업, 단란주점영업, 유흥주점영업으로 사용하는 건물

① 바닥면적의 합계가 2000m² 이상인 건물
② 바닥면적의 합계가 3000m² 이상인 건물
③ 연면적의 합계가 2000m² 이상인 건물
④ 연면적의 합계가 3000m² 이상인 건물

정답 168 ③ 169 ① 170 ①

해설

특약부화재보험 의무가입 대상 다중이용업소
다음의 영업으로 사용하는 부분의 바닥면적의 합계가 2,000m² 이상인 건물

게임산업진흥에 관한 법률	게임제공업, 인터넷컴퓨터게임시설제공업
음악산업진흥에 관한 법률	노래연습장업, 영화상영관
식품위생법 시행령	휴게음식점영업, 일반음식점영업, 단란주점영업, 유흥주점영업
학원의 설립·운영 및 과외교습에 관한 법률	학원
공중위생관리법	목욕장업
사격 및 사격장 안전관리에 관한 법률	실내사격장 (면적 제한 없음)
영화 및 비디오물의 진흥에 관한 법률	영화상영관

171 다음 특수건물 중 특약부화재보험을 건물소유자가 가입하지 않아도 되는 대상은?

① 공동주택으로서 16층 이상의 아파트 및 부속건물
② 11층 이상 건물
③ 실내사격장
④ 모든 층을 주차용 건물로 사용하는 11층 이상의 건물

해설
층수가 11층 이상인 건물. 다만, 15층 이하 아파트·창고 및 모든 층을 주차용도로 사용하는 건물과 한국지방재정공제회가 행하는 공제 중 특약부화재보험과 같은 정도의 손해를 보상하는 공제에 가입한 지방자치단체 및 지방공기업 소유의 건물을 제외한다.

172 건물의 규모(면적이나 층)에 관계없이 특약부화재보험을 건물소유자가 의무가입하여야 할 특수건물은?

① 종합병원 및 병원
② 관광숙박업
③ 실내사격장
④ 영화상영관

해설
「사격 및 사격장 안전관리에 관한 법률」 제5조에 따른 실내사격장으로 사용하는 건물은 특약부화재보험을 건물소유자가 의무가입하여야 한다.

173 보험가입을 촉진하기 위하여 특수건물의 소유자가 특약부화재보험에 가입하지 아니한 때에는 관계행정기관에 대하여 필요한 조치를 취할 것을 요청할 수 있는 기관은?

① 기획재정부
② 손해보험회사
③ 금융위원회
④ 기획재정부 장관

해설
금융위원회는 특수건물의 소유자가 특약부화재보험에 가입하지 아니한 때에는 관계행정기관에 대하여 가입의무자에게 필요한 조치를 취할 것을 요청할 수 있다(법 제7조).

정답 171 ④ 172 ③ 173 ③

174 「화재로 인한 재해보상과 보험가입에 관한 법률」에 따른 특수건물 소유자의 손해배상책임과 특약부화재보험의 가입의무를 적용받는 건물로 맞는 것은?

① 대한민국에 파견된 외국의 대사·공사(公使), 기타 이에 준하는 사절(使節)이 소유하는 건물
② 대한민국에 파견된 국제연합의 기관 및 그 직원(외국인에 한한다)이 소유하는 건물
③ 대한민국에 주둔하는 외국군대가 소유하는 건물
④ 군사용 건물 중 군인의 공동주택

해설
외국인 등의 소유 건물에 대한 특례
특수건물 중 다음의 어느 하나에 해당하는 건물에 대하여는 특수건물 소유자의 손해배상책임과 특약부화재보험의 가입의무를 적용하지 아니한다.
- 대한민국에 파견된 외국의 대사·공사(公使), 기타 이에 준하는 사절(使節)이 소유하는 건물
- 대한민국에 파견된 국제연합의 기관 및 그 직원(외국인에 한한다)이 소유하는 건물
- 대한민국에 주둔하는 외국군대가 소유하는 건물
- 군사용 건물과 외국인 소유건물로서 대통령령이 정하는 건물
※ 군사용 건물은 국방부장관 또는 병무청장이 관리하는 건물로서 다음 이외의 건물을 말함(시행령 제4조)
  - 국방부장관이 지정하는 3층 이상의 건물
  - 국군통합병원의 진료부와 병동건물
  - 군인공동주택

175 「화재로 인한 재해보상과 보험가입에 관한 법률」에 따른 특수건물 소유자의 손해배상책임과 특약부화재보험의 가입의무 특례를 적용받는 건물은?

① 국방부장관이 지정하는 3층 이상의 건물
② 대한민국에 주둔하는 외국군대가 소유하는 건물
③ 군인공동주택
④ 국군통합병원의 진료부와 병동건물

해설
군사용 건물 중 특약부화재보험의 가입의무 건물
- 국방부장관이 지정하는 3층 이상의 건물
- 국군통합병원의 진료부와 병동건물
- 군인공동주택

176 특수건물의 소유자가 특약부화재보험에 가입하지 아니한 자에 대한 행정적 제재 수단이 아닌 것은?

① 인·허가의 취소
② 영업정지, 건물의 사용 제한
③ 500만원 이하의 벌금
④ 건물의 철거 명령

해설
특약부화재보험에 가입하지 아니한 때에는 관계행정기관에 대하여 가입의무자에게 대한 인·허가의 취소, 영업의 정지, 건물사용의 제한 등 필요한 조치를 취할 것을 요청할 수 있고, 이 요청을 받은 행정기관은 정당한 이유가 없는 한 이에 응하도록 하였으므로 넓게는 행정적 제재 수단이며, 또한 500만원 이하의 벌금에 처하는 행정형벌도 있다.

177 특수건물의 소유자가 특약부화재보험에 가입하지 아니한 자에 대한 행정형벌은?

① 200만원 이하의 과태료
② 200만원 이하의 벌금
③ 500만원 이하의 과태료
④ 500만원 이하의 벌금

해설
특수건물의 소유자가 특약부화재보험에 가입하지 아니한 때에는 500만원 이하의 벌금에 처한다(법 제23조).

178 「화재로 인한 재해보상과 보험가입에 관한 법률」에 따른 신체손해배상특약부화재보험의 보험금액에 대한 시가결정의 기준이 정해진 법령은?

① 기획재정부령
② 행정안전부령
③ 대통령령
④ 훈 령

해설
보험금액의 시가의 결정에 관한 기준은 행정안전부령으로 정한다.

179 「화재로 인한 재해보상과 보험가입에 관한 법률」에 따른 한국화재보험협회가 아닌 자가 한국화재보험협회 또는 이에 유사한 명칭을 사용한 사용자에게 주어지는 행정형벌은?

① 100만원 이하의 과태료
② 100만원 이하의 벌금
③ 300만원 이하의 과태료
④ 300만원 이하의 벌금

해설
「화재로 인한 재해보상과 보험가입에 관한 법률」에 따른 한국화재보험협회가 아닌 자가 한국화재보험협회 또는 이에 유사한 명칭을 사용한 자는 300만원 이하의 과태료에 처한다(법 제24조).

180 「화재로 인한 재해보상과 보험가입에 관한 법률」에 따른 신체손해배상특약부화재보험의 화재보험금액으로 알맞은 것은?

① 50만원 이상
② 특수건물의 표준지가에 해당하는 금액
③ 특수건물의 시가에 해당하는 금액
④ 특수건물의 공시지가에 해당하는 금액

해설
보험금액
건물화재보험과 특약부화재보험의 보험금액은 다음과 같다.
- 화재보험 : 특수건물의 시가에 해당하는 금액(시가의 결정기준 : 총리령 정함)
- 신체손해배상책임보험 중 사망의 경우 : 피해자 1명마다 5천만원 이상으로서 대통령으로 정하도록 함
- 신체손해배상책임보험 중 부상의 경우 : 피해자 1명마다 사망자에 대한 보험금액의 범위에서 대통령령으로 정하는 금액

정답 177 ④ 178 ② 179 ③ 180 ③

181 「화재로 인한 재해보상과 보험가입에 관한 법률」에 따른 신체손해배상책임보험 중 사망의 경우 보험금액으로 맞는 것은?

① 피해자 1명마다 1억 5천만원 범위에서 피해자에게 발생한 손해액
② 피해자 1명마다 5천만원 범위 내에서 피해자에게 발생한 손해액
③ 피해자 1명마다 8천만원 범위 내에서 피해자에게 발생한 손해액
④ 피해자 1명마다 2천만원 범위 내에서 피해자에게 발생한 손해액

해설
보험금액 (시행령 제5조)
특수건물의 소유자가 가입하여야 하는 보험의 보험금액은 다음의 기준을 충족하여야 한다.
- 사망의 경우 : 피해자 1명마다 1억 5천만원 범위에서 피해자에게 발생한 손해액, 다만, 손해액이 2천만원 미만인 경우에는 2천만원으로 한다.
- 부상의 경우 : 피해자 1명마다 [별표 1]에 따른 금액의 범위에서 피해자에게 발생한 손해액
- 부상에 대한 치료를 마친 후 더 이상의 치료효과를 기대할 수 없고 그 증상이 고정된 상태에서 그 부상이 원인이 되어 신체에 생긴 장애(이하 "후유장애"라 한다)의 경우 : 피해자 1명마다 [별표 2]에 따른 금액의 범위에서 피해자에게 발생한 손해액
- 재물에 대한 손해가 발생한 경우 : 사고 1건마다 10억원의 범위에서 피해자에게 발생한 손해액

182 한국화재보험협회에서 보험계약을 체결할 때 실시하는 특수건물의 안전점검 내용으로 옳은 것은?

① 안전점검이 필요하다고 인정될 때 관계인의 승낙 없이도 검사를 실시할 수 있다.
② 협회는 안전점검을 실시하고자 할 때에는 24시간 전에 관계인에게 통지하여야 한다.
③ 안전점검을 실시하는 자는 안전점검을 함에 있어서 관계인의 업무를 방해하거나 지득한 비밀을 누설하여서는 아니 된다.
④ 안전점검은 관계인의 업무를 방해하지 않도록 일출 전 또는 일몰 후에 실시하여야 한다.

해설
화재로 인한 재해보상과 보험가입에 관한 법률 시행령 제12조(안전점검)
① 협회는 안전점검(이하 "안전점검"이라 한다)을 하려는 경우 다음의 구분에 따른 사항을 특수건물 관계인 중 1명 이상에게 통지하여야 한다. 다만, 다음에도 불구하고 특수건물 관계인의 요청이 있는 경우에는 통지기간을 단축할 수 있다.
  ㉠ 특수건물에 해당하게 된 이후 처음으로 안전점검을 하는 경우 : 안전점검 15일 전에 특수건물에 해당한다는 사실과 안전점검 일자 등
  ㉡ ㉠ 외의 경우 : 안전점검 48시간 전에 안전점검 일자 등
④ 안전점검을 실시하는 자는 그 신분을 증명하는 증표를 지니고 이를 특수건물 관계인에게 보여주어야 한다.
⑤ 안전점검을 실시하는 자는 안전점검을 함에 있어서 특수건물 관계인의 업무를 방해하거나 알게 된 비밀을 타인에게 누설하여서는 아니 된다.
⑥ 안전점검은 특수건물 관계인의 승낙 없이 해가 뜨기 전이나 해가 진 뒤에는 할 수 없다.

183 「소방의 화재조사에 관한 법령」상 명시된 벌칙의 양형 기준이 다른 것은?

① 정당한 사유 없이 화재증거물 수집을 거부·방해 또는 기피한 사람
② 정당한 사유 없이 화재조사관의 출입 또는 조사를 거부·방해 또는 기피한 사람
③ 허가 없이 통제구역에 출입한 사람
④ 화재현장 보존등을 위하여 소방관서장이 설정한 통제구역을 허가 없이 화재현장에 있는 물건 등을 이동시키거나 변경·훼손한 사람

해설
허가 없이 통제구역에 출입한 사람은 200만원 이하의 과태료, 나머지는 모두 300만원 이하의 벌금에 처한다.

184 「소방의 화재조사에 관한 법령」상 명시된 과태료 부과기준이 다른 것은?

① 허가 없이 통제구역에 출입한 경우
② 정당한 사유 없이 화재조사관의 출입 또는 조사를 거부·방해 또는 기피한 사람
③ 소방관서장이 화재조사를 위하여 관계인에게 보고 또는 자료 제출을 명하였으나 명령을 위반하여 보고 또는 자료 제출을 하지 않거나 거짓으로 보고 또는 자료 제출을 한 경우
④ 정당한 사유 없이 화재조사를 위하여 소방관서장 요구한 출석을 거부하거나 질문에 대하여 거짓으로 진술한 경우

해설
①, ③, ④의 경우 200만원 이하의 과태료에 해당하며, ②의 경우 300만원 이하의 벌금에 처한다.

정답 183 ③ 184 ②

우리가 해야할 일은 끊임없이 호기심을 갖고
새로운 생각을 시험해보고 새로운 인상을 받는 것이다.

– 월터 페이터 –

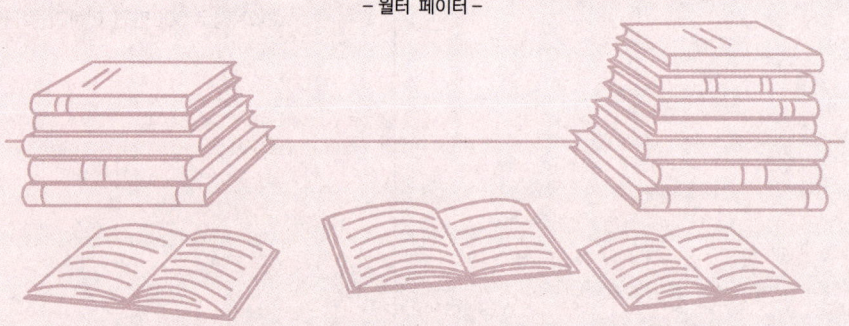

부록

과년도 기출변형문제

01 과년도 기사 기출변형문제 1회
02 과년도 기사 기출변형문제 2회
03 과년도 산업기사 기출변형문제 1회
04 과년도 산업기사 기출변형문제 2회

우리는 삶의 모든 측면에서 항상 '내가 가치있는 사람일까?' '내가 무슨 가치가 있을까?'라는 질문을 끊임없이 던지곤 합니다.
하지만 저는 우리가 날 때부터 가치있다 생각합니다.

– 오프라 윈프리 –

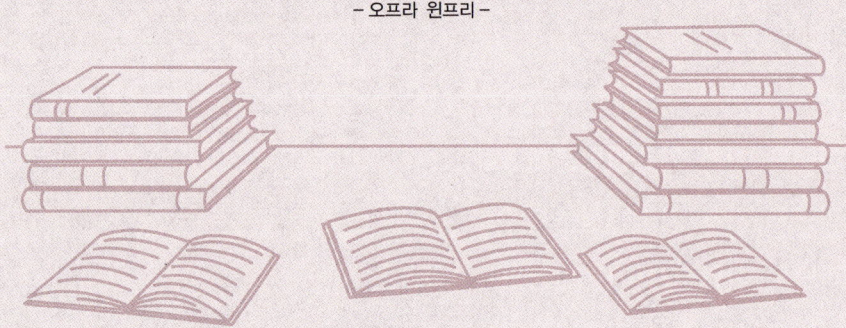

자격증 · 공무원 · 금융/보험 · 면허증 · 언어/외국어 · 검정고시/독학사 · 기업체/취업
이 시대의 모든 합격! 시대에듀에서 합격하세요!
www.youtube.com → 시대에듀 → 구독

01 과년도 기사 기출변형문제 1회

제1과목 화재조사론

01 「소방의 화재조사에 관한 법령」에서 화재조사전담부서의 구성·운영 등에 대한 내용으로 옳지 않은 것은?

① 소방관서장은 화재조사전담부서에 화재조사관을 2명 이상 배치해야 한다.
② 화재조사전담부서가 화재조사를 완료한 경우에는 화재조사 결과를 소방관서장에게 보고해야 한다.
③ 화재조사결과보고는 소방청장이 정하는 화재발생현황조사서에 따른다.
④ 전담부서에는 화재조사를 위한 감식·감정 장비 등 행정안전부령으로 정하는 장비와 시설을 갖추어 두어야 한다.

해설
화재조사결과보고는 소방청장이 정하는 화재발생종합보고서에 따른다.

02 방화죄가 성립하지 않는 것은?

① 쓰레기 소각 중 불티에 의한 화재가 발생하여 재산피해 발생
② 사람이 현존하는 집에 불을 놓아 재산피해 발생
③ 공용으로 사용되는 차량에 불을 놓아 사망사고 발생
④ 자기 소유의 차량에 불을 놓아 주변으로 화재를 확대시킴

해설
①은 실화에 해당된다.

03 가연성 물질에 해당하는 것은?

① 아르곤
② 산화알루미늄
③ 일산화탄소
④ 헬륨

해설
일산화탄소는 가연성 가스에 해당된다.

분류	고압가스의 종류	비 고
가연성 가스	수소, 암모니아, 액화석유가스, 아세틸렌	공기와 혼합하면 빛과 열을 내면서 연소하는 가스 (하한 10% 이하, 상한과 하한의 차 20% 이상)
조연성 가스	산소, 공기, 염소	다른 가연성물질과 혼합시 폭발이나 연소가 일어날 수 있도록 도움을 주는 가스
불연성 가스	질소, 이산화탄소, 아르곤, 헬륨	연소와 무관한 가스

04 다음 화학물질 중 환원제에 속하는 것은?

① 질 산
② 과산화수소
③ 과염소산칼륨
④ 수 소

해설
- 환원제는 환원을 일으킬 수 있는 물질이다.
- 환원제로서 보통 사용되는 것은 수소를 비롯해 아이오딘화수소, 황화수소, 수소화알루미늄리튬, 수소화붕소나트륨과 같이 비교적 불안정한 수소화합물, 일산화탄소, 이산화황, 아황산염 등의 저급 산화물 또는 저급 산소산의 염(황화나트륨, 폴리황화나트륨, 황화암모늄 등)의 황화합물(알칼리 금속, 마그네슘, 칼슘, 알루미늄, 아연 등)의 전기적 양성이 큰 금속 또는 그것들의 아말감(철(Ⅱ), 주석(Ⅱ), 티탄(Ⅲ), 크롬(Ⅱ) 등) 저원자가 상태에 있는 금속의 염류(알데하이드류, 당류, 포름산, 옥살산 등)의 산화 계정(階程)이 낮은 유기화합물 등이다.

정답 1 ③ 2 ① 3 ③ 4 ④

05 탄화알루미늄이 상온에서 물과 반응할 경우 생성되는 가연성 기체는?

① 수 소
② 아세틸렌
③ 메 탄
④ 프로판

해설
$Al_4C_3 + 12H_2O \rightarrow 4Al(OH)_3 + 3CH_4$

06 다음 가연물 중 연소시 열방출률이 가장 높은 것은?

① 초
② 담 배
③ 소 파
④ 종이가 담긴 휴지통

해설
소파의 열방출률은 1,900KW로 가장 높다.

07 일반 주택건물 화재에서 플래시오버(Flash Over)가 발생하기 위한 천장층의 온도에 가장 가까운 것은?

① 100~200℃
② 200~300℃
③ 300~400℃
④ 500~600℃

해설
플래시 오버가 발생하기 직전 상층부 온도는 약 590℃ 이다.

08 삼각형(△) 패턴에 대한 설명으로 틀린 것은?

① 삼각형 패턴은 유류가 사용된 곳에서 연소가 끝난 바닥면에 나타난다.
② 삼각형 패턴은 연소가 짧은 시간에 이루어질 때 수직벽면에 나타난다.
③ 삼각형 패턴은 바닥에서 천장까지 완전히 전개되지 않는 화재에 나타난다.
④ 삼각형 패턴은 불기둥을 수직적으로 차단하지 않을 경우에 나타난다.

해설
가연물 및 산소가 부족하면 불완전 연소되어 벽면에 삼각형 패턴이 나타난다.

09 분진폭발의 위험성이 없는 것은?

① 모 래
② 알루미늄
③ 유 황
④ 석 탄

해설
폭발성 분진
- 탄소제품 : 석탄, 목탄, 코크스, 활성탄
- 비료 : 생선가루, 혈분 등
- 식료품 : 전분, 설탕, 밀가루, 분유, 곡분, 건조효모 등
- 금속류 : Al, Mg, Zn, Fe, Ni, Si, Ti, Zr(지르코늄)
- 목질류 : 목분, 코르크분, 리그닌분, 종이가루 등
- 합성약품류 : 염료중간체, 각종 플라스틱, 합성세제, 고무류 등
- 농산가공품류 : 후추가루, 제충분, 담배가루 등

정답 5 ③ 6 ③ 7 ④ 8 ① 9 ①

10 「소방의 화재조사에 관한 법률」상 화재조사를 수행하는 법적 권한을 부여받는 기관으로 옳지 않은 것은?

① 시·도지사
② 소방청장
③ 소방본부장
④ 소방서장

해설
화재조사의 실시(법 제5조)
소방청장, 소방본부장 또는 소방서장(이하 "소방관서장"이라 한다)은 화재발생 사실을 알게 된 때에는 지체 없이 화재조사를 하여야 한다. 이 경우 수사기관의 범죄수사에 지장을 주어서는 아니 된다.

11 여러 동의 인접한 건물이 소손되어 있는 화재현장에서 발화건물 판정을 위한 일반적인 조사요령에 관한 설명 중 틀린 것은?

① 화재현장 전체의 연소방향은 가급적 낮은 쪽에서 높은 쪽을 바라보며 파악한다.
② 각 건물의 연소방향은 타다 멈춘 부분 또는 연소 강약이 명확한 부분부터 파악한다.
③ 타서 허물어진 부분을 보고 연소방향을 추정할 수 있다.
④ 복수의 건물이 소손되어 있으면 인접동 간격, 외벽구조, 개구부상황 등으로부터 연소상황을 파악한다.

해설
화재현장 전체의 연소방향은 가급적 높은 쪽에서 낮은 쪽을 바라보며 파악한다.

12 탄화심도에 영향을 주는 요인으로 가장 거리가 먼 것은?

① 화재열의 진행속도와 진행경로
② 공기조절효과나 대류여건
③ 목재의 수령
④ 나무의 종류와 함습 상태

해설
목재의 수령은 탄화심도와 크게 관계가 없다.

13 폭발현상에 대한 설명으로 틀린 것은?

① 기체나 액체의 팽창, 상변화 등의 물리적 현상이 압력 발생의 원인이 되어 발생하는 폭발을 물리적 폭발이라 한다.
② 물질의 분해, 축중합 등으로 압력이 상승하는 것이 원인이 되어 발생하는 폭발을 화학적 폭발이라 한다.
③ 석탄의 분진이 공기 중에 부유된 상태에서 일어나는 폭발은 화학적 폭발에 해당한다.
④ 폭연은 화염전파속도가 미반응 매질 속에서 음속보다 큰 속도로 이동하는 폭발현상이다.

해설
④는 폭굉에 관한 설명이다.

정답 10 ① 11 ① 12 ③ 13 ④

14 화재로 인한 소실 정도에 따라 분류할 때 건물의 30% 이상 70% 미만이 소실된 화재는?

① 전 소
② 부분소
③ 즉 소
④ 반 소

해설
소손정도에 따른 분류(화재조사 및 보고규정(제16조))
- 전소 : 대상물의 70% 이상이 소손된 화재 또는 그 미만일지라도 잔존부분을 보수하여도 재사용이 불가능한 화재
- 반소 : 대상물이 30% 이상 70% 미만 소실된 화재
- 부분소 : 전소 및 반소에 해당되지 않는 화재

15 구획실의 화재 성장단계에 대한 설명으로 옳은 것은?

① 초기 → 플래시오버 → 쇠퇴기 → 최성기 → 자유연소 순으로 진행된다.
② 자유연소단계는 환기지배형 연소이며, 복사열에 의해 확산된다.
③ 플래시오버 현상은 최성기 전에 주로 발생한다.
④ 최성기는 연료지배형 연소단계이며, 접염방식으로 확산된다.

해설
플래시오버는 성장기와 최성기간의 과도기적 시기에 발생한다.

16 폭발을 기상폭발과 응상폭발로 구분할 때 설명으로 옳은 것은?

① 밀가루 분진의 폭발은 기상폭발에 포함된다.
② 도체에 과도한 전류가 인가되어 전선폭발이 발생하는 것은 기상폭발이다.
③ LNG의 폭발은 응상폭발에 포함된다.
④ 일반적으로 고체상 간의 전이에 의한 폭발은 기상폭발에 해당한다.

해설
기상폭발은 가스폭발(혼합가스폭발), 가스의 분해폭발, 분무폭발 및 분진폭발이고, 응상폭발은 혼합 위험성 물질에 의한 폭발, 폭발성 화합물의 폭발, 증기폭발로 분류할 수 있다.

17 건물 구획실에서의 화재에 대한 설명으로 옳은 것은?

① 일반적으로 최성기의 구획실 화재온도는 500~600℃까지 도달한다.
② 연기의 이동은 화재시 열에 의하여 발생하는 압력에만 의존한다.
③ 환기지배형 화재에서는 CO와 연기의 발생량이 많아진다.
④ 대부분의 구획실과 건물은 최성기에서 연료지배형이 된다.

해설
③ 환기지배형 화재는 고온가스층에 타지 않은 열분해 물질과 일산화탄소가 다량 포함되어 있다.
② 건물 내에서 연기의 유동 및 확산은 연기를 포함한 공기의 온도 차이 때문이다. 연기의 비중은 공기와 그다지 차이가 없지만, 연기를 포함한 공기의 온도가 높기 때문에 부력에 의하여 공기가 유동하고 그 공기에 포함되어 있는 연기도 확산되는 것이다.
④ 구획실로 공기의 흐름이 화재로 열분해 되는 모든 가연물을 태우기에 충분하지 않은 화재는 가연물지배형에서 환기지배형으로 바뀌게 된다.

18 다음 화학반응 중 연소현상과 가장 관계가 깊은 것은?

① 알코올램프의 심지에 불꽃을 대었더니 화염이 생성되었다.
② 신문지를 공기 중에 오랫동안 방치하였더니 노란색으로 변색이 되었다.
③ 쇠못을 대기 중에 오랫동안 방치했더니 붉은색으로 변색을 하였다.
④ 질소를 고온 중에서 산소와 화학반응을 시켰더니 산화질소가 되었다.

해설
연 소
- 가연물이 공기 중의 산소와 화합하거나 산화제와 반응하여 빛과 열을 수반하는 급속한 산화반응이다.
- 발열산화반응으로서 발열반응에 의해 온도가 높아지고 점차 높아진 온도에 의해 분자운동이 증가하여 에너지가 증가되면 그에 따라 열 복사선이 방출되는 현상이다.

증발연소
- 산화는 되었으나 빛과 열을 수반하지 않는다.
- 쇠못을 장시간 방치하면 공기 중에 존재하는 산소와 산화반응에 산화철(녹)이 되는 반응은 산화 열이 낮기 때문에 반응을 지속시킬 수 없어 산화반응이지만 연소반응은 아니다.

19 이산화탄소의 주된 소화효과는 무엇인가?

① 냉각효과
② 질식효과
③ 부촉매효과
④ 억제효과

해설
이산화탄소는 산소와 반응하지 않는 질식효과가 가장 우수하다.

20 화재패턴의 분석으로 적합하지 않은 것은?

① 섬유염료는 화재에 노출된 이후 색 변화를 일으킬 수 있다.
② 유리판 중심과 보호된 가장자리의 온도차가 70℃ 정도가 되면 유리창 중앙부터 금이 간다.
③ 석고보드의 하소는 물질에 대한 열 노출을 보여주는 지표가 될 수 있다.
④ 완전연소(Clean Burn) 부위에는 그을음을 볼 수 없다.

해설
유리판 중심과 보호된 가장자리의 온도차가 70℃ 정도가 되면 유리창 가장자리부터 금이 간다.

제2과목 화재감식론

21 차량화재 발화지점 판정의 유의사항으로 옳지 않은 것은?

① 차체 강판의 소손에 의한 변색의 차이를 자세히 관찰하여 출화개소를 판정하되 회색이 암청색보다 높은 온도에서 소손된 경우이다.
② 타이어로 출화개소를 추정하는 경우 앞, 뒤 바퀴 타이어 4개의 소손상태를 비교하여 타이어 중 가장 소손이 심한 개소가 출화개소에 가까운 경우가 많다.
③ 연료, 오일 등에 대한 연소확대를 고려하여 판정했을 때 차량 하부에서 상부로 소손이 연결되어 연소확대된 부분이 출화개소에 가까운 경우가 많다.
④ 차량 하부의 소손이 여러 곳에서 국부적으로 일어나 있을 경우, 각각 소손부에서 상부로 타올라감을 조사할 필요가 있다.

해설
열에 의한 색상변화를 활용하여 현장에 남은 금속류의 연소방향을 판단할 수 있다.

정답 18 ① 19 ② 20 ② 21 ①

가열온도(℃)	스테인리스강	냉연강판
300	아주 조금 옅은 갈색	옅은 황갈색
400	조금 옅은 갈색	조금 진한 황갈색
500	옅은 적자색	옅은 자색
600	적자색	암자색
700	진한 적자색	회색에 가까운 암자색
800	자 색	흑자색
900	암청색	회 색
1,000	회 색	회 색

22 혼합가연물의 최소착화에너지에 영향을 미치는 요인에 대한 일반적인 설명으로 옳지 않은 것은?

① 온도가 높을수록 최소착화에너지는 낮아진다.
② 압력이 높을수록 최소착화에너지는 높아진다.
③ 연소범위에 따라서 최소착화에너지는 변한다.
④ 혼합된 공기의 산소농도에 따라서 최소착화에너지는 변한다.

해설
압력이 높을수록 최소착화(발화)에너지는 낮아진다.

23 탄화칼슘이 물과 반응할 때 생성되는 가연성 기체는?

① C_2H_4 ② C_3H_8
③ C_2H_2 ④ CH_4

해설
$CaC_2 + 2H_2O \rightarrow Ca(OH)_2 + C_2H_2$ (아세틸렌)

24 항공기 화재방지계통(Fire Protection System)에서 "Fixed"의 정의에 대한 설명 중 틀린 것은?

① 물소화기를 계통 내에 영구적으로 장착하는 것을 말한다.
② 휴대용 소화기를 계통 내에 영구적으로 장착하는 것을 말한다.
③ 할론소화기를 계통 내에 영구적으로 장착하는 것을 말한다.
④ 외부 소방시설을 연결하는 장치를 계통 내에 영구적으로 장착하는 것을 말한다.

해설
항공기 화재방지계통에서 "Fixed"는 내부에 고정된 설비를 의미한다.

25 반단선에 의해서 스파크가 발생한 경우 용융흔은 대부분 어디에서 발생되는가?

① 전원측 전선
② 부하측 전선
③ 전원측과 부하측 전선
④ 용융흔이 생기지 않는다.

해설
반단선에 의한 용흔은 단선부분의 양쪽, 금속에 의해 절단된 단선에서는 전원측에만 발생한다.

전선이 금속에 의해 절단된 용흔의 형태

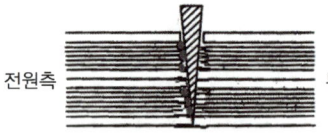

반단선에 의한 용흔의 형태

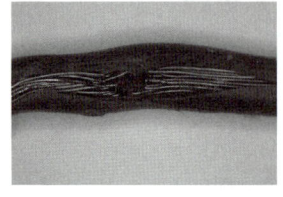

26 다음 중 염소(Cl) 성분을 포함하고 있는 가스는?

① 암모니아　② 아세틸렌
③ 포스겐　　④ 시안화수소

해설
① 암모니아 – NH_3
② 아세틸렌 – C_2H_2
③ 포스겐 – $COCl_2$
④ 시안화수소 – HCN

27 금속화재시 불꽃의 색을 보고 가연물의 종류를 예측할 수 있다. 금속과 불꽃색이 잘못 연결된 것은?

① 칼륨 – 보라색
② 나트륨 – 노란색
③ 구리 – 빨간색
④ 알루미늄 – 은백색

해설
K – 보라색, Na – 노란색, Cu – 청록색, Al – 은백색, Li – 빨간색, Ca – 주황색

28 저항 R에 220V의 전압을 인가하였더니 5A의 전류가 흘렀다. 이때 전류가 2분간 저항 R에 흘렀다면 발생한 열량은 몇 cal인가?

① 10,320　② 15,840
③ 21,680　④ 31,680

해설
$R = \dfrac{V}{I} = \dfrac{220[V]}{5[A]} = 44[\Omega]$
$H = 0.24 I^2 R t = 0.24 \times 5^2 \times 44 \times (2 \times 60)$
$= 31,680 cal$

29 어떤 도체의 단면을 0.5초 간에 0.032C의 전하가 이동했을 때, 흐르는 전류(I)의 크기는 몇 mA인가?

① 16　② 32
③ 64　④ 128

해설
$I[A] = \dfrac{Q[C]}{t[s]}$ 이므로, $\dfrac{0.032}{0.5} \times 10^3 = 64 mA$

30 선박용 축전지 보관방법으로 옳지 않은 것은?

① 축전지상자는 다른 전기설비와 격리
② 축전지실은 화기로부터 격리
③ 발전기에 의해 충전되는 축전지에는 역류방지장치 설치
④ 축전지 및 축전지상자는 대기와 차단

해설
축전지는 환기장치가 설비되거나 통풍이 양호한 장소에 설치하여야 한다.

31 자연발화를 일으키는 화학물질의 특징에 대한 설명으로 옳은 것은?

① 불포화도가 낮은 건성유일수록 발화 위험성이 커진다.
② 분쇄 직후의 활성탄은 자연발화 위험이 없다.
③ 질화면은 마찰과 충격에 매우 민감하므로 건조한 상태로 저장하여야 한다.
④ 셀룰로이드는 발화시에 분해가스가 발생된다.

해설
① 불포화도가 높은 건성유일수록 자연발화성은 증가한다.
② 분쇄 직후의 활성탄, 목탄, 유연탄은 주위의 기체를 흡착하여 발열하고 동시에 산화열이 가해져서 자연발화 위험성이 있다.
③ 질화면은 건조상태에서 자연발화의 위험이 있기 때문에 물과 알코올에 습윤시켜야 한다.

정답 26 ③　27 ③　28 ④　29 ③　30 ④　31 ④

32 임야 화재 종류인 지표화(地表火)에 대한 설명으로 옳은 것은?

① 임야 화재 종류 중에서 가장 발생하기 어렵다.
② 처음 발화점을 중심으로 원형으로 퍼져 가는 것이 일반적이다.
③ 바람이 강해질수록 불어오는 방향으로 퍼지는 속도는 빨라진다.
④ 낙엽이 분해된 유기질층 및 이탄층이 타는 화재다.

해설
지표화는 무풍시에 발화점을 중심으로 원형으로 진행되는 것이 일반적이고, 바람이 있으면 바람이 불어가는 방향으로 타원형을 이루며 빠르게 번져 나간다.
①, ④는 지중화에 관한 설명이다.
③ 바람이 불어가는 방향으로 퍼지는 속도가 빨라진다.

33 산불에 대한 설명으로 옳은 것은?

① 동령림은 나무 나이가 동일하여 임분구조가 비슷하므로 산불이 발생하기 쉽다.
② 택벌림은 임분밀도가 덜하여 밀생임분보다 산불발생이 쉽다.
③ 혼효림은 단순림보다 산불발생이 쉽다.
④ 유령림은 노령림보다 산불발생이 어렵다.

해설
이령림은 임상유기물이 일시에 다량이 쌓여 동령림보다 산불 발생 위험 정도가 낮다.

34 화재가 발생하였을 때 조사해야 하는 내용으로 가장 거리가 먼 것은?

① 발화열원   ② 최초착화물
③ 발화요인   ④ 응고물

해설
화재원인 규명과 관련하여 발화열원, 발화요인, 최초착화물, 최초착화물 유형, 연소확대 관련 항목 등을 조사한다.

35 전기세탁기 화재가 발생하였을 때 전기화재의 조사요점으로 틀린 것은?

① 잡음방지 콘덴서의 절연열화 상태
② 마그네트론의 열화
③ 배수 전자밸브의 이상
④ 세탁기 내부 배선 간의 단락여부

해설
전자레인지의 구조
외함, 가열실 및 문 등으로 이루어져 있다. 외함은 강판, 가열실은 스테인리스 강판 등으로 만들어져 있고 가열실 천장은 플라스틱 커버로 되어 있으며, 그 위에 마그네트론(Magnetron)과 도파관 등이 부착되어 있다.

36 다음 화학반응식에 대한 설명으로 옳지 않은 것은?

$$C_3H_8(g) + 5O_2(g) \rightarrow 3CO_2(g) + 4H_2O(g)$$

① 프로판 0.5몰과 산소 2.5몰이 반응하면 이산화탄소 1.5몰과 수증기 2몰이 생성된다.
② 0℃, 1atm에서 프로판 11.2ℓ를 완전연소 시키기 위해서는 산소 112ℓ가 필요하다.
③ 프로판 44g과 산소 160g을 반응시키면 이산화탄소 132g과 수증기 72g이 생성된다.
④ 0℃, 1atm에서 프로판 1몰과 산소 5몰로 구성된 반응물의 부피는 134.4ℓ이다.

해설
0℃, 1atm (표준 상태, STP)에서 기체 1몰의 부피는 22.4L
→ 프로판 11.2L는 11.2L ÷ 22.4L/mol = 0.5몰
→ 반응식에서 프로판 1몰당 산소 5몰 필요
→ 산소 2.5몰의 부피 = 2.5몰 × 22.4L/mol = 56L
∴ 56L

37 선박화재의 현장기록에 대한 설명으로 틀린 것은?

① 선박화재의 현장기록에 대한 요건은 일반적으로 구조물과 차량에 대한 것과 거의 모든 부분에서 다른 특수성을 갖는다.
② 선박화재의 현장기록은 가능한 선박이 현장의 제 위치에 있을 때 조사되어야 한다.
③ 화재가 발생한 선박이 현 위치에서 손상되었는지, 화재 이후 위치가 바뀌었는지 확인하여야 한다.
④ 선박화재의 현장기록은 폐기물처리장, 수리시설, 정박지, 소형 선박수리소 등에서 일부를 기록해야 하는 경우가 있을 수 있다.

해설
선박화재의 현장기록에 대한 요건은 일반적으로 구조물과 차량에 대한 것과 거의 유사하다.

38 화재현장조사시 조기발견자를 통한 정보수집으로 가장 거리가 먼 것은?

① 발견시각
② 발견위치
③ 발화원
④ 불의 위치

해설
최초발견자, 신고자, 목격자, 초기진화 종사자 등을 중심으로 탐문하여 이상하고 급격한 연소부위나 물건, 열이나 연기의 진행방향, 소실 또는 훼손된 물품의 위치 및 상태, 기타 화재흔적 등을 정밀 관찰해야 하고, 발화원은 화재조사자가 판단해야 한다.

39 산소, 수소, 질소, 아르곤 등의 압축가스 용기의 안전장치에 적합한 밸브는?

① 스프링식 안전밸브
② 가용전(가용합금식) 안전밸브
③ 파열판식 안전밸브
④ 스프링식과 파열판식의 2중 안전밸브

해설
안전장치
- LPG 용기 : 스프링식 안전밸브
- 염소, 아세틸렌, 산화에틸렌 용기 : 가용전(가용합금식) 안전밸브
- 산소, 수소, 질소, 아르곤 등의 압축가스 용기 : 파열판식 안전밸브
- 초저온 용기 : 스프링식과 파열판식의 2중 안전밸브

40 화재원인조사의 물증 확인을 나타내기 위한 표시나 라벨에 포함되어야 할 사항으로 가장 거리가 먼 것은?

① 조사자의 이름
② 증거물 수집장소
③ 수집용기의 소재
④ 증거물의 간단한 요약

해설
표시방법으로는 물적 증거를 수집한 화재조사자의 이름, 수거날짜와 시간, 증거물 확인 이름이나 번호, 사건 번호, 항목 명칭, 물적 증거에 대한 설명, 물적 증거가 발견된 장소 등이 있다. 이러한 것들은 용기 라벨에 직접 써 넣거나 미리 꼬리표나 라벨로 인쇄하여 용기에 확실히 붙여 놓는다.

정답 37 ① 38 ③ 39 ③ 40 ③

제3과목 증거물관리 및 법과학

41 화재현장에서 사체가 완전 탄화된 채 발견되었다. 다음 신원확인 조사방법 중 가장 신뢰할 수 있는 것은?

① DNA 검사
② 지문감식
③ X-ray 검사
④ 소지품 검사

해설
X-ray 검사를 통해서 탄화된 사체의 신원을 확인할 수 있다.

42 시반에 관한 설명으로 옳은 것은?

① 시반은 사망시간을 나타내는 지표로 사용된다.
② 시반은 시신의 사망 전 이동 여부를 나타낸다.
③ 시반은 3~4시간 후에 더 이상 진행되지 않는다.
④ 시반은 우리 몸의 가장 높은 신체부위에 발생한다.

해설
시반 형성시간은 빠르면 30분 정도에 형성되고, 일반적으로는 2~3시간에 적색, 자색의 점상 모양이었다가 서로 융합된다. 4~5시간이 경과하면 암적색이 되고 12~14시간이 경과하면 전신에 나타난다. 사망 후 10시간이 지나면 혈관벽이 혈액으로 염색되어 침윤성 시반을 형성하고, 침윤성 시반은 일단 형성되면 사체의 체위 변경에도 없어지지 않는다. 또 침윤성 시반이 형성되기 전에 특히 4~5시간 이내 체위를 변형시키면 시반이 완전히 사라지고 새로운 시반이 형성될 수 있다.

43 휘발유를 바닥에 뿌리고 방화를 하였다. 이 상황에서 생길 수 있는 패턴으로 가장 거리가 먼 것은?

① 포어패턴
② 도넛패턴
③ V패턴
④ 스플래시패턴

해설
V패턴은 벽면에 생성되는 연소패턴이고, 나머지는 방화화재시 가연성 액체를 사용했을 때 바닥에 나타날 수 있는 연소패턴이다.

44 화재조사와 관련하여 관계자에게 질문을 하고자 한다. 다음 중 틀린 것은?

① 질문내용을 사전에 준비한다.
② 희망하는 진술내용을 얻기 위하여 먼저 신분을 밝히지 않는 것이 좋다.
③ 희망하는 진술내용을 얻기 위하여 상대방에게 암시하는 등의 방법으로 유도하여서는 안 된다.
④ 짧고 간결하게 요점만을 질문한다.

해설
질문을 할 때에는 기대나 희망하는 진술내용을 얻기 위하여 상대방에게 암시하는 등의 방법으로 유도하여서는 아니 된다.

정답 41 ③ 42 ① 43 ③ 44 ②

45 전기아크가 발생한 전기도체 증거물에 관한 설명으로 옳은 것은?

① 전기아크는 화재로 인한 용융과 달리 전선의 국부적인 발열을 특징으로 한다.
② PVC 절연전선은 탄화되면 반도체 성질을 잃으며, 이것은 공기 중 전기아크와 관련이 있다.
③ 전기아크 매핑은 아크 발생지점을 통해 점화원(Ignition Source)을 찾기 위한 작업이다.
④ 전기아크는 대다수 가연물에 대한 반응 가능한 점화원이 될 수 있다.

해설
전기아크는 국부적인 발열현상으로 전선의 말단 부분에 용융흔이 생성된다.

46 화재패턴에 대한 설명으로 옳지 않은 것은?

① 화재패턴은 잠재적 화재원인을 규명하는 데 유용할 수 있다.
② 탄화된 재, 가연성 물질의 탄화흔적은 화재패턴으로 볼 수 없다.
③ 화재패턴은 화재 후에도 남아 있어서 측정하거나 볼 수 있는 물리적 변화 등의 화재효과이다.
④ 물리적 증거로서 화재패턴은 화재조사시 유용한 증거자료가 될 수 있다.

해설
화재패턴
- 화재로 인한 화염, 열기, 가스, 그을음 등에 의해 탄화, 소실, 변색, 용융 등의 형태로 물질이 손상된 형상이다.
- 「화재 이후 남아 있는 눈으로 보고 측정할 수 있는 물리적인 효과」 - NFPA921의 정의
- 화재가 진행되면서 현장에 기록한 것. 즉, 「화재가 지나간 길」
- 화재조사관들은 이러한 화재패턴을 분석하여 화재가 지나간 길을 역추적하면서 최초 발화지점을 찾고 발화원을 찾을 수 있는 것이다.

47 디지털카메라의 고유 기능으로 받아들인 빛을 증폭하여 감도를 높이거나 낮춰주는 기능은 무엇인가?

① 화이트밸런스
② 줌기능
③ ISO 조절기능
④ EV 시프트

해설
ISO 수치란 CCD 센서의 빛을 받아들이는 민감성을 말한다. ISO값이 높을수록 빛에 더욱 민감하다는 뜻이고, 그로 인해 부족한 광량 아래에서도 빠른 셔터속도 확보가 가능하다. 그러나 ISO값을 올리게 되면 노이즈가 증가하여 화질이 떨어질 수 있다.

48 경유의 연소에 의한 화재패턴으로 가장 거리가 먼 것은?

① 드롭다운패턴
② 포어패턴
③ 스플래시패턴
④ 고스트마크

해설
드롭다운(폴다운) 화재란 화재현장에서 심한 연소작용이나 혹은 다른 물리적 작용에 의하여 떨어져 나온 작은 불씨가 진행 중인 화재현장 외의 장소에 있는 가연성 물질에의 열원으로 제공되어져 착화·발화되는 것을 말한다.

정답 45 ① 46 ② 47 ③ 48 ①

49 증거에 관련된 용어에 대한 설명으로 옳지 않은 것은?

① 증거재판주의 : 사실의 인정은 증거에 의하여야 한다.
② 전문법칙 : 위법한 절차에 의해 수집한 증거는 유죄의 증거로 할 수 없다.
③ 자유심증주의 : 증거의 증명력은 법관의 자유판단에 의한다.
④ 자백배제법칙 : 피고인의 임의의 진술이 아닌 것을 유죄의 증거로 할 수 없다.

> **해설**
> 전문법칙은 영미증거법에서 유래하는 원칙으로, 원진술자가 직접 체험한 사실이 요증사실인 경우에 그 증거로 전문증거를 사용함은 금지된다. 예를 들면, 증인 갑이 공판정에서 '나는 을로부터 A가 B를 살해하는 것을 보았다는 말을 들었습니다.'라고 진술하였을 경우 갑의 진술을 A가 B를 살해하였다는 사실의 증거로 하는 것은 전문법에 의해 인정되지 않는다. 즉, 증거능력이 없다.

50 연소범위에 영향을 미치는 요인 중 틀린 것은?

① 온도가 높아질수록 연소범위는 좁아진다.
② 압력이 높아지면 하한값은 크게 변하지 않으나 상한값은 높아진다.
③ 고온, 고압의 경우 연소범위는 더욱 넓어진다.
④ 혼합기를 이루는 공기의 산소농도가 높을수록 연소범위는 넓어진다.

> **해설**
> 연소범위는 온도와 압력이 상승함에 따라 확대되어 위험성이 증가한다.

51 전기적 요인에 의한 발화증거로 볼 수 없는 것은?

① 부하측 전기기기의 말단에 단락흔이 확인되었다.
② 콘센트 금속받이가 용융되고 열림상태로 확인되었다.
③ 플러그가 외부화염에 의해 용융된 형태로 확인되었다.
④ 플러그에 변색흔이 있고 일부 용융되었다.

> **해설**
> 플러그가 외부화염에 의해 용융된 형태는 전기적 요인의 발화증거로 볼 수 없다.

52 화재조사관이 작성하는 서식이 아닌 것은?

① 방화·방화의심조사서
② 소방시설등 활용조사서
③ 화재사후조사의뢰서
④ 화재·구조·구급상황보고서

> **해설**
> 화재사후조사의뢰서는 관계자나 민원인이 작성하여 소방관서에 제출하는 서식이다.

53 화상사의 사체소견으로 가장 거리가 먼 것은?

① 각 장기에서 빈혈상을 보인다.
② 피부 표면에 1도에서 4도의 화상이 보인다.
③ 내부 장기는 열로 인해 부풀어 오른다.
④ 사망이 지연되면 실질장기의 혼탁종창이 나타난다.

> **해설**
> **시체 소견 및 진단**
> • 외표에서는 1~4도의 광범한 화상을 본다.
> • 내부에서 특이한 소견은 없으나, 각 장기의 빈혈상(貧血狀)을 보인다.
> • 사망이 지연되면 사인이 된 2차적 변화와 더불어 점막하의 일혈점, 실질장기의 혼탁종창, 부신의 출혈, 유지체의 감소 또는 소실을 본다.

정답 49 ② 50 ① 51 ③ 52 ③ 53 ③

54 화재현장에서 증거물 채취의 일반적인 절차로 옳은 것은?

① 증거물 채취에 있어서는 채취자료와 그 존재 장소와의 연결 및 그 상태를 명확하게 해놓아야 한다.
② 채취과정의 입증조치는 입회인만 있으면 된다.
③ 화재현장은 어둡고 확인이 되지 않으므로 무조건 많은 증거물을 채취한다.
④ 화재현장 채취장소는 중요하지 않으므로 관계자 진술로 대처한다.

55 화재현장 사진촬영시 일반적인 주의사항으로 틀린 것은?

① 발화부로부터 외부 방향순으로 촬영한다.
② 오래 보존할 수 없는 물질·물건·사망자 등을 먼저 촬영한다.
③ 접사촬영시 미세한 흔들림도 방지할 수 있도록 삼각대를 사용한다.
④ 촬영된 일자와 시간은 카메라 장치의 기억기능을 이용하여 사진에 기록한다.

[해설]
피사체는 원경으로부터 목적물과의 관계를 반영하면서 근접촬영하여 피사체의 관계를 명확히 한다.

56 잔류물이 있는 용기의 상부공간에 숯(Charcoal)을 매달아 촉진제를 추출하는 방법을 무엇이라 하는가?

① 상부공간법
② 흡착법
③ 용매추출법
④ 증기증류법

[해설]
흡착 작용의 원리를 응용하여 유체 중의 유해한 물질 등을 흡착하여 제거하는 방법이다.

57 플라스틱 증거물에 관한 설명으로 옳은 것은?

① 탄화수소계의 기본적인 고체 가연물인 플라스틱의 약 90%는 열경화성이다.
② PVC와 같은 열경화성 물질은 가열되면 용융, 변형, 그리고 드롭다운패턴이 형성된다.
③ 폴리우레탄 같은 열가소성 물질은 탄화물질을 형성하지 않는다.
④ 열가소성 물질은 용해되고 흘러서 2차 화재의 원인이 된다.

[해설]
탄화수소계의 90%는 열가소성, PVC도 열가소성, 폴리우레탄은 열경화성이다.

정답 54 ① 55 ① 56 ② 57 ④

58 다음 중 액체 및 고체촉진제 증거물의 수집에 가장 적합한 것은?

① 밀봉형 비닐봉지
② 플라스틱 통
③ 밀폐식 뚜껑이 있는 금속 캔
④ 밀폐된 종이봉투

해설
액체와 고체촉진제 증거 수집 용기
금속 캔, 유리병, 특수증거물 수집가방(Bag), 일반플라스틱 용기

구 분	장 점	단 점
금속 캔	• 유용성, 경제적 가격 • 내구성과 휘발성 액체의 기화를 방지	• 용기를 열기 전까지는 안의 내용물을 볼 수 없음 • 장시간의 기간 동안 저장할 때 용기가 녹슨다.
유리병	• 유용성, 낮은 가격 • 병을 열지 않고도 증거물을 확인 가능 • 휘발성 액체의 증발 방지 • 장기 저장시 증거물의 악화를 줄여줌	• 쉽게 깨지는 것 • 종종 물증의 대량 저장을 금지하는 크기 제한
특수 증거물 봉투	• 모양과 크기가 다양 • 가격이 경제적 • 백을 개방하지 않아도 증거물을 확인가능 • 보관이 편리하고 휘발성 액체의 오염방지	• 쉽게 손상됨 • 충분히 봉인하기 어려운 경향이 있음 • 물증 자체의 오염을 야기 • 특정종류의 액체, 고체 촉진제와 접촉시 부패나 변질할 우려가 있음
일반 플라스틱 용기	• 모양과 크기가 다양 • 가격이 경제적 • 백을 개방하지 않아도 증거물을 확인 가능 • 저장이 편리	• 손상되기 쉽고, 물증오염을 야기할 수 있음 • 경질 탄화수소와 알코올을 담기가 곤란하여 표본 손실이나 잘못된 판정(찢기거나 구멍 남) 또는 견본 상자 용기 내 교차오염을 일으킬 수 있음

59 증거물 보관에 대한 설명으로 옳은 것은?

① 증거물은 밝은 곳에 보관한다.
② 휘발성 물질은 냉장 보관한다.
③ 냉동 보관된 물질은 물리적 테스트에 도움을 준다.
④ 수분이 포함된 금속물질은 견고하게 밀폐시켜 산화를 방지한다.

해설
② 일반적으로 증거물을 저장하는 곳의 온도가 낮을**수록** 휘발성 샘플은 잘 보존되지만, 동결시켜서는 안 된다.
① 건조하고 어두운 장소가 좋으며, 시원할수록 좋다.
③ 액체촉진제는 냉동저장을 적극 권장한다. 화재 잔해 분석용 견본을 수집할 경우 냉동을 하면 미생물학적이나 생물학적인 퇴화를 방지할 수 있다. 그러나 냉동하게 되면 인화점 또는 기타 물리적 시험을 방해할 수 있으며, 물로 가득한 용기를 파열시킬 수도 있다.
④ 수분이 포함된 금속물질은 적당한 환기로 산화를 방지한다.

60 화재현장의 사진을 촬영할 때 유의해야 하는 사항으로 틀린 것은?

① 화재현장사진은 수정하기가 불가능하므로 촬영에 심혈을 기울인다.
② 화재현장사진은 화재조사자의 의도를 이해하여 촬영한다.
③ 중요한 증거 물건은 표지, 번호표 등으로 명확하게 표시한다.
④ 주변인물, 발굴용 기구 등을 중점적으로 촬영하여야 한다.

해설
촬영의 기본
• 화재조사자 중 사진 촬영자는 촬영의 목적을 충분히 이해하고 단시간에 끝낼 수 있도록 요령있게 촬영을 실시한다.
• 먼저 촬영된 일자와 시간이 표시될 수 있도록 카메라 장치의 표시기능을 설정한다.

58 ③ 59 ② 60 ④

- 혈흔·사망자 등과 보존이 어려운 증거물은 우선 촬영한다.
- 화재증거물이 어디에 있는 것인지, 그의 위치와 상태를 명백히 해두고 촬영한다.
- 가급적 상하좌우의 여러 각도에서 촬영하여 거리의 판별, 입체적인 대상물의 각 방면의 소손 및 연소확대(延燒) 상황과 차이 중 보는 각도에 따른 시각적 차이를 해소될 수 있도록 촬영에 주의한다.
- 비교적 어두운 분위기에서 오는 증거물의 불명료함을 방지하거나 촬영자의 호흡에 의한 카메라의 미약한 흔들림을 방지하기 위해서는 삼각대를 사용한다.

제4과목 화재조사보고 및 피해평가

61 「소방의 화재조사에 관한 법률」상 화재로 볼 수 있는 것은?

① 소각장에서의 쓰레기 소각에 의한 연소현상
② 소방시설 등을 사용하여 소화할 필요가 없는 연소현상
③ 화학적인 폭발현상
④ 물리적인 폭발현상

해설
화재의 정의(법 제2조)
"화재"란 사람의 의도에 반하거나 고의에 의해 발생하는 연소현상으로 소화시설 등을 사용하여 소화할 필요가 있거나 또는 화학적인 폭발현상을 말하는 것으로, 다음 3가지 요건을 모두 충족하여야 한다(물리적인 폭발현상은 제외).
- 첫째 : 일반적인 사회의사에 반하여 발생한 연소현상
- 둘째 : 소화할 필요가 있는 연소현상
- 셋째 : 소화시 소방시설 등 이와 동등한 물건을 사용할 필요가 있는 연소현상

62 공구 및 기구의 소손 정도에 따른 손해율로 틀린 것은?

① 50% 이상 소손되고 그을음 및 수침오염 정도가 심한 경우 : 100%
② 손해 정도가 다소 심한 경우 : 50%
③ 손해 정도가 보통인 경우 : 20%
④ 오염·수침손의 경우 : 10%

해설
가재도구/집기비품/공구·기구의 손해율

화재로 인한 피해 정도	손해율(%)
50% 이상 소손되거나 수침오염 정도가 심한 경우	100
손해 정도가 다소 심한 경우	50
손해 정도가 보통인 경우	30
오염·수침손의 경우	10

63 화재피해조사 시 건물의 동수 산정에 있어서 같은 동으로 볼 수 있는 사례에 해당하는 것은?(단, 원칙적인 경우에 한한다)

① 구조에 관계없이 지붕 및 실이 하나로 연결되어 있는 경우
② 독립된 건물과 건물 사이에 차광막, 비막이 등의 덮개를 설치하고 그 밑을 통로로 사용하는 경우
③ 내화조 건물의 옥상에 목조 또는 방화구조 건물이 별도 설치되어 있는 경우
④ 내화조 건물의 외벽을 이용하여 목조 또는 방화구조 건물이 별도 설치되어 있고 건물 내부와 구획되어 있는 경우

해설
화재조사 및 보고규정에 따른 건물동수 산정방법 중 같은 동 기준
- 주요구조부가 하나로 연결되어 있는 것
- 건물의 외벽을 이용하여 실을 만들어 헛간, 목욕탕, 작업실, 사무실 및 기타 건물 용도로 사용하고 있는 것
- 구조에 관계없이 지붕 및 실이 하나로 연결되어 있는 것

- 목조 또는 내화조 건물의 경우 격벽으로 방화구획이 되어 있는 경우
- 내화조 건물의 옥상에 목조 또는 방화구조 건물이 별도 설치되어 기능상 하나인 경우(옥내계단이 있는 경우)
- 내화조 건물의 외벽을 이용하여 목조 또는 방화구조 건물이 별도 설치되어 주된 건물에 부착된 건물이 옥내로 출입구가 연결되어 있는 경우로 건물 기능상 하나인 경우
- 내화조 건물의 외벽을 이용하여 목조 또는 방화구조 건물이 별도 설치되어 기계설비 등이 쌍방에 연결되어 있는 경우로 건물 기능상 하나인 경우

64 방화·방화의심조사서 작성 시 기재항목이 아닌 것은?

① 방화동기
② 방화도구
③ 처벌법규
④ 도착시 초기 상황

65 다음 화재조사서류 중 작성주체가 다른 것은?

① 재산피해신고서
② 화재현황조사서
③ 소방시설등 활용조사서
④ 질문기록서

해설
재산피해신고서는 화재가 발생한 관계인이 작성하여 소방서장에게 제출하는 서류에 해당된다.

66 건물에 포함하여 화재피해액을 산정하는 것은?

① 칸막이
② 구축물
③ 영업시설
④ 부대설비

해설
화재피해액 산정대상
- 건물 : 본건물, 부속건물, 부착물
- 부대설비
- 구축물
- 영업시설
- 기계장치 및 선박·항공기
- 공구 및 기구류
- 집기비품
- 가재도구
- 차량 및 운반구
- 동·식물
- 재고자산
- 잔존물제거
- 임야의 임목
- 회화(그림), 골동품, 미술공예품, 귀금속 및 보석류
- 기타 재산적 가치가 있는 직접적 피해

67 치외법권지역에 대한 보고서 작성으로 옳은 것은?

① 화재현장출동보고서, 질문기록서, 화재발생종합보고서를 반드시 작성하여야 한다.
② 화재현장출동보고서만 작성한다.
③ 치외법권지역은 조사권을 행사할 수 없으므로 보고서를 작성하지 않아도 된다.
④ 치외법권지역에서 조사권을 행사 할 수 없는 경우는 조사 가능한 내용만 조사하여 보고서를 작성한다.

해설
조사 보고(화재조사 및 보고규정 제22조 제5항)
치외법권지역 등 조사권을 행사할 수 없는 경우는 조사 가능한 내용만 조사하고 해당서류를 작성한다.

68 구축물의 설계도 및 시방서 등에 의해 최초 건축비의 확인이 가능한 경우에 피해액을 산정하는 방식은?

① 간이평가방식
② 원시건축비에 의한 방식
③ 회계장부에 의한 방식
④ 수리비에 의한 방식

해설
구축물 피해액 산정
회계장부에 의한 피해액을 산정하는 것이 원칙이나 규모 구축물의 경우 설계도 및 시방서 등에 의해 최초 건축비의 확인이 가능하므로 최초건축비에 경과연수별 물가상승률 곱하여 재건축비를 구한 후 사용손모 및 경과연수에 대응한 감가공제하는 방식에 의해 구축물의 화재로 인한 피해액을 산정할 수 있는 원시건축비에 의한 방법 또는 구축물의 재건축비 표준단가를 활용한 간이평가방식도 있다.

69 화재로 입은 귀금속 피해가 전부손해가 아닌 경우 피해액 산정기준은?

① 시중에 거래되는 매매가
② 감정서의 감정가액
③ 전문가의 감정가액
④ 원상복구에 소요되는 비용

해설
화재피해액 산정기준

산정대상	산정기준
회화(그림), 골동품, 미술공예품, 귀금속, 보석류	• 전부손해 : 감정가격 • 일부손해 : 원상복구에 소요되는 비용

70 소방시설등 활용조사서 작성시 기재항목이 아닌 것은?

① 초기소화활동
② 소방용수설비 사용유무
③ 제연설비 사용유무
④ 피난대피 인원

해설
초기소화활동 중 피난방송 및 대피유도 유무만 체크하지 피난대피 인원은 기재사항에 해당되지 않음

71 화재 당시의 피해물의 재구입비에 대한 현재가의 비율을 구하는 식이 아닌 것은?

① (재구입비 − 감가수정액)/재구입비
② 100% − 감가수정률
③ 1 − (1 − 최종잔가율) × 경과연수/내용연수
④ (현재시가 − 감가수정액)/현재시가

해설
잔가율
화재 당시 피해물에 잔존하는 경제적 가치의 정도로서 이는 피해물의 현재가치의 재구입비에 대한 비율로 표시되며, 피해물의 현재가치는 재구입비에서 사용기간에 따른 손모 및 경과기간으로 인한 감가액을 공제한 금액이 되므로, 잔가율은 다음과 같다.

• 현재가(시가) = 재구입비 × 잔가율
• 잔가율 = (재구입비 − 감가수정액)/재구입비
• 잔가율 = 100% − 감가수정률
• 잔가율 = 1 − (1 − 최종잔가율) × 경과연수/내용연수

정답 68 ② 69 ④ 70 ④ 71 ④

72 「화재조사 및 보고규정」상 건축·구조물 화재의 소실 정도가 아닌 것은?

① 전 소 ② 반 소
③ 즉 소 ④ 부분소

해설

화재의 소실 정도
건축·구조물화재, 자동차·철도차량, 선박 및 항공기 등의 소실 정도는 3종류로 구분한다.
- 전소 : 건물의 70% 이상(입체면적에 대한 비율을 말한다)이 소실되었거나 또는 그 미만이라도 잔존부분을 보수하여도 재사용이 불가능한 것
- 반소 : 건물의 30% 이상 70% 미만이 소실된 것
- 부분소 : 전소, 반소화재에 해당되지 아니하는 것

73 화재발생종합보고서에서 화재발생시 모든 경우에 작성되어야 할 조사서는?

① 화재현황조사서
② 화재유형별조사서
③ 화재피해(인명·재산)조사서
④ 방화·방화의심조사서

해설

화재발생종합보고서 운영 체계도

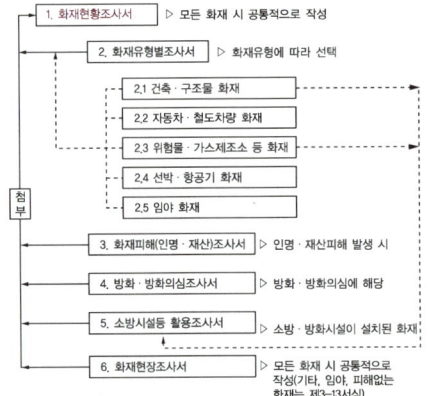

※ 화재현장조사서는 모든 화재에 공통적으로 작성하는 서식임(기타, 임야, 피해없는 화재는 제3-13서식)

74 화재피해액 산정대상 중 건물의 부속물이 아닌 것은?

① 대 문 ② 간 판
③ 담   ④ 곳 간

해설

- 본건물 : 철근콘크리트, 철골철근콘크리트조, 벽돌조, 석조, 블록조, 철골조, 토벽조, 목조, 간이목조, 간이목골몰탈조, 간이철골쇠파이프조 등으로 된 건물을 말한다.
- 건물의 부속물 : 칸막이, 대문, 담, 곳간 및 이와 비슷한 것은 건물의 부속물로 보아 건물에 포함하여 피해액을 산정한다.
- 건물의 부착물 : 간판, 네온사인, 안테나, 선전탑, 차양 및 이와 비슷한 것은 건물의 부착물로 보아 건물에 포함하여 피해액을 산정한다.

75 자동차 화재의 피해액 산정기준으로 틀린 것은?

① 피해대상 자동차와 동일하거나 유사한 자동차의 시중 매매가격을 피해액으로 한다.
② 부분 소손되어 수리가 가능한 경우에는 수리에 소요되는 금액을 자동차의 피해액으로 한다.
③ 부분 소손되어 수리가 가능한 경우에는 수리에 소요되는 금액을 자동차의 피해액으로 하고 감가공제한다.
④ 자동차의 수리비는 자동차 수리업소의 견적서를 참고하여 산정한다.

해설

- 자동차가 부분 소손되어 수리가 가능한 경우에는 수리에 소요되는 금액을 자동차의 피해액으로 한다. 이 때 특별한 경우를 제외하고는 감가공제는 하지 아니한다.

자동차의 부분 소손시 피해액 = 수리비

- 자동차의 수리비는 자동차 수리업소의 견적서를 참고하여 산정한다.

산정대상	산정기준
차량, 동물, 식물	• 전부손해 : 시중매매가격 • 일부손해 : 수리비 및 치료비
재고자산	「회계장부상 현재가액 × 손해율」의 공식에 의한다. 다만 회계장부상 현재가액이 확인되지 않는 경우에는 「연간매출액 ÷ 재고자산회전율 × 손해율」의 공식에 의하되, 재고자산회전율은 한국은행이 최근 발표한 '기업경영분석' 내용에 의한다.
회화(그림), 골동품, 미술공예품, 귀금속 및 보석류	전부손해의 경우 감정가격으로 하며, 전부손해가 아닌 경우(일부손해) 원상복구에 소요되는 비용으로 한다.
임야의 입목	소실 전의 입목가격에서 소실한 입목의 잔존가격을 뺀 가격으로 한다. 단, 피해산정이 곤란할 경우 소실면적 등 피해 규모만 산정 할 수 있다.
기 타	피해 당시의 현재가를 재구입비로 하여 피해액을 산정한다.

76 기계장치의 소손 정도에 따른 손해율로 틀린 것은?

① 프레임 및 주요부품이 소손되고 굴곡변형으로 수리가 불가능한 경우 : 100%
② 프레임 및 주요부품 수리하여 재사용 가능하나 소손 정도가 심한 경우 : 50~60%
③ 화염의 영향을 받아 주요부품이 아닌 일반부품 교체와 그을음 및 수침오염 정도가 심하여 전반적으로 Overhaul이 필요한 경우 : 30~40%
④ 화염의 영향을 다소 적게 받았으나 그을음 및 수침오염 정도가 심하여 일부 부품교체와 분해조립이 필요한 경우 : 5~10%

해설

기계장치의 소손 정도에 따른 손해율

화재로 인한 피해 정도	손해율(%)
Frame 및 주요부품이 소손되고 굴곡·변형되어 수리가 불가능한 경우	100
Frame 및 주요부품을 수리하여 재사용 가능하나 소손 정도가 심한 경우	50~60
화염의 영향을 받아 주요부품이 아닌 일반 부품 교체와 그을음 및 수침 오염 정도가 심하여 전반적으로 Overhaul이 필요한 경우	30~40
화염의 영향을 다소 적게 받았으나 그을음 및 수침오염 정도가 심하여 일부 부품교체와 분해조립이 필요한 경우	10~20
그을음 및 수침오염 정도가 경미한 경우	5

77 화재피해조사 및 피해액 산정순서 중 기본현황조사에 해당하는 항목으로 옳은 것은?

① 화재발생장소의 전체적인 피해규모 확인
② 건물의 용도, 구조, 규모 확인
③ 건물, 부대설비, 구축물, 시설의 피해 정도 및 피해면적 확인
④ 피해내용별 피해액 산정

해설

화재피해조사 및 피해액 산정순서

화재현장조사 → 기본현황조사 → 화재피해 정도 조사 → 재구입비 산정 → 피해액 산정

- 화재발생장소의 전체적인 피해규모 확인 : 화재현장조사
- 건물의 용도, 구조, 규모 확인, 피해내용 및 범위의 확인 : 기본현황조사
- 건물, 부대설비, 구축물, 시설의 피해정도 및 피해면적 확인 : 화재피해 정도 조사
- 피해내용별 피해액 산정 : 피해액 산정

정답 76 ④ 77 ②

78 화재발생종합보고서 서식에 포함되지 않는 것은?

① 화재유형별조사서
② 화재피해조사서
③ 화재현장조사서
④ 화재증명원조사서

[해설]
화재발생종합보고서 서식에는 화재현황조사서, 화재유형별조사서(건축·구조물 화재, 자동차·철도차량 화재, 위험물·가스제조소 등 화재, 선박·항공기 화재, 임야 화재), 화재피해(인명·재산)조사서, 방화·방화의심조사서, 소방방화시설활용조사서, 화재현장조사서 등이 있다.

79 화재현황조사서에 명시된 발화요인에 속하는 것은?

① 작동기기
② 교통사고
③ 불꽃, 불티
④ 담뱃불, 라이터불

[해설]
화재현황조사서에 명시된 발화요인
전기적 요인, 기계적 요인, 가스누출(폭발), 화학적 요인, 교통사고, 부주의, 자연적 요인, 기타, 미상
※ 발화열원 : 작동기기, 불꽃·불티, 담뱃불·라이터불

80 내용연수가 30년이고 경과연수가 15년인 공장의 잔가율은 얼마인가?

① 30%
② 40%
③ 50%
④ 60%

[해설]
잔가율
화재 당시 피해물에 잔존하는 경제적 가치의 정도로서, 이는 피해물의 현재가치의 재구입비에 대한 비율로 표시되며, 피해물의 현재가치는 재구입비에서 사용기간에 따른 손모 및 경과기간으로 인한 감가액을 공제한 금액이 되므로, 잔가율은 다음과 같다.

$$잔가율 = 1-(1-최종잔가율) \times \frac{경과연수}{내용연수}$$
$$= 1-(1-0.2) \times \frac{15}{30} = 0.6\%$$

제5과목 화재조사관계법규

81 「화재로 인한 재해보상과 보험가입에 관한 법률」에 따라 특약부화재보험을 가입하여야 하는 특수건물 중 아파트는 기본적으로 몇 층 이상이어야 하는가?

① 7층
② 11층
③ 16층
④ 층수에 관계없이 모든 아파트

[해설]
특약부화재보험 의무가입 특수건물

연면적이 1,000m² 이상	바닥면적의 합계가 2,000m² 이상	바닥면적의 합계가 3,000m² 이상	연면적이 3,000m² 이상	16층 이상	11층 이상 실내사격장
국·공유 재산 중 건물 및 부속건물	• 다중이용업소(학원, 목욕장업, 영화상영관, 게임제공업, 인터넷게임시설제공업, 노래연습장업, 일반·휴게음식점업, 단란주점영업, 유흥주점영업으로 사용하는 건물) • 실내사격장 : 면적제한 없이 의무가입대상	숙박업, 대규모 점포로 사용하는 건물, 도시철도시설 중 역사 및 역무시설로 사용하는 건물	종합병원 및 병원, 관광숙박업, 공연장, 방송사업 목적 건물, 농수산물도매시장 및 민영농수산물도매시장, 학교, 공장	아파트 및 부속건물	모든 건물

• 옥상부분으로서 그 용도가 명백한 계단실 또는 물탱크실인 경우에는 층수로 산입하지 아니하며, 지하층은 이를 층으로 보지 아니한다.
• 16층 이상의 아파트 단지 내에 관리주체에 의하여 관리되는 동일한 아파트 단지 안에 있는 15층 이하의 아파트를 포함한다.
• 11층 이상의 건물 중 아파트, 창고, 모든 층을 주차장으로 사용하는 건물, 공제에 가입한 지방자치단체건물 및 지방공기업 소유 건물 제외한다.

78 ④ 79 ② 80 ④ 81 ③

82 「화재조사 및 보고규정」에서 정하고 있는 화재증명원의 발급 등에 관한 내용으로 잘못된 것은?

① 소방관서장은 화재증명원을 발급받으려는 자가 화재증명원 발급신청을 하면 화재증명원을 발급해야 한다.
② 소방서장은 소방대가 출동하지 아니한 화재장소에 대한 화재피해자의 화재증명원 발급요청이 있는 경우에 조사관으로 하여금 사후조사를 실시하게 할 수 있다.
③ 화재증명원 발급신청을 받은 소방관서장은 발화장소 관할 지역과 관계없이 발화장소 관할 소방서로부터 화재사실을 확인받아 화재증명원을 발급할 수 있다.
④ 사후조사는 현장이 보존되어 있지 않은 경우에도 실시하여야 한다.

해설
화재증명원의 발급(화재조사 및 보고규정 제23조)
- 소방관서장은 화재증명원을 발급받으려는 자가 규칙 제9조제1항에 따라 발급신청을 하면 규칙 별지 제3호서식에 따라 화재증명원을 발급해야 한다. 이 경우 「민원 처리에 관한 법률」제12조의2제3항에 따른 통합전자민원창구로 신청하면 전자민원문서로 발급해야 한다.
- 소방관서장은 화재피해자로부터 소방대가 출동하지 아니한 화재장소의 화재증명원 발급신청이 있는 경우 조사관으로 하여금 사후 조사를 실시하게 할 수 있다. 이 경우 민원인이 제출한 별지 제3호서식의 사후조사 의뢰서의 내용에 따라 발화장소 및 발화지점의 현장이 보존되어 있는 경우에만 조사를 하며, 별지 제2호서식의 화재현장출동보고서 작성은 생략할 수 있다.
- 화재증명원 발급 시 인명피해 및 재산피해 내역을 기재한다. 다만, 조사가 진행 중인 경우에는 "조사 중"으로 기재한다.
- 재산피해내역 중 피해금액은 기재하지 아니하며 피해물건만 종류별로 구분하여 기재한다. 다만, 민원인의 요구가 있는 경우에는 피해금액을 기재하여 발급할 수 있다.
- 화재증명원 발급신청을 받은 소방관서장은 발화장소 관할 지역과 관계없이 발화장소 관할 소방서로부터 화재사실을 확인받아 화재증명원을 발급할 수 있다.

83 특약부화재보험을 가입하지 않은 특수건물 소유자의 벌칙으로 옳은 것은?

① 200만원 이하의 벌금
② 300만원 이하의 벌금
③ 400만원 이하의 벌금
④ 500만원 이하의 벌금

해설
특수건물의 소유자가 특약부화재보험에 가입하지 아니한 때에는 500만원 이하의 벌금에 처하고, 이 법에 의한 한국화재보험협회가 아닌 자가 한국화재보험협회 또는 이에 유사한 명칭을 사용하면 300만원 이하의 과태료에 처한다.

84 화재현장에서 관계자 등에 대한 질문요령으로 적당하지 않은 것은?

① 질문할 때에는 시기, 장소 등을 고려하여 진술하는 사람으로부터 임의 진술을 얻도록 한다.
② 질문할 때에는 희망하는 진술내용을 얻기 위하여 상대방에게 암시하는 등의 방법으로 증거를 확보한다.
③ 획득한 진술이 소문 등에 의한 사항인 경우 그 사실을 직접 경험한 관계인등의 진술을 얻도록 해야 한다.
④ 관계인등에 대한 질문 사항은 질문기록서에 작성하여 그 증거를 확보한다.

해설
관계인등의 진술(화재조사 및 보고규정 제7조)
- 관계인등에게 질문을 할 때에는 시기, 장소 등을 고려하여 진술하는 사람으로부터 임의진술을 얻도록 해야 하며 진술의 자유 또는 신체의 자유를 침해하여 임의성을 의심할 만한 방법을 취해서는 아니 된다.
- 관계인등에게 질문을 할 때에는 희망하는 진술내용을 얻기 위하여 상대방에게 암시하는 등의 방법으로 유도해서는 아니 된다.
- 획득한 진술이 소문 등에 의한 사항인 경우 그 사실을 직접 경험한 관계인등의 진술을 얻도록 해야 한다.
- 관계인등에 대한 질문 사항은 별지 제10호서식 질문기록서에 작성하여 그 증거를 확보한다.

정답 82 ④ 83 ④ 84 ②

85 다음 중 일반건조물 등에의 방화죄에 대한 벌칙은?(단, 물건이 자기의 소유에 속하는 경우는 제외한다)

① 무기 또는 3년 이상의 징역
② 무기 또는 3년 이하의 징역
③ 2년 이상의 징역
④ 1년 이상의 징역

해설
방화죄

죄 명	구체적 범죄내용		형 량
현주건조물 등에의 방화 (치사상)죄	불을 놓아 사람이 주거로 사용하거나 사람이 현존하는 건조물, 기차, 전차, 자동차, 선박, 항공기 또는 지하채굴시설	불태운 자	무기 또는 3년 이상의 징역
		상해에 이르게 한 자	무기 또는 5년 이상의 징역
		사망에 이르게 한 자	사형, 무기 또는 7년 이상의 징역
공용건조물 등에의 방화죄	불을 놓아 공용으로 사용하거나 공익을 위해 사용하는 건조물, 기차, 전차, 자동차, 선박, 항공기 또는 지하채굴시설을 불태운 자		무기 또는 3년 이상의 징역
일반 건조물 등에의 방화죄	불을 놓아 전2조(현주·공용)에 기재한 이외의 건조물, 기차, 전차, 자동차, 선박, 항공기 또는 지하채굴시설을 불태운 자		2년 이상의 유기징역
	자기소유의 건조물에 속한 물건을 소훼하여 공공의 위험을 발생하게 한 사람		7년 이하의 징역 또는 1천만원 이하의 벌금
일반 물건 에의 방화죄	불을 놓아 현주, 공용, 일반에 기재한 이외의 물건을 불태워 공공의 위험을 발생하게 한 자		1년 이상 10년 이하의 징역
	위의 물건이 자기소유에 속한 때에는		3년 이하의 징역 또는 700만원 이하의 벌금
방화 예비, 음모죄	제164조 제1항, 제165조, 제166조 제1항의 죄를 범할 목적으로 예비 또는 음모한 자, 단 그 목적한 죄의 실행에 이르기 전에 자수한 때에는 형을 감경 또는 면제한다.		5년 이하의 징역

86 「화재로 인한 재해보상과 보험가입에 관한 법률」의 설명으로 틀린 것은?

① 보험금 청구권 중 손해배상책임보험의 청구권은 압류할 수 없다.
② "손해보험회사"란 「손해배상법」에 따른 화재보험업의 허가를 받은 자를 말한다.
③ 대한민국에 주둔하는 외국군대가 소유하는 건물은 특수건물 소유자의 손해배상책임에 적용되지 않는다.
④ 손해보험회사는 대통령령으로 정하는 바에 따라 협회의 설립과 운영에 필요한 비용을 출연하여야 한다.

해설
"손해보험회사"란 「보험업법」 제4조에 따른 화재보험업의 허가를 받은 자를 말한다.

87 다음 중 진화방해죄로 가장 거리가 먼 것은?

① 화재시에 소방관의 진화협조에 불응한 경우
② 화재시에 소방차의 바퀴에서 바람을 빼버린 경우
③ 화재시에 소방진입로 앞에 차를 세워 놓아 진입로를 가로막음으로써 진화작업을 지연시킨 경우
④ 화재시에 소방관을 폭행·협박하여 진화작업을 지연시킨 경우

해설
화재에 있어서 진화용의 시설 또는 물건을 은닉 또는 손괴하거나 기타방법으로 진화를 방해한 자는 10년 이하의 징역에 처한다.

85 ③ 86 ② 87 ①

88 화재원인을 밝히기 위한 '감정'의 의미로서 가장 적절한 것은?

① 과학적 방법에 의한 실험의 결과로 화재 원인을 밝히는 자료를 얻는 것
② 선례를 통하여 화재원인을 유추하는 것
③ 관계자들의 회의를 통하여 화재원인을 결정하는 것
④ 시각에 의한 판단으로 화재의 사실관계를 규명하는 것

해설
정의(화재조사 및 보고규정 제2조)
- 감식 : 화재원인의 판정을 위하여 전문적인 지식, 기술 및 경험을 활용하여 주로 시각에 의한 종합적인 판단으로 구체적인 사실관계를 명확하게 규정하는 것을 말한다.
- 감정 : 화재와 관계되는 물건의 형상, 구조, 재질, 성분, 성질 등 이와 관련된 모든 현상에 대하여 과학적 방법에 의한 필요한 실험을 행하고 그 결과를 근거로 화재원인을 밝히는 자료를 얻는 것을 말한다.

89 다음의 각 상황 중 화재로서 가장 거리가 먼 것은?

① 어린이가 불장난을 하다가 소파에 불이 붙었다.
② 보일러 배관이 물리적 압력으로 폭발하였다.
③ 아궁이의 불티가 날아가 인근의 나무더미에 불이 붙었다.
④ 부탄가스 캔이 폭발하여 불이 붙었다.

해설
화재의 정의(법 제2조)
"화재"란 사람의 의도에 반하거나 고의에 의해 발생하는 연소현상으로서 소화시설 등을 사용하여 소화할 필요가 있거나 또는 화학적인 폭발현상을 말하는 것으로 다음 3가지 요건을 모두 충족하여야 한다(물리적인 폭발현상은 제외).
- 일반적인 사회의사에 반하여 발생한 연소현상
- 소화할 필요가 있는 연소현상
- 소화시 소방시설 등 이와 동등한 물건을 사용할 필요가 있는 연소현상

90 화재증거물 수집관리에 관한 설명으로 옳지 않은 것은?

① 화재증거물의 포장은 보호상자를 사용하며 개별포장은 지양한다.
② 화재증거물은 기술적, 절차적인 수단을 통해 진정성, 무결성이 보존되어야 한다.
③ 최종적으로 법정에 제출되는 화재증거물의 원본성이 보장되어야 한다.
④ 화재조사요원 등은 화재발생시 신속히 현장에 가서 화재조사에 필요한 현장사진 및 비디오촬영을 반드시 하여야 한다.

해설
물적증거물 수집은 증거물 유지·보존을 위하여 전용 증거물 수집장비(수집도구 및 용기를 말함)를 이용하며, 개별포장을 원칙으로 한다.

91 「실화책임에 관한 법률」상 손해배상액 경감사유가 아닌 것은?

① 피해의 대상과 정도
② 배상의무자 및 피해자의 경제상태
③ 연소로 인한 부분 이외의 피해범위
④ 피해확대를 방지하기 위한 실화자의 노력

해설
손해배상액의 경감 사유
- 화재의 원인과 규모
- 피해의 대상과 정도
- 연소(延燒) 및 피해확대의 원인
- 피해확대를 방지하기 위한 실화자의 노력
- 배상의무자 및 피해자의 경제상태
- 그 밖에 손해배상액을 결정할 때 고려할 사정

정답 88 ① 89 ② 90 ① 91 ③

92 「소방의 화재조사에 관한 법률」에 따른 화재조사 실시에 관한 내용으로 옳지 않은 것은?

① 화재조사의 대상 및 절차 등에 필요한 사항은 소방청장이 정한다.
② 소방관서장은 화재발생 사실을 알게 된 때에는 지체 없이 화재조사를 하여야 한다.
③ 화재조사를 하는 경우 수사기관의 범죄수사에 지장을 주어서는 아니 된다.
④ 화재조사를 하는 경우 화재발생건축물과 구조물, 화재유형별 화재위험성 등에 관한 사항을 조사해야 한다.

해설
① 화재조사의 대상 및 절차 등에 필요한 사항은 대통령령으로 정한다.

93 「민법」상 불법행위에 대한 설명으로 옳지 않은 것은?

① 과실로 인한 위법행위로 타인에게 손해를 가한 자는 그 손해를 배상할 책임이 있다.
② 타인에게 정신상 고통을 가한 자는 재산 이외의 손해에 대하여도 배상할 책임이 있다.
③ 심신상실 중이라도 타인에게 손해를 가한 자는 배상책임이 있다.
④ 태아는 손해배상의 청구권에 관하여는 이미 출생한 것으로 본다.

해설
민법상 불법행위
• 제750조(불법행위의 내용) : 고의 또는 과실로 인한 위법행위로 타인에게 손해를 가한 자는 그 손해를 배상할 책임이 있다.
• 제751조(재산 이외의 손해의 배상)
 – 타인의 신체, 자유 또는 명예를 해하거나 기타 정신상 고통을 가한 자는 재산 이외의 손해에 대하여도 배상할 책임이 있다.
 – 법원은 전항의 손해배상을 정기금채무로 지급할 것을 명할 수 있고 그 이행을 확보하기 위하여 상당한 담보의 제공을 명할 수 있다.
• 제754조(심신상실자의 책임능력) : 심신상실 중에 타인에게 손해를 가한 자는 배상의 책임이 없다. 그러나 고의 또는 과실로 인하여 심신상실을 초래한 때에는 그러하지 아니하다.
• 제762조(손해배상청구권에 있어서의 태아의 지위) : 태아는 손해배상의 청구권에 관하여는 이미 출생한 것으로 본다.

94 「소방의 화재조사에 관한 법률」에 따른 소방관서장이 화재조사를 하는 경우 조사해야 할 사항으로 틀린 것은?

① 화재원인에 관한 사항
② 소방시설 등의 설치·관리 및 작동 여부에 관한 사항
③ 소방지원 활동에 관한 사항
④ 화재발생건축물과 구조물, 화재유형별 화재위험성 등에 관한 사항

해설
소방관서장은 화재발생사실을 알고 화재조사를 하는 경우 다음 각 호의 사항에 대하여 조사하여야 한다.
• 화재원인에 관한 사항
• 화재로 인한 인명·재산피해상황
• 대응활동에 관한 사항
• 소방시설 등의 설치·관리 및 작동 여부에 관한 사항
• 화재발생건축물과 구조물, 화재유형별 화재위험성 등에 관한 사항
• 그 밖에 대통령령으로 정하는 사항

95 「소방기본법」에 의한 화재, 재난·재해 그 밖의 위급한 상황이 발생한 현장에서 사람을 구출하는 일이나 불을 끄거나 번지지 아니하도록 하는 일을 방해한 자에 대한 벌칙은?

① 5년 이하의 징역 또는 3천만원 이하의 벌금
② 5년 이하의 징역 또는 5천만원 이하의 벌금
③ 3년 이하의 징역 또는 1천 500만원 이하의 벌금
④ 2년 이하의 징역 또는 1천만원 이하의 벌금

해설
소방기본법의 위반

벌칙	소방기본법
5년 이하의 징역 또는 5천만원 이하의 벌금	• 소방자동차의 출동을 방해한 자 • 사람을 구출하는 일 또는 불을 끄거나 불이 번지지 아니하도록 하는 일을 방해한 자 • 정당한 사유 없이 소방용수시설 또는 비상소화장치를 사용하거나 소방용수시설 또는 비상소화장치의 효용을 해치거나 그 정당한 사용을 방해한 자 • 위력(威力)을 사용하여 출동한 소방대의 화재진압·인명구조 또는 구급활동을 방해하는 행위를 한 자 • 소방대가 화재진압·인명구조 또는 구급활동을 위하여 현장에 출동하거나 현장에 출입하는 것을 고의로 방해하는 행위를 한 자 • 출동한 소방대원에게 폭행 또는 협박을 행사하여 화재진압·인명구조 또는 구급활동을 방해하는 행위를 한 자 • 출동한 소방대의 소방장비를 파손하거나 그 효용을 해하여 화재진압·인명구조 또는 구급활동을 방해하는 행위를 한 자

96 다음 중 「경범죄 처벌법」상의 처벌 대상이 아닌 경우는?

① 충분한 주의를 하지 아니하고 건조물·수풀, 그 밖에 불이 붙기 쉬운 물건 가까이에서 불을 피우는 경우
② 충분한 주의를 하지 아니하고 휘발유, 그 밖의 불이 옮아 붙기 쉬운 물건 가까이에서 불씨를 사용한 경우
③ 담배꽁초를 함부로 아무 곳에나 버리는 경우
④ 정당한 사유 없이 소방용수시설을 사용하는 경우

해설
화재관련 경범죄의 종류와 처벌

죄명	범칙행위	범칙금액
쓰레기 등 투기 (제3조 제1항 11호)	담배꽁초, 껌, 휴지를 아무 곳에나 버린 경우	3만원
위험한 불씨 사용 (제3조 제1항 제22호)	충분한 주의를 하지 아니하고 건조물, 수풀, 그 밖에 불붙기 쉬운 물건 가까이에서 불을 피우거나 휘발유 또는 그 밖에 불이 옮아붙기 쉬운 물건 가까이에서 불씨를 사용한 사람	8만원
공무원 원조불응 (제3조 제1항 제29호)	눈·비·바람·해일·지진 등으로 인한 재해, 화재·교통사고·범죄, 그 밖의 급작스러운 사고가 발생하였을 때에 현장에 있으면서도 정당한 이유 없이 관계 공무원 또는 이를 돕는 사람의 현장출입에 관한 지시에 따르지 아니하거나 공무원이 도움을 요청하여도 도움을 주지 아니한 사람	5만원
지문채취 불응 (제3조 제1항 제34호)	범죄 피의자로 입건된 사람의 신원을 지문조사 외의 다른 방법으로는 확인할 수 없어 경찰공무원이나 검사가 지문을 채취하려고 할 때에 정당한 이유 없이 이를 거부한 사람	5만원
무단출입 (제3조 제1항 제37호)	출입이 금지된 구역이나 시설 또는 장소에 정당한 이유 없이 들어간 사람	2만원
업무방해 (제3조 제2항 제2호)	못된 장난 등으로 다른 사람, 단체 또는 공무수행 중인 자의 업무를 방해한 사람	16만원

※ 정당한 사유 없이 소방용수시설 또는 비상소화장치를 사용하거나 소방용수시설 또는 비상소화장치의 효용을 해치거나 그 정당한 사용을 방해한 사람은 소방기본법 위반으로 5년 이하의 징역 또는 5천만원 이하의 벌금에 처한다.

정답 95 ② 96 ④

97 「형법」상 보일러를 파열시켜 생명·신체·재산에 대한 위험을 발생시킨 행위는?

① 상해죄
② 폭발성 물건파열죄
③ 폭발물사용죄
④ 특수손괴죄

해설
폭발성 물건파열(형법 제172조)
- 보일러, 고압가스, 기타 폭발성 있는 물건을 파열시켜 사람의 생명, 신체 또는 재산에 대하여 위험을 발생시킨 자는 1년 이상의 유기징역에 처한다.
- 앞의 죄를 범하여 사람을 상해에 이르게 한 때에는 무기 또는 3년 이상의 징역에 처한다. 사망에 이르게 한 때에는 무기 또는 5년 이상의 징역에 처한다.

98 특약부화재보험에서 후유장애 3급으로 옳은 것은?

① 두 눈이 실명된 사람
② 척추에 운동장애가 남은 사람
③ 두 손의 손가락을 모두 잃은 사람
④ 한 팔을 팔꿈치관절 이상에서 잃은 사람

해설
③ 두 손의 손가락을 모두 잃은 사람(3급)
① 두 눈이 실명된 사람(1급)
② 척추에 운동장애가 남은 사람(8급)
④ 한 팔을 팔꿈치관절 이상에서 잃은 사람(4급)

99 다음 중 화재조사자료, 사진 및 비디오 촬영물 관련 업무를 수행하는 자는 정보 제공요청이 있는 경우 해당 행정청의 업무에 관한 내용으로 가장 옳은 것은?

① 사진은 사건피해자의 얼굴이 있는 것으로 하여 관계인임을 증명하여 제공한다.
② 관계자의 자료제공 요청이 있는 경우 증거물의 원본을 제공하여야 한다.
③ 화재조사 이외의 다른 목적으로 이용하여서는 아니된다.
④ 화재증거물과 사건관계자를 공개하는 것이 원칙이다.

해설
개인정보 보호(화재증거물수집관리규칙 제13조)
화재조사자료, 사진 및 비디오 촬영물 관련 업무를 수행하는 자는 증거물 수집 과정에서 처리한 개인정보를 화재조사 이외의 다른 목적으로 이용하여서는 아니된다.

100 다음 중 현주건조물 등에의 방화로 사람을 상해에 이르게 한 때의 벌칙은?

① 무기 또는 5년 이상의 징역
② 무기 또는 5년 이하의 징역
③ 10년 이하의 징역
④ 10년 이상의 징역

해설
현주건조물 등에의 방화죄(형법 제164조)
- 불을 놓아 사람이 주거로 사용하거나 사람이 현존하는 건조물, 기차, 전차, 자동차, 선박, 항공기 또는 지하채굴시설을 불태운 자는 무기 또는 3년 이상의 징역에 처한다.
- 앞의 죄를 범하여 사람을 상해에 이르게 한 때에는 무기 또는 5년 이상의 징역에 처한다. 사망에 이르게 한 때에는 사형, 무기 또는 7년 이상의 징역에 처한다.

정답: 97 ② 98 ③ 99 ③ 100 ①

02 과년도 기사 기출변형문제 2회

제1과목 화재조사론

01 화재인명피해 조사에 대한 사상자 및 부상자 분류기준으로 옳은 것은?

① 화재로 인하여 5일 이내 사망자를 당해 사망자로 포함
② 중상자는 전치 10주 이상의 입원치료를 필요로 하는 부상자
③ 경상자는 전치 10주 이하의 입원치료를 필요로 하는 부상자
④ 경상자는 입원치료를 하지 않은 부상자도 포함

해설
사상자 및 부상자의 분류
- 사상자는 화재현장에서 사망한 사람과 부상당한 사람을 말한다. 다만, 화재현장에서 부상을 당한 후 72시간 이내에 사망한 경우에는 당해 화재로 인한 사망으로 본다.
- 중상자 : 의사의 진단을 기초로 하여 3주 이상의 입원치료를 요하는 사람
- 경상자 : 중상 이외(입원치료를 요하지 않는 것도 포함)의 부상자. 다만, 병원치료를 필요로 하지 않고 단순하게 연기를 흡입한 사람은 제외한다.

02 화재조사 시 발화지점의 가설에 대해 사고실험을 통해 분석적으로 검증하는 방법은?

① 연역적 추론
② 귀납적 추론
③ 주관적 추론
④ 객관적 추론

해설
발화지점 가설의 검증
화재진행에 대한 가설을 수립하고 연역적 방법을 통해 검증할 수 있어야 한다. 또한 기술적으로 유효한 발화요인 확인은 이용할 수 있는 데이터와 일관성이 있어야 한다.

03 조사계획수립 내용에 포함되지 않는 것은?

① 화재현장의 상황 및 특성에 적합한 조사과정의 수립 및 유의사항
② 조사의 방법, 책임자의 선정 및 임무분담
③ 증거물을 수집할 담당자의 지정 및 이송과정의 결정
④ 조사범위의 판정 및 조사에 필요한 협조사항의 조치

해설
화재조사 계획수립
- 화재현장의 상황 및 특성에 적합한 조사과정의 수립 및 유의사항
- 조사의 방법, 책임자의 선정 및 임무분담
- 조사범위의 판정 및 조사에 필요한 협조사항의 조치

정답 1 ④ 2 ① 3 ③

04 연소현상에 대한 설명으로 옳은 것은?

① 철이 녹이 스는 것은 연소반응의 일종이다.
② 연소는 빛과 열을 수반하는 급격한 산화반응이다.
③ 종이가 누렇게 변색되는 것은 연소반응이다.
④ 니크롬선을 사용한 전열기에 전기가 인가되었을 때 니크롬선이 빛과 열을 내는 것은 연소반응이다.

05 자연발화의 위험성이 가장 낮은 것은?

① 나트륨   ② 가솔린
③ 황 린   ④ 셀룰로이드

해설
가솔린은 발화점이 257℃로 제4류위험물(인화성 액체)로 자연발화 위험성은 낮다.
3류 위험물 – 자연발화성 물질 및 금수성 물질
- 나트륨(지정수량 10kg)은 물과 반응하면 발열되고 폭발성이 강한 수소발생으로 자연발화 위험
- 황린(지정수량 20kg)은 발화점이 34℃로 상온에서도 자연발화 위험
- 셀룰로이드는 발화점이 180℃이고 분해열에 의한 발열로 자연발화 위험

06 당량비가 2인 급기부족 화재에서 연소된 연료의 질량이 20g이고, 연소로 인하여 생성된 일산화탄소의 질량이 10g일 때 일산화탄소의 수율(Yield)은?

① 4   ② 2
③ 1   ④ 0.5

해설

일산화탄소(CO)수율 = $\dfrac{\text{생성된 CO의 질량}}{\text{연소된 연료의 질량}}$

$= \dfrac{10g}{20g} = 0.5$

※ 당량비 = $\dfrac{\text{이론연공비}}{\text{실제연공비}}$

당량비>1이면 급기부족으로 불완전연소
당량비<1이면 급기과잉으로 완전연소

07 구획된 건축물 내 화재발생시 나타나는 화재패턴에 대한 설명으로 옳은 것은?

① 금속재의 만곡부는 지상을 향해 휘거나 뒤틀린 형태를 나타낸다.
② 열을 많이 받은 부분일수록 박리현상이 발생할 가능성이 낮다.
③ 벽지에 나타나는 연소형태를 통하여 화염의 이동경로를 추정하는 것은 불가능하다.
④ 천장 내부에서 착화된 경우 화재의 발견이 늦기 때문에 천장 아래쪽보다 위쪽의 소실 정도가 약하게 나타난다.

해설
만 곡
- 화재열을 받은 금속은 용융하기 전에 자중 등으로 인해 좌굴한다.
- 화재현장에서는 만곡이라는 형상으로 남아 있다.
- 일반적으로 금속의 만곡 정도가 수열 정도와 비례하지만, 좌굴은 수용물 중량, 화재하중에 좌우된다.

08 가연물의 연소형태 중 분해연소인 것은?

① 숯　　② 목 재
③ 코크스　　④ 파라핀

해설
연소의 형태

고체	• 표면연소 : 목탄, 코크스, 금속(분·박·리본 포함) 등 • 증발연소 : 황(S), 나프탈렌(C10H8), 파라핀(양초) 등 • 분해연소 : 목재·석탄·종이·섬유·플라스틱·합성수지·고무류 • 자기연소 : 제5류 위험물인 나이트로셀룰로오스(NC), 트리나이트로톨루엔(TNT), 나이트로글리세린(NG), 트리나이트로페놀(TNP) 등
액체	• 증발연소 : 에터, 이황화탄소, 알코올류, 아세톤, 석유류 등 • 분해연소 : 중유, 벙커C유
기체	• 확산연소 : LPG - 공기, 수소 - 산소 • 예혼합연소 : 가솔린엔진의 연소, 가스라이터의 연소, 가스용접 • 폭발연소 : 메틸에틸 또는 아세틸렌의 용기 내 연소

09 메탄가스가 밀폐공간의 완전연소 조건에서 폭발할 경우에 대한 설명으로 틀린 것은?

① 반응물과 생성물의 몰수가 같다.
② 충격파가 초음속인 폭연이다.
③ 에너지가 생성된다.
④ 압력이 증가한다.

해설
반응전파속도에 따른 분류

고체	종류
폭연	충격파의 반응전파속도가 음속보다 느린 것
폭굉	충격파의 반응전파속도가 음속보다 빠른 것

10 「소방의 화재조사에 관한 법률 및 시행령」에 따른 화재현장 보존 등에 관한 규정 내용으로 틀린 것은?

① 방화(放火) 또는 실화(失火)의 혐의로 수사의 대상이 된 경우에는 관할 경찰서장 또는 해양경찰서장이 통제구역을 설정한다.
② 누구든지 소방관서장 또는 경찰서장의 허가 없이 화재현장에 설정된 통제구역에 출입하여서는 아니 된다.
③ 공공의 이익에 중대한 영향을 미친다고 판단되거나 인명구조 등 긴급한 사유가 있는 경우에도 소방관서장 또는 경찰서장의 허가 없이 화재현장에 있는 물건 등을 이동시키거나 변경·훼손하여서는 아니 된다.
④ 화재현장 보존조치를 하거나 통제구역을 설정한 경우 누구든지 소방관서장 또는 경찰서장의 허가 없이 화재현장에 있는 물건 등을 이동시키거나 변경·훼손하여서는 아니 된다.

해설
화재현장 보존등(법 제8조 제2항)
화재현장 보존조치를 하거나 통제구역을 설정한 경우 누구든지 소방관서장 또는 경찰서장의 허가 없이 화재현장에 있는 물건 등을 이동시키거나 변경·훼손하여서는 아니 된다. 다만, 공공의 이익에 중대한 영향을 미친다고 판단되거나 인명구조 등 긴급한 사유가 있는 경우에는 그러하지 아니하다.

11 소방기관이 화재조사를 수행하는 근본적인 목적으로 옳은 것은?

① 유사화재의 재발방지와 피해경감을 위한 자료로 활용
② 출화원인 규명으로 사법처리 근거자료로 활용
③ 인적, 물적 피해사항조사를 통한 통계자료로 활용
④ 법률관계에 수반된 증거보전자료로 활용

해설
② 사법기관, ③ 공익·연구기관, ④ 분쟁조정기관

12 「소방의 화재조사에 관한 법률」상 전담부서에 갖추어야 할 장비 및 시설 중 감식 기기가 아닌 것은?

① 접점저항계
② 절연저항계
③ 산업용 실체현미경
④ 적외선열상카메라

해설
접점저항계는 감정용 기기에 해당한다.

감식기기(16종)
절연저항계, 멀티테스터기, 클램프미터, 정전기측정장치, 누설전류계, 검전기, 복합가스측정기, 가스(유증)검지기, 확대경, 산업용실체현미경, 적외선열상카메라, 접지저항계, 휴대용디지털현미경, 디지털탄화심도계, 슈미트해머(콘크리트 반발 경도 측정기구), 내시경현미경

13 각 구성성분 가스의 폭발한계를 알면 혼합가스의 폭발한계를 구할 수 있는 법칙은?

① 보일의 법칙   ② 샤를의 법칙
③ 아보가드로 법칙   ④ 르샤틀리에 법칙

해설
르샤틀리에 법칙(Le Chatelier's Law)
두 종류 이상 가연성 가스의 혼합물이 있을 때 연소한계를 구하는 법칙

$$L = \frac{100}{[(\frac{V_1}{L_1}) + (\frac{V_2}{L_2}) + (\frac{V_3}{L_3}) \cdots]}$$

L : 혼합가스의 연소한계(%)
$V_1 \sim V_n$: 각 가연성 가스의 용량(%)
$L_1 \sim L_n$: 각 가연성 가스의 폭발한계(%)

14 「소방의 화재조사에 관한 법률 시행령」상 화재현장 보존조치 통지 등에 관한 사항에서 통제구역 표지에 포함돼야 할 내용으로 옳지 않은 것은?

① 화재현장 보존조치나 통제구역 설정의 이유 및 주체
② 화재현장 보존조치나 통제구역 설정의 범위
③ 화재현장 보존조치나 통제구역 설정의 기간
④ 담당 화재조사자의 성명 및 연락처

해설
화재현장 보존조치 통지 등(제8조)
소방관서장이나 관할 경찰서장 또는 해양경찰서장 화재현장 보존조치를 하거나 통제구역을 설정하는 경우 다음 각 호의 사항을 화재가 발생한 소방대상물의 소유자·관리자 또는 점유자에게 알리고 해당 사항이 포함된 표지를 설치해야 한다.
• 화재현장 보존조치나 통제구역 설정의 이유 및 주체
• 화재현장 보존조치나 통제구역 설정의 범위
• 화재현장 보존조치나 통제구역 설정의 기간

정답 11 ① 12 ① 13 ④ 14 ④

15 화재현장조사시 화재효과에 대한 설명으로 가장 거리가 먼 것은?

① 화재 이후 산화의 정도는 주변습도와 노출시간에 좌우된다.
② 목재 균열흔의 반짝거림은 액체촉진제가 있었음을 의미한다.
③ 구리전선은 열에 노출되면 어두운 적색이나 흑색 산화물을 만든다.
④ 녹는점이 높은 금속은 낮은 금속과의 합금을 이루면 융점이 낮아진다.

해설
목재 분석 및 판정
- 목재표면의 균열흔은 발화부에 가까울수록 가늘어지는 경향
- 고온의 화염을 받아 연소시 – 비교적 굵은 균열흔이 나타남
- 저온에서 장시간 연소시 – 목재 내부 수분이나 가연성 가스가 표면으로 서서히 분출되어 가는 균열흔이 나타남

16 열에너지가 전자기파의 형태로 이동하는 열전달현상은?

① 화염접촉   ② 대 류
③ 전 도   ④ 복 사

해설
복사(輻射)
- 전자기파를 방출하는 현상 또는 물체로부터 방출되는 전자기파의 총칭이다.
- 전도와 전류에 의한 열전달에 있어서는 반드시 물질이 열전달 매체로 작용하기 때문에 물질의 존재 없이는 전도와 대류는 일어나지 않는다.

17 각종 재료별 화재 이후에 나타나는 흔적에 대한 설명으로 틀린 것은?

① 콘크리트, 몰탈재료는 열을 받아도 흔적을 남기지 않는다.
② 금속류는 화재로 열을 받으면 변색, 용융 등의 흔적이 남는다.
③ 합성수지류는 열을 받아 변색, 변형, 용융 등의 흔적이 남는다.
④ 재료표면에 도포된 도료는 변색, 발포, 회화와 같은 흔적이 남는다.

해설
콘크리트의 온도이력에 의한 외관관찰 결과
소손없음 → 그을음부착 → 그을음이 연소하여 하얗게 됨 → 표면마무리재(몰탈등) 박리 → 콘크리트 표면 박리(폭열)

18 화재패턴 중 고스트마크(Ghost Mark)에 대한 설명으로 옳은 것은?

① 광범위하게 연소되며, 연소부위와 미연소부위의 경계가 뚜렷하다.
② 장판이나 마룻바닥 위에서 흔히 볼 수 있는 화재패턴이다.
③ 콘크리트나 시멘트 바닥에 박리나 변색의 형태로 바닥재의 틈새 문양을 나타낸다.
④ 목재마루가 깔린 곳에서만 볼 수 있는 화재패턴이다.

해설
① 스플래시패턴(Splash Pattern)
② 도넛패턴(Doughnut Pattern)
④ 틈새연소패턴

19 연소범위가 2.5~81vol%인 아세틸렌의 위험도는?

① 0.27　　② 12.7
③ 31.4　　④ 38.8

해설
위험도 구하는 공식
$$H = \frac{U-L}{L}$$
(H : 위험도, U : 연소범위 상한계, L : 연소범위 하한계)
$$H = \frac{81-2.5}{2.5} = 31.4$$

20 환기지배형 화재에 대한 설명으로 옳은 것은?

① 대부분 화재 초기에 발생한다.
② 연료공급에 좌우된다.
③ 환기량이 크다.
④ 불완전연소에 가깝다.

해설
④ 환기지배형 : 고온가스층에 타지 않은 열분해 물질과 일산화탄소가 다량 포함되어 있는 것이 특징
① 화재 초기 : 연료지배형 화재로 가연물을 태우는 데 충분한 공기가 있다.
②, ③ : 연료지배형 화재

제2과목　화재감식론

21 다음 중 파라핀계 탄화수소에 속하는 것은?

① C_3H_8　　② C_6H_6
③ C_2H_2　　④ $C_6H_5CH_3$

해설
파라핀계 탄화수소 : 탄소가 사슬 모양으로 연결된 것으로서 다른 결합수는 수소와 결합한 포화결합으로 되어 있는 탄화수소이다. 보통 포화탄화수소(Alkane, 알칸계)라고도 하며 C_nH_{2n+2}로 표시, 그 중에서 가장 간단한 것은 메탄(CH_4)이다.

22 전압이 일정한 경우에 저항이 2배로 증가되면 소비전력은 몇 배가 되는가?

① 4　　② $\frac{1}{2}$
③ $\frac{1}{4}$　　④ 2

해설
$P = N \cdot I = I^2 \cdot R = \frac{V^2}{R}$ 이므로, 전력은 전류가 일정할 때 저항에 비례하고 전압이 일정할 때 저항에 반비례한다.

23 담뱃불 화재현장의 주요 감식사항이 아닌 것은?

① 담뱃불에 의해 착화될 수 있는 가연물
② 발화지점에 넓게 탄화된 흔적
③ 발화에 충분한 축열조건
④ 흡연행위가 있었다는 것을 증명

해설
최초 발화지점의 탄화심도가 깊은 것(국부적으로 패인 현상)이 특징이다.

19 ③　20 ④　21 ①　22 ②　23 ②

24 차량화재조사시 유의사항으로 적합하지 않은 것은?

① 자동차를 함부로 이동시키지 않는다.
② 현장주변에 대한 정리정돈과 청소를 실시한다.
③ 주변의 작은 것도 소홀히 취급해서는 안 되며, 가능한 모두 수거하여 모아둔다.
④ 차량 기술자료나 차량공구조사 기자재를 준비할 필요가 있다.

25 산불화재 확산에 영향을 미치는 요인이 아닌 것은?

① 풍 속
② 수 종
③ 경사도
④ 점화원

해설
점화원은 산불 확산과는 아무런 상관이 없다.

26 항공기 소화기장치의 일상정비에 포함된 항목이 아닌 것은?

① 소화기 용기의 검사와 보급
② 카트리지의 장·탈착과 재장착
③ 배출관의 누출시험
④ 전선의 교체

27 항공기 운항 승무원이 소화기장치(Fire Extinguisher System)를 작동시킨 경우에 나타나는 상황으로 옳은 것은?

① 온도방출지시기(Thermal Discharge Indicator)의 Red Disk가 튀어나간다.
② 온도방출지시기(Thermal Discharge Indicator)의 Yellow Disk가 튀어나간다.
③ 배출밸브(Discharge Valve)가 열린다.
④ Two-way Check Valve가 열린다.

28 화재현장에 남겨진 금속이 수열에 의하여 나타나는 현상이 아닌 것은?

① 분 해
② 변 색
③ 만 곡
④ 용 융

해설
화재현장에서 금속이 분해를 일으키지는 않는다.

정답 24 ② 25 ④ 26 ④ 27 ② 28 ①

29 화학물질의 자연발화시 화재감식요령에 대한 설명으로 틀린 것은?

① 출화개소라고 판정되는 곳에서 질화면이 검출된 경우, 용기의 보관상태 등을 조사하여 건조한 상태로 있었는지, 축열이 가능한 조건이었는지 등을 조사한다.
② 출화개소로부터 표면이 그물망상의 연소 잔사물이 확인되는 경우에는 셀룰로이드의 자연분해에 의해 발화되었다고 볼 수 있다.
③ 셀룰로이드의 자연발화 위험성은 외부온도가 20~30℃ 정도인 봄부터 가을까지 급격히 증대되므로 외부온도 등 기후의 조건을 고려하여 조사한다.
④ 용기에 담겨있는 동·식물유는 자연발화의 위험이 매우 크므로 온도, 습도, 보관상태 등을 주의 깊게 조사한다.

해설
유지가 용기 중에 그대로 들어있는 경우 자연발화하는 일은 없다.

30 가스용기와 안전밸브 종류의 연결이 옳은 것은?

① LPG 용기 - 스프링식과 파열판식의 2중 안전밸브
② 산화에틸렌 용기 - 파열판식 안전밸브
③ 아르곤 압축가스 용기 - 스프링식 안전밸브
④ 수소 압축가스 용기 - 파열판식 안전밸브

해설
안전장치
• LPG 용기 : 스프링식 안전밸브
• 염소, 아세틸렌, 산화에틸렌 용기 : 가용전(가용합금식) 안전밸브
• 산소, 수소, 질소, 아르곤 등의 압축가스 용기 : 파열판식 안전밸브
• 초저온 용기 : 스프링식과 파열판식의 2중 안전밸브

31 폭발현장에서 수집한 배경정보를 바탕으로 폭발 전·후 사고경위를 표로 만든 후 인과관계이론과 일치여부를 추론하여 최적이론을 설정하는 분석은?

① 손상패턴 분석   ② 구조물 분석
③ 열효과 상관분석   ④ 타임라인 분석

해설
타임라인 분석
사건을 각 순서에 맞게 배열하고 시간의 흐름에 맞게 배열하는 작업으로 화재발생 시간, 신고 시간, 주요 조치 시간 등 타임라인을 구성하면, 화재발생시간, 행위를 통하여 화재원인을 추정할 수 있다.

32 전기 발열과정 중 변화하는 자기장에 의해 도체에 유기되어 발생하는 발열과정은?

① 저항가열   ② 유도가열
③ 유전가열   ④ 아크가열

해설
② 유도가열은 교류에 의해 발생하는 교번 자계속에 물체를 놓으면 그 물체에 맴돌이 전류가 생겨 열로 변환되는 원리를 이용한 방법이다. 주로 금속과 같은 도체의 표면 가열에 이용된다.
① 저항가열은 물체에 전류를 흘릴 경우 물체가 가지고 있는 저항에 의해 발생하는 줄열을 이용하여 가열하는 방식이다. 예 전기다리미, 전기밥솥 및 전기담요, 커피포트 등 전열기구 대부분의 전열기구
③ 유전가열은 도체가 아닌 물질에 교류 전압을 가했을 때 발생하는 유전체 손실에 의해 가열하는 방식이다. 예 전자레인지와 같이 전기가 통하지 않는 물질의 가열에 쓰임
④ 아크가열은 두 전극 사이에서 발생하는 고온의 아크열을 이용한 가열 방식으로 피열물 자체를 전극으로 하거나 아크의 매질로서 가열하는 직접식 아크가열과 아크열을 복사, 전도, 대류에 의해 피열물을 전달하여 가열하는 간접식 아크가열이 있다.

33 개방형 연소기에 대한 설명으로 옳은 것은?

① 연소용 공기를 옥내에서 취하고 연소폐가스를 배기통을 이용하여 자연통기력으로 옥외에 배출하는 방식
② 급배기통을 외기에 접하는 벽을 관통하여 옥외로 내어 자연통기력에 의하여 급배기하는 방식
③ 연소용 공기를 옥내에서 취하고 연소폐가스를 그대로 옥내로 배출하는 방식
④ 급배기통을 외기에 접하는 벽을 관통하여 옥외로 내고 급배기 팬에 의해 강제적으로 급배기하는 방식

[해설]
개방형 연소기
연통이 없기 때문에 연소된 폐기가스를 실내에 방출하는 연소기구(예 연통 없는 스토브, 가스풍로, 화로 등)

34 그림과 같이 시간에 따른 전하의 이동에 있어서 구간별 전류는 몇 A인가?

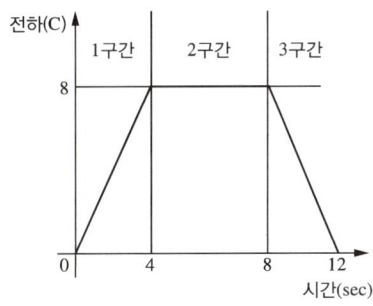

① 1구간 : 8A, 2구간 : 0A, 3구간 : -8A
② 1구간 : 2A, 2구간 : 8A, 3구간 : -8A
③ 1구간 : 2A, 2구간 : 8A, 3구간 : -2A
④ 1구간 : 2A, 2구간 : 0A, 3구간 : -2A

[해설]
전류 : 일정 시간 동안 흐른 전하량의 비율

$I = \dfrac{dQ}{dt}$ $A = \dfrac{C}{s}$

I - 전류   A - 암페어
Q - 전하   C - 쿨롱
t - 시간   s - 초

전류 1A는 1초에 1쿨롱의 전하가 흐른 것을 뜻하므로

1구간 : $\dfrac{8C}{4s} = 2A$

2구간 : $\dfrac{0C}{4s} = 0A$

3구간 : $\dfrac{-8C}{4s} = -2A$

35 자동차 점화장치의 전류 흐름 순서는?

① 점화스위치 → 배터리 → 시동모터 → 점화코일 → 배전기 → 고압케이블 → 스파크 플러그
② 점화스위치 → 시동모터 → 배터리 → 점화코일 → 배전기 → 고압케이블 → 스파크 플러그
③ 점화스위치 → 배터리 → 시동모터 → 배전기 → 점화코일 → 고압케이블 → 스파크 플러그
④ 점화스위치 → 시동모터 → 점화코일 → 배터리 → 배전기 → 고압케이블 → 스파크 플러그

36 유연탄의 자연발화위험성에 대한 설명으로 틀린 것은?

① 채탄 직후의 석탄은 자연발화의 위험이 크다.
② 자연발화는 저탄장 등에 대량으로 쌓아 둔 곳에서 일어나기 쉽다.
③ 괴상은 분말상보다 자연발화를 일으키기 쉽다.
④ 주변온도가 높을수록 산화반응이 촉진된다.

[해설]
분말상이 괴상보다 자연발화하기 쉽다.

[정답] 33 ③ 34 ④ 35 ① 36 ③

37 방화의 일반적인 판단요소로 가장 거리가 먼 것은?

① 국부적인 발화흔적
② 무단침입과 흔적
③ 범죄흔적
④ 이상 연소현상

38 다음에서 설명하고 있는 방화범의 유형은?

> • 방화동기가 후회할 줄 모르고 경험이나 처벌로부터 배우지 못한 특징을 지닌다.
> • 주의집중의 시간이 짧고 과격하며, 파괴적인 행동으로 짜증이 나는 상황에 화풀이로 방화를 해서 관심을 끈다.

① 외음부기 방화범
② 잠복기 방화범
③ 구강기 방화범
④ 항문기 방화범

해설
성 심리학적 발달단계에 따른 방화범의 방화동기
• 구강기 방화범
 – 생후 18개월 동안 어머니의 충분한 사랑을 받지 못함
 – 화염이 주는 따뜻함과 안정감을 갈구
 – 자신의 몸에 불을 지르기도 하고 불을 지르고 싶다는 견딜 수 없는 충동
 – 습성 : 손톱 물어뜯기, 음식 사재기, 토할 때까지 먹기, 나이 들어 이상행동, 성 생활 구강성교
• 항문기 방화범(18개월~3살까지 부모 애정결핍)
 – 충동성과 격정성(분노, 복수, 미움, 질투)
 – 특정한 사람의 소유물이나 재산에 방화
 – 불을 종격수단으로 학습(견딜 수 없는 충동이 아님)
 – 동물에 불을 놓거나 동물 학대
 – 가학성, 피가학성, 항문 부위에 대한 가학적 행동 감정폭발

• 남근기 방화범(3~4세 때 학대받거나 성적 유린 또는 유기된 경험자)
 – 성적 흥분, 충만감, 기분 상승
 – 쓰레기 적치물, 주택, 여성 소유물에 방화하는 경향
 – 불을 붙일 때 참을 수 없는 충동 느낌 : 불을 보면 발기, 성적 충동, 자위행위
 – 불타는 모습이나 화재진압 광경을 보고 충만감 느낌
 – 자책감, 방화 후 노이로제 증세, 발기 부진
 – 성 생활 미숙, 관음증, 노출증, 성도착증
• 잠복기 방화범(5~6세 때 애정결핍)
 – 직접적 동기가 불투명하고 쾌감이나 호기심에서 방화
 – 대상 : 무차별적, 짜증이나 자기비하 시 화풀이로 방화
 – 관심을 끌거나 도움을 요청하는 심리 내재
 – 주의집중 시간이 짧고 과격, 파괴적, 반사회적임
 – 재산이득 목적 방화, 범죄은폐, 화기를 갖고 놀다 방화
 – 방화행위가 목적달성을 위한 또 다른 수단
 – 표면으로 매력적으로 보이기도 함(반항아적 성격)
 – 방화 후에 전혀 후회를 하거나 죄책감을 갖지 않음 – 가장 심각한 부류
• 외음부기 방화
 – 불을 붙인 다음 다시 꺼보겠다는 도전의식으로 방화
 – 소방관을 돕는다는 흥분감을 느낀다는 방화
 – 자기 동네 등 잘 아는 장소
 – 부상이나 재산상 피해 초래를 원하지 않고 스스로 생각하는 진화능력 범위 안 방화
 – 소방관이 되고 싶지만 지적, 신체적 능력 부족
 – 화재진압을 위해 방화(젊고 미성숙, 사회생활 불만족)
 – 의용소방대원 또는 소방훈련과정을 이수한 자

39 국내 임야 화재 조사과정에서 발견된 방향지표와 증거물의 표시를 위한 깃발의 색상에 따른 연결로 옳은 것은?

① 적색 – 횡진화재 방향지표
② 황색 – 증거물
③ 백색 – 전진화재 방향지표
④ 청색 – 후진화재 방향지표

정답 37 ① 38 ② 39 ④

40 순수한 분자확산에 의해 지배를 받는 전형적인 층류 확산 불꽃에 해당하는 것은?

① 성냥불의 불꽃
② 양초의 불꽃
③ 나이트로셀룰로오스의 불꽃
④ 목재화재의 불꽃

42 화재현장에서 관계자에 대한 질문 및 녹음에 관한 설명으로 틀린 것은?

① 진술하는 사람을 배려하여 충분히 안정된 상태에서 진술할 수 있는 장소를 선택한다.
② 화재현장에서 질문할 경우에는 이해관계인들을 모두 참석시킨 후에 진행해야 한다.
③ 진술하는 사람의 이해관계에 의하여 허위진술을 하는 경우가 있음을 인지한다.
④ 녹음된 진술내용은 진술조서에 첨부하여 입증자료로 사용할 수 있다.

> **해설**
> 화재현장에서 질문할 경우에는 이해관계인들이 모두 참석하지 않은 상황에서 진행해야 한다.

제3과목 증거물관리 및 법과학

41 액체촉진제의 물리적 특성에 대한 설명 중 가장 옳은 것은?

① 액체촉진제는 액체상태로만 발견될 수 있다.
② 액체촉진제는 대부분의 구조부, 내부 마감재 및 기타 화재 잔해에 쉽게 흡수된다.
③ 에틸알코올은 물과 접촉했을 때 물 위에 뜬다.
④ 액체촉진제가 다공성 물질에 흡수되었을 때는 잔존 가능성이 매우 낮다.

> **해설**
> **촉진제 실험을 위한 증거 수집**
> - 액체촉진제는 대부분의 건축물의 구성요소, 내부 마감재와 다른 화재 잔류물에 의해 쉽게 흡수된다.
> - 일반적으로 액체촉진제는 물과 접촉했을 때 물 위에 뜬 상태로 감식되는 경우가 많다(수용성인 알코올 제외).
> - 액체촉진제는 다공성 물질 내에 고여 있을 때 놀랄 만한 지속성(잔류성)을 지닌다.

43 열에 의한 재성형이 불가능한 합성고분자화합물의 종류로 옳은 것은?

① 테프론
② 멜라민수지
③ 폴리에틸렌
④ 폴리아크릴로니트릴

> **해설**
> **열경화성수지**
> 열을 가하여 경화 성형하면 다시 열을 가해도 형태가 변하지 않는 수지로 일반적으로 내열성, 내용제성, 내약품성, 기계적 성질, 전기절연성이 좋다. 페놀수지·요소수지·멜라민수지, 첨가중합형에는 에폭시수지·폴리에스터수지 등이 있다. 멜라민수지는 멜라민과 폼알데하이드를 반응시켜 만드는 열경화성 수지로서 식기·잡화·전기기기 등의 성형재료로 쓰인다.

정답 40 ② 41 ② 42 ② 43 ②

44 사후에 혈액이 중력의 작용으로 몸의 저부에 있는 부분의 모세혈관 내로 침강하여 그 부분의 외표피층에 착색이 되어 나타나는 현상은?

① 매(煤)   ② 시반(屍斑)
③ 부종(浮腫)   ④ 울혈(鬱血)

해설
시반(屍斑)
혈액침하로 시체 아래에 모세혈관에 적혈구가 모여 나타나는 암적색의 반점으로 혈액이 부풀어 오를 수 있는 혈관에만 생긴다(딱딱한 표면에 누워 있는 시체나 누워있을 때 양어깨, 엉덩이, 장딴지 등은 바닥부분에 눌려져 있어 시반이 생기지 않음).

45 화상의 위험도에 큰 영향을 미치는 인자는?

① 심도(深度)   ② 범위(範圍)
③ 온도(溫度)   ④ 질병(疾病)

해설
화상의 위험도는 심도(深度)와 범위(範圍)에 의하여 결정되며, 범위가 심도보다 더 큰 영향을 미친다.

46 수집된 화재증거물을 직접 건네는 경우 장점이 아닌 것은?

① 간접적 오염 감소
② 잘못된 전달 방지
③ 분실 최소화
④ 잠재적 손상 증가

해설
물적 증거를 실험하기 위해 운송하는 방법으로 직접 건네는 것을 권장한다. 직접 건넬 경우 물적 증거를 잠재적인 손상이나 잘못 건네주거나 또는 분실되는 것을 최소화할 수 있다.

47 증거물을 수집한 경우 수집용기에 표시하는 내용에 해당하지 않는 것은?

① 증거수집 날짜 및 시간
② 증거물의 이름
③ 증거물이 발견된 위치
④ 날씨 및 기상상황

해설
표시방법으로는 물적 증거를 수집한 화재조사자의 이름, 수거날짜와 시간, 증거물 확인, 이름이나 번호, 사건번호, 항목 명칭, 물적 증거에 대한 설명, 물적 증거가 발견된 징소 등이 있다. 이러한 것들은 용기 라벨에 직접 써넣거나 미리 꼬리표나 라벨로 인쇄하여 용기에 확실히 붙여놓는다.

48 화상성 쇼크라고도 하며, 화상을 입고 나서 상당시간 경과한 후에 증상이 발현되어 2~3일 후에 사망하게 되는 경우를 무엇이라 하는가?

① 속발성 쇼크   ② 자극성 쇼크
③ 원발성 쇼크   ④ 저체액성 쇼크

해설
• 원발성 쇼크 : 고열이 광범위하게 작용하여 일어나는 격렬한 자극에 의하여 반사적으로 심정지가 초래되는 것을 말한다.
• 속발성 쇼크 : 화상성 쇼크라고도 하며, 화상을 입고 나서 상당시간이 경과한 후에 증상이 발현되어 2~3일 후에 사망하게 되는 경우이다.

정답 44. ② 45. ② 46. ④ 47. ④ 48. ①

49 화재현장 증거물 중 합성고분자 화합물의 특징으로 틀린 것은?

① 분자량이 10,000 이상이다.
② 가열하면 기화되기 전에 분해된다.
③ 녹는점이 일정하고 용매에 녹기 쉽다.
④ 비교적 간단한 단위체가 중합하여 이루어진 물질이다.

해설
고분자 화합물의 특징
- 단위체라고 불리는 분자량이 작고 구조가 간단한 작은 분자들이 연속적으로 화학결합하여 생성된다.
- 분자량이나 끓는점, 녹는점이 일정하지 않고 분리와 정제가 어렵다.
- 분자량이 10,000 이상이고 평균 분자량에 따라 녹는점이 달라진다.
- 가열하면 기화되기 전에 열분해 되며, 고체 또는 액체로만 존재하고 결정이 되기 어렵다.
- 열, 전기가 통하지 않으며, 화학적으로 안정하여 반응성이 작고 용매에 잘 용해되지 않는다.

50 화재현장 증거물 수집방법으로 가장 옳은 것은?

① 유리병은 고체 촉진제 증거물을 수집하는 데 적당하지 않다.
② 같은 액체증거물은 가능한 하나의 용기에 가득 담아야 한다.
③ 휘발성 증거물은 일반 비닐봉지(폴리에틸렌)를 사용하여 포장한다.
④ 액체증거물을 보관하는 보관용기는 완전히 밀봉된 것을 사용해야 한다.

해설
① 유리병은 액체와 고체 촉진제 증거물을 수집하는 데 이용된다.
② 같은 액체증거물은 $\frac{2}{3}$ 이상 채워져서는 안 된다.
③ 휘발성 증거물 수집에 추천할 만한 용기는 사용되지 않은 빈 금속캔이다.

51 가솔린을 GC-MS로 분석할 경우 검출성분이 아닌 것은?

① 톨루엔
② 크실렌
③ 멜라민
④ 알킬벤젠

해설
멜라민은 헤테로고리 모양 아민(아미노기)으로서 유기염기로는 분석이 어려운 물질이다.

GC-MS로 분석이 어렵거나 불가능한 물질
- 분자량이 적지만 휘발되지 않는 물질 : 무기금속, 금속, 소금
- 재반응성이 크거나 불안정한 물질 : 불산, 오존, 질소산화물(NO_x)
- 흡착력이 매우 큰 물질 : 분석시 흡착이나 재반응이 잘 일어나는 물질들로 주로 카르복실기, 하이드록실기, 아미노기, 유황 등을 함유한 물질
- 표준물질을 구하기 어려운 물질

52 냉온수기의 자동온도조절장치에서 절연체의 오염에 의한 트래킹 화재가 발생한 경우 수거해야 할 증거물로 가장 옳은 것은?

① 응축기
② 압축기
③ 서모스탯
④ 과부하 계전기

해설
자동온도조절은 어떤 특정장소의 온도를 필요한 만큼 일정하게 유지하도록(낮은 온도는 높게, 높은 온도는 낮게) 조절하는 일로 자동온도조절장치인 서모스탯(Thermostat)으로 온도를 자체로 감지하여 가열, 냉각을 할 수 있다.

53 화상에 대한 설명으로 틀린 것은?

① 화염에 의한 손상은 화상으로 볼 수 있으나 복사열에 의한 손상은 화상으로 볼 수 없다.
② 넓은 의미로 볼 때 고열이 피부에 작용하여 일어나는 국소적 및 전신적 장애를 화상이라 한다.
③ 뜨거운 기체나 액체에 의한 손상을 탕상이라 하며, 이 또한 화상으로 볼 수 있다.
④ 화상이나 탕상으로 인한 사망을 일반적으로 화상사라고 한다.

해설
고열이 피부에 작용하여 일어나는 국소적 및 전신적 장애는 모두 화상(Burns)에 해당되며, 복사열에 의한 손상도 화상으로 볼 수 있다.

54 화재현장에서 질문 내용의 녹음방법으로 옳은 것은?

① 질문은 길게 하고 간결한 답변을 요구한다.
② 사전에 녹음사실을 알리고 임의적 진술을 확보한다.
③ 진술거부시 유도심문을 한다.
④ 관계자의 심리적 상태를 고려하여 2~3일 후 면담을 한다.

해설
질문은 짧게 하고 유도심문은 삼가며, 신속하게 질문하고 기록한다.

55 화재 관련자들로부터의 정보수집에 대한 방법으로 틀린 것은?

① 목격자로부터 목격경위, 목격위치, 목격상황에 대하여 청취하여야 한다.
② 부상을 입은 피해자에게는 정보를 수집하지 않아야 한다.
③ 소방관계자로부터 출동당시의 화세 및 확산경로에 대한 정보를 수집하여야 한다.
④ 관리자로부터 건물의 구조, 발화범위 내의 물건, 화기시설 등에 대하여 질문하여야 한다.

해설
화재현장에 도착하여 피해상황조사를 위한 효과적인 화재관계자 확보요령으로 화상을 입거나 머리카락이 그을리거나 코에 검게 그을음이 묻은 사람을 확보하여 질문한다.

56 화면의 일부만을 측광하는 방식으로 주 피사체의 정확한 노출을 측광할 수 있는 측광 방식은?

① 평균 측광
② 중앙부 중점 측광
③ 스팟 측광
④ 다분할 측광

해설
스팟(Spot) 측광
피사체가 어두울 경우 아주 작은 범위(중앙부의 2.5~4%)를 측광하는 방식으로, 쉽게 말하면 좀 더 세밀하게 부분의 노출을 찾는 방법이다. 역광사진이나 촛불사진 등에 적합하다.

57 사후강직에 대한 설명으로 가장 옳은 것은?

① 사후강직은 주변 온도에 영향을 받지 않는다.
② 사후강직은 사망 후 혈액이 침하되는 현상이다.
③ 사후강직은 형성 이후 계속 변화가 없다.
④ 사망 직전의 급격한 근육활동은 사후강직의 시작을 빠르게 한다.

해설
사후강직은 주변 온도에 영향을 받는다. 사망 후 혈액이 침하되는 현상은 시반이고, 사후 12시간을 전후해서 최고에 달하고 1~2일 이 상태가 이어져 발현순서에 따라서 완화(緩和)되며, 2~7일에 완전히 풀린다.

58 화재현장 사진촬영시 일반적인 주의사항으로 틀린 것은?

① 발화부로부터 외부 방향순으로 촬영한다.
② 오래 보존할 수 없는 물질·물건·사망자 등을 먼저 촬영한다.
③ 접사촬영시 미세한 흔들림도 방지할 수 있도록 삼각대를 사용한다.
④ 촬영된 일자와 시간은 카메라 장치의 기억기능을 이용하여 사진을 기록한다.

해설
발화부 주변현장은 구조물의 외부에서 내부로 촬영

59 화재조사서류에 대한 설명으로 옳은 것은?

① 화재조사 결과에 대한 소방기관으로서의 최종의사결정을 기록한 문서이다.
② 화재조사서류는 화재현장을 기록한 자료로서 반영구적으로 보존한다.
③ 화재조사서류는 비밀문서로 정보공개 대상에 해당하지 않는다.
④ 화재조사서류는 단순히 참고자료로 법정에서는 증거자료로 사용하지 않는다.

해설
화재발생종합보고서는 영구적으로 보관하여야 하고, 비공개 대상에 해당되지 않으며 법정에서 증거자료로 활용되고 있다.

60 화재로 발생한 열에 의해 유리창이 파손되는 과정을 설명한 것으로 옳은 것은?

① 열을 받은 유리가 녹으면서 부서진다.
② 화재가 발생한 실내의 높아진 압력에 의해 부서진다.
③ 유리면의 온도차에 의한 응력으로 부서진다.
④ 유리를 구성하는 규소의 열분해에 의해 부서진다.

해설
유리의 잔금은 급격한 열에 의하여 발생한 것이 아니라 유리가 냉각되면서 발생할 수 있다. 그 예로는 고열을 받은 유리에 소화수를 뿌리면 지속적으로 잔금이 발생한다.

정답 57 ④ 58 ① 59 ① 60 ③

제4과목 화재조사보고 및 피해평가

61 화재피해액 산정에 관한 설명으로 옳은 것은?

① 최종잔가율은 건물, 부대설비, 구축물, 가재도구의 경우 20%, 기타의 경우 10%로 한다.
② 화재로 인한 건물의 피해액은 화재피해 대상건물과 동일한 구조, 용도, 질, 규모의 건물 재건축비에서 손해율을 곱한 금액이 된다.
③ 건물의 소실면적 산정은 소실 연면적으로 산정한다.
④ 간이평가방식에 의한 부대설비의 피해액 산정에 있어 전등 및 전열설비 등 기본적 전기설비만 설치되어 있어도 별도로 부대시설 피해액을 산정한다.

해설
② 화재로 인한 건물의 피해액은 화재피해 대상건물과 동일한 구조, 용도, 질, 규모의 건물을 재건축하는 데 소요되는 금액(이하 '재건축비'라 함)에서 사용손모 및 경과연수에 대응한 감가공제를 한 다음 손해율을 곱한 금액이 된다.
③ 건물의 소실면적 산정은 소실 바닥면적으로 산정한다.
④ 간이평가방식에 의한 부대설비의 피해액 산정은 공식에 의하되, 전등 및 전열설비 등 기본적 전기설비만 되어 있는 경우에는 해당 기본 전기설비는 건물신축단가표의 표준단가에 포함되어 있으므로, 별도로 부대시설 피해액을 산정하지 아니한다.

62 화재현황조사서 작성시 화재원인에 반드시 기재해야할 사항이 아닌 것은?

① 연소확대 사유   ② 발화열원
③ 발화요인   ④ 최초착화물

해설
화재현황조사서 중 화재원인은 발화열원, 발화요인, 최초착화물, 발화개요로 구성된다.

63 예술품 및 귀중품의 피해액 산정을 위한 기준으로 옳은 것은?

① 시중매매가격
② 감정서의 감정가액
③ 회계장부상의 구입가액
④ 수리비에 의한 방식

해설
예술품 및 귀중품에 대해서는 공인감정기관에서 인정하는 금액을 화재로 인한 피해액으로 산정한다. 그러므로 복수의 전문가(전문점, 학자, 감정인 등)의 감정을 받기니 감정서 등의 금액을 피해액으로 인정하며, 감가공제는 하지 아니한다.

64 화재조사 보고서식인 질문기록서 작성을 생략할 수 있는 화재는?

① 건물·구조물 화재
② 자동차·철도차량 화재
③ 선박·항공기 화재
④ 임야 화재

해설
기타 화재 중 쓰레기, 모닥불, 가로등, 전봇대 화재 및 임야 화재의 경우 질문기록서 작성을 생략할 수 있다.

65 화재현황조사서에 기재된 발화요인 분류에 해당하지 않는 것은?

① 전기적 요인   ② 기계적 요인
③ 부주의   ④ 담뱃불

해설
담배꽁초는 부주의에 해당한다.

정답 61 ① 62 ① 63 ② 64 ④ 65 ④

66 목조 지붕틀 대골슬레이트잇기 건물로 사용연수가 15년 경과된 일반공장의 잔가율은? (단, 일반공장의 내용연수는 30년이다)

① 20%   ② 40%
③ 60%   ④ 80%

해설

잔가율 = $[1-(1-0.8 \times \frac{경과연수}{내용연수})]$

= $1-(0.8 \times \frac{15}{30}) = 0.6$

67 건축·구조물 화재의 화재유형별 조사서 작성에 대한 설명으로 옳은 것은?

① 특정소방대상물의 분류 중 교정시설은 제외한다.
② 건물상태는 사용 중, 철거 중, 공가, 공사 중으로 나눈다.
③ 장소의 시설용도 분류 중 단독주택은 제외한다.
④ 연소확대 범위는 발화층으로 한정한다.

해설

〈별지 제3-3호 서식〉의 2번 건물상태는 사용 중, 철거 중, 공가, 공사 중(신축, 증축, 개축, 기타)으로 구분한다.

68 선박을 3년 전 1,000만원에 구입하였다. 현재는 1,100만원에 재구입이 가능하고, 3년간 사용한 감가액을 300만원이라고 할 경우 현재의 시가는 얼마인가?

① 700만원   ② 800만원
③ 1,000만원   ④ 1,100만원

해설

대상별 현재시가를 정하는 방법
• 구입시의 가격 : 재고자산(원재료, 부재료, 제품, 반제품, 저장품, 부산물 등)
• 구입시의 가격에서 사용기간 감가액을 뺀 가격 : 항공기 및 선박 등
• 재구입 가격 : 상품 등
• 재구입 가격에서 사용기간 감가액을 뺀 가격 : 건물, 구축물, 시설, 기계장치, 공구 및 기구, 차량 및 운반구, 집기비품, 가재도구 등

69 화재조사서류 중 작성자가 다른 것은?

① 화재현장조사서
② 화재피해조사서
③ 화재현장출동보고서
④ 질문기록서

해설

화재현장출동보고서는 화재현장에 출동한 소방공무원이 실제로 관찰·확인한 연소상황이나 관계자로부터 얻은 정보를 직접 기재한다. ①, ②, ④는 화재조사관이 작성한다.

70 화재발생종합보고서 작성시 유의사항으로 틀린 것은?

① 동일범이 아닌 각기 다른 사람에 의한 방화는 동일 대상물에서 발생했더라도 각각 별건의 화재로 보아 각각 보고서를 작성한다.
② 관할구역이 2개소 이상 걸쳐 발생한 화재는 별건의 화재로 보아 해당 관할구역에서 각각 보고서를 작성한다.
③ 동일 소방대상물의 발화점이 2개소 이상 있는 지진, 낙뢰 등 자연현상에 의한 다발화재는 1건의 화재로 보아 보고서를 1건만 작성한다.
④ 동일 소방대상물의 발화점이 2개소 이상 있는 누전점이 동일한 누전에 의한 화재는 1건의 화재로 보아 보고서를 1건만 작성한다.

해설
화재건수 결정
1건의 화재란 1개의 발화지점에서 확대된 것으로 발화부터 진화까지를 말한다. 다만, 다음 경우는 각 호에 따른다.
- 동일범이 아닌 각기 다른 사람에 의한 방화, 불장난은 동일 대상물에서 발화했더라도 각각 별건의 화재로 한다.
- 동일 소방대상물의 발화점이 2개소 이상 있는 다음의 화재는 1건의 화재로 한다.
  - 누전점이 동일한 누전에 의한 화재
  - 지진, 낙뢰 등 자연현상에 의한 다발화재
- 발화지점이 한 곳인 화재현장이 둘 이상의 관할구역에 걸친 화재는 발화지점이 속한 소방서에서 1건의 화재로 산정한다. 다만, 발화지점 확인이 어려운 경우에는 화재피해금액이 큰 관할구역 소방서의 화재 건수로 산정한다.

71 화재피해내역 산정시 필요한 재구입비에 대한 설명으로 가장 거리가 먼 것은?

① 화재당시 피해물과 같거나 비슷한 것을 재건축하는 데 필요한 금액
② 화재당시 피해물과 같거나 비슷한 것을 재취득하는 데 필요한 금액
③ 재건축시 설계·감리비를 포함한 금액
④ 화재당시 피해물과 같거나 비슷한 물건의 현재가 비율의 금액

해설
"재구입비"란 화재당시의 피해물과 같거나 비슷한 것을 재건축(설계·감리비를 포함한다) 또는 재취득하는 데 필요한 금액을 말한다.

72 「소방의 화재조사에 관한 법률」상 소방공무원과 경찰공무원의 협력해야 할 사항으로 틀린 것은?

① 제조물책임 등 방화·실화 수사에 관한 사항
② 화재조사에 필요한 증거물의 수집 및 보존에 관한 사항
③ 관계인등에 대한 진술 확보에 관한 사항
④ 화재현장의 출입·보존 및 통제에 관한 사항

해설
소방공무원과 경찰공무원의 협력 등(법 제12조)
소방공무원과 경찰공무원(제주특별자치도의 자치경찰공무원을 포함한다)은 다음 각 호의 사항에 대하여 서로 협력하여야 한다.
- 화재현장의 출입·보존 및 통제에 관한 사항
- 화재조사에 필요한 증거물의 수집 및 보존에 관한 사항
- 관계인등에 대한 진술 확보에 관한 사항
- 그 밖에 화재조사에 필요한 사항

정답 70 ② 71 ④ 72 ①

73 철근콘크리트조 슬래브지붕 지상 3층 연면적 300m²의 건물 전체가 화재로 전소되어 구조체의 재사용이 불가능한 피해발생시 피해액은?(단, 신축단가 1,400천원, 내용연수 50년, 경과연수 25년, 손해율은 100%로 한다)

① 126,000천원
② 252,000천원
③ 320,000천원
④ 420,000천원

[해설]
1,400천원/m² × 300m²
$\times [1-(0.8 \times \frac{25}{50})] \times 1 = 252,000$천원

74 화재현장출동보고서 작성시 기재사항이 아닌 것은?

① 동원인력
② 현장도착시 발견사항
③ 소방대 이외의 강제적인 진입흔적
④ 도착하여 처음 일을 실행한 일의 지점 및 유형

75 화재발생종합보고서의 보존기간은?

① 3년 ② 5년
③ 10년 ④ 영구

76 화재피해액 산정에 있어서 원칙으로 사용하고 있는 방법은?

① 수익환원법
② 복성식평가법
③ 매매사례비교법
④ 간이평가방식에 의한 산정법

[해설]
화재조사 실무에서 손해액 또는 피해액을 산정하는 방법은 복성식평가법을 원칙으로 하되 이 방법이 불합리하거나 매매사례비교법 또는 수익환원법이 오히려 합리적이고 타당하다고 판단된 경우에 한하여 예외적으로 사용한다.
- 복성식평가법 : 재건축 또는 재취득하는 데 소요되는 비용에서 사용기간의 감가수정액을 공제하는 방법으로 대부분의 물적 피해액 산정에 사용한다.
- 매매사례비교법 : 당해 피해물의 시중 매매사례가 충분하여 유사 매매사례를 비교하여 산정하는 방법으로 차량, 예술품, 귀중품, 귀금속 등이 피해액 산정에 사용한다.
- 수익환원법 : 피해물로 인해 장래에 얻을 수익액에서 당해 수익을 얻기 위해 지출되는 제반비용을 공제하는 방법에 의하는 방법으로 유실수 등에 있어 수확기간에 있을 때 사용한다.

77 화재유형별조사 서식의 종류가 아닌 것은?

① 임야 화재
② 특수 화재
③ 자동차·철도차량 화재
④ 선박·항공기 화재

[해설]
화재유형별조사서의 구분
- 화재유형별조사서(건축·구조물화재) : 별지 제6호서식
- 화재유형별조사서(자동차·철도차량화재) : 별지 제6호의2서식
- 화재유형별조사서(위험물·가스제조소등 화재) : 별지 제6호의3서식
- 화재유형별조사서(선박·항공기화재) : 별지 제6호의4서식
- 화재유형별조사서(임야화재) : 별지 제6호의5서식

[정답] 73 ② 74 ① 75 ④ 76 ② 77 ②

78 소방·방화시설 활용조사서의 분류에 해당하지 않는 것은?

① 소화시설
② 경보설비
③ 피난설비
④ 전기설비

해설
소방·방화시설 활용조사서는 소화시설, 경보설비, 피난설비, 소화용수설비, 소화활동설비, 초기소화활동, 방화설비로 구성

79 치외법권지역 등 조사권을 행사할 수 없는 경우에 대한 조사서류 작성에 대한 설명으로 옳은 것은?

① 화재현장출동보고서만 작성한다.
② 화재현장출동보고서, 질문기록서, 화재발생종합보고서를 작성한다.
③ 치외법권지역은 조사권을 행사할 수 없으므로 보고서를 작성하지 않아도 된다.
④ 조사 가능한 내용만 조사하여 화재발생종합보고서 내지 화재현장조사서 중 해당 서류를 작성한다.

해설
치외법권지역 등 조사권을 행사할 수 없는 경우는 조사 가능한 내용만 조사하고 해당 서류를 작성한다.

80 화재조사의 방법 및 사상자에 대한 설명으로 옳은 것은?

① 화재조사관은 화재출동과 동시에 조사활동을 개시하여야 한다.
② 화재조사관은 화재발생 사실을 인지하는 즉시 화재조사를 시작해야 한다.
③ 경상이란 입원치료를 필요로 하지 않는 것은 제외한다.
④ 중상이란 72시간 이내 입원치료를 요하는 부상을 말한다.

해설
제3조(화재조사의 개시 및 원칙)
「소방의 화재조사에 관한 법률」(이하 "법"이라 한다) 제5조제1항에 따라 화재조사관(이하 "조사관"이라 한다)은 화재발생 사실을 인지하는 즉시 화재조사(이하 "조사"라 한다)를 시작해야 한다.

78 ④ 79 ④ 80 ②

제5과목 화재조사관계법규

81 「소방의 화재조사에 관한 법률」상 관계 기관 등의 협조에 관한 사항으로 옳지 않은 것은?

① 소방관서장, 중앙행정기관의 장, 지방자치단체의 장은 화재조사에 필요한 사항에 대하여 서로 협력하여야 한다.
② 소방관서장, 보험회사, 그 밖의 관련 기관·단체의 장은 화재조사에 필요한 사항에 대하여 서로 협력하여야 한다.
③ 개인정보를 포함한 보험가입 정보 제공을 요청받은 기관은 정당한 사유가 없어도 이를 거부할 수 있다.
④ 소방관서장은 화재원인 규명 및 피해액 산출 등을 위하여 필요한 경우에는 금융감독원, 관계 보험회사 등에 개인정보를 포함한 보험가입 정보 등을 요청할 수 있다.

[해설]
개인정보를 포함한 보험가입 정보 제공을 요청받은 기관은 정당한 사유가 없으면 이를 거부할 수 없다.

82 「소방의 화재조사에 관한 법률 시행령」에 따른 국가화재정보시스템 운영에 관한 사항에서 수집·관리해야 할 내용으로 옳지 않은 것은?

① 관계인의 보험가입 정보 등에 관한 사항
② 화재예방 관계 법령 등의 이행 및 위반 등에 관한 사항
③ 소방시설 등의 설치·관리 및 작동 여부에 관한 사항
④ 복구활동에 관한 사항

[해설]
국가화재정보시스템의 운영(제14조)
소방청장은 국가화재정보시스템을 활용하여 다음 각 호의 화재정보를 수집·관리해야 한다.
1. 화재원인
2. 화재피해상황
3. 대응활동에 관한 사항
4. 소방시설 등의 설치·관리 및 작동 여부에 관한 사항
5. 화재발생건축물과 구조물, 화재유형별 화재위험성 등에 관한 사항
6. 화재예방 관계 법령 등의 이행 및 위반 등에 관한 사항
7. 법 제13조제2항에 따른 관계인의 보험가입 정보 등에 관한 사항
8. 그 밖에 화재예방과 소방활동에 활용할 수 있는 정보

83 「형법」상 과실로 인하여 사람이 주거로 사용하거나 사람이 현존하는 건조물, 기차, 전차, 자동차 등을 불태운 자에 대한 벌금은?

① 1,000만원 이하의 벌금
② 1,500만원 이하의 벌금
③ 2,000만원 이하의 벌금
④ 3,000만원 이하의 벌금

[해설]
실화(형법 제170조)
과실로 인하여 제164조(현주건물 등에의 방화) 또는 제165조(공용건조물 등에의 방화)에 기재한 물건 또는 타인의 소유에 속하는 제166조(일반건조물 등에의 방화)에 기재한 물건을 불태운 자는 1천 500만원 이하의 벌금에 처한다.

84 화재현장에서의 증거물이 법정에 제출되는 경우 증거로서의 가치를 상실하지 않도록 준수해야 하는 적법한 절차에 관한 사항으로 옳은 것은?

① 관련 법규 및 지침에 규정된 일반적인 원칙과 절차를 준수한다.
② 화재조사에 필요한 증거수집은 화재피해자의 피해를 최대화하도록 하여야 한다.
③ 화재증거물은 과학적, 형식적인 수단을 통해 진정성, 무결성이 보존되어야 한다.
④ 최종적으로 법정에 제출되는 화재증거물은 증거의 훼손 방지를 위하여 사본을 제출한다.

해설
증거물에 대한 유의사항
- 화재조사에 필요한 증거수집은 화재피해자의 피해를 최소화하도록 하여야 한다.
- 화재증거물은 과학적, 절차적인 수단을 통해 진정성, 무결성이 보존되어야 한다.
- 최종적으로 법정에 제출되는 화재증거물의 원본성이 보장되어야 한다.
- 화재증거물을 획득할 때에는 증거물이 오염, 훼손, 변형되지 않도록 적절한 장비를 사용하여야 하며, 방법의 신뢰성이 유지되어야 한다.

85 「실화책임에 관한 법률」에 관한 설명 중 틀린 것은?

① 실화자에게 중대한 과실이 없는 경우 그 손해배상액의 경감에 관한 「민법」 제765조의 특례를 정함을 목적으로 한다.
② 적용범위는 실화로 인하여 화재가 발생한 경우 연소로 인한 부분에 관한 손해배상 청구에 한하여 적용한다.
③ 실화가 중대한 과실로 인한 피해액수가 많은 경우 배상의무자는 법원에 손해배상액 경감을 청구할 수 있다.
④ 손해배상액을 경감하는 고려 대상에는 피해확대를 방지하기 위한 실화자의 노력, 피해자의 경제상태 등이 있다.

해설
이 법은 실화로 인하여 화재가 발생한 경우 연소(延燒)로 인한 부분에 대한 손해배상청구에 한하여 적용한다(제2조).

86 시청을 방화한 경우, 방화시 민원인들이 시청 내에 있었다면 어떤 범죄가 성립하는가?

① 공용건조물 등에의 방화죄
② 현주건조물 등에의 방화죄
③ 일반건조물 등에의 방화죄
④ 일반물건에의 방화죄

해설
현주건조물 등에의 방화죄(형법 제164조)
불을 놓아 사람이 주거로 사용하거나 사람이 현존하는 건조물, 기차, 전차, 자동차, 선박, 항공기 또는 지하채굴시설을 불태운 자

87 특수건물 소유자가 가입하는 보험의 보험금액에 대한 설명으로 틀린 것은?

① 화재보험 : 특수건물의 시가에 해당하는 금액
② 특수건물의 시가 결정에 관한 기준 : 대통령령
③ 손해배상책임보험 중 사망의 경우 : 피해자 1명당 5천만원 이상으로서 대통령령으로 정하는 금액
④ 손해배상책임보험 중 부상의 경우 : 피해자 1명당 사망자에 대한 보험금액의 범위에서 대통령령으로 정하는 금액

해설
보험금액의 시가의 결정기준 : 총리령으로 정함

84 ① 85 ③ 86 ② 87 ②

88 「화재로 인한 재해보상과 보험가입에 관한 법률」에 따른 특수건물의 기준으로 틀린 것은?

① 종합병원 또는 병원으로 사용하는 건물로서 연면적의 합계가 3,000m² 이상인 건물
② 일반음식점영업으로 사용하는 부분의 바닥면적의 합계가 2,000m² 이상인 건물
③ 목욕장업으로 사용하는 부분의 바닥면적의 합계가 2,000m² 이상인 건물
④ 영화상영관으로 사용하는 부분의 바닥면적의 합계가 1,000m² 이상인 건물

해설

특약부화재보험 가입의무 특수건물

연면적이 1,000m² 이상	바닥면적의 합계가 2,000m² 이상	바닥면적의 합계가 3,000m² 이상	연면적이 3,000m² 이상	16층 이상	11층 이상 실내사격장
국·공유재산 중 건물 및 부속건물	• 다중이용업소 (학원, 목욕장업, 영화상영관, 게임제공업, 인터넷게임시설제공업, 노래연습장업, 일반·휴게음식점영업, 단란주점영업, 유흥주점영업으로 사용하는 건물) • 실내사격장 : 면적제한 없이 의무가입 대상	숙박업, 대규모 점포로 사용하는 건물, 도시철도시설 중 역사 및 역무시설로 사용되는 건물	종합병원 및 병원, 관광숙박업, 공연장, 방송사업 목적 건물, 농수산물도매시장 및 민영농수산물도매시장, 학교, 공장	아파트 및 부속건물	모든 건물

• 옥상부분으로서 그 용도가 명백한 계단실 또는 물탱크실인 경우에는 층수로 산입하지 아니하며, 지하층은 이를 층으로 보지 아니한다.
• 16층 이상의 아파트 단지 내에 관리주체에 의하여 관리되는 동일한 아파트 단지 안에 있는 15층 이하의 아파트를 포함한다.
• 11층 이상의 건물 중 아파트, 창고, 모든 층을 주차용도로 사용하는 건물, 공제에 가입한 지방자치단체건물 및 지방공기업소유 건물 제외한다.

89 「소방의 화재조사에 관한 법령」상 명시된 화재현장 보존등을 위하여 소방관서장이 설정한 통제구역을 허가 없이 화재현장에 있는 물건 등을 이동시키거나 변경·훼손한 사람의 벌칙기준은?

① 500만원 이하의 벌금
② 300만원 이하의 벌금
③ 700만원 이하의 벌금
④ 1천만원 이하의 벌금

해설

벌칙(법 제21조)
화재현장 보존등을 위하여 소방관서장이 설정한 통제구역을 허가 없이 화재현장에 있는 물건 등을 이동시키거나 변경·훼손한 사람은 300만원 이하의 벌금에 처한다.

90 「소방의 화재조사에 관한 법률」상 소방공무원과 경찰공무원의 협력에 관한 사항으로 ( )에 알맞은 내용은?

> 소방관서장은 방화 또는 실화의 혐의가 있다고 인정되면 지체 없이 ( )에게 그 사실을 알리고 필요한 증거를 수집·보존하는 등 그 범죄수사에 협력하여야 한다.

① 시·도지사
② 관할 구청장
③ 관할 경찰청장
④ 경찰서장

해설

소방공무원과 경찰공무원의 협력 등(법 제12조)
소방관서장은 방화 또는 실화의 혐의가 있다고 인정되면 지체 없이 경찰서장에게 그 사실을 알리고 필요한 증거를 수집·보존하는 등 그 범죄수사에 협력하여야 한다.

정답 88 ④ 89 ② 90 ④

91 다음 중 범칙행위를 한 사람으로서 경범죄 처벌법상 범칙자에 해당하는 사람은?

① 나이가 18세 이상인 사람
② 피해자가 있는 행위를 한 사람
③ 범칙행위를 상습적으로 하는 사람
④ 죄를 지은 동기나 수단 및 결과를 헤아려 볼 때 구류처분을 하는 것이 적절하다고 인정되는 사람

해설
"범칙자"란 범칙행위를 한 사람으로서 다음 하나에 해당하지 아니하는 사람을 말한다.
• 범칙행위를 상습적으로 하는 사람
• 죄를 지은 동기나 수단 및 결과를 헤아려볼 때 구류처분을 하는 것이 적절하다고 인정되는 사람
• 피해자가 있는 행위를 한 사람
• 18세 미만인 사람

92 건축·구조물 화재의 소실 정도에 따른 분류 중 반소에 해당되는 것은?

① 건물의 70% 미만 소실되었으나 잔존부분을 보수하여도 재사용이 불가능한 것
② 건물의 30% 이상 70% 미만이 소실된 것
③ 건물의 70% 이상 소실된 것
④ 건물의 70% 이상 소실되었으나 보수하여 재사용할 수 있는 것

해설
소실 정도

구 분	전소화재	반소화재	부분소화재
소실률	• 건물의 70% 이상 (입체면적에 대한 비율)이 소실된 화재 • 그 미만이라도 잔존부분이 보수를 하여도 재사용 불가능한 것	건물의 30% 이상 70% 미만이 소실된 화재	전소·반소 이외의 화재

93 「화재로 인한 재해보상과 보험가입에 관한 법률」상 특수건물 화재발생시 소유자의 손해배상 책임의 한계로 옳은 것은?

① 배상은 과실이 있는 경우에만 해당한다.
② 그 건물의 화재로 인하여 다른 사람이 사망하거나 부상을 입었을 때에는 과실이 없는 경우에도 그 손해를 배상할 책임이 있다.
③ 특약부화재보험에 부가하여 화재 이외에 풍재·수재 또는 건물의 무너짐 등으로 인한 손해를 담보하는 보험에 가입할 수 없다.
④ 특수건물 소유자의 손해배상책임에 관하여는 「화재로 인한 재해보상과 보험가입에 관한 법률」에 규정하는 것 이외에는 「상법」에 따른다.

해설
특수건물의 소유자는 그 건물의 화재로 인하여 다른 사람이 사망하거나 부상을 입었을 때에는 과실이 없는 경우에도 제8조에 따른 보험금액의 범위에서 그 손해를 배상할 책임이 있다. 「실화책임에 관한 법률」에도 불구하고, 특수건물 소유자에게 경과실(輕過失)이 있는 경우에도 또한 같다.

94 증거물 수집에 관한 설명으로 틀린 것은?

① 증거물의 소손 또는 소실 정도가 심하여 증거물의 일부분 또는 전체가 유실될 우려가 있는 경우는 증거물을 밀봉해야 한다.
② 증거물이 파손될 우려가 있는 경우에 충격금지 및 취급방법에 대한 주의사항을 증거물의 포장 외측에 적절하게 표기해야 한다.
③ 증거물 수집과정에서는 증거물의 수집자, 수집 일자, 상황 등에 대하여 기록을 남겨야 하며, 기록은 가능한 법과학자용 표지 또는 태그를 사용하는 것을 원칙으로 한다.
④ 증거물을 수집할 때는 휘발성이 낮은 것에서 높은 순서로 진행해야 한다.

정답 91 ① 92 ② 93 ② 94 ④

> **해설**
> 증거물을 수집할 때는 휘발성이 높은 것에서 낮은 순서로 진행해야 한다.

95 「국가배상법」상 배상신청에 관한 설명 중 틀린 것은?

① 손해배상의 소송은 배상심의회에 배상신청을 거친 후 제기할 수 있다.
② 지방자치단체에 대한 배상신청사건을 심의하기 위하여 법무부에 본부심의회를 둔다.
③ 배상금을 지급받으려는 자는 그 주소지·소재지 또는 배상원인 발생지를 관할하는 지구심의회에 배상신청을 해야 한다.
④ 대통령령으로 정하는 일정액 이상의 배상액을 배상신청을 하고자 하는 때에도 지구심의회에 신청해야 한다.

> **해설**
> 현행법상 임의적 결정전치주의를 채택하고 있어 손해배상 소송은 배상심의회에 배상신청을 하지 않고도 법원에 소송을 제기할 수 있다(국가배상법 제9조).

96 「소방의 화재조사에 관한 법률 시행령」에 따른 화재합동조사단의 구성·운영할 수 있는 대형화재를 모두 고르시오.

> 가. 사망자가 5명 이상 발생한 화재
> 나. 화재로 인한 사회적·경제적 영향이 광범위하다고 소방관서장이 인정하는 화재
> 다. 이재민 100명 이상 발생 화재
> 라. 재산피해 50억원 이상 추정되는 화재

① 가, 라
② 가, 나
③ 가, 나, 라
④ 가, 나, 다, 라

> **해설**
> 화재합동조사단의 구성·운영(시행령 제7조)
> 소방관서장이 화재합동조사단의 구성·운영할 수 있는 대통령령으로 정하는 대형화재'란 다음 각 호의 화재를 말한다.
> • 사망자가 5명 이상 발생한 화재
> • 화재로 인한 사회적·경제적 영향이 광범위하다고 소방관서장이 인정하는 화재

97 화재조사 전담부서에 갖추어야 할 장비와 시설 중 발굴용구에 해당하지 않은 것은?

① 공구세트
② 정밀 저울
③ 휴대용 열풍기
④ 이동용 진공청소기

> **해설**
> 발굴용구(8종)
> 공구세트, 전동 드릴, 전동 그라인더(절삭·연마기), 전동 드라이버, 이동용 진공청소기, 휴대용 열풍기, 에어컴프레서(공기압축기), 전동 절단기

98 「형법」상 현주건조물 등에의 방화죄에 대한 처분으로 옳은 것은?(단, 사람을 상해 및 사망에 이르게 한 경우는 제외한다)

① 무기 또는 3년 이상의 징역
② 무기 또는 5년 이상의 징역
③ 무기 또는 7년 이상의 징역
④ 무기 또는 10년 이상의 징역

> **해설**
> 현주건조물 등에의 방화(치사상)죄
>
> | 구체적 범죄내용 | | 형량 |
> | --- | --- | --- |
> | 불을 놓아 사람이 주거로 사용하거나 사람이 현존하는 건조물, 기차, 전차, 자동차, 선박, 공기 또는 지하채굴시설 | 불태운 자 | 무기 또는 3년 이상의 징역 |
> | | 상해에 이르게 한 자 | 무기 또는 5년 이상의 징역 |
> | | 사망에 이르게 한 자 | 사형, 무기 또는 7년 이상의 징역 |

정답 95 ① 96 ② 97 ② 98 ①

99 「특수건물 중 화재로 인한 재해보상과 보험가입에 관한 법률」에 따른 특수건물 소유자의 손해 배상책임과 보험가입의 의무를 적용하지 아니하는 기준으로 틀린 것은?

① 대한민국에 파견된 국제연합의 기관 및 그 직원(외국인만 해당한다)이 소유하는 건물
② 대한민국에 파견된 외국의 대사·공사 또는 그 밖에 이에 준하는 사절이 소유하는 건물
③ 대한민국에 주둔하는 외국 군대가 소유하는 건물
④ 군사용 건물과 외국인 소유건물로서 행정안전부령으로 정하는 건물

> **해설**
> **손해배상 책임과 보험가입의 의무를 적용제외 특수건물**
> - 대한민국에 파견된 외국의 대사·공사(公使) 또는 그 밖에 이에 준하는 사절(使節)이 소유하는 건물
> - 대한민국에 파견된 국제연합의 기관 및 그 직원(외국인만 해당한다)이 소유하는 건물
> - 대한민국에 주둔하는 외국 군대가 소유하는 건물
> - 군사용 건물과 외국인 소유건물로서 대통령령으로 정하는 건물
>   – 국방부장관이 지정하는 3층 이상의 건물
>   – 국군통합병원의 진료부와 병동건물
>   – 군인공동주택

100 미성년자가 타인에게 손해를 가한 경우에 그 행위의 책임을 변식할 지능이 없는 때에는 배상의 책임이 없다. 이 경우 「민법」상 미성년자임을 판단하는 연령과 그 산정방법으로 옳은 것은?

① 14세 미만, 출생일 산입
② 18세 미만, 출생일 불산입
③ 19세 미만, 출생일 산입
④ 20세 미만, 출생일 불산입

> **해설**
> - 「민법」 제4조(성년) 사람은 19세로 성년에 이르게 된다.
> - 「민법」 제158조(연령의 기산점) 연령계산에는 출생일을 산입한다.

정답 99 ④　100 ③

03 과년도 산업기사 기출변형문제 1회

제1과목 화재조사론

01 연소범위에 영향을 미치는 요소에 대한 설명으로 틀린 것은?

① 온도가 높아질수록 연소범위는 넓어진다.
② 압력이 높아지면 하한값은 크게 변하지 않으나 상한값은 높아진다.
③ 고온·고압의 경우 연소범위는 넓어진다.
④ 혼합기를 이루는 공기의 산소농도가 높아질수록 연소범위는 좁아진다.

해설
산소농도가 높아질수록 연소범위는 넓어진다.

02 화재에 대한 설명으로 옳은 것은?

① 최성기 단계의 화재는 연료지배형이다.
② 플래시오버 단계는 환기지배형 연소단계에서 연료지배형 화재로 전환되는 단계이다.
③ 쇠퇴기 단계의 화재는 연료지배형이다.
④ 가연물 양과 환기량은 열방출률과 무관하다.

해설
③ 화재초기 단계와 쇠퇴기 단계에서 화재는 연료지배형이다.
① 최성기 단계의 화재는 환기지배형이다.
② 플래시오버 단계는 연료지배형 연소에서 환기지배형 연소가 되는 화재의 급격한 전이이다.
④ 건물 내의 구획된 부분과 밀폐된 장소에서의 연소속도를 결정하는 큰 요인은 가연물 양(화재하중)과 환기량이다.

03 25℃에서의 에탄의 위험도는 약 얼마인가?

① 3.1 ② 4.1
③ 5.1 ④ 6.1

해설
에탄의 연소범위는 3.0~12.5이므로
위험도 구하는 공식
$$H = \frac{U-L}{L} = \frac{12.5-3}{3} = 3.1$$
- H : 위험도
- U : 연소범위 상한계
- L : 연소범위 하한계

04 다음은 소방의 화재조사에 관한 법률에서 정한 화재조사의 실시에 관한 내용이다. 괄호 안에 적합한 용어는?

> 화재조사의 대상 및 절차 등에 필요한 사항은 ( )으로 정한다.

① 행정안전부령 ② 국무총리령
③ 대통령령 ④ 소방청 훈령

해설
법 제5조(화재조사의 실시)
① 소방청장, 소방본부장 또는 소방서장(이하 "소방관서장"이라 한다)은 화재발생 사실을 알게 된 때에는 지체 없이 화재조사를 하여야 한다. 이 경우 수사기관의 범죄수사에 지장을 주어서는 아니 된다.
② 소방관서장은 제1항에 따라 화재조사를 하는 경우 다음 각 호의 사항에 대하여 조사하여야 한다.
 1. 화재원인에 관한 사항
 2. 화재로 인한 인명·재산피해상황

정답 1 ④ 2 ③ 3 ① 4 ③

3. 대응활동에 관한 사항
4. 소방시설 등의 설치·관리 및 작동 여부에 관한 사항
5. 화재발생건축물과 구조물, 화재유형별 화재위험성 등에 관한 사항
6. 그 밖에 대통령령으로 정하는 사항

③ 제1항 및 제2항에 따른 화재조사의 대상 및 절차 등에 필요한 사항은 대통령령으로 정한다.

05 화재시 발생되는 연기에 대한 설명으로 틀린 것은?

① 가연물 연소시 발생되는 열분해 생성물이다.
② 불완전 연소에 의해 많이 발생한다.
③ 연소시의 발생가스로서 산소공급이 부족할 때 적은 양이 발생한다.
④ 화재시 발생되어 시야장애 및 질식을 유발할 수 있다.

해설
연소시의 발생가스로서 산소공급이 부족할 때 많은 양이 발생한다.

06 다음 화재시 발생하는 연소가스 중 독성이 가장 큰 것은?

① 일산화탄소
② 포스겐
③ 이산화탄소
④ 염화수소

해설
각종 연소생성가스의 허용농도

가 스	허용농도	가 스	허용농도
이산화탄소	500ppm	이산화황	5ppm
일산화탄소	100ppm	염화수소	5ppm
황화수소	20ppm	포스겐	0.1ppm
시안화수소	10ppm	아크롤레인	0.1ppm

07 열전도율의 단위로 옳은 것은?

① kW/m^2
② $W/m^2 \cdot K$
③ $W/m \cdot K$
④ MJ/kg

08 화재조사 진행순서로서 옳은 것은?

① 현장관찰 → 관계자질문 → 발굴 → 감정
② 관계자질문 → 감정 → 발굴 → 현장관찰
③ 관계자질문 → 현장관찰 → 발굴 → 감정
④ 현장관찰 → 발굴 → 관계자질문 → 감정

09 화재현장 복원요령으로 가장 옳은 것은?

① 형체가 소실되어 배치가 불가능한 것은 끈이나 로프 또는 대용품을 사용하되 대용품 이라는 것이 인식되도록 한다.
② 복원은 현장식별이 가능하지 않는 것도 복원한다.
③ 주로 예측에 의존하여 복원한다.
④ 관계인은 복원현장에 입회시키지 않는다.

해설
복원방법
- 복원은 발굴된 낙하물이나 도괴된 부분을 화재발생 전 상태로 재구성하는 것이다.
- 화재 특성상 유실물이 많아 100% 복원은 불가능하므로 식별이 확실한 것만 복원시킨다.
- 발굴된 물건의 위치를 명확히 한다.
- 복원에 필요시 동일한 대용재료를 사용하되 대용물임을 표시한다.
- 수직, 수평관통부의 부재인 목재나 알루미늄 등은 타거나 녹아서 남은 것, 가늘어진 것 등을 관찰하여 일치되는 곳을 맞춘다.
- 관계인을 입회시켜 복원상황을 확인한다.

정답 5 ③ 6 ② 7 ③ 8 ① 9 ①

10 수직평면과 수평평면 모두에서 나타나는 3차원 화재패턴은?

① V패턴
② U패턴
③ 포어패턴(Pour Pattern)
④ 원추패턴

해설
①, ②는 벽면에 나타나는 수직패턴, ③은 가연성 액체에 의한 연소패턴으로 인화성 액체가연물이 바닥에 쏟아졌을 때 액체가연물이 쏟아진 부분과 쏟아지지 않은 부분의 탄화경계 흔적을 말하고 ④는 끝이 잘린 원추형태이다.
- 다른 형태와는 달리 수직면과 수평면 모두에 나타나는 3차원의 화재형태
- 천장이나 다른 수평면에 원 형태와 벽과 같은 수직면에 2차원 형태인 V자 형태가 나타남

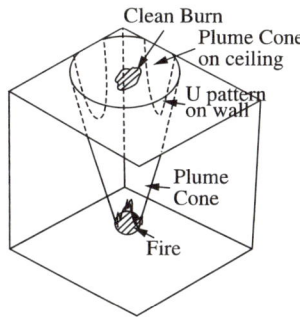

11 그림은 연소가 종료된 상황이다. 화재가 진행된 방향은?

① A → B
② B → A
③ C → A, B
④ D → A, B

해설
수평면의 화재확산패턴

12 완전연소와 불완전연소에 대한 설명으로 옳은 것은?

① 완전연소일 때 화염의 온도가 높다.
② 불완전연소일 때 연기의 색은 무색이다.
③ 화염의 색은 공기유입량과 상관관계가 없다.
④ 일산화탄소로 인해 연기의 색은 검은색이다.

해설
② 불완전연소일 때 연기의 색은 검은색이다.
③ 화염의 색은 공기유입량과 상관관계가 있다.
④ 탄소로 인해 연기의 색은 검은색이다.

13 사람의 체내에 있는 헤모글로빈의 일산화탄소 친화력은 산소에 비해 몇 배인가?

① 40~50배
② 140~150배
③ 240~250배
④ 340~350배

해설
일산화탄소(CO)
- 무색・무취・무미의 가스로서 모든 종류의 유기화합물이 연소할 때 발생하며, 특히 산소공급이 원활하지 못할 때 불완전연소에 의해 다량으로 발생한다.
- 다량으로 발생하여 화재에서 가장 영향을 많이 끼치는 가스로 취급되며, 허용농도는 50ppm이다.
- 혈액 내의 헤모글로빈(Hb)과 결합하여 일산화헤모글로빈(CO-Hb)을 생성함으로써 산소의 운반기능을 차단해 질식(화학적 질식)을 유발한다.
- 헤모글로빈과의 친화력은 산소의 헤모글로빈과의 친화력보다 약 210배나 크므로 호흡하는 대기 중에 존재하면 헤모글로빈이 선택적으로 반응하여 질식 위험이 높다.
- 상온에서 염소와 작용하여 유독성 가스인 포스겐($COCl_2$)을 생성하기도 한다.
- 일산화탄소의 인체반응

공기 중의 농도(%)	경과시간	인체반응
0.07	1시간	중독증세 나타남
0.2	1시간	위 험
0.4	1시간	사 망
1.0	1분	사 망

정답 10 ④ 11 ① 12 ① 13 ③

14 「화재조사 및 보고규정」에서 정한 용어 중 내용연수의 정의로 옳은 것은?

① 고정자산을 경제적으로 사용할 수 있는 연수
② 유동자산을 경제적으로 사용할 수 있는 연수
③ 고정자산을 최대한 사용할 수 있는 연수
④ 유동자산을 최대한 사용할 수 있는 연수

해설
내용연수
고정자산을 경제적으로 사용할 수 있는 연수

15 다음 금속 중 용융점이 가장 낮은 것은?

① 알루미늄
② 납
③ 구 리
④ 스테인리스

해설

금속명	용융점(℃)	금속명	용융점(℃)
아 연	419.5	텅스텐	3,400
알루미늄	659.5	티 탄	1,800
금	1,063.0	철	1,530
은	960.5	동	1,083
황 동	900~1,050	납	327.4
스테인리스	1,520	니 켈	1,455
수 은	38.8	마그네슘	650
주 석	231.9	몰리브덴	2,620

16 수소 10%, 메탄 50%, 에탄 40%의 부피비로 혼합된 혼합기체가 있다. 이 혼합기체의 공기 중 폭발하한계는 몇 vol%인가?(단, 폭발범위는 수소 4~75vol%, 메탄 5~15vol%, 에탄 3.0~12vol%이다)

① 2.87vol%
② 3.87vol%
③ 4.87vol%
④ 5.87vol%

해설
연소범위(연소한계, 폭발범위, 폭발한계)
연소에 필요한 가연성 기체와 공기 또는 산소와의 혼합가스농도 범위

$$\frac{100}{L} = \frac{V_1}{L_1} + \frac{V_2}{L_2} + \frac{V_3}{L_3} \quad \cdots\cdots \text{(르샤틀리에 법칙)}$$

$$\frac{100}{L} = \frac{10}{4} + \frac{40}{3} + \frac{50}{5} = 25.83$$

$$L = \frac{100}{25.83} = 3.87$$

17 출화개소 판단시 유의사항으로 틀린 것은?

① 발화지점과 연소확산된 경계구역을 구분한다.
② 건물 내·외부 연소상태를 비교 판단하여 화염의 이동 경로를 파악한다.
③ 출입구의 방향과 창문, 환기구 등 개구부는 변동요인이 많으므로 제외한다.
④ 붕괴되거나 도괴된 경우 해당 원인을 확인한다.

해설
출입구의 방향과 창문, 환기구 등 개구부에서 연소패턴 및 연소확산 경로가 뚜렷이 나타나는 경우가 많다.

정답 14 ① 15 ② 16 ② 17 ③

18 유류에 의해 만들어진 패턴으로 가장 거리가 먼 것은?

① 포어 패턴(Pour Pattern)
② 스플래시 패턴(Splash Pattern)
③ 도넛 패턴(Doughnut Pattern)
④ 버터플라이 패턴(Butterfly Pattern)

해설
가연성 액체에 의한 패턴
퍼붓기 패턴(포어 패턴), 스플래시 패턴, 고스트마크, 틈새연소패턴, 도넛 패턴, 트레일러 패턴, 역원추 형태, 낮은 연소패턴, 불규칙 패턴, 무지개 효과가 있다.

19 다음 중 화염의 색에 따른 온도가 가장 높은 것은?

① 암적색   ② 황적색
③ 휘적색   ④ 백적색

해설
화염의 온도와 색

색상	온도(℃)
담암적색	520
암적색	700
적색	850
휘적색	950
황적색	1,100
백적색	1,300
휘백색	1,500 이상

20 기상폭발에 해당하지 않는 것은?

① 가스폭발   ② 증기폭발
③ 분진폭발   ④ 분해폭발

해설
기상폭발은 가스폭발(혼합가스폭발), 가스의 분해폭발, 분무폭발 및 분진폭발로, 응상폭발은 혼합위험성 물질에 의한 폭발, 폭발성 화합물의 폭발, 증기폭발로 분류할 수 있다.

제2과목 화재감식론

21 양초의 연소형태에 해당하는 것은?

① 확산연소   ② 작열연소
③ 액면연소   ④ 승화연소

해설
고체인 양초는 증발연소를 한다.
- 증발연소 : 고체 가연물이 열분해를 일으키지 않고 증발하여 증기가 연소되거나 먼저 융해된 액체가 기화하여 증기가 된 다음 연소하는 현상 예 황(S), 나프탈렌($C_{10}H_8$), 파라핀(양초)
- 확산연소는 기체의 연소형태이다.

22 발화온도가 낮은 것에서 높은 순서로 옳게 나타낸 것은?

① 셀룰로이드 < 명주 < 나무(목재)
② 나무(목재) < 셀룰로이드 < 명주
③ 나무(목재) < 명주 < 셀룰로이드
④ 셀룰로이드 < 나무(목재) < 명주

해설
셀룰로이드(180℃) 〈 나무(400~450℃) 〈 명주(650℃)

23 가공 송전로에 사용되는 전선의 구비조건으로 틀린 것은?

① 비중이 클 것
② 기계적 강도가 클 것
③ 내구성이 있을 것
④ 도전율이 높을 것

해설
가공송전선로는 발전소와 변전소 상호간 연결하는 전선으로서 전선의 구비조건은 다음과 같다.
- 도전률이 크고 기계적 강도가 강할 것
- 가요성 있고 내구성이 있을 것
- 가격이 저렴하고 대량생산이 가능할 것
- 비중(중량)이 적고 신장률은 클 것

정답 18 ④ 19 ④ 20 ② 21 ① 22 ④ 23 ①

24 선박의 추진기가 아닌 것은?

① 물분사 추진(Water Jet Propulsion)
② 상반회전 프로펠러(Counter-Rotating Propeller)
③ 포드 프로펠러(Pod Propeller)
④ 수중익(Hydrofoil)

해설
수중익
선체의 흘수선 아래에 장치된 날개. 항행(航行) 중에 날개가 돌아갈 때 발생하는 양력(揚力)에 의하여 선체를 부상시키고 물의 저항을 감소시키는 구실을 하며, 순항속도에 이르렀을 때 선체를 물 위로 들어올려 선체를 지탱해 준다.

25 가연물의 착화성에 대한 설명으로 틀린 것은?

① 종이, 섬유류보다는 기체상태의 가연성 증기가 착화가 쉽다.
② 초기 가연물이 전기배선인 경우 전선피복에 착화할 수 있다.
③ 전선의 단락시 발생하는 열은 목재, 플라스틱 등 단면적이 큰 물질을 착화시키기 어렵다.
④ 플라스틱은 일반적으로 저온상태에서도 작은 점화원에 의해 쉽게 착화된다.

해설
플라스틱은 200~400°C에서 열분해되고 수열에 따라 변색 → 변형 → 용융 → 소실 순으로 진행된다.

26 산(Acid)에 대한 설명으로 틀린 것은?

① 다른 물질에 양성자를 줄 수 있는 물질
② 물속에서 수소이온(H^+)을 내놓은 물질
③ 비공유 전자쌍을 받아들이는 물질
④ 붉은 리트머스를 푸르게 변색시키는 물질

해설
④는 염기에 대한 설명이다.

27 메탄가스가 0°C에서 체적이 300mL이고 압력이 1기압으로 일정하다면, 100°C에서 체적은 몇 mL인가?

① 100.2   ② 219.6
③ 409.8   ④ 22,400

해설
보일 – 샤를의 법칙
$\dfrac{PV}{T_1} = K$ (일정), 압력이 일정하므로

$\dfrac{300}{(273+0)} = \dfrac{V_2}{(273+100)}$

$V_2 = 409.8$

28 폭발범위가 6~13.2vol%인 가스의 위험도는?

① 0.45   ② 0.55
③ 1.2   ④ 2.2

해설
위험도 구하는 공식
$H = \dfrac{U-L}{L} = \dfrac{13.2-6}{6} = 1.2$

- H : 위험도
- U : 연소범위 상한계
- L : 연소범위 하한계

29 주택에 설치되는 보호장치 중 누전에 의한 화재예방기능이 있는 것은?

① 배선용 차단기
② 누전차단기
③ 퓨 즈
④ 커버나이프스위치(CKS)

해설
누전차단기의 누전트립장치는 누설(지락)전류를 검출해서 차단동작을 시행하는 장치이다.

24 ④ 25 ④ 26 ④ 27 ③ 28 ③ 29 ②

30 다음 식은 어떤 화학반응에 속하는가?

> Zn + CuO → ZnO + Cu

① 치환반응 ② 분해반응
③ 중화반응 ④ 복분해반응

해설
단일 – 치환반응
A 원소는 BC 화합물과 반응하여 그 화합물 중 한 성분을 치환한다.
A + BC → AC + B(A는 금속일 때)
A + BC → BA + C(A는 비금속일 때)

31 수관화가 바람을 타고 번져갈 때 연소의 형태로 옳은 것은?

① O형 ② D형
③ V형 ④ Z형

해설
수관화(樹冠火, Crown Fire)는 나무의 윗부분에 불이 붙어서 연속해서 수관에서 수관으로 태워 나가는 화재를 말하며, 산 정상을 향해 바람을 타고 올라가며 바람이 부는 방향으로 V자형 모양으로 번져나간다.

32 방화의 일반적인 특징에 대한 설명으로 옳은 것은?

① 계절이나 일정한 주기로 발생하며 인명피해를 동반하는 경우가 많다.
② 단독범행이 많고 피해범위가 넓다.
③ 우발적으로 실행하기보다는 계획적으로 실행하며 주간에 많이 발생한다.
④ 남성에 비해 여성에 의해 실행되는 빈도가 높고 아파트에서 많이 발생한다.

해설
방화의 특징
• 단독범행이 많고 검거가 어렵다. 예외로 보험사기 방화는 공범에 의한 경우가 많다.
• 주로 인적이 드문 야간이나 심야에 많이 발생하며 조기 발견이 어렵다.
• 착화가 용이한 인화성 물질(휘발유, 석유류, 시너 등)을 방화수단촉진제로 사용한다.
• 피해범위가 넓고 인명을 대상으로 한 범죄가 많다.
• 계절이나 주기와 상관없이 발생한다.
• 음주를 하거나 약물복용을 한 후 비이성적 상태에서 실행에 옮기는 경향이 늘고 있다.
• 현장에서 발견된 용의자들은 극도의 흥분과 자제력을 상실한 상태로 폭력성을 보인다.
• 계획적이기보다는 우발적으로 발생하는 경우가 높다.
• 여성에 비해 남성이 실행하는 빈도가 상대적으로 높다.
• 옥내외 구분없이 발생하고 있으나 주택 및 차량에서 발생하는 비율이 가장 높고 개방된 건물계단과 방치된 쓰레기더미, 주택가 골목 등 남의 시선이 닿지 않는 곳에서 발생한다.
• 방화는 일반 화재사고에 은폐되어 초기대응과 지속적 대응이 어렵고 소화활동상 특수성으로 증거 수집이 어렵다.

정답 30 ① 31 ③ 32 ②

33 산불의 연소상태 및 연소부위에 따른 산불의 종류에 해당하지 않는 것은?

① 지표화 ② 비산화
③ 수관화 ④ 지중화

해설
산불의 종류 : 지표화, 수관화, 수간화, 지중화

34 「형법」상 방화에 대한 설명으로 옳은 것은?

① "현주건조물 등에의 방화"란 불을 놓아 사람이 주거로 사용하거나 사람이 현존하는 건조물, 기차, 전차, 자동차, 선박, 항공기 또는 지하채굴시설을 불태운 것을 말한다.
② "일반건조물 등에의 방화"란 불을 놓아 공용 또는 공익에 공하는 건조물, 기차, 전차, 자동차, 선박, 항공기 또는 지하채굴시설을 불태운 것을 말한다.
③ "공용건조물 등에의 방화"란 건조물, 기차, 전차, 자동차, 선박, 항공기, 임야 또는 지하채굴시설을 불태운 것을 말한다.
④ "일반물건에의 방화"란 불을 놓아 건조물, 기차, 전차, 자동차, 선박, 항공기, 임야 또는 지하채굴시설을 불태운 것을 말한다.

해설
② 공용건조물 등에의 방화
③ 일반건조물 등에의 방화 : (현주·공용에 기재한 이외)의 건조물
④ 일반물건에의 방화 : (현주·공용·일반 이외)의 물건을 불태워 공공의 위험을 발생시키는 것

35 자동차의 기본구조에 대한 설명으로 옳은 것은?

① 디젤엔진 자동차 : 연료와 공기의 혼합가스를 압축하여 놓은 전압의 전기적인 불꽃으로 연소시켜 동력을 발생하는 기관
② LPG 엔진 자동차 : 압축 천연가스와 공기의 혼합가스를 전기적인 불꽃으로 연소시켜 동력을 발생하는 기관
③ 가스 터빈 기관자동차 : 폭발적인 연소에 따른 진동이 없고 소형·경량이면서 고출력을 얻을 수 있는 기관
④ 하이브리드 자동차 : 전기로 물을 분해하여 수소만 따로 모아서 저장하였다가 다시 공기 중의 산소와 반응시켜 물과 열을 만들어 에너지를 만드는 기관

해설
①은 가솔린기관, ②는 왕복기관, ④는 수소연료전지자동차에 대한 설명이다.

36 양초 외염부의 불꽃 최고온도에 가장 가까운 것은?

① 1,800℃ ② 1,400℃
③ 900℃ ④ 700℃

해설
양초의 온도 분포
• 겉불꽃(약 1,400℃)
 - 금색 : 가장 바깥쪽의 거의 빛이 나지 않는 부분으로, 산소의 공급이 잘 되므로 완전연소되어 온도가 가장 높다.
• 속불꽃(약 1,100℃)
 - 주황색 : 겉불꽃 안쪽 부분으로 양초의 성분인 탄소 알갱이가 가열되어 밝게 빛나 보인다.
• 불꽃심(약 400~900℃) : 심지 부근의 어두운 부분으로, 양초의 기체가 아직 타지 않은 상태로 있는 것이다.

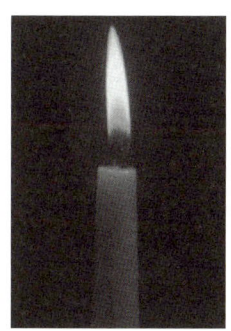

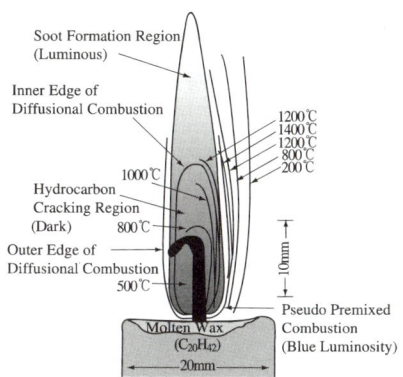

해설
선박기관의 회전속도에 의한 구분
- 저속기관 : 120rpm
- 중속기관 : 400~1,000rpm
- 고속기관 : 1,200~2,400rpm

39 PVC의 연소시 특징적으로 발생하는 연소가스는?

① 이산화황　② 포스겐
③ 황화수소　④ 암모니아

해설
염소계 재료
PVC 등 염소(Cl)를 포함한 재료가 연소될 경우에는 독성이 강한 염화수소(HCl), 염소가스(Cl_2), 포스겐가스($COCl_2$)가 발생된다.

37 발화원과 가연물과의 관련성을 설명한 것으로 틀린 것은?

① 발화원의 잔해는 항상 그 주변에 남아 있다.
② 발화지점에서 주변으로 연소확대가 이루어진 경로의 존재를 입증한다.
③ 발화원은 발화에 직접 관계하거나 그 자체로부터 발화할 수 있다.
④ 발화원이 가연물을 착화시킬 수 있었는지를 입증한다.

해설
발화원은 완전연소되거나 소화작업으로 인해 그 잔해가 항상 그 주변에 남아있는 것은 아니다.

38 선박용 기관을 회전속도로 구분하는 방법은?

① 고속기관, 중속기관, 저속기관
② 2행정기관, 4행정기관
③ 터빈기관, 디젤기관, 가솔린기관
④ 과부하출력, 연속최대출력, 상용출력

40 자동차 냉각장치의 기능에 대한 설명으로 옳지 않은 것은?

① 워터재킷은 엔진에서 발생한 열을 식히기 위해서 실린더 블록이나 실린더 헤드에 있는 냉각수의 통로이다.
② 워터펌프는 냉각수를 순환시키는 펌프로 V벨트에 연결되어 구동된다.
③ 서모스탯은 엔진으로부터 라디에이터로 들어온 냉각수를 팬이나 차량의 주행에 의해 들어오는 공기에 의해 냉각시키기 위한 장치이다.
④ 팬은 라디에이터를 지나는 공기의 흐름을 빨리하여 라디에이터의 냉각을 증대하는 작용을 한다.

해설
서모스탯은 엔진이 정상온도에 도달하기 전까지 냉각수가 라디에이터로 들어가지 못하게 하는 역할을 하고 정상온도에 도달하면 냉각수를 라디에이터로 배출하고 낮은 온도의 냉각수를 유입, 순환시키는 엔진을 냉각시킨다.

정답 37 ①　38 ①　39 ②　40 ③

제3과목 증거물관리 및 법과학

41 다음 중 화재조사자가 작성하는 서식이 아닌 것은?

① 방화·방화의심조사서
② 소방·방화시설 활용조사서
③ 화재사후조사의뢰서
④ 화재·구조·구급상황보고서

해설
③은 관계자가 작성하는 서류양식이다.

42 유리의 연소형태를 설명한 것 중 옳은 것은?

① 화재열로 생긴 균열은 방사형 형태를 띤다.
② 급격하게 열과 접촉하면 잔금이 발생하며 변색된다.
③ 일반적으로 화재로 인한 압력은 유리창을 파괴할 정도로 강하지 않다.
④ 유리에 그을음의 부착은 인화성 촉진제가 사용된 증거이다.

해설
① 불규칙하고 완만한 곡선형태
③ 화재로 인한 압력이 약 0.014~0.028kPa인데 비해 보통의 창유리를 파괴하는 데 필요한 압력은 2.07~6.90kPa이다.

43 타임라인에 관한 설명으로 틀린 것은?

① 프로그램 평가 및 재검토 기술로서 시간관리를 분석하거나 주어진 완성 프로젝트를 포함한 일을 묘사하는 데 쓰이는 모델이다.
② 화재발생의 시간정보는 범죄사실을 규명하기 위해 매우 중요한 정보를 제공한다.
③ 화재발생 시간정보, 화재진행 사항별 시간대별로 일목요연하게 볼 수 있다.
④ 화재정보 등 다양한 시간정보를 이용, 타임라인을 구성함으로써 화재발생현황, 활동 사항, 문제점 등을 분석할 수 있다.

해설
타임라인은 사건을 각 순서에 맞게 배열하고 시간의 흐름에 맞게 배열하는 작업이다.

44 화재현장 증거물의 비교표본에 관한 설명으로 틀린 것은?

① 비교표본의 수집의 주된 목적은 증거물로 남겨 놓기 위한 것이다.
② 비교표본은 같은 유형으로 오염되지 않은 것이다.
③ 비교표본은 원래의 표본과 같은 방식으로 포장하여 비교표본으로 표시한다.
④ 가급적 발화기기로 추정되는 장치와 동일한 것을 수집한다.

해설
비교표본의 수집목적은 감정을 통해 촉진제가 묻어 있는 물적 증거물과 상대적인 비교가 가능하기 때문이다.

정답 41 ③ 42 ③ 43 ① 44 ①

45 화재현장에서 발견한 물적 증거물 중 열 충격에 의한 유리의 파손패턴에 대한 설명으로 틀린 것은?

① 유리의 파단선이 곡선을 나타낸다.
② 파손된 유리는 바닥으로 떨어져 2차 파괴가 일어날 수 있다.
③ 조사할 때는 최소 조각을 수거하여 파괴기점을 파악한다.
④ 내부응력의 차이로 파손 형태가 달라진다.

해설
화재열에 의한 유리의 파손

유리의 수열영향 형태	감식내용
낙하방향	유리는 수열측이 보다 많이 낙하한다.
표면의 조개껍질 모양 박리	조개껍질모양 박리는 고온일수록 많고 깊다.
금이 가는 상태	유리는 수열정도가 클수록 작게 금이 간다.
용융상태	수열정도가 클수록 용융범위가 많아진다.
깨진 모양	약간 둥글고 매끄러운 반면 폭발은 날카롭다.

※ 화재로 인한 압력이 약 0.014kpa~0.028kpa인 데 비해 보통 창유리를 파괴하는 데 필요한 압력은 약 2.07kpa~6.90kpa이다.

46 건축, 자동차, 임야, 항공기 화재 등과 같이 각기 다른 성격의 화재에 대하여 작성하여야 하는 화재조사서류 서식은?

① 화재유형별조사서
② 화재감식·감정보고서
③ 방화·방화의심조사서
④ 질문기록서

해설
화재유형별로 건축·구조물, 자동차·철도, 위험물·가스, 선박·항공기, 임야 화재조사서를 작성한다.

47 다음 중 법의학적 물리적 증거물로 가장 거리가 먼 것은?

① 지 문
② 혈 액
③ 신발자국
④ 촉진제

해설
물적 증거는 특정한 사실이나 결과에 대해 입증 또는 반증을 가능하게 하는 손으로 만질 수 있는 물적인 품목을 말한다.

48 화재현장에서의 물적 증거물에 관한 설명으로 틀린 것은?

① 화재현장의 환경에 따라 물증은 변하지 않는다.
② 화재원인의 추론에 따라 화재책임이 관련된다.
③ 특정사실이나 결과에 대하여 입증 또는 반증을 가능하게 한다.
④ 발화지점, 발화기기, 최초 착화물, 화재이동경로를 통하여 화재원인을 추론한다.

해설
화재의 물적 증거는 연소환경에 따라 달라지고 연소 후의 잔해형태도 달라진다.

정답 45 ③ 46 ① 47 ④ 48 ①

49 증거물 관리에 대한 설명으로 틀린 것은?

① 어떠한 종류의 증거물이 발견되거나 조심스럽게 보존되었다고 할지라도 만약 완벽하게 관리되거나 문서로서 기록되지 않는다면 증거로서 가치는 없다.
② 증거목록의 전달에 있어서 관련된 인수자와 인계자의 서명과 전달일자와 시간이 반드시 기록되어야 한다.
③ 증거물의 파손을 최소화하거나 법정에서 입증해야 힐 사람 수를 줄이기 위해서는 증거물을 취급하는 사람의 수를 최소화해야 한다.
④ 여러 사람이 같은 범죄현장에서 증거를 찾고 있다면 각각 증거기록을 유지하는 것이 바람직하다.

[해설]
최종적으로 법정에 제출되는 화재 증거물의 원본성이 보장되어야 하므로 각각 증거기록을 유지하는 것은 바람직하지 않다.

50 증거를 보호하기 위한 방법으로 틀린 것은?

① 현장이 기록되고 증거가 수집된 후라 할지라도 현장을 보존한다.
② 해당 지역의 정밀조사를 위하여 방수포로 덮어 놓는다.
③ 관계 지역을 폴리스라인 테이프로 격리한다.
④ 화재현장의 접근을 제한한다.

[해설]
증거물 보호
- 소방(경찰)을 배치 근무로 화재건물, 방 등 일정영역을 접근하지 못하도록 한다.
- 원뿔형 도로표지나 숫자 표시기로 정밀 조사 중임을 표시한다.
- 분해검사하기 전에 방수포로 그 영역을 덮어야 한다.
- 일정구역을 소방(경찰)활동구역을 설정하여 출입을 통제한다.
- 화재현장에서 발견된 증거물은 빈 상자나 바구니 같은 것에 담는다.

51 액체 또는 고체 물질의 잔류물 증거 이동과정에서 발생할 위험성이 있는 것은?

① 표본오염   ② 분해오염
③ 비교오염   ④ 교차오염

[해설]
일반 플라스틱 용기에 담아 이동할 경우 교차오염이 발생할 위험이 있다.

52 화재조사서류 서식 중 질문기록서에 기재되어야 하는 사항이 아닌 것은?

① 쓰레기, 모닥불, 가로등과 같은 화재의 경우 질문기록서 작성을 생략할 수 있다.
② 출입문 상태 및 소방대 건물 진입방법을 기재한다.
③ 화재대상과의 관계를 기재한다.
④ 화재를 어떻게 해서 알게 되었는지를 기재한다.

[해설]
② 출입문 상태 및 소방대 건물 진입방법은 선착대가 화재현장출동보고서에 기재할 내용이다.

53 구획실 내 수평면 화재확산패턴 증거에서 상향 또는 하향 확산패턴 여부를 규명하기 위한 조사의 핵심은?

① 복사열과 직접적인 화염접촉
② 수평면 소실부분 구멍의 경사면
③ 국부적인 훈소
④ 액체 위험물의 사용

[해설]
수평면의 소실부분에 나타난 구멍은 상향일수록 넓고 하향부분에서는 좁게 나타나므로 경사면의 크기와 기울기를 통해 확산패턴의 증거가 될 수 있다.

정답 49 ④ 50 ① 51 ④ 52 ② 53 ②

54 화재로 인한 사체에 대한 설명 중 틀린 것은?

① 인체는 70% 이상의 수분으로 이루어져 있어 화재시 연소되지 않는다.
② 화재로 인한 사체에서는 시반이 발견된다.
③ 사체에 수포, 홍반이 발생한 것은 화재시 생존해 있었음을 나타내는 것이다.
④ 사체의 호흡기 계통에서 그을음이 발견되는 것은 화재시 생존해 있었다는 것이다.

해설
② 연소가스 중독 사망시 깨끗한 선홍색 시반이 나타난다.
③ 화열에 의한 국부적인 피부충혈과 부어오르는 발적현상은 살아 있는 사람에게 나타나고 사체에는 화열을 작용시켜도 이와 같은 현상은 나타나지 않는다.
④ 화재시 발생하는 연기를 흡입하여 매가 점액과 혼합되어 기도 내에 부착된다. 이는 화재 당시 살아있었다는 것이다.

55 표피 및 진피까지 손상되며 수포가 형성되는 화상으로 옳은 것은?

① 1도화상
② 2도화상
③ 3도화상
④ 4도화상

해설
2도 화상(수포성) : 국부적인 화상으로 표피와 진피까지 손상된 화상을 말하며 수포를 형성한다.

56 화재현장 및 물적 증거 보존을 위한 고려사항 중 옳지 않은 것은?

① 화재현장 보존은 관계자의 피해를 최소화하도록 하여야 한다.
② 화재현장 출입통제 해제는 화재조사관이 임의로 결정할 수 있다.
③ 증거물 수집 및 저장, 이동시 방법이 적절하지 못할 때 물리적 증거물이 오염될 수 있다.
④ 화재현장에서 부적절한 보존으로 물리적 증거물이 오염되면 증거물로서 가치가 떨어진다.

해설
화재현장 출입통제 해제는 화재조사관이 임의로 결정할 수 없다.

57 사진촬영시 증거물의 크기를 명확하게 할 필요가 있을 때 사용되는 표식으로 옳은 것은?

① 번호표
② 눈금자
③ 통제선
④ 스트로보

해설
크기가 작은 부품 등은 눈금자를 같이 촬영하거나 동일제품과 비교촬영한다.

정답 54 ① 55 ② 56 ② 57 ②

58 가스레인지 화재 증거물 수집방법으로 적절하지 않은 것은?

① 초기연소상태를 변형시키지 않고 수집한다.
② 현장에서 스위치를 조작하지 않는다.
③ 표면의 그을음은 그대로 보존시켜 수집한다.
④ 중간밸브는 별도 증거물로 수집하지 않는다.

해설
중간밸브의 개폐 여부는 증거물로써 매우 중요하므로 필히 수집하여야 한다.

59 콘크리트, 시멘트 바닥에 비닐타일 등이 접착제로 부착되어 있을 때 그 위로 석유류의 액체가연물이 쏟아져 화재시 타일 등 바닥재의 틈새모양으로 변색되고 박리되기도 하는 흔적을 무엇이라고 하는가?

① 드롭다운 패턴
② 포어 패턴
③ 스플래시 패턴
④ 고스트마크

해설
이 패턴의 특징은 플래시오버 직전과 같은 강력한 화재열기 속에서 발생하는 것이다.

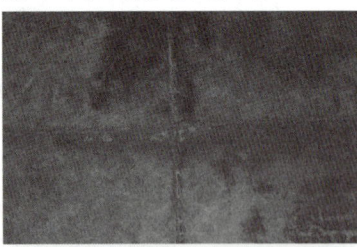

60 화재현장을 목격한 관계자에게 질문을 하고자 할 때 다음 설명 중 옳은 것은?

① 관계자에게 질문할 경우에는 이해관계가 있는 제3자가 참석하여야 한다.
② 관계자가 최초에 연소하였다고 진술한 부분이 바로 발화지점이다.
③ 정확한 화재원인을 파악하기 위해서는 유도질문도 인정된다.
④ 관계자에 대한 질문은 발화건물 및 화재발생의 원인 등을 추정하는 데 필요한 정보로 활용한다.

해설
① 이해관계가 있는 제3자가 있으면 진실을 말하는 경우가 적다.
② 관계자가 최초에 연소하였다고 진술한 부분이 꼭 발화지점인 것은 아니다.
③ 정확한 화재원인을 파악하기 위해서는 유도심문을 피하여 진술에 임의성을 확보하여야 한다.

제4과목 화재조사 관계법규 및 피해평가

61 화재조사서류 작성상의 유의사항으로 틀린 것은?

① 간결·명료하게 알기 쉬운 문장으로 작성
② 오자·탈자 등이 없는 문서로 작성
③ 기재항목이 빠지지 않도록 필요한 서류의 첨부
④ 차량과 선박 조사서류는 동일 양식으로 작성

해설
화재유형별조사서 중 자동차·철도차량 화재와 선박·항공기 화재양식은 각각 다르게 구성됨

정답 58 ④ 59 ④ 60 ④ 61 ④

62 「소방의 화재조사에 관한 법률」에 따른 화재조사 기법에 필요한 연구개발사업을 지원하는 시책을 누가 수립해야 하는가?

① 행정안전부장관
② 소방청장
③ 소방본부장
④ 소방서장

해설
연구개발사업의 지원(제20조)
소방청장은 화재조사 기법에 필요한 연구·실험·조사·기술개발 등(이하 이 조에서 "연구개발사업"이라 한다)을 지원하는 시책을 수립할 수 있다.

63 「소방의 화재조사에 관한 법률」상 전담부서에 배치된 화재조사관에게 보수교육을 실시하여야 하는 자는?

① 소방관서장
② 한국소방안전원장
③ 시·도지사
④ 화재조사전담부서장

해설
화재조사에 관한 교육훈련(법 제6조)
소방관서장은 다음 각 호의 구분에 따라 화재조사관에 대한 교육훈련을 실시한다.
1. 화재조사관 양성을 위한 전문교육
2. 화재조사관의 전문능력 향상을 위한 전문교육
3. 전담부서에 배치된 화재조사관을 위한 의무 보수교육

64 「화재조사 및 보고규정」의 내용으로 옳은 것은?

① 중상은 2주 이상의 입원치료가 필요한 부상을 말한다.
② 부상의 정도에서 경상의 분류는 의사의 진단을 필요로 하지 않는다.
③ 경상은 중상 이외의 부상을 말한다.
④ 화재현장에서 부상을 당한 후 72시간을 초과하여 사망한 경우도 화재로 인한 사망으로 본다.

해설
사상자와 부상자분류 (화재조사 및 보고규정 제13조 내지 제14조)
- 사상자 : 화재현장에서 사망 또는 부상당한 사람을 말한다. 다만, 화재현장에서 부상을 당한 후 72시간 이내에 사망한 경우에는 당해 화재로 인한 사망자로 본다.
- 부상자의 분류 : 부상정도는 의사의 진단을 기초로 하여 다음과 같이 분류한다.
  - 중상 : 3주 이상의 입원치료를 필요로 하는 부상을 말한다
  - 경상 : 중상 이외의 부상(입원치료를 필요로 하지 않는 것도 포함). 다만, 병원치료를 필요로 하지 않고 단순하게 연기를 흡입한 사람은 제외한다.

정답 62 ② 63 ① 64 ③

65 「소방의 화재조사에 관한 법률」에 따른 화재현장 보존 등에 관한 내용에서 ( )에 들어갈 내용으로 옳은 것은?

> 소방관서장은 화재조사를 위하여 필요한 범위에서 화재현장 보존조치를 하거나 화재현장과 그 인근 지역을 ( )으로 설정할 수 있다.

① 소방활동구역
② 화재예방강화구역
③ 제한구역
④ 통제구역

해설
화재현장 보존 등(법 제8조)
소방관서장은 화재조사를 위하여 필요한 범위에서 화재현장 보존조치를 하거나 화재현장과 그 인근 지역을 통제구역으로 설정할 수 있다. 다만, 방화(放火) 또는 실화(失火)의 혐의로 수사의 대상이 된 경우에는 관할 경찰서장 또는 해양경찰서장(이하 "경찰서장"이라 한다)이 통제구역을 설정한다.

66 「화재조사 및 보고규정」상 화재조사 개시 시점은?

① 화재가 완진된 시점
② 화재발생 사실을 인지한 즉시
③ 화재현장에 도착한 시점
④ 화재출동 시점

해설
화재조사의 개시(화재조사 및 보고규정 제3조)
화재조사관(이하 "조사관"이라 한다)은 화재발생 사실을 인지하는 즉시 화재조사(이하 "조사"라 한다)를 시작해야 한다.

67 화재발생종합보고서 작성 시 건물의 동수 산정에 관한 설명으로 틀린 것은?

① 주요구조부가 하나로 연결되어 있는 것은 같은 동으로 한다. 다만, 건널 복도 등으로 2 이상의 동으로 연결되어 있는 것은 그 부분을 절반으로 분리하여 각 동으로 한다.
② 구조와 관계없이 지붕 및 실이 하나로 연결되어 있는 것은 같은 동으로 본다.
③ 목조 또는 내화조 건물의 경우 격벽으로 방화구획이 되어 있는 경우는 다른 동으로 한다.
④ 독립된 건물과 건물 사이에 차광막, 비막이 등의 덮개를 설치하고 그 밑을 통로 등으로 사용하는 경우는 다른 동으로 한다.

해설
- 주요구조부가 하나로 연결되어 있는 것은 1동으로 한다. 다만, 건널 복도 등으로 2 이상의 동에 연결되어 있는 것은 그 부분을 절반으로 분리하여 각 동으로 본다.
- 건물의 외벽을 이용하여 실을 만들어 헛간, 목욕탕, 작업실, 사무실 및 기타 건물 용도로 사용하고 있는 것은 주건물과 같은 동으로 본다. ()
- 구조에 관계없이 지붕 및 실이 하나로 연결되어 있는 것은 같은 동으로 본다. ()
- 목조 또는 내화조 건물의 경우 격벽으로 방화구획이 되어 있는 경우도 같은 동으로 한다.
- 독립된 건물과 건물 사이에 차광막, 비막이 등의 덮개를 설치하고 그 밑을 통로 등으로 사용하는 경우는 다른 동으로 한다. 예 작업장과 작업장 사이에 조명유리 등으로 비막이를 설치하여 지붕과 지붕이 연결되어 있는 경우
- 내화조 건물의 옥상에 목조 또는 방화구조 건물이 별도 설치되어 있는 경우는 다른 동으로 한다. 다만, 이들 건물의 기능상 하나인 경우(옥내 계단이 있는 경우)는 같은 동으로 한다.

• 내화조 건물의 외벽을 이용하여 목조 또는 방화구조 건물이 별도 설치되어 있고 건물 내부와 구획되어 있는 경우 다른 동으로 한다. 다만, 주된 건물에 부착된 건물이 옥내로 출입구가 연결되어 있는 경우와 기계설비 등이 쌍방에 연결되어 있는 경우 등 건물 기능상 하나인 경우는 동일동으로 한다.

68 소방서장이 화재조사를 하기 위하여 관계장소에 출입할 수 있는 횟수로 옳은 것은?

① 1~2회
② 3~5회
③ 6~8회
④ 별도제한 규정 없음

해설
권한을 표시하는 증표를 지니고 관계인에게 보여주고 관계장소에 출입하여 원인 및 피해상황을 조사하는 경우에는 횟수 제한은 없다.

69 공구·기구, 집기비품, 가재도구를 일괄하여 피해액을 산정할 경우 재구입비의 몇 %를 피해액으로 하는가?

① 10
② 30
③ 50
④ 80

해설
공구 및 기구, 집기비품, 가재도구를 일괄하여 피해액을 산정할 경우 재구입비의 50%를 피해액으로 한다.

70 화재조사를 하는 화재조사관이 화재조사를 수행하면서 알게된 비밀을 다른 사람에게 누설할 때 처벌되는 형벌은?

① 200만원 이하의 벌금
② 300만원 이하의 벌금
③ 500만원 이하의 벌금
④ 1,000만원 이하의 벌금

해설
관계인의 정당한 업무를 방해하거나 화재조사를 수행하면서 알게 된 비밀을 다른 용도로 사용하거나 다른 사람에게 누설한 사람의 벌칙 → 300만원 이하의 벌금

71 화재현장조사서 작성시 화재원인 검토와 관련된 내용 중 필수 검토항목이 아닌 것은?

① 전기적 요인
② 화학적 요인
③ 방 화
④ 관련 조치사항

해설
화재원인 검토
• 방화 가능성(연소상황, 원인추적 등에 관한 사진, 설명)
• 전기적 요인
• 기계적 요인
• 가스누출
• 인적 부주의 등
• 연소확대 사유

정답 68 ④ 69 ③ 70 ② 71 ④

72 다음 괄호 안에 알맞은 용어는?

> 내화조 건물의 외벽을 이용하여 목조 또는 방화구조 건물이 별도 설치되어 있고 건물 내부와 구획되어 있는 경우 ( )으로 하고, 주된 건물에 부착된 건물이 옥내로 출입구가 연결되어 있는 경우와 기계설비 등이 쌍방에 연결되어 있는 경우 등 건물 기능상 하나인 경우는 ( )으로 한다.

① 같은 동, 같은 동
② 다른 동, 다른 동
③ 같은 동, 다른 동
④ 다른 동, 같은 동

해설
내화조 건물의 외벽을 이용하여 목조 또는 방화구조 건물이 별도 설치되어 있고 건물 내부와 구획되어 있는 경우 다른 동으로 하고, 주된 건물에 부착된 건물이 옥내로 출입구가 연결되어 있는 경우와 기계설비 등이 쌍방에 연결되어 있는 경우 등 건물 기능상 하나인 경우는 같은 동으로 한다.

73 화재현장 출동보고서의 기재사항이 아닌 것은?

① 출동 도중의 관찰·확인 상황
② 현장도착 시의 관찰·확인 상황
③ 소방활동 중의 관찰·확인 상황
④ 귀소 도중의 관찰·확인 상황

74 화재원인에 관한 사항과 화재의 인명·재산피해 조사에 관한 사항에서 화재의 인명·재산피해조사 범위에 해당하는 것은?

① 소방활동 중 발생한 사망자 및 부상자조사
② 화재의 발견·통보 및 초기소화 등의 상황조사
③ 화재의 연소경로 및 확대요인 등의 연소상황조사
④ 피난경로, 피난상의 장애요인 등의 피난상황조사

해설
②, ③, ④ 모두 화재원인에 관한 조사 내용이다.

75 건물과 분리하여 별도로 피해액을 산정하는 것은?

① 건물에 부속된 칸막이
② 건물에 부속된 담
③ 건물에 부속된 네온사인
④ 건물의 소화설비

해설
①, ② 건물의 부속물 : 칸막이, 대문, 담, 곳간 및 이와 비슷한 것은 건물의 부속물로 보아 건물에 포함하여 피해액을 산정한다.
③ 건물의 부착물 : 간판, 네온사인, 안테나, 선전탑, 차양 및 이와 비슷한 것은 건물의 부착물로 보아 건물에 포함하여 피해액을 산정한다.
④ 부대비 : 건물의 전기설비, 통신설비, 소화설비, 급배수위생설비 또는 가스설비, 냉방, 난방, 통풍 또는 보일러설비, 승강기설비, 제어설비 및 이와 비슷한 것은 건물과 분리하여 별도로 피해액을 산정한다.

정답 72 ④ 73 ④ 74 ① 75 ④

76 화재발생종합보고서의 보존기간은?

① 영구보존　　② 10년
③ 5년　　　　④ 3년

해설
조사서류의 보존(제51조)
서장은 작성된 화재조사서류(사진포함)를 문서로 기록하고 전자기록 등 영구보존방법에 따라 보존하여야 한다.

77 화재피해액 산정에서 대상별 현재시가를 정하는 방법으로 틀린 것은?

① 상품은 재구입 가격
② 원재료, 반제품은 구입 시의 가격
③ 차량은 출고시의 가격에서 사용기간 감가액을 뺀 가격
④ 선박은 구입시의 가격에서 사용기간 감가액을 뺀 가격

해설
차량 및 운반구
시중매매가, 회계장부 확인

78 화재현장조사서 작성시 유의사항으로 틀린 것은?

① 보험가입 현황 기재
② 필요시 시간대별 조치사항 및 녹취록 작성
③ 화재발생 이후 상황만 정확히 기재
④ 필요시 인명구조 활동내역 작성

해설
화재발생 전 상황부터 발굴/복원단계, 화재발생 이후 상황까지 모두 기재한다.

79 건물의 내용연수를 경과하여 현재 사용 중에 있는 화재피해 건물의 잔가율(%)은?

① 10　　② 20
③ 30　　④ 40

해설
건물의 최종잔가율은 20%이다.

80 화재건수에 대한 설명으로 틀린 것은?

① 동일범이 아닌 각기 다른 사람에 의한 방화, 불장난이 동일 대상물에서 발화하였다면 1건의 화재로 한다.
② 누전점이 동일한 누전에 의한 화재는 동일 소방대상물의 발화점이 2개소 이상 있더라도 1건의 화재로 한다.
③ 지진, 낙뢰 등 자연현상에 의한 다발 화재는 동일 소방대상물의 발화점이 2개소 이상 있더라도 1건의 화재로 한다.
④ 발화지점이 한 곳인 화재현장이 둘 이상의 관할구역에 걸친 화재는 발화지점이 속한 소방서에서 1건의 화재로 산정한다.

해설
① 동일범이 아닌 각기 다른 사람에 의한 방화, 불장난은 동일 대상물에서 발화했더라도 각각 별건의 화재로 한다.

정답 76 ①　77 ③　78 ③　79 ②　80 ①

# 04 과년도 산업기사 기출변형문제 2회

제1과목 화재조사론

01 화재현장에서 구리배선의 1차흔에 대한 설명으로 옳은 것은?

① 화재를 발생시킨 합선의 흔적을 말한다.
② 외부 화염의 온도가 구리의 융점을 초과하였을 때 발생한다.
③ 화재로 배선피복의 절연이 파괴되어 발생한 합선흔적을 말한다.
④ 1차흔과 2차흔은 명백히 구분할 수 있다.

해설
전기 단락흔 감식

구 분	전 압	내 용	외관의 특징
1차흔	통전	화재의 원인이 된 단락흔	• 형상이 구형이고 광택이 있으며 매끄러움 • 일반적으로 탄소는 검출되지 않음 • 금속조직은 초기결정 성상은 없음 • 일반적으로 미세한 보이드가 많이 생김
2차흔	통전	화재의 열로 전기기기 코드 등이 타서 2차적으로 생긴 단락흔	• 형상이 구형이 아니거나 광택이 없고 매끄럽지 않음 • 탄소가 검출되는 경우가 많음 • 초기결정 성상이 보이지만, 이외의 매트릭스가 금속결정으로 변형됨 • 커다랗고 둥근 보이드가 용융흔의 중앙에 생기는 경우가 많음
열흔	비통전	화재열로 용융된 것	눈물 모양으로 처져있고 광택이 없음

02 소방의 화재조사에 관한 법률 시행령에 따른 화재조사전담부서에 갖추어야 할 장비와 시설 중 "발굴용구"에 해당하지 않는 것은?

① 이동용 진공청소기
② 에어컴퓨레서
③ 휴대용 열풍기
④ 버니어캘리퍼스

해설
발굴용구(8종)
공구세트, 전동 드릴, 전동 그라인더(절삭·연마기), 전동 드라이버, 이동용 진공청소기, 휴대용 열풍기, 에어컴프레서(공기압축기), 전동 절단기
※ 버니어캘리퍼스 : 기록용 기기에 해당한다.

03 유리의 파괴특성에 대한 설명으로 옳은 것은?

① 크래이즈드 글라스(Crazed Glass)는 한쪽 면이 급격하게 가열되었을 때 만들어진다.
② 열에 의한 파괴는 방사형으로 파괴된다.
③ 폭발에 의한 파괴는 단면에서 리플마크가 관찰되지 않는다.
④ 방사형 파괴선의 파단면에서 월러라인을 관찰하면 충격방향을 알 수 있다.

해설
• 유리표면에 작은 금(Crack)에 의한 복잡한 형태의 흔적으로, 화재현장에서 소화수 등에 의해 한쪽 면이 급격히 냉각되면서 대부분 발생되는 흔적을 크래이즈드 글라스(Crazed Glass)라고 한다.
• 열에 의한 파괴는 약간 둥글고 매끄러운 형태로 파괴된다.
• 폭발에 의한 파괴에서도 단면에서 리플마크가 관찰된다.

정답 1 ① 2 ④ 3 ④

- 리플마크(Ripple Mark) : 유리의 동심원 파단면 및 방사형 파단면에는 물결 같은 일련의 곡선이 연속해서 만들어지는 것을 말하며, 패각상 파손흔 이라고도 한다.
- 월러라인은 방사형 파단면에 나타난 것으로 다음 그림의 점선부분이다.

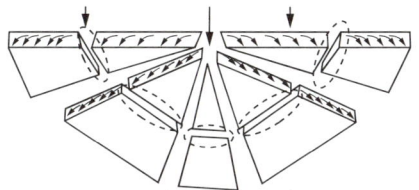

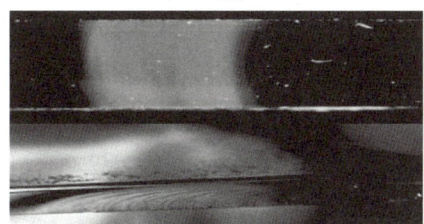

04 박리현상에 대한 설명으로 옳은 것은?

① 수포나 기포가 팽창하여 박리가 발생하는 경우에는 소음이 발생할 수 있다.
② 혼합재료의 서로 다른 열팽창률 때문에 발생하는 현상으로 자연석에서는 발생하지 않는다.
③ 열팽창에 의해서 만들어지며 냉각되는 경우에는 발생하지 않는다.
④ 바닥면에서 박리흔적이 식별되는 경우에는 액체가연물 사용의 명백한 근거가 된다.

05 「소방의 화재조사에 관한 법률」에서 제시한 화재조사의 실시 시점으로 옳은 것은?

① 화재발생 징후 포착과 동시에 실시
② 화재발생과 동시에 실시
③ 화재발생 사실을 알게 된 때
④ 화재진압 후에 실시

해설
화재조사의 실시(법 제5조)
소방청장, 소방본부장 또는 소방서장(이하 "소방관서장"이라 한다)은 화재발생 사실을 알게 된 때에는 지체 없이 화재조사를 하여야 한다. 이 경우 수사기관의 범죄수사에 지장을 주어서는 아니 된다.

06 구획실 화재현상에서 단일 환기구가 있는 구획실 내부로의 공기흐름에 관한 설명으로 옳은 것은?(단, A는 개구부 면적, H는 개구부 높이이다)

① 공기흐름은 AH에 비례한다.
② 공기흐름은 $AH^{\frac{1}{2}}$에 비례한다.
③ 공기흐름은 $(AH)^{\frac{1}{2}}$에 비례한다.
④ 공기흐름은 $(AH)^2$에 비례한다.

해설
구획실 환기지배형 화재현상에서 환기인자(공기흐름)는 $A\sqrt{H}$ 이므로 $AH^{\frac{1}{2}}$이다.

07 벽의 두께 0.05m, 벽 양면의 온도는 각각 40℃와 20℃일 때 폴리우레탄 폼 벽체를 관통하는 단위면적당 열 유속(Heat Flux)은?(단, 열전도율 K는 0.034W/m·k이다)

① 0.136W/m^2
② 1.36W/m^2
③ 13.6W/m^2
④ 136W/m^2

해설
푸리에의 법칙에 의해 전도되는 열전달량은
$$q = k\frac{T_1 - T_2}{L} = 0.034 \times \frac{(40-20)}{0.05}$$
$$= 13.6\text{W/m}^2$$
여기서, q : 단면적당 열유속(W/m^2)
k : 열전도율(W/m·K)
$T_1 - T_2$: 각 벽면의 온도(℃ 또는 K)
L : 벽두께(m)

08 화재현장 발굴요령 중 가장 옳은 것은?

① 무너지거나 붕괴된 벽체, 기둥, 금속재 등 하층부에 있는 물체 등을 상층부보다 먼저 제거한다.
② 가급적 삽과 같은 큰 장비를 사용하여 발굴시간을 단축한다.
③ 장롱이나 소파, 침대 등 단면적이 큰 물건을 가능한 이동시킨다.
④ 발굴된 물건은 위치가 어긋나지 않도록 가급적 옮기지 않는다.

해설
화재 초기에 낙하된 물건은 가능한 이동하지 않고 현장보존 하도록 한다.

09 유류탱크화재에서 발생하는 현상이 아닌 것은?

① 보일오버   ② 슬롭오버
③ 프로스오버   ④ 플래시오버

해설
유류화재 연소현상
• 보일오버 : 중질유 화재시 위험물 저장탱크 저층의 물이 상층부의 화염에 의한 열전달로 물이 끓어 화염 및 고온의 연료가 흘러넘치는 현상
• 슬롭오버 : 점성이 큰 중질유와 같은 유류에 화재가 발생하연 유류의 액표면 온도가 물의 비점 이상으로 상승하게 되는데, 이때 소화용수가 연소유의 뜨거운 액표면에 유입되면 급비등으로 부피팽창을 일으켜 탱크 외부로 유류를 분출시키는 현상
• 프로스오버 : 물이 점성의 뜨거운 기름표면 아래에서 끓을 때 화재를 수반하지 않고 Over Flow 되는 현상으로, 뜨거운 아스팔트를 물 중탕할 때 발생할 수 있는 현상
• 링파이어 : FRT탱크화재시 측판과 부판사이의 환상부분의 화재
• 오일오버 : 유류탱크 내에 저장된 액체위험물의 양이 1/2 이하로 충전되어 있을 때 화재로 가열되어 분출력에 의하여 탱크가 파열되어 내부의 유류가 외부로 분출하는 현상

10 「소방의 화재조사에 관한 법률」에서 화재 조사자의 안전장비로 옳지 않은 것은?

① 보호용 작업복   ② 보호용 장갑
③ 안전화   ④ 검전기

해설
안전장비(8종)
보호용 작업복, 보호용 장갑, 안전화, 안전모(무전송수신기 내장), 마스크(방진마스크, 방독마스크), 보안경, 안전고리, 화재조사 조끼
※ 검전기 : 감식기기에 해당한다.

11 화재현장 관계자에 대한 질문내용으로 가장 거리가 먼 것은?

① 어디에 있을 때, 어떻게 하여 화재를 알았나?
② 어느 위치에서 보아 무엇이 타고 있었는가, 그때 다른 사람은 없었는가?
③ 통보, 초기 소화하려고 했는가?
④ 성명, 연락처, 부부 또는 이성 관계는 어떠한가?

해설
화재와 상관없는 질문은 하지 않는다.

12 화재조사자가 관계자의 진술을 통해 정보를 얻는 방법에 관한 설명으로 옳지 않은 것은?

① 조사자는 진술자의 신원을 확인해야 한다.
② 조사자는 진술에 앞서 철저하게 준비하여야 한다.
③ 조사자는 진술할 장소와 시간을 주의 깊게 계획해야 한다.
④ 조사자는 화재를 처음 목격한 목격자의 진술은 완전히 신뢰해야 한다.

해설
최초 목격자의 진술을 참고할 수는 있지만, 객관적이지 못한 진술일 경우 화재원인을 그르칠 수 있는 요인이 되므로 주의해야 한다.

13 폭발 예방을 위한 비활성화 방법이 아닌 것은?

① 진공퍼지
② 플레어퍼지
③ 스위프퍼지
④ 사이펀퍼지

해설
- 비활성화 : 불활성가스(N_2, CO_2, 수증기)의 주입으로 산소농도를 MOC 이하로 낮추는 것
- 일반적인 MOC는 가스(Gas)인 경우 10% 정도이고 분진의 경우는 8% 정도
- 일반적으로 산소농도의 제어점은 MOC보다 4% 정도 낮은 농도, 즉, MOC가 10%인 경우 비활성화는 산소농도가 6%로 되게 하는 것임
- 불활성화를 위한 퍼지방법으로는 진공퍼지, 압력퍼지, 스위프퍼지, 사이펀퍼지의 4종류가 있음

퍼지방법의 종류 및 특징
- 진공퍼지(Vacuum Purging) : 저압퍼지
  - 용기에 대한 가장 통상적인 Inerting 방법이다.
  - 큰 용기는 일반적으로 진공에 견디도록 설계되지 않았으므로 대개 큰 저장용기는 사용할 수 없다.
  - 반응기의 퍼지(Purge)에 일반적으로 쓰인다.
- 압력퍼지(Pressure Purging)
  - 압력퍼지는 진공퍼지에 비해 퍼지시간이 매우 짧다. 이는 진공을 유도하기 위한 공정에 비해 가압(압력)공정이 대단히 빠르기 때문이다.
  - 압력퍼지는 진공퍼지보다 많은 양의 비활성가스(Inert Gas)를 소모한다.
- 스위프퍼지(Sweep Through Purging)
  - 이 퍼지공정은 보통 용기나 장치가 압력을 가하거나 진공으로 할 수 없을 때 사용한다.
  - 스위프퍼지는 큰 저장용기를 퍼지할 때 적합하나 많은 양의 비활성가스(Inert Gas)를 필요로 하므로 많은 경비가 소요된다.
- 사이펀퍼지(Siphon Purging)
  - 스위프퍼지는 큰 저장용기를 퍼지할 때 많은 양의 비활성가스(Inert Gas)를 필요로 하므로 많은 경비가 소요되나 사이펀퍼지는 큰 저장용기를 퍼지할 때 경비를 최소화하는 데 이용한다.
  - 사이펀 공정을 이용할 때는 첫째로 액체를 용기에 채운 다음 용기의 상부에 잔류해 있는 산소를 제거하기 위하여 스위프퍼지 공정을 사용하는 것이 바람직하나 이 방법은 추가의 사이 펀퍼지 공정에 따른 약간의 부가 비용이 추가되지만, 산소의 농도를 매우 낮은 수준으로 줄일 수 있는 이점이 있다.

정답 11 ④ 12 ④ 13 ②

14 다음 그림의 단락흔(X 표시)을 고려할 때 최초 발화부에 가장 가까운 곳은?

① Ⓐ　　　　② Ⓑ
③ Ⓒ　　　　④ Ⓓ

해설
최초 발화지점은 전원측에서 가장 멀고 부하측(전기기기)에서 가장 가까운 곳이다.

15 건물화재 시 플래시오버(Flash Over) 발생에 영향을 미치는 요인으로 가장 거리가 먼 것은?

① 개구부의 크기
② 내장재료
③ 화원의 크기
④ 건물의 높이

해설
플래시오버(Flash Over) 발생에 영향을 미치는 요인
화원의 크기, 가연물의 양 및 성질, 개구부의 크기(개구율), 가연 내장재료, 실의 넓이와 모양, 화재 실의 온도

16 폭발의 성립조건으로 적합하지 않은 것은?

① 가연성 가스, 증기 및 분진이 공기 또는 산소와 접촉, 혼합되어 있을 때
② 혼합되어 있는 가스 및 분진이 구획되고 있는 실이나 용기와 같은 공간에 존재하고 있을 때
③ 혼합된 물질에 발화온도 이상의 온도 또는 최소 점화에너지가 존재할 때
④ 가연성 가스, 증기 등이 공기 또는 산소와 혼합되어 연소범위 이상에 있을 때

해설
폭발의 성립조건
- 밀폐된 공간이 존재하여야 된다.
- 가연성 가스, 증기 또는 분진이 폭발 범위 내에 있어야 한다.
- 점화원(Energy)이 있어야 한다. 즉, 간략하게 정리하면 '연소의 3요소 + 밀폐된 공간'이다.

17 다음 중 목재의 탄화율에 대한 변수로 가장 거리가 먼 것은?

① 가열속도와 가열시간
② 목재의 밀도
③ 점화원의 온도
④ 산소농도

해설
목재의 탄화속도는 다음과 같은 변수에 의존한다.
- 가열속도와 가열시간
- 환기효과
- 표면적과 질량 비율
- 나무결의 방향, 위치, 크기
- 목재의 종류(소나무, 참나무, 전나무 등)
- 수분 함량
- 코팅 표면 특성
- 목재의 밀도
- 고온가스의 산소농도

정답 14 ④　15 ④　16 ④　17 ③

18 내부크기가 가로 5m, 세로 4m, 높이 3m인 어느 건물 내부에 단위발열량이 9,000kcal/kg인 가연물 2,000kg이 있을 때 화재하중은 몇 kg/m²인가?

① 100 ② 200
③ 300 ④ 400

해설

$$q = \frac{\sum Q_i}{4,500A} = \frac{2,000[kg] \times 9,000[kcal/kg]}{4,500 \times 5[m] \times 4[m]}$$
$$= 200 kg/m^2$$

여기서, q : 화재하중(kg/m)
A : 화재구획의 바닥면적(m³)
$\sum Q_i$: 화재구획 내의 가연물의 전발열량(kcal)

19 그림에서 진행되고 있는 연소단계에 가장 가까운 것은?

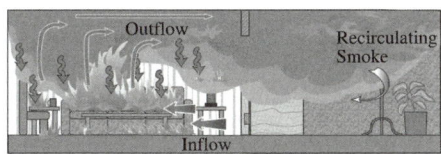

① 초기단계
② 성장단계
③ 플래시오버단계
④ 감쇠단계

해설

실내에서 화재가 발생하였을 때 발화로부터 출화를 거쳐 화염이 천장 전면으로 확산되면 화염에서 발생한 복사열에 의해 내장재나 가구 등이 일시에 인화점에 이르러 가연성 가스가 축적되면서 일순간에 폭발적으로 전체가 화염에 휩싸이는 현상이다.

20 염화비닐 단량체가 폴리염화비닐로 되는 반응과정에서 폭발하는 현상은?

① 산화폭발
② 분진폭발
③ 중합폭발
④ 전선폭발

해설

중합폭발

- 중합해서 발생하는 반응열을 이용해서 폭발하는 것
- 초산비닐, 염화비닐 등의 원료인 모노머가 폭발적으로 중합되면 격렬하게 발열하여 압력이 급상승되고 용기가 파괴되어 폭발한다.
- 중합반응은 고분자 물질의 원료인 단량제(모노머)에 촉매를 넣어 일정온도, 압력하에서 반응시키면 분자량이 큰 고분자를 생성하는 반응을 말한다.
- 시안화수소(HCN), 산화에틸렌(C_2H_4O) 등

제2과목 화재감식론

21 마그네슘, 티타늄과 같은 금속의 화재 분류(Class)?

① Class A
② Class B
③ Class C
④ Class D

해설

화재의 분류

구분 급수	종류	표시색상
A급	일반가연물 (목재·종이·섬유 등)	백색
B급	유류 및 가스 (가연성 액체 포함)	황색
C급	전기	청색
D급	금속	무색
E급	–	황색
K급	주방(식용유)	–

22 차량화재에 대한 설명으로 옳지 않은 것은?

① 고체 가연물에는 ABS, 폴리스티렌 등이 있다.
② 전선의 과부하는 점화원으로 작용할 수 있다.
③ 건축물 화재보다 화염성장속도가 느린 특징이 있다.
④ 마찰열이 점화원으로 가능한 것에는 브레이크 드럼 등이 있다.

해설
화염이 급속하게 성장하여 손상이 광범위한 경우와 같이 오늘날 자동차에 사용되는 재질은 가연성 물질이 많다.

23 선박의 연돌(Funnel)에 대한 설명으로 옳은 것은?

① 유조선의 경우 기름유출방지를 목적으로 한다.
② 기관구역을 전후방의 화물구역 및 거주구역으로부터 분리시킨다.
③ 주로 기관구역 상부에 배치되며 선미부에 위치한다.
④ 선등, 기적 및 레이더 등을 설치한다.

해설
연돌(Funnel)
기관실의 각종기기들의 배기가스를 배출하기 위한 연돌(메인 엔진, 발전기, 보일러 등)

24 밀폐공간에서의 폭발성상에 대한 설명으로 틀린 것은?

① 폭발에 의해 주위 벽면에 압력 상승이 일어난다.
② 압력이 벽면의 강도 이상이 되면 파괴가 일어난다.
③ 가연성 가스의 농도는 누설되는 부근에서 가장 낮다.
④ 구조적으로 약한 부분이 파괴되어 개구부가 생긴다.

해설
가연성 가스의 농도는 가스가 누설 또는 발생하는 장소 부근에서는 높고 거기서 떨어진 곳에서는 그보다 낮다. 밀폐공간에서의 폭발은 다음과 같다.
• 폭발에 의해 주위 벽면에 압력 상승이 일어난다.
• 압력이 벽면의 강도 이상이 되면 파괴가 일어난다.
• 구조적으로 약한 부분이 파괴되어 개구부가 생긴다(보통 유리는 0.04kg/cm² 정도에서 파손).
• 미연소가스가 개구부로 유출되기 때문에 화염도 가스의 흐름에 따라 전파하고 압력도 대기로 방산된다.

25 60Hz, 20H 코일의 유도성 리액턴스는 약 몇 Ω 인가?

① 5,540
② 6,540
③ 7,540
④ 8,540

해설
유도성 리액턴스
$X_L = 2\pi f L = 2\pi \times 60 \times 20 = 7,539.82$

22 ③　23 ③　24 ③　25 ③

26 누전화재의 3요소가 아닌 것은?

① 누전점
② 출화점
③ 접지점
④ 인입점

해설
누전의 3요소
누전점, 출화점, 접지점

27 누전화재조사 포인트로 가장 거리가 먼 것은?

① 누전점 형성
② 금속제 함석 지붕
③ 콘크리트 재질 외벽
④ 접지점 및 출화점 형성

해설
누전화재 건물의 구조
외벽이나 지붕이 금속제 함석, 벽이 라스(모르타르를 바르기 위하여 밑바탕에 그물처럼 만든 철망)를 사용하고 있는가를 확인한다.

28 성냥의 두약 부위에 사용되는 산화제 물질은 무엇인가?

① 염소산칼륨   ② 유리분
③ 아 교   ④ 송 진

해설
성냥이 발화하는 구조는 성냥개비와 성냥갑의 마찰면(유리가루·규조토 등의 마찰제)이 서로 마찰 시 먼저 성냥개비의 적린·염소산칼륨 등이 발화하고, 그 발화에너지에 의해 폭발적으로 연소하는 구조이다.

29 산불의 연소작용에 영향을 주는 바람에 대한 설명으로 옳지 않은 것은?

① 바람은 연료의 수분을 증발, 건조시킨다.
② 바람은 낮에는 계곡부에서 산정으로, 밤에는 산정에서 계곡부로 분다.
③ 일반적인 바람의 이동방향은 저기압에서 고기압 쪽으로 분다.
④ 바람은 산소량을 증가시켜 연소를 강렬하게 한다.

해설
일반적인 바람의 이동방향은 고기압에서 저기압 쪽으로 분다.

30 산화와 환원에 관한 설명으로 옳은 것은?

① 전자를 얻는 현상을 산화라 한다.
② 산화수가 감소되는 현상을 환원이라 한다.
③ 산화제는 다른 물질을 환원시키고 자신은 산화되는 물질이다.
④ 수소를 잃는 현상을 환원이라 한다.

해설
산화와 환원

구 분	산 소	산화수	전 자	수 소
산 화	(+)	(+) 증가	(-)	(-)
환 원	(-)	(-) 감소	(+)	(+)

정답 26 ④ 27 ③ 28 ① 29 ③ 30 ②

31 황린에 대한 설명으로 옳지 않은 것은?

① 고체상의 물질이다.
② 공기 중에서는 발화의 위험이 크므로 물 속에 저장한다.
③ 발화점이 아주 낮아 자연발화의 위험이 크다.
④ 화학적으로 활성이 적고 독성이 없으며, 어두운 곳에서 푸른 인광을 발한다.

해설
황 린
담황색의 반투명 결정성 덩어리로 활성이 아주 강하다. 산소와 화합력이 강해서 건조된 공기에서는 통상 34℃에 자연발화한다. 경우에 따라서 이 온도 아래에서도 자연발화한다. 34℃ 이하의 온도로 내려 갈수록 많은 시간이 소요되면서 발화한다. 황린은 발화점 자체가 낮으며 공기와의 산화력이 크기 때문에 자연발화가 용이하다.

32 가스충전용기의 종류에 해당하지 않는 것은?

① 용접용기   ② 초저압용기
③ 접합용기   ④ 초저온용기

해설
용기의 종류
- 이음매 없는 용기 : 고압에 견딜 수 있는 크롬-몰리브덴강을 주로 사용
- 용접용기 : 저탄소강, 알루미늄합금 사용
- 초저온용기 : 내조 – 스테인리스강, 외조 – 저탄소강 또는 스테인리스강 사용
- 납붙임 및 접합용기 : 저탄소강 또는 알루미늄합금을 사용

33 화학물질 폭발에서 다수의 발화원이 존재하는 경우 고려해야 할 요소가 아닌 것은?

① 연료의 발화온도
② 연료의 최고 발화에너지
③ 연료와 관련된 발화원의 위치
④ 발화 당시 연료와 발화원의 동시 존재여부

해설
다수의 발화원이 존재하는 경우 고려해야 할 요소
- 연료의 최소발화에너지
- 가능한 발화원의 발화에너지
- 연료의 발화온도
- 발화원의 온도
- 연료와 관련된 발화원의 위치
- 발화 당시 연료와 발화원의 동시 존재여부
- 폭발 직전 그 당시의 조치 상황에 대한 관계자의 진술 등

34 담뱃불 점화원의 특징이 아닌 것은?

① 이동이 가능한 점화원이다.
② 자기 자신은 무염발화하지 않는다.
③ 필터(합성섬유, 펄프)와 몸체(종이, 연초)로 구성되어 있다.
④ 흡연자는 화인을 제공할 수 있는 개연성이 존재한다.

해설
담뱃불 발화 메커니즘
무염연소 → 열축적 → 발화온도 도달 → 유염발화

31 ④ 32 ② 33 ② 34 ②

35 화재현장에서 방화로 의심되는 특징에 대한 설명으로 가장 거리가 먼 것은?

① 발화부에서 발화하였다고 볼만한 시설 및 기구, 조건이 발견된다.
② 촉진제(가솔린, 시너 등)의 사용 흔적이 발견된다.
③ 2개 이상의 독립된 발화개소가 식별된다.
④ 화재 발생 전후의 상황이나 관계자의 환경이 의심스러운 경우가 있다.

해설
①은 실화의 특징이다.

36 그림에서 a – b 간의 전압은 몇 V인가?

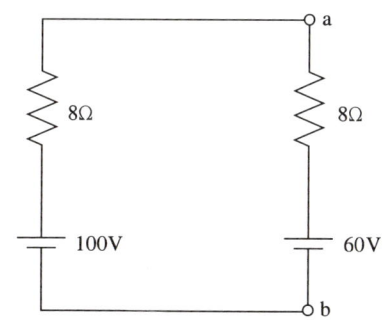

① 40 ② 60
③ 80 ④ 120

해설
$$V_{ab} = \frac{\left(\dfrac{V_1}{R_1} + \dfrac{V_2}{R_2}\right)}{\left(\dfrac{1}{R_1} + \dfrac{1}{R_2}\right)} = \frac{\left(\dfrac{100}{8} + \dfrac{60}{8}\right)}{\left(\dfrac{1}{8} + \dfrac{1}{8}\right)} = 80[V]$$

37 다음에서 설명하는 이론에 해당하는 자동차 엔진은?

> RC 엔진 또는 방켈 엔진이라고도 하며, 압축비에 제한을 받지 않으며 저옥탄가 연료의 사용이 가능하고 최고 회전속도가 높은 엔진

① 로터리 자동차 엔진
② LPG 자동차 엔진
③ 디젤 자동차 엔진
④ 알코올 자동차 엔진

해설
로터리 엔진은 독일의 방켈이 발명했고, 로터리 피스톤 엔진이라고도 불리며, 리시프로 엔진이 크랭크 기구를 사용하여 직선운동에 의해 발생된 동력을 회전운동으로 변환시키는 데 비하여 회전운동만으로 출력을 얻는다는 것이 특징이다. 그러나 일반적인 전동(電動)모터와는 달라 회전을 얻는 방법이 단순하지 않고 누에고치 형태를 한 케이스 속을 주먹밥 형태의 로터가 회전하여 그 회전을 로터 속에 설계된 기어에 의해 얻어내는 구조로 되어 있다.

38 화학물질에 대한 화재조사요령으로 옳지 않은 것은?

① 동식물유 : 섬유 등에 배여 있었는지, 열축적은 가능했는지 등을 조사하여 자연발화의 여부를 판단한다.
② 석탄 : 탄의 형태와 종류, 채탄시기, 건조상태, 황화철의 존재 등을 조사하여 자연발화 여부를 판단한다.
③ 생석회 : 출화개소 부근에 남아있는 물이 알칼리성을 나타내는지 조사한다.
④ 셀룰로이드 : 새 것일수록 불안정하여 분해가 일어나기 쉬우므로 제조일자, 저장기간 등을 파악한다.

해설
셀룰로이드나 질화면과 같은 원래 불안정한 것은 오래된 것일수록 분해를 일으키기 쉽고 자연발화 위험성이 있다.

39 화재현장에서 유류의 존재를 입증하는 주된 분석방법인 가스크로마토그래피 분석의 장점으로 옳은 것은?

① 각 성분을 검출하여 그 양을 전기적인 신호로 기록계에 저장하고 도식적인 가스크로마토그래피 기록으로 분석결과가 객관적으로 보존된다.
② 화재현장에서 채취한 액체상태로 분석을 행하기 때문에 조작도 간단하고 시간도 빠르다.
③ 경량·소형으로 휴대가 편리하다.
④ 현장조사시에 즉시 판별이 가능하고 출화원인 판정에 있어서 이를 전적으로 반영할 수 있다.

해설
전처리한 시료를 운반가스(Carrier Gas)에 의하여 분리관(Column) 내에 전개시켜 분리되는 각 성분의 크로마토그램을 이용하여 목적 성분을 분석하는 방법으로 일반적으로 유기화합물에 대한 정성(定性) 및 정량(定量)분석에 이용한다.

제3과목 증거물관리 및 법과학

41 다음 중 화상사의 사망기전으로 가장 거리가 먼 것은?

① 합병증   ② 속발성 쇼크
③ 기계적 폐색   ④ 원발성 쇼크

해설
기계적 폐색은 기도폐쇄성 질식사에 나타나는 사망기전이다.

화상사의 사망기전
- 합병증 : 쇼크시기를 넘긴 후에는 독성물질에 의한 용혈, 성인호흡장애증후군, 급성신부전, 소화관위궤양의 출혈, 폐렴 및 패혈증 등 합병증으로 사망할 수 있다.
- 원발성 쇼크 : 고열이 광범위하게 작용하여 일어나는 격렬한 자극에 의하여 반사적으로 심정지가 초래되는 것을 말한다.
- 속발성 쇼크 : 화상성 쇼크라고도 하며, 화상을 입고 나서 상당시간이 경과한 후에 증상이 발현되어 2~3일 후에 사망하게 되는 경우이다.

40 다음 중 한국의 산불발생 빈도가 가장 많은 달은?

① 1월
② 4월
③ 8월
④ 12월

해설
봄철에 산불발생이 가장 많다.

42 다음 중 물적증거의 종류에 해당되지 않는 것은?

① 화재현장에서 화재 수열형태
② 방화에 대한 심증
③ 범죄의 배경이 될 만한 법의학적 증거
④ 방화와 관련한 인화성 액체 및 용기

해설
심증은 물적증거가 될 수 없다.

43 다음 중 유류가 흡수된 증거물 수집시 화학 흡착제법이 적절한 것은?

① 모 래
② 흙
③ 비닐장판
④ 콘크리트

해설
콘크리트 표면 등과 같은 다공성 물질에 갇힌 액체촉진제의 채취방법으로 석회와 같은 흡수제나 규조토 또는 밀가루를 사용한다. 이러한 수집방법은 콘크리트 표면에 흡수제를 흡입시키는 것이 필요한데, 그때는 20~30분 정도의 시간을 유지해야 하며, 밀폐된 용기 내부를 깨끗이 해야 할 필요가 있다.

44 입수한 증거물을 포장하고 상세정보를 작성할 때 기록하지 않는 것은?

① 수집장소
② 수집자
③ 봉인자
④ 이송자

해설
제5조(증거물의 포장)
입수한 증거물을 이송할 때에는 포장을 하고 상세정보를 다음과 같이 기록하여 부착한다.
• 수집일시, 증거물번호, 수집장소, 화재조사번호, 수집자, 소방서명, 증거물내용, 봉인자, 봉인일시 등 상세정보를 〈별지 제2호 서식〉에 따라 작성한다.
• 증거물의 포장은 보호상자를 사용하여 개별 포장함을 원칙으로 한다.

45 화재현장을 촬영하는 위치에 대한 설명으로 옳은 것은?

① 피사체가 냉장고일 경우 전후좌우의 4면을 각각 촬영한다.
② 촬영방향은 발화부로 추정되는 곳의 앞부분만을 집중적으로 촬영한다.
③ 카메라는 반드시 수직으로만 촬영한다.
④ 촬영된 사진은 화재조사자만을 위한 자료이므로 촬영여부 및 촬영위치는 화재조사자의 재량에 달려있다.

해설
피사체는 각 방면별로 소손형태를 알 수 있도록 촬영한다.

46 화재증거물 오염(훼손)의 원인이 될 수 있는 것을 모두 나열한 것은?

> 가. 진압대원의 화재진압 활동과정에서의 오염
> 나. 증거물수집과정에서의 오염
> 다. 증거물의 보관·이송과정에서의 오염

① 가, 나
② 가, 다
③ 나, 다
④ 가, 나, 다

해설
물적 증거의 오염 사례
• 증거물 보관용기 오염
• 증거수집과정에서의 오염
• 소방관에 의한 오염

정답 43 ④ 44 ④ 45 ① 46 ④

47 화재현장 및 물리적 증거물의 보존에 대한 책임이 있는 자로 다음 중 가장 거리가 먼 것은?

① 화재조사관
② 소방관
③ 경찰관
④ 관계인

해설
관계인은 증거물 보존에 대한 책임과 관련이 없다.

48 소방의 화재조사에 관한 법률 상 전담부서에 갖추어야 할 장비와 시설 중 감정용 기기 21종에 해당하지 않는 것은?

① 고속카메라세트
② 발화점측정기
③ 적외선열상카메라
④ 온도기록계

해설
적외선열상카메라는 감식기기에 해당한다.
감정용 기기(21종)
가스크로마토그래피, 고속카메라세트, 화재시뮬레이션시스템, X선 촬영기, 금속현미경, 시편(試片)절단기, 시편성형기, 시편연마기, 접점저항계, 직류전압전류계, 교류전압전류계, 오실로스코프(변화가 심한 전기 현상의 파형을 눈으로 관찰하는 장치), 주사전자현미경, 인화점측정기, 발화점측정기, 미량융점측정기, 온도기록계, 폭발압력측정기세트, 전압조정기(직류, 교류), 적외선 분광광도계, 전기단락흔실험장치[1차 용융흔(鎔融痕), 2차 용융흔(鎔融痕), 3차 용융흔(鎔融痕) 측정 가능]

49 화재조사 시 증인 및 관계자에게 질문을 하고자 할 때 다음 중 옳은 것은?

① 어린이에 대한 질문은 가급적이면 편안하고 조용한 장소에서 1대1로 진행한다.
② 허위진술과 같은 불가피한 상황은 어느 정도 인정하고 받아들여야 한다.
③ 진술내용은 객관적 사실에 기인하여 녹음하고, 진술조서에도 첨부한다.
④ 가장 경험이 많은 화재조사자의 직감에 의존하여 질문을 한다.

해설
화재현장에 도착하여 관계자에 대한 질문 시 유의사항
• 신분을 밝히고 상대방의 감정을 자극하는 언동 삼가
• 질문시기, 장소 등을 고려하여 진술을 하는 사람으로부터 임의 진술을 얻도록 함
• 질문할 때는 일문일답식으로 진행하며, 암시적 질문을 하여서는 안 됨
• 질문내용을 준비하여 체계적으로 실시
• 짧고 간결하게 요점만 질문
• 말을 너무 많이 하지 않을 것
• '예, 아니요'라고 대답할 수 있는 질문은 피할 것(목격 당시 상황 등을 질문)
• 발화원인에 대한 조사자의 견해를 말하지 않을 것
• 진술내용을 신속하게 기록할 것
• 꼭 알고 싶은 사항은 그 사실을 직접 경험한 사람의 진술을 얻도록 노력할 것

50 목재 증거물의 회화과정으로 옳은 것은?

① 열분해 가연성 가스 발생 → 가열탈수 → 탄화 → 불꽃연소 → 표면연소 → 회화
② 열분해 가연성 가스 발생 → 가열탈수 → 불꽃연소 → 표면연소 → 탄화 → 회화
③ 가열탈수 → 열분해 가연성 가스 발생 → 표면연소 → 불꽃연소 → 탄화 → 회화
④ 가열탈수 → 열분해 가연성 가스 발생 → 불꽃연소 → 탄화 → 표면연소 → 회화

해설
목재가연물은 화재시 가열탈수 → 열분해 가연성 가스 발생 → 불꽃연소 → 탄화 → 표면연소 → 회화 순으로 진행된다.

51 화재조사자는 분석된 자료들을 이용하여 만든 화재발생 가설을 잘 알려진 사실·이론과 비교하여 가설을 검증하여야 한다. 이때 사용하는 검증방법은 무엇인가?

① 연역적 추론　② 귀납적 추론
③ 유추추론　　④ 빈칸추론

해설
가설검증(연역적 추리)
- 화재조사관은 개발된 가설의 시험을 위해 연역법을 활용해야 한다.
- 연역법을 통해서 최종적인 결론이 논리적인 근거를 주거나 줄 수 없을 수도 있고 증거나 자료에 의해서 반박할 논리가 개발된다.

52 사진촬영을 위해 현장 전체를 파악할 수 있는 선정 위치로 옳은 것은?

① 발화가 개시된 건물 정면
② 발화지점 내부
③ 발화지역 주변의 높은 곳
④ 화염이 강하게 출화한 곳

해설
주변의 높은 건물 옥상이나 고가사다리 등 발화지역 주변의 높은 곳에서 촬영한다.

53 화재현장에서 발견한 물적증거물 중 압력에 의한 유리의 파손패턴에 대한 설명으로 옳지 않은 것은?

① 각 파괴기점으로 평행선 모양의 파괴형태가 나타난다.
② 각 파괴기점을 중심으로 방사상 파손형태를 나타낸다.
③ 파손형태는 사각창문 모서리 부분을 중심으로 4개의 기점이 존재하게 된다.
④ 백 드래프트와 같은 급격한 확산연소로 인해서 형성된다.

해설
충격에 의한 파손형태
충격지점을 중심으로 방사상 파괴형태를 나타낸다.

54 국소적 생활반응에 해당하는 것은?

① 출혈 및 응혈
② 속발성 염증
③ 색전증
④ 외래물질의 분포

해설
국소적 생활반응
- 출혈(Hemorrhage)
- 응혈(Coagulation)
- 피하출혈
- 창구의 개대, 창연의 외번
- 발적종창
- 수 포
- 미세포말
- 치유기전 및 감염(사전의 변화)
- 압박성 울혈
- 흡인 및 연하

정답　51 ①　52 ③　53 ②　54 ①

55 건강한 성인이 기절, 급격한 심장박동, 실신, 일부 심신이 약한 자가 사망하는 혈중 일산화탄소 최저농도에 가장 가까운 범위는?

① 5~10% ② 10~20%
③ 40~50% ④ 80~90%

해설

일산화탄소의 포화도에 따른 증상

COHb 농도%	중독증상
10 이하	증상 없음
10~20	두부 전면 압박, 가벼운 두통 증상
20~30	정서불안, 흥분, 머리 측면부 맥동, 욱신거리는 두통
30~40	심한 두통, 권태, 현기증, 시력약화, 구토, 허탈
40~50	심한 의식장애, 보행장애, 호흡곤란
50~60	호흡 및 맥박 증가, 혼수, 경련
60~70	혼수, 호흡미약, 혈압저하
60~80	심한 혼수, 경련, 맥박미약, 반사저하
80~100	수분 내 사망

56 액체촉진제가 콘크리트 바닥과 같은 다공성 물질에 갇혀있는 경우 채취방법으로 틀린 것은?

① 물을 부어 액체촉진제를 떠오르게 하여 채취한다.
② 베이킹파우더가 들어있지 않은 밀가루를 뿌려 채취한다.
③ 석회를 표면에 발라 채취한다.
④ 규조토를 약 20~30분 동안 표면에 발라 채취한다.

해설

유지류는 담체로서 섬유류와 톱날, 금속분, 활성백토 등의 분체 이외에 다공성 물질의 표면에 부착하여서 공기와의 단위체적당 표면적을 증가시킨다.

57 카메라의 노출 및 초점에 대한 설명으로 틀린 것은?

① 화재가 발생한 구조물에 대하여 노출설정이 잘못되면 현장설명이 달라질 수도 있다.
② 조사자가 보유하고 있는 카메라의 셔터 속도 한계를 파악하고 셔터속도를 적합하게 설정하여 떨림을 방지할 수 있다.
③ 조리개와 셔터속도의 범위에 대한 관계를 이해하고 반복적인 연습을 통하여 노출조절의 문제를 극복할 수 있다.
④ 화재현장은 기본적으로 자연적 광량이 충분하여 초점을 맞추기가 쉽다.

해설

화재감식현장은 전원이 차단되어 조명이 없는 어두운 상태에서 촬영하는 경우가 많다.

58 경찰관이 위법수집 증거배제의 원칙에 따라 구속수사 이전에 알려주어야 하는 사항으로 옳지 않은 것은?

① 묵비권이 있다는 것
② 변호사가 배석할 권리를 갖는다는 것
③ 변호사를 선임할 돈이 없으면 질문 후에 국가에 의해 변호사가 지명될 것이라는 것
④ 모든 진술은 자신에게 불리한 증거로 사용될 수 있다는 것

해설

구속수사 시 먼저 알려주어야 할 사항
- 그가 묵비권이 있다는 것
- 그의 모든 진술은 자신에게 불리한 증거로 사용될 수 있다는 것
- 변호사가 배석할 권리를 갖는다는 것
- 만일 변호사를 살 돈이 없고 그가 원한다면 모든 질문이 있기 전에 그를 위해 변호사가 지명될 것이라는 것
- 만약 그가 묵비권을 포기한다면 그는 심문 도중에 어느 때나 그의 마음을 바꾸고 심문을 중단하고 변호사를 요구할 수 있다는 것

정답 55 ③ 56 ① 57 ④ 58 ③

59 화재현장을 효과적으로 촬영하기 위하여 렌즈를 선택하고자 할 때 다음 중 틀린 것은?

① 줌렌즈는 물고기 눈처럼 둥글게 튀어나와서 피쉬 아이(Fish Eye)라고 불린다.
② 좁은 공간에서 넓은 화각을 원할 때는 광각렌즈를 사용한다.
③ 망원렌즈는 멀리 있는 피사체 촬영 시 편리하다.
④ 표준렌즈는 50도 안팎의 화각으로 원근감, 화상의 크기 등이 육안에 가장 가깝다.

해설
어안렌즈는 물고기 눈처럼 둥글게 튀어나와서 피쉬 아이(Fish Eye)라고 불린다.

60 강화유리가 폭발로 깨졌을 때 나타나는 형태로 옳은 것은?

① 곡선모양　② 입방체모양
③ 원형모양　④ 격자모양

해설
강화유리는 화재나 폭발로 깨지면 작은 입방체모양으로 부서지며, 유리의 잔금보다 통일된 모양이다.

제4과목　화재조사 관계법규 및 피해평가

61 「화재피해액 산정기준」에서의 화재피해액 산정대상이 아닌 것은?

① 애완동물　② 영업이익
③ 원재료　　④ 식 물

해설
영업이익이나 영업손실 등 무형의 피해는 재산피해의 범위에 해당하지 않는다.

62 「화재조사 및 보고규정」에 따른 화재조사 서류가 아닌 것은?

① 화재현장조사서
② 화재현황조사서
③ 범죄사실확인서
④ 질문기록서

해설
제21조(조사서류의 서식)
조사에 필요한 서류의 서식은 다음 각호에 따른다.
1. 화재·구조·구급상황보고서 : 별지 제1호서식
2. 화재현장출동보고서 : 별지 제2호서식
3. 화재발생종합보고서 : 별지 제3호서식
4. 화재현황조사서 : 별지 제4호서식
5. 화재현장조사서 : 별지 제5호서식
6. 화재현장조사서(임야화재, 기타화재) : 별지 제5호의2서식
7. 화재유형별조사서(건축·구조물화재) : 별지 제6호서식
8. 화재유형별조사서(자동차·철도차량화재) : 별지 제6호의2서식
9. 화재유형별조사서(위험물·가스제조소등 화재) : 별지 제6호의3서식
10. 화재유형별조사서(선박·항공기화재) : 별지 제6호의4서식
11. 화재유형별조사서(임야화재) : 별지 제6호의5서식
12. 화재피해조사서(인명피해) : 별지 제7호서식
13. 화재피해조사서(재산피해) : 별지 제7호의2서식
14. 방화·방화의심 조사서 : 별지 제8호서식
15. 소방시설등 활용조사서 : 별지 제9호서식
16. 질문기록서 : 별지 제10호서식
17. 화재감식·감정 결과보고서 : 별지 제11호서식
18. 재산피해신고서 : 별지 제12호서식
19. 재산피해신고서(자동차, 철도, 선박, 항공기) : 별지 제12호의2서식
20. 사후조사 의뢰서 : 별지 제13호서식

정답 59 ① 60 ② 61 ② 62 ③

63 소방서장이 관할 경찰서장에게 알리는 화재사건에 대한 설명으로 옳은 것은?

① 방화에 의한 화재만 알린다.
② 실화에 의한 화재만 알린다.
③ 방화 또는 실화에 의한 화재를 알린다.
④ 모든 화재를 알린다.

> **해설**
> **소방공무원과 경찰공무원의 협력 등(법 제12조)**
> 소방관서장은 방화 또는 실화의 혐의가 있다고 인정되면 지체 없이 경찰서장에게 그 사실을 알리고 필요한 증거를 수집·보존하는 등 그 범죄수사에 협력하여야 한다.

64 벽걸이용 난방기구의 과열로 화재가 발생하여 바닥 4m², 천장 3m², 1면의 벽 3m²가 소실 피해가 발생했다. 소실면적(m²)은 얼마인가?

① 2   ② 4
③ 6   ④ 10

> **해설**
> **제17조(소실면적 산정)**
> ① 건물의 소실면적 산정은 소실 바닥면적으로 산정한다.
> ② 수손 및 기타 파손의 경우에도 제1항의 규정을 준용한다.

65 구축물의 화재피해액 산정에서 옳은 것은?

① 내용연수는 30년으로 일괄 적용한다.
② 최종잔가율은 5%를 적용한다.
③ 손해율을 고려하지 않는다.
④ 이동식 화장실은 구축물로 분류된다.

> **해설**
> 구축물이라 함은 「건축법」으로 규정하고 있는 건축물 외의 제반 건조물 전반을 말하며, 인공으로 축조된 건조물 중 건물로 분류할 수 없는 것으로서 이동식 화장실, 버스정류장, 농업용 비닐하우스, 다리, 철도 및 궤도, 사업용 건조물, 발전 및 송배전용 건조물, 방송 및 무선통신용 건조물, 경기장 및 유원지용 건조물, 정원, 도로(고가도로 포함), 선전탑 등 기타 이와 비슷한 것을 말한다.

66 화재조사 보고 및 규정에서 중상자에 해당하는 경우는?

① 3일 이상의 입원치료를 필요로 하는 부상자
② 1주 이상의 입원치료를 필요로 하는 부상자
③ 2주 이상의 입원치료를 필요로 하는 부상자
④ 3주 이상의 입원치료를 필요로 하는 부상자

> **해설**
> **부상자 분류(화재조사 및 보고규정 제14조)**
> 부상의 정도는 의사의 진단을 기초로 하여 다음 각호와 같이 분류한다.
> 1. 중상 : 3주 이상의 입원치료를 필요로 하는 부상을 말한다.
> 2. 경상 : 중상 이외의 부상(입원치료를 필요로 하지 않는 것도 포함한다)을 말한다. 다만, 병원 치료를 필요로 하지 않고 단순하게 연기를 흡입한 사람은 제외한다.

67 2년 전 260만원에 구입한 냉장고가 현재는 200만원에 재구입이 가능하고 2년간 사용한 감가액을 30만원이라고 할 경우 현재의 시가를 정하는 방법 중 복성식평가법에 의한 현재 냉장고의 가격은?

① 260만원　　② 230만원
③ 200만원　　④ 170만원

해설
복성식평가법
재건축 또는 재취득하는 데 소요되는 비용에서 사용기간의 감가수정액을 공제하는 방법으로 대부분의 물적 피해액 산정에 널리 사용되고 있다.
즉, 재취득비 200만원 − 감가수정액 30만원 = 170만원이다.

68 화재현장조사서의 화재발생 개요항목에 기재하는 내용이 아닌 것은?

① 일시 및 장소
② 대상물 구조
③ 재산피해
④ 소방시설 및 위험물 현황

해설
④ 소방시설 및 위험물 현황은 화재건물현황 항목 기재 내용이다.
화재현장조사서의 화재발생 개요항목 기재사항
- 일시 : 20 . 00. 00. 00:00분경(완진 00:00)
- 장소 :
- 대상물 구조 :
- 인명피해 :　명(사망　　, 부상　　)
　※ 인명구조　명
- 재산피해 : 천원(부동산　　, 동산　　)

69 화재현장조사서 작성 시 도면작성요령으로 가장 거리가 먼 것은?

① 인접건물을 중심으로 한 건물배치도
② 증거물건의 위치 등 발화지점의 평면도
③ 실 배치를 중심으로 소손건물의 각 층 평면도
④ 수용물의 개요를 중심으로 소손건물의 각 층 평면도

해설
도면작성요령
- 현장의 위치
- 건물의 배치(발화건물을 중심으로 한 건물배치)
- 소손건물의 각층 평면도(실배치를 중심으로)
- 발화실의 평면도(수용물의 개요를 중심으로)
- 발화지점의 평면도(증거물건의 위치 등, 실측거리 기재)
- 발화지점의 입면도
- 사진촬영위치도(다른 도면과 병용하는 것도 가능)

70 「화재증거물수집관리규칙」의 내용으로 틀린 것은?

① 증거물을 수집할 때는 휘발성이 낮은 것에서 높은 순서로 진행해야 한다.
② 증거물 수집 목적이 인화성 액체성분 분석인 경우에는 인화성 액체성분의 증발을 막기 위한 조치를 행하여야 한다.
③ 증거물이 파손될 우려가 있는 경우에 충격금지 및 취급방법에 대한 주의사항을 증거물의 포장 외측에 적절하게 표기하여야 한다.
④ 증거물의 소손 또는 소실 정도가 심하여 증거물의 일부분 또는 전체가 유실될 우려가 있는 경우는 증거물을 밀봉하여야 한다.

정답 67 ④　68 ④　69 ①　70 ①

> **해설**
> **물리적 증거물의 수집방법**
> - 현장수거(채취)물은 그 목록(별지 제○호서식)을 작성하여야 한다.
> - 증거물의 수집장비는 증거물의 종류 및 형태에 따라 적절한 구조의 것이어야 한다.
> - 증거물을 수집할 때는 휘발성이 높은 것에서 낮은 순서로 진행해야 한다.
> - 증거물의 소손 또는 소실 정도가 심하여 증거물의 일부분 또는 전체가 유실될 우려가 있는 경우는 증거물을 밀봉하여야 한다.
> - 증거물이 파손될 우려가 있는 경우에 충격금지 및 취급방법에 대한 주의사항을 증거물의 포장 외측에 적절하게 표기하여야 한다.
> - 증거물 수집 목적이 인화성 액체성분 분석인 경우에는 인화성 액체 성분의 증발을 막기 위한 조치를 행하여야 한다.
> - 증거물 수집과정에서는 증거물의 수집자, 수집 일자, 상황 등에 대하여 기록을 남겨야 하며, 기록은 가능한 법과학자용 표지 또는 태그를 사용하는 것을 원칙으로 한다.
> - 화재조사에 필요한 증거물 수집을 위하여 관계장소를 통제구역으로 설정하고 화재현장 보존에 필요한 조치를 할 수 있다.

71 인명피해조사에서 화재로 인한 사망자를 산정하는 방법으로 옳지 않은 것은?

① 화재진압을 하던 소방관이 부상을 당한 후 75시간이 지나서 사망하였다.
② 화재건물에 있던 거주자가 화재로 부상을 당한 후 48시간이 지나서 사망하였다.
③ 화재를 인지하고 피난하던 사람이 피난하다가 추락하여 그 자리에서 사망하였다.
④ 화재현장에서 화재를 발견한 사람이 유독가스를 흡입한 후 의식을 잃고 48시간이 되어서 사망하였다.

> **해설**
> **사상자(화재조사 및 보고규정 제13조)**
> 사상자는 화재현장에서 사망한 사람 또는 부상당한 사람을 말한다. 단, 화재현장에서 부상을 당한 후 72시간 이내에 사망한 경우에는 당해 화재로 인한 사망으로 본다.

72 화재피해액이 특수한 경우의 피해액 산정 시 우선 적용사항으로 틀린 것은?

① 모델하우스의 경우 별도의 피해액 산정기준에 의한다.
② 건물에 있어 문화재의 경우 별도의 피해액 산정기준에 의한다.
③ 재고자산의 상품 중 진열품에 대해서는 현재가의 피해액으로 산정한다.
④ 중고기계장치의 시장거래가격이 신품가액에서 감가수정을 한 금액보다 낮을 경우 중고기계장치의 시장거래가격을 재구입비로 하여 피해액을 산정한다.

> **해설**
> 재고자산의 상품 중 견본품, 전시품, 진열품에 대해서는 구입가의 50~80%를 피해액으로 한다.

73 화재원인 판정을 위하여 전문적인 지식, 기술 및 경험을 활용하여 주로 시각에 의한 종합적인 판단으로 구체적인 사실관계를 명확하게 규명하는 것을 무엇이라고 하는가?

① 조 사 ② 감 식
③ 분 석 ④ 감 정

> **해설**
> **화재조사 및 보고규정에서 용어의 정의**
> - "감식"이란 화재원인의 판정을 위하여 전문적인 지식, 기술 및 경험을 활용하여 주로 시각에 의한 종합적인 판단으로 구체적인 사실관계를 명확하게 규명하는 것을 말한다.
> - "감정"이란 화재와 관계되는 물건의 형상, 구조, 재질, 성분, 성질 등 이와 관련된 모든 현상에 대하여 과학적 방법에 의한 필요한 실험을 행하고 그 결과를 근거로 화재원인을 밝히는 자료를 얻는 것을 말한다.

74 「소방의 화재조사에 관한 법률」상 정당한 사유 없이 화재조사를 하는 화재조사관의 출입 또는 조사를 거부·방해 또는 기피 했을 때 처벌되는 형벌은?

① 100만원 이하의 벌금
② 300만원 이하의 벌금
③ 200만원 이하의 벌금
④ 500만원 이하의 벌금

해설
제21조(벌칙) 다음 각 호의 어느 하나에 해당하는 사람은 300만원 이하의 벌금에 처한다.
1. 허가 없이 화재현장에 있는 물건 등을 이동시키거나 변경·훼손한 사람
2. 정당한 사유 없이 화재조사관의 출입 또는 조사를 거부·방해 또는 기피한 사람
3. 화재조사 중 관계인의 정당한 업무를 방해하거나 화재조사를 수행하면서 알게 된 비밀을 다른 용도로 사용하거나 다른 사람에게 누설한 사람
4. 정당한 사유 없이 화재조사에 따른 증거물 수집을 거부·방해 또는 기피한 사람

75 화재피해액산정에서 가재도구의 소손정도에 따른 손해율 50%에 해당하는 것은?

① 50% 이상 소손되고 수침오염 정도가 심한 경우
② 손해 정도가 다소 심한 경우
③ 손해 정도가 보통인 경우
④ 오염·수침손의 경우

해설
가재도구의 소손 정도에 따른 손해율

화재로 인한 피해 정도	손해율(%)
가재도구가 50% 이상 소손되고 그을음 및 수침오염 정도가 심한 경우	100
손해 정도가 다소 심한 경우	50
손해 정도가 보통인 경우	30
오염·수침손의 경우	10

76 「화재조사 및 보고규정」에 따른 화재조사 서류 보존기간으로 맞는 것은?

① 영 구
② 준영구
③ 5년
④ 10년

해설
조사보고(화재조사 및 보고규정 제22조)
소방본부장 및 소방서장은 화재조사결과 서류를 국가화재정보시스템에 입력·관리해야 하며 영구보존방법에 따라 보존해야 한다.

77 방화·방화의심조사서 작성 시 기재항목이 아닌 것은?

① 방화연료 및 용기
② 방화의심 사유
③ 방화자 인적사항 및 주소
④ 소방시설 현황

해설
위 ①·②·③ 외에 방화동기, 방화도구, 도착 시 초기상황 등이 있으며, 소방시설 현황은 소방시설 등 활용조사서에 기재항목이다.

78 증거물 보관 이동에 관한 설명으로 옳은 것은?

① 증거물의 보존기간은 10년으로 한다.
② 화재증거 수집의 목적달성 후에는 관계인에게 반환하여야 한다.
③ 조사가 완료된 증거물의 보관은 소방본부장이 보관하여야 한다.
④ 보존기간이 만료된 증거물은 증거물 전용실 또는 전용함에 보관한다.

해설
증거물은 화재증거 수집의 목적달성 후에는 관계인에게 반환하여야 한다. 다만 관계인의 승낙이 있을 때에는 폐기할 수 있다.

79 다음 괄호 안에 알맞은 것은?

> 소방관서장은 방화 또는 실화의 혐의가 있다고 인정되면 (　　) 경찰서장에게 그 사실을 알리고 필요한 증거를 수집·보존하는 등 그 범죄수사에 협력하여야 한다.

① 지체 없이
② 24시간 이내에
③ 7일 이내에
④ 방화자를 조사한 후

해설
소방공무원과 경찰공무원의 협력 등(법 제12조)
- 소방공무원과 국가경찰공무원은 화재조사를 할 때에 서로 협력하여야 한다.
- 소방본부장이나 소방서장은 화재조사 결과 방화 또는 실화의 혐의가 있다고 인정하면 지체 없이 관할 경찰서장에게 그 사실을 알리고 필요한 증거를 수집·보존하여 그 범죄수사에 협력하여야 한다.

80 「화재조사 및 보고규정」에 정한 화재 유형에 해당하지 않은 것은?

① 건축·구조물화재
② 중요화재
③ 선박·항공기화재
④ 임야화재

해설
화재의 유형(제9조)
- 건축·구조물화재 : 건축물, 구조물 또는 그 수용물이 소손된 것
- 자동차·철도차량화재 : 자동차, 철도차량 및 피견인 차량 또는 그 적재물이 소손된 것
- 위험물·가스제조소등 화재 : 위험물제조소등, 가스제조·저장·취급시설 등이 소손된 것
- 선박·항공기화재 : 선박, 항공기 또는 그 적재물이 소손된 것
- 임야화재 : 산림, 야산, 들판의 수목, 잡초, 경작물 등이 소손된 것
- 기타화재 : 위의 각 호에 해당되지 않는 화재

정답 79 ① 80 ②

인생이란 결코 공평하지 않다. 이 사실에 익숙해져라.

– 빌 게이츠 –

합격의 공식 시대에듀

미래는 자신이 가진 꿈의 아름다움을 믿는 사람들의 것이다.
– 엘리노어 루즈벨트 –

불가능한 것이라고 생각하는 순간, 그것은 당신을 멈추게 만들 것이다.
− 알버트 아인슈타인 −

참고문헌 및 사이트

1. 국가화재분류체계 매뉴얼 – 소방방재청, 2006
2. 화재피해액산정 매뉴얼 – 소방방재청, 2008
3. NFPA 921, 2008
4. 화재조사요원 양성과정 전문교육 기본교재 – 중앙소방학교, 2011
5. 화재조사(감식) 알고리즘 – 강원소방본부
6. 화재조사교재(총5권) – 동경소방청
7. 신 화재조사총론 – 최진만 – 성안당, 2010
8. 화재조사감식실무 – 이정일 – 정훈사, 2009
9. 전기화재감식공학 – 김만건, 김진표 – 성안당, 2006
10. 화재조사 – 김만우 – 신광문화사, 2008
11. 화재조사 이론과 실무 – 이승훈 – 동화기술, 2009
12. 화재조사 길잡이 – 김태식 외 3 – 기문당, 2009
13. 유류에 의한 바닥재 연소패턴 – 강원삼척소방서 – 강원화재조사연구회
14. Kirk's Fire Investigation – KIRK, Paul Leland 저
15. 담뱃불 온도변화 연구와 발화실험 – 인천소방안전본부
16. 방화원인 감식에 관한 연구 – 권현석 – 한국화재소방학회
17. 전선의 도체조직 분석에 의한 전기화재감식 – 박오철 – 서울산업대 산업대학원, 2005
18. 전기히터의 화재위험성에 관한 실험연구, 홍성호, 2007
19. 가전제품 화재원인조사 기법 연구, 중앙소방학교, 2011
20. 민법강의 – 김준호 – 법문사, 2009
21. 특사경 수사실무 – 인천지방검찰청
22. 법무부, 국가법률정보센터 http://www.law.go.kr
23. 네이버 백과사전 http://www.naver.com

2026 시대에듀 화재감식평가기사・산업기사 필기 한권으로 끝내기

개정11판1쇄 발행	2025년 09월 15일(인쇄 2025년 07월 09일)
초 판 발 행	2013년 05월 03일(인쇄 2013년 04월 18일)
발 행 인	박영일
책 임 편 집	이해욱
편 저	문옥섭・박정주
편 집 진 행	윤승일・유형곤
표지디자인	조혜령
편집디자인	김기화・장성복
발 행 처	(주)시대고시기획
출 판 등 록	제10-1521호
주 소	서울시 마포구 큰우물로 75 [도화동 538 성지 B/D] 9F
전 화	1600-3600
팩 스	02-701-8823
홈 페 이 지	www.sdedu.co.kr
I S B N	979-11-383-9591-5 (13550)
정 가	43,000원

※ 이 책은 저작권법의 보호를 받는 저작물이므로 동영상 제작 및 무단전재와 배포를 금합니다.
※ 잘못된 책은 구입하신 서점에서 바꾸어 드립니다.

더 이상의 소방 시리즈는 없다!

- ▶ **현장실무**와 오랜 시간 동안 쌓은 **저자의 노하우**를 바탕으로 최단기간 합격의 기회를 제공합니다.
- ▶ 2026년 시험대비를 위해 **최신개정법 및 이론**을 반영하였습니다.
- ▶ **빨간키(빨리보는 간단한 키워드)**를 수록하여 가장 기본적인 이론을 시험 전에 확인할 수 있도록 하였습니다.

시대에듀의 소방 도서는...

알차다!
꼭 알아야 할 내용

친절하다!
쉽게 요약한 핵심

핵심을 뚫는다!
시험 유형에 적합한 문제

명쾌하다!
상세하고 친절한 풀이

한국산업인력공단 시행

현 화재조사관이 집필한 최고의 수험서!
화재감식평가기사 · 산업기사

화재조사론 · 화재감식론 · 증거물관리 및 법과학 · 화재조사보고 및 피해평가 · 화재조사 관계법규

- 저자의 오랜 경험을 통해 수험서이지만 현장실무에서도 유용하게 적용할 수 있는 가이드
- 기존의 화재조사관 시험의 철저한 분석을 바탕으로 최적의 이론과 문제를 과목별로 수록
- 1~3과목의 현장조사, 증거물 관련 사진 등을 컬러로 수록해 생생한 학습 유도

화재감식평가기사 · 산업기사
필기 | 한권으로 끝내기

- 출제율이 높은 핵심요약집
- 과목별 출제예상문제
- 과년도 기출변형문제

화재감식평가기사 · 산업기사
실기 | 필답형

- 출제율이 높은 핵심요약집
- 출제예상문제
- 최근 10개년 기사 · 산업기사 기출복원문제
- 2024년도 최신 기출복원문제

※ 상기 이미지는 변경될 수 있습니다.

시대에듀 소방 도서 LINE UP

소방승진
위험물안전관리법

소방승진
위험물안전관리법 최종모의고사

소방승진
소방전술 최종모의고사

화재감식평가기사·산업기사
필기 한권으로 끝내기

화재감식평가기사·산업기사
실기 필답형

화재감식평가기사·산업기사
필기 기출문제집

※ 상기 도서의 이미지 및 세부구성은 변경될 수 있습니다.

나는 이렇게 합격했다

자격명: 위험물산업기사
구분: 합격수기
작성자: 배*상

나는 할 수 있다 69년생 50중반 직장인입니다. 요즘 자격증을 2개 정도는 가지고 입사하는 젊은 친구들에게 일을 시키고 지시하는 역할이지만 정작 제자신에게 부족한점이 많다는 것을 느꼈기 때문에 자격증을 따야겠다고 결심했습니다. 처음 시작할 때는 과연 되겠냐? 하는 의문과 걱정이 한가득이었지만 시대에듀 인강을 우연히 접하게 되었고 잘 차려진 밥상과 같은 커리큘럼은 뒤늦게 시작한 늦깎이 수험생이었던 저를 합격의 길로 인도해주었습니다. 직장생활을 하면서 취득했기에 더욱 기뻤습니다.

합격은 시대에듀

감사합니다! ♥

당신의 합격 스토리를 들려주세요.
추첨을 통해 선물을 드립니다.

QR코드 스캔하고 ▷▷▶
이벤트 참여해 푸짐한 경품받자!

베스트 리뷰	상/하반기 추천 리뷰	인터뷰 참여
갤럭시탭/ 버즈 2	상품권/ 스벅커피	백화점 상품권

합격의 공식